Gesamtverzeichnis des deutschsprachigen Schrifttums (GV) 1700 – 1910

Bearbeitet unter der Leitung von
Hilmar Schmuck und Willi Gorzny
Bibliographische und redaktionelle Beratung:
Hans Popst und Rainer Schöller

77

Km - Koc

K · G · Saur München · New York · London · Paris 1983

CIP-Kurztitelaufnahme der Deutschen Bibliothek

Gesamtverzeichnis des deutschsprachigen Schrifttums :
(GV). – München, New York, London, Paris : Saur.
Bd. 1 – 6 bearb. unter d. Leitung von Peter Geils
u. Willi Gorzny.
ISBN 3-598-30000-X

1700 – 1910 / bearb. unter d. Leitung von Hilmar
Schmuck u. Willi Gorzny. Bibliograph. u. red.
Beratung: Hans Popst u. Rainer Schöller

NE: Schmuck, Hilmar [Bearb.]

77. Km - Koc. - 1983.

Techn. Realisierung und Druck: Norbert Gärtner, Mainz-Kastel
Binden: Karl Schaumann, Darmstadt
Printed in the Federal Republic of Germany
ISBN 3-598-30000-X (Gesamtwerk)

Kment, J. A., der Handschuh u. seine Geschichte. 3., verm. Aufl. 8. (VIII, 183 S.) Wien 890. Verlag „Austria", Drescher & Co. geb. n. 3. —

Kment, Joh., ora et canta, s.: Slovák, Aloisius.

Kmety, Geo., Arthur Görgei's Leben und Wirken in Ungarn. Beurtheilt. gr. 8. (47 S.) London 853. (Leipzig, O. Wigand.)

Kmety, G. Die Vertheidigung von Kars [1855]. 8. London, Leipzig 1856.

KMETY, Stephanus: Ecclesiae catholicae doctrina de purgatorio probetur et vindicetur — (1894) 95 S. 4° (Handschr.) Diss. 501
Diss. Wien, Univ.

Kmetykó, János: Freiübungen , s. Bábel, Recsó

Kmicikiewicz W.: Platos Apologie des Sokrates (ruth. Text). (32). Przemyśl ruth. G. 03.

Kmiotek, Bruno, Siedelung u. Waldwirtschaft im Salzforst, s. a. Wirtschafts- u. Verwaltungsstudien m. besond. Berücksicht. Bayerns. VIII.

Kmiotek, Bruno, aus Czenstochau. Siedelung und Waldwirtschaft im Salzforst. Ein Beitrag zur fränkischen Wirtschaftsgeschichte. *Naumburg a. S. 1900: Lippert & Co.* (63 S.) 8° [F.] ¶ [Erschien vollst. 1900 als No 8 d. Wirtschafts- u. Verwaltungsstudien m. bes. Berücks. Bayerns.]
Würzburg, Jur. Diss. v. 1900

Siedelung und Waldwirtschaft im Salzforst. Ein Beitrag z. deutschen Wirtschaftsgesch. von Dr Bruno Kmiotek. Mit 1 Karte d. Salzforstgebiets. *Leipzig: A. Deichert 1900.* (X, 194 S.) 8° [F.]
— Wirtschafts- u. Verwaltungsstudien mit bes. Berucks. Bayerns. 8.
[oo. 3087

Kmischikew, W., Platonowa osorona Sokrata. Pr. 1908. 82 S.

Kmunke, Rud., auf Eisbären u. Moschusochsen. Tagebuchblätter der Jagderlebnisse in Ostgrönland. (X, 122 S. m. 53 Abb., 14 Vollbildern u. 1 farb. Karte.) Lex. 8. Wien 910. W. Frick. Geb. in Leinw. 10. —

Knaack, Geo., Analecta alexandrino-romana. Dissertatio inauguralis philologica. gr. 8. (66 S.) Gryphiswaldiae 880. (Berlin, Mayer und Müller.) *

Knaack, G., Callimachea. gr. 4. (16 S.) Stettin 887. (Berlin, Weidmann.) n. 1. 20

—— Conjectanea. gr. 4. (11 S.) Berlin 883, (Weidmann'sche Buchh.) *

—— quaestiones Phaetonteae, s. Untersuchungen, philologische.

Knaack, W., wider die Orthodoxie, s. a. Broschüren-Folge „Continent", Nr. 12.

Wider die Orthodoxie. Von W Knaack. Berlin Continent [1905]. (48 S.) 8°
— Continent, Broschüren-Folge No 12. [61. 11418

Knaack, W., das Zeichnen für die deutschen Schulen und das deutsche Volk. gr. 16. (IV, 24 S.) Stralsund 879, (Bremer.) *

Knaacke, F. „Le Lutrin" de Boileau et „the Rape of the lock" de Pope. Nordhausen, Rg., 1883. 8 S. 4. Progr.

Knaak, H., Methode des Geschichtsunterrichtes in Volksschulen. 8. (IV, 64 S.) Paderborn 885, F. Schöningh. *

Knaak, H., und Th. Szymanski, Methode des geographischen Unterrichtes in Volksschulen. 8. (IV, 80 S.) Paderborn 884, F. Schöningh. *

Knaak, H., u. Th. Szymanski, Methode des geograph. Unterrichtes in Volksschulen. 2., verb. Aufl. 8. (IV, 91 S.) Paderborn 900. F. Schöningh. n. 1. —

Knaak, Heinr (geb. Konitz in Westpr. 21 8. 1846): Das Aneurysma arterioso-venosum. Berlin (1871). (32 S.) 8°
Berlin, Med. Diss. v. 18 Nov. 1871

Knaak, Victor, Referendar in Stettin: Das Delikt der einfachen Sachbeschädigung. *Greifswald 1902: J. Abel.* (53 S.) 8°
Greifswald, Jur. Diss. v. [27. Sept.] 1902

Knaak, Walter [aus Wusterwitz (Pommern)]: Ungewöhnliche Ausgänge der Wirbelcaries. . . . Berlin, Buchdr. v. Gustav Schade (Otto Francke) (1890); 30 + 1 S. + 1 Bl. 8°
90. Berlin, Med. Fak., Inaug.-Diss. v. 27 Jun. 1890

Die Krankheiten im Kriege von Dr. [Walther] Knaak, Stabsarzt. *Leipzig: G Thieme 1900.* (183 S.) 8° [oo. 11948

— die subkutanen Verletzungen der Muskeln, s. a. Veröffentlichungen a. d. Gebiete des Militär-Sanitätswesens. 16. Hft.

Die subkutanen Verletzungen der Muskeln. Von Dr. [Walther] Knaak, Stabsarzt. *Berlin: A. Hirschwald 1900.* (VI, 123 S.) 8°
— Veröffentlichungen aus d. Geb. d. Militär-Sanitätswesens. H. 16.
[oo. 3347

Knaake, Emil Aistulf, König der Langobarden. 749—756. 31 S.
Progr. Rg. *Tilsit* 1880.

Knaake, Emil, illustrierter Führer durch Tilsit u. Umgebung, m. 7 Illustr., Plan der Stadt u. Karte der Umgebg. 8. (V, 50 S.) Tilsit 900. A. Richter. n. 1.—

Knaake, Emil, Führer durch Tilsit u. Umgebung, m. 10 Illustr. u. 1 Plan der Stadt. 2. Aufl. (80 S.) kl. 8. Tilsit 905. A. Richter. n. — 50

Knaake, Emil [Oberl.]: Geschichte des Königlichen Realgymnasiums zu Tilsit von 1839—1889. . . . Tilsit, gedr. bei O. v. Mauderode (1889); 1 Bl., 112 S. 8°
Tilsit, k. RG, OP 1889 (22)

Knaake, Emil, Hilfsbuch f. den Unterricht in der Geschichte, s.: Lohmeyer, K., u. A. Thomas.

Knaake, Emil, Hilfsbuch f. den Unterricht in der alten Geschichte, f. die Quarta höherer Lehranstalten hrsg. gr. 8. (III, 91 S.) Halle 894. Buchh. d. Waisenhauses. n. 1. —; geb. n.n. 1. 80

— Hilfsbuch f. den Unterricht in der alten Geschichte, f. die Quarta höherer Lehranstalten. 2. Aufl. (93 S.) 8. Halle 906. Buchh. des Waisenhauses. 1.—; geb. n 1. 30

— Hilfsbuch f. den Unterricht in der deutschen Geschichte bis zum Ausgang des Mittelalters, s.: Lohmeyer, K.

— Kanon der im geschichtlichen Unterrichte der unteren u. mittl. Klassen höh. Lehranstalten einzupräg. Jahreszahlen. Ein Anh. zu d. Hilfsbüchern d. Verf. (16 S.) gr. 8. Halle 903. Buchh. des Waisenhauses. n.n. — 25

Knaake, Emil, Professor: Leben und Wirken der Königin Luise im Lichte der Geschichte. T. 1. Königin Luise bis z. Ausbruch d. Krieges i. J. 1806. Tilsit 1906: J. Reyländer & S. (96 S.) 8° [F.]
Tilsit, k. RG OP 1906 (21)

Knaake, Emil, Prof.: Leben und Wirken der Königin Luise im Lichte der Geschichte. T. 2. Königin Luise während der Unglücksjahre 1806 und 1807. Tilsit 1907: O. v. Mauderode. (S. 98—212.) 8° [F.] ¶ [Forts. d. P-Beil. 1906.]
Tilsit, k. RG OP 1907 (20)

Knaake, Emil: Leben und Wirken der Königin Luise im Lichte der Geschichte. T. 3. Die Königin Luise während der Wiedergeburt Preußens. Tilsit 1908: Reyländer. S. 213—312. 8° ¶ [Forts. d. P-Beil. 1906. 07.]
Tilsit, k. RG OP 1908 (20) [S 08. 236

Knaake, Emil: Leben und Wirken der Königin Luise im Lichte der Geschichte. T. 4. Das Todesjahr d. Königin Luise. Tilsit 1909: v. Mauderode. S. 313—372, IV. 8° ¶ [Forts. d. P-Beil. 1906—08. Das Ganze ersch. auch als Buch in Halle, Waisenhaus 1909.]
Tilsit, k. RG OP 1909 (20) [S 09. 250

— Leben u. Wirken der Königin Luise im Lichte der Geschichte. (IV, IV, 372 S.) gr. 8. Ebd. 909. 6.—; geb. 7. —

Knaake, Emil, Lehrbuch der alten Geschichte für die oberen Klassen höherer Lehranstalten. gr. 8. (VI, 146 S.) Hannover 886, Meyer. *

— Lehrbuch der Geschichte f. die oberen Klassen höherer Lehranstalten. (In 3 Tln.) 1. u. 2. Tl. gr. 8. Hannover, C. Meyer. Geb. n. 4. 60
1. Alte Geschichte. (Lehraufgabe der Obersekunda.) 2. Aufl. (VIII, 163 S.) 904. n. 2.—
2. Römische Kaiserzeit. Deutsche Geschichte bis zum Ende des 30 jähr. Krieges. (Lehraufgabe der Unterprima.) (VIII, 290 S.) 906. n. 2, 60

— Lehrbuch der Geschichte f. die oberen Klassen höherer Lehranstalten. 3. (Schluß-) Tl. Vom westfäl. Frieden bis zur Gegenwart. (Lehraufgabe der Oberprima.) (VIII, 224 S.) gr. 8. Hannover 907. C. Meyer. Geb. 2. 40

— G. Kobmann u. G. Lober, Übungsstoff f. den Unterricht im Deutschen. 1., 5. u. 7. Hft. 8 Nürnberg, Korn. n.n. — 65
1. 6. Aufl. (24 S.) 885. n. — 20. — 5. 11. Aufl. (52 S.) 887. n. — 20. — 7. 4. Aufl. (76 S.) 885. n.n. — 25

Knaake, *Friedrich* Rückblicke auf Tscheng-Ki-Tong, les Chinois peints par eux-mêmes. 8 (8 S.).
In: Festschrift z. Erinnerung a. d. 50j. Jubil. Rg. *Nordhausen* 1885.
Nicht im Tauschverkehr
Progr.

Knaake, Friedrich: Verzeichnis der Schüler-Bibliothek des Königlichen Realgymnasiums zu Nordhausen. Nach Klassenstufen u. nach Unterrichtsfächern geordn. Nordhausen, Druck v. C. Kirchner's Buchdr., 1895: 40 S. 8.
Nordhausen, k. RG, OP 1895 (271)

Knaake, J. A., Worte d. Väter. E. Sammlg. religiöser u. sittl. Aussprüche. gr. 8. (XVI, 204 S.) Leipzig 898. F. Riehm. n. 2. —; geb. n. 2. 50

Knaake, Joachim Karl Friedrich

—— Luther's Antheil an der Augsburgischen Confession. gr. 8. (VII und 80 S.) Berlin 863, Wiegandt und Grieben. *

Knaake, J. K. F., Beiträge zur Geschichte Kaiser Karl's V. Briefe Joachim Imhof's an seine Vettern zu Nürnberg aus den Feldzügen 1543, 1544 und 1547. gr. 8. (61 S.) Stendal 864, Franzen und Große. *

Bibliothek J(oachim) K(arl) F(riedrich) **Knaake**. Abth. 1—6 [nebst] Preisliste 1—6 [&] Register. Leipzig: O. Weigel (1906—)1908. 13 Bde. 8° [Umschlagt.]
1. Luther. (1906.)
2. Hervorragende Humanisten u. Reformatoren. (1906.)
3. Förderer u. Gegner d. Reformation. 1907.
4. Hist. Theologie bes. Geschichte d. Reformationszeitalters. 1907.
5. Bibelausgaben. Sammelwerke von Einzelschriften. Dogmat., exeget. u. prakt. Theologie. Hebraica. Bibliographie. 1908.
6. Philosophie. Alte Predigtbücher. Miscellanea. 1908.
(O. Weigel. Auktionskatalog. N. F. 3. 4. 6. 11. 12. 13.) [illegible]

Knaake, J. K. F., s.: Clemens' XIV., Papst, Breve betr. die Aufhebung des Jesuiten-Ordens.

– (Red.), s. Luther, Martin: Werke

Knab, 5 Wandtafeln über Physik, auf Leinwand mit Stäben. 1 Dampfwasserpumpe. 2. Hydraulische Presse. 3. Turbine. 4. Wasserpumpen u Wasserleitung. 5. Wasserrad.

Knab, Alb.

Knab, A., s.: Monatshefte f. Lithographie.

Knab, Alb., u. F. v. Biedermann, graphische Musterblätter moderner Künstler. Mehrfarbige Vorlagen f. Lithographen, Merkantilzeichner, Akzidenzsetzer, Firmenschreiber, Glasätzer u. Maler. 1. Bd. Sonder-Ausg. der Beilagen aus den Monatsheften f. Lithographie u. graph. Kunstgewerbe. (60 Taf. m. IV S. Text.) Fol. Berlin (904). B. Hessling. In Mappe n. 20. —

Knab, Alb., u. F. v. **Biedermann,** graphische Musterblätter moderner Künstler. Mehrfarbige Vorlagen f. Lithographen, Merkantilzeichner, Akzidenzsetzer, Firmenschreiber, Glasätzer u. Maler. 2. Bd. Sonder-Ausg. der Beilagen aus den Monatsheften f. Lithographie u. graph. Kunstgewerbe. (60 Taf. m. II S. Text.) 41 × 30,5 cm. Berlin (909). [B. Hessling] Ornament-Verl. In Mappe 20.—; erm. Pr. 12. —
Bd. 1. Jetzt Ebd. 901. In Mappe erm. Pr. 12.—.

Knab, Armin, Rechtsprakt. a. Kitzingen: Zeitweise Unzulässigkeit des Rechtswegs bei Verfolgung von Ansprüchen gegen den Fiskus nach Art. 2 bayer. AG. zur CPO. u. KO. München: J. Schweitzer 1905. (35 S.) 8°
Würzburg, Jur. Fak., Ref. Jaeger, Diss. v. 11. Juli 1905
[Geb. 19. Febr. 81 Neuschleichach; Wohnort: Kitzingen; Staatsangeh.: Bayern; Vorbildung: Gymn. Würzburg Reife Juli 99; Studium: Würzburg 7, München 1 S.; Rig. 11. Juli 04.]

Knab, K., s. a. Übungsstoff f. den Unterricht im Deutschen.

—— G. Kobmann und G. Lober, Uebungsstoff für den Unterricht im Deutschen. 7 Hefte. 8. Nürnberg 879, Korn'sche Buchh. [1. Heft. (24 S.) * 20 Pf.; 2. Heft. (50 S.), 2. Aufl. (48 S.) * 20 Pf.; 3. Heft. (60 S.), 2. Aufl. (48 S.) * 20 Pf.; 4. Heft. (52 S.) * 20 Pf.; 5. Heft. (50 S.) * 20 Pf.; 6. Heft. (56 S.) * 25 Pf.; 7. Heft. (56 S.) * 25 Pf.] *

Knab, K., G. Kobmann und G. Lober, Uebungsstoff für den Unterricht im Deutschen. 7 Hefte. 8. Nürnberg 880—85, Korn'sche Buchh. [1. Heft. 2.—5. Aufl. (24 S.) * 20 Pf.; 2.—5. Heft. 2.—7. Aufl. (47; 56; 56; 52 S.) à * 20 Pf.; 6. Heft. 2.—5. Aufl. (68 S.) * 25 Pf.; 7. Heft. 2. und 3. Aufl. (76 S.) * 25 Pf.] *

Knab, K., G. Kobmann und G. Lober, Übungsstoff für den Unterricht im Deutschen. 7 Hefte. 8. Nürnberg 884—88, Korn'sche Buchh. [1. Heft 6.—8. Aufl. (24 S.) ** 20 Pf.; 2. Heft 9.—14. Aufl. (60 S.) ** 20 Pf.; 3.—5. Heft 9.—12. Aufl. (64; 56; 58 S.) à Heft ** 20 Pf.; 6. Heft 5.—7. Aufl. (72 S.) ** 25 Pf.; 7. Heft 4. und 5. Aufl. (78 S.) ** 25 Pf.] ** 1 50

Knab, Carl, reussische Münzgeschichte. s.: Schmidt, Berth.

Knab, Karl, zur Nationalfeier am 2. Septbr. Festrede, geh. am 2. Septbr. 1876 bei der Schulfeier im großen Rathhaussaale zu Nürnberg. gr. 8. (8 S.) Nürnberg 876. Raw. — 15

Knab, Karl, Referendar: Der Sachinbegriff nach dem B.G.B. Worms 1910: Hoffmann. 69 S. 8°

Gießen, Jur. Diss. v. 9. Juni 1910, Ref. Biermann

[Geb. 12. Sept. 85 Pfeddersheim; Wohnort: Worms; Staatsangeh.: Hessen; Vorbildung: Gymn. Ludwigshafen Reife Juli 05; Studium: Gießen 2, München 1, Heidelberg 1, Gießen 3 S., Rig. 18. Febr. 10.] [U 10. 1118

Knab, Pet., Rechenbuch f. die unteren Klassen höherer Lehranstalten. (IV, 285 S.) 8. Freiburg i/B. 905. Herder. n. 2. 50; geb. n. 3. —

Knab, Pet., Rechenbuch f. die unteren Klassen höherer Lehranstalten. Lösungen. (IV, 40 S.) 8. Freiburg i/B. 909. Herder. 1. 50

Knab, Rob., die Schrift, s.: **Moritz, Rob.**

Knab, Susanne Barbare, geb. la Motte, († d. 4. Febr. 1792.), s. Tagebuch einer jungen Ehefrau.

Tagebuch

— — einer jungen Ehefrau (von *Susanne Barbara Knab*, oder *Krab?*). Mit Titelvignette Stuttgart, J B. Mezler, 1780. 8⁰ 238 S. (In Zürich, Stadtbibl.)

Anon.-Lex. IV p. 147 (nach Meusel), Kayser hat „*Krab*"; Ehestandsalmanach f. d. J. 1799, S. 292 (ohne Angabe d. Vf.).

Knabbe, J. H., die westphälische Provinzial-Irren-, Heil- und Pflege-Anstalt zu Marsberg mit Rücksicht auf die Beiträge zur Fortbildung des öffentl. Irrenwesens der Provinz Westphalen vom Kreisphysikus Dr. Schwartz. 8. (90 S.) Arnsberg 852, Grote. *

Knabbe, Ioachimus Henricus ⟨geb. am 15 Mai 1809 in Hamburg⟩: Disquisitiones historico-criticae de circulatione sanguinis in foetu maturo novis observationibus anatomicis exaratae ... Cum tabulis lith. ... Bonnae, typ. C. Georgii (1834). 4 Bl, 111 S., 4 Taf. 4.

Bonn, Med. Fak., Diss. v. 22 März 1834

Knabbe, Woldemar von

Knabbe, Wold. v., Fraiser u. deren Rolle bei dem derzeitigen Stande des Maschinenbaues. Auf theoretisch-prakt. Grundlage bearb. 2 Thle. Nebst e. Atlas m. 452 Abbildgn. auf 39 Taf. gr 8. (III, III, 340 S.) Charkow 892. 893. (Berlin, Polytechn. Buchh., A. Seydel. — München, Th. Ackermann.) n. 16. —

Knabbe, Wold. v., Fraiser u. deren Rolle bei dem derzeit. Stande d. Maschinenbaues. Auf theoretisch-prakt. Grundlage bearb. 2 Thle. Nebst e. Atlas v. 39 Taf. (in qu. gr. 4.). 2., unveränd. wohlf. [Titel-] Ausg. gr. 8. (V, 340 S.) Berlin (892. 93) 896. L. Simion. n. 12. —

Knabe, der, und das Buch, s. Kindererzählungen.

Knabe, der geraubte. Eine amerikan.-indian. Erzähl. v. Mrs. Hofland. A. d. Engl. Mit ill. Ttlkpfr. 16. Reutlingen 839, [Mäken, Sohn.] Thlr.

Knabe, der graue; Lstspl. in 4 A. 8. Wien 801. Wallishausser. 12 gr.

Knabe, d., gute. E. Bilderb. f. Kind. üb. naturhist. Gegenst. m. ill. K. 8. Lpz. Sommer. 805.

Knabe, d. gute. Ein Bilderbuch für gute Knaben; bestehend in angenehmen u. belehr. Unterhaltungen über verschied. vorzügl. naturhistor. Gegenstände zur Bildung d. Herzens u. des Verstandes. Mit color. Kpf. 16. Leipz. 803. N. A. 815. (Rauck). 20 gr.

Knabe, der gute. Ein Bilderbuch f. gute Knaben; besteh. in angenehmen u. belehr. Unterhaltungen üb. verschied. vorzügl. naturhistor. Gegenstände z. Bildung d. Herzens u. des Verstandes. Mit color. K. Neue Aufl. 16. Leipz. Sommer. 815.

Der heldenmuthige Knabe oder die | beiden Raubmorder Eine wahre Geschichte, welche sich in der Nahe , von Gostyn in Litthauen zugetragen Motto | Sei nicht muthlos in Kummer und Noth, | Selbst wenn Tod und Gefahr dir droht, , Kampfe und blicke zum Sternenheer (sic). O dann sinkest du nimmermehr! | Druck von J. F Rohr in Vegesack

o J., 7 S., 184 × 111.

LBO Bänkelsängerlit I, 16.

Eine andere Auflage desselben Druckers hat • oder die beiden • und »Sternenheer« (LBO Jahrmarktslit R c 2, 58) Eine weitere Ausgabe dieses Titels erschien in »Hamburg« o J (LBO Bänkelsangerlit I, 34 und Jahrmarktslit R c 3, 107) - Riedel Bänkelsang, S 87–92

Knabe, Der, und das Mädchen; ein Gedicht. O. O. 1774. V: *Reinwald, Wilh. Frdr. Hermann.* (MGT) (Adel)

Knabe im Rosenhain u. Anderes. Uebersetzgn. aus d. skandinav. Sprachen v. Agnes v. d. Deken. 8. (152 S.) Hirschberg 895. (Kuh.) n.n. 1. —

Knabe, Der ungezogene. Lustspiel in 1. A. Leipz. 1777. V: *Weisse, Chn Felix.* (GGr)

— der ungezogene; ein Lstspl. für Kinder in 1 Aufz. 8. Augsb. 777. v. Jenisch u. St. 3 gr.

— der ungezogene,. Lustsp. 8. Leipz. Crusius. (auch Stage in Augsb.) 777.

Knabe, der verirrte, (eine relig. Abhandl.) kl. 16. (2 B. u. Ttlvign.) Basel 831, Schneider.

Knabe, der, und die Vögel. Lehrreiche Unterhaltungen für Kinder von 8—12 Jahren. Nach E. Taylor. 8. (171 S. mit 17 Holzschn. von Thom. Landseer.) Braunschweig 847, Westermann. *

— d. wißbegierige, oder Erzählungen merkwürd. Begebenheiten u. auffallenden Handlungen ausgezeichn. Menschen, von Becker, Schiller, Schröder, Wagnitz u. And. 8. Ebd. 815. N. A. 820, 22. (Rauck). 22 gr.

Knabe, der wißbegierige; oder: Erzählungen merkwürdiger Begebenheiten und auffallender Handlungen ausgezeichneter Menschen. 8. Leipzig, Sommer. 820.

Knabe, der wißbegierige. Ein Geschenk f. fleißige u. gute Knaben, welche sich in der Geometrie, in d. Perspektive, u. d. Zeichenkunst unterrichten wollen ꝛc. 4e Aufl. M viel Kpfrn. 8. (Lpz. 823, Sommer.)

[F.] Choralbuch zum evangelischen Gesangbuch für Rheinland und Westfalen f. Kirche, Schule u. Haus, hrsg v A **Knabe**, kgl. Seminar-Musikl. in Soest. *Soest i. W.: P. G. Capell (1894).* (XI, 135 S.) 1 Bd quer-8. [94. 916]

Knabe, A., Choralbuch zum evang. Gesangbuch f. Rheinland u. Westfalen f. Kirche, Schule u. Haus. qu. 4. (XII, 135 S.) Soest 895. Ritter. n. 5. —; Einbd. n.n. 1. 25

Knabe, A., Choralbuch zum evangel. Gesangbuch f. Rheinland u. Westfalen f. Kirche, Schule u. Haus. 3. umgearb. u. erweit. Aufl. qu. gr. 4. (XIV, 215 S.) Soest (901). Ritter. n. 6. 50; geb. in Halbfrz. n.n. 8. —

2. Aufl. (XII, 3, 135 S.) Ebd. (900.) Geb. n.n. 6. 25.

Knabe, A., Choralbuch zum evangel. Gesangbuch f. Rheinland u. Westfalen f. Kirche, Schule u. Haus. 4. verb. Aufl. (XIV, 215 S.) 27,5×23 cm. Soest (908). Ritter. 6.—; geb. 8. —

Drei Lieder für vierstimmigen Männerchor. No 1. Abschied. No 2. Behüt dich Gott! No 3. Lieder u. Wein. Komp. von A. Knabe. Op. 10. *Soest: Ritter [1897].* (5 S.) 4° [o. 1868 6

Knabe, A., 72 Lieder verschiedensten Inhalts, meist bekannte und beliebte Volksmelodien, unter strenger Benutzung des natürl. zweistimm. Satzes im Sopran und Alt für vierstimm. gemischten Chor bearb. 8. (IV, 92 S.) Lippstadt 888, Rempel's Buchh. geb. * — 80

Westfalenlied. Gedicht von E[mil] Rittershaus, f. 4stimm. Männerchor komp. von A. Knabe. *Soest: Ritter [1900].* (3 S.) 4° [F.] [o. 3911 6

Knabe, Carl, s. Knabe, Karl

Knabe, Ferdinand. Ein Fall von isolirter Parese des Obliquus inferior. Halle 1873: Lipke. 31 S. 8°
Halle-Wittenberg, Med. Diss. v. 13. Okt. 1873
Geb. Saalfeld a/S. (Sachsen-Mein.) 17. 10. 1848. V

Knabe, G. J., die Herbart-Ziller'schen formalen Stufen d. Unterrichts nach ihrer psycholog. Begründung, ihrem Wesen u. ihrer prakt. Anwendbarkeit. gr. 8. (67 S.) Minden 889. Hufeland. n. 1.—

Knabe, G. J., die Herbart-Zillerschen formalen Stufen des Unterrichts nach ihrer psycholog. Begründung, ihrem Wesen u. ihrer prakt. Anwendbarkeit. 2. verb. Aufl. (III, 74 S.) gr. 8. Weinheim 903. F. Ackermann. n. 1.20

Knabe, G., was versteht man unter dem religiösen und sittlichen Inhalt der biblischen Geschichte und wie ist er auf den drei Stufen zu entwickeln, s. Lehrer-Prüfungs- und Informations-Arbeiten.

Knabe, G. J.: Was versteht man unter dem religiösen und sittlichen Inhalt der biblischen Geschichte, und wie ist er auf de den drei Stufen zu entwickeln und fruchtbar zu machen? Wahre Bildung macht frei. Von R. Kleine. 3. verb. Aufl. Minden: Hufeland 1909. 32 S. 8°
(Lehrer-Prüfungs- u. Informations-Arbeiten. H. 11.)

[F.] Wie pflegt das deutsche Volk seine teure Muttersprache, und Wie kann die Schule diese Arbeit fördern helfen? v. G. J. Knabe, Lehrer. *Weinheim (Baden): F. Ackermann 1898.* (XVI, 107 S.) 1 Bd 8. [98. 1811

Knabe, Heinrich, aus Saalfeld (Saale): Untersuchungen über die Lebensdauer nach erworbener Syphilis. *Jena 1902: Frommann.* (26 S.) 8°
Jena, Med. Diss. v. (6. Mai) 1902

Knabe, Heinr., Untersuchungen über die Lebensdauer nach erworbener Syphilis. Diss. gr. 8. (27 S.) Jena 902. (H. Pohle). 1. 20

Knabe, Karl, Dir. Dr. Abschiedsfeier des Herrn Direktors Dr. [Christoph] Hempfing. — Bericht über die Einführungsfeier des Berichterstatters. *Marburg 1899: F. Sömmering.* (S. I—IV.) 4°
Marburg, OR, P 1899 (445)

Knabe, Karl, s.: Archiv, pädagogisches.

Knabe, Karl, Max Georg Schmidt u. Walter Kürschner: Beiträge zur körperlichen Erziehung. Marburg 1910: Bauer. 35 S. 8°
Marburg a. L., OR m. Reform-RG i. E. P 1910 (574) [S 10. 224

Knabe, Karl August Fürchtegott:
Bericht über die Einführungsfeier des Berichterstatters. 4 (S. IV). Progr. Oberrsch. i. d. Entwicklung *Marburg* 1899

Knabe, Karl A. F. [Dr.]: Über den direkten Beweis. *Cassel* (1890); 26 S. 4°
Cassel, st. R (Hedwigstrasse), OP 1890 (391)

Knabe, K. A. F., über den direkten Beweis. gr. 4. (26 S.) Cassel 890. Klaunig. n. — 80

Denkschrift über das 60jährige Bestehen der Sparkasse des Saalkreises. 1. Jan. 1846 bis 1. Jan. 1906. Im Auftr. d. Kreisausschusses d. Saalkreises verf. von Karl Knabe, Sparkassen-Rend. (Halle: Kreisausschuß 1905.) (36 S.) 8° [F.] [07. 1269

[F.] Knabe, Karl *August Fürchtegott* [Dr.]: Französische Einflüsse auf das deutsche Realschulwesen. Kassel, Druck v. C. Richartz, 1895; 22 S. 4.
Kassel, OR, OP 1895 (424)

Knabe, Karl A. F., Entwicklung der Oberrealschule (in der Hedwigstrasse) zu Kassel (1843 bis 1893). gr. 8. (III, 63 S.) Kassel 893. G. Klaunig. n. — 60

Knabe, Karl, Direktor Dr.: Die Entwicklung der Realanstalt zu Marburg. (Marburg 1907: J. Hamel.) (7 S.) 4°
Marburg a. d. Lahn, OR P 1907 (519)

Knabe, Karl A. F., Deutschlands Errettung aus d. röm. Knechtschaft. Festspiel. gr. 8. (20 S.) Kassel 896. Th. Kay. n. — 20

Knabe, K. Aug. Fürchtegott, die Formen des indirecten Beweises mit besonderer Rücksicht auf ihre Anwendung in der Mathematik. Diss. Leipzig 1885, Gustav Fock. 8°. 66 S.

Knabe, Karl Aug. Furchteg. [aus Bündorf b. Merseburg]: Die Formen des indirecten Beweises mit besonderer Rücksicht auf ihre Anwendung in d. Mathematik. Cassel, Druck v. F. Scheel, 1885; 66 + 1 S. 8°.
Leipzig, Phil. Fak., Inaug.-Diss. v. 25. Nov. 1885.

Knabe, Karl, Dir. Dr. Das neue Gebäude der Oberrealschule Marburg a. d. Lahn. (Beschreibung u. Einweihung.) *Marburg 1900: R. Friedrich.* (14 S.) 4°
Marburg a. d. Lahn, OR, P 1900 (449)

Knabe, Karl, aus der antiken Geisteswelt. Ein Ergänzungsbuch f. den Unterricht an Realanstalten. (XII, 112 S.) gr. 8. Leipzig 906. Quelle & Meyer. Geb. n. 1. 60

— Geschichte des deutschen Schulwesens, s. Aus Natur u. Geisteswelt.

Geschichte des deutschen Schulwesens. Von Dr. Karl Knabe. Leipzig: Teubner 1905. 154 S. 8°
(Aus Natur u. Geisteswelt. Bdch. 85.) [11. 16388 11

Knabe, C., Geschichte der Stadt Torgau bis zur Zeit der Reformation. Nach den Urkunden zusammengestellt. gr. 8. (47 S.) Torgau 880. Jacob. n. — 80

Knabe, Karl [Dr.]: Heinrich Gräfe, der erste Leiter der jetzigen Oberrealschule zu Cassel. Cassel, Druck v. L. Döll, 1896; 1 Bl., 12 S. 4.
Cassel, OR, OP 1896 (422)

Karlshafens Gründung. Ein Festspiel in 3 Teilen z. 200j. Jubelfeier Karlshafens gewidmet von Karl Knabe. *Hofgeismar (1899): L. Keseberg.* (24 S.) 8° [F.] [o. 3831 4

— der akademisch gebildete Lehrer, s.: Was willst Du werden?

Knabe, C., s.: Publikationen d. Altertums-Vereins zu Torgau.
— Miscellen,

Knabe, Carl Historisch-statistische Nachrichten von dem kursächsischen Amte Torgau. 4 (17 S., 1 Taf.). G. *Torgau* 1887 (238).
Progr.

Knabe, Karl, Dir Dr Die **Oberrealschule** zu Marburg. Ein Wort zur Einweihung ihres neuen Gebäudes am 10. X. 1899. *Marburg 1899: C. L. Pfeil.* (S. 3—7.) 4°
Marburg, OR, Festschr. 1899 (445)

Knabe, C., s. Publikationen d. Altertums-Vereins zu Torgau.

[Kopft.:] [F.] **Knabe,** Karl *August Fürchtegott* [Dr.]: Über Schulmünzen im ehemaligen Kurhessen. *Kassel, 1894*; 11—28 S. 4.
Kassel, OR, OP 1894 (413)

Knabe, C., das Amt Torgau; Volkszahl von Torgau 1505 und 1535, s. Publikationen des Altertums-Vereins zu Torgau.

— Übersicht üb. d. Entwicklg. d. Realschulwesens in d. Prov. Hessen-Nassau. [Aus: „Zeitschr. f. lateinlose höh. Schulen."] gr. 8. (16 S.) Cassel 893. G. Klaunig. n. — 40

— Das deutsche Unterrichtswesen der Gegenwart, s.a. Aus Natur u. Geisteswelt.

Das deutsche Unterrichtswesen der Gegenwart. Von Dr Karl Knabe, Dir Leipzig Teubner 1910. 108 S. 8°
(Aus Natur u. Geisteswelt Bdch. 299.) [10. 1799

Knabe, C., Untersuchung gegen den Rat zu Torgau 1555, s.: Publikationen d. Altertums-Vereins zu Torgau.

[Umschlagt.:] [F.] **Knabe,** Carl [Dr., Dir.]: Urkunden der Stadt Torgau '(bis zur Reformation)', hrsg. [Th. 1.] Torgau, Buchdr. d. Torg. Bank, 1896; 1 24 S. 4.
Torgau, G, OP 1896 (258)

[Umschlagt.:] [F.] **Knabe,** Carl [Dr., Dir.]: Urkunden der Stadt Torgau '(bis zur Reformation)', hrsg. '(II. Tl.)' [Forts. d. P-Beil. 1896.] Torgau, Buchdr. d. Torg. Bank, 1897; 25—56 S. 4.
Torgau, G, OP 1897 (261)

Knabe, C., s.a. Urkundenbuch v. Torgau.

Knabe, K(arl), Prof. Dr., Gymnasial-Dir. a. D. **Urkundenbuch** von Torgau hrsg. vom Magistrate der Stadt. *Torgau 1903: (Buchdr. der Torgauer Bank.)* (S. I—XIV, 57—93, I—VII.) 4° ¶ [Forts. d. P-Beil. 1896, 1897.)
Torgau, G, OP 1903 (294)

Verwandlung des einen Zweigs der Oberrealschule der Stadt Marburg in ein Reform-Realgymnasium Frankfurter Systems. (Verf.: Dr. [Karl] **Knabe.**) (Marburg 1905.) (7 S.) 4° [F.] [c6. 2080] 4

— die Torgauer Visitations-Ordnung von 1529 [Ursprung u. Verwendung des Kirchenvermögens], erläutert. gr 4. (24 S.) Ebend. 881. n. 1. —

Knabe, Karl *August Fürchtegott* [Dr.]: Vorgeschichte und Entwicklung der Oberrealschule '(in der Hedwigstrasse)' zu Kassel '(1812 bis 1893)'. Kassel, Druck v. L. Döll, 1893; v S., 1 Bl., 175 S. 8.
Kassel, OR, Festschr. 1893

Knabo, K(arl), Dr., Dir Die einheitlichen **Ziele** im Schulwesen. (Ein Vortrag.) *Marburg: N. G. Elwert 1902.* (32 S.) 8°
Marburg a. d. Lahn, OR, P 1902 (408)

Knabe, Car[olus] Aug[ustus]. De fontibus historiae imperatorum Iuliorum Halis Saxonum (1864): Schmidt. 41 S. 8°
Halle-Wittenberg, Phil. Diss. v. 9 Aug. 1864
Geb. Bad Kösen 13. 9. 1840. V

Knabe, Karl August Fürchtegott, s. Knabe, Karl

Knabe, Otto, Tierarzt: Aus d. Chir. Klinik d. Tierärztl. Hochsch. zu Dresden. Die Resektion der Hufbeinbeugesehne mit besonderer Berücksichtigung der Folgezustände. Mit 5 Abb. Dresden 1908: Franke. 44 S. 8°
Leipzig, Veterinär-Med. Diss. v. 4. Dez. 1908, Ref. Röder
[Geb. 25. April 82 Riesa; Wohnort: Dresden; Staatsangeh.: Sachsen; Vorbildung: Realgymn. Dresden-N. Reife O. 03; Studium: Dresden Tierärztl. Hochsch. 7 S.; Coll. 22. Dez. 08; Approb. 10. Juni 07.] [U 09. 2802

Knabe, Paul, Referendar in Berlin: Über die Bedeutung und Wirkung des Frachtbriefes. Borna-Leipzig 1905: R. Noske. (VIII, 54 S.) 8° [F.]
Leipzig, Jur. Fak., Diss. v. 25. Febr. 1905
[Geb. 12. Apr. 74 Magdeburg; Wohnort: Berlin; Staatsangeh.: Preußen; Vorbildung: Gymn. Greifswald Reife O. 94; Studium: Heidelberg, Berlin, Bonn; Rig. 27. Okt. 04.]

Knabe, Paul [app. Arzt aus Halle a. S.]: **Beiträge zur Statistik und Casuistik der Augenverletzungen** ... Halle a. S., Hofbuchdr. v. C. A. Kaemmerer & C., 1895; 31 S., 1 Bl. 8.
Halle, Med. Fak., Inaug.-Diss. v. 22. März 1895

Knabe, Rich., Aufgaben für das Kopfrechnen in Elementar-, Bürger- und Mittelschulen, nach Schuljahren geordnet und nach method. Grundsätzen entworfen. Ausg. für die Hand des Lehrers. 2 Tle. 8. Gütersloh 888, Bertelsmann. [1. Tl. 1.—4. Schuljahr. (VIII, 252 S.); 2. Tl. 5.—9. Schuljahr. (V, 248 S.) à * ℳ 2,40.] *

—— dass. — Ausg. für die Hand der Schüler. 7 Hefte. 8. Ebendas. 888. [1. Heft. (32 S.) * 12 Pf.; 2. Heft. (58 S.) * 25 Pf.; 3. und 4. Heft. (42; 44 S.) à * 20 Pf.; 5. Heft. (64 S.) * 40 Pf.; 6. Heft. (79 S.) * 60 Pf.; 7. Heft. (24 S.) * 20 Pf.] *

Knabe, Rich., Auflösungen zum gewerblichen Rechenbuch f. Handwerker- u. Fortbildungs-Schulen, sowie zum Selbstunterricht. 2. Aufl. 8. (18 u. Anh. 7 S.) Halle 898. R. Mühlmann's Verl. Geb. n. — 50

Knabe, R., die Buchstaben des deutschen u. lateinischen Alphabetes u. ihre Grundformen. Ausg. A. f. die Hand des Lehrers. 4. (6 lith. S.) Halle 888. Grosse. n. — 80

— dasselbe. Ausg. B. f. die Hand des Schülers. 4. (2 lith. S.) Ebd. 888. n. — 10

— gewerbliches Rechenbuch, nebst Einführg. in die gewerbl. Buchführung für Handwerker- u. Fortbildungsschulen, sowie zum Selbstunterricht. 8. (82 S.) Halle a/S. 890. Mühlmann's Verl. n. — 50

—— dass. — Auflösungen. 8. (18 S.) Ebd. 890. geb. * — 50

Knabe, Rich., gewerbliches Rechenbuch nebst Einführung in die gewerbliche Buchführung f. Handwerker- u. Fortbildungsschulen, sowie zum Selbstunterricht. 2. Aufl. Mit e. Anh.: Rechenaufgaben aus der Kranken-, Unfall-, Invaliditäts- u. Altersversicherg., bearb. v. Lucks u. Ostwald. 8. (82 u. 16 S.) Halle 893. R. Mühlmann's Verl. n. — 50

—— und Ostwald, Rechenbuch für Stadt- und Landschulen. Ausg. A. für Stadtschulen in 6 Heften. 8. Ebendas. 888. [1. Heft. (16 S.) * 10 Pf.; 2. Heft. (30 S.) * 15 Pf.; 3. Heft. (48 S.) * 20 Pf.; 4. Heft. (48 S.) * 20 Pf.; 5. Heft. (64 S.) * 30 Pf.; 6. Heft. (82 S.) * 40 Pf.] * 1 35
—— —— dass. — Auflösungen zum 3.—6. Heft. 8. (26; 27; 42; 66 S.) Ebendas. 888. geb. à Heft * — 50

— u. Ostwald, Rechenbuch f. Stadt- u. Landschulen. Ausg. A. f. Stadtschulen in 6 Hftn. 2., verm. Aufl. 8. Halle a/S. 889. Mühlmann's Verl. n. 1. 35
1. (16 S.) n. — 10. — 2. (32 S.) n. — 15. — 3. (48 S.) n. — 20. — 4. (48 S.) n. — 20. — 5. (64 S.) n. — 30. — 6. (96 S.) n. — 40.

— — dasselbe. Auflösungen zum 3.—6. Hft. 8. Ebd. geb. à n. — 50
3. (26 S.) 888. — 4. 2. Aufl. (34 S.) 889. — 5. 2. Aufl. (50 S.) 889. — 6. 2. Aufl. (64 S.) 889.

— u. Ostwald, Rechenbuch f. Stadt- u. Landschulen. Ausg. A. f. Stadtschulen in 6 Hftn. Neu bearb. von Ostwald u. Lucks. 3. Aufl. 8. Ebd. 893. n. 1. 80
I. (24 S.) n. — 15. — II. III. (48 u. 54 S.) à n. — 25. — IV. (66 S.) n. — 30. — V. (65 S. m. Fig.) n. — 35. — VI. (104 S.) n. — 50.

— — dasselbe. 3. Aufl. Auflösungen zum 3.—6. Hft. gr. 8. (21, 29, 37 u. 46 S.) Ebd. 893. Geb. à n. — 50

Knabe u. Ostwald, Rechenbuch f. Stadt- u. Landschulen. Ausg. A f. Stadtschulen in 6 Hftn. Neu bearb. v. Ostwald u. Lucks. 8. Halle, R. Mühlmann's Verl. n. 1. 80
1. 4. Aufl. (24 S.) 896. n. — 15
2. 3. 5. Aufl. (48 u. 54 S.) 896. à n. — 25
4. 5. Aufl. (66 S.) 896. n. — 30
5. 4. Aufl. (65 S.) 894. n. — 35
6. 4. Aufl. (104 S. m. Fig.) 896. n. — 50

Knabe u. Ostwald, Rechenbuch f. Stadt- u. Landschulen. Ausg. A f. Stadtschulen in 6 Heften. Neu bearb. v. Ostwald u. Lucks. 8. Halle, R. Mühlmann's Verl. n. 1. 80
I. Der Zahlenraum von 1 bis 20. 5. Aufl. (24 S.) 899. — 15
II. Der Zahlenraum von 1 bis 100. 8. Aufl. (48 S.) 906. — 25
III. Der Zahlenraum von 1 bis 1 000 000. 7. Aufl. (54 S.) 902. — 25
IV. Der unbegrenzte Zahlenraum, das Rechnen m. mehrfach benannten Zahlen, Zeitrechnung, leichtere Aufgaben aus der Regel de tri u. Durchschnittsrechnung. 7. Aufl. (66 S.) 901. — 30
V. Bruchrechnung. Regel de tri, Arbeiterversicherungen, geometrische Berechnungen. 5. Aufl. (65 S. m. Fig.) 897. — 35; 6. Aufl. (67 S. m. Fig.) 901. — 35
VI. Regel de tri, bürgerliche Rechnungsarten, Arbeiterversicherungen, Aufgaben aus der Physik, geometrische Berechngn. 6. Aufl. (104 S. m. Fig.) 906. — 50

Knabe u. Ostwald, Rechenbuch f. Stadt- u. Landschulen. Ausg. A f. Stadtschulen in 6 Heften. Neu bearb. v. Ostwald u. Lucks. 9. Aufl. III. Heft. Der Zahlenraum von 1—1 000 000. (54 S.) 8. Halle 907. R. Mühlmann's Verl. — 25

— — dasselbe. Ausg. B. f. Landschulen (ein- bis vierklass. Schulen) in 3 Hftn. 8. Ebd. 888. n. — 75
1. (36 S.) n. — 20. — 2. (48 S.) n. — 25. — 3. (64 S.) n. — 30.

— — dasselbe. Auflösungen zum 2. u. 3. Hft. 8. (23 u. 35 S.) Ebd. 888. geb. à n. — 50

—— —— dass. — Ausg. C. f. Bürgerschulen in 7 Heften. 8. Ebd. 889. [1. Heft. (32 S.) * — 20; 2. Heft. (46 S.) * — 25; 3. Heft. (67 S.) * — 35; 4. Heft. (48 S.) * — 25; 5. Heft. (60 S.) * — 35; 6. Heft. (122 S.) * — 90; 7. Heft. (119 S.) * 1 —.] * 3 30

Knabe, Rich. u. Ostwald. Rechenbuch für Stadt- u. Landschulen. Ausg. C. f. Bürgerschulen. Auflösungen zum 2.—7. Heft. 8. Halle a. S. 889, Mühlmann's Verlag. [2.—5. Heft. (19; 52; 39; 41 S.) à Heft * — 50; 6. u. 7. Heft. (64; 45 S.) à Heft * — 75.] geb. * 3 50

— — dasselbe. Ausg. C f. Bürger- u. Mittelschulen in 7 Hftn. Neu bearb. v. Ostwald u. Lucks. 2. Aufl. 8. Ebd. 896. n. 3. 25
1. (38 S.) n. — 25. — 2. (71 S.) n. — 40.
3. (44 S. m. 1 Fig.) n. — 30. — 4. (93 S.) n. — 50.
5. (76 S.) n. — 45. — 6. (114 S. m. Fig.) n. — 60.
7. (123 S.) n. — 75.

— — dasselbe. Auflösungen z. 2.—7. Hft. 2. Aufl. 8. Ebd. 896. Geb. n. 3. 50
2.—5. (14, 24, 43 u. 40 S.) à n. — 50
6. 7. (47 u. 44 S.) à n. — 75
Zum 1. Hft. sind Auflösgn. nicht erschienen.

— — Rechenbuch für Bürger- u. Mittelschulen. Ausg. C. in 7 Heften. Neu bearb. von Ostwald u. Lucks. 8. Ebd. n. 3. 25
I. Zahlenraum von 1 bis 10 u. 1 bis 20, Addieren u. Subtrahieren einstelliger Zahlen im Zahlenraum bis 100. 3. Aufl. (38 S.) 903. — 25
II. Zahlenraum von 1 bis 100 u. 1 bis 1000, Einführung in die schriftliche Darstellung der 4 Grundrechnungsarten. 3. Aufl. (71 S.) 903. — 40
III. Zahlenraum von 1 bis 1 000 000 u. unbegrenzter Zahlenraum m. unbenannten u. einfach benannten Zahlen. 3. Aufl. (44 S.) 902. — 30
IV. Resolvieren u. Reduzieren, die 4 Grundrechnungsarten m. mehrfach benannten Zahlen, Zeitrechnung, leichtere Aufgaben aus der Regeldetri u. Durchschnittsrechnung. 4. Aufl. (82 S.) 906. — 50
V. Bruchrechnung, einfache Regeldetri, Arbeiterversicherungen, Winkel- u. Längenberechnung. 3. Aufl. (78 S.) 901. — 45
VI. Zusammengesetzte Regeldetri, Prozentbestimmung, einfache bürgerliche Rechnungsarten (Zinsrechnung, Warenrechnung, Rabatt- u. Diskontrechnung, Termin-, Verteilungs- u. Mischungsrechnung), Arbeiterversicherung, Quadratwurzel, Flächenberechnung. 4. Aufl. (112 S. m. Fig.) 903. — 60
VII. Verhältnisse u. Proportionen, Kettensatz, schwierigere bürgerliche Rechnungsarten (Zinsrechnung, Zinseszins- u. Rentenrechnung, Termin-, Verteilungs- u. Mischungsrechnung, Rechnung m. Staatspapieren, Münz- u. Wechselrechnung, Kubikwurzel, Körperberechnung.) 3. Aufl. (123 S.) 901. — 75

— — Rechenbuch. Ausg. C f. Bürger- u. Mittelschulen in 7 Heften. Neu bearb. v. Ostwald u. Lucks. 4. Aufl. I., II. u. V. Heft. 8. Ebd. 1. 10
I. Zahlenraum von 1—10 u. 1—20, Addieren u. Subtrahieren einstelliger Zahlen im Zahlenraum bis 100. (38 S.) 907. — 25
II. Zahlenraum von 1—100 u. 1—1000, Einführung in die schriftliche Darstellung der 4 Grundrechnungsarten. (71 S.) 907. — 40
V. Bruchrechnung, einfache Regeldetrie, Arbeiterversicherungen, Winkel- u. Längenberechnung. (78 S.) 907. — 45

— — Rechenbuch f. Stadtschulen in 7 Heften. Ausg. D. Hrsg. v. Ostwald u. Lucks. 8. Ebd. n. 2. 45
I. Zahlenraum von 1 bis 10 u. 1 bis 20. 3. Aufl. (32 S.) 905. — 15
II. Zahlenraum von 1 bis 100. 4. Aufl. (62 S.) 906. — 30
III. Zahlenraum von 1 bis 1000. Nummerieren bis 1 000 000. Schriftlich die vier Species (ein-, zwei-, u. dreistell. Multiplikator, ein- u. zweistell. Divisor). 1. u. 2. Aufl. (Je 60 S.) 901. 902. — 30
IV. Unbegrenzter Zahlenraum, die 4 Grundrechnungsarten m. mehrfach benannten Zahlen. 3. Aufl. (72 S.) 906. — 35
V. Zeitrechnung. Gemeine Brüche. Durchschnittsrechnung. Einfache Regeldetri. (76 S.) 903. — 40
VI. Dezimalbrüche. Regeldetri. Prozentrechnung. Arbeiterversicherungen I. Aufgaben I aus der Physik u. Raumlehre. (88 S. m. Fig.) 903. — 45
VII. Bürgerliche Rechnungsarten. Arbeiterversicherungen II. Aufgaben II aus der Physik u. Raumlehre. (108 S.) 904. — 50

Knabe u. Ostwald, Rechenbuch f. Stadtschulen in 7 Heften. Ausgabe D. Hrsg. v. Ostwald u. Lucks. Auflösungen zum 3.—7. Heft. 8. Halle, R. Mühlmann's Verl. Kart. n. 3. —
III. (16 S.) 901. — 50. — IV. (3· S.) 902. — 50. — V. (32 S.) 903. — 50. — VI. (40 S.) 903. — 75. — VII. (43 S.) 904. — 75.
Zum I. u. II. Hefte sind Auflösungen nicht erschienen.

— — dasselbe. Ausg. D f. Stadtschulen in 7 Heften. Hrsg. v. Ostwald u. Lucks. 4. Aufl. I.—VI. Heft. 8. Ebd. 1. 95
I. Zahlenraum von 1—10 u. 1—20. (32 S.) 907. — 15
II. Zahlenraum von 1—100. (62 S.) 907. — 30
III. Zahlenraum von 1—1000. Nummerieren bis 1 000 000. Schriftlich die 4 Spezies (ein-, zwei- u. dreistell. Multiplikator ein- u. zweistell. Divisor). (60 S.) 907. — 30
IV. Unbegrenzter Zahlenraum, die 4 Grundrechnungsarten m. mehrfach benannten Zahlen. (72 S.) 909. — 35
V. Zeitrechnung. Gemeine Brüche. Durchschnittsrechng. Einfache Regeldetri. (76 S.) 907. — 40
VI. Dezimalbrüche. Regeldetri. Prozentrechnung. Arbeiterversicherungen. I. Aufgaben aus der Physik u. Raumlehre. (88 S.) 907. — 45

— — Rechenbuch f. Bürger- u. Mittelschulen in 8 Heften. Ausg. E. Hrsg. v. Ostwald u. Lucks. 8. Ebd. n. 3. 75
I. Zahlenraum von 1 bis 10 u. 1 bis 20, Addieren u. Subtrahieren einstelliger Zahlen im Zahlenraum bis 100. 3. Aufl. (48 S.) 905. —25
II. Zahlenraum von 1 bis 100 u. 1 bis 1000 (m. Ausschluß v. Addition u. Subtraktion zweier dreiwertiger Zahlen), Einführung in die schriftliche Darstellung der 4 Grundrechnungsarten. 3. Aufl. (80 S.) 905. — 45
III. Zahlenraum von 1 bis 1000000 u. unbegrenzter Zahlenraum m. unbenannten u. einfach benannten Zahlen. 1. u. 2. Aufl. (Je 56 S.) 901. 903. — 35
IV. Resolvieren u. Reduzieren, die 4 Grundrechnungsarten m. mehrfach benannten Zahlen. (84 S.) 902. — 50
V. Bruchrechnung. Durchschnittsrechng. 2. Aufl. (78 S.) 906. — 40
VI. Zeitrechnung. Regeldetri. Prozentrechnung. Zinsrechnung (Berechnung der Zinsen). Arbeiterversicherung I. Aufgaben I aus der Physik u. Geometrie. (84 S. m. Fig.) 903. — 50
VII. Einfache bürgerliche Rechnungsarten. Verhältnisse u. Proportionen. Arbeiterversicherungen II. Aufgaben II aus der Physik u. Geometrie. (103 S. m. Fig.) 904. — 50
VIII. Bürgerliche Rechnungsarten (Prozent-, Zins-, Zinseszins-, Renten-, Termin-, Verteilungs- u. Mischungsrechnung, Rechnung m. Staatspapieren u. Aktien, Münz- u. Wechselrechnung), Aufgaben III aus der Physik u. Geometrie. (123 S.) 905. — 80

— — dasselbe. Auflösungen zum III.—VIII. Heft. 8. Ebd. Kart. n. 3. 60
III. (27 S.) 901. — 50. — IV. (35 S.) 902. — 50. — V. (36 S.) 903. — 50. — VI. (36 S.) 903. — 60. — VII. (42 S.) 904. — 75. — VIII. (47 S.) 905. — 75.
Zum I. u. II. Hefte sind Auflösungen nicht erschienen.

— — dasselbe. Ausg. E f. Bürger- u. Mittelschulen in 8 Heften. Hrsg. v. Ostwald u. Lucks. 4. Aufl. I.—III. Heft. 8. Ebd. 1. 05
I. Zahlenraum von 1—10 u. 1—20, Addieren u. Subtrahieren einstell. Zahlen im Zahlenraum bis 100. (48 S.) 907. — 25
II. Zahlenraum von 1—100 u. 1—1000 (m. Ausschluß v. Addition u. Subtraktion zweier dreiwertiger Zahlen), Einführung in die schriftliche Darstellung der 4 Grundrechnungsarten. (80 S.) 909. — 45
III. Zahlenraum von 1—1000000 u. unbegrenzter Zahlenraum m. unbenannten u. einfach benannten Zahlen. (56 S.) 907. — 35

— — dasselbe. (Ausg. f. Mädchen.) Heft VIa u. VIIa u. Auflösgn. 8. Ebd. n. 1. 95
VIa. Dezimalbrüche, Hauswirtschaftliches, Regeldetri, Prozentrechnung, Arbeiterversicherungen I, Aufgaben I aus der Physik, das Flächenmaß. (76 S.) 905. — 45; Auflösgn. (34 S.) 905. n. — 50
VIIa. Bürgerliche Rechnungsarten, Hauswirtschaftliches, Arbeiterversicherungen II, Aufgaben II aus der Physik u. Küchenchemie, das Körpermaß. (88 S.) 905. — 50; Auflösgn. (31 S.) 905. n. — 50

— — dasselbe. (Ausg. f. Mädchen.) Heft VIa, VIIa u. VIIIa nebst Auflösungen. 8. Ebd. n. 3. —
VIa. Hauswirtschaftliches, Zeitrechnung, Regeldetri, Prozentrechnung, Aufgaben I aus der Physik. (56 S.) 905. — 40; Auflösungen. (26 S.) 905. Kart. — 50
VIIa. Einfache bürgerliche Rechnungsarten, Hauswirtschaftliches, Arbeiterversicherungen I, Aufgaben II aus der Physik. (68 S.) 905. — 60; Auflösungen. (23 S.) 905. Kart. — 50
VIIIa. Bürgerliche Rechnungsarten, Hauswirtschaftliches, Städtisches, Landwirtschaftliches, Weltkundliches, Arbeiterversicherungen II, Aufgaben III aus der Physik u. Chemie, Aufgaben aus der Raumlehre. (84 S.) 906. — 60; Auflösungen. (30 S.) Kart. — 50

— der Rechenunterricht an mehrklassigen Schulen. Ein Handbuch f. den Gebrauch des Rechenbuchs f. Stadt- u. Landschulen in 6 Hftn. v. Knabe u. Ostwald, enthaltend a. Stoffverteilungspläne auf 6 Schuljahre, b. Stoffverteilungspläne auf je 40 Schulwochen, c. Lehrgänge an Beispielen. 8. (60 S.) Halle 888. Grosse. n. 1. —

Knabe, Vincentius (Ferd.) (geb. Comeise in Schles. 11. 5. 1829). De venarum intumescentia atque pulsatione. Berolini (1853). (21 S.) 4°
Berlin, Med. Diss. v. 26. Aug. 1853

Knabe, Wilhelm, approb. Arzt aus Röhrigen i. S.: **Ein Beitrag** zur Kasuistik des Pemphigus. *Lucka S.-A. (1903): R. Berger.* (31 S.) 8°
Leipzig, Med. Diss. v. (31 Juli) 1903

Knäbel, A.: Die Anlage u. Einrichtung der Glasfabriken, s.a. Taschenbibliothek, Deutsche bautechnische.

Knäbel, A: Die Anlage und Einrichtung von Glasfabriken. Leipzig 1882

– Die Anlage u. Einrichtung der Porzellanfabriken, s.a. Taschenbibliothek, Deutsche bautechnische.

Knäbel, A: Die Anlage und Einrichtung von Porzellanfabriken. Leipzig 1882

– Die Anlage u. Einrichtung von Ziegeleien, s. Taschenbibliothek, Deutsche bautechnische.

— technisches Bauhandbuch für Baugewerksmeister u. Bauhandwerker. Unter Mitwirkung mehrerer Fachgenossen bearb. u. hrsg. Mit über 700 (eingedr.) Holzschn. Lex.-8. (VIII, 558 S.) Berlin 880. 81. Salewski. n. 18. —; geb. n. 21. —

Knäbel, A., technisches Bauhandbuch f. Baugewerksmeister u. Bauhandwerker. Unter Mitwirkg. mehrerer Fachgenossen bearb. u. hrsg. 2. Aufl. 18 Lfgn. Lex.-8. (558 S. m. über 700 in den Text gedr. Holzschn.) Berlin 888. Salewski. à Lfg. n. 1. —

— ländliche u. landwirtschaftliche Bauten, s.: Taschenbibliothek, deutsche bautechnische.

— dasselbe. s.: Taschenbibliothek, deutsche landwirtschaftliche.

Knäbel, A.: Die Bereitung des Cider resp. der Obstweine, sowie die Essig-Fabrikation, s.a. Taschenbibliothek, Deutsche bautechnische.

Knäbel, A. Die Bereitung des Cider resp. der Obstweine, sowie die Essigfabrikation. Leipzig 1881

– Das Bier-Brauerei- und Spiritus-Brennerei-Gebäude, s.a. Taschenbibliothek, Deutsche bautechnische.

Knäbel, A. Das Bier-Brauerei- und das Spiritus-Brennerei-Gebäude in der Anlage und Einrichtung. Leipzig 1880

– Die Fabrikation der Oele und Einrichtung der Oelmühlen, s.a. Taschenbibliothek, Deutsche bautechnische.

Knäbel, A: Die Fabrikation der Oele und Einrichtung der Oelmühlen. Leipzig 1881

— Handbuch für Fabrik- u. gewerbliche Baukunde. Enth. die Darstellung u. Beschreibung von Fabriken u. gewerblichen Anlagen mit den dazu gehörigen Gebäuden, Betriebs- u. baulichen Einrichtungen. Zum Gebrauche für Fabrikanten, Gewerbtreibende, Architekten etc. 1. Bd. Landwirthschaftliche Fabriken u. gewerbl. Anlagen. Mit 112 (eingedr. Holzschn.-)Abbildungen. 8. (VII, 275 S.) Leipzig 881. Scholtze. n. 6. —

Knäbel A, Handbuch für Fabrik- und gewerbliche Baukunde. 2 Bde (Taschenbücher, Bautechnische 12. 13) Leipzig 1881. 82

– Die Leinen-Industrie, Flachsgarn-Spinnerei, Bleich- und Appretur-Anstalt etc., s. Taschenbibliothek, Deutsche bautechnische.

– Die Mehlfabrikations-Anlage und Einrichtung der Getreidemühlen, s. Taschenbibliothek, Deutsche bautechnische.

– Das Rübenzucker- und das Kartoffelstärke-Fabrikgebäude in der Anlage und Einrichtung, s.a. Taschenbibliothek, Deutsche bautechnische.

Knäbel A, das Rübenzucker- und Kartoffelstärke-Fabrikgebäude. (Taschenbibliothek, Bautechnische 61) Leipzig 1880

– Die T u c h f a b r i k a t i o n und der Zeugdruck, s.a. T a s c h e n b i b l i o t h e k , Deutsche bautechnische.

— — d. Tuchfabrikat. u. d. Zeugdruck, spec. d. Kattundruckerei. 1882 1.25

—— Villen und Wohngebäude. Ausgeführte und projektirte Orig.-Entwürfe mit Grundrissen, Durchschnitten und Details nebst erläut. Text. 3 Lfgn. Fol. (4 S. mit 25 Stnt.) Leipzig 875, Scholtze. à Lfg. * ℳ 4. *

— Villen u. Wohngebäude. Ausgeführte u. projektirte Original-Entwürfe mit Grundrissen, Durchschnitten u. Details nebst erläut. Text. 1—3. Lfg. gr. 4. (4 S. u. 25 Steintaf.) Leipzig 877. Scholtze. n. 12. —

Knäbel, A., die ländlichen Wirtschafts-Gebäude u. Baulichkeiten, s.a. Taschenbibliothek, deutsche bautechnische.

Knäbel A, die ländl. Wirtschaftsgebäude. (Taschenb. bautechn. 17) Leipzig 1883

— die Wollen- u. die Seiden-Färberei, s.a. Taschenbibliothek, deutsche bautechnische.

Knäbel, A: Die Wollen- und die Seiden-Färberei. Leipzig 1882

Knaebel, Adolf, approb. Arzt aus Cannstatt: Aus d. Tübinger Universitäts-Augenklinik. Ueber Keratomalacia infantum. *Tübingen: F. Pietzcker 1901.* (28 S.) 8° Tübingen, Med. Diss. v. 1901

Knaben, die, im Freien. Ein Bilderheft m. 8 (lith. u. color.) Darstellungen. qu. 4. Nürnberg 849, Renner & Co. 1/3 ₰

Knaben, des, Lust und Lehre, Blätter zur Unterhaltung und Belehrung für Knaben im Alter von 10 bis 16 Jahren. Mit Beiträgen von Curtman, W. Buchner, Otto Buchner etc. Mit Lithogr. nach Original-Zeichnungen. 1. und 2. Bd. Jahrg. 1857 und 1858. à Jahrg. 12 Lfgn. gr. 8. (à Lfg. ca. 48 S. mit theilweise ill. Stnt.) Glogau, Flemming's Verlag. à Lfg. 6 Ngr. à Jahrg.

—— dass. — 3. Bd. Jahrg. 1859. Album für das reifere Jugendalter hrsg. von Herm. Masius. 12 Lfgn. gr. 8. (1. Lfg. 48 S. mit 1 lithogr. Karte und 2 Stnt. in Tondr.) Ebendas. à Lfg. 5⅓ Ngr.
Die Fortsetzung erscheint unter dem Titel: Der Jugend Lust und Lehre.

Knaben, der, Lustwald. 1r Theil. s. Lesebuch, deutsches, 2ter Bd.

Knaben, des, Opfer, s.: Edelweiß.

Knaben, der, Spielzeug. Von Freunden der muntern Jugend in Reime und Bilder gebracht. br. 8. (31 S. mit 8 ill. Stahlst.) Nürnberg 854, Geißler.

Knaben, die ungleichen, eine Geschichte für Kinder mit (eingedr.) Pfennigbildern, und Jahresbericht des Münchener-Vereins gegen Thierquälerei von Wilh. Gail und dem Gründer des Vereins, Perner. qu. 8. (XXXII und 80 S.) München 848, (Finsterlin.) Thlr.

Knaben, die ungleichen, e. Geschichte mit Bildern. Neue Aufl. herausg. vom Thierschutzverein in München. München 869. (J. A. Finsterlin.) qu. 4. (32 S. mit eingedr. Holzschn.) n. 2 ngr.

Knaben, des, eigener Wegweiser. 8. (380 S.) Cleveland, O. 876. (Philadelphia, Schäfer und Koradi.) geb. *

Knaben, des, Wunderhorn, s. National-Bibliothek sämmtlicher deutschen Classiker.

Knaben, des, Wunderhorn. (Gedichte.) 2 Bde. 16. Glogau 843, Sörgel. In Seide geb. mit Goldschn. n. 2 ₰ — In Sammt geb. 4 ₰

Knaben, des, Wunderhorn. Ausgewählt u. eingeleitet v. Frdr. Ranke. (Mit Titelbild aus der 1. Aufl. des Wunderhorn.) (XIV, 261 S.) 8. Leipzig 908. Insel-Verlag. In Pappbd. 2.—; geb. in Ldr. 4. —

Knaben, des sächsischen, Wunderhorn. Gedichte in sächs. Mundart von Mikado [Karl Edler v. der Planitz]. 8. (68 S.) München 888, Braun und Schneider. geb. * 1 50

Knaben-ABC- u. Lesebuch, neuestes, m. 25 ill. Bild. u. deren Erklär. Nebst angemess. Leseübn. aus d. Reichen d. Natur, d. ersten Unterr. in d. Religion u. Religionsgesch., d. Sprachlehre u. d. Rechnen, so wie vielen höchst nützl. Lebensregeln. 12 (3 B.) Prag 831, Bohmanns Erben. Thlr

Knaben-Arbeits-Anstalt, Die, zu Darmstadt, s.a. B e c k , Ferdinand Karl Heinrich

Knaben-Arbeits-Anstalt, die, zu Darmstadt. Nebst Andeutn. üb. ihre Nachbild. f. Stadt u. Land. Ein Beitr. z. Jugenderzieh. u. Volksbildung. Lex.-8. (2¾ B.) Darmstadt 841, Jonghaus.

Knaben-Arbeitsanstalt, die, zu Darmstadt. Ein Bericht über ihre Entstehung u. Entwickelung nach einem 30jähr. Bestande. Herausg. von dem Vorstande derselben. Darmstadt 857. Jonghaus. gr. 8. (IV, 76 S. u. 1 lith. Taf. in 4.) n. 10 ngr.

Knabenbauer, Fr. Xav., das betende Kind. Ein kathol. Gebetbüchlein f. fromme Kinder. 4. verb. Aufl. 32. (184 S.) Passau 874. Bucher. geb. n. — 30

Knabenbauer, F. X., das betende Kind. Ein kathol. Gebetbüchlein f. fromme Kinder. 6. Aufl. 16. (VIII, 184 S. m. 1 Farbendr.) Passau 889. Abt. geb. n. — 40

Knabenbauer, Frz. Xav., Leitstern auf dem Wege zum Himmel. Ein katholisches Gebetbuch für alle Stände. Passau 863. Elsässer & Waldbauer. 16. (IV, 475 S. u. 1 Stahlst.) 10 ngr.

Orakel und Prophetie. Eine apologetische Parallele. Von Franz Xaver Knabenbauer, S. J. — 1881, Passau, ibid. — S. 3—60*.
Progr. Passau, K. Gymn.

Knabenbauer, F. X., Palästina. Das Notwendigste von d. Geographie d. gelobten Landes im Anschlusse an d. bibl. Geschichtsunterricht. 6. Aufl. 12. (29 S. m. 1 farb. Karte.) Passau 902. M. Waldbauer. n. — 25

Knabenbauer, Ios., S. I.

Knabenbauer, J., Commentarius in librum Job. Paris, Lethielleux, (Regensburg, Pustet) 1886, gr. 8°, IV u. 468 S., 8 frcs.

Knabenbauer, J., s. Cursus scripturae sacrae.

Knabenbauer, Jos., Erinnerungen an P. Petrus Roh aus der Gesellschaft Jesu. [Aus „Stimmen aus Maria-Laach".] 8. (65 S.) Freiburg i. B. 872. Herder. — 60

Knabenbauer, Jos., Erklärung des Propheten Isaias. gr. 8. (IX, 718 S.) Freiburg i/Br. 881. Herder. n. 10. —

Knabenbauer, Jos., das Zeugniß des Menschengeschlechts für die Unsterblichkeit der Seele. [Ergänzungshefte zu den „Stimmen aus Maria Laach".] gr. 8. (164 S.) Freiburg i. Br. 878, Herder'sche Verlagsh. *

Knabenbeschäftigungsanstalt zu Darmstadt. Nebst Andeutungen über ihre Nachbildung für Stadt und Land. Ein Beitrag zur Volksbildung u. Jugenderziehung für Beamte, Geistliche, Schullehrer und Ortsvorsteher. gr. 8. Darmstadt 840. Jonghaus. 1/6 ℔

Knabenbuch, deutsches. Ein Jahrbuch der Unterhaltg., Belehrg. u. Beschäftigg. f. unsre Knaben. Mit Beiträgen von B. v. Becker, Jos. M. Bergmeister, S. Brädikow u. A. Mit zahlreichen Text- u. 8 Farbenbildern von Otto Bromberger, G. Adf. Closs, Joh. Gehrts u. A. Des Buchs der Jugend VIII u. IX. gr. 8. (398 u. 400 S.) Stuttgart 893. 894. K. Thienemann. Geb. in Leinw. à n. 6. 50
s.: Buch, das, der Jugend.

Knabenbuch, deutsches. E. Jahrbuch d. Unterhaltg., Belehrg. u. Beschäftigg. f. uns. Knaben. M. Beiträgen v. M. Barack, B. v. Becker, Jos. M. Bergmeister u. a. M. zahlr. Text- u. 8 Farbenbild. v. Fritz Bergen, Joh. Gehrts, Otto Gerlach u. a. 10.—12. Bd. gr. 8. (à ca. 400 S.) Stuttgart 895—897. K. Thienemann. Geb. in Leinw. n. 6. 50

Knabenbuch, deutsches. Ein Jahrbuch der Unterhaltung, Belehrg. u. Beschäftigg. f. unsre Knaben. Mit Beiträgen von Jos. M. Bergmeister, E. D. H. Brandrup, A. v. Carlowitz u. a. Mit zahlr. Text- u. Farbenbildern von Fritz Bergen, Joh. Gehrts, W. Hannemann u. a. 13.—16. Bd. gr. 8. (396, 400, 398 u. 396 S.) Stuttgart (899—902). K. Thienemann. Geb. in Leinw. à n. 6. 50

Knabenbuch, deutsches. Ein Jahrbuch der Unterhaltg., Belehrg. u. Beschäftigg. f. unsere Knaben. Mit Beiträgen v. Graf Bernstorff, E. Biller, C. Blümlein u. a. Mit zahlreichen Text- u. Farbenbildern v. Fritz Bergen, Joh. Gehrts, O. Herrfurth u. a. 17.—20. Bd. (388, 400, 410 u. 410 S.) gr. 8. Stuttgart (903—906.) K. Thienemann. Geb. in Leinw. à n. 6. 50
Die Bände 1—18 sind im Preise ermäßigt.

Knabenbuch, deutsches. Ein Jahrbuch der Unterhaltg., Belehrg. u. Beschäftigg. f. unsere Knaben. Mit Beiträgen v. Graf Bernstorff, E. Biller, A. Breitzmann u. a. Mit zahlr. Text- u. Farbenbildern v. Fritz Bergen, Joh. Gehrts, O. Herrfurth u. a. 21—24. (415, 410, 413 u. 410 S.) gr. 8. Stuttgart (907—10). K. Thienemann. Geb. in Leinw. à 6. 50
Der Ladenpreis der Bde. 1—19 ist aufgehoben.

Knabenbuch, deutsches. Jetzt: Stuttgart, Ant. Hoffmann.

Knabenfreund. Eine Sammlung von Erzählgn. histor. u. andren Inhalts, Balladen, Gedichten, Abhandlgn. aus der Natur, Kriegserlebnissen, Jagd-, sowie Seeabenteuern. Zur Unterhaltg. u. Belehrg. Hrsg. von Otto Promber. Mit 8 Buntbildern u. vielen Textillustr. bewährter Künstler. 2 Tle. in 1 Bd. gr. 8. (VIII, 144 u. 144 S.) Stuttgart 902. Loewe. Geb. in Leinw. 4. 50; in 2 Bdc. kart. à 2. 50

Knabenfreund. Eine Sammlg. v. Erzählgn. histor. u. andern Inhalts, Balladen, Gedichten, Abhandlgn. aus der Natur, Kriegserlebnissen, Jagd-, sowie Seeabenteuern. Zur Unterhaltg. u. Belehrg. Hrsg. v. Otto Promber. Mit 8 Buntbildern u. vielen Textillustr. bewährter Künstler. (2 Tle. in 1 Bd.) 3. Aufl. (VIII, 144 u. 144 S.) 8. Stuttgart (905). Loewe. Geb. in Leinw. 4. 50; in 2 Bde. kart. à 2. 50

Knabenfreund. Eine Sammlg v. Erzählgn. histor. u. andern Inhalts, Balladen, Gedichten, Abhandlgn. aus der Natur, Kriegserlebnissen, Jagd-, sowie Seeabenteuern. Zur Unterhaltg. u. Belehrg. Hrsg. v. Otto Promber. Mit 8 Buntbildern u. vielen Textillustr. bewährter Künstler. (2 Tle. in 1 Bde.) 4. u. 5. Aufl. (VIII, 144 u. 144 S.) 8. Stuttgart (907. 10). Loewe. Geb. in Leinw. 4. 50

Knaben-Gallerie, moralische, ein ABC-Buch f. gute Kinder. Mit (24) Bildern (auf 6 ill. Kpfrt.) 8. (1 B.) Leipzig. (Herm. Fritzsche.) *

Knabenhans, Adf., die Eroberung von Peru, s.: Avecilla, Don Pablo de.

— Unterhaltungen eines Gefangenen von ***. Aus dem Franz. übers. v. A. K. 8. (138 S.) Zürich u. Erfurt 894. E. Moos. n. 2. —; geb. n. 2. 50

Knabenhort. (Anerkannter Verein.) Jahresbericht 1881. (München) Knorr & Hirth 8° 12 S. Cart.

Knabenhort. 1—4. Jahrg. 1883—1886. à 12 Nrn. (1/2 B.) Lex.-8. München, Franz Verl. à Jahrg. n. 3. 60

Knabenhort. Schriftleitung: L. Jung. 5.—8. Jahrg. 1887—1890. à 12 Nrn. (1/2 B.) Lex.-8. München, (Franz' Verl.). à Jahrg. n. 3. 60

Knabenhort. Schriftleitung: L. Jung. 9.—12. Jahrg. 1891—1894. à 12 Nrn. (1/2 Bog.) Lex.-8. München, G. Franz' Verl. à Jahrg. n. 3. 60

Knabenhort. Schriftleitung: L. Jung. 13.—15. Jahrg. 1895—1897. à 12 Nrn. (à ca. 8 S.) Lex.-8. München, Ph. L. Jung. à Jahrg. 3. 60

— dasselbe. 16. Jahrg. 1898. 12 Nrn. (à ca. 4 S.) gr. 8. Ebd. 1. 50

Knabenhort. Schriftleiter: L. Jung. 18. Jahrg. 1900. 12 Nrn. gr. 8. (à ca. 4 S.) München, Ph. L. Jung. 1. 50

Knaben-Kalender, deutscher, 1911. Der gute Kamerad. (Abreißkalender m. 53 z. Tl. farb. Ansichtspostkarten.) 8. Stuttgart, Union. 1. 25

Knabenkleidung, die. Prakt. Anleitg. zur Verfertigg. aller Arten Knabengarderobe, leichtfaßlich dargestellt in Wort u. Bild, sowie durch Beigabe von Grundschnitten in Naturgröße. [Aus: „Die perfekte Schneiderin".] gr. 4. (24 S. m. 2 Schnittbog.) Dresden (900). Expedition d. europ. Modenzeitg. n. 1. 25

Knabenlust. Eine Auswahl von Gedichten zur Weckung eines jugendlich frischen Sinnes und rüstiger Thätigkeit. Mit 12 Stnt. in Tondr. von J. B. Sonderland. Nebst 4 (lithogr.) Bl. gezeichneter Körpernetze zur Uebung in Papparbeit. 8. (32 S.) Düsseldorf 849, Schulgen. *

Knabenlust. 12 (lithogr. und ill.) Blätter. 1 Aufl. 1854. und 2. Aufl. qu. 4. Schneeberg 855, Goedsche'sche Buchh. *

Knabenlust. 12 (lithogr. und ill.) Blätter. 2. Aufl. qu. 4. Schneeberg 862, Goedsche'sche Buchh. cart. *

Knabenlust. 12 (lithogr. und color.) Blätter. 3. Aufl. qu. 4. Schneeberg 870, Goedsche. cart.

—— und Mädchenfreude. 8 (chromolithogr.) Bilder mit Verschen. qu. 4. Leipzig 871, Opetz.

Knabenmord, der Xantener, vor dem Schwurgericht zu Cleve 4.—14. Juli 1892. Vollständiger stenograph. Bericht. gr. 8. (XV, 508 S.) Berlin 893. S. Cronbach. n. 6.—

Knaben-Seminarien, die kirchlichen, betrachtet vom Standpunkte des Conzils zu Trient und der jetzigen Zeit von einem kathol. Geistlichen. gr. 8. (34 S.) Landshut 861, Thomann'sche Buchh.

Knaben-Seminarien, die kirchlichen. Eine Stimme aus der Sion. Augsburg 862. Kollmann. gr. 8. (31 S.) n. 2 ngr.

— die kirchlichen, betrachtet vom Standpunkte des Conzils zu Trient u. der jetzigen Zeit von einem katholischen Geistlichen. 862. (34 S.) — 2. Aufl. Vermehrt mit Bemerkungen u. Erläuterungen zu der Gegenschrift gleichen Titels. Landshut 862. Thomann. gr. 8. (50 S.) 6 ngr.

— die kirchlichen. Mit Rücksicht auf die unter gleichem Titel erschienene Schrift, von einem ehemaligen Seminaristen. Regensburg 862. Manz. gr. 8. (44 S.) 5 ngr.

Knabenspiegel, der, ein Lesebuch f. Knaben in Schulen. 8. (Leipzig, Joachim in Comm.) 820.

Knabenspiegel. Ein Lesebuch f. jüngere Knaben. (1. Thl. 8. (10 B.) München 831. (Landshut, Thomann; Regensburg, Manz.)

—— dass. (2. Thl.) Ein Lesb. f. Knaben v. reiferm Alter. 8 (13 B.) München 832. (Ebds.)

— ein Lesebuch für jüngere Knaben. 1r Thl. 8. Münch. 831. (Landsh., Thomann; a. Krüll). 3¼ ℋ 2r Thl. Ein Lesebuch für Knaben von reiferm Alter. 8. Münch. 832. (Landsh., Thomann). 3 ℋ

Knabenspiele. (Bilderbuch.) qu. gr. 4. (8 color. Taf. mit 8 S. Text.) Berlin 883, Ebhardt. cart.

Knaben- und Mädchen-Spiele, muntere. Fürth (858.) Löwensohn. 8. (8 lith. u. color. Bl.) n. 1 ngr.

Knabenträume. Märchen u. Skizzen. (Von Frl. A. Fritzsch.) (115 S.) kl. 8. Leipzig 908. P. Eger. 1.50
Fortsetzung s.: Was der Garten erzählt.

Knabenzeit. Aus meiner K'. Zürich 1900 s. S(chulthess), F(riedrich).

Knaben-Zeitvertreib, 12 fein color. (lith.) Bilder. Nürnberg 866. Koenecke. qu. 8. cart. 6 ngr.; auf Leinw. n. 10 ngr.

KNABIUS, JOH. MICH., De conjunctione Holsatiae cum Saxonia, s. Geisler, Car. Henr. 1768.

Knabl, Eduard: Die geometrischen Constructionen der Aufgaben ersten und zweiten Grades, s.a. Jahresbericht des . . . Staats-Gymnasiums in Salzburg . . . 1881

Knabl, Ed. Die geometrischen Konstruktionen der Aufgaben 1. und 2. Grades. 35 S. u. 2 Taf. 8. Progr. Staatsg. Salzburg 1881

— Konstruktive Lösung elementarer astronomischer Aufgaben als Beitrag zur Himmelskunde und angewandten Geometrie an Mittelschulen. 35. Stockerau 04. Progr.

Knabl, Eduard Die Winkelgegenpunkte und ihre Beziehungen zu den Kegelschnitten insbesondere zum Brocard'schen Kreis. 8 (39 S., 1 Taf.). Progr. Landes-R. u. Oberg. *Horn* 1890.

Knabl, R.

— Epigraphische Excurse. I. S.-A. s. a. 48 S.
— — II. 1857. 28 S.
— — III. 1858. 54 S. u. 1 Taf.

— Neuester Fund römischer Inschriften in Cilli. S.-A. s. a. 15 S. m. 1 Taf.

Knabl, R., Der wahre Zug d. römischen Militärstrasse v. Cilli nach Pettau. S.-A. 1861. 22 S. m. 1 Kart. —.90

Knabl, Rich., der angebliche Götter-Dualismus an den Votivsteinen zu Videm und Aquiläja gegen den neuesten Behauptungs-Versuch wiederholt in Abrede gestellt. gr. 8. (53 S.) Gratz 855, (Hesse's Buchh.) *

—— kurze Homilien über die sonntäglichen Perikopen des kathol. Kirchenjahres in Form von Predigten. gr. 8. (VIII und 279 S.) Gratz 853, Hesse's Buchh. *

Knack, G., Simon Johanna, hast du mich lieb? — Geistl. Lieder u. Sonette, mit 6 Melodien (von Karl Straube). gr. 8. Berl. 829. (Stuhr). 21 ℋ

Knacke, Emil, Taschen-Löhnungs-Tabelle. Ein prakt. Handbuch zum Aufstellen u. Revidiren von Lohnrechnungen über Tage- u. Schichtarbeiten. Berechnet für Lohnzahlungen in preuß. Gelde. Cöthen 867. (Delitzsch, Pabst.) 16. (IV, 34 S.) n. 5 ngr.

Knacke, Herm. A., über Sandgebläse. (I, 70 S. m. 108 Abbildgn.) Lex. 8. Berlin 910. J. Springer. 2.40
Sonderabdruck aus: „Werkstattstechnik".

Knacker, J. W., Heroen d. wahren Christenthum's, besungen. Mit e. Vorr. u. kurzen Biographie d. Verblichenen v. J. L. Pfaff. 8. (19 B.) Würzburg 830, [Etlinger'sche Vrlsh.] hrbgs. Pr. 9 Gr., Vlnp.

Knacker, (J. W.,) die heil. Kirche Gottes in Kampf u. Prüfung. 1s u. 2s Bdchn. gr. 12. Mainz 821 u. 26, Stenz. à 21 gr.

Knackfuss, Christian Gottfried (Rochlitz), De paedatrophia. Diss. med. Präs. D. Christian Gottfried Gruner. Jena (Mauk) 23. II. 1792. 8, 20 S. (5.50) 18540
Gew.: Carl Adolph v. Mehlig.

Knackfuss, Elise [wirkl. Name], s. Joachim, A. [Pseud.]

Knackfuss, Hermann

Knackfuß, H., Dürer, s.a. Künstler-Monographien.
— dasselbe, s.a. Monographs on artists.

Durer Von H[ermann] Knackfuß. Mit 127 Abb. 2 neubearb. Aufl. Bielefeld & Leipzig Velhagen & Klasing 1895. 136 S. 4°(8°)
(Künstler-Monographien 5.) [illegible] 11

[F.] Dürer. Von H. **Knackfuss.** M. 127 Abb. v. Gemälden, Holzschnitten u. Handzeichngn. 3. Aufl. *Bielefeld & Leipzig: Velhagen & Klasing 1895.* (2 Bl., 136 S., 1 Taf.) 1 Bd 4.(8.)
= **Künstler-Monographien.** [Bd] 5. [96. 4449

Dürer by H[ermann] **Knackfuss.** Transl. by Campbell Dodgson. With 134 ill. *Bielefeld & Leipzig: Velhagen & Klasing 1900.* (VII, 152 S.) 4°(8°)
= **Monographs** on artists. 5. [01. 2466

Dürer. Von H[ermann] **Knackfuß.** Mit 134 Abb. 8. Aufl. *Bielefeld & Leipzig. Velhagen & Klasing 1904* (147 S.) 4°(8°) [F.]
= **Künstler-Monographien** 6. [04. 7079 II

Dürer. Von H[ermann] **Knackfuß.** Mit 1 Titelbild o mehrfarb., 1 einfarb. Einschaltbild u. 134 Textabb. 10. Aufl. Bielefeld & Leipzig Velhagen & Klasing 1909. 148 S. 4°(8°)
(Künstler-Monographien 5.) [10. 2699

Knackfuß, H., Dürer u. Holbein der jüngere. [Aus: „Velhagen & Klasings Monatshefte".] Lex.-8. (76 S. m. 83 Abbildgn.) Bielefeld 895. Velhagen & Klasing. In Leinw. kart. 2.—

Knackfus H, Dürer und Holbein d. J. (136 S) (Künstler-Monogr. 5) Bielefeld 1895

— A. v. Dyck, s. a. Künstler-Monographien.

[F.] A. van Dyck. Von H. **Knackfuss.** M. 55 Abb. v. Gemälden u. Zeichngn. *Bielefeld & Leipzig: Velhagen & Klasing 1896.* (3 Bl., 80 S.) 1 Bd 4.(8.)
= **Künstler-Monographien.** [Bd] 13. [96. 4449

— dasselbe, s. a. Monographs on artists.

Van Dyk. By H[ermann] **Knackfuss.** Transl. by Campbell Dodgson. With 55 ill. Bielefeld & Leipzig Velhagen & Klasing 1899. VI, 85 S. 4°
(Monographs on Artists 4.) A 12 2122 G

Van Dyck. By H[erm.] **Knackfuss.** Transl. by Campbell Dodgson With 55 ill. from pict. and drawings. *Bielefeld & Leipzig Velhagen & Klasing 1899* (VIII 160 S.) 4°(8°)
Monographs on artists. 4 [00 27

A. van Dyck. Von H[ermann] **Knackfuß.** Mit 61 Abb. von Gemälden u. Zeichn. 4. Aufl. *Bielefeld & Leipzig: Velhagen & Klasing 1902.* (87 S.) 4°(8°) [F.]
— **Künstler-Monographien.** 13. [04. 4176 G

A. van Dyck von H[ermann] **Knackfuß.** Mit 1 Titelbilde u. 96 Textabb. 5. Aufl. Bielefeld & Leipzig Velhagen & Klasing 1910. 119 S. 4°(8°)
(Künstler-Monographien 13.) [11. 1805

— Geschichte der königl. Kunstakademie zu Kassel. Aus den Akten der Akademie zusammengestellt. Mit Abb. u. Handschriftwiedergaben. (242 S.) Lex. 8. Kassel 908. G. Dufayel. 5.—

Knackfuß, H. Franz Hals, s.a. Künstler-Monographien

[F.] Franz Hals. Von H. **Knackfuss.** M. 40 Abb. v. Gemälden. *Bielefeld & Leipzig: Velhagen & Klasing 1896.* (2 Bl., 60 S.) 1 Bd 4.(8.)
= **Künstler-Monographien.** [Bd] 12. [96. 4449

Franz Hals. Von H[ermann] **Knackfuß.** Mit 40 Abb. von Gemälden. 4. Aufl. *Bielefeld & Leipzig: Velhagen & Klasing 1903.* (60 S.) 4°(8°) [F.]
= **Künstler-Monographien.** 12. [04. 4175 G

— Holbein, s. a. Monographs on artists.

Holbein. By H[erm.] **Knackfuss,** Prof. at the Royal Acad. of arts, Cassel. Transl. by Campbell Dodgson, Brit. Mus. W. 151 ill. fr. pictures, drawings a. woodcuts. *Bielefeld & Leipzg Velhagen & Klasing 1699* (2 Bl., 160 S., 1 Portr., 1 Taf.) 1 Bd 4.(8.)
= **Monographs** on artists [Vol.] II. [99. 1408

— Holbein der jüngere, s. a. Künstler-Monographien.

[F.] Holbein der jüngere. Von H[ermann] **Knackfuss.** M. 151 Abb. v. Gemälden, Zeichngn u. Holzschn. 2. Aufl. *Bielefeld & Leipzig: Velhagen & Klasing 1896.* (2 Bl., 152 S., 2 Taf.) 1 Bd 4.(8.)
— **Künstler-Monographien.** [Bd] 17. [97. 2791

Knackfuss, H[ermann]. (Hans) Holbein der Jüngere. Mit 151 Abbildungen von Gemälden, Zeichnungen und Holzschnitten [wovon 2 Tafeln.] 4. Bielefeld und Leipzig.
2. Aufl. 1896. — 3. Aufl. 1897
Künstler-Monographien. In Verbindung mit Andern hrg von H. K. (Band) 17 (Liebhaber-Ausgaben.)

Holbein der jungere. Von H[ermann] **Knackfuß.** Mit 152 Abb. von Gemälden, Zeichn. u. Holzschn. 4. Aufl. *Bielefeld & Leipzig: Velhagen & Klasing 1902.* (158 S.) 4°(8°) [F.]
— **Künstler-Monographien.** 17 [04. 4177 G

Allgemeine Kunstgeschichte. Von H[ermann] **Knackfuß** u. Max G[eor]g Zimmermann (3: u. W(alther) Gensel). Bd 1–3. Mit Orig. Abb. *Bielefeld & Leipzig: Velhagen & Klasing 18(96)97–1903.* 3 Bde 4°(8°) [F.]
1 — Zimmermann, Max Gg. Kunstgesch. d. Altertums u. d. Mittelalters bis z. Ende d. roman. Epoche. 18(96–)97
2 — Knackfuß, H.: Kunstgeschichte d. Gotik u. Renaissance. Gotik, Vorbereitungen u. Frühzeit d. Renaissance. – Das Zeitalter d. Renaissance von Max Gg. Zimmermann. (1898–)1900.
3 — Zimmermann, Max Gg. Kunstgeschichte d. Barock, Rokoko u. d. Neuzeit. Die Kunst im Zeitalter d. Barockstils. – Die moderne Kunst seit d. Zeitalter d. franz. Revolution von Walther Gensel. 19(02–)03. [03. 8338

— u. Max Gg. Zimmermann, allgem. Kunstgeschichte. (In 12 Abtlgn. od. 3 Bdn.) 1.—6. Abtlg. Lex.-8. Bielefeld, Velhagen & Klasing. à n. 2.—
1.—4. 1. Bd. Kunstgeschichte d. Altertums u. d. Mittelalters b. z. Ende d. roman. Epoche v. Max Gg. Zimmermann. M. 411 Orig.-Abb. (VI, 529 S.) 896. (1. Bd. kplt geb.: n. 10.—)
5. 6. 2. Bd. Gotik u. Renaissance v. H. Knackfuß. (240 S.) 898.

— Max Gg. Zimmermann u. Walth. Gensel, allgemeine Kunstgeschichte. Mit üb. 1000 Abbildgn. 7.—15. (Schluß-) Abtlg. Lex.-8. Bielefeld, Velhagen & Klasing. à n. 2.—; (kplt. n. 30.—; Einbde. in Halbfrz. à n. 2.—)
7—9. II. Bd. Gotik u. Renaissance. Gotik, Vorbereitgn., u. Frühzeit der Renaissance v. K. Das Zeitalter der Renaissance v. Z. Mit 552 Orig.-Abb. (VIII u. S. 241—688.) 899—900. (2. Bd. kplt. n. 10.—)
10—15. III. Bd. Kunstgeschichte des Barock, Rokoko u. der Neuzeit. Die Kunst im Zeitalter des Barockstils v. Z. Die moderne Kunst seit dem Zeitalter der französ. Revolution v. G. Mit 589 Orig.-Abb. (VI, 718 S.) 902. 903. (3. Bd. n. 12.—)

— — — dasselbe. 1. Bd. Kunstgeschichte des Altertums u. des Mittelalters bis zum Ende der roman. Epoche v. Z. Mit 411 Orig.-Abbildgn. 2. unveränd. Aufl. gr. 8. (VI, 535 S.) Ebd. 900. n. 8.—; geb. n. 10.—

— u. Max Gg. Zimmermann, allgemeine Kunstgeschichte 2. Bd. Kunstgeschichte der Gotik u. Renaissance. Gotik, Vorbereitgn. u. Frühzeit der Renaissance v. H. Knackfuß. Das Zeitalter der Renaissance v. Max Gg. Zimmermann. Mit 552 Orig.-Abbildgn. 2. unveränd. Aufl. (VIII, 688 S.) Lex.-8. Bielefeld 906. Velhagen & Klasing. Geb. in Halbfrz. n. 12.—

— Max Gg. Zimmermann u. W. Gensel, allgemeine Kunstgeschichte. 3. Bd. Kunstgeschichte des Barock, Rokoko u. der Neuzeit. Die Kunst im Zeitalter des Barockstils, v. Max Gg. Zimmermann. 2., großenteils umgearb. Aufl. Die moderne Kunst seit dem Zeitalter der französ. Revolution, v. Walth. Gensel. Mit 596 Orig.-Abbildgn. (VI, 744 S.) Lex. 8. Bielefeld 910. Velhagen & Klasing. 12.—; geb. in Halbfrz. 14.—
Bd. 1 u. 2. Ebd. 900. 906. Geb. 22.—

Knackfuß, H., deutsche Kunstgeschichte. 5 Abtlgn. Mit Abbildungen im Text u. Einschaltbildern. gr. 8. (1. Bd. VI, 596 u. 2. Bd. V, 608 S.) Bielefeld 888. Velhagen & Klasing. à Abtlg. n. 4.—; cplt.: n. 20.—; geb. in 2 Bde. n.n. 25.—

Knackfuß, H. Deutsche Kunstgeschichte. 2. Ausgabe. 2 Bde. gr. 8. Bielef. 889, Velhagen u. Klasing. [1. Bd. Mit 420 Abbildgn. (VI, 596 S.); 2. Bd. Mit 522 Abbildgn. (VI, 608 S.)]
à Bd. * 10 —; * 20 —; geb. à Bd. * 12 50; * 25 —
Auch in 20 Lfgn. à * 1 —.

Kunstgeschichte der Gotik und Renaissance. Gotik, Vorbereitungen u. Frühzeit d. Renaissance von H[ermann] **Knackfuß**. Das Zeitalter d. Renaissance von Max G[eor]g Zimmermann. Mit 552 Orig.-Abb. *Bielefeld & Leipzig: Velhagen & Klasing (1898–)1900.* (VIII, 688 S.) 4°(8°) [F.]
— **Knackfuß**. Allgem. Kunstgeschichte. Bd 2. [99. 8340

Kunstgeschichte der Gotik und Renaissance. Gotik, Vorbereitungen u. Frühzeit d. Renaissance von H[ermann] **Knackfuß**. Das Zeitalter d. Renaissance von Max G[eor]g Zimmermann. Mit 552 Orig.-Abb. [2. ungeänd. Aufl.] Bielefeld & Leipzig: Velhagen & Klasing 1900. VIII, 688 S. 4°(8°)
(Knackfuß: Allgemeine Kunstgeschichte. Bd 2.) [11. 16832

— s.: **Künstler-Monographien.**

— A. v. Menzel, s.a. Künstler-Monographien.

[F.] Menzel. Von H. **Knackfuss**. M. 141 Abb. v. Gemälden, Holzschn. u. Zeichngn. 2. Aufl. *Bielefeld & Leipzig: Velhagen & Klasing 1895.* (2 Bl., 132 S., 1 Portr., 1 Erl.-Bl.) 1 Bd 4.(8.)
— **Künstler-Monographien.** [Bd] 7. [96. 4449

A. von Menzel. Von H[erm.] **Knackfuss**. Mit 141 Abb. nach Gemälden, Holzschn. u. Zeichn. 5. Aufl. *Bielefeld & Leipzig: Velhagen & Klasing 1900.* (130 S.) 4°(8°) [F.]
— **Künstler-Monographien.** 7. [00. 3635

A. von Menzel. Von H[ermann] **Knackfuß**. Mit 141 Abb. nach Gemälden, Holzschn. u. Zeichn. 6. Aufl. Bielefeld & Leipzig: Velhagen & Klasing 1903. (136 S.) 4°(8°) [F.]
— **Künstler-Monographien.** 7. [03. 4091 11

A. von Menzel. Von H[ermann] **Knackfuss**. Mit 141 Abb. 7. Aufl. Bielefeld & Leipzig: Velhagen & Klasing 1906. (136 S.) 4°(8°) [F.]
— **Künstler-Monographien.** 7. [07. 6641 6

— Michelangelo, s.a. Künstler-Monographien.

[F.] Michelangelo. Von H. **Knackfuss**. M. 78 Abb. v. Gemälden, Skulpturen u. Zeichngn. 2. Aufl. *Bielefeld & Leipzig: Velhagen & Klasing 1895.* (2 Bl., 92 S., 1 Portr., 1 Taf.) 1 Bd 4.(8.)
— **Künstler-Monographien.** [Bd] 4. [96. 4449

Michelangelo. Von H[ermann] **Knackfuß**. Mit 95 Abb. von Gemälden, Skulpturen u. Zeichn. 7. Aufl. *Bielefeld & Leipzig: Velhagen & Klasing 1903.* (106 S.) 4°(8°) [F.]
— **Künstler-Monographien.** 4. [04. 4174 6

Michelangelo. Von H[ermann] **Knackfuss**. Mit 101 Abb. 10. Aufl. Bielefeld & Leipzig: Velhagen & Klasing 1908. (114 S.) 4°(8°) [F.]
— **Künstler-Monographien.** 4. [08. 5173 6

[F.] Murillo. Von H. **Knackfuss**. M. 59 Abb. v. Gemälden u. Zeichngn. *Bielefeld & Leipzig: Velhagen & Klasing 1896.* (2 Bl., 76 S.) 1 Bd 4.(8.)
— **Künstler-Monographien.** [Bd] 10. [96. 4449

Murillo. Von H[ermann] **Knackfuss**. Mit 67 Abb. 5. Aufl. *Bielefeld & Leipzig: Velhagen & Klasing 1901* (88 S.) 4°(8°) [F.]
— **Künstler-Monographien** 10. [02. 2760

Murillo. Von H[ermann] **Knackfuß**. Mit 67 Abb. 6. Aufl. Bielefeld & Leipzig. Velhagen & Klasing 1904. (88 S.) 4°(8°) [F.]
— **Künstler-Monographien.** 10. [08. 13435 11

— Raffael, s.a. Künstler-Monographien.

[F.] Raffael. Von H. **Knackfuss**. M. 110 Abb. v. Gemälden u. Handzeichngn. *Bielefeld & Leipzig: Velhagen & Klasing 1895.* (1 Bl., 112 S., 6 Taf.) 1 Bd 4.(8.)
— **Künstler-Monographien.** [Bd 1.] [96. 4449

Raffael. Von H[erm.] **Knackfuss**. M. 120 Abb. v. Gemälden u. Zeichngn. 5. Aufl. *Bielefeld & Leipzig: Velhagen & Klasing 1898* (2 Bl., 124 S., 1 Portr., 9 Taf.) 1 Bd 4.(8.)
— **Künstler-Monographien.** [Bd] 1. [98. 8813

Raffael. Von H[ermann] **Knackfuss**. Mit 128 Abb. 7. Aufl. *Bielefeld & Leipzig: Velhagen & Klasing 1901* (132 S.) 4°(8°) [F.]
— **Künstler-Monographien** 1 [02. 2759

Raffael. Von H[ermann] **Knackfuss**. Mit 130 Abb. nach Gemälden u. Zeichn. 9. Aufl. Bielefeld & Leipzig: Velhagen & Klasing 1905. (134 S.) 4°(8°) [F.]
— **Künstler-Monographien.** 1. [06. 5586 6

Raffael. Von H[ermann] **Knackfuss**. Mit 130 Abb. 11. Aufl. Bielefeld & Leipzig: Velhagen & Klasing 1908. 134 S. 8°
(Künstler-Monographien. 1) [11. 6781 5

— **Raphael, s.a. Monographs on artists.**

Raphael. By H[erm.] **Knackfuss**, Prof. at the Royal Acad. of arts, Cassel. Transl. by Campbell Dodgson, Brit. Mus. W. 128 ill. fr. pictures a. drawings. *Bielefeld & Leipzig: Velhagen & Klasing 1898* (2 Bl., 132 S., 1 Portr., 9 Taf.) 1 Bd 4.(8.)
— **Monographs** on artists. [Vol.] 1 [99. 1407

— **Das Rathaus v. Milet, s.a. Milet.**

Kgl. Museen zu Berlin. Das Rathaus von Milet von Hubert **Knackfuss**. Mit Beiträgen von Carl Fredrich, Theodor Wiegand, Hermann Winnefeld. Mit 20 Taf., 2 Beil. u. 107 Abb. Berlin: G. Reimer 1908. (100 S.) 2°(4°)
— **Milet.** Ergebnisse d. Ausgrabungen u. Untersuchungen seit d. J. 1899. Hrsg. v. Th. Wiegand. H. 2 [08. 2434

— Rembrandt, s.a. Künstler-Monographien.

— Rembrandt. Mit 157 Abbildgn. Rembrandtscher Gemälde, Radiergn. u. Handzeichngn. [Aus: „Velhagen & Klasings Monatshefte".] Lex.-8. (160 S.) Ebd. 895. In Leinw. kart. 3. —
Vorstehende 3 Werke erscheinen in neuer Ausg. u. d. T.: Künstler-Monographien.

Rembrandt. By H[erm.] **Knackfuss**. Transl. by Campbell Dodgson. With 159 ill. from pict., etchings and drawings. *Bielefeld & Leipzig: Velhagen & Klasing 1899.* (VIII, 160 S.) 4°(8°)
— **Monographs** on artists. 3 [00. 118

Rembrandt. Von H[ermann] **Knackfuß**. Mit 159 Abb. nach Gemälden, Radierungen u. Zeichn. 7. Aufl. *Bielefeld & Leipzig: Velhagen & Klasing 1903.* (156 S.) 4°(8°) [F.]
— **Künstler-Monographien.** 3. [04. 4173 6

Rembrandt. Von H[ermann] **Knackfuß**. Mit 165 Abb. 9., verm. Aufl. Bielefeld & Leipzig: Velhagen & Klasing 1906. (175 S.) 4°(8°) [F.]
— **Künstler-Monographien.** 3. [07. 7394 11

Rembrandt. Von H[ermann] **Knackfuss**. Mit 165 Abb. 10. Aufl. Bielefeld & Leipzig: Velhagen & Klasing 1907. (175 S.) 4°(8°) [F.]
— **Künstler-Monographien.** 3. [07. 6641 6

Rembrandt. Von H[ermann] **Knackfuß**. Mit 1 Titelbild, 3 mehrfarb. u. 1 einfarb. Einschaltbild u. 102 Textabb. 11. Aufl. Bielefeld & Leipzig: Velhagen & Klasing 1909. 108 S. 4°(8°)
(Künstler-Monographien. 3.) [10. [illegible]

— Rubens, s.a. Künstler-Monographien.

— **Rubens, s.a. Monographs on artists. IX.**

Knackfuss H. Rubens. (128 S) (Künstler-Monographien 2) Bielefeld 1895

[F.] Rubens. Von H. **Knackfuss**. M. 115 Abb. v. Gemälden u. Handzeichngn. 3. Aufl. *Bielefeld & Leipzig: Velhagen & Klasing 1896.* (2 Bl., 140 S., 1 Taf.) 1 Bd 4.(8.)
— **Künstler-Monographien.** [Bd] 2. [96. 4449

Rubens. Von H[ermann] **Knackfuss**. Mit 122 Abb. nach Gemälden u. Zeichn. 6. Aufl. *Bielefeld & Leipzig: Velhagen & Klasing 1901* (140 S.) 4°(8°) [F.]
— **Künstler-Monographien.** 2 [02. 2480

Rubens. Von H[ermann] **Knackfuß**. Mit 135 Abb. 8. Aufl. Bielefeld & Leipzig: Velhagen & Klasing 1907. (164 S.) 4°(8°) [F.]
— **Künstler-Monographien** 2. [08. 13434 11

Rubens. Von H[ermann] **Knackfuß**. Mit 135 Abb. 6. Aufl. Bielefeld & Leipzig: Velhagen & Klasing 1906. 164 S. 4°(8°)
(Künstler-Monographien. 5.) [10. 2867

— **Ueber Schädigg. u. Schutz der Naturschönheit, s.a. Sammlung gemeinverständl. Abhandlgn. üb. Naturschutz. 1. Heft.**

Ueber Schädigung und Schutz der Naturschönheit. Vortrag in Cassel 1909 geh. von Prof. H[ermann] **Knackfuß**. Cassel 1909: Schneider. 10 S. 8°
(Sammlung gemeinverständlicher Abhandlungen über Naturschutz. 1.) [10. 6870

— **Tizian, s.a. Künstler-Monographien.**

[F.] Tizian. Von H[erm.] **Knackfuss**. M. 125 Abb. v. Gemälden u. Zeichngn. *Bielefeld & Leipzig: Velhagen & Klasing 1897.* (1 Bl., 151 S., 1 Portr.) 1 Bd 4.(8.)
— **Künstler-Monographien.** [Bd] 29. [98. 1072

Tizian. Von H[ermann] **Knackfuß**. Mit 123 Abb. 5. Aufl. Bielefeld & Leipzig: Velhagen & Klasing 1905. (156 S.) 4°(8°) [F.]
— **Künstler-Monographien.** 29. [08. 13437 II

Tizian. Von H[ermann] **Knackfuß**. Mit 6 Einschaltbild. u. 123 Textabb. 6. Aufl. Bielefeld & Leipzig: Velhagen & Klasing 1910. 155 S. 4°(8°)
(Künstler-Monographien. 29.) [10. 10557

— **Velazquez, s.a. Künstler-Monographien.**

Knackfuss H, Velasquez. (64 S) (Künstler-Monogr. 6) Bielefeld 1895

[F.] Velazquez. Von H. **Knackfuss**. M. 46 Abb. v. Gemälden. 2. Aufl. *Bielefeld & Leipzig: Velhagen & Klasing 1896.* (2 Bl., 64 S.) 1 Bd 4.(8.) ·
— **Künstler-Monographien.** [Bd] 6. [96. 4449

Velasquez. Von H[ermann] **Knackfuss**. Mit 48 Abb. 5. Aufl. Bielefeld & Leipzig: Velhagen & Klasing 1905. (66 S.) 4°(8°) [F.]
— **Künstler-Monographien.** 6. [06. 3651 6

Knackfuss, Hubert, s. Knackfuss, Hermann

Knackmandeln. Unterhaltungsbüchlein für heitere Gesellschaften u. Freunde einer frohen Tafelrunde, (v. Gf. Basse). 8. Quedlinb. 817. 2e A. 820 Basse. 1 ß

KNACK-MANDELN. 158 verschiedene Fragen mit Antworten zur Unterhaltung für lustige Leute. O. O. u. J. (um 1895). Kl. 8°. 20 S.

KNACKMANDELN für fröhliche Leute. (150 sotadische Scherzfragen vom Unterschied zwischen 2 Dingen.) Illustrierte Ausgabe (ohne 150 Illustrationen). (So der Titel!) Klein Popo. Gesellschaft für Verbreitung von Volksbildung (189*). 12°. (75 Pfg.)
24 S. — Auf dem Umschlag steht: „Knackmandeln"

KNACKMANDELN für fröhliche Leute. In illustrirter Ausgabe ohne 150 Bilder. Gesammelt hat sie Er. Selbst. Druck von A. R. Schlecker, im Jahre des Heils 1890. Kl. 8°. 24 S.

KNACKMANDELN für große Leute. Ohne 162 Illustrationen (!). Herausgegeben von ihn (!) selbst, gedruckt im Ar — schloch im Jahre 1890. Kl. 8°. 22 S.

KNACKMANDELN für grosse Leute, ohne 162 Illustrationen. (Ornam.) Hrsg. von ihn (!) selbst, gedruckt . . . . bei A. R. Schlecker im Jahre 1892. Breit-12°. Gelber Umschl. Lat. Typen.
So der Umschl.-Tit.! Ein Nebentit. hat: „Knackmandeln f. fröhliche Leute". 22 S., enth. 162 prosaische Räthselfragen mit soviel Auflösungen. Durchaus sotadisch!

Knacknüsse, nicht zum bloßen Anschauen den Freunden der „Freien Schule" dargeboten. (Von Thdr. Kühtreiber.) (32 S.) 8. Wien 907. A. Opitz Nachf. — 20

Knackrüggin, Anna Barb., geb. Teubnerin, verm. Gedichte. 8. Brandbg. (Hessenland in Magdeburg.) 735.

Knackstedt, A., De Ciceronis Rhetoricorum libris ex rhetoribus Latinis emendandis. Diss. 1878. 71 S. —

Knackstedt, Cph. El. Hnr., († d. 27. März 1799.) anatom.-medicin.-chirurg. Beobachtt. gr. 8. Gotha 797. (Gerstenberg in Hildesh.) 18 gr

— anatom. Beschreib. e. Mißgeburt, welche ohne Gehirn u. Schädel geboren worden. (Deutsch u. Russ.) 4. Leipz. 791. Voß. (Keyser in Erfurt.) 6 gr

Knackstedt, C. E. H., Anat. Beschreib. e. Mißgeburt, welche ohne Gehirn u. Hirnschädel lebendig geboren wurde. Mit 1 Taf. Petersb. 4°. Salzb. med. chir. Zt. 1793, I, 409. A. L. Z. 1793, n. 209. Gött. Anz. 1792, p. 487.

— **anat. Beschr. e. Mißgeburt, w. ohne Gehirn u. Schädel gebohr. word. 8. Ebend. 792.**

Christoph Elias Heinrich Knackstedt

Christoph Elias Heinrich Knackstedts [Knackstedt] Erklärung lateinischer Wörter, welche zur Zergliederungslehre, Physiologie, Wundarzeneywissenschaft u. Geburtshulfe gehören. [1-3.] Braunschweig 1784-1785. 1 Bd 8°
[1:] (A-L) 1784.
[2:] K-Z 1785.
[3:] Deutsch-lat. Th. 1785.

— **Erkl. lat. Wörter, z. Zergliedr.-Lehre, Physiol. rc. 8. Lpz. Voß. (Keyser, Erfurt.) 792.**

Knackstedt, Christoph El. H., Erklärung latein. Wörter, welche z. Zergliederungslehre, Physiologie, Pathologie, Wundarzneykunst u. Geburtshülfe gehör. in alphabet. Ordnung. 3te verm. Aufl. herausg. von Fr. Lucas.
Auch unt. d. Titel:
Medizinisch-chirurgisches, terminolog. Wörterbuch, oder alphabet. geordnete Erklärung der Kunstwörter in der Zergliederungslehre, Physiologie. 8. Erfurt, Keyser. 814.

Knackstedt, D. Ch. E. A., Erklärung lat. Wörter 2r Bd. oder: deutsch-lateinische Benennung der Wörter, welche zur Zergliederungslehre, Physiologie, Pathologie, Wundarzneykunst u. Geburtshülfe gehören. In alphabet. Ordnung. 3te verm. Aufl. herausgegeben von Fr. Lucas. 8. Erfurt, Keyser. 816.
Auch unter dem Titel:
Medicinisch-chirurgisch-terminologisches Wörterbuch, oder alphabetisch-geordnete, deutsch-lateinische Benennung der Kunstwörter in der Zergliederungslehre rc.

— Erklärung latein. Wörter, welche zur Zergliederungslehre, Physiologie, Pathologie, Wundarzneikunst u. Geburtshülfe gehör., in alphabet. Ordnung. 8. Braunschw. 784. 2e A. 788. 3e verm. Aufl., herausg. v. Fr. Lucas. A. u. d. T.: medicin.-chirurg., terminolog. Wörterbuch, oder alphabet. geordnete Erklärung d. Kunstwörter in d. Zergliederungslehre, Physiologie. 8. Erfurt 814. 4e A. 821. Keyser. 1 ß 16 gr 2r Bd., oder deutsch-latein. Benennung d. Wörter, welche zur Zergliederungslehre, Physiologie, Pathologie, Wundarzneikunst u. Geburtshulfe gehören. In alphabet. Ordnung. 8. Braunschw. 785. 2e A. ... 3e verm. Aufl., herausg. v. Fr. Lucas. 8. Ebd. 816. A. u. d. T.: medicin.-chirurg.-terminolog. Wörterbuch, oder alphabet. geordnete, deutsch-latein. Benennung d. Kunstwörter in d. Zergliederungslehre rc. 16 gr

— Grundriß von d. trocknen Knochen d. menschl. Körpers. 8. Leipz. 791. Voß. (Keyser in Erfurt). 16 gr

Christoph Elias Heinrich Knackstedt

Christoph Elias Heinrich Knackstedt's Grundriß von den trockenen Knochen des menschlichen Körpers ... St.Petersburg 1791. 449 S. 8°

— Grundr. v. d. trocknen Knochen d. menschl. Körpers. 8. Lpz. Voß. (Keyser, Erf.) 792.

Christoph Elias Heinrich Knackstedt

Osteologie oder Beschreibung der Knochen des menschlichen Körpers, zum Gebrauch der sich in der Zergliederungskunst übenden. Von C[hristoph] E[lias] H[einrich] Knackstedt. Braunschweig: Fürstl. Waisenhaus-Buchh. 1781. 238 S. 8

Geschichte des Dorfes Bornhausen bei Seesen. Mit d. Bilde d. Amtshauses nach Merian u. 1 Karte d. Umgebung nebst d. Wüstungen. Von K Knackstodt, Pastor e[illegible]ner *Braunschweig: Grosklaus & Strube (1899).* (216 S.) 8° [F.] [oo. 1914

Knaff, A., Beiträge zur Geschichte der Eisenindustrie an der mittleren Sieg. (83 S. m. Abbildgn. u. 12 Taf.) Lex. 8. Düsseldorf 910. Verlag Stahleisen. 3.—; geb. in Leinw. 4. —

Knaff, Arth., Prinzessin Amalia Maria da Gloria Augusta der Niederlande, geborene Prinzessin von Sachsen-Weimar-Eisenach. Biographische Skizze. 8. (69 S.) Luxemburg 876, Bück. *

Knaff, Arth., Prinzessin Amalia Maria da Gloria Augusta der Niederlande, geborene Prinzessin v. Sachsen-Weimar-Eisenach. Biographische Skizze. 8. (69 S.) Luxemburg 879. Bück. n. — 80

Knaff, Arth., die Belagerung der Festung Luxemburg durch die Franzosen unter Maréchal de Créqui im J. 1684. Ein Beitrag zur Geschichte der Festung Luxemburg. gr. 8. (70 S. mit 1 Karte.) Luxemburg 887, Heintze's Nachf. * 1 —

Knaff, Arth., die Blockade der Festung Luxemburg durch die Truppen der französischen Republik 1794—1795, s.: Zelle, L. J.

Knaff, Charles Joseph Philippe: Geschichtliche Abhandlung über die Stadt und ehemalige Festung und Landrichterei Grevenmacher. Mit fünf lithographirten Tafeln und Plänen. Luxemburg: Gebr. Heintzé 1867 288 S. 12°

Knaff, Charles Joseph Philippe: Keltische und römische Alterthümer bei Grevenmacher. Luxemburg: H. Florian 1854. 12°

Knaff, Charles Joseph Philippe: D'Geschicht vum Letzeburger Collège, de Stodente gewidmet vum P. K.... Letzebureg: J. Lamort 1843. 16 S. 8°

Knaff, Charles Joseph Philippe: König Johann der Blinde. Biographische Skizze. Luxemburg: P. Brück 1872. 8°

Knaff, Jean-Pierre: Luxemburger P o s t , s. H u s s , Mathias

Knaff, Joseph Arthur: Prinzessin Amalia-Maria-Da-Gloria-Augusta der Niederlande, geborene Prinzessin von Sachsen-Weimar-Eisenach. Biographische Skizze. Luxemburg: V. Bück 1876. 69,1 S. 8°

Knaff, Joseph Arthur: Die Belagerung der Festung Luxemburg durch die Franzosen unter Maréchal de Créqui, im Jahre 1684 (28. April bis 4. Juni.) Ein Beitrag zur Geschichte der Festung Luxemburg. Luxemburg: Th. Schroell 1887. 70 S. 8°
(= 2. Ausg., zuerst unter demselben Titel erschienen in „Publications archéologiques de Luxembourg", Bd 35, 1881, S. 364–317.)

Knaff, Joseph Arthur: Bericht eines Augenzeugen über die Besetzung Luxemburg's durch die Franzosen im Jahre 1684. (Auszug aus „Publications de la Section historique de l'Institut grand-ducal de Luxembourg", Vol. XLIV.) Luxemburg: Léon Bück 1895. 9 S. 8°

Knaff, Joseph Arthur: Über das Betragen der Unteroffiziere in und ausser Dienst. Luxemburg: Th. Schroell 1877. 12°

Knaff, Joseph Arthur, u. L. J Zelle: Die Blockade der Festung Luxemburg durch die Truppen der französischen Republik, 1794–1795. (Mit 2 Karten.) Unter Benutzung des Quellenmaterials des K.-K. Oesterreichischen Kriegs-Archives bearbeitet. (Auszug aus: „Publications de la Section historique de l'Institut grand-ducal de Luxembourg", Vol. XLII.) Luxemburg: Léon Bück 1891. 227,1 S. 8°

Knaffl-Lenz Erich Ritter von Fohnsdorf Dr. und Wiechowski W. [illegible] Mitteilungen aus dem Institut für Radiumforschung. 15 Über die Wirkung von Radiumemanation auf Mononatriumurat. S. 121 [illegible] — 50
Separatabdruck

Knaflič Carl: Die Taten der Patrizier in den 80er, 70er und 60er Jahren des 2. Jahrhunderts v. Chr. mit Ausnahme von Taten des L. Aemilius Paullus. II. 1896 PN 1018 Diss. Wien, Univ. 792

Knaflitsch, Karl

— Die Dobrudscha. Eine hist. Skizze. (15). Wien VIII. (Langer). 00.
Progr.

Knaflitsch Dr. Karl. Einiges über die Stellung des römischen Patriciats in der ersten Hälfte des 2. Jahrh. v. Chr. und die Scipionen Processe. (18). Wien III. R. (Rainer). 99.
Progr.

Knaflitsch, Karl Geschichte des Troppauer Gymnasiums.
I. Über die ältesten Lateinschulen der Stadt. S. 11—22. 8.
II. Das Gymnasium unter der Leitung der Jesuiten (1630—1773). S. 3—34. 8. III. Das Gymnasium als Staatsanstalt. (Seit 1773). S. 3—18. 8. (Fortsetzung.) S. 17 30. 8. III (1849—1906).
(Fortsetzung.) S. 3—54. 8. (Umschlagtitel Geschichte d Tr G., I. Th., II T, III. T, IV T, Schluß.)
K. k. Staats-Gymn. mit deutsch. Unterrichtssprache *Troppau* 1902—1906.
Progr.

— (Hrsg.), s. Z e i t s c h r i f t für Geschichte und Kulturgeschichte Österreichisch-Schlesiens.

Knaipp, G., vollständ. Beschreibung eines holzsparenden Koch- u. Heizherdes, mit Anleit. zur Benutzung desselben. Mit 1 Kpfr. 8. Wien 817. (Gerold). 10 K u. 14 K

Knaissel, Joh. Buchführung für landwirtschaftliche Genossenschaften. In-8°. 81 S. Bern, K. J. Wyss. 1895 1 60

Knak, Gust., ein Lebensbild, s.: Wangemann.

Gustav **Knak**, ein Prediger der Gerechtigkeit, die vor Gott gilt. *Kaiserswerth: Diakonissen-Anst. [1902].* (24 S.) 8° [F.]
— Geschichten u. Bilder fürs deutsche Volk. No 37 u. 38. [o2. 1903

Knak, Gust., s. Adventsgabe in vier Predigten.

Knak, (G.), Beicht- und Abendmahls-Büchlein. Aus den „Buß- und Communion-Andachten" der sel. Frau Gräfin Emilie Juliane Schwarzburg-Rudolstadt zusammengestellt u. neu herausg. Berlin 858. W. Schultze. 8. (2 Bl., 76 S.) n. 10 *ngr.*

Knak's, Prediger Gust., Biographie, s.: Wangemann.

—— sieben Fest-Predigten, gehalten im J. 1857. gr. 8. (105 S.) Berlin 859, W. Schultze. **

— die gottselige Kunst der Geduld, ein Trostbüchlein aus alter Zeit. Berlin 867. (E. Beck.) gr. 16. (VIII, 176 S.) n. 15 *ngr.*

—— „Lasset uns ihn lieben, denn er hat uns erst geliebet." Predigten über die Episteln auf alle Sonn- und Festtage des Kirchenjahres. 2 Hälften. gr. 8. Berlin, Beck. [1. Hälfte. (S. 1—480.) 870. *ℳ 3.; 2. Hälfte. (XII, S. 481—830.) 871. *ℳ 2.] *

Knak, G(ustav), Liebe um Liebe. Eine kleine geistliche Gabe zu milden Zwecken. Als Nachtrag zu dessen „Zionsharfe" nebst einem Anhange. 2. Aufl. 32. (88 S.) 1849. **2½ Ngr. und 3., verm. Aufl. 16. (99 S.) Berlin 850, [W. Schultze.]

Knak, G., s. Maiblumen.

— Predigt über Matthäi 25, 31—46, gehalten am letzten Sonntag des Kirchenjahrs 1860 in der Bethlehemskirche zu Berlin. Berlin 861 Beck. gr. 8. (24 S.) n. 2½ ngr.

— Predigten über die Episteln auf alle Sonn- u. Festtage des Kirchenjahres. 1. Hälfte. Ebend. 870. gr. 8. (480 S.) n. 1 ₰

Knak, G., Predigten über die Episteln auf alle Sonn- u. Festtage d. Kirchenjahres. 2. Aufl. gr. 8. (X, 834 S.) Berlin 890. Deutsche Evangel. Buch- u. Tractat-Gesellschaft. n. 5. 25

— Predigten über die Evangelien auf alle Sonn- u. Festtage des Kirchenjahres. 2 Liefgn. Ebend. 867. gr. 8. (VIII, 902 S.) n. 1 ₰ 20 ngr.

—— zwei Predigten. gr. 8. (30 S.) Berlin 863, Beck. *

— „Sie sahen Niemand, denn Jesum allein." Ev. St. Matthäi 17, 8. Predigten üb. die Evangelien auf alle Sonn- u. Festtage d. Kirchenjahres. 2. Aufl. gr. 8. (VIII, 896 S.) Ebend. 872. n. 5. 25

Knak, Gust., „Sie sahen Niemand, denn JEsum allein." Ev. St. Matthäi 17, 8. Predigten über die Evangelien auf alle Sonn- und Festtage des Kirchenjahres. 3. Aufl. gr. 8. (VIII, 896 S.) Berlin 886, Deutsche Evangel. Buch- und Tractat-Gesellschaft. * 5 25

Knak, Gust., Simon Johanna, hast du Mich lieb? — Geistl. Lieder u. Sonette. (M. 6 Melodieen v. C. S. (Carl Straube.) gr. 8. (10½ B.) Berlin 829, [Stuhr.]

— so spricht der Herr Herr: „Israel vergiß Meiner nicht". Kurze Nutzanwendung zu den 5 Hauptstücken d. Katechismus; zunächst f. meine lieben Confirmanden. gr. 16. (23 S.) Ebend. 874. — 30

Knak, so spricht der HErr HErr: „Israel vergiß Meiner nicht!" Jesaia 44, 21. Kurze Nutzanwendung zu den 5 Hauptstücken des Katechismus; zunächst für meine lieben Confirmanden. 2. Aufl. gr. 16. (26 S.) Berlin 877. Beck. n. — 40

—— „Umsonst und ohne Geld!" Dringender Gnadenruf Gottes an die Sünder. Predigt über Jesaias, Kapitel 55, Vers 1—3. gr. 8. (16 S.) Ebendas. 871. *

Knak, G., Warum der reiche Mann in die Hölle gekommen ist? Die Gerechtigkeit, die vor Gott gilt. Zwei Predigten am 1. und 6. Sonnt. nach Trin. gehalten. gr. 8. (35 S.) Berlin 852, W. Schultze. *

—— Klee, Büchsel, Worte des Dankes, s. Klee.

Knak, Gust., Zionsharfe. Geistliche Lieder u. Sonnetten zum Besten der Missions-Sache herausg. von seinen Freunden. 8. Berlin 840. (Wohlgemuth.) ⅓ ₰

Knak, Gust., Zionsharfe. Geistliche Lieder u. Sonette. 3., verm. Aufl. gr. 12. (8⅓ B.) Berlin 843, J. A. Wohlgemuth, Verl. 15 Ngr. — Velinp. m. ½ B. Musikbeilagen *

Knak, Johs., Festbüchlein, der böhmisch-lutherischen Gemeinde der Bethlehems-Kirche zur 150jähr. Jubelfeier am Sonntag Jubilate 1887 gewidmet. 8. Berlin 887, (Deutsche Evangel. Buch- und Tractat-Gesellschaft.) * 1 —

Inhalt:

1. Königl. Erlasse, betr. die Einweihung der „Böhmischen Kirche". — 2. Goßner, Joh., „Die Böhmischen Märtyrer". — 3. Geschichte der Böhmischen Gemeinde in Berlin vom J. 1732 bis 1887, auf Grund amtl. Quellen zusammengestellt. (112 S.)

Knak, Johs., neue Zionsharfe. Psalmen und Lobgesänge und geistl., liebl. Lieder. [Kolosser 3, 16.] gr. 16. (182 S.) (Ebendas.) 887. * — 20

Knak, P., praktische Geometrie m. besond. Berücksicht. d. Zeichnens, Feldmessens u. Nivellierens für Ackerbauschulen ꝛc., s. a. Taschenbibliothek, deutsche landwirtschaftliche.

Knak, P., prakt. Geometrie m. bes. Berücksicht. d. Zeichnens, Feldmessens u. Nivellierens f. Ackerbauschulen, landwirtschaftl. Winterschulen u. ähnl. Lehranst. 2., verm. u. verb. Aufl. 8. (XII, 107 S. m. 84 Holzschn.) Leipzig 898. Landwirtschaftl. Schulbuchh. Geb. in Leinw. n. 1. 40

Knak, P., prakt. Geometrie m. besond. Berücksicht. des Zeichnens, Feldmessens u. Nivellierens f. Ackerbauschulen, landwirtsch. Winterschulen u. ähnliche Anstalten. 3. verm. u. verb. Aufl. gr. 8. (X, 110 S. m. 86 Holzst.) Leipzig 902. Landwirtschaftl. Schulbuchh. Geb. in Leinw. n. 1.40

Knak, P., praktische Geometrie m. besond. Berücksicht. des Zeichnens, Feldmessens u. Nivellierens f. Ackerbauschulen, landwirtschaftl. Winterschulen, Garten- u. Wiesenbauschulen u. ähnliche Lehranstalten. 4., verm. u. verb. Aufl. (VIII, 120 S. m. 89 Abbildgn.) 8. Leipzig 905. Landwirtschaftl. Schulbuchh. Geb. n. 1. 40

Knak, P., praktische Geometrie, m. besond. Berücksicht. des Zeichnens, Feldmessens u. Nivellierens f. Ackerbauschulen, landwirtschaftl. Winterschulen, Garten- u. Wiesenbauschulen u. ähnl. Lehranstalten, auch f. den Selbstunterricht. Mit 106 Holzst. 5. verm. u. verb. Aufl. (VIII, 131 S. m. 1 Taf.) 8. Berlin 908. Landwirtschaftl. Schulbuchh. Geb. 1.50; Lösungen. (Neudr.) (10 S.) nn — 50

— Vaterländische Geschichte f. junge Landwirte. Zum Gebrauch in Ackerbauschulen, sowie zur Selbstbelehrg. (Landwirtschaftliche Unterrichtsbücher.) (VIII, 130 S.) 8. Berlin 910. P. Parey. Geb. in Leinw. 1. 60

— deutsches Lesebuch f. Ackerbauschulen, s.: Hollmann, M.

— Rechenbuch f. Ackerbauschulen u. landwirtschaftliche Winterschulen (Landwirtschaftliche Unterrichtsbücher.) 8. (V, 98 S.) Berlin 894. P. Parey. Geb. in Leinw. n. 1. 20; Lösungen (44 S.) n.n. — 50

[F.] Rechenbuch für Ackerbauschulen u. landwirtschaftl. Winterschulen. Von P. Knak, Lehrer ... zu Wittstock '(Ostprignitz)'. 2., verm. Aufl. *Berlin: P. Parey 1896.* (VIII, 111 S.) 1 Bd 8. (Landwirtschaftliche Unterrichtsbücher [No 15.]) [97. 079]

Rechenbuch für Ackerbauschulen, landwirtschaftliche Winterschulen und ländliche Fortbildungsschulen. Von P. Knak, Lehrer zu Wittstock. 3., verb. Aufl. *Berlin: P. Parey 1901.* (VIII, 112 S.) 8° [F.]
— Unterrichtsbücher, Landwirtschaftliche. [15.]

— Rechenbuch f. Ackerbauschulen, landwirtschaftliche Winterschulen u. ländliche Fortbildungsschulen. (Landwirtschaftliche Unterrichtsbücher.) 4., verb. Aufl. (132 S.) 8. Berlin 904. P. Parey. Geb. in Leinw. n. 1. 20

— u. H. Otto, Rechenbuch f. ländliche Fortbildungsschulen. (VI, 129 S.) 8. Ebd. 905. n.n. — 90; Auflösgn. (IV, 80 S.) 906. n. — 80

— u. H. Otto, Rechenbuch f. ländliche Fortbildungsschulen. 2., verb. Aufl. (VI, 146 S.) 8. Ebd. 910. 1. —

Geschichte und Organisation der deutschen Grosslogen. Eine Vortragsreihe von P[aul] Knak. [Wittstock a. D.: Selbstverl.] 1902. 32 S. 4° [Umschlagtit.:] Kleiner Führer durch die Geschichte und Organisation der deutschen Grosslogen. Nur f. Frmr.
Aus: ML. 31 (1902—1903) S. 9—16, 19—36, 39—45.
Recens: H. 18 (1902) Nr 43; L. 25 (1902) S. 192 (R. Fischer); S. 9 (1902) S. 97 (J. G. Findel); R. 30 (1903) S. 40.
cf. FZ. 56 (1902) S. 383 (K. Pilz).

Wittstock: **Geschichte der unter Konstitution der Grossen Loge von Preussen, gen. Royal York zur Freundschaft, im Or. zu Berlin arbeitenden St. Johannis-Freimaurer-Loge „Constantia" im Or. zu Wittstock (Prignitz). Eine Festgabe zur bevorstehenden Feier ihres 60jährigen Bestehens von P[aul] Knak.** Wittstock: Selbstverl. d. Loge 1895. 60 S. 8°
Recens: FZ. 50 (1896) S. 199 (K. Pilz); L. 19 (1896) S. 128.
S. 50—60: Verzeichn. der Ehrenmitgl., Beamten u. Mitgl. der Loge von 1836—1895.

Knake, A. und Kneus, C.: „Ueber Schafweide-Ablösungen und deren Einfluss auf die Cultur des bisher weidebelasteten Grundeigenthums, auf Schafzucht und Wollproduction in national- und privatwirthschaftlicher Beziehung", zwei gekrönte Preis schriften, Tübingen 1840 (Cotta).

Knake, Richard. Ueber die lineare Wärmebewegung in einem von zwei parallelen Wänden begrenzten Körper, dessen Begrenzungen mit einem Gase in Berührung stehen. Halle a/S. (1879); Hendel. 44 S. 8°
Halle-Wittenberg, Phil. Diss. v 23. Okt. 1879
Geb. Wittenberg 31. 7 1854. V.

Knake, Richard Wärmebewegung in unendlich ausgedehnten planparallelen Platten. Teil I. 4 (18 S.). G. *Nordhausen* 1887 (229). Progr.

Knall, Römisches. gr. 8. (26 S.) Freiburg i/Br. 876. (Schmidt.) — 30

Knallcigarren. — Schnurren u. Anecdoten-Sammlung für eifrige Verehrer eines gewürzten Tabacksdufts, v. ein. famosen, an dem Knallfidibus des Humors u. Witzes angezündeten Pindatos. Von Knasterbart gr 12. (5 B) Nordhausen 846, Fürst.

Knallcigarren. Schnurren- u. Anecdoten-Sammlung. Von Knasterbart. 12. (119 S.) Nordhausen 847, Fürst. 1/3 ₰

Knallenfalls, Mina. Kulturhistorische Studie aus Elberfeld's jüngster Vergangenheit. 3. unveränd. Aufl. (47 S.) kl. 8. Elberfeld 906. J. H. Born. — 75

Knallerbsen, od.: Du sollst u. mußt lachen. 244 interess. Anekdoten enth. 8. (7 B.) Quedlinburg 840, Ernst'sche Buchh.

Knallerbsen, oder: Du sollst u. mußt lachen. 256 interessante Anekdoten, gesammelt u. herausgeg. von Fr. Rabener. 2. verm. u. verb. Aufl. 8. Quedlinburg 841, Ernst'sche Buchh. 1/3 ₰ — 3. verb. Aufl. 12. Ebend. 842. 1/3 ₰

Knallerbsen! Neue Anekdotensammlung zu Jedermanns Erheiterung von F. Immerlustig. Glarus 866. (Amriswil, Häberlin.) 32. (64 S.) n. 4 ngr.

—— zur Erschütterung des Zwerchfelles. Aus Zeitungen gesammelt. (Beiträge zur deutschen Stilistik des 19. Jahrh. Von G. Stütze. 2. Thl.) 8. (4 B.) Breslau 845, Schuhmann.

KNALLERBSEN und Feuerräder, oder Du sollst und mußt lachen. Sammlung lustiger Einfälle, Anekdoten, Satyren etc., (Quedlinburg 1829. 8°. (6 Kr., mit 2 ähnlichen. Josef Grünfeld, Wien, 1907.)

Humoristische Knallerbsen in neuesten Anekdoten und Schwänken (Ing *Offizier »Sagen Sie mal, Ritzmaier, was ist ein Kriegsgericht?«* ..., 05 · 86) (= *Neue Volksbücher*, r)
Kol Reutlingen Druck und Verlag von Enßlin und Laiblin.
o. J., 16 S., 165 107
I BS d D oct K 3495.

Knallerbsen, humoristische, f. lachlustige Leute. 8. (16 S.) Neu-Weißensee (902). E. Bartels. — 10

Knallerbsen aus der Zeitung. Eine Sammlung komischer Annoncen, Briefe, Inschriften und Gedichte, zur Erschütterung des Zwerchfelles und zur heiteren, geselligen Unterhaltung hrsg. von G. Stütze. 8. (62 S.) Breslau 850, [Hainauer.] *

Knallerbsen Kraftextract oder Du sollst u. mußt lachen. Anecdotenschatz von 1/4 1000 bester Anekdoten u. Schwänke im bunten Misch-Masch für Lustige u. gemüthliche Leute. Neuester Platzregen. Einbeck 866. Ehler's Verlag. 8. (56 S.) 5 ngr.

Knallerbsen-Kraftextract oder du sollst und mußt lachen. Anecdotenschatz von ein vierteltausend bester Anecdoten und Schwänke im bunten Misch-Masch für lustige und gemüthliche Leute rc. Neuester Platzregen. 8. (56 S.) Einbeck 869, Ehlers.

Knallpulver, über d. verschiedenen Arten, u. ihre Anwendung bei d. Jagd u. d. Kriege. 8. Karlsr. 825. Braun. 18 kr

Knap, Göorgia, die Geheimnisse der Fabrikation u. des guten Funktionierens der Benzin-Motore f. Automobile u. Motor-Zweiräder, unter Mitwirkg. der bedeutendsten Ingenieure der Automobil-Fabrikation. Autoris. Uebersetzg. v. Kurt Lefèvre. 4. verb. u. verm. Aufl. (In 6 Lfgn.) 1. u. 2. Lfg. (S. 1—224 u. VIII S. m. Abbildgn.) gr. 8. Loecknitz 906. (Leipzig, L. Fernau.) à n. 3. —

Knape, wir brauchen obligator. Fortbildungsschulen m. obligator. Religionsunterricht. Vortrag. gr. 8. (20 S.) Berlin 898. Buchh. d. ostdeutschen Jünglingsbundes. n. — 40

Knape, Christoph

Knape, C. C., krit. Annalen d. Staats-Arzneykunde für das 19te Jahrh. Ir Bd. 1s 2s u. 3s Stck. gr. 8. Berl. Realschulbchhdl. 804. 5. (à 18 gr.) Rthlr.

— u. A. F. Hecker, krit. Jahrbücher d. Staatsarzneikunde für d. 19te Jahrh. 2 Bde à 2 Thle, mit 2 Kpf. gr. 8. Berl. 806—8. Maurer's B. 3 ₰ 8 gr

Knape, D. C., u. D. A. F. Heckers, kritische Jahrbücher d. Staatsarzneikunde f. das 19te Jahrh. 2n Bds 2r Thl. gr. 8. Berl. Maurer'sche Buchh. 811.

Knape, Christoph

s.: Rudolphi, Karl Asmund: Viro illustri Christophoro Knape...honores doctorales decem ante lustra rite acceptos sincere gratulatur... Berolini: 1823

JB 910

KNAPE, CHRISTOPH.
Theoria metamorphosis chemico-philosophicis rationibus superstructa. Halæ, 1773. 4to.

Knape, Chr., theor. metamorphos. chemico-philosoph. etc. 4. Halae, Hendel. 774.

Knape, E., Gymnasium u. Realgymnasium. gr. 8. (21 S. m. 1 graph. Steintaf.) Ratibor 884. Schmeer & Söhne. n. — 50

Knape, Eduard, Dir. Dr.: Bericht über die Feier des 25 jährigen Bestehens der Anstalt. *Ratibor 1900: F. Lindner.* (S. 19—40.) 4° [F.]
Ratibor, RPG, OP 1900 (230)

Bericht, betreffend die eingegangenen zwölf Gutachten über die Frage: In welchem Sinne und auf welchem Wege können und sollen die Logen Einfluss auf die Volkserziehung ausüben? Von [Edu.] Knape. Leipzig 1909: Zechel. 15 S. 8° [Umschlagtit.]
Aus: MitthVdF. 1908—1909 S. 98—110.

Knape, Eduard [Rekt. Dr.]: Zwei Gedächtnisreden, gehalten zum Andenken an Ihre Hochseligen Majestäten Kaiser Wilhelm I. und Friedrich III. Ratibor, Riedinger's Buch- u. Steindr., 1889; S. 3–8; 4°
Ratibor, RPG, OP 1889 (216)

Knape, Eduard, Dir. Dr.: Mitteilungen aus der Geschichte der Anstalt im ersten Vierteljahrhundert ihres Bestehens. *Ratibor 1900: F. Lindner.* (S. 2—18.) 4° [F.]
Ratibor, RPG, OP 1900 (230)

Knape, E. Die Realschule II. Ordnung. Ratibor, R., 1875. 6 S. 4. Progr.

Knape, Eduard Rede, gehalten bei der Trauerfeier zum Gedächtnis des in Gott ruhenden Kaisers und Königs Wilhelm I. am 22. März 1888. 4 (S. 3—5) — Rede, ... Friedrich III. am 30. Juni 1888. (S. 6—8.) (Umschlagt.: Zwei Gedächtnisreden, gehalten zum Andenken an Ihre Hochseligen Majestäten Kaiser Wilhelm I. und Friedrich III.) Progr. Rprg. *Ratibor* 1889 (216).

Knape, E.: Die Schulhygiene und das Schulturnen. Ratibor 1881. 11 S. Ratibor, Höh. Bürgerschule P 1881.

Knape, Eduard, Das Schulturnen und seine Bedeutung (Progr. d. Realprogymnas. zu Ratibor, 1882/83, S. 1—13), Ratibor 1883, 13 S., Gr.-8°.

Knape, Eduard Stellung und Bedeutung des Realprogymnasiums. 4 (S. 3—10). Progr. Rprg. *Ratibor* 1888 (214).

Über den Wert des deutschen Grosslogenbundes. Vortrag des Brs. [Edu.] Knape, gehalten am 1. Okt. 1905 in Breslau. Ratibor: Selbstverl. [1905]. 24 S. 8° [Umschlagtit.]
[Dasselbe.] 2. verm. Aufl. Ebendas. [1905]. 23 S. 8°
Abgedr. in: Bbl. 19 (1905) S. 605—623.
Recens: Bh. 48 (1905) S. 392.

Knape, über den Wert des deutschen Großlogenbundes. Vortrag. 2. verm. Aufl. (23 S.) 8. Ratibor (905). (Leipzig, P. Stiehl.) n. — 20

Knape, Emil: Ueber Formyl- und Oxalyl-Derivate des Orthoamidobenzamids. ... Leipzig, J. A. Barth, 1891; 30 S., 1 Bl. 8°
Leipzig, Phil. Fak., Inaug.-Diss. v. [25. Febr.] 1891

Knape, Emil [aus Potsdam]: Untersuchung des dritten Ampère-schen Fundamentalversuches .... Göttingen, Druck d. Dieterich'-schen Univ.-Buchdr. (W. Fr. Kästner), 1887; 52 S. + 2 Bl. 8°.
Göttingen, Phil. Fak., Inaug.-Diss. v. 12. März 1887.

Knape, Emil, Untersuchung des 3. Ampère'schen Fundamentalversuches. Inaugural-Dissertation. gr. 8. (52 S.) Göttingen 887, (Vandenhoeck und Ruprecht.) * 1 —

Knape, F. (Hrsg.), s.a. Liederbuch, Neues, für Krieger- und vaterländische Vereine.

Knape, F., neues Liederbuch f. Krieger- u. vaterländ. Vereine. Für vierstimm. Männergesang. 12. (IV, 111 S.) Berlin 896. J. Rentel. n. — 40

Knape, F., neuer deutscher Liederschatz. Auswahl 1-, 2- und 3stimm. Lieder für Mädchen-Schulen. 2 Tle. 8. (192 S.) Potsdam 885, Rentel's Verlag. à Tl. * 25 Pf. * — 50
Auch in 6 Heften à * — 10

Knape, F., neuer deutscher Liederschatz. Auswahl 1-, 2- u. 3-stimm. Lieder f. Mädchen-Schulen. 2. Aufl. 2 Tle. 8. (192 S.) Potsdam 889. Rentel. à n. — 25

Knape, F. Neuer deutscher Liederschatz. Auswahl 1-, 2- u. 3stimm. Lieder f. Mädchen-Schulen. 5. Aufl. 8. (192 S.) Potsd. 892, J. Rentel's Verlag. * — 50

Knape, F., neuer deutscher Liederschatz. Auswahl 1-, 2- u. 3stimm. Lieder f. Mädchen-Schulen. 6. Aufl. 2 Tle. 8. (192 S.) Potsdam 894. J. Rentel's Verl. à n. — 25; auch in 6 Hftn. à n. — 10

— neuer deutscher Liederschatz. Auswahl 1-, 2- u. 3-stimm. Lieder f. Mädchen-Schulen. 2 Tle. 9. Aufl. 12. (192 S.) Ebd. 898. à n. — 50
Erschien auch in 6 Hftn. à n. — 10.

Knape, F., neuer deutscher Liederschatz. Auswahl 1-, 2- u. 3 stimm. Lieder f. Mädchen-Schulen. 2 Tle. 11. Aufl. 8. Berlin 900. J. Rentel. à n. — 25; auch in 6 Hftn. à n. — 10
1. (S. 1—96.) — 2. (S. 97—192.)

Gustav Alexander Eduard Theodor
Knape

Gust(avus) Alexand(er) Eduard(us) Theodor(us) Knape: Monstri humani maxime notabilis Descriptio anatomica. ([Berlin] 1823:) Brueschcke. 27 S. 8°
Berlin, Med. Diss. v. 5. Dez. 1823

Knape, Herm., 32 neue Schullieder, komp. u. hrsg. 2. verb. Aufl. (38 S.) kl. 8. Lissa 905. F. Ebbecke. — 20

Knape, Rudolf, approb. Arzt aus Treuenbrietzen (Prov. Brandenb.): Aus d. Kgl. Universitäts-Frauenklinik zu Halle a. S. Beiträge zur Therapie der Eklampsie. *Halle a. S. 1904: C. A. Kaemmerer & Co.* (42 S.) 8°
Halle, Med. Diss. v. 18. Juni 1904

Knapek Franz, Elementarschule zum freien Auffassen u. Zeichnen geometr. Formen in der Ebene, für Schüller der vierten Klasse an Hauptschulen. 3. verb. u. verm. Aufl. Olmütz, Ed. Hölzel. Comm.-Verlag. 58 kr
1867

Knapek, Frz., geometrische Formenlehre nebst den wichtigsten Regeln üb. das Ausmessen der Flächen u. Körper f. die Oberklassen der Volksschulen. 1. Abth. Mit 95 (eingedr.) Fig. (in Holzschn.) 4. verb. Aufl. gr. 8. (46 S.) Znaim 874. Fournier & Haberler. n. 1. —

— Formensammlung f. das geometrische Zeichnen an allg. Volksschulen. Mit besond. Rücksicht auf das Ausschneiden der Formen. 1. Abth. Für das 1. u. 2. Schulj. Mit 117 lith. Figuren. 2. verb. Aufl. qu. 4. (12 Steintaf.) Wien 872. Seidel & Sohn in Comm. n. — 80

— methodisches Handbuch f. das Freihandzeichnen an Mädchenschulen. Nebst e. Formensammlg. m. 161 Fig. (auf 21 Steintaf.) Lex.-8. (15 S. m. 4 eingedr. Holzschn.) Znaim 1875. Ebend. 874. n. 2. 40

Knapek, Franz, Methodisches Handbuch für den Vorbereitungsunterricht im Freihandzeichnen an Volks-, Bürger- und Gewerbeschulen. Mit 255 Figuren. Verfasst für Seminaristen und Lehrer 4. (29 S.) Wien, Seidel & Sohn in Comm. 1 fl. 30 kr.
1869

Knapek, Frz., methodisches Handbuch für das elementare Zeichnen an gehobenen Volksschulen. Verfasst für Präparanten u. Lehrer. 4 Abthlgn. Wien, (Seidel & Sohn.) [1. Abthlg. (25 S. mit 15 Steintaff.) 865. n. 15 ngr, 2. Abthlg. (32 S. mit 16 Steintaff.) 866. n. 15 ngr, 3. Abthlg. (20 S. mit 24 Steintaff.) 867. n. 20 ngr, 4. Abthlg. (56 S. mit 24 Steintaff.) 867. n. 24 ngr] n. 2 ₰ 14 ngr

—— methodisches Handbuch für das elementare Zeichnen an allgemeinen Volksschulen. Mit besond. Rücksicht auf die Behandlung der Formenlehre und der Formenarbeiten. Verfasst für Lehramtskandidaten und Lehrer. 2., wesentlich umgearb., verb. und verm. Aufl. 1. Abthl. gr. 8. (S. 1—78 mit 130 Fig., eingedr. Holzschn. und 2 Stnt.) Ebendas. 872. *

—— dass. — Mit einer Formensammlung für das gesammte Zeichnen. Verfasst für Lehramtskandidaten und Lehrer. 2., wesentlich umgearb., verb. und verm. Aufl. 2. Abthl.: Für das 3. Schuljahr. gr. 8. (41 S. mit 267 Fig., eingedr. Holzschn. und 16 Stnt.) Znaim 878. (Wien, (Seidel und Sohn.) *

Knapek, Frz., methodisches Handbuch für das elementare Zeichnen an allgemeinen Volksschulen. Mit einer Formensammlung zum Vorzeichnen an der Schultafel. 2., wesentlich umgearb., verb. und verm. Aufl. 3. Abthl. und 4. Abthl. 1. und 2. Lfg. hoch 4. (Ebendas.) 875. *

Inhalt:

Abthl. 3. Mittelstufe. 4. Klasse. (84 S. mit eingedr. Holzschn. und 16 Stnt.) *M 3.
» 4. 1. Lfg. Für die Oberstufe. Gitter, ornamentale Blattformen, Zusammenstellung derselben. (8 Stnt.) *M 1,30.
» 4. 2. Lfg. Für die Oberstufe. Rosetten und Parquetten. (80 Stnt.) *M 1,30.

Knapek, Frz., methodisches Handbuch für das elementare Zeichnen an allgemeinen Volksschulen. Mit einer Formensammlung zum Vorzeichnen an der Schultafel. 2. wesentlich umgearb., verm. und verb. Aufl. 4. Abthl.: Oberstufe. 3.—6. Lfg. hoch 4. Znaim. (Wien, Seidel und Sohn.) *

Inhalt:

Lfg. 3. Banddurchschiebungen. (8 Stnt.) 877. *M 1,30.
» 4. Sternfiguren mit Anwendungen. (8 Stnt.) 877. *M 1,30.
» 5. Vorderansichten technischer Objekte. Mit 96 Fig. und 160 Aufgaben-Motiven. (10 Stnt.) 878. *M 1,70.
» 6. Drei-, vier-, fünf- und sechsstrahlige Rosetten und Borduren mit Anwendungen. (10 Stnt.) 878. *M 1,70.
1.—3. Abthl. und 4. Abthl. 1. und 2. Lfg. 1872—75. *M 9,20.

— — Rechen- Schreib- u. Zeichenmappe für Schuler an gehobenen Volksschulen. Neue veränderte Ausgabe. Gr. Quer 4. Ebds. In Comm. Cartonirt 35 kr
1867

—— Uebungshefte für das Freihandzeichnen an Mädchenschulen und zur Selbstübung. Oberstufe. 2. Aufl. 1. Heft. qu. 4. (6 S.) Znaim 874, Fournier und Haberler. **

—— dass. — Unterstufe. 2. Aufl. 1.—3. Heft. qu. 4. (8 S.) Ebendas. 874. à Heft * 20 Pf. *

—— Universal-Zeichenhefte für die Oberklassen der Volksschulen. qu. 4. (6 lithogr. Taf.) Znaim 874. (Wien, Seidel und Sohn.) *

—— dass. — für die Oberstufe. Mit einer Pergamenttafel zu Entwürfen, zum Diktat- und Gedächtnisszeichnen. 2. Aufl. qu. gr. 4. (6 Bl.) (Ebendas.) 875. *

— dasselbe. 2. Aufl. qu. gr. 4. (6 Bl.) Ebend. 876. n. — 24

—— Zeichenhefte für den Vorbereitungs-Unterricht im freien Handzeichnen an Volks- und Gewerbeschulen, den untern Realklassen und zur Selbstübung. 7 Hefte. Neue unveränd. Ausg. qu. 4. (1.—4. Heft à 8 Stnt., 5.—7. Heft à 6 Stnt.) Wien 867, (Seidel und Sohn.) à Heft * 3 Ngr. *

—— Zeichenhefte für den Vorbereitungs-Unterricht im freien Handzeichnen an Volks-, Bürger- und Gewerbeschulen und zur Selbstübung. 8 Hefte. 3., ganz veränd. Aufl. qu. 4. (Ebendas.) 869. [1.—4. Heft. (à 6 Stnt.) à Heft * 30 Pf.; 5.—8. Heft. (à 6 Stnt.) à Heft * 40 Pf.] *

Knapek, Franz, Elementarische Zeichnenschule für die Schüler der 4. Hauptklasse. Olmütz, Hölzel. 1861

1. Abth. quer 4. (10 Blt.) in Umschlag.	75 kr.
2. Abth. quer 4. (6 Blt.) in Umschlag.	54 kr.
3. Abth. quer 4. (8 Blt.) in Umschlag.	75 kr.

— Elementarische Zeichnenschule für die Schüler der Haupt- und Gewerbeschulen. 1. Abth. 2. verb. Aufl. Olmütz, Ed. Hölzel. 84 kr.
1861

Knapitsch Balthasar: Die Einwirkung des Wassers auf Blei im Allgemeinen und insb. die des Wassers der städtischen Wasserleitung in Laibach. 38. Laibach R. 90.
Progr.

— Untersuchung des Säuerlings bei Steinbüchel in Krain. 33 ibd. 93.
Progr.

Knapitsch B.: Die Verunreinigung des Laibachflusswassers bei seinem Durchlaufe durch die Stadt. 16. Laibach R. 77. **Progr.**

Knapitsch, Siegfr., der Dorfschulmeister. Schauspiel in 4 Aufzügen. Hrsg. v. der Literaturanstalt Austria, Wien. (64 S.) 8. Wien 906. J. J. Plaschka. n. 1. 20

— Schwester Hadwiga. Eine Klostergeschichte in 4 Aufzügen nach den Erzählgn. e. ehemal. Klosterfrau. (108 S.) 8. Wien 906. P. Knepler. n. 1. 50

Knapke, (Schneidermeister), D., Anweisung für Mannskleider-Verfertiger zum Selbstunterricht nach vorgezeichneter Maaßeintheilung aus freier Hand zuzuschneiden. gr. 8. (Mit 1 Steintaf.) Berlin 812. (Heymann.) $1/2$ Thlr

Knapmann, Alfred [cand. med. aus Dortmund]: 10 Fälle von Peritonitis tuberkulosa aus der kgl. chirurg. Universitätsklinik und dem St. Johannes-Hospital zu Bonn ... Bonn, Druck v. K. Drobnig, 1897; 35 S. [illegible] 8.

Bonn, Med. Fak., Inaug. [illegible] Mai 1897

Knapmann, [illegible] Ref. in Herdecke a. d. Ruhr: Wechsel und Scheck. Eine vergleichende Darstellung. Borna-Leipzig 1905: R. Noske. (IX, 61 S.) 8° [F.]

Leipzig, Jur. Fak., Diss. v. 6. Dez. 1905

[Geb. 20. Jan. 81 Herdecke; Wohnort: Herdecke; Staatsangeh.: Preußen; Vorbildung: Gymn. Hagen i. W. Reife O. 00; Studium: Heidelberg 3, Berlin 1, Bonn 2 S.; Rig. 30. Juli 03.]

Knapmann, Karl, das Eisen- u. Stahldrahtgewerbe in Altena bis zur Einführung der Gewerbefreiheit, s. a. Abhandlungen aus dem staatswissenschaftlichen Seminar zu Münster i. W.

Knapmann, Karl, a. Annen i. Westf.: Das Eisen- und Stahldrahtgewerbe in Altena bis zur Einführung der Gewerbefreiheit. Ein Beitrag zur Vorgeschichte der Kartelle. Leipzig 1907: J. B. Hirschfeld. (58 S.) 8° ¶ (Erscheint vollst. als: Abhandlungen a. d. staatsw. Seminar zu Münster i. W. H. 7.)

Münster, Rechts- u. staatsw. Fak., Ref. Schmöle, Diss. v. 18. Okt. 1907

[Geb. 1 Sept. 79 Annen; Wohnort: Münster; Staatsangeh.: Preußen; Vorbildung: Realgymn. Witten Reife O. 98; Studium: Leipzig 1, München 1, Straßburg 3, Münster 5, Berlin 1 S.; Rig. 9. März 07.]

Knapp, Albert. — Lebensbild. Eigene Aufzeichnungen fortgeführt u. beendigt von seinem Sohne Jos. Knapp. Stuttgart 867. J. F. Steinkopf. 8. (VIII, 533 S. mit Bildniß in Stahlst.) n. 1 Thlr 6 ngr.

Knapp, Jos. Zum Andenken an Joseph Knapp, Stadtpfarrer an der Stiftskirche in Stuttgart. Geboren zu Stuttgart den 18. Jan. 1839, gestorben daselbst den 28. Juli 1898, beerdigt daselbst den 31. Juli 1893. gr. 8. (30 S.) Stuttgart 893. Buchh. der Evang. Gesellschaft. n. — 25

Dem Königlichen Consistorialrath Knapp ihrem Hochverehrten Lehrer am Tage der funfzigjährigen Jubelfeier seines Lehramts gewidmet von dankbaren Schülern. Halle 1825 4 Bl. 8° (4°)

Deutsches Gedicht.

Knapp, Abschiedspredigt, u. Antrittspredigt seines Nachfolgers Kübel. gr. 8. (18 S.) Eßlingen 880. Fröhner. n. — 25

Knapp. Andeutungen zur Erforschung des Ursprungs und Zwecks der sogenannten Ringwälle. Darmstadt 1840. 8°. (Aus: Archiv f. hess. Gesch. u. Alterthumskunde.

Knapp, Edmund; od. d. Wiedervergeltung. Schsp. von Susanne v. Bandemer. 8. Frkft. Dietz. 800.

Knapp, Geschichte, Statistik u. Topographie d. Städte Elberfeld u. Barmen im Wupperthale. Mit Bezugnahme auf d. Stadt Sohlingen u. einige Städte d. Kreises Lennep. gr. 8. Cöln 835, Gaul u. Tonger.

– (Hrsg.), s. Mittheilungen d. statist. Amtes d. Stadt Leipzig.

Knapp, Rechtsphilosophie. Erlangen 857.

Knapp, zum neuen Schuljahr. 4 Schulpredigten auf den 1. Sonntag nach Epiphanias. 8. (40 S.) Tuttlingen 884. Kling. n. — 30

Knapp, Ab., Theodor in seinen Mußestunden. Unterhaltn. z. Lehre u. Erheiterung f. freundl. Knaben. 16. (23½ B. u. 18 ill. Bilder.) Berlin 837, [Burmeister.]

Neue Ausgabe v. dess., Jugendunterhaltungen.

Knapp, Albert, üb. die Anbetung Jesu Christi. gr. 12. (4 B.) St. Gallen (u. Bern 842, Huber u. Comp.)

Aus: Christoterpe f. d. Jahr 1842 besond. abgedruckt.

Knapp, Albert, Ansichten üb. d. Gesangbuchs-Entwurf f. d. evangel. Kirche Württembergs. Zur Ausgleichung verschiedenart. Wünsche u. Vorschläge. Zugleich e. Beitr. z. deutschen Hymnologie. gr. 8. (12¾ B.) Stuttgart u. Tübingen 840, Cotta'sche Buchh.

– s. Arnold, Gottfr.: Die erste Liebe zu Christo. – dess. geistl. Lieder.

– s. Balslev, R.: Betrachtungen.

Knapp, Alb., Bilder der Vorwelt. Ein Cyklus von Gedichten. Stuttgart 862. J. F. Steinkopf. 8. (210 S.) 22½ ngr.

—— Bilder-Bibel s. Bilder-Bibel.

– s. Biographien der Bibel.

—— Christen-Lieder. Eine Auswahl geistl. Gesänge aus ält. u. neuerer Zeit. — Ein Nachtr. zu dess. evangel. Liederschatz. gr. 8. (23¼ B.) Stuttgart 841, J. F. Steinkopf.

Knapp, Albert, Christoterpe, s. Christoterpe.

Knapp, Alb., Dichtungen. Auswahl m. Anmerkgn., biograph. Material u. 6 Bildertaf. v. Jul. Kurth. (XVI, 272 S.) 8. Leipzig 908. [Deutsche Bibelgesellschaft.] J. C. Hinrichs' Verl. n. 1. 80; geb. n. 2. 50

— Ewiges u. Zeitliches, s. a. Bibliothek der Gesamtliteratur des In- u. Auslandes.

Ewiges und Zeitliches. Aus d. Gedichten von Albert Knapp. Mit e. Vorwort von Dr. Ernst Dryander, Oberhofpred., u. d. Bilde d. Dichters. Halle a. S.: O. Hendel [1906]. (IV, 238 S.) 8° [F.]
(Bibliothek d. Gesamtliteratur d. In- u. Auslandes. No 1962–65.)

Knapp, Alb., österreichische Exulantenlieder evangelischer Christen, s. a. Exulantenlieder.

— österreichische Exulantenlieder evangelischer Christen aus der Zeit des 30jährigen Krieges. Mit geschichtlichem Vorwort u. einem Anhange ähnlicher Lieder herausg. Ebend. 861. 16. (75 S.) 9 ngr.

Knapp, Albert, approb. Arzt aus Ulm Ein pathologisch-anatomisch bemerkenswerter Fall von Carcinoma ventriculi. *Tübingen: F. Pietzcker 1901.* (19 S.) 8°

Tübingen Med. Diss. v. 1901

—— Gedichte. Neueste Folge. gr. 8. (39⅝ B.) Stuttgart 843, Cotta'sche Buchh.

Knapp, Albert, Gedichte. (Auswahl in 1 Bd.) 8. (XII und 724 S.) Stuttgart 854, Cotta'sche Buchh.

Knapp, Alb., Gedichte. Auswahl. 2., von Neuem durchgeseh. Aufl. Stuttgart 868. Cotta'sche Buchh. 8. (XII, 724 S.) n. 1 Thlr 20 ngr.

Knapp, Alb., Gedichte. Neue Auswahl. 12. (512 S.) Berlin 895. Rehtwisch & Langewort.
Geb. in Leinw. n. 3. —; m. Goldschn. n. 4. —

— ausgewählte Gedichte. Mit Anmerkgn., biograph. Material u. 6 Bildertaf. hrsg. v. Jul. Kurth. Neue [Titel-]Ausg. (XVI, 271 S.) kl. 8. Leipzig [903] 905. J. C. Hinrichs' Verl. n. 1. 80; geb. in Leinw. n. 2. 50
Prachtausg. m. Goldschn. n. 3. 50

Knapp, Alb., christl. Gedichte. 2 Bde. 8. Basel 829. Spittler. 1 ß 4 gl Feine Ausg. mit 4 Steindr. u. Musikbeilagen 2 ß

Knapp, Albert, christl. Gedichte. 1r u. 2r Bd. 2e verb. Aufl. 8. Basel 835. Neukirch. $1^1/_3$ ß Velinp. 2 ß — 3r u. 4r Bd. A. u. d. T.: Neuere Gedichte. 1r u. 2r Bd. 8. Ebd. 834. $2^1/_2$ ß Velinp. $3^1/_2$ ß

—— christliche Gedichte. 3. Aufl. 1. u. 2. Bd., die 1—5. Abth. enthaltend. 8. ($30^1/_2$ B.) Basel 843, Neukirch. *

—— dass. Mit Melodien. 8. ($30^1/_2$ B. u. $1^5/_8$ B. Musikbeil.) Ebds. *

—— evangelisches Gesangbuch, s. a. Gesangbuch, evangel.

— evangelisches Gesangbuch. Leipzig 855. K. Tauchnitz. 16. (XII, 555 S.) $22^1/_2$ ngr.

Knapp, Alb., die Geschwülste des rechten u. linken Schläfelappens. Eine klin. Studie. (134 S.) Lex.-8. Wiesbaden 905. J. F. Bergmann. n. 3. 60

– s. Glaube, Hoffnung, Liebe.

—— Herbstblüthen. Gedichte. 8. (VII und 437 S.) Stuttgart 859, J. F. Steinkopf. *

— auf Goethe's Hingang. 28. III. 1832. (Abdr. aus Alb. Knapp's I. Christoterpe, 1833 zu Tübingen.) (21 S.) 8. Berlin (904). Vaterländ. Verlags- u. Kunstanstalt.
n. — 20

— Hohenstaufen. Ein Cyklus von Liedern u. Gedichten. Mit 6 Taf. Abbildd. u. Titelvign. gr. 8. Stuttgart u. Tübingen 839. Cotta'sche Buchh. 2 ß

– s. Jugendtage, Meine.

— die Kirchweihe. Gedicht. 16. (27 S.) Barmen 874. Klein. — 15

– s. Kocher, Konr.: Stimmen.

Knapp, Albert, Leben v. Ludwig Hofacker, weil. Pfarrer zu Rielingshausen, mit Nachrichten über seine Familie u. einer Auswahl aus seinen Briefen u. Cirkularschreiben. Mit L. Hofacker's Bildniß (in Stahlst.) 8. (VIII u. 364 S.) Heidelberg 852, K. Winter. n. $^3/_4$ ß

— Leben von Ludwig Hofacker, weil. Pfarrer zu Rielingshausen, mit Nachrichten über seine Familie und einer Auswahl aus seinen Briefen und Cirkularschreiben. 2. von Neuem durchges. ꝛc. Ausg. Heidelberg 855. K. Winter. 8. (X, 382 S.) n. $22^1/_2$ ngr.

—— Leben von Ludwig Hofacker, weil. Pfarrer zu Rielingshausen, mit Nachrichten über seine Familie und einer Auswahl aus seinen Briefen und Circularschreiben. 3., von Neuem durchgeseh. und verm. Ausg. gr. 8. (X und 390 S. mit Portr. in Stahlst.) Heidelberg 860, K. Winter. * 24 Ngr.; geb. *

— Leben v. Ludw. Hofacker, weil. Pfarrer zu Rielingshausen, m. e. Auswahl aus seinen Briefen. 4. durchgeseh. Aufl. gr. 8. (X, 394 S.) Heidelberg 872. C. Winter's Univ.-Buchh. n. 2. 40; geb. m. Goldschn. n. 3. 60

Knapp, Alb., Leben v. Ludw. Hofacker, weil. Pfarrer zu Rielingshausen, m. e. Auswahl aus seinen Briefen. 5. Aufl. 8. (X, 394 S. m. Stahlst.-Portr.) Heidelberg 883. C. Winter. n. 2. —; geb. n. 3. —

Knapp, Albert, das Leben Jesu ꝛc., s. Leben.

— Lebensbild eines Jünglings. Zum Andenken an Paul Stephan Knapp, Theolog. stud. ꝛc. Herausg. von seinem Vater. Stuttgart 858. J. F. Steinkopf. 8. (63 S.) 6 ngr.

—— geistliche Lieder. In einer Auswahl. 8. (VIII und 200 S.) Stuttgart 864, Cotta'sche Buchh. geb. *
geb. mit Goldschn. *

Knapp, Alb., geistliche Lieder. In einer Auswahl. 2. verm. Aufl. 8. (VIII, 216 S.) Stuttgart 887, Cotta'sche Buchh. Nachf. cart. * ℳ 3.—.; geb. * 3 50

—— Lieder einer Verborgenen, s. Lieder einer Verborgenen.

—— zwei Lieder f. König u. Volk am Regierungs-Jubelfest d. Königs Wilhelm v. Württemberg. Lex.-8. ($^1/_2$ B.) Stuttgart 841, Belser'sche Buchh.

—— evangelischer Liederschatz, s. a. Liederschatz.

—— evangel. Liederschatz f. Kirche u. Haus. Eine Samml. geistl. Lieder aus allen christl. Jahrhunderten, gesamm. u. nach d. Bedürfnissen uns. Zeit bearb. 2 Bde. Lex.-8. ($102^1/_2$ B.) Stuttgart u. Tübingen 837, Cotta'sche Bh. $1^5/_6$ Thlr., Vlnp.
Nachtrag hierzu s. dass., Christen-Lieder.

Knapp, Alb., evangel. Liederschatz für Kirche, Schule u. Haus. Eine Sammlung geistl. Lieder aus allen christl. Jahrh. gesammelt u. nach den Bedürfnissen unserer Zeit bearb 3., verm. u. verb. Aufl. Stuttgart 865. Cotta'sche Buchh. Lex.-8. (XXVIII, 1379 S.) 2 ß 15 ngr.; geb. 3 ß;
geb. mit Goldschn. 3 ß 10 ngr.

Knapp's, Alb., evangelischer Liederschatz f. Kirche, Schule u. Haus. Eine Sammlg. geistl. Lieder aus allen christl. Jahrhunderten. In 4 Ausg. neu bearb. u. bis auf die Gegenwart fortgeführt v. Jos. Knapp. Lex.-8. (XLVIII, 1421 S.) Stuttgart 891 Cotta Nachf. n. 8. —;
geb. n. 10. —; auch in 16 Lfgn. à n. — 50

– s. Meine Jugendtage.

—— Missionslieder f. Israel, gesammelt. Zum Gebr. in Missionsstunden u. Versammln., hrsg. von d. Vereine v. Freunden Israels in Basel. 8. (2 B.) Basel 837, Schneider.

– s. Pantheon auserles. Erzählungen.

— Predigt, s. Predigten, vier, gehalten zu Stuttgart.

Die polyneuritischen Psychosen. Von Dr med. Albert **Knapp** in Halle a. S. Wiesbaden J. F Bergmann 1906. (VIII, 144 S.) 4°(8°)

—— Sammlung d. besteh. Verordnungen f. d. evangel.-deutschen Schulstand Würtembergs, u. d. damit verbund. Volks-Bildungs-Anstalten. gr. 8. (29½ B. u. 4 Tab.) Tübingen 828, Laupp.

– gesammelte prosaische Schriften. 1. Thl. Altwürttembergische Charaktere. Nebst e. Anh.: Monologen über die Versöhng. in Jesus Christus. Stuttgart 870. J. F. Steinkopf. 8. (280 S.) n. 21 ngr.

Knapp, Alb., gesammelte prosaische Schriften. Nach Anordng. d. sel. Verf. hrsg. 2. Thl. Sechs Lebensbilder. J. J. Balde. — Gottfr. Arnold. — Graf Zinzendorf. — Jerem. Flatt. — C. A. Dann. — Eberh. Wörner. 8. (VIII, 400 S.) Stuttgart 875. J. F. Steinkopf. n. 4. 60 (1. u. 2.: n. 6. 80)

– s. Steinhofer, Fr. Cph.: Glaubens-Grund. – dess. Predigten. – dess. neue Predigten.

– s. Stellen, Die klass., des gelobten Landes.

– s. Stimmen aus d. Reiche Gottes.

—— s. Tautropfen auf dem Pilgerweg.

Knapp, Alb., Tautropfen auf dem Pilgerweg. Bibelsprüche auf alle Tage im Jahre m. Versen aus A. K.'s Liedern. 10. Aufl. 16. (VII, 366 S.) Ludwigsburg 892. J. Aigner. Geb. m. Goldschn. n. 2. —

— Tautropfen auf d. Pilgerweg. Bibelsprüche auf alle Tage im Jahre m. Versen aus K.'s Liedern. (Kleine Ausg.) 11. Aufl. 16. (VII, 366 S.) Ludwigsburg 898. J. Aigner. Geb. in Leinw. m. Goldschn. n. 1. 50

Knapp, Alb., Tautropfen auf dem Pilgerweg. Bibelsprüche auf alle Tage im Jahre m. Versen aus K.'s Liedern. 12. Aufl. 16. (VII, 366 S.) Ludwigsburg (902). J. Aigner. Geb. in Leinw. m. Goldschn. n. 1. 50

— Völker und Fürsten. Ein Gedicht. gr. 8. Basel 831. (Spittler.) 1/6 ₰

Knapp, Alfons

Knapp, A., über die Entwicklg. v. Oxynoticeras oxynotum Qu., s. Abhandlungen, geologische u. palaeontologische. N F VIII 4

Knapp, Alfons: Ueber die Entwicklung von Oxynoticeras oxynotum Qu. Jena: Fischer 1908. 34 S. 4° ¶(Aus: Geolog. u. paläontol. Abhandlungen. N. F. Bd 8, H. 4.)
Tubingen, Naturw. Diss. v. 23. Juli 1906, Ref. v. Koken
[Geb. 4. Jan. 83 Gauerz, O.-A. Leutkirch; Wohnort: Ravensburg; Staatsangeh. Württemberg; Vorbildung: Realanst. Ulm Reife Sommer 02; Studium: Tubingen 8 S.; Coll. 23. Juli 06.] [U 09. 4007

Knapp, Aug. Theod. Robert (Leipzig), De hydrope ventriculorum cerebri acuto scarlatinam secuto atque sanato. Diss. med. Bln. (August Petsch) 27. IV. 1830. 28 S. mit Biogr. (M.: A. Sievermann.) (6.20) 18542
Oppon.: E. Kemper, L. Winkel, C. Senff. — Gew.: Wilh. Herm. Niemeyer, Carl Düffer, Carl Krause.

Knapp, B., Beobachtungen über Idioten- u. Cretinen-Anstalten u. deren Resultate. gr. 8. (47 S.) Graz 879. Leuschner & Lubensky. n. — 88

Knapp, B., neue Beobachtungen über die Arsenikesser in Steiermark, s. Centralblatt für allgemeine Gesundheitspflege.

Knapp, B., Bericht über den Besuch von Idioten- und Taubstummen-Anstalten in Skandinavien und Norddeutschland und der IV. Conferenz. Idioten-Heilpflege in Hamburg im J. 1883. gr. 8. (III, 94 S. mit 8 Taf.) Wien 884, Braumüller. *

—— **Besuch von Idioten-Anstalten und der Conferenz für Idioten-Heilpflege in Stuttgart 1880. gr. 8. (74 S.) Graz 881, Leuschner und Lubensky.** *

Knapp, B. Emendationsversuch zu Tac. Ann. XVI, 26. S. 14–20. – Laibach, OG., Progr 1870.

— Untersuchungen über Cretinismus in einigen Theilen Steiermarks. Mit einem Vorwort von v. Krafft-Ebing. gr. 8. (69 S.) Ebend. 878. n. 1. 60

Knapp, Bernhard, appr. Arzt a. Tübingen: Über den Nährwert des Glyzerins. Naumburg a. S. 1906: Lippert. (16 S.) 8°
Tübingen, Med. Fak., Ref. Romberg, Diss. v. 12. April 1906
[Geb. 4. Mai 81 Leutkirch; Wohnort: Tübingen; Staatsangeh.: Württemberg; Vorbildung: Gymn. Heilbronn Reife M. 99; Studium: Tübingen 7, Kiel 1, Berlin 1 S.; Coll. 9. Febr. 06; Approb. 6. Sept. 05.]

Knapp, C., Bilderbibel f. d. Jugend, s. Geschichte, die d. heil. Schrift 2c.

Knapp, C., D'r „Schiller" in d'r Krütenau. Parodien bekannter Balladen von Schiller, Goethe, Uhland, Chamisso in Straßburger Mundart. 1. u. 2. Aufl. 8. (à 48 S.) Straßburg 902. 903. Schlesier & Schweikhardt. n. — 80

Knapp, C. L., des Kindes Schutz. Eine Festgabe f. d. liebe Jugend. 8. (16¾ B. u. Titlvign.) Stuttgart 839. (Leipzig, Böhme.) *

Knapp, Carl, s. Knapp, Karl

Knapp, Charles

— voir: *Dictionnaire géographique.*

Knapp, Charles, s.: Lexikon, geographisches, der Schweiz.

Knapp, Chr. Edw., s. Luther's, Dr. M., Weissagungen.

Knapp, E., s. Bilder-Bibel für d. Jugend.

Knapp, Eberh., die älteste Buchhorner Urkunde. Studien zur Geschichte des Bodenseegebiets. (115 S.) gr. 8. Stuttgart 910. W. Kohlhammer. 1. 50
Sonderabdr. aus: „Württ. Vierteljahrshefte f. Landesgesch."

— **Erdmann** (Sorau), Disceptationes juris. Specim. I. Präs. D. Georg Stephan Wiesand. Wittbg. (Adam Christian Charisius) 2. III. 1792. 15 S. (4.—) 18543

Knapp, F., s. Abhandlungen, staatswissensch. Strassburg.

Knapp, F., Anleitung zur Schweinezucht u. Schweinehaltung, s.: Baumeister, W.

—— Referat über Stein-, Ird- und Glaswaaren, s. Bericht der Beurtheilungs-Commission zu München.

Knapp, F., Verzeichniss d. Schmetterlinge Thüringens. [2., verm. Aufl.] [Aus: „Stettiner entomolog. Zeitg."] 8. (44 S.) Stettin 887. (Gotha, Thienemann.) n.n. 1. 50

Knapp, Fr., Mittheilungen aus der Geschichte der naturhistorischen Gesellschaft zu Nürnberg, s. Abhandlungen.

Knapp, Fr., die evangelischen Perikopen. Präparationen f. die Behandlg. derselben m. steter Berücksicht. des Kirchenjahres. (III, 191 S.) gr. 8. Berlin 903. L. Oehmigke's Verl. n. 2. —

Knapp, [Franç. Chr.] v., Etude comparative sur la composition et le développement des caractères dans l'Andromaque d'Euripide et de Racine. gr. 8. (39 S.) Wetzlar 878, Bourguet. *

Knapp, Franz. Über den Einfluß der in H_2O gelösten Gase: NH_3, H_2S, HCl, Cl auf seinen Brechungsexponenten. – 1908. 54 S., 8 Taf.
Diss. Wien, TH

Knapp, Franz Xaver Illustrierte Bukowina. Erläuternder Text von E. R. Neubauer Wien Reiffenstein & Rösch 1857 (Text von E. R. Neubauer ins Rumänische von J. Mitkiewicz übersetzt.)

FRIEDRICH KNAPP, Bilder aus Angerona. (Eine deutsch-westindische Pflanzung). Tagebuchblätter. Manuscript. Nürnberg. Druck von G. P. J. Bieling (Georg Dietz). 8°.

[F.] Knapp, *Friedrich* [Dr., Landwirtschaftsl.]: Der Buchführungs-Unterricht an Landwirtschaftsschulen. *Gross-Umstadt, Druck v. G. Lindauer, 1893;* III x S. 4.
Gross-Umstadt, grossh. R. m. VS, fakult. Lat. u. Griech., sowie grossh. Landwirtschafts-S, OP 1893 (643)

(FRIEDRICH KNAPP), Ein Erinnerungsblatt aus grosser Zeit. (Manuscript.) Nürnberg. Druck von G. P. J. Bieling (G. Dietz). 8°.

Knapp, Friedr., zehn patriotische Lieder. 8. (15 S.) Tilsit 885, Lohauß. * — 15

—— s. Percy, J., die Metallurgie.

Die italienische Plastik vom 15. bis 18. Jahrhundert. Von Friedrich **Knapp**. Die spanische Plastik v. 15. bis 18. Jh. Von Valerian v. Loga. Berlin Fischer & Franke [1910]. 144 S., 192 Taf. 4°
(Geschichte d. Kunst hrsg. von L. Justi.) [10. 11641 7

Die Bergfestung Rothenberg. Von Konsul Friedrich **Knapp**. Mit 12 Abb. *Nürnberg. J. L. Stich 1898* (96 S.) 8° [F.] [03. 985

—— technologische Wandtafeln. 1—3. Lfg. Imp.-Fol. (11 lithochrom. Taf. und 8 Bl. Text in 4.) München 855—56, Literarisch-artistische Anstalt. à Lfg. ** 9 Thlr. 10 Ngr. ** einzelne Bl. **

—— technologische Wandtafeln. 4—14. Lfg. Imp. Fol. (44 lithochrom. Taf. und 61 Bl. Text in 4., theilweise mit eingedr. Holzschn.) München 857—62, Literarisch-artistische Anstalt. à Lfg. ** 9 Thlr. 10 Ngr. ** Einzelne Bl. **
1—3. Lfg. Ebendas. 1855,56. * 28 Thlr.

—— technologische Wandtafeln. 15. und 16. Lfg. Imp.-Fol. (8 Chromolithogr. und 12 S. Text in 4.) München 862, Literarisch-artistische Anstalt. à Lfg. ** 9 Thlr. 10 Ngr. ** Einzelne Blatt **
1.—14. Lfg. Ebendas. 1855—62. ** 130 Thlr. 20 Ngr.

Knapp, technologische Wandtafeln. 1 Hochofen. auf Lwd in Mappe. München

Knapp, technologische Wandtafeln. 2. Getreidemühle. Auf Lwd in M. München

— — No. 3. 4 Hochdruckdampfmaschine und Durchschnitt. — No. 13: Niederdruckdampfmaschine. auf Leinwand München

Knapp, technologische Wandtafeln. No. 5 Hochdruckdampfkessel. — No. 14 Niederdruckdampfkessel. auf Leinwand München

Knapps technologische Wandtafeln. No. 6. 7 52 Leuchtgasbereitung. München

Knapp, technolog. Wandtafeln No. 11. 12 Stabeisengewinng. auf Leinwd. München

Knapp technolog. Wandtafeln No. 15. 16 Destillierapparat. auf Leinwand München

Knapp, technolog. Wandtafeln No. 17-19 Rübenzucker. Auf Lwd in Mappe. München

Knapp, technolog. Wandtafeln Nr 20: Hydraulische Presse, auf Lwd München

Knapp, technol. Wandtafeln No. 29. 30: Baumwollspinnerei. A. Lwd i. Mappe. München

Knapp, technologische Wandtafeln No. 31. Kalkofen. Auf Leinwand. München

Knapp, technolog. Wandtaf. No. 32: Treibherd. A. Lwd in Mappe. München

Knapp, technologische Wandtafeln No. 33 u 34 Lokomotive. auf Lwd i. M. München

Knapp, technologische Wandtafeln. No. 35 Glasofen. auf Lwd in Mappe. München

Knapp, technologische Wandtafeln 32 Treibherd — 36. Bleigewinnung. München

Knapp, technolog. Wandtafeln Nr. 37 38 Salinen. auf Lwd in Mappe München

Knapp, technologische Wandtafeln No. 39 Holzverkohlung. A. Lwd. i. M. München

Knapp, technolog. Wandtaf. No. 40 Verkohlung d. Steinkohle. A. Lwd in M. München

Knapp, technologische Wandtafeln No. 41 Englische Schwefelsäure. Bleikammern. Auf Leinwand in Mappe. München

Knapp's technologische Wandtafeln No. 42. 43 Sodafabrikation. Auf Lwd. München

Knapp technologische Wandtafeln Nr 45 Stückgiesserei. A. Lwd in Mappe. München

Knapp, technolog. Wandtaf. No. 46. Centrifug.-Trockenapp. München

Knapp, technologische Wandtafeln No. 47 Rauchapparat. München

— — No. 48 Verkohlung. Masseaufbereitung der Steinkohlen Auf Lwd München

Knapp, technologische Wandtafeln Nr. 49: Samenöl. Auf Leinwand. München

— — No 50: Cement Stahl Ofen. auf Leinwand. München

Knapp technologische Wandtafeln No. 51 Papierfabrikation. Holländer. auf Leinwand in Mappe. München

Knapp, technologische Wandtafeln No. 53. 54 Kalorische Maschine. München

Knapp, technologische Wandtafeln No. 55. 56 Verkohlung — Appolt's Ofen. auf Leinwand in Mappe. München

Knapp, F[riedrich Ludwig] (Michelstadt)
Dissertation über die Entstehung der Cyanursäure aus Melam.
Darmstadt 1837. 16 S.
Diss. phil. Giessen 20.8.1837. vorh. 7.

Knapp, F. L., Mineralgerbung m. Metall-Salzen u. Verbindungen aus diesen m. organischen Substanzen als Gerbemittel, s. a. Handbuch der chemischen Technologie

KNAPP, FRIEDRICH LUDWIG.
Mineralgerbung mit Metallsalzen und Verbindungen aus diesen mit organischen Substanzen als Gerbemittel. Braunschweig, 1892 8vo.

—— die Nahrungsmittel in ihren chemischen und technischen Beziehungen. gr. 8. (XI und 201 S. mit eingedr. Holzschn.) Braunschweig 818, Vieweg und Sohn. *

Knapp, Fr., Natur und Wesen der Gerberei und des Leders. gr. 8. (32 S.) München 858, Literarisch-artistische Anstalt. Thlr. *
Aus: Abhandlungen der naturwissenschaftl.-techn. Commission bei de k. Akademie der Wissenschaften zu München, besonders abgedruckt.

KNAPP, FRIEDRICH LUDWIG.
Lehrbuch der chemischen Technologie zum Unterricht und Selbststudium. Mit zahlreichen in den Text eingedruckten Holzschnitten. Braunschweig, 1844. 2 vols., 8vo.
Zweite Auflage. Braunschweig, 1848–1853. 2 vols., 8vo. Vol. I, pp. xiv–655. Vol. II, pp. xix–895.
Dritte umgearbeitete und vermehrte Auflage. Braunschweig, 1865–1875. 3 vols., 8vo.

Knapp, F., Lehrbuch der chemischen Technologie zum Unterricht u. Selbststudium. 1.—6. Liefg. Mit zahlreichen in den Text eingedr. Holzschn. gr. 8. Braunschweig 844—46, Vieweg u. Sohn. à n. 5/12 ℔

— Lehrbuch d. chemischen Technologie, zum Unterricht u. Selbststudium bearb. 1. Bd. 7 Lfg. u. 2. Bd. 1—8. Lfg. [In d. Reihe die 8—15. Lfg] Mit zahlreichen in den Text eingedr. Holzschn. gr. 8. (1. Bd. XIV S. u. S. 577—655. 2. Bd. S. 1—624.) Ebd. 847—51. 7. Lfg. n. 1/2 ℔ 8—15. à n. 5/12 ℔ (1—15. n. 6 1/3 ℔)

Knapp, F. C., Lehrbuch der chemischen Technologie, zum Unterrichte und Selbststudium bearb. 2. Bd. 9—12. Lfg. (In der Reihe die 16—19. Lfg.) Mit zahlreichen in den Text eingedr. Holzschn. gr. 8. (2. Bd. XVI und S. 625—897.) Braunschweig 853, Vieweg und Sohn. à Lfg. * 12 1/2 Ngr. *
1—15. Lfg. (oder 1. Bd. und 2. Bd. 1—8. Lfg.) Ebendas. 1844—51. * 9 Thlr. 5 Ngr.

Knapp, Friedr., Lehrbuch der chemischen Technologie, zum Unterricht und Selbststudium. 3., umgearb. und verm. Aufl. Mit zahlreichen in den Text eingedr. Holzst. (In 3 Bdn.) I. Bd. 1. Abthl. und 2. Abthl. 1. und 2. Lfg. gr. 8. Braunschweig, Vieweg und Sohn. [1. Abthl. (X und 672 S.) 865. * 3 Thlr., 2. Abthl. 1. und 2. Lfg. (368 S.) 867. à Lfg. * 1 Thlr.] *

Knapp, Friedr., Lehrbuch der chemischen Technologie, zum Unterricht und Selbststudium. 3. umgearb. und verm. Aufl. Mit zahlreichen in den Text eingedr. Holzst. 1. Bd. 2. Abthl. 3. und 4. Lfg. gr. 8. (VIII, S. 369—801.) Braunschweig 869,70, Vieweg und Sohn. à Lfg. *ℳ 3. *
1. Bd. 1. Abthl. und 2. Abthl. 1. und 2. Lfg. Ebendas. 1865—67. *ℳ 15.

—— dass. — 3. umgearb. und verm. Aufl. Mit zahlreichen in den Text eingedr. Holzst. 2. Bd. 1. Abthl. 1. und 2. Lfg. gr. 8. (S. 1—432.) Ebendas. 871,74. à Lfg. *ℳ 4. *

Knapp, Fritz, Andrea del Sarto u. die Zeichnung des Cinquecento. (Antrittsvorlesung, geh. an der Berliner Universität am 11. III. 1905.) (15 S.) gr. 8. Halle 905. W. Knapp. n. — 80

— Andrea del Sarto, s.a. Künstler-Monographien.

Andrea del Sarto. Von Fritz Knapp. Mit 122 Abb. nach Gemälden u. Zeichn. (Liebhaber-Ausg.) Bielefeld & Leipzig: Velhagen & Klasing 1907 (139 S.) 4°(8°) [F.]
= Künstler-Monographien 90. [08 5057

— Fra Bartolommeo della Porta u. die Schule v. San Marco. (IX, 326 S. m. 122 Abbildgn.) 4. Ebd. 903. n. 24. —

Knapp, Fritz [aus Halle a. S.]: Piero di Cosimo, sein Leben und seine Werke. Halle a. S. 1897. 43 S. 2 Taf. 4°.
(Diese Dissertation bildet nur einen kleinen Teil eines unter gleichem Titel im Verlage von Wilhelm Knapp in Halle a. S. erscheinenden Werkes.)
Basel. Phil. Diss. 1897/98.

Knapp, Fritz, Piero di Cosimo, e. Übergangsmeister vom Florentiner Quattrocento zum Cinquecento. hoch 4. (III, 114 S. m. Abb. u. 10 Taf.) Halle 899. W. Knapp. n. 15. —

Knapp, Fritz, s.: Gemälde-Galerie, die, der kgl. Museen zu Berlin.

— s.: Klassiker der Kunst (Mantegna — Michelangelo).

— Die Kunst in Italien, s.a. Vorlesungen zur Geschichte der Kunst. III.

Die Kunst in Italien. Eine Einführung in d. Wesen u. Werden d. Renaissance. Dr Fritz Knapp, Prof. Berlin Stoedtner 1908. 255 S. 8°
(Knapp Vorlesungen z. Geschichte d. Kunst. Bd 3.) [09. 13273

— s.: Meisterwerke der Malerei.

– (Hrsg.), s. Michelangelo: Des Meisters Werke.

— Perugino, s.a. Künstler-Monographien.

Perugino. Von Fritz Knapp. Mit 110 Abb. nach Gemälden u. Zeichn. Bielefeld & Leipzig: Velhagen & Klasing 1907 (134 S.) 4°(8°) [F.]
= Künstler-Monographien. 87. [07. 6906 9

— Die italien. Plastik vom 15.—18. Jahrh., s.: Geschichte der Kunst.

Vorlesungen zur Geschichte der Kunst. Dr Fritz Knapp, Prof. Bd 3. Berlin Stoedtner 1908 8° [09. 13272

Knapp, G., schwäbischer Deklamator. Eine Sammlg. ausgewählter Vorträge f. gesell. Kreise in schwäb. Mundart. Neue Ster.-Ausg. 8. (96 S.) Reutlingen (902). Enßlin & Laiblin. — 50

Knapp, G., die Hunderassen, s.: Krichler, Frz.

Knapp, G., Katechismus f. Jäger u. Jagdfreunde, s.: Krichler, Frz.

Knapp's, G., grosses Vorlagewerk aus dem Gesammt-Gebiete der Bau-Ingenieurwissenschaft und Gewerbskunde. 1.—4. Heft. à 5 (lithogr.) Taf. gr. Fol. Halle, Knapp's Verlag. à Lfg. *ℳ 2,40. *
Inhalt:
Heft 1. Gründungen. 871.
» 2. Schlosser-, Schmiede- und Klempnerarbeiten. 871.
» 3. Kelleranlagen und Gewölbe. 872.
» 4. Steinerne und hölzerne Treppen. 872.

Knapp's, G., grosses Vorlagenwerk. 4 Hefte. gr. Fol. Halle 871,72. Leipzig, Spohr.

Knapp, Georg Christian

– s. Anleitung zu e. gottsel. Leben ...

Knapp, Geo. Chrn., Beiträge zur Lebensgeschichte August Gottlieb Spangenbergs [1792]. Zum erstenmal hrsg. von O. Frick. 8. (XXII, 135 S.) Halle 884, Buchh. des Waisenhauses. *

Knapp, Ritter Geo. Chr., († d. 14. Oct. 1825.) kurzer Bericht von d. Einrichtung, dem Unterricht u. den Kosten in der mit d. latein. Schule u. d. Realschule verbess. Erziehungsanstalt auf d. Waisenhause zu Halle. 8. Halle 814. Waisenh.-B. 2 ℋ

Knapp, G. C., Kurzer Bericht von den Einrichtungen, dem Unterrichte und den Kosten in der mit der latein. Schule und Realschule verbundenen Erziehungsanstalt im Waisenhause zu Halle. Ebend. 821. 8.

Knapp, D. G. C. u. D. A. H. Niemeyer, histor. Bericht von der Stiftung der Halleschen Bibelgesellschaft, s. Bericht, histor.

— u. Dr. A. H. Niemeyer, histor. Bericht von d. Stiftung d. Halleschen Bibelgesellschaft. 8. Halle 818. Waisenh.-B. 4 ℋ

– s. Betrachtungen über d. Fr.: Was muß ich thun, daß ich selig werde.

— — De Christo ad dextram dei sedente. Prolusio academica. Halle (I. C. Hendel) 1787. 22 Seiten. (4.50) 18547

Knapp, G. C., de Christo, ad dextram Dei sedente. Hal. 1787. 4; rep. in ejsd. script. var. arg. I. p. 39—76.

Knapp, G. Ch., in colloquium Chr cum Nic de natura atque usu disciplinae suae Hal 1794. 4; rep. in ejsd scriptt. var arg. I p 181 - 230

— — **Commentatio in caput secundum epistolae Jacobi. Halle (I. C. Hendel) 1784. 44 S. (6.—)** 18545

— — **Commentatio in locum 1 Jo. V, 6—11. in qua simul argumentum ac series sententiarum per universam hanc epistolam declaratur. Halle (Hendel) 1792. 19 S. (4.—)** 18550

— — **Commentatio in locum 2 Petr. I, 19—21. qui est de indole et usu vaticiniorum ad Messiam pertinentium. Halle (I. C. Hendel) 1785. 16 S. (3.50)** 18546

— — Diatribe in locum ex ep. ad Romanos cap. X, 4—11. qui est de aeternae salutis spe in nemine extra Christum redivivum collocanda. Halle (Waisenhaus) 1806. 24 S. (3.50) 18551

— — und Niemeyer, Feyer des Friedensfestes etc. s.a. Feyer.

— u. A. H. Niemeyer, Feier d. Friedensfestes in den Frankschen Stiftungen. 8. Halle 816. Waisenh.-B. 3 gr

– s. Franke, A. H.: Stiftungen

– s. Geschichte der Missionsanstalten.

— neuere Geschichte d. evangel. Missionsanstalten z. Bekehrung d. Heiden in Ostindien. 65s Stck. 4. Ebend. 815.

— — neuere Geschichte der evangel. Missionsanstalten. 66s—69s Stück. 4. Ebend. 816 – 20.
(66s 67s à 8 Gr. 68s 69s à 9 Gr.)

Knapp, (G. Ch. u. A. H.,) Niemeyer, neuere Geschichte d. Missionsanstalten zur Bekehrung der Heiden in Ostindien, aus den eigenhändigen Aufsätzen d. Missionaire. 70s — 74s Stck. Halle 821 – 27, Waisenhausb. 70s 10 gr. 71s 9 gr. 72s 12 gr. 73s 12 gr. 74s 10 gr.

— Register u. Inhalt, z. 6n Bde. 4. Halle 825, Waisenh.-B.

Knapp, Geo. Chrstn., bibl. Glaubenslehre, vornehml. f. d. prakt. Gebr. Aus d. hinterlass. Handschr. unveränd. hrsg. v. Heinr. Ernst Ferd. Guerike. gr. 8. (25 B.) Halle 840, Kümmel's Sort.-Buchh.

– s. Gruner, J. F.: Institutiones.

Knapp, Geo. Chr., Leben u. Charakter einiger gelehrten u. frommen Männer d. vorigen Jahrh. Nebst 2 kl. theolog. Aufsätzen. 8. (19 B.) Halle 829, Buchh. d. Waisenhauses.

— Nachricht von dem Fortgange d. evangel. Mission in Ostindien u. von d. zur Erhaltung derselben in d. Jahren 1808—13 eingegangenen milden Beiträgen. 4. Halle 814. Waisenh.-B. 6 gr

— — **Narratio de Justo Jona theologo Vitebergensi atque Halensi conditaeque ab eo evangelicae Halensis ecclesiae primordiis. Halle (Waisenhaus/Gebauer) 1817. 57 S. mit Handschr.-Faksim. (7.—)** 18552

Knappius, Georgius Christianus Narratio de Justo Jona theologo Vitebergensi atque Halensi conditaeque ab eo evangelicae Halensis ecclesiae primordiis. Cum simulacro Jonae eiusque chirographo aeri inciso. Hali Saxonum Orphanotropheum 1817 57 S. 8° (4°)

Halle-Wittenberg, Progr d. theol Fak z. Feier d 300jähr Jubil d. Reformation am 1. Nov 1817

Verm. u. verb. wieder abgedr in des Verf. Scripta varii argumenti maximam partem exegetici atque historici. Ed. 2. T 1 Halis Saxonum 1823. 8° S. 573—672 u. 1 Taf. und zugleich als S.-A Halle Waisenhaus 1823. 8°; ein Exemplar dieses S.-A. lag nicht vor

— Narratio de Justo Jona theologo Viteberg. atque Halensi, conditaeque ab eo evangelicae Halensis ecclesiae primordiis. Edit. II. 8 maj. Halle 824, Waisenh.-B

— — Super opinionis de immortalitate animorum apud nationes barbaras atque a cultu veri dei alienas. Halle (I. C. Hendel) 3. IV. 1790. 23 S. (4.—) 18548

– s. Psalmen.

Knapp, Ritter Geo. Chr., scripta varii argumenti, maximam partem exegetici atque historici. II Tom. 8 maj Halle 805. Edit. II. multipart. auct. atque emend. 8 maj. ibid. 823. Waisenh.B. 2 Rthlr 12 gr

— Scripta varii argumenti maximam partem exegetici atque historici 2 Tomi. Edit. II. multipart. auct. atque emend. 8 maj. Hallae 824, Waisenh. B.

(— —). — **Viro Georg Christian Knapp . . . semisaecularia academici muneris solemnia gratul. theologorum ordo acad. regiae Fridericianae Halensis et Vitebergensis consociatae. — Subjectum est specimen exercitationum criticarum in sapientiam Salomonis. Halle 1. V. 1825. VIII, 10 S. (4.—)** 18553

— — De Spiritu Sancto et Christo paracletis itemque de varia potestate vocabulorum ΠΑΡΑΚΑΛΕΙΝ, ΠΑΡΑΚΛΗΣΙΣ, ΠΑΡΑΚΛΗΤΟΣ. Halle (Jo. Christian Hendel) 22. V. 1790. 24 S. (4.—) 18549

– s. Testamentum novum, graece.

— **M. Georg Christian u. Johann Heinrich Heumann (Westfalen), De versione Alexandrina in emendanda lectione exempli Hebraici caute adhibenda. Disp. philos. Tl. II. Halle (Johann Heinrich Hess) April 1776. 36 S. (6.—)** 18544
Widm. v. Knapp an Heumann.

Viro Georgio Christiano **Knappio** diem festum, quo ante quinquaginta annos philosophiae doctor creatus est, celebranti pio gratoque animo obtulerant Universitatis Literarum Halensis cives nonnulli. d 1 m. Ma 1825. Halae 1825. 2 Bl 8° (4°)

Lat. Gedicht.

— Vorlesungen über d. christl. Glaubenslehre nach d. Lehrbegriff d. kathol. Kirche. Aus dessen hinterlass. Papieren unverändert herausg. von C. Thilo. 2 Thle. gr. 8. Halle 827. Waisenh.-Buchh. 4 Rthlr

Knapp, Geo. Chr., Vorlesungen über die christl. Glaubenslehre nach dem Lehrbegriff der evangel. Kirche. Aus der hinterlassenen Handschrift unverändert herausg. u. mit einer Vorrede begleitet vom Prof. Carl Thilo. 2 Thle. 2e unverand., mit einem Sach-, Wort- u. Stellen-Register verm. Aufl. gr. 8. Halle 835. Buchh. des Waisenhauses. 4 Rthlr

—— Vorlesungen üb. d. christl. Glaubenslehre nach d. Lehrbegriff d. evangel. Kirche. Aus d. hinterlass. Handschr. unveränd. hrsg. u. mit e. Vorr. begleitet v. Carl Thilo. 2 Thle. 2., unveränd., mit e. Sach-, Wort- u. Stellen-Register verm., Aufl. gr. 8. (73 1/4 B.) Halle 837, Buchh. d. Waisenhauses.
Das Register (4 B.) für die Besitzer der 1. Aufl. apart 12 Gr.

– s. W e i s e , G. A.: Predigten.

Knapp, Geo. Frdr., s.: **Abhandlungen** aus dem staatswissenschaftl. Seminar zu Strassburg i/E.

Knapp, G. F., die neueren **Ansichten** üb. Moralstatistik. Vortrag, geh. in der Aula der Universität zu Leipzig am 29. April 1871. gr. 8. (19 S.) Jena 871. Mauke. n. — 40

— die **Bauern-Befreiung** u. der Ursprung der Landarbeiter in den älteren Theilen Preußens. 2 Thle. gr. 8. (VII, 352 u. VI, 478 S.) Leipzig 887. Duncker & Humblot. n. 16. —

— **Leipzig's Bevölkerung.** [1—3. Heft. der Mittheilungen des statist. Bureaus der Stadt Leipzig.] Leipzig 868. Duncker & Humblot. in Comm. gr.4. (IV, 91 S.) n. 1 ₰ 4 ngr.

— **Bevölkerungswechsel** 1868—1873 ꝛc., s.: **Mittheilungen** des statistischen Bureaus in der Stadt Leipzig.

Knapp, G. F., über die **Ermittlung** der Sterblichkeit aus den Aufzeichnungen der Bevölkerungs-Statistik. Leipzig 868. Hinrichs' Verlag. Lex.-8. (VII, 120 S. mit 4 Steintaff.) n. 28 ngr.

—— **Ertragsteuer** oder Einkommensteuer? Vortrag über die Steuerreform im Königr. Sachsen, gehalten in der gemeinnütz. Gesellschaft zu Leipzig, am 20. Novbr. 1871. gr. 8. (16 S.) Leipzig 872, Quandt und Händel. * — 25

— Zum Gedächtnis an Georg Hanssen, s.a. **Schriften** des Vereins f. Socialpolitik. 132. Bd.

Zum Gedächtnis an Georg Hanssen. Von G[eorg] F[riedrich] **Knapp.** Vortrag geh. in Wien 1909. Leipzig: Duncker & Humblot 1910. 15 S. 8° [Umschlagt.] [10. 4526 8

[F.] Grundherrschaft und Rittergut. Vorträge, nebst biogr. Beil. Von Georg Friedrich **Knapp.** *Leipzig: Duncker & Humblot 1897.* (2 Bl., 164 S., 1 Bl.) 1 Bd 8. (97. 9490

– Die L a n d a r b e i t e r bei der Stein-Hardenbergischen Gesetzgebung, s. S t i f t u n g s f e s t , Das, der Kaiser-Wilhelms-Universität Straßburg.

— die **Landarbeiter** in Knechtschaft u. Freiheit. 4 Vorträge. gr. 8. (93 S.) Leipzig 891. Duncker & Humblot. n. 2. —

— Die Landarbeiter in Knechtschaft u. Freiheit. Gesammelte Vorträge. 2., verm. Aufl. (VII, 118 S.) gr. 8. Leipzig 909. Duncker & Humblot. 2.40

— **Justus v. Liebig,** s.: **Volhard,** J.

Justus von Liebig nach dem Leben gezeichnet. Festrede geh. 1903 von Georg Friedrich **Knapp** aus Straßburg i. E. *München: Akad. 1903.* (23 S.) 4° [03. 13347 8

— **Justus v. Liebig,** nach dem Leben gezeichnet. Festrede, geh. in der öffentl. Sitzg. der k. b. Akademie der Wissenschaften zu München zur Feier ihres 144. Stiftungstages am 11. III. 1903. (23 S.) gr. 4. München 903. (G. Franz' Verl.) n. — 50

—— s. **Mittheilungen** des statistischen Büreaus der Stadt Leipzig.

— Zur Prüfung der Untersuchungen Thünens über Lohn und Zinsfuss im isolirten Staate. 35 pp. 8⁰. Braunschweig 1865.

Knapp, G. F., s. Schriften des Vereins f. Socialpolitik.

—— die **Sterblichkeit** in Sachsen nach amtlichen Quellen dargestellt. gr. 8. (VIII, 208 S.) Leipzig 869, Duncker und Humblot. * 5 —

—— **Theorie** des Bevölkerungs-Wechsels. Abhandlungen zur angewandten Mathematik. gr. 8. (VIII, 139 S.) Braunschweig 874, Vieweg und Sohn. * 4 —

— **staatliche Theorie des Geldes.** (X, 398 S.) gr. 8. Leipzig 905. Duncker & Humblot. n. 8. 80; geb. n. 10. —

Knapp, G. F. Die Vertheilung der Gewerbe- und Personalsteuer in Leipzig. (4. Heft der Mittheilungen des statist. Bureaus der Stadt Leipzig.) gr. 4⁰. Leipzig, Hinrichs, 1870.

Knapp, G. F Die Währungsfrage, vom Staate aus betrachtet. (Rede, gehalten auf dem Stiftungsfest der Kaiser Wilhelms-Universität Straßburg am 1 Mai 1907.) Straßburg 1907.

Knapp, Gottfried Ludwig

Ders.: **Annalen der würtemberg. Gesetzgebung.** 1.—3s Heft. *Ebend.* 818—21. 8.

— über d. Appellationen nach Würtemberg. Recht. 1s Heft, über d. Formeln u. Fatalien d. Appellation. 8. Tübing. 799.

Knapp, Gf. Ldw., aktenmäß. Erläuter. über d. deutsche Reichs- u. Kriegsmatrikularwesen, besond. d. fränk. Kreis betreff. 4. Kirchberg 794. Verfass. 1 ₰

K n a p p , Repertorium üb. d. Königl. Wirtemberg. Gesetzgebung, v. d. J. 1797 bis 1809. mit Beylagen u. e. ält. Verordnungen 1r 2r, u. 3n Thls. 1e Abth. 8. Tübingen, Cotta. 810–11. (I. 2 Rthlr. 6 gr. II. 3 Rthlr. 4 gr. III. 1. 1 Rthlr. 12 gr.)

— Nachtrag zum 3n Bde 1ster Abthl. seines Repertoriums d. würtemberg. Gesetzgebung. 8. Ebend. 813.

— **R e p e r t o r i u m** üb. die würtemberg. Gesetzgebung von 1797—809. 3n Theiles 2te u. 3te Abtheil. 8. Tübingen, Cotta. 813 u. 14. (2n Abthl. 2 Rthlr. 16 gr. 3te Abth. 2 Rthlr.)

Auch unt d. Titel:

Neueste Organisation des Königr. Würtemberg. 1r Thl.

K n a p p , G., Repertorium über d. Würtemb. Gesetzgebung. 4r Bd. die Jahre 1810 u. 11. enth. 8. Stuttgart, Cotta. 816.

Knapp, Gf.: **Repertorium üb. d. kgl. Würtemb. Gesetzgeb. v. d. J. 1797 bis 1811.** Mit Beilagen u. einig. ältern Verordnn. 1r, 2r u. 3r Bd. in 3 Abthh. u. Nachtrag z. 1n Abth. u. 4r Bd. d. J. 1810 u. 11 enthalt. *Stuttgart,* Cotta. 810—16. gr. 8. (14 Thl. 22 Gr.)
5r Bd. (—1816). *Ebend.* 822. 8.

— Strafgesetze d. Königr. Würtemberg in Civil- u. Polizei-Angelegenheiten. Mit 1 Tabelle, e. Anh. u. e. Nachtr. gr. 8. Stuttg. 811. v. Cotta. 3 ₰ 16 ℊ

Knapp, Gf., († d. 21. Juli 1828.) Uebersicht über alle Accisverordnungen u. den ganzen Geschäftskreis d. Accisbeamten im Königr. Würtemberg überhaupt. 8. Stuttg. 814. Steinkopf. 1 ₰

— s. **Uebersicht** d. ꝛc. Contributionen.

K n a p p , Ghold., Bibelfestpredigt, s. **Nathusius,** M. v.

—— ernst und frei. Gedichte. (XII, 378 S.) Ludwigsburg 886, Neubert. * ℳ 4.—; geb. * 4 75

Knapp, H., die intraocularen Geschwülste. Nach eigenen klin. Beobachtungen und anatom. Untersuchungen. gr. 8. (XI, 238 S. mit 70 Zeichnungen auf 15 Stnt. und 1 chromolithogr. Farbentaf.) Carlsruhe 868, Müller'sche Hofbuchh. * 10 40

Knapp, Hans, Matthias Hoe v. Hoenegg u. sein Eingreifen in d. Politik u. Publizistik d. dreissigj. Krieges s.a. Abhandlungen, Hallesche, z. neueren Geschichte

Knapp, Hans, aus Halle a. S.: Matthias Hoe von Hoenegg und sein Eingreifen in die Politik und Publizistik des Dreissigjährigen Krieges. *Halle a. S. 1902: H. Knapp.* (55 S.) 8°
¶ [= Hall. Abhandl. zur neueren Geschichte, H. 40.]
Halle, Phil. Diss. v. 1902

Matthias Hoe von Hoenegg und sein Eingreifen in die Politik und Publizistik des 30jährigen Krieges von Hans Knapp. Mit e. Beil.: 9 die kirchl. Frage betr. Friedenspunkte aus d. Frühjahr 1633. *Halle: M. Niemeyer 1902.* (55 S.) 8°
= Abhandlungen, Hallesche, z. neueren Geschichte. H. 40. [02 7735 10

Knapp, Heinrich, appr. Arzt a. Eckenroth: Aus d. pathol. Institut Bonn. Über Endarteriitis und Thrombose der Mesenterialgefässe bei Bleivergiftung. Bonn 1906: C. Georgi. (59 S.) 8°
Bonn, Med. Fak., Ref. Ribbert, Diss. v. 28. Juni 1906
[Geb. 16. Nov. 71 Eckenroth, Kr. Kreuznach; Wohnort: Bonn; Staatsangeh.: Preußen; Vorbildung: Gymn. Neuwied Reife O. 91; Studium: Bonn 9 S.; Coll. 28. Juni 06; Approb. 16. Jan. 05.]

Knapp, Herm., Andeutungen zu Verbesserung der Rechtspflege im Königreiche Würtemberg. breit gr. 8. Stuttgart 833. Löflund, jetzt Beck u. Fränkel. 7/12 ₰

Knapp, Herm., s.: Archiv f. Augenheilkunde.

Knapp, Hermann [Dr. jur., kgl. Archivsekr. in Würzburg]: Beiträge zum alten Nürnberger Kriminalrecht ... [Erschien vollst. 1896 u. d. T.: Das alte Nürnb. Kriminalrecht. Nach Rats-Urkunden erl.] Berlin, Druck v. A. W. Hayn's Erben, 1895; VIII, 108 S. 8.
Würzburg, Jur. Fak., Hab.-Schr. v. 1895

Knapp, Herm., Erörterungen über d. Entwurf eines Straf-Gesetzbuches für das Königreich Würtemberg vom Jahr 1835. 1e Abthl. Bemerkungen über den allgem. Theil dieses Entwurfes. A. u. d. T.: Beiträge zur Straf-Gesetzgebung durch Erörterungen über den Entwurf ꝛc. 8. Stuttg. 836. Metzler. 1/2 ₰

— dass. 2e Abthl. Bemerkungen über den besondern Theil dieses Entwurfes. 8. Ebd. 837. 1 ₰

— dass. 3e Abthl. Bemerkungen über den Bericht der Commission der Kammer der Abgeordneten. A. u. d. T.: Beiträge z. Strafgesetzgebung ꝛc. gr. 8. Ellwangen 838. Brandegger. (Stuttgart, Beck u. Fränkel.) n. 3/4 ₰

Knapp, H., Gesetze und Verordnungen über das Königr. Würtemberg geltende Pfandrecht, s. a. Gesetze und Verordnungen.

Knapp, Herm., Gesetze u. Verordnn. üb. d. im Königr. Würtemberg gelt. Pfand-Recht u. d. damit verwandten Materien. gr. 8. (22 1/2 B.) Ellwangen 838, Brandegger. Thlr. *

Knapp, Herm., Gesetze und Verordnungen über das im Königreich Württemberg geltende Pfand-Recht und die damit verwandten Materien. Zusammengestellt. 2. umgearb. Ausg. Stuttgart 856. Belser. gr. 8. (VIII, 328 S.) n. 1 ₰. 2 ngr.

Knapp, H., Gesetze u. Verordnungen über das in Württemberg geltende Pfandrecht, Mahn- u. Zwangsvollstreckungs-Verfahren, nach dem neuesten Stand der Reichs- u. Landes-Gesetzgebung. Zusammengestellt von H. A. Fecht. 3., gänzlich umgearb. Ausg. gr. 8. (VII, 454 S.) Stuttgart 879. Belser's Verl. n. 4. —; geb. n. 4. 60

Das alte Nürnberger Kriminalrecht. Nach Rats-Urkunden erläut. v. Dr. jur. Hermann Knapp, Kgl. Archivsekr. ... in Würzburg. *Berlin: J. Guttentag 1896.* (XVIII, 307 S.) 1 Bd 8. [96. 1890

—— das würtemberg. Criminalrecht, dargest. in Zusätzen zu Feuerbach's Lehrbuch d. gem. in Deutschland gült. peinl. Rechts. (9. Aufl. 1826.) 3 Abthln. gr. 8. (36 B.) Stuttgart 823, 29, [Brodhag.]

[F.] Knapp, Hermann [Reichsarchivpraktikant in München]: Das Alte Nürnberger Kriminal-Verfahren bis zur Einführung der Carolina. '(Nach Ratsurkunden erläutert.)' ... (Aus: Zeitschr. f. d. ges. Strafrechtswiss. Bd. XII.) Berlin, Druck v. L. Simion, 1891; 160 S. 8.
München, Jur. Fak., Inaug.-Diss. v. 1892

Knapp, Herm., das Lochgefängnis, Tortur u. Richtung in Alt-Nürnberg. Auf Grund urkundl. Forschg. (84 S. m. Abbildgn. u. 2 Taf.) 8. Nürnberg 907. Heerdegen-Barbeck. 1.50

— 14. Polizeistrafgesetz.

Knapp, Herm.: Das Polizeistrafgesetz fur das Kgr. Württemberg, mit Erläut. Stuttgart: Cotta 1840.

— das Polizeistrafgesetz für das Königreich Württemberg mit Erläuterungen. 2. Aufl. Stuttgart 856. Cotta. gr. 8. (2 Bl., 182 S.) n. 1 ₰.

— Freiherr Cl. v. Schwerin u. die Zenten d. Hochstifts Würzburg. (Zur Abwehr.) (35 S.) gr. 8. Berlin 909. J. Guttentag. — 30

Knapp, Herm., Strafprozeß-Ordnung, s. Strafprozeß-Ordnung.

Knapp, Herm. Theokrit und die Idyllendichtung. 23 S. G. *Ulm* 1882. Progr.

Knapp, Herm., das Übersiebnen der schädlichen Leute in Süddeutschland. (Ein rechtshistor. Beitrag u. Nachtrag.) (88 S.) gr. 8. Berlin 910. J. Guttentag. 2. —

Mein letztes Wort über Freiherrn Cl[audius] von Schwerin. Von Hermann Knapp. o. O. [1910]. 4 S. 8° [Kopft.] [10. 5739 6

— s.: Zeitschrift f. Ohrenheilkunde u. f. die Krankheiten d. Luftwege.

— Die Zenten des Hochstifts Würzburg. Ein Beitrag zur Geschichte des süddeutschen Gerichtswesens u. Strafrechts. Mit Unterstützg. der Savignystiftg. hrsg. 2 Bde. 8. Ebd. 75. —
I. Die Weistümer u. Ordngn. der Würzburger Zenten. 1. u. 2. Abtlg. (XII, IV, 1405 S. m. 3 farb. Taf.) 907. 45. —
II. Das Alt-Würzburger Gerichtswesen u. Strafrecht. (XI, 979 S.) 907. 30. —

Knapp, H., Zentgericht, s. Quellen z. Geschichte d. Strafrechts.

— s.: Zentgerichts-Reformation, die Würzburger 1447.

Knapp, Herm. Geo., Hellauf und glattaweg! Gedichte in schwäb. Mundart. 16. (VIII, 91 S.) Stuttgart 873, Kupfer. * — 70

Knapp, J.E. (Hrsg.), s. Beiträge, Neue, von alten und neuen theologischen Sachen.

Knapp, J. E., de origine doctoratus theologici. Lips. 1735. 4.

Knapp, J. G., de comparatione status eccl. apost. et hodierni sobrie instituenda. Hal. 1762. 4.

Knapp, J. G., de infantia ac pueritia J. Christi. Hal. 1745. 4.

Knapp, J. G., thaumaturgia, tanquam verae revelationis character. Hal. 1741. 4.

Knapp, J. G., de statu temporum nato Christo. Hal. 1757. 4.

Knapp, J. H., Bericht über die Leistungen in der Augenheilkunde im Jahre 1865. [Aus: Canstatt's Jahresberichte der Medicin.] Würzburg 866. Stahel'sche Buchh. hoch 4. (40 S.) n. 15 ngr.

— vierter Bericht über die Augen-Klinik zu Heidelberg (Westliche Hauptstraße Nr. 35.) 1865. Heidelberg 866. Bassermann'sche Verlagsh. gr. 8. (24 S.) n. 4 ngr.

Knapp, J. H., die geschichtliche Entwicklung der Lehre vom Sehen sowohl des gesunden als des kranken Auges. Ein populär-wissenschaftlicher Vortrag, gehalten zu Karlsruhe am 15. Febr. 862. Wiesbaden, Kreidel. gr. 8. (42 S.) n. 8 ngr.

—— über Krankenhäuser, besonders Augen-Kliniken. gr. 8. (VII und 112 S. mit 1 Tab. in Fol.) Heidelberg 866, Bassermann'sche Verlagsh. *

Knapp, J. H., die Krümmung der Hornhaut des menschlichen Auges. Habilitationsschrift. gr. 8. (88 S. mit 2 Stnt.) Heidelberg 860, J. C. B. Mohr. *

Knapp, J. M., die Basiliken, s. Basiliken.

Knapp, J. M., Denkmale d. christl. Religion, s. J. G. Gutensohn.

Knapp, J. M.: Lehrbuch der chemischen Technologie Braunschweig. 1844–1850. 11 Lieferungen in 8°
Die Doppellief. kostet 25 Sgr.

Knapp, Johann Friedr.

Knapp, J. F., vierzehn Abhandln. üb. Gegenstände d. Nationalökonomie u. Staatswirthschaft. gr. 8. (14½ B.) Darmstadt 810, Jonghaus.

— röm. Denkmale d. Odenwaldes, besond. d. Grafschaft Erbach u. Herrschaft Breuberg. Wegweiser für Freunde d. Alterthumskunde in jener Gegend. Mit 1 Karte u. 7 Abbildungstafeln. 8. Heidelb. 813. Meder. 1 ℛ 16 ℊ Schrbpap. 2 ℛ Postp. 2 ℛ 8 ℊ Velinp. 3 ℛ

Knapp, J. F., römische Denkmale des Odenwaldes, insbesondere der Grafschaft Erbach und Herrschaft Breuberg. Zugleich ein Wegweiser für Freunde der Alterthumskunde auf Reisen in jene Gegenden. 2., verb. mit Zusätzen von H. E. Scriba verm. Aufl. 8. (XVI und 188 S. mit 1 lithogr. Karte und 59 Abbild. auf 7 Stnt. in 8. und qu. 4.) Darmstadt 854, Jonghaus'sche Hofbuchh. *

Knapp, (J. F.,) Geschichte des Aufstandes d. Neu-Griechen. 16. Schwelm 827, Weise in Elberf.

Knapp, J. F. Geschichte des Aufstandes der Neugriechen. Elberfeld 1828. 8°.

— Geschichte d. Deutschen am Niederrhein u. in Westphalen. Von d. ersten geschichtl. Kenntnissen an bis auf Karl d. Großen. Mit 1 Karte von Niederrheinland u. Westphalen zur Zeit d. Römer gr. 8. Elberf. u. Barmen 830. Weise. 1 ℛ 12 ℊ

Knapp, Jh. Fr., Geschichte d. Deutschen am Niederrhein in Westphalen. gr. 8. Elberf. 830. jetzt Langewiesche in Barmen. 1⅓ ℛ

— s. Nordin's Portefeuille.

—— Regenten- u. Volksgeschichte d. Länder Cleve, Mark, Jülich, Berg u. Ravensberg. Von Karl d. Großen bis auf ihre Vereinigung mit d. Preuß. Monarchie (v. 768—1815). 1. Thl. Vom J. 768 b. 1368 d. entferntesten Endpunkt f. Cleve. gr. 8. (34 B.) Elberfeld 831, Becker.

Knapp, Joh. Friedr., Regenten- u. Volks-Geschichte d. Länder Cleve, Mark, Jülich, Berg u. Ravensberg. Von Karl d. Gr. bis auf d. Vereinigung mit d. preuß. Monarchie (v. 768—1815). 2. u. 3. Bd. gr. 8. (58¼ B.) Crefeld 836, Funcke'sche Buchh.
1. Bd. [Ebendas.] 1831, hrbgs. Pr. 1 Thlr. 12 Gr.

Knapp, J. F., einige vergleichende Rückblicke auf die Zeiten d. Landgrafen Philipp des Großmüthigen von Hessen u. d. Großherzogs Ludwig I. von Hessen. 4. (1¼ B.) Darmstadt 814, Jonghaus.

Knapp, J. F.: **Selbstbiographie von J. F. Knapp. Barmen 1840: Steinhaus. 350 S. 8°**
S. 30—53: Üb. Verfs Zugehörigkeit zu einem rheinischen Kränzchen u. zum Orden der schwarzen Brüder.

—— Vortrag üb. d. Hypothek, s. Entwurf e. Gesetzes üb. d. Hypothek.

Knapp, Johann Georg [Praes.], s. Carsted, Joachim August. θαυματουργια tamquam verae revelationis character

— Denkmal, Gotth. Aug. Francke'n gestiftet. gr. 4. Halle 770. Waisenh.-B. 10 ℊ

Knapp, Johann Georg [Praes.], s. Einem, Johann Justus von: De Pelagianismo aeque ac fanaticismo ab ecclesia Jesu Christi arcendo

– s. Geschichte, Neuere d. Missionsanstalt in Ostindien.

— neuere Geschichte der Missionsanstalten in Ostindien, s. B. Ziegenbalg.

– s. Hoffmann, Jh. Wlh.: Erklär. d. kl. Katechism. Luthers.

Knapp, Johann Georg [Praes.], s. Jani, Johann Christian: De comparatione status ecclesiae apostolicae et hodierni rite ac sobrie instituenda

Knapp, Johann Georg Nachr v d Vereinigten Dten Ev-Luth Gemeinen in Nord-Amerika, absonderlich von Pennsylvanien. 4 nos. Halle, 1745, 1765, 1768, 1771 See also Schulze, Johann Ludwig.

— Diss. de praecipuis in recto legum ecclesiasticarum usu officiis. 4. Halle 755.

— d. Psalmen, s. Psalmen.

— de raptu et cruce Pauli. 4. ibid. 751.

— de raptu et cruce Pauli. 4. Halle 771. Waisenh.-B. 3 ℊ

Knapp, Jh. Geo., († d. 30. Juli 1771.) Samml. vermischter theolog. Abhandll. Nebst Beschreib. seines Lebens. 2 Stücke. 8. Halle 772. Waisenh.-B. 6 ℊ

— **D. Johann Georg,** Ad celebrandam disputationem inaug. de vero usu atque abusu rationis humanae in rebus divinis a viro M. Christian Albert Doederlein 16. II. 1758 habendam . . . praefatus de voce Lutheri theologum effici oratione meditatione ac tentatione invitat. Halle (Schneider). 24 S. (2.—) 18555

Knapp, Johann Jakob

— Lacrymae paschales Hohenloicae, oder Historischer Bericht von denen in der Grafschafft Hohenlohe Waldenburgischer Linie ao. 1744 bey Gelegenheit der Oster-Fever-Discrepanz entstandenen Unruhen. o. O. 1745.

Knapp Joh. Jak. Geprüfter Widerspruch, welcher vermittelst Anführung der heil. Schrift wider die von den Hohenlohe-Waldenburgischen Evangelischen Pfarr-Gemeinden celebrirte Oster-Fever in fünf Schriften sich geäusert. o. O. [1745].

Knapp, Johann Karl

— **Johann Carl** (Wirtembergico-Einsidelensis), Cur stimuli morbosi quandoque sileant. Diss. med. Präs. Wilh. Gottfr. Ploucquet. Tüb. (Schramm) Sept. 1789. 30 S. (5.50) 18554

Knapp, Jos., Ausgang u. Eingang. Abschiedspredigt in der St. Leonhardskirche u. Antrittspredigt in der Stiftskirche zu Stuttgart. 8. (39 S.) Stuttgart 890. J. F. Steinkopf. n. — 25

Knapp, Jos., Funken vom Altare. Gedichte aus alter u. neuer Zeit in e. Auswahl. 12. (117 S. m. Bildnis.) Stuttgart 894. Buchh. der Evang. Gesellschaft. Geb. in Leinw. n. 1. 80; m. Goldschn. n. 2. —

Knapp, Jos., Gedichte. 12. (XVI, 384 S.) Ludwigsburg 879. Neubert. geb. m. Goldschn. n. 4. 50

Knapp, Jos., Gedichte. 2. verm. Aufl. 16. (VIII, 332 S.) Ludwigsburg 884, Neubert'sche Buchh. cart. *
geb. mit Goldschn. *

— Gibt es eine Sittlichkeit ohne Religion? Vortrag, gehalten in der Liederhalle zu Stuttgart am 20. Novbr. 1878. 1. und 2. Aufl. gr. 8. (30 S.) Stuttgart 878. (Leipzig, Matthies.) *

— s.: **Gottes Wort u. Menschenwege.**

Knapp, Jos., Kaiserlieder. Zum Gedächtnis Kaiser Wilhelms. 8. (32 S.) Stuttgart 888, Buchh. der Evangel. Gesellschaft. — 30

— **Leben v. Ludwig Hofacker**, s.: **Familienbibliothek, Calwer.**

—— Luther, der Kirchenliederdichter. Ein Vortrag, gehalten in der Liederhalle zu Stuttgart am 14. Novbr. 1883. 8. (32 S.) Stuttgart 884, Buchh. der Evangel. Gesellschaft. *

Knapp, Jos., Gustav Friedrich Oehler. Ein Lebensbild. gr. 8. (VII, 272 S.) Tübingen 876. Heckenhauer. n. 3. —

Knapp, Joseph Hermann

Knapp, J. A., die bisher bekannten Pflanzen Slavoniens, s. a. Schulzer v. Mueggenburg, St.

Knapp, Jos. Armin, die bisher bekannten Pflanzen Galiziens und der Bukowina. gr. 8. (XXXI, 520 S.) Wien 872, Braumüller. * 12 —

Knapp, Karl

Knapp, F(ranciscus) C(arolus) a • Componuntur et diiudicantur virorum doctorum de auctore dialogi sententiae. 16 Bl. 4° (2°)
Halle-Wittenberg, Phil. Diss. v 17 Okt. 1843
Geb. Ehrenbreitstein [19.4.] 1819. V

Knapp, Ludw., zur Anwendung des Secale cornutum dialysatum (Golaz). (4 S.) gr. 8. Leipzig 903. B. Konegen. n. 1. —
Sonderabdruck aus: „Der Frauenarzt".

Knapp, Ludw., Beiträge zur Geschichte d. Eklampsie gr. 8. (47 S.) Berlin 901. S. Karger. n. 1. 20
Sonderabdruck a.: „Monatsschr. f. Geburtshülfe etc."

— zur künstlichen Beleuchtung d. Operationsgebietes bei vaginalen Eingriffen. gr. 8. (1 S.) Leipzig 901 B. Konegen. n. 1. —
Sonderabdruck aus: „Der Frauenarzt".

Knapp, Ludw., klin. Beobachtgn. üb. Eklampsie. [Aus: „Monatsschr. f. Geburtshülfe u. Gynäkol."] gr. 8. (43 S.) Berlin 896. S. Karger. n. 1. —

— klin. Beobachtgn. üb. d. Wanderniere bei Frauen. M. 2 Taf. in Lichtdr. [Aus: „Zeitschr. f. Heilkde."] gr. 8. (72 S.) Berlin 896. Fischer's med. Buchhandlung. n. 1. 80

— geburtshilfliche Diätetik u. Therapie f. Ärzte u. Studierende. Mit 147 in den Text gedr. Abbildgn., zum grössten Theile nach Entwürfen von Rud. Böhm. gr. 8. (XII, 316 S.) Wien 902. [F Tempsky. — Leipzig. G. Freytag.] Leipzig, J. A. Barth. Geb. in Leinw. n. 8. 40

— über puerperale Eklampsie u. deren Behandlung. gr. 8. (III, 50 S.) Berlin 900. S. Karger. n. 1. 60

— zur Frauenfrage, s. a. Sammlung gemeinnütziger Vorträge. Nr. 324.

Knapp, Ludw., Zur Frauenfrage. Nach einem Vortrage. 8°. Prag, J. G. Calve, 1905. (Sammlung gemeinnütziger Vorträge, 324.)

— Grundzüge der gynäkolog. Massagebehandlung. Ein Leitfaden f. Studierende u. Aerzte. 8. (74 S. m. 6 Abb.) Berlin 902. Fischer's medicin. Buchh. n. 1. 80

Knapp, Ludw., Heidenlieder. 8. (90 S.) Mannheim 848, Hoff. *

— über puerperale Infections-Erkrankungen u. deren Behandlg., s. a. Wander-Vorträge, medicinische. 61.

Ueber puerperale Infections-Erkrankungen und deren Behandlung Von Doc. Dr Ludwig **Knapp**. *Berlin: Fischer 1901.* (67 S.) 8°
— Wander-Vorträge, Medicinische. H. 61.

— eine Lampe zum Gebrauche f. die geburtshilflich-gynaekologische Praxis. gr. 8. (2 S.) Leipzig 901. B. Konegen. n. 1. —
Sonderabdruck aus: „Der Frauen-Arzt".

Knapp, Ludw., non occides, s. a. Sammlung klin. Vorträge.

Non occides. Von Prof. Dr Ludwig **Knapp**, Prag. Leipzig. Barth 1910. 30 S. 8° [Umschlagt.]
(Sammlung klinischer Vorträge N. F Nr 584.)

— geburtshilfliche Propädeutik. Ein Leitfaden zur Einführung in das Studium der Geburtshilfe. Mit e. Vorworte von Alfons Edlen v. Rosthorn u. 100 Abbildgn. im Texte. 8. (XVI, 289 S.) Wien 899. [W. Braumüller.] Leipzig, J. A. Barth. Geb. in Leinw. n. 5. 40

— Sammlung stereoskopischer Aufnahmen als Behelf f. den theoretisch-prakt. Unterricht in der Geburtshilfe. qu. 8. (28 Taf. m. VI S. Text.) München 901. Seitz & Schauer. In Mappe n. 5. —

Knapp, Ludwig (Darmstadt)
Zwölf Sätze welche zur Erlangung der Würde eines Doctors beider Rechte Samstag den 5. December 1846 ... öffentlich vertheidigen wird Ludwig Knapp aus Darmstadt.
Giessen: Univ.-Druckerei 1846.
Dr. jur. 5.12.1846.

— d. Scheintod d. Neugeborenen. S. Geschichte, klin. u. gerichtsärztl. Bedeutg. I. Geschichtl. Theil. M. 9 Abb. im Texte. gr. 8. (IV, 163 S.) Wien 898. W. Braumüller. n. 4. —

Der Scheintod der Neugeborenen Seine Geschichte, klin u. gerichts ärztl Bedeutung Von Dr Ludwig **Knapp** (Univ Prof.), Prag Mit Abb I ; Wien & Leipzig Braumuller 1898 1909. 8°
1 Geschichtl Teil 1898 2 Klin Teil 1904
3 Gerichtsärztl Teil 1909 [illegible]

— der gegenwärtige Stand der Behandlung der Uterus-Myome, s. a. Klinik, Berliner. 191. Hft.

Der gegenwärtige Stand der Behandlung der Uterus-Myome. Von Prof. Dr Ludwig **Knapp** in Prag. *Berlin: Fischer (1901).* (21 S.) 8°
= Klinik, Berliner II 191 [illegible]

Knapp, Ludw., System der Rechtsphilosophie. Lex.-8. (VII und 247 S.) Erlangen 857, Enke's Verlagsbuchh. *

— Theologie u. Geburtshilfe. Nach F. E. Cangiamila's sacra embryologia (ed. latina, MDCCLXIV) m. aktuellen Bemerkgn. (III, XXXVIII, 231 S. m. 3 Taf.) gr. 8. Prag 908. C. Bellmann. 6. —

— Wochenbettstatistik. Eine klin. Studie. Mit 40 Tab. im Text. [Aus: „Ztschr. f. Heilkde."] gr. 8. (77 S.) Berlin 898. Fischer's medic. Buchh. n. 2. 40

Knapp, M., s. Basilisken Roms.

Knapp, M., der Herr ist reich üb. alle, die ihn anrufen, s.: Kornblumen. Nr. 9.

— siehe, ich stehe vor der Tür u. klopfe an, s.: Kornblumen. Nr. 10.

Knapp's, Miland A., System der Zahn-Regulirung mittelst fertiger Richtmaschinen. Ohne Löthen sofort anwendbar. Mit zahlr. erläut. Illustr. (78 S.) gr. 8. Berlin 899. The S. S. White Dental Manufacturing Co. n. 2. —

Knapp, Otto, aus Hauerz Die **Ausbreitung** des **flektierten** Genitivs auf -s im Mittelenglischen. *o. O. 1902.* (61 S.) 8°
Heidelberg, Phil. Diss. v. 1902

Knapp, Otto [app. Arzt aus Ulm] Über die operative Behandlung irreponibler traumatischer Luxationen im Schultergelenk. . . (Aus Beiträge z. klin. Chirurgie. Bd. IV , Tübingen, Druck v H. Laupp jr., 1889; 27 S 8°
Tubingen, Med. Fak., Inaug.-Diss. v 1889

Knapp, O., über die operative Behandlung irreponibler traumatischer Luxationen im Schultergelenk. Inaug.-Diss. gr. 8. (27 S.) Tübingen 889. (Moser.) n.n. — 80

Knapp, Paul. Experimenteller Beitrag zur Ernährung von Ratten mit kunstlicher Nahrung und zum Zusammenhang von Ernährungsstörungen mit Erkrankungen der Conjunctiva. Hab.-Schr. Med. Basel. (SA aus Zeitschr f exp. Pathologie u. Therapie. Bd. 5.) II + 23 S. + 1 Taf 8 Berlin Schumacher 1908.

Knapp, Paul [prakt. Arzt von Bern]: Über Heilung von Linsenwunden beim Frosch. Berlin 1899. 24 S. 1 Taf. 8°. (S.-A. aus Zeitschrift für Augenheilkunde, Bd. 3.)
Basel. Med. Diss. 1899/1900.

Kuapp, P., die Kypseliden u. die Kypseloslade. 1. Tl. [Aus: „Korrespondenzbl. f. die württ. Gelehrten- u. Realschulen".] gr. 8. (50 S.) Tübingen 888. Fues' Verl. n. 1. 20

Knapp, P., Nike sopra pittura vascolaire. S.-A. 1878. 4 S. u. 1 Taf.

Knapp, Paul, Nike in d. Vasenmalerei. gr. 8. (101 S.) Tübingen 876. Fues. n. 2. 40

Knapp, Paul, Notwendigkeit u. Art der Mitteilung der sicheren Ergebnisse der mod. Theologie an Gemeinde u. Schüler. Ein Beitrag zur Lösg. e. zeitgemässen Frage. (28 S.) 8. Stuttgart 910. (J. F. Steinkopf.) — 50

Knapp, Paul [Dr. Prof.]: Über Orpheusdarstellungen. Tübingen, Druck v. H. Laupp jr. 1895; 34 S. 4.
Tübingen, k. G, P 1895 (606)

Knapp, Paul, üb. Orpheusdarstellungen. Progr. 4. (34 S.) Tübingen 895. (F. Fues.) n. 2. 40

Knapp, P., die Traditionen über die Stiftung der olympischen Spiele. gr. 8. (16 S.) Tübingen 881, Fues. *
Aus: Correspondenzblatt für die Gelehrten- und Realschulen Württembergs, besonders abgedruckt.

Knapp, Rd. Das Achertbal u. seine Luftkurorte, s. Ketterer, Wilh.

Knapp, Rud., das Bruderladegesetz vom 28. Juli 1889, R. G. Bl. Nr. 127 u. das Musterstatut hiezu. Hilfsbuch f den prakt. Gebrauch. gr. 8. (XII, 166 S.) Wien 892. Manz. n. 2. 40

[F.] Das Gesetz über die Errichtung von Genossenschaften beim Bergbaue v. 14 Aug 1896, R.G.Bl. Nr. 156, nebst Entwurf e. Statutes f. e. Bergbau-Genossensch. v. Rudolf **Knapp**, k. k. Oberbergrath. *Wien: Manz 1897.* (87 S.) 1 Bd 8. [97. 9058

Knapp, Theodor: Abriß der Geschichte der Bauernentlastung in Württemberg. Stuttgart 1908 Kohlhammer. 20 S. 4°
Aus: Württemb. Jahrbücher f. Statist. u. Landesk. Jg. 1907.
Tübingen, G u. Elementar-S P 1908 (780) [S 08. 237

Knapp, Thdr., der Bauer im heut. Württemberg nach seinen Rechtsverhältnissen v. 16. bis ins 19. Jahrh., s. a. Neujahrsblätter, württemb. N. F. 7.

Der Bauer im heutigen Württemberg nach seinen Rechtsverhaltnissen vom 16. bis ins 19. Jahrhundert. Von Theodor **Knapp**. *Stuttgart: D. Gundert 1902* (104 S.) 8° [F.]
— Neujahrsblätter, Württembergische. N. F Bl. 7 [01. 10079

— **gesammelte Beiträge zur Rechts- u. Wirtschaftsgeschichte vornehmlich des deutschen Bauernstandes.** gr. 8. (XII, 485 S.) Tübingen 902. H. Laupp. n. 9. —

Knapp, Th(eodor), Rekt. Dr. **Beschreibung** des **Neubaus** des Gymnasiums und der Einweihungsfeierlichkeiten vom 16. September 1901. *Tübingen 1902: H. Laupp jr.* (S. 1—18.) 4°
Tübingen, k G, P 1902 (663)

Knapp, Thdr., zwei ungedruckte Briefe Melanthons, s.: Einladungsschrift d. königl. Karlsgymnasiums in Heilbronn.

[F.] **Knapp,** Theodor [Prof.]: Über die vier Dörfer der Reichsstadt Heilbronn. (Umschlagt.: . A. Leibeigenschaft. B. Gemeindeverfassung und landesherrliche Regierung.) E. Beitr. z. Rechtsgesch. d. deutschen Bauernstandes v. d. Mitte d. 16. bis z. Anfang d. 19. Jhs. Heilbronn, Druck d. Schell'schen Buchdr., 1894; 1 - 46 S. 4.
Heilbronn, k Karls-G. P 1894 (590)

Knapp, Theod (Otto Hein) (geb. Gollnow 19 12 1822) De febre traumatica pyaemica Berolini (1846) (28 S) 8°
Berlin, Med Diss v 17 Apr 1846

Knapp, Th[eodor]: [Professor a. D. Dr. Paul Knapp † 8. September 1908.] S. 7--9. 4. Gymn. u. Elementarschule *Tübingen* 1909 (805).
Progr.

Knapp, Theodor [Prof.]: Mitteilungen aus der Bibliothek des Heilbronner Gymnasiums. 2. Zwei ungedruckte Briefe Melanchthons. Heilbronn, Druck v. C. Rembold's Buchdr., 1889; S 26—31, 4°
Heilbronn, k. Karls-G, P 1889 (557)

Knapp, Th(eodor), Rekt. Dr [Rekt. Dr. Oskar Treuber, gest. am 14. März 1901.] *Tübingen 1902: H. Laupp jr.* (S. 3—5.) 4°
Tübingen, k. G, P 1902 (603)

Knapp, Theophil [Spitalapotheker in Basel]: **Studien aus der Naphtalinreihe. Basel 1898. 48 S. 8°.**
Basel. Phil. Diss. 1897/98.

Knapp, Walth., Statik der Hochbaukonstruktionen. Mit üb. 300 Abbildgn. im Text u. zahlr. Tab. (VIII, 214 S.) Lex. 8. Leipzig (910). C. Scholtze. Geb. 6.—

Photographischer Verlag Wilhelm **Knapp**, Halle a. S., Mühlweg 19. (Halle a. S.: W. Knapp [1908].) (32 S.) 8° [Umschlagt.] Iol. 11398 3

Knappe: Grundzüge der aristotelischen Lehre von der Eudaemonie. 16 S.–Wittenberg, Progr. 1864

Knappe, C. C., s. K n a p p e , Karl Christian

Knappe, Carl, s. K n a p p e , Karl

Knappe, [Christian]: Ist die 21. Rede des hl. Gaudentius ⟨Oratio B. Gaudentii episcopi de vita et obitu B. Filastrii episcopi praedecessoris sui⟩ echt? Zugleich e. Beitr. z. Latinität d. Gaudentius. Osnabrück 1908: Dr. d. Osnabrücker Volkszeitung. 66 S. 8°
Osnabrück, k. G Carolinum OP 1908 (408) [S 08. 238

Knappe, ist die 21. Rede des hl. Gaudentius (Oratio B. Gaudentii episcopi de vita et obitu B. Filastrii episcopi praedecessoris sui) echt? Zugleich e. Beitrag zur Latinität des Gaudentius. Progr. (67 S.) gr. 8. Osnabrück 908. (F. Schöningh.) 1.—

Knappe, Emil [aus Gerbisdorf]: **Das Bidder'sche Organ. E. Beitrag z. Kenntniss d. Anatomie . d. Geschlechtswerkzeuge einiger Amphibien, besonders d. einheim. Bufoniden . . . . Leipzig, W. Engelmann, 1886: VI + 64 + 1 S. u. 2 Taf. 8°**
Leipzig, Phil. Fak., Inaug.-Diss. v. 29. Jan. 1886.

Knappe, Ferdinand [aus Alt-Storckow in Pommern] Über die Wirkung des Calomels bei gleichzeitiger Anwendung von Jodpräparaten Berlin, Buchdr v Gustav Schade (Otto Francke) (1888), 27 + 1 S. + 1 Bl. 8°
Berlin. Med. Fak., Inaug Diss. v. 25. Jul. 1888

Knappe, Fritz, a. Crossen a/O.: Das angelsächsische Prosastück Die Wunder des Ostens. Überlieferung, Quellen, Sprache und Text nach beiden Handschriften. Berlin 1906: G. Bernstein. (64 S.) 8°
Greifswald, Phil. Fak., Ref. Konrath, Diss. v. 18. Dez. 1906
[Geb. 26. Dez. 81 Crossen; Wohnort: Berlin; Staatsangeh.: Preußen; Vorbildung: Realgymn. Grunberg i. Schl. Reife O. 01; Studium: Berlin 10 S.; Rig. 20. Okt. 06.]

Knappe, G. C., s. K n a p p , Georg Christian

Knappe, J. G.

— d. preuß. Stempelgesetze in ihrer jetzigen Anwendbarkeit, systematisch geordnet u. vollständ. zusammengestellt. 4. Dels 816. (Berl., Dümmler). 16 gGr

Knappe, J. G., Stempel-Tabellen, enthaltend d. einzelnen von 5 Sgr. zu 5 Sgr. steigenden Stempelbeträge bis zu einer Höhe von 80 Thlr. u. resp. 155 Thlr. nach d. Tarif vom 7. März 1822. gr. 4. Bresl. 822. (J. F. Korn). 12 gGr

— vollständ. u. ausführl. alphabet. Stempeltableau, oder speciell. les Verzeichniß der auf den Grund d. Gesetzes v. 20. Nov. 1810, d. Declaration zu jedem Geschäfte nach d. versch. Regeln u Verhältnissen rc. Mit Tabb. u. e. Register. gr. 8. Bresl. 812. Holäufer. 16 gGr Supplement dazu. 8. Ebd. 812.

Knappe, Jos.

— u. B. **Scheinpflug**, Erzählungen aus der Geschichte, s. a Scheinpflug, B.

Knappe, Josef, Erzählungen aus der Geschichte des Mittelalters und der neuen Zeit (mit Ausschluß der Geschichte Oesterreichs). Ein historisches Hilfs- u. Lesebuch für den Bildungskreis der Unterrealschule. 2. Aufl 8. (VIII u. 170 S.) Prag, Ehrlich in Comm. 60 kr Nur baar.

1866

— und Bern. Scheinpflug, Erzählungen aus der Geschichte. Ein histor. Hilfs- und Lesebuch für den Bildungskreis der Unterrealschule. 1. Thl.: Erzählungen aus der Geschichte des Alterthums. Von Bern. Scheinpflug. 3. verb. und verm. Aufl. gr. 8. (VIII, 187 S.) Prag 869, Ehrlich's Buchh. * 1 60

Knappe, Jos., **Grundriß** der Geographie. Zunächst für Unterrealschulen. 1. Aufl. (VIII, 290 S.) 1869. * ℳ 1,60., und 2. Aufl. br. 8. (288 S.) Prag 873, (Dominicus.) * 1 90
— dass. — Für Bürgerschulen und die obersten Stufen mehrklass. Volksschulen. 3. Aufl. mit Berücksicht. des metr. Maßsystems bearb. 8. (288 S. mit in den Text eingefügten Holzschn.) Ebendas. 875. * 1 90

Knappe, Jos., Grundriß der Geographie. Für Bürgerschulen und die obersten Stufen mehrklass. Volksschulen. 4. Aufl., mit Berücksicht. der neuen Lehrpläne gänzlich umgearb. und in zwei Lehrstufen gegliedert von Adf. Ladek. 1. Lehrstufe: Zunächst für die Oberklassen mehrklass. Volksschulen und die 6. Klasse achtklass. Bürgerschulen. Grundzüge der astronom. und physikal. Geographie, nebst einem kurzen Abrisse der polit. Geographie. [Mit 17 Orig.-Holzschn. und zahlreichen Aufgaben.] gr. 8. (118 S.) Prag 877, Dominicus. *
— dass. — 2. Lehrstufe: Zunächst für die 7. und 8. Klasse achtklass. Bürgerschulen, sowie für die Oberklassen mehrklass. Volksschulen. Grundzüge der polit. Geographie und Vaterlandskunde von Oesterreich-Ungarn. [Mit zahlreichen Aufgaben und Fragen.] 8. (208 S.) Ebendas. 877. *

K n a p p e , Josef — Grundzüge der Grammatik Für Unterrealschulen zusammengestellt von — —. Prag, 1856. Druck von Kath. Gerzabek. Im Selbstverlage des Verfassers. (148 S. 8.)

K n a p p e , Josef — Grundzüge der Grammatik für Unterrealschulen zusammengestellt von — — 2. Auflage. Prag , 1857. Im Selbstverlage des Verfassers. Dr. von Kath. Gerzabek. (3 Bl. 164 S. 8)

Knappe, Jos. Grundzüge der Grammatik. Für Unterrealschulen zusammengestellt. Der zweiten Auflage, zweiter Abdruck. *Prag* 1858. Im Selbstverl. des Verfassers. 154 S., 1 Bl. kl. 8°.

Knappe, Jos., Grundzüge der Grammatik. Für Unterrealschulen zusammengestellt. Der 2. Aufl. 4—8. Abdr. Wien 860—64. Beck. gr. 8. (IV, 156 S.) n. 8 ngr.

Knappe, Jos., Grundzüge der Grammatik. Für Unterrealschulen zusammengestellt. 2. Aufl. 9. u. 10. Abdr. Wien 865—68. Beck'sche Universitäts-Buchh. gr. 8. (160 S.) n.n. 8½ ngr.

—— Grundzüge der Grammatik. Für Unterreal- und Bürgerschulen zusammengestellt. Der 2. Aufl. 14. Abdr. 8. (160 S.) Wien 875, Hölder. * — 96

— **Grundzüge d. Grammatik. Für Unterreal- u. Bürgerschulen zusammengestellt. Der 2. Aufl. 14. Abdr. 8. (160 S.) Wien 876. Hölder.** n. — 96

— Grundzüge der Grammatik. Für Unterreal- und Bürgerschulen zusammengestellt. Der 2. Aufl. 15. Abdr. 8. (160 S.) Wien 878, Hölder. *

—— Leitfaden zum Unterrichte in der Erdbeschreibung. Mit besond. Rücksicht auf das Kaiserth. Österreich für Schule und Haus bearb. gr. 8. (IV und 208 S. mit eingedr. Holzschn.) Prag 863, (Calve'sche Universitäts-Buchh.) * *

Knappe, Josef, Leitfaden zum Unterrichte in der Erdbeschreibung. Mit besonderer Rücksicht auf das Kaiserthum Oesterreich für Schule und Haus bearbeitet. 2. Aufl. 8. (180 S.) Prag, Calve'sche U.-B. (Fr. Becke.) in Comm. 66 kr.
1865

—— Leitfaden zum Unterrichte in der Erdbeschreibung. Mit besond. Rücksicht auf das Kaiserth. Österreich für Schule und Haus. 3. Aufl. gr. 8. (IV, 195 S.) Prag 872, Calve'sche Universitäts-Buchh. * 1 40

Knappe, Jul., Leben u. Studium auf Universitäten. Wünsche u. Vorschläge f. Theologiestudierende. gr. 8. (85 S.) Erlangen 893. F. Junge. n. — 40

KNAPPE, Julius (Dinkelsbühl): Versuch einer Entwickelung des Begriffes der Exzeptionen mit Rücksicht auf die Beweislast.- München: Jaquet 1835. X,127 S.
29.3.1837 - Urk (Titel: De exceptionibus.); F 48
Diss. Ingolst.-Landsh.-Mchn.

Knappe, Karl

Knappe, Carl (Piepstock/Pommern), Zur Statistik der Tuberculose der Hirnsubstanz. Diss. med.-chir. Bln. (Gustav Schade [Otto Francke]) 4. VIII. 1877. 32 S. mit Biogr. (M.: B. Velthusen.) (5.50) 18556
Oppon.: Campe, Overbeck, Quiring. — Obduktionsberichte über: Landt, Auguste Jäske, Albert Dälezich.

Knappe, Carl Chrn., de Tibulli libri IV. elegiis inde ab II. usque ad XII. disputatio. Dissertatio inauguralis. gr. 8. (44 S.) Duderstadt 880. (Göttingen, Vandenhoeck und Ruprecht's Verlag.)

Knappe, Marie, Leitfaden der Schädelform- u. Gesichts-Ausdrucks-Kunde, m. e. Anh. üb. die Ehe u. die Vererbg. geist. Eigenschaften, s.: Talisman-Bibliothek. II.

Knappe, Otto, die **Bilanzen der Aktien-Gesellschaften vom Standpunkte der Buchhaltung, Rechtswissenschaft u. der Steuergesetze. Für die gerichtl. u. geschäftl. Praxis bearb. (VIII, 122 S.) gr. 8. Hannover 903. C. Meyer.** n. 3. 50; geb. n. 4. —

Knappe, Otto, die **Bilanzen** der Aktiengesellschaften vom Standpunkte der Buchhaltung, Rechtswissenschaft u. der Steuergesetze. Für die gerichtl. u. geschäftl. Praxis bearb. 2., verb. Aufl. (VIII, 129 S.) Lex. 8. Hannover 909. C. Meyer. 4.—; geb. 4. 60

— Die **Gesellschaft** m. beschränkter Haftung. Ihre Gründg., Geschäftsführg., Buchhaltg., ihre Steuern u. anderen Abgaben. Mit vollständ., kommentierten Gesetzestexte, Mustern u. Formularen. Mit alphabet. Sachregister. (X, 160 S.) gr. 8. Ebd. 910. 4.—; geb. 5. —

Grundriß der Römischen Rechtsgeschichte umfassend d. gesamte pri[illegible] u. öffentl. röm. Recht in s. geschichtl. Entwicklung von Dr. jur. Otto **Knappe.** *Berlin: P. Nitschmann 1904.* (XII, 420 S.) 8° [F.] [04. 700]

Knappe, Otto, aus Alt-Sabel, Kr. Gr.-Glogau, Syndikus in Berlin: **Kann** der Schuldner bei Verzug des Gläubigers den Leistungsgegenstand preisgeben? ⟨Nach gemeinem Rechte.⟩ *Nauen 1902: Freyhoff.* (VI, 68 S.) 8°
Erlangen, Jur. Diss. v. 19. Juni 1899
(Nur in beschränkter Zahl für den Austausch)

— **Rechts- u. Handelskunde für den industriellen Betrieb. Handbuch f. Kaufleute u. Techniker industrieller Betriebe sowie f. Juristen. Unter Mitwirkg. e. Ingenieurs bearb. (VIII, 438 S.) gr. 8. Düsseldorf (903). J. B. Gerlach & Co.** n. 5. —; geb. n. 6. —

— **der römische Civilprozeß in Frage u. Antwort, nebst e. Zusammenstellung u. Erläuterg. der wichtigsten Senatuskonsulte, leges u. Rechtsregeln für die erste jurist. Prüfg. (VII, 85 S.) 8. Berlin 908. P. Nitschmann.** Kart. n. 2. —

Knappe, Wilhelm

Knappe, deutsche Kulturbestrebgn. in China, s. a. **Schriften** der deutsch-asiatischen Gesellschaft. 3. Heft.

Deutsche Kulturbestrebungen in China. Vortrag geh. (1906) von Geh. Leg.R. Dr. [Wilhelm] **Knappe.** Berlin: H. Paetel 1906. (28 S.) 8°
— **Schriften** d. Deutsch-Asiatischen Gesellschaft. H. 3. [07. 11433]

Knappe, Wilh. Alex., geistliche Lieder zum Gebrauch für Schule und Haus. 19 dreistimm. Choräle und 7 Lieder für eine Stimme oder einstimm. Chor mit Begleitung des Pianoforte bearb. und in Musik gesetzt. gr. 4. (IV und 30 S.) Düsseldorf 851, Buddeus'sche Buchh. *

Knappen, die drei Roland's, u. Ritter Hans von Hockelberg oder der wilde Jäger, zwei Volkssagen, m. 1 K. 8. Quedlinb. Basse. 813.

Knappen, die 3, Rolands, u. Ritter Hans v. Hockelberg. 8. Quedlinb. 814. Basse. 22 gr.

Knapper Czoon, Nicolaas [Arzt aus Amsterdam]: Die Schnittführung bei der Oberkieferresection, m. spec. Berücks. d. intrabuccalen Methode ... Arnheim, J. Rinkes Jr, 1895; 5 Bl., 100 S., 1 Bl. 8.
Freiburg i. B., Med. Fak., Inaug.-Diss. v. 1895

Knappert, Laur., Commentatio de usu machinae Atwoodianae praemio ornata. 4maj. Leyden 819. (Leipz., Weidmann).

KNAPPICH, Franz (Aichach): Historische Skizze über die Influenz.- München: Weiss 1854. 16 S.
20.8.1853 - Urk (Titel: De influenza.); F 68
Diss. Ingolst.-Landsh.-Mchn.

Knappich, J. M., belehrende u. erbauliche Betrachtungen über das sonntägl. Wort Gottes des kathol. Kirchenjahres. 1r Thl. 8. Ravensburg... Gradmann u. Knapp. 1 rthl.

Knappich, J. M., belehrende u. erbauende Betrachtungen über das sonntägliche Wort Gottes des kathol. Kirchenjahrs. 2 Thle. 8. Ravensburg 841 u. 843, Knapp. 1¼ rthl.

—— Reden am Grabe. M. ein. Vorr. v. J. M. v. Illmensee. 2 Bdchn. 8. (17½ B.) Ravensburg 842, Knapp.

Knappich, Jac., die Herstellung, Aufbewahrung u. Verwendung v. Acetylengas u. Lagerung v. Carbid. Erläuterungen zur kgl. bayer. Allerhöchst. Verordgn. v. 22. VI. 1901, G. u. V. Bl. 30 vom 26. VI. 1901. gr. 8. (VI, 129 u. V. S. m. Abb.) Halle 902. C. Marhold. n. 3. —

Knappitsch Dr. Ant.: De L. Caeli Firmiani Lactanti „ave Phoenice." (37). Graz Priv. 96.
Progr.

— Metempsychosis a patribus convicta. 71. ibd. 04.
Progr.

— S. Cyrilli episcopi Hierosolymitani catechesibus, quae principia et praecepta moralia continentur, arte conclusa profert. 49. ibd. 99.
Progr.

— St. Augustins Zahlensymbolik 45. ibd. 05.
Progr.

Die Knappschaftskassen und die Forderungen der organisierten Ärzte. Hrsg. vom Allg. Deutschen Knappschaftsverband. Berlin, 1906. 19 S. [Kc 145

Knappschaftskassenwesen, das, vor dem sächsischen Landtage. Sep.-Abdr. aus dem amtl. stenograph. Berichte der Verhandlungen der Zweiten Kammer [10. öffentliche Sitzung vom 27. Novbr. 1879]. gr. 8. (56 S.) [Leipzig 880.] Gera, Fink.

Knappschaftskassenwesen (Das) vor dem deutschen Reichstag in der Sitzung vom 1. Febr. 1876. 8⁰. (Nach d. amtl. stenogr. Bericht.)

Knappschaftsverein, der oberschlesische, seine Entwickelung, Lazarette u. Heilanstalten. Hrsg. vom Verein. (30 u. 36 S. m. Taf. u. 1 farb. Karte.) Lex. 8. Kattowitz (910). Phönix-Verlag. Geb. in Leinw. 10. —

Knappschaftsvereine, Die, im preussischen Staate. Berlin [1852]. V: *Huyssen, Aug.* (Tübz 7, 10)

Knappschaftsvereine (Die) und die Unfallversicherung. 8⁰. Magdeburg 1883.

Die **Knappschafts-Wahlkämpfe** und deren Ergebnisse in Rheinland-Westfalen u. in Niederschlesien im Jahre 1910. Hrsg. v. Vorstande d. Verbandes d. Bergarbeiter Deutschlands. Bochum 1910: Hansmann. VIII, 128 S. 8° [II. 4087

Das deutsche **Knappschaftswesen** Hrsg. v. Vorstand d. Verbandes d. Bergarbeiter Deutschlands Bochum Hansmann 1909. 54 S. 8° [09. 11738

KNAPS, Karl (Blieskastel): De variocele. (Titel nach der Urkunde) 14.8.1849 - Urk; F 67
Diss. Ingolst.-Landsh.-Mchn.

Knapstein, sind Atropin u. Morphin Antidote? Neue Versuche, nebst einer Abfertigung der Angriffe des Hrn. Hans Heubach. gr. 8. (28 S.) Bonn 879. Habicht. n. — 80

Knapstein, Adam (geb. am 29 Juli 1852 in Widdig Landkr. Bonn): Ueber die gleichzeitige Wirkung von Atropin und Morphium ... Bonn, Druck v. J. F. Carthaus (1878). 2 Bl. 8. ¶ Nur Titelbl., Vita u. Thesen.
Bonn, Med. Fak., Thes. v. 1 Juni 1878

Knapstein, Adam (geb. am 29 Juli 1852 in Widdig Landkr. Bonn): Ueber die gleichzeitige Wirkung von Atropin und Morphium. Bonn, Druck v J. F. Carthaus (1878). 51 S. 8.
Bonn, Med. Fak., Diss. v 1 Juni 1878

Knar, J., Anfangsgründe d. reinen Mathematik. 1. Thl. — A. u. d. T.: Anfangsgründe d. Arithmetik u. ihrer Anwend. auf Größen überh. gr. 8. (13¼ B.) Grätz 829, Damian u. Sorge.

—— dass. 2. Thl. — A. u. d. T.: Anfangsgründe d. reinen Geometrie, enthalt. die sogen. Planimetrie, ebene Trigonometrie u. Stereometrie, sammt d. Grundzügen d. analyt. Geometrie. M. 11 Taf. in Steindr. (qr. 4.) gr. 8. (17½ B.) Ebds. 829.

—— neues, sehr einfaches Verfahren zur Ausziehung d. Wurzeln aus bestimmten Zahlen. gr. 8. (2 B.) Grätz 824, (Damian u. Sorge.)

Knarek, Frdr., die Entwickelung der Consumvereine in Oesterreich, s.: **Verwaltung**, soc., in Oesterr. I. 3.

— **Pfandleihanstalten in Oesterreich,** s.: **Verwaltung, sociale, in Oesterreich II, 4.**

Knarr, Carl, bacc. iur. Der Namensschutz nach § 12 B.G.B. Boxhagen Rummelsburg 1900. Herrgott. 59 S. 8°
Leipzig, Jur. Diss. v. 13. April 1910
Geb. 5 Juni 86 Spandau, Wohnort Spandau; Staatsangeh. Preußen. Vorbildung Gymn. Spandau Reife O. 05 Studium Berlin 4, Göttingen 1, Berlin 1 S. ... [U 10. 2704

Knaß, A. Grundsätze, nach welchen die katholische Religionslehre an dem Gymnasium zu Culm gegenwärtig behandelt wird. 15 S. [Deutsch und Polnisch].
Culm, Progr. 1850

KNASTERBART, Knallcigarren. Schnurren- und Anekdoten-Sammlung. 1846.
Weller, Lex. Ps. p. 298.

Knasterkopfs Annehmlichkeiten u. Freuden. Ein nothwendiges u. höchst nützliches Taschenbuch für jeden Tabakraucher, dem seine Gesundheit lieb ist u. der eine angenehme Unterhaltung wünscht. Herausg. von Fr. Sternberg. Mit 16 ill. Abbildd. versch. fremder rauchender Völker. 12. Ronneburg 834. Weber Subscr.-Pr. ⅔ ₰ Schwarz ½ ₰ Ohne Abbildd ⅓ ₰

Knatchbull-Hugessen, stories for my children, s.: Schüler-Bibliothek, englische.

Knats, Fridericvs *Henricus Carolus* [Hassvs]: Qvomodo Persei fabvlam artifices graeci et romani tractaverint ... Bonnae, typ. C. Georgi typogr. acad., 1892; [nur Titelbl., Vita u. Thesen.] 2 Bl. 8.
Bonn, Phil. Fak., Inaug.-Diss. v. 18. März 1892
(Nicht für den Austausch)

Knats, Fridericvs *Henricus Carolus* [Hassvs]: Qvomodo Persei fabvlam artifices Graeci et Romani tractaverint ... Bonnae, typ. C. Georgi vniv. typogr., 1893; 63 S., 1 Bl. 8. [vgl. 1891/92 Bonn No 82.]
Bonn, Phil. Fak., Inaug.-Diss. v. 18. März 1892*)

Knaus, Karlernst, aus Goethes Sonnentagen, s.: Goethe, J. W. v.

Knatz, L., die Concursverwaltung. Anleitung für den Geschäftsbetrieb der Concursverwalter, mit einem Anhang, deren Akteneinrichtung betr. gr. 16. (VIII, 66 S.) Kassel 887, Kegel. cart. * 1 —

Knatz, L., Lepidopterologisches: Versuch e. Aufstellung u. Begründung e. Lokalfauna f. Cassel u. Umgegend, s.: Bericht, 29. u. 30., d. Vereines f. Naturkunde zu Cassel.

Knatz, L., Versuch einer Aufstellung und Begründung einer Lokalfauna für Cassel und Umgegend, s. Bericht, 29. und 30., des Vereines für Naturkunde zu Cassel.

Knau [Schlagwort]

Knau, s.: Preussen. Messtischblätter.

Knauber, A., die Herbart-Zillerschen Formalstufen, s.a. „Wahlfach" u „Pädagogische Weiterbildung" in der II. Lehrerprüfung u. im Mittelschulexamen. 4. Heft.

Die Herbart Zillerschen Formalstufen. Anregungen u. Winke z. Weiterbildung von A Knauber, Sem Lehrer Langensalza Greßler 1910. 33 S. 8°
('Wahlfach' u 'Pädagogische Weiterbildung' in d 2 Lehrerprüfung II 4) [10. 3023]

– Über experimentelle Pädagogik, s.a. „Wahlfach" u. „Pädagogische Weiterbildung" in der II. Lehrerprüfung. 2. Heft.

Über experimentelle Pädagogik. Leitfaden u. Richtlinien z. Weiterbildung von A Knauber, Sem.Lehrer in Odenkirchen. Langensalza F. G. L. Greßler 1908. (38 S.) 8° [F.]
= 'Wahlfach' u. 'Pädagogische Weiterbildung' in d. II. Lehrerprüfung II 2. [08. 13183]

— Zur Reform unserer Schuldisziplin, s.a. „Wahlfach" u. „Pädagogische Weiterbildung" in der II. Lehrerprüfung. 8. Heft

Zur Reform unserer Schuldisziplin. Anregungen u Winke z Weiterbildung Von A Knauber, Sem Lehrer Langensalza Greßler 1909. 30 S 8°
('Wahlfach u 'Pädagogische Weiterbildung' in d 2 Lehrerprüfung II 5) [10. 3022]

— Sind die Zillerschen Kulturstufen psychologisch unanfechtbar u praktisch brauchbar f. die Volksschule?, s.a Greßler's, F. G. L., pädagogische Blätter. 8. Heft.

Sind die Zillerschen Kulturstufen psychologisch unanfechtbar und praktisch brauchbar für die Volksschule? (Psychol.-pädag Monographie.) Von [A.] Knauber, Sem.Lehrer Langensalza Greßler 1909. 31 S 8°
(Greßlers Pädagogische Blätter H 8.) [10. 2350]

— Das erste Volksschullesebuch, s.a „Wahlfach" u. „Pädagogische Weiterbildung" in der II. Lehrerprüfung u. im Mittelschulexamen 5. Heft.

Das erste Volksschullesebuch. Ein Beitrag z. Geschichte d. Unterrichts in quellenmäss Darstellung Von A. Knauber, Sem.Lehrer. Langensalza: Greßler 1910 30 S. 8°
('Wahlfach' u 'Pädagogische Weiterbildung' in d. 2 Lehrerprüfung. H. 5.) [10. 3024]

Knaudt, Emma, s.: Truberg, Emma.

Knaudt, M., des Universums Werdegang. Eine philosophisch-naturalist. Studie. (45 S.) 8. Leipzig 910. Modernes Verlagsbureau. 1. 50

Knaudt, O.: Die Versuche an Dampfkesseln auf der Elektrotechnischen Ausstellung zu Frankfurt a. M. 1891. Berlin 1894 (Sonderabdr. aus »Zeitschr. des Ver deutsch. Ingenieure«. Bd 38, Nr 49)

Knauer, krit. Beleuchtung d. Reichsunfallversicherung. Berlin 881.

Knauer, Roscher u. A., üb. Bestrafg. d. Arbeitervertragsbruchs. Gutachten. Leipz. 874.

Knauer: Die Zahlenbezeichnung bei verschiedenen Völkern der alten und der neuen Zeit 37 S und Figtf. –Suczawa, Progr 1866

Knauer, A., Elemente der Chemie (gemäss d. neueren Ansichten) f. Real-Gymnasien u. Unter-Realschulen. 4. verb. Aufl. Mit 41 (eingedr.) Holzschn. gr. 8. (VIII, 212 S.) Wien 876. Hölder. n. 2. 90

Knauer, A. W., die Hebammen u. Todtenfrauen in d. Kirche u. im Staate. Ein Beitr. z. Vervollkommn. d. Kirchenordn. u. Polizei, in Geburts- u. Sterbefällen. gr. 8. (5 B.) Hannover 811, Hahn'sche Hofbuchh.

— s. Hübner, Jh., bibl. Historien.

—— der evangel. Kirchenfreund, e. prakt. Handb. z. nähern Kenntniß d. Wesens u. d. Gestalt d. evangel. Kirche, ihrer Entsteh. u. Ausbild. im Allgem., so wie ihrer Haupt- u. Unterscheidungslehren, Einrichtn., Gebräuche, Handln., Personen, Oerter, Sachen u. Rechtsgrundsätze insbesond. Für alle Gebildete, vorzügl. f. Geistliche, Lehrer u. Katechumenen. gr. 8. (15 B.) Hannover 835, Hahn'sche Hofbuchh.

Knauer, A. W., D. Aug. Ludw. Hoppenstedts, weil. Abts zu Loccum rc., Leben u. Wirken. Dargest. v. dess. Schwiegersohne rc. Nebst e. Tagebuche d. Verewigten üb. d. Kriegsbegebenheiten in u. um Harburg in d. J. 1813 u. 1814. 8. (8 B.) Hannover 831, Hahn.

Knauer, A. W., Weihgeschenk f. Confirmanden, zu ihrer Unterweisung u. Führung während der ganzen Confirmationszeit. 8. (16½ B.) Celle 846, Schulze'sche Buchh. Thlr. *

Knauer, A. W., Weihegeschenk für Confirmanden, zu ihrer Unterweisung u. Führung während der Confirmationszeit. Neue Ausgabe. Celle 863. Schulze. 8. (VIII, 256 S.) n. 10 ngr.

Knauer, A. W., Weihegeschenk für Confirmanden, zu ihrer Unterweisung und Führung während der Confirmationszeit. Neue (Titel-)Ausg. 8. (VIII und 256 S.) Celle (846)64, Schulze'sche Buchh. *

St. Aloysius. Ein Betrachtungs- u. Gebetbuch f. d. christl. Jugend von C L. Adalbert Knauer, Pfarrer *Heiligenstadt: F. W. Cordier [1900].* (319 S.) 8° [F.] [01. 3379]

Knauer, C. L. Adalb., ein Blütenkranz. Betrachtungen üb. 40 Blumen als Sinnbilder im geist. Leben f. Blumenfreunde zum Gebrauch an Marienfesten, Mai-Andachten, Bruderschaften, Jungfrauen- u. Müttervereinen, Wallfahrtskirchen usw. (XII, 327 S.) gr. 8. Mainz 905. Druckerei Lehrlingshaus. n. 4. 20; geb. in Leinw. n. 5. —

Knauer, Adalb., die christliche Ehe in Familie, Staat und Kirche. Acht Fastenpredigten über Gen. 2, 24 gehalten im J. 1868. gr. 8. (V, 130 S.) Breslau 870, Görlich und Coch. 1 50

Knauer, C. L. Adalb., die sieben Hauptsünden auf dem Kreuzwege Christi. Kurze Betrachtgn. üb. die 14 Kreuzweg-Stationen f. Fastenzeit, Wallfahrt, Kreuzwegübgn., hl. Messe usw. (XXIV, 324 S.) 8. Mainz (908). Druckerei Lehrlingshaus. 3. 60

— Kreuzwegbüchlein f. Ehefrauen zur Betrachtung u. Uebung f. Fastenzeit, Missionen, Standesgottesdienste, Wallfahrt u. häusliche Andacht. 16. (84 S.) Donauwörth 898. L. Auer. n. — 20

— dasselbe f. Jungfrauen. 16. (80 S.) Ebd. 898. n. — 20

— dasselbe f. Jünglinge. 16. (91 S.) Ebd. 899. n. — 20

— dasselbe f. Kinder. 16. (76 S.) Ebd. 898. n. — 20

— dasselbe f. Männer u. Väter. 16. (92 S.) Ebd. 899. n. — 20

— dasselbe f. Mütter. 16. (92 S.) Ebd. 899. n. — 20

— dasselbe f. Untergebene. 16. (94 S.) Ebd. 899. n. — 20

— unser Meßopfer. (XV, 341 S.) kl. 8. Ebd. 905. n. 3. 40; geb. in Halbfrz. n. 4. 20

—— Sanct Michael auf der Engelsburg zu Rom. Patrociniumspredigt gehalten zu Habelschwerdt. 8. (27 S.) Ebendas. 870. — 25

Knauer, C. L. Adb., e. Rosenkranzwoche. Ein Beitrag zur Heiligg. d. Christen durch den Rosenkranz. 16. (XV, 196 S.) Dülmen 892. A. Laumann. n. — 50

Knauer, Alexander Der Platonische Dialog Charmides. 8 (28 S). Progr. Staats-Oberg. *Bielitz* 1889

Knauer, Alexander, Gerichtsref. Die Höhere **Gewalt** im Reichsrecht. *Berlin 1901: W. Pilz.* (VI, 166 S.) 8°
Marburg, Jur Diss. v. [8. Aug.] 1901

Knauer, Alex., die höhere Gewalt im Reichsrecht. gr. 8. (IV, 166 S.) Berlin 901. Struppe & Winckler. n. 4. 40

Knauer, Andreas, appr. Arzt aus München Ein **Fall von** Myelitis chronica. *München 1901: Kastner & Lossen.* (34 S.) 8°
München, Med. Diss. v. 1901

Knauer, Dr Anton. Naturlehre f. Lehrer- u Lehrerinnen-Bildungs-Anstalten. III. Theil. Mechanik, Akustik, Optik 2 Aufl. 8. (150 S m. 154 eingedruckten Holzschn. u. einer Spectraltafel in Farbendruck.) Wien, Alfred Hölder 96 kr.
1883

Knauer, Dr. Anton, Naturlehre für Lehrer und Lehrerinnen-Bildungsanstalten. III. Theil.: Mechanik, Optik, Akustik. 5. umgearbeitete Auflage. Mit 183 in den Text gedruckten Holzschnitten und einer Spectraltafel in Farbendruck. Wien 1897, Alfred Hölder. (Min.-Erl. v. 14. Juni 1897, Z. 13503.) Geh. 1.—, geb. 1.20

Knauer, Bernhard, Karlsbader Adressbuch 1883. Nach amtlichen Quellen zusammengest. 8 (140 S.) Karlsbad, Bernhard Knauer Cart 1 fl 20 kr

Knauer, Bernhard, Der wichtigste Eisenbahn-Verkehr für Franzensbad—Carlsbad—Marienbad—Teplitz im Sommer 1885. 8. (31 S.) Carlsbad, Bernhard Knauer 20 kr

Knauer, Bernh., kurze Vorträge üb. meine Vorschläge u. Gedanken zu e. Umschaffung der deutschen Armee. gr. 8. (44 S.) Prag 892. F. Ehrlich. n. — 60

Knauff C H Polbahnen deren Roulette ein Kreis ist 1889. 8.
Diss. Marburg.

Knauer, Emilie, Zwiegespräche zu kleinen und grösseren theatralischen Dichtungen mit einigen dramatischen Gelegenheitsspielen für Kinder jeden Alters und einem Anhang von Gedichten zum Solovortrag. gr. 8. (II, 104 S.) Wien 886, Braumüller. * 1 20

Knauer, Erich Alwin, Arzt a. Beuel b. Bonn: Aus dem physiolog. Institut. Kann der Dünndarm stearinsauren Kalk resorbieren? Altenburg S.-A. 1904: Pierer. (24 S.) 8°
Bonn. Med. Fak., Ref. Pflüger, Diss. v. 7. Nov. 1904
[Geb 24 De 78 Remscheid; Heimatsort Remscheid; Staatsangeh. Preußen, Vorbildung: Stadt. Realgymn. Elberfeld (Erg.-Prüf. Friedr Wilh.-Gymn. C ln 901; Studium: Bonn 5, Berlin 1, München 1, Bonn 2 S.; Coll 7 Nov 04 Approb. 7 Mär 03]

Knauer, F. Ueber die Alkohol-Besteuerung. 8°. Berlin 1887.

Knauer, Ferd., die sociale Frage auf dem platten Lande. Ein Mittel gegen den Arbeitermangel und gegen die Entsittlichung der ländl. Arbeiter. Lex.-8. (V, 264 S. mit 1 Stnt. in gr. Fol) Berlin 873, Wiegandt, Hempel und Parey. * 4 50

—— Gutachten über Bestrafung des Arbeitsvertragsbruches, s. Schriften des Vereins für Socialpolitik.

Knauer, Ferd.,
— Vide: Nobbe.

Knauer, Ferd., die Reichs-Unfall-Versicherung. Eine krit. Beleuchtung des Bochumer Entwurfes. gr. 8. (32 S.) Berlin 881, Puttkammer und Mühlbrecht.

Knauer, Ferd., die Rübe, das wichtigste Cultur-Gewächs der gemäßigten Zone. Ein Handbuch für prakt. Landwirthe, insbesond. für Rübenbauer und Rübenzuckerfabrikanten. br. 8. (VIII und 183 S. mit 12 eingedr. Holzschn.) Leipzig 861, (Wiedemann.) *

—— die Rübe, das wichtigste Cultur-Gewächs der gemäßigten Zone. Ein Handbuch für prakt. Landwirthe, insbesond. für Rübenbauer und Rübenzuckerfabrikanten und eine Mahnung zur nothwend. Erweiterung des Hackfrüchtebaues. 2. verb. (Titel-) Aufl. br. 8. (VIII, 183 S. mit 12 eingedr. Holzschn.) Halle (861)69, Pfeffer. * 2 50

Knauer, Ferd., Rübenbau, s. a. Thaer-Bibliothek, Bd. 19.

—— der Rübenbau. Handbuch für Landwirthe und Zucker-Fabrikanten. 3. (Titel-)Aufl. 8. (VIII, 183 S. mit 12 Abbild. in eingedr. Holzschn.) Berlin (869)72, Wiegandt, Hempel und Parey. * 2 —

Knauer, F., der Rübenbau. Für Landwirthe u. Zuckerfabrikanten bearb. 5., verm. u. verb. Aufl. Mit 19 in den Text gedr. Holzschn. 8. (IV, 152 S.) Berlin 882. Parey. geb. n. 2. 50

Knauer, Ferd., der Rübenbau. Für Landwirte u. Zuckerfabrikanten bearb. 6. Aufl. Mit 29 Textabbildgn. 8. (IV, 186 S.) Berlin 886. Parey. geb. n. 2. 50

Knauer, F., der Rübenbau. Für Landwirte u. Zuckerfabrikanten. 7. Aufl., hrsg. v. Titus Knauer. 8. (VIII, 204 S. m. 34 Abbildgn.) Berlin 894. P. Parey. Geb. in Leinw. n. 2. 50

Der Rübenbau. Für Landwirte u Zuckerfabrikanten bearb von F[erdinand] **Knauer** 8 Aufl., neubearb von Prof Dr M[ax] Hollrung Mit 35 Textabb. *Berlin. P Parey 1901* (VI, 152 S.) 8° [F.]
= Thaer-Bibliothek Bd 19 (00. 11949

Der Rübenbau. Für Landwirte u. Zuckerfabrikanten bearb. von F[erdinand] **Knauer**. 9. Aufl., neubearb. von Prof. Dr. M[ax] Hollrung. Mit 34 Textabb. Berlin: P. Parey 1906. (VIII, 174 S.) 8° [F.]
= **Thaer-Bibliothek**. Bd 19. (07. 1130)

—— der Rübensamen. Untersuchungen über seine Eigenschaften und Reflexionen über seine rationelle Züchtung. Unter Mitwirkung von H. Briem und M. Hollrung hrsg. gr. 8. (III, 55 S. mit 17 in den Text gedr. Holzschn.) Berlin 885, Parey. * 1 —

— wie kann uns Bauern geholfen werden? Eine Zeit- u. Streit-Frage der Gegenwart. gr. 8. (VII, 144 S.) Berlin 884. F. Luckhardt. n. 1. 50

—— das Zukunfts-Schaf Norddeutschlands. 1. und 2. verb. und verm. Aufl. 1869. *ℳ 1,20., und 3. Aufl. gr. 8. (VI, 50 S. mit 1 Holzschn.) Halle 872, Pfeffer. * 1 —

— das Zukunfts-Schaf Norddeutschlands. 3. Aufl. gr. 8. (VI, 50 S. m. e. Holzschn.) Berlin 872. Wiegandt, Hempel & Parey. n. 1. —

Knauer, Frz., die Bekämpfung d. falschen Mehlthaues der Rebe (Peronospora viticola de Bary) auch Mildew genannt. Eine leicht faßl. Unterweisung, wie man diese Krankheit erkennen u. auch mit Erfolg bekämpfen kann. (In deutscher u. böhm. Sprache.) 8. (38 S.) Graz 889. Leykam. n.n. — 30

Knauer, Frdr., über die betonung der composita m. a privativum im sanskrit. Abhandlung. gr. 8. (III, 68 S.) Dorpat 882. (Schnakenburg.) n. 1. 50

—— das Gobhilagrhyasûtra, hrsg. und übersetzt. 1. heft. Text [nebst einleitung]. gr. 8. (VII, XXVI, 32 S.) Dorpat 884. (Leipzig, Simmel und Comp.)

Knauer, Friedr., das Gobhilagrhyasûtra, hrsg. und übers. 2. heft. [Uebersetzung und commentar.] gr. 8. (VIII, 210 S.) Dorpat 886. (Leipzig, Simmel und Comp.) ** 3 60
1. heft. Ebendas. 1884. *ℳ 2.—.

—— zu iti und ca, s. Festgruss an Otto v. Böhtlingk.

Knauer, Frdr., s.: Mānava-Çrauta-Sūtra, das.

Knauer, Frdr., s.: Mānava-Grhya-Sūtra, das.

Knauer, Friedrich [app. Arzt aus Wiesbaden]: Ueber Ptosis und deren Therapie mit besonderer Berücksichtigung der Pagenstecher'schen Fadenoperation. . . . Wiesbaden, L. Schellenberg'sche Hof-Buchdr., 1891; 33 S., 1 Taf. 8°
Würzburg, Med. Fak., Inaug.-Diss. v. 1891

Knauer, Frdr., Schönbrunn. Belehr. Führer f. den Besucher d. Schlosses, d. Parkes, d. Menagerie, d. botan. Gartens u. d. übr. Anlagen. Mit 3 Lichtdr.-Bild. u. 1 Plane v. Schönbrunn u. d. Menagerie. 12. (90 S.) Wien 898. R. Lechner's Sort. n. 1. —; wohlfeile Ausg., ohne Bilder, n. — 60

Knauer, Frdr., Schönbrunn. Belehrender Führer f. den Besucher des Schlosses, des Parkes, der Menagerie, des botan. Gartens u. der übr. Anlagen. Wohlf. Ausg. Mit e. Plane v. ganz Schönbrunn u. der Menagerie. 2., erweit. Aufl. 12. (90 S.) Wien (900). R. Lechner's Sort. n. — 60; feine Ausg. n. 1. —

[Russ.] Učebnik sanskritskago jazyka. Grammatika, chrestomatija, slovar'. Sostavil F[edor] I[vanovič] Knauėr [Friedrich **Knauer**], prof. v Kievě. Lejpcig 1908: V. Drugulin. (VIII, 296 S.) 4°(8°)
[Lehrbuch d. Sanskritsprache. Gramm., Chrestomathie, Wörterbuch.]

Knauer, Friedrich K.

Knauer, Frdr., die Ameisen, s.: Aus Natur u. Geisteswelt.

Die Ameisen. Von Dr. Friedrich **Knauer**. Mit 61 Fig. Leipzig: Teubner 1906. 156 S. 8°
(Aus Natur u. Geisteswelt. Bdch. 94.)

Knauer, Frdr., Deutschlands u. Oesterreichs Amphibien, — die fremdländischen Amphibien u. Reptilien, s.: Volks- u. Jugend-Bibliothek, österreichische.

— Amphibien- und Reptilienzucht. gr. 8. (VIII, 56 S. mit 5 Tab. in qu. Fol.) Wien 875, (Hölder.) *

Knauer, Frdr., das Aquarium, s. a. Hillger's, Herm., illustr. Volksbücher.

Knauer, F: Das Aquarium. Berlin und Leipzig (1909)

Knauer, Frdr. K., **Beobachtungen an Reptilien u. Amphibien in der Gefangenschaft. Ein kleiner Beitrag zur näheren Kenntniss des Lebens dieser Thiere. gr. 8. (57 S.) Wien 875. (Hölder.) n. 1. 60**

Knauer (F. K.). Entstehung und dem Bau des Chlorophylls . . . Wien, 1875. 8°.

— Fang der Amphibien und Reptilien und deren Conservirung für Schulzwecke. Ein Vortrag, gehalten am 12. Juni l. J. im Lehrervereine zu Hernals. gr. 8. (20 S.) Ebendas. 875. *

— die Fauna u. Flora des Meeres, s. a. Einzeldarstellungen aus den Naturwissenschaften. II.

Die Fauna und Flora des Meeres von Dr. Friedrich **Knauer**. Mit 1 Vollbild u. 47 Ill. Berlin & Leipzig: H. Hillger 1906. (130 S.) 8° [J.]
= **Einzeldarstellungen** aus d. Naturwissenschaften. 2.

— **die alte Grenzscheide zwisch. Thier- u. Pflanzenwelt u. deren Umsturz durch die moderne Naturwissenschaft. Eine anatomisch-physiolog. Abhandlg. gr. 8. (VI, 38 S.) Ebend. 876. n. 1. —**

Knauer, Friedr. K., Handwörterbuch der Zoologie. Unter Mitwirkung von v. Dalla Torre bearb. gr. 8. (XIV, 828 S. mit 9 Taf.) Stuttgart 887, Enke. * 20 —

— die Kakteen, s. a. Hillger's illustrierte Volksbücher.

Die Kakteen von Dr. Fr[iedrich] **Knauer**. Mit 30 Ill. Berlin, Leipzig: H. Hillger [1906] (94 S.) 8° [J.]
= **Volksbücher**, Hillgers illustrierte. Bd 65.

— **unsere Kenntnisse v. der Entstehung u. dem Bau des Chlorophylls u. dessen Rolle im Pflanzenleben. gr. 8. (IV, 52 S.) Ebend. 875. n. 1. 20**

— Europa's Kriechthiere u. Lurche. Für den Naturfreund beschrieben u. nach ihrem Leben geschildert. gr. 8. (III, 152 S.) Wien 877. Pichler's Wwe. & Sohn. 1. 50; cart. 1. 80

Knauer, Frdr. K., Europa's Kriechtiere u. Lurche. Für den Naturfreund beschrieben u. nach ihrem Leben geschildert. Neue, m. 8 Bilder-Taf. verm. Ausg. gr. 8. (III, 152 S.) Wien 890. Pichler's Wwe. & Sohn. geb. n. 2. —

Knauer, Frdr. K., das Leben unserer heimischen Lurche u. Kriechtiere im Kreislaufe e. Jahres. (208 S. m. Abbildgn. u. Taf.) 8. Dresden 905. H. Schultze. n. 3. 60; geb. n. 4. 50

Knauer, F. K., **das Leben unserer heimischen Lurche und Kriechtiere. Jetzt: Leipzig, Antiquariat Carl Köhler.**

— Luft u. Licht als Heilfaktoren. (16 S.) kl. 8. Tachau (910). (Warnsdorf, A. Opitz.) — 25

— unsere heimischen Nattern u. Ottern, s.: Jugend- u. Volks-Bibliothek, naturwissenschaftliche.

Knauer, Friedr. K., Naturgeschichte der Lurche. [Amphibiologie.] **Eine umfassende Darlegung unserer Kenntnisse von dem anatom. Bau, der Entwicklung und systemat. Eintheilung der Amphibien, sowie eine eingehende Schilderung des Lebens dieser Thiere. gr. 8. (XX, 340 S. mit 120 eingedr. Holzschn.-Illustr., 4 chromolithogr. Karten und 2 Tab.) Wien 878, Pichler's Wwe. und Sohn.**

—— Naturgeschichte der Lurche [Amphibiologie]. Eine umfassendere Darlegung unserer Kenntnisse von dem anatom. Bau, der Entwicklung und systemat. Eintheilung der Amphibien, sowie eine eingehende Schilderung des Lebens dieser Thiere. 2. (Titel-)Ausg. gr. 8. (XX, 339 S. mit 120 eingedr. Holzschn.-Illustr., 4 chromolithogr. Karten und 2 Tab.) Wien 883, Pichler's Wwe. und Sohn. *

— Naturgeschichte des Thierreiches. Lehr- u. Lesebuch für die unteren Klassen der Gymnasien, Realschulen u. verwandten Lehranstalten. Mit über 600 (eingedr. Holzschn.-)Abbildungen. gr. 8. (IX, 294 S.) Ebend. 878. n. 2. —

—— die Reptilien und Amphibien Nieder-Oesterreichs. Eine faunist. Skizze. gr. 8. (42 S.) Wien 875, Hölder. *

—— Deutschlands und Oesterreichs Reptilien, s. Volks- und Jugend-Bibliothek, österreichische.

— Die Sauermilch als e. Mittel zur Erhaltung der Gesundheit u. Verlängerung des Lebens. (26 S.) kl. 8. Tachau 910. (Warnsdorf, A. Opitz.) — 25

— Das Süßwasser-Aquarium. Seine Herstellung, Einrichtg., Besetzg. u. Instandhaltg. (Ausg. auf Kunstdr.-Papier.) (IV, 331 S. m. 88 Abbildgn.) 8. Regensburg 907. Verlagsanstalt vorm. G. J. Manz. 4.—; geb. in Leinw. 5. 60

— dasselbe, s. a. Jugend- u. Volksbibliothek, naturwissenschaftl.

— Das Terrarium, s.: Jugend- u. Volksbibliothek, naturwissenschaftliche.

— Tier- u. Pflanzenleben des Meeres, s.: Hillger's, Herm., illustr. Volksbücher.

— Tierwanderungen u. ihre Ursachen. (XI, 288 S. m. 80 Abbildgn. u. 1 farb. Karte.) gr. 8. Köln 909. J. P. Bachem. 3.50; geb. n 4. 50

Knauer, Frdr. K., aus d. Thierwelt. Schildergn u. allgem. Umblicke. Ein naturhistor. Lesebuch f. Schüler d. Mittelschulen u. f. jeden Naturfreund. M. vielen Abb. Neue (Titel-) Ausg. gr. 8. (III, 186 S.) Freiburg i/B. (886) 895. Herder. Geb. 2. —

—— die bauende Thierwelt, s. a. Volks- und Jugend-Bibliothek.

KNAUER, Friedrich K.

(F) Die bauende Thierwelt. Beschreibung der wichtigeren Thierbaue nach fremden und eigenen Beobachtungen von Dr. Friedrich K. Knauer. I. Abtheilung. Wohnungen und Baue der Säugethiere und Vögel. Mit 27 Abbildungen. 2. Auflage. Wien. [1901.] Pichler's W. & Sohn. 8°. 74 S. Cart. K—.53

Knauer, Frdr. K., die Tierwelt unserer Süßwasser-Aquarien, s.: Jugend- u. Volksbibliothek, naturwissenschaftliche. 23. Bdchn.

— Unser heim. Vogelleben, s. a. Hillger's illustr. Volksbücher.

Unser heimisches Vogelleben von Dr Friedrich Knauer. Mit 24 Ill. Berlin, Leipzig: H. Hillger [1904]. (111 S.) 8° [F.]
— Volksbücher, Hillgers illustrierte. Bd 15. [05. 8097]

— der Vogelzug u. seine Rätsel, s. a. Hillger's illustr. Volksbücher.

Der Vogelzug und seine Rätsel von Dr Fr[iedrich] Knauer Mit 1 Vollbild u. 13 Ill. Berlin, Leipzig: H Hillger [1905]. (106 S.) 8° [F.]
— Volksbücher, Hillgers illustrierte. Bd 41. [07. 15098]

— Der Werdegang der Terrarienkunde. (26 S.) Lex. 8. München 909. Isaria-Verlag. — 50

— Zwiegestalt der Geschlechter in der Tierwelt (Dimorphismus), s. a. Aus Natur u. Geisteswelt.

Zwiegestalt der Geschlechter in der Tierwelt (Dimorphismus). Von Dr. Friedrich Knauer Mit 37 Abb. Leipzig B. G. Teubner 1907 (120 S.) 8° [F.]
= Natur, Aus, u. Geisteswelt. Bdch. 148. [07. 7107]

Knauer, Georg [aus Wiesbaden]: Ueber die Deckung grosser Hautdefekte mittels der Thiersch'schen Transplantationsmethode. Würzburg, Druck d. Bonitas-Bauer'schen Buchdr., 1889; 38 S. + 1 Bl. 8°
Würzburg, Med. Fak., Inaug.-Diss. v 1889

Knauer, Geo., Gedichte. 8. (150 S.) Wiesbaden 902. H. Staadt. n. 2. 50; geb. n.n. 3. —

Knauer, Geo., aus meiner Welt. (IV, 96 S.) kl. 8. Wiesbaden 906. E. Behrend. Geb. n. 1. 50

Knauer, Geo., aus meiner Welt. 2. Aufl. (III, 96 S.) kl. 8. Wiesbaden 907. E. Behrend. Geb. 1. 50

Knauer, Gust., Aufgefahren gen Himmel (wider Cremer). Geboren von der Jungfrau Maria (wider Harnack). Zwei Beiträge zur Schlichtg. d. Streites um das Apostolikum. gr. 8. (62 S.) Eisenach 893. M. Wilkens. n. — 80

(B) Knauer, Gust., aufgefahren gen Himmel. 893. (KVL 27.) Jetzt: Leipzig. O. Himly.

Knauer, Gust., das Facit aus E. v. Hartmann's Philosophie des Unbewussten gezogen. gr. 8. (63 S.) Berlin 873, L. Heimann's Verlag. [Leipzig, Koschny.] * 1 —

[F.] Aus alten Griechen- und Perser-Zeiten. E. Balladen-u. Elegien-Kranz v. Gustav Knauer. *Herzberg (Elster): Commv. v. F Opitz Nachf., (Dr. v. C. H. Schultze & C. in Gräfenhainichen) 1897* (2 Bl., 1 kl. Bl., 96 S.) 1 Bd 8. [97. 1236]

— 100jähriger Haus-Kalender von 1801 bis 1900, enth. Beschreibg. der Sonne u. der Planeten, die muthmaßl. Witterg., d. Eintheilg. d. Jahres, Lufterscheingn., Bauernregeln etc. Neue, durchaus verb. u. verm. Aufl. 8. (158 S.) Reutlingen 874. Fleischhauer & Spohn. — 40

Knauer, Gust., der Himmel des Glaubens. Eine christl. Darlegung auf philosoph. Grunde. 8. (VIII, 248 S.) Halle 877. Buchh. des Waisenh. 2. 70

— vollständiger 100jähriger Kalender von 1860 bis 1960, enth. Beschreibg. der Sonne u. der Planeten, die muthmaßl. Witterg., die besten Wetter- u. Bauernregeln, e. Anleitg. zu den monatl. Verrichtgn. in Haus u. Feld etc. 3. Aufl. gr. 16. (64 S.) Reutlingen 874. Enßlin & Laiblin. — 20

Knauer, Gust., conträr und contradictorisch (nebst convergirenden Lehrstücken) festgestellt und Kants Kategorientafel berichtigt. Eine philosoph. Monographie. gr. 8. (XIX und 157 S.) Halle 868, Pfeffer. *

Knauer, Gust., die Reflexionsbegriffe. Eine philosoph. Monographie. Abdruck seiner Promotions-Dissertation mit Jubel-Vorrede zum Centenarium der „Kritik der reinen Vernunft". gr. 8. (X, 58 S. mit 1 Tab.) Heidelberg 881, Weiss' Verlag. *

—— Seele und Geist und das Phantom der „Ichlichkeit". gr. 8. (VIII, 82 S.) [Leipzig 880, Koschny.] Heidelberg, Weiss' Verlag. *

Knauer, H., Plan- u. Terrainzeichnen, s.: Hittenkofer, M., Sammel-Werke f. d. Selbst-Unterricht.

Knauer, Heinr (geb. Breslau 1. 6. 1854) Ueber den Einfluss des Aufenthalts in verdünnter Luft auf die Form der Pulscurve Berlin (1878). (30 S.) 8°
Berlin, Med. Diss. v 6. Aug. 1878

Knauer, Herm., eine **Amerikafahrt** u. die Welt-Ausstellung in St. Louis (1904). (IV, 133 S. m. Abbildgn.) 8. Berlin 903. F. Dümmler's Verl. n. 1.20

— **Deutschland am Mississippi.** Neue Eindrücke u. Erlebnisse. (VI, 184 S. m. Abbildgn.) gr. 8. Berlin 904. L. Oehmigke's Verl. n. 2.—

Knauer, Herm., über den strafrechtlichen Notstand u. die Grenzen der Selbsthilfe nach Reichsstrafrecht. (70 S.) gr. 8. Breslau 902. (Koebner.) n. 1.20

Das Neue Schauspielhaus und der Neue Konzertsaal mit ihren Nebenanlagen Gesellschaftssälen, Restaurants usw., am Nollendorfplatz, Berlin. Vortrag von Hermann **Knauer** Berlin Oehmigke 1900 23 S. 8° A 12. 1.01?

Knauer, Hugo

Knauer, H., der Eisenbahnbau, s.: Unterrichtswerke (Methode Hittenkofer).

— Erd- u. Strassenbau, s.a. **Unterricht**, der, an Baugewerkschulen.

Erd- und Strassenbau. Leitfaden f. d. Unterr. an Baugewerkschulen u. verwandten technischen Lehranst. von H[ugo] **Knauer**, Erfurt. T 1 2 Mit Abb. u. 2 Taf. Leipzig & Berlin B. G. Teubner 1907 2 Bde 8°
1 Erdbau. 2 Strassenbau.
— **Unterricht**, Der, an Baugewerkschulen. 11/12. [07. 18678

— u. **Ritter**, Stein- u. Kunstbauten, s.: Unterrichtswerke (Methode Hittenkofer).

— Der Wasserbau, s.: Unterrichtswerke (Methode Hittenkofer).

Knauer, Jo. Oswald [Praes.], s. Schilling, Jo. Christian
De argumento contra propagationem luminis successivam ab eclipsibus lunae et solis petito

— **Johann** (Naumburg / Thür.), De jure alienandi. Disp. jur. Präs. Joh. Volk. Bechman. Jena (Caspar Freyschmid) Mai 1659. 22 Bl. mit Widm. v. Präs. (7.—) 18558

— — Dasselbe. Von dem Rechte etwas zu vereusern oder: Einem andern das Seine zu zuwenden. Wittbg. (Jo. Wilh. Bossoegel) 1740. 46 S. ohne Widm. (6.80) 18559

Knauer, Jh. Jak., s. Cicero, Reden.

(Knauer, Karl von, Oberstleutnant) — (Knauer, Johanna von.) Zum hundertjährigen Bestehen des Feld-Artillerie-Regiments von Scharnhorst (1. Hannoversches) Nr. 10. 19. Dezember 1903. (Mit 1 Porträt.) 8. Hannover u. Leipzig 1903.

Knauer, Frau Johanne v., s. a. Zum 100jähr. Bestehen des Feld-Artillerie-Regiments v. Scharnhorst (1. Hannover.) Nr. 10.

Zum hundertjährigen Bestehen des Feld-Artillerie-Regiments v. Scharnhorst (1. Hannoversches) Nr. 10. 19. Dez. 1903. (Verf.: Johanne v. **Knauer**.) *Hannover & Leipzig: Hahn 1903.* (117 S.) 8° [3.] [04. 87

Knauer, Joseph: Geologische Monographie des Herzogstand-Heimgarten-Gebietes. München 1906: C. Wolf & Sohn. (42 S., 1 Karte, 1 Profil-Taf.) 4° ¶[Aus: Geognostische Jahreshefte Jg. 1905 S. 73—112.]
München, Phil. Fak., Ref. Rothpletz, Diss. v. 13. Juli 1906
[Geb. 6. Apr. 80 München; Wohnort: München; Staatsangeh.: Bayern; Vorbildung: Ludwigs-Gymn. München Reife Juli 99; Studium: München Jura 6, Phil. 8 S.; Rig. 13. Juli 06.]

Knauer, Jos., die tektonischen Störungslinien des Kesselbergs, s.: Forschungen, landeskundliche. 9. Heft.

Knauer, K., chemischer Rathgeber für Gewerbtreibende. Ein höchst nützliches Handbuch, enth. eine auserlesene Sammlung praktischer u. vielfach geprüfter Anweisungen zur Auflösung aller in das Gebiet der technischen Chemie einschlagenden Operationen f. Maurer, Zimmerleute, Tüncher rc. Nach den besten französ. u. engl. Quellen bearb. 8. (VIII u. 111 S.) Altenburg 848. (Leipzig, Leiner.) 2/3 ß

— die **Reflexionsbegriffe**. Eine philosoph. Monographie. Abdruck seiner Promotions-Dissertation mit Jubel-Vorrede zum Centonarium der „Kritik der reinen Vernunft". gr. 8. (X, 58 S. m. 1 Tab.) Heidelberg 881. Weiss' Verl. n. 1.20

— **Seele u. Geist u. das Phantom der „Ichlichkeit"**. gr. 8. (VIII, 82 S.) Ebend. 880. n. 1.50

Knauer, Karl: Karls des Kahlen Kaiserkrönung und seine Schenkung an die römische Kurie. Coburg 1909: Roßteutscher. 74 S. 8°
Leipzig, Phil. Diss. v. 19. April 1909, Ref. Seeliger, Lamprecht
[Geb. 28. April 83 Neuses b. Koburg; Wohnort: Neuses; Staatsangeh.: Sachsen-Koburg-Gotha; Vorbildung: Gymn. Koburg Reife O. 03; Studium: Jena 3, Leipzig 7 S.; Rig. 16. Febr. 09.] [U 09. 3002

Knauer, L. O. De argumento contra propagationem luminis successivam ab eclipsibus lunae et solis. Lipsiae 1718. 4.

Knauer, Ludw., Leiden u. Lieben! Eine homilet. Parallele üb. das göttl. Herz Jesu. 6 Fastenpredigten, geh. in Mariabrünnl bei Appersdorf 1910 u. hrsg. (75 S.) gr. 8. Regensburg 910. J. Habbel. 1.—

Knauer, M., neuer u. vollständ. Briefsteller, oder Anweis. für Bürger u. Landleute zum Briefschreiben. ... 3e Aufl. 8. Lpz. 820. Taubert. 8 K

Knauer, Martin, s. Knauer, Moritz

Knauer, Moritz

Knauer, Mauritius, immerwährendes Haus-Buch, darinnen zu finden, wie ein fleißiger Haus-Vater sein Haus-Wesen mit Nutzen führen möge. Dem eine nützl. Anweisung beigefüget, was von Monat zu Monat durchs ganze Jahr in der Landwirthschaft zu verrichten sey. 40., unveränd. Aufl. 8. (128 S. mit eingedr. Holzschn.) Nürnberg 849, Endtersche Buchh.

— 100jähr. Hauskalender für 1810—1910. 8. Leipz., (Taubert). 8 K

Knauers, Martin, hundertjähriger Haus-Kalender für das 19. Jahrhundert. Mit 7 Holzschn. Neu bearb. von G. A. Jahn. 5. Aufl. 8. Leipzig 843, Taubert. 1/3 ß — 6. Aufl. 8. Leipzig 846, O. A. Schulz. 9 ngl

—— (Mor.,) hundertjähriger Hauskalender von 1801 bis 1900, enth.: Beschreibung der Sonne und der Planeten, die muthmaßl. Witterung, die Eintheilung des Jahres, Lufterscheinungen, Bauernregeln rc. Neue, verb. und verm. Aufl. 8. (158 S. mit eingedr. Holzschn.) Reutlingen 848, Fleischhauer und Spohn.

—— (Mart.,) hundertjähriger Haus-Kalender für das 19. Jahrhundert. Nebst einer kurzen Beschreibung der Planeten, Witterungsregeln, einem monatl. Landwirthschafts-Kalender, etlichen Heilungsmitteln rc. Neu bearb. von Gust. Adph. Jahn. 7., durchgeseh. Aufl. 8. (XII und 95 S. mit 7 eingedr. Holzschn.) Leipzig 851(52,) O. A. Schulz.

Knauer's, Mart., hundertjähriger Haus-Kalender für das 19. Jahrhundert. Nebst einer kurzen Beschreibung der Planeten, Witterungsregeln, einem monatlichen Landwirthschafts-Kalender, etlichen Heilungsmitteln rc. Neu bearb. v. Gust. Adph. Jahn. 7. durchgeseh. Aufl. Mit 7 (eingedr.) Holzschn. 8. (XII u. 95 S.) Leipzig 852, O. A. Schulz. 6 ngl

Knauer, Mart. (Mor.), hundertjähriger Hauskalender von 1800—1899. Derselbe enthält: die Beschreibung der Weltkörper und Weltsysteme der Sonne und der Planeten; ferner: eine Sammlung merkwürdiger Bauernregeln, Angabe der muthmaßlichen Witterung, Zeiteintheilung, Tageslänge, einen monatlichen Landwirthschaftskalender ꝛc. 8. verm. u. verb. Aufl. Augsburg 853. Jaquet. 12. (6 Bl., 144 S.) $4\frac{1}{2}$ ngr.

Knauers, Mart., hundertjähriger Haus-Kalender für das 19. Jahrhundert. Nebst einer kurzen Beschreibung der Planeten, Witterungsregeln, einem monatl. Landwirthschafts-Kalender, etlichen Heilungsmitteln gegen manche Krankheiten der Menschen und Thiere ꝛc. Neu bearb. von Gust. Adph. Jahn. 8., durchgeseh. Aufl. 8. (XI und 95 S. mit eingedr. Holzschn.) Leipzig 857, O. A. Schulz.

- hundertjähriger Hauskalender für das 19. u. 20. Jahrh. Nebst einer kurzen Beschreibung der Planeten, Witterungsregeln, einem monatl. landwirthschaftl. Kalender, Heilmitteln gegen die meisten Krankheiten der Menschen u. Thiere, Grundsätzen für das geschäftl. Leben ꝛc. 10., völlig umgearb. u. verm. Aufl. Leipzig 868. O. A. Schulz. 8. (VI, 130 S.) $7\frac{1}{2}$ ngr.

—— hundertjähriger Hauskalender für das 19. und 20. Jahrh. Nebst einer kurzen Beschreibung der Planeten, Witterungsregeln, einem monatl. Kalender, Heilmitteln gegen die meisten Krankheiten der Menschen und Thiere, Grundsätzen für das geschäftl. Leben ꝛc. 11. Aufl. 8. (IV, 130 S.) Leipzig 873, O. A. Schulz. [Bern, Heuberger's Verlag.] — 75

Knauer, Mor., 100jähriger Haus-Kalender von 1801 bis 1900, enth. Beschreibung der Sonne und der Planeten, die muthmaßl. Witterung, die Eintheilung des Jahres, Lufterscheinungen, Bauernregeln ꝛc. Neue, durchaus verb. und verm. Aufl. 8. (158 S.) Reutlingen 874, Fleischhauer und Spohn. — 40

Knauer's, Mart., hundertjähriger Hauskalender für das 19. und 20. Jahrhundert. Nebst einer kurzen Beschreibung der Planeten, Witterungsregeln, einem monatl. landwirthschaftl. Kalender, Heilmitteln gegen die meisten Krankheiten der Menschen und Thiere, Grundsätzen für das geschäftl. Leben ꝛc. 12. Aufl. 8. (VIII, 134 S.) Bern 883, Heuberger's Verlag. —

Knauer, M., immerwährender curieuser Haus-Kalender, darinnen zu finden wie ein fleissiger Haus-Vatter sein Haus-Wesen anrichten möge . . . . . Gedruckt in diesem Jahr.
(ca. 1790). M. Holzschn.
o. O.

— 100jähr. Hauskalender, curieuser, nach den 7 Planeten gestellt. 8. Prenzl., Ragoczy. 3 K

—— neu bearbeiteter 100jähriger Hauskalender vom J. 1851—1950. Hrsg. von W. Schönfeld. 8. (174 S. mit eingedr. Holzschn.) Wien 857, Wenedikt. *

— neu bearbeiteter hundertjähriger Hauskalender vom Jahre 1851 bis 1950 ꝛc. Hrsgg. von W. Schönfeld. 2., verm. Aufl. Wien 868. Wenedikt. 16. (204 S.) 12 ngr.

— ökonomisch-praktischer 100jähriger Hauskalender von 1803 bis 1915. Zum Gebrauch für Jedermann, besonders für das Landvolk eingerichtet. Nebst einem bewährten und sehr deutlichen Menschen- u. Vieharzney-Büchlein. Mit 25 Holzschn. (im Text.) Neu verb. u. verm. Aufl. Grätz (856.) Mühlfeith. 8. (159 S. u. 2 Tab. in 4.) n. 10 ngr.

-- verbesserter hundertjähriger Haus-Kalender von 1850 bis 1950, wonach ein aufmerksamer Hausvater die Jahre beobachten, sein Hauswesen mit Nutzen einrichten u. den eintretenden Gefahren zuvorkommen kann. Nebst Anweisung, was von Monat zu Monat durch das ganze Jahr in der Haushaltung zu thun sei, einem Fischerei-Kalender, u. Dr. Hufeland's Haus-Apotheke für Menschen. Einbeck 855. Ehlers. 8. (88 S. m. Holzschn. im Text.) 5 ngr.

Knauer, Mart., verbesserter hundertjähriger Haus-Kalender von 1850—1950, wonach ein aufmerksamer Hausvater die Jahre beobachten kann ꝛc. Nebst Anweisung, was von Monat zu Monat durch das ganze Jahr in der Haushaltung zu thun sei, ein Fischerei Kalender u. Dr. Hufeland's Haus-Apotheke für Menschen. Einbeck 866. Ehler's Verlag. 8. (88 S. mit eingedr. Holzsch.) 7 ngr.

Knauer, Mart., verbesserter hundertjähriger Haus-Kalender von 1850 bis 1950, wonach ein aufmerksamer Hausvater die Jahre beobachten, sein Hauswesen mit Nutzen einrichten und den eintretenden Gefahren zuvorkommen kann. Nebst einem Fischerei-Kalender und Dr. Hufeland's Haus-Apotheke für Menschen. gr. 16. (88 S. mit eingedr. Holzschn.) Einbeck 869, Ehlers. — 70

[uncertain] Calendarium Oeconomicum Practicum Perpetuum oder Vollständiger Haus-Calender welcher auf das Jahrhundert von 1801 bis 1900 nach der verbesserten Rechnung eingerichtet ist. Darinnen jeder Hausvater alles Wesentliche finden wird, was zur Anordnung seines Hauswesens durch rechte Zeit-Bestimmung ihm dienlich seyn kann. Ehedessen verfaßt durch D. Moriz Knauer, Abt zum Kloster Langheim, neuerlich aber an sehr vielen Stellen berichtiget und verbessert. (Mit gnädigster Genehmigung.) Reutlingen, bey Jacob Noa Enßlin.
o. J., 112 S., 17,0 × 10,0, zahlreiche Holzschnitte im Text.
StB Ulm BB 921. •

Knauer, M.: „Großer, 100jähriger Kalender für das 19te Jahrhundert; nebst einem monatlichen Landwirthschaftskalender und einem medizinischen Noth- und Hülfsbüchlein", 3 Abteilungen, 3. verm. und verb. Auflage Grätz 1825 (Ferstl)

— großer 100jähriger Kalender für das 19e Jahrhundert 1800 bis 1900, mit leichtfaßl. Erklärungen. Mit 2 Zugaben: Monatlicher Landwirthschafts-Kalender. — Medizinisches Noth- u. Hülfsbüchlein. In 3 Abtheil. 3e, zum Gebrauch f. das Landvolk neu eingerichtete, verbeß. Aufl. 8. Grätz 826. Ferstl.

— 100jähr. Kalender für d. jetzige Jahrhundert bis 1899. N. A. 8. Münch. 831. (Jaquet). 2 K Weiß P. 4 K

Knauer, Mor., 100jähr. Calender f. d. jetz. Jahrh. bis 1899. 3. u. 4., verb. Aufl. (à $7\frac{1}{2}$ B.) 8. München 831, 35, [Jaquet.] à Thlr.

— 100jähr. Kalender für d. jetzige Jahrhundert bis 1899. 6. verb. Aufl. 8. München 841, Jaquet. 1/6 ß

— hundertjähriger Kalender von 1800 bis 1899. Derselbe enthält: die Beschreibg. der Weltkörper u. Weltsysteme, d. Sonne u. der Planeten; ferner eine Sammlg. merkwürdiger Bauernregeln, Angabe der muthmaßl. Witterung ꝛc. 7. verb. Aufl. 12. (132 S.) Augsburg 848, Jaquet. $4\frac{1}{2}$ ngr.

— kleiner 100jähr. Kalender von 1800—1900. 3e Aufl., mit Holzschn. 8. Grätz 825. Ferstl. 6 K

—— vollständiger 100jähriger Kalender von 1860 bis 1960, enth. Beschreibung der Sonne und der Planeten, die muthmaßl. Witterung, die besten Wetter- und Bauernregeln, eine Anleitung zu den monatl. Verrichtungen in Haus und Feld ꝛc. 2. Aufl. 1871, und 3. Aufl. gr. 16. (64 S.) Reutlingen 874, Enßlin und Laiblin. — 20

Knauer, Moritz, vollständigster u. allgem. hundertjähr. Kalender f. d. 19. Jahrh. 5 Thle. 4. Aufl., ganz neu umgearb., viel verm. u. verb. durch Carl Friedr. Thomann. 8. ($37\frac{1}{4}$ B., 1 Kpfrt. u. 67 Holzschn.) Grätz 837, Ferstl'sche Bh. Zusamm. nur
Thl. 1. Allgem. 100jähr. Kalender, dann Witterungs- u. Zeit-Weiser, v. 1800—1900. (7 B. u. 7 Holzschn.) 8 Gr.
„ 2. Die weltliche Kalenderkunde u. d. geistl., kathol. Kirchenjahr. ($8\frac{1}{4}$ B.) 8 Gr.
„ 3. Populärste (volksthümlichste) Erd- u. Himmelskunde. ($5\frac{1}{2}$ B., 10 Sternbilder, Holzschn. u. 1 Kpfrt.) 6 Gr.
„ 4. Monatlicher Haus-, Land-, u. Vieh-Wirthschafts-Kalender. ($9\frac{1}{2}$ B.) 8 Gr.
„ 5. Allgem. Gesundheits-Lehre f. Menschen, wie auch f. Haus- u. Nutzthiere. (7 B.) 6 Gr.

Der Gesang ein Begleiter durchs Leben. Ein Cyklus von 12 Gesängen mit verbindender Deklamation gedichtet von E[nwen] Jonathas Pr[o]ktor. Für gemischten Chor komp. von O. Knauer. Bunzlau Op. 11. Textbuch. Bunzlau Neudecker [Leipzig Fritzsche] 1894. 15 S. 8° [94. 8211

* Diss. de Argumento contra Propagationem Luminis successiuam ab Eclipsibus Lunae et Solis petito. Praes. M. J. *Oswald Knauero.* Resp. J. Christ. *Schillingio.* Lips. 4 Bogen.

Knauer, Oswald und Streibel, Franz: Geschichte der Schützen-Gesellschaft zu Neustadt in Oberschlesien. Aus Anlaß des 325jährigen Bestehens der Schützengesellschaft. 16.—18. 7. 1893. Neustadt, Poppe, 1893, 56 S.

Über puerperale Psychosen. F. pract. Ärzte v. Dr. Oswald Knauer, Oberarzt . in Görlitz. M. e. Vorw. v. Prof. Dr. A[ug.] Martin in Berlin. *Berlin: S. Karger 1897* (2 Bl., 54 S.) 1 Bd 8. [97. 3109

Die Vision im Lichte der Kulturgeschichte und der Dämon des Sokrates. Eine kulturgeschichtl.-psychiatr. Studie von Dr. [Oswald] Knauer, Nervenarzt. *Leipzig: W. Friedrich [1899]* (VI, 222 S.) 8° [ℌ.] [99. 8830

Knauer, Otto

Knauer, O. Zur altfranzösischen Lautlehre. Leipzig, Nicolai-G., 1876. 46 S. 4. (Studie über einzelne Punkte aus der Lautlehre des Richars li Biaus, ed. Förster.) Progr.

Knauer, Paul: Aus d. chirurg. Klinik d. Tierärztl. Hochsch. zu Berlin ⟨Vorstand Eberlein⟩. Beitrag zur Statik und Mechanik des Hufbeins. Mit 2 Taf. und 1 Textfig. Berlin 1909: Schumacher. 28 S. 8° ¶(Aus: Archiv. f. wissensch. u. prakt. Tierheilkunde. Bd 35.)
Gießen, Veterinär-Med. Diss. v. 23. Juli 1909, Ref. Martin
[Geb. 25 Okt. 74 Königsberg i. P.; Wohnort: Tilsit; Staatsangeh.: Preußen; Vorbildung: Realgymn. Königsberg i. P. Reife M. 94, Studium: Berlin Militärveterinär-Akad. 8 S.; Rig. 30. Okt. 08.] [U 09. 1155

Knauer, Rob., lyrisch-dramatische Dichtungen, s. a. Dichtungen.

Knauer, Rob., lyrisch dramatische Dichtungen. Sammlung neuer Operntexte zur Auswahl für Componisten herausg. Als Mscr. gedr. Gotha 857. Thienemann. 12. (VII, 301 S.) n. 1 ℛ 6 ℊ.

Knauer, Robert, aus Mattierzoll ⟨Braunschw.⟩: Über die Einwirkung von freiem Hydroxylamin auf ungesättigte Säuren. *Greifswald 1903: F. W. Kunike.* (51 S.) 8°
Greifswald, Phil. Diss. v. 27 Mai 1903

— **Robert** (Ichtershausen / Gotha), De pancreatitide ejusque sequelis. Diss. med. Jena (Schlotter) 14. III. 1828. 24 S. (5.50) 18560
Gew.: Hieronymus Luther.

Knauer, Rob., das Verbot des Selbstdispensirens der homöopathischen Aerzte, als nothwendiges allgem. Staatsbedürfniß; mit besonderer Beziehung auf das Herzogth. Sachsen Gotha. Ein Wort zu seiner Zeit, geschrieben für Gesundheitspolizei-Beamte, Aerzte u. Laien. 8. Arnstadt 833. (Mirus.) 3/8 ℛ

Knauer, Rudolf, a. Berlin: Der Voluntarismus. Ein Beitrag zu seiner Geschichte und Kritik mit besonderer Berücksichtigung des 19. Jahrhunderts. Berlin 1907. (103 S.) 8° [ℌ.]
Gießen, Phil. Fak., Ref. Groos, Diss. v. 16. März 1907
[Geb. 27 Okt. 70 Berlin; Wohnort: Berlin; Staatsangeh.: Preußen; Vorbildung: Sophien-Realgymn. Berlin Reife M. 04; Studium: Berlin 7 S.; Rig. 4. Jan. 07.]

Knauer, Titus [aus Schwoitsch bei Gröbers, Prov. Sachsen]: Untersuchungen über den Marktpreis des Heues und dessen Verwendbarkeit zu landwirtschaftlichen Veranschlagungen. Jena, Frommannsche Buchdr. (Hermann Pohle), 1889; 1 Bl. + 52 S. u. 2 Taf. 8°
Jena, Phil. Fak., Inaug.-Diss. v. 1889

Knauer, Thomas, s. Knaur

Knauer, Vinc., Geschichte der Philosophie mit besond. Berücksicht. der Neuzeit. gr. 8. (X, 387 S.) Wien 876, Braumüller. *

Knauer, Vinc., Geschichte der Philosophie m. besond. Berücksicht. der Neuzeit. 2., verb. Aufl. gr. 8. (X, 388 S.) Wien 882. Braumüller. n. 6. —

Knauer, Vinc., Grundlinien zur aristotelisch-thomistischen Psychologie. gr. 8. (VIII, 283 S.) Wien 885. Konogen. n. 6. —

Knauer, Vinc., Robert Hamerling gegen den Pessimismus Schopenhauer's u. Hartmann's. Vortrag, geh. in der philosoph. Gesellschaft der k. k. Wiener Universität am 12. Decbr. 1891. gr. 8. (22 S.) Wien 892. W. Braumüller. n. — 70

— die Hauptprobleme der Philosophie in ihrer Entwicklung u. theilweisen Lösung von Thales bis Robert Hamerling. Vorlesungen, geh. an der k. k. Wiener Universität. Lex.-8. (XVIII, 408 S.) Ebd. 892. n. 8. —

Knauer, Vinz., die Könige Shakespeare's. Ein Beitrag zur Rechtsphilosophie. gr. 8. (16 S.) Wien 863, Gorischek's Universitäts-Buchh. *

Knauer, Dr. Vincenz, die Lieder des Anakreon in sinngetreuer Nachbildung. 8. (XI, 126 S.) Wien, Konegen fl. 1.—.
1887

—— William Shakespeare, der Philosoph der sittlichen Weltordnung. gr. 8. (X, 371 S.) Innsbruck 879, Wagner'sche Universitäts-Buchh. *

Knauer, Vinc., Karl Vogt und sein Auditorium. Drei Vorträge gehalten in Wien. 1. und 2. Aufl. gr. 8. (64 S.) Wien 870, Mayer und Comp. — 60

Knauer, Wilhelm [aus Hannover]: Ueber die Einwirkung von Phosphortrichlorid und Phosphoroxychlorid auf zweiwerthige Phenole ... Rostock, C. Boldt'sche Hof-Buchdr., 1894; 38 S., 1 Bl. 8.
Rostock, Phil. Fak., Inaug.-Diss. v [25. Juli] 1894

Knauer, Wilhelm: 'Die Freiheitskämpfe der Germanen unter Vespasian' im lateinischen Unterrichte der Prima. Gleiwitz (1910) Neumann. S. 1—18. 4°
Gleiwitz, k. G., P. 1910 (268) [S 10. 225

Geschichte des klassisch philologischen Vereins zu Halle a. S. von 18.7 1902. Dargest. von Wilhelm Knauer, Schriftwart d. Ver. *Halle 1902: H. John.* (21 S.) 8° [02. 6713

Knauer, Wilhelmus, Erfordiensis: De Luciano Menippeo. *Halis Sax. 1904: Wischan & Burkhardt.* (66 S.) 8°
Halle, Phil. Diss. v. 1904

Knauer, Wilh., Verfahren zur Reinigung der Abfuhrwässer aus Zuckerfabriken, Brennereien, Brauereien, Stärkefabriken u. anderen gewerblichen Anstalten. gr. 8. (12 S. m. 1 Steintaf.) Halle 880. (Berlin, Stuhr.) n.n. — 60

Knauer-Groebers, Ferd., contra Delbrück oder Finanzzöllner gegen Freihändler u. Schutzzöllner in Beziehung auf den Getreidezoll. gr. 8. (16 S.) Berlin 879. Bohne. n. — 50

— die Reichs-Unfall-Versicherung. Eine kritische Beleuchtung des Bochumer Entwurfes. gr. 8. (32 S.) Berlin 881. Puttkammer & Mühlbrecht. n. — 50

Knauert, A., v. Ihm u. durch Ihn u. zu Ihm! Evangelische Predigten. gr. 8. (III, 275 S.) Berlin 884. Neuenhahn. n. 3. —; geb. 4. 50

Knauert, A., schaffet, daß ihr selig werdet! 9 Predigten über die Seligpreisungen des Herrn. 1. und 2. Aufl. gr. 8. (XI, 132 S.) Berlin 886, Buchh. der Berliner Stadtmission. geb.

Knauf, Alfred, aus Breslau: Aus d. Kgl. Botan. Garten d. Universität Breslau. Die geographische Verbreitung der Gattung Cluytia. *Breslau 1903: H. Fleischmann.* (54 S.) 8°
Breslau, Phil. Diss. v. 14. Febr. 1903

Knauf, Ernst [pract. Arzt aus Burgsinn]: Ueber Fracturen des aeusseren Gehoerganges .... Leipzig, Druck v. Hesse & Becker, 1886; 22 S. 8°
Würzburg, Med. Fak., Inaug.-Diss. v. 1886.

Knauf, Ernst, über Fracturen des äusseren Gehörganges. gr. 8. (22 S.) Leipzig 887, Fock. *

Knauf, Georg, appr. Arzt a. Heidelberg: Ueber einen Fall von Bauch-Blasen-Genitalspalte. ⟨Mit Abbildungen.⟩ München 1904: C. Wolf. (36 S.) 8°
München, Med. Fak., Ref. v. Bollinger, Diss. v. 22. Juli 1905
[Geb. 28. Juli 77 Heidelberg, Wohnort: Heidelberg; Staatsangeh.: Baden; Vorbildung: Gymn. Heidelberg Reife Juli 96; Studium: München 5, Heidelberg 2, München 3 S.; Coll. 22. Juli 05; Approb. 16. Juli 03.]

Knauf, H. C., das Prinzip der Naturgemäßheit im Unterricht. a) Seine histor. Entwickelg. b) Seine Gestaltg. in der neueren Pädagogik. c) Seine Stellung im Taubstummen-Unterricht. gr. 8. (49 S.) Berlin 888. Staude. n. 1. —

Knauf, Max, die operative Behandlung der Ankylosen des Kniegelenkes. Inaugural-Dissertation. gr. 8. (26 S.) Jena 884, (Pohle.) **

Knauf, N., der Fabeldichter Wilhelm Hey u. seine Bedeutung f. die Schule, s. a. Lehrer-Prüfungs- u. Informations-Arbeiten. 20. Heft.

1. Der Fabeldichter Wilhelm Hey und seine Bedeutung fur die Schule. Von N. **Knauf**, Rektor in Kassel. 2. Wie erzieht man die Schüler durch d. Unterricht zur Selbsttätigkeit? Von Fr[iedrich] Tappe, Lehrer. 3. verb. Aufl. Minden A. Hufeland 1905. (51 S.) 8° [F.]
— **Lehrer-Prüfungs-** u. Informations-**Arbeiten.** H. 20. [c4. 1908

Der Fabeldichter Wilhelm Hey und seine Bedeutung für die Schule. Von N[ik.] **Knauf**, Rektor Wie erzieht man die Schüler durch den Unterricht zur Selbsttätigkeit? Von Fr[iedrich] Tappe, Rektor. 4. verb. Aufl. Minden · Hufeland 1910. 55 S. 8°
(Lehrer-Prüfungs- u. Informations-Arbeiten H 20.) [11. 3917

Knauff, C. Heinrich [aus Steina bei Ziegenhain, Lehrer an d. Realschule zu Schönberg im Fürst. Ratzeburg]: Polbahnen, deren Roulette ein Kreis ist. .. Marburg, *Druck v. B. G. Teubner in Leipzig,* 1889; 1 Bl. + 34 S. + 1 Bl. 8°
Marburg, Phil. Fak., Inaug.-Diss. v. (4. März) 1890

Knauff, Carl Gottfried, s. Knauff, Karl Gottfried

Knauff, F., das neue academische Krankenhaus in Heidelberg. Im Auftrage der academ. Krankenhaus-Kommission beschrieben. Mit einem Atlas von 28 (lithogr.) Taf. und 1 Photogr. (in qu. Fol.). gr. 4. (XIII, 66 S.) München 879, Bassermann'sche Verlagsh. **

Knauff, [Franz] [Ansprache bei der Gedächtnisfeier für den verstorbenen Lehrer der Vorschulklasse Friedrich Lünze.] S. 25 bis 27. 4. Progr. Sophien-Gymn. *Berlin* 1906 (73 statt 65)

Knauff, Franz: Die Physik des Heron von Alexandria. Mit 10 Fig. *Berlin: R. Gaertner 1900.* (23 S.) 4°
Berlin, Sophien-G, OP 1900 (64)

Knauff, Frz., die Physik des Heron v. Alexandria. Progr. 4. (23 S. m. 10 Fig.) Berlin [R. Gaertner.] Weidmann. n. 1. —

Knauff, Fritz, appr. Arzt a. Gonnheim ⟨Pfalz⟩: Zwei Fälle von Aneurysma der Bauchaorta. München 1905: C. Wolf & Sohn. (29 S.) 8°
München, Med. Fak., Ref. v. Bollinger, Diss. v. 31. März 1905
[Geb. 1. März 80 Gonnheim, Rheinpfalz Wohnort Gönnheim; Staatsangeh Bayern Vorbildung Gymn Speyer a. Rh Reife M. 99; Studium. Erlangen 1, Marburg 2, Erlangen 4 S.; Coll. 23. Febr 05; Approb. 21 Aug. 04]

Knauff, Gfr., d. hl. Martyrer Tiberius u. s. durch Wunder berühmtes Haupt zu Obermarchthal. Anh. m. Gebeten z. hl. Tiberius. 8. (II, 68 S. m. Bildn.) Riedlingen 896. (Ulrich.) n. — 80

Knauff, Gust, s.: Stories and sketches.

Knauff, Gust (geb Dusseldorf 13 9 1860) Studien uber Sir David Lyndsay I Berlin (1885) (91 S.) 8° * Fortsetzung bis 1899 nicht erschienen
Berlin, Phil Diss. v 7 März 1885

Knauff, H., das neue, decimale Maß- u. Gewichtssystem nebst Tab. zur Verwandlung aller hessischen Maße in die neuen u. umgekehrt u. e. kurzen Belehrung über Decimalbrüche. Hersfeld 869. Maier in Comm. 8 (32 S.) n. 4 ngr.

Knauff, H. [Dr.]: Polbahnen, deren Roulette ein Kreis ist. Leipzig, Druck v. B. G. Teubner, 1890; 1 Bl., 34 S. 8°
Schönberg, grossh. R, OP 1890 (650)

[F.] Praktisches Handbuch für den Sprachunterricht in der Taubstummenschule. '(1.—4. Schuljahr.)' Von H C **Knauf**, Lehrer an d. Kgl. Taubstummen-Anst. *Berlin: E. Sucker 1895.* (1 Bl., IV S., 1 Bl., 143 S.) 1 Bd 8. [96. 2433]

Knauff, Jh. Gph., Behandl. d. Bienen, ihren Naturtrieben gemäß, durch vieljähr. Erfahrung bewährt erfunden u. dargestellt. 8. Muhlh. (Duisb.) (807.) Bädeker. 14 gr. 2e Aufl. 8. Jena 819. Schmid. 1 Thlr 6 gr.

— d. Herbst-, Winter- u. Frühlings-Abende, oder Erinnerungen u. Belehrungen, wie man seine Bienen vom Herbste bis ins Frühjahr sicher u. gewiß überwintert etc. Mit 2 Kpft. 8. Jena 820. Schmid. 1 Thlr 9 gr.

— Tagebuch meiner Bienenreise im J. 1820 in Ober u. Unterhessen etc., oder Proben, wie Bienen gebraucht werden können u. müssen etc. 8. Jena 821. Schmid. 8 gr.

Knauff, Karl Gottfried

Knauff, Carl Gottfried (Dresd.), Rusticos neque servos Romanos neque Germanicos esse, quoque pertineant eorum operae monstrans. Diss. jur. Präs. Gottlieb Sturm. Wittbg. (Schlomach) 26. III. 1732. 32 S. (6.50) 18561

Knauff, M., u. Th. **Weyl,** Asyle, niedere Herbergen, Volksküchen u. s. w., s.: Handbuch d. Hygiene.

Knauff, Marie, e. gemüthlicher Abend, s.: Album f. Liebhaber-Bühnen.

Knauff, M., Onkel Don Juan, s. Bloch's, E., Dilettanten-Bühne.

— v. den Brettern, die die Welt bedeuten. Lustige Geschichten aus dem Theaterleben. 8. (187 S.) Berlin 893. H. Steinitz' Verl. n. 1. 50

Knauff, Marie. Durchs Loch im Vorhange. Lustige Culissen-Geheimnisse, ausgeplaudert. gr. 8. (216 S.) Berl. 890, Kübling u. Güttner. * 2 50

— die Nachkur, s.: Album f. Liebhaberbühnen.

Knauff, M. (II.), Redaktionsgeheimnisse, s. Universal-Bibliothek Nr. 2285.

– Die vergessenen Schuhe, s. Kühling's, Album für Liebhaber-Bühnen.

– in der Sprechstunde od. die Scatbrüder, s.a. Album f. Liebhaber-Bühnen.

[F.] In der Sprechstunde oder Die Scatbrüder. Lustsp. in 1 Aufz. v. Marie Knauff. Berlin: Kühling u. Güttner [1892]. (22 S.) 1 Bd 8. = Album f. Liebhaber-Bühnen No 287

– Wer zuletzt lacht, s. Kühling's, Album für Liebhaber-Bühnen.

Knauff, Max

Knauff, M., Ableitung des Regenwassers aus Städten mit Hinblick auf die Berliner Kanalisation. Skizze. [Aus: „Gesundheits-Ingenieur".] gr. 8. (58 S.) Berlin, Polytechn. Buchh. n. 1. —

Knauff, M: Beiträge zur Beurtheilung des gegenwärtigen Standes der Kanalisations- und Rieselungsfrage. Berlin 1884

Knauff, Max, u. Ed. Schmitt, Entwässerung u. Reinigung der Gebäude, Ableitung d. Haus-, Dach- u. Hofwassers; Aborte u. Pissoirs; Entfernung der Fäcalstoffe aus den Gebäuden, s.: Handbuch der Architektur.

Knauff, M. (I.), Entwurf zur Kanalisation der Residenzstadt Potsdam nach dem Shone-System, nebst Vorschlägen zur Reinigung der Spüljauche. Aufgestellt im Auftrage des Magistrats der Stadt Potsdam. gr. 8. (III, 90 S. mit 6 Bl. Zeichnungen.) Berlin 885, Polytechn. Buchhandlung. *

— die Mängel der Schwemmkanalisation gegenüber dem Shone-System mit Hinblick auf die Kanalisation der Stadt Berlin. Eingabe an den Magistrat zu Berlin. gr. 8. (IV, 59 S. mit 1 autogr. Bl. Zeichnungen.) Berlin 884, Polytechn. Buchhandlung. *

— der Torf als Filtrationsmittel für Kanaljauchen. Vortrag, gehalten am 5. Febr. 1884 im Lokal-Verein für Gesundheits-Technik zu Berlin. 8. (24 S.) Ebendas. 884. *

Knauff, Maximilian, Kreistierarzt: ⟨Aus d. Zoolog. Institut d. Universität Breslau.⟩ Ueber die Anatomie der Beckenregion beim Braunfisch ⟨Phocaena communis Less.⟩. Jena: G. Fischer 1905. (64 S.) 8° ¶(Ersch. vollst. in: Jen. Zeitschr. f. Medizin u. Naturwissenschaft.)
Breslau, Phil. Fak., Ref. Kükenthal, Diss. v. 27. Mai 1905
[Geb. 5. Juli 04 Minden i./Westf.; Heimatsort: Trebnitz i./Schles.; Staatsangeh.: Preußen; Vorbildung: Gymn. Minden Reife O. 84; Studium: Berlin 8, Breslau 2 S.; Rig. 6. März 05.]

Knauff, Ph., u. F. Formazin, Führer durch die Ostseebäder Dievenow u. das Solbad Cammin in Pom. Mit 3 Karten u. 1 Stadtplane. Bearb. u. gezeichnet v. G. Ziekerow. 12. (18 S.) Cammin 894. F. Formazin. n. — 50

Knaur, Ant., die Freigebung des Tabakbaues auch eine Lebensfrage für Staat u. Volk. Beantwortet vom nationalökonomischen Standpunkte. Wien, Wallishausser'sche Buchhdlg. gr. 8. (16 S.) n. 6 ngr.

Knaur, Fritz, Johannisbad im Riesengebirge, Böhmen. (Braumüller's Bade-Bibliothek.) 8. (IV, 60 u. LXIV S. m. 14 Zincograv.) Wien 897. W. Braumüller. In Leinw. kart. n. 1. 40

Johannisbad im Riesengebirge, Böhmen. Von Dr. Fritz Knaur, Curarzt. Mit 14 Zinkogr. Wien: Selbstverl. 1897. 59, LXIII, S. 8°

Knaur, Moritz, s. Knauer

Knaur, Otto, Familien-Stammbuch, nebst den vom 1. I. 1900 an nach dem neuen bürgerl. Gesetzbuche f. das Deutsche Reich gelt. Bestimmgn. üb. die Beurkundg. des Personenstandes u. die Eheschließg. Unter fachmänn. Mitwirkg. hrsg. gr. 8. (24 S.) Leipzig 899. Th. Knaur. Geb. 1. 50

Paul Knaur, Tuchhaus. Leipzig, Frankfurt a. M., Hamburg, Berlin, Kopenhagen. — (Leipzig o. J. [um 1910]: Schwarzenberg.) 34 S. 4° 38 A.

Knaur, Thomas

Knauer, Thom., selectus instrumentorum chirurgicorum in usum discentium et practicor. tabulis exaratus. Cum usus declaratione edidit. Cum indice etc. et cum XXV tabulis aere incisis. Latein. u. deutsch. Fol. Wien 796—98. Camesina (Herder in Frburg). 2 ₰ 12 gr

Thomas Knaur

Selectus instrumentorum chirurgicorum in usum discentium et practicorum tabulis exaratus. Cum usus declaratione ed. Thomas Knaur. Cum ind. tabularum et instrumentorum trilingui Lat., Germ., Gall. Viennae: Albertus 1796. 43, XVI S., XXIV Taf. 4°
[Text lat. u. deutsch.]

(Knaur, Thomas: Selectus instrumentorum chirurgicorum, in usum discentium et practicorum tabulis exaratus.) Bildband, gbd., 25 Taf. (Taf. XX und XXV fehlen!)

(Wien: Schalbacher 1798)

JB 3.685

Knaus, (Hrsg.), s. Zeitschrift für die gesammte Staatswissenschaft.

Knaus, Alb., üb. nervöse Affektionen im sekundären Stadium der Syphilis. Diss. gr. 8. (28 S.) Bern 894. (H. Körber.) n.n. — 50

KNAUS, Anton (Bleibach): De rheumatismo.- Monachii: Wolf 1826. 11,6 S.,1 Bl. 18.8.1826 - Pe 424; P 59
Diss. Ingolst.-Landsh.-Mchn.

Knaus, C., über Schafwaide-Ablösungen, s. Karbe, A.

Knaus, Carl ..., s. Knaus, Karl ...

v. Knaus, Fr., († im Aug. 1789.) selbstschreibende Wundermaschine, auch mehr andere Kunst- u. Meisterstücke, als so viele nunmehr aufgelöste Probleme, unter d. 3 Regierungen Franz I., Joseph II. u. Marie Theresien &c. Wien 780. Verfass.

– Dass., s.a. Knauss, Friedrich von

KNAVS, Franciscus: Aut progressus catholicus — aut catholicismus progressivus? — (1903) 93 S. 8° (Handschr.) Diss. 565
Diss. Wien, Univ.

Knaus, Friedrich. Verzeichnis von Ölgemälden, Aquarellen u. Lithographien des heimischen Künstlers August Prinzhofer St Veit a. d. Glan, Schlick, (1906). 7 S.

Knaus, J. M., Die Beweise für die Unsterblichkeit im platonischen Phädon. Bern 1870. Progr.

Knaus, J. M., Die Notwendigkeit des vollständigen Gymnasialstudiums. St. Gallen 1859. Progr.

Knaus, Joh. Christoph

— Auslegung d. Epistel Jacobi. 8. Tübingen 756. v. Cotta. 12 K

Knaus, Jh. Cph., natürl. Lehnrecht. 8. Stuttg. 756. (Löflund u. S.) 14 K

Knaus, (Johs.), Kern u. Stern des evangel. Lehramts. Synodalpredigt üb. Act. XVIII, 9. 10. 11. zu Herisau gehalt., Donnerstags, den 4. Weinmonat 1849. gr. 8. (18 S.) St. Gallen 849, Huber & Co. 3 ngl

Knaus, [Johannes]. Predigt uber Johannes, Cap. 14, 18,.. [den] 4. September 1840 zu Speicher gehalten bei der Beerdigung weiland Rathsherrn J (Georg Leonhard) Schläpfer 8. St. Gallen 1840.

— die theolog. Prüfungs-Angelegenheit des Kantons Appenzell A. Rh. Ein Votum vorgetragen in der appenzell. Synode den 6. Jänner 1847. Mit Beilagen. 8. (40 S.) Ebd. 847 6¼ ngl

Knaus, K.

Knauss, K., d. Stellung d. Schule z. „Volksernährung". Schulküchen. Vortrag, geh. bei d. Konferenz d. evang. Volksschullehrer in Stuttgart am 20. XII. 1897. 8. (47 S.) Stuttgart 898. F. Enke. n. 1. —

— üb. Volksernährung. Bericht. Hrsg. v. d. Verein f. d. Wohl d. arbeit. Klassen in Stuttgart. gr. 8. (20 S.) Stuttgart 897. K. Wittwer. n. — 40

Knaus, Karl

KNAUS, Carl: Über die Mittel, um die Waldstreu für die Landwirthschaft möglichst entbehrlich zu machen. Für die Verhältnisse der Odenwälder Abtheilung des Großherzogl. Badischen Bezirksvereins Buchen bearbeitet. Amorbach 1839 28 S

Knaus, Carl Chrst., der Flurzwang in seinen Folgen u. Wirkungen u. die Mittel zu dessen Beseitigung. gr. 8. (3⅛ B. u. 7 Karten.) Stuttgart 843, Cotta'sche Buchh.

— s. Gespräch zwischen e. Ortsgeistlichen u. e. Bauer über die Wiesendüngung.

Knaus, Ludwig

Knaus, L., s. Aus Studien-Mappen deutscher Künstler.

—10 Studien-Blätter in Lichtdruck. Aus Studien-Mappen deutscher Meister. Herausgegeben von Julius Lohmeyer. Breslau 1888. Fol.

Knaus, Ludw., Photogravüren u. Zeichnungen nach Originalen d. Meisters. Begleitender Text v. Ludw. Pietsch. gr. Fol. (IV, 16 S. illustr. Text m. 15 Photograv.) München 892. F. Hanfstaengl, Kunstverl. Geb. in Halbldr. n. 75. —

[f.] Knaus, Math. ⟨geb. am 1 Sept. 1850 in Krinkelt Kr. Malmedy⟩: Die sogenannten Verträge zu Gunsten Dritter nach römischem Rechte ... Köln, Buchdr. d. Rhein. Eisenb.-Ges. 1875. 3 Bl., 31 S., 1 Bl. 8. ¶ Erschien zugleich selbständig bei Puttkammer & Mühlbrecht in Berlin.

Bonn, Jur. Fak., Diss. v. 20 Nov. 1875

Knaus, Math., die sogenannten Verträge zu Gunsten Dritter nach römischem Rechte. gr. 8. (31 S.) Berlin 875, Puttkammer und Mühlbrecht. *

Knaus, Rud., österreichisch-ungarische Länder-Skizzen oder eine Vorschule der Geographie des österreichisch-ungar. Kaiserstaates. Zum Schulgebrauche gezeichnet und verfasst. gr. 8. (39 S. mit 14 lithogr. Taf.) Prag 877, Urbánek. *

— Knaus, Wilh. Dr., geograf. statistische Uebersichtstabelle des Kaiserthums Oesterreich. 1860. 42 kr

Knäusel, Henriette, Gebete am Morgen u. Abend f. junge Christen. Nebst e. Vorw. v. Gerhard. gr. 12. (5⅓ B.) Breslau 833, (W. G. Korn.)

KNAUSS Friedrich von. - selbstschreibende Wundermaschinen, auch mehr andere Kunst- und Meisterstucke, als so viele nunmehr aufgeloste Problemen gedruckt mit Schulzisch-Gastheimischen Schriften, Wien 1780 1 vol 8 Bl. + 170 S. + 11 Kupfer

– Dass., s.a. Knaus, Fr. von

Knauss, Jo. Christoph

— Ausleg. d. Briefs Jacobi. 8. Tübing. Cotta. 756.

Knauss, I. C., Geographia general. globi terraquei. 8. Tüb. Heerbrand. 732.

— natürl. Lehnrecht. 8. Stuttg. Erhard. 756.

Knauss, K., s. Knaus

Knauss, Karl [aus Stuttgart] Ueber Xanthoma multiplex Wurzburg, Druck v J B. Fleischmann (1888). 30 S. 8°

Wurzburg, Med. Fak., Inaug. Diss. v 1888

Knauß, Ludw. Thdr., Diktirübungen für die deutsche Rechtschreibung, welche in den württembergischen Schulanstalten amtlich festgestellt ist. Stuttgart 864. Koch. gr. 8. (122 S.) 15 ngr.

— Lesebuch geordnet nach dem Anschauungs-Unterricht für die unteren Classen der Volksschulen. Mit vielen Zeichnungen (Holzschn.). Reutlingen 860. Enßlin & Laiblin. gr. 8. (152 S.) n. 10 ngr.

Knauß, Ludw. Thdr., Lehr- und Lesebuch für landwirthschaftliche Fortbildungsschulen. 1. Cursus: Vorbereitender Unterricht für die Landwirthschaft mit den Sonntagsschülern. 1. Aufl. 1859. * 20 Ngr. und 2. Aufl. gr. 8. (VIII und 148 S. mit vielen eingedr. Holzschn.) Stuttgart (861)62, Hallberger's Verlagsh.

Knauß, Ludw. Thdr., das erste Schuljahr ohne Lese- u. Schreibunterricht oder Darstellung eines Anschauungs-Unterrichtes, der den gesammten Schulunterricht begründet. Für Lehrer u. Schulfreunde. Mit vielen eingeflochtenen Erzählungen, Gesängen u. Zeichnungen. gr. 8. (368 S. m. eingedr. Holzschn.) Reutlingen 848, Enßlin & Laiblin. — 2. verb. Aufl. gr. 8. (373 S. m. eingedr. Holzschn.) Ebd. 852. 26 ngl

— das erste Schuljahr ohne Lese- u. Schreibunterricht, oder Darstellung eines Anschauungs-Unterrichts, der den gesammten Schulunterricht begründet. Zum Gebrauch in Volks- u. Kleinkinderschulen. Mit vielen eingeflochtenen Erzählungen, Liedern u. mehreren hundert Holzschn. 3., verb. Aufl. Stuttgart 861. Liesching & Co. gr. 8. (367 S.) 26 ngr.

Knauß, Ludw. Thdr., das 1. Schuljahr ohne Lese- u. Schreibunterricht oder Darstellung eines Anschauungs-Unterrichts, der den gesammten Schulunterricht begründet. Zum Gebrauch in Volks- u. Kleinkinderschulen. Mit vielen eingeflochtenen Erzählungen, Liedern u. mehreren 100 Holzschn. 4., verb. Aufl. gr. 8. (XXI, 361 S.) Stuttgart 878. Liesching & Co. n. 4. —; geb. n.n. 4. 40

Knauß, Otto, a. Atzenhain: Vergleichung des vokalischen Lautstandes in den Mundarten von Atzenhain und Grünberg. Darmstadt 1906: C. F. Winter. (88 S.) 8°

Gießen, Phil. Fak., Ref. Behaghel, Diss. v. 5. April 1906

[Geb. 23. Dez. 76 Atzenhain; Wohnort: Gießen; Staatsangeh.: Hessen; Vorbildung: Gymn. Gießen Reife O. 96. Studium: Gießen 8 S.; Rig. 1. März 05.]

Knaut, Arth. v., Innervation des Magens seitens des Rückenmarks in Hinsicht auf den Brechakt. Inaugural-Dissertation. gr. 8. (61 S.) Dorpat 886, (Karow.) *

Knaut, Bernhard [aus Dresden]. Ueber die durch Speiseröhrenkrebs bedingten Perforationen der benachbarten Blutbahnen nebst e. Beobachtg v. primärer Oesophagusdilatation u. v. Leukoplakia oesophagi .. Berlin, C. Vogts Buchdr., *1896*. 34 S., 1 Bl. 8.
Berlin, Med. Fak. Inaug.-Di[illegible] v. 2[illegible]. Mai 1896

Knaut, C. F. E., De Luciano libelli qui inscribitur Lucius sive Asinus auctore. Diss. 1868. 58 S 1.40

Knaut, Carl, s. K n a u t , Karl

Knaut, C., Übungsstücke im Anschl. an d. beiden ersten Bücher v. Tacitus' Annalen, s.: Übungsstücke zum Übersetzen aus d. Deutschen ins Lateinische.

Knaut, H. C., prakt. Handbuch f. d. Sprachunterricht in d. Taubstummenschule. (1.—4. Schulj.) gr. 8. (IV, 143 S.) Berlin 895. E. Sicker. Geb. n. 1.25

Knaut, Herm., s.a. Balsam f. trauernde Herzen.

Balsam für trauernde Herzen. (Verf Hermann **Knaut.**) *Kassel E. Röttger (1900).* (95 S.) 8° [illegible] [illegible] 6952 4

— Louis Harms. Ein Lebensbild des Begründers der Hermannsburger Mission auf Grund seiner eignen Schriften u. zeitgenöss. Quellen. Mit e. statist. Anh.: Zum 50jähr. Jubiläum des Hermannsburger Missionswerkes. gr. 8. (VI, 90 S.) Göttingen 899. Vandenhoeck & Ruprecht. n. 1.20; geb. n.n. 1.65

Knaut, Karl

Knaut, Carl, chants pour les écoles, s.: Perthes' Schulausgaben engl. u. französ. Schriftsteller.

Knaut, Karl, Dir. Prof. Dr. Die Einweihung des neuen Schulhauses. *Magdeburg 1903: E. Baensch jun.* (S. 5—19.) 4°
Magdeburg, st. König Wilhelms-G, OP 1903 (281)

Knaut, Karl Die Eröffnung des König Wilhelms-Gymnasium (Umschlagtitel: am 3 Mai 1886) 4 (S. 3– 12).
Progr. König Wilhelms-G. *Magdeburg* 1887 (224)

Knaut, Hadrian als Regent und als Charakter. Pr. 1871 48 S. 4°

Knaut, Karl Die Handschriften und ältesten Drucke der Klosterbibliothek. S. 37—48. **Progr.** Päd. *Magdeburg* 1877

Knaut, Karl Der Lehrplan des altstädtischen Gymnasiums zu Magdeburg vom Jahre 1619. 4 (S. 13—28).
Progr. König Wilhelms-G *Magdeburg* 1887 (224).

Knaut, Carl *Friedrich* [aus Aschersleben] Über die Metrik Robert Greene's Halle a S., Druck v. M. Hoffmann, 1890; 63 S., 1 Bl 8°
Halle Phil Fak Inaug Diss v. 26. Febr 1891

Knaut, Karl Observationes criticae in Taciti qui fertur dialogum de oratoribus. 28 S. **Progr.** Päd. *Magdeburg* 1879.

Knaut, Carl, Schul-Choralbuch. qu. 4. (40 lithogr. S.) Wernigerode 852. (Halberstadt, Frantz.) *

Knaut's revidirtes Schul-Choralbuch. Enthaltend 90 Melodien zu Liedern des neuen Provinzial-Gesangbuchs mit untergelegtem Text und nach den verschiedenen Stufen methodisch geordnet. Hrsg. im Auftrage der Osterwiecker Lehrer-Conferenz-Gesellschaft. 8. (IV, 56 S.) Osterwieck 886, Zickfeldt. **

KNAUT, Tobias (ps.?), T e u t e l e y e n, M ö n c h e r e y e n u. M i s c e l l a n e n a u s W i e n. Zum Druck gegeben von —. Wien 1783. 8°. 88 S.
Karajan's Bibl. II. no. 4549. — Selten!

— — Dasselbe. 2 Stücke. Ebd. (Pressburg, Löwe) 1783. 8°.
Weller, fing. Dr. I. p. 124. — Sehr rar!

§ **TEUFELEIEN,** M ö n c h e r e y e n und M i s c e l l a n e e n a u s W i e n. Zum Druck gegeben von Tob. K n a u t. 2 Sammlgn. O. O. 1783—84. 8°. Rar! Sammlg. 1: 88 S.
Weller, fing. Dr. I. p. 124.

Knaute, Thdr., Lehrbuch der Erdkunde für die Oberklassen der österreichischen Volks- und Bürgerschulen. Nach dem vorgeschriebenen Lehrplane vom 18. Mai 1874 in 3 Thln. bearb. gr. 8. Wien, Klinkhardt. à Thl. * 64 Pf. *
Inhalt:
Thl. 1. Zunächst für die sechste Klasse achtklassiger Volks- und Bürgerschulen und die erste Klasse dreiklassiger Bürgerschulen. (VI, 90 S.) 873.
" 2. Zunächst für die siebente Klasse achtklassiger Volks- und Bürgerschulen und die zweite Klasse dreiklassiger Bürgerschulen. (VII, 96 S.) 879.
" 3. Zunächst für die achte Klasse achtklassiger Volks- und Bürgerschulen und die dritte Klasse dreiklassiger Bürgerschulen. (IV, 88 S.) 879.

Knaute, Thdr., Realien-Handbuch für Schüler, s. Porm, A.

Knauth, A: Catalog über Flügel-Pumpen. Breslau (1894?)

Knauth, C: Annales typographici Lusatiae Superioris, oder Geschichte der Ober-Lausitzischen Buchdruckereyen. Lauban (1740)

K n a u t h, C., method. plantar. genuina. 8. Halae, Kümmel. 716.

Knauth, Ch., Die Ehre des Koberschen Geschlechts. Leipzig u. Bautzen 177?. 4.

— Ehrenreich Gedächtniss des alten und hochansehnlichen Geschlechts derer Gehler. Görlitz 1775. 4.

Knauth, Ch., Von dem alten Gerlachischen Geschlechte. Leipzig 1737. fol.

Knauth, C., Kurze Geschlechtshistorie der Mairiche. Leipzig u. Görlitz 1750. 4. Auch in Oberlaus. Archiv. Arb. II. 244 f.

Knauth, Christian Friedrich (Meissen), De injuria conditionali. Diss. jur. Präs. Casp. Heinr. Horn. Wittbg. (Goderitsch) März 1694. 18 Bl. (6.80) 18562
Gew.: Marcus Dornbluth (Dresden). — Widm. v.: Präs., Georg Peter Steltzer (Culmbach; dtsch.).

— — Dasselbe. Germanice: Von Injurien / welche unter gewissen Bedingungen ausgestoßen werden. Jena (Jo. Bernh. Heller) 1722. 38. S. ohne Widm. (6.50) 18563

Knauth, Constantin Theophil Hermann, s. K n a u t h , Konstantin Theophil Hermann

Knauth, E. Die Moritzburg zu Halle a./S., histor.-topogr. beschrieben. (53) 8. Halle a./S. 1853.

Knauth, Franz

Knauth, Frz., s. Alldeutschland.

Knauth, Frz., Auswahl deutscher Gedichte. Für den Schulgebrauch. Kleine Ausg. von des Verf.: „Drei Bücher deutscher Dichtungen.“ 2. Aufl. Halle 862. Hendel. gr 8. (XII, 182 S.) 7½ ngr.

Knauth, Frz., Auswahl deutscher Gedichte. Für den Schulgebrauch zusammengestellt. Mit einem litterargeschichtl. Ueberblicke, den Biographien der Dichter und einem Abrisse der Poetik. 3. verm. und verb. Aufl. gr. 8. (XII, 244 S.) Halle 870, Hendel. cart. * — 80

Knauth, Frz., Auswahl deutscher Gedichte. Für d. Schulgebrauch zusammengestellt. Mit e. literargeschichtl. Ueberblicke, den Biographien d. Dichter u. e. Abrisse d. Poetik. 4. verm. u. verb. Aufl. gr. 8. (VIII, 286 S.) Halle 876. Hendel. n. — 80

Knauth, Frz., Auswahl deutscher Gedichte. Für den Schulgebrauch zusammengestellt. Mit einem literargeschichtl. Ueberblicke, den Biographieen der Dichter u. einem Abrisse der Poetik. 5., verm. u. verb. Aufl. gr. 8. (VIII, 320 S.) Halle 879. Hendel. cart. n. — 80; geb. n.n. 1.50

Knauth, F., Auswahl deutscher Gedichte. Für d. Schulgebrauch zusammengestellt u. hrsg. Mit e. litterargeschichtl. Überblicke, den Biographien der Dichter u. e. Abrisse der Poetik. 9. u. 10., verb. Aufl. gr. 8. (VIII, 350 S.) Halle 887. 889. Hendel. cart. n. — 80; in Prämienbd. n. 1. 50

Knauth, Frz. Auswahl deutscher Gedichte. Für den Schulgebrauch zusammengestellt u. hrsg. Mit e. litterargeschichtl. Überblicke, den Biographien der Dichter u. e. Abrisse der Poetik. 11. verb. u. verm. Aufl. gr. 8. (VIII, 352 S.) Halle 892, Hendel.
In Schulbd. * — 80; in Prämienbd * 1 50

Knauth, Frz., Auswahl deutscher Gedichte. Für den Schulgebrauch zusammengestellt u. hrsg. Mit e. litterargeschichtl. Überblicke, den Biographien der Dichter u. e. Abrisse der Poetik. 11., verm. Aufl. gr. 8. (VIII, 352 S.) Halle 893. O. Hendel. Kart. n. — 80; geb. in Leinw. n. 1. 50

Knauth, Frz, Auswahl deutscher Gedichte. F. d. Schulgebrauch zusammengest. u. hrsg. M. e. litterargeschichtl. Ueberblicke, d. Biographien d. Dichter u. e. Abrisse der Poetik. 12., verb. u. verm. Aufl. gr. 8. (VIII, 352 S.) Halle 895. O. Hendel. Geb. in Halbleinw. n. — 80; in Leinw. n. 1. 50

Auswahl deutscher Gedichte. Für d. Schulgebr zsgest. u. hrsg. von Franz Knauth. Mit e. litterargeschichtl. Überblicke, den Biographien d. Dichter u. e Abrisse d. Poetik. 16. verb. u. verm. Aufl. *Halle a. S.: O. Hendel [1900].* (VIII, 352 S.) 8° [F.] [00. 10878 3

Knauth, Frz., Auswahl deutscher Gedichte. Für den Schulgebrauch zusammengestellt u. hrsg. Mit e. litterargeschichtl. Überblicke, den Biographien der Dichter u. e. Abrisse der Poetik. 17. verb. u. verm. Aufl. gr. 8. (VIII, 352 S.) Halle 901. O. Hendel. Kart. n. — 80; in Prämienbd. n. 1. 50

Auswahl deutscher Gedichte. Für d. Schulgebr. zsgest. u. hrsg. von Franz Knauth, vorm. Rektor in Muhlhausen. Mit e. literargesch. Überblicke, d. Biogr d. Dichter u. e. Abrisse d. Poetik. 19. Aufl. Einheitl. deutsche Rechtschreibung v. 1. Jan. 1903. *Halle a. d. S.: O. Hendel 1904.* (VIII, 352 S.) 8° [F.] [04. 14897

Knauth, Frz., Auswahl deutscher Gedichte. Für den Schulgebrauch zusammengestellt u. hrsg. Mit e. literargeschichtl. Ueberblicke, den Biographien d. Dichter u. e. Abrisse d. Poetik. 22. Aufl. Einheitliche deutsche Rechtschreibg. vom 1. I. 1903. (VIII, 352 S.) 8. Halle 906. O. Hendel. Kart. n. — 80

Auswahl deutscher Gedichte Für d. Schulgebr zsgest. u. hrsg. von Franz Knauth, vorm. Rektor Mit e. literargeschichtl. Überblicke, d. Biogr d. Dichter u. e. Abrisse d. Poetik. 23. Aufl. Einheitl. deutsche Rechtschreibung v. 1. Jan. 1903. Halle a. S.: O. Hendel 1907 (VIII, 352 S.) 8° [F.] [07. 7044

Knauth, Frz., Auswahl deutscher Gedichte. Für den Schulgebrauch zusammengestellt u. hrsg. Mit e. literargeschichtl. Überblicke, den Biographien der Dichter u. e. Abrisse der Poetik. 26. Aufl. Einheitliche deutsche Rechtschreibg. vom 1. I. 1903. (VIII, 352 S.) 8. Halle 908. O. Hendel. Kart. — 80

Knauth, Frz., drei Bücher deutscher Dichtungen, s. a. Bücher ꝛc.

—— drei Bücher deutscher Dichtungen. Von Albr. v. Haller bis auf die Gegenwart. Für den Gebrauch in Gymnasien, Seminarien, Real-, höheren Bürger- und Töchterschulen hrsg. 3. Aufl. gr. 8. (XVI und 499 S.) Halle 864, Hendel. cart.

Knauth, Frz., drei Bücher deutscher Dichtungen von Albrecht v. Haller bis auf die Gegenwart. Mit einem litterargeschichtl. Ueberblick, den Biographien der Dichter und einem Abrisse der Poetik. Für den Gebrauch in Gymnasien, Seminarien, Real-, höheren Bürger- und Töchterschulen, hrsg. von Gust. Bernhardt. 5. Aufl. mit Rücksicht auf Vermehrung und Verbesserung besorgt von Frz. Knauth. gr. 8. (XX, 632, 26 S.) Halle 871, Hendel. *

— sieben Bücher deutscher Dichtungen von den ältesten Zeiten bis auf die Gegenwart. 6. Aufl. der „Drei Bücher deutscher Dichtungen“, hrsg. v. Gust. Bernhardt. Für den Gebrauch in höheren Lehranstalten bearb. Mit einem litteraturgeschichtl. Überblicke, den Biographien der Dichter u. einem Abrisse der Poetik. gr. 8. (XX, 768 S.) Ebend. 881. cart. 2. 50; geb. n.n. 3. 50

— sieben Bücher deutscher Dichtungen von den ältesten Zeiten bis auf die Gegenwart. 6. Aufl. der „Drei Bücher deutscher Dichtungen“, hrsg. von Gust. Bernhardt. Für den Gebrauch in höheren Lehranstalten bearb. Mit einem litterargeschichtl. Überblicke, den Biographieen der Dichter und einem Abrisse der Poetik. gr. 8. (XX, 768 S.) Ebendas. 882. cart. geb. **

—— sieben Bücher deutscher Dichtungen von den ältesten Zeiten bis auf die Gegenwart. Für den Gebrauch in höheren Lehranstalten bearb. Mit einem litterargeschichtl. Überblicke, den Biographien der Dichter und einem Abrisse der Poetik. 4. (768 S.) Ebendas. 886. cart. *ℳ 2.50.; geb. *

— sieben Bücher deutscher Dichtungen von den ältesten Zeiten bis auf d. Gegenwart. 7. Aufl. der „Drei Bücher deutscher Dichtungen“, hrsg. v. Gust. Bernhardt. Für d. Gebrauch in höheren Lehranstalten bearb. Mit e. litterargeschichtl. Überblicke, Biographien der Dichter u. einem Abrisse d. Poetik. gr. 8. (XX, 784 S.) Ebd. 890. cart. 2. 50; geb. n.n. 3. 50

— sieben Bücher deutscher Dichtungen von den ältesten Zeiten bis auf die Gegenwart. 8. Aufl. der „Drei Bücher deutscher Dichtgn“, hrsg. v. Gust. Bernhardt. Für den Gebrauch in höheren Lehranstalten bearb. Mit e. litterargeschichtl. Überblicke, Biographien der Dichter u. e. Abrisse der Poetik. gr. 8. (XX, 784 S.) Ebd. 900. Kart. 2. 50; in Prämienbd. 3. 50

Knauth, Frz., Johannes Bugenhagen Pomeranus. Ein Lebensbild f. alt u. jung. Mit Bugenhagens (Holzschn.-) Bildnis. gr. 16. (79 S.) Berlin 886. Wohlgemuth. n. — 50; cart. n. — 60; Velinpap. cart. n n. — 70

— Mühlhäuser Choralfreund. Eine Sammlung von 120 in Mühlhausen u. Umgegend gebräuchl. Choralmelodien. In 3stimmiger Bearbeitung. gr. 8. (115 S.) Mühlhausen 878. Heinrichshofen. n. 1. 50

Knauth: Ueber einige in der hiesigen Marien-Bibliothek aufbewahrte Hallische Chroniken. 38 S. – Halle R., Progr 1867

— Drangsale u. Leiden der Stadt Halle u. des Saalkreises während des 7jährigen Krieges. Gleichzeitigen Aufzeichnungen nacherzählt u. als Festgabe zur Jahrhundertfeier des Hubertsburger Friedensschlusses dargeboten. Halle 863. Buchhdlg. des Waisenhauses. 8. (IV, 76 S.) n. 7½ ngr.

von Eckernförde bis Sonderburg. Musikalisch-deklamator. Feier des Dänenkrieges vom J. 1864. Alt u. Jung im lieben Vaterlande dargeboten. Brandenburg 865. Wiesike. 8. (31 S.) n. 4 ngr.

—— Erinnerung an Popperode. gr. 8. (32 S. mit 1 Holzschn.) Mühlhausen i. Th. 881, (Heinrichshofen'sche Buchh.) *

Knauth, Franz, Fibel für den ersten Unterricht im Schreiben und Lesen nach der Schreiblesemethode bearb. und hrsg. 8. (IV, 28 und 10 lithogr. S.) Halle 851, Buchhandlung des Waisenhauses.

- August Hermann Francke. Ein Lebensbild. Mühlhausen 865. (Berlin, J. A. Wohlgemuth.) gr. 8. (36 S.) n.n. 5 ngr.

— Gedichte zur Geschichte unseres deutschen u. preußischen Vaterlandes. Für den Gebrauch in Bürger- u. Volksschulen herausg. Halle 867. Schwabe. 8. (32 S.) n. 2 ngr.

— Geleitworte f. Confirmanden u. Confirmandinnen beim Austritt aus der Schule. Eine Sammlg. v. Entlassungsreden, geh. v. Schulinspectoren u. Schulrectoren. gr. 8. (IV, 86 S.) Ebend. 876. n. 1. 35

Geschichte der Freimaurerloge Hermann zur deutschen Treue im Or. Mühlhausen i. Th. zur Jubelfeier des 75 jähr. Bestehens von Franz **Knauth.** [Mühlhausen i. Th. 1893: Danner.] 58 S. 8°
Recens: FZ. 47 (1893) S. 359—360 (K. Pilz).
S. 39—58: Verzeichn. der Mitgl. von 1818—1893.

Knauth, F. Kurze Geschichte u. Beschreibung von Halle a./S. 8. Halle 1852. 3. Aufl. (87) 8. ib. 1861 0,90.

—— Glückwunsch-Büchlein für die liebe Jugend. Eine reichhalt. Auswahl kindlicher Geburtstags- und Neujahrswünsche für das Alter von 4—12 Jahren. gr. 12. (X und 90 S. mit 1 Stahlst.) Halle 851. [Braunschweig,] Schwetschke und Sohn.

Knauth, Frz., Glückwunsch-Büchlein für die liebe Jugend. Eine reichhaltige Auswahl kindlicher Geburtstags-, Neujahrs- und Weihnachts-Wünsche für das Alter von 4—12 Jahren. 2., sehr verm. Aufl. 8. (XII und 138 S. mit 1 in Stahl gest. Ttlbldc. und 1 Musikbeilage von 9 lithogr. S. in qu. 4.) Braunschweig 855, Schwetschke und Sohn.

—— Glückwunsch-Büchlein für die liebe Jugend. Eine reichhaltige Auswahl kindl. Geburtstags-, Neujahrs- und Weihnachts-Wünsche für das Alter von 4—14 Jahren. 3. Aufl. 1857. und 4., verm. Aufl. 8. (XII und 140 S. nebst 1 Titelbilde in Stahlst. und 6 Musikbeilagen in qu. 4.) Braunschweig 861, Schwetschke und Sohn.

—— Glückwunsch-Büchlein für die liebe Jugend. Eine reichhalt. Auswahl kindl. Geburtstags-, Neujahrs- und Weihnachtswünsche für das Alter von 4 bis 14 Jahren. 5. Aufl. (VIII, 144 S.) 1871, und 6. verm. Aufl. 8. (VIII, 117 S. mit 1 Titelbilde in Holzschn. und 6 Musikbeilagen in qu. 4.) Ebendas. 873. ℳ 1,20.; cart. * 1 50

— Glückwunsch-Büchlein f. die liebe Jugend. Eine reichhalt. Auswahl kindl. Geburtstags-, Neujahrs- u. Weihnachtswünsche, dem Alter von 4 bis 14 Jahren dargeboten. 7. verm. Aufl. Nebst 6 Musikbeilagen. Mit Titelbild. (Holzschntaf.) nach e. Orig.-Zeichng. von C. Offterdinger. 8. (VIII, 139 S.) Ebend. 876. 1. 20

—— Glückwunsch-Büchlein für die liebe Jugend. Eine reichhalt. Auswahl kindl. Geburtstags-, Neujahrs- und Weihnachtswünsche, dem Alter von 4 bis 14 Jahren dargeboten. 8. verm. Aufl. Nebst 6 Musikbeilagen. Mit Titelbild (Holzschntaf.) nach einer Orig.-Zeichnung von C. Offterdinger. 8. (VIII, 139 S.) Braunschweig 880, Bruhn's Verlag. *

— Glückwunsch-Büchlein für die liebe Jugend. Eine reichhalt. Auswahl kindl. Geburtstags-, Neujahrs- und Weihnachtswünsche, der Jugend von 5 bis 14 Jahren dargeboten. 9., verm. Aufl. Nebst 6 Musikbeilagen. Mit Titelbild nach e. Orig.-Zeichnung v. C. Offterdinger. 8. (VIII, 145 S.) Ebd. 888. n. 1. —; geb. n. 1. 40

— Glückwunsch-Büchlein f. d. liebe Jugend. E. reichhalt. Ausw. kindl. Geburtstags-, Neujahrs- u. Weihnachtswünsche, d. Jugend v. 5—14 Jahren dargeboten. 10., verm. Aufl. Nebst 6 Musikbeilagen. M. Titelbild nach e. Orig.-Zeichng. v. C. Offterdinger. gr. 8. (VIII, 145 S.) Braunschweig 897. E. Appelhans & Co. n. 1. —; geb. n. 1. 40

— kleine deutsche Grammatik f. Gymnasien. 8. (IV, 86 S.) Berlin 884. Weidmann. cart. n. — 50

—— Hausschatz evangelischer Gebetsandachten. Ein Weihgeschenk bei Confirmationen, Trauungen u. s. w. zur Beförderung häusl. Andacht hrsg. 8. (VIII und 97 S. mit 1 Holzschntaf.) Mühlhausen 865, Danner.

– Heimathskunde. Kurze Geschichte u. Beschreibung der Stadt Halle und Umgegend. Materialien für den vorbereitenden geographischen Unterricht. Zunächst für Halle's Schulen. 3. verm. Aufl. Mit 12 Holzschn. (im Text) u. 3 lith. Taf. (in 4.) Halle 861. Berner. gr. 8. (VIII, 87 S.) n. 9 ngr.

—— Heimathskunde. Kurze Geschichte und Beschreibung der Stadt Halle und Umgegend. Materialien für den vorbereit. geograph. Unterricht. Zunächst für Halle's Schulen. 4., verb. und verm. Aufl. gr. 8. (VIII und 92 S. mit 11 eingedr. Holzschn. und 3 Stnt. in 4.) Halle 868, Schroedel und Simon. cart. *

—— praktisches Hülfsbuch für den Gebrauch der achtzig Kirchenlieder der preuß. Regulative vom 1., 2. und 3. Octbr. 1854 enthaltend: Die Biographieen der Verff., übersichtliche Darstellungen des Inhaltes rc. der einzelnen Lieder und Verse, nebst erbaulichen Zügen aus der Geschichte derselben rc. Für Lehrer an Stadt- und Landschulen rc. bearb. Mit einem Vorworte von F. A. Cunz, einem Melodieen-Register und einer Musikbeilage. 8. (VIII und 184 S.) Halle 855, [Schrödel und Simon.] *

– praktisches Hülfsbuch für den Gebrauch der 80 Kirchenlieder der preußischen Regulative vom 1., 2. u. 3. Octbr 1854 enth.: Die Biographieen der Verfasser, übersichtliche Darstellungen des Inhalts, Gedankenganges u. Bibelgrundes der einzelnen Lieder u. Strophen rc. Für Lehrer an Stadt- u. Landschulen, Seminaristen u. Präparanden bearb. 2., verm. u. verb. Aufl. Halle 863. Schroedel & Simon. 8. (VIII, 206 S.) n. 15 ngr.

—— praktisches Hülfsbuch für den Gebrauch der 80 Kirchenlieder der preußischen Regulative vom 1., 2. und 3. Octbr. 1854 enth.: die Biographien der Verfasser, übersichtl. Darstellungen des Inhaltes, Gedankenganges und Bibelgrundes der einzelnen Lieder und Strophen rc. Für Lehrer an Stadt- und Landschulen, Seminaristen und Präparanden. 3. durch einen Anhang verm. Aufl. gr. 8. (VIII, 218 S.) Halle 872, Schroedel und Simon. * 1 80

—— Hülfsbuch für den Religionsunterricht in evangelischen Schulen. 4. sorgfältig durchges. und reich verm. Aufl. 8. (IV, 114 S.) Mühlhausen i. Th. 884, Lange. geb. *

—— evangelische Kinderlehre. Für den Gebrauch in Stadt- und Landschulen. 1. Abthl. 3. verm. Aufl. 8. (107 S.) Mühlhausen 874, Danner. * — 40

— evangelische Kinderlehre. Für den Gebrauch in Stadt- u. Landschulen zusammengestellt. 2. Abth. [I. Biblische Geschichten d. A. u. N. Testaments m. Katechismusstücken, Bibelsprüchen u. Liederversen. II. Abriß der bibl. Geographie.] 2., durchgeseh. Aufl. 8. (94 S.) Mühlhausen i/Th. 879. Danner. n. — 40

—— 80 evangelische Kirchenlieder aus neuer und neuester Zeit. Für den Gebrauch in Stadt- und Landschulen ausgewählt. Nebst einer Musikbeilage. 8. (43 S.) Braunschweig 873, Bruhn. * — 25

— die vierzig Kirchenlieder der „Erläuternden Bestimmungen" vom 2. Jan. 1855. Ein Liederschatz für Schule, Kirche u. Haus. Nach den gebräuchlichen Lesarten u. unter steter sorgfältiger Berücksichtigung des Urtextes zusammengestellt. Mit e. Vorw. von H. Dryander, und einem Anh.: Geistliche Lieder zur Geburtstagsfeier Sr. Maj. des Königs enthaltend. 1—6. Aufl. Halle 855—58. Schrödel u. Simon. 8. (2 Bl., 34 S.) n. 1 ngr.

-- 40 Kirchenlieder der „Erläuternden Bestimmungen" vom 22. Jan. 1865. Ein Liederschatz für Kirche, Schule u. Haus. Unter steter sorgfält. Berücksichtigung des Urtextes zusammengestellt. 10. Aufl. Halle 866. Schroedel & Simon. 8. (32 S.) n. 1 ngr.

—— die 40 Kirchenlieder der „erläuternden Bestimmungen" vom 2. Jan. 1855. Ein Liederschatz für Schule, Kirche und Haus. Unter steter sorgfältiger Berücksicht. des Urtextes zusammengestellt. Mit einem Vorwort von H. Dryander und einem Anhang: Geistliche Lieder zur Geburtstagsfeier Sr. Maj. des Königs, Dr. M. Luther's Morgen-, Tisch- und Abendsegen enth. 11.—15. Aufl. 8. (32 S.) Halle 867—78, Schrödel und Simon. *

—— der deutsche Krieg gegen Frankreich im J. 1870. Dem deutschen Volke erzählt. Mit Karten, Schlachtplänen und vielen Illustr. (in Holzschn. und Lithogr.). 2 Thle. gr. 8. Langensalza 871, Beyer und Söhne. [1. Thl. (S. 1—126.) *ℳ 1.; 2. Thl. (VIII, S. 129—359.) *ℳ 1,80.] * 2 80

— das Herzogthum Lauenburg nach den zuverlässigsten Quellen geographisch, statistisch, topographisch u. historisch für den Schul- u. Privatgebrauch dargestellt. Langensalza 866. Schulbuchh. von Greßler. 8. (VIII, 40 S. mit 1 lith. u. color. Spezialkarte des Herzogthums Lauenburg in 4.) 6 ngr.

Luise Henriette von Oranien, Kurfürstin von Brandenburg. Ein Lebensbild zunächst für Alt u. Jung im lieben Preußenlande. Halle 867. Schwabe. gr. 16. (59 S. mit dem Portr. der Kurfürstin in Holzschn.) n. 10 ngr.

—— Martin Luther. Musikalisch-deklamator. Festgabe zur vierten Säkular-Feier seines Geburtstages am 10. Novbr. 1883. Der evangel. Jugend dargeboten. 1. und 2. sorgfältig durchges. Aufl. 8. (44 S.) Mühlhausen i. Th. 883, Heinrichshofen'sche Buchh.

— Philipp Melanchthon. Ein Lebensbild für Alt u. Jung. Zur Erinnerung an die 3. Säcularfeier von Melanchthon's Todestage am 19. April 1860. Langensalza 860. Greßler. 8. (IV, 60 S. u. lith. Portr.) 6 ngr.

Philipp Melanchthon. Ein Lebensbild für Alt u. Jung. 2., verm. Aufl. Berlin 865. Wohlgemuth. 16. (143 S. mit 1 Holzschntaf.) 5 ngr.; cart. 6 ngr.

—— Georg Neumark nach Leben und Dichten. Zur Feier der 200. Wiederkehr des Todestages des Dichters am 8. Juli 1881 dem deutschen Volke und dessen reiferer Jugend dargeboten. gr. 8. (IV, 75 S. mit Portr. in Holzschn.) Langensalza 881, Beyer und Söhne. *

— Präparationen zur Behandlung evangelischer Kirchenlieder aus neuerer u. neuester Zeit. Für Lehrer an Stadt- u. Landschulen, Seminaristen u. Präparanden bearb. gr. 8. (224 S.) Braunschweig 876. H. Bruhn. n. 2. 40

—— St. Moritzburg zu Halle a. d. Saale. Historisch-topographisch dargestellt. 8. (VI und 63 S. mit 1 lithogr. Abbild. und 1 lithogr. Situationsplane der Burg in qu. 8. und 4.) Halle 853, Berner. **

Knauth, Frz., der St. Petersberg bei Halle a. S. Historisch-topograph. Skizze in 3. verm. Aufl. hrsg. gr. 16. (43 S. mit 1 Titelbilde, Holzschntaf.) Halle 873, Hendel. *

Knauth, Frz., Schul-Feier des Friedens-Dank-Festes nach Beendigung des glorreichen preußisch-deutschen Krieges im Jahre 1866. Der Jugend im lieben Preußenlande dargeboten. Berlin 866. Wohlgemuth. 4. (16 S.) n. 2 ngr.

— 10 (lith.) Tafeln für den ersten Unterricht im Schreiben u. Schreib-Lesen bearb. (Aus des Verf. Fibel besonders abgedr. Halle 851, Buchhandlung des Waisenhauses. $^1/_{24}$ ℔

—— der Tag des Volkes. Musikalisch-deklamator. Festgabe zur Halbjahrhundertfeier der Völkerschlacht bei Leipzig vom 16.—19. Octbr. 1813. Alt und Jung im lieben Vaterlande dargeboten. 8. (32 S.) Leipzig 863, Merseburger.

—— Unser täglich Brod gieb uns heute! Hülfsbuch für die christl. Andacht vor und nach der Mahlzeit. Mit Beiträgen von L. Arndt, F. A. Cunz, H. A. Daniel ꝛc. A. u. d. T.: Tischgebete über die Evangelien und Episteln des Kirchenjahrs. Nebst einer reichhaltigen Auswahl älterer und neuerer Tischgebete allgemeinen Inhalts in gebundener und ungebundener Rede. Zur häusl. Erbauung für christl. Familienkreise, Erziehungs- und andere Institute. Mit einem Vorwort von C. B. Moll. 8. (XVI und 239 S.) Langensalza 858, [Schulbuchhandlung von Greßler.]

—— Unterredungen über die alttestamentlichen messianischen Verheißungen, Weissagungen und Vorbilder. Für Lehrer an Stadt- und Landschulen bearb. gr. 8. (VII und 55 S.) Erfurt 862, Körner's Verlag. *

—— kurzer bibelkundlicher Unterricht. Für Oberklassen der Bürger- u. Volksschulen bearb. Nebst e. Anh. u. 2 farb. Karten. 8. (21 S.) Mühlhausen i. Th. 891, Danner * — 25

—— von Ems bis Paris. Musikalisch-declamator. Gedenkfeier des heil. Krieges Deutschlands wider Frankreich in den J. 1870 und 1871. Der deutschen Schuljugend dargeboten. gr. 8. (12 S.) Braunschweig 874, H. Bruhn. * — 20

— von Ems bis Paris. Materialien zur musikalisch-deklamator. Gedenkfeier d. heil. Krieges Deutschlands wider Frankreich in den J. 1870 u. 1871. Der deutschen Schuljugend in neuer Aufl. dargeboten. gr. 8. (32 S.) Braunschweig 887. Bruhn's Verl. n. — 50

—— von Lowositz bis Hubertsburg. Festgabe zur Jahrhundertfeier des Friedensschlusses zu Hubertsburg vom 15. Febr. 1763. Alt und Jung im lieben Vaterlande dargeboten. 1.—4. Aufl. 8. (24 S.) Berlin 863, Schotte und Comp. *

—— der Wachtmeister und sein Pflegesohn. Eine Geschichte aus den Zeiten des siebenjährigen Krieges der Jugend und ihren Freunden erzählt. br. 8. (VI und 73 S. mit 1 lithogr. Abbild.) Halle 852, Schmidt. *

— der Wachtmeister u. sein Pflegesohn. Eine Geschichte aus den Zeiten des 7jähr. Krieges der Jugend u. ihren Freunden erzählt. Neue (Titel-)Ausg. Nordhausen (852) 866. Büchting. 8. (VI, 73 S. mit 1 lith. Abbildg.) 6 ngr.

—— Wegweiser durch Halle und seine Umgebungen. Für Fremde und Einheimische bearb. 12. (VI und 196 S. mit 1 Plan von Halle in Kpfrst. und 4., 1 lithogr. Karte der Umgegend in qu. gr. 4. und einem Anhang.) Halle 853, Pfeffer. *

—— das Werrathal von Kreuzburg bis Münden. 8. (32 S. mit 5 Photolithogr. nach Aufnahmen von Frz. Tellgmann und Osc. Tellgmann nebst 1 Orientirungskärtchen.) Mühlhausen i. Th. 886, (Heinrichshofen.) *

—— Wilhelm und Augusta. Musikalisch-declamator. Gedenkfeier des goldenen Hochzeitsfestes Ihrer Majestäten des Kaisers und der Kaiserin von Deutschland am 11. Juni 1870. Alt und Jung im Deutschen Reiche dargeboten. 8. (23 S.) [Kassel 879, Baemeister.] Dresden, Bleyl und Kaemmerer.

Knauth, Fridericus Carolus De elocutione Suetonii specimen.
Halle-Wittenberg, Phil. Diss. v 5. Juli 1835
Geb. [Halle a. d. S. 10. 6. 1809]
Ms. fehlt.

Knauth, Hans, die Aufforstung der Laubholz-Krüppelbestände im Spessart. gr. 8. (80 S.) München 889. (Würzburg, G. Hertz.) n. — 60

Knauth, Hans, Waldwegbau u. Terrainstudien im Keupergebiete m. bes. Berücksicht. d. Verhältnisse im Staatswalddistrikt „Bruderwald", kgl. Forstamts Bamberg-West. M. 9 lith. Taf. gr. 8. (56 S.) Frankfurt a/M. 895. J. D. Sauerländer. n. 3. —

KNAUTH, Hans: Waldwegbau und Terrainstudien im Keupergebiete mit besonderer Berücksichtigung der Verhältnisse im Staatswalddistrikt "Bruderwald", kgl. Forstamts Bamberg-West. - Frankfurt a. M. 1896. 56 S., 9 Taf.

Knauth, Heinrich [aus Bütthardt] Die Einleitung der künstlichen Frühgeburt durch die Tamponade des Cervix mit Jodoformgaze Würzburg, Paul Scheiner's Buchdr. 1889 31 S. 8°
Würzburg, Med. Fak., Inaug. Diss. v. 1889

Knauth, Hermann Epistula gratulatoria. 4 (2 Bl.)
In: Festschrift z. 200jähr Jubelfeier d. Univ Halle-Wittenb.
Progr. Lat. Hauptsch. *Halle a. S.* 1894
Nicht im Tauschverkehr

Knauth, H(ermann): Franckii laudes. *Halle a. S. 1898: Waisenhaus.* (1 Bl.) 4° ¶ [Gedicht.]
Halle, Latein. Haupt-S, Festschr 1898

Knauth, Hermannus Quaestiones Propertianae Halis Saxonum 1878 Karras. 33 S. 8°
Halle-Wittenberg, Phil. Diss. v [6. März] 1878
Geb. Halle a. d. S. 10. 9. 1851 V

Knauth, Herm., Schillers Scenen a. d. Phönizierinnen d. Euripides, z. Drama ausgestalt. 8. (VII, 62 S.) Halle 898. Buchh. d. Waisenhauses. n. 1. —

Knauth, Herm., schriftliche und mündliche Uebungen zur Erlernung der Orthographie. gr. 8. (VIII, 80 S.) Berlin 873, Springer's Verlag. *

Knauth, Herm., schriftliche u. mündliche Uebungen zur Erlernung der Orthographie u. Interpunction. 2., verm. Aufl. gr. 8. (VIII, 91 S.) Berlin 877. Springer. n. — 80

Knauth, Herm., schriftliche und mündliche Übungen zur Erlernung der Orthographie und Interpunktion. Umgearb. nach den Bestimmungen des königl. Ministeriums der geistl., Unterrichts- und Medicinal-Angelegenheiten. 3. Aufl. gr. 8. (VIII, 92 S.) Berlin 880, Springer. *

Knauth, Herm., latein. Übungsbuch, s. a. Busch, H.

Lateinisches Übungsbuch für Sekunda im Anschluß an d. Lektüre nebst stilist. Anh. u. Wörterverz. von Dr Hermann **Knauth**, Prof. Abt. 1 2. Berlin Weidmann 1902–03. 2 Bde 8° [F.]
1 Für Unter-Sekunda. 1902 2. Für Ober-Sekunda. 1903.
→ **Busch**, Hermann. Latein. Übungsbuch T 5. [07. 1735]

Knauth, Dr. Hermann, Uebungsstücke zum Uebersetzen in das Lateinische für Abiturienten. I. Theil. Deutscher Text. II. Theil. Lateinische Uebersetzung. Gr.-8. (VI, 29 S.) —.90
Prag: Tempsky 1895

Knauth, Herm., Übungsstücke z. Übersetzen in d. Lateinische f. Abiturienten. 2. Aufl. 1. Tl.: Deutscher Text. 2. Tl.: Latein. Übersetzg. gr. 8. (IV, 76 S.) Wien u. Prag 897. F. Tempsky. — Leipzig, G. Freytag. n. 1. 50

— **Übungsstücke zum Übersetzen in das Lateinische f. Abiturienten.** 1. Tl.: Deutscher Text. 2. Tl.: Lateinische Übersetzg. 4. Aufl. gr. 8. (IV, 76 S.) Leipzig 902. G. Freytag. Geb. in Leinw. n. 1.50

— **Uebungsstücke zum Uebersetzen in das Lateinische für Abiturienten.** 1. Tl.: Deutscher Text. — 2. Tl.: Lateinische Uebersetzg. 5. Aufl. (IV, 76 S.) 8. Wien 905. F. Tempsky. — Leipzig, G. Freytag. Geb. in Leinw. n. 1.50

— **Übungsstücke zum Übersetzen in das Lateinische f. Abiturienten.** 1. Tl.: Deutscher Text. — 2. Tl.: Lateinische Übersetzg. 6. Aufl., bearb. v. Adf. Lange. (82 S.) 8. Wien 908. F. Tempsky. — Leipzig, G. Freytag. Geb. 1. 50

Knauth, Hermann, Prof. Dr.. Was knüpft uns an Elsaß-Lothringen? Zwei Schulreden. *Halle a. S. 1902: Waisenhaus.* (16 S.) 4° [F.]
Halle, Latein. Haupt-S, OP 1902 (261)

Knauth, J., das Strassburger Münster u. die Cheopspyramide-Rätsel der Bauknnst. (48 S. m. Abbildgn.) 33×25,5 cm. Strassburg 908. C. A. Vomhoff. 8. —
Sonderabdruck aus. „Illustr. elsäss. Rundschau".

Knauth, I. C.

— exemplis illustr. analecta Stili a Conr. Sam. Schurzfleisch excerpta. 8. Dresd. Hilscher. 725.

Knauth, I. C., Pythagoreum carmen graeco-lat. 8. Strasb. Schmidt. 720.

— — id. 8. Dresd. Gerlach. 720.

— chiragogus grammaticus s. grammatica pract. 8. ibid. 722.

— — oder etymologische Handleitung zur latein. Sprache. Dresd. 722. 8. 12 gr.

— chiragogus grammaticus od. etymolog. Handleitung zur lat. Spr. 8. Ebend. 723.

Knauth, J. C., Augustae Beichlingiorum origines. Cum 2 tabulis geneal. Dresdae s. a. 4. 1700. 1702. 1710. 1717. 4.

— Johann Gottlieb (Dresden), De causa ob praestitum juramentum judiciale decisa probato perjurio redintegranda. Präs. D. Gottfried Ludwig Mencken. Lpz. (Langenheim) 12. IV. 1740. 32 Seiten. (6.—) 18566
Gew.: Christian Gottlieb v. Holtzendorf (Baerenstein, Ob.- u. Unt.-Lichtenau).

Knauth, Joh. Heinr.: Ausführliche, merkwürdige u. lehrreiche Lebens-Geschichte des am 15. April 1825 zwischen Meißen u. Schloß Scharfenberg durch das Schwerdt hingerichteten Raubmörders Joh Gottl. Lehmann von Weistropp. Nebst Beantwortung der Frage: „Ist es Recht, daß Geistliche d. Delinquent z. Schaffot begleiten?“ Dresden 1825.

Knauth, Johann Konrad

— Beschreib. d. Markgrafthums Meißen. 12. Dresd. Gerlach. 715.

Knauth, J. Conr., Chronik des Stiftklosters Altcn Zella, Roßwein, Siebenlehn u. Nossen. 8 Thle. m. K. 8. Ebend. 722.

— Saxonia vetus et magna. 4. ibid. 727.

Knauth, Joh. Conr. Von Ursprung und Ausbreitung des Nostizschen Geschlechtes. 4 s. l. & a

Knauth, Jos. Speckbacher 8. Langensalza 1868.

Knauth, Karl, „Schulandachten“. (2. Aufl.) (VIII, 146 S.) kl. 8. Osterwieck (908). A. W. Zickfeldt.
Geb. in Leinw. 1.25

Knauth, Konstantin Theophil Hermann

— **Const. Theoph. Herm.** (Königsberg/Ostpr.), De cordis functionibus et morbis nonnulla. Diss. med. Bln. (Nietack) 6. XI. 1837. 48 S. mit Biogr. (M.: R. Schwartz.) (6.—) 18564
Oppon.: R. Wisselinck, G. Mueller, H. Diestel. —Gew.: Elias Knauth (Vater).—Krankengesch. v.: Gustav Fischer (Königsberg), J. Gillwald (Kreutzburg / Ostpr.), Johann Samland (Trutenau/Ostpr.).

Knauth, P., die methodische Behandlung der ähnlich lautenden aber sinnverschiedenen Wörter der deutschen Sprache für die Mittelklasse der deutschen Volksschulen. Für die Hand des Lehrers bearbeitet. gr. 8. (206 S.) Würzburg 879. Staudinger. n. 1.50

Knauth, P., geographische Beschreibung od. Heimathkunde d. königl. Bez.-Amts Lohr, im Kreise Unterfranken. 8. (48 S.) Würzburg 876. Staudinger. n.n. — 35

Knauth, P., lose Blätter und Blüten. Erzählungen, Gedichte, Fabeln, Schilderungen, Lehrbeschreibungen u. drgl. aus dem Leben der Tiere, im Interesse des Tierschutz-Vereins zur Weckung und Belebung tierfreundl. Gesinnungen in den Herzen der Jugend gesammelt. 8. (VIII, 192 S.) Würzburg 883, Staudinger'sche Buchh. cart. *

— Heimathkunde der Stadt u. des k. bayer. Bezirks-Amts Aschaffenburg, im Kreise Unterfranken. Zum besond. Gebrauch in den Volksschulen. gr. 8. (43 S.) Aschaffenburg 876. Wailandt. n. — 40

Knauth, P. Ph., Alzenau. Geschichte und geograph. Beschreibung nebst dem Wissenswürdigsten aus der vaterländ. und allgem. Geschichte. Ein Handbuch für die Jugend. 12. (29 S.) Aschaffenburg 849, Pergay.

Knauth, P. Ph., Handbuch für Gemeindeschreiber, Bürgermeister, Gemeinde- u. Stifts-Verwaltungen nach Maßgabe der neuen Social-Gesetze u. Vollzugs-Vorschriften. Nach e. Registratur-Plane geordnet nebst e. Anleitung zur Fertigung der Voranschläge, der Gemeinde- u. Stiftungs-Rechnungen rc. Würzburg 870. Stahel. gr. 8. (IV, 368 S.) n. 1 ℛ︀ 12 ngr.

—— Leitfaden zum Unterricht in den gemeinnützigen Gegenständen für Lehrer und Schüler. Nach dem neuen Schulregulativ und Lehrplan vom 7. Novbr. 1870 zusammengetragen. 1. und 2. Heft. 8. (172; IV, 220 S.) Würzburg 874, Etlinger.

Knauth, Paul. Die Beziehungen d. Hauses Wettin zur Berghauptstadt Freiberg, s. Heydenreich, Ed.

Knauth, Paul, die Faustsage in ihrer Entstehung, Verwickelung u. Entwickelung. Rede, geh. zur Nachfeier des Geburtstages Sr. Maj. des Königs am 29. Apr. 1881. gr. 8. (15 S.) Freiberg 881. Engelhardt. n. — 50

—— **Goethe-Buch.** Goethe'sche Lebens- und Weisheitssprüche zur Einführung in des Dichters Denk- und Sinnesweise nach den Tagen des Jahres zusammengestellt und mit Commentar, Gedenkbuch, sowie Personen- und Sachregister versehen. 2. Ausg. 16. (184 S.) Leipzig 880, Friedrich. *

—— kleine deutsche Grammatik für Gymnasien. 8. (IV, 86 S.) Berlin 884, Weidmann'sche Buchh. cart. *

Knauth, Paul *Heinrich* [Oberl. am Gymn. Albertinum zu Freiberg i. S.]: Von Goethes Sprache und Stil im Alter ... [= Progr. d. Gymn. zu Freiberg 1894.] Leipzig, in Komm. bei G. Fock, 1894; 1 Bl., 46 S., 1 Bl. 4.
Leipzig, Phil. Fak., Inaug.-Diss. v. [3. März] 1894

Knauth, Paul *Heinrich* [Dr.]: Von Goethes Sprache und Stil im Alter. (= S. 1 37 d. Inaug.-Diss. v. Leipzig 1894.) Freiberg, Gerlach'sche Buchdr., 1894; 1 Bl., 37 S. 4.
Freiberg, G. Albertinum, P. 1894 (550)

Goethes Sprache und Stil im Alter. Von Dr. Paul **Knauth**, Oberl zu Freiberg i. S. (Erweit. Lpz. Diss. v. 1894.) *Leipzig: E. Avenarius 1898.* (IX S., 1 Bl., 156 S.) 1 Bd 8. [97 5810

Knauth, Paul, staatlich-volkswirtschaftliche Vorschule. 1. Tl.: Das Recht und der Staat. Mit der Verfassung des Deutschen Reichs, dem Wahlgesetze zum Deutschen Reichstage, sowie mehreren Thronreden, Botschaften und Erlassen der Kaiser Wilhelm I., Friedrich III., Wilhelm II. 8. (80 S.) Freiberg 888, Craz und Gerlach. *

Knauth, Rudolf, Referendar in Rudolstadt: **Die Bedeutung des Eigenbesitzes nach dem Bürgerlichen Gesetzbuche.** Weimar 1906: **Hofbuchdruckerei.** (V, 45 S.) 8°
Jena, Jur. Fak., Ref. Danz, Diss. v. 29. Okt. 1906
[Geb. 6. Nov. 79 Esperstedt a. Kyffhäuser; Wohnort: Esperstedt; Staatsangeh.: Schwarzburg-Rudolstadt; Vorbildung: Latein. Hauptsch. d. Franckeschen Stiftungen Halle Reife O. 99; Studium: Halle 4, Jena 2 S.; Rig. 27. Sept. 06.]

Knauth, Theod., vornehmste Esculpationsschrift. 4. Leipz. 718.

Knauthe, C., Ehren- und Gedächtniss-Mahl des angesehenen Geschlechts der Ranischen in Görlitz. Görlitz 1769. 4.

Knauthe, C., Von dem Ursprunge derer Herren von Nostitz und deren ersten Stammhause in Ober-Lausitz. Görlitz 1764. 4.

Knauthe, Fritz, Rechenbuch f. Kaufmannsklassen, s.: Rechenbuch f. Fach-, Fortbildungs- u. gewerbliche Schulen.

Knauthe, Karl, Betrachtungen üb. die derzeit üblichen Methoden der Bewertg. v. Nahrungs- u. Futtermitteln, deren Vor-, beziehungsweise Nachteile, sowie Vorschläge f. e. gerechtere, naturgemässe Einschätzg. der Substrate. (68 S.) 8. Wien (908). (Huber & Lahme Nachf.) 1. —

Knauthe, Karl, neuere Erfahrungen in der Fischfütterung. Vortrag, geh. im „Kursus f. prakt. Landwirte" u. im „Brandenburg. Fischerei-Verein". gr. 8. (22 S. m. graph. Darstellgn.) Neudamm 900. J. Neumann. n. 1. —
Sonderabdruck aus: „Fischerei-Zeitung".

— die Karpfenzucht. Anleitung zum prakt. Betriebe unter Berücksicht. der neuesten wissenschaftl. Erfahrgn. Unter Mitwirkg. v. C. Apstein, Berthelmann, Fr. Borcherding u. a. zusammengestellt u. hrsg. gr. 8. (VII, 389 S. m. 53 Abb.) Ebd. 901. n. 7. —; geb. in Leinw. n. 8. —

— Das Süsswasser. Chemische, biolog. u. bakteriolog. Untersuchungsmethoden unter besond. Berücksicht. der Biologie u. der fischereiwirtschaftl. Praxis. (VII, 663 S. m. 194 Abbild.) 8. Neudamm 907. J. Neumann. 18.—; geb. in Leinw. 20. —

Knauthe, Thdr., Arzneitaschenbuch zur österreichischen Pharmakopoe. 16. (VII, 159 S.) Wien 877. Braumüller. n. 2. —

— Handbuch der pneumatischen Therapie. Für praktische Aerzte und Studirende der Medicin. Mit einem Anhang: Das Pneumatometer, der Stethograph, der Anapnograph, das Thorakometer etc. gr. 8. (X, 306 S. mit 35 eingedr. Holzschn.-Abbild.) Leipzig 876, O. Wigand. *

Knauthe, die Weintraube in historischer, chemischer, physiologischer, therapeutischer Beziehung und in ihrer Anwendung zu Traubenkuren nebst Beschreibung sämmtl. bekannteren Traubenkurorte. 8. (81 S.) Leipzig 874, O. Wigand.

Knauts, Tobias, des Weisen, sonst der Stammler genannt, Lebensgeschichte (v. J. K. Wetzel) 4 Thle. mit Kupf. 8. Leipz. 773–76. Crusius. 2 Rtl. 20 sgl.

Knebel, Maj. von, Sammlung kleiner Gedichte. 4. Lpz. Göschen. 815.

Knebels Vorarbeit. z. e. Biogr. C. T. Thieme. 8. Görl. Anton. 804.

Knebel, C. H., erleichterte latein. Grammatik. 8. Stuttg. 769. Metzler. 12 gr.

Knebel, Carl Ludwig, s. Knebel, Karl Ludwig

Knebel, E., System der Heeresergänzung. Berlin 1873. 8.

Knebel, E. C., d. Kleinbauern Nothruf an die Staats-Regierung. gr. 8. (82 S.) Trier 882. Lintz. n. — 50

Knebel, E. C., die Systeme der Heeresergänzung u. die Personalwehrsteuer. gr. 8. (VI, 59 S.) Berlin 872. Mittler & Sohn. n. 1. —

Knebel, Eduard, Rechtsprakt., a. Rothenburg o. Tauber: Die Vinkulierung der Inhaberschuldverschreibungen. Rothenburg o. Tbr. 1906: J. P. Peter. (VIII, 88 S.) 8° [?].;
Würzburg, Jur. Fak., Ref. Mayer, Diss. v. 5. April 1906
[Geb. 23. April 81 Rothenburg. Wohnort: Rothenburg; Staatsangeh.: Bayern; Vorbildung: Gymn. Augsburg Reife Juli 00; Studium: München 8 S.; Rig. 31. Jan. 06.]

Knebel, Emil [pract. Arzt, früher Assistenzarzt am Städt. Krankenhause zu Wiesbaden]: Mittheilungen aus dem Städtischen Krankenhause zu Wiesbaden über die daselbst während der Epidemie im Sommer 1885 behandelten Fälle von Typhus abdominalis .... München, G. Franz'sche H. B. Hofbuchdr. (G. Emil Mayer), 1886; 64 S. 8°.
Würzburg, Med. Fak., Inaug.-Diss. v. 1886.

Knebel, Ernst, Antiqua oder Fraktur? gr. 8. (23 S.) Danzig 887, Axt. *

Knebel, Ernst [aus Steeg]: Die Bestandtheile der Kolanuss ... *Frankfurt a. M., Baier & Lewalter, 1892;* 28 S. 8.
Erlangen, Phil. Fak., Inaug.-Diss. v. 1892

Knebel, Ernst, Lesebuch f. vereinfachte deutsche Stenographie [System Schrey-Johnen-Socin]. gr. 8. (62 autogr. S.) Berlin 891. (Barmen, H. Klein.) n.n. 1. 25

Knebel, Ernst. Lesebuch f. vereinfachte deutsche Stenographie [System Schrey-Johnen-Socin]. gr. 8. (62 autogr. S.) Berl. 891. Hesselbach bei Gummersbach, Ernst Knebel. ** 1 25

[J.] Lesebuch für Vereinfachte deutsche Stenographie '(Einiggssystem Stolze-Schrey)'. Hrsg. v. Ernst Knebel, Lehrer. n. Aufl. *Berlin: F. Schrey 1898.* (63 S.) 1 Bd 8. [Text lith.] [98. 6054

Knebel, Ernst, welche Bedeutung hat die Stenographie f. den Lehrer, s. a. Sammlung pädagog. Vorträge. XII. 11.

Welche Bedeutung hat die Stenographie für den Lehrer? Von Ernst Knebel. *Bonn, Berlin, Leipzig: F. Soennecken [1900].* (10 S.) 8°
= Sammlung pädagogischer Vorträge. Bd 12, H. 11 [00. 9776

Knebel, G., inwiefern ist der moderne Zeichenunterricht in erster Linie berufen, die Kunsterziehungsfrage zu lösen? Mit dem ersten Preise ausgezeichnete Bewerbungsschrift. Hrsg. vom Landesverein preuss., f. höhere Lehranstalten geprüfter Zeichenlehrer. (15 S.) Lex.-8. Bochum 904. O. Hengstenberg. n. — 50

Knebel, G., Zeichenheft. Unter- u. Mittel-Stufe. qu. gr. 4. (16 S.) Demmin 880. Frantz. n. — 35

Knebel, H., s. Euripides Phoenikerinnen.

Knebel, H. Meletematum Aristotel. specim. primum. (Inest de Ritteri censura Poeticae Aristot. disputat.) 13 S.
Kreuznach, Progr. 1839

Knebel, H. Nachrichten von dem Gymn. zu Meurs. Mit einem Anhange lat. Epigramme, von H. Cruse. 24 S. . . . . .
Progr. Meurs 1828

Knebel, H. Observationum in Maximi Tyrii dissertationes part. II. 8 S. . . . .
Kreuznach, Progr. 1833

Knebel, H., De memorabili signo eburneo nuper effosso. Pr. 1844. 14 S. u. 1 Taf. 4°.

Knebel, H. Aus Wilhelm von Orleans von Rudolph von Ems. 15 S.
Köln, Fr. W., Progr. 1852

Knebel, H. Zweck und Bedeutung der neuen Gedenktafel. Ansprache an die versammelten Schüler des Friedrich-Wilhelms-Gymnasiums am 3. Juni 1857. — 11 S. 8.
Cöln, Fr. W., Progr. 1857

Knebel, Heinrich (Bearb.), s. Aristoteles Rhetorik an Alexandros und die Poetik.

Knebel, Heinrich (Bearb.), s. Aristoteles Werke.

Knebel, Heinr., Franz. Grammatik f. Gymnasien u. Progymnasien. — Nebst e. Uebungsbuche z. Uebersetzen aus d. Deutschen in's Franz. v. Ernst Höchsten. gr. 8. (17 B.) Koblenz 834, Bädeker.

Knebel, Heinr., französ. Grammatik f. Gymnasien u. Progymnasien. Nebst e. Uebungsbuche z. Uebersetzen aus d. Deutschen ins Französische v. Ernst Höchsten. 2., verb. u. verm. Aufl. (16 B.) 836., 3., verb. u. verm. Aufl. u. d. T.: Franz. Schulgrammatik. (15 B.) gr. 8. Koblenz 839, Bädeker. à
Vgl. Höchsten, E.

—— französ. Lesebuch f. d. mittl. Klassen d. Gymnasien u. d. Progymnasien. gr. 8. ($6^1/_2$ B.) Koblenz 836, Bädeker.
Als Anhang zu der vorhergehenden Schrift.

Knebel, Heinr., französisches Lesebuch für die mittleren Klassen der Gymnasien und der Progymnasien. Ein Anhang zu dessen französ. Schulgrammatik. 3., verb. Aufl. gr. 8. (VI und 106 S.) Koblenz 850, Bädeker.

—— französisches Lesebuch für die mittleren Klassen der Gymnasien und die Progymnasien. Ein Anhang zu dessen Schulgrammatik. 5. verb. Aufl. 8. Koblenz [Leipzig] 868, Bädeker.

— f. Platonis Dialogi tres.

Knebel, H. Französ. Schulgrammatik, s.a. Probst, Herm. Uebungsbuch.

Knebel, Hnr., französ. (Schul-) Grammatik für Gymnasien u. Progymnasien. — Nebst e. Uebungsbuche zum Uebersetzen aus dem Deutschen ins Französ. von Er. Höchsten. gr. 8. Koblenz 834. Bädeker. $^2/_3$ ß — 2e verb. u. verm. Aufl. gr. 8. Ebd. 836. $^2/_3$ ß — 3e verb. u. verm. Aufl. $^5/_{12}$ ß. Mit Höchsten's Uebungen ꝛc. gr. 8. Ebd. 839. $^2/_3$ ß

Knebel, Heinr., französ. Schulgrammatik. 4., verb. u. verm. Aufl. gr. 8. ($10^1/_4$ B.) Koblenz 844, Bädeker.

—— französische Schulgrammatik für Gymnasien und Progymnasien. 5., verb. und verm. Aufl. gr. 8. (VII und 168 S.) Koblenz 848, Bädeker.

Knebel, Heinr., französische Schulgrammatik für Gymnasien und Progymnasien. 7. Aufl. (XII und 172 S.) 1854. und 8., verb. und verm. Aufl. gr. 8. (XII und 170 S.) Koblenz 855, Bädeker.

Knebel, Heinr., französische Schulgrammatik für Gymnasien und Progymnasien. 9. Aufl. 1857. und 10., verb. und verm. Aufl. gr. 8. (XII und 180 S.) Koblenz 860, Bädeker.

Knebel, Heinr., französische Schulgrammatik. 13. verb. Aufl. gr. 8. (X, 190 S.) Koblenz [Leipzig] 878, Bädeker.

—— dass. — Anhang, s. Höchsten, Ernst.

Knebel, Heinr., französische Schulgrammatik. 14. verb. Aufl. gr. 8. (X, 201 S.) Leipzig 876, Bädeker. *

Knebel, Heinr., französische Schulgrammatik. 15. verb. und verm. Aufl. (X, 279 S.) 1880; 16. Aufl. (VIII, 298 S.) 1882 und 17. Aufl. gr. 8. (VIII, 315 S.) Leipzig 884, Bädeker. *

Knebel, H., französische Schulgrammatik. 18. Aufl., bearb. von H. Probst. gr. 8. (X, 312 S.) Leipzig 887. K. Baedeker. n. 2. —

Knebel, Heinr., französische Schulgrammatik. 19. Aufl., nach den neuen Lehrplänen u. Lehraufgaben bearb. v. Herm. Probst u. Gust. Englich. gr. 8. (IV, 300 S.) Leipzig 893. K. Baedeker. n. 2. —; geb. n.n. 2. 30

Knebel, Herb. Chr., wirtemberg. Grammatik. 8. Stuttg. Metzler. 747.

Knebel, J. C., de anno et die nativ. Christi. Hal. 1721. 4.

Knebel, Immanuel Gottlieb

– s. Fouquier de Maissemy : Vortheile.

— Grundlage zu e. vollständ. Handbuche d. Literatur für d. gesammte Staatsarzneikunde bis zum Ende des 18n Jahrhund. 1r Bd. A. u. d. T.: Handbuch d. Literatur für d. gerichtl. Arzneikunde. 1e Abthl. allgem. Literatur. gr. 8. Görlitz 806. (Anton in Halle). 1 ß

— Grundriß d. polizeil.-gerichtl. Entbindungskunde. 2 Bdchen. 8. Bresl. 801—3. J. F. Korn. 1 ß 16 gr

Knebel, Immanuel Gottlieb: Grundriß zu einer Zeichenlehre der gesammten Entbindungswissenschaft. Zum Gebrauch für angehende Geburtshelfer. Ein Versuch. 592 S., gbd.

Breßlau, Hirschberg u.Lissa in Südpreußen: Korn 1798

JB 6.643

— allgemeine Grundsätze über Entsteh. Beschaffenheit und Behandlung der Krankheiten. 8. Ebend. 800.

– s.a. Grundsätze d. Entstehung, Beschaffenheit u. Behandlung d. Krankheiten.

— Grundsätze zur Kenntniß d. Wassersucht im Allgemeinen. 8. Bresl., Hirschb. u. Lissa. (Görl.) 801. Anton in Halle. (J. F. Korn in Bresl.) 22 gr

Imman. Gh. Knebel Handbuch der Literatur für die gerichtliche Arzneikunde bis zu Ende des achtzehnten Jahrhunderts Erste Abtheilung Allgemeine Literatur der gerichtlichen Arzneikunde [*Etiam sub titulo* Grundlage zu einem vollständigen Handbuche der Literatur für die gesammte Staatsarzneikunde bis zu Ende des 18. Jahrhunderts 1 Bd. Gerichtliche Arzneikunde, 1. Abtheil. Allgemeine Literatur derselben.] Gorlitz 1806. 8.

Knebel, Immanuel Gottlieb (Görlitz), Hydrothoracem inprimis ejus diagnosin. Diss. med. Präs. Salomon Constantin Titius. Wittbg. (Adam Christian Charisius) 11. IX. 1795. 36 S. (6.—) 18567
Gew.: Christian Friedrich Kadelbach (Leipzig), Christian Gottlieb Knebel (Vater). — Widm. v.: Hofrichter (Schlesien).

— über Knochenkrankheiten. 2 Bdchn. 8. Ebendaselbst. 803.

— Materialien z. theoret. u. praktischen Heilkunde. 2 Abtheil. 8. Bresl. Korn der ält. 799—800. (à 1 Rthlr. 4 gr.)

– s. Trnka v. Kr.: Abhandl. d. Hämorrhoidalkrankheit.

— theoret. Versuch über d. Charakter, e. Erscheinungen u. d. Heilart d. gelben Fiebers, in Briefen an e. Arzt. Nebst e. histor.-krit. Uebersicht d. gesammten Literatur dieser Krankheit. 8. Görlitz 805. (Anton in Halle). 1 ß 4 gr

Ma 222 Immanuel Gottlieb Knebel

Versuch einer chronologischen Uebersicht der Literargeschichte der Arzneiwissenschaft... von Immanuel Knebel. Breslau, Hirschberg & Lissa: Korn 1799. XXXIV,377 S. 8°

— Vorarbeiten zu e. vollständ. Biographie u. Charakteristik Karl Traug. Thieme's. 8. Görlitz 804. (Anton in Halle). 3 gr

Knebel, Joh., O. Cist., die Chronik d. Klosters Kaisheim, s.a. Bibliothek d. litter. Vereins in Stuttgart. 226.

Die Chronik des Klosters Kaisheim, verf. vom Cistercienser Johann Knebel im J. 1531. Hrsg. von Franz Huttner, Archivar in Würzburg. *Tübingen. Litt. Ver. in Stuttgart 1902.* (625 S.) 8°
= Bibliothek d. litterarischen Vereins in Stuttgart 226. [05. 4634

— **Johann Christian** (Ansbach), De cohorte Italica et Augusta ex act. apostol. cap. X, u. 1, et cap. XXVII, u. 1. Disp. philos. Präs. Christian Gottlieb Schwarz. Altdorf (Jod. Wilh. Kohles) 25. VI. 1720. 44 S. (6.50) 18568

Knebel, Johannes. Chronik aus den Zeiten des Burgunderkriegs. Basel 1851—55. H: *Buxtorf-Falkeisen, Carl.* (Kat. d. Bibl. d. dtsch. Reichstages. Berl. 1882.)

Knebel, Johs., Chronik aus den Zeiten des Burgunderkrieges. 1. Abthlg. 1473—1475. [Der Kaiser in Basel. Landvogt Peter v. Hagenbach. Zusammenkunft des Kaisers u. Herzogs in Trier. Erikourt. Neuß. Stadtgeschichten.] gr. 8. (VIII u. 219 S.) Basel 851, Bahnmaier in Comm. n. 24 ngl

Knebel, Johs., Chronik aus den Zeiten des Burgunderkrieges. 2. Abth. 1476—1479. Basel 855. Bahnmaier in Comm. gr. 8. (IV, 237 S.) n. 24 ngr.

Knebel Ritter v. Treuenschwert, Aladár, lose Gedanken über den Infanterieangriff, s.: Essays, militärische. 2. Hft.

— der **Infanterieangriff** im Lichte des russisch-japanischen Krieges. (Das Zusammenwirken mit den anderen Waffen. Maschinengewehre, techn. Hilfsmittel, Verwundgn., Bekleidg., Ausrüstg. etc.) (VI, 116 S. m. 1 Taf.) gr. 8. Wien 906. L. W. Seidel & Sohn. n. 2. 40

— nächtliche **Unternehmungen.** Märsche, Vorposten, Gefechte in der Nacht, Ausnützg. der Nacht beim planmässigen Angriffe etc. (IV, 125 S. m. 1 Fig.-Taf.) gr. 8. Ebd. 905. n. 3. —

Knebel, Karl, a. Benrath: Nikolaus Meyer als Freund Goethes und Förderer des geistigen Lebens in Westfalen. Ein Beitr. z. Geschichte d. westfal. Zeitungswesens. Münster 1908. Regensberg. 103 S. 8°
Münster, Phil. Diss. v. 24. Dez. 1908, Ref. Schwering
[Geb. 22. Sept. 83 Düsseldorf; Wohnort: Münster i. W.; Staatsangeh.: Preußen; Vorbildung: Oberrealsch. Düsseldorf Reife O. 03; Studium: Bonn 5, München 1, Münster 3 S.; Rig. 6. Juni 08.] [U 09. 3596

v. Knebel, Karl Hnr., († d. 23. Nov. 1799.) bibl. Denksprüche u. Hauptsätze, so wie auch Homilien, über e. Jahrg. d. Fest- u. Sonntags-Evangelien, nebst e. Casualreden, herausg. von Jh. Fr. Mennert. 4. Erlang. 805. Mit n. Tit. Kncb. 809. Gassert. 1 ₰ 12 ℋ

Knebel, Karl Ludwig

Knebel, Carl Ludw. v., aus (seinem) Briefwechsel, s. Aus.

v. Knebel, K. L., siehe: **Briefwechsel** zwischen Goethe u. Knebel.

Knebel, v., Ritter K. L., († d. 23. Febr. 1834.), s. Jahresblüthen von u. für Knebel.

– s. Lucretius, von d. Natur d. Dinge.

Knebel, K. L. v., literar. Nachlaß u. Briefwechsel. Hrsg. v. K. A. Varnhagen v. Ense u. Th. Mundt. 3 Bde. 1. Aufl. 835, 36. 6 Thlr., 2., unveränd. Ausg. gr. 8. (à 86⅓ B., K's. Bildn. u. Facsim.) Leipzig 840, Gebr. Reichenbach. *

– s. Propertius, Elegien.

– s. Sammlung kl. Gedichte.

Führer durch die Sammlung für Altertum, Kunst und Volkskunde des Freiberger Altertumsvereins im König-Albert-Museum. Hrsg. von Konrad **Knebel.** Freiberg 1906: Gerlach. (60 S.) 8° [F.] [06. 3148

Knebel, Konr., s.: **Mitteilungen** d. Freiberger Altertumsvereins.

Knebel, L. C. Die Systeme der Heeresergänzung u. die Personalwehrsteuer Berlin 1872. 59 S.

Knebel, P., Sammlung der gebräuchlichsten Schriftgattungen. 4.—8. verb. Aufl. qu. gr. 4. (24 Stnt.) Landshut 874—84, Thomann'sche Buchh. cart.

Knebel, P., Sammlung d. vorzügl. u. gebräuchl. Schriftgattungen. Zusammengestellt u. lithograph. qu. 4. (21 lith. Bl.) Landshut 846, Thomannsche Buchh. *

Knebel, P., **Sammlung der vorzüglichsten und gebräuchlichsten Schriftgattungen** zusammengestellt und lithogr. 2., verm. Aufl. qu. 4. (25 Bl.) Landshut 850, Thomann'sche Buchh.

Knebel, Robert, s.a. Bedenken, Christliche, über modern christliches. Wesen.

— **Bedenken, christliche, über modern christliches Wesen.** Von e. Sorgenvollen. 1. u. 2. Aufl. 8. (148 S.) Gütersloh 889. Bertelsmann. n. 1. 80; geb. n. 2. 60

Knebel, *Rudolf Julius Wilhelm* [aus Königsberg i. Pr.]: Ueber Abkömmlinge des „Salols" Leipzig, J. A. Barth, 1891; 14 S., 1 Bl. 8°
Leipzig, Phil. Fak., Inaug.-Diss. v. [31. März] 1891

Knebel, Walther von, aus Jauer i. S. **Beiträge zur Kenntniss** der Ueberschiebungen am vulkanischen Ries von Nördlingen. *Berlin 1902: J. F. Starcke.* (S. 56—84.) 8° ¶(Aus: Zeitschr. d. Deutsch. geol. Ges., 54, 1.)
Berlin, Phil. Diss. v. 12. Apr. 1902

Knebel, Walth. v., die Eryoniden des oberen Weissen Jura v. Süddeutschland. (S. 193—232 m. 2 Abbildgn., 5 Taf. u. 1 Bl. Erklärgn.) Lex. 8. Berlin 907. R. Friedländer & Sohn. nn 6. —
Sonderabdruck aus: „Archiv f. Biontologie".

Knebel, Walt. v., Geologie d. fränkischen Schweiz, s.: Brückner, Karl, Führer durch die fränk. Schweiz.

— Höhlenkunde mit Berücksicht. der Karstphänomene, s.a. Wissenschaft, die. 15. Heft.

Höhlenkunde mit Berücksichtigung der Karstphänomene. Von Walther v. **Knebel.** Mit 42 Abb. Braunschweig: F. Vieweg & Sohn 1906. (XVI, 222 S.) 8°
— **Wissenschaft,** Die. H. 15. [06. 5008

Knebel, Walth. v., der **Vulkanismus,** s.a. **Natur,** die. III.

Der Vulkanismus von Dr. Walther v. **Knebel.** Mit 3 farb., 6 schwarzen Taf. & Textabb. Osterwieck-Harz: A. W. Zickfeldt [1907]. (128 S.) 8°
— **Natur,** Die. Eine Sammlung naturwiss. Monographien. Bd 3. [07. 13193

Knebel, Wilhelm, a. Neuwerk b. M.-Gladbach: Kaiser Friedrich II. und Papst Honorius III. in ihren gegenseitigen Beziehungen von der Kaiserkrönung Friedrichs bis zum Tode des Papstes (1220—1227). Münster 1905: Regensberg. (151 S.) 8° [F.]
Münster, Phil. Fak., Ref. Niehues, Diss. v. 17. Mai 1905
[Geb. 27. April 79 Brühl b. Cöln; Wohnort: Münster i. W.; Staatsangeh.: Preußen; Vorbildung: Gymn. M.-Gladbach Reife O. 00; Studium: Münster 2, Bonn 1, Münster 5 S.; Rig. 10. Febr. 05.]

Knebel-Doeberitz, v., die ersten 60 Jahre des 2. Garde-Ulanen-Regiments. Im Auftrage des Regiments zusammengestellt. Mit vielen Kunstbeilagen u. 2 Marschrouten-karten. gr. 8. (VIII, 183 S.) Berlin 882. Mittler & Sohn. n. 8. —

Knebel Doeberitz, Bernd von: Allgemeine Grundzüge des Handelskaufes. Leipzig: O. Wigand 1908. (60 S.) 8°
Leipzig, Jur. Fak., Diss. v. 9. Juni 1908
[Geb. 17. Juli 82 Gatersdorf, Kr. Striegau (Schlesien); Wohnort: Zülshagen, Kr. Dramburg (Pommern); Staatsangeh.: Preußen; Vorbildung: Ritterakad. Liegnitz Reife O. 02, Studium: Leipzig 3, Marburg 1, Halle 3 S.; Rig. 13. Juli 06]

Knebel-Doeberitz, Elisab. v., die Aufgabe u. Pflicht der Frau als Konsument. s. Hefte der freien kirchlich-sozialen Konferenz. 40.

— 15 Jahre christlicher Frauenbewegung, s. a. Flugschrift, kirchlich-soziale. Nr. 9.

Knebel Doeberitz, Elisabeth v.: 15 Jahre christlicher Frauenbewegung. Referat, geh. b. d. Hauptvers. d. kirchl.-soz. Konferenz am 16. April 1909 in Berlin. Zur Feier d. 10jähr. Bestehens d. 7. Arbeitskommission <zur Lösung der Frauenfrage> u. d. 10jähr. Bestehens d. Berliner kirchl.-soz. Frauengruppe. — 10 Jahre kirchl.-soz. Frauenarbeit in Berlin ([von] Fanny v. Ollech). — Arbeitsplan d. 7. Kommission. — Berlin: Berliner Stadtmission (1909). 23 S. 8° (Kirchl.-soz. Flugschriften Nr. 9.)

Knebel-Döberitz, G. v., die Folgen der neuen Gerichts-Organisation vom Standpunkte der Interessen des platten Landes der östlichen Provinzen des Staats. gr. 8. (64 S.) Berlin 857, (Logier.)

Knebel-Doeberitz, G. v., die Grundsteuer-Ausgleichung vom historischen, rechtlichen u. praktischen Standpunkte aus beleuchtet, zur Widerlegung der Schrift des Herrn R. v. Patow, Berlin 1850. Berlin 860. Heinicke. gr. 8. (45 S.) 7½ ngr.

Die Aufsicht des Reichs und der Deutschen Bundesstaaten über die privaten Versicherungsunternehmungen. Das Reichsgesetz über d. privaten Versicherungsunternehmungen v. 12. Mai 1901 nebst Abdr. d. zugehörigen Gesetze u. d. Vollzugsordnung erl. von Hugo v. **Knebel** Doeberitz. Bd 1. *Berlin: E. S. Mittler & Sohn 1902.* 8° [F.]
— **Knebel** Doeberitz Das private Versicherungswesen in Preussen. Bd 1 [02. 11834

Knebel-Döberitz, Hugo v. Besteht f. Dtld eine amische Gefahr? Berlin. 1894

Knebel-Doeberitz, Hugo v., besteht f. Deutschland e. amerikanische Gefahr? (VIII, 88 S.) gr. 8. Berlin 904. E. S. Mittler & Sohn. n. 2. —

**v. Knebel Doeberitz, H.* Feuerversicherung im Versicherungslexikon von *Manes*. Tübingen 1909 und 1913.

Das Feuerversicherungswesen in Preußen. Von Hugo v. **Knebel** Doeberitz. *Berlin: Zeitschrift f. Versicherungswesen 1903.* (XVI, 203 S.) 8° [F.]
— **Knebel** Doeberitz: Das private Versicherungswesen in Preußen. Bd 3. [09. 11840

[F.] Geschichte des Geschlechtes von Knebel. Von Hugo v **Knebel** Doeberitz. *(Sorau N. L.: Dr. v. J. D. Rauert) 1896.* (2 Bl., IV, 128 S., II, III, III, II, III, V, VII S., 1 kl. Bl., 5 Taf., 1 Tab.) 1 Bd 4. [97. 5370

Knebel (Doeberitz), Hugo v. Karl Ludwig v. Knebel. Ein Lebensbild. gr. 8. (XI, 183 S. m. Bildniß.) Weimar 890, Böhlau. 2 80

Knebel-Doeberitz, Hugo v., s.: Kommentar zum dtschn. Reichsgesetz üb. den Versicherungs-Vertrag.

Knebel-Döberitz, Hugo: Der Mangel an Arbeitern und Gesinde im Gebiet der Landwirtschaft, s. Below, Nikolaus Georg

Knebel Doeberitz, Hugo v., d. Reform d. Agrar-Rechts. Vortrag, geh. auf d. deutschen Adelstage am 25. Febr. 1895. Hrsg. v. d. deutschen Adelsgenossenschaft. gr 8. (27 S.) Berlin 895. (Puttkammer & Mühlbrecht.) n. — 60

— Das Sparkassenwesen in Preußen. (XII, 228 S.) gr. 8. Berlin 907. E. S. Mittler & Sohn. 4.—; geb. 5. —

Das Sterbekassenwesen in Preussen. Von Hugo v **Knebel** Doeberitz u. Dr Hermann Broecker *Berlin E S. Mittler & Sohn 1902* (X, 90 S.) 8° [F.]
= **Knebel** Doeberitz Das private Versicherungswesen in Preussen. Bd 2 [02. 11855

Knebel-Doeberitz, Hugo v., u. Herm. **Broecker**, das private Versicherungswesen in Preußen. 1. u. 2. Bd. gr. 8. Berlin, E. S. Mittler & Sohn. n. 9. —; geb. n.n. 10. —
1. Die Aufsicht des Reichs u. der deutschen Bundesstaaten üb. die privaten Versicherungsunternehmungen. Das Reichsgesetz üb. die privaten Versicherungsunternehmg. v. 12. V. 1901 nebst Abdr. der zugehör. Gesetze u. der Vollzugsverordng. erläutert. Von Hugo v. Knebel-Doeberitz. (XI, 207 S.) 902. n. 6. —; geb. n.n. 6. 50
2. Das Sterbekassenwesen in Preußen. 1. u. 2. Aufl. (XI, 90 S. m. Tab.) 902. n. 3. —; geb. n.n. 3. 50

— u. Herm. **Broecker**, das private Versicherungswesen in Preußen. 3. Bd. gr. 8. Ebd. Geb. in Leinw. n. 5. —
Das Feuerversicherungswesen in Preußen. Von Hugo v. Knebel-Doeberitz. (XVI, 203 S.) 903.
Bd 1 u. 2. Ebd. 902. n. 9. —; geb. n.n. 10. —.

Knebel, Ritter von Treuenschwert, A., Der Infanterieangriff im Lichte des russisch-japanischen Krieges. Gr.-8° (116 S. mit einer Beilage) K 2 40
Wien: Seidel 1906.

Knebel, R. v. Treuenschwert, A., Nächtliche Unternehmungen, Märsche, Vorposten, Gefechte in der Nacht etc. Gr.-8°. (125 S. mit 1 Tafel) K 3 —
Wien: Seidel 1905.

Das neue **Knebelgesetz** gegen die Gewerkschaften. Verhandlungen d. Deutschen Reichstags über d. Entwurf e. Gesetzes betr. d. gewerbl. Berufsvereine. Mit e. Einl. u. d. Anlagen d. Gesetzentwurfs. Berlin: Vorwärts 1906. (227 S.) 8° [F.] [07. 4813

Knebelgesetz, das neue, gegen die Gewerkschaften. Verhandlungen des deutschen Reichstags üb. den Entwurf e. Gesetzes betreffend die gewerbl. Berufsvereine. Mit e. Einleitg. u. den Anlagen des Gesetzentwurfs. (228 S.) 8. Berlin 907. Buchh. Vorwärts. — 75

Knebl, F. P., von d. Vortrefflichkeit des Gypsdüngers auf Wiesen u. Feldern. 8. Münch. 798. Fleischmann. 1 K

Knebusch, Thdr., die Cathartica, ihre physiologischen Wirkungen, ihre Adjuvantien u. Corrigentien u. die Indicationen sie zu verordnen. Nach den neuesten Theorien u. prakt. Erfahrungen monographisch bearb. 12. (62 S.) Stuttgart 881. Enke. n. 1. 20

Knebusch, Thdr., die wichtigsten Regeln der allgemeinen und speciellen Receptirkunde für Aerzte. br. 8. (VIII und 91 S.) Erlangen 856(57,) Enke's Vrlgsh. *

Knebusch, Thdr., die wichtigsten Regeln der allgemeinen u. speciellen Receptirkunde für Aerzte. 2. verm. u. mit besond. Berücksichtigung des Grammen-Gewichts bearb. Aufl. Erlangen 870. Enke. gr. 16. (XI, 96 S.) n. 10 ngr.

Knebusch, Thdr., die allgemeine und specielle Receptirkunde für Studirende und praktische Aerzte. 3. verm. und mit besond. Berücksicht. des Grammen-Gewichts bearb. Aufl. 8. (VIII, 101 S.) Stuttgart 879, Enke. *

Knebusch, Thdr., vollständiges Taschenbuch bewährter Heilmethoden und Heilformeln für Frauen- und Kinderkrankheiten, nebst einem Compendium der Pharmakodynamik für die Kinderkrankheiten. 8. (IV und 463 S.) Erlangen 860, Enke's Verlagsbuchh. *

—— vollständiges Taschenbuch bewährter Heilmethoden und Heilformeln für äussere Krankheiten, einschliesslich der Augen-, Ohren- und Zahnkrankheiten. br. 8. (IV und 428 S.) Erlangen 859, Enke's Verlagsbuchh. *

—— vollständiges Taschenbuch bewährter Heilmethoden und Heilformeln für äussere Krankheiten einschliessl. der Augen-, Ohren- und Zahnkrankheiten. 2. ganz umgearb. und durch die neueren Erfahrungen in der chirurg. Therapie bereich. Aufl. 8. (VIII, 516 S.) Ebendas. 872. (*M. 4,50.) *

—— vollständiges Taschenbuch bewährter Heilmethoden und Heilformeln für innere Krankheiten. 8. (IV und 400 S.) Erlangen 858, Enke's Verlagsbuchh. *

— vollständiges Taschenbuch bewährter Heilmethoden und Heilformeln für innere Krankheiten. 2., ganz umgearb. u. durch die neuesten Erfahrungen in der Therapie bereich. Aufl. Ebend. 866. 8. (VIII, 520 S.) n. 1 ₰ 10 ngr.

Knebusch, Thdr., vollständiges Taschenbuch bewährter Heilmethoden u. Heilformeln f. innere Krankheiten. 3., verm., verb. u. besonders durch Dosirg. der Heilmittel in Grammen-, statt in Unzen-Gewicht veränderte Aufl. gr. 16. (X, 526 S.) Stuttgart 871. Enke. n. 4. —

Knecht, der faule, od. Noth- u. Hülfsbüchlein beim Rechnen. 8. Arolsen 826, Speyer.

Knecht, der faule, zur Berechnung der Zinsen à 2, 2½, 3, 3½, 4, 4½, 5 u. 6 pro Cent von 1 Sgr. bis 10,000 Rthlr. für 1 Tag, in fortlaufender Reihenfolge, bis zu 30 Tagen od. 1 Monate u. von 1 Monate bis zu 1 Jahre. 4. (6 B.) Graudenz 844. (Berlin, Oehmigke's Buchh.) *

Knecht, der faule, zur Berechnung der Zinsen à 2, 2½, 3, 3½, 4, 4½, 5 & 6 pro Ct. von 1 Sgr. bis 10,000 Rthlr. für 1 Tag, in fortlaufender Reihenfolge, bis zu 30 Tagen oder 1 Monate und von 1 Monate bis zu 1 Jahre. 2. Aufl. 4. (42 S.) Graudenz 848, Gaebel.

Knecht Ruprecht. 8. (16 ill. Stnt. mit Text.) Hamburg 864, Seitz.

Knecht, der, welchen Gott verherrlichte. Uebers. vom Engl. (15 S.) 16. Szob (907). (Feketehaz „Salem".) — 15

Knecht, über Variola. 8. (62 S.) Prag 869, Calve'sche Universitäts-Buchh.
Aus: Archiv für Dermatologie und Syphilis, besonders abgedruckt.

Knecht, Aug., die neuen eherechtlichen Dekrete „Ne temere" u. „Provida", s.a. Görres-Gesellschaft zur Pflege der Wissenschaft im kath. Deutschland.

Die neuen eherechtlichen Dekrete 'Ne temere' vom 2. Aug. 1907 u. 'Provida' vom 18. Jan. 1906. Dargest. u. kanonisch erl. von Dr. August **Knecht**, Prof. 6. Taus. [Nebst] Anh.: Entscheidungen d. S. Congregatio Concilii v. 1. Febr. 1908 betr. d. Dekret 'Ne temere' Übers. u. erl. von A. Knecht. Köln: J. P. Bachem 1908. 2 Bde 8° [F.]
= **Görres-Gesellschaft** z. Pflege d. Wissensch. im kath. Deutschland. Sektion f. Rechts- u. Sozialwiss. H. 2. [08. 11759

Die neuen eherechtlichen Dekrete 'Ne temere' vom 2. August 1907 und 'Provida' vom 18. Januar 1900 nebst d. Entscheidungen der S. C. C. v. 1. Febr., 28. März u. 27. Juli 1908. Dargest. u. kanonistisch erl. von August **Knecht**. Neue Ausg. Köln: Bachem 1909. 115 S. 8°
(Görres-Gesellschaft z. Pflege d. Wissensch. im kath. Deutschland. Sektion f. Rechts- u. Sozialwiss. H. 2.) [10. 3458 5

Knecht, August, Dr. theol., Kgl. a. o. Lyzealprofessor in Bamberg: Justinianisches Kirchenvermögensrecht. Stuttgart 1905: Union. (71 S.) 8° ¶ (Ersch. vollst. u. d. T. „System d. Justinianischen Kirchenvermögensrechtes" in den „Kirchenrechtlichen Abhandlungen" bei F. Enke in Stuttgart.)
München, Jur. Fak., Ref. Frhr. v. Stengel, Diss. v. 2. Aug. 1905
[Geb. 22. Juli 66 Herxheim b. Landau, Pfalz; Wohnort: Bamberg; Staatsangeh.: Bayern; Vorbildung: Gymn. Speyer Reife 86; Studium: München 2 phil., Würzburg 4 theol., Klerikalseminar Speyer 2 theol. und alumnus, München 8 S. jur.; Rig. 4. März 05.]

Knecht, August [Dr. theol. Priester]: Die Religions-Politik Kaiser Justinians I. E. kirchengeschichtl. Studie. Würzburg, A. Göbel, 1896; VI, 148 S. 8.
Würzburg, Theol. Fak., Inaug.-Diss. v. 1896

Knecht, Aug., System des Justinianischen Kirchenvermögensrechtes, s.a. Abhandlungen, kirchenrechtliche. 22. Hft.

System des Justinianischen Kirchenvermögensrechtes. Von August **Knecht**, Prof., Bamberg. Stuttgart: F. Enke 1905. (XII, 141 S.) 8°
= **Abhandlungen**, Kirchenrechtliche. H. 22. [05. 11900

Knecht, G., die Hebung der Sittlichkeit und des Erwerbs in der Gemeinde Beuren, OA. Nürtingen. Herausg. von der Königl. Centralstelle für Gewerbe u. Handel. 2. Aufl. Stuttgart 858. Oetinger. gr. 8. (32 S.) n. 2 ngr.

Knecht, Carl, s. Knecht, Karl

Knecht, Edm., Christopher Rawson u. Rich. Loewenthal, Handbuch der Färberei der Gespinnstfasern. Darstellung der Bleicherei u. Färberei der losen Fasern, Garne u. Gewebe f. Färber, Chemiker u. alle Interessenten der Färberei. Deutsche Bearbeitg. v. Rich. Loewenthal. 1.—4. Lfg. gr 8. (S. 1—448 m. Abbildgn.) Berlin 894. W. & S. Loewenthal. à n. 2. —

Knecht, Edm., Handbuch der Färberei der Spinnfasern, s.a. Loewenthal, Rich.

Knecht, Edm., Christopher Rawson u. Rich. Loewenthal, Handbuch d. Färberei d. Spinnfasern. Darstellg. d. Bleicherei u. Färberei d. losen Fasern, Garne u. Gewebe f. Färber, Chemiker u. alle Interessenten d. Färberei. Deutsche Bearbeitg. v. Rich. Loewenthal. 5.—11. (Schluss-) Lfg. gr. 8. (X, VI u S. 449—1231 m. 143 Abb.) Berlin 895. W. & S. Loewenthal. à n. 2. — (kplt.: n. 22. —)

Knecht, Edmund. aus Liverpool (England) Ueber einige Homologe des Resorcins. Hottingen-Zür. H. Zürcher Dr. 1882. 35 S. 8°.
Zürich. Phil. Diss. [v. 14. Juli 1882].

Kneck, Edu., und Heinr. *Sohnrey*, Feste und Spiele des deutschen Landvolkes. Berlin 1909. 8°.

Knecht, Ernst, prakt. Arzt aus Ueckermünde: Zur **Operation** des Prolapsus ani et recti. *Greifswald 1902: J. Abel.* (32 S.) 8°
Greifswald, Med. Diss. v. 19. Juli 1902

Knecht, Frz. Jgn., (†vor 1795.) Abhandl. von d. zuverläss. Vermehrung d. Futterkräuter. 8. Stuttg. 780. Metzler. 8 Kr

— Anweis., mit unbewurzelten u. umgestürzten Reben einen Weinberg anzulegen, (herausg. von Balthas. Sprenger). Mit 1 Kpf. 8. Stuttg. 778. Metzler. 6 Kr

Manna der Jugend. Ein Gebet- u. Lehrbüchlein f. schulpflicht. Knaben u. Mädchen. Durchges. u. bevorw von Dr. F[ranz] I[gnaz] Knecht, Domkap. *Einsiedeln, Köln: Benziger & Co. [um 1902].* (240 S.) 8° [F.]

Knecht, Frdr. Justus, der demaskirte Altkatholicismus. Offene Antwort an Herrn Mathias Intlekofer, auf dessen Schrift: „zur kathol. Reformbewegg." gr. 8. (16 S.) Freiburg i. B. 872. Herder. n. — 20

Knecht, Friedr. Just., das moderne Antichristenthum. Seine Ursachen u. seine Waffen. Ein offener Brief an Herrn Karl Scholl, Prediger der freireligiösen Gemeinden zu Mannheim u. Heidelberg. Freiburg i. Br. 866. Herder'sche Verlagsh. gr. 8. (48 S.) n. 5 *ngr.*

Knecht, Frdr. Just., s.: Bibliothek der katholischen Pädagogik.

— comentario práctico de historia sagrada con una instrucción para la enseñanza de las lecciones de historia sagrada y concordancias de ésta y del catecismo, publicado para los maestros de las escuelas católicas. Traducido de la X. ed. alemana por Jerónimo Rojas, Tomo I. Antiguo testamento. gr. 8. (VII, 536 S. m. 114 Abbildgn. u. 2 Karten.) Ebd. 893. n. 3. 60; geb. in Halbfrz. n. 5. —

— comentario práctico de historia sagrada con una instrucción para la enseñanza de las lecciones de historia sagrada y concordancias de ésta y del catecismo, publicado para los maestros de las escuelas católicas. Traducido de la X. ed. alemana por el P. Jerónimo Rojas, S. J. Tomo II. Nuevo testamento. Con 114 láminas y 2 mapas. gr. 8. (VIII, 640 S.) Freiburg i/B. 894. Herder. n. 4. 40; Einbd. in Halbfrz. n. 1. 40 (Kplt.: n. 8. —)

— a practical commentary on holy scripture, for the use of catechists and teachers. Translated from the 10. German ed. Preface by Mich. F. Glancey. 2 vols. gr. 8. (XXVIII, 438 u. VIII, 544 S. m. 108 Illustr u. 2 farb. Karten.) Ebd. 894. 9. —; geb. in Halbfrz. n. 11. 80

Knecht, F. J., a practical commentary on holy scripture for the use of those who teach bible history. Translated and adapted from the 16. German ed. Preface by Mich. F. Glancey. 2. English ed. revised. 1. vol. The Old testament. Containing 50 illustr. and 2 coloured maps. gr. 8. (XXVIII, 461 S.) Freiburg i/B. 901. Herder. n. 9. —; geb. in Halbfrz. n. 11. 40

— A practical commentary on holy scripture for the use of those, who teach bible history. Translated and adapted from the 16. German ed. Preface by M. F. Glancey. 3. English ed. revised. (XXXII, 839 S. m. 100 Abbildgn. u. 4 farb. Karten.) gr. 8. Ebd. 910. 12,60; geb. in Leinw. 14. —

Knecht, Federico Justo, compendio de historia sagrada para uso de los niños que frecuentan las escuelas católicas. Edicion adornada con 46 grabados. Version directa de la 3a edicion alemana por Vicenti Orti y Escolano. 1.—3. ed. 12. (95 S.) Freiburg i. Br. 885—88, Herder'sche Verlagsh. 40 Pf.; geb.

— compendio de historia sagrada para uso de los niños que frecuentan las escuelas católicas. Edición adornada con 46 grabados. Versión directa de la edición alemana por Vicenti Orti y Escolano. 5. ed. 12. (95 S.) Ebd. 890. n. — 40; geb. n. — 48

— compendio de historia sagrada para uso dos meninos. Versão portugueza da edição allemã por un sacerdote brazileiro. 2. ed, correcta. 12. (88 S. m. 46 Holzschn.) Ebd. 892. — 40; geb. n. — 48

— compendio de historia sagrada para uso de los niños que frecuentan las escuelas católicas. Ed. adornada con 46 grabados. Version directa de la ed. alemana por D. Vincente Ortí y Escolano. 8. ed. 12. (95 S.) Ebd. 894. — 40; geb. n. — 48

— compendio de historia sagrada para uso de los niños que frecuentan las escuelas católicas. Versión directa de la edición alemana por D. Vicente Orti y Escolano. 10. ed. 12. (95 S. m. Holzschn.) Ebd. 897. — 40; geb. in Halbleinw. — 48

— Compendio de historia sagrada par uso dos meninos. Versão portuguesa com algumas narrações e textos tirados da história sagrada do Cónego José Ignacio Roquette por um sacerdote brasileiro. 3. ed., cuidadosamente revista e correcta. 12. (88 S. m. 46 Holzschn.) Ebd. 900. Kart. — 48

— Compendio de historia sagrada para uso de los niños que frecuentan las escuelas católicas. Edición española por D. Vicente Ortí y Escolano. 11. ed. 12. (95 S. m. 46 Abbildgn.) Ebd. 901. Kart. — 48

— Compendio de historia sagrada para uso de los niños que frecuentan las escuelas católicas. Edición española de D. Vicente Ortí y Escolano. 13. ed. (95 S. m. 46 Abbildgn.) kl. 8. Ebd. (906). Kart. n. — 48

— Compendio de historia sagrada par uso dos meninos. Versão portuguesa com algumas narrações e textos tirados da história sagrada do Cónego José Ignacio Roguette por um sacerdote brasileiro. 4. ed., cuidadosamente revista e correcta. (IV, 88 S. m. 46 Holzschn.) kl. 8. Ebd. 906. Kart. n.n. — 40

— Compendio de historia sagrada para uso de los niños que frucuentan las escuelas católicas. Edición española de D. Vicente Ortí y Escolano. 14. ed. (95 S. m. 46 Abbildgn.) kl. 8. Ebd. (908). Kart. nn — 40

— extracto del compendio de historia sagrada para la explicación de los cuadros de la historia sagrada en pinturas. 12. (62 S.) Ebd. 887. n. — 30

— Extracto del compendio de historia sagrada. Para la explicación de los cuadros de la historia sagrada en láminas. 3. ed. 12. (64 S.) Ebd. 899. n. — 30; Einbd. in Halbleinw. n.n.n. — 07

— die Freiheit d. Unterrichtes. Eine Rede bei der General-Versammlg. der deutschen Katholiken zu Freiburg i/B. geh. gr. 8. (22 S.) Ebend. 875. — 30

— die Früchte der badischen Schulreform u. der neue Gesetzentwurf üb. zwangsweise Einführg. der gemischten Schule. gr. 8. (V, 116 S.) Ebend. 876. n. 1. 20

— Biblische Geschichte f. Schule u. Haus. Im Anschluß an Schuster-Mey bearb. Mit 88 Abbildgn. u. 4 Kärtchen. (XII, 240 S.) 8. Ebd. 907. — 50; geb. — 75

— biblische Geschichte f. kathol. Volksschulen, s.: Schuster, J.

Knecht, Friedr. Justus, kurze biblische Geschichte für die unteren Schuljahre der katholischen Volksschule. Ausg. für die Lehrer. Nach der Biblischen Geschichte von Schuster-Mey bearb. und mit Andeutungen für die Auslegung und Anwendung versehen. 1.—3. Aufl. 12. (134 S. mit 51 eingedr. Holzschn.-Bildern.) Freiburg i. Br. 882, Herder'sche Verlagsh.

— kurze biblische Geschichte f. die unteren Schuljahre der katholischen Volksschule. Mit 47 Bildern. Ausg. f. die Lehrer. Nach der bibl. Geschichte v. Schuster-Mey bearb. u. m. Andeutgn. f. die Auslegg. u. Anwendg. versehen. 2. Aufl. 12. (134 S.) Ebend. 884. — 80; geb. n. — 40

— kurze biblische Geschichte für die unteren Schuljahre der katholischen Volksschule. Nach der bibl. Geschichte von Schuster-Mey bearb. und mit Andeutungen für die Auslegung und Anwendung versehen. Ausg. für die Lehrer. 3. verb. Aufl. 12. (V, 128 S. mit 47 Bildern.) Ebendas. 888. geb. **

— dasselbe, m. Andeutgn. f. die Auslegg. u. Anwendg. versehen. 4. Aufl. Ausg. f. die Lehrer. 12. (V, 128 S. m. 47 Bildern.) Ebd. 890. n. — 80; geb. n. — 40

— kurze biblische Geschichte f. d. unt. Schuljahre d. kath. Volksschule. M 47 Bild. Ausg. f. d. Lehrer m. Andeutgn. f. d. Auslegg. (Neue Ausg.) 12. (V, 137 S.) Ebd. 896. n. — 40; Einbd. in Halbleinw. n.n.n. — 10

— kurze biblische Geschichte f. die unteren Schuljahre der kathol. Volksschule. Ausg. f. die Lehrer m. Andeutgn. f. die Auslegg. (Neue Ausg.) 12. (V, 137 S. m. 47 Abbildgn.) Ebd. 901. n. — 40; geb. in Halbleinw. n.n. — 50

— dasselbe. Ausg. f. die Lehrer m. Andeutgn. f. die Auslegg. (Neue Ausg.) (V, 137 S. m. 47 Abbildgn.) kl. 8. Ebd. 906. n. — 45; geb. n. — 60

— Kurze biblische Geschichte f. die unteren Schuljahre der katholischen Volksschule. Ausg. f. die Lehrer m. Andeutgn. f. die Auslegg. (Neue Ausg.) (V, 139 S. m. 46 Abbildgn.) kl. 8. Freiburg i/B. (909). Herder. — 45; kart. — 60

— dasselbe. Neue Ausg. f. die Religionslehrer m. Andeutgn. f die Auslegg. im Anschluß an den kleinen Katechismus der Diöcesen Breslau, Köln, Limburg, Münster, Paderborn u. Trier. 12. (V, 141 S. m. 47 Abbildgn.) Freiburg i/B. 892. Herder. n. — 40; geb. n.n. — 50

— dass. — Ausg. für Schüler. 1.—4. Aufl. 12. (96 S. mit 46 eingedr. Holzschn.-Bildern.) Ebendas. 882—84.

— kurze biblische Geschichte für die unteren Schuljahre der katholischen Volksschule. Ausg. für die Schüler. Nach der bibl. Geschichte von Schuster-Mey bearb. 5. Aufl. 12. (96 S. mit 46 Bildern.) Ebendas. 885. * geb. in Leinw. ** 25 Pf.: in Halbleder **

Knecht, Friedr. Just. Kurze biblische Geschichte f. die unteren Schuljahre d. katholischen Volksschule. Nach der bibl. Geschichte v. Schuster-Mey bearb. Ausg. f. die Schüler. Neue Ausg. 1889,90,91 u. 1892. 12. (96 S. m. 46 Abbildgn.) Freib. i. Br., Herder. * — 20; geb. ** — 25

Ausgaben in fremden Sprachen. (Mit je 46 Holzschn.) Englisch. (104 S.) 893. * — 32; geb. * — 40. Portugiesisch. 2. edic. (88 S.) 893. — 40, geb. * — 48. Slovenisch. 3. Aufl. (95 S.) 892. * 20 Kr. Spanisch. 7 edic. (IV, 96 S.) 891. — 40; geb. * — 48.

— dasselbe. Mit 46 Bildern. Ausg. f. die Schüler. Nach der bibl. Geschichte v. Schuster-Mey bearb. 12. (96 S.) Ebd. 898. n. — 20; Einbd. in Halbleinw. n.n.n. — 05; in Halbldr. n.n.n. — 10

Ausg. f. Österreich zu gleichen Preisen.

— kurze biblische Geschichte für die unteren Schuljahre der katholischen Volksschule. Mit 46 Bildern. Ausg. für die Schüler. Nach der bibl. Geschichte v. Schuster-Mey bearb. (96 S.) kl. 8. Freiburg i/B. (904). Herder. n. — 20; kart. n. — 30

— dasselbe. Ausg. f. die Schüler. (Neue Ausg.) (96 S.) m. 46 Abbildgn.) kl. 8. Ebd. (908). — 20; kart. — 30; geb. — 35

— kurze biblische Geschichten in böhmischer Sprache v. František Skalík. 12. (VII, 87 S. m. 47 Holzschn.) Ebd. 894. n.n. — 30; geb. in Halbleinw. n.n. — 38

— dasselbe. Ausg. f. Schüler. Böhmische Übersetzg. v. Frz. Skalík. 3. Aufl. 12. (VII, 87 S. m. 30 Abb.) Ebd. 898. n. — 25; kart. n. — 33

— dasselbe. Böhmische Übersetzg. v. Frz. Skalík. 4. Aufl. 12. (VII, 87 S. m. 30 Abbildgn.) Ebd. 902. Geb. in Halbleinw. n. — 33

Knecht, Frdr. Just., kurze biblische Geschichte. Böhmische Uebersetzg. von Frz. Skalík. 5. Aufl. (VII, 87 S. m. 30 Abbildgn.) kl. 8. Freiburg i/B. (906.) Herder. Kart. n. — 40

— dasselbe in kroat. Sprache v. Vladimir Bakotić. 12. (III, 83 S. m. 46 Holzschn.) Ebd. 894. n.n. — 30; geb. in Halbleinw. n.n. — 38

— dasselbe. Kroatische Übersetzg. v. Vladimir Bakotić. 2. Aufl. gr. 16. (83 S. m. Abb.) Ebd. 898. n.n. — 30; kart. n.n. — 38

— dasselbe. Kroatische Uebersetzg. v. Vladimir Bakotić. 3. Aufl. (83 S. m. Abbildgn.) kl. 8. Ebd. (904). Kart. n.n. — 38

— dasselbe. In kroat. Sprache v. Vladimir Bakotić. (Ausg. f. Schüler.) 5. Aufl. (83 S. m. 46 Abbildgn.) kl. 8. Ebd. (909). Kart. — 30

— dasselbe. Neue, im Text unveränd. Ausg. f. Österreich. 12. (96 S.) Ebend. 886. geb. n.n. — 25

Knecht, Frdr. J., kurze biblische Geschichte f. die unteren Schuljahre d. katholischen Volksschule. Ausg. f. die Schüler. Nach der bibl. Geschichte v. Schuster-Mey bearb. (Ausg. f. Österreich.) 12. (96 S. m. 46 Bildern.) Freiburg i/Br. 888. Herder. n. — 20

Knecht, Dr. Friedrich Justus, Kurze biblische Geschichte für die unteren Schuljahre der katholischen Volksschule. Mit 46 Bildern. Neue, im Texte unveränderte Ausgabe für Oesterreich Freiburg in Breisgau. Herder'sche Verlagsbuchhandlung. (Min.-Erl. vom 2. Januar 1895, Z. 15518 ex 1894.) Geb. —.16

— dasselbe. Polnische Übersetzg. 12. (VI, 86 S. m. 46 Abb.) Ebd. 896. n.n. — 30; kart. n.n. — 38

Knecht, Frdr. Just., kurze biblische Geschichte. Slovenische Uebersetzg. v. Ivan Skuhala. 3. Aufl. 12. (95 S. m. Holzschn.) Freiburg i/B. 892. Herder. n. — 30

— dasselbe. Slovenische Uebersetzg. v. Ivan Skuhala. 4. Aufl. 12. (95 S. m. Holzschn.) Ebd. 896. n. — 34; Einbd. in Halbleinw. n.n. — 10

— dasselbe. Slovenische Uebersetzg. v. Ivan Skuhala. 5. Aufl. 12. (95 S. m. Holzschn.) Ebd. 899. n. — 30; geb. in Halbleinw. n.n. — 38

— dasselbe. Slovenische Uebersetzg. v. Ivan Skuhala. 6. Aufl. (95 S. m. Holzschn.) kl. 8. Ebd. 903. Geb. in Halbleinw. n.n. — 44

— dasselbe. Slovenische Übersetzg. v. Ivan Skuhala. 7. Aufl. (95 S. m. Abbildgn.) kl. 8. Ebd. (909). Kart. nn — 44

— dasselbe. Ins Slowakische übers. v. Karl Leop. Szamek. 12. (88 S. m. 47 Abb.) Wien 897. Ebd. n. — 25; geb. in Halbleinw. n. — 33

— dasselbe. Ungar. Übersetzg. 12. (92 S. m. 47 Abb.) Freiburg i/B. 896. Herder. n.n. — 30; kart. n.n. — 38

— dasselbe. Ungarische Übersetzg. 2. Aufl. 12. (92 S. m. 47 Abbildgn.) Ebd. 900. Kart. n.n. — 38

Knecht, Frdr. Just., the child's bible history. Adapted from the works of J. Schuster and G. Mey. Translated from the German. 12. (104 S. m. 46 Holzschn.) Freiburg i/B. 892. Herder. n. — 32; geb. n. — 40

Knecht, Frdr. Just., the child's bible history. Adapted from the works of I. Schuster and G. Mey. Translated from the German. 2. ed. 12. (104 S. m. 46 Holzschn.) Freiburg i/B. 895. Herder. n. — 32; geb in Halbleinw. n. — 40

Knecht, F. J., the child's bible history. Adapted from the works of J. Schuster and G. Mey. Translated from the German. 3. American ed. 12. (104 S. m. 46 Abbildgn.) St. Louis. Mo. 901. Freiburg i/B., Herder. Geb. in Leinw. n. 1. —

Knecht, Frdr. Just., The child's bible history. Adapted from the works of I. Schuster and G. Mey. 4. ed. (104 S. m. 46 Abbildgn.) kl. 8. Freiburg i/B. (906.) Herder. Kart. n. — 40

— The child's bible history. Adapted from the works of D. I. Schuster and G. Mey. 5. ed. (104 S. m. 46 Abbildgn.) kl. 8. Freiburg i/B. (908). Herder. Kart. — 40

— Zur Katechismusfrage m. besond. Hinblick auf die Bearbeitung des Deharbeschen Katechismus v. Linden. 2., verm. Aufl. (III, 57 S.) gr. 8. Ebd. 909. — 70

— prakt. Kommentar zur biblischen Geschichte, mit vorausgehender Anweisung zur Ertheilung des biblischen Geschichtsunterrichts. Im Anschlusse an die von G. Mey neu bearb. Schuster'sche Biblische Geschichte f. die kathol. Religionslehrer an Volksschulen hrsg. (In 4 Lfgn.) 1—3. Lfg. 8. (III, 570 S. m. 4 Tab.) Ebend. 881—82. n. 4. 80

— praktischer Kommentar zur biblischen Geschichte, m. vorausgeh. Anweisg. zur Erteilg. d. bibl. Geschichtsunterrichtes. Im Anschlusse an die v. G. Mey neu bearb. Schuster'sche Biblische Geschichte f. die kath. Religions-Lehrer an Volksschulen hrsg. 2. Aufl. 8. (X, 769 S.) Ebend. 883. 84. n. 6. —

— dass. — 3. und 4. verb. Aufl. 8. (XV, 771 S. mit 4 Tab.) Ebendas. 884. *ℳ 6,40.; geb. *

— praktischer Kommentar zur biblischen Geschichte mit einer Anweisung zur Erteilung des bibl. Geschichtsunterrichtes und einer Konkordanz der bibl. Geschichte und des Katechismus. Im Anschlusse an die von G. Mey neu bearb. Schuster'sche bibl. Geschichte für die kathol. Religionslehrer an Volksschulen hrsg. 5. verb. Aufl. 8. (XV, 771 S. mit 4 Lektionsplänen.) Ebendas. 886. *ℳ 6.40.; geb. *
. Die 4 Lektionspläne allein à *

— dass. — 6. verb., 7. und 8. unveränd. Aufl. gr. 8. (XII, 790 S. mit 2 Kärtchen und 1 Ansicht des heil. Landes.) Ebendas. 887,88. *ℳ 6.40.; geb. *

— praktischer Kommentar zur biblischen Geschichte, m. e. Anweisg. zur Erteilg. d. bibl. Geschichtsunterrichtes u. e. Konkordanz der bibl. Geschichte u. d. Katechismus. Im Anschlusse an die von G. Mey neu bearb. Schuster'sche bibl. Geschichte f. die kathol. Religionslehrer an Volksschulen hrsg. Mit 2 Kärtchen u. einer Ansicht d. heil. Landes. 10., unveränd. Aufl. gr. 8. (XIV, 800 S.) Ebd. 890. n. 6. 40; geb. n. 8. —

— Praktischer Kommentar zur biblischen Geschichte, m. e. Anweisg. zur Erteilg. d. bibl. Geschichtsunterrichtes u. e. Konkordanz der bibl. Geschichte u. d. Katechismus. Im Anschlusse an die v. G. Mey neu bearb. Schuster'sche bibl. Geschichte f. die kathol. Religionslehrer an Volksschulen hrsg. Mit 2 Kärtchen u. e. Ansicht d. heil. Landes. 11. verb. u. verm. u. 12. unveränderte Aufl. gr. 8. (XIV, 796 S. m. 4 Lektionsplänen. Ebd. 892. * 6 40; geb. in Hlbfrz. * 8 — Lektionspläne apart à * — 10

— praktischer Kommentar zur biblischen Geschichte, m. e. Anweisg. zur Erteilg. des biblischen Geschichtsunterrichtes u. e. Konkordanz der bibl. Geschichte u. d. Katechismus. Im Anschlusse an die v. G. Mey neu bearb. Schuster'sche bibl. Geschichte f. die kathol. Religionslehrer an Volksschulen hrsg. Mit Kärtchen u. e. Ansicht des heil. Landes, 12.—14., rev. Aufl. gr. 8. (XIV, 796 S. m. 4 Tab.) Ebd. 892—894. n. 6 40; geb. in Halbfrz. n. 8. —

— prakt. Kommentar z. bibl. Geschichte, m. e. Anweisg. z. Erteilg. d. bibl. Geschichtsunterrichts u. e. Konkordanz d. bibl. Geschichte u. d. Katechismus. Im Anschl. an d. v. G. Mey neu bearb. Schustersche bibl. Geschichte f. d. kathol. Religionslehrer an Volksschulen hrsg. M. Kärtchen u. e. Ansicht d. hl. Landes. 16., unveränd Aufl. gr. 8. (XIV, 798 S. m. 4 Tab.) Ebd. 897. n. 6. 40; geb. in Halbfrz. n. 8. —

— praktischer Kommentar zur biblischen Geschichte, m. e. Anweisg. zur Erteilg. des bibl. Geschichtsunterrichts u. e. Konkordanz der bibl. Geschichte u. des Katechismus. Im Anschlusse an die v. G. Mey neu bearb. Schustersche bibl. Geschichte f. die kathol. Religionslehrer an Volksschulen hrsg. Mit Kärtchen u. e. Ansicht des Hl. Landes. 17. verb. u. 18. unveränd. Aufl. gr 8. (à XIV, 798 S. m. 4 Tab.) Ebd. 899. 900. n. 6. 40; geb. in Halbfrz. n. 8. —

— praktischer Kommentar zur biblischen Geschichte, m. e. Anweisg. zur Erteilg. des bibl. Geschichtsunterrichts u. e. Konkordanz der bibl. Geschichte u. des Katechismus. Im Anschlusse an die v. G. Mey neu bearb. Schustersche bibl. Geschichte f. die kathol. Religionslehrer an Volksschulen hrsg. Mit Kärtchen u. e. Ansicht des Hl. Landes. 20., unveränd. Aufl. (XIV, 815 S. m. 4 Tab.) gr. 8. Ebd. 904. n. 6. 60; geb. in Halbfrz. n. 8. 40

— Praktischer Kommentar zur biblischen Geschichte, m. e. Anweisg. zur Erteilg. des bibl. Geschichtsunterrichts u. e. Konkordanz der bibl. Geschichte u. des Katechismus. 21. verbess. u. verm. u. 22. unveränd. Aufl. (XX, 889 S. m. 4 Karten.) gr. 8. Ebd. 907. 10. 7.—;
geb. in Halbfrz. 9. —

— Konkordanz der bibl. Geschichte u. d. Katechismus, worin d. Katecheten gezeigt wird, welche bibl. Beispiele u. Aussprüche b. Katechismusunterrichte beigezogen werden können. [Aus: „K., Kommentar z. bibl. Gesch., 15. Aufl."] gr. 8. (30 S.) Ebd. 896. n. — 40

— Konkordanz der biblischen Geschichte u. des Katechismus, worin dem Katecheten gezeigt wird, welche bibl. Beispiele u. Aussprüche beim Katechismusunterrichte beigezogen werden können. 2. Aufl. (30 S.) gr. 8. Ebd. 905.
— 50
Sonderabdruck aus: „K., prakt. Kommentar z. bibl. Geschichte."

—— der ehrwürdige Johann Baptist de Lasalle und das Institut der Brüder der christlichen Schulen, s. Sammlung historischer Bildnisse.

— die Lösung der Schulfrage u. der Canisiusverein. gr. 8. (69 S.) Freiburg i/Br. 880. Herder. n. — 80

—— die Lösung der Schulfrage und der Canisiusverein. gr. 8. (69 S.) Ebendas. 881. *

— Dr. Johann Baptist Orbin, Erzbischof v. Freiburg u. Metropolit der oberrhein. Kirchenprovinz. Trauerrede, geh. am 7. Mai 1886 im Dome zu Freiburg. gr. 8. (13 S.) Ebend. 886. n. — 25

—— prescurtare de istoria sacrà cu 47 de figuri, prelucrată dupa Istoria sacra a lui Schuster-Mey. Traducere românéscă a lui Josif M. Malinowski. 12. (86 S.) Ebendas. 887. *
geb. *

— Prescurtare de istoria sacră, cu 47 de figurĭ prelucrată după istoria a lui Schuster-Mey. Tradusă de Jos. M. Malinowski. Ed. II. 12. (86 S.) Ebd. 899.
Kart. n. — 40

– (Hrsg.), s. Schulwochenblatt, Süddeutsches Katholisches.

— die Staatserziehung ist im Princip verwerflich. Den Freunden der christlichen Jugendbildung gewidmet. gr. 8. (88 S.) Ebend. 880. n. — 40

— die Staatserziehung ist in ihren Folgen verderblich. Den Freunden der christlichen Jugendbildung gewidmet. gr. 8. (99 S.) Ebend. 880. n. 1. —

—— piccola storia sacra per le classi inferiori delle scuole cattoliche. Compilata sulla Storia biblica dello Schuster e letteralmente tradotta in italiano dal Dr. Franc. Chiminello. 12. (89 S. con 46 vignette.) Ebendas. 884. * 40 Pf.; geb. *

—— piccola storia sacra per le classi inferiori delle scuole cattoliche con 47 vignette, compilata sulla Storia Biblica dello Schuster, e letteralmente tradotta in italiano dal Franc. Chiminello. 2a ediz. 12. (91 S.) Ebendas. 887. *
geb. *

— Piccola storia sacra per le classi inferiori delle scuole cattoliche. Con 47 vignette. Compilata sulla Storia biblica dello Schuster dal K. et letteralmente tradotta in italiano dal Francesco Chiminello. 3. ed. 12. (91 S.) Ebd. 897. n. — 32; geb. in Halbleinw. n. — 40

— Piccola storia sacra per le classi inferiori delle scuole cattoliche. Compilata dal K. e letteralmente tradotta in italiano dal Francesco Chiminello. 4. ed. (91 S. m. 47 Abbildgn.) kl. 8. Ebd. (909). — 32;
kart. n — 40

—— Taschenbuch für Lehrer und Ortsschulräthe in Baden. Sammlung der in Kraft stehenden Gesetze, Verordnungen und Erlasse betreffs des Volksschulwesens im Großherzogth. Baden mit einem eingehenden alphabet. Register. 2. verm. Aufl. gr. 16. (VIII, 431 S.) Ebendas. 874. ℳ 2,40.; geb. *

— Taschenbuch für Lehrer u. Ortsschulräthe in Baden. Sammlung der in Kraft stehenden Gesetze, Verordngn. u. Erlasse betreffs des Volksschulwesens. Mit eingehendem alphabet. Register. 2., verm. Aufl. Mit einem Nachtrag, die Bekanntmachungen u. Verordnungen bis März 1879 nebst Register enth. gr. 16. (VIII, 439 u. Nachtrag IV, 125 S.) Ebend. 879. n. 3. —; geb. n. 3. 60;
Nachtrag ap. n. — 60

— zgodbe sv. pisma za nižje razrede ljudskih šol. S 47 podobami. Poslovenil I. Skuhala. (Slovenische Übersetzung von Knecht's kurzen bibl. Geschichten, Schülerausg.) 12. (95 S.) Ebd. 889. n. — 32; geb. n.n. — 44

Knecht G., d. Hebung d. Sittlichkeit u d. Erwerbs in d. Gemeinde Beuren. Stuttgart 1857

Knecht, Heinr., Erinnerungen an meinen selig entschlafenen Freund und Mitarbeiter Bernhard Schlegel, Bote des Evangeliums auf der Sklavenküste in West-Afrika. Mit seinem Bildnisse. 8. (89 S. mit 1 Stnt.) Bremen 859, Valett und Comp. *

Knecht, J., die wallonische Gemeinde zu Otterberg, s.: Geschichtsblätter d. deutschen Hugenotten-Vereins.

Knecht, Joh. Rud., Bern. Dissertatio medica inauguralis de asthmate
Basel, med. Diss. 1704.

Knecht, Justin Heinrich

Knecht, Just. Hnr., († d. 1. Dec. 1817.) Cäcilia; ein period. Werk für angehende u. geübtere Orgelspieler. 1e, 2e, 3e Liefer. gr. qu. 4. Frburg 822. Herder. 2 Rthlr. 6 Gr.

— gemeinnütz. Elementarwerk d. Harmonie u. d. Generalbasses ꝛc. Mit 16 Notentafeln. 4. Augsb. 792. In 2 Abtheil., mit 80 Notentaf. Münch., Falter u. S. 5 Rthlr. 14 Gr.

— Erklärung einiger (von Weißbeck) angetasteten ꝛc. Grundsätze aus d. Voglerschen Theorie. Nebst Anmerkk. über Löhlein's Einleit. in d. 2ten Theil seiner Clavierschule. (Wirkl. Verfass. ist J. G. Vogler.) 4. Ulm 785.

Knecht, Justin Heinr., theoretisch-praktische Generalbaßlehre, welche in 90 Notentafeln nebst allen Intervallen, alle möglichen Bewegungs-Arten der Töne, Uebungen aller vorkommenden Accorde ꝛc. enthält. 2. neu durchges. u. verb. Ausg. Bozen (858.) Thuille. gr. 4. (2 Bl., 48 S. u. 90 lith. S.)
1 Thlr. 12 Ngr.

— theoret.-prakt. Generalbaßschule. Mit 90 Notentaf. gr. 4. Frburg 825. Herder. 2 Rthlr. 6 Gr.

Knecht, Justin Heinr., theoretisch-praktische Generalbaßschule, welche in 90 Notentafeln nebst allen Intervallen, alle mögliche Bewegungs-Arten der Töne, Uebungen aller vorkommenden Accorde, die verschied. Uebergänge und das Ineinanderweben der Töne durch alle gebräuchl. Dur- und Moll-Tonarten enthält. 2., neu durchgeseh. und verb. Ausg. gr 4. (III, 48 und 92 lithogr. S.) Bozen 859, Thuille. *

— die durch e. Donnerwetter unterbrochene Hirtenwonne; eine musikal. Schilderung auf d. Orgel; nebst e. gedruckten Erklärung. 4. Münch. 793.

— allgem. musikal. Katechismus, oder kurzer Inbegriff d. allgem. Musiklehre. gr. 8. Bibrach 803. 4e Aufl. 4. Frburg 816. 5e A. 825. Herder. Neueste Aufl. gr. 8. Wien 822. Steiner u. C. 16 𝒦

— prakt. Clavierschule. 4 Hefte. 8. Münch. 179.. Falter. 1 ℛ

— theoret. Clavierschule. 2 Thle. 8. München 179.. Falter. 1 ℛ 8 𝒦

— bewährtes Methodenbuch beim ersten Klavierunterricht. Mit 50 Notentafeln. gr. 4. Freiburg 825, Herder.

— vollständ. Orgelschule. 3 Thle. Fol. Leipz. 795—98. Breitkopf u. H. 9 ℛ 16 𝒦

— neue Samml. von Clavierstücken. 6 Hefte. 8. Frburg 815. 2e A. ... Herder. 3 ℛ

— Sammlung progressiv. Orgelstücke verschiedener Art, mit Andeutung sowohl des Pedals als d. nöthigen Applicatur d. Finger u. Füsse f. Anfänger; wie auch mit kurzen belehrenden, die Kunstgriffe des Orgelspiels betreffenden Anmerkungen begleitet. 1ste Abthl. 2te Aufl. Fol. Ebendas. 812.

— Samml. progressiver Orgelstücke verschied. Art, mit Andeutung sowohl des Pedals als d. nöthigen Applicatur d. Finger u. Füße für Anfänger; wie auch mit kurzen belehrenden, d. Kunstgriffe des Orgelspiels betreffenden Anmerkk. begleitet. 1e Abtheil. 2e Aufl. Fol. Frburg 813. (Herder). 18 𝒦

— kleine u. leichte Uebungsstücke. 1s—5s Heft. 8. Ebendas. 814—15. (à 12 gr.)

— kleine u. leichte Uebungsstücke zum Clavierspielen für d. ersten Anfänger. 3 Hefte. 8. Frburg 814—15. Herder. 1 ℛ 12 𝒦

— Luthers Verdienste um Musik u. Poesie. Eine Skizze. gr. 8. Ulm 817. Wohler. 3 𝒦

Knecht, Justin. Heinr., Luthers Verdienste um Musik und Poesie. Eine Skizze. gr. 8. Ulm, Wohler. 818.

— kl. alphabet. Wörterbuch d. vornehmsten Artikel aus d. musikal. Theorie, (oder Anh. zu C. F. Moser, Taschenbuch für 1795.) 8. Ulm 795. Wohler. 8 𝒦

Knecht, Karl

Knecht, Carl [Eberbach '(Baden.)']: Beitrag zur Histologie der Epuliden ... Würzburg, J. M. Richter's Buchdr., 1892; 24 S. 8.
Würzburg, Med. Fak., Inaug.-Diss. v. 1892

Knecht, Margaretha, aus alten u. neuen Tagen. Gedichte. Düsseldorf 870. Budich. 16. (X, 133 S.) n. 15 ngr.

Knecht, N. M., dramatische Dichtungen. 1. Bd. 8. (IV, 200 S.) Würzburg 879. Stahel. n. 2. 50

Knecht, N. M., Kilian; dramat. Gedicht in 5 A. gr. 8. Würzb. 822. (Nürnb., Felsseeker). 16 𝒦

Knecht, Oscar. Zur Kenntnis der Nitrophenolsulfosäuren. Diss. Phil [II.] Univ. Zürich von Oskar K' ... 48 S. 8. Basel, Kreis, 1906.

Knecht, P. W. Muster [der] Waffen & Quincaillerie Fabrik von P W Knecht Söhne in Solingen. o. O. u. J. [um 1830].
3 Hefte mit 3 Bl. Tit., 44 farb. Taf. 8°

Knecht, Pet., keine Hungersnoth mehr! oder die einzigen unfehlbaren Mittel um die Kartoffel im höchsten Ertrage gesund, nahrhaft und fruchtbar zu ziehen und deren Krankheiten auszurotten. Nebst wichtigen histor. Notizen, als Vorrede und Einleitung und einem kleinen Anhange über andere Volksnahrungsmittel. 2., verm. Aufl. gr. 8. (X und 52 S.) Solingen 848, Amberger. (Leipzig, Brockhaus.)

Knecht, Rudolf [aus Neustadt a/Haardt]. Die intracapsuläre Ausschälung von Struma cystica. München, k Hof u. Univ.-Buchdr v. Dr C Wolf & Sohn, 1888; 42 S + 1 Bl. 8°
München, Med Fak., Inaug.-Diss. v. 1889

Knecht, Theodor. von Horgen bei Zürich: Das Eisenbahnstrafrecht der Schweiz, des deutschen Reiches und Frankreichs. Horgen 1908 VII + 131 S. 8° 20. II. 09.]
Zürich Staatswiss. Diss. 1908 09

Knecht, Thdr., junge Menschen. Skizzenbuch aus dem Vor-Kadettenhause. (178 S.) 8. Leipzig 909. Modernes Verlagsbureau. 3. —

Knecht, Wilhelm, aus Würzburg **Auswahl von Kohlehydraten durch verschiedene Hefen bei der alkoholischen Gärung.** *Jena: G. Fischer 1901.* (20 S.) 8°
Erlangen, Phil. Diss. v 17 Jan. 1900

Knecht, Wilhelm, von Baldingen, Canton Aargau Beiträge zur Kenntniss der Molekulargrössen organischer Verbindungen. Zür Zürcher u. Furrer Dr. 1878. 35 S. 8°.
Zürich. Phil. Diss. [v. 27. Mai 1879].

Knechtel, Louis, s.: Tage-Buch der königl. sächsischen Hoftheater.

Knechtel, O. Uebungsbuch der freiwilligen Sanitäts-Colonnen der Krieger-Vereine, Samariter-Vereine etc. f. Wiederholungs-Kurse, den Leitern u. Führern, sowie zum Selbstgebrauch zusammengestellt. 12. (40 S.) Lpz. 891, F. C. W. Vogel. * — 60

Knechtel, Otto, Erinnerungen e. 76ers aus d. Feldzuge 1870/71. 8. (VIII, 206 S.) Bremen 895. C. Schünemann. n. 2. 50; geb. in Leinw. n. 3. 50

Knedel, Franz

Knedel, F., Uebersicht der Versicherungsbedingungen der in Oesterreich-Ungarn operir. Lebensversicherungs-Gesellschaften. 3. Aufl. qu. 4. (79 S.) Wien 896. (C. Daberkow.) n. 3. 50

Knedel, Frz., Übersicht der Versicherungsbedingungen der in Österreich-Ungarn operierenden Lebensversicherungs-Gesellschaften. schmal gr. 8. (150 S. m. 2 Tab.) Wien 901. (Gerold & Co.) n. 5. —

— Versicherungsbedingungen der in Oesterreich-Ungarn operirenden Lebensversicherungs-Gesellschaften. 3. Aufl. Wien 896.

Knedel, Frz., die Versicherungsbedingungen der in Oesterreich-Ungarn operierenden Lebensversicherungsgesellschaften in vergleichender Uebersicht. (187 S.) 8. Wien 904. (Gerold & Co.) n. 8. —

Knedel, F., vergleichende Zusammenstellung der Versicherungsbedingungen österr.-ungar. Lebens-Versicherungs-Gesellschaften. Tabelle. 74 × 100 cm. Wien 894. (C. Gerold's Sohn.) 1. —

Kneebs, M., Benjamin Arden, der König d. Wolfsjäger, s.: Fischer-Sallstein, M. Konr, Goldstrumpf.

Kneebusch, Karl

Kneebusch, Führer durch den Reg.-Bez. Minden. [Aus: „Handbuch f. d. Prov. Westfalen".] Mit 1 Karte v. Westfalen. 8. (46 S.) Dortmund 890. Köppen. n.n. — 75

— Führer durch das Münsterland. [Aus: „Handbuch f. d. Prov. Westfalen".] Mit 1 Karte v. Westfalen u. 1 Plane v. Münster. 8. (36 S.) Ebd. 890. n.n. — 75

Kneebusch, Führer durch das Sauerland, Ruhr- und Lennethal. Mit 1 (lithogr.) Karte des östl. Sauerlandes. 16. (62 S.) Dortmund 884, Köppen'sche Buchh. *

Kneebusch, Führer durch das Sauerland, Ruhr- und Lennethal. 2. neu bearb. Aufl. 8. (VIII, 60 S. mit 1 chromolithogr. Karte.) Dortmund 885, Köppen'sche Buchh. *

Kneebusch. Führer durch das Sauerland, Ruhr- u. Lennethal u. das Fürstent. Waldeck. Mit 2 Karten. 3. neu bearb. Aufl. 8. (75 S.) Dortm. 889, Köppen. * 1 20

Kneebusch, Führer durch das Sauerland, Siegerland, den Kreis Wittgenstein, Waldeck u. angrenzende Gebiete. 4. Aufl. Unter Mitwirkg. der sauerländ. Gebirgsvereine neu bearb. Mit mehreren Karten. 12. (VI, 175 S.) Dortmund 893. Köppen. n.n. 1 75

Kneebusch, Führer durch d. Sauerland, Siegerland, Wuppergebiet u. Waldeck. 5. Aufl. Unt. Mitwirkg. d. sauerländ. Gebirgsvereine neu bearb. Mit 2 Karten. 12. (VI, 210 S.) Dortmund 895. Köppen. n. 2. —

Kneebusch, Führer durch das Sauerland, Siegerland, Wuppergebiet u. Waldeck. 6. Aufl. Unter Mitwirkg. der sauerländ. Gebirgsvereine neu bearb. Mit 2 Karten. 12. (XIII, 207 u. VI S.) Dortmund 899. Köppen. n. 2. —

Führer durch das Sauerland, Siegerland, Wuppergebiet und Waldeck von (Prof.) Dr (C[arl]) Kneebusch. Dortmund. 7. Aufl. Unter Mitw d. Sauerländ. Gebirgs-Vereine neu bearb. Mit 2 Karten. *Dortmund: Köppen (1904).* (XIII, 209, VI S.) 8° [04. 6317

Kneebusch, Führer durch das Sauerland, Siegerland, Wuppergebiet u. Waldeck. 8. unveränd. Aufl. Unter Mitwirkg der sauerländ. Gebirgsvereine neu bearb. (XIII, 209 u. IV S. m. Bildnis u. 2 Karten.) kl. 8. Dortmund (906). Köppen. n. 2. —

—— Führer durch das Sieg-, Dill-, obere Lahnthal und den Westerwald. 12. (55 S. mit 1 Karte.) Ebendas. 886. *

—— Handbuch f. die Prov. Westfalen. Mit Angaben üb. Bergwerke, Industrie, Verkehrswesen, Anstalten, Geschichte, Bodenverhältnisse, Sehenswürdigkeiten etc. 8. (178 S. m. 2 Plänen.) Dortm. 890, Köppen. * 2 50
Daraus apart folgende 2 Schriften:

Kneebusch [Dr.]: Die Politik König Wenzels, soweit sie mit dem Frankfurter September-Reichstage 1379 in Verbindung steht. Dortmund, Buchdr. v C. L. Krüger, 1889; S. 3–27, 4°
Dortmund, st. GwS (HB, OP 1889 356.

Kneebusch, Sauerland, Siegerland, Wuppergebiet u. Waldeck. Unter Mitwirkg. der sauerländ. Gebirgsvereine neu bearb. v. H. Grossjohann. 10. Aufl. (IX, 199 u. VII S. m. Bildnis u. 4 farb. Karten.) kl. 8. Dortmund (909). Koeppen. Kart. 2. —
154*

Kneer, A., zur Lage der deutschen Rechtsanwaltschaft. (23 S.) gr. 8. M.-Gladbach (907). Volksvereinsverlag. — 50
Sonderabdruck aus: „Soziale Kultur".

Die Denkmalpflege in Deutschland, mit besonderer Berücksichtigung der Rechtsverhältnisse. Von Dr phil. AUG KNEER, Rechtsanwalt in Trier M Gladbach 1915. Volksvereins-Verlag G m. b. H 8°

Kneer, Aug., die Entstehung der konziliaren Theorie. Zur Geschichte des Schismas und der kirchenpolit. Schriftsteller Konrad v. Gelnhausen († 1390) u. Heinr. v Langenstein († 1397), s.a. Quartalschrift, römische, f. christl. Altertumskunde u. f. Kirchengeschichte.

Kneer, Aug., Die Entstehung der konziliaren Theorie. Zur Geschichte des Schismas u. der kirchenpolitischen Schriftsteller Konrad von Gelnhausen († 1390) u. Heinrich von Langenstein († 1397). (Römische Quartalschrift 1 Supplementheft.) Freiburg, Herder in Komm., 1893, gr 8°, 145 S., 4 M.
Recens. v. Knöpfler, Litt. Rundsch. 1891, S. 210–2

Zur Geschichte der Familie Kneer. Von Dr. August Kneer. Trier: [Selbstverl.] 1909. 50 S. 8° [10. 8624

Kneer, August: Kardinal Zabarella (Franciscus de Zabarellis, Cardinalis Florentinus) 1360—1417. Ein Beitrag zur Geschichte des grossen abendländischen Schismas. Erster Teil.... Münster, Druck d. Theissing'schen Buchdr., 1891, VII, 63 S., 2 Bl. 8°
Münster, Phil. Fak., Inaug.-Diss. v. [24. Jun.] 1891

Kneer, Fritz [app. Arzt aus Blaubeuren]: Über 32 traumatische Hüftgelenks-Luxationen. . . (Aus: Beiträge z. klin. Chirurgie. Bd. IV.) Tübingen, Druck v H. Laupp jr., 1889; 28 S. 8°
Tübingen, Med. Fak., Inaug.-Diss. v. 1889

Knees, Friedrich

Knees, Gebrüder, Fibel, das ist: naturgemäßer Lerngang im Rechtschreiben u. Rechtlesen u. Führung zu Gott u. Jesu. Hrsg. v. F. Knees. 8. (4½ B. u. 1 Stnt.) Kiel 843. [Naeck.] *

Knees, Gebrüder, Fibel oder naturgemäßer Lerngang im Rechtschreiben und Rechtlesen. (Schreibend lesen.) Hrsg. von F. Knees. 2., verm. und verb. Aufl. 8. (96 S. und 2 lithogr. Bl. Vorschriften.) Kiel 848, Naeck. *

Knees, Gebr., Fibel, oder naturgemäßer Lerngang im Rechtschreiben und Rechtlesen. (Schreibend lesen.) Hrsg. von F. Knees. 3., veränd., verm. und verb. Aufl. 8. (IV, 96 und 4 lithogr. S.) Kiel 850, Naeck's Sortimentsb. *

Knees, F., Fibel, oder naturgemäßer Lerngang im Rechtschreiben und Rechtlesen. (Schreibenlesen — buchstabiren — lautiren.) 5.—8., verb. Aufl. 8. (84 S. mit 2 Stnt.) Kiel 862—68, Homann. *

Knees, F., Fibel oder naturgemäßer Lerngang im Rechtschreiben und Rechtlesen. [Schreiblesen — buchstabiren — lautiren.] 9. Aufl. 1869, und 10. Aufl. gr. 8. (84 und 4 lithogr. S.) Kiel 870, Homann. *

Knees, F., der Grundunterricht und das Schreibendlesen für Lehrer und Eltern. gr. 12. (44 S.) Kiel 855, Naeck's Sortimentsb. *

Knees, F., Lehrgang, d. i. Rathgeber dazu, wie durch unsere Fibel die Schüler denkend zum Rechtschreiben u. Rechtlesen, u. zur Kenntniß des Buchstabens u. Geistes unserer Sprache hinzuleiten sind. 8. (6¼ B.) Kiel 843. [Naeck.]

Kneese, Ed., († 1813.) gründl. u. nothwend. Unterricht über d. Gliederreißen. 8. Pirna 804. Friese. 12 gr.

Knefel, Konrad Er.

Knefel, C.E. Auszug aus d.Ministerialverfügung vom 24.Okt.1837. 8 S. ....
Progr. Coesfeld 1838

Knefel, C. E. Bericht über eine die Gymnasien betreffende Verordnung des Ministerii. 6 S. . . . .
Progr. Herford 1838

Knefel, C. E. Commentatio de Horat. epod. 2. 6 S. . . . . . .
Herford, Progr. 1828

Knefel, C. E. Quaestiunculae duae de Horatii carminibus. (Ueber Bedeutung der Horaz. Metra.) 6 S. . . . . , . .
Herford, Progr. 1832

Knefel, Konr. Er., s. Westphalen u. Rheinland.

Knegten M De ellipsi disquisitio geometrica. 1855. 8.
Diss. Münster

Knehr, Heinrich [Assistenzarzt d. Kreisirrenanst. Bayreuth]: Beitrag zur Casuistik der Cholelithiasis ... Bayreuth, Druck v. L. Ellwanger, 1893; 20 S. 8.
München, Med. Fak., Inaug.-Diss. v. 1894

Kneib, Philipp, die Beweise f. die Unsterblichkeit der Seele aus allgem. psycholog. Tatsachen, s.a. Studien, Strassburger theologische. V. 2.

Die Beweise für die Unsterblichkeit der Seele aus allgemeinen psychologischen Tatsachen. Neu geprüft von Dr. Philipp Kneib, Doz. in Mainz. *Freiburg i. Br.: Herder 1903.* (106 S.) 8°
— Studien, Strassburger Theologische. Bd 5, H. 2. [illegible]

— zur Frage nach der positiven Aufgabe der Apologetik. Einleitende Worte zu meinen Vorlesungen. (7 S.) 8. Berlin 906. Würzburg, F. Schöningh. n. — 15

Kneib, Phpp., der Evangeliumsbaumeister Harnack, s.a. Broschüren, Frankfurter zeitgemäße. XX. 9.

Der Evangeliums-Baumeister Harnack. Eine populäre Auseinandersetzung über 'Das Wesen d. Christentums'. Von Dr. Philipp Kneib. *Hamm i. W.: Breer & Thiemann 1901.* (28 S.) 8° [F.]
— Broschüren, Frankfurter zeitgemässe. Bd 20, H. 9. [illegible]

— die „Heteronomie" der christlichen Moral, s.a. Studien, theologische, der Leo-Gesellschaft. 7.

Die 'Heteronomie' der christlichen Moral. Eine apologet.-moraltheol. Studie von Dr. Philipp Kneib, Prof. zu Mainz. *Wien: Mayer & Co. 1903.* (VI, 70 S.) 8°
— Studien, Theologische, d. Leo-Gesellschaft. 7. [illegible]

— die „Jenseitsmoral" im Kampfe um ihre Grundlagen. (VIII, 282 S.) gr. 8. Freiburg i/B. 906. Herder. n. 4. —

Kneib, Philipp, moderne Leben-Jesu-Forschung unter dem Einflusse der Psychiatrie. Eine krit. Darstellg. f. Gebildete aller Stände. (76 S.) gr. 8. Mainz 908. Kirchheim & Co. 1. 20

— die „Lohnsucht" der christlichen Moral, s.a. Studien, theologische, der Leo-Gesellschaft. 11.

Die 'Lohnsucht' der christlichen Moral. Ein Beitrag z. Apologie d. christl. Sittenlehre von Dr. Philipp Kneib, Prof zu Mainz. *Wien: Mayer & Co. 1904.* (60 S.) 8°
— Studien, Theologische, d. Leo-Gesellschaft. 11 [illegible]

— die Unsterblichkeit der Seele, bewiesen aus d. höh. Erkennen u. Wollen, s.a. Studien, apologet. I. 4.

Kneib, Ph., Die Unsterblichkeit der Seele, bewiesen aus dem höhern Erkennen u. Wollen. Ein Beitrag zur Apologetik u. zur Würdigung der thomistischen Philosophie. Wien, Mayer u. Ko., 1900, gr. 8°. VII, 135 S., 2,20 Mk. (Bd. 1 Heft 4 aus. Apolog. Studien, hrsgeg. v. d. Leo-Gesellsch., das.)

— Wesen u. Bedeutg. der Encyklika gegen den Modernismus. Dargestellt im Anschluß an ihre Kritiker. (80 S.) gr. 8. Ebd. 908. 1. 50

Kneib, Philipp, Dr theol. Die Willensfreiheit und die innere Verantwortlichkeit. *Mainz: F. Kirchheim 1898.* (XII, 73 S.) 8° [F.]
Würzburg, Theol. Diss. v. 1898

— Wissen u. Glauben. Ein Wort zur Klarstellg. u. Verständigg. [Aus: „Der Katholik".] gr. 8. (50 S.) Mainz 902. F. Kirchheim. n. — 80

— Wissen u. Glauben. Ein Wort zur Klarstellg. u. Verständigg. 2. verm. Aufl. (VIII, 87 S.) gr. 8. Mainz 905. Kirchheim & Co. n. 1. 50

Kneidl, Frz. Abbildungen der im Umlaufe befindlichen Münzen d. Österreichisch-Ungarischen Monarchie. Lithogr. Taf. 79×59 cm. Prag 890, Otto. * 1 —

Kneidl, Fr., und Marhan, Mich., Početnice pro měšťanské školy chlapecké. III. Heft. 2. verbesserte Auflage. Prag und Wien 1895. F. Tempsky. (Min.-Erl. v. 24. Februar 1895, Z. 1432.) Geb. 1 K 20 h

Kneidl, Fr., und Marhan Mich., Početnice pro měšťanské školy chlapecké. 1. Heft. 3. verbesserte Auflage. Prag und Wien 1896. F. Tempsky. (Min.-Erl. vom 7. Juni 1896, Z. 13172.) Geb. —.70

Kneidl, Franz. und Marhan, Michael, Početnice pro měšťanské školy dívčí. Prag und Wien 1894. F. Tempsky. (Min.-Erl. v. 15. Juni 1894, Z. 12357.)
I. Heft. 2. verbesserte Auflage. Geb. 1 K 20 h
II. Heft. 2. verbesserte Auflage. Gebunden 1 K

Kneifel Franz: Die Niederschlagsverhältnisse von Süd-Deutschland in ihren örtlichen und jahreszeitlichen Verteilungen. 1881—1895. Diss. Wien. Univ.
II. 1902 PN 1519 2375

221

Kneifel, Reginald, s. Kneifl

Kneifl, J., 's Lieserl, s.: Bloch's, E., Theater-Correspondenz.

Kneifl, Reginald

Kneifl, R., vollständiges Handbuch d. Mineralogie, nach den neuesten Entdeckungen. 2 Bde. 8. Wien, Geistinger. 811.

Kneifl, Reginald, († d. 7. Dec. 1826.) d. Mineralreich. Ein Handbuch für d. Hörer d. Philosophie. 2 Bde. 8. Wien 811. Geistinger. (Gerold). 1 Rthlr 12 gr. Hbg. Pr. 18 gr.

Kneiff, R., das Pflanzenreich mit systematischer Darstellung der für das Schulbuch in den k. k. Gymnasien gelieferten Abbildungen. 8. Wien, Geistinger. 819. (Leipzig, W. Vogel in Comm.) Rthlr.

— d. Thierreichs mit systemat. Darstellung d. für d. Schulbuch in d. k. k. Gymnasien gelieferten Abbildd., auch als Leitfaden bei Vorlesungen brauchbar. 8. Wien 811. 2e A. 819. Geistinger. 1 ₰ 8 ℛ

— Topographie d. k. k. Antheils an Schlesien. 3 Thle in 4 Bden. 8. Brünn 804. Traßler. 1 ₰ 16 ℛ

Kneile, G.

— Gustav Werner u. sein Werk, s.: Familienbibliothek, Calwer.

Kneile, G., Vater Werner. (40 S. m. 5 Abb.) 8. Stuttgart 909. Verlag der ev. Gesellschaft. p — 25

Kneip, Gustav, Referendar a. Straßburg i. E.: Das Schicksal der Lebensversicherungssumme bei den verschiedenen Güterständen des B.G.B. Schiltigheim i. E. 1906: Bartl & Reimann. (119 S.) 8°

Freiburg i. B., rechts- u. staatsw. Fak., Ref. A. Schultze, Diss. v. 1 Sept. 1906

[Geb. 4. Okt. 81 Saaralben, Kr. Forbach (Lothr.); Wohnort: Straßburg; Staatsangeh.: Preußen u. Elsaß-Lothringen; Vorbildung: Lyzeum Metz Reife M. 99. Studium: Straßburg 7 S.; Rig. 7. Mai 06.]

Wir Drei! Ein Gedichtbuch von J[akob] **Kneip**, W[ilh.] L. Vershofen, Alfred J. Winckler. *Bonn: Röhrscheid & Ebbecke 1904.* (106 S.) 8° [F.]

[04 nein 6

Kneip, Karl

— u. Kurt **Bräuer**, die technischen Hilfswissenschaften, s.a. Uhland's, Wilh. Heinr., Handbuch f. den praktischen Maschinenkonstrukteur. V, 2.

Die technischen Hilfswissenschaften. Abt. 1, 6 u. 8 bearb. von Ingen. Karl **Kneip**. Abt. , bearb. von Ingen. Kurt Bräuer. Mit 334 Fig. Berlin: Loewenthal [1909]. 240 S. 4°

(Uhland's Handbuch f. d. prakt. Maschinen-Konstrukteur. 2. Aufl. Bd 5, T.)

[09. 13174

Kneip, Karl, die Mechanik v. R. Geigenmüller, s.: Weitzel, Karl Geo., die Schule d. Maschinentechniker. 7. Bd.

Kneip, Nicolas: Neues Luxemburger Donatus-Büchlein zur Verehrung des heil. Donatus, Schutzpatrones wider Blitz und Ungewitter. Luxemburg: J. Hary 1882. VIII,77,2 S. 16°

Kneip, Nikol., Erklärung d. heiligen Meßopfers f. das christliche Volk. 8. (379 S. m. 1 Stahlst.) Regensburg 876. Pustet. 1. 20

Kneip, Nicolas: Erklärung des heiligen Messopfers für das christliche Volk. Mit oberhirtlicher Genehmigung. Ausgabe des katholischen Bücher-Vereins für Bayern in München. Zweite Auflage. Ebd. 1881. 351 S. 8°

Kneip, N., die heilige Eucharistie, oder das Leben Jesu Christi im allerheiligsten Sakramente des Altars. Luxemburg. 864. Bück. 12. (210 S.) 12 ngr.

Kneip, Nicolas: Grosse Biblische Geschichte für die obere Klasse. Mit bischöflicher Genehmigung. Luxemburg: J. Hary 1883. 134 S. 8°

Kneip, Nik., große biblische Geschichte für die obere Klasse. 2. Aufl. 8. (VIII, 190 S. mit 55 Bildern und 1 Titelbild.) Freiburg i. Br. 884, Herder'sche Verlagsh. *

Kneip, Nik., große biblische Geschichte für die obere Klasse. 3. Aufl. 12. (IX, 204 S. mit 54 Bildern und 1 Kärtchen.) Freiburg i. Br. 887, Herder'sche Verlagsh. **
geb. **

Kneip, Nikolaus. Große biblische Geschichte f. die obere Klasse. 4. Aufl. Mit 54 Bildern u. e. Kärtchen. 12. (IX, 204 S.) Freib. i. Br. 890, Herder. * — 55; geb. ** — 64

— große biblische Geschichte f. die obere Klasse. 5. Aufl. 12. (IX, 204 S. m. 54 Bildern u. 1 Kärtchen.) Ebd. 893. Kart. n.n. — 64

Kneip, Nicolas: Kleine Biblische Geschichte für die untere Classe. Mit bischöflicher Genehmigung. Luxemburg: J. Hary 1883. 67,1 S. 8°

— kleine biblische Geschichte f. die untere Klasse 2. Aufl. Mit 33 Bildern u. e. Titelbilde. 8. (VI, 83 S.) Ebend. 884. n. — 30; Einbd. n.n. — 5

— kleine biblische Geschichte f. die untere Klasse. 3. Aufl. Mit 35 Bildern. 8. (VI, 81 S.) Ebd. 888. n. — 26; geb. n.n. — 32

Kneip, Nik., kleine biblische Geschichte f. die untere Klasse. 4. Aufl. 12. (VI, 81 S. m. 35 Bildern.) Freiburg i/B. 892. Herder. n.n. - 26; geb. in Halbleinw. n.n. — 32

Kneip, Nicolas: Das hl. Herz Jesu, sein Fest, seine Bruderschaft und das Apostolat des Gebetes dargestellt. Luxemburg: V. Bück 1864. 27 S. 8°

Kneip, Nicolas: Herz Jesu, Sitz der Liebe Vollständiges Belehrungs-, Betrachtungs- und Gebetbuch für die Verehrer des göttlichen Herzens. Mit Erlaubnis der geistlichen Obrigkeit. Dülmen [1881] 2,512 S. 16°

—— Herz Jesu, Sitz der Liebe. Vollständiges Belehrungs-, Betrachtungs- und Gebetbuch. 16. (512 S. mit 1 Stahlst.) Dülmen 881, Laumann'sche Verlagsh. *
geb. von *M 1,50. bis *

– Dass. Zweite Auflage. Ebd. [1884] 2,512 S. 16°

Kneip, Nik., Herz Jesu, Sitz der Liebe. Vollständ. Belehrungs-, Betrachtungs- und Gebetbuch für alle Verehrer des göttl. Herzens. 3. Aufl. 16. (414 S.) Dülmen 887, Laumann'sche Verlagsh. *M 1.—.; geb. * 1 50

Kneip, Nik., Herz-Jesu-Monat. 33 Betrachtgn. über die Liebe des heiligsten Herzens Jesu. Nebst e. Anh. v. Gebeten. 16. (592 S. m. Titelbild.) Einsiedeln 901. Verlagsanstalt Benziger & Co. Geb. in Leinw. n. 1. 30; in Ldr. m. Goldschn. n. 2. 20

Kneip, N., die heilige Kommunion, oder das Leben Jesu Christi in der Seele des Menschen. Luxemburg 865. Bück. gr. 12. (298 S.) n. 12 ngr.

Kneip, Nicolas: Das bittere Leiden Jesu. Betrachtungs- und Gebetbuch. Luxemburg: Gebr. Heintzé 1869. 4,344 S. 16°

— der Luxemburger Maimonat oder die Geschichte, das Gnadenbild u. die Octave der Trösterin der Betrübten, nebst einem Anhang von Gebeten. 16. (IV, 320 S.) Ebend. 881. n. — 60; geb. n. — 80

— St. Hubertus-Büchlein. Nachricht üb. das Leben, den Körper, die Kirche, die Stole u. das beständ. Wunder d. hl. Hubertus, Apostels der Ardennen. gr. 16. (161 S.) Luxemburg 874. Brück. 1. 20

Kneip, Nicolas: St. Josephs-Monat enthaltend: 1. das Leben des hl. Joseph, des Nährvaters Jesu; 2. die Beweggründe den hl. Joseph zu verehren; 3. die Art und Weise den hl. Joseph zu verehren; 4. verschiedene Andachtsübungen zu Ehren des hl. Joseph. Mit bischöflicher Genehmigung und Empfehlung. Dülmen 1888. 222 S. 16⁰

– Dass. Mit Approbation und Empfehlung des hochw. Herrn Bischofs von Luxemburg. Zweite Auflage.Ebd. o. J. 288 S.12⁰

Kneip, Nik., St. Josephs-Monat. Betrachtgn., Gebete u. Andachtsübgn. zu Ehren d. hl. Joseph. 2. Aufl. gr. 16. (288 S. m. 1 Stahlst.) Dülmen 898. A. Laumann. Geb. in Leinw. n. — 75

Geselliger Kneipabend der Turnvereine Neuschönefeld (M. T. V., Allg. T. V.) Neudnitz, Volkmarsdorf, Schönefeld, Sellerhausen, zu Neuschönefeld 12. 2. 1876, Leipzig 1876, 4 S., 8⁰

Kneipbibel der Turn- und Feuerwehrvereine, E. Sammlung Turner-, Kneip-, Wander-, Feuerwehr-, Gesellschafts- u. Vaterlandslieder, i. A. mehrerer Ver. hrsg. v. Ed. Strache, 5., bedeut. verm. Aufl., Warnsdorf 1885, 132 S., 16⁰

Deutsch-Anisches Kneipblatt, f Kneipfreunde u Anhänger einer naturgemäßen Lebensweise u arzneilosen Heilmethode. NY, 1897

Kneipgesetz. 1.—4. Aufl. 128. (12 S.) Hof 872—74, Grau und Comp.

Kneipgesetze. 5—7. Aufl. 128. (11 S.) Hof 877. Grau & Co. — 15

Kneipgesetze. Plakat. Fol. Hof 884, Grau und Comp.

Kneipgesetze. 10.—12. Aufl. 64. (12 S.) Hof 885—88, Lion. — 15

Kneip-Kladderadatsch. Neue lustig-durst. Lieder v. A. W—k. br. 8. (87 S.) Leipzig 873. R. Schaefer. n. 1. —

Kneipkomment u. Christenthum. E. Wort an christl. Studenten v. e. jungen Philister. gr. 8. (19 S.) Münden 897. R. Werther. n. — 25

Kneiplieder, illustrierte deutsche. Eine reichhalt. Sammlung der beliebtesten und besten Trink-, Kommers- und Gesellschaftslieder. 1. und 2. Aufl. 12. (128 S. mit zahlreichen eingedr. Holzschn.-Illustr.) Oberhausen 881,84, Spaarmann. cart. *

Kneiplieder, illustrierte deutsche. Eine reichhalt. Sammlg. der beliebtesten u. besten Trink-, Kommers- u. Gesellschaftslieder. 4. Aufl. 16. (184 S.) Styrum 889. Spaarmann. cart. n. — 50

Kneiplieder, illustrierte deutsche. Eine reichhalt. Sammlg. der beliebtesten u. besten Trink-, Kommers- u. Gesellschaftslieder. 5. Aufl. gr. 16. (136 S.) Styrum 892. A. Spaarmann. n. — 50

Kneiplieder, neue, für Techniker. 16. (30 S.) Frankfurt a. M. 874, Klimsch und Comp. *

Kneipp, Sebastian

Kneipp, S. Almanach-Kneipp pour l'année 1892. In-8⁰. 168 p. Fribourg (Suisse), Libraire de l'Université (P. Friesenhahn). — 70

Kneipp, S. (Hrsg.), s. Almanach Kneipp pour l'année 1894.

Kneipp, Sebast., Bienen-Büchlein. Eine einfache Anleitung zur Verbesserung der Bienenzucht in Körben und Kästen, besonders für Anfänger. 8. (165 S.) Kempten 874, Feuerlein. [Augsburg, Schmid's Verlag.] *

Kneipp, Seb., Bienen-Büchlein. Eine einfache Anleitung zur Verbesserung der Bienenzucht in Körben u. Kästen, besonders für Anfänger. 2., verb. u. verm. Aufl. 8. (IV, 120 S.) Augsburg 882. Schmid's Verl. n. 1. —

Kneipp, Seb., Bienen-Büchlein. Eine einfache Anleitung zur Verbesserung der Bienenzucht in Körben und Kästen, besonders für Anfänger. 3. verb. und verm. Aufl. 8. (IV, 120 S.) Augsburg 888, Schmid's Verlag. * 1 —

Kneipp, Seb., Bienen-Büchlein. Eine einfache Anleitg. zur Verbesserg. der Bienenzucht in Körben u. Kästen, besonders f. Anfänger. 4. Aufl. 8. (IV, 120 S.) Augsburg 892. B. Schmid's Verl. n. 1. —

— Bienen-Büchlein. E. einfache Anleitg. z. Verbesserg. d. Bienenzucht, in Körben u. Kästen, bes. f. Anfänger. 5. Aufl. 8. (IV, 120 S.) Augsburg 897. B. Schmid's Verl. n. 1. —

Kneipp, Seb., Bienen-Büchlein. Eine einfache Anleitg. zur Verbesserung der Bienenzucht, in Körben u. Kästen, besonders f. Anfänger. 6. Aufl. (IV, 120 S.) 8. Augsburg 906. B. Schmid. n. 1. —; geb. n. 1. 20

— the care of children in sickness and in health. 8. (XVI, 261 S. m. Vign. u. Titelbild.) Kempten 897. J. Kösel. Geb. in Leinw. 4. 50

Kneipp, Seb., Codicille à mon testament pour les malades et les gens bien portants. 2. éd. 8. (VII, 542 S. m. Abbildgn. u. Taf.) Kempten 899. J. Kösel. n. 2. 80

KNEIPP, Sebastian
Codizill zu meinem Testament für Gesunde und Kranke 1896. Jos Kosel'sche Buchhandlung, Kempten (Bayern). Luxus- oder Pracht-Ausgabe Jos Kösel'sche Buchhandlung, Kempten (Bayern). Testament und Kodizill zusammengebunden Jos Kösel'sche Buchhandlung, Kempten (Bayern)

— Codizill zu meinem Testamente f. Gesunde u. Kranke. 3. Aufl. 8. (VIII, 376 S. m. Abb. u. Titelbild.) Ebd. 897. n. 2. 80

— dasselbe. Böhmische Übersetzg. v. Eman. svob. pán Salomon z Friedbergů. 8. (X, 348 S. m. Abb. u. Taf.) Ebd. 898. n. 2. 60

— dasselbe. Polnische Übersetzg. v. Ks. J. A. Łukaszkiewicz. 8. (XV, 400 S. m. Abb. u. Taf.) Ebd. 898. n. 2. 80

— Comment il faut vivre. Avertissements et conseils s'adressant aux malades et aux gens bien portants pour vivre d' après une hygiène simple et raisonnable et une thérapeutique conforme à la nature. Seule traduction française autorisée par l'auteur. 1. – 4. édit. 8. (XII, 385 S. m. Lichtdr.-Bildnis.) Ebd. 891,92. * 2 80
Suppl. dazu, s. Manière de pratiquer les applications d'eau.

— conférences populaires sur ses douches, maillots, bains et ablutions, avec plusieurs illustrations. Instruction exacte pour bien employer la cure d'eau, fondée sur de nombreuses expériences faites sur le traitement par l'eau. Traduit de l'allemand. 8. (63 S. m. 1 Taf.) Wörishofen 892. (Kempten, J. Kösel.) 1. —

— trente-deux conférences sur les maladies et les plantes médicinales, recueillies et publiées en allemand par Frédéric Mayer à l'occasion du 70me anniversaire de la naissance de M. l'abbé Kneipp. Conseils pour les malades et les bien portants. Seule traduction française autorisée par l'auteur, augmentée et corrigée d'après la 3me édition par X. et Z. et précédée d'une biographie. gr. 8. (VIII, 208 S.) Kaufbeuren 893. G. Mayr. 1. 60

— consigliere per sani ed ammalati. Tradotto dal tedesco. 12. (VIII, 287 S.) Brixen 892. Buchh. d kath.-polit. Pressvereins. n. 1. 60

— el cuidado de los niños. Avisos y consejos para tratarlos en el estado de salud y en las enfermedades Vertido de la 6. ed. alemana por D. Francesco G Ayuso. Unica ed. autorizada. 8. (VIII, 213 S.) Kempten 894. J. Kösel. 1. 80

— el cuidado de los niños. Avisos y consejos para tratarlos en el estado de salud y en las enfermedades. Vertido de la 6. ed. alemana, por Francisco G. Ayuso. Unica ed. autorizada. 2. ed. 8. (VIII, 213 S.) Kempten 896. J. Kösel. n. 1. 80

— la cura dei bambini sani ed ammalati. Consigli. Traduzione autorizzata, fatta sulla VII. ed. tedesca da Lorenzo Moltini. 8. (VII, 168 S.) Ebd. 895. n. 1. 60

Kneipp, Seb., la mia cura idroterapica, esperimentata per oltre 35 anni e scritta pella guarigione delle malattie e pel mantinemento della salute. Traduzione autorizzata di L. Moltino e de Guggenberg. Con prefazione del Ant. Marro. 8. (XVI, 394 S. m. Fig. u. Bildnis.) Kempten 893. J. Kösel n. 2. 80

— ma cure d'eau ou hygiène et médication pour la guérison des maladies et la conservation de la santé. Seule traduction française autorisée de l'auteur. 8. (XII, 560 S. m. Abbildgn.) Strassburg i/E. 890. Le Roux & Co. n. 2. 80

Kneipp, S. Ma cure d'eau ou hygiène et médication pour la guérison des maladies et la conservation de la santé. Avec de nombr. fig. dans le texte. Seule traduction franç. autorisée par l'auteur. 14e éd. In-8°. XII, 560 p. (Strasbourg, F.-X. Le Roux & Cie.) Bâle, H. Georg. 3 50 1891

Kneipp, S. Ma cure d'eau ou hygiène et médication pour la guérison des maladies et la conservation de la santé Seule traduction française autorisée par l'auteur. 25e éd. Avec de nombr. fig. In-12°. XII, 560 p. Strasbourg, F.-X. Le Roux & Cie. (Dépôt pour la Suisse: H. Georg à Bâle et à Genève). 1892 3 50

—— Ma cure d'eau ou hygiène et médication pour la guérison des maladies et la conservation de la sante. Seule traduction française autorisée par l'auteur. 28e édit. 8. (XII, 560 S. m. Abbildgn.) Strassb. i. E. 892, Le Roux u. Comp.). * 2 80

— ma cure d'eau ou hygiène et médication pour la guérison des maladies et la conservation de la santé. Seule traduction française autorisée par l'auteur. 39. éd. 8. (XII, 560 S. m. Abbildgn.) Strassburg i/E. 893. F. X. Le Roux & Co. n. 2. 80

— ma cure d'eau ou hygiène et médication pour la guérison des maladies et la conservation de la sante. Seule traduction française, autorisée par l'auteur. 51. éd. 8. (XII, 560 S. m. Fig.) Strassburg, F. X. Le Roux & Co. n. 2. 80

[F.] Einfachheit, Mässigkeit und Abhärtung, Gottes- u. Naturgebot. Nach d. Rede des Herrn Prälaten [Sebastian] Kneipp, geh. zu Aachen im 'Allgem. Kneippver.' 1896. Aachen Dr. v Deterre & C (1896). (30 S.) 1 Bd 8. [97. 1470

— Einfachheit, Mäßigkeit u. Abhärtg., Gottes- u. Naturgebot. Nach d. Rede K.'s, geh. zu Aachen im „allgem. Kneippverein“ am 12. März 1896. 12. (30 S.) Aachen 896. (J. Schweitzer.) — 15

Kneipp, Seb., Fritz, der fleißige Futterbauer. Eine auf vieljähriger Erfahrung beruhende Anleitung zur Verbesserung und Pflege der Wiesen, wie auch zum Klee- und Futterbau auf den Aeckern, nebst einer vortheilhaften Belehrung über Düngerbereitung. 8. (XII, 76 S.) Neuburg 875. (Augsburg, Schmid'sche Verlagsh.) *

— dasselb. 2. verm. u. verb. Aufl. 8. (260 S.) Augsburg 876. Schmid's Verl. 1. 50

—— Fritz, der fleißige Futterbauer. Eine auf vieljähr. Erfahrung beruhende Anleitung zur Verbesserung und Pflege der Wiesen, wie auch zum Klee- und Futterbau auf den Aeckern, nebst einer vortheilhaften Belehrung über Düngerbereitung. 2. verm. Aufl. 8. (IV, 86 S.) Ebendas. 881. *

— Fritz, der fleißige Futterbauer. Eine auf vieljähr. Erfahrg. beruh. Anleitg. zur Verbesserg. u. Pflege der Wiesen, wie auch zum Klee- u. Futterbau auf den Aeckern, nebst e. vorteilhaften Belehrg. üb. Düngerbereitg. 3 Aufl. 8. (95 S.) Augsburg 891. B. Schmid's Verl. n. — 60

—— Fritz, der fleißige Futterbauer. Eine auf vieljähr. Erfahrg. beruh. Anleitg. zur Verbesserg. u. Pflege der Wiesen, wie auch zum Klee- u. Futterbau auf den Aeckern, nebst e. vorteilhaften Belehrg. üb. Düngerbereitg. 3. Aufl. 8. (95 S.) Ebd. 892. * — 60

— Fritz, der fleißige Futterbauer. Eine auf vieljähr. Erfahrg. beruhende Anleitg. zur Verbesserg. u. Pflege der Wiesen wie auch zum Klee- u. Futterbau auf den Aeckern, nebst e. vorteilhaften Belehrg. üb. Düngerbereitg. 4. Aufl. (IV, 103 S.) kl. 8. Ebd. 906. n. — 60

—— Fritz, der fleißige Landwirth. Ein Büchlein, worinn enthalten sind die seit 20 Jahren gemachten Erfahrungen in Verbesserung der Landwirthschaft als einfache Anleitung für jeden Landwirth, der bemüht ist, seinen Betrieb zu verbessern. gr. 8. (121 S.) Kempten 874, Feuerlein. *

—— Fritz, der fleißige Landwirth. Ein Büchlein, worin enthalten sind die seit 20 Jahren gemachten Erfahrungen in Verbesserung der Landwirthschaft, als einfache Anleitung für jeden Landwirth, der bemüht ist, seinen Betrieb zu verbessern. 2. verm. und verb. Aufl. (260 S.) 1876. ℳ 1,50.; 3. verm. und verb. Aufl. 8. (291 S.) Augsburg 878, Schmid'sche Verlagsh.

— Fritz, der fleißige Landwirt. Ein Büchlein, worin enthalten sind die seit 22 Jahren gemachten Erfahrgn. in Verbesserg. der Landwirtschaft, als einfache Anleitg. f. jeden Landwirt, der bemüht ist, seinen Betrieb zu verbessern 4. Aufl. 8. (263 S.) Ebd. 893. n. 1. 60

—— Fritz, der eifrige Viehzüchter. Ein Büchlein zur Belehrung zusammengestellt aus den vielfält. Erfahrungen. 8. (IV, 103 S.) Donauwörth 877. (Augsburg, Schmid'sche Verlagsh.)

— Fritz, der eifrige Viehzüchter. Ein Büchlein zur Belehrung, zusammengestellt aus den vielfält. Erfahrungen. 2. Aufl. 8. (IV, 103 S.) Augsburg 890. Schmid's Verl. — 75

— Fritz, der eifrige Viehzüchter. Ein Büchlein zur Belehrg., zusammengestellt aus den vielfält. Erfahrgn. 3 Aufl. 8. (102 S.) Ebd. 893. — 75

Kneipp's, Pfr. Seb., Heilverfahren, wissenschaftlich beleuchtet u. in seiner Anwendung auf die verschiedenen Krankheiten allgemein verständlich dargestellt. Hrsg. m. Genehmigg. u. unter Beihilfe v. Seb. Kneipp u. unter der Red. v. Tacke. 1. u. 2. Hft. gr. 8. Kempten, J. Kösel. n. 2. 50

1. Die spinale Kinderlähmung [Poliomyelitis anterior acuta], ihre Ursachen, ihr Wesen u. ihre Heilung v. Max Tacke. (VIII. 71 S. m. Abbildgn.) 893. n. 1. —

2. Anathema esto? Ein Beitrag zur Kneippbewegg. Allen Freunden u. Feinden Kneipp's gewidmet v. Leop. Senfelder. (VIII, 128 S.) 893. n. 1. 50

—— die Kaninchenzucht. Praktisch dargestellt. 8. (16 S.) Kempten 874, Feuerlein. *

— Kinderpflege in gesunden u. kranken Tagen. Ratschläge. 1.—9. Aufl. 8. (VIII, 208 S.) Donauwörth 891—894. L. Auer. Kart. n. 1. 50

KNEIPP, Sebastian
Kinderpflege in gesunden und kranken Tagen. Ratschläge von Pfarrer Sebastian Kneipp. Juli 1891 Druck und Verlag der Buchhandlung L. Auer, Donauwörth. Titel ab 11 Aufl. Kinderpflege in gesunden und kranken Tagen. Ratschläge von Msgr Sebastian Kneipp, päpstlicher Geheimkämmerer und Pfarrer in Wörishofen. Druck und Verlag der Buchhandlung L. Auer, Donauwörth.

— Kinderpflege in gesunden u. kranken Tagen. Ratschläge. 12. Aufl. 8. (208 S.) Donauwörth 896. L. Auer. Kart. n. 1. 50

— Kinderpflege in gesunden u. kranken Tagen. Ratschläge. 17. Aufl. (208 S.) kl. 8. Donauwörth (904). L. Auer. Kart. n. 1. 50

— Kinderpflege in gesunden u. kranken Tagen. Ratschläge. 18. Aufl. (208 S.) kl. 8. Donauwörth (907). L. Auer. Geb. 1.50

— das große Kneippbuch. Ein Volksbuch f. Gesunde u. Kranke. Nach dem Tode des Verf. in dessen Auftrag bearb. u. hrsg. v. Bonifaz Reile. (XXIV, 1814 S. m. Abbildgn., 25 farb. Taf. u. 1 Bildnis.) gr. 8. Kempten 908. J. Kösel. Geb. in Leinw. n. 12. –

— dasselbe. (Tschechische Ausg.) (XXV, 1096 S. m. Abbildgn., 25 farb. Taf. u. 1 Bildnis.) gr. 8. Ebd. 905. Geb. in Leinw. n. 12. 75

KNEIPP, Sebastian
Das Kleine Kneipp-Buch. Meine Heilmittel für Kranke in alphabetischer Form aus meinen gesammelten Schriften der gebrechlichen Menschheit dargeboten von Sebastian Kneipp. Nach dem Tode des Verfassers und in dessen Auftrag herausgegeben von Fr B. Reile. 1900. Jos. Kösel'sche Buchhandlung, Kempten (Bayern).

— das kleine Kneipp-Buch. Meine Lebensregeln f. Gesunde u. meine Heilmittel f. Kranke, in alphabet. Form aus meinen gesammelten Schriften der gebrechl. Menschheit dargeboten. Nach dem Tode des Verf. u. in dessen Auftrag hrsg. v. Bonif. Reile. 8. (V, 655 S.) Ebd. 901. n. 3. 60; geb. in Leinw. n. 4. 40

— das kleine Kneipp-Buch. Meine Lebensregeln f. Gesunde u. meine Heilmittel f. Kranke, in alphabet. Form aus meinen gesammelten Schriften der gebrechl. Menschheit dargeboten. Nach dem Tode des Verf. u. in dessen Auftrag hrsg. v. Bonif. Reile. 3. Aufl. (V, 655 S.) 8. Ebd. 905. n. 3. 60; geb. in Leinw. n. 4. 40

Kneipp, Seb., s.: Kneipp-Kalender, illustrirter Wörishofener.

Kneipp, S., die Kunst reich zu werden. Unfehlbares Olla potrida, binnen kurzer Zeit ein bedeutendes Vermögen zu haben. Löbau 849, Breyer.

— Léčení vodou, jež po třicetiletém zkoušení pro nemocné i zdravé napsal. Se svolením spisovatelovým vydávají J. Ježek a Fr. Strnad. Čtvrté vydání. S podobiznou spisovatelovou a s mnoha vyobrazeními. (Die Wassercur für Kranke und Gesunde. 5. Auflage) Br.-8. (319 S.) 1.48, geb. 1.80
Kempten: Kösel 1893.

Kneipp, Monsgr. Šeb., papežský taj. komoří a farář Woerishofenský, Léčení vodou, jež po třicetiletém zkoušení k vyléčení a pro zachování zdraví napsal. S podobiznou spisovatelovou a s mnoha vyobrazeními. Autorisovaný překlad pořídili J. Ježek a Fr. Strnad. Páté vydání. (Die Wassercur. 5. Auflage.) 8. (320 S.) 1.44, gebd. 1.80
Kempten: Kösel 1894.

Kneipp, Monsgr. Šeb., papežský taj. komoří Woerishofenský, Léčení vodou, jež po třicetiletém zkoušení pro nemocné i zdravé napsal. Se svolením spisovatelovým vydávají J. Ježek a Fr. Strnad. S podobiznou spisovatelovou a s mnoha vyobrazeními. Sedmé vydání. (Die Wassercur für Kranke und Gesunde. Siebente Auflage.) 1896. Br.-8. (320 S.) *1.40 Geb. *1.80
Kempten: Kösel 1897.

— método de hidroterapia aplicando durante más de 35 años y escrito para el tratamiento de los enfermos y para guía de los sanos. Version española de la 33. ed. alemana por D. Francisco G. de Ayuso. 8. (XV, 414 S. m. Bildnis.) Ebd. 893. n. 3. 60

— Método de hidroterapia ó mi cura de agua. Aplicado durante más de 35 años y escrito para el tratamiento de los enfermos y para guía de los sanos. Version española de la 33. ed. alemana por Francisco G. Ayuso. 8. ed. 8. (XV, 414 S. m. Bildnis.) Ebd. 899. n. 3. 60; geb. in Leinw. n.n. 4. 20

— un mot sur le choléra. 8. (15 S.) Ebd. 893. n. — 20

KNEIPP, Sebastian
Pfarrer Kneipp's Naturheilverfahren Verlag der „Wörishofener Blätter" L Viereck.

— allerhand Nützliches f. Wasser-Kur u. Lebensweise. Ges. Aufsätze aus d. 7 ersten Jahrgängen (1891—1897) d. illustr. Wörishofener Kneipp-Kalenders. M. 7 Vollbild. in Autotypie u. zahlr. Text-Illustr. 8. (XIII, 550 S.) Kempten 898. J. Kösel. n. 3. —; geb. in Halbldr. od. Leinw. n. 3. 80

— s.a. Pflanzen-Atlas zu S. K.'s „Wasser-Kur".

KNEIPP, Sebastian
Pflanzen-Atlas zu Seb Kneipp s Schriften. Ausgaben I. – III Hierfür auch illustrierter Prospekt Jos. Kösel'sche Buchhandlung, Kempten (Bayern).

— s.: Plant-Atlas to „my watercure".

—— Rathgeber f. Gesunde u. Kranke. 1. u. 2. Aufl. 12. (296; VI S.) Ebd. 891. cart. * 1 70

Italienische Ausg. u. d. T:
Consigliere per sani ed ammalati.

Kneipp, Seb., Rathgeber f. Gesunde u. Kranke. 6. Aufl. (IV, 296 u. VII S.) kl. 8. Donauwörth, L. Auer. Kart. n. 1.—

[15.] Seb. Kneipp's gesammelte Schriften. Bd 1, [illegible] 2, [illegible] 3, [illegible] 4. *Kempten: J. Kösel (1898).* 4 Bde 8.
1 Volks-Gesundheitslehre ... (In 12 Lfgn.)
I ... [A T.] Meine Wasserkur ... Text d. 64. Aufl. d. Einzel-Ausg (2 Bl., VIII S., 2 Bl., 370 S., 1 Portr.)
II [A. T.] So sollt ihr leben ... Text d. 24. Aufl. ... (2 Bl., XII, 364 S.)
III ... [A T.] Pflanzen-Atlas zu Seb. Kneipp's 'Wasser-Kur' ... (X, 40 S., 1 Bl.)
2 Hälfte 1 [A T.] Mein Testament f. Gesunde u. Kranke ... Text nach d. 14. Aufl. ... (3 Bl., XII, 340 S., 29 Taf.)
2 [A T.] Codizill zu Meinem Testamente ... Text nach d. 5. Aufl. ... (1 Bl., VIII S., 1 Bl., 370 S., 9 Taf.)
3 [A T.] Öffentl. Vorträge geh. vor s. Kurgästen ... zu Wörishofen ... Th. 1. Ausgew. Vortr. d. Jahre 1890 u. 1891. Nach stenogr. Aufzeichngn. bearb. u. hrsg. v. Prior Fr. Bonifaz Reile, Sekret. d. ... Kneipp, u. H. Hartmann. M. 1 Titelb. (2 Bl., VII S., 1 Bl., 350 S., 1 Bl., 1 Portr.-Taf.)
2 [illegible] d. J. 1892 u. 1893 ... bearb. u. hrsg. v. Priester Johann Gruber, [illegible] Privatsekr. Kneipp's. M. d. Bildn. d. Hrsg. ... Text nach d. 2. Aufl. (1 Bl., VI S., 1 Bl., 350 S., 1 Portr.)
3 [illegible] d. J. 1894 bis 1897 ... bearb. u. hrsg. v. ... Reile ... M. 1 Titelb. (1 Bl., VII S., 1 Bl., 335 S., 1 Portr.)
4 [A T.] Allerhand Nützliches f. Wasser-Kur u. Lebensweise. Gesamm. Aufs. aus d. sieben ersten Jg. '(1891–1897)' d. Ill. Wörishofener Kneipp-Kalenders, hrsg. v. ... Kneipp ... M. 7 Vollbild ... u. zahlr. Text-Ill. (Hrsg.: ... Reile) (2 Bl., XIII S., 1 Bl., 550 S., 7 Taf.) 198 8577

Kneipp's, Seb., gesammelte Schriften. 1.—23. Lfg. 8. Kempten 898. J. Kösel. à — 50
1—6. 1. Bd. Volks-Gesundheitslehre. I. Meine Wasser-Kur, durch mehr als 40 Jahre erprobt u. geschrieben z. Heilg. d. Krankheiten u. Erhaltg. d. Gesundheit. M. d. Bildn. d. Verf. Text d. 64. Aufl. d. Einzel-Ausg. (X, 376 S. m. Abb.)
7—11. Dasselbe. II. So sollt ihr leben! Winke u. Rathschläge f. Gesunde u. Kranke zu e. einf. vernünft. Lebensweise u. e. naturgem. Heilmethode. Text d. 24. Aufl. d. Einzel-Ausg. (XII, 364 S.)
12. Dasselbe. III. Pflanzen-Atlas zu Seb. Kneipp's „Wasser-Kur", enth. d. naturgetreue bildl. Darstellg. d. sämmtl. in d. genannten Buche besproch., sow. noch ein. and. v. Volke vielgebrauchten Heil-Pflanzen. (X, 40 S.)
13—17. 2. Bd. (in 2 Hälften). 1. Hälfte: Mein Testament f. Gesunde u. Kranke. Text nach d. 14. Aufl. d. Einzel-Ausg. (XII, 340 S. m. Taf.)
18—23. Dasselbe. 2. Hälfte: Codizill zu meinem Testamente f. Gesunde u. Kranke. Text nach d. 5. Aufl. d. Einzel-Ausg. (VIII, 376 S. m. 9 Taf.)

Kneipp's, Seb., gesammelte Schriften. 24.—44. (Schluß-) Lfg. 8. Kempten 898. 899. J. Kösel. à — 50
24—28. 3. Bd.: Oeffentliche Vorträge, geh. vor seinen Kurgästen in der Wandelbahn zu Wörishofen. (In 3 Thln.) 1. Thl.: Ausgew. Vorträge der J. 1890 u. 1891. Nach stenograph. Aufzeichngn. bearb. u. hrsg. v. Bonif. Reile u. H. Hartmann. Mit 1 Titelbilde. (VII, 350 S. m. Abbildgn.)
29—33. 3. Bd.: Oeffentliche Vorträge, geh. vor seinen Kurgästen in der Wandelbahn zu Wörishofen. (In 3 Thln.) 2. Thl.: Ausgew. Vorträge der J. 1892 u. 1893. Nach stenograph. Aufzeichngn. bearb. u. hrsg. v. Joh. Gruber. Mit dem Bildnisse des Herausgebers. Text nach der 2. Aufl. der Einzel-Ausg. (VI, 350 S.)
34—38. Dasselbe. 3. Thl.: Ausgew. Vorträge aus d. J. 1894—1897. Nach stenogr. Aufzeichngn. bearb. u. hrsg. v. Bonif. Reile. Mit 1 Titelbilde. (VII, 331 S.)
39—44. 4. Bd. Allerhand Nützliches für Wasser-Kur u. Lebensweise. Gesammelte Aufsätze a. d. 7 ersten Jahrgängen (1891—1897) des illustr. Wörishofener Kneipp-Kalenders. Mit 7 Vollbildern in Autotyp. u. zahlr. Text-Illustr. (XIII, 550 S.)

KNEIPP, Sebastian
So sollt ihr leben! Winke und Ratschläge für Gesunde und Kranke zu einer einfachen, vernünftigen Lebensweise und einer naturgemäßen Heilmethode. 1. Aufl. Herbst 1889; 17. Aufl. 1893. Jos. Kösel'sche Buchhandlung, Kempten (Bayern). Luxus- oder Prachtausgabe. Jos. Kösel'sche Buchhandlung, Kempten (Bayern). 28. Aufl. 1909. Jos. Kösel'sche Buchhandlung, Kempten und München.

Kneipp, S., So sollt ihr leben! Winke u. Rathschläge f. Gesunde u. Kranke zu e. einfachen, vernünft. Lebensweise u. e. naturgemäßen Heilmethode. 1.—9. Aufl. 8. (XII, 364 S.) Kempten 889. 890. Kösel. n. 2. 60; geb. n.n. 3. 20

— So sollt ihr leben! Winke u. Rathschläge f. Gesunde u. Kranke zu e. einfachen, vernünft. Lebensweise u. e. naturgemäßen Heilmethode. 10.—20. Aufl. 8. (XII, 364 S.) Kempten 891—894. J. Kösel. n. 2. 60; kart. n.n. 3. 20

— dasselbe. Pracht-Ausg. gr. 8. (XII, 364 S. m. 1 Bild) Ebd. 891. n. 4. —; geb. in Kalbldr. n.n. 6. 20

— so sollt ihr leben! Winke u. Rathschläge f. Gesunde u. Kranke z. e. einfachen, vernünft. Lebensweise u. e. naturgem. Heilmethode. 21. Aufl. 8. (XII, 364 S.) Kempten 895. J. Kösel. n. 2. 60; geb. in Leinw. od. Halbldr. n.n. 3. 20

— so sollt ihr leben! Winke u. Rathschläge f. Gesunde u. Kranke zu e. einfachen, vernünft. Lebensweise u. e. naturgemäßen Heilmethode. 25. Aufl. 8. (XII, 364 S.) Kempten 900. J. Kösel. n. 2. 60

KNEIPP, Sebastian / FEY, Dr. med. Christian
So sollt ihr leben! Neu herausgegeben und bearbeitet von Dr. med. Christian Fey, Arzt in Bad Wörishofen.

— dasselbe. Böhmische Uebersetzg. v. J. Ježek. 3. Aufl. 8. (VIII, 326 S.) Ebd. 893. n. 2. 40

— dasselbe. Englische Uebersetzg. 1. u. 2. Aufl. 8. (XV, 389 S. m. 1 Abbildg.) Ebd. 894. Geb. in Leinw. n. 6. —

— dasselbe. Französische Uebersetzg. 6. Aufl. 8. (XII, 385 u. Anh. 16 S. m. Abbildgn. u. Bildnis.) Ebd. 894. n. 2. 80

— dasselbe. Italienische Uebersetzg. v. L. Moltini. 8. (XIV, 386 S. m. 1 Abbildg.) Ebd. 894. n. 2. 80

— dasselbe. Italienische Uebersetzg. v. L. Moltini. 2. Aufl. 8. (XIV, 385 S. m. 1 Ansicht.) Ebd. 896. n. 2. 80

— dasselbe. Polnische Uebersetzg. v. J. A. Łukaszkiewicz. 3. Aufl. 8. (XIV, 367 S.) Ebd. 893. n. 2. 60

— dasselbe. Polnische Uebersetzg. v. J. A. Lukaszkiewicz. 4. Aufl. 8. (XIV, 367 S. m. 1 Ansicht.) Ebd. 895. n. 2. 60

— dasselbe. Polnische Übersetzg. v. J. A. Łukaszkiewicz. 6. Aufl. 8. (XIV, 367 S. m. Titelbild.) Ebd. 901. n. 2.60

— dasselbe. Spanische Uebersetzg. v. Francisco G. Ayuso. 8. (XVI, 420 S. m. 1 Abbildg.) Ebd. 894. n. 3. 60

— dasselbe. Spanische Uebersetzg. v. Francisco G. de Ayuso. 8. (XVI, 420 S. m. 1 Ansicht.) Ebd. 895. n. 3. 60

— mein Testament f. Gesunde u. Kranke. 1.—3. Aufl. 8. (XII, 340 S. m. Abbildgn.) Kempten 894. J. Kösel. n. 2. 80; geb. n.n. 3. 40

— dasselbe. Pracht-Ausg. gr. 8. (XII, 340 S. m. Abb. u. 2 Bildn. auf 1 Taf.) Ebd. 895. 3. 90; geb. in Leinw. n. 4. 90; in Kalbldr. n. 6. 10

— mein Testament f. Gesunde u. Kranke. 11. Aufl. 8. (XII, 340 S. m. Abb., 27 Taf. u. 1 Bildnistaf.) Ebd. 896. n. 2. 80

— mein Testament f. Gesunde u. Kranke. 17. Aufl. 8. (XII, 340 S. m. Abbildgn., 27 Taf. u. Bildnis.) Ebd. 902. n. 2. 80

— mein Testament f. Gesunde u. Kranke. 19. Aufl. (XII, 340 S. m. Abb., 27 Taf. u. Bildnistaf.) 8. Kempten 905. J. Kösel. n. 2. 80

— dasselbe. Böhmische Uebersetzg. v. J. Ježek. 8. (XIII, 302 S. m. Bildn. u. Abb.) Ebd. 895. n. 2. 60

— dasselbe. Englische Übersetzg. 8. (XII, 380 S. m. Abb. u. Bildn.) Ebd. 896. Geb. in Leinw. n. 6. —

— dasselbe. Englische Ausg. Translated from the 14th German ed. (Prachtausg.) 2. ed. 8. (XII, 380 S. m. Abb., Taf. u. 1 Bildnistaf.) Ebd. 899. Geb. in Leinw. n. 6. —

— dasselbe. Französische Ausg. Traduit de l'allemand par un ancien professeur. 6. éd. 8. (XI, 494 S. m. Abbildgn., Taf. u. 1 Bildnistaf.) 8. Ebd. 901. n. 2. 80

— dasselbe. Polnische Uebersetzg. v. Ks. Juljan Łukaszkiewicz. 8. (XV, 848 S. m. Abb. u. 2 Bildn. auf 1 Taf.) Ebd. 895. n. 2. 80

— dasselbe. Polnische Übersetzg. v. Ks. Juljan Łukaszkiewicz. 3. Aufl. 8. (XV, 843 S. m. Abbildgn., Taf. u. 1 Bildnistaf.) Ebd (900). n. 2. 80

— dasselbe. Spanische Übersetzg. v. D. Joaquín Collet y Gurguí. 8. (XX, 430 S. m. Abb. u. 1 Bildnistaf.) Ebd. 896. Geb. in Leinw. n. 4. 20

— dasselbe. Spanische Übersetzg. v. D. Joaquín Collet y Gurguí. 3. Aufl. 8. (XX, 430 S. m. Abbildgn., Taf. u. 1 Bildnistaf.) Ebd. 900. Geb. in Leinw. n. 3. 60

— dasselbe. Tschechische Uebersetzg. e. J. Ježek. 3. Aufl. (XIII, 308 S. m. Abbildgn., Taf. u. 1 Bildnistaf.) 8. Ebd. (905). n. 2. 60

— mon testament. Conseils aux malades et aux gens bien portants. Traduit de l'allemand par un ancien professeur. 1. et 2. éd. 8. (XI, 494 S. m. Abb. u. 2 Bildn. auf 1 Taf) Ebd. 895. n. 2. 80

— Vivez ainsi ou avis et conseils pratiques pour vivre en bonne santé et guérir les maladies. Seule traduction française autorisée par l'auteur. 1.—14. édit. 12. (XVI, 544 S.) Strassb. i. E. 891,92, Le Roux u. Comp. * 2 80
Ausserdem noch folgende Uebersetzungen Czechisch. 1. u. 2. Aufl. (VIII, 336 S.) 890,91 * 2 40; geb ** 3 — Polnisch. 1. u. 2. Aufl. (XII, 368 S.) 891,92. * 2 60; geb. ** 3 20.

— vivez ainsi ou avis et conseils pratiques pour vivre en bonne santé et guérir les maladies. Seule traduction française autorisée et reconnue authentique par l'auteur. 19. éd. 8. (XVI, 544 S.) Strassburg i/E. 893. F. X. Le Roux & Co. n. 2. 80

— vivez ainsi ou avis et conseils pratiques pour vivre en bonne santé et guérir les maladies. Seule traduction française, autorisée et reconnue authentique par l'auteur. 24. éd. 12. (XVI, 544 S.) Strassburg 895. F. X. Le Roux & Co. n. 2. 80

— Volksgesundheitslehre. Ein Leitfaden f. Gesunde u. Kranke. 10 Lfgn. 8. Kempten 891. 892. J. Kösel. à n. — 60; in 2. Ausg. in 20 Lfgn. à n. — 30; kplt. geb. in 1 Leinw.-Bd.: n. 7. —; in 2 Bde. n. 7. 50

1. Thl. Meine Wasser-Kur, durch mehr als 35 Jahre erprobt u. geschrieben zur Heilung der Krankheiten u. Erhaltung der Gesundheit. Mit dem Bildnisse d. Verf. Neue Bearbeitg. nach der 31. Aufl. der Einzel-Ausg. (XIII, 376 S.)
2. Thl. So sollt ihr leben! Winke u. Rathschläge f. Gesunde u. Kranke zu e. einfachen, vernünft. Lebensweise u. e. naturgemäßen Heilmethode. Text nach der 14. Aufl. der Einzel-Ausg. (XII, 364 S.)
3. Thl. Pflanzen-Atlas zu S. K.'s „Wasser-Kur", enth. die naturgetreue bildl. Darstellg. d. sämmtl. in dem genannten Buche besprochenen, sowie noch einigen anderen vom Volke vielgebrauchten Heil-Pflanzen. (X, 40 S.)

— Vortrag, geh. Mittwoch, d. 27. Novbr. 1895 in d. Burgvogteihalle zu Basel. Hrsg. v. Kneippverein „Sanitas" in Basel. gr. 8. (22 S.) Basel 895. (Kochler.) n.n. — 30

— Vortrag, geh. Montag, d. 9. Novbr. 1896 im Saale d. Schützengarten in St. Gallen. 8. (32 S.) St. Gallen 896. (Scheitlin.) n. — 40

Kneipp, Seb., Vortrag üb. natürliche Hygieine u. Abhärtung v. frühester Jugend an. Geh. am Montag, den 16. Jan. 1893, in den Sälen d. „Zentral-Hotel" zu Barmen. Nach stenograph. Aufnahme hrsg. vom Barmer Kneipp-Verein. 8. (36 S.) Barmen 893. (H. Inderau's Nachf.) n. — 20

— Vortrag üb. sein Naturheilverfahren. Geh. am 27. Apr. 1892 im großen Musikvereinssaale zu Wien bei der Constituirg. d. I. Wiener Naturheilvereines. Hrsg. vom constituir. Comité d. I. Wiener Naturheilvereines. 8. (26 S.) Wien 892. (Lesk & Schwidernoch.) n. — 30

KNEIPP, Sebastian
Populärer Vortrag von Sebastian Kneipp, Prälat in Wörishofen, gehalten am 20 Mai 1893 in der Turnhalle des Turnvereins Nurnberg. Zum ehrenden Andenken an den Reformator der Wasserheilmethode herausgegeben vom Kneipp-Verein Nürnberg. Druck von Beißwanger in Nurnberg.

KNEIPP, Sebastian
Prälat Kneipp's Ausgewählte Vorträge über seine Heilmethode I Teil Seb. Kneipp's Vorträge uber die Gusse, Wickel, Bäder und Waschungen nebst einem Anhang von S Kreuzer, Bad Kreuzer, Wörishofen II Teil Seb. Kneipp's Vorträge über unsere Kleidung, Wohnung, Nahrung und Getränke. Mit Genehmigung des Autors herausgegeben von H. Hartmann. H Hartmann's Verlag, Wörishofen.

— ausgew. Vorträge üb. s. Heilmethode. I. Tl.: Uns. Kleidg., Wohng., Nahrg. u. s. w. 4. Aufl. II. Tl.: Die Kneipp'schen Güsse, Wickel, Bäder u. s. w. 6. Aufl. M. e. genauen Anleitg. z. vorschriftsmäß. Ausführg. sämtl. Kneipp'schen Anwendgn. v. Simpert Kreuzer, Bad Kreuzer, Wörishofen. Mit Genehmigg. des Autors hrsg. v. H. Hartmann. M. zahlr., z. Tl. zweifarb. Abb 8. (54 u. 113 S.) Wörishofen 895. H. Hartmann. 1. 75

KNEIPP, Sebastian
Neue Vorträge von S Hochwürden Msgr Seb Kneipp Pfarrer und päpstlicher Geheim-Kämmerer In dessen Auftrag gesammelt und herausgegeben von Louise Marie Schweizer II Lieferung 1894 Juni-Juli, mit einem Vorwort Kneipps. Verlag von P Schön (G Mayr'sche Buchhandlung), Kaufbeuren und Wörishofen.

— öffentliche Vorträge, geh. vor seinen Kurgästen in der Wandelbahn zu Wörishofen. 1. Bd.: Die Vorträge des J. 1892. Nach stenograph. Aufzeichngn. bearb. u. hrsg. v. Joh. Gruber. 8. (XI, 350 S.) Kempten 894. J. Kösel. n. 2. 60; geb. in Halbldr. oder in Leinw. n.n. 3. 20

— öffentl. Vorträge, geh. vor seinen Kurgästen in der Wandelbahn zu Wörishofen. 2.—4. Bd. 8. Kempten, J. Kösel. à n. 2. 60; geb. à n.n. 3. 20

2. Die Vorträge d. J. 1894. Im Auftr. gesammelt u. hrsg. v. Louise Marie Schweizer. (X, 333 S. m. Titelbild.) 895.
3. D. Vorträge d. J. 1890 u. 1891. Nach stenograph. Aufzeichngn. bearb. u. hrsg. v. Fr. Bonif. Relle u. H. Hartmann. (VII, 350 S. m. Titelbild.) 896.
4. Vorträge seit Septbr. 1894. Nach stenograph. Aufzeichngn. bearb. u. hrsg. v. Fr. Bonifaz Relle. M. 1 Titelbilde (Bildnis). (VII, 331 S.) 898.

KNEIPP, Sebastian
Öffentliche Vorträge, gehalten vor seinen Kurgästen in der Wandelbahn zu Wörishofen von Msgr Sebastian Kneipp, päpstl Geheim-Kämmerer Pfarrer in Wörishofen Zweiter Band Die Vorträge des Jahres 1894 (April bis September) Im Auftrage gesammelt und herausgegeben von Louise Marie Schweizer Vorsteherin des statistischen Bureau s für Kneipp sches Heilverfahren. 1895 Commissions-Verlag der Jos. Kösel'schen Buchhandlung, Kempten Öffentliche Vorträge, gehalten vor seinen Kurgästen in der Wandelbahn zu Wörishofen von Msgr Sebastian Kneipp, päpstl Geheim-Kämmerer Pfarrer in Wörishofen (Bayern), Inhaber des Comthurkreuzes vom Orden des hl Grabes Dritter Band Die Vorträge der Jahre 1890 und 1891 Nach stenographischen Aufzeichnungen bearbeitet und herausgegeben von Prior Fr Bonifaz Reile, Sekretar des Herrn Prälaten Kneipp und H. Hartmann. 1896. Verlag der Jos Kösel'schen Buchhandlung. 2 Aufl 1898. Öffentliche Vorträge, gehalten vor seinen Kurgästen in der Wandelbahn zu Wörishofen von Msgr Sebastian Kneipp, päpstl Geheimkämmerer, Pfarrer in Wörishofen (Bayern), Inhaber des Comthurkreuzes vom Orden des hl. Grabes Vierter Band Vorträge seit September 1894 Nach stenographischen Aufzeichnungen bearbeitet und herausgegeben von Prior Fr Bonifaz Reile, Sekretär des † Herrn Prälaten Kneipp. 1898. Verlag der Jos. Kösel'schen Buchhandlung, Kempten.

KNEIPP, Sebastian
Öffentliche Vorträge in der Wandelbahn gehalten von Hochw Herrn Prälaten Msgr Sebastian Kneipp zu Wörishofen. Juli 1896. Separatabdruck aus dem „Wörishofener Kur- und Badeblatt" Verlag von Julius Lang-Weissenbach, Wörishofen D G Oktober 1896 D G Nov 1896.

Kneipp, Seb. Sämtliche Vorträge, geh. in Wörishofen vom 3. Juni 1890 an. Nachgeschrieben u. zusammengestellt v. e. Kurgaste. Hrsg. v. P. Schön. 1. Lfg. 8. (48 S. m. Portr.) Kaufbeuren 890, Mayr. * — 50
Fortsetzung u. d. T.:
32 Vorträge üb. Krankheiten u. Heilkräuter.

— volkstümliche Vorträge üb. seine Güsse, Wickel, Bäder u. Waschungen, nebst e. Anh., enth.: Eine genaue Anweisg. zum richt. Gebrauche der Kneipp'schen Wasserkur. Mit Genehmigg. d. Autors hrsg. u. versehen m. vielen, während seines 12monatl. Kurgebrauches in Wörishofen gemachten Erfahrgn., welche die Anwendg. der Wasserkur betreffen, v. H. Hartmann. (4. Aufl.) 8. (68 S. m. Abbildgn. u. 2 Taf.) Wörishofen u. Türkheim 892. (Kurbuchh. v. Jos. Müller.) — 75; geb. 1. —

— dasselbe. Mit Genehmigg. des Autors hrsg. v. H. Hartmann. Nebst e. allgemein verständl., zur richt. Ausführg. der Güsse notwend. Anleitg., bearb. nach den neuesten Vorschriften des hochw. Seb. Kneipp u. auf Grund mehrjähr., in eigener Kneipp'scher Wasserheilanstalt in Wörishofen gemachter prakt. Erfahrgn. v. Simpert Kreuzer. Mit zahlreichen Abbildgn. nach photogr. Aufnahmen. 6., verb. u. verm. Aufl. 8. (111 S. m. 13 Taf.) Wörishofen 894. H. Hartmann. 1. 20; geb. 1. 50

— 32 Vorträge üb. Krankheiten u. Heilkräuter, nebst e. ausführl. Biographie. Zum 70. Geburtstage d. hochw. Hrn. Seb. Kneipp f. Gesunde u. Kranke gesammelt u. hrsg. v. Friedr. Mayer. 2. u. 3. Lfg. 8. (VIII, 186 S.) Linz 891. Kaufbeuren u. Wörishofen, (Mayr). à Lfg. * — 50; * 1 —

— 32 Vorträge üb. Krankheiten u. Heilkräuter, nebst e. ausführl. Biographie. Zum 70. Geburtstage d. hochw. Hrn. Seb. Kneipp f. Gesunde u. Kranke gesammelt u. hrsg. v. Frdr. Mayer. 3., verm. u. verb. Aufl. 8. (XI, 244 S.) Linz 893. (Kaufbeuren & Wörishofen, G. Mayr.) n. 1. 20

— Wasser thut's freilich! Oeffentl. Vortrag, geh. im kathol. Gesellenhaus in Zürich am 3. Febr. 1895. 8. (31 S.) Zürich 895. C. Schmidt. n. — 50

KNEIPP, Sebastian
Meine Wasserkur durch mehr als 30 (35, 40) Jahre erprobt und geschrieben zur Heilung der Krankheiten und Erhaltung der Gesundheit. 1 Aufl. 1 Oktober 1886; 2 Aufl. Mai 1887, 3. Aufl Oktober 1887 4 – 5. Aufl. 1888, 6. – 12 Aufl 1889; 13. – 25. Aufl. 1890; 26. – 35. Aufl 1891, 36. – 42. Aufl 1892, 43. – 49. Aufl. 1893; 50 – 54 Aufl 1894, 55. – 61 Aufl. 1895; 62 – 66. Aufl. 1897 Josef Kösel'sche Buchhandlung, Kempten (Bayern). Luxus- oder Pracht-Ausgabe mit Atlas der darin genannten Heilpflanzen. Josef Kösel'sche Buchhandlung, Kempten (Bayern). 92 Aufl. 1921 Jubiläumsausgabe erschienen im Jahre der 100. Wiederkehr des Geburtstages Kneipps Josef Kösel und Friedrich Pustet KG, München, Verlagsabteilung Kempten.

Kneipp, Seb., meine Wasser-Kur, durch mehr als 30 Jahre erprobt u. geschrieben zur Heilg. der Krankheiten u. Erhaltg. der Gesundheit. Mit dem Lichtdr.-Bildnisse d. Verf. 8. (VI, 318 S.) Kempten 887. Kösel. n. 2. 50; geb. n. 3. 10

— meine Wasser-Kur, durch mehr als 30 Jahre erprobt u. geschrieben zur Heilg. der Krankheiten u. Erhaltg. der Gesundheit. Mit dem autotyp. Bildnisse d. Verf. 3.—24. Aufl. 8. (VIII, 368 S. m. Abbildgn.) Kempten 887—890. Kösel. n. 2. 60; geb. n.n. 3. 20

— dasselbe. Pracht-Ausg. 8. (VIII, 368 S. m. Lichtdr.-Bildnis u. sämtl. Pflanzenabbildgn.) Ebd. 890. n. 4. —; geb. in Halbkalbldr. n. 6. 20

— meine Wasser-Kur, durch mehr als 35 Jahre erprobt u. geschrieben zur Heilg. der Krankheiten u. Erhaltg. der Gesundheit. 25.—54. Aufl. 8. (VIII, 376 S. m. Abbildgn. u. Bildnis.) Kempten 891—894. J. Kösel. n. 2. 60; kart. n.n. 3. 20

— dasselbe. Pracht-Ausg. 2. Aufl. gr. 8. (VIII, 376 S. m. Abbildgn. u. Stahlst.-Bildnis.) Ebd. 892. n. 3. 60; geb. in Leinw. n. 4. 60; in Halbfrz. n. 5. 80

— dasselbe. Jubiläums-Ausg. 50. Aufl., m. eigenem Vorwort des Verf. 8. (VIII, 376 S. m. Abbildgn. u. Bildnis.) Ebd. 894. n. 2. 60

— meine Wasser-Kur, durch mehr als 40 Jahre erprobt u. geschrieben z. Heilg. d. Krankheiten u. Erhaltg. d. Gesundheit. 61. Aufl. 8. (VIII, 376 S. m. Abb. u. Bildn.) Kempten 896. J. Kösel. n. 2. 60

Kneipp's S, Wasserkur. Pflanzen-Atlas. 8. Aufl. (17 S 41 T) Kempten 1897

— dasselbe. Pracht-Ausg. 3. Aufl. gr. 8. (VIII, 376 S. m. Abb. u. Bildn.) Ebd. 898. 3. 60; geb. in Leinw. n. 4. 60; in Ldr. n. 5. 80

Kneipp S, meine Wasserkur. 64. Auflage. (376 S) Kempten 1898

Meine Wasser-Kur Von Sebastian **Kneipp** Mit d. Bildn d. Verf. 65 Aufl Kempten Kösel 1899. VII, 376 S. 8°

— meine Wasser-Kur, durch mehr als 40 Jahre erprobt u. geschrieben zur Heilg. der Krankheiten u. Erhaltg. der Gesundheit. 70. Aufl. 8. (VIII, 376 S. m. Abbildgn. u. Bildnis.) Ebd. 902. n. 2. 60

— — Meine Wasser-Kur, durch mehr als 35 Jahre erprobt u. geschrieben zur Heilg. der Krankheiten u. Erhaltg. der Gesundheit. Mit dem (autotyp.) Bildnisse d. Verf. 38.—41. Aufl. 8. (VIII, 376 S. m. Abbildgn.) Kempten 892, Kösel. * 2 60; cart. ** 3 20
Pracht-Ausg. 2. Aufl. gr. 8. (VIII, 376 S. m. Abbildgn. u. Stahlst.-Bildnis.) * 3 60; geb. in Leinw. * 4 60; in Hlbfrz. * 5 80
Ausgaben in fremden Sprachen. Czechlich. 3. Aufl. (VI, 313 S.) 892. * 2 40; geb. ** 3 — Englisch. (XVI, 395 S.) 892. geb. * 6 — Polnisch. 3 Aufl (VIII 347 S. m. Bildniß u. Abbildgn.) 892. * 2 60; cart ** 3 20.
Französische Ausg. u. d. T Ma cure d'eau

— dasselbe. In das Böhmische übers. v. J. Ježek u. Fr. Strnad. 4. Aufl. 8. (VIII, 319 S. m. Bildnis u. Abbildgn.) Ebd. 893. n. 2. 40

— dasselbe. Böhmische Uebersetzg. v. J. Ježek u. Fr. Strnad. 6. Aufl. 8. (VIII, 320 S. m. Abb. u. Bildn.) Ebd. 895. n. 2. 40

— dasselbe. Böhmische Übersetzg. v. J. Ježek u. Fr. Strnad. 9. Aufl. 8. (VIII, 320 S. m. Abbildgn. u. Bildnis.) Ebd. 902. n. 2. 40

Kneipp, Seb., meine Wasser-Kur, durch mehr als 40 Jahre erprobt u. geschrieben z. Heilg. d. Krankheiten u. Erhaltg. d. Gesundheit. Italienische Uebersetzg. von L. Moltini u. v. Guggenberg. M. Vorwort v. Ant. Marro. 4. Aufl. 8. (XVIII, 394 S. m. Abb. u. Bildn.) Kempten 896. J. Kösel. n. 2. 80

— dasselbe. Italienische Übersetzg. v. L. Moltini u. de Guggenberg. 5. Aufl. 8. (XVIII, 394 S. m. Abbildgn. u. Bildnis.) Ebd. 900. n. 3. 60

— dasselbe. Polnische Uebersetzg. v. J. A. Lukaszkiewicz. 5. Aufl. 8. (XIX, 347 S. m. Abbildgn. u. Bildnis.) Ebd. 893. n. 2. 60

— dasselbe. Polnische Uebersetzg. v. J. A. Łukaszkiewicz. 8. Aufl. 8. (XVI, 347 S. m. Abb. u. Bildn.) Ebd. 896. n. 2. 60

— dasselbe. Polnische Übersetzg. v. J. A. Łukaszkiewicz. 13. Aufl. 8. (XVIII, 347 S. m. Abbildgn. u. 1 Bildn.) Ebd. 902. n. 2. 60

— dasselbe. Spanische Uebersetzg. v. Francisco G. de Ayuso. 8. Aufl. 8. (XV, 414 S. m. Abb. u. Bildn.) Ebd. 894. n. 3. 60

— dasselbe. Spanische Übersetzg. v. D. Francisco G. Ayoso. 9. Aufl. 8. (XV, 414 S. m. Abbildgn. u. Bildnis.) Ebd. 901. n. 3. 60

— my water-cure, tested for more than 35 years and published for the cure of diseases and the preservation of health. Translated from his 36th German ed. The only authorized and complete English ed. With 100 illustrations and a portrait of the author. 2. ed. gr. 8. (XX, 395 S.) Ebd. 892. Geb. in Leinw. n. 6. —

KNEIPP, Sebastian
Ein Wort über Cholera. Druck und Verlag der akad Preßvereinsdruckerei, Linz. Eigentumsrecht d. Pf Kneipp vorbehalten

Deutsch-Amerikanisches Kneippblatt: Band 1, no. 1—11, Aug. 1897—June 1898.
Monthly. Devoted to hydrotherapy. Sub-title: Für Kneippfreunde und Anhänger einer naturgemässen Lebensweise und arzneilosen Heilmethode. Illus. Edited & published by L. M. Schweizer, Aug. 1897—?
New York, NY

Kneipp-Blätter. Zeitschrift f. arzneilose Heilmethode u. naturgemäße Lebensweise, zugleich offizielles Organ des Kneipp-Vereines in Wörishofen. Red.: J. Okic. 1.—4. Jahrg. 1891—1894. à 26 Nrn. (Bog.) gr. 8. Donauwörth, L. Auer. à Jahrg. n.n. 2. 50

Kneipp-Blätter. Zeitschr. für arzneilose Heilmethode u. naturgem. Lebensweise. Red.: J. Okic. 5.—8. Jahrg. 1895—1898. à 26 Nrn. (Bog.) Lex.-8. Donauwörth, L. Auer. à Jahrg. n. 2. 50
Kann auch halbjährlich bezogen werden.

Kneipp-Blätter. Zeitschrift für arzneilose Heilmethode u. naturgemäße Lebensweise. Hrsg.: Ludw. Auer. Red.: J. Okić-Jereb. 9.—12. Jahrg. 1899—1902. à 26 Nrn. gr. 8. (à ca. 16 S.) Donauwörth, L. Auer. à Jahrg. n. 2. 50

Kneipp-Blätter. Zeitschrift für arzneilose Heilmethode u. naturgemäße Lebensweise. Hrsg.: Ludw. Auer. Red.: Bonif. Reile. 13.—16. Jahrg. 1903—1906. à 26 Nrn. (à Jahrg. IV, 412 S.) gr. 8. Donauwörth, L. Auer. à Jhrg. n. 2. 50

Kneipp-Blätter. Zeitschr. f. arzneilose Heilmethode u. naturgemäße Lebensweise. Hrsg.: Ludw. Auer. Red.: Bonif. Reile. 17.—20. Jahrg. 1907—1910. à 26 Nrn. (à Jahrg. IV, 412 S.) gr. 8. Donauwörth, L. Auer. à Jahrg. 2. 50

Kneipp-Blätter: Jg. 1—12, March 1, 1896—Dec 1907
Semi-monthly, 1896—98; monthly, 1899—1907. German edition of the Naturopath, with which it merged. Title varies: Amerikanische Kneipp-Blätter. Organ für die Kneipp-Vereine.
New York, NY

Kneipp-Bote 1901 – 1920

Der Kneipp-Bund 1897 – 1912

Kneipp-Bund, der. Zeitschrift zur Erhaltg. u. Verbreitg. d. Gesundheitslehre v. Sebastian Kneipp. Offic. Organ d. Verbandes d. Kneipp-Vereine. Hauptsitz Wörishofen. Red.: Frhr. E. v. Stein. 2. Jahrg. 1898. 24 Nrn. (à ca. 24 S.) gr. 8. Wörishofen. (Berlin, Germania.) n. 1. 50
Kann auch halbjährlich bezogen werden.

Kneipp-Bund, der. Zeitschrift zur Erhaltg. u. Verbreitg. der arzneilosen u. naturgemäßen Gesundheitslehre von Sebastian Kneipp. Officielles Organ des Verbandes der Kneipp-Vereine. Red. f. den ärztl. Tl.: Bauer, f. den nichtärztl. Tl.: Frhr. E. v. Stein. 3. u. 4. Jahrg. 1899 u. 1900. à 24 Nrn. gr. 8. (à ca. 20 S.) Wörishofen. (Berlin, Germania.) à Jahrg. n. 3. —

— dasselbe. Red.: Aug. Pertzborn. 5. u. 6. Jahrg. 1901 u. 1902. à 12 Nrn. gr. 8. (à ca. 32 S.) Berlin (Germania). à Jahrg. n. 3. —

Kneipp-Bund, der. Zeitschr. zur Erhaltg. u. Verbreitg. der arzneilosen u. naturgemäßen Gesundheitslehre v. Sebastian Kneipp. Offizielles Organ des Verbandes der Kneipp-Vereine. Red.: A. Dinand. 7.—10. Jahrg. 1903—1906. à 12 Nrn. (à ca. 32 S.) 8. Berlin (Germania). à Jhrg. n. 3. —
Nicht mehr im Buchhandel.

Kneipp-Führer. D. Anstalten in Wort u. Bild. Nebst Einleitg.: Wann, wo u. wie ist e. Kneipp'sche Kur am besten zu gebrauchen? Von Alfr. Baumgarten 12. (IV, 188 S.) Münster 895. A. Russell. n. 1. 20

Kneipp-Kalender 1891 bis heute

Kneipp-Kalender, illustr. Wörishofener. 1895. Hrsg. v. Seb. Kneipp. 5. Jahrg. 1.—4. Aufl. 8. (184 u. 8 S.) Kempten 894. J. Kösel. n.n. — 50

Kneipp-Kalender, illustr. Wörishofener, f. d. J. 1898. 8. Jahrg. Hrsg. v. Seb. Kneipp, nach d. Hrsg. Tode fortgef. v. Bonif. Reile. 1.—3. Aufl. 8. (101 u. 48 S.) Kempten, Kösel. n. — 50

Kneipp-Kalender, illustr. Wörishofener. 1903. 13. Jahrg. Begründet v. Seb. Kneipp, fortgeführt u. hrsg. v. Bonif. Reile. gr. 8. (112 S.) Kempten, J. Kösel. n.n. — 50

Kneipp-Kalender, illustr. Wörishofener. 1907. 17. Jahrg. Begründet v. Seb. Kneipp, fortgeführt u. hrsg. v. Bonif. Reile. (112 S.) gr. 8. Kempten, J. Kösel. n.n. — 50

Kneipp-Kalender, illustr. Wörishofener. 1911. 21. Jahrg. Begr. v. Seb. Kneipp, fortgeführt u. hrsg. v. Bonifaz Reile. (109 S. m. Abb.) gr. 8. Kempten, J. Kösel. —50

Kneipp-Kalender, Wörishofener, f. d. J. 1891—1893. Hrsg. von Seb. Kneipp. 1.—3. Jahrg. 8. (101; 168; 160 S. m. Abbildgn.) Kempten, Kösel. à Jahrg. ** — 50
1. Jahrg. erschien in 7, 2. u. 3. Jahrg. in je 5 Auflagen.

Kneipp-Kalender, Wörishofener, für das Jahr 1894. Vierter Jahrgang. Herausgegeben von Sebastian Kneipp, Pfarrer in Wörishofen. 8. (176 S.) *50 Pf. (20%) u. 6 kr. österr. Stempel.
Kempten: Kösel 1893.

Kneipp-Kur, die. Prakt. Wegweiser z. Pfarrer Seb. Kneipp's Heilmethode. 55.—150. Tausend. gr. 8. (49 S. m. 12 Fig.) Würzburg 899. A. Göbel. n. — 40

Kneipp-Kur, die. Offizielles Organ des Wörishofener Kneipp-Verbandes u. des Stamm-Kneipp-Vereines Wörishofen. Red.: A. Stückle. Jahrg. 1901 u. 1902. à 24 Nrn. gr. 8. (à ca. 16 S. m. Abbildgn.) Wörishofen, Buchdruckerei & Verlagsanst. à Jahrg. n. 2.50

Kneipp-Kur, die. Offizielles Organ des Wörishofener Kneipp-Verbandes u. des Stamm-Kneipp-Vereines Wörishofen. Red.: A. Stückle. Jahrg. 1903—1906. à 24 Nrn. (à Jahrg. IV, 384 S. m. Abbildgn.) gr. 8. Wörishofen (Buchdruckerei u. Verlagsanstalt Wörishofen). à Jhrg. n. 2.50

Kneipp-Kur, die. Offizielles Organ d. Wörishofener Kneipp-Verbandes u. des Stamm-Kneipp-Vereines Wörishofen. Red.: A. Stückle. Jahrg. 1907—1910. à 24 Nrn. (à Jahrg. 384 S. m. Abb.) gr. 8. Wörishofen (Buchdruckerei & Verlagsanstalt Wörishofen). à Jahrg. 3. —

Kneip-Studien. Für fidele Zecher u. andere Leute zu Papier gebracht v. S. Ch. Mollis. 16. (32 S.) Leipzig 876. Verlagsinstitut. n. — 50

Kneipulk des Turnvereins München v. 1860, 1885—1890, 2°.

Der Kneipwart, Humoristische Monatsbeilage zum „Turner", Jg. 1892 bis 1898, Berlin, 8°. 5 Bde.

Kneipwirte, die, auf d. Kriegspfade. Von Socialis. (12 S.) gr. 8. Trier 903. Paulinus-Druckerei. nn — 10
Sonderabdr. aus: „Pastor bonus".

Kneip-Zange: 1872 -1873
Humorous weekly. Small folio, each issue 4 pages; illustrated. Circulation 1872, 1500. Edited & published by Muller & Wagner
Chicago, IL

KNEIP-ZEITUNG vom 25. Februar 1885.
Verboten vom L.-G. Graz, 27. Februar 1885. § 516.

Kneipzeitung, allgem. deutsche. Der Stammtisch. Illustrierte Monatsschr. f. heitere Kunst, Humor, gesell. Fröhlichkeit u. standhaftes Junggesellentum. Red.: G. Wehrenfennig. 1. Jahrg. 2 Nrn. (à 8 S. m. Abb.) 31×23,5 cm. Triest 910. F. H. Schimpff. à — 35

Kneipzeitung des „Buchfink". Festnummer zu seinem 20. Stiftungsfeste. Wien, am 15. Novbr. 1889. Hotel „Goldenes Kreuz". 4. (12 S.) In Comm. * —.60
Wien: Hölder 1889.

Humoristische Kneipzeitung des Hamburgischen Gaues, Organ f. Frohsinn u. Geselligkeit im Turnerkreise 1883—1892, Nr. 2—16, 18, 19, 2°.

Kneipzeitung der Namenlosen: Jan. 23, 1858—1866?
In manuscript form. Contributions in prose and verse, with illustrations. Issued by Der Künstlerverein der Namenlosen. Bohemian.
Philadelphia, PA

Kneise, G. Chr., Anthropologie u. Psychologie, z. Gebr. f. Lehrer in Bürger- u. Landschulen bearb. 8. (11 B.) Eisleben 837. [Berlin, Hermes.]

G.. Ch.. **Kneise's** Anthropol. u. Psychol., z. Gebr. f. Lehrer in Bürger- u. Landschulen bearb. *Eisl.*, Reichard. 837. 8° 12 gl

Kneise, G. C., arithmetisches Aufgabenbuch. Besonders ein Hilfs-, Wiederholungs- u. Arbeitsbuch für die untersten Klassen an Gymnasien, höhern Klassen der Bürgerschulen u. andern Unterrichtsanstalten. Jena 853. Mauke. 8. (134 S.) 1½ ngr

—— Einleitung in d. bibl. Bücher, f. Schüler in Bürger- u. Landschulen bearb., nebst e. chronolog. Tabelle. gr. 12. (3 B.) Grimma 839, Verlags-Comptoir. *

Kneise, G. Ch., Hütet Euch! Hütet Euch! oder die Irrlehren und Schandthaten der Jesuiten und ihrer Genossen. Eine Beleuchtung und auf Vernunftgründe gestützte Widerlegung ihrer verdammungswürd. Grundsätze und Lehren, die wie ein Gifthauch alle höhere Sittlichkeit und alles Gute zu verpesten suchen. Eine Warnungsschrift fürs Volk. gr. 8. (43 S.) Weimar 851, Rauschke und Schmidt. Thlr.

—— das Wissenswertheste f. d. geograph. Unterr. in Elementar- u. Landschulen, mit e. Anh., die Geographie d. alten Palästina enthalt. 8. (8⅓ B.) Reichenbach 838. [Greiz, Schumann.]

Kneise, Otto, approb. Arzt aus Hamma: Die **Bakterienflora der** Mundhöhle des Neugeborenen vom Momente der Geburt an und ihre Beziehungen zur Ätiologie der Mastitis. *Leipzig: A. Georgi 1901.* (33 S.) 8° ¶ [Aus: Beiträge zur Geburtshülfe u. Gynäkol., Bd 4, 1901.]
Halle, Med. Diss. v. 1. März 1901

Kneise, Otto, Handatlas d. Cystoskopie. 60 Blätter in Dreifarbendr. nach Aquarellen des Verf. m. erläut. Text u. einführ. theoret. Betrachtgn. nebst einigen Abb. innerh. des Textes. (96 S.) 31×24 cm. Halle 908. Gebauer-Schwetschke. Geb. in Leinw. 25. —

Kneisel, Handbuch d. Naturgeschichte f. Schulen, nach Blumenbach. 8. Wien, Geistinger. 811.

— Naturgeschichte in Bildern, f. dessen Handbuch d. Naturgeschichte, nach Blumenbach. Auch brauchbar f. jede Naturgeschichte ohne Kupfer. Mit illum. u. schwarzen Kupf. 8. Ebendas. 811.

Kneisel, Adolf: Das Mystère 'La Passion de Jesu-Christ en rime franchoise'. Handschrift Nr. 421 der Städtischen Bibliothek zu Valenciennes Teil 1. Analyse, Varianten, Gegenüberstellungen, Textproben von journée 1—10. Greifswald 1906: F. W. Kunike. (83 S.) 8°
Greifswald, Phil. Fak., Ref. Stengel, Diss. v. 30. Juni 1906
[Geb. 7 März 84 Rauschwitz b. Plauen i. V.; Wohnort: Greifswald; Staatsangeh.: Sachsen; Vorbildung: Realgymn. Plauen Reife O. 02; Studium: Leipzig 3, Greifswald 5 S., Rig. 2. Mai 06.]

Kneisel, *Bruno* [Prof. Dr.]: Beiträge aus Erasmus' Colloquien für die Kulturgeschichte des 16. Jahrhunderts. *Naumburg a. S., 1897;* 1 Bl., 16 S. 4.
Naumburg a. S., Dom-G, OP 1897 (250)

Kneisel, B. Kulturzustand der indogermanischen Völker vor ihrer Trennung. Naumburg a. S., G., 1867. 24 S. 4.
Progr.

Kneisel, B., Leitfaden der historischen Geographie. I. Zur alten Geschichte. gr. 8. (IV, 128 S.) Berlin 874, Weidmann'sche Buchh. *

Kneisel, B., Leitfaden der historischen Geographie. 2. und 3. (Schluß-)Thl. gr. 8. Berlin, Weidmann'sche Buchh. *
Inhalt:
Thl. 2. Zur Geschichte des Mittelalters. (216 S.) 876. *ℳ 2,40.
" 3. Zur Geschichte der Neuzeit. (308 S.) 879. *ℳ 3,60.
1. Thl. Ebendas. 1874. *ℳ 1,60.

Kneisel, *Bruno* Quaestionum Sophoclearum particula I 4 (S. 3—14). **Progr.** Domg. *Naumburg a. S.* 1886 (224)

Kneisel, B. Der Sturz des Baiernherzogs Tassilo (40) 4 Naumburg a. S 1875.

Kneisel, B., die Weltgeschichte ein Zufall? Ein Wort an die Gebildeten d. deutschen Volkes. gr. 8. (IV, 164 S.) Berlin 891. Weidmann. n. 2. —

Kneisel, C. M., s. Racine, Esther. → Zufall, der glückliche.

Kneisel, Friedr., der Blitzdoctor. Eine belehr. u. unterhalt. Erzählung f. Volks- u. Jugend-Bibliotheken. 12. (8½ B.) Halle 843. [Schmidt's Verl.]

Kneisel, J. Friedr. Chrstph., das künstl. Gebiß in seiner Bedeutsamkeit f. Körper u. Geist dargest. 2. Aufl. gr. 4. (2 B. u. 2 Stnt.) Berlin 841, (Bade.) *

—— der Schiefstand d. Zähne, dessen Ursachen u. Abhülfe nach e. neuen, sichern u. schmerzlosen Heilmethode. — A. u. d. T.: Position irrégulière des dents, ses causes, et la manière d'y remedier d'après une méthode nouvelle, sûre et sans douleur. (Deutsch u. Französ.) gr. 4. (7 B. u. 8 Stnt.) Berlin, Posen u. Bromberg 836, Mittler. Thlr. *

Kneisel, M C Die Freiheit und Teutonia, zwey Gedichte Koblenz 1814.

Kneisel, Rudolf: Die Anti-Xantippe, s. Kühling's, A. Volks-Schaubühne.

Kneisel, Rud, der selige Blasekopp, s.a. Bloch's, Ed., Volks-Theater.

Der selige Blasekopp. Original-Posse mit Gesang in · Akten 4 Bildern u. einem Vorspiel v. Rudolf Kneisol. Musik v. Louis Brandt. *In den E. Bloch [1898]* (2 S.) 8
· Volks Theater, Eduard Blochs No. 6

– Blindekuh, s. Kühling's, A.: Volks-Schaubühne.

Kneisel, Rud. Chemie fürs Heiraten, s. Universal-Bibliothek

Kneisel, Rud., Fingerhut, s.: Volks-Theater Nr. 59.

– Das böse Fräulein, s. Kühling's, A Volks-Schaubühne.

Kneisel, R., sein einziges Gedicht, s. Volks-Schaubühne.

— der Held d. Tages. Orig.-Schwank in 4 Akten. 16. (119 S.) München (898). Rubinverlag. n. 1. —

Kneisel, R., die Kuckucks, s.: Kühling's, A., Volks-Schaubühne.

Kneisel, R., die Lehre v. der Seelenwanderung. Eine populär-philosoph. Abhandlg. gr. 8. (135 S.) Leipzig 889. Mutze. n. 3. —

Kneisel, R., die Lieder des Musikanten, s. Bloch's, E., Volks-Theater.

— Die Lieder d. Musikanten, s.: Volks-Theater Nr. 14.

—— ein deutsches Mädchen im Elsaß,
—— die Wittwe Mandelhuber,
—— das Märchen vom Könige Allgold,
s. Kühling's, A., Volks-Schaubühne.

— Menschen u. Leute. Lustspiel in 4 Akten. 16. (128 S.) Ebd. (898). n. 1. —

– Der liebe Onkel, s. Kühling's, A Volks-Schaubühne.

— Papageno, s.: Volks-Schaubühne.

— die Philosophie des Herzens, s.: Kühling's, A., Volks-Schaubühne.

– Gretchen's Polterabend, s. Kühling's, A.: Volks-Schaubühne.

Kneisel, Rudolf, a. Gera: Polymerisation des γ-Chlor- und γ-Brompropylpiperidins. Jena 1907: G. Neuenhahn. (30 S.) 8°
Jena, Phil. Fak., Ref. Knorr, Diss. v. 15. Mai 1907
[Geb. 7. Mai 81 Gera; Wohnort: Gera; Staatsangeh.: Reuß j. L.; Vorbildung: Realgymn. Gera Reife O. 99; Studium: Jena 3, Berlin 1, Marburg 2, Jena 8 S., Rig. 27 Juni 06.]

Kneisel, R., Emma's Roman, s.: Kühling's, A., Volks-Schaubühne.

– Sie weiß etwas, s. Universal-Bibliothek

—— der Herr Stadtmusikus und seine Kapelle, s. Kühling's, A., Volks-Schaubühne.

– Der Stehauf, s. Universal-Bibliothek

– Die Tochter Belial's, s. Kühling's, A., Volks-Schaubühne.

— wo ist die Frau, s.: Universal-Bibliothek.

***Kneisen,* Hnr. Aug., Diss. inaug. jur. de foro contractus. 4. Götting. 779. Dieterich. 3 gl.**

Claudius, Matthias: Matthias Claudius als Logenbeamter. Mitget. von Friedr. **Kneisner.** 8⁰
Aus: BZC. 33 (1904) S. 57—62.
Betr. Claudius als Redner der Schottenloge Fidelis, Hamburg. — Üb. Claudius s. Goedeke: Grundriss der Gesch. der deutschen Dichtung 2. Aufl. Bd 4 1891 S. 381 bis 385, wo alle Literatur verzeichn. ist. Ausserdem: Allgem. Deutsche Biographie Bd 4 1876 S. 279—281 (Redlich).

Vereinigung „Felsenfest". Festgesänge zum 32 jährigen Stiftungsfest am 14. Febr 1905. Dargebracht von F[riedr.] K[neisner?]. [Hamburg 1905: J. H. Meyer.] 2 Bl. 8⁰ [Umschlagtit.]
2 Lieder ohne Noten.

Festschrift zum 25 jährigen Jubiläum der Vereinigung Felsenfest zu Hamburg. Gestiftet am 12. Febr. 1873. Überreicht von Fr[iedr.] Kneisner. [Hamburg 1898: J. H. Meyer.] 32 S. 1 Bild, 1 Bl. Noten. 8⁰
Enth. die Geschichte der Vereinigung u. Verzeichn. sämtlicher Mitglieder.

Die Andreas-Loge „Fidelis" zu Hamburg von 1878 bis 1903. Von Fr[iedr.] Kneisner. [Hamburg 1903: J. H. Meyer.] 31, 46 S. 8⁰ [Umschlagtit.:] 1903.
Nebst Verzeichn der Beamten für 1878 bis 1903 u. Verzeichn. der Mitgl. für 1903.

Geschichte der Provinzialloge von Niedersachsen zu Hamburg. Am Tage ihrer 125jährigen Jubelfeier hrsg. von Friedr. Kneisner. Als Hs. gedr. nur f. Frmr. Berlin: Mittler & S. 1902. XV, 624 S. 8⁰
Recens: Bbl. 16 (1902) S. 174 (G. Diercks); SL. 22 (1902) S. 131—132; BrL. 20 (1902 bis 1903) S. 16; BZC. 32 (1903) S. 142—143.
cf. ML. 31 (1902—1903) S. 17 (O. Henckel).
Im Anh. statistische Notizen.

Wiene Logen im 18. Jahrhundert. Mitget. von Fr[iedr.] Kneisner. 8⁰
Aus: BZC. 35 (1906) S. 362—381, 438—457.

Die Provinzialloge von Österreich zu Wien. Mitget. von Fr[iedr.] Kneisner. [Berlin 1907: Mittler & S.] 37 S. 8⁰ [Kopftit.]
Aus: BZC. 36 (1907) S. 307—317, 349—374.
Versuch einer Würdigung der Tätigkeit der GrLL. in den oesterreich.-ungar. Landen; will Abafis Darstellung berichtigen.

Kneiss, A.

—— und A. B. Hanschmann, die biblischen Geschichten für die Unter- und Mittelclassen der Elementarschule. Für Lehrer- und Schülerhand. 8. (72 S.) Bielefeld [Eisenach] 874, Bacmeister. *

— u. A. B. Hanschmann, die biblischen Geschichten für die ersten 3 Schuljahre. 2. Aufl., vollständig verb. u. mit Sprüchen u. Liederstrophen neu versehen nach Auswahl mehrerer Directoren-Conferenzen. gr. 8. (VI, 72 S.) Kassel 879. Dresden, Bleyl & Kaemmerer. n. — 40

Kneiß, A., die Komik des Schullebens. Ein ergötzl. Büchlein für Lehrer und andere Leute. Mit einem Vorwort von Conr. Beyer. 1. Bdchn. 1. und 2. verm. und verb. Aufl., und 2. Bdchn. gr. 16. (155; VIII, 144 S.) Leipzig 874, Theile. à Bdchn. *

Kneiß, A., die Komik des Schullebens. Ein ergötzl. Büchlein für Lehrer und andere Leute. Mit einem Vorwort von Conr. Beyer. 2 Bdchn. gr. 16. Leipzig (874)76, Theile. [1. Bdchn. 3. verm. und verb. (Titel-)Aufl. (VII, 155 S.); 2. Bdchn. 2. verm. und verb. (Titel-)Aufl. (VIII, 144 S.)] à Bdchn. * ℳ 1. *

Kneiß, A., heitere Momente aus dem Schulleben. Ein ergötzliches Büchlein für alle Leute. gr. 16. (IV, 130 S.) Leipzig 879. Webel. n. 1. —

— Mustersammlung deutscher Sprachstoffe. Zugleich eine Auswahl von Deklamationsstücken. Für Schüler zusammengestellt. 8. (IV, 44 S.) Ebend. 879. — 30

— das Wichtigste aus allen Unterrichtsfächern in tabellarischen Uebersichten. Ein Merk- u. Wiederholungsbüchlein f. mittlere Volksschulen. gr. 8. (IV, 62 S.) Eisenach 876. Bacmeister. n. — 60

Kneiß, A., das Wichtigste aus allen Unterrichtsfächern in tabellarischen Uebersichten. Ein Merk- und Wiederholungsbüchlein für mittlere Volksschulen. gr. 8. (IV, 62 S.) [Eisenach 876, Bacmeister.] Dresden, Bleyl und Kaemmerer. *

KNEISSL, FRANCISCUS JACOBUS: Jerusalem nova. Neue Stadt Jerusalem, das ist Schuldigst gewidmete Lob-Rede so am hohen Fest der glorreichen Geburt Mariae abgeredet hat Franciscus Jacobus Kneissl. Ofen 1744: Druck Nottenstein. (4 f.) - 4⁰

Kneißler, Vict. v., Gedichte. 12. (97 S. m. Lichtdr.-Bildnis.) Graz 891. (J. Pechel.) n. 2.—; geb. in Leinw. m. Goldschn. n. 3. 50

Kneist, A., einfache, leichtverständliche Erläuterung des kleinen Katechismus Luthers in der Oberklasse, resp. den obern Klassen der Land- [u. 4- bis 5stufigen Stadt-] Schule. Ein Handbuch für Lehrer. gr. 8. (X, 185 S.) Eisleben 880. Mähnert. n. 2. —

Kneist, A., Liederbuch f. Volksschulen, s.: Schwerin.

Kneist, Giambattista, Fatti guerrieri dedicati ai giovani militi acciochè per gli esempî eroici della gloriosa armata austriaca s' inspirono ai sentimenti di valore, di giustizia e d' umanità. 8. (XVI und 360 S.) Wien 864, Gerold's Sohn. *

Kneist, Gust., Sage u. Lied in d. Ländern am Rhein, s.: Wanderer, d. III, 1.

Kneist, Gustav. Sage und Lied in den Ländern am Rhein; eine Sammlung der schönsten Sagen und Lieder für die reifere Jugend zusammengestellt durch G' K'. 1. bis 5. Tausend. [Mit Vignetten.] IV + 200 [+ 4] S. 8. Düsseldorf, gedruckt bei A. Bagel, [1907]. (geb. M. 2. —)
Die Wanderer; acht Bücherfolgen für die deutsche Jugend, im Auftrage des Düsseldorfer Jugendschriften-Ausschusses hrg. von Gustav Kneist und Severin Rüttgers. Band 1 der III. Folge .. Düss', Komm. A. Bagel.

Kneisz, Walther, approb. Arzt aus Berlin: Über **Appendicitis.** *Halle a. S. 1901: C. A. Kaemmerer & Co.* (27 S.) 8°
Halle, Med. Diss. v. 23. Dez. 1901

Knell, Aug., aus zwei Welten. Gedichte. 12. (320 S.) [Winterthur 882, Steiner'sche Buchh.] Zürich, Schmidt. * geb. *

Knell, C. Wilhelm, aus Heimersheim (Hess.): (1.) Ueber **Diphenylhexatriën-γ-carbonsäure** und ihre Derivate. (2.) Einige Condensationsreactionen des Phenylcrotonlaktons. *München 1902: V. Höfling.* (40 S.) 8°
München, Phil. Diss. v. 1902

Knell, Karl

KNELL, Carl (Heimersheim): Ueber einige unverschuldete Unglücksfälle in der Chirurgie.- Kirchheimbolanden: Thieme 1881. 57 S.
5.8.1881 - Urk (Titel: De aliquot casibus chirurgicis.); Chr 1881/82,7
Diss.Ingolst.-Landsh.-Mchn.

Knell, Wilhelm, Kreisveterinärarzt in Gießen: **Ueber die Kombinationswirkung von Morphium muriaticum und Chloralhydrat bei gleichzeitiger intravenöser Application.** Gießen 1907: v. Münchow. (28 S). 8°
Gießen, Veterinär-Med. Koll., Ref. Geppert, Diss. v. 24. Juli 1907
[Geb. 5. Jan. 76 Mainz; Wohnort: Gießen; Staatsangeh.: Hessen; Vorbildung: Realgymn. Mainz Reife O. 93; Studium: Tierärztl. Hochsch. Gießen 4, Berlin 4 S.; Rig. erlassen.]

Kneller, Karl Alois

Kneller, Carl Alois. Das Christentum und die Vertreter der neueren Naturwissenschaft. Ein Beitrag zur Kulturgeschichte des 19. Jahrhunderts. Von Karl Alois Kneller S. J. (Ergänzungshefte zu den «Stimmen aus Maria-Laach». — 84 und 85 ([in] Ergänzungsband 21).) IV + 268 S. 8. Freiburg im Breisgau, Herder, 1903. (M. 3. 40)
Darin S. 29f. 74f. 136—142. 189—193. 225f. 247f. über Louis Agassiz, Leonhard Euler, Alfred Gautier, Emanuel Ludwig Gruner, Oswald Heer, Peter Merian, L[udwig] Rütimeyer, Christian Friedrich Schönbein, Bernhard Studer, Rudolf Wolf.

— dasselbe, s.a. Stimmen aus Maria-Laach. 84. 85. Erg.-Hft.

Kneller, Karl Alois, S. J., das Christentum u. die Vertreter der neueren Naturwissenschaft. Ein Beitrag zur Kulturgeschichte des 19. Jahrh. 2., verb. u. verm. Aufl. (VII, 403 S.) 8. Freiburg i/B. 904. Herder. n. 4. —; geb. in Leinw. n. 5. —

Kneller, Karl Alois, des Richard Löwenherz deutsche Gefangenschaft, s.: Stimmen aus Maria-Laach.

Kneller, Karl Alois, S. J., Gesch. d. Kreuzwegandacht, s.a. Stimmen aus Maria-Laach. 98. Erg.-Heft.

Geschichte der Kreuzwegandacht von den Anfängen bis zur völligen Ausbildung. Von Karl Alois **Kneller** S. J. Freiburg im Br.: Herder 1908. (IX, 216 S.) 8° [F.]
= **Stimmen** aus Maria-Laach. Erg. H. 98. [08. 10237

Kneller, C. A., S. J., Herr Soltau u. der hl. Petrus, s.a. Broschüren, Frankfurter zeitgemäße. XX. 8.

Herr Soltau und der hl. Petrus. Eine Beleuchtung von C[arl] A[lois] **Kneller**, S. J. *Hamm i. W.: Breer & Thiemann 1901.* (20 S.) 8° [F.]
= **Broschüren**, Frankfurter zeitgemässe. Bd 20, H. 8. [01. 98

Knelles, Adf., die Berechnung v. Gleis- u. Weichenanl., vorzugsweise f. Strassen- u. Kleinbahnen. (IV, 83 S. m. 44 Fig. im Text u. auf 1 Taf.) gr. 8. Berlin 910. J. Springer. 3. —

Knellwolf, Arnold, Höhen u. Tiefen. Gedichte. (108 S. m. 5 Taf.) 8. Davos-Platz 906. Buchdruckerei Davos. n. 2. —

Knellwolf, Arnold, Kalthoff, der Prophet der Zukunft-Religion. Vortr., geh. im freisinn. Verein St. Theodor z. Basel. (24 S.) gr. 8. Basel (908). (Wepf, Schwabe & Co.) —60
Sonderabdr. aus: „Die Sonntagspost“.

Knellwolf, Arnold. Der Volksmann Luzi Michel († 1876). Ein Vorkämpfer modernen Christentums. 50 S. 8. St. Gallen, Gebr. Wildhaber [Comm. J. Rich, Chur, 1905]. [fr. —. 30]

Knepel, Christian (Anklam / Pom.), Dissertatio de Loxia, Apollinis cognomento. Präs. Brandanus Heinr. Gebhardi. Greifswald (Daniel Benjamin Starck) 18. IV. 1703. (S. 29—44) mit Widm. v. Präs. (5.50) 18569

Knepler, Herm., der Prozeß Goldmark aktenmäßig dargestellt. 1. u. 2. Aufl. Wien 869. Herzfeld & Bauer. gr. 8. (132 S.) n. 20 ngr.

Knepler, Herm., der Prozeß Goldmark aktenmäßig dargestellt. 1. und 2. Aufl. gr. 8. (132 S.) Wien 872, Herzfeld und Bauer. [Brüder Winter.] *

Knepler, Mor., acht Tage aus dem Leben eines Geschäfts-Reisenden. 8. (16 S.) Bochnia 861, Pisch.

Knepler, Paul, J'y pense, s.: Theater, modernes.

Knepper, Albert: Unsere Liebe Frau von Clairefontaine Strassburg [1894] 32 S. 16°

Knepper, Ew. Heinr. [aus Köln am Rhein]: Aus d. chirurg. Klinik zu Bonn. Über Oesophagotomie bei Stenose des Oesophagus. Köln: Buchdr. v. Th. Quos 1889. 29 S. 8°
Bonn, Med. Fak. Inaug.-Diss. v. 1. Jul. 1889

Welche Bestimmungen des Invalidenversicherungsgesetzes muss der Arzt kennen? Kurzer Wegweiser f. d. ärztl. Gutachtertätigkeit im Renten- u. Heilverfahren von Dr. [Heinrich] **Knepper**, Landes-med.R. Düsseldorf: Schwann 1910. IV, 60 S. 8° [10. [illegible]

Knepper, Jos., nationaler Gedanke u. Kaiseridee bei den elsässischen Humanisten, s.a. Erläuterungen u. Ergänzungen z. Janssens Geschichte d. deutschen Volkes.

[F.] Nationaler Gedanke und Kaiseridee bei den elsässischen Humanisten. E. Beitrag z. Gesch. d. Deutschthums u. d. polit. Ideen im Reichslande. Von Dr. Joseph **Knepper** *Freiburg i. B.: Herder 1898.* (XV, 207 S.) 8.
= **Erläuterungen** u. Ergänzgn z. Janssens Geschichte d. deutschen Volkes. Bd 1. H. 2/3. [98. 5393

Knepper, Jos., das Schul- u. Unterrichtswesen im Elsass von den Anfängen bis gegen das J. 1530. (XVI, 459 S. m. 12 Abbildgn.) gr. 8. Strassburg 905. J. H. E. Heitz. n. 12. —

Knepper, Joseph [cand. phil.]: Tempora und Modi bei Walther von der Vogelweide. Lingen, Druck v. R. van Acken, 1889. 92 S. + 2 Bl. 8°
Münster, Phil. Fak., Inaug.-Diss. v. 14. Dez. 1889

Knepper, Jos., Jakob Wimpfeling, s.a. Erläuterungen u. Ergänzungen zu Janssens Geschichte. III. 2—4.

Jakob Wimpfeling (1450–1528). Sein Leben u. s. Werke nach d. Quellen dargest. von Dr. Joseph **Knepper** *Freiburg i. B.: Herder 1902.* (XX, 375 S.) 8° [F.]
= **Erläuterungen** u. Ergänzungen zu Janssens Geschichte d. deutschen Volkes. Bd 3, H. 2–4. [02. 5170

Knepper, Pierre: Gründlicher Beweis der katholischen Religion, aus Liebe zu denen Protestanten und zu ihrer Belehrung in einem Gespräche zwischen Vater und Sohn über die vornehmsten Glaubenspunkten, in welchen die Unkatholische von den Katholischen entzweyet sind nebst Antwort auf einen vorgängigen Brief eines Protestanten.
Köln 1792. 8,628,2,XXXII S. 8°

Kner, Rud., neuer Beitrag zur Kenntniss der fossilen Fische von Comen bei Görz. [Aus d. Sitzungsber. d. k. Akad. d. Wiss.] Wien 867. (Gerold's Sohn.) Lex.-8. (30 S. mit 5 Steintaff. in 8. u. 4.) n. 20 *ngr.*

Beiträge zur Familie der Characinen S. 31 ... vgr
Separatabdruck

Kner, Rud., ichthyologische Beiträge. Lex.-8. (73 S. mit 6 Stnt.) Wien 855, (Gerold's Sohn.) *
Aus Sitzungsberichte der k. Akademie der Wissenschaften J. 1855, besonders abgedruckt.

—— ichthyologische Beiträge. 2. Abthl. Lex.-8. (78 S. mit 9 Stnt. in Lex.-8. und gr. 4.) Wien 858, (Gerold's Sohn.) *
1. Abthl. (Ebendas.) 1856. * 28 Ngr.

Kner, R. Kleine Beiträge zur weiteren Kenntniss der geognost. Verhältnisse Istriens. (Aus d. Jahrb. d. k. k. geol. Reichsanst.) Wien. 1853. 4.

— – Kleinere Beiträge zur Kenntniss der fossilen Fische Oesterreichs. (Aus d. Sitzungsb. d. k. Akad.) Wien. 1863. 8

Kner, Rud., neue Beiträge zur Kenntniss der fossilen Fische Oesterreichs, s. a. Heckel, Jak.

Kner R. Neue Beiträge zur Kenntniss der fossilen Fische Oesterreichs, begonnen von weiland Jac. Heckel, vollendet von R. Kner. (Aus den Denksch. der k. Akad.) Wien 1861 4

—— und Frz. Steindachner, neue Beiträge zur Kenntniss der fossilen Fische Österreichs. gr. 4. (20 S. mit 7 Stnt. in gr. 4., qu. Fol. und gr. Fol.) Wien 863, (Gerold's Sohn.) *
Aus: Denkschriften der k. Akademie der Wissenschaften, besonders abgedruckt.

Kner, Rud., neue Beiträge zur Kenntniss der Kreideversteinergn. v. Ost-Galizien. [Aus den Denkschriften der kaiserl. Akad. der Wissensch. abgedr.] Fol. (42 S. mit 3 lith. Taf.) Wien 852. (Braumüller.) n. 1⅓ ₰ (siehe auch: Denkschriften der k. Akad. der Wissensch. Mathem.-naturwiss. Classe, III. Bd.)

—— neue Beiträge zur Kenntniss der Kreideversteinerungen von Ost-Galizien. Fol. (42 S. mit 3 Stnt.) Wien 852, (Gerold's Sohn.) *
Aus Denkschriften der k. Akademie der Wissenschaften, besonders abgedruckt.

– Über *Helonisos belizanus* nov. gen. et spec. aus der Familie der Cyprinodonten mit 1 Taf. S. 40 ... vgr
Separatabdruck

— Bericht über die Untersuchung der Seen Oberösterreichs bezüglich etwa vorhandener Pfahlbauten. [Aus d. Sitzungsber. d. k. Akad. d. Wiss.] Ebend. 864. Lex.-8. (15 S.) n. 2 *ngr.*

— Betrachtungen über die Ganoiden, als natürliche Ordnung. [Aus d. Sitzungsber. d. k. Akad. d. Wiss.] Ebend. 867. Lex.-8. (18 S.) n. 3 *ngr.*

— zur Charakteristik u. Systematik der Labroiden. Mit 2 (lith.) Taf. (Aus den Sitzungsber. der k. Akad. der Wissensch.) Wien 860. Gerold in Comm. gr. 8. (19 S.) n. 6 *ngr.*

— über die beiden Arten Cephalaspis Lloydii u. Lavisii, Agas. siehe a. Abhandlungen, naturwissenschaftl., hrsg. von W. Haidinger, I. Bd.

Kner, Rud. Ueber die beiden Arten Cephalaspis Lloydii u. Lewisii. Ag. und einige diesen zunächst stehende Schalenreste. (Aus Haidinger's naturw. Abh. Vol. I.) Wien. 1847. 4.

Kner, Rud., über Conchopoma gadiforme nov. gen. et spec. und Acanthodes aus dem Rothliegenden [der untern Dyas] von Lebach bei Saarbrücken in Rheinpreussen. Lex.-8. (28 S. mit 8 lithogr. Taf. in Lex.-8., 4. und qu. 4.) Wien 868, (Gerold's Sohn.) *

— Einiges über die Thymusdrüse bei Fischen und die Schwimmblase der Stachelflosser. S. 49. I. 4... vgr
Separatabdruck

—— zur Familie der Characinen. (3. Folge der ichthyologischen Beiträge.) gr. 4. (46 S. mit 9 Stnt.) Wien 859, (Gerold's Sohn.) *

—— dass. — 2. Abthl. (3. Folge der ichthyolog. Beiträge.) Imp.-4. (54 S. mit 8 Stnt.) Ebendas. 859. *

— Fische, s. Reise der österreichischen Fregatte Novara.

Kner, Rud., über einige fossile Fische aus den Kreide- und Tertiärschichten von Comen und Podsused. Lex.-8. (24 S. mit 3 Stnt. in Tondr. und gr. 4. und qu. Fol.) Wien 864, (Gerold's Sohn.) *

— über einige noch unbeschriebene Fische. Mit 1 (lith.) Taf. (in 4.) (Aus den Sitzungsber. der k. Akad. der Wissensch.) Ebend. 860. gr. 8. (18 S.) n. 5 *ngr.*

—— die fossilen Fische der Asphaltschiefer von Seefeld in Tirol. Lex.-8. (32 S. mit 6 chromolithogr. Taf. in Lex.-8., qu. 4. und qu. Fol.) Wien 866, (Gerold's Sohn.) *
Vorstehende Schrift des Verf. wurde aus: Sitzungsberichte der k. Akademie der Wissenschaften, besonders abgedruckt.

— Fische aus dem naturhistorischen Museum der Herren J. C. Godeffroy u. Sohn in Hamburg. [Aus: Denkschriften der k. Akad. d. Wiss.] Wien 865. (Gerold's Sohn.) gr. 4. (12 S. mit 2 Steintaff.) n.n. 26 *ngr.*

— u. Frz. Steindachner, neue Fische aus dem Museum der Herren Joh. Ces. Godeffroy & Sohn in Hamburg. [Aus d. Sitzungsber. der k. Akad. d. Wiss.] Ebend. 867. Lex-8. (40 S. mit 5 Steintaff.) n.n. 18 *ngr.*

— über neue Fische aus dem Museum der Herren Joh. Cäsar Godeffroy & Sohn in Hamburg. Vorläufiger Bericht. [Aus d. Sitzungsber. d. k. Akad. d. Wiss.] Ebend. 868. Lex.-8. (6 S.) 1½ *ngr.*

— — III. Folge. [Aus d. Sitzungsber. d. k. Akad. d. Wiss.] Ebend. 868. Lex.-8. (20 S. mit 4 Steintaff.) n. 18 *ngr.*

— — IV. Folge. [Aus d. Sitzungsber. d. k. Akad. d. Wiss.] 1. Abth. Acanthopterie. [Mit 9 lith. Taff. (in Lex.-8. u. qu. gr. 4.)] Wien 869. (Gerold's Sohn.) Lex.-8. (64 S.) n. 1 ₰ 10 *ngr.*

Kner, Rud., die Fische der bituminösen Schiefer von Raibl in Kärnthen. [Aus d. Sitzungsber. d. k. Akad. d. Wiss.] Ebend. 866. Lex.-8. (46 S. mit 6 Steintaff.) n. 22½ *ngr.*

· Über den Flossenbau der Fische 1 Allgemeiner Teil. 2 Spezieller Teil. S 41 867 vgr
— — 1 Fortsetzung. S 42 ... . — 50
— — 2 Fortsetzung S 42 ... . — 60
— — 3 Fortsetzung S 43 I 123 . — 70
Separatabdruck

— Über den Flossenbau der Fische (Schluß) S 44 I ... . — 80
Separatabdruck

Kner, R., über die Ganoiden, als natürliche Ordnung Wi... 1 p
Schul-/Univ.-Schrift 1867

— — neue Gattungen u. Arten von Fischen aus Central-Amerika; gesammelt von Mor. Wagner. [Aus Abhandlungen der k. bayer. Akad. d. Wiss.] München 864. (Franz'sche Buchh.) gr. 4. (61 S. mit 6 Steintaff. Abbildgn.) n. 1 ₰ 6 *ngr.*

— über ein neues Genus aus der Familie der Welse, Siluroidei. Mit 2 (lith.) Taf. (Aus d. Sitzungsberichten d. k. Akad. d. W.) Wien 855. (Gerold.) gr. 8. (6 S.) n. 8 *ngr.*

— Über die Hypostomiden oder die zweite Hauptgruppe der Panzerfische. (Auszug.) S. 10. 279 . . . . vgr.
Separatabdruck

—— die **Hypostomiden**. Zweite Hauptgruppe der Familie der Panzerfische. (Loricata v. Goniodontes.) gr. 4. (36 S. mit 5 Stnt.) Wien 854, (Gerold's Sohn.) *
Aus: Denkschriften der k. Akademie der Wissenschaften, besonders abgedruckt.

—— **Compendium** der Zoologie für Hörer medizinisch-pharmaceutischer Studien. 3., umgearb. Aufl. gr. 8. (XVI und 364 S. mit 40 eingedr. Holzschn.) Wien 862, Seidel und Sohn. *

Kner, Rud., **Lehrbuch** der Zoologie zum Gebrauch für höh. Lehranstalten. (2 Abthlgn.) gr. 8. (XXIV und 484 S.) Wien 848—49, Seidel.

—— **Lehrbuch** der Zoologie zum Gebrauche für höhere Lehranstalten. 2., umgearb. Aufl. gr. 8. (XXIV und 656 S.) Wien 854(55,) Seidel. *

—— **Leitfaden** zum Studium der Geologie mit Inbegriff der Palaeontologie. Zum Gebrauche für Studirende an Ober-Gymnasien und techn. Lehranstalten. gr. 8. (VI und 175 S. mit eingedr. Holzschn.) Wien 851, Seidel. *

—— **Leitfaden** zum Studium der Geologie mit Inbegriff der Palaeontologie. Zum Gebrauch für Studirende. 2. Aufl. gr. 8. (VII und 181 S. mit 118 eingedr. Holzschn.) Wien 855, Seidel. Thlr. *

— über die Mägen u. Blinddärme der Salmoniden. Mit 2 (lith.) Taf. (in qu. gr. 4.) [Aus den Sitzungsberichten 1852 d. kaiserl. Akademie der Wissensch.] Lex. 8. (34 S.) Wien 852. (Braumüller.) n. ½ ₰

—— über **Männchen** und Weibchen von Euryphorus Nordmanni M. Edw. Lex.-8. (9 S. mit 1 Stnt.) Wien 859, (Gerold's Sohn.) *

— 1. **Nachtrag** zur fossilen Fauna der Asphaltschiefer von Seefeld in Tirol. [Mit 4 (lith.) Taff.] [Aus d. Sitzungsber. d. k. Akad. d. Wiss.] Ebend. 868. Lex.-8. (16 S.) n. 12 ngr.

— Nachtrag zu den fossilen **Fischen** von Raibl. [Aus Sitzungsber. d. k. Akad. d. Wiss.] Ebend. 867. Lex.-8. (5 S. mit 1 Steintaf.) n. 3 ngr.

—— **Notiz** über eine Meduse in Feuerstein. Lex.-8. (3 S. mit 1 Stnt.) Wien 866, (Gerold's Sohn.)

— über **Orthacanthus** Dechenii Goldf. oder Xenacanthus Dechenii Beyr. [Aus d. Sitzungsber. d. k. Akad. d. Wiss.] Ebend. 867. Lex.-8. (45 S. mit 10 Steintaff. in Lex.-8. u. gr. 4.) n. 1 ₰ 14 ngr.

—— die **Panzerwelse** des k. k. Hof-Naturalien-Cabinetes zu Wien. 1. Abthl.: Loricarinae. gr. 4. (34 S. mit 8 Stnt.) Wien 853, (Seidel.) *
Aus: Denkschriften der mathemat.-naturwissenschaftl. Classe der k. Akademie der Wissenschaften, VI. Bd., besonders abgedruckt.

— über einige **Pleuronectiden**, Salmoniden, Gadoiden u. Blenniiden aus der Decastris-Bay u. von Viti-Leon, s. **Steindachner**, F.

— **Psalidostoma**, eine neue Characinen-Gattung aus dem weissen Nil. Mit 1 (lith.) Taf. (in 4.) (Abdr. aus den Sitzungsberichten der k. Akad. der Wissensch.) Ebend. 864. gr. 8. (4 S.) n. 5 ngr.

— über die drei **Fischgattungen** Pterophyllum, Symphysodon u. Monocirrhus Heck. Mit 2 (lith.) Taf. (in 4.) (Aus den Sitzungsber. der k. Akad. der Wissensch.) Ebend. 863. gr. 8. (11 S.) n. 7 ngr.

— Über einige Sexualunterschiede bei der Gattung Callichthys und die Schwimmblase bei Doras C. Val. (mit 1 Taf.). S. 11. 158 . . . . vgr.
Separatabdruck

— Über die sogenannten Sporuschuppen der Fische und ihre Bedeutung für die Systematik. S. 46. I. 477 . . . . vgr.
Separatabdruck

—— und J. Heckel, die **Süsswasserfische**, s. **Heckel**, Jak.

— über **Trachypterus** altivelis u. Chaetodon truncatus n. sp. Mit 2 (lith.) Taf. (Aus den Sitzungsber. der k. Akad. der Wissensch.) Ebend. 859. gr. 8. (11 S.) n. 5 ngr.

— Übersicht der ichthyologischen Ausbeute während der Reise Sr. Majestät Fregatte „Novara". S. 10. 423 . . . . vgr.

— über die Verschiedenheiten der Blinddärme bei Salmonen. [Aus den Sitzungsberichten der kaiserl. Akad. der Wissensch. 1851 abgedr.] gr. 8. (9 S. mit 1 lith. Taf. in qu. gr. 4.) Wien 852. (Braumüller.) n. 8 ngr.

—— **Versteinerungen** des Kreidemergels von Lemberg und seiner Umgebung. Abgebildet und beschrieben. Imp.-4. (42 S. und 5 Stnt.) Wien 848, (Braumüller. — Seidel.) *

—— specielles **Verzeichniss** der während der Reise der kaiserl. Fregatte „Novara" gesammelten Fische. 3 Abthlgn. Lex.-8. (6, 6, und 8 S.) Wien 864—66, (Gerold's Sohn.) à Abthl. * 2 Ngr. *

— über das **Vorkommen** der Schwimmblase und die Anordnung der Sexualorgane bei aalähnlichen Fischen. [Aus d. Sitzungsber. d. k. Akad. d. Wiss.] Ebend. 866. Lex.-8. (6 S.) n. 2 ngr.

Knersens, Ed., gründl. u. nothw. Unterr. üb. d. Gliederreißen rc. 8. Pirna, Friese. 804.

Knesch, P. F., Cogitationes de anima humana. Wittenb. 4°. 1724

Kneschaurek, Frz., deutsches Lesebuch für Gewerbeschulen u. verwandte Lehranstalten. Zunächst für die österreich. Werkmeisterschulen. In 2 Thln. 1. Thl. gr. 8. (XI, 323 S.) Wien 880. Graeser. n. 2. 80

Kneschaurek, Frz., deutsches Lesebuch f. gewerbliche Lehranstalten, zunächst f. Werkmeisterschulen, gewerbliche Fach- u. Fortbildungsschulen u. Handwerkerschulen. 2., neu bearb. Aufl. (X, 365 S.) gr. 8. Wien 903. K. Graeser & Co. Geb. n. 2. 80

Kneschaurek, Frz., deutsch. Leseb. f. gewerbl. Lehranstalten, zunächst f. Werkmeisterschulen, gewerbl. Fach- u. Fortbildungsschulen u. Handwerkerschulen. 3., verb. Aufl. (X, 384 S.) gr. 8. Wien 909. K. Graeser & Co. Geb. 2. 40

Kneschaurek, Frz., s. a. **Wirtschaftsbuch** der Hausfrau.

Kneschaurek, Franz, Wirthschaftsbuch der Hausfrau. 4. In Lwd. geb. 1.—
Graz: Leuschner & Lubensky 1892.

Kneschke, Emil, **Anthologie** deutscher Lyriker seit 1850. Hersg. mit literar.-histor. Einleitung u. biographisch krit. Notizen. Leipzig 865. Lorck. gr. 8. (XII, 568 S. mit dem Portr. Eman. Geibel's nach einer Orig.-Photogr. von Albert in München in Stahl gest. von Weger.) 1 ₰

— Emil **Devrient**. Biographisch-kritische Studie zur deutschen Bühnengeschichte. Festgabe zum 1. Mai 1868 dem Tage des letzten öffentl. Auftretens Devrients. Dresden 868. Meinhold & Söhne. gr. 8. (40 S. mit 1 Photolith.) 15 ngr.

– Die 150jährige Geschichte der Leipziger Gewandhaus-Concerte 1743–1893, s.a. Universal-Bibliothek f. Musiklitteratur.

— Die hundertundfünfzigjährige Geschichte der Leipziger Gewandhaus-Concerte 1743—1893. (Universal-Bibliothek für Musik-Litteratur No. 1—3.) Leipzig und New-York (1893).

Kneschke, Emil, zur Geschichte des Theaters u. der Musik in Leipzig. Leipzig 864. F. Fleischer. gr. 8. (VI, 330 S.) 1 ℛ 15 ngr.

Kneschke, Emil: Das königl. Conservatorium der Musik zu Leipzig 1843–1893, s. Universal-Bibliothek f. Musiklitteratur.

— das Conservatorium der Musik in Leipzig. Seine Geschichte, seine Lehrer u. Zöglinge. Festgabe zum 45jährigen Jubiläum am 2. April 1868. Leipzig 868. Breitkopf & Härtel. gr. 8. (70 S.) 10 ngr.

— Leipzig seit 100 Jahren. Säcularchronik e. werd. Großstadt. Ein Beitrag zur Localgeschichte seiner Heimath. 1. Aufl. (499 S.) 867. u. 2. (Titel-)Aufl. Leipzig 870. Kneschke's Selbstverl. gr. 8. (505 S.) n. 1 ℛ 10 ngr.

— das deutsche Lustspiel in Vergangenheit u. Gegenwart. Kritische Beiträge zur Literaturgeschichte unseres Volkes. Leipzig 861. Veit & Co. 8. (VI, 469 S.) n. 2 ℛ

— deutsche Lyriker seit 1850. Mit literarhistor. Einleitung u. biographisch-krit. Notizen. 2., verb. u. verm. Aufl. Leipzig 868. Fritsch. 8. (XXXII, 679 S. mit Eman. Geibel's Portr., gest. von Weger.) n. 1 ℛ 10 ngr.

—— und M. Moltke, deutsche Lyriker seit 1850. Mit literarhistor. Einleitung und biographisch-krit. Notizen. Nebst Eman. Geibel's Portr. (in Stahlst.), gest. von A. Weger. 3. bedeutend verm. und verb. Aufl. 8. (X, 772 S.) Leipzig 873, Theile. geb. mit Goldschn. * 6 —

Kneschke, Emil, deutsche Lyriker seit 1850. Mit einer litterarhistor. Einleitung und biographisch-krit. Notizen. Mit Eman. Geibel's Portr. in Stahlst. 5. vollständig neu bearb. Aufl. 10 Lfgn. 8. (VIII, 816 S.) Leipzig 882, R. Lincke. à Lfg. 50 Pf.; compl. geb. *
4. Aufl. Leipzig 1874, C. G. Theile. *ℳ 4,50.; geb. *ℳ 6.

Kneschke, Emil, deutsche Lyriker seit 1850. Mit e. litterar.-histor. Einleitg. u. biographisch-krit. Notizen. Mit Eman. Geibel's Portr. in Stahlst., gestochen v. A. Weger. 6. Aufl. 8. (VIII, 816 S.) Dresden 884. Knaur. geb. m. Goldschn. n. 4. —

Kneschke, Ernst Heinr., s. Adels-Lexicon.

Kneschke, Ernst Heinr., neues allgemeines deutsches Adels-Lexicon, s.a. Adels-Lexicon.

Kneschke, Prof. Dr. Ernst Heinrich. Neues allgemeines deutsches Adels-Lexicon. Im Vereine mit mehreren Historikern herausgegeben. (9 Bde.) 8. Leipzig 1859—1870.

Kneschke, E. H., neues allgemeines deutsches Adels-Lexicon im Vereine mit mehreren Historikern hersg. 6. Bd. 2—4 Abthlg. u. 7—9. Bd. à 4 Abthlgn. Leipzig 865—67. Fr. Voigt. gr. 8. (6. Bd. S. 161—622; 7. Bd. 626 S.; 8. Bd. 630 S.; 9. Bd. 638 S.) Jede Abthlg. n. 1 ℛ 10 ngr.; cplt. n. 48 ℛ

Kneschke, E. H., deutsche Grafen-Häuser der Gegenwart, s.a. Grafen-Häuser, deutsche.

Deutsche Grafenhäuser der Gegenwart. In heraldischer, historischer und genealogischer Beziehung (v. Ernst Heinrich Kneschke). Bd. 1—3. Leipzig. 1852—54. 8°
1: A—K. 1852.
2: L—Z. 1853.
3: A—Z. 1854.

Kneschke, Ernst Heinrich (Zittau), De hydrothorace. Diss. med. Lpz. (Staritz) 12. XII. 1828. 34 S. (5.50) 18570
Gew.: Friedrich Philipp Ritterich, Christian August Peschek.

Kneschke, Er. Hnr., s. Summarium des Neuesten u. Wissenswürdigsten aus d. Medicin.

— — De tempore in scholis medicorum consumendo et rite distribuendo quaestio. Lpz. (Wilh. Staritz) 22. VIII. 1843. 16 S. (4.—) 18571

—— die Wappen der deutschen freiherrlichen und adeligen Familien, s.a. Wappen, die.

(Kneschke.) Die Wappen der deutschen freiherrlichen und adeligen Familien in genauer, vollständiger und allgemein verständlicher Beschreibung. Mit geschichtlichen und urkundlichen Nachweisen. Von dem Verfasser des Werkes: „Deutsche Grafenhäuser der Gegenwart." 1.—4. Bd. (4 Bde.) 8. Leipzig 1855—1857.

Kneschke, J., u. G. Hiller, Beispiele u. Erzählungen zu den Episteln des Kirchenjahres, bearb. f. Lehrer an Kirche u. Schule. (In 12 Hftn.) 1.—8. Hft. gr. 8. (S. 1—524.) Frankenberg i/Sa. 894. C. G. Roßberg. Subskr.-Pr. à n. — 60

— u. G. Hiller, Beispiele u. Erzählgn. zu d. Episteln d. Kirchenjahres, bearb. f. Lehrer an Kirche u. Schule. 9.—12. Hft. gr. 8. (III, XXIX, S. 525—602 u. 2. Jahrg. d. sächs. Perikopen 290 S.) Frankenberg i/Sa. 894. 95. C. G. Roßberg. Subskr.-Pr. à n. — 60; (kplt. m. Suppl.: n. 9. —; geb. in Leinw. n. 11. —)

— — dasselbe. 3 Suppl.-Hfte. gr. 8. Ebd. 894. n. 1. —
1. Erntedankfest. (S. 1—16.) — 2. Reformationsfest. (S. 17—32.) 3. Bußtag — Totenfest. (S. 33—68.)

— — dasselbe. Auswahl. Zum Gebrauch f. d. 3. Jahrg. zusammengest., s.: Kern, H.

— — homiletisches Hilfsbuch. Geschichten u. Beispiele f. d. IV. Jahrg. d. sächs. Perikopen a u. b. 2 Bde. gr. 8. (I, 592 u. IV, XLI, 784 S.) Frankenberg 895. 96. C. G. Roßberg. n. 13. —; geb. in Leinw. n. 15. 50
Erschien auch in 12 Hftn. à n. 1. —.

Kneschke, J., s.: Liebeswerke, die christlichen.

— was muß geschehen, damit Geselligkeit u. Erholung nicht e. Giftbrunnen, sond. e. Segensquell f. uns. Volk werden? Ein Wort an d. verschied. Kreise uns. Volkes. gr. 8. (19 S.) Zittau 895. A. Graun. n. — 25

Kneschke, Johann Gottfried

— — De auctore libelli: Monarchia Solipsorum. Comment. I. Zittau (Frank) 7. V. 1811. 8 S. (1.50) 18586

— — Dasselbe. II. Zittau (Frank) 18. VI. 1811. (S. 9—16.) (1.50) 18587

— — De cautionibus nonnullis, in nimia lectionum multitudine imminuenda adhibendis. Zittau (Frank) 23. IX. 1794. 2 Bl. (1.50) 18573

— — Diploma, quo Christianus Keimannus laurea poetica est ornatus, ex archetypo, quod in bibliotheca Senatoria asservatur. Zittau (Frank) 16. VIII. 1808. 2 Bl. (3.50) 18583
Diplom v.: Christoph Hain v. Loewenthal.

— — De gente Kohliana, olim splendidissima. Comment. I. Zittau (Frank) 18. VI. 1805. 8 S. (4.50) 18580

Kneschke, J. G., De gente Kohliana, olim splendidissima, comment. II. Zittaviae 1805.

Kneschke, Jh. Gf., († d. 15. Mai 1825.) Geschichte u. Merkwürdigkeiten d. Rathsbibliothek in Zittau. gr. 8. Zittau 811. Schöps. 16 gr

— — De aetatis nostrae ingenio, ludis literariis admodum contrario. Comment. I. Zittau (Frank) 9. VI. 1801. 8 S. (1.—) 18577

— — Dasselbe. II. Zittau (Franck) 1. IX. 1801. (S. 9—16.) (1.—) 18578

Knetschke, J. G., Progr. de lingua graeca haud raro doctorum culpa discentibus invisa. Zittav. 791. f.

— M. Johann Gottfried (Subrector), De lingua graeca, haud raro doctorum culpa discentibus invisa. Zittau (Frank) 1792. 2 Bl. (1.50) 18572

— — De D. Michaele Masco, Zittaviensi. Comment. I. Zittau (Frank) 29. V. 1815. 8 Seiten. (3.—) 18592

— — Dasselbe. II. Zittau (Frank) 27. VI. 1815. 8 Seiten. (3.—) 18593

— — M. Adami Erdmanni Miri, gymnasii Zittaviensis quondam conrectoris memoria. Comment. I. Zittau (Frank) 10. III. 1812. 8 S. (3.—) 18588

— — Dasselbe. II. Zittau (Frank) 5. V. 1812. (S. 9—16.) (3.—) 18589

— — De Olympia Fulvia Morata. Comment. II. Zittau (Frank) 25. IV. 1809. 4 Bl. (1.50) 18584

— — Dasselbe. III. Zittau (Frank) 20. VI. 1809. 8 S. (1.50) 18585

— — Quid spectavit Socrates in sermone, cum Theodota meretrice habito? Comment. II. Zittau (Frank) 5. VIII. 1800. (S. 9—16.) (2.—) 18576

— — De eximia ratione, quam in formando Joecheri Lipsiensis ingenio iniit conjuncta et parentum et scholae magistrorum cura. Comment. I. Zittau (Frank) 1798. 2 Bl. (1.—) 18574

— — Dasselbe. II. Zittau (Frank) 1798. 2 Blatt. (1.—) 18575

— — (Conrector), De optima commodissimaque juvenes, jurisprudentiae studiosos, ad academiam praeparandi ratione. Zittau (Frank) 3. V. 1803. 4 Bl. (2.—) 18579

— — De rationibus, quibus permotus Georgius Barbatus, Dux Saxoniae, animum induit, Luthero ejusque asseclis infensissimum. Comment. I. Zittau (Frank) 6. V. 1806. 8 S. (1.50) 18581

— — Dasselbe. II. Zittau (Frank) 17. VI. 1806. (S. 9—16.) (1.50) 18582

— Rede bei d. Vorfeier d. 3ten Reformations-Jubelfestes 1817. gr. 8. Zittau 817. Schöps. 2 gr

— — De religione christiana, a sexu muliebri per connubia propagata. Comment. I. Zittau (Wwe. Frank) 29. VII. 1817. 8 S. (1.50) 18594

— — Dasselbe. II. Zittau (Wwe. Frank) 16. IX. 1817. (S. 9—12.) (—.50) 18595

— — Dasselbe. III. Zittau (Frank) 26. V. 1818. (S. 13—20.) (1.50) 18596

— — Dasselbe. IV. Zittau (Frank) 23. VI. 1818. (S. 21—28.) (1.50) 18597

— — Dasselbe. V. Zittau (Wwe. Frank) 18. VII. 1820. (S. 29—36.) (1.50) 18598

— — Dasselbe. VI. Zittau (Frank) 1. VIII. 1820. (S. 37—40.) (—.50) 18599

— — Dasselbe. VII. Zittau (Frank) 8. V. 1821. (S. 41—48.) (1.50) 18600

— — Dasselbe. IIX. Zittau (Frank) 31. VII. 1821. (S. 49—56.) (1.50) 18601

— — Dasselbe. IX. Zittau (Seyfert) 3. VI 1823 (S. 57—64.) (1.50) 18602

— — Dasselbe. X. Zittau (Seyfert) 17. II. 1824. (S. 65—72.) (1.50) 18603

— — Dasselbe. XI. Zittau (J. G. Seyfert) 13. VII. 1824. (S. 73—80.) (1.50) 18604

— Sonn- u. Festtags-Evangelien nach d. hebr. Uebersetzung des J. Claius. Ein Elementarbuch zum Besten d. Anfänger. Mit e. Wortregister. 8. Zittau 803. Schöps. 12 gr

— — De turbis Paccianis. Comment. I. Zittau (Frank) 5. VII. 1814. 8 S. (2.—) 18590

— — Dasselbe. II. Zittau (Frank) 20. IX. 1814. (S. 9—16.) (2.—) 18591

Kneschke, Jul. Emil, Göthe und Schiller in ihren Beziehungen zur Frauenwelt. Dargestellt in 2 Abschnitten nebst Zusätzen und Anhängen. 8. (XIX und 394 S.) Nürnberg 858, Bauer und Raspe.

—— das deutsche Lustspiel in Vergangenheit und Gegenwart. Kritische Beiträge zur Literaturgeschichte unseres Volkes. 8. (VI und 469 S.) Leipzig 861, Veit und Comp. *

Kneschke, Frau Martha, s. a.: Schönau, W.

– Lenore fuhr ums Morgenrot — –, s.: Album für Liebhaber-Bühnen Nr. 430.

Kneschke-Schönau, M., auf d. Spuren d. weißen Frau. (Zur Erinnerg. an Burg Lauenstein in Oberfranken.) (53 S. m. 5 Abb.) 8. Berlin (909). W. Vobach & Co. — 50

– unwiderruflich u. andere Humoresken u. Novellen, s.: Engelin's Roman- u. Novellenschatz 73. Bd.

— einsame Weihnachten. 12. (16 S.) Leipzig 902. Sächs. Volksschriftenverlag. n.n. — 10

Wenn dich die bösen Buben locken. Lustspiel von W. Schönau [d. i. Martha Kneschke]. *Mülheim a. d. Ruhr: J. Bagel [1899].* (37 S.) 8° [Fr.] = Liebhaber-Theater Bdch. 75. [illegible]

Kneschke, Richard [Oberl.] Zur Geschichte der niederländischen Kriege und Kämpfe am Ausgange des XV. Jahrhunderts. Zittau, Druck v. M. Böhme, 1892; 1–28 S. 4. Zittau k. RG. m. h. Handels-S. OP 1892 (551)

Knese, Adolf, Referendar: Die Majestätsbeleidigung des Reichsstrafgesetzbuchs unter besonderer Berücksichtigung der Novelle vom 17 Februar 1908. Göttingen 1909: Kaestner. x, 58 S. 8°
Göttingen, Jur. Diss. v. 18. Jan. 1910, Ref. v. Hippel
[Geb. 12. März 87 Hoya; Wohnort: Kalenberg; Staatsangeh.: Preußen; Vorbildung: Gymn. Verden Reife O. 06; Studium: Marburg 1, Berlin 1, München 1, Göttingen 3 S., Rig. 1 Nov. 09.] [U 10. 1344

Knesebeck [Schlagwort]

Knesebeck, s.: Preussen, Messtischblätter.

Knesebeck [Verf.]

(v. d. Knesebeck.) Denkschrift, betreffend die Gleichgewichts-Lage Europa's, beim Zusammentritte des Wiener Congresses verfaßt, von dem damaligen Königl. Preuß. General, nachmaligen Feldmarschall v. dem Knesebeck. Berlin 854. G. Reimer. gr. 8. (24 S.) 3 ngr.

Knesebeck, v. dem, das Garde-Schützen-Bataillon in dem Feldzuge 1870–71. Mit einem Holzschn., Karten u. Plänen. gr. 8. (VI, 107 S.) Berlin 882. Mittler & Sohn. n. 3. –

Knesebeck, v. dem, u. Klehmet, die Meliorationen der Niederungen der Notte u. ihrer Zuflüsse. (Im Reg.-Bez. Potsdam, Kreis Teltow.) Im Auftrage des königl. Ministeriums für die landwirthschaftl. Angelegenheiten bearb. Berlin 865. Wiegandt & Hempel. gr. 4. (62 S. mit 2 chromolith. Karten in gr. 4. u. Imp.-Fol.) n. 1 ₰

Knesebeck, v. dem. Mittheilungen aus dem Nachlaß des Feldmarschalls . . . über den russ. Operationsplan 1812. (Berlin 1848.) 8°. (Bh. z. M. W. B.)

Knesebeck, B. v. dem, Kaiserin Augusta. Eine Gedächtnisrede am 9. März 1890. [Aus: „Deutsche Revue".] gr. 8. (18 S.) Breslau 890. Trewendt. — 75

v. d. Knesebeck, die Rittermatrikeln der Altmark nebst einer alphabet. Uebersicht der Ritterschaft u. der von derselben vertretenen Rittergüter. Magdeburg 859. Heinrichshofen in Comm. gr. 8. (IX, 50 S.) n. 25 ngr.

—— die Rittermatrikeln des Königr. Hannover und des Herzogth. Braunschweig nebst einer alphabet. Uebersicht der Ritterschaft und der von derselben vertretenen ritterschaftl. Güter. gr. 8. (VIII und 203 S.) Göttingen 860, Deuerlich'sche Buchh. *

— die Rittermatrikeln des Herzogth. Magdeburg, des Fürstenthums Halberstadt u. der Grafschaft Wernigerode, nebst einer alphabetischen Uebersicht der Ritterschaft u. der von derselben vertretenen ritterschaftlichen Güter. Magdeburg 860. Heinrichshofen in Comm. gr. 8. (VII, 68 S.) nn. 1 ₰

Knesebeck, B., s.: Urkunden u. Regesten zur Geschichte der Herren v. d. Knesebeck.

Knesebeck, B. v. d.,

—— Urkunden und Regesten zur Geschichte der Freyherren v. Uslar-Gleichen, s. Urkunden.

Knesebeck, B. v. d., Urkunden und Regesten zur Geschichte des uradelichen Geschlechts der Freiherrn v. Uslar-Gleichen sowie des Leingaues Göttingen 1840. 8.

Die Deutsche freiwillige Kriegskrankenpflege im Kriegsjahre 1870/71. Gedächtnissrede geh. am 8. Mai 1896 im Weissen Saale d. Kgl. Schlosses v. B[odo] v. dem Knesebeck. Hrsg. v. Central-Comité d. Deutschen Vereine v. Rothen Kreuz. *Berlin: C. Heymanns 1896.* (1 Bl., 35 S.) 1 Bd. 4. [illegible]

Knesebeck, Christian Matthaeus, Prodomus juris publici universalis, magna eruditorum exspectatione diu desiderati, continentis praetensiones illustres imperatoris & imperii, regum, principum ac rerumpublicarum totius Europae, majori operi praemissus ad vindicanda S. R. I. jura adversus Mezeraeum, Hadr. Valesium, David Blondellum, aliosq. veluti primipilares jurium et rerum Gallicarum scriptores, quorum lapsus ea, qua par est, modestia deteguntur, rationibus ex historia, jure naturali et gentium petitis confutantur, cunctaq. diplomatibus non unis ex archivis depromtis, Limnaeo et Coringio nunquam visis, demonstr. ac corroborantur. Rudolstadt (Gottfr. Libezeit / Joh. Weppling) 1700. 38 S. (6.80) 18605

— — Dasselbe. (Discursus de studio juris publici universalis et praetensionibus illustribus.) o. O. 1705. 22 Bl. (6.50) 18606

Knesebeck, C. v. dem, Ferdinand Herzog zu Braunschweig und Lüneburg während des siebenjährigen Krieges. Aus engl. und preuß. Archiven gesammelt und hrsg. 2 Bde. gr. 8. Hannover 857,58, Helwing'sche Hofbuchh. [1. Bd. (VI und 498 S.) 2. (592 S.)] *

Knesebeck, E. von dem, Geschichte d. churhannöverschen Truppen in Gibraltar, Minorca u. Ostindien. gr. 8. (12¼ B. u. 2 Pläne.) Hannover 845, Helwing'sche Hofbuchh. *

Knesebeck, E. v. dem, Leben des Freiherrn Hugh v. Halkett, k. hannover'scher General der Infanterie. Nach dessen hinterlass. Papieren u. anderen Quellen entworfen. Stuttgart 865. E. Hallberger. 8. (VII, 70 S.) 12 ngr.

Knesebeck, Eug. v. dem, eine diplomatische Trilogie aus dem Leben Carl Friedrichs v. dem Knesebeck von der Linie Wittingen Carwe Lex.-8. (III, 176 S.) Berlin 879. v. Decker. n. 3. 60

Knesebeck, F W Botdw Fd. von dem

Knesebeck, F. W. B. F. von dem, Archiv f. Geschichte u. Genealogie. 1. Bd. gr. 12. (18 B.) Hannover 842, Hahnsche Hofbuchh. *

von dem Knesebeck, F. W. Botdw. Fd., Familie v. d. Knesebeck. Nebst 5 genealog. Tabellen. gr. 8. Götting. 811. (Vandenhöck u. R.) ...

Knesebeck, F. W. B. F. Frhr. von dem, die allgem. Stände u. d. Provinzial-Landschaften d. Königr. Hannover. 1—3. Lfg. gr. 12. (11⅓ B.) Hannover 841, Hahn'sche Hofbuchh. à *
Lfg. 1. Die allgem. Stände.
" 2. Die Landschaft d. Fürstenthums Lüneburg rc.
" 3. Die Landschaft d. Fürstenthümer Calenberg rc.

—— histor. Taschenbuch d. Adels im Königr. Hannover. gr. 12. (19 B.) Hannover 840, Hahn'sche Hofbuchh. *

Knesebeck, Karl Fr von dem, s.a. Betrachtungen über den gegenwärt. Krieg.

(v. d. Knesebeck, K. F.) Betrachtungen über den jetzigen Krieg gegen Frankreich. 8. Berlin u. Braunschweig 1794. 1,00.

(Knesebeck.) Betrachtungen über den jetzigen Krieg und die Ursachen seiner falschen Beurtheilung. Ein Beitrag zur richtigen Kenntniss desselben. Von einem Schweizer. 8. 1794.

– s. Sieyes Europa.

– s.a. Übersicht des Feldzugs im J 1793.

(v. d. Knesebeck, K. F.) Kurze Uebersicht des Feldzuges 1793 zw Rhein u. Saar; mit Forts. 8 Mannheim 1793. 0,50.

Knesebeck, O. v. dem, militärischer Dienstunterricht f. einjährige Freiwillige rc. der deutschen Infanterie, s.: Dilthey.

— Wilhelm Friedrich von dem, De advocatis et jure magni advocati in ducatu Cellensi s. Luneburgico. Diss. jur. Götting. (Pockwitz & Barmeier) 22. XII. 1757. 136 S., tlws. dtsch. (10.—) 18607

Knesebeck, Willi, Wie wird Fußball gespielt?, D. Technik d. Fußballs in Wort und Bild, 7. Aufl., Stuttgart, 31 S., 42 Taf., 8°.

Knesek, Rud., lateinisches Übungsbuch für die erste Classe der Gymnasien u. verwandter Lehranstalten. Im Anschluß an die latein. Schulgrammatik v. Jos. Strigl u. unter gleichzeit. Berücksicht. der Schulgrammatiken von Aug. Scheindler u. Karl Schmidt zusammengestellt. In 2 Abthlgn. I.: Übungsstücke. II.: Wortkunde. gr. 8. (186 S.) Linz 900. F. J. Ebenhöch. Geb. in Leinw. u. geh. n.n. 1.90

Lateinisches Uebungsbuch für die zweite Classe der Gymnasien und verwandter Lehranstalten. Im Anschluss an die lateinische Schulgrammatik von Josef Strigl und unter gleichzeitiger Berücksichtigung der Schulgrammatiken von Dr. August Scheindler und Karl Schmidt. zusammengestellt von Rudolf Knesek. In 2 Abtheilungen. I.: Übungsstücke. II.: Wortkunde. Mit Erlass des hohen k. k. Ministeriums für Cultus und Unterricht vom 14. Juni 1901, Z. 16999, zum Lehrgebrauche an Gymnasien mit deutscher Unterrichtssprache allgemein zugelassen. Linz a. D. 1901. Ebenhöch'sche Buchh. Gr.-8° 235 S. Geb. K 2.80

— dasselbe f. die 2. Classe der Gymnasien u. verwandter Lehranstalten. In 2 Abthlgn. I.: Übungsstücke. II.: Wortkunde. gr. 8. (235 S.) Ebd. 901. Geb. in Leinw. n. 2.40

Knesek, Rud., u. Jos. Strigl, latein. Übungsb. f. die 1. u. 2. Klasse der Gymnasien u. verwandter Lehranstalten. Im Anschlusse an die latein. Schulgrammatik v. Jos. Strigl u. unter gleichzeit. Berücksicht. der Schulgrammatiken v. Scheindler u. K. Schmidt. 2., umgearb. Aufl. (VI, 151 u. VII, 175 S.) gr. 8. Wien 907. F. Deuticke. Geb. à 2.—

Kneser, Adolf

Kneser A Ueber einige Fundamentalsätze aus der Theorie der alg br Functionen von mehreren Variabeln 1884 8
Habil.-Schr Marburg

Kneser, (J C Chr Adolf (geb Grussow in Meckl 19 3 1862) Irreduktibilität und Monodromiegruppe algebraischer Gleichungen Berlin (1884) (4 S) 8°
Berlin, Phil Diss v 8 März 1884

Kneser, Adf., Irreduktibilität u. Monodromiegruppe algebraischer Gleichungen. gr. 8. (47 S.) Berlin 884. (Mayor & Müller.) n. 1.20

Kneser, Adf., Lehrbuch der Variationsrechnung. gr. 8. (XV, 311 S. m. 24 Abbildgn.) Braunschweig 900. F. Vieweg & Sohn. n. 8.—

Knesowsky, J Bt., Prosodiae et Artis Metricae compendiosa institutio, quam in usum suorum discipulorum etc. 8. Bresl. 820. W. G Korn. 6 gr

KNESPEL, JACOB. Neu-bereitetes Hertzen-Opfer, oder achtfache Bet-Buß-Beicht-und Communion-Zellen, Anjetzt aber, nechst vorigem Zusatz, der Morgen-und Abend-Gebete, Reimen und Liedern, mit neuen schönen Kupffern gezieret, auch mit einer neuen Vorrede, und Communion-Liedern vermehret. [5 Druck]. Nurnberg, A J Felßecker, 1717. Kl. 8° (Schmalbochformat). Doppeltit. Frontispiz (Gethsemane u Abendmahl), 10 Bl. 588 S. u. 6 Bl. mit 10 allegor emblemat. Kupfern. Hubscher schwarzer OLdbd. in Filetenschmuck u. rotem Rsch., Stehkanten u. Goldschnitt. 75.–

Knespel, Jac., neu bereit. Herzensopfer, oder Communionbuch, m. K. 12. Nrnb. Felsecker. 735.

Knetsch, Alfons, Referendar: Der Begriff der Notwehr nach der Peinlichen Gerichtsordnung Karls V. und dem Strafgesetzbuch fur das Deutsche Reich Dogmatisch historische Studie. Berlin 1906 W Pilz. (88 S.) 8° [A.]
Jena, Jur Fak., Ref. Loening, Diss. v. 22. Mai 1906
[Geb 10 Febr 84 Eydtkuhnen, Wohnort Eydtkuhnen, Staatsangeh Preußen Vorbildung Askan Gymn Berlin Reife M. 03, Studium Berlin 1, Heidelberg 1 Berlin 4 S., Rig 22 Mai 06.]

Knetsch, Alfons, der Begriff der Notwehr nach der Peinlichen Gerichtsordnung Karls V. u. dem Strafgesetzbuch f. das Deutsche Reich. Dogmatisch-histor. Studie. Diss. (88 S.) gr. 8. Berlin 906. Struppe & Windler. n. 2.40

Knetsch, W. Alfons, Gestalten d. Liebe. Roman. (387 S.) 8. Berlin (908). Nicolai's Verl. 4.—

—Schicksale. Zwei Novellen. (104 S.) 8. Berlin-Wilmersdorf 908. A. R. Meyer. 2.50

—Das Staats-u. Verwaltungsrecht v. Sachsen-Weimar-Eisenach. s. a. Bibliothek d. öffentl. Rechts.

Knetsch, W Alfons: Das Staats- und Verwaltungsrecht von Sachsen-Weimar-Eisenach nebst Revidiertem Grundgesetz f. d. Großherz. Sachsen-Weimar-Eisenach v 15. Okt. 1850. Von Dr jur –
Hannover· Jänecke 1909. X, 210 S. 8°
(Bibliothek d. öffentlichen Rechts. Bd. 14.)

Tonale Chromatik von Berthold **Knetsch**. Leipzig 1907. G. Kreysing (18 S.) 8°
Aus Musikal. Wochenblatt 1907, No 31/32 u. 33/34 [illegible]

Knetsch, Berth., allgem. Musiklehre, s.: Hillger's, Herm., illustrierte Volksbücher

Knetsch, Berth., s.a. Organisation des Unterrichtes im Riemann-Conservatorium zu Stettin.

Organisation des Unterrichtes im Riemann-Conservatorium zu Stettin. (Verf. Berthold **Knetsch.**) Stettin 1903 H. Saran. (93 S.) 8° [05. 10880

Knetsch, Carl, s. K n e t s c h , Karl

Knetsch, Gust., d. landständische Verfassung u. reichsritterschaftl. Bewegung im Kurstaate Trier, vornehml. im 16. Jahrh., s.a. Studien, histor.

Knetsch, Gustav: Die landständische Verfassung im Kurstaate Trier, vornehmlich im XVI. Jahrhundert. Berlin 1909: Ebering. 103 S. 8° (Ersch. vollst. u. d. T.: Die landstand. Verfassung u. reichsritterschaftl. Bewegung im Kurstaate Trier, vornehml. im XVI. Jh., als: Histor. Studien. H. 75.)
Bonn, Phil. Diss. v. 15. Okt 1909, Ref. v. Bezold
[Geb. 2 Febr 85 Straelen; Wohnort Ratingen; Staatsangeh.: Preußen; Vorbildung Gymn. Koblenz Reife O. 04, Studium Bonn 2, Freiburg i. B. 2, Bonn 6 S., Rig 20. Mai 09.] [U 10. 395

Knetsch, Karl

— Goethes Ahnen. (94 S. m. 30 Stammtaf.) gr. 8. Leipzig 908. Klinkhardt & Biermann. 4. 50

Knetsch, Carl, aus Cassel: Die Erwerbung der Herrschaft Schmalkalden durch Hessen. *Marburg 1898* (hs.: *1899*): *L. Doll in Cassel.* (56 S.) 8°
Marburg, Phil. Diss. v [7 Juli] 1899

Knetsch, Carl, d. Forsthof u. d. Ritterstraße zu Marburg. Mit Zeichngn. v. Otto Ubbelohde. (39 S.) Lex. 8. Marburg (909). N. Ebel. 1. 20

— s.: Mechtel, des Joh., Limburger Chronik.

Knetsch W Alfons Dr pur
s Knetsch Alfons [09. 6450

Knetschke, s. K n e s c h k e

Knett, Joseph: B e r i c h t üb. d. Detonationsphänomen im Duppauer Gebirge am 14. VIII. 1899,
s.a. M i t t e i l u n g e n d. Erdbeben-Commiss. d. kais. Akad. d. Wiss. in Wien. XXI u. XX.

Mittheilungen der Erdbeben-Commission der kais. Akademie der Wissenschaften in Wien. XXI. Bericht über das Detonationsphänomen im Duppauer Gebirge am 14. August 1899 von J Knett. (Mit 2 Tafeln und 6 Textfiguren.) (Aus den Sitzungsberichten der kais. Akademie der Wissenschaften in Wien. Mathem.-naturw. Classe. Bd. CIX. Abth. I. November. 1900.) Wien. 1900. In Comm. Gerold's Sohn. Gr.-8°. 33 S. K 1.—

Knett, J: Vorläufiger B e r i c h t üb. das erzgebirgische Schwarmbeben 1903 vom 13. II. bis 25. III., m. einem Anh. über die Nacherschüttergn. bis Anfang Mai,
s.a. M i t t e i l u n g e n der Erdbeben-Kommission der kaiserl. Akademie der Wissenschaften in Wien.

Vorläufiger Bericht über das Erzgebirgische Schwarmbeben 1903 vom 13. Februar bis 25. März, mit e. Anh. über d. Nacherschütterungen bis Anfang Mai von J. **Knett.** Mit 1 Taf. Wien: K. Gerold's Sohn in Komm. 1903. (27 S.) 8°
— **Mitteilungen** d. Erdbeben-Kommission d. Kais. Akad. d. Wiss. in Wien. N. F No 16. [04. 3317 2

– Über die B e z i e h u n g e n zwischen Erdbeben u. Detonationen,
s.a. M i t t e i l u n g e n d. Erdbeben-Commiss. d. kais. Akad. d. Wiss. in Wien. XXI u. XX.

Mittheilungen der Erdbeben-Commission der kaiserlichen Akademie der Wissenschaften in Wien XX Über die Beziehungen zwischen Erdbeben und Detonationen von J. Knett. (Mit 8 Textfiguren.) (Aus den Sitzungsberichten der kaiserl. Akademie der Wissenschaften in Wien. Mathem.-naturw. Classe; Bd. CIX. Abth. I. November. 1900.) Wien. 1900. In Comm. Gerold's Sohn. Gr.-8°. 85 S. K —.80

Knett, J.: Das E r d b e b e n am böhmischen Pfahl, 26. XI. 1902, s.a. M i t t e i l u n g e n der Erdbeben-Kommission der kaiserl. Akademie der Wissenschaften in Wien.

Das Erdbeben am böhmischen Pfahl, 26. November 1902 von J. **Knett.** Mit 2 Taf. Wien: K. Gerold's Sohn in Komm. 1903. (22 S.) 8°
— **Mitteilungen** d. Erdbeben-Kommission d. Kais. Akad. d. Wiss. in Wien. N. F. No 18. [04. 3319 2

— **indirekter Nachweis von Radium in den Karlsbader Thermen.** (10 S. m. 5 Fig. u. 3 Taf.) gr. 8. Wien 904. (A. Hölder.) n. 1. 10
Sonderabdruck aus: „Sitzungsber. d. k. Akad. d. Wiss."

Knett, Josef· Synthetische Untersuchungen über Keramitfarben – 1904. 80 S.
Diss. Wien, TH

Knett Josef Mitteilungen der Erdbeben-Kommission der Kaiserlichen Akademie der Wissenschaften in Wien 7 Verhalten der Karlsbader Thermen während des vogtländisch-westböhmischen Erdbebens im Oktober November 1897 (mit 1 Kartenskizze, 10 Taf. und 3 Textfiguren) S. 107 L. 99

Knett, Jos., Verhalten d. Karlsbader Thermen währ. d. vogtländisch-westböhm. Erdbebens im Octbr.—Novbr. 1897, s.: Mitteilungen d. Erdbeben-Commission d. kaiserl. Akademie d. Wissenschaften in Wien.

Kneubühler, Emil. Über verschiedene Einflüsse auf die Sporenresistenz mit besonderer Berücksichtigung der Nährböden. Diss. Phil. [II] Univ. Zürich. 71 S. 8. Zürich-Selnau, Gebr. Leem(a)nn & Co., 1906.

Kneucker, A., Führer durch die Flora von Karlsruhe und Umgegend. gr. 16. (VII, 167 S.) Karlsruhe 886, Reiff.
geb. * 1 50

Kneucker, A., s.: Zeitschrift, allgem. botan., f. Systematik, Floristik, Pflanzengeographie etc.

Kneucker, J. J., die Anfänge des römischen Christenthums. Ein für den Druck erweiterter und mit Anmerkungen versehener Vortrag. gr. 8. (57 S.) Karlsruhe 881, Reuther. *

— das Buch Baruch. Geschichte u. Kritik, Uebersetzung u. Erklärung auf Grund des wiederhergestellten hebr. Urtextes. Mit einem Anhang über den pseudepigraph. Baruch. gr. 8. (XII, 361 S.) Leipzig 879. Brockhaus. n. 12. —

Kneucker, J. J., d. Gleichberechtigg. d. kirchlichen Liberalismus m. d. kirchl. Rechtgläubigkeit im Lichte des bibl. Christentums, d. reformator. Grundsätze u. d. bad. Bekenntnisstandes. Gegen unevangel. Verdunkelgn. nachgewiesen. gr. 8. (IV, 63 S.) Heidelberg 898. J. Hörning. n. — 60

Kneucker, J. J., s.: Kirchenblatt, evang.-protest.

Kneucker, J. J., Siloah. Quell, Teich und Thal in Jerusalem. Eine Dissertation. gr. 8. (34 S.) Heidelberg 873, K. Groos. — 75

— Unglaube od. Glaube? Off. Briefe an Hrn. Pfarrer Johannes Reinmuth in Knielingen, d. Herausgeber des „Evangel. Kirchen- u. Volksblattes" u. d. „Korrespondenzblatts". Verständigen u. ehrlichdenk. Lesern gewidm. gr. 8. (134 S.) Ebd. 895. 96. n. — 80

Kneuer, Karl, kgl. Reallehrer an d. kgl. Realsch. Weilheim (Oberbayern): Die Sprichwörter Hendyngs. Nachweis ähnlicher Sprichwörter in d. german. u. roman. Sprachen. *Weilheim 1901: Gebr. Boegler.* (V, 93 S.) 8°
Leipzig, Phil. Diss. v. [7. Nov.] 1901

Kneule, J. F., über die Anwendung von Strafen bei der Erziehung. 8. (28 S.) Augsburg 871, v. Jenisch und Stage'sche Buchh. — 30

—— das Wichtigste aus der Lehre von den einzelnen Wortarten nach Maßgabe der „Lehrordnung für die Volksschulen von Schwaben und Neuburg" und mit Zugrundelegung der in derselben vorgeschriebenen Terminologie. Definitionen sind nach Fr. Bauer's „Neuhochdeutscher Grammatik." 5. Aufl. 1874. * 10 Pf., und 6. Aufl. qu. 4. (4 S.) Ebendas. 876. * — 8

Kneule, J. F., das Wichtigste aus der Lehre von den einzelnen Wortarten. Nach Maßgabe der „Lehrordnung für die Volksschulen von Schwaben und Neuburg" und mit Zugrundlegung der in derselben vorgeschriebenen Terminologie. Definitionen sind nach Fr. Bauer's „neuhochdeutscher Grammatik". 6. und 7. Aufl. qu. gr. 4. (4 S.) Augsburg 876,77, v. Jenisch und Stage'sche Buchh. *

Kneule, J. F., das Wichtigste aus der Lehre von den einzelnen Wortarten. Uebersichtlich zusammengestellt. 8. Aufl. gr. 8. (4 S.) Augsburg 878. Preyß. n. — 25

EULEN-SPIEGEL, Freiherr von, oder Lebensbilder aus der Neuzeit (von *Kneusel*). 2 Bde. Breslau, Trewendt, 1847. 8°. ($3^1/_3$ Rthl.) (3 Mk., saub. Leihbiblexpl., Max Jaeckel, Potsdam, 1906.)
309 u. 307 SS. Zahmen Inhalts. — Nicht im Anon.-Lex.

Kneusel, Christoph Friedrich

— — De actione Pauliana. Diss. jur. Giessen (Eberh. Heinr. Lammers) Apr. 1732. 72 S., tlws. dtsch. (6.80) 18611
Ab S. 18 Konkurs d. Gottfried Winckler (Leipzig u. Cöthen) betr.

Kneusel, Christoph Frid. (Frankfurt a. M.), De citatione ad lib. II. tit. 4. Pandect. de in jus vocando. Cum reformat. Francofurt. p. I. tit. VII. seq. collatum. Diss. jur. Präs. D. Joh. Friedrich Wahl. Giessen (Eberh. Heinr. Lammers) Jan. 1732. 27 Bl. (7.—) 18610
Gew.: Wilhelm Klotz, Christoph Friedrich Kneusel.

Kneußl, Geschichte des k. bayer. 2. (vormals 3.) Jäger-Bataillons, nebst e. kurzgefaßten Darstellg. der Geschichte seiner Stammabteilgn. 1753—1898. Im Auftrage des Bataillons bearb. Mit 8 Skizzen im Texte, sowie 5 Uniformsbildern u. 7 Karten in e. Sonderbande. gr. 8. (XXIV, 340 S. m. 1 Bildnis.) Würzburg 899. (Aschaffenburg, C. Krebs.) Geb. in Leinw. u. in Leinw.-Mappe n. 14.—

— dasselbe. Kurzer Überblick. gr. 8. (32 S. m. 1 Bildnis u. 5 farb. Uniformbildern.) Ebd. (899).
In Leinw.-Mappe n. 2. 70

KNEUTTINGER, Georg Anton Maria (Würzburg): Zur Histiologie des Blutes.- Würzburg: Stahel 1865. IV, 62 S.,1 Bl.,Taf.
28.10.1865 - Urk (Titel: De structura corpusculorum sanguinis penitiori.); P 71
Diss. Ingolst.-Landsh.-Mchn.

Knevels, Fritz: Ein Fall von Riesenzellensarkom der weiblichen Brustdrüse. *München 1897: Kastner & Lossen.* (19 S.) 8°
München, Med. Diss. v. 1897

Knevels, J. W., Apologia, oder entdeckte Unschuld gegen die falsche Beschuldigung einer Ehr-raubenden, verläumderischen, lästerlichen u. ertzketzerischen Rotte zu Ronsdorf O. O. u. J. (c. 1750). 8°. (12 Mk. 50 Pfg., zus. mit d. folgenden Schrift, Edm. Meyer, Berlin, c. 1905.)

Knezaurek, J. Populäre Darstellung des Dampfwagens. Wien 1839.

Kniat, Joseph: Spinoza's Ethik gegenüber der Erfahrung .... Posen, *gedr. in d. Buchdr. d. „Kuryer Poznański"*, 1888; 1 Bl. + 47 S. + 1 Bl. 8°
Leipzig, Phil. Fak., Inaug.-Diss. v. 7. März 1888

Kniat, Jos., Spinoza's Ethik gegenüber der Erfahrung. Inaugural-Dissertation. gr. 8. (47 S.) Posen 888, (Jolowicz.) * 1 —

Kniat, Josef [Dr.]: Ein Problem aus der analytischen Geometrie des Raumes. Rössel, Buchdr. v. B. Kruttke, 1897; VI—XXVIII S. 4.
Rössel, k. G., OP 1897 (15)

Knjaževna [Schlagwort]

Knjaževna, s.: **Serbien.**

Kniaziolucki, Zbigniew Johann I. Albrecht, König von Polen, in seinen ersten Regierungsjahren. (62) 8. Leipzig 1875.

Kniaźnin, F. D., Dzieła, v. Biblioteka.

Kniaźnina, Fr. D., Poezye, s. Biblioteka, klassykow polskich, Tom. 32—37.

Knibbe, Dav., Erklär. d. Epist. Pauli an d. Colosser. 2 Thle. 4. Brem. 708.

— Historie d. Propheten. 4. Bern, Haller. 709.

Knibbe, Glieb. Mor., Nachrichten üb. die Familie Knibbe. gr. 8. (III, 20 S. m. 6 genealog. Tab.) Torgau 892. F. Jacob. n. 1 —

Kniberg, Ad. Fr., d. regelmäß. Beschreibung d. Parallelogramms in den vierseitigen Plan; e. Abhandl., mit 1 Kpf. 8. Kopenh. 813. Bonnier. (Leipz., Wienbrack). 10 gGr.

Knichen, Rud. Gf., autocratia s. de iure territorii. 8. fol. Frft.

Knick, Artur: Über die Histologie der sekundären Degeneration im Rückenmark. Leipzig: Barth 1908. 37 S. 4°(8°)
(Aus: Journal f. Psychol. u. Neurol. Bd 12.)
Breslau, Med. Diss. v. 30. Jan. 1909. Ref. Bonhoeffer
[Geb. 20. Nov. 83 Breslau; Wohnort: Breslau; Staatsangeh.: Preußen; Vorbildung: Realgymn. heil. Geist Breslau Reife M. 02; Studium: Breslau 10 S.; Coll. 27 Juni 08; Approb. 6 Jan. 09.] [U 09. 557

Knick, K. D. G. Darlegung der über den Homer seit Wolf angeregten Streitfragen und der bisher gewonnenen Resultate. 27 S.
Neu-Stettin, Progr. 1848

Knick, K. D. G. Homer und seine Gedichte. Zweite Abtheilung. (Fortsetzung des Programms von 1848.) 26 S. Progr. Neu-Stettin 1855.

Knick, K. D. G. Quaestionum Aeschyl. Specim. (Ueber den Choregesang in den Choeph. v. 577. ed. Blomf.) 11 S. . . . .
Neu-Stettin, Progr. 1838

Knick, Reinhold. Aus d. chemischen Institut d. Universität Breslau. Ueber die Condensation von p-Nitrobenzaldehyd mit α-Picolin und αγ-Lutidin. *Breslau 1902: H. Fleischmann.* (54 S.) 8°
Breslau, Phil. Diss. v. 8. Juli 1902

Knickbein, Jh. Chr., († 1803.) vernünftige Gedanken von dem Geräusche e. Wortfechters im Lande d. Gelehrten, mit eilfert. Feder entworfen. 4. Hamb. 750. (7 Bog.)

Knickenberg, E., der Hund u. sein „Verstand". Eine Erklärg. der Lebensäussergn. des Hundes in Hinsicht auf das ihnen zu Grunde lieg. „Wollen", „Erkennen" u. „Begreifen". Allen Hundefreunden gewidmet. (VIII, 138 S.) gr. 8. Cöthen 905. P. Schettler's Erben. n. 3. —

Knickenberg, Ernst [aus Düsseldorf]: Aus d. med. Klinik d. Univ. Bonn. Beobachtungen über die Wirkung des salzsauren Orexin.... Bonn, Buchdr. Joseph Bach Wwe., 1890; 42 S. + 2 Bl. 8°
Bonn, Med. Fak., Inaug.-Diss. v. [26.] Jul. 1890

Knickenberg, F.: Die Amtsgeschäfte des Gerichtskassenkurators. Kurze Darstellung des Geschäftsgangs bei der Gerichtskasse u. der einzelnen, dem Kurator obliegenden Geschäfte... Aus der Praxis bearb. Dissen 1896.

Knickenberg, [F.]: Die Bausachen bei den Preußischen Amtsgerichten. System. Zusammenstellung der Verwaltungsbestimmungen ... mit Beispielen und Formularen. (Osnabrück) 1891.

Knickenberg, F.: Handbuch der gerichtlichen Calculatur. Dorum 1884.

Knickenberg, F., Tier-Psychologie. Ist d. Tier e. Maschine od. e. sensitives Wesen? (IV, 190 S.) 8. Graz 908. U. Moser. 1.50

Knickenberg, Franc., de ratione stoica in Persii satiris apparente. Münster 867. Niemann. gr. 8. (122 S.) 10 ngr.

Knickenberg, Fridericus: De deorum invocationibus quas in componendis carminibus poetae Romani frequentant. . . . Marpurgi Cattorum, typ. Friederici typogr. acad., 1889; 2 Bl. + 79 + 1 S. 8°
Marburg, Phil. Fak., Inaug.-Diss. v. [22. März] 1889

Knickenberg, F., de deorum invocationibus quas in componendis carminibus poetae romani frequentant. gr. 8. (IV, 79 S.) Marburg 889. Elwert's Verl. n. 1.20

Verein Beethoven-Haus in Bonn. Bericht über die ersten fünfzehn Jahre seines Bestehens. 1889–1904. [Von Fritz Knickenberg.] Bonn (1904)

Katalog der Stadtbibliothek Bonn. 1904. Von Dr. F[ritz] **Knickenberg.** Bonn 1904: J. F. Carthaus. (VII, 323 S.) 8° [05. 3719 8

Knickenberg, Jos., method. Handbuch f. den Unterr. in schriftl. Aufsätzen. Ein Leitfaden f. Lehrer in Elementarschulen. gr. 8. (21⅞ B.) Münster 845, Regensberg.

Knicker, Hieronymus. Komische Operette in zwei Akten ... Weimar 1793. Passau 1794, 1803. H & V: *Vulpius, Christian August.* (Ky) (GGr)

Knicker, Hieronymus; Operette, neu bearb. (v. Chr. A. Vulpius). 8. Weimar 793. Hoffmann. 5 gl.

— — Kom. Operette. 8. Passau, Ambrosi. 793.

— — dasselbe. 8. Passau. (Gräff, Lpz.) 794.

— dass. 8. Passau 794. d. 803. Ambrosi. 3 gl.

(Knicker.) — Viro Johanni Friderico Knickero (Zwickau) amico et collegae summos in arte honores a gratioso medicorum Lipsiensium ordine illi ex merito collatos faustos esse jubet quae sub praesidio viri magn. excell. exp. domini D. Joannis Ernesti Hebenstreit apud Lipsiens. poliat. sese exercet schola disputatoria. Lpz. (Eisfeld) 19. IX. 1749. 2 Bl. (4.—) 18613

Knickerbocker, Diedrich [Pseud.], s. Irving, Washington

Knickknack, Gripphold, s. *Floja,* curtum versicale etc.

Knickmeyer, Carl [aus Hannover]: Ueber die Entwicklung der Rippen, Querfortsätze und Unteren-Bogen bei Triton taeniatus. . . . München, Druck d. Akad. Buchdr. v. F. Straub, 1891, 24 S., 2 Taf. 8°
München, Phil. Fak., Inaug.-Diss. v. 1891

Gebuehrs-Normen der (k. bayer.) Infanterie. (Von Ph. Knidtlmayer.) o. O. 1864. 194 S.

Knidelmayr, Lambert, Entwurf d. Gegenstände, welche d. Schülern d. Realschule in Oberaltaich vorgetragen wurden etc. 8. Straubingen 798.

— s. auch Knittelmeier.

Knie, Adolf, Curonus. Respirationsgifte. I. Atropin. Blausäure. Diss. Dorpat. 8°. 55 pp.
1873

Knie, Ferd., Lord Beefsteak. Posse m. Gesang in 1 Aufzuge. 8. (23 S.) Münster 893. A. Russell. n. — 70

Der entlarvte Burggeist. Grosses Intriguenstück in 3 Aufz. von Dr. Ferd. **Knie.** *Duisburg: J. Hoffmann 1892.* (32 S.) 8° [F.]
= Vereins-Theater, Katholisches. Bdch. 29. [92. 2846

Moderne Dichter. Dramat. Bilder von Dr. Ferd. **Knie.** *Duisburg: J. Hoffmann 1892.* (37 S.) 8° [F.]
= Vereins-Theater, Katholisches. Bdch. 32. [92. 2849

— die rothe Fahne, s.: Theater, kleines.

— die „Russische Gefahr". Schattenbilder. 12. (48 S.) Ebendas. 888. — 30

— **Geistesblitze.** Die geflügelten Worte u. Citate d. deutschen Volkes. Für Deutschlands Katholiken zusammengestellt. 2 Bde. gr. 8. (XI, 1226 S.) Paderborn 887. Bonifacius-Druckerei. Geb. in Leinw. Ermäss. Preis 7.50

— die beiden Hagestolze. Große Posse in 3 Aufzügen. 8. (32 S.) Münster 893. A. Russell. n. — 70

Knie, Ferd., die Jesuiten. Ein Beitrag zur Frage ihrer Rückberufung. 8. (84 S.) Paderborn 888. Bonifacius-Druckerei. — 40

Der neue Kalender. Hist. Schausp. in 3 Akten u. e. Vorsp. von Dr. Ferd. Knie. *Duisburg: J. Hoffmann 1892.* (32 S.) 8° [F.]
— Vereins-Theater, Katholisches. Bdch. 26. [no. 2843]

Die Ketten Satans. Drama in 3 Aufz. von Dr. Ferd. Knie. *Duisburg: J. Hoffmann 1893.* (36 S.) 8° [F.]
— Vereins-Theater, Katholisches. Bdch. 33. [no. 2850]

— die russisch-schismatische Kirche, ihre Lehre u. ihr Cult. gr. 8. (VII, 199 S.) Graz 894. Styria. n. 2.60

Knie, Ferd. Der Kolonialschwärmer, s. Theater, kleines.

Ja Wir Künstler! Grosse Posse mit Gesang in 3 Aufz. von Dr. Ferd. Knie. *Duisburg: J. Hoffmann 1893.* (36 S.) 8° [F.]
— Vereins-Theater, Katholisches. Bdch. 35. [no. 2852]

Professor Quarks Leiden oder: Die gekundigte Wohnung. Grosse Posse mit Gesang von Dr. Ferd. Knie. (2. Aufl.) *Duisburg: J. Hoffmann 1892.* (32 S.) 8° [F.]
— Vereins-Theater, Katholisches. Bdch. 28. [no. 2845]

Knie, Ferdinand, Hans Herrigs „Luther". Eine kritische Studie. Paderborn, Bonif.-Druckerei, 1890, 4. Aufl., 64 S., kl. 8°, 25 Pf. (Abdr. der 11. u. 12. Bonif.-Broschüre für 1889.)

— die Mimik steigt! 111 Dessins, kom. Vorträge, Lieder, Deklamationen 2c. Erfunden, vorgefunden, nachempfunden u. weggefunden. gr. 8. (284 S.) Duisburg 894. J. Hoffmann. n.n. 2. 60

Die Mimik steigt! Dessins, komische Vorträge, Lieder, Deklamationen etc.... von Dr. Ferdinand Knie. 2. erhebl. verm. u. verb. Aufl. *Duisburg: J. Hoffmann 1898.* (356 S.) 8° [F.]
— Vereins-Theater, Katholisches. Bdch. 55. [illegible]

O ich Pechvogel!! Grosse Posse vor u. hinter d. Coulissen von Dr. Ferd. Knie. *Duisburg: J. Hoffmann 1892.* (24 S.) 8° [F.]
— Vereins-Theater, Katholisches. Bdch. 30. [no. 2847]

's ist 'ne schmachvolle Zeit! Grosse Posse mit Gesang in 3 Aufz. von Dr. Ferd. Knie. (2. Aufl.) *Duisburg: J. Hoffmann 1893.* (34 S.) 8° [F.]
— Vereins-Theater, Katholisches. Bdch. 36. [no. 3131]

— moderner Schwindel. Lustsp... in 1 Aufzuge. 8. (48 S.) Münster 893. A. Russell. n. — 70

Das verkrachte Stiftungsfest. Grosse Posse mit Gesang in 2 Aufz. von Dr. Ferd. Knie. 2. Aufl. *Duisburg: J. Hoffmann 1898.* (31 S.) 8° [F.]
— Vereins-Theater, Katholisches. Bdch. 34. [no. 2851]

— „Trümpelmann" in Berlin. Eine Beleuchtung der „Vorgänge in Berlin bei dem Lutherspiel im Juni 1888" und der „Denkschrift des studentischen Komitees". 1. u. 2. Aufl. 16. (32 S.) Paderb. 889, Bonifacius-Druckerei. * — 15

— „Trümpelmann" in Berlin. Eine Beleuchtg. der „Vorgänge in Berlin bei dem Lutherspiel im Juni 1888" u. der „Denkschrift des student. Komitees". [Aus: „Bonifacius-Broschüren".] 2. Aufl. 12. (32 S.) Paderborn 890. Bonifacius-Druckerei. — 15

— Herr Trümpelmann in der Charfreitagsstimmung. Ein Briefwechsel mit dem Dichter, nebst harmlosen Randglossen. 1. u. 2. Aufl. 16. (48 S.) Ebd. 889. * — 20

— Herr Trümpelmann in der Karfreitagsstimmung. Ein Briefwechsel m. dem Dichter, nebst harmlosen Randglossen. 2. Aufl. 12. (48 S.) Ebd. 890. n. — 20

Knie, Ferd., s.: Vereins-Theater, kathol.

Die erste Wache. Burleske mit Gesang in 3 Aufz. von Dr. Ferd. Knie. *Duisburg: J. Hoffmann 1892.* (34 S.) 8° [F.]
— Vereins-Theater, Katholisches. Bdch. 31. [no. 2848]

— Geschichtlicher Wahrheitsspiegel. Eine Widerlegung der verbreitetsten Entstellungen der Geschichte u. des Katholicismus. Nach den besten Quellen bearbeitet. Paderborn, Kleine, 1891, gr. 8°, IV, 205 S., 1,50 Mk.

Der Verf. hat neun kirchengeschichtl. Materien, die bisher häufig in der histor. Darstellung dem Mißverständnis oder der geflissentl. Entstellung unterworfen waren, unter Bezugnahme auf bekannte Geschichtswerke untersucht u. klarzustellen gesucht. Seine Auseinandersetzungen sind in populärwiss. Tone gehalten u. haben die Form einer Unterredung zwischen Männern sehr verschiedener Geistesrichtung. Stimmen a. M.-Laach Bd. 41, S. 124.

Meister Zwirn in tausend Nothen oder: Ein Frack mit Hindernissen. Grosse Posse mit Gesang von Dr. Ferd. Knie. *Duisburg: J. Hoffmann 1892.* (31 S.) 8° [F.]
— Vereins-Theater, Katholisches. Bdch. 27. [no. 2844]

Knie, J. G., Anleitung z. zweckmäß. Behandl. blinder Kinder, f. deren erste Jugendbild. u. Erzieh. in ihren Familien, in öffentl. Volksschulen u. durch zu ertheil. Privat-Unterweisung. 3., verm. u. verb. Aufl. 8. (5¼ B. u. 1 Bl. mit erhab. Zeichen.) Berlin 839, Nicolaische Buchh. *

Knie, J. G., Anleitung zur zweckmäßigen Behandlung blinder Kinder, für deren erste Jugendbildung und Erziehung in ihren Familien, in öffentl. Volksschulen und durch zu ertheilende Privat-Unterweisung. 5., verm. und verb. Aufl. mit Proben von erhöhten Buch- und Notendruck für Blinde (auf 12 Taf. in qu. 4.) gr. 8. (84 S.) Breslau 858, (Ziegler.)
Proben apart *

Knie, J. G., (Oberlehrer), Beschreib. einiger einfachen Vorrichtungen, um d. Constructionen d. Körpergrößenlehre oder Stereometrie zu versinnlichen u. d. regelmäß. Körper selbst leicht u. wohlfeiler anfertigen zu können 2c. 8. Bresl. 826. Graß, B. u. C. 6 gr.

— u. J. M. Melcher, geograph. Beschreib. von Schlesien preuß. Antheils, d. Grafschaft Glatz u. d. preuß. Markgrafsch. Oberlausitz. 1r Thl. Beschreib. v. Breslau. 1s—6s Heft. 8. Bresl. 825, 26.

Knie, J. G., kurze geograph. Beschreibung v. Preuß.-Schlesien, d. Grafsch. Glatz u. d. Preuß. Markgrafsch. Ober-Lausitz, od. d. gesammten Provinz Preuß.-Schlesien. Zum Gebr. f. Schulen. 2 Bdchn. 8. (31½ B.) Breslau, Graß, Barth u. Comp. [1. 831. 8 Gr., 2. 832. 12 Gr.]

— s. V. A. Dufau, Versuch über den Zustand der Blindgebornen.

Knie, J. G., Gelegenheits-Gedichte, s. a. Gelegenheits-Gedichte.

Knie, J. G., Gelegenheits-Gedichte besonders zu Geburts- und Namenstagen, Neujahrs- und andern Festen für gute Kinder. Eltern, Erziehern und Lehrern gewidmet. 4. und 5. Aufl. 32. (160 S.) 1860,65. 60 Pf.; 6. Aufl. 16. (IV, 135 S.) Breslau 878, Kern's Verlag.

Knie, J. G., Gelegenheits-Gedichte besonders zu Geburts- u. Namenstagen, Neujahrs- u. andern Festen für gute Kinder. Eltern, Erziehern u. Lehrern gewidmet. 6. Aufl. 16. (IV, 135 S.) Breslau 878. Kern's Verl. — 75

— der Jugendlehrer, s. Jugendlehrer.

Knie, J. G., theoretisch-praktische Lösung der 2 geometr. Aufgaben: a. zwischen 2 gegebene gerade Linien 2 Proportionalen einzuschalten, nebst der davon abhangenden Vervielfältigung des Würfels und anderer einander ähnl. Körper, nach allen beliebigen Verhältnissen in geraden oder gebrochenen Zahlen; bei Quadratur des Zirkels und Zirkulirung des Quadrats nebst Konstruktion von Kugeln und Würfeln oder anderen Körpern, die gleich gross werden sollen, mit Hülfe zweier Werkzeuge. Erfunden und beschrieben. gr. 4. (28 S. und 8 Stnt.) Breslau 848, (G. P. Aderholz.) *

— neuester, aufrichtiger u. erfahrener Rechenfreund, im geschäftl. u. bürgerl. Verkehr, im Amte u. zu Hause. Oder: vollständ. u. ausführl. Vergleichungs-Tafeln 2c. 4. Breslau 824, Grüson u. C.

— neuester aufrichtiger u. erfahrener Rechenfreund, im geschäftl. u. bürgerl. Verkehr, im Amte u. zu Hause. Oder vollständ. u. ausführl. Vergleichungs-Tafeln etc. 4. Bresl. 824. (Henze). 12 gr

—— pädagog. Reise durch Deutschland im Sommer 1835, auf der ich eilf Blinden-, verschied. Taubstummen-, Armen-, Straf- u. Waisenanstalten als Blinder besucht u. in den nachfolg. Blättern beschrieben habe. Mit e. Vorw. v. Wolfg. Menzel. gr. 8. (23½ B. incl. 1 Tab.) Stuttgart u. Tübingen 837, Cotta'sche Buchh.

—— alphabet.-statist.-topograph. Uebersicht aller Dörfer, Flecken, Städte u. and. Orte d. Kgl. Preuß. Provinz Schlesien, mit Einschluß d. ganzen jetzt z. Provinz gehör. Markgrafenth. Ober-Lausitz, u. d. Grafsch. Glatz; nebst beigef. Nachweis. v. d. Eintheil. d. Landes nach d. verschied. Zweigen d. Civil-Verwalt., m. 3 besond. Tab. Durchges. v. J. M. L. Melcher. 8. (69 B. excl. Tab.) Breslau 830, Graß, Barth u. Comp.

Knie, J. G., alphabet.-statist.-topograph. Uebersicht der Dörfer, Flecken, Städte etc. der k. preuß. Prov. Schlesien, nebst beigefügter Nachweisung von der Eintheilung des Landes nach den Bezirken der drei kgl. Regierungen etc. 2., verm. u. verb. Aufl. 3 Hfte. Lex.-8. (62¾ B. u. 1 Tab.) Breslau 845, Graß, Barth u. Comp., Berl. à * 1 Thlr. 5 Ngr.; *

— Versuch über den Unterricht d. Blinden, oder entwickelnde Darstell. des beim Blinden-Unterricht angewandten Verfahrens. Aus d. Französ. 8. Bresl. 820. 2e A. 821. Graß, B. u. Comp. 1 ₰ 12 gr

—— neuester Zustand Schlesiens. Ein geograph.-statist. Handb. in gedrängter Kürze u. aus Originalquellen, bearb. f. Schlesiens Jugend u. Freunde d. Länderkunde. 1. Aufl. gr. 8. 830., 2., verb. Aufl. 8. (à 9 B.) Breslau 838, Graß, Barth u. Comp. à

Knie, Mt. Jos., klin. Anekdoten über Sanitätsbeschaffenheit d. k. Freistadt Segedin. 8. Pesth 788.

Knieb, Phillpp, Gesch. d. kathol. Kirche in der freien Reichsstadt Mühlhausen in Thüringen v. 1525 bis 1629, s. Erläuterungen u. Ergänzungen zu Janssens Geschichte d. deutsch. Volkes. V, 5.

Geschichte der katholischen Kirche in der freien Reichsstadt Mühlhausen in Thüringen von 1525 bis 1629. Nach archival. u. anderen Quellen bearb. von Philipp Knieb. Freiburg im Br.: Herder 1907. (XIV, 151 S.) 8° [J.]

— Erläuterungen u. Ergänzungen zu Janssens Geschichte d. deutschen Volkes. Bd 5, H. 5. [07. 12...]

Knieb, Phpp., Geschichte der Reformation u. Gegen-Reformation auf dem Eichsfelde. Nach archival. u. anderen Quellen bearb. Lex.-8. (XXIV, 364 S.) Heiligenstadt 900. F. W. Cordier. n.n. 5.—

— Geschichte d. Reformation u. Gegenreformation auf d. Eichsfelde. Nach archival. u. ander. Quellen bearb. 2. erweit. Aufl. (XXXII, 416 S.) gr. 8. Heiligenstadt 909. F. W. Cordier. 5.—; geb. 6.50

[J.] Bilder aus Saarbrückens Vergangenheit. Von Hermann Kniebe. Reihe I. II. *Saarbrücken: C. Schmidtke 1891 97.* 2 Bde 8.
I. 1891. (3 Bl., 285 S.) II. 1897. (3 Bl., 252 S.) [98. 3153

Kniebe, Otto, Gerichtsrefer.: Zur Lehre vom römischen Gewohnheitsrecht in vorjustinianischer Zeit. Freiburg i. B. 1908: Wagner. 80 S. 8
Heidelberg, Jur. Diss. v. 3. Dez. 1908, Ref. Bekker
[Geb. 28. Febr. 84 Sulzbach a. S.; Wohnort: Sulzbach; Staatsangeh.: Preußen; Vorbildung: Ludwigs-Gymn. Saarbrücken Reife O. 02; Studium: Heidelberg 1, Marburg 1, Straßburg 2, Bonn 2 S.; Rig. 22. Okt. 08.] [U 09. 1826

Kniebe, Rud., deutsch. Leseb. f. höh. Lehranstalten, s.: Paldamus.

Kniebe, R., d. Schriftenstreit üb. d. Reformation d. Kurfürsten Johann Sigismund v. Brandenburg seit 1613, s.: Abhandlungen, Hallesche, z. neueren Geschichte.

Kniebe, Rudolf, aus Ergste, Prov. Westf.: Der Schriftenstreit über die Reformation des Kurfürsten Johann Sigismund von Brandenburg seit 1613. *Halle a. S. 1902: Wischan & Wettengel.* (32 S.) 8°
Halle, Phil. Diss. v. 1902

Der Schriftenstreit über die Reformation des Kurfürsten Johann Sigismund v. Brandenburg seit 1613. Von R[udolf] Kniebe. *Halle: M. Niemeyer 1902.* (161 S.) 8°
— Abhandlungen, Hallesche, z. neueren Geschichte. H. 41. [02. 13461 3

KNIEBECK, HERTHA VON. *Mein liebstes Bilderbuch.* [Verse u. 8 farb.] Bilder von ITA VON MORSEY-EBHARDT. O. O. u. Verlag, ca. 1910. Quer-Gr.-8°. Farb. biegsamer Or.-Karton. Mithilfe v. Photomontage illustr. 8.—

Kniebeugung, Die, der Protestanten vor dem Sanctissimum . . . Ulm 1841. V: *Giech, Carl Graf von.* (EngJ)

Kniebeugung, die, der Protestanten vor d. Sanctissimum d. kathol. Kirche in d. bayer. Heere u. in d. bayer. Landwehr. Materialien z. Beurtheil. dies. Angelegenheit v. Standpunkte d. Glaubenslehre, d. Staatsrechts u. d. Geschichte. Mit 12 Beiln. gr. 8. (6⅙ B.) Ulm 841, Stettin'sche Buchh. *

Kniebeugung, die, der Protestanten vor dem Sanctissimum der katholischen Kirche in dem bayerischen Heere und in der bayer. Landwehr. Materialien zur Beurtheilung dieser Angelegenheit vom Standpunkte d. Glaubenslehre, des Staatsrechts u. der Geschichte. Mit 12 Beilagen. gr. 8. Ulm 842, Stettin'sche Buchh. n. ⅓ ₰

Kniebis [Sachliches OW]

Kniebis, Le. Esquisse d'une excursion de quatre jours. Baden 1832. V: *Meyer.* (BaBb)

Kniebis [Schlagwort]

Kniebis, s.: Geognostische Karten (Württemberg).

Kniebis. s: Obertal.

Kniebis, s.: Renchthal. — Schwarzwald. Karte. — Württemberg. Höhenkurvenkarte.

Kniebusch, H., Muster zu notariell aufzunehmenden oder zu beglaubigenden Urkunden und Anträge in Grundbuchsachen. gr. 8. (20 S.) Berlin 873, C. Heymann's Verlag. — 75

Kniog, E. Geschäftliches, Statistisches und Wirtschaftliches über das Bier. Hannover 1894. 32 S. 8°. Mk. —.50.

[J.] Knieke, August [aus Hannover]: Die Einwanderung in den westfälischen Städten bis 1400 ... [Erschien vollst. 1893 im gl. Verl.] Münster, Regensberg'sche Buchh. u. Buchdr., 1893; 32 S., 2 Bl. 8.
Münster, Phil. Fak., Inaug.-Diss. v. [18. Febr.] 1893

Die Kassenarztfrage und das öffentliche Gesundheitswesen in Beziehung zu der sozialpolitischen Gesetzgebung. Von Dr. med. [Heinrich] Knieke. *Berlin-Grunewald: A. Troschel 1903.* (74 S.) 8° [J.] [03. ...

Knieke, Krankenkassen u. Volkshygiene. Lex.-8. (17 S.) Berlin 902. Grunewald, Verlag der Arbeiter-Versorgg. A. Troschel. n. — 60
Sonderabdruck aus: „Arbeiter-Versorgung".

Knieke, Heinrich [pr. Arzt]: Verunreinigung öffentlicher Wasserläufe ... Hannover, Klindworth, Hof-Dr., 1896; 25 S. 8.
Leipzig, Med. Fak., Inaug.-Diss. v. [3. Nov.] 1896

Kniel, Corn., die Benediktiner-Abtei Maria-Laach. Gedenkblätter aus Vergangenheit u. Gegenwart. gr. 8. (160 S. m. 20 Abbildgn. Köln 893. J. P. Bachem. Kart. n. 2. 50

— dasselbe. 2. Aufl. gr. 8. (164 S. m. 32 Abbildgn.) Ebd. 894. Kart. n. 2. 50

Kniel, Cornel., O. S. B., die Benediktiner-Abtei Maria-Laach. Gedenkblätter aus Vergangenheit u. Gegenwart. 3. Aufl. gr. 8. (172 S. m. Abb.) Köln 902. J. P. Bachem. Geb. in Leinw. n. 3. —

Kniel, Corn., die St. Benediktsmedaille. Ihre Geschichte, Bedeutg., Ablässe u. wunderbaren Wirkgn 16. (VIII, 56 S. m. 1 Bild.) Saulgau 892. H. Kitz. n. — 20

Kniel, O. S. B., d. St. Benediktsmedaille. Ihre Geschichte, Bedeutg., Weihe, Ablässe u. Wirkgn. 2. Aufl. gr. 16. (XIII, 56 S. m. 4 Abb.) Ravensburg 895. H. Kitz. n. — 25

Kniele, R., deutsch-weltsprachliche Handelskorrespondenz. 200 kaufmänn. Briefe in 10 verschiedenen Gattungen. Gesammelt und übersetzt. Genehmigt und revid. vom Erfinder der Weltsprache. gr. 8. (VIII, 117 S.) Ueberlingen 885, Schoy. ** 1 60

—— dass. — 2. verb. Aufl. Genehmigt vom Erfinder der Weltsprache. gr. 8. (VI, 112 S.) Ebendas. 888. ** 1 80
geb. in Halbleinw. ** ℳ 2.—; in Leinw. ** 2 50

— weltsprachliche Humoristika. Eine Sammlg. kurzer Scherze, Witze etc., deutsch u. weltsprachlich. Zugleich Uebungsbuch in der Weltsprache, „volapük“. qu. 16. (XVI, 128 S.) Ebend. 884. n. — 80; geb. n. 1. —

— weltsprachliche Humoristika. Eine Sammlg. kurzer Scherze, Witze etc. Deutsch u. weltsprachlich. Nebst e. Anhang bekannter Gesellschaftslieder. Genehmigt u. revidiert von J. M. Schleyer. 2., verb. Aufl. qu. 12. (VIII, 146 S.) Ueberlingen 889. Feyel. n. — 80

— das erste Jahrzehnt der Weltsprache Volapük. Entstehung u. Entwicklg. d. Volapük in den einzelnen Jahren, nebst Uebersicht üb. den heut. Stand der Weltsprache, Weltspracheklubs ꝛc. Als Jubiläumsgabe ausgearb. 8. (125 S.) Ueberlingen 889. Schoy. n. 1. 20

Knieling, Kurt: Vergleichende Untersuchungen über den Bau der Glandulae bulbourethrales einiger männlicher Säuger unter spezieller Berücks. der durch Entfernung der Testes entstehenden Veränderungen. Mit 16 Abb. Dresden 1910. 67 S.
Leipzig, Vet.-med. Diss. v. 1910.

Kniep, Alb., üb. e. neue Methode der Bestimmung des mechan. Äquivalentes der Wärme mittelst elektromagnet. Induktion in körperl. Leitern. (44 S. m. Abb. u. 1 Taf.) gr.8. Berlin 910. R. Trenkel. 2. —

Kniep, Arthur: Der Yang-tsī-kiang als Weg zwischen dem westlichen und östlichen China. ⟨Eine hydrographisch-verkehrsgeographische Studie.⟩ Mit 5 Taf. *Leipzig: W. Engelmann 1904.* (34 S.) 8° ¶(Aus: Gerlands Beiträge zur Geophysik Bd 7, H. 1.)
Straßburg, Phil. Diss. v. 1904

Kniep, Carl Friedrich Ferdinand,
s. Kniep, Karl Friedrich Ferdinand

Festloge am Tage St. Johannis 5845 in der Loge zur Ceder im Or. Hannover. [Unterz.:] E. Kniep. [Hannover 1845]: Jänecke. 27 S. 8°
Bericht. Festrede von Mittendorff: Wie wollen wir als Maurer unsern Johannisfeiertag heiligen?

Protokoll über die am 10. Nov. 5842 zu Ehren ihres Br. Georg Phil. Holscher von Seiten der Loge zur Ceder [in Hannover] gehaltene Jubelfest-Tafelloge. [Unterz.:] E. Kniep. Hannover 1842: Jänecke. 27 S. 8° [Umschlagtit.]

Kniep, Ernst, Führer durch die Lüneburger Heide u. die übrigen Moor- u. Heidelandschaften Nordwestdeutschlands. Mit Spezialkarte. gr. 16. (103 S.) Hannover (900). O. Borgmeyer. n. 1. 50

— (Hrsg.), s.a. Reisebuch, Illustriertes, und Wanderbuch durch die Gebiete von

Kniep, Ernst, illustriertes Reise- u. Wanderbuch durch d. Gebiete v. Niedersachsen, Hannover, Braunschweig, Bremen, Hamburg, Oldenburg, d. Lippeschen Fürstentümer, Waldeck u. angrenz. Teile v. Westfalen. M. 60 Illustr., 19 Kartenskizzen u. 1 Übersichtskarte. 12. (XIV, 388 S.) Hannover 898. O. Borgmeyer. Geb. in Leinw. n. 2. —

Kniep, Ernst, der deutsche Wald m. besond. Berücksicht. des nordwestlichen Deutschlands. Mit e. Zueigng. an den Fürsten v. Bismarck. gr. 8. (VII, 56 S.) Hannover-Linden 894. Manz & Lange. n. 1 —

[J.] Rechtliche Bedenken betreffend das auf die Einführung des Bauplanes bezügliche Statut der Residenz- und Universitätsstadt Jena. E. Beitr. z. Expropriationsrecht v. Dr. Ferdinand Kniep, Prof. d. Rechte in Jena. *Jena & Leipzig: O. Rassmann 1897.* (VI, 64 S.) 1 Bd 8. [97. 5558

[J.] Nachtrag zu der Schrift Rechtliche Bedenken betreffend das auf die Einführung des Bauplanes bezügliche Statut der Residenz- u. Universitätsstadt Jena v. Dr. Ferdinand Kniep, Prof. in Jena. *Jena & Leipzig: O. Rassmann 1898.* (2 Bl., 54 S.) 1 Bd 8. [98. 5803

Kniep, Ferd., der Besitz des bürgerl. Gesetzbuches gegenübergestellt dem römischen u. gemeinen Recht. gr. 8. (XIV, 494 S.) Jena 900. G. Fischer. n. 10. —

— Entgegnung auf des Oberlandesgerichtsrates B. Börngens Schrift „Das Statut der Stadt Jena v. 22. VI. 1881, die Einführung des Stadtbauplanes u. s. w. betr. u. die dagegen erhobenen rechtl. Bedenken.“ gr. 8. (III, 82 S.) Jena 899. (O. Raßmann.) n. 1. 60

Kniep, Ferd., der Rechtsgelehrte Gajus u. d. Ediktskomment. (VIII, 348 S.) gr.8. Jena 910. G. Fischer. 8. —

Kniep, Ferd., Präscriptio u. Pactum. gr. 8. (VIII, 182 S.) Jena 891. G. Fischer. n. 4. —

[Ant. u. N. Societas Publicanorum v. Dr. Ferdinand Kniep, Prof. in Jena Bd 1. *Jena: G. Fischer 1896.* 8. [96. 1143

Kniep, Ferd., vacua possessio. 1. Bd. gr. 8. (XVI, 496 S.) Jena 886, Fischer. * 10 —

Kniep, Georg

Kniep, G., Ave Maria. Vollständiges Gebet- u. Andachtsbuch besonders f. Verehrer der Himmelskönigin. 32. (XVI, 448 S. m 1 Stahlst.) Dülmen 884. Laumann. n. — 75; geb. von n. 1. 20 bis n. 12. —

Kniep, G. Ave Maria. Vollständiges Gebet- u. Andachtsbuch, besonders f. Verehrer der Himmelskönigin. 11. Aufl. 24. (XVI, 496 S. m. 1 Farbendr. u. farb. Titel.) Dülmen i. W. 891, Laumann. — 75; geb. in Ldr. m. Goldschn. 1 20

Kniep, G., Ave Maria. Vollständiges Gebet- u. Andachtsbuch besonders f. Verehrer der Himmelskönigin. 13 Aufl. 32. (XVI, 496 S.) Dülmen 894 A. Laumann — 75; geb. von n. - 90 bis n. 20 —

Kniep, G., Ave Maria! Vollst. Gebet- u. Andachtsbuch, besond. f. Verehrer d. Himmelskönigin. 16. u. 17. Aufl. 16. (à XVI, 464 S. m. farb. Titelbild.) Dülmen 898. A. Laumann. Geb. n. — 75

Ave Maria! Vollst. Gebet u. Andachtsbuch bes. f. Verehrer d. Himmelskönigin von G. Kniep, Pfarrer. 18. Aufl. *Dülmen: A. Laumann (1902).* (XVI, 464 S.) 8° [F.] [03. 4303

Ave Maria! Vollst. Gebet- u. Andachtsbuch bes. f. Verehrer d. Himmelskönigin von G. Kniep, Pfarrer. 19. Aufl. *Dülmen: A. Laumann (1902).* (XVI, 464 S.) 8° [F.] [03. 4354 6

Kniep, G., Ave Maria. Vollständiges Gebet- u. Andachtsbuch besonders f. Verehrer der Himmelskönigin. 20. Aufl. (XVI, 464 S. m. farb. Titel u. 1 Stahlst.) 16. Dülmen 905. A. Laumann. Geb. in Leinw. n. — 75

Ave Maria Vollständ Gebet- u. Andachtsbuch besonders f. Verehrer d. Himmelskönigin von G[eorg] Kniep. 21. Aufl. Dülmen: A. Laumann 1905. (XVI, 464 S.) 8° [F.] [06. 1517 6

Kniep, G., Belehrungs- u. Gebetbüchlein für Eheleute. Hildesheim 870. Nolte u. Schneidler. 16. (IV, 119 S.) 5 ngr.

— — für die Zeit des allgemeinen Conciliums, aber auch sonst gut zu gebrauchen. 3. Aufl. Ebend. 869. 8. (39 S.) n. 2½ ngr.

—— Belehrungs- und Gebetbüchlein für die Zeit des allgemeinen Conciliums, aber auch sonst gut zu gebrauchen. 3. Aufl. 8. (39 S.) Ebendas. 871. * — 25

—— Blumenstrauß, der seligsten Jungfrau Maria gewidmet von den Heiligen Gottes. 16. (107 S.) Hildesheim 883, Borgmeyer. * 50 Pf.; geb. *

Kniep, Geo., die letzten Dinge des Menschen. Ein Betrachtungs- und Gebetbuch, nebst einem Anhang der gewöhnl. Andachtsübungen. 16. (204 S.) Dülmen 879, Laumann'sche Verlagsh. * 50 Pf.; geb. *

[F.] Die letzten Dinge des Menschen. E. Betrachtgs- u. Gebetbuch nebst e. Anh. d. gewöhnlichen Andachtsübgn. Von G[eorg] Kniep, Pfarrer. 3., verb. Aufl. *Dülmen: A. Laumann 1896.* (300 S.) 1 Bd 8. [96. 7537

—— kurze Erwägungen über die Sonn- und Festtags-Evangelien für das katholische Volk. 8. (224 S.) Dülmen 881, Laumann'sche Verlagsh. *

—— Gebetbuch für die Zeit der Krankheit und zum Trost der armen Seelen. gr. 16. (X, 296 S.) Ebendas. 869. 1 50

Kniep, G., Gebete der Heiligen. Ein vollständ. kathol. Andachts- und Gebetbuch aus den Schriften der Heiligen. 2. Aufl. 24. (512 S.) Dülmen 888, Laumann'sche Verlagsh. 1 20 geb. 1 50

[F.] Gebete der Heiligen. E. vollständ. kathol. Andachts- u. Gebetbuch aus d. Schriften der Heiligen. Von G. Kniep 5. Aufl. *Dülmen i. W. A. Laumann 1898* (XVI, 464 S., 1 Taf.) 1 Bd 8. [99 2240 6

[F.] Gebete der Heiligen. E. vollständ. kathol. Andachts- u. Gebetbuch aus d. Schriften der Heiligen. Von G. Kniep, Pfarrer 6. Aufl. *Dülmen i. W. A. Laumann 1898* (XVI, 464 S., 2 Taf.) 1 Bd 8. [99. 2241

Gebete der Heiligen. Ein vollst. kath. Andachts- u. Gebetbuch aus d. Schriften d. Heiligen. Von G. Kniep. 7. Aufl. Dülmen: A. Laumann 1902. (XVI, 464 S.) 8° [F.] [04. 13003 6

Kniep, G., Gebete der Heiligen. Ein vollständ. kathol. Andachts- u. Gebetbuch aus den Schriften der Heiligen. 8. Aufl. (XVI, 464 S. m. farb. Titel u. 1 Stahlst.) 16. Dülmen 905. A. Laumann. Geb. in Leinw. n. — 75

Gebete der Heiligen. Ein vollst. kath. Andachts- u. Gebetbuch aus d. Schriften d. Heiligen. Von G. Kniep. 9. Aufl. Dülmen. A. Laumann 1905. (XVI, 464 S.) 8° [F.] [06. 13649 6

Kniep, G., Gespräch üb. die Unfehlbarkeit d. Papstes. 16. (24 S.) Hildesheim 871. Nolte & Schneidler. — 10

— die Heiligen unter dem Kreuze. 16. (76 S.) Ebend. 883. n. — 40; geb. n. — 60

—— die Heiligen vor dem Tabernakel. 16. (71 S.) Hildesheim 883, Borgmeyer. * 40 Pf.; geb. *

—— Jesus, der göttliche Kinderfreund. Andachtsbüchlein für die liebe Jugend. 24. (128 S. mit eingedr. Holzschn. und 1 Holzschntaf.) Dülmen 882, Laumann'sche Verlagsh. geb. * 30 Pf.; in Leinw.

Kniep, G., der Kreuzweg des Heilandes. In Betrachtungen u. verschied. Andachten zusammengestellt Wien 867. Sartori. 8. (111 S. mit 1 Stahlst.) n. 8 ngr.

— kurze Lebensgeschichte der Heiligen Gottes, nebst Unterweisungen für einen gottsel. Wandel. 12 Lfgn. gr. 8. (608 S.) Hildesheim 879, Borgmeyer. à Lfg. * 50 Pf. *

— Manna christlicher Seelen. Ein Gebet- u. Erbauungsbuch f. kathol. Christen. 3. Aufl. 24. (XVI, 488 S. m. 1 Titelbild.) Dülmen 885. Laumann. n. 1. —

Kniep, G., Manna christlicher Seelen. Gebet- u. Erbauungsbuch f. kathol. Christen. 5. Aufl. 24. (XVI, 480 S. m. farb. Titel u. 1 Stahlst.) Dülmen 890. Laumann. n. 1. —

— Manna christlicher Seelen. Ein Gebet- u. Erbauungsbuch f. kathol. Christen. 7. Aufl 16. (XVI, 496 S. m. farb. Titel u. 1 Stahlst.) Ebd. 893 1. 20

Kniep, Manna christlicher Seelen. Ein Gebet- u. Erbauungsbuch f. kathol. Christen. 7. Aufl. 16. (XVI, 496 S. m. farb. Titel u. 1 Stahlst.) Dülmen (899). A. Laumann. Geb. in Halbldr. n. 1. —

—— Predigten auf die Festtage der allerseligsten Jungfrau Maria. gr. 8. (VIII, 96 S.) Regensburg 874, Manz. 1 50

Kniep, N., St. Josephs-Monat, enthaltend das Leben des heil. Joseph, die Beweggründe, den heil. Joseph zu ehren und auf ihn zu vertrauen, die Art und Weise, den heil. Joseph zu verehren, verschiedene Andachtsübungen zu Ehren des heil. Joseph. 16. (224 S.) Dülmen 887, Laumann'sche Verlagsh. * — 50 geb. * — 75

— das betende Schulkind. Ausg. A: Mit Anh. v. Kirchengesängen. (128 S. m. 1 Farbdr.) 16. Hildesheim (906). F. Borgmeyer. Geb. n. — 50; Ausg. B: Ohne Anh. (88 S. m. 1 Farbdr.) n. — 40

— mein **Trost** in Gott. Ein Gebet- u. Erbauungsbuch f. kathol. Christen. (Ausg. m. grobem Druck.) gr. 16. (XII, 465 S.) Dülmen 876. Laumann. 1. 50

[F.] Mein Trost in Gott. Gebet- u. Erbauungsb. f. kathol. Christen. Hrsg. v. G[eorg] **Kniep**, Pfarrer d. Diöc. Hildesheim. 7. Aufl. *Dülmen i. W.: A. Laumann 1897.* (VIII, 582 S., 1 Bildert., 1 Taf.) 1 Bd 8. [97. 6387

—— **Unterweisungen** und Gebete für katholische Brautleute. 32. (189 S. mit 1 Holzschntaf.) Einsiedeln 873, Gebr. Benziger. * — 40

— **Verkehr** mit Gott. Ein vollständ. kathol. Andachts- u. Gebetbuch aus den Schriften der Heiligen. 24. (576 S. m. chromolith. Titel u. 1 Chromolith.) Dülmen 881. Laumann. n. 1. 20; geb. von n. 2. — bis n. 15. —

—— **Verkehr** mit Gott. Ein vollständ. kathol. Andachts- und Gebetbuch. 2. Aufl. 24. (XV, 512 S. mit farb. Titel und 1 Stahlst.) Ebendas. 888. **M.* 1.—.; geb. * 1 50

Verkehr mit Gott. Ein vollst. kath. Andachts- u. Gebetbuch. Von G[eorg] **Kniep**, Pfarrer 5 Aufl. *Dülmen i. Laumann 1900.* (XVI, 490 S.) 8° [F.] [01. 4348

— **Weltgeld u. Weltmünzen.** gr. 8. (VIII, 60 S.) Ebend. 874. n. 1. 60

Kniep, H., Flora im Winterkleide, s.: **Roßmäßler**, E. A.

Kniep, Hans, a. Jena: Über die Bedeutung des Milchsafts der Pflanzen. München 1904: V. Höfling. (81 S.) 8° ¶ (Aus Flora od. Allg. Bot. Zeit. 1905, Bd 94, H. 1.)
Jena, Phil. Fak., Ref. Stahl, Diss. v. 24. Dez. 1904
[Geb. 3. Apr. 81 Jena; Wohnort: Jena; Staatsangeh.: Sachsen-Weimar; Vorbildung: Gymn. Jena Reife O. 00; Studium: Kiel 2, Jena 4, Genf 2 S.; Rig. 4 März 04.]

Kniep, Hans, a. Jena: Beiträge zur Keimungs-Physiologie und -Biologie von Fucus. Mit 12 Textfig. Leipzig: Gebr. Borntäger 1907. (90 S.) 8°
Gießen, Phil. Fak., Hab. Schr. v. 1907

Kniep, J., und C. F. **Flörke**, Münz- und Gewichts-Vergleichungstabellen, s. **Flörke**, C. F.

Kniep, Karl Friedrich Ferdinand

Kniep, Carol. Frid. Ferd., de **cautione** et missione legatorum seu fideicommissorum servandorum causa. gr. 8. (VI, 62 S.) Rostock 872, Stiller'sche Hofbuchh. * 1 50

Kniep, Carl Friedr. Ferd., Einfluß der bedingten Novation auf die ursprüngliche Obligatio. Eine privatrechtl. Abhandlung. gr. 8. (VIII und 192 S.) Wismar 860, Hinstorff'sche Hofbuchh. *

—— die **Mora** des Schuldners nach römischem und heutigem Recht. 2 Bde. gr. 8. Ebendas. [1. Bd. (XXIV, 622 S.) 871. **M.* 9.; 2. Bd. (XXVII, 664 S.) 872. **M.* 10.] * 19 —

—— über **Contractsculpa**. Eine Probevorlesung. Lex.-8. (21 S.) Ebendas. 878. * — 75

Kniep, Walter [aus Kryszullen] Ueber Trennungsmethoden des Bariums, Strontiums und Calciums. Berlin, Druck v. A. Haack, 1889: 32 S. 8°
Jena, Phil. Fak., Inaug.-Diss. v. 1889

Kniep, N., s. Kniep, Georg

[Umschlagt.:] **Kniepen**, *Hermann:* Katalog der Lehrer-Bibliothek. 5. Tl '(Schluss)'. [1 4 von Hermann Vielau — P-Beil. 1890 93.] Bonn, Hauptmann'sche Buchdr., 1894; 129 207 S., 1 Bl. 8.
Münstereifel, k. G., P 1894 (455)

Kniepen, Herm. Das römische Kriegswesen bei Caesar Für die Schule zusammengestellt. 22 S. 8. **Progr.** *Neuss* 1880.

Kniepen, Hermann: Verzeichnis der Lehrer-Bibliothek. T. 6 (Nachtr.). Bonn 1905: Hauptmann. (S. 211—318.) 8° ¶ (Forts. d. P-Beil. 1894.)
Münstereifel, k. G P 1905 (540)

Kniepen, Martin: Annettens von Droste-Hülshoff dramatische Tätigkeit. Münster i. W. 1910: Westfäl. Vereinsdr. 104 S. 8°
Münster, Phil. Diss. v. 20. Febr. 1910, Ref. Schwering
[Geb. 27. Dez. 84 Lövenich; Wohnort: Münster i. W.; Staatsangeh.: Preußen; Vorbildung: Gymn. Neuß Reife O. 05; Studium: Freiburg i. B. 1, Marburg 2, Münster 5 S.; Rig. 17. Juli 09.] [U 10. 3781

Kniepon, P. St., Księgi zasadniczo rodu ludzkiego. Poradnik kieszonkowy poświęcony obywatelom i obywatelkom polskim a zawierający: Zasady wychowania rodu ludzkiego zastósowane do chowanny polskiej. Leipzig 865. Rhode. 16. (47 S.) cart. mit Goldschn. n. 15 *ngr.*

Knieper, der, v. Teterow. (Aufgefundene Briefe des Entspeckter Bräsig.) gr. 8. (88 S.) Schleswig (902). J. Ibbeken. n. 1. —

Knieper, C., Ueber Arbeitsleistungen der deutschen Arbeiter. 8°. Barmen 1876.

Friedrich August **Kniepert**. Maria Margarete. Schauspiel in 5 Akten. Berlin-Leipzig: C. Wigand 1907. (94 S.) 8° [08. 5943

Kniepert, Frdr. Aug., Maria Margarete. Schauspiel in 5 Akten. (94 S.) 8. Leipzig 907. Mod. Verlagsbur. 2. 50

Kniepf, Albert

Kniepf, Alb., **Ahnungen**, Prophezeiungen u. Telepathie vom Standpunkt der Astrologie. gr. 8. (12 S.) Leipzig 900. (München, F. C. Mickl.) n. — 25
Sonderabdruck aus: „Psych. Studien".

Kniepf, Alb., **Denken** u. Weltanschauung od. Theorie der Grundprobleme. gr 8. (X, 44 S.) Leipzig 891. W. Friedrich. n 1

Kniepf, Alb., die Psyche d. Gangliensystems als Quelle mediumist. u. verw. Erscheingn., s. a. **Studien**, metaphysische.

Kniepf, Albert: Die **Psyche** des Gangliensystems als Quelle der mediumistischen und verwandten Erscheinungen Von —. Zehlendorf (Berlin): Zillmann [1907] 23 S. 8°
Aus: Neue Metaphys. Rundschau. Bd. 1
(Metaphysische Studien. H. 1.)

— **Theorie** der Geisteswerthe. gr. 8. (III, IV, 168 S.) Leipzig 892. C. G. Naumann. n. 3. —

Kniepf, Albert: Zehn **Thesen** zur natürlichen Welt- und Lebensanschauung von —. Leipzig: Naumann 1893. 48 S. 8°

— die psychischen Wirkgn. d. **Gestirne**. Physikal. Begründg. der Horoskopie u. Astrologie im Umriss. gr. 8 (14 S.) Hamburg 898. (Leipzig, O. Mutze.) n. — 60

Kniephofen, Geo. Hnr., († ...) opera et noctes s. noctes Sedinenses, operatae musis mansuetioribus, invigilataeque etc. Cum tabb. aen. VII. 4. Sedini 752. ... 1 ℳ 8 ₰

Kniepkamp, E., Fr. Lehmhaus, K. Toups, neuere Gedichte. Eine Sammlg. z. Ergänzg. des Lesebuches. Ausgewählt im Auftrage der Elberfelder Jugendschriftenvereinigg. (78 S.) kl. 8. Köln (907). H. & F. Schaffstein. Kart. nn — 30

Kniepkamp, W., s. a. Evangeliums-Gedichte.

Kniepkamp, W., Evangeliums-Klänge. Eine Sammlg geistl Lieder f. gemischte Chöre u. f. das christl. Haus. gr. 8. (112 S.) Witten 894. Buchh. der Stadtmission. n. 1. 20; geb. n. 1. 60

Kniepkamp, W., Evangeliums-Klänge. E. Sammlg. geistl. Lieder f. gemischte Chöre u. f. das christl. Haus. 3. Aufl. (112 S.) 8. Bonn (910). J. Schergens. Geb. in Leinw. 1. 50

Kniepkamp, W., 20 geistliche Lieder für christliche Gesang-Vereine und für das christliche Haus. gr. 8. (32 S.) Bonn 885, Schergens. *

Geistliche Liederharfe. Eine Samml. christl. Lieder f. gemischte Chöre u. f. d. christl. Haus. Hrsg. von W Kniepkamp. H. 1 *Düsseldorf. Schaffnit [1900].* 8° [04. 7394

— Christl. Volksharfe. Eine Sammlg. geistl. Lieder f. gemischte Chöre u. f. das christl. Haus. 1. Heft. 2. Aufl. (32 S.) 8. Bremen (908). Buchh. u. Verlag des Traktathauses. — 50

Kniepp, C., die Zither, ihr Wesen und ihre Bedeutung in der Musik als Solo-Instrument und ihre Verwendung mit anderen Instrumenten, nebst einem Einblick in die Harmonie und Kompositionslehre. 8. (IV, 76 S.) Paderborn 884, Bonifacius-Buchhandlung.

Knierer Ein Gang durch die Erdmannshöhle bei Hasel. (Monatsblätter des Badischen Schwarzwaldvereins. Jahrg 3 No 3) Freiburg i. B 1900 11 S. 4°

Knierer, F J

Knierer: Ueber den Einfluss des Schönheitsgefühles auf Leben und Sprache der Griechen. 43 S. – Würzburg. Progr. 1864

Karte der Hohen Möhr (im Maßst. 1 10,000. Ausgearb. von K. Knierer. Schopfheim: G. Uehlin 1906; Lith. C. Flemming, Glogau). (1 Kartenbl. 32×27 cm.) [Kopft.] [kol.] [06. 1005]

Knieriem, Aug. v., Behauptungspflicht u. Beweislast bei d. Klage auf Zahlg. e. angemess. Kaufpreises m. bes. Berücksicht. v. „Schulung f. d. civilist. Praxis v. Adolf Stölzel". gr. 8. (IV, 152 S.) Berlin 896. Puttkammer & Mühlbrecht. n. 2. 40

von Knieriem, August [ehem. Riga'scher Rathsherr '(Appellationsgerichtsr.)']: Der Niessbrauch an einer Heerde. Berlin, Druck d. Norddeutschen Buchdr., 1893; 84 S. 8.
Jena, Jur Fak., Inaug.-Diss. v 1893
(Nicht für den Austausch)

Knieriem, August v., Referendar: Wandelungsanspruch unter Miterben nach römischem und heutigem Recht. Borna-Leipzig 1908: Noske. IX, 57 S. 8°
Göttingen, Jur. Diss. v. 8. Dez. 1908, Ref. Merkel
[Geb. 21 Juni 87 Riga; Wohnort: Hamburg; Staatsangeh.: Hamburg; Vorbildung: Johanneum Hamburg Reife O. 05, Studium Tübingen 3, Berlin 3 S., Rig. 28. Okt. 08.] [U 09. 1278

Knieriem, Jh. Melch. II, († d. 21 März 1825) Diss. inaug. Specilegium observationum de Arnica montana. 8. Dorpat 823.

Knieriem, W. v., s.: Kalender, landwirtschaftl. f. Liv-, Est- u. Kurland.

Knieriem, W v. Über die Verwerthung der Cellulose im thierischen Organismus. Riga 1884. 4.

KNIERIEN, W. Ueber das Verhalten der im Säugethierkörper als Vorstufen des Harnstoffes erkannten Verbindungen zum Organismus der Hühner. Dorpat, 1877

Knierim, Georg, a. Cassel, Assistent am anatomischen Institute: Aus der Marburger chirurgischen Universitäts-Klinik. Über Exstirpation des Schultergürtels nach Küster. Marburg 1905: Hof- u. Waisenhaus-Buchdruckerei in Cassel. (30 S.) 8°
Marburg, Med. Fak., Ref. Küster, Diss. v. 16. Jan. 1905
[Geb. 29. Mai 80 Cassel; Wohnort: Cassel; Staatsangeh.: Preußen; Vorbildung: Friedrichs-Gymn. Cassel Reife O. 99; Studium: Göttingen 1, Marburg 4, München 3, Marburg 2 S., Coll. 29. Dez. 04; Approb. 14. Okt. 04.]

Knierim, Heinrich: Über einen Fall von polypösem Rundzellensarcom des Uterus. Cassel 1905: Hof- u. Waisenhaus-Buchdr. (27 S.) 8°
München, Med. Fak., Ref. v. Bollinger, Diss. v. 2. April 1906
[Geb. 26. Juli 81 Cassel; Wohnort: Cassel, Staatsangeh.: Preußen; Vorbildung Friedr.-Gymn. Cassel Reife O. 00; Studium: Würzburg 1, Marburg 4, München 4 S.; Coll. 2. April 06; Approb. 31. Jan. 06.]

Knies, C., s. K n i e s, Karl

Knies, C G. A., s. K n i e s, Karl

Knies, Karl

Knies, C., Bericht über die Erhebungen in Baden, die Verschuldung und das Kreditwesen betreffend, an die Kommission der 1. Kammer. 4°. Karlsruhe s. a.

— Gutachtlicher Bericht bezüglich derjenigen Teile in den „Erhebungen über die Lage der Landwirtschaft in Baden", welche die Verschuldung u. das Kreditwesen betreffen. 4°. Karlsruhe s. a.

Knies, Carl, s.: Carl Friedrich's v. Baden brieflicher Verkehr m. Mirabeau u. Du Pont.

Knies, Karl,
— Vide: Commissionsbericht.

Knies, Carl, die Dienstleistung der Soldaten und die Mängel der Conscriptionspraxis. Eine volkswirthschaftlich-finanzielle Erörterung. gr. 8. (VI und 88 S.) Freiburg im Br. 860, Wagner'sche Buchh. * —

Knies, Carl, die Eisenbahnen und ihre Wirkungen. gr. 8. (V und 147 S.) Braunschweig 853, Schwetschke und Sohn.

Knies, Dr. Carl. Finanzpolitische Erörterungen. Rede zum Geburtsfeste des höchstseligen Grossherzogs Karl Friedrich von Baden und zur academ. Preisvertheilung am 22. Nov. 1871. 1°. Heidelberg 1871.

Knies, Carl (Gust. Adolf), über die in Kurhessen angeregte Forderung eines constituirenden Landtages. Ein Wort an seine Mitbürger. gr. 8. (18 S.) Marburg 848, Elwert'sche Universitäts-Buchh.

Knies, Carl, Geld und Credit. 1. Abthl. und 2. Abthl. 1. Hälfte. gr. 8. Berlin, Weidmann'sche Buchh. *
Inhalt:
Abthl. 1. Das Geld. Darlegung der Grundlehren von dem Gelde mit einer Vorerörterung über das Kapital und die Uebertragung der Nutzungen. (XI, 344 S.) 873. *ℳ 7.
» 2. 1. Hälfte. Der Credit. (X, 376 S.) 876. *ℳ 8.

Knies, Carl, Geld und Credit. 2. Abthl. A. u. d. T.: Der Credit. 2. Hälfte: Das Wesen des Zinses und die Bestimmgründe für seine Höhe. Wirkungen und Folgen des Creditverkehres. Die Creditinstitute. gr. 8. (XIV, 478 S.) Berlin 879, Weidmann'sche Buchh. *
1. Abthl. und 2. Abthl. 1. Hälfte. Ebendas. 1873,76. *ℳ 15.; compl. *ℳ 23.

Knies, Karl, Geld und Credit. 1. Abtl.: Das Geld. Darlegung der Grundlehren von dem Gelde, insbesondere der wirtschaftl. und der rechtsgilt. Functionen des Geldes, mit einer Erörterung über das Kapital und die Übertragung der Nutzungen. 2. verb. und verm. Aufl. gr. 8. (X, 450 S.) Berlin 885, Weidmann'sche Buchh. *
2. Abtl. 1. und 2. Hälfte. Ebendas. 1876,79. *ℳ 18.—.

Knies, Karl: Die Genossenschaften und Vereine von Kreditnehmern. Berlin 1876.

—— die katholische Hierarchie in den grossen deutschen Staaten seit 1848 und der gegenwärtige Conflict zwischen den Fürsten und den Bischöfen der oberrhein. Kirchenprovinz. 4. (29 S.) Halle 852. [Braunschweig,] Schwetschke und Sohn.
Aus: Allgemeine Monatsschrift für Wissenschaft und Literatur etc., besonders abgedruckt.

Knies, Car. Gust. Ad., historia Praenestis oppidi. Praecedit nominis explicatio et topographiae brevis expositio. Dissert. inauguralis. 4 maj. (5 B.) Rinteln 846, Bösendahl. *

Knies, Karl, das moderne Kriegswesen. Ein Vortrag mit einem ergänzenden Vorwort für den Leser. Berlin 867. Eichhoff. 8. (46 S.) n. 10 ngr.

—— die politische Oekonomie vom Standpunkte der geschichtlichen Methode. gr. 8. (XII und 355 S.) Braunschweig 853, Schwetschke und Sohn.

— die politische Oekonomie vom geschichtlichen Standpuncte. Neue, durch abgesonderte Zusätze verm. Aufl. der „Politischen Oekonomie vom Standpuncte der geschichtl. Methode". 1. Hälfte. gr. 4. (X, 240 S.) Braunschweig 881. Schwetschke & Sohn. n. 5. —

— die politische Oekonomie vom geschichtlichen Standpuncte. Neue, durch abgesonderte Zusätze verm. Aufl. der „polit. Oekonomie vom Standpuncte der geschichtl. Methode". 2. Hälfte. gr. 8. (XII u. S. 241—533.) Braunschweig 883. Schwetschke & Sohn. n. 6. —
(cplt.: n. 11. —)

Knies, Karl, d. Punzirung in Oesterreich. Eine geschichtl. Studie m. mehr. Textabb. u. 10 Lichtdr.-Taf. Lex.-8. (79 S.) Wien 896. Manz. n. 4. —

—— die Statistik als selbstständige Wissenschaft. Zur Lösung des Wirrsals in der Theorie und Praxis dieser Wissenschaft. Zugleich ein Beitrag zu einer krit. Geschichte der Statistik seit Achenwall. gr. 8. (VIII und 175 S.) Kassel 850, J. G. Luckhardt.

Knies, Carl, der Telegraph als Verkehrsmittel. Mit Erörterungen über den Nachrichtenverkehr überhaupt. gr. 8. (IX und 273 S.) Tübingen 857, Laupp'sche Buchh. Thlr.

—— Weltgeld und Weltmünzen. gr. 8. (VIII, 60 S.) Ebendas. 874. *

Knies, Max, s. Beiträge zur Ophthalmologie.

Die Beziehungen des Sehorgans u. s. Erkrankungen zu den übrigen Krankheiten d. Körpers u. s. Organe. Von Dr Max Knies, Prof. e o. a. d. Univ. Freiburg i. B. M. 21 Fig. i. Texte. *Wiesbaden. J F Bergmann 1893.* (XI, 484 S.) 1 Bd 8.
— Knies, Max: Grundriss der Augenheilkunde Th. 2. [97 4049

Knies, M., d. gonorrhoischen Bindehauterkrankgn. u. deren Behandlg., s. a. Sammlung zwangloser Abhandlgn. aus d. Gebiete d. Augenheilkunde.

Die gonnorrhoischen Bindehauterkrankungen und deren Behandlung v. Prof. Dr. M[ax] Knies in Freiburg i. B. . . . *Halle. K Marhold 1896.* (34 S.) 8.
— Sammlung zwangl. Abhandlungen a. d. Gebieted. Augenheilkunde. Bd I. H. 5. [97 2059

Knies, M., zur Chemie der Altersveränderungen der Linse, s. Untersuchungen aus dem physiolog. Institute der Universität Heidelberg.

— die verschiedenen Formen v. frischen u. alten Hornhauttrübungen, s.: Magnus, H., augenärztliche Unterrichtstafeln.

Knies, Max, Grundriss der Augenheilkunde unter besond. Berücksicht. der Bedürfnisse der Studirenden und practischen Aerzte. gr. 8. (XII, 320 S. mit 30 Fig. im Texte.) Wiesbaden 888, Bergmann. *

— dasselbe. 2., neu bearb. Aufl. gr. 8. (XII, 328 S. m. 30 eingedr. Fig.) Ebd 890. n. 6. —

Grundriss der Augenheilkunde unter bes. Berücksichtigung der Bedürfnisse d. Studirenden u. pract. Ärzte. Von Dr. Max Knies, Prof. e. o. d. Augenheilkunde a. d. Univ. Freiburg i. B. Th. [1.]2. [m. Sondert.]. *Wiesbaden: J. F. Bergmann 1892.93.* 2 Bde 8.
[1.] 3. neu bearb. Aufl. M. 30 Fig. i. Texte. 1892. (XII, 331 S.)
2. [A. Tit.] Die Beziehungen des Sehorgans u. seiner Erkrankungen zu d. übrigen Krankheiten d. Körpers u. s. Organe. M. 21 Fig. i. Texte. 1893. (XI, 484 S.) [97 4049

Knies, Rich., Karl Ernst Knodt. Eine literar. Studie. (47 S.) 8. Leipzig 909. F. Eckardt. — 50

— Der kathol. Literaturstreit u. Nanny Lambrecht. (VII, 282 S.) 8. Cöln-Weiden 910. H. J. Frenken. 3. 50

Richard Knies. Der katholische Literaturstreit und Nanny Lambrecht. Cöln-Weiden. Frenken 1910. 281 S. 8° [10 3471 5

Kniesch, F., das Arbeitskörbchen, s. Novellen-Sammlung.

Kniesche, Johannes, aus Finsterwalde N.-L. Ableitung der Constanten der Nutation und Aberration aus Rectascensionen des Polarsterns. *Finsterwalde 1899: R. Espenhahn.* (30 S.) 4°
Göttingen, Phil. Diss. v. [25. Okt.] 1899

Kniescheck, J., Der cechische Tristram und *Eilhart von Oberge.* (S.-A.) Wien 1882. 8° 122 S
vgl. Knieschek, J

Knieschek, J., der Ackermann aus Böhmen, hrsg. und mit dem tschech. Gegenstück Tkadleček verglichen, s. Bibliothek der mittelhochdeutschen Litteratur in Böhmen.

Knieschek, J., der Streit um die Königinhofer und die Grüneberger Handschrift, s. Sammlung gemeinnütziger Vorträge.

Knieschek, J., der čechische Tristram und Eilhart von Oberge. Lex.-8. (122 S.) Wien 882, Gerold's Sohn.
Aus: Sitzungsberichte der k. Akademie der Wissenschaften, besonders abgedruckt.

Knieschek Dr. Joh.: Über den deutschen Unterricht in der Quinta. (12). Reichenberg 91.
Progr.

Knieschek, W., Sonnenwend-Feier. 2. Aufl. 8. (40 S.) Reichenberg i/B. 899. Selbstverlag. n. — 40

Knieschek, W., Sonnenwendfeier. 3. verm. Aufl. (51 S.) 8. Reichenberg 909. (Prag, Bund d. Deutsch. in Böhmen, Unterausschuß f. Volksbildg.) — 60

Knieschke, Wilhelm

Knieschke, W., Bibel u. Babel. El u. Bel. Eine Replik auf Friedrich Delitzschs Babel u. Bibel. gr. 8. (64 S.) Westend-Berlin 902. Verlag der Akadem. Buchh. 1. —

Bibel und Babel, El und Bel. Von W. **Knieschke**, Pfarrer. 2. verb. u. erw. Aufl. *Leipzig: G. Strübig 1903.* (82 S.) 8° [03. 7134

Knieschke, W., die Erlösungslehre des Qorân, s.a. Zeit- u. Streitfragen, bibl. V, 11.

Die Erlösungslehre des Qorân. Nach d. Grundtext bearb. von W[ilhelm] **Knieschke**, Pfarrer. Gr.Lichterfelde: Runge 1910. 39 S. 8°
(Biblische Zeit- u. Streitfragen z. Aufklärung d. Gebildeten. Ser. 5, H. 11.) [10. 14410

— Wellhausen nach Schrift u. Inschrift beurteilt. (67 S.) 8. Dresden (904). C. L. Ungelenk. n. — 80

Kniese, Johannes

Gesang. **Lehrplan** u. Stoffverteilung auf 8 Schuljahre nach d. 'Reform d. Schulgesanges' u. des zugehörigen 'Liederbuches'. Von Johs. **Kniese**. **(Mörs): Selbstverl. [1908?].** 48 S. 8° [09. 17068

Liederbuch zur 'Reform des Schulgesanges'. Eine theoret.-prakt. Anleitung von Johannes **Kniese**. H. 1–3. **Crefeld: Hohns 1909–12.** 8°
1. 59 Spiel- u. Kinderlieder f. d. Unterstufe. 1091. 2. ⟨129 ein- u. zweistimmige Lieder f. d. Mittelstufe.⟩ 1909. 3. ⟨131 zwei- u. dreistimmige Lieder f. d. Oberstufe.⟩ (1912.) A 12. 1436

Zur Reform des Schulgesanges. Eine theoret.-techn. Anleitung. Von Johannes **Kniese**. Ausg. A. Für d. Hand d. Lehrer u. Eltern. Duisburg-Ruhrort: Daubenspeck & Fastenrath 1908. 131 S. 8° A 12. 23395

Kniese, L., u. E. Rädlein, Panorama vom Staffelberg. Nach d. Natur aufgenommen. (1 lith. Bl.) 39,5×39,5 cm. Coburg (908). C. Riemann. — 50

Kniess, C., s. Kniess, K.

Kniess, Georg [aus Frankfurt a. M.]: Ueber unendlich kleine Schwingungen einer inkompressiblen kugelförmigen Flüssigkeitsmasse, deren einzelne Teilchen sich nach dem Newton'schen Gravitationsgesetze anziehen .... Marburg, C. L. Pfeil'sche Univ.-Buchdr., 1888; 2 Bl + 38 S. u. 1 Taf. 8°
Marburg, Phil. Fak., Inaug.-Diss. v. [16. Apr.] 1888

Kniess, K.

— u. **Bachmann**, Aufgabensammlung für das Rechnen mit bestimmten Zahlen. 1. Tl. gr. 8. (VIII, 119 S.) Ebend. 883. n. 1. 20

Kniess, C. und O. Bachmann, Aufgabensammlung für das Rechnen mit bestimmten Zahlen. 1. Tl. 2. Aufl. gr. 8. (VI, 117 S.) München 886, Kellerer. *M 1.20.; geb. *
—— —— dass. — 2. Tl. gr. 8. (157 S.) Ebendas. 884. *

— u. O. **Bachmann**, Aufgabensammlung f. das Rechnen m. bestimmten Zahlen. 1. Tl. 3. Aufl. gr. 8. (VI, 124 S.) Ebd. 889. n. 1. 20

— — dasselbe, bearb. unter besond. Berücksicht. d. f. Lateinschulen vorgeschriebenen Lehrpensums. gr. 8. (VIII, 143 S.) Ebd. 889. n. 1. 60

— — dasselbe. Resultate. gr. 8. (26 S.) Ebd. 889. n. 1. 60

— u. O. **Bachmann**, Aufgabensammlung f. das Rechnen m. bestimmten Zahlen. 2 Tle. gr. 8. Ebd. 894. n. 3. 10; geb. in Leinw. n.n. 3. 70
1. 5. Aufl. (VI, 126 S.) n. 1. 20; geb. n.n. 1. 50
2. 4. unveränd. Aufl. (IV, 156 S.) n. 1. 90; geb. n.n. 2. 20

— — dasselbe, bearb. unter besond. Berücksicht. d. f. Lateinschulen vorgeschriebenen Lehrpensums. 2. Aufl. gr. 8. (VII, 144 S.) Ebd. 893. n. 1. 60; geb. n.n. 1. 85

— u. O. **Bachmann, Aufgabensammlung f. d. Rechnen m. bestimmten Zahlen, bearb. unt. bes. Berücksicht. d. f. Lateinschulen vorgeschrieb. Lehrpensums.** 6. Aufl. gr. 8. (VII, 144 S.) Ebd. 899. Geb. in Leinw. n.n. 1. 90

— dasselbe. 1. Tl. 7. Aufl. gr. 8. (VI, 126 S.) Ebd. 898. n. 1. 20; geb. in Leinw. n.n. 1. 50

— u. O. **Bachmann**, Aufgabensammlung f. d. Rechnen m. bestimmten Zahlen. 2 Tle. u. Resultate z. II. Tl. gr. 8. Ebd. Geb. in Leinw. u. geh. n.n. 5. —
1. 9. Aufl. (VI, 136 S.) 903. n.n. 1. 70
2. 7. im Text unveränd., im Druck verb. Aufl. (IV, 166 S.) 900. n.n. 2. 30; Resultate. 4. Aufl. (20 S.) 902. n. 1. —

— u. O. **Bachmann**, Aufgabensammlung f. das Rechnen m. bestimmten Zahlen. 2. Tl. 8. Aufl. (IV, 166 S.) 8. Ebd. 904. Geb. in Leinw. n.n. 2. 30

— — dasselbe. 1. Tl. Resultate. 4. Aufl. (33 S.) gr. 8. Ebd. 900. n. 1. —

— — dasselbe, bearb. unter besond. Berücksicht. des f. humanist. Gymnasien, Progymnasien u. Lateinschulen vorgeschriebenen Lehrpensums. (Ausg. f. Lateinschulen.) 7. Aufl. (VII, 148 S.) 8. Ebd. 902. Geb. n.n. 1. 90; Resultate. (27 S.) 903. n. — 80

— u. O. **Bachmann**, Aufgabensammlung f. d. Rechnen m. bestimmten Zahlen. 2 Tle. 8. Ebd. Geb. 4. —
I. 12. Aufl. (VI, 131 S.) 910. Geb. 1.70; Resultate 6. Aufl. (32 S.) 907. 1. —
II. 10. Aufl. (170 S.) 910. Geb. 2.30

— — dasselbe, bearb. unter besond. Berücksicht. des f. humanist. Gymnasien, Progymnasien u. Lateinsch. vorgeschriebenen Lehrpensums. (Ausg. f. Lateinschulen.) 9. Aufl. (VII, 152 S.) 8. Ebd. 907. Geb. nn 1. 90

Kniess, C., Lehrbuch der Arithmetik nebst einem Anhang mit Uebungsbeispielen für Real- und Lateinschulen. 2 Thle. gr. 8. München 878, Kellerer. [1. Thl. (VIII, 120 S.) *M 1,60.; 2. Thl. (IV, 108 S. mit eingedr. Holzschn.) *M 1,50.] *

Kniess, C., Lehrbuch der Arithmetik, nebst einem Anhang mit Uebungsbeispielen, für Real- und Lateinschulen. 2 Thle. 2. Aufl. gr. 8. München 883, [Kellerer's Buchh.] de Crignis. [1. Thl. (VI, 88 S.) *M 1,30.; 2. Thl. (IV, 108 S.) *M 1,50.]

Kniess, K. Lehrbuch d. Arithmetik. 2 Thle. gr. 8. Münch., Kellerer. * 2 50
1. Thl. 3. verb. Aufl. (VI, 79 S.) 889. * 1 —; 2. Thl. 3. Aufl. (IV, 108 S.) 891 * 1 50.

Kniess, C., Lehrbuch der Arithmetik f. Real- u. Lateinschulen. 1. u. 2. Tl. 4. Aufl. gr 8. München 893. M. Kellerer. n. 2. 50
1. (VI, 83 S.) n. 1. - . - 2. (IV, 108 S.) n. 1. 50.

Kniess, K., Lehrbuch der Arithmetik f. Real- u. Lateinschulen. 1. u. 2. Tl. 6., unveränd. Aufl. gr. 8. München 898. M. Kellerer. Geb. in Leinw. n.n. 3. 10
1. (VI, 83 S.) geb. n.n. 1. 30
2. (IV, 102 S.) n. 1. 50; geb. n.n. 1. 80

Kniess, K., Lehrbuch der Arithmetik für Real- u. Lateinschulen. 1. Tl. 7. unveränd. Aufl. gr. 8. (IV, 83 S.) München 901. M. Kellerer. n. 1. —; geb. in Leinw. n.n. 1. 30

Kniess, K., Lehrbuch der Arithmetik f. Real- u. Lateinschulen. 2 Tle. 8. München 904. M. Kellerer. Geb. n.n. 3. 10
I. 8. unveränd. Aufl. (IV, 83 S.) n.n. 1. 30
II. 8. Aufl. (IV, 102 S. m. Fig.) n.n. 1. 80

Kniess, K., Lehrb. d. Arithmetik f. Real- u. Lateinsch. II. Tl. 9. Aufl. (IV, 102 S.) 8. München 907. M. Kellerer. Geb. nn 1. 80

Kniest, [Arnold] Beschreibung des Schulhauses. S. 5—6, 1 Taf. 4. Progr. Oberrealschule i. E. Lehe 1907 (415)

Kniest, Philipp, in d. Hölle. Im Eise, s. a. Jugendbücherei, deutsche

In der Hölle. Im Eise. Von Philipp Kniest. Berlin & Leipzig: Hillger [1909]. 30 S. 8°
(Deutsche Jugendbucherei. Nr 20.) (10 16170 9

— Die Husheersche u. andere Erzählungen, s. a. Volksbücher, Wiesbad.

Die Husheersche u. andere Erzahlungen. Von Philipp Kniest. (Vorr. Wilhelm Bube.) 1 - 20. Taus. Wiesbaden: Volksbildungsver 1907 (118 S.) 8° [F.]
= Volksbücher, Wiesbadener No. 102 (08. 1143 9

Kniest, Phpp., Kaufleute u. Schiffer. Erzählungen u. Bilder aus dem Handels- u. Seeleben. 2 Bde. 8. (III, 211 u. III, 195 S.) Oldenburg 892. G. Stalling's Verl. n. 6. 50; in 1 Bd. geb. n.n. 6. 75

Kniest, Ph., treue Liebe. Eine Erzählung von der Wasserkante. 16. (112 S.) Bremen 886, Rocco. geb. mit Goldschn. *
—— dass. — s. Novellen, norddeutsche.

— die Nordseebäder. s. Lehmann, Otto.

Kniest, Ph., s.: Nordwest-Geschichten.

Kniest, Phpp., gesammelte Schriften. 1.—5. Bd. 8. Berlin, Concordia. à n. 2. —; geb. in Leinw. à n.n. 3. —; Bd. 3 u. 4 in 1 Leinw.-Bd. n.n. 5. —
1. Von d. Wasserkante. Bilder aus d. Seeleben. 5. Aufl. (V, 246 S.) 899.
2. Wind u. Wellen. Neue Geschichten u. Bilder. 2. Aufl. (VII, 216 S.) 898.
3. Kaufleute u. Schiffer. Erzählgn. u. Bilder aus d. Handels- u. Seeleben. (Neue [Titel-]Ausg.) (V, 211 S.) (892.) 898.
4. An Bord u. Strand. Erzählgn. u. Bilder aus d. Handels- u. Seeleben. (2. Bd. d. Sammlg.: „Kaufleute u. Schiffer".) (Neue [Titel-]Ausg.) (V, 195 S.) (892.) 898.
5. Aus Sturm u. Not. Neue Geschichten v. d. Wasserkante. (V, 190 S.) 899.

Kniest, Philipp, gesammelte Schriften. 2. u. 6. Bd. 8. Berlin 903. Concordia. à n. 2. —
2. Wind u. Wellen. Neue Geschichten u. Bilder v. der Wasserkante. 3. Aufl. (V, 216 S.)
6. Aus der guten alten Zeit. Neue Geschichten u. Bilder v. der Wasserkante. (V, 172 S.)

Gesammelte Schriften von Philipp Kniest Bd 1-7 Berlin Concordia 1903[-06] 8°
1 Von d Wasserkante. 7 Aufl. [1906.] 2 Wind u Wellen 5. Aufl [1906.] 3. Kaufleute u. Schiffer [1906] 4. An Bord u Strand. 2 Aufl. [1906.] 5. Aus Sturm u. Not. 2. Aufl. [1906.] 6 Aus d guten alten Zeit. 1903. 7 Ebbe u. Flut. [1906] 12 5

Kniest, Philipp, gesammelte Schriften. 1. u. 7. Bd. 8. Berlin, Concordia. à n. 2. —; geb. in Leinw. à n. 3. -
1. Von der Wasserkante. Bilder aus dem Seeleben. 6. Aufl. (V, 248 S.) (906.)
7. Ebbe u. Flut. Bilder aus dem Seeleben. (V, 184 S.) (905.)

— von der Wasserkante. Skizzen aus dem Schifferleben. 2 Bde. 8. (182 u. 216 S.) Bremen 884. 85. Roussell. à n 3 —; geb. à n 4. —

—— von der Wasserkante. 2 Bde. gr. 8. Bremen, Roussell. * geb. *
Inhalt:
Bd. 1. Bilder aus dem Seeleben. 2. und 3. Aufl. (280 S.) 887. *ℳ 2.—.; geb. *ℳ 3.—
» 2. Bilder aus dem Schifferleben. (216 S.) 885. *ℳ 3.—.; geb. *ℳ 4.—.

— v. der Wasserkante. Bilder aus dem Seeleben. 4. Aufl. 8. (279 S.) Oldenburg 891. Stalling's Verl. n. 2. —; geb. n.n. 3. —

Von der Wasserkante. Seegeschichten von Philipp Kniest. Für d. Jugend ausgewählt v. Hamburger Jugendschriften-Ausschuß. Berlin: Concordia [1905]. (126 S.) 8° [F.] (07. 11370

— Wind u. Wellen. Neue Geschichten u. Bilder aus dem See- u. Kaufmannsleben. 8. (241 S.) Ebd. 889. n. 3. —; geb. n. 4. —

KNIETSCH, RUDOLF Ueber das Aesculin und seine Derivate Oppeln, 1881

Knievel, Herm. Ignaz, Choral-Buch für kathol. Kirchen; zunächst für den ältern Theil der Diöcese Paderborn. Vierstimmig u. durchgehends mit Zwischenspielen bearbeitet. qu. gr. 4. Paderborn 840, Junfermann'sche Buchh. 5 ₰ Herabges. Pr. n. 3 ₰

— dass. Melodien dazu. 8. Ebenb. 843. n. 1/6 ₰

Kniewel, Theod. Friedr., Babel und Zion d. i. Verwirrung und Klarheit, Knechtschaft und Freiheit, oder: die wahrhaft freie evangel. Gemeinde. Sendschreiben an alle Christen deutscher Zunge rc. gr. 8. (69 S.) Danzig 848, Kabus. *

Kniewell, Theod. Fred., Ecclesiae Corinthiorum vetustissimae dissensiones et turbae, a S. Paulo in I. ad Cor. epist. cap. I., v. 9—13. indicatae. Roy.-4. (7 1/4 B.) Gedani 841, (Kabus.) *

Kniewel, Theodor Friedrich, Ecclesiae Corinthiorum vetustissimae dissensiones et turbae, a S. Paulo in I. ad Cor. epist. cap. I., v. 9—13. indicatae. — Viro Jacob Theophil Ehwalt . . . magistro infantiae suae optimo, amat. decem muneris sacri lustra, d. 17. Nov. 1841, quinque item officii superintendentis, d. 6. Dec. ejusdem anni, feliciter peracta, ex sententia gratul. Danzig (Wedel). 58 S. (6.—) 18614

Kniewel, Theod. Friedr., zwei ernste Forderungen, die d. Jahrestag d. Reformation an uns evangel. Christen in dieser bewegten Zeit macht. Predigt. 8. (1 1/2 B.) Danzig 823, (Gerhard.)

— Gebete u. Gelübde christl. Unterthanen vor Gott am Tage der Huldigung. Predigt über Psalm 21, V. 2—8. 8. Berlin 841. (Enslin'sche Buchh.) 1/12 ₰

—— der christl. Hausprediger üb. d. Evangelien auf alle Sonn- u. Festtage d. Kirchenjahres. 2 Bde. (12 Hfte.) Danzig 836, Gerhard, 2., unveränd. Ausg. gr. 8. (à 77½ B.) Berlin 840, L. Oehmigke.

—— „Die wahre evangelisch-apostolische Kirche". Predigt am 1. heil. Pfingsttage, den 23. Mai 1847 zu Danzig gehalten über Apostelgesch. 2, 1—13, bei Gelegenheit seines feierl. Austrittes aus der unirten Kirche und Wiedereintritts in die evangelisch-lutherische. 2. Aufl. gr. 8. (14 S.) Danzig 847. (Berlin, Oehmigke's Buchh.) *

Kniewel, Theod. Friedr., der danziger Kirchenbote, s. Kirchenbote.

— — der Kunstgeist im Kampf mit dem Zeitgeiste, oder Pestalozzi und seine Widersacher. 8. Berlin, Mylinsische Buchh. 818.

—— Leitfaden z. christl. Religionsunterricht, f. Confirmanden u. confirmationsfähige Schüler. 1. Aufl. (4⅛ B.) Danzig 835, (Gerhard.) * ⅛ Thlr., 2., durchgäng. verb. A. 837. ⅙ Thlr., u. 3., verb. Aufl. 8. (à 4 B.) Berlin 840, L. Oehmigke.

— — Observationum in vetustissimae graecorum Homerici atque Hesiodei aevi musicae rationem atque conditionem fasciculo primo examen publicum in gymnasio Gedanensi D. XXII. M. septembr. 4maj. Gedani, Krause. 819.

— observationum in vetustissimae Graecor. Homerici atque Hesiodi aevi musicae rationem atque conditionem. 4maj. Gedani 819. Krause. (Kummer in Leipz.) 8 gr.

—— Pfingstruf an meine geliebte Gemeinde und an alle evangel. Christen aller Orten. gr. 8. (4 S.) Danzig 847. (Berlin, Oehmigke's Buchh.) *

—— offener Protest gegen offene Verletzung des evangel. Kirchenthums. 2., durchges. u. erweit. Aufl. 8. (1 B.) Danzig 843, Kabus. *

— Reiseskizzen, vornehmlich aus dem Heerlager der Kirche, gesammelt auf einer Reise in England, Frankreich, Belgien, Schweiz, Oberitalien, Deutschland, im J. 1842. 1. Thl. England. gr. 8. Leipzig 843, K. Tauchnitz. 2⅓ ₰ — 2. u. letzter Thl. Frankreich, Belgien, Schweiz, Oberitalien, Deutschland. gr. 8. Ebend. 844. 2 ₰

—— de religionis christ., in gymnas. evangel. institut. moderanda. Prolus. 4. (5½ B.) Gedani 824, (Gerhard.)

—— christl. Religionsbuch f. mündige Christen u. d. es werden wollen, auch z. Gebr. in Lehrer-Seminarien u. höheren Schulanstalten, auf Grundlage d. heil. Schrift u. nach Ordn. d. luther. Katechismus verfaßt. 1. Aufl. (15½ B.) Danzig 835, (Gerhard.) * ½ Thlr., 2., verb. A. (15 B.) 837. ⅔ Thlr. u. 3., verb. Aufl. 8. (15½ B.) Berlin 840, L. Oehmigke.

— was seid ihr so furchtsam! Ihr Kleingläubigen. Predigt in d. Oberpfarrkirche St. Marien in Danzig gehalten. Berlin ... Oehmigkesche Buchh. (Bülow) n. ⅙ ₰

Kniewel, Thdr. Fr., wie prägen wir d. großen Begebenheiten d. neuesten Zeit dem ganzen deutschen Volke am schönsten u. bleibendsten ins Gemüth? 8. (Berl. 816. Mylius).

— „wo kein evangel. Christenglaube, da ist auch keine echte Samariterliebe". Predigt über Lukas 10, 23 — 37., gehalten am 13. Sonnt. nach Trinit. den 29. Aug. 1847 zu Danzig. gr. 8. (16 S.) Danzig 847. (Leipzig, Hinrichs.) baar ¹/₁₂ ₰

— s. Jul. Zander, 9 bibl. Predigten.

Kniewell, Theodor Friedrich, s. K n i e w e l

Kniffert, R., die Expektanten-Schule. Handbuch zur Unterweisung der Unteroffiziere in den Dienst-Obliegenheiten und den damit verbundenen Rechnungs-Arbeiten des Feldwebels, Capitain-d'armes und Fouriers. Aus der Praxis bearb. 8. (96 S.) Spandau 874, (Jürgens.) *

Kniffler, Gustav [Oberl.]: Das Jesuiten-Gymnasium zu Düsseldorf. E. Beitr. z. Gesch. d. Kgl. Gymn. zu Düsseldorf. Düsseldorf, Buchdr. v. G. Jockwer, 1892; 52 S. 4.
Düsseldorf, k. G., P 1892 (436)

Kniffler. Oscar [aus Bonn]: (Aus d. Pharmakolog. Institut d. Univ. Bonn.) **Jodoform zur inneren Anwendung.** Bonn, Univ.-Buchdr. v. Carl Georgi. 1889. 36 S. 1 Bl. 8°.
Bonn, Med. Fak., Inaug.-Diss. v. 20. Apr. 1889

Knifiz: Kurzgefasste Geschichte von d. Entstehung d St. N e u s t a d t l (Rudolfswert) und des Gymnasiums. 18 S. – Rudolfswert, Progr. 1855

K n i g a ctěnja, ma·ja, za potrěbu zacalnih ucilištah. Kerstjanski Nauk. 8. (73 S.) U Becu. Napecatao L. Grund. 1851. (Kleines Lesebuch für die Elementarschulen. Christliche Lehre. Ungebunden 5 kr. Gebunden 8 kr. C. M.
Verlag der Schulbücher-Verschleiß-Administration

Blaivinjkų knįgelė arba Trumpas pamokinimas apie blaivybę. Iszleido Degtines Prieszas. (Tilžeje) Kasztu 'Tėvynės Sargo' (1899). (16 S.) 8°
[Büchlein f. Nüchterne oder kurze Belehrung über Nüchternheit. Hrsg. von e. Gegner d. Branntweins.] 10

Waiku knįgele isz kuriôs lietuwiszki waikelai lengwei skaityti ir raszyti, prisakymus bei maldeles, iszsimokina. Su daug abrozdeliu. Tilžėje: v. Mauderode 1900. 10 S. 8° [Umschlagt.]
[Kinderbüchlein z. Lesen- u. Schreiben-Lernen f. litauische Kinder.] 10

Knigge im Kleinen; ein Taschenbuch . . . Bregenz 1802. V: *Gradmann, Joh. Jac.* (MGT) (Ky)

Knigge im Kleinen, oder Klugheits- u. Lebensregeln für d. Umgang mit Menschen, (von J. J. Gradmann). Mit 6 Kpf. 8. Bregenz 801. Brentano. 10 gr.

Knigge, Frhr von [Pseud.], s. K o t z e b u e, August von

Knigge, Adolf v., s. K n i g g e, Adolf Franz Friedrich Ludwig von

Knigge, Adolf Franz Friedrich Ludwig von

– s. Abhandl. über d. Zusammenkünfte d. Freimaurer. u. setze hinzu: (v. Ad. v. Knigge).

Knigge, Adolph Freyherr (Übers.):

s.: Antrechaus, de: Merkwürdige Nachrichten von der Pest in Toulon, welche im Jahr 1721 daselbst gewüthet hat. (Relation de la peste dont la ville de Toulon fut affligée en 1721. Dt.) Hamburg: 1794

JB 5.018

Knigge, Adolf Frh. v.: Die neuesten Arbeiten des Spartacus in dem Illuminaten-Orden, s. W e i s h a u p t, Adam

Knigge, Adf. v., s. Aus einer alten Kiste.

– s.a. Auszug e. Briefes d. Illuminaten betreff., u. setze hinzu: (v. Ad. v. Knigge).

Auszug eines Briefes, die Illuminaten betreffend, ohne Einwilligung des Schreibers [Adolf Frh. v. Knigge], aber gewiss in der redlichsten Absicht zum Drucke befördert, von seinem Freunde. Leipzig: Schäfer 1794. 32 S. 8°
[Dasselbe.] 2. verm. u. sehr erl. Ausg. [Frankfurt: Hermann] 1795. 111 S. 8°
cf. D. neuesten Religionsbegebenheiten. 18 (1795) S. 137—154.
Kl. 3472. Verf. der Anmerk. zu der 2. Aufl. war J. J. Wierz.

– s.a. Beytrag zur neuesten Gesch. d. Freymaurerordens.

Beytrag zur neuesten Geschichte des Freymaurerordens in neun Gesprächen, mit Erlaubniss meiner Obern hrsg. [Von Adolf Frh. v. Knigge.] Berlin [Frankfurt a. M.] 1786. 182 S. 8°
Recens: WJ. 3, 3 (1786) S. 193; ALZ. 1787 Nr 125; Mauvillon, J.: Aufklärung üb. wichtige Gegenstände i. d. Frmrey. 1787 S. 115—235; Goué, A. S. v.: Bemerkungen üb. St. Nicaise. 1788 S. III—X; Goué, A. S. v.: Notuma. 2 (1788) S. 139—157; Gothaer gel. Ztg. 1788 Nr 13.
cf. D. neuesten Religionsbegebenheiten. 9 (1786) S. 479—542, 578—620.
Kl. 500, Tt. 310. Beitrag zur Gesch. der Verirrungen der Frmrei im 18. Jh.

KNIGGE Adolf von. Das Betragen des Weisen in den verschiedenen Verhältnissen des Lebens und in dem Umgange mit Menschen dem Freiherrn - dem Weisen Doll, Wien u Leipzig 1792

— über d. sittl. Bildung einzelner Menschen u. ganzer Völker. Fortsetz. zu d. Werke: über d. Umgang mit Menschen. gr. 8. Prag 808. Neureutter. 5 gr (NB. Ist nicht von Knigge.)

— dramaturg. Blätter. 3 Quartale. 8. Hannov. 789. (Hahn). 1 rthl 12 gr

Knigge, Adolph v., dramaturgische Blätter. 3 Quart. 8. Hannov. Ritscher. 789.

Knigge, Adf. Franz Friedr. Ludw. Frhr. v., Briefe aus einer Reise aus Lothringen nach Niedersachsen geschrieben. Hannover (1793). 8. . . . .

— Briefe auf e. Reise aus Lothringen nach Niedersachsen geschrieben. 8. Hannov. 806. Hahn. 14 gr Holl. P. 20 gr

Knigge's Buch d. feinen Tons. Anstandslehre beim Eintritt in die Welt. Neu bearb. v. P. F. L. Hoffmann. 8. (VIII, 286 S.) Hamburg 875. Berendsohn. n. 3. —

— über Büchernachdruck, an d. Hrn. Jh. Gottwerth Müller. 8. Hamb. 791. (A. Campe). 4 gr

— üb. d. Büchernachdr. an Müller. 8. Hamb. Hoffmann. 791.

Adf. Frhr. v. Knigge üb. d. Büchernachdr. an J. Gtw. Müller. *Hamb.*, Hoffmann. 792. 8° 4 gr

— über Eigennutz u. Undank. Gegenstück zu d. Buche: Ueber den Umgang mit Menschen. 8. Leipz. 796. Jacobäer. 1 rthl Postp. 1 rthl 8 gr Dass. 8. Frkf. a. M. 796. Hermann. 16 gr Wohlf. Ausg. 8. Leipz. 815. (Aue in Alt.) 16 gr

Knigge, A. von, üb. Eigennutz u. Undank. 2te Ausg. 8. Leipz. Jacobäer. 815.

— Philo endl. Erklär. u. Antw. a. Anforder. u. Frag. etc. Hannov. Hahn. 788.

Philo's [d. i. Adolf Franz Friedr. Ludw. Frh. v. Knigges] endliche Erklärung und Antwort, auf verschiedene Anforderungen und Fragen, die an ihn ergangen, seine Verbindung mit dem Orden der Illuminaten betreffend. Hannover: Schmidt 1788. 142 S. 8°
Auszug in: D. Freymaurer. 1 (1790) S. 37—54.
cf. D. neuesten Religionsbegebenheiten. 11 (1788) S. 840—880.
Kl. 3260.

— essai sur la Franc-Maçonnerie. II Vols. 8. Frkf. 784.

Meywerck, J. C, Chur-Hannöverscher Hosenmacher (d. i. *Adolph Franz Friedr. Ludw.* Frhr *v. Knigge*), Ueber Friedrich Wilhelm den Liebreichen und meine Unterredung mit Ihm. Frankfurt und Leipzig 1788. 8° Sehr selten! (6 Mk. E Frensdorff, 1906.)
Satire auf den König und auf Zimmermann.
Anon. Lex IV, p. 235 (nach Ischer Zimmermanns Leben und Werke Bern 1893. Rotermund u. Archiv f neuere Sprachen 92, 267. Fournier Knigge u. Blumauer Neue Fr Presse Nr 18712) hat „1785"

s. Gefahren, die, der großen Welt.

s. Gemälde, das, vom Hofe.

NOLDMANN, Benjamin (d. i. *Adolf Franz Friedr. Ludw* Frhr. *v. Knigge*), Geschichte der Aufklärung in Abyssinien oder Nachricht von seinem u. seines Herrn Vetters Aufenthalt an dem Hofe des grossen Negus, oder Priesters Johannes. 2 Thle Frankfurt u. Leipzig 1791. 8°. (12 Kr. A. H. Huber, Salzburg, c. 1905.)

Benjamin Noldmann [d. i. Adolf Frh. v. Knigge]'s Geschichte der Aufklärung in Abyssinien, oder Nachricht von seinem und seines Herrn Vetters Aufenthalte an dem Hofe des grossen Negus, oder Priesters Johannes. Th. 1. 2. Göttingen: Dieterich 1791. 8°
1. 262 S. 4 Kpfr.; 2. 300 S. 2 Kpfr.
cf. L. 23 (1864) S. 19.
TB. 81. Utopie mit illuminatistischer Beleuchtung.

Benjamin Noldmanns Geschichte der Aufklärung in Abyssinien, oder Nachricht von seinem und seines Herrn Vetters Aufenthalte am Hofe des grossen Negus oder Priesters Johannes. Mit kais. Abyssinischen allergnädigsten Privilegio. [Von Adolf Frh. v. Knigge.] Bd 1. 2. Göttingen: Dieterich 1791. 8°
1. 262 S.; 2. 300 S. 6 Kpfr.
TB. 81. 1794 wieder aufgelegt. Staatsroman im Sinne von Rousseaus Contrat social und der Lebensanschauung der Illuminaten.

Geschichte Peter Clausens. [Von Adolf Frh. v. Knigge.] Bd 1—3. Riga [Bd 3:] Frankfurt: Andrä 1783—1785. 8°

°[Dasselbe.] 2. Aufl. Bd 1—3. Frankfurt: Andrä 1794. 8°

— Geschichte des Amtmanns Gutmann. 8. Hannov. 2e A. 794. 3e A. 803. Hahn. 1 ℛ

— Geschichte des armen Herrn v. Mildenburg. 3 Thle. 8. Hannov. 789, 90, 97. (Hahn). 2 ℛ 20 gℛ Holl. P. 3 ℛ 8 gℛ

Geschichte des armen Herrn von Mildenburg. [Von Adolf Frh. v. Knigge.] Bd 1—3. Hannover: Ritscher 1789—1790. 8°

°[Dasselbe.] Bd 1—3. Ebendas. 1797—1798. 8°

°[Dasselbe.] Bd 1—3. Ebendas. 1804. 8°
cf. Goedeke: Grundriss zur Gesch. der deutschen Dichtung. 2 Aufl. 4 (1891) S. 225.
TB. 71.

Joseph v. Wurmbrand, kais. abyssinischen Exministers, jetzigen Notarii Caesarei publici in der Reichsstadt Bopfingen: Politisches Glaubensbekenntniss, mit Hinsicht auf die französische Revolution und ihre Folgen. [Von Adolf Frh. v. Knigge.?] Hannover: Helwing 1792.
TB. 86. Ob Knigge der Verf. ist, erscheint zweifelhaft. Weder Goedeke noch die ADB. führen das Werk unter Knigge's Schriften auf. Verf. nimmt Stellung zu den frappierenden Ereignissen an der Seine.

s. d. Greis an d. Jünglinge auch G. F. Niemeyer, Vermächtniß an Helene.

s.a. Jesuiten, Freimaurer u. Rosenkreuzer, über.

Ueber Jesuiten, Freymaurer und deutsche Rosencreutzer. Hrsg. von Jos. Aloisius Maier, der Gesellschaft Jesu ehemaligen Mitgliede [d. i. Adolf Frh. v. Knigge]. Leipzig [Frankfurt: Brönner] 1781. 129 S. 8°

[Dasselbe.] Ebendas. 1781. 112 S. 8°

[Dasselbe.] Ebendas. 1781. 128 S. 8°
Recens: Starck, J. A. Frh. v.: Ueber d. alten u. neuen Mysterien. 1782 S. 328—353; 2. Aufl. 1817 S. 314—339; Archiv f. Frmr. u. Rosenkreuzer. 1 (1783) S. 413—425.
cf. D. neuesten Religionsbegebenheiten. 9 (1786) S. 813—818.
Kl. 430, Tt. 1641—1642.
Ausg. 129 S. in 23; 112 S., 128 S. in 25.

Journal aus Urfstadt.

Knigge, Adf. Frhr. v., Knigge redivivus. Ueber den Umgang m. Menschen. Neuzeitlich bearb. v. Curt v. Weißenfeld. (160 S.) 8. Oranienburg (908). W. Möller. 1.50; geb. n 2. —

— dasselbe, s. a. Möller's, Wilhelm, Bibliothek f. Gesundheitspflege.

Knigge, Adolf v: Manifest einer nicht geheimen Verbindung .., s. Fournier, Aug.

Benj. Noldmann, Gesch. d. Aufklärung rc.

Aus einer alten Kiste. Originalbriefe, Hs. und Documente aus dem Nachlasse eines bekannten Mannes [d. i. Frh. Adolf v. Knigge]. (Wiederaufgefundene Erg. zur Würdigung vergangener Zeiten und Personen.) [Hrsg. von Herm. Klencke.] Leipzig: Kollmann 1853. 306 S. 8°
Tt. 953 Enth. auch frmrische Briefe von F. L. Schröder, J. J. Chr. Bode, A. Blumauer u. Illuminaten-Korrespondenz.

v. Knigge, Frhrr. Ad., des sel. Hrn. Etatsrath Schafskopf hinterlass. Papiere. 8. Hannov. 796. Hahn. 10 gℛ

s. Philo, endl. Erklärung.

— sechs Predigten. 8. Heidelb. Braun. 798.

(Knigge, A. v.) Sechs Predigten über Demuth, Sanftmuth, Seelenfrieden rc. Heidelb. 1785. 8°.

— 6 Predigten gegen den Despotismus, Dummheit, Aberglauben, Untreue u. Müssiggang. 8. Frankf. 783. 2e A. 785. Andreä. 9 gℛ

s. 6 Predigten über Trost und Leiden.

Knigge, die Reise nach Braunschweig, s.a. Universal-Bibliothek.

— Reise nach Braunschweig. 8. Hannov. 792. 2e A. 794. 3e A. 802. Hahn. 18 gr

Knigge, Adp. (Frz. Friedr. Ludw.) Frhr. v., die Reise nach Braunschweig. Kom. Roman. 7. Aufl., hrsg. v. Enkel d. Verf. M. 36 Skizzen v. G. Osterwald. gr. 8. (11¾ B.) Hannover 839, Hahn'sche Hofbuchh.

Knigge, Adph. Frhr., die Reise nach Braunschweig. Ein kom. Roman aus Niedersachsen. Für die Gegenwart bearb. v. Frdr. Lübecke. (168 S.) 8. Berlin 902. F. Wunder. n. 2. —

— s. Reise nach Fritzlar.

— der Richter. Drama nach Mercier. 8. Heidelb. 784. Pfähler. 6 gr

Der Roman meines Lebens. [Von Adolf Frh. v. **Knigge.**] In Briefen. Bd 1—4. Riga (u. Frankfurt): Andrä. 1781—1783. 8°

1. Riga 1781; 2. 3. Riga u. Frankfurt 1782; 4. Riga u. Frankfurt 1783.

°[Dasselbe.] N. Aufl. Bd 1. Riga u. Frankfurt: Andrä. 1783. 8°

°[Dasselbe.] N. Aufl. Bd 1—4. Riga u. Frankfurt: Andrä 1786. 8°

°[Dasselbe.] 4. Aufl. Bd 1—4. Frankfurt u. Leipzig [Bd 2—4:] Riga u. Frankfurt: Andrä 1787. 8°

°[Dasselbe.] N. Aufl. Bd 1—4. Frankfurt [Bd 2—4:] Riga u. Frankfurt: Andrä 1805. 8°

TB. 36. Der Erscheinungsvermerk ist aus Goedeke's Grundriss und aus Kayser's Bücherlexikon combinirt und daher unsicher.

s. J. J. Rousseau's Bekenntnisse.

s.a. Rückblicke auf den, wenn Gott will, nun bald geendigten Krieg, u. lese hinzu (v. Ad. v. Knigge).

[Knigge, Adf. Frh. v.] Rückblicke auf den, wenn Gott will, für Teutschland nun bald geendigten Krieg. Nebst Erläuterungen, die Propaganda, Jacobiner und Illuminaten betr. Coppenhagen 1795.

s. Sammlung ausländ. Schauspiele.

— Samml. v. Theaterstücken, s. Theaterstücke.

v. Knigge, Frhr. Ad. Frz. Fr. Ldw., († d. 6. Mai 1796.) Schriften. 12 Bde, mit Kpf. 8. Hannov. 804—6. Hahn. 5 ℛ 16 gr (Enthalten: I. II. III. Ueber d. Umgang mit Menschen. 3 Thle. 1 ℛ 12 gr IV. Geschichte des Amtsraths Gutmann. 1 ℛ V. Das Zauberschloß, oder Geschichte des Grafen Tunger. 20 gr VI. VII. VIII. Geschichte d. armen Herrn v. Mildenburg. 3 Thle. 2 ℛ 20 gr IX. Ueber Schriftsteller u. Schriftstellerei. 792. 20 gr X. 1. des Etatsraths v. Schaafkopf hinterlassene Papiere. 796. 10 gr 2. Ueber den gegenwärt. Zustand des gesellschaftl. Lebens in den verein. Niederlanden. XI. Die Reise nach Braunschweig. XII. Briefe auf e. Reise aus Lothringen nach Niedersachsen. 14 gr) s. auch unter d. einzelnen Titeln.

Knigge, Adp. (Frz. Friedr. Ludw.) Frh. v., Schriften. 1—4. Bd. Durchges. u. aufs Neue stark verm. v. F. P. Wilmsen. M. 1 Titkpfr. 8. Hannover 830, Hahn.

A. u. d. Tiln.:

Bd. 1—3. Ueber d. Umgang mit Menschen. 3 Thle. 11., mit d. Biographie d. Verf. verm. Aufl. (51⁷/₈ B.) 2 Thlr.

" 4. dass. — A. u. d. T.: Weltton u. Weltsitte e. Rathgeber f. junge Männer u. Jünglinge bei ihrem Eintritte in d. große Welt, v. F. P. Wilmsen. Neue Aufl. (13⁷/₈ B.) 16 Gr.

— kleine poet. u. prosaische Schriften. 2 Thle. 8. Frankf. 785. Andreä. 12 gr Schrbp. 16 gr

— über Schriftsteller u. Schriftstellerei. 8. Hannov. 793. Hahn. 20 gr Holl. P. 1 ℛ 6 gr

s. System f. Welt.

KNIGGE, Adolph Freiherrn (sic!) v. (1752—96), über den Umgang mit Frauenzimmern und Verliebten (hrsg v W. F Wagner). O O. 1802 (Ein 2ter Tit. hat. Frankfurt a. Main 1802. bei F W Wagner) 8°.

IV—63 S. Enth. nur 2 Abhandlgn. aus Knigge's „Umgang mit Menschen" als Sonderdruck.

Knigge, Adph. Frhr. v., über den Umgang mit Menschen.

— dasselbe, s.a. Bibliothek der Gesammtlitteratur

— dasselbe. s.a. Bücher-Schätze.

— dasselbe, s.a. Meyer's Volksbücher.

— dasselbe. s.a Universal-Bibliothek.

— über den Umgang mit Menschen. 2 Thle. 8. Hannov. 788. 2e A. 789. 3e A. 3 Thle 790. 4e verm. A. 792. 5e A. 796. 8e A. 804. 9e A., verb. u. verm. von F. P. Wilmsen 818. 10e A., mit 1 Kpf. 824. 11e A. 830. Ebd., Hahn. 2 ℛ Holl. P. 3 ℛ 4r Thl. A. u. d. T.: F. P. Wilmsen, Weltton u. Weltsitte, ein Rathgeber für junge Männer u. Jünglinge bei ihrem Eintritte in d. große Welt. 8. Hannov. 824. N. A. 830. Hahn. 16 gr Anhang z. 4n Aufl.: üb. den gegenwärt. Zustand d. gesellschaftl. Lebens; aus d. Holländ. übersetzt. 8. Ebd. 790. 9 gr

Adf. Freyhr. v. **Knigge** üb. d. Umgang m. Menschen. *Hann.*, Ritscher. (1–7e A. 788-801. 8e A. *Eb.*, Hahn. 804. 9-11e Orig.-Ausg. v. F. Ph. **Wilmsen.** *Eb.*, Hahn. Hofb. 818-830. 3 Thle. 8°) 12e Orig.-Ausg. in Einem Bde., durchges. u. eingeleit. v. K. **Gödeke.** *Eb.* 844. gr 12° 1 ℛ 8 gr

Eb. üb. d. U. m. M. im Ausz. f. d. Jug. m. e. durchgäng. Beyspielsamml. v. J. Gf. **Gruber.** *Lpz.*, Hartknoch. (800.) 805. 8° 18 *gl* 2r Th. pragmat. Anthropologie. 803. 8° 1 *ß* 8 *gl*

— üb. den Umgang mit Menschen. 3 Bde. 8. Hannover, Hahn. 804.
Holl. Pap.

— Anhang dazu. 8. Ebend. 798.

v. **Knigge,** (A.,) über den Umgang mit Menschen. 3 Thle. 10e Originalausg. Durchgesehen u. verm. v. F. P. Wilmsen. Mit 1 Kpfr. 8. Hannover 824, Hahn.

— dess. 4r Thl. — A. u. d. T.: F. P. Wilmsen, Weltton u. Weltsitte, ein Rathgeber f. junge Männer u. Jünglinge bei ihrem Eintritte in d. große Welt. 8. Hannov. 824, Hahn.

Knigge, Ad. (Frz. Friedr. Ludw. v.), üb. den Umgang m. Menschen. 12. Orig.-Ausg. in 1 Bde. Durchgesehen u. eingeleitet v. Karl Gödeke. gr. 12. (16½ B.) Hannover 844, Hahn'sche Hofbuchh.

—— über den Umgang mit Menschen. 13. Originalausg. in 1 Bd. Aufs neue durchgesehen und eingeleitet von Carl Gödeke. gr. 12. (XX und 378 S.) Hannover 853, Hahn'sche Hofbuchh.

— über den Umgang mit Menschen. 14. Orig.-Ausg. Auf's neue durchgearb. u. eingeleitet von Karl Goedeke. Hannover 865. Hahn'sche Hofbuchh. 8. (XXIII, 396 S.)
1 *ß* 10 *ngr*

Knigge, Adph. Frhr., über den Umgang mit Menschen. 15. Orig.-Ausg. Eingeleitet und aufs neue verb. von Karl Goedeke. 8. (XVI, 327 S.) Hannover 869, Hahn'sche Buchh.

Knigge, Adph. Frhr., über den Umgang mit Menschen. Vollständig und neu hrsg. von Jean Düfresne. 1.—6. Ster.-Aufl. 16. (335 S.) Berlin 870—74, Cronbach.

Knigge, Adph. Frhr. v., über den Umgang mit Menschen. Vollständig und neu hrsg. von Jean Dufresne. 7.—11. Ster.-Aufl. gr. 16. (XVI, 335 S.) Berlin 875—79, Cronbach.
— dass. — 16. Orig.-Ausg. Eingeleitet und aufs neue verb. von Karl Goedeke. 8. (XVI, 334 S.) Hannover 878, Hahn'sche Buchh.

Knigge, Adph. Frhr. v., über den Umgang mit Menschen. Vollständig und neu hrsg. von Jean Dufresne. 12. und 13. Ster.-Ausg. 12. (XVI, 335 S.) Berlin 880,82, Cronbach.
geb.

— dasselbe. Nach dem Orig.-Text hrsg. v. B. Berends. 8. (XVI, 355 S.) Gera 888. Griesbach's Verl. n. 2. —; geb. n. 2. 80

Knigge, A. Frhr. v., üb. den Umgang m. Menschen. Vollständige Ausg. 16. (230 S.) Leipzig 888. Fock. geb. 1. 60

— dasselbe. Vollständig u. neu hrsg. v. J. Dufresne. 20. Ster.-Aufl. 12. (XVI, 335 S.) Berlin 889. Cronbach. n. — 50

Knigge, Adf. Frhr. v. Ueber den Umgang m. Menschen. Nach dem Orig.-Text hrsg. v. B. Berends. Neue Ausg. 8. (XVI, 355 S.) Gera 891, Griesbach. * 2 —; geb. * 2 80

Knigge, Adph. Frhr., üb. d. Umgang m. Menschen. Vollst. u. neu hrsg. v. Jean Dufresne. 20. Ster.-Aufl. 12. (XVI, 335 S.) Berlin 896. S. Cronbach. n. — 50

Ueber den Umgang mit Menschen. Von Adolf Frh. v. Knigge. Nach d. Orig-Text hrsg. von V Berends. *Gera: Griesbach 1898.* (XVI, 355 S.) 8° [F.]
[95–1903]

— über den Umgang m. Menschen. Nach dem Orig.-Text hrsg. v. B. Berends. (XVI, 355 S.) kl. 8. Gera (904). P. Stoetzner. Geb. n. 1. 50

Ueber den Umgang mit Menschen von Adolf Frh. v. Knigge. Hrsg. von Prof. Dr. G. Langhoff. [Neudr.] Berlin-Leipzig: J. Singer & Co. [1905]. (XVI, 335 S.) 8° [F.]
[c8. 1907]

— über den Umgang m. Menschen. Eingeleitet u. aufs neue verb. v. Karl Goedeke. 18. Orig.-Ausg. (XVI, 280 S.) 8. Hannover 908. Hahn. Geb. in Leinw. 3. —

— dasselbe. Nach dem Orig.-Text hrsg. v. B. Berends. (XVI, 355 S.) kl. 8. Leipzig (907). Bibliograph. Anstalt A. Schumann. Geb. in Leinw. 1. 80

— Umgangslehre. Ein Lebensführer f. Jedermann. Freie Bearbeitg. v. Karl Munding. 8. (XVI, 253 S.) Nürnberg 891. Hennings. geb. n. 5. —

— Umgangslehre. E. Lebensführer f. Jedermann. In freier Bearbeitg. v. Karl Munding. (Billige [Titel-] Ausg. 8. (XVI, 254 S.) Leipzig (891) 898. G. A. Kaufmann. Geb. in Leinw. n. 2. 25

v. **Knigge,** Ad., der Unbesonnene. Lstspl. nach d. Französ. 8. Heidelb. 785. Pfähler. (Braun). 8 *gl*

Die Verirrungen des Philosophen, oder Geschichte Ludwigs von Seelberg. [Von Adolf Frh. v. **Knigge.**] Bd 1. 2. Frankfurt: Andrä 1787. 8°
TB. 58.

Frh. [Adolf] v. **Knigge:** Welt- und Menschenkenntniss. Ein Pendant zu dem Buche Umgang mit Menschen. o. O.: Selbstverl. d. Verf. 1796. 214 S. 8°
cf. D. neuesten Religionsbegebenheiten. 19 (1796) S. 160—165.
Selten. Beleuchtung von Knigges Schrift: Auszug eines Briefes, die Illuminaten betr. 1794.

— Welt- u. Menschenkenntniß, ein Pendant zu d. Buche: Umgang mit Menschen. (Von L. A. G. v. Grolmann.) 8. Gießen 796. 2e A. 8. Marb. 821. Krieger. 12 *gl*

- s. Jos. v. Wurmbrandt's Glaubensbekenntniß.

Das Zauberschloss, oder Geschichte des Grafen Tunger. [Von Adolf Frh. v. **Knigge.**] Hannover: Hahn 1791. 8°
°[Dasselbe.] Hannover: Hahn 1804. 8°
TB. 80. Der Titelheld huldigt mrischem Wunderglauben.

Knigge, Aug., die geistige u. körperliche Erziehung der Mädchen. Mit einem Vorworte von Dr. Mertens. Hannover 868. Meyer. gr. 8. (VIII, 131 S.) 15 ngr.

—— Tod und Unsterblichkeit. Geschrieben zum Troste und zur Erquickung für jeden Christen. 8. (74 S.) Hannover 868, (Cruse's Buchh.) *

Knigge, Ernst, aus Quedlinburg, Referendar beim Kgl. Amtsgericht zu Gröningen: Die negative Leistung. Eine Skizze nach d. Bürgerl. Gesetzbuch. *Quedlinburg 1903: Wendehake, Meyer & Stegmann.* (58 S.) 8°
Erlangen, Jur. Diss. v. 12. Febr. 1902

[F.] **Knigge**, *Friedrich* [Dr.]: Über die Auswahl einer französischen Grammatik für das Gymnasium. *Jever, Druck v. C. L. Mettcker & Söhne, 1897;* 49 S., 1 Bl. 8.
Jever, grossh. Marien-G, OP 1897 (696)

[F.] **Knigge**, *Friedrich* [Dr.]: Bemerkungen zum französischen Unterricht am Gymnasium. Jever, Druck v. C. L. Mettcker & Söhne, 1892; 8 S. 4.
Jever, grossh. Marien-G, P 1892 (665)

Knigge, Friedrich [aus Weetzen]: Die Sprache des Dichters von Sir Gawain and the Green Knight, der sogenannten Early English Alliterative Poems und De Erkenwalde . . Marburg, Univ.-Buchdr. (R. Friedrich), 1886; 120 S. 8°.
Marburg. Phil. Fak., Inaug.-Diss. v. 15. Aug. 1885.

Knigge, Fr., die Sprache d. Dichters v. Sir Gawain and the Green Knight, der sogenannten early English alliterative poems, u. De Erkenwalde. 1. Tl. Lautlehre. gr. 8. (III, 120 S.) Marburg 886. Elwert's Verl. n. 2. 80

Knigge, Georg, a. Nordhausen a. H.: Über einige Brom- und Bromnitroderivate des Methyldiphenylketons und der o-Benzoylbenzoësäure. Rostock 1906: C. Hinstorff. (48 S.) 8°
Rostock, Phil. Fak., Ref. Michaelis, Diss. v. 10. März 1906
[Geb. 24. Jan. 81 Nordhausen; Wohnort: Rostock; Staatsangeh.: Preußen; Vorbildung: Progymn. Duderstadt Obersekunda-Reife M. 99; Studium: T.H. Hannover 2, Univ. Rostock 9 S.; Rig. 2. März 06.]

Knigge, H. L., allerneuestes Complimentirbuch. Die Kunst in 24 Stunden bescheiden, höflich, artig, gentil zu werden u. sich bei Jedermann beliebt zu machen. Höflichkeitsschule f. Alt u. Jung, Vornehm u. Gering. 8. (18⅛ B.) Hamburg 840, Berendsohn.

Knigge, H. L., allerneustes Complimentirbuch. Die Kunst in 24 Stunden bescheiden, höflich, artig, gentil zu werden u. sich bei Jedermann beliebt zu machen. Höflichkeitsschule f. Alt u. Jung, Vornehm u. Geringe. 2., unveränd. Aufl. 8. (14½ B.) Hamburg 846, Berendsohn.

KNIGGE, Ludw. v. (ps.), Geschenk für Bräute und junge Weiber, sich die Liebe und Achtung der Männer zu erwerben und zu erhalten. Leipzig, Joachim. o. J. (um 1805). 12°. (¼ Rthl.)

Knigge, L. v., Geschenk für Bräute und junge Frauen, sich die Liebe und Achtung der Männer zu erwerben und zu erhalten. 12. (34 S.) Koblenz 850, Müller.

— s. Hausmittel für Bräute &c.

Knigge, L. v., die Kunst m. Frauen glücklich zu sein u. sich die Liebe u. Achtung derselben zu erwerben u. zu erhalten. Ein Geschenk f. junge Männer u. heiratslust. Jünglinge. 32. (19 S.) Reutlingen 890. Enßlin & Laiblin. n. — 20

Knigge, L. v., die Kunst mit Männern glücklich zu sein und sich die Liebe und Achtung derselben zu erwerben und zu erhalten. Ein Geschenk für junge Bräute und für junge Weiber. 64. (40 S.) Reutlingen 870, Enßlin und Laiblin.

Knigge, L. v., die Kunst mit Männern glücklich zu sein und sich die Liebe und Achtung derselben zu erwerben und zu erhalten. Ein Geschenk für junge Bräute und für junge Weiber. 64. (40 S.) Reutlingen 875, Enßlin und Laiblin's Verlagsh.

— die Kunst m. Männern glücklich zu sein u. sich die Liebe u. Achtung derselben zu erwerben u. zu erhalten. Ein Geschenk f. junge Bräute u. f. junge Frauen. 6. Aufl. 32. (32 S.) Ebd. 890. n. — 20

Knigge, L. v., die Kunst m. Männern glücklich zu sein u. sich die Liebe u. Achtung derselben zu erwerben u. zu erhalten. Ein Geschenk f. junge Bräute u. f. junge Frauen. 6. Aufl. (32 S.) 16. Neuweißensee (905). E. Bartels. — 20

— — Die Kunst, mit Weibern glucklich zu seyn und sich die Liebe etc. Ein Geschenk für heirathslustige Jünglinge u. junge Männer. Frankfurt, Boselli (Daisenberger in Regensb.), 1819. 16° (1/12 Rthl.)

—— die Kunst mit Weibern glücklich zu sein und sich die Liebe und Achtung derselben zu erhalten und zu erwerben. Ein Geschenk für junge Männer und heirathslust. Jünglinge. 64. (24 S.) Ebendas. 870.

—— die Kunst mit Weibern glücklich zu sein und sich die Liebe und Achtung derselben zu erhalten und zu erwerben. Ein Geschenk für junge Männer und heirathslust. Jünglinge. 64. (24 S.) Ebendas. 875.

— die Kunst m. Weibern glücklich zu sein u. sich die Liebe u. Achtung derselben zu erwerben u. zu erhalten. Ein Geschenk f. junge Männer u. heiratslust. Jünglinge. (27 S.) 16. Ebd. (905). — 20

— Lebensklugheit in Lehre u. Leben, für Eltern, Erzieher, Hofmeister u. Lehrer in Stadt- u. Landschulen. 12. Leipz., Joachim. 6 gl N. A. 819. 8 gl

— Vergißmeinnicht 1821. s. Vergißmeinnicht &c.

— Winke f. Eheleute. Die Kunst, in der Ehe glücklich zu sein u. die gegenseit. Liebe u. Achtg. zu erhalten. (28 S.) 16. Ebd. (905). — 50

Knigge, Otto, zur Reform des Zeichenunterrichts insbesondere auf Schulen. gr. 8. (30 S.) Berlin 882, Seehagen.

Knigge, P. C. de, de natura et indole castror. in Germania. 4. Götting. Vandenhök. 747.

v. **Knigge**, Philippine Aug. Amal., Lebensregeln aus den besten ältern u. neuern Schriftstellern. 2 Bdchen, mit 8 Kpf. 12. Leipz. 799, 800. Baumgärtner. 2 rß Hbg. Pr. 1 rß 8 gl ill. 2 rß 16 gl

— s. von Reden.

– s. Sheridan, Swifts Leben.

— Versuch einer Logik f. Frauenzimmer. 8. Hannov. Hahn. 789.

v. **Knigge**, Philippine Aug. Amal., Versuch e. Logik für Frauenzimmer. 8. Hannov. 790. Hahn. 10 gl

Knigge, Thom., medicin. Fragmente, s. Fragmente.

Knigge, Thomas: Medicinische Fragmente. Aus der Verlassenschaft hrsg. von Johann Jakob Kohlhaas. 222 S., gbd., Abb.

Regensburg: Montag 1788
enthält: Kohlhaas, J.J.: Lebensgeschichte des Herrn Dr.Knigge.

JB 2.057

— Diss. inaug. de Mentha piperitide. Mit 1 Kpfr. 4. Erl. 780. Palm. 4 gr. Schrbp. 6 gr.

Münz- u. Medaillen-Kabinet des Freiherrn Wilh. Knigge. *Hannover: H S. Rosenberg 1901.* (V, 323 S.) 8° [01. 9514

Knigge-Leveste, Moritz von

Knigge-Leveste, M. Frhr., deutsche Wald- u. Waidmannssprüche in Reimen. gr. 8. (VII, 170 S.) Neudamm (899). J. Neumann. n. 3. —; geb. n. 4. 50

Knight, Ch., Capital und Arbeit, s. Wochenbände.

Knight, F. A., das Ganze der Ananaszucht, oder die verschiedenen Arten, wie man Ananas gezogen hat und noch zieht, von der ersten Einführung dieser Frucht in Europa bis zu den neuesten Kulturverbesserungen. 3. völlig umgearb. und reich verm. Aufl., hrsg. von Johs. Wesselhöft. gr. 8. (VIII, 99 S. mit 9 in den Text eingedr. Abbild.) Weimar 881, B. F. Voigt.

Knight, G., the new London echo. Eine Sammlung englischer Redensarten in zusammenhängenden Unterhaltungen, wie sie im geselligen Leben vorkommen und die man täglich hören kann, wenn man in London lebt. Mit einem vollständigen englisch-deutschen Wörterbuche über die in dem Buche vorkommenden Wörter. 8. (192 S.) Leipzig 854, Haendel.

Knight, G., the new London Echo. Eine Sammlung engl. Redensarten in zusammenhängenden Unterhaltungen, wie sie im geselligen Leben vorkommen u. die man täglich hören kann, wenn man in London lebt. Mit einem vollständigen englisch-deutschen Wörterbuche über die in dem Buche vorkommenden Wörter. 2. Aufl. 859. (192 S.) — 3. durchgesehene u. verb. Aufl. Leipzig 863. Haendel. 8. (200 S.) 18 ngr.

Knight, G., the new London Echo. Eine Sammlung engl. Redensarten in zusammenhängenden Unterhaltungen, wie sie im gesell. Leben vorkommen u. die man täglich hören kann, wenn man in London lebt. Mit einem vollständig englisch-deutschen Wörterbuche über die in dem Buche vorkommenden Wörter. Mit Angabe der Aussprache nach Walker u. Nuttall. 4., verb. Aufl. Leipzig 868. Haendel. 8. (200 S.) 18 ngr.; geb. n. 22 ngr

Knight, G., the new London Echo. Eine Sammlung engl. Redensarten in zusammenhängenden Unterhaltungen, wie sie im geselligen Leben vorkommen und die man tägl. hören kann, wenn man in London lebt. Mit einem vollständ. englisch-deutschen Wörterbuche über die in dem Buche vorkommenden Wörter. Mit Angabe der Aussprache nach Walker und Nuttall. 5. verb. bis 7. Aufl. 8. (200 S.) Leipzig 871—76, Haendel. ℳ 1,80.; geb. *

Knight, G., the new London echo. Eine Sammlung engl. Redensarten in zusammenhängenden Unterhaltungen, wie sie im gesell. Leben vorkommen u. die man täglich hören kann, wenn man in London lebt. Mit einem vollständ. englisch-deutschen Wörterbuche über die in dem Buche vorkommenden Wörter. Mit Angabe der Aussprache nach Walker u. Nuttall. Zum Schulgebrauch u. Selbstunterricht. 8. Aufl. 8. (200 S.) Leipzig 880. Violet. 1. 80

Knight, G., the new London Echo. Eine Sammlg. engl. Redensarten in zusammenhäng. Unterhaltgn., wie sie im gesell. Leben vorkommen u. die man täglich hören kann, wenn man in London lebt. Mit e. vollständ. englisch-deutschen Wörterbuche üb. die in dem Buche vorkomm. Wörter. Mit Angabe der Aussprache nach Walker u. Nuttall. 9. Aufl. 8. (200 S.) Leipzig 883. Haendel. 1. 80

Knight, G., the new London echo. Eine Sammlung engl. Redensarten in zusammenhängenden Unterhaltungen, wie sie im geselligen Leben vorkommen und die man täglich hören kann, wenn man in London lebt. Mit einem vollständigen englisch-deutschen Wörterbuche über die in dem Buche vorkommenden Wörter. Mit Angabe der Aussprache nach Walker und Nuttall. Zum Schulgebrauch und Selbstunterricht. 10. und 11. gleichlautende Aufl. 8. (200 S.) Leipzig 887,88, Dyk'sche Buchh. geb. *

Knight, G., the new London echo. Eine Sammlg. engl. Redensarten in zusammenhäng. Unterhaltgn., wie sie im gesell. Leben vorkommen u. die man täglich hören kann, wenn man in London lebt. M. e. vollständ. englisch-deutschen Wörterbuche üb. d. in d. Buche vorkomm. Wörter. M. Angabe d. Aussprache n. Walker u. Nuttall. Zum Schulgebr. u. Selbstunterricht. 13. Aufl., durchgesehen v. Thdr. Hinz. 8. (200 S.) Leipzig 897. Weimar, Herm. Böhlau's Nachf. Geb. in Leinw. n. 1. 80

Knight, G., the new London echo. Eine Sammlg. engl. Redensarten in zusammenhäng. Unterhaltgn., wie sie im gesell. Leben vorkommen u. die man täglich hören kann, wenn man in London lebt. Mit e. vollständ. englisch-deutschen Wörterbuch üb. die in dem Buche vorkomm. Wörter m. Angabe der Aussprache nach Walker u. Nuttal. Zum Schulgebrauch u. Selbstunterricht. 14. m. der 13. gleichlaut. Aufl. (200 S.) kl. 8. Weimar (907). H. Böhlau's Nachf. Geb. 1. 80

Knight, Henry, s.: Indianer- u. Volksbibliothek.

Die Rache der Comanches-Indianer Eine Erzählung aus d. Indianergebiet d. Vereinigten Staaten von Henry Knight. *Berlin: A. Weichert [1899].* (27 S.) 8° [F.]
— Indianer- u. Volksbibliothek. 355. [03. 14000

Knight, Henry Gally, über d. Entwickelung d. Architektur v. 10—14. Jahrh. unt. d. Normannen in Frankreich, England, Unteritalien u. Sicilien. A. d. Engl. Mit e. Einleit. hrsg. v. C. Richard Lepsius. gr. Lex.-8. (25⅛ B. u. 23 lith. Bl.) Leipzig 841. [Berlin, Klemann.] Thlr. *

Knight, P. Slade, Beobachtt. über d. Ursachen, Symptome u. Behandlung d. Irreseins. Mit e. Berichte eines Irren über sich selbst, u. Bemerkk. über d. Zulassung von Irren zum Gottesdienste. Aus d. Engl. von Fr. Engelken. Mit Vorrede von F. Nasse. Mit 2 Steint. gr. 8. Köln 829. J. G. Schmitz. 1 ₰

Knight, Rich. Payne, Prolegomena ad Homerum, in quibus de carm. Homeric. origine, auctore et aetate — inquiritur. Ed. Ruhkopf. Lips. 816. 8. 18 gr.

Knight, R. P., prolegomena ad Homerum sive de carminum homericorum origine, auctore et aetate, itemque de priscae linguae progressu et praecoci maturitate. 8maj. Leipz. 816. Hahn. 18 ℊℊ

Knight, Samuel

— Leben Joh. Colets. 8. Leipz. 735.

Knight, S., Leben des Erasmus, nebst einem Anhange rarer Urkunden. Aus dem Engl. von Th. Arnold. Mit Kupf. Leipz. 736. 8. 16 gr.

Knight, Thom. Andrew, sechs pflanzenphysiolog. Abhandlgn., s. a. Ostwald's, Wilh., Klassiker d. exakten Wissenschaften.

Sechs pflanzenphysiologische Abhandlungen v. Thomas Andrew Knight. '(1803 1812.)' Uebs. u. hrsg. v. H[ermann] Ambronn. *Leipzig: W Engelmann 1895* (63 S.) 1 Bd 8.
= Klassikor, Ostwald's, d. exakten Wissenschaften. No 62.

Knight, T. A., das Ganze d. Ananaszucht, oder d. verschied. Arten, wie man Ananas gezogen hat u. noch zieht ꝛc. Mit 1 Abbild. 8. Ilmenau 825. Voigt. 16 ℊℊ

Knight, T. A., das Ganze der Ananaszucht, oder die verschiedenen Arten, wie man Ananas gezogen hat und noch zieht, von der ersten Einführung dieser Frucht in Europa bis zu den neuesten Cultur-Verbesserungen. 2., umgearb. und reich verm. Aufl. neu hrsg. von Ferd. Frhn. v. Biedenfeld. Nebst 23 Abbild. 8. (VI und 188 S. mit 1 Stnt. in Fol.) Weimar 854, Voigt.

Knighton, Ch., Erzählung eines alten Seefahrers, s. Universal-Bibliothek für die Jugend.

Knighton, William, ein indischer Königshof, s. Conversations- und Reisebibliothek.

KNIGHTON, W., Ein Indischer Königshof. Von Einem Mitgliede des Hofstaates zu Audh. (W. Knighton.) Nach d. Engl. von Ludw Thiele. Leipzig, Verlag von Carl B. Lorck. 1856. (Auch m. d Tit. Conversations- u. Reisebibliothek, auf d. Umschlag Lorck's Eisenbahnbücher. No. 21) 8°.

Knighton, W., aus dem Leben eines indischen Königs, s. Jugendbibliothek, neue, deutsche.

—— tropische Skizzen oder Erinnerungen eines indischen Journalisten. Deutsch von M. B. Lindau. gr. 8. (V und 320 S.) Dresden 856, Kuntze.

Knighton, W., im Urwald, s. Jugendbibliothek, neue deutsche.

Kniha, cvicebná, k vyucování v poctech peo žaky II. a III. trídy obecnych škol v cicarstvi Rakouském 8. (204 S. 1 Bl) Ve Vidni. Tiskem L. Grunda 1854. (Rechenbuch für Schüler der II. und III. Klasse der Volksschulen im Kaiserthume Oesterreich.) Kostet geb. in Leinwandrücken 18 kr. CM.
Verlag der Schulbücher-Verschleiß-Administration

Kniha střihů. Návod ku přistřihování prádla pro školu i domácnost. S 35 tabulemi, vysvětlujícím textem, měřítky a předmluvou. Vydána Ženským výrobním spolkem ve Vídni. České zpracování pořízeno na základě jedenáctého, znova upraveného a rozšířeného vydání. (Schnittmusterbuch.) Kl.-Fol. (36 Bl.) in Decken * K 2.20
Wien. Waldheim 1906

Kniha všeobecných zákonův občanských říše rakouské. Do české řeči přeložená a kratkym výkladem opatřená od Jana Petržilky. 1. Liefg. Prag 857. Credner. Lex.-8. (IX, S. 1—163.) n. 24 ngr.

Knill. Drei ganz neue vollständige Ministerien für einen einzigen Silbergroschen. Zu haben bei L. Schlesinger. 2 Bl 4
Flugblatt. Berlin, 30. Juni 1848.

Knill, Joh. Ant., Predigt bei der feierlichen Ordensprofession der Jungfrau Maria Anna Kohler, den 28. Mai 1843, im uralten Frauenklösterlein Wonnenstein. 8. (1 B.) St. Gallen 843, Scheitlin u. Zollikofer. Thlr *

Knille, Otto, Grübeleien eines Malers über seine Kunst. 8. (IV, 143 S.) Berlin 887, Gebr. Paetel. *

[F.] Wollen und Können in der Malerei v. Otto Knille. *Berlin: F. Fontane & C. 1897* (4 Bl., 160 S.) 1 Bd 8. [97. 5540

MÜNCHENER BILDERBÜCHER Nr. 24. — [KNILLING u. GOETZ]. *Menagerie.* Eine Sammlung der merkwürdigsten Tiere aus allen Ländern. Zweite [a. d. Karton: Dritte] Auflage. München, Braun & Schneider [ca. 1865]. Titel und 24 Bll. mit 45 schönen handkolorierten Holzschnitten. 8°. Farbiger Or.-Pappbd. (Rücken leicht läd.) — Sehr schönes Ex. 20.—

Knilling, Rud., Einführung in die stilistische Entwicklungslehre. Ein Beitrag zur Reform d. Aufsatzunterrichts u. zugleich e. Kommentar u. e. naturgemässe Ergänzg. zu Max Schiessl's beiden Hauptwerken „System der Stilistik" u. „Die stilist. Entwicklungstheorie in der Volksschule". gr. 8. (40 S.) München 891. M. Kellerer. n. — 80

Knilling, Rud., die naturgem. Methode d. Rechen-Unterrichts in d. deutschen Volksschule. E. neues theoretisch-prakt. Handbuch. I. Tl.: D. psycholog. Grundlagen d. naturgem. Rechenmethode. gr. 8. (XII, 372 S. m. Fig.) München 897. R. Oldenbourg. n. 6. —

Knilling, Rud., die naturgemässe Methode des Rechen-Unterrichts in der deutschen Volksschule. Ein neues theoretisch-prakt. Handbuch. II. Tl.: Der Aufbau der naturgemässen Rechenmethode. gr. 8. (XVI, 266 S.) München 899. R. Oldenbourg. n. 4. —
I. Ebd. 897. Ermäss. Pr. n. 5. —.

Knilling, Rud., die naturgemässe Methode des Rechen-Unterrichts in der deutschen Volksschule. Ein neues theoretisch-prakt. Handbuch. Neue billige [Titel-]Ausg. 2 Tle. gr. 8. München, R. Oldenbourg. n.n. 4. —
1. Die psycholog. Grundlagen der naturgemässen Rechenmethode. (XII, 372 S.) [897.] (904.) n.n. 2. 50
2. Der Aufbau der naturgemässen Rechenmethode. (XVI, 266 S.) [899.] (904.) n.n. 1. 50

— drei Rechenkartons f. unsere kleinen Anfänger. Ein neues prakt. Lehrmittel, welches den Gebrauch e. vielblätter. Rechenbüchleins im 1. Schulj. entbehrlich macht, u. welches sich zugleich als Vorschule (Rechenfibel) f. jede belieb. Aufgabensammlg. bestens eignen dürfte. Nach den Grundsätzen der naturgemäßen Rechenmethode u. unter sorgfält. Berücksicht. der neuen Kreislehrpläne entworfen u. ausgearb. Ausg. 1901. gr. 4. (à 4 S. m. Abbildgn.) Ebd. à n.n. — 10
1. Zahlenraum 1 bis 5. — 2. Zahlenraum 1 bis 10.
3. Zahlenraum 1 bis 20.

Knilling, Rud., zur Reform d. Rechenunterrichtes in den Volksschulen. 2 Abtlgn. gr. 8. (IV, 172 u. VII, 168 S.) München 884. 86. Th. Ackermann Verl. n. 5. —

— üb. die Wichtigkeit u. Unentbehrlichkeit des wörtlichen Auswendiglernens, s.: Lehrer-Bibliothek, kleine

—— Der Zahlenraum von 1 bis 20. Ein Leitfaden beim ersten Rechenunterricht in Stadt- u. Landschulen. 8. (IV, 44 S.) Münch. 892, Th. Ackermann's Verlag. * — 60; Schülerheft dazu (24 S.) * — 20

Knipel, Jh. Gottl., († d. 31. Dec. 1807.) Rechenbuch ꝛc. 1r Thl. 8. Dresd. 806.

Maurerische Lieder. Gesamm. und gedruckt von H[einr.] Knipfer & Ad[olf] Lesimple. Köln 1860: Lesimple. 59 S. 8°
44 Lieder mit Noten.

Knipfer, Heinrich Wilhelm (Salzwedel), Observatio de magna glandularum vasorumque lymphaticorum, post castrationem in abdomine orta, degeneratione. Diss. pathol.-med. Bln. (Brandes & Klewert) 5. X. 1829. 24 S. mit Biogr. (M.: D. Kufahl.) (6.—) 18615
Oppon.: Fr. Hauck, C. Kramer, J. Michels. — Gew.: Wolff. — Krankengesch. d. Ferdinand Kaufmann.

Knipfer, J. Die Arbeit der Innern Mission an den Gebildeten, s.a. Zimmer's Handbibliothek der praktischen Theologie.

— Die Arbeit d. inneren Mission a. d. Gebildeten. (92 S.) Gotha 1890. F. A. Perthes.

Knipfer, J., die Dichter der Befreiungskriege ꝛc., s.a. Am häuslichen Herd.

Knipfer, J., die Dichter d. Befreiungskriege u. d. Lieder d. deutsch-französ. Krieges. F. d. reif. Jugend bearb. 2., erweit. Aufl. 8. (V, 195 S. m. Titelbild.) Altenburg 897. O. Bonde. Geb. in Leinw. n. 2. 50

Knipfer, J., der Entwurf eines Gesangbuchs für die evangelisch-lutherische Landeskirche des Königr. Sachsen. Beleuchtet u. ausführlich besprochen. 8. (86 S.) Leipzig 881. Hinrichs' Verl. n. 1. —

—— Persönliche Frömmigkeit u. kirchlicher Gemeinsinn. Vortrag, geh. auf d. Thüringer kirchl. Konferenz am 6. Mai 1889 zu Kahla. gr. 8. (38 S.) Gotha 889, Schloeßmann. * — 80

Knipfer, J., die geistliche Poesie und die Frauen. Eine literargeschichtl. Skizze. 16. (52 S.) Leipzig 877, Buchh. des Vereinsh.

Knipfer, J., die Siebenzig. Predigt beim Jahresfest d. Altenburger Hauptvereins der Gustav-Adolf-Stiftung am 19. Juni 1883 in Kahla geh. gr. 8. (12 S.) Altenburg 883. Bonde. n. — 25

—— das kirchliche Volkslied in seiner geschichtlichen Entwicklung. 8. (V, 285 S.) Bielefeld 875, Velhagen und Klasing. *

Knipfer, [Julius], Geh. Kirchenrat: **Gedächtnisrede** auf den verstorbenen Dir. (Prof. Dorstewitz). *Eisenberg 1903: P. Kaltenbach.* (S. 22—24.) 4° [F.]
Eisenberg, Christians-G, P 1903 (780)

Paul Gerhardt. Gesammelte Aufsätze von Julius **Knipfer**, weil. Superint. zu Eisenberg. (Hrsg. Dr. [Arnold] Braune, Gen.Superint. in Rudolstadt.) Leipzig: A. Deichert 1906. (VII, 56 S.) 8° [06. 8333

Kniphof, Jh. Gf

— Abhandl. von den Haaren, deren Beschreibung ꝛc. 8. Rothenburg 777.

Kniphof, Jh. Gf., († ...) Abhandl. v. Salat u. v. dessen wahren Nutzen u. Schaden; nebst d. Beschreib. u. Nutzen d. Olei trompponum. 4. Erfurt 757.

Kniphof, Johann Heinrich, s. Kniphof, Johann Hieronymus

Kniphof, Johann Hieronymus [Praes.], s. Becker, Dietrich David: De nitro.

Johann Hieronymus Kniphof

Johannis Hieronymi Kniphofs [Kniphof] Botanica in originali, das ist Lebendig Krauter-Buch, (2, 1: hoc est: Herbarium vivum) worinne alle in hiesigen Landen wachsende Krauter nach ihrer vollkommenen Schönheit vorgestellet werden. T. 1. 2. Erfurt: Funck 1733. 1 Bd 4°

T. 1, Hundert 1. 2: Officinalia. 1733.
T. 2, Centuria 1. (2:) Vegetabilia. 1733.
1: 1733.
(2:) Hundert Blumen-Gewächse. 1733.

Johannis Hieronymi **Kniphofs** Botanica in originali Das ist Lebendig Krauter-Buch etc Zum Gebrauch aller Liebhaber derer Garten-Gewachse etc beschrieben Von Christian Reichard. 1—2 Hundert Erffurt 1731 Fol

Johann Hieronymus Kniphof

Johannis Hieronymi Kniphofs [Kniphof] Botanica in originali, Das ist: Lebendig Krauter-Buch, in welchen so wohl diejenigen Blumen- Baum- u. Küchen-Gewächse, welche in denen Gärten Teutschlands überall bekannt sind, als auch die fremden... auf eine neue... Methode... abgedrucket sind... Zum Gebrauch aller Liebhaber... beygebracht u. ...beschrieben von C. R. Erffurt: Funck 1734. 52 S., 100 Taf. 4°
Angeb. an: Kniphof: Botanica in originali pharmaceutica. Erfurt 1733.

Kniphof, Joh. Heinr., Botanica in Originali, od. lebendiges Kräuterbuch, in welchem sowohl d. Blumen-, Baum- u. Küchengewächse, d. in d. Gärten Deutschlands überall bekannt sind, als auch d. fremden etc. nach ihrer vollkomm. Schönheit u. Grösse v. d. lebendigen Kräutern selbst abgedrückt sind etc. Mit 224 ill. Pflanzenabdrücken. Fol. Erfurt (1733—47). Verbess. Aufl. Halle, 1756—67 (Gebauer) 36. —

Kniphof (J. H.). Botanica in originali. Erfurti. 1747. 2 vols. fol. [1757-61] [Ed. 2.] 1763-64. (12 centuries.)
Impressions in printer's ink from the plants themselves.

Kniphof, I. Hier., botanica in originali, s. herbarium viv. XII Cent. fol. Halae, Gebauer. 757.

Johann Hieronymus Kniphof

Johannis Hieronymi Kniphofs [Kniphof] Botanica in originali pharmaceutica. Das ist: Lebendig Officinal-Kräuter-Buch, in welchen alle in denen Apothecken gebräuchliche Kräuter... abgedrucket sind. Mit allen teutschen, lat. u. griegischen[!] Nahmen... Erfurt: Funck 1733. 100 S., 83 Taf. 4°
Beigeb.: Kniphof: Botanica in originali. Erfurt 1734.

Kniphoff, Jo. Hier., De capite reniformi fetus partum facilitante. Erf. 4°. 1752

Johann Hieronymus Kniphof

Joh[annes] Hier[onymus] Kniphofius [Kniphof]: De Compressione. [Resp.:] Joh[annes] Adam Umlauf. Erfordiae (1754:) Hering. 24 S. 8°

Erfurt, Med. Diss. v. 10. Mai 1754

—, resp. J. E. Zelher, Diss. de errore loci. Erf. 4°. 1750

Kniphof, Jo. H., Pr. Errores loci nonnullos recensens. Helmst. 4°. 1750

Johann Hieronymus Kniphof

Joh[annes] Hier[onymus] Kniphofius [Kniphof]: De Gutta serena. [Resp.:] Joh[annes] Gottfried Hoffmann. Erfordiae (1751:) Hering. 31 S. 8°

Erfurt, Med. Diss. v. 9. Aug. 1751

—, resp. Car. Gttl. Goerner, De insania. 24 pp. Erf. 4°. 1752

Kniphof, Jo. H., resp. C. G. Goerner, Diss de insania. 24 pp. Erf. 4°. 1753

Jo. Hieron. Kniphof de manuscriptis praecipue medicis nonnulla. Erford. (1745.) 4.

Kniphof, J. Hier., De physiognomia tamquam parte semeioticae. Erf. 4°. 1732

Kniphof, Jo. Hier., De physiognomia, tanquam parte Semioticae. Erf. 4°. 1736

Kniphoff, J. H., resp. F. Goltz, De pica. Erf. 4°. 1746

Johann Hieronymus Kniphof

Joh[annes] Hier[onymus] Kniphofius [Kniphof]: De Transpiratione insensibili. [Resp.:] Joannes Jodocus Kuckius. Erfordiae (1748:) Hering. 24 S. 8°

Erfurt, Med. Diss. v. 14. Okt. 1748

— physikal. Untersuchung des Pilzes, welchen d. Natur durch Fäulniß im J. 1752 auf einigen Wiesen hervorgebracht. 8. Erf. 753.

Johann Hieronymus Kniphof

Joh[annes] Hier[onymus] Kniphofius [Kniphof]: De pilorum Usu. [Resp.:] Joh[annes] Gottfried Kniphof. Erfordiae (1754:) Hering. 32 S. 8°

Erfurt, Med. Diss. v. 25. Juni 1754

Kniphoff, J. H., s. Kniphof, Johann Hieronymus

Kniphoff, Johann Heinrich (Erfurt), De foris privilegiatis. Diss. jur. Rector Philipp Wilhelm Graf v. Boineburg. Präs. Johann Philipp Streit. Erfurt (Joh. Heinr. Grosch) 27. V. 1713. 10 Bl. (6.—) 18616
Gew.: Philipp Wilhelm Graf v. Boineburg.

Knipfer, Henr. Guil. (geb. Salzwedel 26. 3. 1805): Observatio de magna glandularum vasorumque lymphaticorum, post castrationem in abdomine orta, degeneratione. Berolini (1829). (24 S.) 8°
Berlin, Med. Diss. v. 5. Okt. 1829

Knipke. Scenen aus dem Berliner Leben, vom Roland v. Berlin, s.: Brettl- u. Theater-Bibliothek, bunte. XV.

Knipovič, Nikolaj Michailovič

Knipowitsch, N., Bericht üb. die Lebensverhältnisse u. den Fang der nordischen Seehunde, s.: Hjort, Joh.

Zur Ichthyologie des Eismeeres. Die von der Russischen Polar-Expedition im Eismeer gesammelten Fische. Von N[ikolaj Michailovič] Knipowitsch [**Knipovič**]. Mit 2 Taf. St.-Pétersbourg: Acad. Imp. d. Sciences 1907. (53 S.) 4°
— Rezuľtaty, Naučnye, Russkoj Poljarnoj Ėkspedicii 1900–1903. E. T. 1, Vyp. 5.
— **Mémoires** de l'Académie Imp. d. sciences de St.-Pétersbourg. Sér. 8. Cl. phys.-math. Vol. 18, No 5. [08. 7788

Ichthyologische Untersuchungen im Eismeer. Von N[ikolaj Michailovič] Knipowitsch [**Knipovič**]. 1. St.-Pétersbourg: Acad. Imp. des Sciences 1906. 4°
— **Mémoires** d. l'Académie Imp. d. sciences de St.-Pétersbourg. Sér. 8. Cl. phys.-math. Vol. 19, No 1. [08. 7790

Knipowitsch, N., ichthyologische Untersuchungen im Eismeer. I. Lycodes u. Lycenchelys. Mit 1 Taf. u. 1 Karte im Text. (180 S.) 4. St. Pétersbourg 906. (Leipzig, Voss' Sort.) n. 4. —
Sonderabdruck aus: „Mémoires de l'acad. imp. des sciences de St.-Pétersbourg".

— Ichthyologische Untersuchungen im Eismeer. II. Gymnelis u. Enchelyopus s. Zoarces. Mit 8 Fig. u. 1 Karte im Text. (40 S.) 33×25 cm. Ebd. 908. 1. 10
2 Sonderabdr. a.: „Mémoires de l'acad. imp. des sciences de St.-Pétersbourg".

Knipowitsch, Nikolaj Michailovič, s. Knipovič

Knipp, Johann

— — De victo vincente. Disp. jur. Präs. Samuel Stryk. Frankfurt a. O. (Christoph Andr. Zeitler) 20. IX. 1690. 64 S. (7.—) 18620

— — Dasselbe. Halle (Waisenhaus) 1704. 40 S. (6.80) 18621

Knippel, Rich., Schillers Verhältnis zur Idylle, s. a. Beiträge, Breslauer, zur Literaturgeschichte. N. F. 8.

Knippel, Richard: Schillers Verhältnis zur Idylle. Von Dr. —. Leipzig: Quelle & Meyer 1909. 86 S. 8°
(Breslauer Beiträge z. Literaturgeschichte. H. 18.)

Knippenberg, C. L., s. Knippenberg, Christian Ludwig

Knippenberg, Christian Ludwig

Knippenberg, Chr. L., Golgatha, od. Predigten üb. d. Worte Jesu am Kreuze, gehalten im Dom zu Bremen. gr. 8. (11 B.) Bremen 830, Schünemann. 18 Gr., Blnp.

Knippenberg, Chrstn. Ludw., Golgatha, od. Predigten üb. d. Worte Jesu am Kreuze. 2., verb. Aufl. gr. 8. (11¾ B. u. K's. Bildn.) Bremen 837, [Schünemann's Vrlsb.] ⅞ Thlr., Blnp.

—— Leitfaden z. christl. Religionsunterrichte. 3., verb. u. verm. Aufl. (3½ B.) 830. 7 Gr., 4., verb. u. mit Erläutern. verm. A. 8. Bremen 834, Schünemann.

— Predigten nach d. religiösen Bedürfnissen d. Zeit. 8. Kulmb. (Hof) 811. Grau. 16 gr.

— Samml. einiger Predigten. 8. Bayr. 812. (Hof, Grau). 18 gr.

— d. heil. Woche, von d. Leidenszeit d. Herrn bis zur Confirmation. gr. 8. Lemgo 826. Meyer. 14 gr.

—— Luthers Würde u. Wirken. — Pred. am Reformationsfeste 1829 gehalten. 8. (1½ B.) Bremen, Schünemann.

Knippenberg, (Didericus Ferd. Ludov.) Herm. (geb. Lerbeck in Westf. 4. 3. 1820) De prolapsus uteri medela. Acc. morbi historia. Berolini (1843). (18 S.) 4°
Berlin, Med. Diss. v. 14. Dez. 1843

Knippenberg, K., Predigt bei der Kirchweih zu Hohenvestedt, geh. am 18. Sonntag nach Trinitatis 1903. (16 S.) 8. Zwickau (904). Schriften-Verein. — 10

Knippenbergh, Jo.: Historia ecclesiastica ducatus Geldriae, in qua catholicae fidei origo in eodem ducatu, ejusque propagatio recensentur Bruxellis 1719.

Knipper, Christoph

Knipper, Chr., der Berliner Effektenhandel unter dem Einflusse d. Reichs-Börsengesetzes, s. a. Forschungen, staats- u. socialwissenschaftl. XX. 1.

Knipper, Christoph, aus Niederweisel (Grh. Hessen): Der Berliner Effektenhandel unter dem Einflusse des Börsengesetzes. *Halle a. S. 1901: (Pierer in Altenburg).* (47 S.) 8° ¶ [Erschien vollst. 1902 als Staats- u. socialwiss. Forschungen, Bd 20, H. 1
Halle, Phil. Diss. v. 1901

Der Berliner Effektenhandel unter dem Einflusse des Reichs-Börsengesetzes vom 22. Juni 1896. Von Dr Chr Knipper *Leipzig: Duncker & Humblot 1902.* (100 S.) 8°
— Forschungen. Staats- u. socialwissenschaftl Bd 20, H. 1 (02. 13018

Knipping, A., die Zahnlehre des Pferdes, m. vielen Abbildgn. gr. 8. (20 S.) Wiesbaden (901). G. Quiel. n. — 50

Knipping, August [Assistenzarzt am Stadtkrankenh. zu Detmold]: Beiträge zur Lehre der Hernia obturatoria nebst Beschreibg e. operirten Falles .. Leipzig, Gebr. Gerhardt Lithogr. Anst., Buch- u. Steindr., *1896;* 32 S. 8.
Leipzig, Med. Fak., Inaug.-Diss. v. 6. Apr. 1896

Knipping, August Theoph. (geb. Varenholz in Lippe ... 182.) De tenotomia. Berolini (1852). (30 S.) 8°
Berlin Med Diss. v. 22. Apr. 1852

Knipping, Erwin

Knipping, E., Einige Angaben über die vier letzten starken Erdbeben in Tokio. [o. O. u. J.] Fol.

Knipping, Erwin. Der Föhn bei Kanazawa. (Mittheilungen der Deutschen Gesellschaft für Natur- und Völkerkunde Ostasiens in Tokio. Bd. 5. Heft 44. S. 149—155.) (Yokohama 1890.) 7 S., 1 Tf. 4°

Ein Führer durch die meteorologischen Schiffstagebücher der Seewarten oder die Veröffentl. v. Auszügen daraus. Inhalt, Form u. Verwendg d. Auszüge, nebst besond. Arbeits- u. Kostennachweis f. d. Deutsche Seewarte in Hamburg. Von E[rwin] Knipping. (M. 1 Kartensk. u. e. Anh.) *Hamburg: Gedr. bei Hammerich & Lesser in Altona 1896.* (2 Bl., 22 S., 23—44 gez. Bl., 1 Pl.) 4.
— Archiv, Aus dem, d. Deutschen Seewarte Jg 19. No 1 (98. 8711

Knipping, E[rwin]: Die tropischen Orkane der Südsee zwischen Australien und den Paumotu-Inseln. Von — Mit 2 Taf. u. 2 Fig. Hamburg 1893: Hammerich & Lesser in Altona. 28 S. 4°
= Archiv, Aus dem, d. Deutschen Seewarte. Jg. 16, No. 1.

— die jährliche Periode der mittleren Richtung der Winde, unteren u. oberen Luftströmungen in Japan. [Aus. „Nova acta der ksl. Leop.-Carol. deutschen Akad. der Naturforscher".] gr. 4. (72 S. m. Tab. u. 2 Taf.) Halle 894 (Leipzig, W. Engelmann.) n. 7. —

Knipping, Erwin, Seeschiffahrt f. Jedermann. gr. 8. (VIII, 199 S. m. Fig. u. 1 Taf.) Hamburg 898. G. W. Niemeyer Nachf. Geb. in Leinw. n. 3. 50

Seetafeln. Mit Bemerkungen u. e. Anh. eine Auswahl von Formeln u. Beispielen enthaltend. Von Erwin Knipping. Hamburg G. W. Niemeyer Nachf. 1903. (IX, 66 S.) 4° (06. 4360 B

Sturmtabellen für den Atlantischen Ozean. (Mit 3 Textfig.) Von E[rwin] Knipping. *Berlin: E. S. Mittler & Sohn 1901.* (19 S.) 4°
— Annalen d. Hydrographie u. Marit. Meteorologie. H. 8, Beiheft 1. (01. 9108

Knipping, P. G., s. Frühstücke, die drei.

Knipping, Rich., niederrheinische Archivalien in der Nationalbibliothek u. dem Nationalarchiv zu Paris, s. a. Mitteilungen der k. preuss. Archivverwaltung. 8. Heft.

Niederrheinische Archivalien in der Nationalbibliothek und dem Nationalarchiv zu Paris. Zsgest. von Dr Richard Knipping, Archivar zu Düsseldorf. *Leipzig S. Hirzel 1904.* (126 S.) 8°
— Mittheilungen d. K. Preußischen Archivverwaltung H. 8 (04. 14551

Knipping, Richard [aus Breckerfeld] Beiträge zur Diplomatik der Kölner Erzbischöfe des 12. Jahrhunderts. Bonn, Univ.-Buchdr. v. Carl Georgi, 1889, 41 + 1 S. 8°
Bonn, Phil. Fak., Inaug.-Diss. v. 18. Jun. 1889

Die neuen Dienstgebäude der Staatsarchive zu Coblenz und Düsseldorf von Dr Richard Knipping u. Dr Theodor Ilgen. Mit 14 Fig. Leipzig S. Hirzel 1907 (62 S.) 4° (8°)
— Mitteilungen d. K. Preuß. Archivverwaltung H. 9. (07. 5839

Knipping, Rich., s. a. Regesten, die, der Erzbischöfe v. Köln im Mittelalter.

Die Regesten der Erzbischöfe von Köln im Mittelalter. Bearb. von Dr. Richard Knipping Bd 2 *Bonn. P. Hanstein 1901.* 4°
— Publikationen d. Gesellschaft f. Rhein. Geschichtskunde. 21
(01. 13013 B

— die Kölner Stadtrechnungen des Mittelalters m. e. Darstellung der Finanzverwaltung, s. a. Publikationen der Gesellschaft f. rhein. Geschichtskunde. XV.

Die Kölner Stadtrechnungen des Mittelalters mit einer Darstellg der Finanzverwaltg. Bearb. v. Dr Richard Knipping Bd 1. 2. *Bonn H. Behrendt 1897. 98.* 2 Bde 4.
1. Die Einnahmen u. d. Entwicklg d. Staatsschuld. 1897 (8 Bl., LXXXV ... S.)
2. Die Ausgaben. 1898. (2 Bl. ... S.)
— Publikationen d. Gesellschaft f. rhein. Geschichtskunde [Bd] 15.
(99. 1709

Knipping, Wilh., das chimärische Problem gewisser Glaubenstheorien. Als solches dargestellt durch Glossen zu einigen Partien aus dem Werke des Herrn Dr. Schmid: „Wissenschaftliche Richtungen auf dem Gebiete des Katholicismus." Münster 864. Regensberg. gr. 8. (XVI, 217 S.) n. 22½ ngr.

Knippschild, Emil: Der Anstaltsbau und seine Einweihung. Duisburg-Meiderich 1910: Graffmann. S. 1—11. 4°
Duisburg-Meiderich, RG m. R P 1910 (658) [S 10. 226

Knippschild, E[mil]: Einführung des Direktors. Duisburg-Meiderich 1908: Heiland. S. 3—10. 4°
Duisburg-Meiderich, Reform-RG u. R P 1908 (627) [S 08. 239

Festschrift zum 25jährigen Jubiläum der Gründung der katholischen Kirchen-Gemeinde Eckenheim b. Frankfurt a. M. am 1. Mai 1909. Von Christoph **Knips**. (Fulda 1909: Aktiendr.) 107 S. 8° [06.7404

Knips-Hasse, A., das Automaten-Kabinett, s.: Fastnachts-Bühne.

— Frauengestalten aus Schillers Werken, s.: Mädchen-Bühne.

Knips-Hasse, Victor [Cand. med. aus Frankfurt am Main]: Das Angioma arteriale racemosum speciell der oberen Extremität. . . . Erlangen, *Druck v. Brückner & Niemann in Leipzig*, 1888; 1 Bl. + 29 + 1 S. u. 2 Taf. 8°
Erlangen, Med. Fak., Inaug.-Diss. v. 1888

Knips-Hasse, V., der chronische Morphinismus u. Cocaïnismus u. seine sichere u. dauernde Heilung. Gemeinverständlich nach eigenen Erfahrgn. dargestellt. gr. 8. (55 S.) Berlin 898. M. Richter. 1.—

— hygienisches Taschenbuch. 3. (Umschlag-)Aufl. 12. (67 S. m. Abbildgn.) Ebd. 899. n. — 50

Knips-Hasse, V., hygienisches **Taschenbuch**. (21.—40. [Umschlag-] Taus.) 12. (68 S. m. Abb.) Berlin 899. M. Richter. n.n. — 50

Der **beste Weg zur Gesundheit oder Wie werde u. bleibe ich gesund**? von Dr. med. V[iktor] Knips-Hasse. *Berlin: M. Richter 1902.* (20 S.) 8° [F.] [01. 8441

Knipschaar, Karl, Köln—Strassburg üb. Trier—Saarbrücken u. zurück, s.: **Rechts u. links der Eisenbahn.**

Knipschaar, Karl [aus Wipperfürth]: **Kurfürst Philipp Christoph von Trier und seine Beziehungen zu Frankreich...** Marburg, Univ.-Buchdr. '(R. Friedrich)', 1895; 66 S., 1 Bl. 8.
Marburg, Phil. Fak., Inaug.-Diss. v. [23. Febr.] 1895

Knipschaar, Karl, Kurfürst Philipp Christoph v. Trier u. s. Beziehgn. zu Frankreich. gr. 8. (66 S.) Marburg 895. N. G. Elwert's Verl. n. 1.50

Knipschaar, Nicol. Über die Fläche, welche durch die Gleichung $z^2 + a^2x^2 + b^2y^2 - c^2x^2 = 0$ dargestellt wird. 22 S. *Jülich* 1877. Progr.

Knipschar, Karl, s. Knipschaar

Knipschild, Philipp, De fideicommissis familiarum nobilium, sive de bonis quae pro familiarum nobilium conservatione constituuntur; von Stammgütern. Tractatus. (Strassburger Doctor-Dissertation, 1626.) 4°. Ulmae 1654. 4°. Köln 1693.

Knipschildt, Phillippus: „Tractatus de fideicommissis familiarum nobilium, von Stammgütern", Coloniae 1710. — Vorh.: Bibl. des Oberlandesgerichts Celle — Mc. 1 — Edit. nova et em. Augustae Vindelicorum 1750, vorh.: Bibl. des Oberlandesgerichts Celle — Mc. 2.

Knipschild; Phil., de fideicommissis familiar. illustr. von Stammgütern. 4. Augsb. 750. Bürglen. 1 rf 8 K

— de juribus et privilegiis civitatum imperial. cum not. Schmaus., Sturm. et Wenckeri. fol. Strasb. Schmidt. 740.

— Von Stammgütern. 4°. Ulm, Kühn, 1661.

Knipstro, Dr. Johannes, der erste Prediger der Gerechtigkeit in Pommern. Ein Lebensbild aus der pommerschen Reformationsgeschichte. Berlin 865. (E. Beck.) 8. (32 S.) n. 2 ngr.

Knirim, Friedr., die Harzmalerei d. Alten. Ein Versuch z. Einführ. einer, weit mehr Vortheile als Oel-, Wachs-, Fresco- u. Temperawasser-Malerei gewähr. u. sowohl zu Wand- als zu Staffelei-Gemälden v. allen Größen brauchbaren Malerei, nach d. Beispiele d. Alten, sowie z. Verbesser. d. Fundamente, u. z. Ausbild. d. Farbengebung nach Göthe's Farbenlehre rc. 4. (30½ B. u. Joh. Winkelmann's Bildn.) Leipzig 839, Fr. Fleischer.

Knirim, Friedr., die endlich entdeckte wahre Maler-Technik d. klass. Alterthums u. des Mittelalters, so wie die neuerfundene Balsamwachsmalerei od. wesentlich verbess. Lucanus-Knirimsche Harzmalerei zur vortheilhaften Vertretung der besten ältern Mal-Arten bei Staffelei- u. Wandgemälden. Nebst einer vollständ. Lösung des Problems der alten Enkaustik u. der angeblich alten Freskomalerei. gr. 8. (27 B.) Leipzig 845, Fr. Fleischer. *

Knirr, Jos.

Knirr, Anlage, Einrichtung und Lehrmittel der Volks- und Mittelschulen, s. Ausstellungs-Bericht, officieller.

Knirr, Jos.: Auflösung der unbestimmten Gleichungen. 14 S. 8° – Wien, Staats-R. Lp., Progr. 1873.

Knirr, Josef Die Auflösung der Gleichung $z^2 - cx^2 = 1$ 8 (S. 3—24). **Progr.** K. k. Oberrsch. im II. Bezirk *Wien* 1889

Knirr, J.: Bemerkungen zur Buchhaltungslehre. 13 S. – Wien, R. II., Progr. 1881.

Knirr: Periodische und Reihenbrüche. 13 S.–Panesova OR., Progr. 1864

Knirr J.: Das rechtwinklige rationale Dreieck. 4 Wien R. II· 81. **Progr.**

Knirr, Jos., Elemente der allgemeinen Arithmetik in systematischer, für die Schüler der 3. und 4. Classe der österreich. Realschulen, fasslich dargestellter Form. gr. 8. (XX, 129 S.) Wien 879, Hölder. *

Knirr, Jos., Lehrbuch der Arithmetik für die zwei ersten Classen der Realschule. Nach dem Normal-Lehrplan verfasst. gr. 8. (X, 202 S.) Wien 880, Hölder. *

— u. Joh. Scheuk, Lehrbuch der Arithmetik f. Unter-Gymnasien u. verwandte Lehranstalten. Für die I. u. II. Gymnasialclasse. gr. 8. Ebend. 881. 82. n. 2. —
I. (VI, 114 S.) n. 1. 20. — II. (VI, 77 S.) n. — 80

Knirr, Jos. Die arithmetischen R e i h e n in der unbestimmten Analytik 21 S. 4° – Pančova, OR., Progr 1870.

Knirr J. Zur Theorie der quadratischen Gleichungen mit einer Unbekannten. 12. Wien R. II. 75. **Progr.**

Knischewsky, Olga, aus Posen Beitrag zur Morphologie von Thuja occidentalis. [Mit 3 Tafeln] Bonn 1905 36 S 8° [23. I 06]
Zurich Phil Diss II. S 1905/1906.

Knischewsky, Paul, aus Bartenstein, Referendar zu Königsberg i. Pr Das preussische Gesamtministerium. Eine staatsrechtl. Studie. *Bartenstein 1901: Gebr. Kraemer.* (66 S.) 8° [F.]
Erlangen, Jur Diss. v 11 Jan. 1901

Das preussische Gesamtministerium Eine staatsrechtl Studie Von Dr jur Paul Knischewsky *Berlin Struppe & Winckler 1902* (66 S.) 8° [F.]
[illegible]

Knisel, L. Der Luzerner Reiseonkel. 253 Ausflüge von Luzern. Ein unentbehrlicher Ratgeber für alle Besucher Luzerns und des Vierwaldstättersees. Kl. 8°. 219 S. Luzern. A. Gebhardt. 2 —
1899

Knispel, Geschichte des 2. oberschlesischen Infanterie-Regiments Nr. 23, s. a. Soldatenbibliothek im Tornister.

Knispel, Geschichte des 2. oberschlesischen Infanterie-Regiments Nr. 23. Nach v. Busse bearb. 2. Aufl. mit Nachträgen von 1874 bis 1888. 12. (52 S.) Neisse 888, Hinze. cart. *

Knispel, Geo., Erinnerungen aus Berlin an Carl Seydelmann vom Spätherbste 1842 u. ein Memorandum f. die Reform d. deutschen Bühnenwesens. 8. (9½ B.) Darmstadt 845, Leske.

Knispel, Georg (Darmstadt)
Ueber die Nothwendigkeit, der oratorischen Ausbildung und besonders der des äusseren Vortrages.
Darmstadt: Leske 1844. 63 S.
(Diss. phil. Giessen 1843, 23 12)

Knispel, Geo., über die Nothwendigkeit, der oratorischen Ausbildung u. besonders der des äußeren Vortrages eine erhöhete Fürsorge im Unterrichtswesen zu widmen. Nebst Cicero's Ansichten u. Lehren über den Redevortrag in geordneter Zusammenstellung. Aus d. „Allgem. Schulzeitung" abgedruckt. 12. Darmstadt 844, Leske. ¼ n$

Knispel, (Geo.,) rhetorische Skizzen aus der Paulskirche. 1. Heft: I. Ueber Beredsamkeit und das hierauf bezügliche Wirken des Verf. II. Der mangelhafte Lesevortrag bei öffentl. Verhandlungen überhaupt und bei denen der Nationalversammlung insbesondere. Nachtheile desselben und Vorschlag zur Abhülfe. 12. (24 S.) Frankfurt a. M. 848, Auffarth. *

Knispel, Hans Otto, Hochlands Heil! Gedichte. (53 S.) 8. Augsburg 910. Gebr. Reichel. — 75

Knispel, Herm., bunte Bilder aus dem Kunst- u. Theaterleben. Mit Illustr. u. dem Faksm. e. Theaterzettels. gr. 8. (VII, 284 S.) Darmstadt 900. J. C. Herbert'sche Hofbuchdr. n. 3. 50; geb. n. n. 4. 50

— Schiller's Dramen auf dem grossherzogl. Hoftheater zu Darmstadt. Theatergeschichtlicher Rückblick zum Schiller-Cyclus 1894. 8. (51 S.) Ebd. 894. n. — 75

Knispel, Herm., das großherzogl. Hoftheater zu Darmstadt von 1810—1890. Mit e. geschichtl. Rückblick auf die dramat. Kunst zu Darmstadt von 1567—1810. Im Auftrage der großh Hoftheater-Direction nach Urkunden bearb. Mit dem Bildniß Sr Kgl. Hoheit d. Großherzogs Ludwig IV. v. Hessen u. bei Rhein u. e. Titelkpfr. Lex.-8. Darmstadt 891. E. Zernin. n. 14. —
1. Halbbd. (288 S.) n. 6. —. 2. Halbbd. (XIII u. S. 289—570.) n. 8. —.

Knispel, Herm., das großherzogl. Hoftheater zu Darmstadt von 1810—1910. Mit e. geschichtl. Rückblick auf die dramat. Kunst zu Darmstadt v. 1567—1810. Zur 100jahr-Feier des Hoftheaters. Nach amtl. Quellen bearb. (VII, 247 S. m. 13 Taf.) Lex. 8. Darmstadt (Alicestr. 18) 910. Hofschausp.-Sekretär Knispel. nn 4. 50

Das Grossherzogliche Hoftheater zu Darmstadt von 1810–1910... Zur Hundertjahr-Feier d. Hoftheaters. Nach amtl. Quellen bearb. von Hermann Knispel. Darmstadt · Herbert 1910. VII, 247 S. 8° [illegible]

Knispel, J., kleine Glaubens- und Sittenlehre in zweimal 52 Denkversen und Bibelsprüchen für Elementarschüler. Zur Beförderung der innern Mission hrsg. 8. (26 S.) Görlitz 850, Koblitz'sche Buchh. **

Knispel, Jh. Geo., d. Augustusbad in Zittau. Mit 2 Kpf. gr. 8. Zittau 816.

Knispel, Jul., die Fortbildungsschule, ein Mittel, der überhandnehmenden Unsittlichkeit entgegen zu arbeiten u. die Schule zu einer wahren Vorbereitungsanstalt für's Leben zu machen. Nebst umständl. Berichten üb. die Errichtung u. Einrichtung einer solchen Anstalt in der evangel. Parochie Jauernick-Cunnerwitz. gr. 8. (2 B.) Görlitz 845, Heinze u. Comp.

Knispel, Car August (geb Freistadt in Schles 3. 5. 1798) De [illegible] (Berolini 1822) (67 S.) 8°
Berlin, Med Diss v 9. Marz 1822

Knispel, L. G., s. K n i s p e l , Samuel Gotthilf

Knispel, Maxentius (Augustus) (geb Breslau 24 · 7 1835) De usu et abusu hydrargyri in curandis morbis syphiliticis Berolini (1857) (52 S.) 8°
Berlin, Med Diss v. 14 Aug. 1857

Knispel, Osk., Anleitung f. Einrichtung u. Verwaltung v. Züchter-Vereinigungen, s. a. Anleitungen f. den prakt. Landwirt. Nr. 12.

Anleitung für Einrichtung und Verwaltung von Züchter-Vereinigungen. Im Auftr. d. Dir. der Deutschen Landw.-Ges. nach Beratungen in d. Tierzuchtabteilung zsgest. von Büreau-Vorsteher [Oskar] Knispel, mit e. Vorw von Landesökon.R. (Berthold) Wölbling, Hauptgeschäftsführer. *Berlin: [Deutsche Landw.-Gesellschaft] 1902.* (93 S.) 8° [F.]
— Anleitungen f. d. praktischen Landwirt. No 12. [illegible]

Knispel, Osk., aus dem Leben v. Dr. Schultz-Lupitz. Festspiel in 3 Akten. gr. 8. (15 S. m. 1 Bildnis.) Neudamm (902). J. Neumann. n. 1. —

Knispel, Osk., die Maßnahmen zur Förderung der Nutzgeflügelzucht in Deutschland, s. a. Arbeiten d. deutsch. Landwirtsch.-Gesellschaft.

Knispel O.: Die Massnahmen z. Förderung d. Nutzgeflügelzucht in Deutschland nach dem Stande v. Jahre 1907. Berl. 1908. 346 S. 1 Kt. 4°.
(= Arbeiten d. deutschen Landw.-Gesellschaft H. 145). 373.

— die öffentlichen Maßnahmen zur Förderung der Rinderzucht, s. a. Arbeiten der deutschen Landwirtschafts-Gesellschaft. 108. Hft.

Die öffentlichen Maßnahmen zur Förderung der Rinderzucht nach d. Stande v. J. 1904. Im Auftr. d. deutschen Landwirtsch.-Gesellsch., Tierzucht-Abt., zsgest. von Bureau-Vorst. Oskar Knispel. Berlin: Deutsche Landwirtsch.-Gesellsch. 1905. (XX, 502 S.) 8° [F.]
— Arbeiten d. Deutschen Landwirtsch.-Gesellschaft. H. 108. [05. 9706

— dasselbe zur Förderung der Schweinezucht, s.a. Arbeiten der deutschen Landwirtschafts-Gesellschaft. 77. Hft.

Die öffentlichen Massnahmen zur Förderung der Schweinezucht nach d. Stande v. J. 1902. Im Auftr. d. Deutschen Landw.-Ges. zsgest. von Bur.-Vorst. Oskar Knispel. *Berlin. Deutsche Landw.-Ges. 1903.* (XVI, 135 S.) 8° [F.]
— Arbeiten d. Deutschen Landwirtschafts-Gesellschaft. H. 77. [03. 9308

— die Verbreitung der Pferdeschläge in Deutschland nach dem Stande v. J. 1898, s.a. Arbeiten d. deutschen Landwirtschafts-Gesellschaft.

Die Verbreitung der Pferdeschläge in Deutschland nach dem Stande vom Jahre 1898 nebst Darstellung der öffentlichen Zuchtbestrebungen. Im Auftr. d. Deutschen Landwirtsch.-Gesellsch. bearb. von Oskar Knispel, mit e. Einl. von Berthold Wölbling, Ökonomierat. Dazu 1 Übersichtskarte. *Berlin 1900: Gebr. Unger.* (XVII, 405 S.) 8° [F.]
— Arbeiten d. Deutschen Landwirtschafts-Gesellschaft. H. 49. [00. 6411

Knispel, Osk., die Verbreitg. d. Rinderschläge in Deutschland, nebst Darstellg. d. öffentl. Zuchtbestrebgn., s.a. Arbeiten d. deutschen Landwirtschafts-Gesellschaft.

[F.] Die Verbreitung der Rinderschläge in Deutschland nebst Darstellg d. öffentl. Zuchtbestrebgn, i. A. d. Deutschen Landwirtschafts-Ges., Tierzucht Abt., bearb. v. Oskar Knispel, Bur.-Vorst., m. e. Einl. v. Berthold Wölbling, Ökonomierat Dazu 1 Übersichtskt. *Berlin: Dr. e. A. Klarbaum 1897.* (XIII, 144 S., 3 Tab., 1 Kt.) 1 Bd 8.
= Arbeiten d. Deutschen Landwirtschafts-Gesellsch H. 23. [97. 8237

Die Verbreitung der Rinderschläge in Deutschland nebst Darstellung d. öffentl. Zuchtbestrebungen. 2. Aufl. Im Auftr. d. Deutschen Landwirtsch.-Gesellsch., Tierzucht-Abt., bearb. nach d. Stand von 1906 von Bur.-auvorst. Oskar Knispel Berlin. Dazu 2 Uebersichtskarten Berlin Deutsche Landwirtsch.-Gesellsch. 1907 (XVI, 287 S.) 8° [F.]
— Arbeiten d. Deutschen Landwirtschafts-Gesellschaft. H 23. [07 4737

– Die Züchter-Vereinigungen i. Deutschen Reiche, s.a. Arbeiten der deutschen Landwirtschafts-Gesellschaft.

Die Züchter-Vereinigungen im Deutschen Reiche nach d. Stande vom 1. Jan. 1901. Im Auftr. d. Deutschen Landwirtsch.-Gesellsch., Tierzucht-Abt., bearb. von Bureau-Vorst. Oskar Knispel. *Berlin 1901: (W. Greve).* (XVII, 257 S.) 8° [F.]
— Arbeiten d. Deutschen Landwirtsch.-Gesellschaft. H. 66. [01. 11800

Wolken. Gedichte von Otto Knispel. *Berlin: E. Ebering 1900.* (56 S.) 8° [F.] [00. 9441

Knispel, Sam. Gtthlf., († ...) Geschichte d. Stadt Schwiebus, von ihrem Ursprunge bis auf d. J. 1763. 4. Zittau 764.

Knitl, Alois: Über das Umbelliferen-Opoponax. München 1899. 72 S. 8°.
Bern. Phil. Diss, 1898/99.

Knitl, Max, das Genossenschaftswesen in seiner Wirkung auf das Kleingewerbe mit Berücksichtigung der Freisinger Verhältnisse. Vortrag. 12. (31 S.) Freising 882. Datterer. — 30

— die Ortschaften der Freisinger Umgegend in Etymologie u. Bedeutung. Vortrag, geh. am 9. März 1882 in der Aula der königl. Realschule. 16. (36 S.) Ebend. 882. n. — 40

Knitl, Max Dr. „Prolog zur Maifest-Feier der k. Realschule Neumarkt am 29. Mai 1900". pg. 38—39. 8°. W. Hollenstein.
Neumarkt i. O., Progr 1899/1900

Knitl, Max Dr „Realschul-Jubiläums-Prolog". pg 33—35. 8°. J. M. Boegl.
Neumarkt i. O., Progr. 1898/99

— Scheyern als Burg u. Kloster. Ein Beitrag zur Geschichte des Hauses Scheyern-Wittelsbach, sowie zur Geschichte des Benediktiner-Ordens. Mit 4 Abbildungen (1 Stahlst. u. 3 Holzschntaf.) u. den Werken des Conradus Scheyrensis aus der Münchener Staatsbibliothek entnommenen Initial-Buchstaben (in eingedr. Holzschn.). gr. 8. (VII, 215 S.) Ebend. 880. n. 4. —; geb. n. 5. 50; Pracht-Ausg. auf starkem Vel.-Pap. n. 6. —; geb. n. 8. —

Knitl, Max, Schneewittchen. Weihnachts-Märchenspiel in 1 Aufz. (20 S.) kl. 8. Regensburg (907). F. Habbel. — 40

— Scheyerns Stellung in der Kulturgeschichte. Inauguraldissertation. gr. 8. (39 S.) Ebend. 880. — 90

Knitl, Max, der Thorschmied v. Neumarkt. Volksschauspiel in 5 Akten. 8. (136 S. m. Titelbild.) Regensburg 899. F. Habbel. n. 1. —

Knitl, Max, die Winterveilchen. Weihnachts-Märchenspiel in 1 Aufzuge. (16 S.) 8. Regensburg (905). F. Habbel. n. — 40

Knitlmayer, Fd., († d. 21. Nov. 1814.) Versuch e. genauen Darstell. d. Progressions-Verhältnisses d. Planeten- u. Trabanten-Abstände von ihren Centralkörpern. 8. Brünn 808. Gastl. 9 Kr

Knitschke, Marie, Fräulein Doktor. Schwank in 1 Akt f. 7 Damen. gr. 8. (20 S.) Mähr. Schönberg 893. (Mühlhausen i/Th., G. Danner.) n. 1 —

— dasselbe, s.a. Bloch's, Ludw., Damen-Bühne.

— Erlebtes u. Erdachtes. 1. u 2. Bdchn. 12. Mähr. Schönberg 892. (Leipzig, Literar. Anstalt A. Schulze) n. 2. 50; geb. in Leinw. m. Goldschn. n. 5. —
1. (79 S.) n. 1. —; geb. n. 2. —. — 2. (177 S.) n. 1. 50; geb. n. 3. —.

Knitschke, Marie, in d. Falle gegangen, s.: Danner's, G., Damen-Bühne.

Knitschke, M., Großväterchens Geburtstag, s.a. Bloch's, Ludw., Kinder-Theater.

Grossväterchens Geburtstag. Komische Scene f. Kinder von M[arie] Knitschke. *Berlin: E. Bloch [1898].* (12 S.) 8° [F.]
— Kinder-Theater. Ludwig Blochs. No 49. [98. 3367

Knitschke, Marie, Johannistrieb, s.a. Danner's, G., Damenbühne. Nr. 16.

[F.] Johannistrieb, komische Scene f. 3 Damen v. Marie Knitschke. *M. Schönberg: Dr. F. Oestreicher, [in Comm. b. G. Danner in Mühlhausen i. Th.] [1892?].* (19 S.) 1 Bd 8. [96. 5556

– Johannestrieb. Komische Scene f. 3 Damen. gr. 8. (19 S.) Mähr Schönberg 893. (Mühlhausen i/Th., G. Danner.) n. 1. —

Johannistrieb. Komische Scene f. 3 Damen von Marie Knitschke. *Mühlhausen i. Th.: G. Danner [1901].* (20 S.) 8° [F.]
— Damen-Bühne, G. Danner's. No 16. [01. 7017 3

— s. a. Lieder e. Todten.

Knitschke, Marie, Lieder einer Todten. Kl.-8. (38 S.) Mährisch-Schönberg: Hugo Bode 1895 —.50

Eine Neujahrsnacht. Heitere Scene mit Gesang f. 13 Herren u. 2 Damen von Marie Knitschke. Sternberg 1893 M. Albrecht. (12 S.) 8° [F.]

— die Tante aus der Provinz, s. a. Bloch's, Ludw., Damen-Bühne.

[F.] Die Tante aus der Provinz. Schwank in 1 Akt v. Marie Knitschke. 2. Aufl. *Berlin: E. Bloch (1895).* (23 S.) 1 Bd 8.
— Damen-Bühne, Ludwig Blochs. No 3. [96. 5557

— Am Telephon, s. Danner's, G., Damen-Bühne.

Knitschke, Marie, eine Vorprüfung im Mädchenpensionat, s. a. Danner's, G., Damen-Bühne.

Eine Vorprüfung im Mädchenpensionat. Komische Scene von Marie Knitschke. 2 veränd. Aufl. Mühlhausen i. Th.: G. Danner [1907]. (24 S.) 8° [F.]
— Damen-Bühne, G. Danners. 26. [08. 5803 3

Knitschky, Wilhelm Ernst

Das Rechtsverhältniss zwischen Eltern und Kindern nach dem Bürgerlichen Gesetzbuch. Von Dr W[ilhelm] E[rnst] Knitschky, Landger. R. a. D. *Berlin: O. Häring 1899.* (274 S.) 8° [F.]

Knitschky, W. E., die Seegesetzgebung des Deutschen Reiches, s. a. Guttentag's Sammlung deutscher Reichsgesetze.

Knitschky, W. E., die Seegesetzgebung d. Deutschen Reiches. Text-Ausg. m. Anmerkgn. u. Sachregister. 16. (IX, 592 S.) Berlin 883. Guttentag. cart. n. 3.—

Knitschky, Wilhelm Ernst: Die Seegesetzgebung des Deutschen Reiches. Unter Berücks. d. Entscheidungen d. Reichsoberhandels- u. d. Reichsgerichts, d. Hanseat. Oberlandesgerichts u. der Seeämter. Text-Ausg. mit Anm. u. Sachreg. von Dr. jur. Wilhelm Ernst Knitschky. 3. verm. u. verb. Aufl. bearb. von Otto Rudorff, Oberlandesger R., Hamburg. Berlin: J. Guttentag 1902. XX, 1050 S. 8°
= Sammlung, Guttentag'sche, Deutscher Reichsgesetze No. 19

Die Seegesetzgebung des Deutschen Reiches. Unter Berücks. d. Entscheidungen d. Reichsoberhandels- u. d. Reichsgerichts, d. Hanseatischen Oberlandesgerichts u. d. Seeämter Textausg mit Anm u. Sachreg. von weil. Dr. jur. W[ilhelm] E[rnst] Knitschky 4. verm. u. verb. Aufl. bearb. von Otto Rudorff, Oberlandesger R Berlin J. Guttentag 1908. (XXIV, 1155 S.) 8° [F.]
— Sammlung, Guttentagsche, Deutscher Reichsgesetze No 19.

— Staat u. Kirche. gr. 8. (94 S.) Rostock 880. Werther. n. 1. 60

Knitschky, W. E., das Verbrechen des Hochverraths. gr. 8. (170 S.) Jena 874, Dufft. *

Knittel, ..., s. Entwurf e. Mittelsystems zwischen d. Dreifelder- u. reinen Wechselwirthschaft, u. setze hinzu: (v. .... Knittel).

Knittel (Bearb.), s. Rechtspraxis, Badische.

Die Aufgaben der Kreisvereins-Organisationen des Vereins Deutscher Zeitungsverleger. Vortrag des Herrn Dr A. KNITTEL, Karlsruhe, gehalten auf der Hauptversammlung des Vereins Deutscher Zeitungsverleger in Kassel am 6. Juni 1910. Hannover 1910. Verein Deutscher Zeitungsverleger. 8°.

Knittel, Alb., Beiträge zur Geschichte des deutschen Genossenschaftswesens. gr. 8. (VII, 124 S. m. 13 Tab.) Freiburg i/B. 895. J. C. B. Mohr. n. 3. 60

Knittel, Albert: Die Entwickelung der Konsumvereine in Deutschland unter Ausschluss der rein landw. Genossenschaften. E. Beitr. z. Gesch. d. deutschen Genossenschaftswesens .. (Theil von: Studien auf d. Gebiet d. deutschen Genossenschaftswesens.) Karlsruhe, Druck d. G. Braun'schen Hofbuchdr., 1894; 44 S., 2 Tab. 8.
München, Staatswirtsch. Fak., Inaug.-Diss. v. 1894

Knittel, C., Via regia ad omnes scientias et artes. 8. Augsb. Wolf. 759.

Knittel, C., Vorlegeblätter zur Erlernung der deutschen Fraktur. I. qu. 4. (5 Stnt.) Weimar 862, Kühn. *

—— Vorlegeblätter zur Erlernung der gothischen Fraktur. (II.) qu. 4. (9 Stnt.) Weimar 863, Kühn. *

Knittel, C., Vorlegeblätter zur Erlernung der römischen Schrift. (III.) Weimar 866. Kühn. qu. 4. (7 Steintaff.) n. 8 ngr.

Knittel, Eduard [Referendar in Strassburg]: Die Vindikation der Inhaber- und Orderpapiere nach dem geltenden deutschen Recht. ... Strassburg, Univ.-Buchdr. v. J. H. Ed. Heitz (Heitz & Mündel), 1890; 82 S. 8°
Strassburg, Rechts- u. Staatsw. Fak., Inaug.-Diss. v. 1890

Knittel, Emil [Referendar in Strassburg] Die Nachnahme im Speditions- und Frachtgeschäft. Strassburg, Karl J. Trübner, 1886 6 + 95 S. 8°
Strassburg, Rechts- u. Staatsw. Fak., Inaug. Diss. v. 1886.

Knittel, Franz Anton

— s. Ueber d. Aufklärung d. Landmanns, u. setze hinzu: (v. F. A. Knittel).

Knittel, Frz. Ant., († d. 13. Dec. 1792.) Beitr. zur Kritik üb. Johannis Offenbarung. 4. Braunschw. 773. Schröder. 12 gr (Schwickert in Leipz.) 6 gr

— prisca ruris ecclesia. 4. Braunschw. 767. Schröder. 12 gr Schrbp. 16 gr

— neue Gedanken von den allgem. Schriftfehlern in d. Handschriften d. N. Test. 4. Braunschw. 755. Schulbuchh. 4 gr

— neue Kritiken über den Spruch: drei sind, die da zeugen im Himmel, d. Vater, d. Wort, u. d. heil. Geist ꝛc. 8. Braunschw. 784. Meyer. 1 ℔

— neue Kritiken über d. Zeugniß des Juden Flav. Joseph von Jesu Christo. 4. Hildesh. 779. (W. Nauck in Leipz.) 7 gr

— n. Kritiken üb. d. Zeugniß des Juden Flav. Joseph von Jesu C. 4. Hildesh. Schröder. (a. Sommer in Leipz.) 779.

— d. Kunst zu katechisiren. 8. Braunschw. 774. Verm. Ausg. 786. Schröder. 5 gr

— praeconium Ulphilanum primum. 4. Braunschw. 758. Edit. alt. 760.

— s. Ulphilae vers. Goth. epist. Pauli.

Knittel, G. A., was können u. sollen Eltern für d. religiöse Bildung ihrer Kinder thun? Predigt, herausg. v. J. L. Ewald. 8. Manh. 809. Schwan u. G. 3 gr.

Knittel, Georg. Neuestes Lehrbuch der Damen-Schneiderkunst. Leichtfassliche Anleitung für Damen, sich ihre Garderobe in kurzer Zeit selbst zuzuschneiden und anzufertigen. Nebst neuem Centimeter-Reductions-Schema zur Uebertragung der Zeichnungen auf jede beliebige Grösse. Mit vielen lith. Taf. u. Tab. *Essegg* 1858. *C. Lehmann & C.* 20 S. 8°.

Knittel, Hans, über Gotthold Ephraim Lessing's Erziehg. d. Menschengeschlechts. 8. (156 S.) Venedig 893. Empoli. Selbstverlag. n.n. 2. 50

Knittel, Hans, Hymen ein Notarius und Amor dessen Schreiber. Gesungen von —. Mit Kpfrn. Strassburg 1779. 8°.
In Versen.

Knittel, Hedwig, by Little and Little or First English Lesson-Book for Children from five to ten years of age. An adaptation of Mrs. A. Herdings „Petit à Petit ou Premières Leçons de Français". With 206 Illustrations designed by Fedor Flinzer. gr. 8. (144 S.) Breslau 885, F. Hirt. cart. *

Knittel, Hedw., by little and little or a first English lesson-book of children from 5 to 10 years of age. An adaption of A. Herding's „Petit à petit ou premières leçons de français". With 206 Illustr. designed by Fed. Flinzer. 2. ed. gr. 8. (144 S.) Leipzig 899. F. Hirt & Sohn. Kart. 2. 50

Knittel, Hedw., by little and little, or a first English lessonbook of children from 5 to 10 years of age. An adaption of A. Herding's „Petit à petit ou premières leçons de français". With 206 illustr. designed by Fed. Flinzer. 3. ed. gr. 8. (144 S.) Leipzig (901). F. Hirt & Sohn. Kart. 2. 50

Knittel, Hedw., By little and little, or a first English lessonbook for children from 5 to 10 years of age. An adaption of A. Herding's „Petit à petit ou premières leçons de français". With 206 illustr. designed by Fed. Flinzer. 5. ed. (135 S.) gr. 8. Leipzig (906). F. Hirt & Sohn. Kart. 2. 50

Knittel, Hedw., by little and little, or first English lessonbook for children from 5 to 10 years of age. An adaption of A. Herding's „Petit à petit ou premières leçons de français". With 206 illustr. designed by Fed. Flinzer and a coloured frontispice. 6.—8. ed. (135 S.) gr. 8. Leipzig 907—10. F. Hirt & Sohn. Kart. 2. 50

Knittel, J. A., merkwürdige Thatsachen aus Bonaparte's neuester Geschichte, in Reime gebracht. 8. Halle, Ruff. 815.

Knittel, Joh. Ernst, Neueste Post-Karte von Deutschland und den angrenzenden Ländern, Nürnberg, 1809. Fol. . . . . (D.)

Knittel, Joh. Ernst, Neueste Post-Karte von Deutschland und den angrenzenden Ländern. 3. Ausg. Ebda. 1814. (Br. Mus.)

Knittel, Joh. Ernst, Neueste Post- und Reise-Karte von Deutschland u. dessen Nebenländern. Neue umgearb. Aufl. Nürnberg, Fr. Campe, 1836. Roy-Fol. (1⅓ ℛ.)

Knittel, J. E., Neue militärische Situations- und Postcharte von Nord-Deutschland und den Niederlanden etc., dann von Süd-Deutschland, der Schweiz und Frankreich bis Paris. M. 1:1000000. Nürnberg, Fr. Campe, 1814. Roy.-Fol. 2 Bll. (⅔ ℛ.)

Knittel, Joh. Friedr., Haarburg i. Schwaben: Dissertatio inauguralis medico chirurgica de nova methodo cataractam extrahendi. Basel, med. Diss. 1756.

Knittel, Jos., Ernberg. Beiträge zur Heimatkunde des polit. Bez. Reutte. I. u. II. Bdchn. (87 u. 69 S.) 8. Imst 903 u. 906. (Innsbruck, Vereinsbuchh. u. Buchdr.) à n. 1. —
Sonderabdrucke aus: „Tiroler Land-Zeitg."

Knittel, Jos., u. Jos. Ruepp, Ernberg im J. 1809 u. zur Zeit der Napoleonischen Kriege. 1789—1816. Beiträge zur Heimatkunde des polit. Bez. Reutte. (112 S.) 8. Innsbruck 909. Vereinsbuchh. & Buchdr. 1. —

Knittel, K. Erinnerungs-Blätter an eine thüringische Bauernhochzeit, ausgeführt zur Feier des glücklichen Einzuges Seiner Königlichen Hoheit ... Carl Alexander ... mit seiner Gemahlin Sophie ... in ... Weimar ... am 27. Okt. 1842 (Weimar 1842.)
2 Bl.; 6 Taf. in kol. Kupferst. 2°
Gezeichn. von Zachariae, gestochen von Hess.

Knittel, Karl, Schulvorschriften nach d. dresdner Duktus z. Unterr. im Schönschreiben. ½ qu. gr. 4. (10 lith. Bl.) Weimar 837, (Hoffmann.)

Knittel, Carl Wilh., Jesus Christus ist wahrhaftiger Gott. Zur Beurtheilung d. von Hrn. Krause zu Breslau d. 21. Sept. v. J. gehalt. Predigt. „Der Meinungsstreit üb. die Person Jesu." Allen die da forschen wollen ob sichs so verhalte in Liebe dargeboten. 8. (3⅝ B.) Schweidnitz 840, Heege. *

—— wo find' ich Frieden? Eine Erinnerung an die evangel. Wahrheit u. ein Buch der Erbauung f. Alle, die den Frieden suchen. 8. (5 B. u. Titlbld.) Breslau 842, Hirt, Berl.

—— wo find' ich Frieden? Zur Einweisung in das Reich Gottes f. evang. Confirmanden. 8. (5 B.) Breslau 842, Hirt, Berl.

Knittel, Michel [approb. Arzt aus Geudertheim i/Elsass]: Ueber sporadische psychische Ansteckung. Strassburg, Univ.-Buchdruckerei von Johann Heinrich Eduard Heitz, 1884. 8. 35 S.

Knittel, W., das 10. waldburger Missionsfest, als das erste für Alt-Reichenau, gefeiert den 21. Juli 1853. Predigt über Jesaias 25, 6 bis 9. gehalten in Alt-Reichenau. 8. (39 S.) Schreiberhau 853. (Breslau, Dülfer's Buchh.) Thlr.

Knittelfeld, Volker vom, Gedichte aller Art. (202 S.) 8. Leipzig 905. Modernes Verlagsbureau. n. 3. —

Knittel-Gedichte, Eine Handvoll. Bremen 1738. V: *Renner, Caspar Frdr.* (ABJP) (MN)

* **KNITTEL-GEDICHTE,** Eine Handvoll (von *Kaspar Friedr. Renner,* 1692—1772). BREMEN, bey Nathanael Saurmann. 1738. 8⁰ 2 Bll., 109 S. (In Berlin. Yk 6306, auch in Göttingen P. 3905.) Selten! Schon die Bibl. Vogtiana, Bremæ 1766, nennt den Autor I p. 249. no. 47.)

Enth. 14 harmlose Hochzeit- u. Gelegenheitsgedichte 1) Ob Eltern sich mehr über die Geburt eines Söhn- oder Töchterleins zu freuen haben? 2) Ob ein Quodlibet über alles gehe? 3) Der Liebes-Wurm. 4) Der abtrünnige Hagestolz. 5) Die Bequemlichkeit im Lieben. 6) Pasch-Eier 7) Hochzeits-Aspecten. 8) Rang-Streit 9) Liebes-Brand. 10) Der Ehen gute Ween (sic!). 11) Der Frei-Markt. 12) De Heteweg, oder Fastnachts Wecken. 13) Verliebtes A B C-Buch. (S. unter A den Einzeldruck von 1734.) 14. Königs-Blumen, aus Virgilii dritten Ecloge übersetzet (Die Nrn. 12 und 14 in Bremischem Dialect)

— — 1) Die Bärenhaut. An Herrn Doctor Schumacher. — 2) Der grosse Fisch. — 3) Die Mertensgans. — 4) Der Pinsel. An die Fräulein von Vrints. — 5) der Geschichte von dem Hute Zweites Buch. An den Herrn Hofrath von Westenholz. — 6) Witwentreu. — 7) Die Kraft der Natur. An die Mademoiselle Klugkist. — 8) Der Neue Adam. An den Herrn Wichelhausen. (Diese 8 Nrn. waren dem vorigen vorgebunden in W. v. Maltzahn's Expl.; vgl. dessen Bücherschatz III, 394, no. 165.)

Knittelmaier, Joh. Pet., Uebersicht der Vermehrung der Volkszahl im Königreich Baiern, s.: Jahrbuch, geograph., IV.

Knitter, Bernhard, aus Tantow. Casuistische **Beitraege zur Lehre** von der Extrauterin-Schwangerschaft. *Würzburg 1902: C. J. Becker.* (76 S.) 8°
Würzburg, Med. Diss. v. 1902

Knitterscheid: Ein neues Suppl. z. Probl. d. Ap Eupen. 1864 4⁰
Schul-/Univ.-Schrift

Knitterscheid, A., Freyr u. Gerda. Ein lyrisch-dramat. Spiel. 16. (94 S.) Eupen 876. (Leipzig, Siegismund & Volkening.) geb. m. Goldschn. n. 2. 25

Knitterscheid: Über confocale Kegelschnitte u. confocale Rotationsflächen. 22 S – Emmerich, Progr 1858.

Knitterscheid, A. Über ein- und zugleich umgeschriebene Polygone zweier Kegelschnitte, insbesondere das ein- und umgeschriebene Dreieck. 23 S. Progr. *Forbach* 1879

Knittl, J., s. Knittel, J.

Knittl, K., Lehrbuch der allgemeinen Musiklehre. Eingeführt am Prager Musikkonservatorium. Gr.-8°. (120 S.)
Prag: Urbanek 1910 K 5.— no.

Knittl Michael: Kaiser Ferdinand I. 52. 59. Görz R. 02. 03.
Progr.

Knittl, Michel

Knittl, M., physische Beschreibung der Umgebung von Villach. gr. 8. (22 S.) Villach 875. (Wien Pichler's Wwe. und Sohn.) *

Knittl, M.: Physische Beschreibung der Umgegend von Villach. gr. 8⁰. 22 S. Villach. Wien: Pichler 1886.

Knittl, Michel. Cilli. Illustr. v. A. Kasimir. 8. (192 S. m. 9 Ansichten in Lithogr.) Cilli 890. Drexel. * 2 —

— die deutsche Sprachinsel Cilli. 2. (Titel-)Ausg. 8. (105 S.) Klagenfurt 890. Leon sen. n. 1. —

— — Cultur- u. Landschaftsbilder aus Steiermark u. Kärnten. 1. u. 2. (Titel-)Aufl. 8. (III, 207 S.) Ebd. 889,90.
1. Aufl. * 3 —; 2. Aufl. * 2 —

Knittlingen [Schlagwort]

Knittlingen, s.: Württemberg. Höhenkurvenkarte.

Knizaurek, Jos., popul. Darstellung d. Dampfwagens f. Jedermann; vorzügl. f. Reisende auf Eisenbahnen. 8. (3 B. u. 8 Abbild. auf 2 lith. Bl.) Wien 839. (Leipzig, Kummer.)

Knize, F. M., vollständige Guitarren-Schule, oder leichtfaßl. Unterricht, dieses Instrument gründlich spielen zu lernen rc. Prag, Enders. 820.

Knižek, Vinc., die Holzmassen-Ermittelung nach metrischem Mass. Tafeln zur Bestimmung des Kubik-Inhaltes von gefälltem Rundholz [aller Art] und steh. Waldbäumen, dann von Kantholz, Schnittholzmaterial und von geschichteten Zeug- und Brennholzen, sowie Preisberechnung des Holzes nach 100tel oder ganzen Kubik-Metern. gr. 8. (144 S.) Wien 876, (Wallishausser'sche Buchh.) *

—— das metrische Mass und Gewicht und die neue Mass- und Gewichts-Ordnung für Oesterreich, [Gesetz vom 23. Juli 1871], nebst Tafeln zur Umwandlung des Längen-, Quadrat-, Flächen-, Kubik-, Hohl-Masses und des Gewichtes vom metr. in das oesterreich. [wiener] Mass und Gewicht, ferner des Zoll-, Medicinal-, Juwelen-, Gold-, Silber- und Silbermünzen-Gewichtes in das metr. und umgekehrt, dann zur Bestimmung der Kreisflächen mit dem Kubik-Inhalte von Rundholz [aller Art] nach Meter oder oesterreich. [wiener] Mass. 2. vervollständ. Aufl. 2 Thle. gr. 8. (243 S.) (Ebendas.) 874. *

Knižka, Pamjatnaja. (Handbuch für Hof- und Staats-Behörden.) Für 1875, 1877 und 1885. (Mit graphischen Beilagen.) (In russ. Sprache.) (3 Bde.) 8. St. Petersburg 1875—1885.

SSADOWA KNIŽKA. Wudata wot klukschanskeho rataŕskeho towaŕstwa pscheś jeho ssadowu dźjelbu. S podperanjom wyssokeho kralowskeho sakskeho ministerstwa nutskomnych naležnosźjow (Obstbüchlein. Herausgegeben von der Klixer ökonomischen Gesellschaft durch ihre Section für Obstzucht. Mit Unterstützung des Hohen Königlichen Sächsischen Ministerium des Inneren.) ib. 1851. —

Knobbe, Herr, im Circus Renz, s. Stadtklatsch, Berliner.

Knobbe, Albert, Dr.: Die Faust-Idee in Lord Byrons Dichtungen. Stralsund 1906: k. Regierungs-Buchdruckerei. (19 S.) 4°
Stralsund, RG OP 1906 (192)

Knobbe, Alb., le bone Florence of Rome, s. Vietor, Wilh.

Knobbe, Albert, aus Egeln bei Magdeburg: **Über die mittelenglische Dichtung Le Bone Florence of Rome.** *Marburg i. H. 1899.* (59 S.) 8°
Marburg, Phil. Diss. v. [6. Mai] 1899

Knobbe, Berthold, approb. Tierarzt, geb. in Olvenstedt (Bez. Magdeburg) z. Zt. in Lehrte (Reg.-Bez. Lüneburg): Ueber die Einwirkung menschlicher und Rindertuberkelbazillen auf das Euter der Ziege, ein Beitrag zur Frage der Beziehungen zwischen der Tuberkulose des Menschen und der Tiere. ⟨Aus dem hygienischen Institut der kgl. Tierärztlichen Hochschule in Hannover, Vorstand Prof. Dammann.⟩ Lehrte 1909. 14 S. 8° [13. XI. 08.]
Bern, Vet. med. Diss. 1908/09

Knobbe, Robert

Knobbe, über den Bau des Erdkörpers, } s. Unterhaltungen, königsberger naturwissenschaftliche.

—— über die Frucht im Pflanzenreiche, } s. Unterhaltungen, königsberger naturwissenschaftliche.

Knoblie, Rob., über d. Knospen unserer Holzgewächse, s. Unterhaltungen, Königsberger, naturwissenschaftl., 2. Hft.

Knobbe: Das W e i z e n k o r n und seine Keimung. 17 S. 4° – Königsberg, Kn., Progr 1871

Knobel von Schwändi, Richter. Zürich 1903. V: *Baumgartner, Andr.* (Zuwachsverz. d. Bibl. Zürich 1898 ff, 7.)

Knobel, Augustus De carminis Jobi argumento, fine ac dispositione. Vratislaviae (1835). (48 S.) 8° *[Buchausg. 1835 bei Richter in Breslau.]*

Breslau, Ev.-theol. Fak., Antr.-Progr. als außerord. Prof. v. 29. Aug. 1835

Knobel, Aug., de carminis Jobi argumento, fine ac dispositione. Dissert. ... Vratisl. ... (Berolini, libr. Richter.)

Knobel, A(ug.), die Bücher Exodus und Leviticus, s. a. Handbuch, kurzgefasstes exegetisches, zum Alten Testament.

Knobel, August Die Bücher Exodus und Leviticus. Erklärt. Leipzig 1857. [= Handbuch, Kurzgefasstes exegetisches, zum Alten Testament Lieferung 12]

Knobel, A., die Genesis, } s. a. Handbuch, kurzgefasstes exegetisches, z. alten Testam.

Knobel, August, Die Genesis. Erklärt. Leipzig 1852. [= Handbuch Kurzgefasstes exegetisches, zum Alten Testament Lieferung 11]
— Dasselbe 2. Auflage. Leipzig 1860.
— Dasselbe. Für die dritte Auflage nach August Knobel neu bearbeitet von August Dillmann. Leipzig 1875
— Dasselbe. Von der dritten Auflage an erklärt von August Dillmann 5 Auflage Leipzig 1886.

Knobel. August, Zur Geschichte der Samaritaner [SA aus den Denkschriften der Gesellschaft für Wissenschaft und Kunst in Giessen. Band I. Heft I] [Giessen 1847.]

Knobel, A(ug.), Grabrede bei der Beerdigung des Prof. Dr. Friedr. Aug. Fritzsche am 8. Decbr. 1846 gehalten. 8. (15 S.) Gießen 847, Ricker. *

Knobel, Aug., Grabrede bei der feierlichen Beerdigung des Herrn Christian Gottlieb Kühnöl, Dr. d. Philos. u. Theol., Prof., Geistl. Geh. Rathes, Commandeurs des Ludwigordens rc. am 18. October 1841. gr. 8. Gießen 841, Heyer's Verlag. 1/12 ß

Knobel, Augustus *(geb. Tzschecheln bei Sorau 7 2 1808 [vielmehr 1807])* Jeremias chaldaizans. Vratislaviae 1831 (IV, 40 S.) 8°

Breslau, Phil. Diss. v. 18. Mai 1831

—— der Prophet Jesaia, erklärt, s. a. Handbuch, kurzgefasstes exegetisches, zum a. T.

Knobel, August, Der Prophet Jesaia. Erklärt. Leipzig 1843. [= Handbuch, Kurzgefasstes exegetisches, zum Alten Testament. Lieferung 5.]
— Dasselbe. 2. Auflage. Leipzig 1854.

—— Commentar üb. d. Buch Koheleth. gr. 8. (24 B.) Leipzig 836, Barth.

Knobel, A.,
— die Bücher Numeri etc. } s. a. Handbuch, kurzgefasstes exegetisches, zum alten Testament.

Knobel. August. Die Bücher Numeri Deuteronomium und Josua. Erklärt Nebst einer Kritik des Pentateuch und Josua. Leipzig 1861 [= Handbuch Kurzgefasstes exegetisches, zum Alten Testament. Lieferung 13.]

Knobel, Augustus De evangelii Marci origine Vratislaviae (1831). (58 S.) 8°

Breslau, Ev.-theol. Fak., Hab.-Schr v 18. Nov 1831

—— der Prophetismus d. Hebräer, vollständig dargestellt. 2 Thle. gr. 8. (55 B.) Breslau 837, Max u. Komp.

Knobel, Augustus *[geb Tzschecheln bei Sorau 7 2 1807]* Theses theologicae pro licentiati in theologia honoribus rite obtinendis. Vratislaviae (1831). (2 Bl.) 4°

Breslau, Ev.-theol. Liz. Thesen v 21 Okt. 1831

—— exegetisches Vademecum für Hrn. Prof. Ewald in Tübingen. gr. 8. (9½ B.) Giessen 844, Ricker. *

Knobel, A(ug.), die Völkertafel der Genesis. Ethnographische Untersuchungen. gr. 8. (XII und 359 S.) Giessen 850, Ricker. Thlr. *

Knobel, H., das Weltsprachen-Problem. (18 S.) kl. 8. Berlin (904). Esperanto-Verlag Möller & Borel. — 10
Sonderabdruck aus: „Bankbeamten-Zeitg."

Knobel, Joach., illustr. Reisebegleiter f. die Alpenstrasse des Klausen u. ihre Zufahrtslinien. 8. (II, 114 S.) Glarus 900. (Verkehrsver. f. Glarus u. Umg.) n. 1.60

— illustr. Reisebegleiter vom Vierwaldstättersee üb. den Pragelpass nach dem Glarnerland u. Walensee. Unter Mitwirkg. des cantonalen Verkehrsvereins der Sektion Glarus u. Umgebg. 8. (III, 72 S.) Glarus 901. (Baeschlin.) Kart. n. 1. 80

Knobel, Joh. Christoph (Spangenberg/Hessen), De immortalitate mentis humanae. Diss. metaphys.- pneumat. Präs. Joh. Sigismund Kirchmeier. Marburg (Joh. Jodocus Kürsner's Erb.) 26. VI. 1706. 20 S. (6.50) 18625
Gew.: Heinrich, Jo. Andreas, Cyriacus, Dietrich u. Nicolaus Knobel (Brüder).

Knobel, Pauline, lose Blätter. Gedichte. 12. (74 S.) Berlin 893. K. Siegismund. n. — 75

Knöbel, J., Führer durch Moskau und Umgebungen, s. Grossmann, P.

Knobel-Brevier. Vademecum für jeden gebildeten Bierokraten. Nothwendige Ergänzung zu allen Biercomments des Orbis terrarum. 16. (48 S.) Celle 879, Literar. Anstalt.

Knobel-Brevier. Vademecum f. jeden gebildeten Bierokraten. Neue Aufl. 16. (60 S.) Leipzig 889. Literar. Anstalt. n. — 50

Knobel-Brevier. Vademecum f. jeden gebildeten Bierokraten. Neue Aufl. 16. (56 S.) Leipzig 899. Literar. Anstalt, A. Schulze. n. — 50

Knobell, Joh. Christoph (Nösselroda/Hess. Kauffungen/Hessen), De foro competente. Diss. jur. Rector Philipp Wilhelm Graf v. Boineburg. Präs. Johann Philipp Streit. Erfurt (Joh. Heinrich Grosch) 26. VIII. 1715. 32 S. u. Biogr. (M.: A. M. Kroschel.) (6.80) 18626

Knobeloch

— s. a. **Cnobloch, Knobloch.**

Knobeloch, Samuel (Salzwedel/Altmark), De sanctitate ecclesiarum. Diss. jur. Präs. Justus Henning Böhmer. Halle (Johann Gruner) 21. VII. 1722. 66 S. (7.—) 18627

— — Dasselbe. Halle (Johann Friedrich Grunert) 1741. 70 S. (7.—) 18628

Georg Wenceslaus von Knobelsdorf, der Baumeister und Freund Friedrich des Grossen Mit dem Bildniss des Künstlers nach Pesne und der Façade des Herzoglichen Schlosses zu Dessau. Berlin 1861. 8°.

Knobelsdorf, ..., s. Gegenbemerkung über das im Mai- u. Juni-Heft d. Schles. Provinzialblätter enthalt. Gespräch über Verbesser. d. Pferdezucht.

Knobelsdorf, C, s. Knobelsdorff, Karl von

Knobelsdorf, C., der Staat Wisconsin, s. Taschen-Bibliothek der Reise-, Zeit- u. Lebensbilder.

Knobelsdorf, E. v., Ansichten über Anbau und Bereitung des Flachses. gr. 8. (23 S.) Breslau 851, (Gosohorsky's Buchh.) *

Knobelsdorf, Wilh. v., kurze Anleitung z. Aufzucht u. Verbesserung d. Pferde. Ein Handb. f. d. Landmann. 8. (3¼ B.) Breslau 833, W. G. Korn.

Knobelsdorff, Anna v., Gedichte. (IV, 125 S.) 8. Berlin 903. Herm. Walther. n. 1.20

Knobelsdorff, A. v., durch Liebe gewonnen, s.: Gott zum Gruß.

* **KNOBELSDORFF,** Balthas. Alex. Frhr. v. (geb. 24. Dez. 1676, † 6. Mai 1729 in Sprottischdorf). — Des .... HERRN Balthasar Alexanders, Freyherrens von Knobelsdorf Hinterlaßene Gedichte über einige Bücher der Heil. Schrifft und andere Materien, welchen noch Drey gehaltene Parentationes beygefüget worden sind. Mit Portrait. Sorau, gedr. bey J. G. Rothen, 1734. 8°. 7 Bll. u. 678 S. (In Berlin: Yk 5421; auch in Breslau, Kgl. u. Univ.-Bibl., Lit. Teut. II 8° 919; ferner in Göttingen P 3426.)

Knobelsdorff, Curt von, s. Knobelsdorff, Kurt

Knobelsdorff, Georg Wenzeslaus von

Plans de la sale de l'opera batie par le Baron de Knobelsdorf à Berlin. 12 Tafeln in Kupferstich. Berlin 1743. Fol.

Knobelsdorff, Karl von

Knobelsdorff, Carl v.: Uber die Pferdezucht in England. Berlin 1820. 98 S.

Aus: Möglinsche Annalen der Landwirthschaft. Bd 4

Karl v. Knobelsdorff

Vorschläge zur Erreichung mittlerer feststehender Getreidepreise. Von Carl v. Knobelsdorff. - Berlin: Rücker 1824. 24 S. 8°

Knobelsdorff, Kurt von

Zwei Reiche. Vortrag von C[urt] von **Knobelsdorff,** Oberstlt. a D., Berlin. 2. Aufl. Hrsg. vom Evang. Verein 'Philadelphia' in Lüdenscheid. *Helver: H. Köster in Comm. 1896.* (14 S.) 8°
(Evangelisations-Vorträge.) 109. 8374

Knobelsdorff, Otto v., **die keltischen Bestandtheile in der englischen Sprache. Eine Skizze. 8. (73 S.) Berlin 870, Weber.** *

[F.] Die deutschen Feldzeichen und Fahnen von der Urzeit bis z. Gegenwart (Kopft. der Vorzeit). F. Vortrag mit Zeichngsbeilage (Vf.: [Wilh.] v. **Knobelsdorff**). *Hannover: (Dr Hannoversche Post) 1896.* (1 Bl., 10 S., 1 Taf) 1 Bd 4.(8.) (97. 1478

Knobelsdorff, W. v., Zur Geschichte der Familie von Knobelsdorff. Mit Portr. Berlin 1855. 8.

Knobelsdorff, W v., Das von Knobelsdorff'sche Geschlecht in Stammtfln. Mit Tfl. Berlin 1876. 4. Nicht im Handel.

Knobelsdorff. Wilhelm v.: Das von Knobelsdorff'sche Geschlecht im Jahre 1909. Neuabdr. des vom Gen. Wilhelm v. Knobelsdorff u. von Udo v. Knobelsdorff i. J. 1891 zsgestellten Geschlechtsverzeichnisses. Vervollst. durch Heinrich v. Knobelsdorff, Oberstlt. z. D. Als Ms. gedr.
Giessen: v. Münchow 1909 54 S. 4°

Knobelsdorff, Wilh. v., Georg Wencesl. v. Knobelsdorff, s. Biographieen berühmter Baumeister und Bildhauer.

Knobelsdorff-Brenckenhoff, Nataly v., s.a. Eschstruth, Nataly v.

Knobelsdorff-Brenkenhoff, Nataly von

Humoresken. Von Nataly von Eschstruth [d.i. N. von Knobelsdorff-Brenkenhoff]. 2. Aufl.
Jena: Costenoble 1888. 174 S. 8°

Knoblach, Gottfried, prakt. Arzt a. Rennertshofen: Über einen Fall von Tuberkulose des Pharynx. Erlangen 1906: Junge & Sohn. (16 S.) 8°
Erlangen, Med. Fak., Ref. Hauser, Diss. v. 1. Okt. 1906
[Geb. 2. April 68 Rennertshofen; Wohnort: Buchenberg; Staatsangeh.: Bayern; Vorbildung: Luitpold-Gymn. München Reife 90; Studium: München 8, Erlangen 6 S.; Coll. 26. Mai 05; Approb. 14. Juli 98.]

Knoblach, Jo Andreas [Praes.], s. Kuntschke, Jo Georg: De sic dictis Vespasiani miraculis.

Knoblach, Jo. Andreas [Praes.], s. Lang, David Chr.: De principio juris naturae genuino.

Knoblach, Johann Friedrich (Wurz. Misn.), **De dispositionis vasalli inter liberos recte facienda interpretatione potissimum de feudo feminino. Präs. Ernst Heinrich Mylius. Lpz. (Langenheim) 22. VIII. 1740. 23 S. (5.50) 18629**
Gew.: Gottfried Lang (Moeckern).

Knoblauch, A., s.: Streitfragen, elektrotherapeutische.

Gedichte von Adolf **Knoblauch.** Berlin. Oesterheld & Co. [1908]. (43 S.) 8° 108. 14316

Zum ehrenden Andenken an die seit dem 13. Okt. 5850 in den ewigen Osten eingegangenen Brüder der ger.·. u. vollk.·. St.·. Johannisloge zur Einigkeit. Drei Vorträge, gehalten in der Trauer-Loge am 21. Sept. 5861 von den BBrn.·. Alex. **Knoblauch**, Heinr. **Weismann**, Georg **Schweppenhäuser**. Frankfurt a. M. 1861: Krebs-Schmitt. 32 S. 8⁰ [Umschlagtit.]
Tt. 1931.

Knoblauch, *Karl Hermann Johannes* Alfred [Referendar aus Halle a. S.]: Die Nötigung zur Arbeitseinstellung '(§ 153 der Reichsgewerbeordnung vom 21. Juni 1869)' ... Halle a. S., Hofbuchdr. v. C. A. Kaemmerer & C., 1894; 52 S., 2 Bl. 8.
Halle, Jur. Fak., Inaug.-Diss. v. 28. Aug. 1894

Knoblauch, Aug., Klinik u. Atlas der chron. Krankheiten des Zentralnervensystems. (VII, 608 S. m. 350 z. Tl. mehrfarb. Abb.) Lex. 8. Berlin 909. J. Springer. Geb. in Leinw. 28.—

Knoblauch, August [pr. Arzt aus Frankfurt a. M.]: Ueber Störungen der musikalischen Leistungsfähigkeit infolge von Gehirnläsionen. ... Leipzig, Druck v. J. B. Hirschfeld, 1888; 24 S. 8⁰
Heidelberg, Med. Fak., Inaug.-Diss. v. 4. Febr. 1888

Knoblauch, B., Arbeiter-Badeeinrichtungen. Ansichten u. Grundsätze d. Preisgerichts üb. die vom Deutschen Brauerbund ausgeschriebene Preisaufgabe. gr. 8. (15 S. m. 1 lith. Taf.) Berlin 889. (C. Heymann's Verl.) n. — 50

Knoblauch, C., s.a. Knoblauch, Karl

Knoblauch, C. v., polit. u. philos. Gespr. 1r Bd. 8. Berl. Voß. 791.
aealitt. D.

Knoblauch, C. H., s. Knoblauch, Hermann

Knoblauch, Carl, s. Knoblauch, Karl

Knoblauch, Carl Hermann, s. Knoblauch, Karl Hermann

Knoblauch, E., Oleaceae, Salvadoraceae, s.: **Engler,** A., u. K. **Prantl,** d. natürl. Pflanzenfamilien.

Knoblauch, Ed.

Knoblauch, architektonisches Album, s. Album.

Knoblauch, Ed., s. Baulexicon.

Knoblauch, Ed., Entwurf zu einem Wohnhause, s. Album, architekton., 3. Hft.

Project zum Neubau eines Rathhauses in Berlin.

Knoblauch, Ed. Zum Statut der Königl. Akademie der Künste zu Berlin. Berlin 1847. 8⁰.

Knoblauch, Emil: Anatomie des Holzes der Laurineen. ... (Aus: „Flora", Jahrg. 1888.) Regensburg, Druck d. F. H. Neubauer'schen Buchdr. (F. Huber), 1888; 66 S. + 1 Bl. u. 3 Tab. 8⁰
Königsberg, Phil. Fak., Inaug.-Diss. v. 13. Okt. 1888

Knoblauch, Emil [Dr.]: Ökologische Anatomie der Holzpflanzen der südafrikanischen immergrünen Buschregion ... Tübingen, Druck v. H. Laupp jr, 1896; 2 Bl., 44 S., 1 Bl. 8.
Giessen, Phil. Fak., Hab.-Schr. v. 1896

Knoblauch, Emil, aus Berlin: Beitrag zur Kenntnis der Spitzenentladung aus einem Teslapole. *Leipzig: J. A. Barth 1901.* (26 S.) 8°
Rostock, Phil. Diss. v. [7. Juni] 1901

Knoblauch, F. H., s. Knoblauch, Heinrich

Knoblauch, F. W., Imkerregeln in Knittelversen. 16. (23 S.) Stralsund 879. (Bremer.) n. — 40

Knoblauch, F. W., Imkerregeln in Knittelversen, m. Vorwort hrsg. v. Rabbow. 4. Aufl. 12. (32 S.) Wolgast 887. Reinecke. n. — 50

— künstliche Wachsverdeckelung für Honigwaben u. Eingemachtes. Mit (eingedr. Holzschn.-)Abbildg. 16. (24 S.) Ebend. 879. n. — 40

Knoblauch, Ferd., Bettel u. Landstreicherei im Königr. Bayern v. 1893—1899, s.a. Abhandlungen, statistische u. nationalökonomische. 6. Heft.

Bettel und Landstreicherei im Königreich Bayern von 1893–1899. Eine kriminalstatist. Studie nach amtl. Material bearb. von Dr. Ferdinand **Knoblauch.** München: Reinhardt 1910. 70 S. 4°(8°)
(Statistische u. Nationalökon. Abhandlungen. H. 6.) [10. 1008]

Knoblauch, Ferdinand: Statistik der Verfehlungen gegen § 361 des R.Str.G.B. im Königreiche Bayern in detailgeographischer Gliederung während der siebenjährigen Periode 1893—1899. München: Reinhardt 1910. 70 S. 8°
¶(Ersch. auch als: Statist. u. nationalökon. Abhandlungen insbes. Arbeiten aus d. Statist. Sem. d. Univ. München H. 6.)
München, Staatswirtsch. Diss. v. 7. März 1903, Ref. G. v. Mayr
[Geb. 22. Juni 74 Lustadt; Wohnort: München; Staatsangeh.: Bayern; Vorbildung: Gymn. Landau Reife Juli 96; Studium: Phil. u. Theol. Innsbruck 4, München 2, Staatsw. München 8 S.; Rig. 7. März 03.] [U 10. 3451

Knoblauch, Fr., alphabet. Verzeichniß aller im Rezatkreise befindl. Städte, Märkte, Weiler, Mühlen u. Einöden ꝛc. 8. Ansb. 815. Gassert.

Knoblauch, Friedrich

Knoblauch, Fr. Die Fehler und Mängel des Feuerversicherungs-Rechtes in den deutschen Bundesstaaten für den 3. Deutschen Handelstag dargestellt. Magdeburg 1865.

-- Die Fehler und Mängel des öffentlichen Feuerversicherungs-Rechtes in Deutschland. Denkschrift für den 4. Deutschen Handelstag. Magdeburg 1868.

-- Die Feuerversicherungs-Gesellschaften und die Kalamitosen. Magdeburg 1869.

Knoblauch, Fr. Petition an den preußischen Landtag wegen der Gesetzentwürfe betr. den Geschäftsverkehr der Vers.-Anstalten und betr. das Feuerversicherungswesen. Magdeburg 1869.

Knoblauch, Friedr. Aug., Anleitung z. Gebrauche d. 36 kalligraph. Wandtafeln in Currentschrift, so wie Andeutungen üb. die Anwendung d. amerikan. Schreibunterrichtsmethode bearb. für Volksschulen. 2., verm. Aufl. 8. (1½ B. u. 21 Stnt.) Weißenfels 846, Süß.

—— 36 kalligraph. Wandtafeln in Currentschrift f. Volksschulen, nebst Anleit. z. Gebr. derselben. gr. Fol. (20 Stnt. u. 1¼ B. Text in 8.) Leipzig 843. (Thomas.)

Knoblauch, G., Kochbuch. 2 Thle. 8. Magdeb. Heinrichshof. n. 803.

Knoblauch, G., Kochbuch, od. meine vierjähr. Erfahrn., wie man ohne zu große Kosten gesunde u. schmackhafte Speisen bereiten kann. 2. Aufl. 8. (18½ B. u. Titlkpfr.) Berlin 829, Stuhr.

Knoblauch, G., Kochbuch. 3. Ausg. 8. (18¾ B.) Berlin 845, Stuhr'sche Buchh. *

Knoblauch, G. u. F. **Hollin**, die neue Synagoge in Berlin. entworfen u. ausgeführt von Ed. Knoblauch, vollendet von August Stühler. Berlin 867. Ernst & Korn. gr. Fol. (1 Blatt Text mit eingedr. Holzschn., 1 Chromolith. u. 6 Kpfrtaff.) n. 8 ₰

Knoblauch, Georg Johann: Unpartheyische Nachricht Von der Gemeine Zu Herrn-Hut In Ober-Lausitz. Schleszwig, 1737.

Knoblauch, Gust., u. Herm. Wex (Baumstr.) Beschreibung der Neubauten des kön. Pädagogiums und Waisenhauses. S. 23—34 u. 2 Pläne. Progr. *Züllichau* 1881.

Knoblauch, Gustav [aus Wettin]: Ueber Myomoperationen. Beitrag zur transperitonealen Enucleation. . . . Halle a. S., Hofbuchdr. v. C. A. Kaemmerer & Co., 1890; 59 S. + 1 Bl. 8°
Halle, Med. Fak., Inaug.-Diss. v. 31. Jul. 1890

Knoblauch, Heinrich

Knoblauch, (H.,) über die Bildung junger Edelleute zum Militär; 8. Berlin Himburg 800. (Nauck)

Knoblauch, Heinrich. Ueber die sittliche und wissenschaftliche Bildung der jungen Edelleute, welche dem Militär sich widmen. 8. Berlin 1802.

Knoblauch, H., üb. die sittl. u. wissenschaftl. Bildung junger Edelleute, die sich dem Militär widmen. 8. Berl. Himburg. 802.

Knoblauch, J. H., über d. sittl. u. wissenschaftl. Bildung junger Edelleute, die sich dem Militair widmen. 8. Berl. 802. Recht. 6 gr

Knoblauch, Hur., indifferentismus alter gentilismus s. demonstratio, quod indifferentia in religione sit doctrina ethnica etc. 8. Köln 775.

— s. 1) Rathgeber, d., bei schriftl. Geschäften rc. u. sehe hinzu: (v. J. H. Knoblauch). 2) Taschenbuch, militair., s. 1801.

Knoblauch, Hermann

— Ueber die Abhängigkeit des Durchgangs der strahlenden Wärme durch Krystalle von ihrer Richtung in denselben. 2 Abhandl.

— Historische Bemerkung zu einer Veröffentlichung des Herrn G. Magnus über die Reflexion der Wärme. (Separ. Abdr aus Poggendorff's Ann. der Physik und Chemie. Bd. CXXXIX.) Berlin 1870.

Knoblauch, C. H., De calore radiante disquiss. experimentis quibusdam novis illustratae. (Dissert. inaug.) Berolini 1846. 4°. (103 S.)

Knoblauch, Hermann, Dr., Ueber die Diffusion der Wärmestrahlen. (Abdr. aus Poggendorff's Ann., Bd. CXXV.) Berlin 1865.

Knoblauch, Herm., über den Durchgang der strahlenden Wärme durch geneigte diathermane Platten. gr. 4. (8 S.) Halle 872, Schmidt's Verlag. *
Aus: Abhandlungen der naturforschenden Gesellschaft zu Halle, besonders abgedruckt.

— Ueber den Durchgang der strahlenden Wärme durch polirtes, mattes und berusstes Steinsalz, und über die Diffusion der Wärmestrahlen. (Abdr. aus Poggendorff's Ann., Bd. CXX.) Berlin 1863.

—— über den Durchgang der strahlenden Wärme durch Steinsalz und Sylvin. 4. (4 S.) Ebendas. 870. *
Aus: Sitzungsberichten der naturforschenden Gesellschaft zu Halle, besonders abgedruckt.

— Ueber den Durchgang der Wärme- und Lichtstrahlen durch geneigte diathermane und durchsichtige Platten. Berlin 1866.

Knoblauch, (Carl Herm.), über den Durchgang der Wärme- u. Lichtstrahlen durch geneigte diathermane u. durchsichtige Platten. [Aus d. Sitzungsber. der naturforsch. Gesell. zu Halle.] Halle 867. Schmidt's Verl. gr. 4. (4 S.) n. 6 ngr.

— Ueber den Einfluss, welchen Metalle auf die strahlende Wärme ausüben. (Besonders abgedr aus Poggendorff's Ann. der Physik und Chemie. Heft VI, Bd. CI, 1857.)

Knoblauch, Hermann, Dr., Ueber die Interferenz der Wärmestrahlen. Mitgetheilt von Magnus. (Aus dem Monatsber. der Akad. der Wissensch., 25. Oct. 1847.)

—— über die Interferenz der Wärmestrahlen. gr. 4. (3 S.) Halle 867, Schmidt's Verlag. *
Vorstehende zwei Schriften des Verf. wurden aus: Sitzungsberichte der naturforschenden Gesellschaft zu Halle, besonders abgedruckt.

— Ueber die Interferenzfarben der strahlenden Wärme. (Aus Poggendorff's Ann., Bd. CXXXI besonders abgedr.) Berlin 1867.

— Ob bei verschiedenen Holzarten ein gewisser Zusammenhang zwischen den an ihnen beobachteten physikalischen Eigenschaften, z. B. Wärmeleitungs-Erscheinungen, Klangverhältnissen u. s. w. und ihren Structur-Verhältnissen erkennbar. Sitzung der naturf. Ges. am 5. Juni 1858. (Besonders abgedr. aus den Sitzber. der naturf. Ges. in Halle. Siehe deren Abhandl., Bd. V.)

— Ein Paar optischer Vorlesungs-Versuche.

Knoblauch, Herm., über die elliptische Polarisation der von Metallen reflectirten Wärmestrahlen. [Aus: „Festschrift der naturforsch. Gesellsch. zu Halle".] gr. 4. (14 S.) Halle 879. Niemeyer. n. 1. —

Knoblauch, H., üb. die elliptische Polarisation der Wärmestrahlen bei der Reflexion v. Metallen. Festschrift zur Erinnerung an das 200jähr. Bestehen der Leopoldinisch-Carolin. Akademie als kaiserl. deutscher Reichs-Akademie. Mit 29 Taf. u. in den Text eingedr. Holzschn. gr. 4. (60 S.) Halle 887. (Leipzig, Engelmann.) cart. n. 12. —

Knoblauch, Herm., üb. die Polarisation der strahlenden Wärme durch totale Reflexion. [Aus: „Nova acta d. kgl. Leop.-Carol. Deutschen Akad. d. Naturforscher".] gr. 4. (24 S. m. 6 Taf. u. 6 eingedr. Zinkograv.) Halle a/S. 890. (Leipzig, W. Engelmann.) Kart. n. 6. —

— Ueber die Reflexion der Wärme- und Lichtstrahlen von geneigten diathermanen und durchsichtigen Platten. (Poggend. Ann., Jubelbd.

—— über die Reflexion der Wärmestrahlen von geneigten diathermanen Platten. gr. 4. (5 S.) Halle 875, Schmidt's Verlagsh. *

— über die Reflexion der Wärmestrahlen v. geneigten diathermanen Platten. [Aus: „Sitzungsber. d. naturforsch. Ges. zu Halle a/S."] gr. 4. (5 S.) Ebend. 876. n. — 60

— Neuere Untersuchungen über die in abwechselnd warmen und weniger warmen Stellen sich darstellende Interferenz der Wärme. Mitgetheilt von Magnus. (Auszug aus dem Monatsber. der kgl. Akad. der Wissensch. zu Berlin, 18. Aug. 1859.)

— neueste Untersuchungen der Reflexion der Wärmestrahlen von Metallplatten. [Aus: „Sitzungsber. der naturf. Ges. zu Halle".] gr. 4. (8 S.) Halle 877. Schmidt. n. — 80

— Untersuchungen über strahlende Wärme. (3 Abhandl. aus Poggendorff's Ann. vom Febr., März und Mai 1847, Mai und Juni 1848.) Berlin 1847, 48.

Knoblauch, Herm., Ueber das Verhalten krystallisirter Körper zwischen elektrischen Polen. Berlin 1851.

— Ueber die von verschiedenen Körpern reflectirten Wärmestrahlen. (Besonders abgedr aus Poggendorff's Ann. der Physik und Chemie. Bd. CIX, 1860.) Berlin 1860.

Knoblauch, Hugo

—— die Heilgrotte von Monsummano. Mit einem Plane der Grotte (Holzschntaf. in qu. 4.). 8. (V, 66 S.) Warmbrunn 876, Liedl. *

Knoblauch, Hugo, Karte der Gerichts-Organisation im Deutschen Reich. 1 2000000. 1 u. 2. Aufl. Berlin, C. Heymann, 1879. Imp.-Fol. Nebst e. alphab. Verzeichniss sämmtlicher Amtsgerichte. . . . . (MöA., D.; Br. Mus. 2. Aufl.)

Knoblauch, Hugo, Karte vom Deutschen Zollgebiet mit Berücksichtigung der Verwaltungsgebiete sowie der einzelnen Hauptsteuer- und Hauptzoll-Amtsbezirksgrenzen. Nach amtlichen Quellen bearb., entw. u. gez. 1 2000000. Berlin 1879. Imp.-Fol. Chromolith. . . . . . . (LHK., Br. Mus.)

Knoblauch, H., das jod- u. bromhaltige Soolbad Königsdorff Jastrzemb in Schlesien. Kurze Notizen über Reise, Aufenthalt u. einzelne Krankheitsfälle. Breslau 867. Kern's Verlag. 8. (VII, 48 S.) 10 ngr.

Knoblauch, Hugo, Meran. Ein Führer für Kurgäste und Touristen. gr. 16. (VIII und 136 S. mit 1 lithogr. Karte von Meran und Umgegend in Imp.-Fol.) Meran 867, Pötzelberger. cart. *

Knoblauch, Hugo, Meran. Führer für Kurgäste und Touristen. Mit (lithogr. und color.) Karte von Meran und Umgegend (in Fol.). 2. Aufl. 1870, und 3. Aufl. gr. 16. (168 S.) Meran 874, Pötzelberger. *

Knoblauch, Hugo, Meran. Führer für Kurgäste u. Touristen. 4. Aufl. Mit (lith.) Karte von Meran u. Umgegend. gr. 16. (VIII, 179 S.) Meran 877. Pötzelberger. cart. n. 2. 50

— dasselbe. Mit medicin. Einleitung von Jos. Pircher. 5. Aufl. Berichtigt u. ergänzt von F. W. Ellmenreich. Mit (lith.) Karte von Meran u. Umgegend. 8. (XVII, 184 S.) Ebend. 881. geb. n. 2. —

Knoblauch, Hugo (II.), Meran. Führer für Kurgäste und Touristen. Mit medicin. Einleitung von Jos. Pircher. 5. Aufl. Berichtigt und ergänzt von F. W. Ellmenreich. Mit (lithogr.) Karte von Meran und Umgegend. (XVII, 184 S.) 1881; 6. Aufl. 8. (XVIII, 240 S.) Meran 884, Pötzelberger. geb. *

Knoblauch, H., Meran. Führer f. Kurgäste u. Touristen. Mit medicin. Einleitg. v. J. Pircher. 7. Aufl. Berichtigt u. ergänzt v. F. W. Ellmenreich. Mit Karte v. Meran u. Umgegend. 8. (XXI, 256 S.) Meran 887. Pötzelberger. geb. n. 2. 40

— dasselbe. 8. Aufl. 12. (XXII, 262 S.) Meran 889. Ellmenreich. geb. n. 2. —

Knoblauch, Hugo, Meran. Führer f. Kurgäste u. Touristen. Mit medicin. Einleitg. v. Jos. Pircher v. Pirchhof. 9. Aufl. Berichtigt u. ergänzt v. F. W. Ellmenreich. Mit Karte v. Meran u. Umgegend. 12. (XXIII, 259 S.) Meran 892. F. W. Ellmenreich. Geb. in Lnw. n. 2. —

Knoblauch, Hugo (I.), das Patentgesetz für das Deutsche Reich. Vom 24. Mai 1877. Durch die bisher ergangenen Instructionen, Verfügungen, Entscheidungen etc. erläutert. 4 Hefte. 8. (IV, 368 S.) Berlin 880—82, Grosser. à Heft *ℳ 1.; compl. *

Knoblauch, [Hugo] (I.), die deutschen Reichstagswahlen der I. II. III. und IV. Legislaturperiode 1871, 1874, 1877 und 1878. Gesammelt und graphisch dargestellt. hoch 4. (8 S. mit 1 chromolithogr. Karte 1 : 2,000,000 in Imp.-Fol.) Berlin 878, C. Heymann's Verlag. *

—— die deutschen Reichstagswahlen der IV. und V. Legislaturperiode 1878 und 1881. Gesammelt und graphisch dargestellt. gr. 8. (18 S. mit 1 chromolithogr. Karte.) Chemnitz 881, Schmeitzner. *

— Deutschlands Tabaks-Bau u. Ernte 1876. Nach amtlichen, von den Steuerbehörden direct erhaltenen Quellen berechnet u. graphisch dargestellt. Chromolith. Karte in qu. gr. Fol. Mit Erläuterungen. 8. (4 S. m. 4 Tab.) Berlin 878. Parey in Comm. n. 1. 50

—— Warmbrunn und seine Heil-Quellen. Ein Führer für Kurgäste und Touristen. Mit 1 (chromolithogr.) Karte von Warmbrunn und Umgegend (in Imp.-Fol.). 8. (XVI, 327 S.) Ebendas. 876. *

— Warmbrunn u. seine Heil-Quellen. Ein Handbuch f. Kurgäste u. Touristen. Mit 1 Karte v. Warmbrunn u. Umgegend. (Neue wohlf. [Titel-]Ausg.) 8. (XIV, 327 S.) Berlin 889. Conrad's Buchhandlg. n. 1. —

Knoblauch, J., Einleitung in die allgemeine Theorie der krummen Flächen. gr. 8. (VIII, 267 S.) Leipzig 888. Teubner. n. 8. —

Knoblauch J. Ueber die allgemeine Wellenfläche. 1882. 4.

Knoblauch, Jo. Georg (Zitt./Laus.), De Zittauiensi communione bonorum inter conjuges, ejusque praecipuis effectibus in foro. Diss. jur. Lpz. (Jo. Christian Langenheim) 13. IX. 1731. 32 S. (6.—) 18630

Knoblauch, Jh., f. Lafosse, Lehrbegriff.

Knoblauch, Johann Georg

Nachricht, Unpartheyische, von der Gemeinde zu Herrnhut in der Ober-Lausitz (von *Johann George Knoblauch*) Schleswig 1737 8° Rar! Anon.-Lex. III. p. 195 (nach Otto)

Knoblauch, Johs., Einleitung in die allgemeine Theorie der krummen Flächen. gr. 8. (VIII, 267 S.) Leipzig 888. Teubner. *

Knoblauch, Johannes (geb. Halle a. S. 27. 8. 1855). Ueber die allgemeine Wellenfläche Berlin (1882). (40 S.) 4° Berlin, Phil. Diss. v. 8. Febr. 1882

Knoblauch, Jos. Wlh., († d. 5. Dec. 1819.) Epidemien, oder Annalen d. Epidemien, Contagionen, Constitutionen u. des Genius d. Krankheiten. 2 Hefte. gr. 8. Leipz. 814, 15. Mittler. 16 B. 1 ₰ 4 gr 26 B. ...

— **Joseph Wilhelm** (Weissenfels) u. **Friedrich August Peschek** (Zittau/Laus.), Dissertatio quae continet phaenomenorum hominis aegroti expositionem. Specim. I. Lpz. (Gottfried Bruder) 24. II. 1810. 77 S. (6.—) 18631

— — — — Dasselbe. Lpz. (Joh. Georg Mittler). (6.—) 18632

— — Dasselbe. II. Lpz. (Gottfried Bruder) 3. IV. 1810. 84 S. (6.—) 18633

— — Dasselbe. Lpz. (Joh. Georg Mittler). (6.—) 18634

Knoblauch, Jos. Wilh., Von den Mitteln und Wegen, die mannigfaltigen Verfälschungen sämmtlicher Lebensmittel ausserhalb der gesetzl. Untersuchung zu erkennen und zu verhüten. Eine Preisschrift. 2 Thle. gr. 8°. Leipzig, Mittler, 1810.

Knoblauch, Karl

Knoblauch, Carl, Entwürfe zu Grabdenkmalen in einer Auswahl teils selbst entworfener, teils gesammelter Vorlagen, unter besond. Berücksicht. der leichten Ausführbarkeit und mit Verwendung der vom Verf. gefertigten Sandsteinmasse-Figuren, Embleme etc. Ein Musterbuch für prakt. Bildhauer. 96 Blatt, in feinstem Farbendr. ausgeführt. gr. 8. (7 S. Text.) Weimar 888, B. F. Voigt. In Mappe

Über

— — Faunen, Satyrn, Panen und Silenen. Einige Gespräche (von Justizrath *Karl von Knoblauch*, † 1794). 2 Thle. Berlin, bei Joh. Friedr. Unger. 1790—91 Kl. 8° 150 u. 220 S. (7 Mk. 50 Pfg. Adolf Weigel, c. 1906.)

Knoblauch, Carl, Friede sei m. Euch! Entwürfe zu Grabdenkmälern. Eine Auswahl teils selbst entworfener, teils gesammelter Vorlagen, m. e. Anh. einfach gehaltener Kriegerdenkmäler. Musterbuch f. prakt. Bildhauer. Bearb. v. Paul Sack. 2. verm. u. verb. Aufl. 100 Bl. in Steindr. gr. 8. (12 S. Text.) Leipzig 901. B. F. Voigt. In Mappe 10. —

v. Knoblauch auf Hatzbach, Karl, († d. 6. Dec. 1794.) polit. u. philosoph. Gespräche. 1r Bd. 8. Berl. 791. Voß. 16 gr geglättet Pap. 1 ₰

— s. Pan, über den, u. sein Verhältniß zu Sylvanus, u. setze hinzu: (v. K. v. Knoblauch).

- s.a. Taschenbuch für Aufklärer.

Taschenbuch

— — für Aufklärer und Nichtaufklärer auf das Jahr 1791 (von Karl v Knoblauch aus Hatzbach). Mit 8 Kpfrn. von J. W. Meil u. 4 Kpfrn. von D. Chodowiecki (zu den reizendsten Schöpfungen dieses Meisters zählend). Berlin. Gedruckt und verlegt bei Joh. Friedrich Unger. 16° (25 Mk., Expl. mit weiteren Drucken in verschiedenen Zuständen, Rich. Berling, Dresden, 1908; 60 Mk., ohne die vorigen Beigaben, C. G. Boerner, Lpz., 1908.)

Entzückend ausgestattetes Bändchen. Engelmann 634—637. — Selten!

Knoblauch, Karl, a. Würzburg: Das Verhältnis der „Croniques admirables" zu den „Chroniques inestimables" und zu Rabelais. Jena 1904: A. Kämpfe. (76 S.) 8°

Würzburg, Phil. Fak., Ref. Schneegans, Diss. v. 1. März 1905

[Geb. 30. Apr. 75 Würzburg; Wohnort: Würzburg; Staatsangeh.: Bayern; Vorbildung: Realgymn. Würzburg Reife Juli 98; Studium: Würzburg 5, München 2, Nancy 1 S.; Rig. 26. Juli 04.]

Knoblauch, Carl, vervollständigte Vorschläge zu einer städtischen Pfandbrief-Kredit-Ordnung. (Vervollständigung der in der Monatsschrift für preuß. Städtewesen Jahrg. I. Heft 4. abgedr. Vorschläge rc.) Lex.-8. (47 S.) Frankfurt a. O. 857, Trowitzsch und Sohn.

Knoblauch, Karl Chrstph., Handbuch d. deutschen Sprache. In stufenweiser Ordn. bearb. f. Lehrer in Land- u. Stadtschulen. 1. Thl., zu dem 1. u. 2. Lehrkurs. d. von dems. Verf. bearbeit. „Leitfaden z. Anwend. d. deutschen Sprachregeln" rc. gr. 8. (15 B.) Quedlinburg 840, Basse.

Knoblauch, Carl Chrstph., Handbuch der deutschen Sprache. In stufenweiser Ordnung bearb. f. Lehrer in Land- u. Stadtschulen. 2. Thl. (Schluß) zu dem 3. u. 4. Lehrkursus des „Leitfaden zur Anwendung der deutschen Sprachregeln" rc. gr. 8. (19½ B.) Quedlinburg 843, Basse.

1. Thl. Ebendas. 1840. * 20 Ngr.

Knoblauch, Lehrgang zum Unterrichte in der deutschen Sprache, mit möglicher Bezugnahme auf die in den „drei preuß. Regulativen vom 1., 2. und 3. October 1814" desfalls erlassenen Anforderungen an den Elementarschul-Unterricht und mit Berücksichtigung der im ersten Lehrkursus dargestellten Schreiblese-Methode stufenweis geordnet und bearb. gr. 8. (XVI und 179 S.) Sondershausen 855, Eupel's Verlag.

—— Leitfaden z. Anwendung d. deutschen Sprachregeln. In stufenweiser Ordn., mit Bezugnahme auf d. Handb. d. deutschen Sprache dess. Verf. bearb. f. Schüler in Stadt- u. Landschulen. 1—4. Lehrkursus. gr. 8. (44 B. u. 1 lith. B. Vorschriften.) Quedlinburg 837—39, Basse. [1. ¼ Thlr., 2—4. à ⅓ Thlr.]

Knoblauch, Car Herm (geb Berlin 11 4 1820) De calore radiante disquisitiones experimentis quibusdam novis illustratae Berolini 1846 (103 S) 4°

Berlin, Phil. Diss. v. 16. Jan 1847

Knoblauch, Karl Hermann Johannes Alfred, s. Knoblauch, Alfred

Knoblauch, Lorenz, s. Knobling

Knoblauch, Mart., d. Nothwendigste üb. d. kirchliche Paramentenstickerei, sofern sie e. Ausübung v. Kunst u. Kunsthandwerk ist. E. Handbüchl. f. den hochw. Klerus, sow. f. klösterl. Institute, Stickereien u. Zeichner. gr. 8. (XI, 120 S. m. 14 Lichtdr.-Taf.) Kempten 895. J. Kösel. n. 3. 20; geb. in Leinw. n. 4. —

Knoblauch, Oskar

Knoblauch, O., und M. Jakob, Über die Abhängigkeit der spezifischen Wärme Cp des Wasserdampfes von Druck und Temperatur. Berlin, 1906. Mit 14 Abb.

Knoblauch, Oscar [Dr. aus Halle a/S.]: **Absorptions-Spectralanalyse sehr verdünnter Lösungen. . . . Leipzig, J. A. Barth, 1891;** 48 S., 1 Taf. 8°
Erlangen, Phil. Fak., Hab.-Schr v. 1891

Knoblauch, O., u. a., Die thermischen Eigenschaften des gesättigten und des überhitzten Wasserdampfes zwischen 100° und 180° C. Berlin, **1906**.

Knoblauch, Oscar [aus Halle a/S.]: **Untersuchungen über die Bewegung eines flüssigen, homogenen Ellipsoides, in welchem die Elementaranziehung der Entfernung direct proportional ist . . . .** Bonn. Univ.-Buchdr. v. Carl Georgi, **1887**; 2 Bl + 62 S. + 1 Bl. 8°
Bonn, Phil. Fak., Inaug.-Diss. v. 3. Dez. 1887

Knoblauch, Osc., u. Max Jakob, über die spezifische Wärme C_p des überhitzten Wasserdampfes f. Drucke bis 8 Atmosphären u. Temperaturen bis 350° C. (S. 441—446 m. 1 Taf.) gr. 8. München 906. (G. Franz' Verl.) — 20
Sonderabdruck aus: „Sitzungsber. d. bayer. Akad. d. Wiss."

Knoblauch, Osc., u. **Hilde Mollier, über die spezifische Wärme cp des überhitzten Wasserdampfes f. Drucke** bis **8 Atmosphären u. Temperaturen v. 350° C. bis 550°** C., **s.a** Sitzungsberichte **der kgl. bayer. Akademie d.** Wissenschaften. **Mathem.-physikal. Kl. 1910. I.**

Über die spezifische Warme c_p des überhitzten Wasserdampfes für Drucke bis 8 Atmosphären u. Temperaturen von 350° C. bis 550° C. Von Oscar **Knoblauch** u. Hilde Mollier. Mit 1 Taf. München· Franz in Komm. 1910. o S. 8°
(Sitzungsberichte d. Kgl Bayer Akademie d. Wiss. Math.-phys. Kl. Jg. 1910, Abh. 1) (10. 4237

Knoblauch, P. J.: B e s c h r e i b u n g des Seidenbaues ... Nürnberg 1826.

Knoblauch, P. J., Beschreibung d. Seidenbaues, nebst e. ausführl. Anweis. z. Erziehung d. dazu erforderl. weißen Maulbeerbäume. Hrsg. v. Industrie- u. Kultur-Verein in Nürnberg. 2., unveränd. Aufl. 8. (4 B.) Nürnberg 831, Expedition d. Literatur-Anstalt d. Ind.- u. Kultur-Vereins.

Knoblauch, Paul [cand. med. **aus Frankfurt a. M.]: Ein Fall** von Spastischer Spinalparalyse **... München, Buchdr. Kastner & Lossen,** 1895; 34 S. 8.
München, Med. Fak., Inaug.-Diss. v. 1895

von Knoblauch, Rudolph [app. Arzt aus Hatzbach]: Ein Beitrag zur Behandlung der acuten Osteomyelitis ... Marburg, Univ.-Buchdr. '(R. Friedrich)', 1892; 30 S., 1 Bl. 8.
Marburg, Med. Fak., Inaug.-Diss. v [7 Dez.] 1892

Knoblauch, Rudolf, aus Halle a S Die **Rechtsverhältnisse und das Kreditwesen der Lüneburgschen Ritterschaft.**
Berlin 1902: A. Gertz, Charlottenburg. (35 S.) 8°
Berlin, Phil. Diss. v 22. Dez. 1902

Knoblauch, W., Epidemion, od. Annalen d. Epidemieen 2c. u. des Genius d. Krankheiten. 16. gr. 8. Leipz. Mittler. 815.

— üb. die Natur u. zweckmäßigste Heilmethode d. jetzt herrschenden Nervenfiebers. gr. 8. Leipz. Böhme. 813.

Knoblauch, Walter, Rechtsanw.: Nichtigkeit und Anfechtbarkeit einer Ehe. Berlin 1910: G. Schade. 108 S. 8°
Heidelberg, Jur. Diss. v. 5. März 1910, Ref. Endemann
[Geb. 10. Jan. 80 Berlin; Wohnort: Berlin; Staatsangeh.: Preußen; Vorbildung: Joachimsth. Gymn. Berlin Reife O. 98; Studium: Breslau 2, Genf 2, Berlin 4 S.; Rig. 24. Jan. 10.] [U 10. 1910

Knoblauch, Wilh. v., englische Buchhändler-Korrespondenz. (V, 97 S.) gr. 8. Leipzig 903. W. Fiedler. Geb. in Leinw. n.n.n. 3. 50

Knoblauch, Wilh. v., d. moderne Leihbibliothek. (III, 52 S.) gr. 8. Leipzig (909). H. Beyer. 1.50; geb. in Leinw. 2. —

KNOBLECHER, IGNAZ Missionsbericht des (Apostolischen) Provicars für (Mittel-) Afrika Dr. Knoblecher an das Centralkomité des Marien-Vereines zu Wien (Chartum. 16. I. 1852). In: Der kath. Christ. Jg. 4. 1852. Nr. 28 v. 8. VII. 1852, S. 216-222. Nr 29 v. 15. VII. 1852, S. 226 ff. Nr. 30. v. 22. VII. 1852, S. 236-239. Nr. 32. v. 5. VIII. 1852, S 251 bis 254. Nr 34. v. 19. VIII. 1852, S. 269 ff. Nr 35. v. 26. VIII. 1852, S. 286 f. Nr 37 v 9. IX. 1852, S. 293-296.

Knoblich, (Hrsg.), s. K i r c h e . — Von der katholischen Kirche.

Knoblich, August

Knoblich, A., Herzogin Anna von Schlesien. 1204—1265. Erinnerungsblätter zu ihrem 600jähr. Todestage gesammelt. Breslau 865. Aderholz' Buchh. 4. (VII, 176 S. mit 1 Titelkpfr.) n. 1 *℔* 10 *ngr.*

Knoblich, Aug., Chronik von Lähn u. Burg Lähnhaus am Bober. Urkundliche Beiträge zur Geschichte der Städte, Ritterburgen, Fürsten u. Adelsgeschlechter Schlesiens. Mit Illustr. (2 Holzschntaf.) Breslau 863. Aderholz in Comm. 8. (VIII, 260 S.) n. 15 *ngr.*

—— kurze Geschichte und Beschreibung der zerstörten St. Nicolaikirche vor Breslau, nebst ihrer Filiale St. Michaelis in Groß-Mochbern und der mit ihnen vereinten St. Corporis-Christi-Kirche in Breslau. Als Beitrag zur Diözesan- und Kunstgeschichte Schlesiens quellenmäßig zusammengestellt. 8. (III und 160 S. mit eingedr. Holzschn. und 1 Holzschntaf.) Breslau 862, (Aderholz' Buchh.) *

Knoblich, A., Die hl. Hedwig, Herzogin v. Schlesien, a. d. Andechser Grafengeschlecht. (88 S.) Kempten 1890. J. Kösel.

— Leben u. Werke des Malers Michael Lucas Leopold Willmann. 1629—1706. Mit (lith.) Potr. u. Facs. d. Künstlers u. seiner Frau. Ein Beitrag zur Kunstgeschichte Schlesiens. Breslau 868. Goerlich & Coch in Comm. 4. (IV, 30 S.) n. 15 *ngr.*

Knoblich, August, Lebensgeschichte der heiligen Hedwig, Herzogin und Landespatronin von Schlesien. 1174—1243. Festtag den 15. Octbr. Nach den besten ältesten und neuesten Quellenschriften zum ersten Male ausführlich, nebst kurzen Lebensumrissen der übrigen Glaubenshelden der Diöcese Breslau, chronologisch bearb gr. 8. (XXXI und 272 S. mit 2 Bildern der Heiligen in Kpfrst. und Holzschn. in Tondr.) Breslau 860, Schletter'sche Buchh.
Prachtausg. in gr. 4.

—— dass. — 2., unveränd. Ausg. (In 6 Heften.) 1. Heft. gr. 8. (S. 1—48.) Ebendas. (861)62.

— Lebensgeschichte der heiligen Hedwig, Herzogin u. Landespatronin von Schlesien. 1174—1243. Festtag den 15. Octbr. Nach den besten ältesten u. neuesten Quellenschriften zum ersten Male ausführlich, nebst kurzen Lebensumrissen der übrigen Glaubenshelden der Diöcese Breslau, chronologisch bearb. Mit 2 Bildern der Heiligen (in Kpfrst. u. Holzschn.) 860. 1 *℔* — 2. Ausg. Breslau 864. Schletter. gr. 8. (XXXI, 272 S.) n. 20 *ngr.*

— Oswitz bei Breslau. Ein Andenken für seine Besucher. Breslau 867. Aderholz' Buchh. 16. (48 S. mit 1 Titelkpfr., radirt von Bernh. Mannfeld.) 3 *ngr.*

Knoblich, Martin

Erweiterte Generalkarte der Schwäbischen Alb. (Hrsg v. Kgl. Württ. Statist. Landesamt 1905. Maßst. 1:150,000. Bearb. nach d. Karte d. Deutschen Reiches in 1 100,000 von Major a. D. M[artin **Knoblich**.) [1.] Ravensburg. (Stuttgart: Kgl. Statist. **Landesamt 1905**. H Petters.) [gestochen] [kol.] 05. 11757

Knoblich's, Augustin, Lebensbild, s.: Schade, A.

Knobling, Lor., d. Besteuerung d. Gewerbebetriebs im Umherziehen n. d. Gesetze v. 10. III. 1879/20. XII. 1897 unter Berücksicht. d. Bestimmgn. der Gewerbeordnungs-novelle üb. d. Detailreisen. 2., verb. Aufl. 12. (VIII, 168 S.) Miltenberg 898. F. Halbig. n. 1. 20

Knobling, Lor., Gebühren für die Verpflegung der Untersuchungs- und Strafgefangenen, dann der Vaganten-, Polizei-, Militär- und Landwehr-Arrestanten. Mit 4 Tabellen zur Berechnung dieser Gebühren. gr. 8. (IV, 56 S.) Würzburg 876, Staudinger'sche Buchh. *

Knobling, Lorenz, das bayerische Gesetz üb. die Besteuerg. d. Gewerbebetriebes im Umherziehen vom 10. März 1879. Mit Erläutergn. 12. (VI, 215 S.) Miltenberg 892. F. Halbig. Kart. n. 2. —

Knobling, Lorenz, das bayr. Gesetz über die Erbschaftssteuer vom 18. Aug. 1879, nebst den dazugehörigen Vollzugs-vorschriften. Unter Berücksicht. der Landtagsverhandlgn. mit Erläutergn. u. Berechnungstabellen hrsg. 8. (VIII, 112 S. mit 1 lith. Verwandtschaftstab.) Würzburg 879. Staudinger. n. 1. 40

Knobling, L., das bayerische Gesetz üb. die Erbschafts-Steuer vom 18. Aug. 1879. Bearb. auf Grund d. Gesetz-gebungsmaterials u. der Vollzugs-Vorschriften unter Berücksicht. der einschläg. Litteratur u. der Rechtssprechg., insbesondere der Entscheidgn. d. k. Verwaltungsgerichts-hofes. 2., vollständig veränd. Aufl. 8. (XVI, 414 S.) Würzburg 889. Staudinger. geb. n.n. 4. 50

Knobling, L., die Grundentlastung. Gesetz vom 28. April 1872. Nach amtl. Quellen bearb. und mit allen erforderl. Reduktions-Tab. und Formularien versehen. gr. 8. (III, 64 S.) Nördlingen 873, Beck'sche Buchh. *

[F.] Strafrecht der Zoll-, Finanz-, Post- und Gemeindebehörden bei Zuwiderhandlungen gegen die Vorschriften über die Erhebung öffentlicher Abgaben und Gefälle im Königreich Bayern. Nach amtl. Quellen u. unt. Berücks. d. Rechtsprechg u. Praxis dargest. v. L[orenz] Knobling, k. Rentamtmann. *Miltenberg a. M.: F. Halbig 1896.* (VIII. 414 S.) 1 Bd 8. [96. 8784

— **Zinsraten-Tabelle nach der neuen Reichswährung, nebst Reductions-Tabelle zu Art. 15. u. 16. d. Grund entlastungs-Gesetzes vom 28. April 1872. gr. 8. (55 S.) Würzburg 876. Staudinger.** n. 3. —

— **Zins- u. Münztabellen enth. a) die Berechng. der Zinsen von 1 bis 60000 Mark Capital auf alle Tage d. Jahres zu 3, 3¼, 3½, 3¾, 4, 4¼, 4½ u. 5 Prozent, b) die Umrechng. der nord- u. süddeutschen Währgn. in Reichsmünze u. umgekehrt, sowie die Reduktion der bekanntesten ausländ. Münzen in die Reichswährg. nebst den Münzgesetzen vom J. 1871 u. 1873. Lex.-8. (65 S.) Ebend. 874.** 1. —

Knobloch, A., d. Beseitigg. d. Beitragsmarke. gr. 8. (III, 57 S.) Jena 896. G. Fischer. n. 1. —

Knobloch, Adolph. Franc. (geb. Sendits bei Breslau 25. 11. 1820). De pneumonia. Berolini (1844). (27 S.) 8°

Berlin, Med. Diss. v. 3. Sept. 1844

Knobloch, Alfred

Der Hansabund und seine wirtschaftspolitischen Aufgaben. Vortrag geh. v. Dir. d. Hansabundes, Oberbürgerm. a. D. [Alfred] Knobloch, Berlin, in d. Versammlung d. Ortsgruppe Cassel 1910. Cassel 1910 Schneider. 14 S. 8° [11. 2794 4

Knobloch, C. L. E von „Denkschrift über die Benutzbarkeit künstlicher Zahlungs-Mittel zur Erleichterung des Geld-Verkehrs und zur Verbesserung des Staats-Einkommens", Berlin 1828. — Vorh. Bibl. des Kammergerichts Berlin — Oe 2910.

Knobloch, C. L. E. v., über d. Entstehen u. d. dringend nothwend. Abhülfe derjen. Noth, welche jetzt alle Landwirthe drückt, u. üb. d. Pflegung d. Credits aller Gewerbe. In besond. Hinsicht auf d. Preuß. Staat. gr. 8. (4½ B.) Berlin 830, Enslin'sche Buchh.

Knobloch, C. L. E. v., staatswirthschaftl. Vorschläge z. Förderung d. Gemeinwohls d. Völker. (1. Hft. Die Benutzung d. Geld-Stempels betreff.) gr. 8. (14 B.) Berlin 833, (Plahn.) Thlr.

Knobloch, Carl, s. Knobloch, Karl

Knobloch, Christoph (Königsberg/Pr.), De invito nullo praevio facto obligatorio contractus vel delicti. Disp. jur. Präs. Johann Klein. Rostock Aug. 1689. Güstrow (Joh. Michael Rudiger) 1705. (S. 241—308.) (6.80) 18635

Knobloch, Cyr.: De Vratislaviae arce Caesarea. 24 S. 4° – Breslau, kth. St.Mt.G., Progr. 1870.

Knobloch, (Joannes) Cyrillus (Carolus) *(geb. Liebenthal bei Löwenberg in Schles. 5. 3. 1827)* Gregorii Bar-Hebraei scholia in psalmum LXVIII. e codicibus mss. Syriacis bibliothecae Florentinae et Clementino-Vaticanae et Bodleianae Oxoniensis primum edita et annotationibus illustrata. Vratislaviae (1852). (57 S.) 8°

Breslau, Phil. Diss. v 24. Juli 1852

KNOBLOCH, Eduard: Ueber Nervendehnung.- Leipzig-Reudnitz: Hoffmann 1890. 22 S. 6.12.1889 - Chr 1889/90,27; Jv 1889/90,225 (Prom.-Datum: 1890)
Diss. Ingolst.-Landsh.-Mchn.

Knobloch, F. H., s. Höllenmaschine.

Kurzgefaßte Düngerlehre Ein Wegweiser f. d. prakt. Landwirt. Von F[ranz] Knobloch. 2. Aufl. Neiße A. Menzel 1905. (44 S.) 8° [F.] [05. 8689 2

Knobloch G.: Schulrath Josef Frank. †. 4. Marburg R. 98. **Progr.**

Knobloch G.: Geschichtsabriss der Anstalt 21. Marburg R. 96. **Progr.**

— Prof. Emil Gugel. †. 8. ibd. 00. **Progr.**

— Das erste Halbjahrhundert der Marburger Realschule. 2. ibd. 00. **Progr.**

— Zum 50jährigen Regierungs-Jubiläum Sr. Majestät des Kaisers. 8. ibd. 98. **Progr.**

— Über Transf. in der orthogonalen Axonometrie m. 2 Taf. 10 ibd. 84.

Knobloch G.: **Über combinirte Transformation in der Centralprojection mit 1 Tafel. 8. Marburg R. 75.**

— Über Transform. in der schiefen Projection. 13. u. 2 Taf. ibd. 76.

— Transf. in der cotierten Projectionsmethode m. 2 Taf. 26 ibd. 85. Progr.

Knobloch, Georg von, appr. Arzt a. Königsberg i. Pr.: Aus der Poliklinik für Haut- und Geschlechtskrankheiten zu Rostock. ⟨Direktor: Prof. Dr. Wolters.⟩ Über familiäres Vorkommen von Lichen ruber planus. Rostock 1907: Adlers Erben. (36 S.) 8°

Rostock, Med. Fak., Ref. Wolters, Diss. v. 20. März 1907
[Geb. 11. Apr. 81 Essen a. d. Ruhr; Wohnort: Königsberg i. Pr.; Staatsangeh.: Preußen; Vorbildung: Wilhelms-Gymn. Königsberg i. Pr. Reife O. 99; Studium: Königsberg 6, München 1, Rostock 2 S.; Coll. 13. Aug. 06; Approb. 4. März 04.]

Knobloch, Heinrich [aus Breslau]: Die Streitgedichte im Provenzalischen und Altfranzösischen . . Breslau, Druck v. Wilh. Gottl. Korn, 1886; 4 + 81 S. 8°
Breslau, Phil. Fak., Inaug.-Diss. v. 26. Jun. 1886.

Knobloch, Herm., Linear- u. Projektionszeichnen, s.: Krause, Wilh., prakt. Handbuch f. den neuzeitl. Zeichenunterricht.

Knobloch, Hermann: Über die Reform im Zeichenunterricht. Breslau 1908: Grass, Barth & Co. 26 S. 8°
Breslau, st. kath. R P 1908 (293) [S 08. 240

Knobloch, J, s. Kindler v. Knobloch, J.

Knobloch, J. A., Das Projekt d. Mosel-Saar-Kanals. Wien 1879. 8°. brosch (44 S.)

Knobloch, J. D. —. Aphorismen. Eine Sammlung gewählter Stellen aus den Werken der besten Schriftsteller. Für die reifere Jugend und ihre Erzieher. Zum Druck vorbereitet und herausgegeben von — —. Im Verlage des Verfassers. Kuttenberg 1855. Buchdruckerei von Franz Prochazka. (192 S. 8.)

Knobloch, Ida: Unsere höheren Töchterschulen. Welche Gefahren liegen in ihrer Organisation u. wie ist denselben zu begegnen? Ein Wort an Eltern u. Jeden, der sich mit Unterricht u. Erziehung d. Mädchen beschäftigt. — Breslau: Woywod 1884. 44 S. 8°

Knobloch, Johann

— s. Bourgelat, Anweisung.

Knobloch, Johann (Übers.):

s.: Lafosse, (Étienne Guillaume): Lehrbegriff der Pferdarzney. (Cours d'hippiatrique, ou traité complet de la médecine des chevaux... Dt.) Bd 1 - 4. Prag u.Leipzig: 1787 - 1788

JB 5.885

Knobloch, Johann (Hrsg.):

s.a. Sammlung der vorzüglichsten Schriften aus der Thierarzney. Bd 1 - 2. Prag: 1785 - 1786

JB 5.884

Knobloch, Jh., Samml. d. vorzügl. Schriften aus d. Thierarzneikunst. 2 Bde. 8. Prag 785, 86. Widtmann. 1 ℔ 4 𝔤

Knobloch, Jos. A., die Beseitigung der Ueberschwemmungen nach einem „neuen System". Lex.-8. (16 S.) Wien 879. Spielhagen & Schurich. n. — 80

—— das Project des Mosel-Saar-Canals. gr. 8. (V, 44 S.) Ebendas. 879. *

Knobloch, Karl, Augenblicksbilder zur Feldgeschützfrage. (47 S. m. Abbildgn. u. 14 Taf.) gr. 8. Wien 903. L. W. Seidel & Sohn. n. 2. —

Knobloch, Carl [aus Beuthen (Ober-Schlesien)] Zur Kenntniss des Orthocymol's und seiner Derivate Freiburg i. B., Univ.-Buchdr. v. Chr. Lehmann, 1887, 35 + 1 S. 8°
Freiburg i. B., Phil. Fak., Inaug.-Diss. v. 1887

Knobloch, Ludwig, a. Offenheim in **Rheinhessen: Das Territorium der Stadt Strassburg** bis **zur Mitte des 16. Jahrhunderts** ⟨nebst e. Karte⟩. Leipzig-Reudnitz 1908: A. Hoffmann. (155 S.) 8°
Straßburg, Phil. Fak., Ref. Wiegand, Diss. v. 23. Nov. 1907
[Geb. 28. März 83 Offenheim; Wohnort: Offenheim; Staatsangeh.: Hessen; Vorbildung: Gymn. Worms Reife O. 02; Studium: Kiel 1, Straßburg 9 S.]

Knobloch, Ludw., das Territorium d. Stadt Strassburg bis zur Mitte des 16. Jahrh. (nebst 1 Karte). (152 S.) gr. 8. Strassburg 908. K. J. Trübner. 3. 50

Knobloch, Luise v., geb. Waagen, gemischte Ehen. Roman. gr. 8. (367 S.) **Leipzig 891.** W. Friedrich. n. 6. —; geb. n.n. 7. —

Knobloch, M. Dr. „Das Eisen in physikalischer, chemischer und mineralogischer Beziehung. pg. 19—36. 4°. Joh. Paul Adolph Junge.
Erlangen, Progr. 1841/42

Knobloch, M., der Galvanismus in sein. technischen Anwendung seit d. Jahre 1840, od. Galvanoplastik ꝛc. Für Natur- u. Kunstfreunde, wie auch z. techn. Gebrauche dargestellt. gr. 8. (8 B. u. 1 Bl. Schriftproben.) Erlangen 842, Enke's Vrlgsh.*

Knobloch, M. Dr. (Subrector) „Das Verbrennen und die Brennstoffe". pg. 3 bis 16. 4° Mit 2 Textabbildungen. Beck'sche Off.
Nördlingen, Progr. 1844/45

Knobloch, Martin [Praes.], s. Hertzberger, Jonas Christian: De distinctione causae impulsivae in principalem et minus principalem.

Knobloch, Martin [Praes.], s. Jentsch, Johann Christoph. De fine logices an in communicatione veritatis consistat

Knobloch, Otto (Rob.) (geb. Dyhernfurth 12. 1. 1824) De Chinae corticibus eorumque usu. Berolini (1852). (25 S.) 8°
Berlin, Med. Diss. v. 30. Sept. 1852

Knobloch, Paul, die Arztfrage bei der Revision des Kranken-Versicherungsgesetzes. Lex.-8. (16 S.) Berlin 901. Grunewald, Verlag der Arbeiter-Versorgg. A. Troschel. n. — 60
Sonderabdruck aus: „Arbeiter-Versorgung".

Knoblauch, Paul: Ueber die Operation **incarcerierter Hernien im** ersten Kindesalter. . . . *Breslau*, Druck d. **Bresl.** Gen.-Buchdr., E. G. (1890); 59 + 1 S. 8°
Breslau, **Med. Fak.,** Inaug.-Diss. v 25. Jan. 1890

Knobloch, Reinhold Das römische Lehrgedicht bis zum Ende der Republik. 24 S. **Progr.** *Rossleben* 1881

Knobloch, *Reinhold: Vigilie, gehalten am 19. November 1898 zum Andenken ehemaliger Klosterangehöriger* 4 (S. 14—15). **Progr.** Klostersch. *Roßleben* 1899

Knobloch, [Reinhold], stellv Rektor Prof. [**Vigilie**, gehalten am 19. Nov. 1898 zum Andenken ehemaliger Klosterangehöriger.] ***Görlitz 1899: Görlitzer Nachrichten u. Anzeiger.*** (S. 14—15.) 4° [F.] ¶ [Vgl. Progr 1898.]
Rossleben, Kloster-S, P 1899 (259)

Knobloch, W., die wichtigsten Kalender der Gegenwart. Eine Darstellung des gesammten Kalenderwesens. gr. 8. (90 S.) Wien 885, (Pichler's Wwe. und Sohn.) *

Knobloch, W., Messapparate u. Messmethoden, s.a. **Leiner's** techn. Bibliothek. 2. Bd.

Knobloch W. Messapparate u Messmethoden für elektrische Stark- u Schwachstromanlagen. (263 S) Leipzig 1910

Knobloch, W., über Meteorerscheinungen. Populärer Vortrag, gehalten zu Warschau am 11. März 1868. Berlin 868. Gaertner. gr. 8. (29 S.) n. 5 *ngr.*

Knobloch, W*enzel* Über Ären und deren Umrechnung (Umschlagtitel: Die Ären) 8 (S. 19—63).
Progr. Deutsche Staatsrsch. *Karolinenthal* 1888

Knobloch, Wenzel Beitrag zur konstruktiven Theorie der windschiefen Kegelflächen zweiter Ordnung. 17 S. 8. *Karolinenthal (Prag)* 1880. Progr.

Knobloch W.: Die wichtigsten Kalender der Gegenwart. Eine Darstellung des gesammten Kalenderwesens. 88. Karolinenthal R. 85.
Progr.

Knobloch, Hauptmann Wilhelm, Lehrer in der Schiessschulabtheilung der Festungs-Artillerie. Anleitung zum Gebrauche der „Messkarte" (Mit einer Messkarte.) 2. veränderte Auflage 8. Wien 1901.

Knobloch, Wilh., verstecktes Gewehrfeuer. Vorschläge zur Erhöhg. des Gefechtswertes unserer Infanterie. Mit 1 Messplatte aus Karton u. 1 Fig.-Taf. (15 S.) gr. 8. Ebd. 904. n.n. 1.—

Knobloch, Wilh., die „Kanoniere v. Lissa". Zur Erinnerg. an die heldenmüth. Vertheidigg. der Insel Lissa durch die österreich. Artillerie am 18., 19. u. 20. Juli 1866. Mit 2 Plänen u. 4 Beilagen. gr. 8. (84 S.) Pola 896. (F. W. Schrinner.) n. 1. 70

— die Munition d. k. u. k. Land- u. Schiffs-Artillerie in Tabellen. Als Nachschlagebehelf zusammengest. Tabelle I u. II. à 71×31 cm. Pola 895. (F. W. Schrinner.) à n. — 85
I. Feld- u. Festungs-Artillerie. — II. Schiffs-Artillerie.

Knobloch, Hauptmann, Wilhelm, Lehrer an der Schiessschulabteilung der Festungsartillerie. Die Munition der k. u. k. Land- und Schiffs-Artillerie. Als Orientierungsbehelf tabellarisch zusammengestellt 4. veränderte Auflage. (1 Tabelle.) 8. Wien 1903.

Knobloch, Wilh., die Portée-Differenzen u. ihr Einfluss auf das Schiessen. Versuch zur Entwicklg. e. rationellen Methode behufs genauen Einschiessens v. Batterien des Festungskrieges. (Mit 2 Fig.-Taf. u. Schiessbeispielen.) gr. 8. (52 S.) Wien 893. Verlagsanstalt „Reichswehr". n. 1. 70

Knobloch, Wilh., Sammlung v. Schießaufgaben nebst Lösungen. Mit Berücksicht. der neuen Schießvorschrift u. der neuen reglementaren Bestimmgn. f. das Feuergefecht der Festungs-Artillerie bearb. Mit 1 Plan u. 24 Beilagen. gr. 8. (IV, 37 S.) Wien 899. (L. W. Seidel & Sohn.) n. 2. 60

Knobloch, Hauptmann Wilhelm, Lehrer an der Schiessschulabtheilung der Festungs-Artillerie Sammlung artilleristischer Schiessaufgaben nebst Lösungen. Mit Berücksichtigung der neuen, das Schiesswesen der Festungs Artillerie betreffenden Vorschriften applikatorisch bearbeitet 2 gänzlich neu bearbeitete Auflage Mit 1 Planskizze, 1 Figurentafel, 2 Ansichtsskizzen und 14 Schiessbeispielen 8 Wien 1901.

— Sammlung artilleristischer Schiessaufgaben nebst Lösungen. Mit Berücksicht. der das Schiesswesen der Festungsartillerie betr. Vorschriften applikatorisch bearb. 3. neu bearb. Aufl. Mit 17 Beilagen. (50 S.) gr. 8. Ebd. 903. n.n. 4.—

— Schaltungsbuch f. Schwachstrom-Anlag., s.: **Lindner,** Max.

Knobloch, v., s.: Schießvorschrift, die, der französ. Infanterie.

— Der Selbstinstallateur elektr. Hausanlagen, s.: Lehrmeister-Bibliothek. Nr. 12—14. (Hecht, A.)

— zur Technik des Schiessens der Artillerie gegen Ziele in Bewegung auf Grund der Schiessregeln. Mit 1 Fig.-Taf. gr. 8. (36 S.) Ebd. 902. n. 1.—

Das Handelskammer-Gebäude zu Halle a.S. Denkschrift z. Einweihung am 12. Mai 1902 (Verf. Knoch & Kallmeyer [Heinrich] Walbe.) *(Halle a. S. 1902: R. P. Nietschmann.)* (14 S.) 8° [F.] [illegible] 3

Knoch u. Kallmeyer, das System Kleine. Neue feuer- u. schwammsichere Decke. gr. 16. (36 S. m. Fig.) Halle a/S. 893. (L. Hofstetter.) n. — 60

Knoch, A., d. Dachschiefer in d. Praxis. Bezugsquellen, Deckg., Verdingg. u. Vorschläge zur Hebg. d. deutschen Schieferindustrie. gr. 8. (43 S.) Berlin 895. W. Ernst & Sohn. n. 1.—

Knoch A. der Dachschiefer in der Baupraxis. (43 S) Berlin 1905

KNOCH, A.: Holzfußboden und Bauholz, deren Eigenschaften und Verwendung bei der Bauausführung. Handliche und übersichtliche Anweisung zur Erlangung guten Holzmaterials nach den Erfahrungen der Praxis. - Hannover 1893. 24 S., m. Fig.

August Wilhelm Knoch

Beiträge zur Insektengeschichte. Von August Wilhelm Knoch. St. 1-3. Leipzig: Schwickert 1781-1783. 1 Bd 8°
St.1: 1781.
St.2: 1782.
St.3: 1783.

— neue Beitr. zur Insektenkunde. 1r Bd., mit ill. Kpf. gr. 8. Leipz. 801. Schwickert. 3 ₰ 12 ₰

Knoch, B. D., Nachrichten von der Bibliothek in Wolfenbüttel. 10 Stücke u. Anh. 8. Wolfenbütt. Albrecht. 750.

Knoch, C., die Magermilch-Verwertung in den Molkereien. Eine Zusammenstellg. der verschiedenen Verwertungsmethoden auf Grund der period. u. der Patentliteratur, sowie nach privaten Mitteilgn. der Erfinder. (VIII, 222 S. m. 41 Abbildgn.) gr. 8. Leipzig 903. M. Heinsius Nachf. n. 4.—

— neuere Milchpulver, ihre Herstellungsmethoden u. ihre Bewertung. (24 S.) 8. Ebd. 904. n. — 50

— die städtische Milchzentrale. Vorschläge f. Anlage u. Betrieb v. Einrichtgn. zur Versorgg. großer Städte m. hygienisch einwandfreier Konsummilch. (VII, 175 S. m. 49 Abb. u. 1 Taf.) gr. 8. Ebd. 906. n. 4.—; geb. n. 5.—

Knoch, Christian. Frid. (geb. Liebschütz in Thür. 27. 5. 1840) De diabete mellito. Berolini (1865). (32 S.) 8°
Berlin, Med. Diss. v. 3. Aug. 1865

Knoch, Clemens, s. Knoch, Klemens

Knoch, E., deutsche Sprachlehre, s.: **Müller,** A.

Knoch's, E., leichtfassliche Zuschneide-Methode für Herrenbekleidung zum Selbstunterricht bearb. 15. Aufl. Meissen 868. (Moschc.) gr. 4. (8 Steintaff. u. 1 Tab. in Fol.) n. 20 *ngr.*

Knoch, *Eduard Festrede am Geburtstage Sr Majestät des Kaisers.* 4 (S. 18—19).
v. Conradisches Provinzial-Schul- u. Erziehungs-Institut Rprg. *Jenkau* bei *Danzig* 1891 (49).
Progr.

Knoch, Ed., Untersuchungen üb. die Morphologie, Biologie u. Physiologie der Blüte v. Victoria regia, s.a. Bibliotheca botanica. 47. Hft.

Knoch, Eduard: Untersuchungen über die Morphologie, Biologie und Physiologie der Blüte von Victoria regia. *Marburg 1897: (F. Scheel, Cassel).* (56 S.) 4°
Marburg, Phil. Diss. v [15. Dez.] 1898

Untersuchungen uber die Morphologie, Biologie und Physiologie der Blüte von Victoria regia. Von Dr Eduard Knoch. M 6 Taf. *Stuttgart: E. Nägele 1898.* (3 Bl., 60 S., 6 Taf.) 1 Bd 4
= Bibliotheca botanica. H 47. [09. 5173]

Knoch, Eduard: Über den Zahlbegriff und den ersten Unterricht in der Arithmetik. Danzig, Druck v. E. Groening, 1892; 34 S. 8.
Jenkau b. Danzig, RPG (v Conradisches Prov.-Schul- u. Erz.-Inst.), OP 1892 (40)

Knoch, Franklin Emil: Ueber Cyclohexanone. *Göttingen 1897: Dieterich.* (45 S.) 8°
Göttingen, Phil. Diss. v. [11 Aug.] 1897

Knoch, Friedrich. Schweizerisches Kriegslied von Dr. Robert Weber für Männerchor mit Begleitung von Blechinstrumenten. Den schweizerischen Wehrmännern gewidmet. In-8°. Aarau, H. R. Sauerländer. 1881

Knoch, Fridericus Ferdinandus (Rossvina Saxus)
Dissertatio inauguralis medica sistens meletemata quaedam ad physiologicam nervi sympathici spectantia.
Giessae: Schröder 1824. 32 S.
Diss. med. 13.12.1824. vorh. 7.

Knoch, Frid. Phil. (Frankfurt a. M.), De laudatione et nominatione authoris ad praxin in specie judicii camerae imperialis accommodata. Diss. jur. Giessen (Eberh. Heinr. Lammers & Joh. Jac. Braun) 27. III. 1749. 52 S. (6.80) 18637
Gew.: Johann Jacob Zwirlein.

Knoch, Geo. Ludolf

— wiederholte bescheidene lutherische Antwort auf die in diesem Jahr röm.-kathol. Seits wiederholten Motiven, dadurch eine Durchl. Person 1710 zum Abtritt von d. evangel. zur röm. Kirche soll bewogen seyn. 8. Braunschw. u. Hildesh. 755.

Knoch, Geo. Ludolf, († d. 30. März 1783.) Bibliotheca biblica, d. i. Verzeichniß d. Bibelsamml. d. Fürstin Elise Sophia Maria, verwittw. Herzogin zu Braunschweig. 8. Braunschw. 752.

— von Joh. Calvin's Buch Interim adultero-germanicum. 8. Hamb. 776.

— s. histor.-krit. Nachr. von d. ansehnl. Bibelsamml., die sich zu Braunschweig in d. hochfürstl. Grauenhofs-Bibliothek befindet, u. setze hinzu: (v. G. L. Knoch).

Knoch, Heinrich, appr. Arzt Vier Fälle von Resektion des karzinomatösen Pylorus. Erlangen (1905): Junge & Sohn. (30 S.) 8°
Erlangen, Med. Fak., Ref. v. Heineke, Diss. v. 3. Nov. 1905
[Geb. 26. Febr 55 Blumenthal a. Weser, Wohnort Essen; Staatsangeh. Preußen. Vorbildung Gymn. Bremen Reife 74; Studium: Göttingen 1 Erlangen 9 S., Coll. 4 Juni 85; Approb. 24. März 80.]

Knoch, J., die Naturgeschichte des breiten Bandwurms, s.a. Mémoires de l'académie impériale des sciences de St.-Pétersbourg. 7. Série, Tome V. Nr. 5.

Knoch J.: Die Naturgeschichte d. breiten Bandwurms (*Bothriocephalus latus Auctt.*) m. besond. Berücks. seiner Entwickelungsgeschichte St. Petersb. 1862. 134 S. 2 Tvl. 4°.
(Mémoires de l'Académie impériale des sciences de St. Pétersbourg. Sér. 7. Tome 5. No. 5).

Knoch J.: Mikroskopische Studien auf dem Gebiete d. Parasitenlehre Vorläufige Mittheilungen. (St. Petersb. 1866). 15 S. 4°.

Knoch: Ueber die Verbreitung d. menschlichen Cestoden auf dem Continente West-Europa's. Berl. 1864. 30 S. (Sertr.). P

Knoch, Joach. Hnr., s. Babrii fabulae.

Knoch, Karl

Knoch, K., ein Beitrag zur Kenntnis der Temperatur- u. Feuchtigkeitsverhältnisse in verschiedener Höhe üb. dem Erdboden, s.a Veröffentlichungen des königl. preuss. meteorolog. Instituts. Nr. 214.

Knoch, K[arl]: Ein Beitrag zur Kenntnis der Temperatur- und Feuchtigkeitsverhältnisse in verschiedener Höhe über dem Erdboden. Von –. Berlin: Behrend 1909. 29 S. 4°
(Veröffentlichungen d. Kgl. Preuß. Meteorolog. Instituts. Nr 214. Abhandlungen. Bd. 3, Nr. 2.)

Knoch, Karl, a. Marburg: Die Niederschlagsverhältnisse der Atlasländer. Marburg 1906: (Gebr. Knauer, Frankfurt a. M.). (86 S.) 8°
Marburg, Phil. Fak., Ref. Fischer, Diss. v. 13. Dez. 1906
[Geb. 19. Jan. 83 Marburg a. L.; Wohnort: Berlin; Staatsangeh.: Preußen; Vorbildung Oberrealsch. Marburg a. L. Reife O. 01; Studium: Marburg 8 S.; Rig. 13. Juni 06.]

Knoch, Karl [k. Militärveterinär 1. Cl. aus Amorbach]: Topographie des Excretions-Apparates und Nervensystems von Distomum lanceolatum Würzburg, Köhl & Hecker'sche Buchdr., 1894; 18 S., 1 Bl. 8.
Würzburg, Phil. Fak., Inaug.-Diss. v 1894

Knoch, Klemens

Knoch, Clemens: Aus d. chir. Abt. d. Diakonissenh. zu Leipzig-Lindenau (Chefarzt Sick). Über Intussusception des Darmes. Borsdorf-L. 1910: Hoppe. 31 S. 8°
Leipzig, Med. Diss. v. 9. Juli 1910, Ref. Trendelenburg
[Geb. 27 März 78 Weckersdorf; Wohnort: Leipzig; Staatsangeh.: Reuß j. L.; Vorbildung: Gymn. Schleiz Reife O. 98; Studium: Leipzig 4, Freiburg i. B. 1, Leipzig 18 S.; Coll. 20. Juli 10.] [U 10. 3007

Knoch, Max: Aus dem chemischen Institut der Universität Breslau. Über Löslichkeiten in Lösungsmittelgemengen. Breslau 1905: H. Fleischmann. (38 S.) 8°
Breslau, Phil. Fak., Ref. Ladenburg, Diss. v. 22. Dez. 1905
[Geb. 28. Dez. 78 Langewiese, Kr. Oels; Wohnort: Breslau; Staatsangeh.: Preußen; Vorbildung: Realgymn. z. hl. Geist Breslau Reife O. 00; Studium: Breslau 9 S., Rig. 6. Dez. 05.]

Knoch, Reinhold

Knoch, R., landwirtschaftl. Baukunde, s. a. Bibliothek der gesamten Landwirtschaft.

Knoch R.: Landwirtschaftliche Baukunde. 3 T. Hann. 1908—09. 112, 106, 113 S. Fig. 1 Tvl.
(Bibliothek d. gesamten Landwirtschaft. Bd. 43—45).

Landwirtschaftliche Baukunde. Von Reg.Baumeister R[einhold] Knoch. Mit 177 Abb. Bd 1—3. Hannover: Jänecke [1910]. 8°
(Bibliothek d. gesamten Technik. Bd 144.) [11. 11733 7

Knoch, R(ichard), prakt. Arzt ⟨Aus d. med. Klinik Jena.⟩ **Ein Beitrag zur Kenntnis der cerebrospinalen Lues.** *Jena 1904: G. Neuenhahn.* (30 S.) 8°
Jena, Med. Diss. v. (24. März) 1904

Knoch, Sigmund, gepr. Rechtspraktikant a. Schliersee: Die allgemeinen Grundsätze des Bayerischen Forststrafrechtes. Nürnberg 1908: U. E. Sebald. (VIII, 224 S.) 8°
Würzburg, Jur. Fak., Ref. Oetker, Diss. v. 1. Juni 1908
[Geb. 30. Juni 81 Gunzenhausen; Wohnort: Schliersee; Staatsangeh.: Bayern; Vorbildung: Gymn. Regensburg Reife Juli 00; Studium: München 6, Lausanne 1, Würzburg 1 S.; Rig. 15. Jan. 08.]

Knoch, W., Predigt, am 6. Aug. 1843 als am Tage des Gedächtnisses der tausendjähr. Selbständigkeit Deutschlands, gehalten in der Kirche zu Harbke. gr. 8. (1 B.) Helmstedt 844, Fleckeisensche Buchh.

Knoch, Wilhelm [aus Schwerin in Mecklenburg] Über die Berechtigung der seitlichen Incisionen der Cervix bei unvollkommen eröffnetem Muttermunde ... Berlin, Buchdr v Gustav Schade (Otto Francke) (1888); 30 S + 1 Bl 8°
Berlin. Med. Fak., Inaug.-Diss. v. 5. Mai 1888

Knoch, Wilh., Geschichte des Schulwesens, besonders der lateinischen Stadtschule zu Helmstädt. 3 Abthlgn. 4. (202 S.) Braunschweig 860—62. (Leipzig, T. O. Weigel.) *

Knoch, [Wilhelm]. Jubiläums-Bericht über den fünfzigjährigen Bestand der toggenburgischen Erziehungsanstalt Hochsteig bei Wattwil. Erstattet von Pfr. K' in Krinau. 16. Mai 1901 ([und] 49. Jahres-Rechnung 1900). [Mit 1 Ansicht.] II + 24 S. 8. Wattwil, J. Rutz, 1901.

Knoche, A. Vergilius quae Graeca exempla secutus sit in Georgicis. Diss. 1877. 58 S. 6.—

Knoche, August Gottfried (Halberstadt), De lacte mulierum. Diss. chem.-med. Halle (Semmler) 5. IV. 1845. 31 S. mit Biogr. (M.: Bodenstein.) (5.50) 18638
Oppon.: Lud. London, Armin Fritzsche. — Gew.: August Jacob.

Knoche, C. G., s. Knoche, Kaspar Gottfried

Knoche, Caspar Heinrich, s. Knoche, Kaspar Heinrich

Knoche, Ernst, Assist. f. Zool. an d. techn. Hochsch. Karlsruhe Beiträge zur Generationsfrage der Borkenkäfer. *Halle a. S. 1904 (H. Beyer & Söhne in Langensalza).* (44 S.) 8° [J.]
¶ (Enthält nur T. 1. 2., der Schluß erschien in Forstwiss. Centralbl., Jg. 1904.)
Halle, Phil. Diss. v. 1904

Knoche, Franz [aus Herdringen]: Aus d. chirurg. Klinik zu Bonn. Ueber Lipome der Mundhöhle .... Siegburg, Druck v. Wilh. Reckinger, 1888; 88 S. + 1 Bl. 8°
Bonn, Med. Fak., Inaug.-Diss. v. 11. Jul. 1888

Knoche, Georg *Adolf Wilhelm* [aus Gr. Heere, Prov. Hannover]: Über die aus der komplexen Multiplikation der elliptischen Funktionen entspringenden algebraischen Gleichungen. (Gekr. Preisschr.) Marburg, *Druck v. F. Vieweg & Sohn in Braunschweig,* 1892; 3 Bl., 38 S., 1 Bl. 8.
Marburg, Phil. Fak., Inaug.-Diss. v. [29. Dez.] 1892

Knoche, Heinrich

Knoche, H., theoretisch-prakt. Anleitung zur Erteilung des Rechen- u. Raumlehrunterrichtes f. Lehrerbildungsanstalten u. Volksschullehrer. Ein neuer Versuch zur Lösung der Frage: „Wie wirkt der Rechenunterricht sittl. Bildg.?" (XVI, 172 S.) 8. Arnsberg 908. J. Stahl. Geb. in Leinw. 2. 50

Rechenaufgaben zur Kranken-, Unfall-, Invaliden- und Altersversicherung. Mit Zugrundeleg. d. Invalidenversicherungsges. v. 13. Juli 1899. Von H. Knoche. Ausg f. Lehrer. *Arnsberg: J. Stahl 1900.* (4, 8 S.) 8° [J.] [01. 2468 6

Rechenaufgaben zur Kranken-, Unfall-, Invaliden- und Altersversicherung. Mit Zugrundeleg. d. Invalidenversicherungsges. v. 13. Juli 1899. Von H Knoche. Ausg. f. Schüler. 3. neubearb. Aufl. *Arnsberg: J. Stahl 1900.* (8 S.) 8° [J.] [01. 2469 6

Knoche, H., Rechenbuch. 1. Heft, Ausg. Nr. 1 u. 2, u. 2—4. Heft. 8. Arnsberg 878—81. Stahl. n. 2. 5
I. 1. 8. Aufl. (20 S.) n. — 15. — I. 2. 2. Aufl. (36 S.) n. — 20. — II. 12. Aufl. (103 S.) n. — 40. — III. 10. Aufl. (131 S.) n. — 50. — IV. 2. Aufl. (156 S.) cart. n. — 80

— dasselbe. Antworten zum 2—4. Heft. 8. Ebend. 878—81. n. 1. 60
2. 2. Aufl. (44 S.) n. — 50. — 3. 3. Aufl. (55 S.) n. — 50. — 4. (66 S.) n. — 60

Knoche, H., Rechenbuch. 4 Hefte. 8. Arnsberg, Stahl.
Inhalt:
Heft 1. Ausg. 1. Rechenfibel für Schulen, in welchen die Kinder des zweiten Schuljahres allein oder in Verbindung mit denen des ersten Schuljahres unterrichtet werden. 8.—11. Aufl. (20 S.) 881—83. * 15 Pf. — Ausg. 2. Für die Kinder des dritten Schuljahres. 3. Aufl. (36 S.) 881. * 20 Pf.
„ 2. Kopf- und Tafelrechen-Übungen für die Mittelstufe. 12.—16. Aufl. (103 S.) 881—84. * 40 Pf.
„ 3. Kopf- und Tafelrechen-Übungen für die Oberstufe. 10.—13. Aufl. (131 S.) 881—84. * 50 Pf.
„ 4. Kopf- und Tafelrechen-Übungen für Mittelschulen (Rektorats-, Bürger- und Fortbildungsschulen), sowie für die oberen Klassen gehobener Volksschulen. 2. umgearb. und verm. Aufl. (156 S.) 881. * 80 Pf.

—— dass. — Antworten zum 2., 3. und 4. Hefte. 8. Ebendas. [2. Heft. 2. und 3. Aufl. (34 S.) 881,84. * 50 Pf.; 3. Heft. 3. und 4. Aufl. (55 S.) 878,84. * 50 Pf.; 4. Heft. 2. Aufl. (66 S.) 881. * 60 Pf.] *

Knoche, H., Rechenbuch. 1. Hft. Ausg. Nr. 1. Rechenfibel f. Schulen, in welchen die Kinder d. 2. Schuljahres allein, od. in Verbindg. m. denen d. 1. Schuljahres unterrichtet werden. 11. Aufl. 8. (20 S.) Arnsberg 883. Stahl. n. — 15

— dasselbe. 1. Hft. Ausg. Nr. 2. Rechenfibel f. Schulen, in welchen die Kinder d. 3. Schuljahres allein, od. in Verbindg. m. denen d. 2. Schuljahres unterrichtet werden. 7. Aufl. 8. (36 S.) Ebend. 886. n. — 20

— dasselbe. 1. Hft. Neue Bearbeitg. A. Ausg. f. Lehrer. Enth. mündl. u. schriftl. Übgn. f. das 3., 4. u. 5. bez. 3. u. 4. Schuljahr. gr. 8. (IV, 198 S.) Ebend. 886. n. 1. 80; cart. n. 2. 25

— dasselbe. 1. Hft. Neue Bearbeitg. B. Ausg. f. Schüler. 19. Aufl. einschließlich der früheren Bearbeitg. 8. (56 S.) Ebend. 886. n.n. — 25

— dasselbe. 2. u. 3. Hft. Kopf- u. Tafelrechen-Übgn. 8. Ebend. n. — 90
2. Mittelstufe. 19. Aufl. (103 S.) 886. n.n. — 40
3. Oberstufe. 14. Aufl. (131 S.) 885. n.n. — 50

— dasselbe. Antworten zum 2. u. 3. Hft. 8. Ebend. 884. à — 50
2. 3. Aufl. (34 S.) — 3. 4. Aufl. (55 S.)

Knoche, H., Rechenbuch. 4 Hefte. 8. Arnsberg, Stahl.

Inhalt:

Heft 1. Ausg. 1. Rechenfibel für Schulen, in welchen die Kinder des zweiten Schuljahres allein oder in Verbindung mit denen des ersten Schuljahres unterrichtet werden. 14.—16. Aufl. (20 S.) 887,88. * 15 Pf. — Ausg. 2. Für die Kinder des dritten Schuljahres allein, oder in Verbindung mit denen des zweiten Schuljahres. 7. Aufl. (36 S.) 886. * 20 Pf.

" 2. Kopf- und Tafelrechen-Übungen für die Mittelstufe. 19. Aufl. (103 S.) 886. * 40 Pf.

" 3. Kopf- und Tafelrechen-Übungen für die Oberstufe. 14. und 15. Aufl. (131 S.) 885,86. * 50 Pf.

" 4. Kopf- und Tafelrechen-Übungen für die Mittelschulen (Rektor-, Bürger- und Fortbildungsschulen), sowie für die oberen Klassen gehobener Volksschulen. 3. Aufl. (156 S.) 887. cart. * 80 Pf.

(Die vorstehende alte Bearbeitung wird nicht mehr neu aufgelegt.)

—— dass. — Neue Bearbeitung. Ausg. A. Für Halbtags-, einklassige und diesen nahestehende Schulen. Ausg. für Schüler. 2 Hefte und 1 Zugabe. 8. Ebendas. *

Inhalt:

Heft 1. Schriftliche Uebungen für den 4. und 5. Jahrg. 19. und 20. Aufl. (52 S.) 887,88. * 25 Pf. — Zugabe zum 1. Heft u. d. T.: Rechenfibel für das dritte Schuljahr. (20 S.) 888. * 15 Pf.

" 2. Schriftliche Uebungen für die Oberstufe. 16. und 17. Aufl. (64 S.) 887,88. * 30 Pf.

—— dass. — Ausg. für Lehrer. 2 Hefte. 8. Ebendas. geb. à Heft *M 2.25. *

Inhalt:

Heft 1. Mündliche und schriftliche Uebungen für die Mittelstufe. (182 S.) 886.

" 2. Mündliche und schriftliche Uebungen für die Oberstufe. (198 S.) 887.

—— dass. — Neue Bearbeitung. Ausg. B. Für mehrklassige Schulen. Ausg. für Schüler. 3 Hefte und 1 Zugabe. 8. Ebendas. *

Inhalt:

Heft 1. Schriftliche Uebungen für das 4. und 5., bez. 3. und 4. Schuljahr. 19. und 20. Aufl. (56 S.) 886,87. * 25 Pf. — Zugabe zu Heft 1 u. d. T.: Rechenfibel für das dritte Schuljahr. (23 S.) 886. * 15 Pf.

" 2. Schriftliche Uebungen für den 6., 7. und 8., bez. 5., 6. und 7. Jahrg. 16.—18. Aufl. (66 S.) 887,88. * 30 Pf.

" 3. Schriftliche Uebungen für das 8., bez. 7. und 8. Schuljahr. (72 S.) 887. * 35 Pf.

—— dass. — Ausg. für Lehrer. 3 Hefte. 8. Ebendas. geb. à Heft *M 2.25. *

Inhalt:

Heft 1. Mündliche und schriftliche Uebungen für das 3., 4. und 5., bez. 3. und 4. Schuljahr. (193 S.) 886.

Heft 2. Mündliche und schriftliche Uebungen für den 6., 7. und 8., bez. 5., 6. und 7. Jahrg. (204 S.) 887.

" 3. Mündliche und schriftliche Uebungen für den 8., bez. 7. und 8. Jahrg. (231 S.) 887.

(Die Anzahl der Auflagen neuer Bearbeitung, Ausg. A. und B., ist zu verstehen: einschließlich der frühern Bearbeitung.)

Knoche, Heinr. Rechenbuch in neuer Bearbeitung. 1. Für alle Schulverhältnisse. [Nr. 1—6.] 8. Arnsberg, Stahl. ** 4 65

[1.] Rechenfibel f. d. 1. Schulj. Ausg. f. Schüler. 3. Aufl. (16 S.) 891. ** — 10.
[2.] Dass. — Ausg. f. Lehrer. Mit Anhang: Über d. Wesen u. d. Entstehung d. Zahlen. (VIII, 44; 31; VI, 76 S.) 889. geb. * 2 —.
[3.] Rechenfibel f. d. 2. Schuljahr. Ausg. f. Schüler. 23. Aufl. (einschließl. d. alt. Bearb.) (24 S.) 892. — 15.
[4.] Dass. — Ausg. f. Lehrer. (VI, 58 S.) 889. geb. * 1 —.
[5.] Rechenfibel für das 3. Schuljahr. Zum Gebr. f. solche Schulen, in welchen d. 3. Jahrg. allein, od. in Verbind. m. d. 2. Jahrg. unterrichtet wird. Ausg. f. Schüler. 8. Aufl. (32 S.) 889. ** — 20.
[6.] Dass. — Ausg. f. Lehrer. (79 S.) 889. geb. * 1 20.

—— dass. — 2. Ausg. A. Für Halbtags-, einklassige u. diesen nahestehende Schulen. [7.—11. Nr.] 8. Ebd. ** 5 20

[7.] Rechenfibel f. d. 3. Schuljahr. Zugabe z. 1. Heft d. Ausg. A. zum Gebrauch in Halbtags-, einklass. u. diesen nahesteh. Schulen. 3. Aufl. (20 S.) 892. ** — 15.
[8.] 1. Heft. Ausg. für Schüler. Enth. schriftl. Übungen f. d. 4. u. 5. Jahrg. 23. Aufl. (52 S.) 889. ** — 25.
[9.] Dass. — Ausg. f. Lehrer. Enth. mündl. u. schriftl. Übungen f. d. Mittelstufe. (IV, 193 S.) 889. * 2 25.
[10.] 2. Heft. Ausg. f. Schüler. Enth. schriftl. Übungen f. d. Oberstufe. 19. Aufl. (einschließl. d. ält. Bearb.) (64 S.) 891. * — 30.
[11.] Dass. — Ausg. f. Lehrer. Enth. mündl. u. schriftl. Übungen f. d. Oberstufe. (198 S.) 889. geb. * 2 25.

—— dass. — 3. Ausg. B. Für mehrklassige Schulen. [12.—21. Nr.] 8. Ebd. ** 9 90

[12.] Rechenfibel f. d. 3. Schuljahr. Zugabe z. 1. Heft d. Ausg. B. Zum Gebrauch in solchen Schulen, in welchen d. 3. Jahrg. m. d. 4. od. m. d. 4. u. 5. zu einer Abtlg. vereinigt ist. 8. Aufl. (24 S.) 892. ** — 15.
[13.] 1. Heft. Ausg. für Schüler. Enth. schriftl. Übungen f. d. 4. u. 5., bez. 3. u. 4. Schulj. 29. Aufl. (einschließl. d. ält. Bearb.) (56 S.) 892. ** — 25.
[14.] Dass. — Ausg. f. Lehrer. Enth. mündl. u. schriftl. Übungen f. d. 3., 4. u. 5., bez. 3. u. 4. Schulj. (IV, 93 S.) 889. geb. * 2 25.
[15.] 2. Heft. Ausg. f. Schüler. Enth. schriftl. Übungen f. d. 6., 7. u. 8., bezw. 5., 6. u. 7., bezw. 5. u. 6. Schulj. 23. Aufl. (einschließl. d. ält. Bearb.) (66 S.) 892. ** — 30.
[16.] Dass. — Ausg. f. Lehrer. Enth. mündl. u. schriftl. Übungen f. d. 6., 7. u. 8., bezw. 5., 6. u. 7. Schulj. (204 S.) 889. geb. * 2 25.
[17.] 3. Heft. Ausg. f. Schüler. Enth. schriftl. Übungen f. d. 8., bezw. 7. u. 8. Schulj. 4. Aufl. (72 S.) 892. ** — 35.
[18.] Dass. — Ausg. f. Lehrer. Enth. mündl. u. schriftl. Übungen f. d. 8., bezw. 7. u. 8. Schulj. (231 S.) 889. geb. * 2 25.
[19.] Raumlehre. Ausg. f. Schüler. Nebst Winkelmesser, Winkelhacken u. Meterlineal. 2. Aufl. (23 S.) 889. ** — 20.
[20.] Dass. — Ausg. f. Lehrer. (102 S. m. Fig.) 889. geb. * 1 60.
[21.] Aufgaben zur Berechnung d. Invaliden- u. Altersrente. Zum Gebrauche in d. Oberklassen deutscher Volksschulen, in allen Arten d. Fortbildungsschulen u. zum Privatgebr. entworfen. (40 S.) 892. ** — 30.

Knoche, H., Rechenbuch. Neue Bearbeitung. 20 Nrn. 8. Arnsberg 887—890. Stahl. n. 19.45

I. Für alle Schulverhältnisse.

1. Rechenfibel f. das 1. Schuljahr. Ausg. f. Schüler. (16 S.) n. — 10
2. — dasselbe. Ausg. f. Lehrer. Als Anh.: „Über das Wesen u. die Entstehung der Zahlen, Zahlvorstellungen u. Zahlbegriffe". (76 S.) geb. n. 2. —
3. Rechenfibel f. das 2. Schuljahr. Ausg. f. Schüler. 16. Aufl. einschließlich der älteren Bearbeitung. (24 S.) n. — 15
4. — dasselbe. Ausg. f. Lehrer. (58 S.) geb. n. 1. —
5. Rechenfibel f. das 3. Schuljahr. Zum Gebrauche f. solche Schulen, in welchen der 3. Jahrgang allein oder in Verbindung mit dem 2. Jahrgang unterrichtet wird. Ausg. f. Schüler. (32 S.) n. — 20
6. — dasselbe. Ausg. f. Lehrer. (79 S.) geb. n. 1. 20.

II. Ausg. A. Für Halbtags-, einklassige und diesen nahestehende Schulen.

7. Rechenfibel f. das 3. Schuljahr. Zugabe zum I. Hft. der Ausg. A. 2. Aufl. (20 S.) n. — 15
8. Rechenbuch. I. Hft. Ausg. f. Schüler. Schriftliche Übungen f. den 4. u. 5. Jahrgang. 21. Aufl. einschließlich der älteren Bearbeitung. (52 S.) n. — 25
9. Rechenbuch. I. Hft. Ausg. f. Lehrer. Mündliche u. schriftliche Übungen f. die Mittelstufe. (182 S.) geb. n. 2. 25
10. Rechenbuch. II. Hft. Ausg. f. Schüler. Schriftliche Übungen f. die Oberstufe. 18. Aufl. einschließlich der älteren Bearbeitung. (64 S.) n. — 30
11. Rechenbuch. II. Hft. Ausg. f. Lehrer. Mündliche u. schriftliche Übungen f. die Oberstufe. (198 S.) geb. n. 2. 25

III. Ausg. B. Für mehrklassige Schulen.

12. Rechenfibel f. das 3. Schuljahr. Zugabe zum I. Hft. der Ausg. B. Zum Gebrauch in solchen Schulen, in welchen der 3. Jahrgang mit dem 4., oder mit dem 4. u. 5. zu einer Abteilung vereinigt ist. 4. Aufl. (24 S.) n. — 15
13. Rechenbuch. I. Hft. Ausg. f. Schüler. Schriftliche Übungen f. das 4. u. 5., bez. 3. u. 4. Schuljahr. 23. Aufl. einschließlich der älteren Bearbeitung. (56 S.) n. — 25
14. Rechenbuch. I. Hft. Ausg. f. Lehrer. Mündliche u. schriftliche Übungen f. das 3., 4. u. 5., bez. 3. u. 4. Schuljahr. (193 S.) geb. n. 2. 25
15. Rechenbuch. II. Hft. Ausg. f. Schüler. Schriftliche Übungen f. das 6., 7. u. 8., bez. 5., 6. u. 7., bez. 5. u. 6. Schuljahr. 19. Aufl. einschließlich der älteren Bearbeitung. (66 S.) n. — 30
16. Rechenbuch. II. Hft. Ausg. f. Lehrer. Mündliche u. schriftliche Übungen f. das 6., 7. u. 8., bez. 5., 6. u. 7. Schuljahr. (204 S.) geb. n. 2. 25
17. Rechenbuch. III. Hft. Ausg. f. Schüler. Schriftliche Übungen f. das 8., bez. 7. u. 8. Schuljahr. 2. Aufl. (72 S.) n. — 35
18. Rechenbuch. III. Hft. Ausg. f. Lehrer. Mündliche u. schriftliche Übungen f. das 8., bez. 7. u. 8. Schuljahr. (231 S.) geb. n. 2. 25
19. Raumlehre. Ausg. f. Schüler. (23 S.) n. — 20
20. — dasselbe. Ausg. f. Lehrer. (102 S. m. Fig.) geb. n. 1. 60

Knoche, H., Rechenbuch. 22 Nrn. 8. Arnsberg 891—894. J. Stahl. n. 21. 35

I. Für alle Schulverhältnisse.

1. Rechenfibel f. das 1. Schuljahr. Ausg. f. Schüler. 8. Aufl. (16 S.) n. - 10
2. — dasselbe. Ausg. f. Lehrer. Als Anh.: „Über das Wesen u. die Entstehung der Zahlen, Zahlvorstellungen u. Zahlbegriffe". (150 S.) Geb. n. 2 —
3. Rechenfibel f. das 2. Schuljahr. Ausg. f. Schüler. 30. Aufl. (24 S.) n. — 15
4. — dasselbe. Ausg. f. Lehrer. (58 S.) Geb n. 1 —
5. Rechenfibel f. das 3 Schuljahr Zum Gebrauche f. solche Schulen, in welchen der 3. Jahrgang allein, oder in Verbindung mit dem 2. Jahrgang unterrichtet wird. Ausg. f. Schüler. 13. Aufl. (32 S.) n. — 20
6. — dasselbe. Ausg. f. Lehrer. (77 S.) Geb. n. 1. 20

II. Ausg. A. Für Halbtags-, einklassige u. diesen nahestehende Schulen.

7. Rechenfibel f. das 3. Schuljahr Zugabe zum I. Hft. der Ausg. A. 5. Aufl. (20 S.) n. — 15
8. Rechenbuch. I. Hft. Ausg. f. Schüler. Schriftliche Übungen f. den 4. u. 5. Jahrg. 27. Aufl. (52 S.) n. — 25
9. — dasselbe. Ausg. f. Lehrer Mündliche u. schriftliche Übungen f. die Mittelstufe. (182 S.) Geb. n. 2. 25
10. Rechenbuch. II. Hft. Ausg. f. Schüler. Schriftliche Übungen f. die Oberstufe. 25 Aufl. (64 S.) n. — 30
11. — dasselbe Ausg. f. Lehrer. Mündliche u. schriftliche Übungen f. die Oberstufe. (198 S.) Geb. n. 2. 25

III. Ausg. B. Für mehrklassige Schulen.

12. Rechenfibel f. das 3. Schuljahr Zugabe zum I. Hft. der Ausg. B. Zum Gebrauch in solchen Schulen, in welchen der 3. Jahrgang mit dem 4., oder mit dem 4. u. 5. zu einer Abteilung vereinigt ist. 12. Aufl. (24 S.) n. — 15
13. Rechenbuch. I. Hft. Ausg. f. Schüler. Schriftliche Übungen f. das 4. u. 5., bez. 3. u. 4 Schuljahr. 34. Aufl. (56 S.) n. — 25
14. — dasselbe. Ausgabe f. Lehrer. Mündliche u. schriftliche Übungen f. das 3., 4. u. 5., bez. 3. u. 4. Schuljahr. 2. Aufl. (193 S.) Geb. n. 2. 25
15. Rechenbuch. II. Hft Ausgabe f. Schüler. Schriftliche Übungen f. das 6., 7. u. 8., bez. 5., 6. u. 7., bez. 5 u. 6. Schuljahr 30. Aufl. (66 S.) n. — 30
16. — dasselbe. Ausg. f. Lehrer. Mündliche u. schriftliche Übungen f. das 6., 7. u. 8., bez. 5., 6. u. 7 Schuljahr. (204 S.) Geb. n. 2. 25
17. Rechenbuch. III. Hft. Ausg. f Schüler. Schriftliche Übungen f. das 8., bez. 7. u. 8. Schuljahr. 6. Aufl. (72 S.) n. — 35
18. — dasselbe Ausg. f. Lehrer. Mündliche u. schriftliche Übungen f. das 8., bez. 7. u. 8. Schuljahr. (231 S.) Geb. n. 2. 25
19. Raumlehre. Ausg. f. Schüler Nebst Winkelmesser, Winkelhaken u. Meterlineal. 5. Aufl. (24 S.) n. — 20
20. — dasselbe Ausg. f. Lehrer. (102 S. m Fig.) Geb n. 1. 60
21. Aufgaben zur Berechnung der Invaliden- u. Altersrente. Zum Gebrauche in den Oberklassen deutscher Volksschulen, in allen Arten von Fortbildungsschulen u. zum Privatgebrauche. 2. Aufl (40 S.) n. — 30
22. Rechenbuch f. Rektoratschulen, Präparandenanstalten, höhere Mädchen-, Bürger- u. Fortbildungsschulen. (Fortsetzung des I., II u. III. Heftes des Rechenbuches f. Volksschulen. Ausg. B.) 4. Aufl. (154 S.) Geb. n. 1. —; Antwortheft dazu: n. — 60

Knoche, H., Rechenbuch. Nr. 1, 3, 5, 7, 8, 10, 12—15, 17, 19 u. 23. 8. Arnsberg, J. Stahl. n.n. 5. 25

1. Rechenfibel f. d. 1. Schulj. 14. (Ster.-)Aufl. (10 u. 6 S.) 898. n.n. — 10
3. Rechenfibel f. d. 2. Schulj. Neue Bearbeitg. Ausg. f. Schüler. 40. (Ster.-)Aufl. (24 S.) 898. n.n. — 15
5. Rechenfibel f. d. 3. Schulj. Zum Gebr. f. solche Schulen, in welchen d. 3. Jahrgang allein, od. in Verbindg. m. d. 2. Jahrgange unterrichtet wird. Ausg. f. Schüler. 19. Aufl. einschließl. d. früh. Bearbeitg. Der neuen Bearbeitg. 12. Aufl. (32 S.) 898. n.n. — 20
7. Rechenfibel f. d. 3. Schulj. Zugabe z. 1. Hft. d. Ausg. A. Zum Gebr. in Halbtags-, 1klass. u. diesen nahesteh. Schulen. 7. Aufl. (20 S.) 898. n.n. — 15
8. Rechenbuch. Ausg. A. Für Halbtags-, 1klass. u. diesen nahesteh. Schulen. 1. Hft. Neue Bearbeitg. Ausg. f. Schüler. Enth. schriftl. Übgn. f. den 4. u. 5. Jahrgang. 31. Aufl. (52 S.) 898. n.n. — 25
10. Dasselbe. Neue Bearbeitg. Ausg. f. Schüler. Enth. schriftl. Übgn. f. d. Oberstufe. 27. Aufl. (64 S.) 897. n.n. — 30
12. Rechenfibel f. d. 3. Schulj. Zugabe z. 1. Hft., Ausg. B. Zum Gebr. an solchen Schulen, in welchen d. 3. Jahrgang m. d. 4., oder m. d. 4. u. 5. zu 1 Abteilg. vereinigt wird. 12. Aufl. (24 S.) 895. n.n. — 15
13. Rechenbuch. Ausg. B. Für mehrklass. Schulen. 1. Hft. Ausg. f. Schüler. Enth. schriftl. Übgn. f. d. 4. u. 5., bez. 3. u. 4. Schulj. 44. Aufl. (56 S.) 898. n.n. — 25
14. Dasselbe. 1. Hft. Neue Bearbeitg. Ausg. f. Lehrer. Enth. mündl. u. schriftl. Übgn. f. d. 3., 4. u. 5., bez. 3. u. 4. Schulj. 2. Aufl. (197 S.) 895. Kart. n.n. 2. 25
15. Dasselbe. 2. Hft. Neue Bearbeitg. Ausg. f. Schüler. Enth. schriftl. Übgn. f. d. 6., 7. u. 8., bez. 6. u. 7. Jahrg. 37. Aufl. (66 S.) 898. n.n. — 30
17. Dasselbe. 3. Hft. Neue Bearbeitg. Ausg. f. Schüler. Enth. schriftl. Übgn. f. das 8., bez. 7. u. 8. Schulj. 12. Aufl. (72 S.) 898. n.n. — 35
19. Rechenbuch. Ausg. B. Für mehrklass. Schulen. Raumlehre. Ausg. f. Schüler. (Nebst Winkelmesser, Winkelhaken u. Meterlineal.) 7. (Ster.-)Aufl. (23 S. m. Fig.) 898. n. — 20
23. Antwortenheft z. Rechenbuch f. Rektoratschulen, Präparandenanstalten, höhere Mädchen-, Bürger- u. Fortbildungsschulen. (Fortsetzg. v. Hft. I, II u. III der Ausg. B. d. Rechenbuches f. Volksschulen.) 3. Aufl. (66 S.) 896. n. — 60

Knoche, H., Rechenbuch. Nr. 1, 1b, 2, 2b, 3—20, 21a u. 21b. gr. 8. Arnsberg, J. Stahl. n. 23. 74

1. Rechenfibel f. das 1. Schulj. Ausg. f. Schüler. 27. Aufl. (32 S.) 902. n. — 15
1b. Rechenfibel f. das 1. u. 2. Schulj. Ausg. f. Schüler. (34 S.) 900. n. — 15
2. Rechenfibel f. das 1. Schulj. Ausg. f. Lehrer. 2. neubearb. Aufl. (32 u. 48 S.) 899. Geb. in Leinw. n. 1. 60
2b. Rechenfibel f. das 1. u. 2. Schulj. Ausg. f. Lehrer. 2. Aufl. — Theorie des Rechenunterrichtes auf der Unterstufe. Zum Gebrauche in Lehrerseminarien u. f. Volksschullehrer. (52, 68 u. 48 S.) 900. Geb. in Leinw. n. 2. 50
3. Rechenfibel f. das 2. Schulj. Ausg. f. Schüler. 57. neubearb. Aufl. (24 S.) 902. n. — 15
4. Dasselbe. Ausg. f. Lehrer. 2. neubearb. Aufl. (68 u. 48 S.) 899. Geb. in Leinw. n. 1. 40
5. Rechenfibel f. das 3. Schulj. Zum Gebrauche in solchen Schulen, in welchen der 3. Jahrg. allein od. in Verbindg. m. dem 2. Jahrg. unterrichtet wird. Ausg. f. Schüler. 27. Aufl. (32 S.) 902. n. — 20
6. Dasselbe. Ausg. f. Lehrer. 2. Aufl. (79 S.) 901. Geb. in Leinw. n. 1. 20
7. Dasselbe. Zugabe zum 1. Hft. der Ausg. A. Zum Gebrauche in Halbtags-, einklass. u. diesen nahesteh. Schulen. 10. Aufl. (20 S.) 901. n. — 15
8. Rechenbuch. Ausg. A. Für Halbtags-, einklass. u. diesen nahesteh. Schulen. 1. Hft. Ausg. f. Schüler. Enth. schriftl. Übgn. f. den 4. u. 5. Jahrg. (auch f. den 4. Jahrg. mehrklass. Schulen). 39. Aufl. (52 S.) 902. n. — 25
9. Dasselbe. Enth. mündl. u. schriftl. Übgn. f. die Mittelstufe. 2. Aufl. (182 S.) 899. Geb. in Leinw. n. 2. 50
10. Dasselbe. 2. Hft. Neue Bearbeitg. Ausg. f. Schüler. Enth. schriftl. Übgn. f. die Oberstufe u. e. Anh. v. Aufgaben üb. Arbeiterversichergn. 31. Aufl. (71 S.) 901. n. — 30
11. Dasselbe. Enth. mündl. u. schriftl. Übgn. f. die Oberstufe. 2. Aufl. (198 S.) 899. Geb. in Leinw. n. 2. 50
12. Rechenfibel f. das 3. Schulj. Zugabe zu Hft. I, Ausg. B. Zum Gebrauche in solchen Schulen, in welchen der 3. Jahrg. m. dem 4., od. m. dem 4. u. 5. zu e. Abtlg. vereinigt wird. 19. Aufl. (25 S.) 902. n. — 15
13. Rechenbuch. Ausg. B. Für mehrklass. Schulen. 1. Hft. Ausg. f. Schüler. Enth. schriftl. Übgn. f. das 4. u. 5. Schulj. 57. Aufl. (56 S.) 902. n. — 25
14. Dasselbe. Ausg. f. Lehrer. Enth. mündl. u. schriftl. Übgn. f. das 3., 4. u. 5. Schulj. 3. Aufl. (199 S.) 900. Geb. in Leinw. n. 2. 50
15. Dasselbe. 2. Hft. Ausg. f. Schüler. Enth. schriftl. Übgn. f. den 6., 7. u. 8., bezw. 5., 6. u. 7. Jahrg. u. e. Anh. v. Aufgaben üb. Arbeiterversichergn. 44. Aufl. (72 S.) 902. n. — 30
16. Dasselbe. 2. Hft. Ausg. f. Lehrer. Enth. mündl. u. schriftl. Übgn. f. d. Oberstufe. 3. Aufl. (208 S.) 901. Geb. in Leinw. n. 2. 50
17. Dasselbe. 3. Hft. Ausg. f. Schüler. Enth. schriftl. Übgn. f. das 8., bezw. 7. u. 8. Schulj. u. e. Anh. v. Aufgaben üb. Arbeiterversichergn. 16. Aufl. (79 S.) 902. n. — 35
18. Dasselbe. 3. Aufl. Ausg. f. Lehrer. Enth. mündl. u. schriftl. Übgn. f. den 8., bezw. 7. u. 8. Jahrg. (238 S.) 901. Geb. in Leinw. n. 2. 50
19. Dasselbe. Raumlehre. Ausg. f. Schüler. (Nebst Winkelmesser, Winkelhaken u. Meterlineal.) 10. Aufl. (23 S.) 901. n. — 20
20. Dasselbe. Ausg. f. Lehrer. 2. Aufl. (102 S. m. Fig.) 900. Geb. in Leinw. n. 1. 80
21a. Rechenaufgaben zur Kranken-, Unfall-, Invaliden- u. Altersversicherung. Mit Zugrundelegg. des Invalidenversicherungsgesetzes vom 13. VII. 1899. Ausg. f. Schüler. 3. neubearb. Aufl. (8 S.) 900. n. — 04
21b. Dasselbe. Ausg. f. Lehrer. (8 u. 4 S.) 900. n. — 10

Knoche, H., Rechenbuch. (Alte Ausg.) Nr. 1, 3, 5, 7, 8, 10, 12, 13, 15, 17, 19, 22 u. 23. 8. Arnsberg, J. Stahl. n.n. 4. 25

1. Rechenfibel f. das 1. Schulj. Ausg. f. Schüler. 35. Aufl. (32 S.) 905. n.n. — 15
3. Dasselbe f. das 2. Schulj. Ausg. f. Schüler. 69. neubearb. Aufl. (24 S.) 905. n.n. — 15
5. Rechenfibel f. d. 3 Schulj. Zum Gebrauche in solchen Schulen, in welchen der 3. Jahrg. allein od. in Verbindg. m. dem 2. Jahrg. unterrichtet wird. Ausg. f. Schüler. 34. Aufl. (32 S.) 905. n.n. — 20
7. Dasselbe. Zugabe zum 1. Heft der Ausg. A. Zum Gebrauche in Halbtags-, einklass. u. diesen nahesteh. Schulen. 12. Aufl. (20 S.) 905. n.n. — 15
8. Rechenbuch. Ausg. A. Für Halbtags-, einklass. u. diesen nahesteh. Schulen. 1. Heft. Ausg. f. Schüler. Enth. schriftl. Uebgn. f. den 4. u. 5. Jahrg. (auch f. den 4. Jahrg. mehrklass. Schulen). 45. Aufl. (52 S.) 905. n.n. — 25
10. Dasselbe. 2. Heft. Ausg. f. Schüler. Enth. schriftl. Uebgn. f. die Oberstufe u. e. Anh. v. Aufgaben üb. Arbeiterversichergn. 33. Aufl. (71 S.) 904. n.n. — 30
12. Rechenfibel f. das 3. Schulj. Zugabe zu Heft I, Ausg. B. Zum Gebrauche in solchen Schulen, in welchen der 3. Jahrg. m. d. 4., od. m. dem 4. u. 5. zu e. Abteilg. vereinigt wird. 21. Aufl. (25 S.) 904. n.n. — 15
13. Rechenbuch. Ausg. B. Für mehrklass. Schulen. 1. Heft. Ausg. f. Schüler. Enth. schriftl. Uebgn. f. d. 4. u. 5. Schulj. 65. Aufl. (56 S.) 905. n.n. — 25
15. Dasselbe. 2. Heft. Ausg. f. Schüler. Enth. schriftl. Uebgn. f. den 6., 7. u. 8., bezw. 5., 6. u. 7. Jahrg. u. e. Anh. v. Aufgaben üb. Arbeiterversichergn. 54. Aufl. (72 S.) 905. n.n. — 30
17. Dasselbe. 3. Heft. Ausg. f. Schüler. Enth. schriftl. Uebgn. f. das 8., bezw. 7. u. 8. Schulj. u. e. Anh. v. Aufgaben üb. Arbeiterversichergn. 18. Aufl. (79 S.) 904. n.n. — 35
19. Dasselbe. Raumlehre. Ausg. f. Schüler. (Nebst Winkelmesser, Winkelhaken u. Meterlineal.) 12. Aufl. (23 S.) 904. n.n. — 30
22. Rechenbuch f. Rektoratschulen, Präparandenanstalten, höhere Mädchen-, Bürger- u. Fortbildungsschulen. (Fortsetzung v. Heft I, II u. III der Ausg. B. des Rechenbuches f. Volksschulen v. demselben Verf.) 6. Aufl. (150 S.) 903. Geb. in Leinw. n. 1. 20
23. Antworten. IV. Heft. (84 S.) 904. n.n. — 60

Knoche, H., Rechenbuch. Neubearbeitung v. 1904. Lehrerheft Nr. 1 u. 2. 8. Arnsberg 905. J. Stahl. Geb. in Leinw. n. 2. 40

1. (Für das 1. Schulj. ein- u. mehrklass. Schulen.) Einschließlich der älteren Bearbeitg. 3. Aufl. (XV, 70 S.) n. 1. 20
2. (Für das 2. Schulj. ein- u. mehrklass. Schulen.) Einschließlich der älteren Bearbeitg. 3. Aufl. (XV, 66 S.) n. 1. 20

— dasselbe. Nr. 3—7. Ausg. B in 7 Heften. Für 3- bis 7-klass. Schulen. 8. Ebd. 904. Geb. in Leinw. n. 10. 50

3. (Für das 3. Schulj.) Einschließl. der älteren Bearbeitg. 3. Aufl. (XXII, 96 S. m. Abbildgn.) n. 1. 50
4. (Für das 4. Schulj.) Einschließl. der älteren Bearbeitung. 3. Aufl. (XX, 161 S. m. Abbildgn.) n. 2. —
5. (Für das 5. Schulj.) Einschließl. der älteren Bearbeitung. 4. Aufl. (XX, 171 S. m. Abbildgn.) n. 2. —
6. (Für das 6. Schulj.) Einschließl. der älteren Bearbeitung. 4. Aufl. (XVIII, 238 S.) n. 2. 50
7. (Für das 7. u. 8. Schulj.) Einschließl. der älteren Bearbeitg. 4. Aufl. (XVIII, 248 S.) n. 2. 50

Heft 1 u. 2 sind ohne Bezeichnung Ausg. B.

— dasselbe. Schülerheft. Nr. 1 u. 2. 8. Ebd. 905. n. — 25
1. (Für das 1. Schulj. ein- u. mehrklass. Schulen.) Einschließl. der älteren Bearbeitg. 36. u. 37. Aufl. (16 S.) n. — 10
2. (Für das 2. Schulj. ein- u. mehrklass. Schulen.) Einschließl. der älteren Bearbeitg. 71. u. 72. Aufl. (24 S.) n. — 15

— dasselbe. Nr. 3—7. Ausg. B in 7 Heften. (Für 3- bis 7-klass. Schulen.) 8. Ebd. 905. n. 1. 80
3. Einschließl. der älteren Bearbeitg. 36. Aufl. (48 S.) n. — 25
4. (Für das 4. Schulj.) Einschließl. der älteren Bearbeitung. 45. Aufl. (64 S.) n. — 30
5. (Für das 5. Schulj.) Einschließl. der älteren Bearbeitung. 65. Aufl. (71 S.) n. — 35
6. (Für das 6. Schulj.) Einschließl. der älteren Bearbeitung. 53. Aufl. (98 S.) n. — 45
7. (Für das 7. u. 8. Schulj.) Einschließl. der älteren Bearbeitg. 21. Aufl. (104 S.) n. — 45
Heft 1 u. 2 sind ohne Bezeichnung Ausg. B.

— Rechenbuch. Nr. 1, 3, 5, 7, 8, 10, 12, 13, 15, 17, 19, 24—39, 41, 43 u. 47. 8. Ebd. nn 16. 65
1. Rechenfibel f. das 1. Schulj. Ausg. f. Schüler. Neubearbeitg. v. 1899. 38. Aufl. (32 S.) 909. — 15
3. Rechenfibel f. das 2. Schulj. Ausg. f. Schüler. 74. neubearb. Aufl. (24 S.) 909. — 15
5. Rechenfibel f. das 3. Schulj. Zum Gebrauche in solchen Schulen, in welchen der 3. Jahrg. allein od. in Verbindg. m. dem 2. Jahrg. unterrichtet wird. Ausg. f. Schüler. 39. Aufl. (32 S.) 909. — 20
7. Dasselbe. Zugabe zum 1. Heft der Ausg. A. Zum Gebrauche in Halbtags-, einklass. u. diesen nahesteh. Schulen. 14. Aufl. (20 S.) 909. — 15
8. Rechenbuch. Ausg. A. Für Halbtags-, einklass. u. diesen nahesteh. Schulen. 1. Heft. Ausg. f. Schüler. Enth. schriftl. Übgn. f. den 4. u. 5. Jahrg. (auch f. den 4. Jahrg. mehrklass. Schulen). 48. Aufl. (52 S.) 909. — 25
10. Dasselbe. Ausg. A. 2. Heft. Ausg. f. Schüler. Enth. schriftl. Übgn. f. die Oberstufe u. e. Anh. v. Aufgaben üb. Arbeiterversichergn. 35. Aufl. (71 S.) 908. — 30
12. Rechenfibel f. 3. Schulj. Zugabe zu Heft I, Ausg. B. Zum Gebrauche in solchen Schulen, in welchen der 3. Jahrg. m. dem 4., od. m. dem 4. u. 5. zu 1 Abteilg. vereinigt wird. 22. Aufl. (24 S.) 907. nn — 15
13. Rechenbuch. Ausg. B. Für mehrklass. Schulen. 1. Heft. Ausg. f. Schüler. Enth. schriftl. Übgn. f. das 4. u. 5. Schulj. 68. Aufl. (56 S.) 908. — 25
15. Dasselbe. Ausg. B. 2. Heft. Ausg. f. Schüler. Enth. schriftl. Übgn. f. den 6., 7. u. 8. bezw. 5., 6. u. 7. Jahrg. u. e. Anh. v. Aufgaben üb. Arbeiterversichergn. 58. Aufl. (72 S.) 909. — 30
17. Dasselbe. Ausg. B. 3. Heft. Ausg. f. Schüler. Enth. schriftl. Übgn. für das 8., bezw. 7. u. 8. Schulj. u. e. Anh. v. Aufgaben üb. Arbeiterversichergn. 22. Aufl. (79 S.) 909. — 35
19. Raumlehre f. mehrklassige Volksschulen. Ausg. f. Schüler. (Nebst Winkelmesser, Winkelhaken u. Meterlineal.) 14. Aufl. (23 S.) 907. — 20
24. Rechenbuch f. Volksschulen. Neubearbeitung v. 1904. Schülerheft Nr. I. (Für das 1. Schulj. ein- u. mehrklass. Schulen.) Einschließlich der älteren Bearbeitg. 52.—56. Aufl. (16 S.) 909. — 10
25. Dasselbe. Schülerheft Nr. II. (Für das 2. Schulj. ein- und mehrklass. Schulen.) Einschließlich der älteren Bearbeitg. 88.—92. Aufl. (24 S.) 909. — 15
26. Dasselbe. Lehrerheft Nr. I. (Für das 1. Schulj. ein- u. mehrklass. Schulen.) Einschließlich der älteren Bearbeitg. 4. Aufl. (85 S.) 907. Geb. 1. 20
27. Dasselbe. Lehrerheft Nr. II. (Für das 2. Schulj. ein- u. mehrklass. Schulen.) Einschließlich der älteren Bearbeitg. 4. Aufl. (81 S.) 907. Geb. 1. 20
28. Dasselbe. Ausg. A in 4 Heften. Für 1- u. 2 klass. Schulen. Schülerheft Nr. III. (Rechenfibel f. das 3. Schulj.) Einschl der älteren Bearbeitg. 15. Aufl. (20 S.) 908. — 15
29. Dasselbe. Schülerheft Nr. III. (Für das 4. u. 5. Schulj.) Einschl. der älteren Bearbeitung. 49. Aufl. (64 S.) 908. — 30
30. Dasselbe. Ausg. A in 4 Heften. Schülerheft Nr. IV. (Für das 6., 7. u. 8. Schulj.) Einschließlich der älteren Bearbeitg. 37. Aufl. (96 S.) 909. — 45
31. Dasselbe. Ausg. A. Lehrerheft Nr. III. (Für das 3., 4. u. 5. Schulj.) Einschließlich der älteren Bearbeitg. 3. Aufl. (XII, 168 u. 19 S.) 905. Geb. 2. —
32. Dasselbe. Ausg. A. Lehrerheft Nr. IV. (Für das 6., 7. u. 8. Schulj.) Einschließlich der älteren Bearbeitg. 3. Aufl. (XVI, 237 S. m. Fig.) 905. Geb. 2. 50
33. Ausg. B in 7 Heften. (Für 3- bis 7 klass. Schulen.) Schülerheft Nr. III (schwerere Bearbeitg.). Für das 3. od. 3. u. 4. Schulj. Einschließlich der älteren Bearbeitg. 51. Aufl. (48 S.) 909. — 25
34. Dasselbe. Ausg. B in 7 Heften. Schülerheft Nr. III (leichtere Bearbeitg.) Für das 3. od. 3. u. 4. Schulj. Einschließlich der älteren Bearbeitg. 48. Aufl. (48 S.) 909. — 25
35. Dasselbe. Ausg. B in 7 Heften. Schülerheft Nr. IV (schwerere Bearbeitg.). Für das 4. od. 4. u. 5. Schulj. Einschließlich der älteren Bearbeitg. 59. u. 60. Aufl. (64 S.) 909. — 30
36. Dasselbe. Ausg. B in 7 Heften. Schülerheft Nr. IV (leichtere Bearbeitg.). (Für das 4. od. 4. u. 5. Schulj.) Einschließlich der älteren Bearbeitg. 58. Aufl. (56 S. m. 1 Fig.) 909. — 30
37. Dasselbe. Ausg. B in 7 Heften. Schülerheft Nr. V. (Für das 5. od. 5. u. 6. Schulj.) Einschließlich der älteren Bearbeitg. 77. Aufl. (71 S.) 909. — 35
38. Dasselbe. Ausg. B in 7 Heften. Schülerheft Nr. VI. Für das 6. od. 6., 7. u. 8. Schulj. Einschließlich der älteren Bearbeitg. 62. Aufl. (98 S.) 909. — 45
39. Dasselbe. Ausg. B in 7 Heften. Schülerheft Nr. VII. (Für das 7. u. 8. Schulj.) Einschließlich der älteren Bearbeitg. 25. Aufl. (104 S. m. Fig.) 908. — 45
41. Dasselbe. Ausg. B in 7 Heften. Lehrerheft Nr. III b. (Für das 3., bezw. 3. u. 4. Schulj.) Einschließlich der älteren Bearbeitg. 3. Aufl. (XXV, 92 S.) 906. Geb. 1. 50
43. Dasselbe. Ausg. B in 7 Heften. Lehrerheft Nr. 4 b. (Umschlag: Lehrerheft Nr. 4 [leichtere Bearbeitg.].) (Für das 4., bezw. 4. u. 5. Schulj.) Einschließlich der älteren Bearbeitg. 3. Aufl. (XXII, 154 S. m. Fig.) 906. Geb. 2. —
47. Raumlehre f. mehrklass. Volksschulen. Ausg. f. Schüler. (Nebst Winkelmesser, Winkelhaken u. Meterlineal.) 16. Aufl. (23 S. m. Fig.) 909. — 20

— Rechenbuch f. Rektoratsschulen, Präparandenanst., höh. Mädchen-, Bürger- u. Fortbildungsschulen. (Fortsetzg. v. Hst. 1, 2 u. 3 der Ausg. B d. Rechenb. f. Volksch. v. dems. Verf.) 4. Aufl. 8. (156 S.) Ebd. 895. Geb. in Leinw. n. 1. —

— Rechenfibel f. das 3. Schuljahr. Zum Gebrauche in solchen Schulen, in welchen der 3. Jahrg. m. dem 4., od. m. dem 4. u. 5. zu 1 Abteilg. vereinigt wird. 8. (23 S.) Ebend. 886. n.n. — 15

— der elementare Rechenunterricht in Abteilungen mit kombinierten Jahrgängen. Ein Vortrag über die Einrichtung u. Behandlung des Rechenbuches. 8. (31 S.) Ebend. 882. n. — 30

Knoche, H., der Rechenunterricht auf der Unterstufe nach dem vereinigten Anschauungs- u. Zählprinzip. gr. 8. (XVIII, 301 S.) Arnsberg 899. J. Stahl. n. 3. —

— Theorie des Rechenunterrichtes auf der Unterstufe. Zum Gebrauche in Lehrerseminarien u. f. Volksschullehrer. 8. (48 S.) Ebd. 899. Kart. n. — 60

— Wand-Zähltafel. Ein neues Hülfsmittel zur Bildg. der abstrakten Zahlen von 1—10 u. zur Entwickelg. ihrer ursprüngl. Begriffe. Geeignet als Vorstufe zu jedem Rechenbuche. 27,5×90 cm. Nebst Textheft: Der Zählkursus vor Beginn des eigentlichen Rechnens im ersten Schuljahre. 8. (16 S.) Ebd. 901. Auf Leinw. m. Stäben n. 2. —; Textheft allein n. — 25

Knoche, H., über das Wesen u. die Entstehung der Zahlen, Zahlvorstellungen u. Zahlbegriffe. 8. (76 S.) Arnsberg 888. Stahl. n. 1. —

Der Zählkursus vor Beginn des eigentlichen Rechnens im ersten Schuljahre. Notwendigkeit u. Methode desselben. Geeignet als Vorstufe zu jedem Rechenbuche. Von H[einrich] Knoche. Hierzu 1 Wand-Zähltafel. *Arnsberg: J. Stahl 1901* (16 S.) 8° [Ꮭ] [illegible]

Knoche, Hermann [Dr.]: Schule und Haus. (Nach d. Verhandlgn d. Berliner Schulkonferenz v. J. 1890.) Magdeburg. Druck v. E. Baensch jun., 1895; 1 Bl., 18 S. 4.
Magdeburg, '(st.)' König Wilhelms-G, OP 1895 (243)

Knoche, J. F. W., ein Mahnruf an alle Tabackinteressenten! gr. 8. (16 S.) Bremen 878, [Kühtmann und Comp.] Fischer. *

Knochius [**Knoche**], Ioachimus Henricus Commentationis de Babrio poeta caput primum. Halis Saxonum Schultz (1835) IV, 28 S. 8°

Halle-Wittenberg, Phil. Diss. v 21 März 1835

Geb. [Halberstadt 2. 4. 1811]

Teildr der eingereichten Commentatio de Babrii fabulatoris apologis conscripta. Ersch. vollst. (ohne S. III f der Diss.) u. d. T: Babrii fabulae et fabularum fragmenta. Accedunt metricae fabularum Aesopiarum reliquiae. Collegit et illustr Ioach, Hnr **Knochius**. Halis: Schulze & Rein [nachher Lippert] 1835. 208 S. 8° Darin S. 1—25 = Diss.

Knoche, J. H. und Märker, F. J. Ex Procli Successoris in Euclidis elementa commentariis definitionis quartae expositionem quae de recta est linea et sectionibus spiricis commentati sunt. 17 S. und 3 Figuren.
Herford, Progr. 1856

Knoche, J. H. und Märker, F. J. Archimedis circuli dimensio cum Eutocii Ascalonitae commentariis, emendata. 30 S. Figurt.
Herford, Progr. 1854

Knoche, Joach. H. Auctorum, qui choliambis usu sunt, Graecorum reliquias collegit et illustravit. Fasc. I. 12 S. Fasc. II. p. 1. 13 S. . . . .
Herford, Progr. 1842, 1845

Knoche, J. H. **Fabularum Aesopiarum hexametris et elegis conscriptar. reliquiae coll. et illustr.** . . . .
Torgau, Progr. 1838

Knoche: 1 Untersuchungen über des Proklus Diadochus Commentar zu Euklids Elementen. 22 S.
2 Untersuchungen über die neu aufgefundenen Scholien des Proklus Diadochus zu Euklid's Elementen.–Herford, Progr 1862, 1865

Knoche, Kaspar Gottfried

— Caspar Gottfried (Uelzen/Lüneburg), De transactionibus ob timorem litis initis ad L. 2. C. de Transact. Diss. jur. Helmstedt (C. G. Fleckeisen) 10. XI. 1796. 19 S. (5.50) 18639
Gew.: Carl Rudolph August u. Friedrich Grafen v. Kielmannsegge (Gültzau, Collau), Julius Georg Friedrich Knoche.

Knoche, Rich., erbarmet euch der Thiere: Predigt auf den 16. Sonntag nach Pfingsten, im J. 1879 in der St. Clemens-Kirche zu Hannover gehalten. gr. 8. (8 S.) Hannover 879. Schmorl & v. Seefeld. — 10

Knoche, Rich., Schach den Thürmen! Oder: Die von dem Lic. theol. Henri Tollin, Pfarrer in Magdeburg, und von einem Anonymus in's Treffen geführten Sturmböcke der Vivisection Matteo Realdo Colombo und Christlob Mylius. 1. und 2. Aufl. 8. (16 S.) Hannover 880. (Schmorl und v. Seefeld.) *

—— die wissenschaftliche Thierfolter. Eine Reihe von Thatsachen, quellenmäßig zusammengestellt. 1.—15. verm. Aufl. gr. 8. (23 S.) (Ebendas.) 880—82. *

— die Vivisection u. die „Stimmen aus Maria-Laach“. Besprechung der in dem genannten Journale erschienenen Abhandlung des P. R. Marty S. J. über die Vivisection. Im Auftrage des hannov. Provinzialvereins z. V. d. w. Thf. gr. 8. (19 S.) Ebend. 881. n. — 20

Knoche, W., das Gewerbe-Betriebshaus. Ein Beitrag zur Mittelstandsfrage. (V, 104 S.) 8. Lübeck 906. Ch. Coleman. n. 1. 50

Ueber die räumliche und zeitliche Verteilung des Wärmegehalts der unteren Luftschicht. Von Walter **Knoche**. Mit mehreren als Anh. gegebenen Tab. u. Karten. Hamburg 1905: Hammerich & Lesser in Altona. (46 S.) 4°
— Archiv, Aus dem, d. Deutschen Seewarte. Jg 28, No 2. [06. 11403

Knoche, Walter, a. Berlin: **Über die räumliche und zeitliche** Verteilung des **Wärmegehalts der unteren Luftschicht.** (Berlin 1906: G Schade.) (46 S.) 4° ¶(**Aus: Archiv der** Deutschen Seewarte 1906 No 2.)
Berlin, Phil. Fak., Ref. v. Bezold, Diss. v. 28. Apr. 1906
Geb. 7 März 81 Berlin; Wohnort: Berlin; Staatsangeb.: Preußen; Vorbildung Friedr.-Werdersche Oberrealsch. Berlin Reife O. 02; Studium: Genf 1, Berlin 5 S.; Rig. 31. Juli 05.]

Knöchel, wie hat sich der Affe zum Menschen umgestaltet? Populär-wissenschaftl. Vortrag. Mit vielen in den Text gedr., erläut. Abbildgn. 1. u. 2. Aufl. 8. (32 S.) Osterwieck 879. Zickfeldt. n. 1. —

KNÖCHEL, Freimund (ps.?), Augusta und Net. Höchst denkwürdige und ergötzliche Historia zweier Ausreisser in drei fürtrefflichen Akten dargestellt und in wunderschöne Reime gefasst. Dresden, gedruckt und zu haben bei Ferdinand Rühle, grosse Brüdergasse Nr. 4. O. J (c. 1850?). 8° 14 S., 1 leeres Bl. (In Dresden.) (1 Mk. P Neubner, Cöln, 1901)

Knöchelein, J. F., Entwurf d. Möglichkeit e. Verbesserung des Schreiber-Personals zur Begründung seiner sichern Existenz. Mit 35 Tabb. u. Formularien. 8. Erlang. 822. (Heyder). 16 Kr

Knochen, d. heiligen, u. d. Staatsanwalt, v. Marianus, s.: Volksschriften zur Umwälzg. d. Geister.

Knochen, polnische. Parodie e. deutschen Frauenromans [Nataly v. Eschstruth's „Polnisch Blut“] v. O. S. Misogyn. 8. (42 S.) Leipzig 887. F. Freund. n. 1. —

Knochenwebell, G. L., Betrachtung d. Gesundbrunnen bei Bilin in Böhmen. gr. 8. Friedrichst. 762. (Groll). 6 Kr

Knochenbauer, Paul, s. Knochenhauer

Knochendöppel, Carl, aus Hamburg Ueber den **Einfluss** eines magnetischen Feldes auf das Entladungspotential in Geissler'schen Röhren. *Jena: H. Costenoble 1901.* (40 S.) 8°
Jena, Phil. Diss. v. (15. Dez.) 1900

Knochendöppel, C[arl]: Neuere Einrichtungen und Ergebnisse auf dem Gebiete der Funkentelegraphie. Ein Beitr. z. Geschichte d. Elektrizität. Forts. u. Schluß. Apolda 1908: Blume. S. 3—17. 4° ¶[Forts. d. P-Beil. 1905.]
Apolda, großh. W u. L. Zimmermanns R mit RG-Abt. P 1908 (881a) [S 08. 241

Knochendöppel, Carl, Hauptsätze d. Arithmetik. [Unterstufe.] Kurze Zusammenfassg. d. wichtigsten Begriffe u. Gesetze. (24 S.) 8. Apolda 907. F. Lauth. Kart. nn — 85

– Naturwissenschaften f. höh. Mädchenschulen, s.: **Sprockhoff, A.**

Knochengallerte oder Gelée als kräftiges und wohlfeiles Nahrungsmittel. [Riga 1805.] V: *Grindel, David Hieronymus von.* (R-N)

Knochenhauer, über die Gestalt der Zähne beim Räderwerk. Hildburghausen. 1841. 4. (Schulprogramm).

Knochenhauer, Bruno, der Goldbergbau Kaliforniens u. s. Ertrag in Vergangenheit, Gegenwart u. Zukunft. Mit 1 lith. Karte u. 5 Holzschn. [Aus: „Berg- u. hüttenmänn. Zeitg.“] gr. 4. (26 S.) Leipzig 897. A. Felix. n. 1. 20

Knochenhauer, B., die Goldfelder in Transvaal mit besond. Berücksicht. der de Kaap Goldfelder. Fachwissenschaftlich beleuchtet. gr. 8. (55 S.) Berlin 890. Walther & Apolant, Verl. n. 1. —

Knochenhauer, Bruno, Korea, s.a. Verhandlungen d. deutschen Kolonial-Gesellschaft. 1900/1. Hft. 4.

Korea. Vortrag von Bruno Knochenhauer, Bergassessor u. Hutteninsp. *(Berlin: D. Reimer 1901.)* (124 S.) 8°
— Abteilung Berlin-Charlottenburg d. Deutschen Kolonial-Gesellschaft. Verhandlungen. 1900/01, H. 4. [os. 6634]

Knochenhauer, C., s. Knochenhauer, Karl

Knochenhauer, K. W., die electrische Batterie. Meiningen. 4 26 p
Schul-/Univ.-Schrift 1867

Knochenhauer, K. W., Beiträge zur Elektricitätslehre. Mit 1 (lith.) Figurentaf. (in gr. 4.). Berlin 854. G. Reimer. gr. 8. (IV, 128 S.) 20 ngr.

— Beobachtungen über zwei sich gleichzeitig entladende Batterien. (Aus d. Sitzungsberichten der k. Akad. d. W.) Wien 857. Gerold in Comm. gr. 8. (18 S.) n. 4 ngr.

Meiningen, (Knochenhauer, K. W.), Meteorolog. Beobachtungen zu Meiningen. Mittlerer Barometerstand in den Jahren 1845 u. 46. Mittlere Temperatur in den Jahren 1845 u. 46.

Knochenhauer, K. W., die Elemente der analytischen Geometrie, der Differential- und Integralrechnung. Zum Gebrauch in techn. Lehranstalten bearb. gr. 8. (VIII und 288 S. mit 1 Stnt. in qu. Fol.) Jena 851, Mauke. *

Knochenhauer K W Über Flüssigkeiten im elektrischen Strome 1 Abhandlung. S. 46. II. 462 vgr
Separatabdruck

— Über den Gebrauch des Luftthermometers 1 Abteilung S. 43. II. 27 vgr
— — 2. Abteilung. S 44 II 299 vgr
— — 3. Abteilung. S 45 II 989 vgr
Separatabdruck

— Ueber die Gültigkeit der aequivalenten Längen im einfachen Schliessungsbogen der Batterie (Poggend. Ann., Bd. CXXVII.) 1866.

—— über die inducirte Ladung der Nebenbatterie in ihrem Maximum. Lex.-8. (62 S.) Wien 853, (Gerold's Sohn.) *

Knochenhauer, K. W., Leitfaden beim Unterr. in d. Physik an höh. Lehranstalten. 8. (10½ B.) Neubrandenburg 834, Dümmler.

Knochenhauer, K. W., uber das elektrische Luftthermometer. (Aus den Sitzungber. der k. Akad. der Wissensch.) Wien 860. Gerold in Comm. gr. 8. (62 S.) n. 8 ngr.

Knochenhauer, K W Zur Naturgeschichte der Trilobiten. Meiningen, 1844

Knochenhauer, K. W., Notiz über den Widerstand des Eisendrahtes im elektrischen Strome.

Knochenhauer, K. W., Physik, s. Physik.

Knochenhauer, K. W., die Statik der Gewölbe, mit Rücksicht auf ihre Anwendung entworfen. Mit 2 Figurentaf. gr. 8. Berlin 842, Reimer. ¾ ₰

— uber den Strom der Nebenbatterie. (Aus den Sitzungsber. der k. Akad. der Wissensch.) Ebend. 859. gr. 8. (16 S.) 3 ngr.

— Ueber die elektrischen Strome im getheilten Schliessungsdrahte der Batterie. (Poggendorff's Annal., Bd. LXI.) 1844

— Ueber die Theilung des Batteriestromes nach dem Galvanometer (Poggendorff's Annal., Bd. CXXVI.) 1865.

— über die Theilung des elektrischen Stroms. (Aus den Sitzungsber. der k. Akad. der Wissensch.) Ebend. 859. gr. 8. (29 S.) n. 4 ngr.

Knochenhauer, K. W., die Undulationstheorie d. Lichtes. Eine Beil. zu d. Lehrbüchern d. Physik. gr. 4. (26½ B. u. 5 Figtaf.) Berlin 839, Reimer.

— Ueber die Veränderungen, welche der Entladungsstrom einer elektrischen Batterie erleidet, wenn mit dem Schliessungsdrahte eine zweite Batterie in Verbindung gesetzt wird. (Aus dem vierten Hefte der Sitzungsber der Kais. Akad. der Wissensch. besonders abgedr.)

— Versuche mit einer getheilten Batterie. (Aus d. Sitzungsberichten d. k. Akad. d. W.) Wien 858. Gerold in Comm. gr. 8. (53 S.) n. 8 ngr.

— Versuche zur Theorie des Condensators. (Sonder Abdruck aus dem XLVI Bde. der Sitzungsber der Kais. Akad. der Wissensch.)

— Ueber den in der Theorie der Batterie-Entladung angenommenen Widerstand des Schliessungsbogens. (Poggend. Annal., Bd. CXXVII.) 1866

—— über die gemeinsame Wirkung zweier elektrischer Ströme. Lex.-8. (37 S. mit 1 Stnt. in 4.) Wien 856, (Gerold's Sohn.) *
Letztere zwei Schriften des Verf. wurden aus: Sitzungsberichte der k. Akademie der Wissenschaften, besonders abgedruckt.

Knochenhauer, K. W., über den Zusammenhang des Magnetismus mit den Oscillationen des Batteriestroms. Lex.-8. (19 S.) Wien 864, (Gerold's Sohn.)
Aus: Sitzungsberichte der k. Akad. der Wissenschaften, besonders abgedruckt.

—— über den elektrischen Zustand der Nebenbatterie während ihres Stromes. Lex.-8. (44 S.) Wien 858, (Gerold's Sohn.) * *
Vorstehende sechs Schriften des Verf. wurden aus: Sitzungsberichte der k. Akademie der Wissenschaften, Jahrg. 1857—60, besonders abgedruckt.

Knochenhauer, Karl, Grundriß der Weltgeschichte für den Unterricht in Schulen. Potsdam 866. Riegel'sche Buchh. gr. 8. (III, 308 S.) n. 25 ngr.

Knochenhauer, Karl, Grundriß der Weltgeschichte für den Unterricht in Schulen. 2. Aufl. gr. 8. (IV, 315 S.) Potsdam 876, Stein's Verlagsh. *

Knochenhauer, Karl, Grundriß der Weltgeschichte für den Unterricht in Schulen. 3. Aufl. 8. (IV, 316 S.) Potsdam 880. Stein. n. 2. 40

Knochenhauer, Karl, Grundriß der Weltgeschichte für den Unterricht in Schulen. 4. Aufl. gr. 8. (IV, 320 S.) Potsdam 888, Stein. *

Knochenhauer, C., Handbuch der Weltgeschichte für den Unterricht auf höheren Lehranstalten. 3 Theile. Potsdam 860—63. Riegel'sche Buchhdlg. gr. 8. n. 1 ₰ 25 ngr.
1. Theil: Die alte Geschichte. (IV, 219 S.) n. 15 ngr.
2. Theil: Geschichte des Mittelalters. (219 S.) n. 15 ngr.
3. Theil: Geschichte der neueren Zeit. (VIII, 388 S.) n. 25 ngr.

— Handbuch der Weltgeschichte f. den Unterricht auf höheren Lehranstalten. 1. u. 2. Thl. 2. verm. Aufl. gr. 8 Ebend. 871. 76. à n. 1. 5
1. Die alte Geschichte. (VIII, 216 S.)
2. Geschichte d. Mittelalters. (VI, 224 S.)

—— Handbuch der Weltgeschichte für den Unterricht auf höheren Lehranstalten und zum Selbststudium. 3. Thl.: Geschichte der neueren Zeit. gr. 8. (VIII und 888 S.) Potsdam 863, Riegel'sche Buchh. *
1. und 2. Thl. Ebendas. 1860,62. * 1 Thlr.

Knochenhauer, Paul

Knochenhauer, Paul, das Chorgestühl der Kirche Sant Eusebio in Rom, s. Renaissance, italienische.

Knochenhauer, Paul F., niederländische Fliesen-Ornamente. Gesammelt und hrsg. Fol. (50 Taf., wovon 36 chromolithogr., und 30 S. Text mit 20 eingedr. Fig.) Berlin 888, Pasch. In Mappe *

PIUS IX., Papst (*Joh. M.* Graf *Mastai-Ferreti*, geb. zu Sinigaglia 13. Mai 1792 [angeblich jüdischer Abkunft], gekrönt 21 Juni 1846, † 7. Febr. 1878). — Knochenhauer, Sebast., der Meistersänger (ps.), Pius der Neunte, der Unfehlbare. Ein Heldengedicht in vierzehn Gesängen. 1878.
Weller, Lex. Ps. p. 298.

Knochenhauer, Th., s.: Chroniken der Stadt Bamberg.

Knochenhauer, Thdr., Geschichte Thüringens in der karolingischen und sächsischen Zeit. gr. 8. (XI und 195 S.) Gotha 863, F. A. Perthes. *

Knochenhauer, Thdr., Geschichte Thüringens zur Zeit d ersten Landgrafenhauses [1039—1247]. Mit Anmerkgn hrsg. v. Karl Menzel. Mit Vorwort u. e. Lebensskizz d. Verf. v. R. Usinger. gr. 8. (XVI, 375 S.) Goth 871. F. A. Perthes. n. 6. –
Schließt sich an die von demselben Verf. erschienene „Geschichte Thf ringens in der karolingischen u. sächsischen Zeit" an.

Knochen- u. Gelenkkrank, s.: Flugschriften, hygienische.

Knochenow, J. G., praes. M. Alberti, De ischiadico malo. 51 pp. Hal. 4°. 1729

Knochenstiern, Hugo, üb. den Keimgehalt der Dorpater Marktmilch, nebst einigen bacteriolog. Untersuchgn. v. Frauenmilch. Diss. gr. 8. (51 S.) Jurjew (Dorpat) 893. (E. J. Karow.) n. 1. —

K(nork), G. Réflexions militaires sur différens objets de la guerre. Frankfurt 1762. 8°

Knocke, C., die Geisteskranken vor dem Schwurgerichte. Mit besond. Rücksicht auf die Zurechnung nach § 30 und 60 des Criminal-Gesetzbuches für das Herzogth. Braunschweig. gr. 8. (85 S.) Leipzig 863, J. A. Barth.
Aus: Allgemeine deutsche Strafrechtszeitung, hrsg. von Frz. v. Holtzendorff, besonders abgedruckt.

Knocke, Carl, s. Knocke, Karl

Knocke, H., English commercial correspondence. (XLIV, 92 S.) gr. 8. Hannover 903. C. Meyer. Geb. in Leinw. n.n. 2.25

— Guide to English conversation and correspondence. (XIV, 6, 20, 36, 26 u. 18 S.) gr. 8. Ebd. 903. Geb. in Leinw. n. 1.80

Knocke, H., guide to English conversation and correspondence. 2. and 3. (special) ed.: B. (With grammar and vocabulary.) (Revised, extended, and improved throughout.) 4.—9. thous. (XII, 257 S.) gr. 8. Hannover 909. C. Meyer. Geb. 3. —

— „Look me up!" Practical grammar for conversational and commercial English in 2 parts. — „Schlag mich auf!" Praktische Grammatik f. die engl. Umgangs- u. Handelssprache in 2 Tln. (à 80 S.) 8. Ebd. 905. 906. à n. 1. —

— Schlag mich auf! Praktische Grammatik f. die engl. Umgangs- u. Handelssprache in 3 Tln. (in 1 Bde.) Look-me-up! Practical grammar for conversational and commercial English in 3 parts. 3. Tl. (100 S.) gr. 8. Ebd. 910. 1.25

Knocke, H., English-German phraseological vocabulary. A supplement to English commercial correspondence. (72 S.) 8. Hannover 904. C. Meyer. n. 1. —

Knocke, Hermann

Praxis des Eisenbahn-Güterverkehrs. Leitfaden z. prakt. Gebr. in Handelsschulen u. Kontoren. Nach d. neuesten amtl. Quellen bearb. u. mit Beispielen versehen von H[ermann] Knocke. Hannover, Berlin C. Meyer 1905. (65 S.) 8° [F.] 05 7813 7

Knocke, Karl

Knocke, Carl (Blankenburg / Braunschweig), De morbis universalibus, quos celebres quidam scriptores nuperrime ex morbosis singulorum locorum affectionibus, praecipue ex inflammatoria conditione cerebri, medullae spinalis, meningum, cordis, lienis, tunicae mucosae stomachi et intestinorum deduxerunt. Comment. pathol. Götting. (Dieterich) 4. VI. 1837. VIII, 68 S. (6.50) 18641
Gew.: Friedrich Schulz.

Knoeckel, Charlotte, Maria Baumann, s.a. Fischer's Bibliothek zeitgenössischer Romane. I, 12.

Maria Baumann. Roman von Charlotte Knoeckel. Berlin S. Fischer [1909]. 150 S. 8°
(Fischers Bibliothek zeitgenössischer Romane Jg 1 Bd 12.) 09. 15676

Die Schwester Gertrud von Charlotte Knoeckel. Berlin: S. Fischer 1907. (216 S.) 8° [F.] 07. 11637

Knoeckel, Charlotte, Kinder der Gasse. Roman. 1. u. 2. Tauf. (à 340 S.) 8. Berlin 906. S. Fischer, Verl. n. 4. —; geb. n.n. 5. —

Knöckel, Hermann

Zur Feier des 150jähr. Geschäftsjubiläums der Maschinenpapierfabrik Ph. Knöckel & Söhne, Schönthal bei Neustadt a. d. Hardt. (Verf.: Hermann Knöckel.) — Köln 1895: DuMont Schauberg. 46 S. 8° [Umschlagt.:] 1745—1895. 150 Jahre des Hauses Knöckel. 5. 38.

Knod, G. C., s. Knod, Gustav Karl

Knod, Gustav, s.a. Knod, Gustav Karl

Knod, Gust., Gotfried von Nifen und seine Lieder. Eine literarhistorische Untersuchung. Tübingen 1877. 8°. VI u. 66 S. (In München: P. o. germ. 500 ek.) (1 Mk. E. Carlebach, 1894.)
Vgl. Ph. Strauch im Anzeiger f. deutsch. Alterthum 1879, S. 246-52.

Knod, Gust., Gottfried v. Neifen u. seine Lieder. Eine literarhistor. Untersuchung. gr. 8. (66 S.) Tübingen 877. Fues. n. 1. 40

Knod, Gustav, Referendar: Die Tatbestände der unerlaubten Handlungen des Bürgerlichen Gesetzbuches, verglichen mit dem gemeinen Recht. Düsseldorf 1909: Schaab. VIII, 67 S. 8°
Heidelberg, Jur. Diss. v. 18. Febr. 1909, Ref. Heinsheimer
[Geb. 29. Dez. 80 Gelsenkirchen; Wohnort: Düsseldorf; Staatsangeh.: Preußen; Vorbildung: Gymn. Burgsteinfurt Reife O. 01; Studium: Würzburg 4, Bonn 3 S.; Rig. 18. Nov 08.] [U 09. 1827

Knod, Gustav Karl

Knod, G. C., aus der Bibliothek d. Beatus Rhenanus. Ein Beitrag zur Geschichte d. Humanismus. [Aus: „Festschrift zur Einweihung des neuen Bibliotheksgebäudes zu Schlettstadt am 6. Juni 1889".] gr. 8. (XIII, 114 S.) Leipzig 889. Harrassowitz. n. 2. —

Knod, Gust. C., d. alten Matrikeln d. Universität Strassburg 1621—1793, s. a. Urkunden u. Akten d. Stadt Strassburg.

Die alten **Matrikeln** der Universität Strassburg 1621 bis 1793. Bearb. v. Gustav C. Knod. Bd 1. 2. *Strassburg: K. J. Trübner 1891.* 2 Bde 8.
1. Die allg. Matrikeln u. die Matrikeln der philosoph. u. theolog. Facultät. (XXXVII S., 1 Bl., 710 S.)
2. Die Matrikeln der medicin. u. jurist. Facultät. (4 Bl., 679 S.)
= Urkunden u. Akten d. Stadt Strassburg. Abth. 3. [91- 3439

Knod, Gust. Das Papsttum und die deutsche Landeskirche zur Zeit der Ottonen. 22 S. **Progr.** *Gebweiler* 1881

Knod, Gustav, Prof. Dr.: Johann Schenckbecher. Ein Strassburger Ratsherr der Reformationszeit. Strassburg i. E. 1906: M. Du Mont-Schauberg. (57 S.) 4°
Strassburg Els., L P 1906 (649)

—— Zur Schlettstadter Schulgeschichte, s. Studien, Strassburger, 2. Bd.

Knod, Gust. Jakob Spiegel aus Schlettstadt. Ein Beitrag zur Geschichte des deutschen Humanismus. 58 S. und Taf. *Schlettstadt* 1884
Progr.

Knod, Gustav Jacob Spiegel aus Schlettstadt. Ein Beitrag zur Geschichte des deutschen Humanismus (2. Teil). 4 (31 S.). **Progr.** G *Schlettstadt* 1886 (472)

— die Stadtbibliothek zu Schlettstadt, s.: Gény, J.

Knod, Gustav C. [Dr., Oberl.]: Die Stiftsherren von St. Thomas zu Strassburg '(1518—1548)'. E. Beitr. z. Strassb. Kirchen- u. Schulgesch. (Umschlagt.: . . . v. Auftreten Capito's bis z. Interim '(1520—1548)'.) Strassburg, Strassb. Druckerei u. Verlagsanst., 1892; 2 Bl., 59 S. 4.
Strassburg i. E., L, P 1892 (514)

Knod, Gust. C., die Stiftsherren v. St. Thomas zu Strassburg (1518—1548). Ein Beitrag zur Strassburger Kirchen- u. Schulgeschichte. gr. 4. (III, 60 S.) Strassburg i/E. 892. [C. F. Schmidt.] F. Bull n. 1. 50

— deutsche Studenten in Bologna (1289—1562). Biographischer Index zu den Acta nationis Germanicae universitatis Bononiensis. Im Auftrag der k. preuss. Akademie der Wissenschaften bearb. Lex.-8. (XXV, 765 S.) Berlin 899. R. v. Decker. n. 30. —

Knod, Hans, das Bromäthyl u. seine Anwendung als Narkoticum in der zahnärztlichen Praxis. gr. 8. (26 S.) Essen 891. Bed. n. 2. —

Knod, Reinhold, a. Trarbach: Devonische Faunen Boliviens. Stuttgart: E. Schweizerbart 1908. (S. 493—600 u. 11 Taf.) 8° ¶ (Aus: Neues Jahrbuch f. Mineralogie usw. Beil.-Bd 25.)
Freiburg i. B., Phil. Fak., Ref. Deecke, Diss. v. 1908
[Geb. 26. Dez. 80 Trarbach a. d. Mosel; Wohnort: Freiburg i. B.; Staatsangeh.: Preußen; Vorbildung: Gymn. Trarbach Reife M. 00; Studium: Freiburg i. B. 3, München 2, Freiburg i. B. 1 S.; Rig. 18. Jan. 07.]

Knodel, Wilhelm, a. Nagold, Rektor d. Lateinschule in Kirchheim u. T.: Die Urbanitätsausdrücke bei Polybios. Tübingen 1908: H. Laupp jr. (VI, 67 S.) 8°
Tübingen, Phil. Fak., Ref. Schmid, Diss. v. 28. Juni 1908
[Geb. 30. Mai 62 Nagold; Wohnort: Kirchheim u. T.; Staatsangeh.: Württemberg; Vorbildung: Gymn. Heilbronn Reife M. 81; Studium: Tübingen 6, Genf 1, Techn. Hochsch. Stuttgart 1 S.; Coll. 16. Jan. 08.]

Knödelküche, die bayerische. 18 Recepte zur Anfertigung von Knödeln von einer altbayer. Köchin. 1.—3. Aufl. 8. (8 S.) Neu-Ulm 874, Helb's Sortiment.

Knödelküche, die bayerische. 18 Recepte zur Anfertigg. 1 Knödeln v. e. altbayer. Köchin. 3. Aufl. 8. (8 S.) Neu Ulm 875. Helb's Sort. — 1

Knödelküche, die echt bayerische, in untrüglichen Rezepten f. 10 bis 12 Stück Knödel. (7 S. in Leporelloform.) 16. Augsburg (909). (Gotha, P. Hartung.) — 15

Knoderer, Carl, neue wichtige Erfindungen in der Lohgerberei, s. „Schauplatz, neuer, der Künste" ꝛc. 234. Bd.

Knoderer, C., Neue wichtige Erfindung in der Lodergerberei oder der neuen Spar- u. Schnellgerberei. Aus dem Franz. von Dr. Chr. H. Schmidt. Weimar 1857. 8°.

Knödgen, Frz. Jahrbuch der Actien-Gesellschaften Rheinlands u. Westfalens, nebst e. Anh., enth. e. Verzeichniss gewerkschaftlich betriebener Kohlenzechen d. Ruhrgebiets, sowie statist. Mittheilgn. u. s. w. I.—III. Jahrg. 8. (IX, 264; X, 261; VIII, 265 S.) [Düsseld. 889—91, F. Bagel.] Frankf. a. M., Jaeger's Verl. à Jahrg. * 3 60

— dasselbe. Fortsetzung, s.: Actiengesellschaften, die, Rheinlands u. Westfalens.

Knödgen, Frz., wie kann unser Aktienwesen gesunden?, s.: Gemünd, W.

Knödler, Arthur, appr. Arzt a. Urmeny in Ungarn, Unterarzt b. Inf.-Reg. Kaiser Wilhelm König von Preußen (2. Württemb.) Nr. 120: Die Unterbindung und die Resektion der Vena femoralis unterhalb des Ligamentum Poupartii. Berlin (1905): G. Schade. (30 S.) 8°
Berlin, Med. Fak., Ref. Hildebrand, Diss. v. 5. Juli 1905
[Geb. 29. Apr. 80 Urmeny in Ungarn; Heimatsort: Urmeny; Staatsangeh.: Württemberg; Vorbildung: Karls-Gymn. Stuttgart Reife M. 99; Studium: Berlin, K. Wilh.-Akad. 9 S.; Coll. 1 Juli 05; Approb. 24. Juni 05.]

(F) D' Knödlwirtin. Ein bäuerlicher Küchenroman in 8 Bildern Von Norb. H. Separatabdruck aus dem O.-Oe. Pressvereins-Kalender. Jahrgang 1901. Linz. 1900. Pressverein Gr.-8°. 8 S. K — .20

Knodt, Emil, die Bedeutung Calvins u. des Calvinismus f. die protestantische Welt im Lichte der neueren u. neuesten Forschung, s. a. Vorträge der theologischen Konferenz zu Gießen. 30.

Die Bedeutung Calvins und des Calvinismus für die protestantische Welt im Lichte der neueren und neuesten Forschung. Von Prof. D. Emil **Knodt.** Gießen: Töpelmann 1910. 71 S. 8°
(Vorträge d. Theolog. Konferenz zu Gießen. Folge 30.) [10. 16225

Knodt, Emil, kleine Bilder v. großen Dingen. 8. (120 S.) Gütersloh 897. C. Bertelsmann. n. 1. 50; geb. n. 2. —

Knodt, Emil, Bilder aus der wissenschaftlichen Thierfolter. 2. Folge der „Klagen der Thiere". 8. (17 S.) Dresden 882. Buchh. d. Internationalen Vereins zur Bekämpfg. der wissenschaftl. Thierfolter. n. — 25

— Johann Calvin. Mitteilungen aus seinem Leben u. seinen Schriften. (III, IV, 305 S. m. 1 Bildnis.) 8. Herborn 909. Buchh. des nass. Colportagevereins. 3.—; geb. in Leinw. 4. —

— der Tiere Dank. Allen Freunden des Tierschutzes, zumal dessen obersten Förderern, den Behörden und Vereinen, den Geistlichen und Lehrern ans Herz gelegt. 8. (34 S.) Ebendas. 888. *

Knodt, Emil, der Tiere Dank. Allen Freunden d. Tierschutzes, zumal dessen obersten Förderern, den Behörden u. Vereinen, den Geistlichen u. Lehrern ans Herz gelegt. 2. Aufl. (4.—6. Taus.) 12. (34 S.) Leipzig 891. H. Hartung & Sohn. n. — 25

— der Tiere Dank. Allen Freunden des Tierschutzes, zumal dessen obersten Förderern, d. Behörden u. Vereinen, d. Geistlichen u. Lehrern ans Herz gelegt. 3. Aufl. (7.—9. Taus.) 8. (34 S.) Leipzig 899. H. Hartung & Sohn. n. — 25

— der Tiere Dank. Allen Freunden des Tierschutzes, zumal dessen obersten Förderern, den Behörden u. Vereinen, den Geistlichen u. Lehrern ans Herz gelegt. (Neue Aufl.) (32 S.) 12. Ebd. (903). n. — 10

— Liturgische Feier am Charfreitag. (4 S.) gr. 8. Ebd. (907). 100 Stück 1. 50

- dasselbe bei der 300. Wiederkehr des Geburtstages Paul Gerhardts. (4 S.) gr. 8. Ebd. (907). 100 Stück 1. 50

Knodt, Emil, Paul Gerhardt. Sein Leben u. seine wichtigsten Lieder. Ein Jubiläumsbüchlein f. die Jugend u. das Volk. 1.—10. Taus. (80 S. m. Abbildgn.) 8. Herborn 906. Buchh. des nass. Colportagevereins. n. — 25

— Paul Gerhardt. Sein Leben u. seine wichtigsten Lieder. Ein Jubiläumsbüchlein f. die Jugend u. das Volk. 2. u. 3. Aufl. 11.—15. bezw. 16.—20. Taus. (Je 80 S. m. Abbildgn.) 8. Ebd. 907. — 25

Die von den Grafen Albrecht und Philipp im Jahre 1576 publizierte Nassau-Saarbrücken'sche Kirchenordnung und Agende und ihre Weiterentwicklung. Ein Beitrag z. nassauischen Kirchengesch. von Prof. D. E[mil] Knodt. Herborn: Nass. Colportageverein 1904 (1905). (163 S.) 8° [F.]
= Denkschrift d. K. Preuß. ev.-theol. Seminars zu Herborn f. d. J. 1898 bis 1904. [05 9555

Die von den Grafen Albrecht und Philipp im Jahre 1576 publizierte Nassau-Saarbrücken'sche Kirchenordnung und Agende u. ihre Weiterentwicklung. Ein Beitrag z. nassauischen Kirchengeschichte von D. E[mil] Knodt, Prof. in Herborn. Herborn: Nassauischer Colportageverein 1904. (235 S.) 8° [F.]
= Denkschrift d. Kgl. Preuß. ev.-theol. Seminars zu Herborn. 1898–1904, 1 [07. 6630

Knodt, Emil, Klagen der Thiere. Zur Beförderung des wahren Thierschutzes der Jugend und dem Volke dargestellt: 4.—7. Aufl. [17.—29. Tausend.] 8. (23 S. mit 2 Holzschn.) Rudolstadt 886—88, Hartung und Sohn. *

— Klagen der Tiere. Zur Beförderg. d. wahren Tierschutzes der Jugend u. d. Volke dargestellt. 8. Aufl. [30.—32. Taus.] 12. (24 S. u. 3 Abbildgn.) Ebd. 891. * — 20

Knodt, Emil, Klagen der Tiere. Zur Beförderg. d. wahren Tierschutzes der Jugend u. dem Volke dargestellt. 9. Aufl. (33.—35. Taus.) 8. (24 S. m. Bildern.) Leipzig 893. H. Hartung & Sohn. n. — 20

— Klagen d. Tiere Zur Beförderg. d. wahren Tierschutzes d. Jugend u. d. Volke dargest. 10. Aufl. (36.—38. Taus.) 8. (24 S. m. Abb.) Leipzig 895. H. Hartung & Sohn. n. — 20

Knodt, Emil, Klagen d. Tiere. Zur Beförderg. d. wahren Tierschutzes, d. Jugend u. dem Volke dargestellt. 11. Aufl. (39.—41. Taus.) 8. (24 S.) Leipzig (900). H. Hartung & Sohn. n. — 20

— Klagen der Tiere. Zur Beförderg. des wahren Tierschutzes der Jugend u. dem Volke dargestellt. (Neue Aufl.) (24 S. m. Abbildgn.) 12. Berlin (903). (Berolina-Versand-Buchh.) n. — 10

— christl. Lebenszeugen aus u. in Westfalen. 1. Bd. Gerdt Omeken. Eine reformationsgeschichtl. Skizze. 8. (VII, 236 S.) Gütersloh 897. C. Bertelsmann. n. 3. —; geb. n. 3. 80

— christl. Lebenszeugen aus u. in Westfalen. II. Sturmi. Ansgar. Liudger. Kirchengeschichtliche Skizzen. 8. (V, 100 S.) Gütersloh 900. C. Bertelsmann. n. 1. —
I. Bd. Ebd. 897. n. 3. —; geb. n. 3. 80.

[F.] Gerdt Omeken. E. reformationsgesch. Skizze v. Emil Knodt, Pfarrer in Münster ... *Gütersloh: C. Bertelsmann 1898.* (1 Bl., VI S., 1 Bl., 236 S.) 1 Bd 8.
= Knodt, E.: Christl. Lebenszeugen aus u. in Westfalen. [Bd] I. [97. 8596

— Pastorallehren aus den paulinischen Briefen. 1. Thl. 8. (VIII, 183 S.) Gotha 894. E. Schloeßmann. n. 1. 60; geb. n. 2. 20

— der deutsche Reichstag und die Vivisection. 8. (16 S.) Darmstadt 880, Würtz'sche Buchh. *

— kleines Trostbuch bei d. Tode uns. Kinder. 8. (VI, 85 S.) Gotha 898. G. Schloeßmann. Geb. n. 1. 20

— Trostbuch beim Tode unserer Kinder. In Wort u. Lied zusammengestellt. 8. (XII, 307 S.) Gotha 893. G. Schloeßmann. n. 3. —; geb. n. 4. 50

— die Vivisection vor dem Forum der Logik und Moral. Mit besond. Berücksicht. der Schrift von R. Heidenhain „Die Vivisection im Dienste der Heilkunde". [2. Aufl. Leipzig 1879] und der „Erklärung" von 18 deutschen und auswärtigen medicin. Facultäten vom März 1879. gr. 8. (40 S.) Leipzig 880, (Schneider.) *

— D. Johann Westermann, d. Reformator Lippstadts u. s. sogen. Katechismus, d. älteste litterar. Denkmal d. evang. Kirche Westfalens. E. Beitr. z. Gesch. d. westfäl. Reform. u. d. Katechismus. 8. (170 S.) Ebd. 895. n. 2. —

— Johann Hinrich Wichern, der Vater u. Herold der inneren Mission. Ein Lebensbild. (261 S. m. Bildnis.) 8. Ebd. 908. 1.20; in Bibliotheksbd. 1.60; eleg. geb. 1. 80

— Würdigung d. Schriften C. G. F. Grisanowski's, s. Melena, Elpis.

— Zoophilus. Biblische Studien über Thierbestimmung, Thierleben und Thierschutz. gr. 8. (76 S.) Dresden 881, Buchh. des internationalen Vereins zur Bekämpfung der wissenschaftl. Thierfolter. *

Knodt, Karl Ernst, Allerleirauh. Zeitgemäße Dichtgn. u. Umdichtgn. in Spruchform. (107 S.) kl. 8. Leipzig 907. F. Eckardt. Geb. in Leinw. 2. 70

Knodt, Karl Ernst, aus allen Augenblicken meines Lebens. Neue Gedichte. kl. 4. (400 S. m. Abbildgn. Mülheim a/R. 900. K. Schimmelpfeng. Geb. in Leinw. n. 5. —

Aus allen Augenblicken meines Lebens. Neue Gedichte von Karl Ernst Knodt. *Mülheim-Ruhr: K Schimmelpfeng 1902.* (400 S.) 8° [02. 10238 B

— Aus allen Augenblicken meines Lebens. Neue Gedichte. (VII, 297 S.) kl. 8. Ebd. (908). Geb. in Leinw. 5. —

Knodt, Karl Ernst, Fontes Melusinae. Ein Menschheitsmärchen, m. Bildern v. G. Kampmann. (76 S.) gr. 8. Altenburg 904. St. Geibel. Geb. in Leinw. n. 4. —

Knodt, Karl Ernst, von Sehnsucht, Schönheit, Wahrheit. Ein Dreiklang in Versen. (VIII, 171 S.) kl. 8. Leipzig (907). F. Eckardt. Geb. in Leinw. 4. —

— Theodor Storm, der Lyriker, s. a. Beiträge zur Literaturgeschichte.

Theodor Storm, der Lyriker. Von Karl Ernst **Knodt**. Leipzig: Verl. f. Lit., Kunst u. Musik 1906. (27 S.) 8° [F.]
— **Beiträge** z. Literaturgeschichte. H. 4. [-6. 4365

Sturmi. Ansgar. Liudger. Kirchengeschichtl. Skizzen von Emil **Knodt**, Prof. in Herborn. *Gütersloh: C. Bertelsmann 1900.* (100 S.) 8° [F.]
— **Knodt**: Christl. Lebenszeugen aus u. in Westfalen. 2. [-- 644

— Ein Ton vom Tode u. Ein Lied vom Leben. Neue Verse, m. 2 Titelbildern v. Gust. Kampmann. 1.—4. Taus. (VIII, 276 S.) 8. Gießen (905). E. Roth. n. 3. —; geb. n. 4. —; Liebhaberausg. auf Büttenpap. in Prachtbd. n. 6. 50

Aus meiner Waldecke. Gedichte von Karl Ernst **Knodt**. *Berlin: Concordia 1900.* (142 S.) 8° [F.] [01. 4900

— aus meiner Waldecke. Gedichte, m. Zeichngn. v. G. Kampmann. 2. Aufl. (IX, 202 S.) 8. Altenburg 904. St. Geibel. Geb. in Leinw. n. 4. —

— wir sind die Sehnsucht. Liederlese moderner Sehnsucht. gr. 8. (XI, 324 S.) Stuttgart (902). Greiner & Pfeiffer. Geb. in Leinw. n. 4. —

Böse Gewissen. Komödie in 1 Akt von Heinrich **Knöfel**. (Hanau a. M. [1907]: Waisenhaus.) (22 S.) 8° [F.] [08. 4605 4

Knoefel, Johann Jacob Wilhelm (Wittenberg), De signis icteri pathognomonicis. Diss. med. Präs. Salomon Constantin Titius. Wittbg. (Tzschiedrich) 20. XII. 1793. 16 S. (5.—) 18643

Knöfel, M. E., Statistik des Schulturnens in Dresden nach dem Stande am 31. 3. 1876, 45 S., 8°.

Knoefel, Max, Referendar in Neisse: Die clausula rebus sic stantibus im Völkerrecht. Breslau 1908: Grass, Barth & Co. (56 S.) 8°
Breslau, Jur. Fak., Ref. Brie-Gretener, Diss. v. 17. Juli 1908
[Geb. 25. Jan. 84 Mährengasse b. Neiße; Wohnort: Neiße; Staatsangeh.: Preußen; Vorbildung: Städt. Realgymn. Neiße Reife O. 03; Studium: Breslau 6 S.; Rig. 3. März 08.]

Knöfel, Rhold., u. Rud. Emil Rob. Knöfel, Leitfaden f. den Fachunterricht der Schuhmacher an gewerblichen Fortbildungsschulen. (IV, 83 S. m. Abbildgn.) 8. Wien 910. F. Deuticke. Geb. in Leinw. 1. 20

Knöfel, Rob., die Buchhaltung des Schuhmachers, s.: Wallantschek, Karl.

Knöfel, Rob., die zweckmäßigste Form der Fußbekleidung. Abhandlung u. lith. Darstellg. der bei der „Allgemeinen Ausstellg. für Fußbekleidung in Bern" beobachteten Beschuhungs-Systeme. gr. 8. (16 S. mit 1 Steintafel in Imp.-Fol.) Wien 876. Leipzig 877. E. Schmidt in Comm. n. — 40

Knöfel, Rob., der menschliche Fuß und seine Bekleidung. Ein Katechismus für Schuhmacher. Beachtenswerth für Alle, denen an der naturgemäßen Bekleidung ihrer Füße gelegen ist. Verfaßt und in Verse gebracht. 1. und 2. Aufl. gr. 8. (60 S. mit in den Text gedr. Holzschn.-Abbild.) Leipzig 878, [Menzel.] Ed. Schmidt. *

— Lehrbuch der Fußbekleidungskunst. Rathgeber f. Schuhmacher, Obertheile-Fabrikanten, Leistenschneider, Lederhändler rc. auf Grund 30jähr. Erfahrgn. u. nach anatom. Darstellgn. der Prof. Bock, Günther, Mayer u. A. verf. 2. Aufl. gr. 8. (IV, 214 S. mit 10 Steintaf.) Ebend. 879. n. 6. —

Knöfel, Rob. Lehrbuch der Fußbekleidungskunst. 3. Aufl., umgearb. v. R. K.'s Nachfolgern. gr. 8. (323 S. m. 1 Atlas v. 28 Taf. in hoch 4.) Wien 891. Lpz., (Ed. Schmidt.) * 8 —

(F) **Knöfel,** R., Leitfaden für den Fachunterricht der Schuhmacher an gewerblichen Fortbildungsschulen. Gr.-8°. (83 S.) geb. K 1.40
Wien: Deuticke 1910.

Knöfel, Rob., **Massbuch** für Schuhmacher, Schuhfabrikanten und Schuhhändler nebst Wiener Massscala nach Centimeter und französ. Stichmasse. qu. 8. (92 S.) Wien 877. (Leipzig, Ed. Schmidt.) geb. *

Knöfel's, Rob., neue Wiener Schuhmacher-Zeitung. Organ f. d. Interr. d. Schuhmacher, bezweck. d. Hebg. d. Schuhmacherhandwerkes in moral. u. mater. Beziehg. Gegründet 1874 v. Rob. Knöfel. Verein. m. d. „Schuhmacher-Zeitg.", Organ d. fortschrittl. Meister Oesterreich-Ungarns. Hrsg. v. E. verw. Knöfel. Red.: Alfr. Czepiczka. 21.—24. Jahrg. 1895—1898. à 24 Nrn. (à ca. 12 S. m. Abb. u. Modebild.) Fol. Wien. (Leipzig, Ed. Schmidt.) à Jahrg. n. 8. —; m. Modellen n.n. 12. —
Kann auch vierteljährlich bezogen werden.

Knöfel's, Rob., neue Wiener Schuhmacher-Zeitung. Gegründet 1874 v. Rob. Knöfel. Vereinigt m. der „Schuhmacher-Zeitung", Organ der fortschrittl. Meister Österreich-Ungarns. Hrsg. v. E. verw. Rob. Knöfel. Verantwortlich: Joh. Bittner. 25.—28. Jahrg. 1899—1902. à 24 Nrn. Fol. (à ca. 32 S. m. Abbildgn.) Wien. (Leipzig, E. Schmidt.) à Jahrg. n.n. 8. —; m. Modellen à Jahrg. n.n. 13. —

Knöfel's, Rob., neue Wiener Schuhmacher-Zeitung. Gegründet 1874 v. Rob. Knöfel. Vereinigt m. der „Schuhmacher-Zeitung", Organ der fortschrittl. Meister Oesterreich-Ungarns. Hrsg. v. E. verw. Rob. Knöfel. Verantwortlich: Joh. Bittner. 29.—32 Jahrg. 1903—1906. à 24 Nrn. (448, 440, 436 u. 456 S. m. Abbildgn., Taf. u. Schnittmuster-Bog.) Fol. Wien. (Leipzig, Ed. Schmidt.) à Jhrg. n.n 8. —; m. Modellen n.n. 13. —

— neue Wiener Schuhmacher-Zeitung. Gegründet 1874 v. Rob. Knöfel. Vereinigt m. der „Schuhmacher-Zeitg.", Organ der fortschrittl. Meister Österreich-Ungarns. Hrsg. v. E. verw. Rob. Knöfel. Verantwortlich: Joh. Pytner. 33.—36. Jahrg. 1907—1910. à 24 Nrn. (416, 436, 480 u. 520 S. m. Abb., je 48 Taf. u. Schnittmuster-Bog.) 35,5×24,5 cm. Wien. (Leipzig, Ed. Schmidt.) à Jahrg. nn 8.—; m. Modellen nn 13. —

Knoff, A., Trauer-Rede am Grabe des Geistlichen Rathes und Beneficiaten an der churfürstl. Kapelle zu Breslau Augustin Knoblich. Gehalten am 16. Octbr. 1876. gr. 8. (7 S.) Breslau 876, Görlich's Verlag. *

—— s. Schematismus des Bisth. Breslau und seines Delegatur-Bezirks.

Knoflach's, Ant., Tagebuch üb. die Ereignisse in Innsbruck im J. Neun, hrsg. v. Frz. Schumacher, s. Anno Neun.

Anton **Knoflach's** Tagebuch über die Ereignisse in Innsbruck im Jahre Neun hrsg. von Dr. Franz Schumacher. Innsbruck: Vereinsbuchh. 1909. 91 S. 8°
('Anno Neun'. Bdch. 13.) [09. 9324

Knoflach, Valentin, Lehrgang der Kalkulation nebst zahlr. Aufgaben f. gewerbliche Schulen sowie zum Selbstunterrichte. (III, 170 S. m. Fig.) 8. Wien 909. F. Deuticke. Kart. 1. 50

Knöfler, H., 30 Heiligenbilder f. xylographischen Farbendruck reich ausgeführt. 16. Regensburg 871. Pustet. n. 2. 40

KNOFLER, OSKAR Ueber ein neues Dilatometer und dessen Verwendung zum Studium der bei der Lösung und bei chemischen Processen auftretenden Volumänderungen (Erlangen) Leipzig, 1888.
Dilatometer is misspelled "Dilalometer" on the title-page

Knöfler, Oskar [aus Groba] Ueber ein neues Dilalometer und dessen Verwendung zum Studium der bei der Lösung und bei chemischen Processen auftretenden Volumänderungen. Leipzig, Johann Ambrosius Barth, 1888 30 S. 1 Bl. u. 1 Taf. 8°
Erlangen, Phil. Fak. Inaug. Diss. v. 1888

(F) **Knofloch, V.**, Lehrgang der Kalkulation nebst zahlreichen Aufgaben für gewerbliche Schulen sowie zum Selbstunterricht. Gr.-8°. (170 S.) kart. K 1 80
Wien: Deuticke 1909.

Knögel, [Wilhelm] [Direktor Dr Christian Baier wird in das Königl. Provinzial-Schulkollegium zu Cassel berufen.] S. 25—26. 4.
Progr. Lessing-Gymn. *Frankfurt a. M.* 1905 (465).

Knögel, W[ilhelm], Prof. Dr.: Voß' Luise und die Entwicklung der deutschen Idylle bis auf Heinrich Seidel. Frankfurt a. M. 1904: Enz u. Rudolph. (45 S.) 8°
Frankfurt a. M., Lessing-G OP 1904 (455)

Knoegel, W., Voss' Luise u. die Entwicklung der deutschen Idylle bis auf Heinrich Seidel. (45 S.) gr. 8. Frankfurt a/M. 904. C. Koenitzer. n. 1. 20

Knoegel, Wilh. De retractatione Fastorum ab Ovidio Tomi instituta. 35 S. 8. Progr. *Montabaur* 1885.

Knoegel, Wilh., berufliche Streifzüge. (VII, 124 S.) 8. Gotha 910. F. A. Perthes. 2. 40

Knoer, Knoes, s. a. **Knör, Knös.**

Knogler, Gabr.

— Elemente d. angewandten Mathematik, mit Kpf. 8. Ingolst. 796. (Leipz., Schmidt). 1 ℔ 8 ₰

Knogler, Gabr., Meteorologie zum Gebrauch academ. Vorlesungen. 8. Landsh. 803. Storno. 1 ℔ (Fr. Fleischer in Lpz.) 1 ℔ (Wimmer in Wien). 1 ℔ 4 ₰

Knogler, J., das Institutskind, s. Universal-Bibliothek für die Jugend.

Knogler, M. (Resp.): Diss. de hydrocephalo, s. A l b e r t i, Mich. (Praes.)

Knohll, Johann Paul Kurtze Beschreibung und Unterricht Des Wein-Baues / Allen / so mit dergleichen zu thun / besitzen / umgehen , sich gebrauchen und erhalten , zu einem sonderbahren Nutzen / Nebst einem Offenhertzigen Wein-Artzt / Oder Allerhand bewährten Mitteln / wie der Wein von der Kelter an sorgfältig zu warten / beständig gut zu erhalten / in andere / Kräuter- Würtz- und frembde Weine zu verwandeln / und so er ohngefähr zu Schaden kommen / ihme wieder zu helffen sey Allen Hauß-Wirthen mitgetheilet und mit einer Baum-Schule vermehret. [Verf. Johann Paul Knohll.] Dresden: Winckler 1711. 346, 86 S. -- 21°. Frei 100° [Vielleicht identisch mit Philaletha, Irenoph. Vom Weinbau. 1711. -- s. Nr 1743.]
BJ Knohl, J. P. Dresden 1699. 1700. 1711 -- Bibliotheca oenologica: Knoll (Knohle?), Joh. Paul. -- Gatterer Knoll Johann Paul. Dresden 1700. 1711 dazu Anmerkung: 'vielleicht einerei mit' Knohle, Johann Paul: Viti-Culturbüchlein, ... Dresden 1607 (s.a. Nr 1723). -- Heinsius: Beschreibung des Weinbaues nebst d. offenherzig. Weinarzte. Dresden: Walther 1711. -- Müller Knohben, J. P. -- Anmerkung bei Thienemann: 'Einen Knoll oder Knohle giebt es nicht!' -- Weber: Knoll, J. P. Dresden 1700. 1711.
Dass erschien auch u. d. T. Knohll. Der Curiöse und Offenhertzige Wein-Artzt / 1700. -- s. Nr 1729.

-- Ders. Klein Vinicultur-Büchlein. Das ist Kurtzer Inhalt und Unterricht des Weinbaues / Wie solcher im Ober-Sachsischen / und meistes im Meißnischen Creysse / nach hiesiger Landes-Art gepfleget / und iedesmal mit seinen sonderlichen Arbeiten bestellet werden soll / Nach Anleitung der Churfürstl. Sächs. hierbey befindlichen Weinzebürgs-Constitution. ... Von Johann Paul Knohllen. [Dresden:] Bergen 1667. 221 S. -- 14°. 15°. 29°. Frei 100°
BJ Knohl, J. P. -- Bibliotheca oenologica Knohle Johann Paul Viti-Kulturbüchlein d. i. kurzer Unterricht des Weinbaues sonderlich im Obersächsischen. Dresden 1607. 1833. - Knohllen Joh. Paul Viniculturbüchlein d. i. kurzer Inhalt und Unterricht des Weinbaues nach Anleitung der Churfürstl. Sächs. Weinz.-..rgs-Constitution Dresden 1667. -- Boehmer Knohlle, Joh. Paul Viticulturbüchlein ... Dresden 1607. 1668. 1667. 1699. -- Gatterer Knohlle Johann Paul Viti-Culturbüchle... kurzer Unterricht des Weinbaues sonderlich im Obersächsischen. Dresden 1607 1663. ... auf die Weinge..rgsordnung Churfürstens zu Sachsen Christian I. gegründet. Ebd 1667 1699. 1700. 1711 dazu Anmerkung: 'Auf der letztern Ausgabe ist der Name des Verfassers nicht genannt aber mit einem offenherzigen Weinarzte vermehrt' -- Müller Knohben, J. P. -- Nach Angaben der Sächsischen Landesbibliothek Dresden Knohlle Johann Paul ... enden Werke von Johann Paul Knohll Klein Vinicultur Büchlein und Viti-Culturbüchlein sind sehr wahrscheinlich identisch.
--- Dass. Auf's Neue durchges. und mit einem Vorw. begleitet von E. V. Dietrich. Grimma Verlags-Comptoir 1848. 166 S. -- Frei 100°
Kayser 1550.

--- Ders. Der Curiöse und Offenhertzige Wein-Artzt / Das ist Allerhand bewährte Mittel / wie der Wein von der Kelter an sorgfältig zu warten / beständig gut zu erhalten / in andere Kräuter- Würtz- und frembde Weine zu verwandeln und so er ohngefähr zu Schaden kommen ihme glücklich wieder zu helffen sey Allen Hauß-Vätern und Müttern mitgetheilet von Sincero Philalethe [Sincerus Philalethes, d. i. Johann Paul Knohll]. Dresden Winckler 1700. 136, 237 S. -- 12°. 35°
Dass. erschien auch u. d. T. Knohll. Kurtze Beschreibung und Unterricht Des Wein-Baues / ... 1711. -- s. Nr 1721
BJ Philalethes Sincerus. -- Bibliotheca oenologica Philalethes Sincerus -- BM Verweisung von Knoll, Johann Paul auf Philalethes. Sincerus. -- Boehmer Philalethes, Sincerus. -- Gatterer Philalethes, Sincerus -- Müller Knohben, J. P. -- NUC Knoll, Johann Paul.

Knoke, Arnold, Bürgerkunde u. Volkswirtschaftslehre. Zum Gebrauch an Lyzeen sowie zum Selbststudium. Der deutschen Frauenwelt gewidmet. (XII, 221 S.) gr. 8. Frankfurt a/M. 910. M. Diesterweg. 2.40; geb. n 2. 90

Knoke, Arnold, deutsche Kulturgeschichte in Tabellen. Eine Übersicht üb. die ges. Entwicklg. des deutschen Volkes. Fol. (31 S.) Wiesbaden 902. C. G. Kunze's Nachf. n. 1. 80

Kulturgeschichtliche Tafeln, mit bes. Berücks. d. Entwicklungsgesch. d. deutschen Volkes aufgest. von Dr. phil. Arnold **Knoke**. *Hannover 1901: Buchdr. d. Stephansstifts.* (16 Bl.) 4°(2°) [F.]
[Umschlagt.:] Synchronistische Tabellen z. Gesch. d. Entwicklung d. deutschen Volkes, ausgearb. u. zsgest. von A. Knoke. [04. 10144 8

Knoke, *Theodor Friedrich* Arnold [aus Gestorf '(Hann.)']: Das Zuchtmittel der Drohung im Eide ... Hannover, Buchdr. d. Stephansstifts, 1896; 55 S. 8.
Erlangen, Phil. Fak., Inaug.-Diss. v. 14. März 1896

Knoke, D. K., Grundriss d. Pädagogik u. ihrer Geschichte seit d. Zeitalter d. Humanismus v. evang. Standpunkte. (240 S.) Berlin 1901. Reuther u. Reichard.

Knoke, Ed., Leichtfassl. Lehrbuch d. vereinf. deutschen Stenographie, s.: Bungenstock, H.

Knoke, Friedrich

Knoke, Frdr., A r m i n, der Befreier Deutschlands. Eine quellenmäss. Darstellg. Mit 1 Abb. des Hermannsdenkmals u. 5 in den Text gedr. Kartenskizzen. (80 S.) 8. Berlin 909. Weidmann. p 1. 20

Knoke, F[riedrich], Direktor Prof. Dr.: Begriff der Tragödie nach Aristoteles. Osnabrück 1906: J. G. Kisling. (83 S.) 8°
Osnabrück, Rats-G OP 1906 (388)

Begriff der Tragödie nach Aristoteles. Von Prof. Dr. F[riedrich] **Knoke**, Dir. Berlin: Weidmann 1906. (83 S.) 8° [06. 10640

— Neue B e i t r ä g e zu e. Geschichte der Römerkriege in Deutschland. Mit 2 Taf. Abbildgn. (62 S.) gr. 8. Ebd. 907. 2. —

Knoke, *Friedrich* [Dir. Prof. Dr.]: *Bericht über die Feier des 300jährigen Bestehens der Anstalt.* Osnabrück, Druck v. J. G. Kisling, 1896; 17—38 S. 4.
Osnabrück, Rats-G, OP 1896 (323)

Knoke, F., das Caecinalager bei Mehrholz. gr. 8. (27 S. m. 1 Karte u. 2 Taf.) Berlin 898. R. Gaertner. n. 1.20

Eine Eisenschmelze im Habichtswalde bei Stift Leeden. Von Prof. Dr F[riedrich] Knoke, Osnabrück. Mit 1 Taf. Abb. *Berlin: R. Gaertner 1901* (30 S.) 8° [Umschlagt.]

Knoke, F[riedrich] [Die Feier der Einweihung des neuen Gymnasialgebäudes.] S. 16—24. 4. Progr. Ratsgymn. *Osnabrück* 1907 (390).

Die Römischen Forschungen im nordwestlichen Deutschland. Eine Entgegnung von Prof. Dr. F[riedr.] Knoke. *Berlin: R. Gaertner 1900.* (11 S.) 8° [Umschlagt.]

Knoke, *Karl Ludw. Friedrich* [Prof. Dr.]: Über den Gebrauch von plures bei Tacitus. Zerbst, Druck v. O. Schnee, 1890; S. 1 18. 4° Zerbst, herz. Francisceum, OP 1890

Knoke, Friedr., Handbuch zum Gebrauch bei Berechnung der Exempel des Krancke'schen Rechnenbuchs für Volksschulen oder faßl. Erklärung und ausführl. Ausrechnung derselben nebst Zusätzen über Decimalbrüche und Zerstreuungsrechnung. gr. 8. (VIII und 308 S.) Hannover 854, Hahn'sche Hofbuchh. -

Knoke, Friedr Über hic und nunc in der oratio obliqua [Caesar] 11 S. Progr. G *Bernburg* 1881

Knoke, F[riedrich]: Über die Katharsis der Tragödie bei Aristoteles. Eine Erwiderung. Osnabrück 1908: Kisling. 28 S. 8° Osnabrück, Rats-G OP 1908 (409) [S 08. 242

Knoke, Friedr., die Kriegszüge des Germanicus in Deutschland. gr. 8. (XI, 566 S. mit 5 Karten.) Berlin 887, Gaertner's Verlag. *

—— dass. — Nachtrag. gr. 8. (215 S.) Ebendas. 889. *

— die Kriegszüge des Germanicus in Deutschland 2. Nachtrag. M. 1 Taf. Abb. gr. 8. (95 S.) Ebd. 897. n. 2.— (Hauptwerk m. 1. u. 2. Nachtrag: n. 22.—)

Knoke, *Karl Ludwig* Friedrich Die römischen Moorbrücken in Deutschland. 8 (136 S., 4 Kart., 5 Fig., 5 Taf.). Progr In: Festschrift z. 300j. Jubelfeier des Ratsg. *Osnabrück* 1895. Nicht im Tauschverkehr

Die römischen Moorbrücken in Deutschland v. Prof. Dr. F[riedrich] Knoke, Dir. d. Ratsgymn. zu Osnabrück. M. 4 Kt., 5 Taf. u. 5 Abb. in Holzschn. *Berlin: R. Gaertner 1895.* (2 Bl., 136 S., 5 Taf., 1 Kt.) 1 Bd 8.

— dasselbe, s.a. Festschrift zur 300jähr. Jubelfeier d. Ratsgymnasiums zu Osnabrück.

Knoke, Frdr., Rechenbuch für Schulen. 1. Heft. Hannover 860. Hahn. gr. 8. (IV, 101 S.) n. 5 ngr. Antwortenheft dazu (56 S.) n. 4 ngr.

—— Antwortenheft dazu. gr. 8. (56 S.) Ebendas. 860. *

Knoke, Friedr., Rechenbuch für Schulen. 2. Heft. gr. 8. (VIII und 123 S.) Hannover 861, Hahn'sche Hofbuchh. Thlr. *

—— Antwortenheft mit Zusätzen zum Rechenbuche für Schulen. 2. Heft. gr. 8. (IV und 111 S.) Ebendas. 861. *

— das Schlachtfeld im Teutoburger Walde. Eine Erwiderung. gr. 8. (46 S.) Ebd. 899. n. 1.40

Knoke, F[riedrich], Prof. Dr., Dir Gegenwärtiger Stand der Forschungen über die Römerkriege im nordwestlichen Deutschland. M. e. Taf. Abbild. *Osnabrück 1903: J. G. Kisling.* (80 S.) 8° Osnabrück, Rats-G, OP 1903 (368)

Gegenwärtiger Stand der Forschungen über die Römerkriege im nordwestlichen Deutschland. Von Prof. Dr F[riedrich] Knoke. Dir zu Osnabrück. Mit 1 Taf. Abb. *Berlin: Weidmann 1903.* (80 S.) 8°

Das Varuslager im Habichtswalde bei Stift Leeden v. Prof. Dr. F[riedr.] Knoke, Dir. . . zu Osnabrück. [Nebst] Nachtrag *Berlin: R. Gaertner 1896. 97.* 1 Bd 4. 1 Bd 8.
Varuslager M 2 Taf. 1896 (20 S., 1 Pl., 1 Taf)
Nachtrag 1897 (23 S.)

— das Varuslager bei Iburg. Mit 1 Karte u. 3 Taf. gr. 8. (31 S.) Ebd. 900. n. 2.—

—— Zeittafeln für den Unterricht in der Geschichte an Gymnasien und Realgymnasien. gr. 8. (67 S.) Hannover 885, Hahn'sche Buchh. geb. *

Knoke, Georg, Gestorfensis: De ‚Charitio' mimo Oxyrhynchio. Kiliae 1908: H. Fiencke. (39 S.) 8°
Kiel, Phil. Fak., Ref. Sudhaus, Diss. v. 13. Juli 1908
[Geb. 20. Jan. 84 Gestorf; Wohnort: Otterwald, Kr. Hameln; Staatsangeh.: Preußen; Vorbildung: Gymn. Hildesheim Reife O. 03; Studium: Erlangen 3, Berlin 1, Kiel 5 S.; Rig. 1. Febr. 08.]

Knoke, J. O., die Kraftmaschinen d. Kleingewerbes. Mit 294 in den Text gedr. Fig. gr. 8. (XII, 355 S.) Berlin 887 Springer. geb. n. 10.—

Knoke, J. O., die Kraftmaschinen des Kleingewerbes. 2., verb. u. verm. Aufl. gr. 8. (XII, 529 S. m. 452 Fig.) Berlin 899. J. Springer. Geb. in Leinw. n. 12.—

Knoke, J. O, die Pumpen, s.: Hartmann, Konr.

Knoke, K., Herr D. Achelis u. mein Grundriss der praktischen Theologie. gr. 8. (20 S.) Göttingen 890. (Vandenhoeck & Ruprecht's Verl.) n. —40

Knoke, Karl, Ausgaben des Lutherschen Enchiridions bis zu Luthers Tode u. Neudruck der Wittenberger Ausgabe 1535. (40 S.) gr. 8. Stuttgart 903. Greiner & Pfeiffer. n. —80

Knoke, Karl: Aus dem Laboratorium der pharmakognostischen Sammlung in Kiel. Beitrag zur Kenntnis der Wirkung des Strychnin. *Kiel 1898: A. F. Jensen.* (14 S.) 8° Kiel, Med. Diss. v [27 Juni] 1898

Herrn Kohlmeyers litterarischer Beitrag zur Lehrerbildung und Lehrerfortbildung beleuchtet von D. Karl Knoke, Prof., Göttingen. *Berlin: Reuther & Reichard 1900.* (48 S.) 8° [J.]

Knoke, K., der Christ u. das politische Gepräge der Zeit. Ein Vortrag, auf der 1. Conferenz d. evangelisch-luther. Vereins der Prov. Hannover am 7. Juni 1876 in Hannover geh. gr. 8. (23 S.) Hannover 876. Brandes. n. — 40

— zur Geschichte d. bibl. Figur-Spruch-Bücher, s.: Beiträge zur Lehrerbildg. u. Lehrerfortbildg.

Knoke, K., Grundriss der Pädagogik u. ihrer Geschichte seit dem Zeitalter des Humanismus. Vom evangel. Standpunkte dargestellt. gr. 8 (VIII, 226 S.) Berlin 894. Reuther & Reichard. n. 4.—; geb. n. 5.—

Grundriss der Pädagogik und ihrer Geschichte seit dem Zeitalter des Humanismus. Vom evang Standpunkte dargest. von K[arl] Knoke. 2. verb. u. erw. Aufl. *Berlin: Reuther & Reichard 1902.* (VIII, 240 S.) 8°

— Grundriss der praktischen Theologie. Ein Hülfsmittel beim Studium der prakt. Theologie f. Studierende u. Kandidaten der Theologie. 2., umgearb. Aufl. gr. 8. (VI, 168 S.) Ebd. 889. n. 2.60; geb. n. 3.20

Grundriss der Praktischen Theologie. Ein Hülfsmittel beim Studium d Prakt. Theol. f. Stud. u. Kand. d. Theol. von D. Karl Knoke, Prof., Göttingen. 3. erw. Aufl. *Gottingen: Vandenhoeck & Ruprecht 1892.* (VII, 197 S.) 8°

Knoke, Karl, Grundriss d. prakt. Theologie. E. Hülfsmittel b. Studium der prakt. Theologie f. Studier. u Kandidaten d. Theologie. 4., erweit. Aufl. gr. 8. (VIII, 232 S.) Göttingen 896. Vandenhoeck & Ruprecht. n. 3. 40; geb. n. 4. —

Knoke, K., Gutachten über den neuen Gesangbuchs-Entwurf. Durch das königl. Provinzial-Schul-Kollegium zu Hannover eingefordert und an dasselbe abgegeben. gr. 8. (27 S.) Hannover 880, Schmorl und v. Seefeld. *

Knoke, K., das neue Hilfsbuch f. den lutherischen Katechismusunterricht in den hannoverschen Seminaren, Präparandenanstalten u. Volksschulen. Vom Standpunkte der katechet. Wissenschaft beleuchtet. (III, 74 S.) gr. 8. Göttingen 910. Vandenhoeck & Ruprecht. 1. 20

Knoke, Karl, über Katechismus-Unterricht. Was folgt aus der Auswahl, der Anordnung und der Fassung des kleinen Lutherschen Katechismus für die katechet. Behandlung desselben? Vortrag, in der Versammlung des Kreislehrervereins zu Göttingen am 27. April 1886 gehalten. 8. (31 S.) Hannover 886, Meyer. *

— praktisch-theologischer Kommentar zu den Pastoralbriefen d. Apostels Paulus. 2 Tle. gr. 8. Ebd. n. 10. —
1. Der 2. Brief an Timotheus. (IX, 185 S.) 887. n. 3. 60
2. Der 1. Brief an Timotheus u. der Brief an Titus. (VIII, 336 S.) 889. n. 6. 40

— s.: Luther's, Mart., kleiner Katechismus.

— zur Methodik der biblischen Geschichte. Eine historisch-genet. Untersuchg. 1. Thl. gr 8. (VIII, 270 S.) Hannover 875. Meyer. n. 3. —

— zur Methodik der biblischen Geschichte. Eine historisch-genet. Untersuchung. 1. Thl. 2. Ausg. gr. 8. (VIII, 270 S.) Hannover 878. Meyer. n. 3. —

— die Passion Christi, s.a. Mancinus, Thom.

Knoke, K. Die Passion Christi von Thomas Mancinus nach den Vorschlägen von Ludwig Schöberlein überarbeitet .. Göttingen 1897

— die Pastoralbriefe u. der Brief an Philemon, s.: Oosterzee, J. J. van.

Rede zur Feier des Geburtstages Seiner Majestät des Kaisers und Königs am 27 Jan. 1891 im Namen der Georg-Augusts-Universität gehalten von Karl **Knoke.** Göttingen, Druck d. Dieterichschen Univ. Buchdr., 1891, 17 S. 4°

— das Göttinger Rektorenseminar im Winter 1895/96. gr. 8. (88 S.) Berlin 896. Reuther & Reichard. n. 1. 20

— das 1. Triennium des königl. evangelischen Schullehrer-Seminars zu Wunstorff. Mit einer Ansicht des Seminars in Lichtdr., einem (autogr.) Situationsplane (in gr. Fol.) u. sämmtl. Grundrissen der Gebäude (1 Bl. autogr. in gr. Fol.). Lex.-8. (40 S.) Hannover 877. Schmorl & v. Seefeld. n. 2. 40

Knoke, Karl Ludwig Friedrich, s. Knoke, Friedrich

Knoke, Paul, zur Lehre vom relativen Veräusserungsverbot. (S. 401—445.) gr. 8. Berlin 910. F. Vahlen. 1. 40
Sonderabdruck aus: „Festgabe f. Dr. Karl Güterbock".

Das Recht der Gesellschaft nach dem Bürgerlichen Gesetzbuch für das Deutsche Reich. Von Dr jur. Paul **Knoke**, Privatd. in Göttingen. *Jena: G. Fischer 1901.* (VII, 141 S.) 8°
— Abhandlungen z. Privatrecht u. Civilprozess d. Dt. R. Bd 7, H. 3.

— Register, s.a. Ihering's, Rud. v., Jahrbücher f. die Dogmatik des bürgerlichen Rechts.

Knoke, Paul [aus Göttingen]: Historisch-dogmatische Untersuchung der Verwendung weltlicher Strafen gegen Leben, Leib, Vermögen, Freiheit und bürgerliche Ehre im kirchlichen Strafrecht der katholischen Kirche während der vorgratianischen Zeit .. Eine v. d. jur. Fac. d. Univ. Göttingen gekr. Preisschrift. Göttingen, Druck d. Dieterich'schen Univ.-Buchdr., 1895; 1 Bl., 54 S. 8.
Göttingen, Jur. Fak., Inaug.-Diss. v. [23. Aug.] 1895

Knoke, Wilhelm [app. Arzt aus Landolfshausen]: Aus d. patholog. Institute in Kiel. Zur Statistik der Pneumonie ... Kiel, Druck v. L. Handorff, 1894; 14 S., 1 Bl. 8.
Kiel, Med. Fak., Inaug.-Diss. v. [12 Juli] 1894

Knoke, Wilhelm [app. Arzt, aus Gestorf]: Subnormale Temperatur bei Geisteskranken. Ein Beitrag zur Symptomatologie der Geisteskrankheiten. . . Göttingen, Druck d. Dieterischen [sic!] Univ.-Buchdr. W Fr. Kaestner, 1890; 41 S. 8°
Göttingen. Med. Fak., Inaug.-Diss. v. 15. März 1890

Knoke, Wilh. Subnormale Temperatur bei Geisteskranken. Ein Beitrag zur Symptomatologie der Geisteskrankheiten. Diss. gr. 8. (41 S.) Gött. 890, (Vandenhoeck u. Ruprecht). * — 80

Knölk, Gustav

Knölk, G., kurze, leichfaßliche Beschreibung der bösartigen Lungenseuche des Hornviehes, wie sie in den letzten Jahren in Altona und Ottensen aufgetreten ist. gr. 8. (16 S.) Altona 850, Lehmkuhl. *

Knoll, Prof. Dr., Ueber d. Deutschthum in Prag u. seine augenblickliche Lage. Vortrag. 8. (26 S.) Prag, *H. Dominicus. 10 kr.
1883

Knoll, Festschrift für das 5. Gauturnfest des Mittel-Ruhrgaues zu Langenberg 2. 8. 1896, Langenberg 1896, 15 S., 8°.

Rede welche in der Freymaurer Gesellschaft zu Langensalza den 26. Jun. bey Gelegenheit der Johannis Loge gehalten wurde durch Kn[oll?]. Langensalza 1780: Heergart. 14 S. 4° [Umschlagtit.]
Selten. Üb. Entstehung und Nutzen der Frmrei.

Knoll, A., Die Arbeiterschaft des Steinsetzergewerbes. 8°. Berlin 1904.

Knoll, A., und Sohn, Guide choréographique. Geordnet nach den Bestimmungen der deutschen Akademie der Tanzlehrkunst. 16. (67 S.) Hamburg 885, (Gassmann'sche Sortimentsbuchh.) *

Knoll, A., le guide infaillible de la danse moderne. Part. I. 32. (22 S.) Hamburg 864, J. F. Richter.

— Die sociale Lage des Steinsetzergewerbes. Statistischer Bericht an den 5. Verbandstag der Steinsetzer, Pflasterer u. Berufsgenossen Deutschlands nebst Protokoll der Verhandlungen des 5. Verbandstages, Mainz 1902. 8°. Berlin, Selbstverlag, 1902.

Knoll, A. F., Nationen-Gallerie, od. Beschr. d. Lebensart. u. d. Charaktere aller Völker. m. K. 8. Wien, Tendler. 797. illum.

Knoll, A. F., Nationen-Gallerie, oder Beschreib. d. Lebensarten u. d. Charaktere aller Völker. Mit Kpf. 8. Wien 797. Trattner. 12 gl ill. 20 gl

Knoll, Albertus, s. a. Albertus a Bulsano.

Knoll a Bulsano, Fr. Alb., Institutiones theologiae theoreticae seu dogmatico-polemicae ab auctore in compendium redactae. 2 Vol. gr. 8. (1108 S. mit lithogr. Portr.) Turin 863, (Loescher. — Leipzig, Brockhaus' Sortiment und Antiquarium.) *

Knoll, Alb., zur Kenntniss der β-Nitrosalicylsäure u. der β-Nitrobenzamidobenzoesäure u. Abkömmlinge. Inaugural-Dissertation. gr. 8. (30 S.) Göttingen 878. (Vandenhoeck & Ruprecht.) n. — 60

Knoll, Alb., Predigten für die Festtage des Kirchenjahres. 1. Abthl. gr. 8. (320 S.) Brixen 869, Theolog.-Verlags-Anstalt. *

Knoll, P. Albert, O. S. J., Predigten für die Festtage des Kirchenjahres. 2. Band. 8. (VI u. S. 321—780.) Brixen, theol. Verlags-Anstalt. 1870. 1 fl. 60 kr.

Knoll, Alb., Predigten f. die Festtage d. Kirchenjahres. 2. Aufl. gr. 8. (IV, 780 S.) Brixen 874. theol. Verlags-Anstalt. n. 6. —

Knoll, Alb., Predigten für die Sonntage des Kirchenjahres. 2 Abthlgn. gr. 8. (1. Abthl. S. 1—320, 2. Abthl. VI und S. 321—615.) Brixen 867, Theologische Verlags-Anstalt. à Abthl. * 24 Ngr. *

—— Predigten für die Sonntage des Kirchenjahres. 2. Aufl. gr. 8. (VIII, 615 S.) Brixen 871, Weger's Buchh. *

Knoll, P. Albert: Sonntags-Predigten für das katholische Kirchenjahr. 2. Abthlg. Schluß. 8° (318–615.) Brixen: Theolog, Verlags-Anstalt 1867.

Knoll, Alfr., alfabetisches Handbuch der nach den Gesetzen vom 9. Febr. und 2. Aug. 1850 und allen Nachtragsverordnungen, insbesond. dem Gesetze vom 13. Dezbr. 1862, seit 1. Jänner 1863 im gesammten Kaiserstaate geltenden Vorschriften über Stempel- und unmittelbare Gebühren für Urkunden, Rechtsgeschäfte, Eingaben, Handelsbücher 2c. gr. 8. (X und 170 S.) Brünn 863, Buschak und Irrgang's Verlag. *

Knoll, Alfr., die direkten Reichsrathswahlen in Böhmen. Abermals e. offenes Wort an meine Landsleute. 8. (27 S.) Karlsbad 873. Feller. n. — 10

Knoll, Alfred (Karlsbad/Böhmen), Sätze aus allen Zweigen der Rechts- und Staatswissenschaften. Prag (Friedrich Rohliček) 29. XII. 1858. 6 Bl. (4.—) 18660

Knoll, Alois

— s. Collombet, F. Z., Gesch. d. Kirchenvaters Hieronymus.

Knoll, Alois, die Genus-Regeln d. latein. Sprache nach M. H. Blume's Schulgrammatik. 4. (1 B.) Saulgau 836. (Stuttgart, Scheible, Rieger u. Sattler.) *

Knoll, Alois, s. Magazin für Pädagogik.

Knoll, C., s. Knoll, Karl

Knoll, Carl, s. Knoll, Karl

Knoll, Chrst. Friedr., Leitfaden z. Unterr. in d. christl. Religion f. diejen. Kinder, welche zum erstenmal z. h. Abendmahl gehen wollen. 8. (2 B.) Marktbreit 834. (Erlangen, Bläsing.)

Knoll, Chr. F., Vorlesungen über ausgezeichnete Stellen des alten u. neuen Testaments. 2 Thle. gr. 8. Nürnb. 817. Riegel u. W. 2 ℛ 8 gl

— Christoph (Unternessa/Weissenfels), De processu causarum minimarum. Diss. jur. Präs. D. Gottfried Ludwig Mencken. Lpz. (Langenheim) 5. IV. 1743. 24 S. (6.—) 18661
Gew.: Christian Gotthelf Berger.

Knoll, E., Sammlung von Initialen, s. Arnold, X.

Knoll, Emil, die Reisen zur See, s.: Volckmann's illustrierte Führer f. Land- u. Seereisen. I.

Knoll, Ernst

— Bericht üb. die auf d. Geschichte d. Kunst im Altertum bezügl. Litteratur d. J. 1880—1892. S-A. 1894. 58 S.

Knoll, Ernst, deutsches Lesebuch, s.: Bettel, Karl u. Niklas.

Knoll, Ernst [Dr., Gymnasialassistent]: Studien zur ältesten Kunst in Griechenland. Bamberg, W. Gärtner's Buchdr., 1890; 85 S., 1 Bl. 8°
Bamberg, k. StA, P 1890

Knoll, Ernst: Untersuchungen über das Attribut der Beflüglung in der ältesten griechischen Kunst. . . . München, akad. Buchdr. v. F. Straub, 1888; 2 Bl. + 40 S. u. 1 Taf. 8°
München, Phil. Fak., Inaug.-Diss. v. 1888

Knoll, F., s.a. Knoll, Fritz. — Knoll, Heinrich Christoph Friedrich

Knoll, F., Repertorium über d. höchste k. k. Papier-Stempel-Patent v. 5. Oct. 1802 u. d. Erläuterr. Fol. Linz, Haßlinger. 9 gl

Rechtsfreunde. Schauspiel in 3 Aufz. von Felix Knoll. Berlin: E. Bloch [1907]. (104 S.) 8° [F.] [illegible] 11

Knoll, Fr.

— u. R. Bode, das Herzogt. Braunschweig. Heimatskunde für Schule u. Haus. Mit dem (Holzschn.-)Bildnisse Sr. Hoh. des Herzogs von Braunschweig, nebst (lith. u. color.) Karten u. Illustr. (1 Stahlst. u. eingedr. Holzschn.) gr. 8. (VIII, 146 S.) Braunschweig 881. Wollermann. cart. n. 2. —

Knoll, Fr., Braunschweig u. Umgebung. Historisch-topograph. Handbuch u. Führer durch die Baudenkmäler u. Kunstschätze der Stadt. 2., durch einen Nachtrag verm. Ausg. gr. 8. (XIV, 265 S. m. 1 lith. Plan.) Braunschweig 881. Goeritz & zu Putlitz. n. 2. 50; Nachtrag ap. (S. 207—265.) n. — 80

[Umschlagt.:] Neuester Plan v. Braunschweig. (Bearb. v. Fr. Knoll, Stadtgeometer. Maassstab: 1:10,000.) *Braunschweig: J. H. Meyer 1897.* (1 Ktnbl.) 1 Bd 8. [illegible]

Knoll, Fr., Topographie d. Herzogt. Braunschweig. M. Abb. u. Karten. gr. 8. (VIII, 267 S.) Braunschweig 897. H. Wollermann. Geb. in Leinw. n. 3. 60

Knoll, Fritz

Knoll, Fritz, vorläufiger Bericht über e. archäologische Expedition nach Kleinasien, s.: Jüthner, Jul.

Knoll, F., die Brennhaare der Euphorbiaceen-Gattungen Dalechampia u. Tragia. (20 S. m. 2 Taf.) gr. 8. Wien 905. (A. Hölder.) n. — 70
Sonderabdruck aus: „Sitzungsber. d. k. Akad. d. Wiss."

Knoll F. u. Kornauth K.: Die kaiserl. königl. landwirtschaftlich-bakteriologische u. Pflanzenschutz-Station in Wien. Wien 1902. 32 S. Fig. 4 Tvl. (Særtr.). P.

Knoll, Fritz, über netzartige Protoplasmadifferenzierungen u. Chloroplastenbewegung. (15 S. m. 1 Taf.) gr. 8. Wien 908. A. Hölder. — 60

— Studien zur Artabgrenzg. in der Gattg. Astilbe. (44 S. m. 11 Fig. u. 4 Taf.) gr. 8. Ebd. 909. 2. 50

— Untersuchungen üb. Längenwachstum u. Geotropismus d. Fruchtkörperstiele v. Coprinus stiriacus. (60 S. m. 17 Fig.) gr. 8. Ebd. 909. 2. 25
3 Sonderabdrucke aus: „Sitzungsber. d. k. Akad. d. Wiss."

Knoll, G. Der Feldzug gegen den poln. Aufstand 1794. Posen 1898. 8°.

Knoll, Gustav [app. Arzt aus Babenhausen]: Ein Fall von Pleuritis carcinomatosa bei primaerem Magencarcinom ... München, Buchdr. v. M. Ernst, 1896; 27 S., 1 Bl. 8.
München, Med. Fak., Inaug.-Diss. v 1896

Knoll, Hans, approb. Arzt aus Babenhausen ⟨Bayern⟩ Zur Differentialdiagnose zwischen Pankreas- und Magencarcinom. *München 1901: C. Wolf & Sohn.* (27 S.) 8°
München, Med. Diss. v 1901

Knoll, H., s.a Frage, die soziale, v. H. K.

Knoll, Die soziale Frage. Mainz 1900. A. Schupp.

Knoll, Hans, s.a. Zweierwahl, die.

Die 'Zweierwahl', ein Schutz für die Minoritäts-Parteien. (Verf.: Hans Knoll.) *Ludwigshafen a. Rh.: Lauterborn 1902.* (15 S.) 8° [illegible]

Knoll, Heinrich Christoph Friedrich

Knoll, Hnr. Cph. Fr., († d. 28. Sept. 1786.) lehrreiche Anekdoten im anmuthigen Gewande. 8. Weim. 782. Hoffmann. 8 gr.

— s. Ehrenrettung d. hermet. Kunst.

— das Gastmahl, oder d. Weise. Eine philosoph. Skizze in Erzählungen. 8. Weim. 782. Hoffmann. 10 gr.

— d. Luftschlösser, oder d. Hirngespinste. Eine Scene. 8. Leipz. 783. Weygand. 8 gr.

Knoll, Heinrich Christoph Friedrich. Unterhaltende Naturwunder ... Erfurt 1786—88. II: *Wiegleb, Johann Christian.* (Ky)

— unterhaltende Naturwunder, Aeolus-Höhlen, Donnerdämpfe, entzündbares Gewässer etc. 2 Thle. (2r Thl. nach des Verfass. Tode mit dessen Biographie herausg. von J. C. Wiegleb.) 8. Erfurt 786, 88. Keyser. 1 ₰ 6 gr.

— Philosophie im anmuthigen Gewande, in Dialogen u. Erzählungen. 8. Reval u. Leipz. 781.

— s.a. Sommernächte, philosoph. u. moral. Inhalts.

SOMMERNACHTE philosophischen und moralischen Inhalts in Dialogen und Erzählungen (von *Heinr. Christoph Friedr. Knoll*). Mit Titelvign. Erfurt bey Georg Adam Keyser. 1778. 8°. 110 S. (1 Mk. 50 Pfg., stockfl., Max Perl's Berliner Oct.-Auct. 1907, no. 554:)
Inhalt: Sokrates und Critias. — Der Ehemann und der Hagestolz. — Die Folgen der Plauderey.
Anon.-Lex. IV p. 96 (nach Meusel, Kayser u. Euphorion I, 182). — Selten!

— Tempel d. Freundschaft. Eine Scene für Edelgesinnte. 8. Langens. 786. Zolling. 6 gr.

— Wunder d. feuerspeienden Berge, in Briefen. 8. Erfurt 784. Keyser. 16 gr.

— Wundererscheinungen für Liebhaber d. Natur. 8. Dessau 785. Mit n. Titel Erfurt 788. Keyser. (Ettinger in Gotha). 12 gr.

— s.a. d. Zauberhöhle in Schottland.

ZAUBERHÖHLE, Die, in Schottland. Eine wundervolle Anecdote aus der Goldmacher-Zeit des Doctor Price (von *Heinr. Chp. Frdr. Knoll*). Mit (interess.) Titelvignette. Weimar, bey Carl Ludolf Hoffmanns seel. Wittbe und Erben, 1783. 8°.
96 S. (incl. Tit.). Sehr seltenes Curiosum! — Anon.-Lex. IV, p. 425 (nach Kayser).

Knoll, Herm., über langsame Ionen in atmosphärischer Luft. (12 S. m. 2 Fig.) gr. 8. Wien 906. (A. Hölder.) n. — 45
Sonderabdruck aus: „Sitzungsber. d. k. Akad. d. Wiss."

Knoll, I., s. Knoll, Johann

v. Knoll, J. G., s. Diderot, die geschwätz. Muscheln.

Knoll, J. C. G., s. Knoll, Johann Christian Gerhard

Knoll, J. J.: Die Auflösung d. Dienstverhältnisses d. Frohnden, od. d. sogenannten Hofegärtner. *Bresl.,* W. G. Korn. 826. (8 Gr.)

Knoll, Jo. Chr., s. Knoll, Johann Christian Gerhard

Knoll, Johann

Knoll, Jh., († d. 9. März 1701.) Lexicon Cornelii Nepotis tripartitum. 8. Rudolst. 1699. N. A. 8. Leipz. 713 u. 23. N. A. 8. ibid. 784. (Brockhaus). 6 gr.

Knoll, I., Lexicon Corn. Nep. tripart. 8. Lips. Gleditsch. 738.

— vocabularium biblicum Novi Testamenti etc. 8. Riga 1697. N. A. 8. Rudolst. 1700. N. A. 8. Leipz. 713. 17. 24. 31. 39. 41. Editio nova prioribus longe auctior atque emendat. etc. 8. ibid. 745, 51. u. 777. (Brockhaus). 8 gr.

Knoll, Jh. Baptist von

— von d. wahren Größe des Erfinders. 8. Augsb. 774.

v. Knoll, Jh. Bapt., († ...) von d. wahren Größe eines Fürsten. 4. Leipz. 769. Büschel. 4 gr.

– s.a. Injurien besond. Art.

INJURIEN von ganz besonderer Art (von *Joh. Bapt. v Knoll*, geb. zu Ravensburg 9. Jan. 1748). 3 Bdchn. O. O u. J. (Ravensburg 1776—78). 8⁰ 120, 164 u. 82 S.
Anon.-Lex. II. p. 326 (nach Kayser u. Meusel).
— — Dasselbe (Nachdruck.) O. O (Nordlingen, Beck) 1777 8⁰
Gradmann, Joh. Jac., das gelehrte Schwaben. (Tüb.) 1802 Gr 8⁰ p. 301

– s. Deld, von d. Liebe.

Knoll, Johann Christian Gerhard

— Abhandl. von d. Arzneiwissenschaft. 8. Quedlinb. 753. Ernst. 6 gr.

Knoll, Jo. Chr. Gorh., Abhdl. vom Nachtwandeln. Quedl. 8°. 1753

Johann Christian Gerhard Knolls [Knoll] 26 vermischte Anmerkungen aus der Arzneigelahrtheit. St.1–6. Halberstadt: Groß 1757. 732 S. 1 Bd 8⁰
St.1.2: 1756.
St.3–6: 1757.
[Hauptt. verbunden, nach d. Titel u. Vorbericht des 1.St.]

Joh[ann] Christian Gerhard Knolls [Knoll: 26 vermischte Anmerkungen aus der Arzneigelahrtheit.] 26 medicinische Ausarbeitungen, in welchen die Erkäntniß, Beschaffenheit u.sicherste Art der Kur verschiedener Krankheiten...beschrieben u. der Gebrauch u.die Wirkungen einiger Arzeneimittel... untersuchet worden. Halberstadt: Groß 1765. 732 S. 8⁰

— histor., theoret. u. prakt. Betrachtung eines kürzl. vorgefallenen Nachtwandelns. 4. Halberst. 747. 4. Quedlinb. 753. Ernst. 2 gr.

Knoll, J. Ch. G. Gedanken von dem Halberstädter Breihan. Halberstadt. 1748.

— Gedanken über einige Materien aus d. Arzneigelahrtheit. 4 Thle. 8. Halberst. 753—55. (Quedlinb., Ernst). 15 gr.

—, Lettre à un ami sur les operations du caffée. 20 pp. Quedl. 4°. 1752

— von Nachtwandlern. 4. Ebend. 753.

— Sendschreiben von den Wirkungen d. Kaffeetrinkens. 4. Quedlinb. 752. ... Dass. französ. 4. Ebd. 752.

— d. Wirkungen d. Luft im menschl. Körper überhaupt; aus physikal. Gründen erläutert. 8. Quedlinb. 752. Ernst. 2 gr.

Knoll, Jo. Chr. Gorh., V. d. schädl. Wirkungen d. übermäßigen Brandeweintrinkens. Wernigerode. 4°. 1750

— **Johann David** (Ravensburg), De Sueviae tribunali S. R. I. Austriaco, Dem Kayserlichem Landgericht in quadrurbe. Diss. jur. Präs. Johann Peter v. Ludewig. Halle (Jo. Christ. Hilliger) 24. XI. 1725. 70 S. mit 2 Vignetten. (7.—) 18662

Knoll, Jos. Leon., Oratio inauguralis, quum, Deo ter optimo maximo in auxilium vocato, nov. studior. certamen auspicaremur. 8maj. (1 $\frac{1}{4}$ B.) Vindobonae 840. libr. univer. Beck.

Knoll, Karl

[F. u. Ant.] **Knoll,** Carl [Referendar b. Kgl. Landger. zu Glogau]: Das beneficium divisionis des Bürgen . Glogau, Glog. Druckerei-Ver., 1895; VI, 63 S. 8.
Breslau, Jur. Fak., Inaug.-Diss. v. 1895

Knoll, Carl, das beneficium divisionis d. Bürgen. Diss. gr. 8. (VI, 63 S.) Glogau 895. (Breslau, Schletter.) n. 1. —

Knoll, Carl, u. Fritz **Reuther,** die Kunst des Schmückens. Eine Klärg. des Schmuckproblems durch Wort u. Bild f. Schaffende u. Geniessende. (VII, 146 S. m. 74 z. Tl. farb. Taf.) gr. 8. Dresden 910. G. Kühtmann. 10.—; geb. in Leinw. 12. —

Knoll, Carl, Taschenbuch zum Abstecken der Kurven an Eisenbahnen u. Strassen. Mit 28 (eingedr.) Holzschn. u. 6 Tab. Für Ingenieure, Geometer, Bauunternehmer u. Techniker überhaupt. 8. (V, 185 S.) Stuttgart 873. Kroener. geb. n. 3. —

Knoll, C., Taschenbuch zum Abstecken der Kurven an Strassen- u. Eisenbahnen. 2. Aufl. Neubearb. v. W. Weitbrecht. Mit 41 Fig. u. 11 Zahlentaf. 12. (XII, 180 u. 207 S.) Stuttgart 902. A. Bergsträsser. Geb. in Leinw. n. 3. —

Knoll, Carl, u. Fritz Reuther, Theaterreformen. Vorschläge. (32 S.) 8. Leipzig 904. C. E. Poeschel. n. —60

Knoll, Karl, und Fritz *Reuther*, Theaterreformen. Vorschläge. Leipzig 1906. 8⁰

Knoll, Konrad (Red.), s. Zeitschrift des Münchener Altertums-Vereins.

Knoll, Osk., Beiträge zur italienischen Historiographie im 14. Jahrh. gr. 8. (V, 84 S.) Göttingen 876, Peppmüller. *

Knoll, P., Die Ansiedlungen der Athener im 5. Jahrhundert. Diss. 1875 86 S.

Knoll, *Paul* [Dr.]: Katalog der Schüler-Bibliothek des Real-Gymnasiums zu Potsdam '(Abteilung für Prima, Sekunda und Tertia)'. Nach d. Bestande zu Ostern 1894 aufgenommen. Potsdam, Druck v. E. Stein, 1894; 40 S. 8.
Potsdam, RG. P 1894 (110)

Knoll, Philipp

Knoll, Phpp., über periodische Athmungs- und Blutdruckschwankungen. Lex.-8. (22 S. mit 4 lithogr. Taf.) Wien 886, (Tempsky.) *

Knoll, Ph., üb. die Augenbewegungen bei Reizung einzelner Theile des Gehirns. [Mit 2 Taf.] [Aus: „Sitzungsber. d. k. Akad. d. Wiss."] Lex.-8. (11 S.) Wien 886. (Tempsky.) n. 1. 20

Knoll, Phpp., Beiträge zur Lehre von der Athmungsinnervation. 1.—4. Mittheilung. Lex.-8. Wien, (Gerold's Sohn.) [1. Mittheilung. (25 S. mit 3 lithogr. Taf.) 882. *M 2.; 2. Mittheilung. (19 S. mit 3 lithogr. Taf.) 882. *M 2.; 3. Mittheilung. (20 S. mit 4 lithogr. Taf.) 882. *M 2,40.; 4. Mittheilung. (34 S. mit 5 lithogr. Taf.) 884. *M 2.] *
Aus: Sitzungsberichte der k. Akademie der Wissenschaften, besonders abgedruckt.

—— Beiträge zur Lehre von der Athmungsinnervation. 5. und 6. Mittheilg. Lex.-8. (Ebendas.) 885. *
Inhalt:
Mitthlg. 5. Athmung bei Erregung sensibler Nerven. (22 S. mit 3 lithogr. Taf.) *M 1.40.
" 6. Zur Lehre vom Einfluss des centralen Nervensystemes auf die Athmung. (17 S. mit 3 lithogr. Taf. und 3 eingedr. Holzschn.) *M 1.80.

—— dass. — 7.—9. Mittheilg. (Ebendas.) [7. Mitthlg. (24 S. mit 1 Holzschn. und 4 Taf.) 887. *M 2.60.; 8. Mitthlg. (21 S. mit 2 Taf.) 888. *M 1.50.; 9. Mitthlg. (20 S. mit 3 Taf.) 888. *M 1.80.] *
1.—4. Mitthlg. Ebendas. 1882—84. *M 8.40.

Knoll, Philipp (Karlsbad)
Beiträge zur Physiologie der Vierhügel.
Giessen: Brühl 1869. 28 S.
Habil. med. 1869. vorh. 26.

Knoll, Philipp: Beiträge zur heimischen Zeitgeschichte. Mit einer Gedenkrede auf den Verf. von Gustav C. Laube. Hrsg. von der Ges. zur Förderung dt. Wissenschaft, Kunst und Literatur in Böhmen. — Prag: Calve 1900. XLVII, 593 S., Titelb.

— der Blutdruck in der Arteria pulmonalis bei Kaninchen u. seine respiratorischen Schwankungen. [Mit 2 Taf.] [Aus: „Sitzungsber. d. k. Akad. d. Wiss."] Lex.-8. (16 S.) Ebd. 888. n. 1. 20

Knoll, Ph., üb. die Blutkörperchen bei wirbellosen Thieren. [Aus: „Sitzungsber. d. k. Akad. d. Wiss."] Lex.-8. (39 S. m. 2 farb. Taf.) Wien 893 (F. Tempsky.) n. 1. 20

Knoll, Phpp., üb. d. Blutkörperchen bei wechselwarmen Wirbelthieren. [Aus: „Sitzungsber. d. k. Akad. d. Wiss.") gr. 8. (32 S. m. 4 Fig. u. 3 Taf.) Wien 896. (C. Gerold's Sohn.) n. 2. 50

—— über das Deutschthum in Prag und seine augenblickliche Lage. Vortrag, gehalten am 20. März 1883 im Deutschen Vereine in Prag. 1. und 2. Aufl. gr. 8. (26 S.) Prag 883, (Dominicus.) *

—— über die Druckschwankungen in der Cerebrospinalflüssigkeit und den Wechsel in der Blutfülle des centralen Nervensystems. Lex.-8. (32 S. mit 3 Taf.) (Ebendas.) 886. *

— über den Einfluss modificirter Athembewegungen auf den Puls des Menschen. Mit mehreren (eingedr.) Holzst. u. 2 lith. Beilagen. [Aus: „Jahrbuch für Naturwissenschaft ‚Lotos'".] gr. 8. (31 S.) Prag 880. Tempsky. n. 1. —

Knoll, Phpp., üb. den Einfluss des Halsmarkes auf die Schlagzahl des Herzens. Mit 2 (lith.) Taf. (in qu. Fol.) [Aus dem physiolog. Institute in Prag.] [Aus „Sitzungsber. d. k. Akad. d. Wiss."] Lex.-8. (26 S.) Wien 873. (Gerold's Sohn.) n. 1. 40

— üb. die Herzthätigkeit bei einigen Evertebraten u. deren Beeinflussung durch die Temperatur. [Aus: „Sitzungsber. d. k. Akad. d. Wiss."] Lex.-8. (19 S.) Ebd. 893. n. — 40

— über Incongruenz in der Thätigkeit der beiden Herzhälften. [Aus: „Sitzungsber. d. k. Akad. d. Wiss."] Lex.-8. (23 S. m. 6 Taf.) Ebd. 890. n. 3. 20

— VI. Abth. Zur Lehre vom Einfluss d. centralen Nervensystems auf d. Athmung. S.-A. 8. (16 S. mit 3 Taf. u. 3 Holzschn.) *Ebds. 90 kr. 1885

— zur Lehre v. den doppelt schräggestreiften Muskelfasern [Aus: „Sitzungsber. d. k. Akad. d. Wiss."] Lex.-8. (17 S. m. 2 Taf.) Ebd. 892. n. — 90

— zur Lehre v. den Structur- u. Zuckungsverschiedenheiten der Muskelfasern. [Aus: „Sitzungsber. d. k. Akad. d. Wiss."] Lex.-8. (17 S. m. 3 Taf.) Ebd. 892. n. 1. 40

— über eine Methode zur Verzeichnung der Volumschwankungen des Herzens. [Mit 5 (eingedr.) Holzschn.] [Aus: „Sitzungsber. d. k. Akad. d. Wiss."] Lex.-8. (10 S.) Wien 880. (Gerold's Sohn.) n.n. — 30

Knoll, Ph., über helle u. trübe, weisse u. rothe quergestreifte Musculatur. [1. Mittheilg.] [Aus: „Sitzungsber. d. k. Akad. d. Wiss."] Lex.-8. (9 S.) Wien 890. (Tempsky.) n. — 30

— üb. protoplasmaarme u. protoplasmareiche Musculatur. [Aus: „Denkschr. d. k. Akad. d. Wiss."] Imp.-4. (68 S. m. 9 Taf.) Ebd. 891. n. 8. —

— über Myocarditis u. die übrigen Folgen der Vagussection bei Tauben. Mit 2 (lith.) Taf. [Aus: „Zeitschr. f. Heilkde."] gr 8. (63 S.) Prag 880. Tempsky. n. 1. 60

—— über Reflexe auf die Athmung bei Zufuhr einiger flüchtiger Substanzen zu den unterhalb des Kehlkopfes gelegenen Luftwegen. Lex.-8. (29 S. mit 4 lithogr. Taf. in qu. 4.) (Ebendas.) 874. *

— über die Veränderungen d. Herzschlages bei reflectorischer Erregung d. vasomotorischen Nervensystemes, sowie bei Steigerung des intracardialen Druckes überhaupt. Mit 4 (lith.) Taf. (in qu. Fol.)] [Aus „Sitzungsber. d. k. Akad. d. Wiss."] Lex.-8. (56 S.) Ebend. 873. n. 3. —

— u. A. Hauer, üb. das Verhalten der protoplasmaarmen u. protoplasmareichen, quergestreiften Muskelfasern unter pathologischen Verhältnissen. [Aus: „Sitzungsber. d. k. Akad d. Wiss."] Lex.-8. (34 S. m. 8 Taf.) Ebd. 892. n. 2. 60

— über die nach Verschluss der Hirnarterien auftretenden Augenbewegungen. [Mit 4 (lith.) Taf. m. 1 (eingedr.) Holzschn.] [Aus: „Sitzungsber. d. k. Akad. d. Wiss."] Lex.-8. (15 S.) Ebd. 887. n. 2. 30

— graphische Versuche an den vier Abtheilgn. des Säugethierherzens. [Aus: „Sitzungsber. d. k. Akad. d. Wiss."] Lex.-8. (19 S. m. 8 Taf.) Ebd. 894. n. 1. 90

— die Wechselbeziehungen zwischen dem grossen u. kleinen Kreislaufe. [Aus: „Sitzungsber. d. k. Akad. d. Wiss."] Lex.-8. (26 S. m. 5 Taf.) Ebd. 890. n. 2. 60

Knoll, Phpp., über die Wirkung von Chloroform und Aether auf Athmung und Blutkreislauf. Einleitung und 1. Mittheilung. Lex.-8. (37 S. mit 3 lithogr. Taf. in qu. Fol.) Wien 876, (Gerold's Sohn.) *

—— dass. — 2. Mittheilung. Lex.-8. (30 S. mit 5 lithogr. und 1 eingedr. Holzschn.) (Ebendas.) 878. *
Aus: Sitzungsberichte der k. Akademie der Wissenschaften, besonders abgedruckt.

Knoll, R., s.: Liederkranz f. Rauch-Vereine.

Knoll, Robert [aus Krackow] Hermann Conring als Historiker. Rostock, Univ.-Buchdr v Adler's Erben, 1889; 92 S. 8°
Rostock, Phil. Fak., Inaug.-Diss. v. 16. Mai 1884

Knoll, Rom.

— Beschreib. e. Maschine, durch Schwefeldampf Feldmäuse auszurotten. 8. Augsb. 789. Doll. 3 gr.

Knoll R.: Beschreibung einer sehr nützlichen Maschine, durch welche man mittels d. Schwefelrauches . alle Feldmäuse gänzlich ausrotten kann . + Verbesserungen (1 Vol.). Wien 1796. 42 S. 2 Tvl. P.
(»Verbesserungen« o. m. Sortit. Augsb. 1795).

Knoll, Rom., die Bettmaschine u. Fahrsessel f. Kranke. 8. Augsb. Doll. 793.

Knoll, Rom., d. verbess. Bettmaschine u. Fahrsessel für Kranke. Mit 1 Kpf. 8. Augsb. 789. Doll. 6 gr. Hbg. Pr. 3 gr.

— die sehr nützl., oft nothwendige Leibschüssel für Kranke; nebst Beschreib. ihrer Verfertigung. Mit 2 Kpf. 8. Augsb. 790. Doll. 2 gr.

— Maschine, durch Schwefelrauch Feldmäuse auszurotten. 8. Ebend. 796.

— kathol. Normalschule für d. Taubstummen. Aus d. Latein. v. Verfass. selbst. gr. 8. Augsb. 788. Doll. 1 fl Schrbp. 1 fl 5 gr. Die dazu gehör. 40 Kpf. 2 fl ill. 5 fl

— Schutzschrift für d. kathol. Normalschule d. Taubstummen. gr. 8. Augsb. 790. Doll. 5 gr. Schrbp. 6 gr.

Knoll, Rud., das Knallquecksilber u. ähnliche Sprengstoffe, sowie deren Verwendg. zur Erzeugung v. Sprengkapseln, Zündhütchen u. Flobertpatronen. Geschichte, Fabrikation, Eigenschaften u. Prüfg. Nach den neuest. Erfahrgn. bearb. (VIII, 192 S. m. 39 Abbildgn. u. 1 Taf.) 8. Wien 908. A. Hartleben. 4.—; geb. 4. 80

— Synthetische u. isolierte Riechstoffe u. deren Darstellung, s. a. Monographien üb. chemisch-technische Fabrikationsmethoden.

Synthetische und isolierte Riechstoffe und deren Darstellung. Von Dr. Rudolf **Knoll**. Halle: W. Knapp 1908. (X, 133 S.) 8°
—Monographien über chem.-techn. Fabrikationsmethoden. Bd 10. [08.73613

Knoll's, Rud., Tanzbüchlein. **Anleitung zum Commandiren [Deutsch u. Französisch] der Lanciers-Quadrille u. Française nebst e. Zusammenstellg der beliebtesten Cotillon-Figuren. 16. (40 S.) Hamburg 891. (J. Kriebel.)** n. 1. —

Knoll's, Rud., Tanzbüchlein. Anleitung zum Commandiren (deutsch u. französisch) der Lanciers-Quadrille u. Française, nebst e. Zusammenstellg. der beliebtesten Cotillon-Figuren. 12. (40 S) Hamburg (902). O. Meissner's Verl. n. — 50

Knoll R. J., Dr., und Cohn Paul, Dr Über o-Bromphenylnaphtylketon. S. 104. IIb. 98 vgr.
Separatabdruck

Knoll, Rudolph Joh. [aus Wien]: **Untersuchungen über Ogier's Schwefeloxychlorid und Einwirkung von Schwefeloxytetrachlorid auf Benzol und Homologe ...** Rostock, C. Hinstorffs Buchdr., 1894; 2 Bl., 32 S. 8.
Rostock, Phil. Fak., Inaug.-Diss. v [28. Febr.] 1894

Knoll, Sim., die Apostelgeschichte in Kanzelvorträgen für das christliche Volk erklärt. gr. 8. (XVI und 448 S.) Schaffhausen 863, Hurter'sche Buchh.

Knoll, Simon, Armer-Seelen-Trost. Ein Belehrungs- und Andachtsbuch für Katholiken zum Troste der armen Seelen im Fegfeuer. 8. (IV, 556 S. mit 1 Stahlst.) Donauwörth 877, Buchh. des kathol. Erziehungsvereins.

Knoll, Sim., Armer-Seelen-Trost. Ein Andachtsbuch f. alle Freunde der armen Seelen im Fegfeuer, sowie zum Gebrauche am Kranken- u. Sterbebette. 2., verb. Aufl. 16. (414 S. m. farb. Titelbild.) Donauwörth 899. L. Auer. Geb. in Leinw. n. 1. —

Knoll, Simon, Armer-Seelen-Trost. Ein Andachtsbuch f. alle Freunde der armen Seelen im Fegfeuer, sowie zum Gebrauche am Kranken- u. Sterbebette. 6., verb. u. verm. Aufl. (456 S. m. 1 Farbdr.) 16. Donauwörth 905. L. Auer. Geb. in Leinw. n. 1. —

—— Erinnerung an die Charwoche 1862 in 5 Predigten über das allerheil. Altars-Sakrament. 8. (78 S.) München 862, Lentner'sche Buchh.

—— Dr. Ferdinand Ignaz Herbst als Convertit und kathol. Pfarrer. Ein Lebensbild. gr. 8. (33 S.) München 863, Lentner'sche Buchh.

—— das Leben der Kirche, dargestellt in liturg. Predigten. 1.—4. Bd. gr. 8. Schaffhausen, Hurter'sche Buchh.

Inhalt:

Bd. 1. Die Ceremonien der heil. Messe, dem christl. Volke in Predigten erklärt. (VIII und 286 S.) 863. 24 Ngr.
" 2. Die heilige Weihnachts- und Osterzeit, in ihren Ceremonien dem christl. Volke in Predigten erklärt. (XI und 562 S.) 864. 1 Thlr. 12 Ngr.
" 3. Der Pfingstfestkreis in seinen Ceremonien oder der heil. Geist und seine Gnadenwirkungen durch die Kirche. (592 S.) 865. 1 Thlr. 15 Ngr.
" 4. Katholisches Glauben und Lieben im Anschluß an das Kirchenjahr geschildert in liturg. Predigten auf alle Sonn- und Festtage. 1. Bd. Weihnachts- und Osterzeit. (700 S.) 867. 1 Thlr. 18 Ngr.

—— das Leben der Kirche, dargestellt in liturg. Predigten. 5. Bd.: Katholisches Glauben und Lieben, im Anschluß an das Kirchenjahr geschildert in liturg. Predigten auf alle Sonn- und Festtage. 2. Bd.: Der Pfingstkreis. gr. 8. (V, 705 S.) Schaffhausen 869, Hurter'sche Buchh. [Regensburg, Manz.]
1.—4. Bd. Ebendas. 1864—67. ℳ 15.90.

Knoll, Simon, das Leben der jungfräulichen Gottes-Mutter Maria. Nach Schrift und Tradition dem christl. Volke dargestellt. 2 Bde. gr. 8. (VIII, 852; IV, 288 S.) Regensburg 874, Manz.

— Leiden u. Freuden der jungfräulichen Gottesmutter Maria in Betrachtungen für den Marien-Mai geschildert. 8. (VII, 376 S.) Ebend. 877. 1. 80

— die lauretanische Litanei. Dem christlichen Volke erklärt. Regensburg 867. Pustet. 8. (V, 754 S. mit 1 Stahlst.) 1 fl 9 ngr.

— Maria, die Königin des Rosenkranzes, oder praktische Erklärung der Rosenkranzgeheimnisse. Mit 1 Stahlst. Regensburg 859. Manz. 8. (VI, 651 S.) 1 fl 15 ngr.

— Maria, die Königin des Rosenkranzes, od. vollständ. Erklärg. der hl. Rosenkranzgeheimnisse. Ein unentbehrl. Handbuch f. die Leiter u. Mitglieder d. Rosenkranzbruderschaft. 2. verb. u. verm. Aufl. gr. 8. (VIII, 560 S. m. 15 Abbildgn. u. 1 Lichtdr.) Regensburg 901. Verlagsanstalt vorm. G. J. Manz. n. 6. —; geb. in Leinw. n. 7. —

—— Predigten auf alle Sonn- und Festtage des katholischen Kirchenjahres für Stadt und Land. 2 Bde. gr. 8. (XI und 1023 S.) Schaffhausen 862, Hurter'sche Buchh.

— das Salve-Regina in 31 Vorträgen erklärt. Mit 1 Stahlst. Regensburg 860. Manz. 8. (VII, 432 S.) 1 ₰ 3 ngr.

Knoll, Stan. Knolle a, de Tropaeis quaestio etc. Lipsiae, Fr. Bruder. 809.

Knoll, Willy: Ein Beitrag zur Geschichte der Lepra. *Berlin (1898): G. Schade.* (30 S.) 8°
Berlin, Med. Diss. v. 4. Mai 1898

Knoll, Willy. Zwei Fälle von Ruptur-Aneurysma der Aorta. Beiträge zur Histologie der Aneurysmen. Diss. Med. Univ. Zürich. [Mit 4 Tafeln nebst Tafelerklärungen.] *Kopftitel:* Aus dem pathologisch-anatomischen Institut der Universität ⟨Direktor: Prof. Dr. Paul Ernst⟩. IV + 51 S. 8. Frauenfeld, Huber & Co., 1904.

Knoll, W[illy]. Gesundheitslehre. Leitfaden für Haushaltungs- und Töchterfortbildungsschulen und -kurse, sowie für jede Hausfrau. 3 Aufl. Gänzlich neu bearb. von Dr. med. W. K'.... Frauenfeld. Huber & Co., [1908].
s. Volkart, Heinrich, und Volkart-Schlatter, Anna. ... Buch der einfachen Hausfrau.... [Ausg. A.] Teil 4 u. Das Buch der einf' Hausfrau.... [Ausg. B.] (Teil 4.)

Knoll, Willy, aus Ehrenbreitstein, Unterarzt im Feldart.-Reg. Generalfeldzeugmeister ⟨1. Brandenb.⟩ No 3: ⟨**Aus d. 2. med. Klinik d. Kgl. Charité.**⟩ Über traumatische **Magenerweiterungen.** *Berlin (1903): G. Schade.* (38 S.) 8°
Berlin, Med. Diss. v. 6. Febr. 1903

Knöll, J. Dn., († ...), s. Gueriniere, Reitkunst.

Knöll, Karl, die Bauführung. (XII, 224 S. m. 8 Abbildgn.) 11. 8. Leipzig 910. J. J. Weber. Geb. in Leinw. 3. —

— Baukonstruktionslehre, s.: Frick, Otto.

Knöll, Karl, prakt. Arzt in Weißenburg a. S.: **Zur Kasuistik und** operativen Behandlung der Aneurysmen **der unteren Extremitäten.** *Erlangen 1903: Junge & Sohn.* (56 S.) 8°
Erlangen. Med. Diss. v. 29. Mai 1903

Knöll, Karl Benj., Theorie u. Praktik d. kaufmänn. Buchhaltung. Ein unentbehrl., gründl. Lehrb. f. alle, welche sich d. Kaufmanns-Stande widmen wollen 2c. Nach mehrjähr. Geschäfts-Erfahr. bearb. 4. (21 B.) Augsburg 839, (Kollmann'sche Buchh.)

Knöll, Osk., zur Einführung in das Kartenverständnis. Zugleich Erläuterungsheft zu A. Hummels Wandtafel zur Einführung in das Kartenverständnis. (14 S. m. Fig.) 8. Stuttgart (904). [Hobbing & Büchle.] Holland & Josenhans. —20

Knöll, Pius

: Direktor Johann Czermak und Professor Dr. Franz Raab. S. 3—8. 8. **Progr.** K. k. Staatsgymn. im VIII. Bezirke *Wien* 1903.

Knöll, Pius Die babrianischen Fabeln des Cod. bodleianus 2906. 32 S. 8. Progr. G. I. B. *Wien* 1876.

Knöll, Pius, neue Fabeln des Babrius. [Aus: „Sitzungsber. d. k. Akad. d. Wiss."] Lex.-8. (84 S.) Wien 878. Gerold's Sohn in Comm. n.n. — 50

Knöll, Pius: Die Feier des zweihundertjährigen Bestandes der Anstalt am 16. November 1901. S. 3—6. 8. — Geschichte der Entwicklung des Gymnasiums in dem Zeitraum von 1701 bis 1850. Mit Anhang. (Vortrag.) S. 7—35. 8. — Verzeichnis der Lehrer, welche in den Jahren 1701 bis 1900 an der Anstalt gewirkt haben. S. 36—57. 8. — Tabellarische Übersicht der Frequenz der Anstalt in den Jahren 1701/2 bis 1899/1900. S. 58—63. 8.
Progr. K. k. Staatsgymn. im VIII. Bezirke *Wien* 1902.

— Geschichte der Entwicklung des Gymnasiums in dem Zeitraum von 1701 bis 1850. 29. ibd.
Progr.

Knöll, Pius: Die Gründung des Collegiums und des Gymnasiums der Piaristen in Wien. S. 1—27. 8.
In: Festschrift zur Feier des zweihundertjährigen Bestandes
Progr. des k. k. Staatsgymn. im VIII. Bezirke *Wien* 1901.

—— das Handschriftenverhältniss der Vita S. Severini des Eugippius. Lex.-8. (56 S.) (Ebendas.) 879. *
Vorstehende zwei Schriften sind aus: Sitzungsberichte der k. Akademie der Wissenschaften, besonders abgedruckt.

Knöll, Pius Professor Anton Horner und Professor Dr. Karl Tomanetz. 8 (S 31—35).
K. k. Staatsg. im VIII. Bezirke *Wien* 1894.
Progr

Knöll, P., Die Leichenreden d. Platon u. Lysias. 1878. 31 S.

— Fabularum Babrianarum paraphrasis Bodleiana. 1877. 77 S.

Knöll, Pius: † Professor Anton Richter. S. 1—2. 8.
Progr. K. k. Staatsgymn. im VIII. Bezirke *Wien* 1908.

Knöll, P.: Sind Beziehungen zwischen dem Epitaphios im Menexenos u. dem sog. lysianischen nachzuweisen? 29 S. 8° – Krems, Progr. 1873.

— Tabellarische Übersicht der Frequenz der Anstalt in den Jahren 170¹/₂—1899/1900 6. ibd.
Progr. Wien

— Verzeichnis der Lehrer, welche in den Jahren 1701—1900 an der Anstalt gewirkt haben. 22. ibd.
Progr. Wien

Knöll, Pius Professor Josef Zwetler, *† 20. Jänner 1895.* 8 (S 51—52).
Progr. K. k. Staatsg. im VIII. Bezirke *Wien* 1895.

Festschrift zum 200jährigen Jubiläum der Einweihung der evangelischen Marienkirche zu Frankfurt a. M.-Seckbach 1710 * 7. Sept. * 1910. Der evangel. Gemeinde Frankfurt a. M.-Seckbach gewidmet von d. Presbyterium. (Verf.: Wilhelm **Knöll.**) Frankfurt a. M.-Seckbach: Marienkirche-Gemeinde 1910. 55 S. 4°(8°) (11. 1783) 4

Knöll, W., e. kirchliche Lutherfeier. Luthers Leben in Chor- [Kirchen- u. Knabenchor] u. Sologesängen, Deklamationen u. Erzählgn. Volkstümlich dargestellt f. die evangel. Christenheit. gr. 8. (44 S.) Gotha 891. F. A. Perthes. n. — 40

Knöll, Wilhelm, a. Mergentheim: **Über chlorierte und bromierte Molybdänate, über bromierte Molybdänite und über einige ihnen zu Grunde liegende Säuren. Leipzig 1905: Metzger & Wittig.** (40 S.) 8°
Tübingen, Naturw. Fak., Ref. Wislicenus, Diss. v. 6. März 1905
[Geb. 12. Okt. 78 Mergentheim; Wohnort: Hannover; Staatsangeh.: Württemberg; Vorbildung: Pharmaz. Staatsprüfung Mai 03; Studium: Tübingen 7 S.; Rig. 6. März 05.]

Knolle, Friedrich August Gottlob (Fraustadt/Polen), De obstructione aluina diaeteticis auxiliis tollenda. Diss. med. Lpz. (Langenheim) 29. V. 1772. 42 S. (6.20) 18663
Gew.: Christian Gottlieb Ludwig, Johann Anton Scopoli, Johann Christian Daniel Schreber, Friedrich Knolle (Kleinhinzendorff, Logischen).

Johann Friedrich Knolle

De ossium Carie venerea. Lipsiae (1763:) Langenheim. 48 S. 8°

Leipzig, Med. Diss. v. 25. Febr. 1763

Jo. Frid. Knolle (praes. Ern. Glo. Bose) decas librorum anatomicorum rariorum. Commentatio gratulatoria Lips. 1761 4. (Describuntur: I. Gaspar Asellii de lactibus s. lacteis venis diss. Mediol. 1627. 4.; II. Jo. Bapt. Canani musculor. humani corporis picturata dissectio. S. l. e. a. 4. Ferrar 1572. 4.; III Jo. Bapt. Carcani anatomici libri duo. Ticini 1574 8.; IV. Realdi Columbi de re anatomica libri quindecim. Venet. 1559. f; V Jo. Bapt. Dollae in anatomen humanorum oculorum tabulae a Galeno et ab aliis recentioribus collectae Bonon 1568 f.; VI. Caecilii Folii sanguinis a dextro in sinistrum cordis ventriculum defluentis facilis reperta via. Venet. 1639. 4.; VII. Caecil. Fuoli discorso anatomico nel quale si contiene una nuova opinione circa la generatione et uso della pinguedine. Venetia 1644 4.; VIII. Caecil. Folii nova auris internae delineatio. Venet. 1645. 4; IX. Carol. Stephani de dissectione partium corporis humani libri tres, una cum figuris et incisionum declarationibus a Stephano Riverio. Paris. 1545. f; X. Franc. Ulmi de liene libellus. Paris. 1578. 8.)

Knoller, Lesser

Knoller, L., kurzgefaßter Leitfaden f. den grammatischen Unterricht in der hebräischen Sprache. gr. 8. (IV, 21 S.) Breslau 889. Jacobsohn & Co. n.n. — 30

— dasselbe. 2., verb. Aufl. gr. 8. (IV, 22 S.) Ebd. 890. n. — 40

Knoller, L., kurzgef. Leitfaden f. d. grammat. Unterricht in d. hebräischen Sprache. 3., verb. Doppel-Aufl. gr. 8. (IV, 22 S.) Breslau 895. W. Jacobsohn & Co. n. — 40

Knoller, L., Leitfaden des elementaren Religionsunterrichtes. (29 S.) 8. Hannover 906. M. Berliner. Kart. — 50

Knoller, Lesser (Braetz/Posen), Das Problem der Willensfreiheit in der älteren jüdischen Religionsphilosophie des Mittelalters. Diss. philos. Lpz. 1884. Druck: Breslau (Th. Schatzky). 96 S. mit Biogr. (M.: P. David.) (6.—) 18664
Gew.: Rippner (Glogau).

Knoller, Martin, s.: Lange, e., s. die Freskomalerei.

Knoller, Martin, s. Menghin, Alois.

Knollinger, J. Balth., Leit- u. Schreckstern, od. Geschicht-predigt. heilwert. Lebensthaten. 8 Thle. Fol. Augsb. 737.

Knoellinger, Hermannus, oriundus ex oppido Grosz-Gerau: De Ciceronis de virtutibus libro. Lipsiae 1908: B. G. Teubner. (VII, 96 S.) 8° ¶ (Erschien vollst. in d. Bibliotheca Teubneriana [u. d. T.: Supplementum Ciceronianum. M. Tullii Ciceronis de virtutibus libri fragmenta collegit H. Knöllinger].)
Gießen, Phil. Fak., Ref. Wünsch, Diss. v. 3. Juli 1908
[Geb. 26. März 83 Groß-Gerau; Wohnort: Gießen; Staatsangeh.: Hessen; Vorbildung: Herbst-Gymn. Mainz Reife M. 02; Studium: München 3, Berlin 1, Gießen 3 S.; Rig. 3. Aug. 06.]

Knölke, Frz., die alten Bückeburger. Ein Charakterbild aus der Zeit des Grafen Wilhelm während des 7jähr. Krieges. — Geschichte der Feldzüge des Grafen Wilhelm in Deutschland u. Portugal. gr. 8. (X, 736 S.) Bückeburg (896). (G. Frommhold.) Geb. in Leinw n.n. 6. —

KNOLLMÜLLER, Georg (München): De combustionibus earumque therapie. (Titel nach der Urkunde) 11.8.1869 - Urk; F 72; Chr 1869/70,12
Diss. Ingolst.-Landsh.-Mchn.

Knollmüller, Mathias, Festpredigt bei der 200jähr. Jubiläums-Feier der Marianischen Bürger-Congregation zu Passau, gehalten den 22. März 1847. 16. (14 S.) Passau 847, (Pustet'sche Buchh.)

Knolz, J J, s. Knolz, Joseph Johann

Knolz, Joseph Johann

Knolz, J. J., Naturhistorische Abhandlung über die Blutegel und ihren medicinischen Gebrauch. gr. 8. Wien, Heubner. 820.

Knolz, Jos. Joh., Darstellung d. Brechruhr-Epidemie in d. k. k. Haupt- u. Residenzstadt Wien, wie auch auf d. flachen Lande in Oesterreich unt. d. Enns in d. Jahren 1831 u. 1832, nebst d. dagegen getroff. Sanitäts-polizeyl. Vorkehrn. gr. 8. (23½ B. u. 3 Tab. gr 4) Wien 834, Mayer u. Comp.

Knolz, Joseph Johann: Darstellung der Humanitäts- und Heilanstalten im Erzherzogthume Oesterreich unter der Enns, als Staatsanstalten und Privatwerke, nach ihrer dermaligen Verfassung und Einrichtung. 326 S., gbd., Tab., Abb.(auf dem Einbande).

Wien: Mechitaristen-Congregations-Buchhandlung 1840

JB 5.654
HB 28.952

Knolz, Joseph Johann: Darstellung der Medicinal-Verfassung in den k.k.Staaten Oesterreichs, in Beziehung auf den Wirkungskreis der Kreiswundärzte, der Civil-, Stadt- und Landwundärzte, öffentliche Sanitäts-Individuen, Ärzte, Dominien, Kreisämter und Behörden überhaupt. 562 S., gbd.

Wien: Mechitaristen-Congregations-Buchhandlung 1829

JB 5.460
K 3.165

Knolz, (J. J.) systemat. Eintheilung d. Fiebers, als Leitfaden z. Diagnostick derselben, am Krankenbette. Roy.-Fol. Salzburg 827, Duyle.

— s. Ph. K. Hartmann institutiones medicae Therapiae.

Knolz, Jos. Jo., Institutiones med. Hygienes et Semiotices generalis, usui academ. adcommodatae. 8maj. (24¼ B.) Viennae 835, (Volke.) Thlr. •

— Institutiones medicae hygienes et Semiotices et therapiae generalis, usui academico adcommodate. 8maj. Wien 837. (Volke.) 2¹/₆ ẞ

Knolz, Joseph Johann, s. Notizenblatt, Wiener medizinisches.

Knolz, Joseph Johann (Hrsg.):

s.: Sammlung der Sanitätsverordnungen für das Erzherzogthum Österreich unter der Enns... Bd 7 - 11. Wien: 1834 - 1846

JB 5.442/7-11
K 3.592/7-11

Knolz, Jos. Joh., das Stottern und die Mittel zu dessen Heilung vom medicinischen und medicinisch-polizeil. Standpunkte betrachtet. br. 8. (16 S.) Wien 857, Lechner's Universitäts-Buchh.

Knolz, Josef Joh. — Vortrag über den Einfluß vorausgegangener medizinischer Systeme auf den dermaligen Zustand der Medizin als Kunst und Wissenschaft. Bei Gelegenheit der 32ten Versammlung deutscher Naturforscher und Aerzte zu Wien am 20. September 1856 in der 9ten Sektion für Medizin vorgetragen von — —. Wien, 1856. Dr. von L. C. Zamarski. (15 S. 4.)

Knolz, Joseph Johann, s. Z e i t s c h r i f t, Österreichische, – für praktische Heilkunde.

Knönagel, E Autorität — nicht Majorität — beherrscht die Welt. Epistel in 12 Capiteln wider den Aberglauben am Constitutionalismus An Bürger und Bauer, Städter und Landmann. Berlin. Selbstverlag des Verfassers 1851 44 S. 8.

Knönagel, E., Autorität — nicht Majorität — beherrscht die Welt. Epistel in 12 Capiteln wider den Aberglauben am Constitutionalismus. An Bürger und Bauer, Städter und Landmann. 8. (44 S.) Berlin 851, (Stuhr'sche Sortimentsh.) **

Knonagel, E., wider den Kornwucher, Ansprache an meine Mitbürger. 8. (1 B.) Leipzig 846, Hartmann.

—— die industriellen Unternehmungen der kgl. Seehandlung. Als Entgegnung u. Berichtigung verbreiteter Unrichtigkeiten allen Freunden der Wahrheit gewidmet. gr. 8. (7¾ B.) Berlin 845, Ende.

Knonau, Lorenz. Schauspiel nach Werthers Leiden . . . Altona 1776. V: *Hensler, Peter Wilhelm.* (EE)(ML) S. a. 12330.

Knonau, Gerold Meyer v, s. Meyer, Gero.

Knöner, Heinrich Beiträge zu den Erkrankungen der Harnblase im Wochenbett Halle 1874 Lipke 29 S. 8°
Halle-Wittenberg, Med Diss. v 27 Aug 1874
Geb Bremerlehe (Hannover) 25 4 1847 V

Knöner, Rudolf, approb. Arzt aus Gehrden b. Hannover: **Ueber die chronische ankylosierende Entzündung der Wirbelsäule** (Spondylosis rhizomelica). *Leipzig 1903: B. Georgi.* (68 S.) 8°
Leipzig, Med. Diss. v. (8. Juli) 1903

Knoodt, die Vernichtung der römischen Kirche durch das Infallibilitäts-Dogma. Rede, gehalten auf dem Alt-Katholiken-Congress zu Köln am 21. Septbr. 1872. gr. 8. (16 S.) Leipzig 873, Mayer.

B. Knoodt elementa Matheseos purae. Francof. Garbe. Tom. I. 8. 1777.
— Tom. II. ibid. 8. 1779
(zusammen 1 Rthlr. 10 gr.)

Knoodt, B., elementa matheseos purae. II Tmi. 8. Francf. Gebhardt et K. 777 – 79.

Knoodt, Pet., Anton Günther. Eine Biographie. 2 Bde. Mit dem (rad.) Bildnisse Günther's. 8. (XXII, 414 u. XV, 566 S.) Wien 881. Braumüller. n. 12. —

Knoodt, P., Günther und Clemens. Offene Briefe. 3 Thle. Wien 853, 54. Braumüller. 8. (IV, 359; XI, 369; VII, 183 S. u. 1 Bl. in 4.) n. 4 ℛ.

Ad audiendam ... orationem de pulchro pro aditu muneris prof. ord. in facultate phil. Bonnensi d. XI m. Mart. ... habendam ... invitat Petrus **Knoodt** ... — Inest disputatio de legitimis reipublicae potestatibus. Bonnae, typ. C. Georgii 1850. 1 Bl., 32 S. 4. ¶ Erschien zugleich selbständig bei Marcus in Bonn.

Knoodt, Pet., de legitimis reipublicae postestatibus disputatio, quam pro aditu muneris professoris ord. in facultate philosophorum Bonnensi scripsit. 4maj. (32 S.) Bonnae 850, Marcus. *

Knoodt, Peter, 5 Predigten üb. das Kreuz- u. Meßopfer. gr. 8. (62 S.) Bonn 875. Neuffer. n. — 80

Knoodt, Petrus (Franciscus) *(geb Boppard a Rh 6 11 1819)*
De Cartesii sententia „Cogito ergo sum" Vratislaviae 1845. (56 S.) 8°
Breslau, Phil. Diss. v. 14. Mai 1845

— die Thomas-Encyclica Leo's XIII. vom 4. Aug. 1879. Vortrag, geh. zu Bonn am 14. Febr. 1880. gr. 8. (81 S.) Bonn 880. Weber. n. — 50

— die Vernichtung der römischen Kirche durch das Infallibitäts-Dogma. Rede, geh. auf dem Alt-Katholiken-Congress zu Köln am 21. Septbr. 1872. gr. 8. (10 S.) Leipzig 873. Mayer. — 30

Das adelige Gut Knoop, Kreis Eckernförde soll wegen Sterbefalls des Besitzers alsbald freihändig verkauft werden. Folgt Gutsbeschreibung etc. (Kiel. 1903.) Fol.

Knoop, August, a. Bremen: Studien über das Wesen der Paranitranilin-Vergiftung mit besonderer Berücksichtigung des Blutes. Würzburg 1908: F. Staudenraus. (35 S.) 8°
Würzburg, Med. Fak., Ref. Lehmann, Diss. v. 6. Aug. 1908
[Geb. 16. Aug. 77 Bremen; Wohnort: Würzburg; Staatsangeh.: Preußen; Vorbildung: Gymn. Baden Reife Juni 98; Studium: München 2, Freiburg i. B. 2, Berlin 2, Würzburg 2 S.; Coll. 13. März 08; Approb. 20. Dez. 07]

Knoop, Carlos, Beitrag zur Therapie der Nabelschnurbrüche, s.a. **Sammlung klinischer Vorträge Nr. 348.**

Beitrag zur Therapie der Nabelschnurbrüche von Carlos Knoop, Kiel. *Leipzig: Breitkopf & Härtel 1903.* (20 S.) 8°
— Sammlung Klinischer Vorträge N. F. No 348. [03. 4440

Knoop, Carlos [aus Bonn]: Aus d. Kgl. chirurg. Univ.-Klinik zu Bonn. Ueber Exostosis cartilaginea ... Bonn, Buchdr. v. A. Henry, 1897; 31 S., 1 Taf. 8.
Bonn, Med. Fak., Inaug.-Diss. v. [6. März] 1897

Knoop, Douglas. Gemeindebetriebe in Frankreich u. England, s.: Schriften d. Vereins f. Sozialpolitik. 130, IV. (Berthélomv, H.)

Knoop, Erich, die erste Badereise, s.: Engelin's Roman- u. Novellenschatz.

Knoop, Erich, auf der Pirsche. Erzählungen e. Kriminalbeamten. 2 Bde. (109 u. 93 S.) 8. Mülheim-Ruhr (906). J. Bagel. à — 30

Knoop, Franz, approb. Arzt aus Hamburg: **Ueber Sehnenplastik.** *Freiburg i. B.: Speyer & Kaerner 1900.* (30 S.) 8°
Freiburg i. B., Med. Diss. v. 1900

Knoop, Gerh. Ouckama, s. a.: Ouckama, Gerh.

KNOOP, Gerhard J. Ouckama. (in Moskau, geb. zu Bremen, 9. Juni 1861), N a d e s h d a B a c c h i n i. (Liebesabenteuer einer jungen russischen Wittwe.) Berlin, Fleischel, 1906.
Als das „launigste" von Knoops Büchern bezeichnet im Amethyst, Doppelheft 9—10, S. 325.

Das Element. Roman von Gerhard Ouckama Knoop. *Berlin & Leipzig: Schuster & Loeffler 1901.* (190 S.) 8° [F.] [01. 9330

— die Grenzen. 2 Bde. 8. Leipzig, Insel-Verlag. n. 10. —; geb. n. 18. —
1. Sebald Soekers Pilgerfahrt. Ein Roman. (541 S.) 903. n. 6. —; geb. n. 8. —
2. Sebald Soekers Vollendg. (168 S.) 905. n. 4. —; geb. n. 5. —

Der Gelüste Ketten. Novellen von Gerhard Ouckama Knoop. Berlin: E. Fleischel & Co. 1907. (233 S.) 8° [F.] 07. 13902

— Hermann Osleb. Roman. (290 S.) 8. Berlin 904. E. Fleischel & Co. n. 3.50; geb. n. 5.—

— Aus den Papieren des Freiherrn v. Skarpl. (188 S.) 8. Ebd. (909). 2.—; geb. 3.—

Knoop, Hans, der Mehrwerth. gr. 8. (80 S.) Bremen 883. (Valett & Co.) n. 1.—

Knoop, Hermann [pr. Arzt aus Wilhelmshaven]: Gallensteine im Nabel ... Marburg, Univ.-Buchdr. '(R. Friedrich)', 1892; 42 S., 1 Bl. 8.
Marburg, Med. Fak., Inaug.-Diss. v. [20. Apr] 1892

Knoop, Jac., Anleitg. z. Angelfischerei, s.: Miniatur-Biblioth.

Knoop, J. (Komm.), s.a. Dienstbotenordnung f. Ostfriesland ...

Knoop, Jac., Dienstbotenordng. f. Ostfriesland u. Harlingerland vom 10. VII. 1859. Gemeinverständl. dargestellt, m. den durch die Reichsgesetzgebg. gebotenen Verändergn. versehen u. erläutert. (30 S.) 8. Aurich 907. D. Friemann. —60

— Die Konkursordnung. Kurz u. übersichtlich zusammengestellt. Anh.: Konkursstatistik. (III, 38 S.) kl. 8. Leipzig 907. O. Leiner. Geb. in Leinw. —75

— Die Strafprozeßordnung. Kurz zusammengefaßt u. übersichtlich geordnet. Ein Nachschlagebüchlein u. besonders zur Vorbereitg. auf das Examen geeignet. (IV, 66 S. m. 2 Tab.) kl. 8. Ebd. 907. Geb. in Leinw. 1.—

— Die Zivilprozeß-Ordnung, s.: Rapp, Frdr.

Knoop, Johannes Herman. Pomologia, d. i. Beschreibungen und Abbildungen der Äpfel und Birnen, a. d. Holl. Nürnberg 1760. Ü: *Huth, Gg. Leonh.* (will)

Knoop, J. Herm., pomologia, d. i. Beschreib. u. Abbild. d. Aepfel u. Birnen. 2 Thle, mit Kpf. gr. Fol. Nürnb. 760, 66 Campe. 8 ₰ Dass. in holländ. Sprache. Amsterd., Sülpke. 7 ₰ 12 K

Knoop, L., Borkum u. seine Umgebung in geographischer, naturwissenschaftlicher, landwirtschaftlicher u. historischer Beziehung. gr. 8. (VIII, 216 S.) Wolfenbüttel 902. J. Zwißler. n. 2.—

Knoop, Otto

Knoop, O., s.: Blätter f. Pommersche Volkskunde.

Knoop, O[tto]: Posener Geld- und Schatzsagen. Ein Beitr. z. Heimat- u. Volkskunde d. Prov. Posen. Lissa i. P. 1908: Comenius-Dr. 45 S. 4°
Rogasen, k. G OP 1908 (224) [S 08. 243

Knoop, Otto, Posener Geld- u. Schatzsagen. Ein Beitrag zur Heimat- u. Volkskunde der Prov. Posen. Progr. (45 S.) Lex. 8. Lissa 908. (O. Eulitz.) 1.50

Knoop, Otto Der dogmatische Inhalt der *ΔΙΔΑΧΗ ΤΩΝ ΔΩΔΕΚΑ ΑΠΟΣΤΟΛΩΝ* 4 (28 S.). Friedrich-Wilhelms-G. *Posen* 1888 (149). **Progr.**

Knoop, Otto, Lehrbuch für den evangelischen Religionsunterricht an höheren Schulen, s. Jonas, R.

Knoop, Otto: Posener Märchen. Ein Beitr. z. Heimat- u. Volkskunde d. Prov. Posen. Lissa i. P. 1909: Comenius-Dr. 29 S. 4°
Rogasen, k. G OP 1909 (236) [S 09. 251

Knoop, Otto Plattdeutsches aus Hinterpommern. 4 (S. 3—25). Zweite Sammlung: Fremdsprachliches im hinterpommerschen Platt, nebst einer Anzahl von Fischerausdrücken und Ekelnamen. 4 (26 S.). **Progr** G. *Gnesen* 1890 (146). G. *Rogasen* 1890 (156)

— Plattdeutsches aus Hinterpommern. 1. u. 2. Sammlung. gr. 4. Posen u. Rogasen 890. (Leipzig, Fock.) à n. 1.—
1. Sprüchwörter u. Redensarten. (25 S.)
2. Fremdsprachliches im hinterpommerschen Platt, nebst e. Anzahl v. Fischer-Ausdrücken u. Ekelnamen. (26 S.)

Knoop, Otto Plattdeutsches aus Hinterpommern. Zweite Sammlung: Fremdsprachliches im hinterpommerschen Platt, nebst einer Anzahl von Fischerausdrücken und Ekelnamen. (Fortsetzung). 4 (18 S.). **Progr.** Kgl. G. *Rogasen* 1891 (159

Knoop, Otto, Plattdeutsches aus Hinterpommern. 2. Sammlg. Fortsetzung. gr. 4. Rogasen 891. (Leipzig, G. Fock.) n. 1.— (1—2., II.: n. 3.—)
Fremdsprachliches im hinterpommerschen Platt, nebst e. Anzahl v. Fischer-Ausdrücken u. Ekelnamen. (18 S.)

Knoop, Otto: Sagen und Erzählungen aus dem Kreise Kolberg-Körlin, s. Asmus, Ferdinand

— Sagen u. Erzählungen aus der Prov. Posen, s.: Sonder-Veröffentlichungen der historischen Gesellschaft f. die Prov. Posen.

— Ostmärkische Sagen, Märchen u. Erzählgn. Gesammelt u. hrsg. 1. Bdchn. (VII, 193 S.) 8. Ebd. 909. Geb. in Leinw. 1.80

— allerhand Scherz, Reime u. Erzählungen üb. pommersche Orte u. ihre Bewohner. [Aus: „Zeitschr. f. pommersche Geschichte u. Alterthumskunde".] gr. 8. (105 S.) Stettin 891. (Posen, J. Jolowicz.) n. 2.—

Knoop, O[tto], Prof. Der **Überweg** von der Stadt Rogasen nach dem Woytost. Nach hiesigen Magistratsakten zsgest. *Rogasen 1902: J. Alexander's Wwe.* (19 S.) 4°
Rogasen, k. G, OP 1902 (185)

Knoop, Otto, Volkssagen, Erzählungen, Aberglauben, Gebräuche u. Märchen aus dem östlichen Hinterpommern. gr. 8. (XXX, 240 S.) Posen 885. Jolowicz. n. 5.—

Knoop, O., Volkstümliches aus der Tierwelt, s. a. Beiträge zur Volkskunde der Prov. Posen. 1. Bdchn.

Volkstümliches aus der Tierwelt. Hrsg. von O[tto] **Knoop.** Rogasen: Selbstverl. 1905. (68 S.) 8° [F. u. Ant.]
— Beiträge z. Volkskunde d. Prov. Posen. Bdch. 1. 07. 9688

— die deutsche Walthersage u. die polnische Sage von Walther u. Helgunde. Vortrag. [Aus: „Am Urds-Brunnen".] gr. 8. (18 S.) Posen 887. Jolowicz. n. —80

Knoop (W. J.). Anleitung zur Angelfischerei. 1903. Leipzig. 8°. (55 S. m. Abb.). M. —.10

Knoop, W. J. Über Siborne's Geschichte des Krieges in Frankreich und in den Niederlanden 1815. Aus d. Holländ. von H. Weiffenbach. Breda 1847. 8°
Dass. franz u. d. T: Remarques critiques, von P. G. Booms. Haag 1847.

Knoop, W. J., remarques critiques sur l'ouvrage du capitaine Siborne, intitulé: histoire de la guerre de 1815 en France et dans la Belgique, et réfutation des accusations qui s'y trouvent contre l'armée Néerlandaise. Traduct. Franç. par P. G. Booms. gr. 8. (74 S.) La Haye 847. (Amersfoort, Gebr. Taats.) n. 5/12 ℛ

Knoop, W. J., la République des Provinces-Unies en 1672 et 1673. Étude militaire. Traduction française par P. G. Booms. Avec une préface du traducteur. Bois-le-Duc 854. (Leipzig, T. O. Weigel.) 8. (155 S.) n. 20 ngr.

Knoop, Walter A., a. Dresden: Die verzinsliche russische Staatsschuld. Berlin: F. Ledermann 1907. (VII, 176 S., 3 Tab.) 8°
Würzburg, Jur. Fak., Ref. Schanz, Diss. v. 8. Aug. 1907
[Geb. 23. April 79 Dresden-A.; Wohnort: Berlin; Staatsangeh.: Preußen; Vorbildung: Gymn. Dresden-A. Reife O. 99; Studium: München 5, Leipzig 2, Berlin 4 S.; Rig. 8. Mai 07.]

Knoop, Walt. A., die verzinsliche russische Staatsschuld. (VII, 176 S. m. 4 Tab.) gr. 8. Berlin 907. Friedenau, Dr. F. Ledermann. 3. —

Knoop, Walt. A., Stierfechter. 8. (31 S.) Leipzig 902. (H. Seemann Nachf.) n. 1. —

KNOOR, EMIL. Ueber (4) Nitro-M-Xylol (2) Sulfonsäure Freiburg i. B., 1887

Knoote [Schlagwort]

Knoote, Holland, s.: Grieben's Reiseführer.

Knop, Adolf

Knop (A.), Ueber die Bildungsweise von Granit und Gneus. (Vortrag, gehalten im naturwissenschaftlichen Verein zu Carlsruhe 1871.) 8.

Knop (A.), Ueber die Bildungsweise von Granit und Gneus. Karlsruhe 1872. 8.

Knop, A. Der Chloritschiefer von Harthau und die Bedeutung der Pseudomorphosen von Glimmer nach anderen Mineralien für Bodenkunde, enthalten in dem Programm der kgl. Gewerbsschule zu Chemnitz. Leipzig. 1856. 4.

Knop, Adf., der Kaiserstuhl im Breisgau. Eine naturwissenschaftl. Studie. gr. 8. (VIII, 538 S. m. 8 Lichtdr.-Bildern, 89 Fig. im Text u. e. geolog. Karte.) Leipzig 892. W. Engelmann. n. 17. —

Knop, Adf., Molekularconstitution u. Wachsthum der Krystalle. Leipzig 867. Haessel. gr. 8. (IX, 96 S. mit eingedr. Holzschn.) n. 1 ℛ

Knop (A.), Eine Sammlung von sechs Abhandlungen mineralogischen und geognostischen Inhaltes. 1861—1872. 8.

Knop, Adph., Studien über Stoffwandlungen im Mineralreiche besonders in Kalk- und Amphiboloid-Gesteinen. gr. 8. (XII, 144 S. mit 5 Taf. in Lichtdr.) Leipzig 873, Haessel. *
Tafeln apart *

— System der Anorganographie als Grundlage f. Vorträge an Hochschulen. Mit 120 in den Text gedr. Holzschn. u. 2 in Lichtdr. ausgeführten Taf. gr. 8. (XXVIII, 296 S.) Ebend. 876. n. 8. —

— Uebersicht über die geologischen Verhältnisse der Umgebung von Baden-Baden, verfasst zur Orientirung der hier am 26., 27. und 28. Septbr. 1879 tagenden Versammlung der deutschen geolog. Gesellschaft. gr. 16. (88 S. mit 1 geognost. chromolithogr. Uebersichtskarte.) Karlsruhe 879, Braun'sche Hofbuchh. *

Knop, August [aus Giessen]: Ueber das Einwirkungsprodukt von Phosphorpentasulfid auf Anilin. Freiburg i. Baden, Univ.-Buchdr. v. H. M. Poppen & Sohn, 1888; 49 S. + 1 Bl. u. 1 Taf. 8°
Freiburg i. B., Phil. Fak., Inaug.-Diss. v. 1888

Knop, Henricus [Cellensis]: De enuntiatorum apud Isaeum condicionalium et finalium formis et usu ... [= Progr. d. Gymn. z. Celle 1892.] Cellis, typ. expr. V. Grossgebauer, 1892; 35 S. 4.
Erlangen, Phil. Fak., Inaug.-Diss. v. 1892

Knop, Henricus: De enuntiatorum apud Isaeum condicionalium et finalium formis et usu. (= Inaug.-Diss. Erlangen 1892.) Celle, Druck v. W. Grossgebauer, 1892; 3—35 S. 4.
Celle, k. G., OP 1892 (208)

Knop, Heinrich, appr. Arzt: Zur Kasuistik der Noma. Erlangen 1909: Jacob. 22 S. 8°
München, Med. Diss. v. 18. Febr. 1909, Ref. v. Angerer
[Geb. 19. Nov. 70 Oerel; Wohnort: Oerel; Staatsangeh.: Preußen; Vorbildung: Gymn. Weißenburg i. E. Reife Juli 94; Studium: Tübingen 5, Würzburg 4, Erlangen 11 S.; Coll. 18. Febr. 09; Approb. 29. Febr. 08.] [U 10. 3527

Knop, Josephus Adalbertus (*geb. Držkow bei Eisenbrod in Böhm [19. 9.] 1805*) De inflammatione ex typho carbunculoso animalium contagiosa. Olsnae (1831). (63 S.) 8°
Breslau, Med. Diss. v. 12. Sept. 1831

Knop, Jos. Adalb., die Paradoxie des Willens oder das freiwillige Handeln bei innerem Widerstreben. Vom Standpunkte der forensisch-medicin. Praxis. gr. 8. (III und 96 S.) Leipzig 863, Pernitzsch. *

Knop, Leop., Alarm od. e. Nacht auf der Feuerwache, s.: Vereinstheater.

Knop, O., s.: Staats- u. Communal-Adreß-Handbuch f. d. Reg.-Bez. Wiesbaden.

Knop, R., s.: Adressbuch der Fabriken u. Werkstätten der Hütten- u. Metall-Industrie in Westdeutschland.

— s.a. Westdeutschlands Adressbuch f. alle Zweige der Hütten- u. Metall-Industrie.

Knop, R., Westdeutschlands Adreßbuch für alle Zweige der Hütten- und Metall-Industrie mit Bezugsquellen-Nachweis für den gesamten technischen Bedarf. Hrsg. unter Mitwirkung technischer Fachleute. Ausg. 1907/08. Lütgendortmund, 1907. 262 S.

Knop, Wilh., Ackererde u. Culturpflanze. gr. 8. (VI, 133 S.) Leipzig 883. Haessel. geb. n. 3. —

Knop, Wilh., die Bonitirung der Ackererde. 8. (IV, 126 S.) Leipzig 871. Hässel. n. 1. 80

— dasselbe. 2. verm. Aufl. m. Nachtrag. 8. (164 S. m. e. Tab. in qu. Fol.) Ebenb. 872. n. 2. 40; Nachtrag apart, n. — 60

Knop, Wilh., Handbuch der chemischen Methoden. gr. 8. (IV und 506 S.) Leipzig 859, Voss. *

Knop, Wilh., Körpermolecule. Nachweisung der Thatsache, dass die Molecule der neueren Chemie durch Zusammenlegen von Tetraedern und Oktaedern atomistisch nachgebildet werden können. gr. 8. (II, 46 S.) Leipzig 876, (Staackmann.) *

Knop, Wilh., der Kreislauf des Stoffes. Lehrbuch der Agricultur-Chemie. Mit 3 (eingedr.) Holzschn. Leipzig 867. Haessel. gr. 8. (XIII. 1234 S.) n. 6 ℛ

— der Kreislauf des Stoffs. Lehrbuch der Agricultur-Chemie. gr. 8. (XIII, 1234 S. mit 3 eingedr. Holzschn.) Ebendas. 868. *

Kreislauf (Der) des Wassers. Lehrbuch der Agricultur-Chemie. Leipzig, 1868. 2 vols., 8vo.

Knop, Wilh., über das Verhalten einiger Wasserpflanzen zu Gasen. gr. 8. (63 S. mit 1 Stnt. in Fol.) Leipzig 853, Voss. *

Knopf, Thedis blanker. Vom Verfasser der Verlorenen Söhne ... Berlin 1898. Ü: *Redern*, *Hedwig v.* (Berl)

Knopf, s.a. Cnopf

Knopf, des Königr. Hannover Gesetze, Verordn. u. Ausschreiben üb. d. Medicinal- u. Apotheker-Wesen. gr. 8. (17 B.) Hameln 840, Weichelt. *

Knopf, Armin, zur Osteotomie. Inaugural-Dissertation. 8. (50 S.) Jena 875. Neuenhahn. n. — 80

Diet. Car Knopf diss. inaug. de ornatu oris, nasi et aurium apud populos Americanos. Cum tabb. 7 lith. Gotting. 1832. 8.

Knopf, Eduard, Approb. Arzt aus Posen: Aus d. Poliklinik f. Augenkrankheiten von Prof. Dr. Silex zu Berlin. Ueber einen neuen Augenspiegel für Studenten und Aerzte. *Berlin 1902: C. Siebert.* (21 S.) 8°
Leipzig, Med. Diss. v. (24. Dez.) 1902

[F.] Der Liebe Lust u. Leid der Frau zur Frau. [Vf.: Emilie Knopf.] *Stargard i. P. Verlagsbur. f. liter. Neuheiten [1895].* (157 S.) 1 Bd 8. [98. 2941

Knopf, Frz., s.: Burmann, K., Stanley's Reisen durch den dunklen Welttheil.

KNOPF, Friedrich Karl
(F) Waldblumen. Gedichte von Friedrich Karl Knopf. Friedland. 1898. Weeber. Gr.-8°. 61 S. —.60

Knopf, Gustav

Knopf, G., die Stromversorgung der Telegraphen u. Fernsprechanstalten, s.a. Telegraphen- u. Fernsprechtechnik in Einzeldarstellungen.

Die Stromversorgung der Telegraphen- und Fernsprechanstalten von G[ustav] Knopf. Mit 210 Abb. u. 4 Taf. Braunschweig: Vieweg 1910. XIV, 241 S. 8°
(Telegraphen- u. Fernsprech-Technik. 9.) [10. 10840

Knopf, H. E., die Prophylaxe des Stotterns. (7 S.) gr. 8. Leipzig 908. B. Konegen. 1.—
Sonderabdruck aus: „Der Kinderarzt".

Knopf, H. G., Ansichten über die Beschaffenheit der jetzt coursirenden Münzen, nebst Vorschlägen den Zustand derselben zu verbessern. Mit Abbildd. Lex.-8. Hamburg 834. Hoffmann u. Campe.) 1/2 ß

Knopf, Hans, a. Breslau: Über die Behandlung der varikösen Unterschenkelgeschwüre mit Berücksichtigung der Entstehung von Varicen. Berlin 1906: W. Axt. (32 S.) 8°
Freiburg i. B., Med. Fak., Ref. Kraske, Diss. v. 18. Juni 1906
[Geb. 20. Febr. 82 Breslau; Wohnort: Freiburg i. B.; Staatsangeh.: Preußen; Vorbildung: Köllnisches Gymn. Berlin Reife O. 01; Studium: Berlin 7, München 1, Freiburg i. B. 1 S.; Coll. 12. Jan. 06.]

Knopf, Johann Daniel

Knopf, Jh. Dn., († d. 22. März 1808.) Braunschweig. Kochbuch, s. J. Chr. Förster.

Knopf, J. D., u. J. C. Förster, braunschweigisches Kochbuch, s. Kochbuch, braunschw.

Knopf, J. D., und J. C. Förster, braunschweigisches Kochbuch. 8. Braunschw. Schulbuchhdl. 800.

— Produktenbuch für d. Küche, oder Anweis. f. Mädchen u. Hausfrauen, d. Produkte für d. Küche kennen u. beurtheilen zu lernen. 8. Hannov. 803. Hahn. 12 gr

Knopf, Jul., das Duell u. andere Humoresken, s.: Bibliothek, humoristische. 2. Bdchn.

— der nervöse Redakteur u. andere Humoresken, s.a. Bibliothek, humoristische. 1. Bdchn.

Der nervöse Redakteur u. andere Humoresken von Julius Knopf. Berlin. W Osterwald 1905. (64 S.) 8° [F.]
= **Bibliothek,** Humoristische. Bdch. 1. [05. 20353

Knopf, Karl, s.: Jahrbuch, obererzgebirgisches.

— s.: Keilberg-Jahrbuch.

— Deutsches Land u. Volk in Liedern deutscher Dichter. Beiträge zur vaterländ. Erdkunde, gesammelt u. hrsg. (XIX, 440 S. m. Vollbildern.) 8. Braunschweig (907). E. Appelhans & Co. 3.50; geb. 4.50; in Geschenkbd. 5.—

Die Wunderstadt St. Joachimsthal. (Eine Monographie hrsg.) von Karl Knopf. (Bd. 1.) Weipert & Leipzig. Deutschböhm. Verlagsanst. Sonnenwirbel [1909]. 8° [09. 11849

— s.a. Wunderstadt, die, St. Joachimsthal.

Knopf, L. Ed., siehe: *Hausblätter.*

Knopf, Leo, Assistenzarzt: Anatomische Untersuchung von zwei Fällen von Syringomyelie. Leipzig 1909: Lehmann. 43 S. 8°
Leipzig, Med. Diss. v. 17. Juli 1909, Ref. Marchand
[Geb. 4. April 76 Neuweier; Wohnort: Leipzig; Staatsangeh.: Baden; Vorbildung: Gymn. Lörrach Reife Juli 96; Studium: Straßburg 1, Heidelberg 1, Würzburg 2, Heidelberg 5 S.; Coll. 24. Juli 09, Approb. 24. Juli 01.]
[U 09. 2803

Knopf, Ludwig, approb. Arzt aus Freden a. L.: Aus d. Pharmakol. Institut d. Universität Marburg. Beiträge zur Kenntnis des Phlorhizindiabetes. *Marburg 1902: (M. Du Mont Schauberg, Köln).* (25 S.) 8°
Marburg, Med. Diss. v. 23. Dez. 1902

Knopf, M. F., röm. Recht, nach sein. Reichs- u. Kreisständen. 4. Nürnb. Felsecker. 764.

Suzzette. Operette in 3 Akten von Max Epstein. Musik von Martin Knopf. (Textbuch.) Berlin: Bote & Bock 1909. 35 S. 8° [11. 3873

Knopf, Otto, über die Methoden zur Bestimmung der mittleren Dichtigkeit der Erde. Inaugural-Dissertation. gr. 8. (58 S.) Jena 880. (Neuenhahn.) n. 1. 85

Knopf, Otto [Dr. phil., Observator d. Grossh. Sternwarte]: Die Schmidt'sche Sonnentheorie und ihre Anwendung auf die Methode der spektroskopischen Bestimmung der Rotationsdauer der Sonne ... Jena, Druck v. B. Vopelius, 1893; 44 S. 4.
Jena, Phil. Fak., Hab.-Schr. v. 1893

Knopf, Paul (Hildburghausen), Ueber Nierenexstirpation. Diss. med.-chir. Bln. (Gustav Schade [Otto Francke]) 9. VII. 1886. 31 S. mit Biogr. (5.—) 18665
Oppon.: E. Michels, M. Schultze, G. Müller.

Knopf, Paul, über Nierenexstirpation. Diss. Berlin 1886, Mayer & Müller. 8°. 28 S.

Knopf, Rob., s.: **Amtskalender** f. die evang.-lutherischen Geistlichen im Herzogth. Braunschweig.

— die innere **Mission** im Lande Braunschweig. Ein kurz. Überblick, dargeboten allen Freunden christl. Liebesthätigkeit u. solchen, welche es noch werden möchten. gr. 8. (20 S. m. Abbildgn.) Braunschweig 902. H. Wollermann. n.n. — 10

Das Festungsgespenst von Graudenz. Hrsg von Rudolf Knopf. *Graudenz J. Gaebel 1891* (9 S.) 8° [F.]
= Knopf · Westpreuß. Volkssagen. No 5.

Das Festungs-Gespenst von Graudenz. Hrsg von Rudolf Knopf. 2. Aufl. Graudenz · J. Gaebel 1898. (9 S.) 8° [F.]
— Knopf Westpreußische Volkssagen. No 5. 10

Der Kaplan vom Hagelsberge. Hrsg von Rudolf Knopf *Graudenz: J Gaebel 1891* (10 S.) 8° [F.]
= Knopf Westpreuß. Volkssagen. No 4.

Knopf, Rud., der 1. Clemensbrief, s.: **Texte u. Untersuchungen** zur Geschichte der altchristl. Literatur.

— s.: **Märtyreracten**, ausgewählte.

Knopf, Rud., **Paulus**, s.a. **Wissenschaft u. Bildung**.

Paulus. Von D Rudolf Knopf, Prof Leipzig Quelle & Meyer 1909. 123 S. 8°
(Wissenschaft u Bildung 48.)

Die Pfingstglocken vom Klostersee. Hrsg. von Rudolf Knopf. *Graudenz: J. Gaebel 1891*. (6 S.) 8° [F.]
= Knopf · Westpreuß. Volkssagen. No 2.

Knopf, Rud., s.: **Schriften**, die, des Neuen Testaments.

Der Schwedenschimmel von Stuhm. Hrsg. von Rudolf Knopf *Graudenz: J Gaebel 1891* (8 S.) 8° [F.]
= Knopf: Westpreuß. Volkssagen. No 3.

Die Teufelskanzel zu Sartowitz. Hrsg. von Rudolf Knopf. *Graudenz: J. Gaebel 1891*. (9 S.) 8° [F.]
= Knopf Westpreuß. Volkssagen. No 1.

— der **Text** des Neuen Testaments, s.a. **Vorträge** der theologischen Konferenz zu Gießen.

Der Text des Neuen Testaments. Neue Fragen, Funde u. Forschungen d. Neutestamentl. Textkritik von Lic. Rudolf Knopf. Giessen: A. Töpelmann 1906. (48 S.) 8° [F.]
— Vorträge d. theol. Konferenz zu Giessen. Folge 25.

Knopf, Rudolf: Theologische Thesen ... zur Erwerbung des Grades eines Licentiaten der Theologie ... *Berlin (1898): G. Schade.* (2 Bl.) 4°
Berlin, Theol. Thes. v. 12. März 1898

Knopf, Rud., **westpreußische Volkssagen**. 1.–5. Hft. 12. Graudenz 891. J. Gaebel. n. — 70
1. Die Teufelskanzel zu Sartowitz. (9 S.) n. — 15
2. Die Pfingstglocken vom Klostersee. (6 S.) n. — 15
3. Der Schwedenschimmel v. Stuhm. (8 S.) n. — 15
4. Der Kaplan vom Hagelsberge. (10 S.) n. — 15
5. Das Festungsgespenst v. Graudenz. (9 S.) n. — 10

Das nachapostolische Zeitalter. Geschichte d. christl. Gemeinden v. Beginn d. Flavierdynastie bis z. Ende Hadrians dargest. von Lic. Rudolf **Knopf**, Privatd. Tübingen J. C. B. Mohr 1905. (XII, 468 S.) 8°

— Die **Zukunftshoffnungen** des Urchristentums, s.a. **Volksbücher**, religionsgeschichtliche. I. 13.

Die Zukunftshoffnungen des Urchristentums. Von Prof. Lic. Rudolf Knopf-Marburg. 1.–10. Taus. Tübingen: J. C. B. Mohr 1907. (64 S.) 8° [F.]
— **Volksbücher**, Religionsgeschichtl., f. d. deutsche christl. Gegenwart. Reihe 1. H. 13.

Dr. S. A. Knopf. Džiova ir kova su ja [Die Tuberkulose als Volkskrankheit u. deren Bekämpfung]. Sutaisė Dr. A[lfred] V[angelir]. P. N[eris] išl. Tilžeje (Saunus) 1903. 62 S. 8° 10

Knopf, S. A., die **Tuberkulose als Volkskrankheit** u. deren Bekämpfung. Preisschrift, gekrönt m. dem Preise des Kongresses zur Bekämpfg. der Tuberkulose als Volkskrankheit, Berlin 24.–27. V. 1899. gr. 8. (48 S.) Berlin (W., Wilhelmplatz 2) 1900. Deutsches Central-Komite zur Errichtg. v. Heilstätten f. Lungenkranke. — 30

Knopf, Samuel (*geb. Sohrau in Oberschles. 28. 5. 1855*): Die visceralen Neuralgien im Verlaufe der Tabes dorsualis. Breslau 1877 (40 S.) 8°
Breslau, Med. Diss. v. 23. Juni 1877

Knopf, Wilhelm, aus Dresden Zur Geschichte der Typischen Zahlen in der deutschen Litteratur des Mittelalters. *Leipzig 1902: E. Glausch.* (VI, 96 S.) 8°
Leipzig, Phil. Diss. v. [15. Juli] 1902

Knöpfel, F. A. G., **Grundzüge der latein. Syntaktik**. Nach classischem Usus entworfen. gr. 12. (31 S.) Marburg 849, (Elwert'sche Universitäts-Buchh.)

Knöpfel, Ludwig

Knöpfel, Die Arbeits- und Lohnverhältnisse der in den Forstdomänen beschäftigten Arbeiter während des Wirtschaftsjahres 1902/03. Mitteilg. d. Grossherz. hessischen Zentralstelle f. d. Landesstatistik, Nr. 810 u. 811, 1905.

— im Jahre 1904. Ebd. Nr. 836, 1906.

— im Jahre 1905. Ebd. Nr. 851, 1907.

Knöpfel, L., die landwirtsch. Betriebe des Grossh. Hessen nach der Zählung vom 14. VI. 1895, s.a **Beiträge** zur Statistik des Grossh. Hessen.

Die landwirtschaftlichen Betriebe des Grossherzogtums Hessen nach der Zählung vom 14. Juni 1895. Von Reg R. L[udwig] Knöpfel. *Darmstadt: G. Jonghaus 1903.* (IX, 58 S.) 4°
— Ergebnisse d. Berufs- u. Gewerbezählung im Grossherzogtum Hessen am 14. Juni 1895. T 3, H. 1.
— **Beiträge** z. Statistik d. Grossherzogtums Hessen. Bd 49, H. 1.

— die **Bevölkerung** des Grossh. Hessen am 14. VI. 1895, s.: **Beiträge** zur Statistik des Grossh. Hessen.

— **Ergebnisse** der Berufs- u. Gewerbezählung im Grossh. Hessen, s.: **Beiträge** zur Statistik d. Grossh. Hessen.

Landwirtschaftliches Gemeindelexikon für das Großherzogtum Hessen. (Verf · Reg R L[udwig] Knöpfel u. Dr O Meller) Hrsg. von d. Großh. Hess. Zentralstelle f. d. Landesstatistik. Darmstadt: Staatsverl. 1909. 47 S. 8°

Knöpfel, Ludwig Methodischer Leitfaden der unorganischen Chemie. Induktive Einführung in das Verständnis chemischer Vorgänge unter Berücksichtigung der Thermochemie. Für höhere Lehranstalten. 8 (IV 76 S.). **Progr.** Rsch. *Oppenheim* 1888 (605).

Knöpfel, L., **methodischer Leitfaden der unorganischen Chemie**. Induktive Einführung in das Verständnis chem. Vorgänge unter Berücksicht. der Thermochemie. Für höhere Lehranstalten. gr. 8. (VII, 99 S.) Oppenheim 888. (Leipzig, Schneider.) *

Knöpfel, Stand u. Bewegung der Bevölkerung in den einzelnen Gemeinden des Grossherzogt. Hessen während des 19. Jahrh., s.: **Beiträge** zur Statistik des Grossherzogt. Hessen. 59, IV.

Knöpfel, L., zur Überbürdungsfrage der akademisch gebild. Lehrer Deutschlands. Statistische Untersuchgn. üb. Dienst- u. Lebensalter der akademisch gebildeten Beamten. gr. 8. (48 S.) Schalke 899. E. Kannengießer. n. — 80

Knöpfel, Ludw., statist. Untersuchgn. üb. d. Gesamtlage d. akadem. gebild. Lehrer im Vergleiche m. den übrigen Beamten im Großherzogt. Hessen, unter bes. Berücksicht. d. Verhältnisse in d. größeren deutschen Bundesstaaten. gr. 8. (32 S.) Gießen 897. (E. Roth.) n. — 60

[F.] Knöpfel, *Ludwig:* Ueber die Verwertung des geschichtlichen Elements im chemischen Unterricht. (Erscheint vollst.) Worms, Druck v. A. K. Boeninger, *1893;* 3—22 S. 4.
Worms, grossh. G. u. grossh. R, OP 1893 (030)

— die Volkszählung im Grossh. Hessen vom 1. XII. 1900, s.: Beiträge zur Statistik des Grossh. Hessen.

Knöpfelmacher, Jul., volkswirtschaftliche Streiflichter. (VII, 123 S.) gr. 8. Troppau 907. (Buchholz & Diebel.) 1. 80

Knoepfelmacher, W., Verdauungsrückstände bei der Ernährg. m. Kuhmilch u. ihre Bedeutg. f. d. Säugling, s.a. Beiträge zur klin. Medicin u. Chirurgie.

Knoepfelmacher, Dr. W., erster Secundar-Arzt am Karolinen-Kinderspitale in Wien, Verdauungsrückstände bei der Ernährung mit Kuhmilch und ihre Bedeutung für den Säugling. (Beiträge zur klinischen Medicin und Chirurgie, Heft 18.) Gr.-8. (76 S.) —.90
Wien Braumüller 1898.

Knoepfer, G., s.a. Knoepfer, Gustav

Knöpfer, G., die Braut des Todten, s. Bibliothek, blaue.

—— die eiserne Jungfrau, s. Singer's, J. F., Ein Silbergroschen-Bibliothek.

—— Kreuz-Dame, s. Bibliothek, blaue.

KNÖPFER, GUSTAV Beiträge zur Kenntniss der Chinasäure. (Bern) Wien, 1895.

— Über die Einwirkung von Hydrazin und Hydrazinderivaten auf geschmolzenes Chloralhydrat S 122 IIb 183 vgr.
Separatabdruck

Knöpfer Gustav Dr Über die Umsetzung von Azinen in Hydrazone S 117 IIb 869 vgr.
Separatabdruck

— Gegenseitige Umsetzungen von Azinen und Semicarbazonen S 120. IIb. 865 vgr.
Separatabdruck

— Gegenseitige Umsetzung von Semicarbazonen und Phenylhydrazonen S. 115. IIb. 3 vgr.
Separatabdruck

Knöpfer, Leander, christkathol. Erbauungsreden, zunächst f. d. studier. Jugend. gr. 8. (16 B.) Wien 840, (Tendler u. Schaefer.) *

Knopff, Herm., über das Verhältniß der Vernunft zur Offenbarung. Abhandlung. 8. (31 S.) Kiel 871, (Universitäts-Buchh.) *

— Johann Peter (Otterndorf/Hannover), Pathologiam renum. Diss. med. Jena (Etzdorf & Co.) 3. X. 1800. 58 S. (6.—) 18669
Gew.: Christ. Gottfr. Gruner, Johann Christ, Stark (Laeuthenthal, Sachsenhausen).

Knopff, Oskar

Knopff, O., Kultur-Anweisung über die gangbarsten Gemüse- u. Blumensamen, sowie über Rosen, Bäume, Sträucher, Blumenzwiebeln 2c., nebst Arbeitskalender. 3. Aufl. 8. (IV, 256 S.) Erfurt 884. (Leipzig, H. Voigt.) n. 1. 20

Knopff, Osk., illustr. Kultur-Anweisung üb. Gemüse-, Blumensamen u. Pflanzen, nebst Arbeits-Kalender. 5. Aufl 12. (IV, 460 S.) Erfurt 895. (Leipzig, H. Voigt.) n. 2. —

Knopff, Paul [aus Erfurt]: Darstellung der Ablautverhältnisse in der schottischen Schriftsprache mit Vergleichungen in Bezug auf Abweichungen der anderen mittelenglischen Dialekte. Würzburg 1904. 111 + 2 S. 8°. [21. VII. 08.]
Bern. Phil. Diss. 1903/1904.

Knöpfler, A[lois]. Kurze Beschreibung [der] Kreuzigung Christi [auf dem] Panorama [von] Einsiedeln. [Mit 1 Plan. 1 Karte und illustriertem Umschlag.] Provisorischer Pressabzug 8. Einsiedeln 1893.

Knöpfler, Alois, die Kelchbewegung in Bayern unter Herzog Albrecht V. Ein Beitrag zur Reformationsgeschichte d. 16. Jahrh. Aus archival. Quellen bearb. gr. 8. (VII, 132 S. m. 1 Taf.) München 891. E. Stahl sen. 6. —

Knöpfler, Alois. Dr. der Theologie und der Philosophie, o. ö. Prof. der Kirchengeschichte an der Universität München. Lehrbuch der Kirchengeschichte. Auf Grund der akademischen Vorlesungen von Dr. Carl Joseph v. Hefele, Bischof von Rottenburg. 8. Freiburg im Breisgau 1895.

Knöpfler, Alois, Lehrbuch der Kirchengeschichte. Auf Grund d. akad. Vorlesgn. v. Karl Jos. v. Hefele. 2., verm. u. verb. Aufl. gr. 8. (XXXII, 783 S) Freiburg i/B. 898. Herder. n. 9. 50; geb. in Halbfrz. n. 11. 50

Knöpfler, Alois, Lehrbuch der Kirchengeschichte. Auf Grund der akadem. Vorlesgn. von Karl Jos. v. Hefele. 3., verm. u. verb. Aufl. gr. 8. (XXVI, 803 S.) Freiburg i/B. 902. Herder. n. 10.—; geb. in Halbfrz. n. 12. —

Knöpfler, Alois, Lehrbuch der Kirchengeschichte. 4., verm. u. verb. Aufl. (XXVIII, 810 S.) gr. 8. Freiburg i/B. 906. Herder. n. 10.—; geb. in Halbfrz. n. 12. —

Knöpfler, Alois, Lehrbuch der Kirchengeschichte. 5. verm. u. verb. Aufl. Mit 1 (farb.) Karte: Orbis christianus secc. I—VI. (XXVIII, 849 S.) gr. 8. Freiburg i/B. 910. Herder. 12.—; geb. in Leinw. 13. 50

— Johann Adam Möhler. Ein Gedenkblatt zu dessen 100. Geburtstag. gr. 8. (IX, 149 S. m. Bildn.) München 896 J. J. Lentner. n. 2. 50

— der Priester als Diener d. göttlichen Erbarmg. Predigt z. Primizfeier d. hochw. Herrn P. Rupert Jud O. S. P., in d. Basilika d. hl. Bonifazius zu München am 23. VI. 1895 geh. gr. 8 (16 S.) München 895. J. J. Lentner. n. — 20

— s.: Studien, kirchengeschichtliche.

— das Vater Unser, s.: Stötzle, Ludw.

— s.: Veröffentlichungen aus dem kirchenhistorischen Seminar München.

[F.] Werth und Bedeutung des Studiums der Kirchengeschichte. Rede beim Antritte d. Rektorats d. Ludwig-Maximilians-Univ. geh. am 25. Nov. 1893 v. Dr. Alois **Knöpfler.** München, kgl. Hof- u. Univ.-Buchdr. v. Dr. C. Wolf & Sohn, 1893; 34 S. 4.

— **Werth** u. Bedeutung des Studiums der Kirchengeschichte Rede, beim Antritte des Rektorats der Ludwig-Maximilians-Universität geh. am 25. Novbr. 1893. 4. (34 S.) München 893. (H. Korff.) n. 1. —

Knöpfler, Anton, prakt. Arzt in Bruckmühl b. Aibling: **Zur Casuistik des Ösophagus-Carcinoms mit Perforation in die Aorta.** *München 1900: Kastner & Lossen.* (23 S.) 8°
München, Med. Diss. v. 1901

Knöpfler, Cl., Katechismus der Obstbaumzucht oder gründl. und leichtfaßl. Anleitung zur Anpflanzung, Erziehung und Pflege der Obstbäume in Fragen und Antworten für Volksschulen und in zusammenhängender Darstellung für den Bürger und Landwirth. Nebst einem Anhange. 8. (140 S. mit 2 Holzschnt.) Tettnang 852. (Lindau, Stettner.) *

Knöpfler, J., De Vergilii Georgicis. Pr. 1874. 25 S.

Knöpfler, J. Fr., die Belagerung u. Eroberung Kufsteins durch König Maximilian im J. 1504. Festschrift zur Erinnerg. an die 400ste Wiederkehr dieser denkwürd. Tage, im Auftrage des Stadtmagistrates Kufsteins verf. (62 S. m. 8 Taf.) Lex.-8. Kufstein (905). (E. Lippott.) n.n. 1. —

Knöpfler, Jos. Uber Extemporalien. 7 S. 8. *Freistadt Östr* 1884.
Progr.

Knöpfler, Josef. Heinrich Hackel, k. k. Gymnasialdirector (Eine biographische Skizze.) 8 (S. 3—14).
Progr. Kaiser Franz Josef-Staatsg. *Freistadt in Oberösterr* 1894

Knöpfler, Jos(ef), Dr. Die **Reichsstädtesteuer** in Schwaben, Elsass und am Oberrhein zur Zeit Kaiser Ludwig des Bayern. *Stuttgart 1902: W. Kohlhammer.* (67 S.) 8° [F.]
¶ Aus Württemb. Vierteljahrshefte f. Landesgesch., N. F. 11. — T. 2 der als Inaug.-Diss. vorgelegten Abhandl. Die Städtepolitik Kaiser Ludwig des Bayern.
Munchen, Phil. Diss. v. 1902

Knöpfler, Luis, Manual de historia eclesiástica. Ed. castellana, refundida y adaptada á las necesidades de España y de la América latina por Modesto Hernández Villaescusa. (XVIII, 694 S.) gr. 8. Freiburg i/B. 908. Herder. 10.40; geb. in Kunstldr. 12. —

Knöpfler, W. Geognostisch-balneologische Skizzen aus Siebenbürgen. (Aus d. 34. Versamml. deutsch. Naturf. u. Aerzte.) Wien. 1859. 4.

Knöpfler, W. Geognostisch-balneologische Uebersichtskarte des Grossfürstenth. Siebenbürgen. (Aus d. Denkschr. der 32. Vers. deutscher Naturf. und Aerzte.) Wien. 1859. Fol.

Knopfli. Emil [med. pract. von Zürich]: **Über angeborene Defecte der Kammerscheidewand des Herzens.** Zürich 1901. 49 S. 3 Taf. 8°.
Zürich. Med. Diss. 1900/1901.

Knöpflmacher, Israel, Bes Sewach. Die nach der Lehre des Judenthums bei dem Schlachten und Untersuchen der Thiere zu beobachtenden Vorschriften. Aus dem literar. Nachlasse des Verf. (In hebr. Sprache.) 8. (XIV und 86 S.) Wien 861. (Leipzig, Haessel.) *

Knöpflmacher, Isr., Mawar Jabok. Gebetbuch für Kranke u. Sterbende, nebst Friedhofgebeten beim Besuch der Gräber der Dahingeschiedenen. (In hebr. Sprache.) Wien 865. Knöpflmacher & Sohn. br. 8. (VIII, 152 S.) n. 10 ngr.

Knöpfmacher, Heinr., der Policen-Rückkauf in der Lebensversicherung. Eine historisch-krit. Studie. Preisgekrönt vom bestandenen Fachvereine öst.-ung. Assecuratoure. [Aus: „Ehrenzweig's Assecuranz-Jahrbuch".] gr. 8. (62 S.) **Wien 891.** F. Deuticke. n. 1. —

Knoph, H. S., Ansichten üb. d. Beschaffenheit d. jetzt coursir. Münzen, nebst Vorschlägen d. Zustand derselb. zu verbessern. Lex.-8. ($2\frac{1}{8}$ B. m. Abbild.) Hamburg **834**, (Hoffmann u. Campe.) *

Knoeple, Johann Baptist (Moeskirchen), Num remedium restitutionis in integrum extraordinarium in processu communi Germanico remedium sit mere subsidiarium. Diss. jur. Präs. Adolph Michaelis. Tübing. (Ludwig Friedrich Fues) 1838. 43 S. (6.—) **18645**

Knopp, Führer zum Himmel. **Vollständiges Gebet- u. Andachtsbuch f. kathol. Christen. (448 S. m. Titelbild.)** 10,7×6,7 cm. **Kevelaer (908). Gebr. v. Danwitz.**
Geb. in Leinw. m. Goldschn. 1. —

— Jesus mein Alles. **Vollständiges Gebet- u. Andachtsbuch f. kathol. Christen. (448 S. m. Titelbild.)** 11,7×6,2 cm. **Ebd. (908). Geb. in Ldr. m. Goldschn. 1. 65**

Knopp Emil: Ueber die Selbstbiographie Karl IV.
1904 PN 1740 Diss. Wien, Univ. 889

Knopp Franz Der Winzerfreund. Der Bau der Rebe und die Behandlung des Weines. Kurze, gemeinfasslich gehaltene Darstellung derjenigen Manipulationen, welche der rationelle Winzer beim Bau der Weinberge und bei der Behandlung des Weines im Keller zu beobachten hat Zell/Mosel Simon 1890 50 S -- 121*

Knopp, J. N., Dr. Philippus Krementz, Erzbischof von Köln. Ein Lebens- und Zeitbild. 8. (24 S. mit autotyp. Portr.) Trier 885, Paulinus-Druckerei. *

Knopp, J. N., Ludwig Windthorst, s. a. Männer d. Zeit.

[F.] Ludwig Windthorst. E. Lebensbild v. J. N. **Knopp.** *Dresden & Leipzig: C. Reissner 1898.* (4 Bl., 293 S.) 1 Bd 8.
— Männer d. Zeit. Bd VII. ,98. 8814

Knopp, Konrad, a. Friedenau b. Berlin: **Grenzwerte von Reihen bei der Annäherung an die Konvergenzgrenze.** (Göttingen 1907: Dieterich.) (50 S.) 8°
Berlin, Phil. Fak., Ref. Schottky, Diss. v. 22. Juni 1907
[Geb. 22. Juli 82 Friedenau b. Berlin; Wohnort: Groß-Lichterfelde W.; Staatsangeh.: Preußen; Vorbildung: Gymn. Steglitz Reife O. 01; Studium: Lausanne 1, Berlin 8 S.; Rig. 14. Febr. 07.]

Knopp, Leon., der böse Geist Lumpacius Vagabundus od. das moderne liederliche Kleeblatt. Neu in Scene gesetzt. [Aus „Weckstimmen f. das kathol. Volk."] 8. (32 S.) Wien 871. Regensburg, Manz. — 15

Knopp, Nicol., Anwendbarkeit der Vorschrift des Concils von Trient über die wesentliche Form der Eheschließung auf Akatholiken. Kirchenrechtliche Abhandlung. Veranlaßt durch Dr. A. J. Uhrig's „System des Eherechtes." gr. 8. (77 S.) Regensburg 855, Manz.

Knopp, Nikol., ausführliche Darstellung der kirchlichen Lehre von den Ehehindernissen, sowie aller für die prakt. Seelsorge wichtigen Materien des Eherechts. 1—3. Abthl. A. u. d. T.: Vollständiges katholisches Eherecht. gr. 8. (VIII und 477 S.) Regensburg 850, Manz.]

—— dass. — 4—6. (letzte) Abthl. gr. 8. (424 S.) Ebds. 851—52.

— vollständiges katholisches Eherecht. Mit besond. Rücksicht auf die praktische Seelsorge bearb. 2. Aufl. Regensburg 854. Manz. Lex.-8. (XII, 603 S.) 2 ₰. 7½ ngr.

Knopp, Nik., vollständiges katholisches Eherecht. Mit besond. Rücksicht auf die pract. Seelsorge bearb. 3., verm. und verb. Aufl. gr. 8. (X und 584 S.) Regensburg 864, Manz.

Knopp, Nikol., vollständiges katholisches Eherecht. Mit besond. Rücksicht auf die pract. Seelsorge bearb. 4. verm. u. verb. Aufl. gr. 8. (VIII, 590 S.) Regensburg 873. Manz. 6. 75

—— über den „sacerdos proprius" zur Verwaltung des Bußsacraments. Ein Beitrag zum richtigen Verständnisse des 4. Kirchengebots. gr. 8. (54 S.) Regensburg 851, Manz.

—— der katholische Seelsorger als Zeuge vor Gericht. Eine kirchenrechtl.-pastoralist. Abhandlung. gr. 8. (77 S.) Regensburg 849, Manz.

KNOPP, Nikolaus (Wittlich): De consuetudinarii juris vi atque auctoritate. (Titel nach der Urkunde) 17.7.1841 - Urk; F 49
Diss. Ingolst.-Landsh.-Mchn.

—— über das Wahre in der Schrift des Hrn. Dr. Uhrig: „Zur Frage über die Ausdehnung der tridentinischen Trauungsform auf die protestant. und gemischten Ehen." gr. 8. (74 S.) Regensburg 855, Manz.

Knopp, Otto: Untersuchungen über Thermoelemente. Halle a. S. 1909: Kaemmerer. 34 S. 4° (Mitteilungen d. physik. Versuchs-Station Halle-Cröllwitz. No 15.)
Halle, Phil. Diss. v. 29. Dez. 1909, Ref. Dorn
[Geb. 15. Juli 83 Goslar; Wohnort: Goslar; Staatsangeh.: Preußen; Vorbildung: Realgymn. Goslar Reife O. 04; Studium: Marburg 1, Göttingen 4, Halle 4 S.; Rig. 30. Juni 09.] [U 10. 1761

Knopp, W. J. Ueber Siborno's Geschichte des Krieges in Frankreich und in den Niederlanden, im Jahre 1815, und Widerlegung der darin dem niederländischen Heere gemachten Beschuldigungen. 8. Breda 1847.

Knopp, Werner, aus Berlin: Ueber die Löslichkeitsbeeinflussung von Wasserstoff und Stickoxydul in wäßrigen Lösungen verschieden dissociierter Stoffe. *Berlin (1903): E. Ebering.* (32 S.) 8°
Berlin, Phil. Diss. v. 2. Dez. 1903

Knoppe, Hugo

Knoppe H. Anleitung für junge Drechsler. (104 S) Leipzig 1906

Knoppe, Hugo, Handbuch der Drechslerei, s.: Walbe, Chr. Herm.

Knöppel, Alois

Knöppel, Al., d. selige Petrus Canisius, 2. Apostel Deutschlands, s.: Lebensbilder kathol. Erzieher.

Knöppel, Al., Fénelon u. seine Abhandlung über die Erziehung der Mädchen, s. a. Klassiker, die pädagogischen. 11. Bd.

Fénelon und seine Abhandlung über die Erziehung der Mädchen. Von Al[ois] Knöppel, Hauptl. in Rheydt. *Halle a. S. H. Schroedel 1903.* (VIII, 62 S.) 8° [F.]
— Klassiker, Die pädagogischen. Bd 11. [04. 3030

– Leben d. hl. Alphons Maria v. Liguori, s. Kinder-Bibliothek, Kathol.

– Leben d. hl. Franziskus Xaverius, des Apostels Indiens u. Japans, s. Kinder-Bibliothek, Kathol.

– Leben d. hl. Ignatius v. Loyola, des Stifters d. Jesuitenordens, s. Kinder-Bibliothek, Kathol

– Leben u. Wirken d. sel. Peter Canisius. d. ersten deutschen Mitgliedes d Gesellschaft Jesu, s. Kinder-Bibliothek, Kathol.

Knöppel, Al., Leben u. Wirken des hl. Vincenz v. Paul, s.: Kinder-Bibliothek, katholische. 60. Bdch.

Knöppel, Al., Vinzenz Eduard Milde, s.: Greßler's, F. G. L., Klassiker der Pädagogik. 26. Bd.

— s.: Monatshefte, pädagogische.

— Bernhard Heinrich Overberg, d. Lehrer des Münsterlandes. s. a. Lebensbilder kathol. Erzieher.

[F.] Bernhard Heinrich Overberg, der Lehrer des Münsterlandes. Bearb. v. Al. Knöppel, Hauptlehrer in Rheydt .. *Mainz: F. Kirchheim 1896.* (VI S., 1 Bl., 168 S.) 1 Bd 8.
— Lebensbilder katholischer Erzieher [Bd] V. [95 4235

Bernh. Heinr. Overberg. Bearb. von A[lois] Knöppel, Hauptlehrer. Mit d. Bildn. Overbergs. Langensalza: F. G. L. Greßler 1904. (XI, 275 S.) 8° [F.]
— Klassiker, Greßlers, d. Pädagogik. 22. [06. 5943

Knöppel, Al., Sprach- u. Rechtschreiblehre. Ein Versuch zur Verbindg. dieser Unterrichtsfächer, nebst Anleitg. zu deren Erteilg. u. ausgewähltem Übungsstoff. Ausg. A. Für die Hand der Lehrer an deutschen Volks-, Mittel-, Fortbildungsschulen u. an den untern Klassen höherer Lehranstalten bearb. gr. 8. (XI, 196 S.) Münster i/W. 892. Aschendorff. n. 2. —

— dasselbe. Ausg. B. Für Schüler preuß. Volks-, Mittel- u. Fortbildungsschulen u. der untern Klassen höherer Lehranstalten. gr. 8. (104 S.) Ebd. 892. n. – 60; Ausg. C. Für bayr. Schulen n. – 60

— die kulturhistorischen Stufen der Herbart-Ziller-Stoy'schen Schule, s.: Vorträge u. Abhandlungen, pädagogische.

Knöppel, Nikolaus

Knöppel, N., das Opfer des Neuen Bundes. Nach der Geschichte u. den Zeugnissen der heil. Schrift dargestellt. 12. (7 B.) Coblenz 846, Hergt.

Knöppel, N., das Opfer des neuen Bundes. Nach d. Geschichte u. den Zeugnissen der heil. Schrift dargestellt. gr. 12. (167 S.) Coblenz 847, Hergt. ⅓ ₰

Knöppel, Nikol., Das Princip der freien Forschung beleuchtet. Koblenz, Hergt, 1846, 8°, 1,50 Mk.

—— das Prinzip der freien Schriftforschung. 12. (7 B.) Coblenz 846, Hergt.

— das Prinzip der freien Schriftforschung, beleuchtet. gr. 12. (VI u. 162 S.) Ebd. 847. ⅓ ₰

Knopping, Roubin, Islam u. Judaismus. Populär-wissenschaftl. Koranstudien. 1. Hft. gr. 8. (64 S.) Leipzig 900. M. W. Kaufmann. n. 1.60

Die erste Schule der griechischen Philosophie. Die jonische Naturphilosophie'. Antrittsvorlesg v. Roubin Knopping *Libau. (Commr. R. Korn) 1899.* (IV, 11 S.) 1 Bd 8. [.. 10

Knops, Asbest, sein Vorkom., s. Verarbtg. u s. Verwendg. Hamburg 1881

Knops, Die Dampfpumpe als Wasserhaltungsmaschine und ihre Verwendung als Abteufpumpe. Siegen, 1877 22 S.

Knops. Der Goldbergbau der Römer in Spanien. Siegen, 1885. 10 S.

Knops, Arnold, die Aufhebung der Leibeigenschaft (Eigenbehörigkeit) im nördl. Münsterlande (den vormals arenberg. u. berg. Teilen des franzö. Kaiserreiches), s.a.Beiträge, Münster'sche, zur Geschichtsforschung. N. F. IX.

Knops, Arnold, a. Calcar: Die Aufhebung der Leibeigenschaft ⟨Eigenbehörigkeit⟩ im nördlichen Münsterlande ⟨den vormals Arenbergischen und Bergischen Teilen des französischen Kaiserreiches.⟩ Münster i. Westf. 1906: Westf. Vereinsdr. (VII, 63 S.) 8° ¶(Forts. in N. F. Heft 9 der Münsterschen Beiträge zur Geschichtsforschung.)
Münster, Phil. Fak., Ref. Meister, Diss. v. 29. Juni 1906
[Geb. 15. Mai 80 Calcar; Wohnort: Münster; Staatsangeh.: Preußen; Vorbildung: Gymn. Cleve Reife O. 01; Studium Münster 9 S.; Rig. 1. April 06.]

Die Aufhebung der Leibeigenschaft ⟨Eigenbehörigkeit⟩ im nördlichen Münsterlande ⟨den vormals Arenbergischen u. Bergischen Teilen d. franz. Kaiserreiches⟩. Von Dr. Arnold **Knops**. Münster ⟨Westf.⟩; Coppenrath 1906. (V, 110 S.) 8°
— **Beiträge**, Münstersche, z. Geschichtsforschung. N. F 9. [illegible]

Knops, Carl, s. Knops, Karl

Knops, Franz Carl (geb Neuss 25. 3. 1838) De therapia mercuriali in iis, qui vocantur „dyscrasiae chronicae" morbis imprimis in syphilide. Berolini (1863). (32 S.) 8°
Berlin, Med Diss. v 24 Aug. 1863

Knops, Karl, Anfangsgründe der Physik, s.: Koppe & Husmann.

Knops, Karl, Geometrie, s.: Koppe.

— Lehrbuch der Physik, s.. Koppe.

Knops, Karl, Lehrbuch der Physik u. Chemie f. die Lyceen. Nach Koppe-Husmanns Physik bearb. Mit 261 in den Text eingedr. Holzschn. u. 1 mehrfarb. Taf. d. Spektren verschied. Elemente u. Himmelskörper. (XI, 362 S.) Lex. 8. Essen 910. G.D.Baedeker. Geb. in Leinw. 6. —

— u. **Eduard Meyer**, **Lehrbuch der Physik m. Einschluß der Chemie f. höhere Mädchenschulen.** Nach Koppe-Husmanns Physik bearb. 3 Hefte. gr. 8. Ebd. Geb. à 1. 50
1. Für Klasse III der höheren Mädchenschule. 2. Aufl. (VI, 80 S. m. 65 Holzschn.) 910.
2. Für Klasse II der höheren Mädchenschule. (IV, 85 S. m. 80 Holzschn.) 909.
3. Für Klasse I der höheren Mädchenschule. (IV, 102 S. m. 129 Holzschn.) 909.

— Lehr- u. Übungsbuch f. den Unterricht in der Algebra an den höheren Schulen, s.: Heilermann, H.

— **Lehr- u. Übungsbuch** f. den Unterricht in der Mathematik an Bergschulen u. verwandten Anstalten. 2. Aufl. (IV, 263 S. m. Fig.) 8. Essen 910. G.D.Baedeker. Geb. in Leinw. 3. —

– und Eduard Meyer

— — **Lehr- u. Übungsbuch f. den Unterricht in der Mathematik an den höheren Mädchenschulen, Lyceen u. Studienanstalten.** Nach Heilermann-Diekmanns Algebra u. Koppe-Diekmanns Geometrie bearb. Heft 1—4. 4a. 5. 5a. 6. 6a u. 7. Ebd. Geb. 13. 90
I. Für Klasse IV der höheren Mädchenschule. 2. Aufl. (4.—7. Tauf.) (IV, 71 S. m. Fig.) 910. Geb. 1. 20
II. Für Klasse III der höheren Mädchenschule u. Klasse VI der Studienanstalten. (II, 79 S. m. 22 Fig.) 909. Geb. 1. 20
III. Für Klasse II der höheren Mädchenschule. (II, 75 S. m. 48 Fig.) 909. Geb. 1. 20
IV. Für Klasse I der höheren Mädchenschule. (II, 70 S. m. 54 Fig.) 909. Geb. 1. 20
IVa. Für Klasse IV der Studienanstalten. (144 S. m. Fig.) 909. Geb. 2. —
V. Für Klasse III der Lyceen. (96 S. m. Fig.) 909. Geb. 1. 20
Va. Für Klasse III der Studienanstalten. (176 S. m. Fig.) 909. Geb. 1. 50
VI. Für Klasse II der Lyceen. (107 S. m. Fig.) 910. Geb. 1. 20
VIa. Für die Klassen II u. I der realen Studienanstalten. (224 S. m. Fig.) 910. Geb. 2. —
VII. Für Klasse I der Lyceen. (120 S. m. Fig.) 910. Geb. 1. 20

— — **dasselbe f. Klasse V der Studienanstalten.** (II, 86 S. m. 51 Fig.) 8. Ebd. 909. Geb. 1. 40

— — **dasselbe. Auflösungen der algebraischen Aufgaben in Heft I—IV v. H. Küter.** (28 S.) 8. Ebd. 910. 1. —

Knops, Carl· Ueber die Molecularrefraction der Isomerien Fumar-Maleïnsäure, Mesacon-Citracon-Itaconsäure und des Thiophens und ihre Beziehung zur chemischen Constitution dieser Substanzen.... Bonn, Univ.-Buchdr. v. Carl Georgi, 1887; 54 S. + 1 Bl. u. 1 Taf. 8°.
Bonn, Phil. Fak., Inaug.-Diss. v 16. März 1887.

Knops, Karl [Dr.]: Die wichtigeren Pflanzenkrankheiten. Für d. Unterr. bearb. Essen, Druck v. G. D. Baedeker, 1894; 3 22 S. 4.
Essen, RG, OP 1894 (479)

Knops, (Hubert) Leonard. (geb Aachen 11. 5. 1821) De sectionis caesareae historia, methodis uterique cicatrice critica quaedam Berolini (1845). (31 S.) 8°
Berlin, Med. Diss. v 3. Nov 1845

Knops, P. H., über die Bestrebungen u. Erfolge des Armen-Unterstützungs-Vereins in Siegen zur Bekämpfung der vagabundirenden Bettelei, s.: Stursberg, H., die Vagabundenfrage.

Knopstück, Ed. Friedr., contra Mackenzie oder der Kehlkopfkrebs unter der Kritik des Todes. gr. 8. (14 S.) Danzig 888, (A. Schultz und Comp.) *

Knopstück-Rowel, „Tod dem Scheintode!" Absolut sichere Verhütg. des Lebendigbegrabenwerdens durch Behandlg. des Toten m. Kälte, Finsternis u. Einsamkeit. Unfehlbares Schutzverfahren gegen das spontane Wiedererwachen scheintoter Personen im Grabe. gr. 8. (16 S.) Dresden 902. F. Flechtner. — 60

Knor, J. B., Christus u. Christentum. 12 religiös-soziale Vorträge, vorab f. Handwerksgesellen u. Arbeiter. (211 S.) kl. 8. Ravensburg (909). F. Alber. 1. 20

— **Das Fundament.** Religiös-wissenschaftl. Gespräche, vorab f. jugendl. Handwerks-Gesellen u. Arbeiter. (VI, 167 S.) kl. 8. Ebd. (908). 1. —

Knox, Thom. Fr., Wann spricht die Kirche unfehlbar? oder Natur u. Zweck des kirchlichen Lehramts. Aus dem Englischen nach der 2. Aufl. (des Originals) übersetzt von J. N. Regensburg, Manz, 1874, gr. 8° 173 S., 2,25 Mk.

Knor von Rosenroth, Christian Anton

Der Fürstin **Charlotte,** [Gemahlin des Herzogs Friedrich von Sonderburg, * 1651, † 1724] Erbin zu Norwegen, Hertzogin zu Schlesswig-Holstein etc., gebohrner Hertzogin in Schlesien zu Lignitz, Brieg und Wohlau, Wolte durch nachgesetzte Zeilen Ein beständiges Denck- und Ehren-Mahl aufrichten **Christian Anton Knor von Rosenroth**. Bresslau **1708**. 4° k.

Knoer, C. A. F, die Elemente der Weberei. Ein Beitrag zur Entwickelg. der deutschen Industrie. 1. Thl. Die Theorie u. deren Zuhilfenahme bei der Zergliederg. u. dem Aufbau der Stoffe. Mit Abbildg. (auf 48 Steintaf. in 8. u. 4.) u. e. Anleitg., das Metermaß in der Weberei zu gebrauchen. gr. 8. (VII, 232 S.) Chemnitz 872. Focke. n. 7. 50

Knör, Edw. Wlh., († 1754.) Inhalt guter Arzneimittel, oder **Pharmacopoea compendiosa**. 8. Leipz. 765. Müller. 6 ℋ

— das mit Gewürzen, Früchten, Pflanzen, Kräutern, Blumen, Saamen u. Obstbäumen angefüllte Magazin. 8. Leipz. 755. Müller. 6 ℋ

— Medicus f. Frauenzimmer. 8. Ebend. 747.

— der bei Kinderkrankheiten vernünftig kurirende Medicus. 8. Leipz. 755. Müller. 4 ℋ

— venerische Modekrankh. 8. Leipz. Hilscher. 717.

— Vademecum medicum, oder Methode, d. Krankheiten zu kuriren, (herausg. von Dr. Wachter). 8. Leipz. 756. Müller. 4 ℋ

Knör, R. Chr., († d. 9. Dec. 1809.), s. Kochbuch, Göppinger.

Knöri, J., Schulmethode, oder Anleit. für Landschulmeister u. christl. Eltern, um ihre Kinder in den nöthigsten Kenntnissen zu unterrichten. 8. Bern 820. Jenni. 5 ℋ

Knörich, Wilhelm

Knörich, W., Auswahl englischer Gedichte aus Thomas Moore's und Lord Byron's poetischen Werken zum Gebrauch an höheren Lehranstalten. 8. (80 S.) Leipzig 884, Leiner. *

Knörich, Wilh., Auswahl englischer Gedichte aus Thomas Moore's u. Lord Byron's poetischen Werken zum Gebrauch auf höh. Lehranstalten. 8. umgearb. Aufl. 12. (89 S.) Leipzig 898. O. Leiner. Kart. n. — 80

Knörich, W. Etudes sur la critique du Cid par Corneille et sur les variantes du premier acte. Diss. Rostock 1875. 32 S.

Knörich, Wilh., französ. Lesebuch, s.: Ebener, Gfr.

Knörich, Wilh., französisches Lese- u. Lehrbuch, Uebungsbuch, s.: Ristow, Anna Marie.

— französische Schulgrammatik m. e. ausführl. Beispielsammlung als Uebungsbuch. (VIII, 480 S.) 8. Hannover 905. C. Meyer. n. 3. 50; geb. in Leinw. n. 4. —

Knöringen, Waldemar Frh. von, a. Bamberg, z. Zt. Rechtsanwalt am Kgl. Landgericht Nürnberg: Der Begriff des dinglichen Rechtes am obligatorischen und dinglichen Vorkaufsrecht erläutert. Brückenau 1908: E. Wolf. (58 S.) 8°

Würzburg, Jur. Fak., Ref. Mendelssohn-Bartholdy, Diss. v. 14. Febr. 1908

[Geb. 24. Febr. 80 Bamberg; Wohnort: Nürnberg; Staatsangeh.: Bayern; Vorbildung: Gymn. Erlangen; Studium: Lyzeum Bamberg 1, Univ. München 5, Würzburg 2 S.; Rig. 27. Nov. 07.]

Knörk, F[erdinand]: Grundzüge der kaufmännischen Architektur und ihre Behandlung im Unterricht der Handelsschule. *Frankfurt a. M. 1901: Gebr. Knauer.* (S. 3—41.) 4°

Frankfurt a. M., Wöhler-S (RG nebst Handels-S), OP 1901 (441)

Knörk, Ferdinand: Die räumlichen Künste in der Schule Frankfurt a. M., Druck v. Mahlau & Waldschmidt, 1893; -24 S. 4.

Frankfurt a. M., Wöhler-S '(RG nebst Handels-S)', OP 1893 (406)

Knörk, F., System u. Methode des Schulzeichnens. (IV, 60 S.) gr. 8. Frankfurt a/M. 903. Kesselring. n. 1.—

Knörk, M(ax): Die Negation in der altenglischen Dichtung. Kiel 1907: H. Fiencke. (VI, 79 S.) 8°

Kiel, Phil. Fak., Ref. Holthausen, Diss. v. 29. April 1907

[Geb. 13. Nov. 83 Berlin; Wohnort: Braunschweig; Staatsangeh.: Preußen; Vorbildung: Realgymn. Braunschweig Reife O. 03; Studium: Berlin 5, Kiel 3 S.; Rig. 23. Febr. 07.]

Knörk, Otto

— u. E. R. Jones, Englisch f. Kaufleute u. Gewerbetreibende, s.a Bibliothek, neue kaufmännische.

Knörk, O., und E. R. Jones: Englisch für Kaufleute und Gewerbetreibende für den Selbstunterricht und die Praxis. Berlin 1907

Knörk, Otto u. Gabr. **Puy-Fourcat,** le français pratique pour la jeunesse commerçante et industrielle. (Sammlung v. Lehrmitteln f. Fach- u. Fortbildungsschulen, hrsg. von Otto Knörk.) 1. et 2. partie. 8. Berlin, E. S. Mittler & Sohn. n. 4. 90; geb. n. 5. 60

1. 2. éd. (XXV, 152 S.) 907. n. 2. 40; geb. n. 2. 80
2. (VI, 204 S. m. 2 Formularen.) 905. n. 2. 50; geb. n. 2. 80

— u. Jules Hanzeur, Französisch f. Kaufleute u. Gewerbetreibende, s.: Bibliothek, neue kaufmännische.

— Geld-, Bank- u. Börsenkunde, s.a Bibliothek, neue kaufmännische.

Geld-, Bank- und Börsenkunde. Ein Ratgeber f. d. Verkehr mit d. Bank u. d. Börse. Mit Anh.: Wie schützt sich d. Kapitalist vor Vermögensverlusten? ... Von Dr. Otto **Knörk,** Dir., Berlin. Berlin: R. Wichert 1907 (VIII, 312 S.) 8° [F.]
= **Bibliothek,** Neue Kaufmännische. Bd 2. [07. 13346

— Moderne Geschäfts-Praxis, s.a Bibliothek, neue kaufmännische.

Moderne Geschäfts-Praxis. Zweckmäßige Anleitung f. d. Eröffnung u. d. rationellen Betrieb e. Geschäfts .. von Dr. Otto **Knörk,** Dir., Berlin. Berlin. R. Wichert 1907. (VIII, 311 S.) 8° [F.]
= **Bibliothek,** Neue Kaufmännische. Bd 1 [07. 13345

Knörk, Otto, Frankreichs Handel u. Industrie, s.: Sammlung neuer Lehrmittel f. Fach- u. Fortbildungsschulen.

— Deutsche Handels-Korrespondenz, s.a. Bibliothek, neue kaufmännische.

Deutsche Handels-Korrespondenz f. d. Selbstunterr. u. d. Praxis. ... Von Dr. Otto **Knörk**, Dir., Berlin. Berlin · R. Wichert 1907. (VIII, 311 S.) 8° [F.]
— **Bibliothek**, Neue Kaufmännische. Bd 5. [07. 13349

— Neues Kontorhandbuch. Ein Ratgeber u. Führer durch die gesamte Handelspraxis f. ältere u. jüngere Kaufleute, sowie f. Fabrikanten u. Gewerbetreibende. (640 S.) gr. 8. Berlin 910. R. Wichert. Geb. in Leinw. 6. —

— Kurzgefaßtes Lehr- u. Lesebuch f. kaufmännische Schulen, s.: Sammlung v. Lehrmitteln f. Fach- u. Fortbildungsschulen.

— Neues praktisches Rechtshandbuch f. Kaufleute u. Gewerbetreibende, s.a. Bibliothek, neue kaufmännische.

Neues Praktisches Rechtshandbuch für Kaufleute und Gewerbetreibende .. Unter jurist. Mitarb. hrsg. von Dr Otto **Knörk**, Dir., Berlin. Berlin R. Wichert 1907 (VIII, 312 S.) 8° [F.]
— **Bibliothek**, Neue Kaufmännische. Bd 8. [07. 13352

— s.: Sammlung v. Lehrmitteln f. Fach- u. Fortbildungsschulen.

Die kaufmännischen Schulen der Korporation der Kaufmannschaft von Berlin. Festschrift zur Feier ihres 25jährigen Bestehens, im Auftrage der Ältesten der Kaufmannschaft verfaßt von O. Knörk. Berlin 1910.

Knörk, Otto, die Turnerschaften auf deutschen Hochschulen (V.-C.), ihre student. u. nation. Bedeutg. gr. 8. (IV, 113 S.) Leipzig-Reudnitz 898. A. Hoffmann. n. 1. 50

Knörk, O.: Die Turnerschaften auf deutschen Hochschulen (V.-C.), ihre studentische und nationale Bedeutung. Leipzig 1898. 111 S.
— — 2. Aufl. 1901. 68 S.

Knörk, Otto [aus Berlin]: Untersuchungen über die mittelenglische Magdalenenlegende des Ms. Laud 108. . . Berlin, Verl. v. Max Schorss, 1889; 56 S. + 2 Bl. 8°
Berlin, Phil Fak., Inaug.-Diss. v 30. Nov 1889

Knörlein, Ant., die Irren-Angelegenheiten Ober-Oesterreichs. Ein Vorwort zur Begründung einer Landes-Heilanstalt für Geistes- und Gemüthskranke. gr. 8. (IV und 87 S.) Linz 851, Fink. (Leipzig, Hübner.) *

Knörlein, (J.) Anton: Die Pflege der Kranken und Verwundeten und die sichersten Schutzmittel zur Zeit herrschender Epidemien. Ein gemeinnütziges Handbuch für Jedermann, zunächst ein Leitfaden beim Unterrichte für Krankenwärter. 130 S., gbd.

Linz: Fink 1849

JB 5.284

Knörlein, Anton. Vortrag des Medic. Doctors — —, kais. Rathes und Professors 2c., welcher von demselben bei der am 5. Oktober 1854 Statt gefundenen General-Versammlung des Vereins gegen Mißhandlung der Thiere im Erzherzogthume Oesterreich ob der Enns und im Herzogthume Salzburg abgehalten worden ist. 8. (8 S.) Linz. Eurich'sche Buchdruckerei.

Knörlein, Jos., Aufgaben f. das mündliche Rechnen nebst methodischen Anweisungen zu den im Auftrage der kgl. Lokalschulkommission hrsg. Schülerheften V, VI u. VII des Rechenbuches für die Münchener Volksschule. (VI, 178 S.) 8. München 904. Buchdruck. u. Verlagsanstalt. C. Gerber. Kart. n.n. 1. 85

Knörlein, Jos., die Dehnung u. Schärfg. d. Wörter (u. Material zur Silbentrenng.), in methodisch ausgeführt. Lektionen als abschließ. Übg. dargestellt. gr. 8. (VIII, 80 S.) München 896. M. Kellerer. n. 1. 20

Knörlein, Jos., Lehr- u. Übungsstoffe f. die deutsche Rechtschreibung. Nach Stufen geordnet u. f. den Gebrauch in Schule u. Haus bearb. Der „Dehnung u. Schärfung der Wörter" u. der „Rechtschreibstoffe f. die Oberklassen" 2. umgearb. u. erweit. Aufl. (185 S.) gr. 8. München 909. M. Kellerer. 2.40; geb. 3. —

— Rechtschreibstoffe f. d. ob. Klassen d. Volksschule. In Beispiel, Regel u. Übg. f. d. Hand d. Lehrers bearb. gr. 8. (V, 78 S.) Ebd. 897. Kart. n. 1. 20

Knörlein, Jos., stilistische Vor- u. Formübungen. Ein Beitrag zur Umgestaltg. des Unterrichts in der deutschen Sprachlehre. In Lektionsentwürfen dargestellt u. theoretisch begründet. (126 S.) gr. 8. München 907. M. Kellerer. n. 1. 60

— Stilistische Vor- u. Formübungen. Ein Beitrag zur Umgestaltg. des Unterrichts in der deutschen Sprachlehre. In Lexikonsentwürfen dargestellt u. theoretisch begründet. 2., erweit. Aufl. (134 S.) gr. 8. Ebd. 908. 1.60; geb. 2. —

Heimatkunde des Kreises Öls. Von A[ugust] **Knorn**, Lehrer. Glogau: C. Flemming [1907]. (47 S.) 8° [F.]
Beilage z. Flemmingschen Schulkunde d. Kreises Öls. [08. 6097

Knorn, H. H., De metallifodinarum Hartzicarum prima origine. Helmstedt, 1680. 70 S.

Knörnschild, M., Lust u. Laed. Gedicht in vogtländ. Mundart. 12. (64 S.) Plauen 890. (F. E. Neupert's Verl.) n. — 75; kart. n. 1. —; geb. in Leinw. n. 1. 50

Knorr, Fhr. von, Actenmässige, u. Rechtl. Gegen-Information Ueber das Ohnlängst in Vorschein gekommene sogenannte Rechtsgegründete Eigenthum des Chur-Hauses Brandenburg, auf die Hertzogthümer, u. Fürstenthümer Jägerndorff, Liegnitz, Brieg, Wohlau, und zugehörige Herrschafften in Schlesien. (Wien) 1741. fol.
— Dasselbe (Anderer Druck).

Knorr. Ueber Shakespeare und sein Zeitalter. Fraustadt, R., 1860. 22 S. 4. Progr.

Knorr, A., s.a. Knorr, Emil

A. **Knorr**, Die Bayerische Hypotheken- und Wechselbank und ihre Stellung dem Realkredit der L. gegenüber München 1866

Knorr, A., De parasitis Graecorum. Diss. 1873. 34 S.

Knorr, A. T. (Hrsg.), s. Umschau, Deutsche

Knorr, Alfred: Beiträge zur Erklärung einiger Stellen der Äneide. *Belgard (1898): G. Klemp.* (27 S.) 4° [F.]
Belgard, st. G, P 1898 (139)

Knorr, Alfred, Prof. Dr.: Beiträge zur Erklärung einiger Stellen aus Horaz und Vergil. *Belgard (1900): G. Klemp.* (28 S.) 4° [F.]
Belgard, st. G, P 1900 (141)

Knorr, Alfred: Aus d. Chir. Kinderklinik zu Leipzig. Dir.: Tillmanns. Über ein angeborenes Teratoma sacrale und einen nach dessen Operation zur Entwicklung gelangten Hydrocephalus. Leipzig 1909: Hoffmann. 25 S. 8°
Leipzig, Med. Diss. v. 22. Juli 1909, Ref. Marchand
[Geb. 20. Dez. 75 Leipzig; Wohnort: Leipzig; Staatsangeh.: Sachsen; Vorbildung: Realgymn. Leipzig Reife O. 04; Studium: Leipzig 11 S.; Coll. 24. Juli 09.] [U 09. 2804

Knorr, Angelo [app. Arzt aus München]: Ueber Tumoren im Bereich des Lymphgefäss-Systems. . . München, Buchdr. v. M. Ernst [sic!], 1890; 47 S., 2 Taf 8°
München, Med Fak., Inaug.-Diss. v. 1890

Knorr, Angelo [Dr. Assist. am hygien. Inst.]: Experimentelle Untersuchungen über die Grenzen der Heilungsmöglichkeit des Tetanus durch Tetanusheilserum ... Marburg, Druck v. C. L. Pfeil, 1895; 31 S., 10 Tab. 8.
Marburg, Med. Fak., Hab.-Schr. v. [8. Febr.] 1896

Knorr, Angelo: Chinoide und teilchinoide Verbindungen. München 1909: Höfling. 76 S. 8°
München, Phil. Diss. v. 27. Nov. 1909, Ref. v. Baeyer
[Geb. 14. Febr. 82 München; Wohnort: München; Staatsangeh.: Bayern; Vorbildung: Ludwigs-Gymn. München Reife Juli 01; Studium: München 17 S.; Rig. 27. Nov. 09.] [U 10. 3666

KNORR, Aug.: Die Forstakademie in Münden im Frühjahr 1891. Denkschrift. - Göttingen 1891. 39 S.

Knorr, Aug., aus forstlicher Theorie u. Praxis. Forstwissenschaftliche Abhandlungen. I. gr. 8. (V, 135 S.) Berlin 877. Springer. n. 2. 40

Knorr, C., Instruktion f. militärische Krankenwärter. gr. 8. (VII, 123 S.) Berlin 883. Mittler & Sohn. n. 1. 50

Knorr, C. A. F., Die Elemente der Weberei. Ein Beitrag zur Entwicklung der deutschen Industrie. Theil 1: Die Theorie und deren Zuhilfenahme bei der Zergliederung u. dem Aufbau der Stoffe. Mit Abbildungen u. einer Anleitung, das Metermass in der Weberei zu gebrauchen. Chemnitz 1872. 8°

Knorr, C. A. F., d. Fehler in d. Geweben unt. Berücksicht. d. dabei mitwirk. Werkzeuge u. Gebrauchsarten. Handbuch f. Webwaarenfabrikanten, Webereibeamte, Musterzeichner u. Webschüler. gr. 8. (XII, 63 S. m. 36 Abb. auf 1 Taf.) Chemnitz 894. (Focke.) n.n. 2. 50

Knorr, C. G., s. Knorr, Karl Gottlieb

Knorr, C. O., siehe: *Rigi-Blatt.*

Knorr, C. W., s. Knorr, L. W.

Knorr, E., Leitfaden der Chemie f. Brauer u. Mälzer. (VIII, 390 S. m. Fig.) 8. Leipzig (909). Eisenschmidt & Schulze. Geb. in Leinw. 8. —

Knorr, Ed., Handbuch der Schiffs- u. Dampfmaschinenkunde. Berlin 867. Mittler & Sohn. gr. 8. (XII, 148 S. mit vielen eingedr. Holzschn. u. 2 Steintaff. in Imp.-Fol.) n. 1 ₰ 15 ngr.

Knorr, *Eduard* [aus München]: Beiträge zur Kenntnis der Pyrazolhomologen ... Jena, Druck v. A. Kämpfe, 1897; 61 S., 1 Bl., 2 Tab. 8.
Jena, Phil. Fak., Inaug.-Diss. v [11. Jan.] 1896

Knorr, Elfriede

Knorr E. Lehrbuch für Macrame-Knüpfarbeit. (24 S) Leipzig 1911

Knorr, Elfride, neue Muster f. Macrame-Knüpfarbeit. (12 Taf. m. 11 Bl. Text.) 33×25,5 cm. Leipzig 910. G. Hedeler. In Mappe 4. —

Knorr, Emil, die polnischen Aufstände seit 1830 in ihrem Zusammenhange mit den internationalen Umsturzbestrebungen. Unter Benutzung archival. Quellen. gr. 8. (X, 431 S.) Berlin 880, Mittler und Sohn. *

—— Entstehung und Entwickelung der geistlichen Schauspiele in Deutschland und das Passionsspiel in Ober-Ammergau. Zwei Vorträge nach persönl. Anschauung und den vorhandenen Quellen. gr. 8. (III, 153 S. mit 1 Stnt.) Lissa 872, Scheibel'sche Buchh. *

Knorr, Emil, über Entwickelung u. Gestaltung des Heeres-Sanitätswesens der europäischen Staaten. Vom militärisch-geschichtlichen Standpunkte. Lex.-8. (VII, 992 S.) Hannover 877–79. Helwing's Verl. n. 20. —

— dasselbe. 2. (Titel-)Aufl. 1. Hft. gr. 8. (98 S.) Ebend. 883. n. 1. 50

Knorr, Emil, von 1807—1893. Zur Entwickelungsgeschichte unserer Heeresverfassg. gr. 8. (III, 141 S.) Berlin 893. H. Peters. n. 2. —

[Umschlagt.] [5.] Von 1807 — 1893. Z. Entwickelgsgesch. unserer Heeresvfg. Von Emil Knorr, Oberst-Lt. z. D. Ergänzte, m. Nachtrag bis 1890 vers. Ausg. *Berlin: H. Peters 1897.* (158 S.) 1 Bd 8. [98. 379

— der Feldzug des Jahres 1866 in West- u. Süddeutschland. Nach authent. Quellen bearb. 3 Bde. Ebend. 867, 70. gr. 8. (1. Bd. 480 S. u. Beilagen 36 S. mit 2 lith. Karten in gr. Fol., 2. Bd. XCII, 387 S. mit Karten u. Beilagen, 3. Bd. VIII, 443 S. mit 6 Steintaff. in Fol.) 7 ₰

Knorr, Emil, der Feldzug des J. 1866 in West- und Süddeutschland. Mit Karten und Beilagen. Nach authent. Quellen bearb. 2. Bd. in 2 Lfgn. und 3. Bd. gr. 8. Hamburg, O. Meißner. [1. Lfg. (S. 1—248, I—LXII, mit 5 lithogr. Karten in qu. 4. und Fol.) 868. ℳ 4,50.; 2. Lfg. (S. 249—387, LXIII—XCII.) 870. ℳ 3.; 3. Bd. (VIII, 443 S. mit 6 Stnt. in Fol.) 870. ℳ 6,75.]
1. Bd. Ebendas. 1867. ℳ 6,75.

Knorr, Emil, der Feldzug d. J. 1866 in West- u. Süddeutschland. Nach authent. Quellen bearb. Mit Karten u. Beilagen. 3 Bde. 2. Ausg. gr. 8. (442, 486 u. VIII, 442 S.) Hamburg 886. O. Meißner's Verl. n. 8. —

Knorr, Aemilius, Schwarzenbergensis. De Apollonii Rhodii Argonauticorum fontibus quaestiones selectae. *Lipsiae 1902: Hallberg & Buechting.* (46 S.) 8°
Leipzig, Phil. Diss. v. [4. Jan.] 1902

Friedrich der Grosse als Freimaurer. Nach einem Vortrage. Von Emil Knorr. [Berlin, Leipzig: Giesecke & Devrient 1899.] 23 S. 2° [Kopftit.]
Aus: Hohenzollern-Jahrbuch. 3 (1899) S. 104 bis 125.
Recens: Bbl. 14 (1900) S. 222 (G. Diercks); BZC. 29 (1900) S. 193—195 (W. Wald).

Knorr, E. Der Heeres-Sanitätsdienst der Türkei 1875—78. Hannover 1880. 8° (Aus: Knorr: Entwickelung und Gestaltung d. Heeres-Sanitätswesens d. europ. Staaten.)

— das russische Heeres-Sanitätswesen während d. Feldzuges 1877/78. Lex.-8. (VII, 227 S.) Hannover 883. Helwing's Verl. n. 8. —

Knorr, Emil, Blücher's Kampagne-Journal der Jahre 1793 u. 1794. Hamburg 866. O. Meißner. gr. 8. (IV, 163 S.) n. 1 *ℳ*

Knorr, Emil [aus Hammerstein i/Westpr.]: Ueber (4) Nitro-M-Xylol (2) Sulfonsäure . . . Freiburg i. B., Buchdr. v. Chr. Ströcker, 1887; 43 + 1 S. 8°.
Freiburg i. B., Phil. Fak., Inaug.-Diss. v 1887.

Knorr, Emil, über (4) Nitro-M-Xylol (2) Sulfonsäure. Diss. Freiburg i. B. 1887, Fr. Wagnersche Univ.-Buchh. 8°. 43 S.

—— das erste deutsche Parlament und die Wehrfragen. Unter Benutzung archival. Quellen. gr. 8. (VI, 144 S.) Berlin 887, v. Decker's Verlag. *

(Knorr, E.) Das Volk in Waffen im Sinne der Demokratie. Berlin 1887 8° (Verm. Jähns.)

— Von Alsen bis zum Frieden, s.a. Von rc.

(Knorr, Em.) Von Alsen bis zum Frieden. Von e. Officier (255.) 8. Hamburg 1865. 3.00.

(Knorr, Em.) Von Düppel bis zur Waffenruhe. Von e. Off. (153.) 8. Hamburg 1864. 1.80.

(Knorr, Em.) Von der Eider bis Düppel. Von E. O. (39.) 8. Hamburg 1864. 1.20.

—— zur Vorgeschichte des osmanischen Kriegswesens. Vortrag, gehalten in der militär. Gesellschaft zu Berlin am 8. Dezbr. 1879. [Beiheft zum Militär-Wochenblatt 1880. 1. Heft.] gr. 8. (30 S.) Berlin 880, Mittler und Sohn. *

(Knorr E.) Wie sich die Demokratie das Volk in Waffen dachte. Berlin 1886. 8° (Verm. Jähns.)

(Knorr, E.) Aus der Zeit der Armee-Reorganisation. Berlin 1882. 8°

Knorr, Erich, Kammergerichtsrefer.: Vormerkung zur Sicherung des Anspruchs auf Löschung einer Hypothek (§ 1179 B.G.B.). Berlin [1908] Kühn. 73 S. 8°
Heidelberg, Jur. Diss. v. 1908, Ref. Endemann
[Geb. 18 Okt. 84 Berlin; Wohnort: Berlin; Staatsangeh.: Preußen; Vorbildung: Prinz-Heinrichs-Gymn. Schöneberg Reife O. 03; Studium: Berlin 7 S.; Rig. 1 Juli 08.] [U 09. 1828

Knorr, Ernest

Knorr, E., Bemerkungen in Bezug auf die von Herrn Prof. A. Erman zu Berlin geschriebene Bestimmung der absoluten Höhe von Kasan. (Geschrieben im April 1837.)

(Knorr, Ernest, Dr.), Meteorologische Beobachtungen aus dem Lehrbezirk der Kais. Russ. Universität Kasan. Heft I. 1835—36. Kasan 1841.

Knorr, E., Kurzer Bericht über eine wissenschaftliche Reise, unternommen in den Monaten Juli bis October 1836.

Knorr, Ern. (geb. Herzberg an d. schw. Elster Nov. 1805) Disquisitiones quaedam de aestu maris. Berolini (1830) (23 S.) 4°
Berlin, Phil. Diss. v. 27 März 1830

Knorr, Ernst August

Knorr, E. A., Studien über die Buchen-Wirthschaft. gr. 8. (VII und 252 S.) Nordhausen 863, Förstemann's Verlag. *

Knorr, Ernst Friedrich [Praes.], s. Meyn, Johann Christoph De successione adoptivorum in feuda.

Knorr, F. v., Ansichten eines Nichtüberzeugten üb. F. Baucher's, durch einen Ueberzeugten aus d. Franz. übers. Methode der Reitkunst rc. gr. 8. (2 B.) Mühlhausen 843, Heinrichshofen.

Knorr, Ferd., Entwurf e. Berufsgenossenschaftsordnung. Ein Versuch der Reform der gesetzl. Arbeiterfürsorge. gr. 8. (87 S.) München 891. (J. Schweitzer.) n. 1. 20

Knorr, Ferdinand: Die Natur und Funktion der Vorzugsrechte. Eine rechtsvergleich. Studie ... München, kgl. Hof- u. Univ.-Buchdr. v. Dr. C. Wolf & Sohn, 1891; 2 Bl., 114 S. 8.
Erlangen, Jur. Fak., Inaug.-Diss. v. 1891

Knorr, Frdr., Friedhöfe der älteren Eisenzeit in Schleswig-Holstein. I. Tl. m. 6 Taf. Hrsg. v. dem schleswig-holstein. Museum vaterländ. Altertümer. (39 S.) Lex. 8. Kiel 910. Lipsius & Tischer. 2. —

Knorr, Friedrich: Der Meister des Neukirchener Altars. *Kiel 1903 Schmidt & Klaunig.* (46 S.) 4°(8°)
Kiel, Phil. Diss. v. [9. Mai] 1903

Knorr, Frdr., der Meister des Neukirchener Altars. (46 S. m. 6 Taf.) gr. 8. Kiel (904.) (W. G. Mühlau.) n. 1. 50

Knorr, Friedrich: Johanna Mestorf (Verf.: Friedrich Knorr.) o. O. [um 1909]. 22 S. 8°

Knorr, Georg: 25 Jahre im Dienste der Luftdruckbremse, 1884—1909. Ein Rückblick von —. Berlin-Boxhagen 1909. 105 S. 4° (8°)

Knorr, G: Die Knorr-Schnellbremse. Berlin-Boxhagen 1904

Knorr, Geo. Wolfg., († d. 17. Sept. 1761.) deliciae naturae selectae, oder auserlesenes Naturalienkabinet, beschrieben von P. L. S. Müller, u. ins Französ. übers. v. M. Verdier de la Blaquière. 2 Thle. (1r Thl. französ. u. deutsch) Mit 91 ill. Kpf. gr. Fol. Nürnb. 766, 67. (Felssecker). 80 *ℳ* Mit neuem deutschen Text. Von Neuem verbess. u. mit e. Vorrede versehen von J. E. J. Walch. 2 Thle. Fol. Ebd. 778. Ebd. 80 *ℳ*

— Monumentorum et aliarum, quae ad sepulcra veterum pertinent, rerum imagines, in aere incisae atque collectae. Fol. Nürnb. 753.

— allgem. Künstlerhistorie, oder berühmter Künstler Leben, Werke u. Verrichtungen, mit vielen Nachr. von raren, alten u. neuen Kupferstichen. 4. Nürnb. 759. Fritsche.

— allgem. Künstlerhist. m. K. 4. Nürnb. Fritsch. 766.

— Samml. von Merkwürdigkeiten d. Natur u. Alterthümer des Erdbodens. X. u. d. T.: Lapides diluvii testes etc. 1r Thl., mit 58 ill. Kpf. Nach d. Verf. Tode fortges. von J. E. J. Walch unt. d. Tit.: Naturgeschichte d. Versteinerungen, zur Erläuterung d. Knorrschen Samml. von Merkwürdigkeiten d. Natur 2n Thls 1r u. 2r Abschn. u. 3r u. 4r Thl. Mit vollständ. Register von J. S. Schröter. Mit 215 ill. Kpf. Fol. Ebd. 755—73. (Felssecker). 90 *ℳ*

— Samml. von Muscheln u. Schnecken. 6 Bde m. ill. K. gr. 4. Ebend. 760.

Knorr, Gg. Wolfg., Thesaurus rei herbariae hortensisque universalis etc. od. allgem. Blumen-, Kräuter-, u. Gartenbuch etc. Deutsch u. latein. A. u. d. T. Regnum florae, d. Reich d. Blumen etc. Fortges. v. Phil. Friedr. Gmelin u. beendigt v. G. Rud. Böhmer. Mit 311 ill. Kpf. 2 Bde. gr. Fol. Nürnberg, 1750—72 u. 1788. (Knorr.) 35. —

— Vergnügen d. Augen u. des Gemüths, in Vorstellungen e. allgem. Samml. von Muscheln u. andern Geschöpfen, welche im Meere gefunden werden. Mit deutschem u. französ. Text, (v. P. L. S. Müller u. ... Meuschen). 1r u. 2r Thl. 757, 64. 2e verb. Aufl. 776, 84. u. 3r—6r Thl. 768—73. Mit 190 ill. Kpft. 4. Nürnb., (Felssecker). 50 Thlr

Knorr, Henr. Eduard. (geb. Schönlanke in Pos. 27 10. 1829) De gangliis synovialibus. Berolini (1856). (28 S.) 8°
Berlin, Med. Diss. v. 17 März 1856

Knorr, Hugo, die Frithjofssage. 10 landschaftl. Compositionen zu Tegnér's Dichtung. Photograph.-Druck nach den Orig.-Cartons von Mor Rommel. Imp.-Fol. (10 Bl.) Königsberg 872, Hübner und Matz. In Mappe

Knorr, Johann Friedrich

— — De poenitentia ecclesiastica, von der Kirchen=Busse. Discursus juris canonici. Präs. Peter Müller. Jena (Joh. Jacob Bauhofer) Jan. 1678. 166 S. mit Widm. Präs. (12.—) 18683

— — Dasselbe. Ohne Präs. Jena (Paul Ehrich) 1712. 186 S. u. 7 Bl. Index. (12.—) 18684

— **Johann Gottfried** (Oettingen), Observationes chemicae miscellae. Disp. med. Präs. Rudolph Augustin Vogel. Götting. (Hager / E. D. Alberti) 27. IV. 1768. 27 S. (5.50) 18685

Knorr, Johannes *Leopold Oskar* [pr. Arzt aus Weissenfels]: Über congenitale Enchondrome der Halsgegend ... Greifswald, Druck v. C. Sell, 1892; 28 S., 1 Bl. 8.
Greifswald, Med. Fak., Inaug.-Diss. v. 20. Febr. 1892

Knorr, Josefine Freiin v., Abendgedanken, s. National-Bibliothek, allgemeine.

Knorr, Josefine Freiin v., Abendgedanken. (24 S.) kl. 8. Wien (906). Th. Daberkow. Geb. in Leinw. n. 1. —

Knorr, Josephine Freiin v., Gedichte. 12. (X, 250 S.) Stuttgart 902. J. G. Cotta Nachf.
Geb. in Leinw. m. Goldschn. n. 4. —

Knorr, Josefine Freiin v., neue Gedichte. gr. 16. (VIII, 118 S.) Wien 874. Rosner. n. 2. 40

— Irene. Ein Gedicht. 2. Aufl. (VI, 89 S.) kl. 8. Wien 907. H. Kirsch. 1.50

— die hl. Odilia. Nach e. altdeutschen Legende. 2. Aufl. (214 S.) kl. 8. Wien 905. H. Kirsch. n. 3. —

Knorr, Josephine Freiin v., Sommerblumen und Herbstblätter. Gedichte. [3. Sammlg.] 12. (VIII, 166 S.) Wien 885, Rosner. *
Neue Gedichte. Ebendas. 1874. *M 2.40.

Knorr, Josephine Freiin v., aus späten Tagen. Gedichte. M. Vorwort v. Marie v. Ebner-Eschenbach. 12. (X, 130 S.) Stuttgart 897. J. G. Cotta Nachf.
n. 2. —; geb. n. 3. —

Knorr, Julius

Knorr, (Carolus) Julius (geb. Breslau 19 / 1 1815) Enarratio casus rarioris phlebitidis. Vratislaviae (1839). (30 S.) 8°
Breslau, Med. Diss. v. 26. Juli 1839

—— Führer auf dem Felde der Clavierunterrichts-Literatur. Nebst allgemeinen und besonderen Bemerkungen. gr. 16. (III und 108 S.) Leipzig 861, Kahnt.

Knorr, Jul., Führer auf dem Felde der Clavierunterrichts-Literatur mit allgemeinen u. besonderen Bemerkungen. 2. vielfach veränd. u. bedeutend verm. Aufl. Hrsg. von mehreren tücht. Fachmännern. Leipzig 869. Kahnt. 8. (120 S.) n. 10 ngr.

Knorr, Jul., Führer auf dem Felde der Clavierunterrichts-Literatur m. allgemeinen u. besondern Bemerkgn. 3. vielfach veränd. u. bedeutend verm. Aufl. Hrsg. v. mehrern Fachmännern. 8. (115 S.) Leipzig 875. Kahnt.
n. 1. —

Knorr, Jul., ausführliche Clavier-Methode in zwei Theilen. 1. Thl. Methode. Leipzig (858.) Kahnt. gr. 4. (2 Bl., 77 S.) 1 Thlr. 6 ngr.

Knorr, Jul., ausführliche Clavier-Methode in 2 Thln. gr. 4. Leipzig 859, Kahnt.
Inhalt:
Thl. 1. Methode. (III und 77 S.) 1 Thlr. 6 Ngr.
„ 2. Schule der Mechanik. (III und 72 S.) 1 Thlr. 24 Ngr.

Knorr, Jul., methodischer Leitfaden für Clavierlehrer. 1. Aufl. gr. 16. (VI und 66 S.) 1849. und 2. Aufl. 8. (VIII und 61 S.) Leipzig 850, Breitkopf und Härtel.

Knorr, Jul., methodischer Leitfaden für Clavierlehrer. 3., umgearb. Aufl. 8. (VIII und 64 S.) Leipzig 855, Breitkopf und Härtel.

— methodischer Leitfaden für Clavierlehrer. 3. gänzl. umgearb. Aufl. 853. — 4. verb. Aufl. Leipzig 857. Breitkopf u. Härtel. 16. (VIII, 64 S.) 10 ngr.

— methodischer Leitfaden für Clavierlehrer. 5. verb. Aufl. Leipzig 861. Breitkopf & Härtel. 8. (VIII, 64 S.) 10 ngr.

—— methodischer Leitfaden für Clavierlehrer. 6. Aufl. 1869. M 1., und 7. verb. Aufl. 8. (VIII, 64 S.) Leipzig 875, Breitkopf und Härtel.

—— und F. Friedrich, Pianoforte-Schule, s.a. Friedrich, F.

— Pianoforte-Schule für den Unterricht u. das Selbststudium. 3. neu bearb. Aufl. Imp. 4. (47 S.) Leipzig 848, Friese. 1 1/3 Thlr

Knorr, Jul., Pianoforte-Schule für den Unterricht und das Selbststudium. 3., neu bearb. Aufl. Imp.-4. (47 S.) Leipzig 850, Friese. Thlr.

— Pianoforte-Schule für den Unterricht und das Selbststudium. 3. neu bearb. Aufl. Leipzig (853.) Friese. Fol. (47 S.) 1 Thlr.

—— erklärendes Verzeichniß der hauptsächlichsten Musik-Kunstwörter. 8. (III und 60 S.) Leipzig 854, Breitkopf und Härtel.

Knorr, Iwan, Aufgaben f. den Unterricht in der Harmonielehre. Für die Schüler d. Dr. Hoch'schen Konservatoriums in Frankfurt a. M. zusammengestellt. (78 S.) gr. 8. Leipzig 903. Breitkopf & Härtel. n. 1.50; geb. in Schulbd. n. 2.—; in Leinw. n. 2.50

— Festschrift zur Feier des 100jährigen Bestehens der Frankfurter Museumsgesellschaft 1808 bis 1908. (47 S. m. 15 Taf.) Lex. 8. Frankfurt a/M. 908. (C. A. André.) nn 5.—

— Johannes Brahms' Serenade f. grosses Orchester (D-dur), s.a Musikführer, Der.

Johannes Brahms, Serenade f. grosses Orchester '(D-dur op. 11)' Erläut v Iwan Knorr *Frankfurt a. M. H. Bechhold (1897)*. (14 S.) 1 Bd 8.
= Musikführer, Der No 142. [97. 1583

— Johannes Brahms' Serenade f. kleines Orchester, Op. 16, s. Musikführer, Der

— Peter Tschaikowsky's Serenade für Streichorchester, Op. 48, s. Musikführer, Der

— Johannes Brahms' Sextet in B-dur, Op. 18. s. Musikführer, Der

Knorr, Iwan, Johannes Brahms' Sextett f. Streichinstrumente, s.a. Musikführer, Der

Johannes Brahms, Sextett f. Streichinstrumente. '(No 2, G-dur, op. 36.)' Erläut. v. Prof. Iwan Knorr. *Frankfurt a. M.: H. Bechhold [1896]* (22 S.) 1 Bd 8.
= Musikführer, Der. No 57. [97. 960

— Peter Tschaikowsky's Suite No. 3 (in G-dur) f. Orchester, s. Musikführer, Der

— Johannes Brahms' 1. u. 2. Symphonie, s.a. Musikführer, Der

Johannes Brahms, I. Symphonie, '(C-moll, op. 68)'. Erläut. v. Iwan Knorr. *Frankfurt a. M.: H. Bechhold [1896]*. (21 S.) 1 Bd 8.
— Musikführer, Der No 73. [97. 961

Johannes Brahms, Zweite Symphonie '(D-dur)' op. 73 Erl. v Iwan Knorr. *Frankfurt a. M.: H. Bechhold [1896]*. (16 S.) 1 Bd 8.
= Musikführer, Der No 80. [97 1278

Johannes Brahms Symphonien und andere Orchesterwerke, Erl. von I[wan] Knorr, H[ugo] Riemann, [Josef] Sittard, nebst e. Einl. Johannes Brahms' Leben u. Schaffen von A. Morin. Berlin Schlesinger [1908]. (158 S.) 8°
= Meisterführer No 3.
(Schlesingersche Musik-Bibliothek.) [08. 10292

— s.: Symphonien u. symphonische Dichtungen, d. beliebtesten.

— Johannes Brahm's Triumphlied f. achtstimm. Chor u. Orchester op. 55, s.a. Musikführer, der.

Johannes Brahms, Triumphlied f. achtstimm. Chor u. Orchester op 55. Erläut v Prof Iwan Knorr. *Frankfurt a. M H Bechhold (1897)*. (10 S.) 1 Bd 8.
— Musikführer, Der No 143. [98 2184

Knorr, Iwan, Peter Iljitsch Tschaikowsky, s.a. Musiker, berühmte. 11. Bd.

Peter Jljitsch Tschaikowsky Von Iwan Knorr *Berlin: Harmonie 1900.* (91 S.) 4°(8°)
— Musiker, Berühmte. 11 [00. 3374

— Johannes Brahms' Variationen üb. e. Thema v. J. Haydn f. Orchester, s. Musikführer, Der.

Knorr, K., s.a. Knorr, Karl

Knorr, K., Predigt bei d. Gedächtnißfeier d. durchl. Herzogs Peter Friedrich Ludwig zu Oldenburg. gr. 8. Hamb. u. Itzehoe ... Schubert u. Niemeyer. 5 ℛ

Knorr, K. G., s. Knorre, Karl Gottlieb

Knorr, Karl

Knorr, K., üb. Ulrich v. Lichtenstein, s.a. Quellen- u. Forschungen zur Sprach- u. Culturgeschichte der germanischen Völker.
vgl. Knorr, Ludwig Karl

Knorr, K., Ulrich von Lichtenstein. Historische u. litterarische Untersuchungen. Stuttgart 1875. 8°. (Mk. 2.40.)

Knorr, Karl Gottlieb

— — Dissertatio de alimentis a matre liberis praestandis. Halle (Johann Friedrich Grunert) 1756. 46 S. (6.—) 18677

Knorr, Karl Gottlieb [Praes.], s. Bollmann, Johann Friedrich De usu practico doctrinae juris Romani de praetore et judice pedaneo

Knorr, Karl Gottlieb [Praes.], s. Claepius, Leopold Ludwig: De eo quod justum est secundum observantiam Cothoniensem circa jus gabellarum.

Knorr, Carl Gottlieb (Halle), Differentias juris Romani & Germanici de senatoribus et consulibus. Diss. jur. Präs. Johann Peter v. Ludewig. Halle (Johann Gruner) Mai 1721. 94 S. mit Widm. v. Präs. (5.—) 18673

— — Dissertatio de differentiis juris Romani et Germanici in nobilitate adoptiva. Juli 1721. Ed. II. Halle (Johann Friedrich Grunert) 1745. 34 S. (6.—) 18674

— — Dissertatio de dote filiae locupletis. Halle (Johann Friedrich Grunert) 1756. 32 Seiten. (6.—) 18678

Knorr, Karl Gottlieb [Praes.], s. Dreysig, Johann Friedrich De recto dilationum usu.

Knorr, Karl Gottlieb [Praes.], s. Förster, Ferdinand Christoph. De refutatione feudi poenae loco imperata.

Knorr, Karl Gottlieb [Praes.], s. Funckler, Johann Gottlob De familiae conductitiae foro competente inprimis in Saxonia electorali.

Knorr, Karl Gottlieb [Praes.], s. G o l d h a m m e r , Jo. Friedrich: De transactione non rescindenda propter laesionem ultra dimidium, occas. ord. polit. Magd. c 46 § 1.

Knorr, Karl Gottlieb [Praes.], s. H a r t m a n n , Johann Friedrich· De jure conjugis nuptias iterantis in bonis propriis et a priori conjuge quaesitis ad L. VI. C de secund. nupt

Knorrius, Car Gottl.: Diss. de jure conjugis nuptias iterantis in bonis propriis et a priori coniuge quaesitis. Ad l. 6 Cod. de secund. nupt Halae Sal. 1756.

Knorr, Karl Gottlieb [Praes.], s. K n o r r e , Friedrich Ernst· De obsignatione judiciali.

Knorr, Karl Gottlieb [Praes.], s. K r i e g e r , Christian Michael De alimentis a matre liberis praestandis.

Knorrius, Car. Gottl. Observationes ad prooemium Institutionum F. Justiniani imp. Halae [um 1755].

Knorr, Karl Gottlieb [Praes.], s. O c k e l , Friedrich Wilhelm: De differentiis juris Marchici et Magdeburgici in successione conjugum.

— — De edicti praetorii: quod quisque juris in alterum statuerit, ut ipse eodem jure utatur origine atque usu apud veteres. Halle (Jo. Christian Hilliger) 7. V. 1726. 14 S. (4.—) 18675

– (Hrsg.), s. S t r a u c h (i u s) , Jo.: Opuscula iuridico - historico - philologica

— — De tutela pactitia Romanis incognita disserit. Halle (Johann Christian Hilliger) 1736. 18 Seiten. (4.—) 18676

— — Dissertatio de usu practico doctrinae juris Romani de praetore et judice pedaneo. Halle (Johann Friedrich Grunert) 1756. 38 S. (5.50) 18679

Knorr, (L.,) die gesetzliche Aufhebung der Jagdrechte auf fremdem Grund und Boden mit oder ohne Entschädigung an die Berechtigten, vom rechtl. und staatswirthschaftl. Gesichtspunkte aus betrachtet und der deutschen constituir. Nationalversammlung in Frankfurt gewidmet. gr. 8. (16 S.) Darmstadt 848, Jonghaus.

Knorr, L., Erörterungen u. Abhandlungen auf philosophischem Gebiete, nebst e. Vortrage: Philosophie f. Frauen. 8. (V, 51 S.) Halle 876. Pfeffer. n. 1. —

Knorr, L. Der Nationalcharakter der Engländer. Fraustadt, G., 1870. 20 S. 4. Progr.

Knorr, L., der Normal-Arbeitstag, eine Konsequenz der heutigen Wirtschaftsordnung, s.: Tagesfragen.

[F.] Die Nutzgeflügelzucht. a) Das Huhn. b) Gans und Ente. Leichtfassl. Anl. z. nutzbring. Pflege u. Zucht d. Hausgeflügels . v. L. Knorr. *Mülheim a. d. R.: J. Bagel [1897].* (104 S.) 1 Bd 8. [97. 3013

Knorr, L., die Nutzgeflügelzucht. a) Das Huhn. b) Gans u. Ente. Leichtfaßliche Anleitg. zur nutzbring. Pflege u. Zucht des Hausgeflügels, nebst kurzer Beschreibung der hauptsächlichsten Nutzgeflügelrassen. (2. [Umschlag-]Aufl.) 12. (104 S.) Mülheim a/R. (900). J. Bagel. 1. —

[F.] Der Weinstock und seine Pflege nebst e. Anh. Die Weinbereitg. E. leichtfassl. Anleitg über d. vollst. Behandlg d. Weinstockes im Hausgarten Von L Knorr. *Mülheim a. d. R. J Bagel [1897]* (88 S., 9 Taf.) 1 Bd 8. 98. 8815

Knorr, L., der Weinstock u. seine Pflege, nebst e. Anh.: Die Weinbereitg. Eine leichtfaßl. Anleitg. üb. die vollständ. Behandlg. des Weinstockes im Hausgarten, um alljährl. e. reiche Ernte süßer Trauben zu erhalten. (2. [Umschlag-] Aufl.) 8. (88 S. m. Abbildgn. u. farb. Titelbild.) Mülheim a/R. (900). J. Bagel. 1. —

Knorr, L. W., (†...) prakt. Anleit. zum Uebersetzen aus d. Deutschen ins Engl. durch Uebungsstücke, mit vollständ. engl. Phraseologie. gr. 8. Leipz. 826. Lauffer. 1 ₰ 2r Thl. A. u. d. T. prakt. Correspondenz über eine Reihefolge merkantil. Geschäfte, in e. Samml. von Original-Handlungsbriefen zum Uebersetzen aus d. Deutschen ins Engl., mit untergelegter engl. Phraseologie rc. gr. 8. Leipz. 827. Lauffer. 1 ₰ 8 gr

Knorr, L. W., pract. Anleitung z. Uebersetzen aus d. Deutschen in's Englische durch Uebungsstücke mit unterlegter vollständ. engl. Phraseologie, u. Rückweisung in derselben auf d. vorangestellten grammatikal. Regeln. Zum Schul- u. Privatgebr. 1. Curs. 2., verb. Aufl. gr. 8. (18 B.) Leipzig 835, Lauffer 2. Curs.: Praktische Correspondenz rc. Ebendas. 1827. 1 Thlr. 8 Gr.

Knorr's, L. W., practische Anleitung zum Uebersetzen aus dem Deutschen in's Englische durch Uebungsstücke, mit untergelegter vollständ. Phraseologie u. Rückweisung auf die vorangestellten grammatikal. Regeln. Zum Schul- u. Selbstunterricht. 3., gänzlich umgearb. Aufl., verm. durch eine kurzgefaßte Grammatik von Karl Arenz. Leipzig 857. Geibel. gr 8. (XII, 242 S.) 1 ₰

Knorr, L. W., prakt. Briefsteller üb. eine Reihefolge merkantil. Geschäfte, in einer Sammlung v. Original-Handlungsbriefen zum Uebersetzen aus dem Deutschen in's Englische, mit untergelegter vollständ. Phraseologie u. Hinweisung in derselben auf die beigefügten grammatikalischen Regeln. Für Schul- u Privatgebrauch. 2. (Titel-)Ausg. gr. 8. (X u. 304 S.) Leipzig (827) 851, Geibel. 1 ₰

Knorr, L. W., prakt. Grammatik d. engl. Sprache. Mit e. vollständ. Anleit. z. Aussprache d. Engl., nach d. besten Orthoepisten Englands, nebst leichten Uebungsstücken z. Anwend. d. grammatical. Regeln, nach Sanguins Methode, u. mit genauer Accent. aller vorkomm. engl. Wörter. Zum Schul- u. Privatgebrauch. 1. Aufl. 828. 1 Thlr. 6 Gr., 2. u. 3., unveränd. A. (à 29 B.) gr. 8. Leipzig 830, 35, Schumann. à

—— prakt. Grammatik d. engl. Sprache. Mit e. vollständ. Anleit. z. Aussprache d. Englischen, nach d. besten Orthoepisten Englands, nebst leichten Uebungsstücken z. Anwend. d. grammatikal. Regeln, nach Sanguins Methode, u. mit genauer Accentuat. aller vorkomm. engl. Wörter. Zum Schul- u. Privatgebr. 3., verb. Aufl. (28 B.) 835., 4., verb. A. gr. 8. (27 1/8 B.) Leipzig 840, L. Schumann. à

Knorr's, L. W., praktische Grammatik der englischen Sprache. Mit einer vollständ. Anleitung zur Aussprache und Accentuirung der engl. Wörter, und zahlreichen Uebungsstücken. 5. Aufl., durchges. und verb. von F. E. Feller. gr. 8. (X und 422 S.) Leipzig 847, T. O. Weigel.

—— Supplement hierzu, s. Albert, Ludw. A.

Knorr, Louis, Markenmüller. Philatelistische Berichte. 8. (132 S.) Leipzig 893. Gebr. Senf. n. 1. 50

KNORR, LUDWIG Ueber die Bildung von Kohlenstoffstickstoff-Ringen durch Einwirkung von Amin- und Hydrazinbasen auf Acetessigester und seine Derivate Erlangen, 1885

Knorr, (Car.) Ludov (geb. Kindelbruck in Thur. 25. 2 1831) De epitheliomate praesertim labii inferioris Berolini (1855). (31 S.) 8°
Berlin, Med. Diss. v. 13. Aug. 1855

Knorr, L., das Executionsverfahren nach gemeinem Rechte v. gesetzl. u. gesetzgeber. Gesichtspunkte aus betrachtet in Verbindg. damit wie sich solches im Großherzogthum Hessen diesseits des Rheins ausgebildet hat. 2. (Titel-)Ausg. gr. 8. (X u. 59 S.) Gießen (845) 851, Ricker. n. 1/2 ℳ

Knorr, Ludw., die Immediat-Einsassen des Culm- u. Michelauschen Kreises u. des Landgebiets der Stadt Thorn, eine Kritik aus dem Gebiete des preuß. privat- u. öffentl. Rechts. 8. (1 1/4 B.) Thorn 843, Lambeck. *

Knorr, Ludw., Sozialdemokratischer Katechismus für das arbeitende Volk. 4. durchges. u. verm. Aufl. 8°. Nürnberg 1894.

Knorr, (Ludw.,) Recht und Gesetz! Wo ist jenes zu suchen und wer hat dieses zu geben? Eine dringend mahnende Frage der Zeit, für Gelehrte und Ungelehrte. 8. (20 S.) Thorn 848, Lambeck. *

Knorr, Ludwig Franz Gottlieb (Darmstadt)
Das Executionsverfahren nach gemeinem Rechte vom gesetzl. und gesetzgeberischen Gesichtspunkte aus betrachtet in Verbindung damit wie sich solches im Großherzogth. Hessen diesseits des Rheins ausgebildet hat.
Giessen: Ricker 1846. X 59 S.
[Zur Promotion eingereicht.]
Dr. jur. 17.6.1847.

Knorr, Ludwig Karl Zu Ulrich von Lichtenstein. Strassburg, Karl J Trübner London, Trübner u. Comp., 1875. 8. 32 S. vgl. Knorr, Karl

Knorr, M., erster Bericht der gymnastisch-orthopädischen und electrischen Heilanstalt in München. Umfassend die ersten zwei Jahre ihrer Wirksamkeit. Mit beigegebenen Abhandlungen statist. und klin. Inhaltes. gr. 4. (32 S. mit 4 Stnt. in qu. gr. 4.) München 860, Kaiser. *

Knorr, M., Das griechische Vorbild der Mostellaria des Plautus. Diss. 1934. 61 S. 2.50

Knorr, M., s.: Zuwachssteuer, die.

Knorr, Mart., christliche Blumensprache. Ein Büchlein zur lehrreichen Unterhaltung und frommen Erbauung der kathol. reiferen Jugend, insbesond. den Mitgliedern der Jugendbündnisse gewidmet. 3. Aufl. 36. (IV und 467 S. mit 1 Stahlst.) München 857, (Gummi.) *

Knorr, Max, was soll man bei Einrichtung e. Zentralheizung beachten? (24 S.) gr. 8. Halle 909. C. Marhold. —50
Sonderabdruck aus: „Haustechn. Rundschau“.

Knorr, Oswald, Elpenor. Ein Trauerspiel in 5 Aufzügen. 8. (78 S.) Berlin 878, (Bohne.)

ROSENROTH, K. v. (d. i. *Oswald Knorr*), Maria und Magdalena. Ein moderner Liebes- und Leidenssang. Oranienburg, C. O. Knorr. O. J. (c. 1888). 8°. (Br. Mk. 3,60; gebd. 4,50, mit Goldschn. 5—.)

§ **ROSENROTH,** K. v (d. i. *Oswald Knorr*), Mephisto. Der Teufel in München. Ernst, Scherz und Satire. München, C O Knorr, 1879. 8° 2 Bll. u. 53 SS. Zahm. (Mk. 1—.) (60 Pfg. M. Edelmann, Nürnberg, 1907.)
— — Dasselbe. Oranienburg, C. O Knorr (c. 1888). 8°. (Mk. 1—.)

Knorr, Richard

Knorr, R, s.: Arbeiten aus d. Gebiete d. Geburtshülfe u. Gynaekologie.

— Beitrag z. Behandlg. d. Gesichtslagen durch manuelle Umwandlg. in Hinterhauptslagen, s.: Arbeiten aus d. Gebiete d. Geburtshülfe u. Gynaekologie.

— Zur Diagnose u. Therapie der Nieren-Blasentuberkulose bei der Frau, s.a. Sammlung zwangloser Abhandlungen aus dem Gebiete der Frauenheilkunde. VII, 7.

Zur Diagnose und Therapie der Nieren-Blasentuberkulose bei der Frau. Von Dr R[ichard] **Knorr**, Berlin. Halle a. S.: C. Marhold 1908. (40 S.) 8°
— Sammlung zwangloser Abhandlungen aus d. Geb. d. Frauenheilkunde u. Geburtshilfe. Bd 7, H. 7 [08. 8896 3]

Knorr, Richard [app. Arzt aus München]: **Untersuchungen über die Verschlechterung der Luft durch Gasheizapparate. . . München,** Druck v. R. Oldenbourg, 1890; 32 S. 8°
München, Med. Fak., Inaug.-Diss. v. 1890

Knorr, Rich., die Cystoskopie u. Urethroskopie beim Weibe. Mit 145 zum Tl. farb. Abbildgn. im Text, 1 schwarzen u. 2 farb. Taf. (XII, 286 S. m. 2 Bl. Erklärgn.) Lex. 8. Wien 908. Urban & Schwarzenberg. 8.—; geb. in Leinw. n 10. —

Knorr, Robert

Die verzierten Terra sigillata-Gefäße von Cannstatt und Kongen-Grinario von Robert **Knorr**, Prof. Hrsg. v. d. Württemb. Komm. f. Landesgesch. 47 Taf. Stuttgart. W. Kohlhammer 1905. (49 S.) 8° [F.] [05. 13471]

Die verzierten Terra-Sigillata-Gefasse von Rottenburg-Sumelocenna. Von Robert **Knorr**, Prof. Mit 22 Taf. u. 15 Textbild. Stuttgart: Kohlhammer 1910. X, 72 S. 8° [10. 5537]

Die verzierten Terrasigillata-Gefässe von Rottweil. Von Robert **Knorr**, Prof., Stuttgart. Mit 32 Taf. Hrsg. v. Altertumsver. Rottweil ... Stuttgart W. Kohlhammer 1907. (IX, 70 S., XXXII Taf.) 8° [08. 3938]

Knorr, Rud., das Gesetz über die Zwangsvollstreckung in das unbewegliche Vermögen vom 13. Juli 1883, nebst dem Gesetze über die Gerichtskosten bei Zwangsversteigerungen und Zwangsverwaltungen der Gegenstände des unbewegl. Vermögens vom 18. Juli 1883, mit Kommentar. gr. 8. (V, 478 S.) Berlin 886, C. Heymanns Verlag. *ℳ 10.—.; geb. **

Knorr, R., das Gesetz über die Zwangsvollstreckung in das unbewegliche Vermögen vom 13. Juli 1883, nebst dem Gesetze über die Gerichtskosten bei Zwangsversteigergn. u. Zwangsverwaltungen der Gegenstände d. unbewegl. Vermögens vom 18. Juli 1888, m. Kommentar. 2. (Titel-) Ausg. gr. 8. (V, 478 S.) Berlin 890. Siemenroth & Worms. n. 6. —; geb. n. 7. —

Knorr, Rud., kein Rechtsschutz bei der heut. Justiz! Darstellg. selbsterlebter Rechtsfälle. 8. (65 S.) Berlin s. o. (Dresdenerstr. 130) 896. Selbstverl. n. 1. —

Knorr, S., Schreib- u. Lesefibel. 8. (3 B.) Ansbach 845. (Gummi.)

Knorr, Tobias

— **u. Zoeltschen, Jo. Heinr. v.** (Schlesien), De jure statuum imperii circa legatos exteros in comitiis. Präs. Gottl. Samuel Treuer. Helmstedt 28. II. 1728. (Paul Dietrich Schnorr) 1736. 100 S., z. gr. Tl. dtsch. (8.50) 18687
Widm. v.: Heinrich Scholtz (Schles.).

Knorr, Wilh., die zwanzigste Branche des Roman de Renart u. ihre Nachbildungen nebst e. kurzen Nachtrage zum Reinardus Vulpes. Eutin 866. Struve. gr. 4. (42 S.) n. 10 ngr.

Knorr, Wilh. Die Familiennamen des Fürstentums Lübeck. I. 55 S. II. Teil. 40 S. Progr. *Eutin* 1876, 1882.

Knorr, Willy, Referendar in Dessau: Der Erbvertrag nach dem Bürgerlichen Gesetzbuche. *Borna-Leipzig 1903: R. Noske.* (X, 56 S.) 8°
Leipzig, Jur. Diss. v. 1903

Knorr, W., das Staats- u. Verwaltungsrecht des Herzogt. Anhalt, s.a. Sanftenberg, G.

Knorr, W., Das Staats- u. Verwaltungsrecht des Herzogt. Anhalt, s. Bibliothek des öffentl. Rechts, Bd. 3.

— Das anhaltische Stempelsteuergesetz vom 21. V. 1909, s.: Trenkel.

Knorr, Willy, Dr. jur., Regierungs-Referendar a. Zerbst in Anhalt: Das Verordnungsrecht des Bundesrats des Deutschen Reichs nach staats- und verfassungsrechtlicher Seite hin betrachtet. Ein Beitrag zur Lehre Adolf Arndt's vom formellen Gesetz. Dessau 1906: Buchdr. Gutenberg. (XII, 62 S.) 8°
Würzburg, Jur. Fak., Ref. Piloty, Diss. v. 30. März 1906
[Geb. 23. Juli 78 Zerbst; Wohnort: Zerbst; Staatsangeh.: Preußen; Vorbildung: Gymn. Zerbst Reife O. 97; Studium: Halle 2, Leipzig 4 S.; Rig. 21 Febr. 06.]

Knorr-Schmidt, Marie, Evoë! Ein Schritt zur Lichtg. des Seelenlebens. (124 S.) gr. 8. Diessen 903. J. C. Huber. n. 2. 50

Knörr, Carl Berthold, s. Knörr, Karl

Knörr, Johann Gottfried, s. Knorr

Knörr, Karl

Knörr, Carl *Berthold* [I. Hilfsarzt d. Landes-Irrenanst. zu Landsberg a/W.]: Zur Lehre der toxischen Psychosen ... (Aus: Zeitschr. f. Psychiatrie etc. Bd. 48.) Berlin, *Druck v. G. Reimer,* 1892; 25 S., 1 Bl. 8.
Marburg, Med. Fak., Inaug.-Diss. v. [15. Juli] 1892

***Knörr,** Louis Gilhome v., das nöthige Nosce te zu Erhaltung der Lebensflamme durch eine doppelte Panacea. Leipz. 714. 8.

Knorre, (Lehrer Prof.) systematische Zeichenschule, zum Unterricht in Bürger- u. Gewerbe-Schulen. 1s Heft (40 lithogr. Blätter.) Geometrische Körper. (Mit 1/4 B. Bemerkungen über den Unterricht im Zeichnen in den Bürgerschulen) qu. 8. Berlin 835. Winckelmann u. Söhne. 1/2 ₰ — 2s Hft. (15 lithogr. Bl.) Täfelungen oder Parquets. qu. 8. Ebd. 835. 3/4 ₰ — 3s Hft. (16 lithogr. Bl.) Gefäße. qu. 8. Ebd. 835. 1/4 ₰ — 4s Hft. (63 lithogr. Bl.) Verzierungen. qu. 8. Ebd. 835. 2/3 ₰ — 5s Hft. (11 lithogr. Bl.) Rosetten. qu. 8. Ebd. 835. 1/6 ₰ — 6s Hft. (39 lithogr. Bl.) Verzierungen aller Art u. antique Friese. 4. Ebd. 835. 3/4 ₰

Knorre, Conrad, s. Knorre, Konrad

Knorre, Er Eph. Fr., († d. 1. Dec. 1810.), s. Leitfaden bei meinen mathemat. Vorlesungen.

Knorre, Er. Fr., († d. 18. April 1771.), s. K. G. Knorre, rechtl. Abhandll. — Dess. Anleit. zur Referirung d. Akten. — Dess. Observat. sel ad Ludovici etc. — Dess. Observat. ad Heineccii elementa.

Knorre, Ernst Friedrich

— — **De vera natura ac indole contractus cambialis in cambio trassato. Exercit. jur. camb. Halle (Johann Friedrich Grunert) 1752. 24 S. (5.50)** 18690

— **Ernst Friedrich** (Halle), De probatione nobilitatis per instrumenta. Diss. jur. Halle (Johann Friedrich Grunert) 23. VIII. 1751. 74 S. (7.50) 18689

Knorre, F., zwei neue Weihnachtslieder für die christliche Jugend. Berlin 864. (Trautwein'sche Buchh.) 8. (4 S.) 1 ngr.

Missunde! Düppel! Alsen! Drei Gesänge im Volksliederton gehalten und zur Erinnerung der Siege der preussischen Waffen nach Texten von Hübner Trams und Emanuel Geibel für Schulen, Krieger und Vereine v. Ferdinand **Knorre.** Berlin (1864.) 8°

— **Friedrich Ernst** (Halle), De obsignatione judiciali. Von der Gerichtl. Versiegelung. Diss. jur. Präs. Carl Gottlieb Knorr. Halle (Christian Henckel) 11. XI. 1722. 40 S. mit Widm. v. Präs. (6.—) 18695

— — Dasselbe. Von der Gerichtlichen Versiegelung. Halle (Johann Christian Hendel). 56 S. ohne Widm. (6.—) 18696

— — **Dasselbe. Halle (Hendel) 1738. 55 S. ohne Widm. (6.—)** 18697

KNORRE, GEORG VON. Beiträge zur Kenntniss der Wolframverbindungen. Leipzig, 1883.

Knorre, Geo. v., casuistische Studien üb. Schädelfracturen. Diss. gr. 8. (50 S. m. 4 lith. Taf.) Jurjew (Dorpat) 890. (E. J. Karow.) n. 2. —

Knorre, Karl Ad., Diss. de vesicula umbilicali. 8. Dorpat 822.

Knorre, Karl Fr., s. Ort, d., des Sterns ꝛc.

Knorre, Karl Gli., († d. 14. Sept. 1753.) rechtl. Abhandl. u. Gutachten, herausg. v. seinem Sohne Er. Fr. Knorre. 8. Halle 757. Schwetschke u. S. 8 gr.

Knorre, Carl. Gottlieb: Gründliche Anleitung zum Krieges-Proceß, Worinnen Von denen Ober und Unter-Krieges-Gerichten, Malefitz-Stand Spieß und Cammer-Rechte, Personen und Sachen, welche vor die Krieges-Gerichte gehören . Nach denen Römisch- und Rußisch-Kayserlichen, Königl. Preußischen, Frantzösischen, Spanischen, Schwedischen, Dänemärkischen und anderer Könige, Churfursten, Fürsten und Stände des Heil. Romischen Reichs publicirten Krieges-Rechten . . gehandelt wird . . . Halle 1738

— Neue Aufl Halle 1754

— gründl. Anleit. zum gerichtl. Proceß. 8. Halle 734. Mit n. Tit. 738. 2e A. 740. 3e verm. A. 751. N. Ausg. 769. N. verm. Ausg. 777. Renger. 16 gl.

— Anleit. zur Referirung d. Akten; aus d. Latein. von Cr. Fr. Knorre. 8. Halle 755. Schwetschke u. S. 12 gl.

— rechtl. Anmerkk., worin d. römische u. deutsche Recht erklärt wird. 8. Halle 752. Renger. 10 gl.

Knorre, Carl Gottlieb: Diatriba de festinata urbis obsessae deditione. Von Fruhzeitiger Ubergabe der Festungen. Halae Salicae 1740. 4°

KNORRE, Car. Gli.: Elementa artis relatoriae. *Halae*, Schwetschke et Fil. 743. 54. 8. (12 Gr.)

— Observationes selectae ad Ludovici doctrin. pandectar. ed. Er. Fr. Knorre. 8. Halle 757. Schwetschke u. S. 12 gl.

— Observationes selectae ad Heineccii elementa juris civilis sec. ord. institutionum adornata, quae ex schedis paternis ed. Er. Fr. Knorre. 8. Halle 758. Schwetschke u. S. 6 gl.

Knorre, Car Gottl · Usum paroemiae iuris Germanici Der Letzte thut die Thür zu in successione conjugum demonstrat. Progr. Halae Magdeb (1741).

Knorre, Konrad

Knorre, Conrad (Hamburg), De glaucomate. Diss. med. Heidelberg (Reichard) 1833. 18 S. (4.50) 18688

Gew.: Maximilian Joseph Chelius.

Sammlung der Gesetze und Verfügungen, welche das Anhaltische Volksschulwesen betreffen. Übersichtl. geordnet u. hrsg. von L. F Knorre, Mittelschull. Bd [1] 2. (In 20 Lfgen.) *Dessau: P. Baumann 1894 1904.* 2 Bde 8° [5.]
1 1894 2 1903-04. (04. 3030

Knorre, Victor (Carl) (geb. Nikolajew in Russl 4.10. 1840) Additamenta in usum commodiorem et tutiorem methodorum, quae ad orbitas planetarum paucis observationibus determinandas inservuint Berolini (1867) (29 S.) 4°

Berlin, Phil Diss v 10. Aug. 1867

Knorre, V., üb. e. neues mikrometrisches Beobachtungsverfahren m. doppelbrechenden Prismen nach den v. V. Wellmann unter Mitwirkung v. M. Brendel u. V. Knorre gemachten Vorschlägen u. üb. die Bearbeitung der nach demselben angestellten Beobachtungen. — Doppelstern-Beobachtungen m. dem doppelbrechenden Mikrometer, s.: Beobachtungs-Ergebnisse der königl. Sternwarte zu Berlin.

Knorre, V., Zonenbeobachtgn., angestellt am Berliner Aequatoreal vermittelst des Registrirmikrometers, s.a. Beobachtungs-Ergebnisse d. königl. Sternwarte zu Berlin. 9. Hft.

Zonenbeobachtungen angestellt am Berliner Aequatoreal vermittelst des Registrirmikrometers von Prof. Dr V[iktor] Knorre. *Berlin F Dümmler 1901.* (61 S.) 4°
— Beobachtungs-Ergebnisse d. Kgl. Sternwarte in Berlin. H. 9. (04.

Knorre-Darglitz, Margarethe v., d. Sträfling. Sibir. Sittengemälde in 6 Akten. gr. 8. (78 S.) Zürich 897. Leipzig, Verl. des literar. Bulletin. A. v. Stern. n. 1. 10

Knorrek, Friedrich: Das Gefecht bei Arbedo am 29. Juni 1422. Eine Stud. z. Kriegsgeschichte d. Mittelalters. (Berlin: Nauck 1910.) 68 S. 8°

Berlin, Phil. Diss. v. 13. Aug. 1910, Ref. Delbrück

[Geb. 6. Juli 81 Zülzendorf, Kr. Nimptsch; Wohnort: Treptow b. Berlin; Staatsangeh.. Preußen; Vorbildung: Gymn. Bunzlau Reife O. 03; Studium: Greifswald 2, Berlin 14 S.; Rig. 7 Juli 10.] [U 10. 189

Knörrich, Friedrich Wilhelm, aus Berlin Studien über die Ernährungsbedingungen einiger für die Fischproduction wichtiger Mikroorganismen des Süsswassers. *Stuttgart: E. Nägele (1900).* (54 S.) 8° ¶ Aus Forschungsberichte d. biol. Station zu Plon, T 8, Jg. 1900.

Heidelberg, Naturw.-math. Diss. v 1900

Knorring, A. v., s. Knorring, Sophie von

Knorring's, F., Schicksale und Abenteuer, m. K. 8. Wien, Pichler. (Joachim in Lpz.) 800.

v. Knorring, Karl, Russische Bibliothek für Deutsche. 1s—3s Heft. (Enthält: Simeon Kirdiapa. Eine Begebenheit aus d. Russ. Vorzeit des 14n Jahrhund., von Polewoj. — Die drei Gürtel. Ein Russ. Mährchen, von Schukowsky. — Boris Godunow. Von Alex. Puschkin. — Maria-Hain. Eine alte Sage von Schukowskij. — Leiden durch Bildung. Lustspiel von Gribojedow.) breit 8. Reval 831. (Leipz., Brockhaus). 2 fl. 12 gl.

v. Knorring, Ldw. Jh., s. A. v. Kotzebue, hinterlass. Papiere.

v. Knorring, Ldw. Jh., zwei Vetter für einen, s. C. L. Wunder, theatral. Miscellen.

Knorring, Sophie von

— s.a. Sophie Bernhardi.

(Knorring, Frau Sophie v., geb. Tieck,) Evremont, s. Evremont.

Der Name d. Verfin. ist a. a. O. beizufügen.

v. Knorring, Sophie, (früher Sophie Bernhardi, geb. Tieck), Flore u. Blanchefleur; ein episches Gedicht in 12 Gesängen; herausg. u. mit e. Vorrede begl. v. A. W. v. Schlegel. 8. Berl. 822. Reimer. 1 fl 8 gl.

— Marie Gellert, siehe: Bibliothek, Europäische, 406 u. 407. Bd.

(Knorring, Sophia v.,) der Häusler u. seine Umgebung, s. Häusler.

— der Käthner u. seine Familie, s. Ausland, das belletrist., v. K. Spindler. 634.—640. Bdchn.

— Rose u. Reseda, siehe: Bibliothek, Europäische, 233—235. Bd.

— Skizzen, s. a. Ausland, das belletrist., 881—886. Bdchn.

—— Skizzen. Aus d. Schwed. v. C. Eichel. 2 Thle. 8. (35 B.) Leipzig 842, Kollmann.

Knorring, Sophie Margareta von

Skizzen. Aus dem Schwed. von Gottlob Fink. Bdchn 1-3. 4-6.
Stuttgart: Franckh 1847. 8°

— Swea. Kleine Romane, siehe: Bibliothek, Europäische, 667 u. 668. Bd.

(Knorring, Sophie Margareta von)

Täuschungen. Novelle von der Verfasserin der Frauen, der Freunde u.s.w. Aus dem Schwed. übers. von C. Eichel. Th. 1.2.
Leipzig: Kollmann 1839. 8°

—— Tante Lisbeth's neunzehntes Testament. Fortsetzung von: „Arel." Aus d. Schwed. v. C. Eichel. 8. (19½ B.) Leipzig 843, Kollmann.

v. Knorring, Sophie, geb. Tieck, s. Wunderbilder u. Träume.

v. Knorring, (Soph.,) Wunderbilder u. Träume. 2e wohlf. Ausg. 8. Königsberg 823, Universit.-Buchh.

Der Nationalökonom Bücher und der deutsche Sortimentsbuchhandel. Eine Antwort auf Büchers Schrift. 'Der deutsche Buchhandel u. d. Wissenschaft' von Gustav Wilhelm Knorrn, Sortimentsbuchh. *Waldenburg i. Schl.: E. Meltzer 1903.* (56 S.) 8° [03. 11]

Knorrn, Karl, Dichtungen. Neue Sammlg. 16. (X u. 227 S.) Leipzig 847, O. Klemm. 1 ₰ — 2. Aufl. 16. (X u. 227 S.) Ebd. 847. 1¼ ₰

Knorrn, Carl, epische Gedichte. 16. (XVIII und 297 S.) Paris 855, Glaeser. *

—— politische und unpolitische Gedichte. 16. (IV und 328 S.) Leipzig 848, O. Klemm.

—— Johannistag. Episches Gedicht in zwei Gesängen. 16. (48 S.) Paris 848, Glaeser. *

— Johannistag. Episches Gedicht in zwei Gesängen. Ebend. 855. 32. (48 S.) n. 10 ngr.

—— Morgengruß an die Preußen. Sechs Gedichte. 1. und 2. Aufl. 8. Leipzig 847, O. Klemm.

—— Madame Pauli. Episches Gedicht in sechs Gesängen. 16. (63 S.) Paris 855, Glaeser. *
Aus des Verf. „Epische Gedichte", besonders abgedruckt.

Knorrn, Carl, Herr Rénard. Episches Gedicht in sechs Gesängen. 16. (35 S.) Paris 855, Glaeser. Thlr. *

—— der letzte Ritt vor Sebastopol. Episches Gedicht. gr. 8. (19 S.) Paris 855, Glaeser. **

—— die neuen Templer. Episches Gedicht in vier Gesängen. 16. (47 S.) Paris 855, Glaeser. *
Aus des Verf. „Epische Gedichte", besonders abgedruckt.

—— Toni. Episches Gedicht in drei Gesängen. 16. (III und 104 S.) Paris 855, Glaeser. *

Knorrnn, Just. Frider. (Hannover), De libris et epistolis coelo et inferno delatis. Diss. histor.-theol. Präs. Jo. Andreas Schmid. Helmstedt 12. XI. 1704. (Georg Wolfgang Hamm) 1725. 46 S. (6.50) 18703
Gew.: Abt Gerhard (Lockum). — Philipp Ludwig Boehmer (v. Präs.). — Widm. v.: Johann Christian Trautmann (Northeim/Hannover), Dietrich Breier (Braunschweig; dtsch.).

Knors, Clemens, s. Knors, Klemens

Knors, Frz., katechetisches Handbuch zur Erklärung der Evangelien des Kirchenjahrs. Mit Berücksichtigung des Katechismus und des Lesebuchs für den Schulgebrauch verfaßt. gr. 8. (VIII und 494 S.) Paderborn 864, Schöningh.

Knors, Frz., Homilien über die sonntäglichen Episteln des katholischen Kirchenjahres. Nach Chrysostomus. Schaffhausen 854. Hurter. gr. 8. (XV, 660 S.) 1 ₰ 18 ngr.

Knors, Franz, Predigten auf Weihnachten, Ostern, Pfingsten und deren Vorfeier. gr. 8. (IV und 159 S.) Crefeld 848, Gehrich und Comp.

— Predigten auf Weihnachten, Ostern, Pfingsten u. deren Vorfeier. 2. Ausg. Crefeld 861 Gehrich & Co. gr. 8. (2 Bl., 159 S.) 12 ngr.

Knors, Klemens

Knors, Clemens: Experimentelle Untersuchungen über den Lernprozeß. Mit 6 Kurventaf. im Text. Leipzig: W. Engelmann 1910. 65 S. 8° ¶ (Aus: Archiv f. d. ges. Psychol. Bd 17, H 3/4.)
Münster, Phil. Diss. v. 14. Juni 1910, Ref. Meumann
[Geb. 19. Jan. 85 Watern; Wohnort: Münster i. W.; Staatsangeh.: Preußen; Vorbildung: Gymn. Vechta Reife O. 06; Studium: Münster 2, Berlin 1, Münster 3 S.; Rig. 15. Mai 09.] [U 10. 3782

Die für das praktische Leben wichtigsten Nummern des Preußischen Stempeltarifs und des Erbschaftsteuertarifs mit Erl. an d. Hand von Beispielen u. Mustern nebst Tab. u. e. Sachreg. von Wilhelm Knorth *Essen G D. Baedeker 1903.* (48 S.) 8° [3] [03. 6

Knortz, Karl. Arbeit und Kapital in Nordamerika. Gr. in-8°, 43 S. Zürich, Cäsar Schmidt. 1880

--(tr). Schottische Balladen. Halle, 1875.

--Deutschlands Bilder u Balladen, Origtexte mit eng Übersetzungen von verschiedenen Übersetzern. NY, 1889

--(tr). Die Brautwerbung d Miles Standish. Von Henry W Longfellow. n. p., n. d.

Knortz, Karl, Brook-Farm u. Margaret Fuller. Ein nordamerikan. Kulturbild. 2. Aufl. gr. 8. (28 S.) Hamburg 900. G. A. Rudolph. n. —80

Knortz, Karl, das Buch des Lebens. Sprüche der Weisheit f. Freie u. Unfreie. (312 S.) 8. Leipzig 908. Klinkhardt & Biermann. 3.—: geb. n 4. —

— Christentum u. Kirchentum! Vortrag. (24 S.) 8. Leipzig (909). Teichmann & Co. — 35

Knortz, Karl, Deutsch in Amerika. (48 S.) gr. 8. Leipzig 906. C. L. Hirschfeld. n. — 80

— Deutsche in Amerika. Leipzig: C. L. Hirschenfeld, 1906. DLC

Knortz, Karl, Deutsches u. Amerikanisches. 8. (18^ S.) Glarus 894. B. Vogel. 2. --

Knortz, Karl. Die Deutschfeindlichkeit Amerikas. Leipzig: T. Gerstenberg, n.d. DLC

— das Deutschthum d. Verein. Staaten, s.a. Sammlung gemeinverständl. wissenschaftl. Vorträge.

[F.] Das Deutschthum der Vereinigten Staaten. Von Prof. Karl Knortz, Schulsuperint. zu Evansville in Indiana. *Hamburg Verlagsanst. u. Dr. A.-G 1898* (83 S.) 8.
= Sammlung gemeinverständl. wiss. Vorträge N F Ser. 12 H. 281/82
[98. 119

— ein amerikanischer Diogenes (Henry D. Thoreau), s.a. Sammlung gemeinverständl. wissenschaftl. Vorträge.

Knortz, Karl: Ein amerikanischer Diogenes ⟨Henry D. Thoreau⟩ Von Karl Knortz ⟨Evansville ⟨Indiana⟩⟩. Hamburg: Verlagsanst. u. Dr. A.-G. 1899. 32 S. 8⁰
= Sammlung gemeinverständl. wiss. Vorträge. N. F Ser. 14, H 319

— Sudermanns Dramen. Vortrag, geh. unter den Auspizien der germanist. Gesellschaft v. Amerika. (80 S.) 8. Halle 908. R. Mühlmann's Verl. 1. 50

Knortz, Karl, Epigramme. 16. (47 S.) Lyck 878. Wiebe. n. — 80

Knortz, Karl, neue Epigramme. 8. (49 S.) Zürich 884, Verlags-Magazin. *

Knortz, Karl. Faust und Hamlet. In-8⁰, 55 S. Zürich, Verlags-Magazin (J. Schabelitz). 1888

— Folklore. M. dem Anh.: Amerikan. Kinderreime. gr. 8. (87 S.) Dresden 896. Druckerei Glöß. n. 1. —

— Fremdwörterei. Vortrag, geh. im Allgemeinen deutschen Sprachverein zu New-York. (25 S.) 8. Hannover 909. Hahn. — 60

Knortz, Karl, Gedichte, s.: Universal-Bibliothek.

—— amerikanische Gedichte der Neuzeit. Frei ins Deutsche übertragen. 8. (VIII, 128 S.) Leipzig 883, Wartig's Verlag.

--Humoristische Gedichte Baltimore, 1877; Glarus, 1889

Knortz, K., humoristische Gedichte. 2., verb. Aufl. 16. (136 S.) Glarus 889. (Bäschlin.) n. 2. —

— neue Gedichte. 16. (136 S.) Ebd. 884. n. 2. —

— neue Gedichte. 2., verb. Aufl. 8. (121 S.) Glarus 893. B. Vogel. 2. —

— Geschichte der nordamerikanischen Literatur. 2 Bde. 8. (III, 432 u. III, 491 S.) Berlin 891. [Lüstenöder.] Weimar, E. Felber. n. 10. —

— aus der transatlantischen Gesellschaft. Nordamerikanische Kulturbilder. Mit dem (Holzschn.-)Bildnisse James A. Garfield's. 8. (304 S.) Leipzig 882. Schlicke. n. 6. —; geb. 7. 50

Knortz, Karl, Goethe und die Wertherzeit. Ein Vortrag. Mit dem Anhang: Goethe in Amerika. gr. 8. (56 S.) Zürich 885, Verlags-Magazin. *

— Hamlet u. Faust. gr. 8. (55 S.) Zürich 888. Verlags-Magazin. n. 1. —

— der Handfertigkeits-Unterricht, s.a. Stahl's, J., Sammlung zeitgemäßer pädagog. Vorträge u. Abhandlungen. 4. Hft.

Der Handfertigkeits-Unterricht. Ein amerikan. Gutachten von Prof. Karl Knortz. Arnsberg J Stahl 1904. (20 S.) 8° [F.]
= Sammlung, J. Stahl's, zeitgem pädag Vorträge u. Abhandl. H. 4. [05. 10464

Poetischer Hausschatz der Nordamerikaner Hrsg von Prof Karl Knortz. Oldenburg & Leipzig Schulze [1902]. (269 S.) 8° [F] [06. 10816 11

— Individualität. Pädagogische Betrachtgn. gr. 8. (46 S.) Leipzig 897. E. H. Mayer. n. 1. –

— Die Insekten in Sage, Sitte u. Literatur. (III, 151 S.) gr. 8. Annaberg 910. Graser's Verl. 2. 40

— d. wahre Inspirations-Gemeinde in Iowa. Ein Beitrag z. Geschichte d. christl. Pietismus u. Communismus. gr. 8. (88 S.) Leipzig 896. O. Wigand. 1. 50

— Washington Irving in Tarrytown. Ein Beitrag zur Geschichte der nordamerikan. Literatur. (57 S.) 8. Nürnberg 909. C. Koch. 1. —

— Kapital u. Arbeit in Amerika. Vortrag, geh. in der Zionskirche zu Johnstown, Pa. gr. 8. (43 S.) Zürich 880. Schmidt. n. 1. —

— d. Fröbel'sche Kindergarten u. s. Bedeutg. f. d. Erhaltg. d. Deutschthums im Auslande. 8. (47 S.) Glarus 895. B. Vogel. n. — 50

— Kindeskunde u. häusliche Erziehung. gr. 8. (62 S.) Altenburg 900. A. Tittel. n. 1. —

Knortz, Karl, die christlich-kommunistische Kolonie der Rappisten in Pennsylvanien u. neue Mitteilungen üb. Nikolaus Lenau's Aufenthalt unter den Rappisten. Vortrag. gr. 8. (31 S.) Leipzig 892. E. Wiest. n. — 50

— Der menschliche Körper in Sage, Brauch u. Sprichwort. (III, 240 S.) 8. Würzburg 909. C. Kabitzsch. 3. 20

— amerikanische Kriminal-Erzählungen, s.: Zehnpfennig-Bibliothek.

Knortz, Karl. Aus der transatlantischen Gesellschaft. Nordamerikanische Kulturbilder. Leipzig: B. Schlicke, 1882. DLC

— Kulturhistorisches aus dem Dollar-Lande. gr. 8. (III, 171 S.) Basel 892. Schweiz. Verlags-Druckerei. n. 2. —

— Religiöses Leben in den Vereinigten Staaten. Ein unerbaul. Bericht. (260 S.) 8. Jugenheim 910. Suevia-Verlag. 2.50; geb. 3. —

—— amerikanische Lebensbilder. Skizzen und Tagebuchblätter. gr. 8. (IV, 208 S.) Zürich 884, Verlags-Magazin.

— Lieder aus der Fremde. Freie Uebersetzgn. 12. (111 S.) Glarus 887. J. Vogel. 2.

— Lieder aus der Fremde. Freie Uebersetzgn. 2. verm. u. verb. Aufl. 8. (106 S.) Oldenburg (899). Schulze. n. 1.60

Lieder aus der Fremde. Freie Uebersetzungen von Karl Knortz. 2. verm. u. verb. Aufl. Oldenburg & Leipzig: Schulze [1902]. 106 S. 8°

--(tr). Lieder und Romanzen Alt-Englands Kothen, 1872

--Die phonographische Lit in den VS Nordamerikas. N p n d

— Longfellow. Literar-histor. Studie. gr. 8. (128 S.) Hamburg 879. Grüning. 2. 70; geb. 4. —; m. Goldschn. 4. 50

Knortz, Karl (Übers.), s. L o n g f e l l o w, H. W.: Evangeline.

Knortz, Karl (Übers.), s. L o n g f e l l o w, H. W.: Der Sang von Hiawatha.

—— und Otto Dickmann, Modern American Lyrics. 8. (IX, 308 S.) Leipzig 880, Brockhaus. * geb.

— Macbeth. Eine Shakespeare-Studie. (44 S.) gr. 8. Essen 911. Literatur-Verlag. nn 1. 40

— aus der Mappe e. Deutsch-Amerikaners. Frommes u. Gottloses. 8. (III, 124 S.) Bamberg 893. C. Schneider. n. 1. 50; geb. n. 2. —

—— irländische Märchen. Wiedererzählt. 8. (IV, 134 S.) Ebendas. 886. *

--Irlandische Märchen. Zürich, 1888.

Knortz, Karl, Märchen u. Sagen der nordamerikanischen Indianer. Jena 871. Costenoble. br. 8. (VIII, 285 S.) 1 Thlr 20 ngr.

— Mythologie u. Civilisation der nordamerikanischen Indianer. Zwei Abhandlungen. gr. 8. (76 S.) Leipzig 882. Frohberg. n. 1. 50

Nachklänge germanischen Glaubens und Brauchs in Amerika. Ein Beitrag z. Volkskunde von Karl Knortz. *Halle a. S.: H. Peter 1903.* (122 S.) 8°

— Friedrich Nietzsche u. sein Uebermensch. gr. 8. (40 S.) Zürich 898. Leipzig, Verlag des literar. Bulletin. A. v. Stern. n. 1. —

— Friedrich Nietzsche der Unzeitgemäße. Eine Einführg. (III, 93 S.) gr. 8. Annaberg 909. Graser's Verl. 1.60; geb. n 2. 40

—— Nokomis. Märchen und Sagen der nordamerikan. Indianer. Wiedererzählt. gr. 8. (IV, 121 S.) Ebendas. 887. *

—— eines deutschen Matrosen Nordpolfahrten. Wilhelm Nindemann's Erinnerungen an die Nordpolexpedition der „Polaris“ und „Jeanette“. gr. 8. (48 S.) Ebendas. 885. *

— Die Notwendigkeit d. religionslosen Moralunterrichts in der Volksschule. Ein amerikan. Gutachten. (45 S.) 8. Leipzig (909). Teichmann & Co. — 75

Die Notwendigkeit einer Organisation der Freidenker Von Prof. Karl Knortz. Milwaukee, Wis.: Verl. d. Bundes-Vororts 1910. 16 S. 8° (Bibliothek d. Bundes d. Freien Gemeinden u. Freidenker-Vereine von Nord-Amerika Nr 11)

— Robert Owen u. seine Weltverbesserungsversuche. (45 S.) gr. 8. Leipzig (910). E. Demme. 1. —

— Parzival. Litterarhistor. Skizze. M. d. Anh: Der Einfluß u. d. Studium d. deutschen Litteratur in Nordamerika. 8. (60 S.) Glarus 896. Schweiz. Verlags-Anstalt. n. — 50

Knortz, Karl, der Pessimismus in der amerikanisch. Literatur. (45 S.) 8. Wien 909. [Verlag „Lumen“.] M. Braunschweig. 1. —

--Plaudereien eines Deutsch-Amerikaners Lpz, 1898.

— Amerikanische Redensarten u. Volksgebräuche. Mit dem Anh.: Folkloristisches in Longfellow's „Evangeline“. (82 S.) gr. 8. Leipzig 907. Teutonia-Verlag. 1. —

— Rom in Amerika. Ein Vortrag. 8. (59 S.) Zürich 891. Verlags-Magazin. n.n. — 70

— der amerikanische Schutzzoll. gr. 8. (60 S.) Ebd. 892. n. — 75

— Gustav Seyffarth. Eine biograph. Skizze. gr. 8. (122 S. m. Bildnis.) New-York 886. E. Steiger & Co. 2. —

—— Shakespeare in Amerika. Eine literarhistor. Studie. 8. (85 S.) Berlin 882, Th. Hofmann.

— an american Shakespeare-Bibliography. 8. (16 S.) Boston 876. Leipzig 877. Kittler. n.n. 1. —

— sich selbst verbannt. Amerikanischer Kriminalroman nach J. Hawthorne. 8. (218 S.) Mannheim 893. J. Bensheimer's Verl. n. 3. —; geb. 4. —

— amerikanische Skizzen. 8. (311 S.) Halle 876. Gesenius. n. 4. —

— der amerikanische Sonntag. Kulturhistorische Skizze. 8. (86 S.) Zürich 891. Verlags-Magazin. n. — 50

— Die Vereinigten Staaten v. Amerika, s. a. Hillger's, Herm., illustr. Volksbücher.

Die Vereinigten Staaten von Amerika. Von Prof. Karl Knortz. Mit 17 Ill. Berlin, Leipzig: H. Hillger [1907]. (96 S.) 8° [F.]
— Volksbücher, Hillgers illustrierte. Bd 81.

— folkloristische Streifzüge. 1. Bd. 8. (431 S.) Oppeln 899. G. Maske. n. 5. —

Knortz, Karl: Streifzüge auf dem Gebiete amerikanischer Volkskunde. Altes und Neues. *Leipzig: Ed. Wartigs Verlag Ernst Hoppe 1902. (I), 284 S.*

Römische Taktik in den Vereinigten Staaten. Von Karl Knortz, Evansville. Berlin C. A. Schwetschke & Sohn 1904. (80 S.) 8° [5.]

— zur amerikanischen Volkskunde. (73 S.) gr. 8. Tübingen 905. H. Laupp. n. 1. —

— die deutschen Volkslieder u. Märchen. 2 Vorträge. Mit dem Anh.: Volkslieder aus Yorkshire. gr. 8. (117 S.) Ebd. 889. n. 1. 60

— die amerikanische Volksschule. (49 S.) gr. 8. Ebd. 904. n. — 60

Was ist Volkskunde und wie studiert man dieselbe? Von Karl Knortz ⟨Evansville, Indiana⟩. ⟨Zugl. als bedeutend erw. 2. Aufl. eines in Amerika ersch. Privatdruckes.⟩ *Altenburg: A. Tittel. 1900.* (211 S.) 8°

Was ist Volkskunde und wie studiert man dieselbe? Von Karl Knortz. 3. Aufl. Jena H.W. Schmidt 1906. (211 S.) 8°

— aus der alten u. neuen Welt. Bunter Kram. 8. (IV, 309 S.) München 892. Münchner Handelsdruckerei u. Verlagsanstalt, M. Poeßl. n. 3. 50

— dasselbe. 2. (Titel-)Aufl. 8. (IV, 309 S.) Ebd. 895. 3. —; in Elfenbeinbd. m. Goldschn. n. 4. 50

— eine Weltanschauung in Citaten. gr. 8. (223 S.) Leipzig 892. M. Spohr. n. 3. —

-Walt Whitman, Vortrag gehalten im Dten Gesellig-Wissenschaftlichen Verein von NY am 24 Marz 1886 NY 1886

— Walt Whitman. Der Dichter der Demokratie. II. Aufl. Mit den Beilagen: 1. Neue Uebersetzgn. aus „Grashalme". 2. 13 Orig.-Briefe Whitman's. gr. 8. (95 S.) Leipzig 899. [F. Fleischer Verl.] R. Voigtländer's Verl. n. 1. 20

Knortz, Karl (Übers.), s. Whitman, Walt: Grashalme.

Knortz, Karl, wie kann das Deutschtum im Auslande erhalten werden? gr. 8. (25 S.) Bamberg 894. Handelsdruckerei. n. — 50

— aus dem Wigwam. Uralte u. neue Märchen u. Sagen der nordamerikanischen Indianer, wiedererzählt. Mit 4 Anfangsvignetten u. 6 Tonbildern. gr. 8. (XII, 214 S.) Leipzig 880. Spamer. n. 3. 50; cart. n. 4. 50

— Nietzsche's Zarathustra. Eine Einführg. (66 S.) 8. Ebd. 906. n. 1. 20; geb. n. n. 1. 60

Die Uhren-Industrie. ⟨Wand- u. Standuhren.⟩ Dr jur Knorz. *Berlin 1901: (J Belling).* (13 S.) 8°
— Interesse d. deutschen Industrie an d. Handelsverträgen. 5.

Knorz, Zollhandbuch f. d. Industrien der Uhren (ausser Taschenuhren), Musik-Instrumente jeder Art u. Metallbearbeitungsmaschinen. gr. 8. (93 S.) Villingen 897. (Leipzig, Wilhelm Diebener) n. 3. —

Knorz, A.

—— der Rathgeber im Eisenbahngüterverkehr. Praktisches Handbuch zum Gebrauch für Spediteure, Fabrikanten, Kaufleute, Eisenbahnbeamte etc. Nach amtl. Quellen bearb. und zusammengestellt. gr. 8. (IV, 268 S. mit 1 Eisenbahnkarte des Deutschen Reichs.) Leipzig 886, Strauch. geb. *

Knorz', A., Geraer Taschen-Fahrplan. Winterdienst 1885/86. 12. (IV, 48 S.) Gera 885, (Nugel.) *

Knorz, August, appr Arzt Ein Fall von Sarkomatose des Peritoneums mit grösserer Tumorenbildung im Netz und Ovarium. *München 1900: Kastner & Lossen.* (24 S.) 8°
München, Med. Diss. v. 1900

Knorz, F: Beitrag zur Bestimmung der absoluten Muskelkraft. Marburg. 1865. 24 S.
Schul-/Univ.-Schrift

Knorz, J. E. F., de maxillae superioris inprimis ejus sinus morbosis affectionibus. Dissertatio. 4 maj. (5¾ B.) Marburgi 844, libr. aul. Elwert. *

—— de pili structura et genesi. Dissertatio inauguralis. 8maj. (3 B.) Ibid. 844. *

Knorz, Justus: Geschichte des k. k. Infanterie-Regiments, s. Wück, Alois

Knörzer, Albert „Die Temperaturmittel Würzburgs von 1880—1903 revidiert nach den Beobachtungen von Bayreuth und Kissingen nebst Reduktion der Singer'schen Werte (1851—1880) auf die Formel ¼ ($7^h a + 2^h p + 2 \times 9^h p$)". Ein Beitrag zur Klimatologie Würzburgs. pg. 3—16. 8°. Ph. Brönner'sche B. (P Seitz).
Eichstätt, Progr. 1903/04

Knörzer, Alois „Bedeutung der Realschulen, insbesondere der vierkursigen, für den Bürger und Landmann". pg. 3—10. 8°. Fr. Dempf'sche B.
Wasserburg, Progr. 1882/83

Knörzer, Alois „Bedeutung der Realschulen" etc. (Modifizirter Abdruck des Vorwortes zu den vorjährigen Jahresberichten.) pg. 3—10. 8° Fr. Dempf.
Wasserburg, Progr. 1884/85

Knörzer, Alois „Rückblick über die Entwicklung der Königl. Realschule Wasserburg am Inn während ihres 25jährigen Bestehens" pg. 1—12. 8° Dempf.
Wasserburg, Progr 1903/04

Knörzer, Alois „Kurzer Rückblick über die Entwicklung der Anstalt im ersten Decennium ihres Bestandes" pg. 3—12. 8° Fr. Dempf'sche B.
Wasserburg, Progr. 1888/89

Knös, A. C., kurze Darstellung der vornehmsten Eigenthümlichkeiten der schwedischen Kirchenverfassung mit Hinblicken auf ihre geschichtl. Entwicklung. Mit einem Vorwort von G. C. A. Harleß. gr. 8. (X und 182 S.) Stuttgart 852, S. G. Liesching.

Knös, Börje, codex graecus XV Upsaliensis. Akadem. Abhandlg. (III, 63 S.) gr. 8. Upsala 908. (Akadem. Buchh.) 1. 50

Knoes, Franz

Entwurf der nöthigsten und dabey faslichsten Grundsätze des Rechnens. Anfängern gewidmet von *Fr. Knoes.* Giessen, Krieger. 102 S. 8. 1788.

Knoes, Franz, Gedanken über den allgemeinen Nuzzen der Geographie und eine zweckmäsige Lehrmethode derselben auf Schulen. — Gönner u. Freunde jugendlicher Studien ladet zugleich zu der den 12ten u. 13ten Septemb. in unserm Pädagog vorzunehmenden öffentl. Prüfung u. Redeübung erg. ein. Giesen (Johann Jacob Braun) 1785. 16 S. mit Namen. (5.—) 18646

Knoes, Gustav

Knös, W., († im Dec. 1826.) Chrestomathia syriaca, maximam partem e codicibus manuscriptis collata. 8. Gotting 808. Vandenhöck u. R 1 ꝛß

Knös, Gustav (Vestro-Gothia/Schweden), Disquisitio de fide Herodoti qua perhibet Phoenices Africam navibus circumvectos esse cum recentiorum super hac re sententiis excussis. — Adnexum est specimen sermonis arabici vulgaris seu initium historiae filii regis Azad Bacht e codice inedito typis descriptum et in latinum conversum. — Utrumque opusculum ex praescripto ampl. facult. philos. Upsaliensis 7. VIII. 1805 publ. exam. subj. Götting. (Heinrich Dieterich). 46, 8 S. (6.50) 18647
Gew.: Graf Axel Fersen, Johann Heinrich v. Essen, Peter Tham, Olav Gerhard Tychsen.

Knoes, G., Geschichte der Forschungen über den Geburtsmechanismus, s.a. Stammler.

Knoes, Gustav (Oberramstadt)
Geschichte der Forschungen über den Geburtsmechanismus von der Mitte des 16. bis zur Mitte des 17. Jahrhunderts.
Giessen: M. Merck 1854. 83 S. (in Δ mit Thesen)
Diss. med. 25.11.1854. vorh. 26. 11.Δ

— histor. decem Vezirorum etc. 4. Brunsv. Heinemann. 808.

Knoes, Gust., Historia decem Vezirorum et filii Regis Azad Bacht, insertis undecim aliis narrationibus. In us. tironum ad cod. mspt. Cahirensem. 8. (8 B.) Lipsiae 832, Serig.

— institutiones theolog. practicae. 8. Leipz, (W. Vogel). 12 ℊℊ

— **Johann Peter** (Vestro-Gothia/Schweden), Orphei Hymnus in Tellurem, notis illustratus, rhythmis auctus, Latialibus, Germanicis atque Suecanis. Schediasma philol. Präs. Ludw. Theob. Kosegarten. Greifswald (J. H. Eckhardt) Febr. 1814. 12 S. (4.50) 18648
Lat. Fassung nach Joseph Justus Scaliger.

Knös, Olaus Vilelmus, de Digammo homerico quaestiones. III. [Aus: „Upsala Universitets Årsskrift".] gr. 8. (S. 225—373.) Upsala 878. Akadem. Buchh. n. 4. 60 (I—III.: n. 9. 60)

Knös, Olaus Vilelmus, de digammo homerico quaestiones. III. gr. 8. (S. 225—373.) Upsala 879, Akadem. Buchh. *
Aus: Upsala Universitets Årsskrift, besonders abgedruckt.
I. und II. Ebendas. 1872,73. *ℳ 5.

Knös, Rudolf, aus Ober-Ramstadt Anatomische Untersuchungen über die Blattspreite der einheimischen Farne. *o. O. [1903].* (59 S.) 8°
Erlangen, Phil. Diss. v. 18. Dez 1902

Knös, W , s. Knös, Gustav

Knoesel, Christian, aus Nürnberg Die Einwirkung einiger Antiseptika ⟨Calciumhydroxyd, Natriumarsenit und Phenol⟩ auf alkoholische Gärung. *Jena: G. Fischer 1902.* (27 S.) 8°
Erlangen, Phil. Diss. v. [6. Febr] 1900

Knösel, Karl, das altfranzösische Zahlwort. gr. 8. (69 S.) Erlangen 884. Deichert. n. 1. 60

Knösel, K. Ueber altfranzösische Zahlwörter. Diss. Göttingen 1883. 34 S.

Knösel, Th., die Holzstoff- od. Holzschliff-Fabrikation, s. Schubert, Max.

Knösel, die Cellulosefabrikation, s.: Schubert, Max.

Knospe, R., orthogr. Klippen. 4 Wandtaf. zur Rechtschreibg. gr. Fol. Dresden (900). (A. Müller, Fröbelhaus). n.n. 1.25; m. Leinw.-Rand u. Ösen n.n. 2.25; auf Pappe n.n. 5. —

Knospe, Max, Assistenzarzt im Feldart.-Reg. No 5 Beitrag zur Entstehung centraler Dammrisse bei Hinterhauptslage. *Greifswald 1898: J. Abel.* (30 S.) 8°
Greifswald, Med. Diss. v 1 Nov 1898

Knospe, Sigmar: Aristipps Erkenntnistheorie im platonischen Theätet. *Groß-Strehlitz (1902): G. Hübner.* (S. 1—11.) 4° [F. u. Ant.]
Groß-Strehlitz, k. G, OP 1902 (232)

Knospe, Sigmar, Aristipps Erkenntnistheorie im platonischen Theätet. Progr. gr. 4. (11 S.) Gross-Strehlitz 902. (A. Wilpert). n. 1. —

Knospen. Glogau 1829. V: *Anders, Frdr. Glob Eduard.* (GGr)

Knospen, Sammlung von neueren Dichtungen f. die Kinderwelt Gesamm. u. illustr. v. H. Kruspe u. A. 16 (1½ B) Dresden 846, Naumann. *

Knospen u. Blüthen. Ein Geschenk für d. Jugend. N. Aufl., mit Tit.-Vign. 12. (Landsh. 822. Krüll). 3 ℊℊ

Knospen u. Blüthen. Ein Geschenk f. d. Jugend. Neue Aufl. 12. (2 B. u. Titvign.) Landshut 828. (Regensburg, Manz.)

—— u. Blüthen aus d. Werken deutscher Dichter z. besond. Gebrauche f. Stammbücher, Albums rc. 16. (2 B.) Graudenz 844, Berlin, Oehmigke's Buchh. *

Knospen u. Blüthen. Organ für Deutschlands Dichterwelt. (Unter Leitung mehrerer Freunde deutscher Poesie.) Jahrg. 1865—68. à Jahrg. 48 Nrn. (½ Bgn.) Frankfurt a. M., Sauber. gr. 4. Jeder Jahrg. 1 ꝛß 10 ngr.

Knospen u. Blüthen. Lenzgrüße in Wort u. Bild. 16. (12 S.) Leipzig 889. Baldamus, Sep.-Cto. n. — 60

Knospen u. Blüten. Erzählungen u. Märchen f. junge Mädchen. M. 3 feinen Farbendr.-Bild. (v. G. Franz). 8. (112 S.) Mülheim a/R. 896. J. Bagel. Geb. 1. 20

Knossala, A., deutsches Lesebuch f. mehrklassige Schulen, kathol. Ausg., s.: Schmidt, Otto F.

Special Karte des Weser-Gebietes sowie Detmold mit Umgegend Auf Grund d Generalstabs-Karten u. eigener Aufnahmen bearb von Gustav Knost Kartogr d. Kgl Preuss Landes-Aufnahme Massst 1 60,000 (Aufl.) [Mit e Nebenkarte Detmold u Umgebung] *Oeynhausen Ibershof [1902]. E. Gaebler's geogr Inst., Leipzig.* (1 Kartenbl. 69 [illegible] cm) 8° [kol] [illegible]

Knost, Wilhelm, Referendar in Oldenburg Das **Blankoindossament** im Wechselrecht. *Borna-Leipzig 1903: R. Noske.* (IX, 50 S.) 8°
Leipzig, Jur Diss. v 1903

Knoest, J. C., Wörter, Sprichwörter u. Redensarten, s.: Susan, S.

Knot, Christian Friedr., De erroribus circa causas mortis subitae. Diss. med. Präs. Johann Heinrich Heucher. Wittbg. (Johann Hake) Dez. 1703. 20 Bl. (6.20) 18704

Knote, der. Organ für Reformen auf allen Gebieten. Red.: Askan Schmitt. 5. Jahrg. (2. Jubiläumsjahrg.) Nr. 1. (16 S.) gr. 8. Leipzig (Crottendorferstr. 14), A. Schmitt. — 10
Erscheint in zwanglosen Nrn.

Knote, der. Unmodernes Ueberwitzblatt. Red.: A. Schmitt. Nr. 1—9. 1902. Lex.-8. (à 16 S.) Leipzig (Roßstr. 9), A. Schmitt. à — 10

Knote, der. Hrsg. u. Red.: Askan Schmitt. 9. Jahrg. 1910. gr. 8. Leipzig. Weimar, A. Schmitt. à Nr. — 10
Erscheint in zwanglosen Nummern.

Knote, Ferdinand Maria: Theologische Thesen ... zur Erwerbung des Grades eines Lizentiaten der Theologie .... Berlin (1907): G. Schade. (2 Bl.) 4°
Berlin, Theol. Fak., Ref. Seeberg, Diss. v. 13. Juni 1907
[Geb. 11. Okt. 78 München; Wohnort: Augsburg-Pfersee; Staatsangeh.: Bayern; Vorbildung: Maximilians-Gymn. München; Studium: Erlangen, Greifswald, Berlin 1898—1901; Rig. 8. Juni 07.]

Knotek, Fritz, die Anlage u. Bewirtschaftung kleiner Waldbaumschulen zur Erziehung v. Nadelholzpflanzen, s.a. **Arbeiten** der deutschen Sektion des Landeskulturrates f. das Königr. Böhmen. IX.

Knotek, F. Die Anlage und Bewirtschaftung kleiner Waldbaumschulen zur Erziehung von Nadelholzpflanzen. [Arbeiten der deutschen Sektion des Landeskulturrates für das Königreich Böhmen. Heft IX.] Gr.-8°. (ill. 22 S.) Prag: Calve 1910.

Knotek, Joh., die bosnisch-hercegovinischen Borkenkäfer Ein Beitrag zur Kenntniss der bosnisch-hercegovin. Käferfauna. [Aus: „Wissenschaftl. Mittheilgn. aus Bosnien u. d. Hercegovina" 2. Bd] Lex.-8. (7 S. m 2 Taf.) Wien 894. (C. Gerold's Sohn.) n. 1. 20

Knotel, R., siehe: *Lackowitz.*

Knötel, A. Die Belagerung von Glatz im Jahre 1807. Habelschwerdt 1885 8°. (Aus: Vierteljahrsschrift f. Gesch. u. Heimatskunde d. Grafsch. Glatz.)

Knötel, Aug., Cheops der Pyramidenerbauer und seine Nachfolger. Nochmalige, gründliche und allseitige Erörterung der Fragen: was es mit dem Einfalle der Hirten in Aegypten, dem Pyramidenbau, der Glaubwürdigkeit Manetho's etc. für eine Bewandniss habe. gr. 8. (X und 130 S.) Leipzig 861, Dyk'sche Buchh. *

[F.] Aus der Franzosenzeit. Was der Grossvater u. die Grossmutter erzählten. Von Aug. **Knötel.** *Leipzig: F. W. Grunow 1896.* (XXIV, 353 S.) 1 Bd 8. [96. 2435

Knötel, Aug., der Niger der Alten u. andere wichtige Fragen der alten Geographie Afrika's. Glogau 866. Flemming. gr. 8. (48 S. mit 1 chromolith. Karte in qu. 4., das nordwestliche Afrika nach Ptolemäus darstellend.) 12 ngr.

Knoetel, Augustin., de pastoribus qui Hyc-sos vocantur deque regibus pyramidum auctoribus. Commentatio historico-chronologica. 8maj. (19 S.) Lipsiae 856, libr. Dyk. *

— das Sühnfest zu Iguvium. [Nach dem aus dem Umbrischen entzifferten Rituale.] Ein Beitrag zur Kenntniß der altitalischen Religionen und Staatseinrichtungen. (Abdruck aus dem Programm des königl. kathol. Gymnasiums zu Glogau.) Glogau 862. Zimmermann in Comm. 4. (23 S.) n. 10 ngr.

— System der ägyptischen Chronologie, übersichtlich entwickelt u. abgeschlossen hingestellt, nebst einem kurzen Abrisse der ältesten ägyptischen Geschichte, wie sich dieselbe nach den Ergebnissen der Zeitrechnung gestaltet. Leipzig (857.) Dyk. gr 8. (VII, 124 S.) 24 ngr.

—— **System der ägyptischen Chronologie, übersichtlich entwickelt und abgeschlossen hingestellt, nebst einem kurzen Abrisse der ältesten ägyptischen Geschichte, wie sich dieselbe nach den Ergebnissen der Zeitrechnung gestaltet. gr. 8. (VII und 124 S.) Leipzig 858, Dyk'sche Buchh.**

Knötel, A Der opisch-lateinische Volksstamm, seine Einwanderung und Verbreitung in Italien. (Jahresbericht des Katholischen Gymnasiums zu Glogau. 1852/53.) Glogau 1853. 26 S. 8°

Knötel, August F. R.

Knötel, A. F. R., Atlantis u. das Volk der Atlanten. Ein Beitrag zur 400jähr. Festfeier der Entdeckg. Amerikas. 8. (VIII, 418 S.) Leipzig 893. F. W. Grunow n. 4. 50

— Homeros, der Blinde von Chios u. seine Werke. 1. Tl. 8. (XIV, 378 S.) Ebd. 894. n. 4. 50

Knötel, Aug. F. R., Homeros, d. Blinde v. Chios, u. s. Werke. 2. (Schluß-) Tl. 8. (XVI, 396 S.) Leipzig 895. F. W. Grunow. n. 4. 50

Knötel, Hildeg., neues Mädchenbuch. Zur Belehrung u. Unterhaltg. f. heranwachs. Mädchen. Unter Mitwirkg. v. Paul Knötel u. Felicitas Rinke geschrieben u. hrsg. Bilder v. Rich. u. Paul Knötel. (IV, 203 S. m. Abbild. u. 4 Vollbildern.) 8. Kattowitz (908). Phönix-Verlag. Geb. in Leinw. 3. 75

[F.] Bilderatlas zur Deutschen Geschichte. Zsgest. u. m. erklär. Anm. vers. v. Dr. Paul Knötel. *Bielefeld & Leipzig Velhagen & Klasing 1895.* (XII, 160 S., 1 Bl.) 1 Bd 4.(8.) [95. 4674

Knötel, Paul, schlesisches Bilderbuch. Mit Originalen v. Rich. Knötel. (52 S.) Fol. Kattowitz (906). Gebr. Böhm. Kart. n. 6. —

Knoetel, Paul [aus Groß-Glogau, wiss. Hilfsl. am Gymn. zu Kattowitz]: Die Figurengrabmäler Schlesiens. Kattowitz, Druck v. G. Siwinna, 1890; 51 S. 8°
Jena, Phil. Fak., Inaug.-Diss. v. 1890

Knoetel, Paul. Die Figurengrabmäler Schlesiens. Diss. gr. 8. (51 S.) Kattow. 890. (Rudolst., Dabis.) * 1 —

Geschichte Oberschlesiens. Für weitere Kreise dargest von Dr Paul **Knötel.** Mit Abb. u. 1 Karte. Kattowitz Gebr. Bohm 1906. (103 S.) 8° [F.] [05. 15066

Knötel, Paul, Dr.: Bürgerliche **Heraldik.** Mit 17 Abb. *Tarnowitz (1902): Ch. Reimann.* (30 S.) 8° [F.] ¶ [Erschien 1903 erweitert in 2 Aufl.]
Tarnowitz, k. RG, P 1902 (243)

Knötel, Paul, bürgerliche Heraldik. 2. verb. u. erweit. Aufl. gr. 8. (VII, 38 S. m. 19 Abbildgn.) Tarnowitz 903. A. Rothe. n. 1. 50
1. Aufl. (V, 30 S. m. 17 Abb.) 902. n. 1. —.

Der Hungerturm. Von Paul **Knötel.** Breslau Priebatsch 1906. (56 S.) 8° [F.]
(Aus d. deutschen Osten.) [07. 3394

— im Kampf um d. Heimat. Eine Geschichte aus schweren Tagen. Mit Bildern v. Rich. Knötel. (171 S.) gr. 8. Kattowitz 904. C. Siwinna. Geb. in Leinw. n. 3. 50

Knötel, Paul, Kunst u. Heimat. Ein Wegweiser zur Kunst. (IX, 218 S. m. 83 Abbildgn.) 8. Kattowitz 910. Gebr. Böhm. Geb. in Leinw. 5. —

— illustrierte allgemeine Kunstgeschichte im Umriß für Schule u. Haus sowie zum Selbststudium. gr. 8. (VII, 258 S. m. 181 Abbildgn.) Leipzig 902. O. Spamer. n. 5. 50; geb. in Leinw. n. 6. 50

— illustr. allgem. Kunstgeschichte im Umriß f. Schule u. Haus sowie zum Selbststudium. 2. Aufl. (V, 258 S. m. 181 Abbildgn.) gr. 8. Leipzig 907. O. Spamer. Geb. in Leinw. n. 6. 50

— s. a. Oberschlesien.

— Oberschlesien einst u. jetzt. Kurzgefaßte Geschichte des Reg.-Bez. Oppeln f. Schule u. Haus. (VII, 107 S. m. Abb.) kl. 8. Kattowitz 909. Gebr. Böhm. 1. —

— u. Hildegard Knötel, oberschlesische Sagen. Nacherzählt. Mit Bildern v. Paul Knötel. (120 S.) 8. Kattowitz 907. C. Siwinna. Kart. n. 1. —

[F.] **Knötel,** Paul [wiss. Hilfsl. Dr.]: Die Städtewappen Oberschlesiens. M. 61 Abb. Tarnowitz, Ch. Reimann'sche Buchdr., 1894; 31 S. 8.
Tarnowitz, k. RG, OP 1894 (222)

Knötel, Paul, die Städtewappen Oberschlesiens. Mit 61 Abbildgn. Progr. gr. 8. (31 S.) Tarnowitz 894. (R. Ronge's Nachf.) n. 1. —

Knötel, Paul, zwei Weihnachten, s.: Weihnachts- u. Neujahrs-Aufführungen.

Knötel, Rich., König Albert's Ruhmesbahn, s.: Pilz, Herm.

Knötel, R., die deutsche Armee. Leporello-Album. 17 farb. Taf. auf Pappe in 8. m. 7 Bl. Text auf d. Rückseite. Berlin 896. A. Thümecke Nachf. n. 3. 50

— dasselbe. Leporello-Album. 17 farb. Taf. auf Pappe in 8. m. 8 Blatt Text auf d. Rückseite. Englische u. französ. Ausg. Ebd. 897. à n. 3. 50

Knötel, R., die deutsche Armee. Japanische Ausg. 8. (21 farb. Taf. auf Pappe m. 15 Bl. Text.) Berlin 897. A. Thümecke Nachf. n. 10. —

— L'armée et la marine turques représentées dans leurs uniformes actuels sur 12 planches coloriées, montrant des types d'officiers et de soldats. Avec un appendice donnant des renseignements sur l'organisation, le nombre et la formation de l'armée et de la marine turques. qu. gr 8. (20 S.) Ebd. 897. n. 4. —

Knötel, R., die preußische Armee von den ältesten Zeiten bis zur Gegenwart, s. Krippenstapel, Friedr.

— die türkische Armee u. Marine in ihrer gegenwärt. Uniformirung, dargest. auf 12 (farb.) Taf. m. Abb. v. Offizieren u. Soldaten. Nebst ausführl. Erläutergn. zu denselben u. Mittheilgn. üb. Organisation, Stärke u. Eintheilg. d. türk. Armee u. Marine. qu. gr. 8. (19 S.) Rathenow 897. M. Babenzien. n. 4. —

Die Türkische Armee und Marine in ihrer gegenwärtigen Uniformirung dargestellt auf 12 Tafeln mit Abbildungen von Offizieren und Soldaten. Gezeichnet von R. Knötel nebst ausführlichen Erläuterungen zu denselben und Mittheilungen über Organisation, Stärke und Eintheilung der Türkischen Armee und Marine qu 8 Rathenow (1903).

The Turkish Army and Navy in their outward appearance represented on 12 coloured plates, showing the uniforms of officers and men, Drawn by R[ichard] **Knötel.** Appendix. Detailed statements on the organisation strength, a. divisions of the Turkish Army a. Navy. *Rathenow: M. Babenzien 1897.* (18 S., 12 Taf.) 1 Bd quer-8. [98. 4478

[Knötel, Richard.] Festzug. 10tes Deutsches Bundesschiessen Berlin 1890. Verlag von Amsler & Ruthardt Berlin [1890] [Umschlagtit.]
20 Taf. (Leporello-Album.) 8°

Knötel, Rich., Friedrich der Grosse, s.: Röchling, Carl.

— Frisch auf Kameraden! E. Soldaten-Bilderbuch. 4. (12 S. m. Text u. farb. Bild. auf Pappe.) Nürnberg 897. Th. Stroefer. Geb. 2. 50

— der alte Fritz, s.: Röchling, Carl.

Knötel, Richard. Handbuch der Uniformkunde Leipzig, Verlagsbuchhandlung von J J Weber 1896
VIII + 408 S m 100 Abb 8°
(Webers illustrierte Katechismen Nr 155)
Weitergeführt siehe Oc 33

Wissenswerten uber die deutsche Flotte nebst vergleichender Darstellung der Seestreit
Wissenswerten uber die deutsche Flotte nebst vergleichender Darstellung der Seestreitkrafte des Auslandes Kiel & Leipzig, Lipsius & Tischer 1899.
VI + 347 S. m 644 Abb 1 Karte. 8°

Knötel, Richard & Wilhelm Kuske. Das deutsche Heer Nach Aquarellen von Richard Knotel bearbeitet und hrsg. von Wilhelm Kuske. Berlin 1898.
Tit., 1 Bl 17 + 2 + 1 Bl 47 farb. Doppeltaf gr 2°

—— und Fedor v. Köppen, Preußens Heer in Bild und Wort. Von der Gründung des brandenburg. Heeres bis zum Aufbau der Kriegsmacht des Deutschen Reiches 1619—1889. Bilder von R. K., Text von F. v. K. gr. 4. (74 S. mit 36 Bildern in Farbendr. und 35 Vign.) Glogau 888, Flemming. geb. *

—— —— Preußens Heer in Bild u. Wort. Von der Gründg. d. brandenburg. Heeres bis zum Aufbau der Kriegsmacht d. Deutschen Reiches 1619—1889. Bilder v. R. K., Text v. F. v. K. Mit 36 Bildern in Farbendr. u. 35 Vignetten. 2. Aufl. gr. 4. (III, 74 S.) Glogau 890, Flemming. geb. * 8 —

— u. Fed. v. Köppen, Heerschau über die Kriegsvölker Europa's, m. 118 Illustr. in feinstem Farbendr. u. 48 Illustr. in Tondr. von R. K. u. mit erläut. Texte von F. v. K. gr. 8. (151 S.) Fürth 891. G. Löwensohn. Geb. in Leinw. n. 7. 50

Knötel, Rich., s.: In d. Königs Rock.

— das grossherzogl. hess. Leibgarderegt., s.: Röchling, C.

— die Königin Luise, s.: Röchling, Carl.

— s.: Militärbilderbuch, das.

Knötel, Richard (Hrsg.), s. Mitteilungen zur Geschichte der militärischen Tracht.

Knoetel, Rich., Recueil général des uniformes historiques français et étrangers. Feuilles et notions pour servir à l'historie de la tenue militaire. Dessiné et anotés. Traduit de l'allemand par un officier de l'état-major général français. Tome. 1. 12 livrs. gr. 8. (1. livr. 5 Farbdr.) Rathenow 899. M. Babenzien. à n. 1.50

— Soldaten-Humor. 25 heitere Scenen aus dem Soldatenleben, nach Orig.-Zeichnungen. gr. 8. (25 Bl. in Lichtdr.) Berlin 888. Toussaint & Co. In Mappe. n. 6.—

— Soldaten-Humor 25 heitere Scenen aus dem Soldatenleben nach Orig.-Zeichngn. (in Albertotypie). gr. 8. (Mit 1 Bl. Text) Berlin 890. [Hochsprung.] Paul Kittel. In Mappe. n. 5.—

— die Uniformen d. deutschen Armee. 8 systemat. Farbentaf. m. Erläutergn. (v. W. Kuske), nebst Angabe sämmtl. Truppentheile, ihrer Standquartiere u. d. Errichtungsjahres. 1.—4. Aufl. 8. (à 78 u. 28 S.) Berlin 897. A. Thümecke Nachf. n. 2.—

— d. Uniformen d. deutsch. Armee, 5. Aufl., s.: Uniformen.

Knötel, Richard. Uniformenkunde. Lose Blätter zur Geschichte der Entwickelung der militärischen Tracht. Hrsg. gezeichnet und mit kurzem Texte versehen von Richard Knotel. Rathenow. Max Babenzien 1890—1912.
17 Bde. [nebst] Gesamtverz. 8°
1 1890: Tit. 2 Bl. 50 Taf.
2 1891 Tit. 2 Bl. 50 Taf.
3. 1892: Tit. 1 Bl. 25 Bl. Mitteilungen zur Geschichte der milit. Tracht; 60 Taf.
4. 1893: Tit. 1 Bl. 25 Bl. Mitteilungen; 60 Taf.
5. 1894: Tit. 1 Bl., 60 Taf. 48 S. Mitteilungen.
6 1895: Tit. 1 Bl. 60 Taf. 48 S. Mitteilungen, 6 S. Gesamtverzeichnis.
7 1896: Tit. 1 Bl. 60 Taf. 48 S. Mitteilungen, 6 S. Gesamtverzeichnis.
8 1897 Tit. 1 Bl. 60 Taf. 48 S. Mitteilungen, 6 S. Gesamtverzeichnis.
9 1898: Tit. 1 Bl. 60 Taf. 48 S. Mitteilungen, 6 S. Gesamtverzeichnis.
10. 1899: Tit. 1 Bl. 60 Taf. 48 S. Mitteilungen, 7 S. Gesamtverzeichnis.
11 1900: Tit. 1 Bl. 60 Taf. 48 S. Mitteilungen, 7 S. Gesamtverzeichnis.
12. 1903 Tit. 1 Bl. 60 Taf. 48 S. Mitteilungen, 8 Bl. Gesamtverzeichnis.
13. 1904: Tit. 1 Bl. 60 Taf. 48 S. Mitteilungen, 8 S. Gesamtverzeichnis.
14. 1906: Tit. 1 Bl. 60 Taf., 10 S. Gesamtverzeichnis, 48 S. Mitteilungen.
15. 1908: Tit. 1 Bl. 60 Taf. 11 S. Gesamtverzeichnis, 48 S. Mitteilungen.
16. 1909: Tit. 1 Bl. 11 S. 60 Taf. 48 S. Mitteilungen.
17. 1912: Tit., 1 Bl. 12 S. Gesamtverzeichnis; 60 Taf. 48 S. Mitteilungen.
Die Taf. sind farbig.
Bd. I u. II enthalten nur deutsche Uniformen. Bd. 18 (1914) fehlt.

Knötel, Rich., Uniformenkunde. Lose Blätter zur Geschichte der Entwickelung der militär. Tracht in Deutschland. Hrsg., gezeichnet und mit kurzem Texte versehen. 1.—6. Hft. Lex.-8. (à 5 farb. Taf.) Rathenow 890. Babenzien. à n. 1.50; einzelne Blatt à n. —40; Mappe zum 1. Bde. n.n. 3.—

— Uniformenkunde. Lose Blätter zur Geschichte der Entwickelg. der militär. Tracht in Deutschland. Hrsg., gezeichnet u. mit kurzem Texte versehen. 1. Jahrg. 7.—10. Hft. Lex.-8 (à 5 farb. Taf.) Rathenow 890. M. Babenzien. à Hft. n. 1.50; einzelne Blatt à n. —40 (1. Jahrg. kplt. in Mappe: n. 18.—)

— dasselbe. 2. Bd. 10 Hfte. Lex.-8. (à 5 farb. Taf.) Ebd. 891. à Hft. n. 1.50; einzelne Blatt à n. —40

— dasselbe. 3.—5. Bd. à 12 Hfte. Lex.-8. (à Hft. 5 farb. Taf. u. Mittheilungen zur Geschichte der militär. Tracht à 4 S.) Ebd. 892—894. à Hft. n. 1.50; einzelne Blatt à n. —40; Leinw.-Mappe dazu à n.n. 3.—

— Uniformenkunde. Lose Blätter z. Geschichte d. Entwickelg. d. militär. Tracht. Hrsg., gezeichnet u. m. kurzem Texte vers. 6.—9. Bd. à 12 Hfte. Lex.-8. (à Hft. 5 farb. Taf. u. Mittheilgn. zur Geschichte d. militär. Tracht à 4 S.) Rathenow 895—898. M. Babenzien. à Hft. n. 1.50; einz. Blatt n. —40; Leinw.-Mappe dazu à Bd. n.n. 3.—

— Uniformenkunde. Lose Blätter zur Geschichte der Entwickelg. der militär. Tracht. Hrsg., gezeichnet u. m. kurzem Texte versehen. 10. u. 11. Bd. à 12 Hfte. Lex.-8. (à 5 Farbdr. u. Mittheilungen zur Geschichte der militär. Tracht à 4 S.) Rathenow 899—902. M. Babenzien. à Hft. n. 1.50; einz. Blatt n. —40; Leinw.-Mappe dazu à n.n. 3.—

— dasselbe. 12. Bd. 1.—3. Hft. Lex.-8. (15 Farbdr. u. Mittheilungen zur Geschichte militär. Tracht S. 1—12.) Ebd. 902. à n. 1.50; einzelne Blatt n. —40

— dasselbe. Italien. (Cisalpinische Republik. Königreich unter Eugen Beauharnais. Sardinien. Kirchenstaat. Neapel). (Sonder-Ausg.) Lex.-8. (32 farb. Taf. m. III S. Text.) Ebd. 902. In Leinw.-Mappe n. 14.—

— dasselbe. Oesterreich-Ungarn. (Sonder-Ausg.) Lex.-8. (46 farb. Taf. m. III S. Text.) Ebd. 902. In Leinw.-Mappe n. 18.—

— Uniformenkunde. Lose Blätter zur Geschichte d. Entwickelg. der militär. Tracht. Hrsg., gezeichnet u. m. kurzem Texte versehen. 12. Bd. 4.—12. Heft. (45 Farbdr. u. Mitteilungen zur Geschichte der militär. Tracht. III, III, S. 13—48 u. 8 S.) Lex.-8. Rathenow (903. 904.) M. Babenzien. à n. 1.50

— dasselbe. 13. Bd. 12 Hefte. (60 Farbdr. m. IV, 8 S. Text u. Mitteilungen zur Geschichte der militär. Tracht. III, 48 S.) Lex.-8. Ebd. 904. à n. 1.50

— dasselbe. Bayern. (Sonder-Ausg.) (30 farb. Taf. m. III S. Text.) Lex.-8. Ebd. 903. In Leinw.-Mappe n. 13.—

— dasselbe. Frankreich. (Sonder-Ausg.) (60 farb. Taf. m. IV S. Text.) Lex.-8. Ebd. 903. In Leinw.-Mappe n. 21.—

— dasselbe. Hannover. (Sonder-Ausg.) (25 farb. Taf. m. III S. Text.) Lex.-8. Ebd. 903. In Leinw.-Mappe n. 13.—

— dasselbe. Russland. (Sonder-Ausg.) (27 farb. Taf. m. III S. Text.) gr. 8. Ebd. (904). In Leinw.-Mappe n. 13.—

— dasselbe. 14. Bd. 1.—5. Heft. (25 Farbdr. u. Mitteilungen zur Geschichte der militär. Tracht. S. 1—20.) Lex.-8. Ebd. 906. à n. 1.50; einzelne Blatt n. —40

— Uniformenkunde. Lose Blätter zur Geschichte der Entwickelg. der militär. Tracht. Hrsg., gezeichnet u. m. kurzem Texte versehen. 14. Bd. 6.—12. Heft. (35 Farbdr. u. Mitteilgn. zur Geschichte der militär. Tracht. IV, III u. S. 21—48.) gr. 8. Rathenow 906. 07. M. Babenzien. à Heft 1.50

— dasselbe. 15. Bd. 12 Hefte. (60 Farbdr. u. Mitteilgn. zur Geschichte der militär. Tracht. III, 48 S. m. 2 Abbildgn. u. IV, 11 S. Text.) gr. 8. Ebd. (908. 09.) 18.—; in Leinw.-Mappe 21.—

— dasselbe. 16. Bd. 1.—9. Heft. (45 Farbdr. u. Mitteilgn. zur Geschichte der militär. Tracht S. 1—36.) gr. 8. Ebd. (909. 10.) à Heft 1.50; einz. —40

Die eiserne Zeit vor hundert Jahren. 1806. 1813. Heimatbilder aus d. Tagen d. Prüfung u. d. Erhebung. Bild u. Wort v. Prof. Richard **Knötel**. Kattowitz & Leipzig: C. Siwinna [1906]. (32 Bl.) quer-4° [F.] 107. 8368

Knoten, der gordische, aus dem Engl. des Hrn. Henry, 2 Theile, 8. Breslau, 773. Korn sen. 18 sgl.

Knoten, d. gordische, aufgelöst durch Joseph II. od. d. Rechte d. Menschheit rc. gr. 8. Wien, Camesina. 785.

Knoten, Die schwersten, des ganzen N. T. entwickelt . . . Hamburg 1762. V: *Kohl, Joh. Peter.* (ML) (Schr)

Knoth, Ernst, aus Rotensee (Kr Hersfeld) **Ubertino von Casale.** Ein Beitrag zur religiösen Litteratur d. Franziskanerordens. *Darmstadt 1901: G. Otto [überklebt: Marburg 1901].* (50 S.) 8° ¶ (Die vollst. Abh. 'Ubertino von Casale, sein Leben u. seine Schriften' erscheint in Zeitschr. f. wissensch. Theologie.)
Marburg, Phil. Diss. v [22. Jan.] 1901

Knoth, Ernst, Ubertino v. Casale. Ein Beitrag zur Geschichte der Franziskaner an der Wende des 13. u. 14. Jahrh. (VIII, 163 S.) gr. 8. Marburg 903. N. G. Elwert's Verl. n. 3. 60

Knoth, (G. F.,) Resultate d. auf den 65 Vorlegetafeln zur Uebung im Rechnen enthaltenen 918 Aufgaben, nach der jetzigen Währung (in Silbergroschen), so wie im Gewicht u. Maaße rc. 8 Prenzlau 826, Ragoczy.

Knoth, G. F., Resultate d. auf d. 65 Vorlegetafeln zur Uebung im Rechnen enthalt. 918 Aufgaben, nach d. jetzigen Währung (in Silbergroschen), so wie im Gewicht u. Maße rc. 1r Thl. 8. Prenzl. 827. Ragoczy. 8 Gr. 2r Thl., d. sämmtl. Rechnungsarten mit Brüchen, d. Kettenregel, Regula Quinque rc. 8. Ebd. 828. 12 Gr.

Knoth, G. F., 65 Vorlegetaf. z. Uebung im Rechnen aus d. Addition, Subtr., Multiplicat., Division benannt. u. unbenannt. Zahlen, d. Regel de tri 1., 2. u. 3. Hauptpunktes, d. umgekehrt. Regel de tri rc. Nebst d. Resultaten. 1. Thl. 8. ... Prenzlau 827, [Kalbersberg.]

—— dass. 2. Thl., die sämmtl. Rechnungsarten mit Brüchen, die Kettenregel, Regula Quinque, Gesellschaftsrechn. u. Vermischungsrechn., nebst d. Resultaten. 8. ... Ebds. 828.

Knoth, Max *Fr. Aug.* [aus Danzig]: Ueber die Methoden zum Ersatz von Knochendefecten. . . . Greifswald, Druck v. J. Abel, 1891; 31 S. 8°
Greifswald, Med. Fak., Inaug.-Diss. v. 28. Jul. 1891

Knoth, Richard [app. Arzt aus Merseburg a./S.]: Aus d. medicin. Klinik zu Jena. Zur Kasuistik der traumatischen Leukämie ... Jena, Univ.-Buchdr. G. Neuenhahn, 1896; 30 S., 1 Bl. 8.
Jena, Med. Fak., Inaug.-Diss. v [7 Mai] 1896

Knothe, Benjamin Gotthelf (Zittau), Partus cujusdam singularis historiam cum trium insimul natorum puerorum discriptione tradit et viris Ern. Benj. Gottlieb Hebenstreit, Christian Gotth. Eschenbach, Johann Gottlieb Daehne, Johann Friedrich Eschenbach (Lipsiensibus) medic. baccal. dign. summos in philosophia honores examinat.-disput. societatis sub auspiciis viri Johann Ehrenfried Pohl florentis ex animo gratul. Lpz. (Walther) 18. II. 1779. 15 S. (5.—) 18705
Gratul.: G. G. Rockstroh (Pegau), I. H. Freytag (Tennstad), F. G. M. Trautner (Görlitz), I. C. F. Koeppe (Koettl. Misn.), C. L. Cauer (Berlin), I. I. Billing (Krakau), G. F. Richter (Rossw. Misn.), C. G. Heinsse (Gera), C. G. Niemann (Merseburg).

Knothe, Benj. Gotthelf Q u a e s t i o n e s physico-chemicomedicae, s. B i r k h o l z , Adam Michael

— — Sylloge observationum quarundam chirurgico-medicarum. Lpz. (Büschel) 15. VI. 1781. 26 S. (5.50) 18706

Knothe, E. Angelsächsisch oder Englisch? Diss. Greifswald 1877. 41 S.

Knothe, Edwin, Prof. Dr.. Die **Entwickelung** des Turnunterrichts an dem Gymnasium zu Kottbus. *Kottbus (1900): A. Heine.* (S. 3—18.) 4° [F.]
Kottbus, k. Friedrich-Wilhelms-G, P 1900 (80)

Knothe, Edwin: Verzeichnis der Schülerbücherei des Königlichen Friedrich-Wilhelms-Gymnasiums zu Kottbus. Kottbus 1909: Heine. 183, III S. 8°
Kottbus, k. Friedrich-Wilhelms-G OP 1909 (91) [S 09. 252

Knothe, Emil, über die Soolen Salzungens. Inaugural-Dissertation. gr. 8. (88 S.) Göttingen 858, (Vandenhoeck und Ruprecht's Verlagsh.) **

Knothe, Emil Paul: **Bestimmung aller Untergruppen der projectiven Gruppe des linearen Complexes ... (Aus: Arkiv for Mathem. og Naturv. B. 15. 1892.) Kristiania, Mallingske Bogtr., 1892; 2 Bl., 68 S. 8.**
Leipzig, Phil. Fak., Inaug.-Diss. v [10. Jan.] 1892

Knothe, Erich: Vergleichende **Anatomie** der unbenetzbaren Blätter. *Berlin 1902: W. Greve.* (46 S.) 8°
Heidelberg, Naturw.-math. Diss. v. 1902

Knothe F.: Ferdinands I. Bemühungen die Länder der ungarischen Krone für Österreich zu erwerben. 29. Prachatitz 76. **Progr.**

Knothe, Frz., aus meinem Fehlerbuche. Betrachtgn. auf d. Gebiete d. Grammatik, Stilistik u. Methodik d. deutschen Sprache. gr. 8. (IV, 60 S.) Prag 898. (Rohlíček & Sievers.) n. — 80

— d. Markersdorfer Mundart. E. Beitrag z. Dialectkunde Nordböhmens. gr. 8. (128 S.) Leipa (895). (J. Hamann.) n. 1. —

Knothe, Gerhard, a. Transvaal (Süd-Afrika): **Untersuchungen** über den Wortschatz von Reinaert I u. II. Straßburg i. E. 1907: M. DuMont Schauberg. (XII, 91 S.) 8°
Straßburg, Phil. Fak., Ref. Martin-Henning, Diss. v. 4. März 1907
[Geb. 7. Juni 77 Wallmannstal b. Pretoria; Wohnort: Leiden; Staatsangeh.: England; Vorbildung: St. Martin's Public School Kapstadt Reife 94; Studium: South African College Kapstadt 8, Straßburg 4 S.]

Knothe, H., s. K n o t e , Hermann

Knothe, Hans, ein Gedicht über die Erbauung der Kirche zu Pfützenthal im Mansfelder Seekreise. Mitgeteilt v. Herm. Größler. gr. 8. (11 S.) Eisleben (893). Prof. Dr. H. Größler. n. — 30
Sonderabdruck aus: „Mansfelder Blätter".

Knothe, Herm., der Antheil der Oberlausitz an den Anfängen des 30jähr. Kriegs, 1618 bis 1623. Von der Oberlausitzer Gesellschaft der Wissenschaften zu Görlitz prämiirte Preisschrift. gr. 8. (96 S.) Dresden 880, (Burdach.)

Knothe, H., Die Auskaufung von Bauerngütern in der Oberlausitz. (Neues Lausitzisches Magazin, Bd. 72, Heft 1, p. 99—129.) gr. 8°. Görlitz 1896.

Knothe, Hermann, Rechtsprakt.: Die Gemeindegesetzgebung der französischen Revolution. Borna-Leipzig 1910: Noske. VIII, 87 S. 8°

Erlangen, Jur. Diss. v. 15. Febr. 1910, Ref. Rieker

[Geb. 26. Juni 84 Aschaffenburg; Wohnort: Aschaffenburg; Staatsangeh.: Bayern. Vorbildung Gymn. Aschaffenburg Reife 03; Studium: München 3, Würzburg 3, Paris 1, Erlangen 3 S.; Rig. 26. Nov. 09.] [U 10. 719

— **Geschichte des Oberlausitzer Adels u. seiner Güter vom XIII. bis gegen Ende des XVI. Jahrh. gr. 8. (VIII, 686 S.) Leipzig 879. Breitkopf & Härtel. n. 14. —**

Knothe, H., Geschichte d. Oberlausitzer Adels u. seiner Güter. II. Von Mitte d. 16. Jahrh. bis 1620. [Aus: „Neues Lausitz. Magazin".] gr. 8. (174 S.) Dresden 887. Warnatz & Lehmann. n. 4. — (I. u. II.: n. 18.—)

Knothe, Herm., Geschichte des sogenannten Eigenschen Kreises in der königl. sächs. Oberlausitz. Nebst Urkunden-Buch. Gekrönte Preisschrift. Dresden 870. Burbach. gr. 8. (86 S.) n. 15 *ngr.*

Knothe, Herm., Geschichte d. Tuchmacherhandwerks in der Oberlausitz bis Anfang d. 17. Jahrh. gr. 8. (140 S.) Dresden 883. (Warnatz & Lehmann.) n. 2. 40

Knothe, Herm., urkundliche Geschichte d. Jungfrauenklosters Marienstern Cisterzienserordens in der königl. sächs. Oberlausitz von der Zeit seiner Gründg. bis Anfang d. 16. Jahrh. gr. 8. (VI, 97 S.) Dresden 871. Burbach. n. 1. 50

— urkundliche Grundlagen zu einer Rechtsgeschichte der Oberlausitz von ältester Zeit bis Mitte des 16. Jahrh. Preisschrift. gr. 8. (IV, 259 S.) Görlitz 877. Remer in Comm. n. 3. —

Knothe, Herm., die ältesten Siegel d. oberlausitzischen Adels. [Aus: „Neues lausitz. Magazin".] gr. 8. (32 S. m. 7 Lichtdr.-Taf.) Görlitz 891. (Remer.) n. 3.

Knothe, Dr. Herm., Die Stellung der Gutsunterthanen in der Oberlausitz zu ihren Gutsherrschaften von den ältesten Zeiten bis zur Ablösung der Zinsen u. Dienste. Von der Oberlausitzer Gesellschaft der Wissenschaften in Görlitz gekrönte Preisschrift. (Aus: „Neues Lausitzer Magazin.") gr. 8°. Dresden, Warnatz u. Lehmann in Comm., 1885.

—— Urkundenbuch der Städte Kamenz und Löbau, s. Codex diplomaticus Saxoniae regiae.

– s. Urkundenbuch v. Kamenz u. Löbau

Knothe, Herm. Friedr., Geschichte der Dörfer Burkersdorf und Schlegel in der königlich sächsischen Oberlausitz. gr. 8. (IV und 68 S.) Zittau 862, Pahl'sche Buchh.

Knothe, Herm. Friedr., Geschichte des Fleckens Hirschfelde in der königl. sächs. Oberlausitz. gr. 8. (VI und 142 S.) Dresden 851, (Kunze's Verlag.) *

Knothe, Herm. Friedr, Carl Friedrich Kretschmann (der Barde Rhingulph). Ein Beitrag zur Geschichte des Bardenwesens. gr. 4. (32 S.) Zittau 858, Pahl'sche Buchh. Thlr. *

Knothe, Karl. Einheitliches Chorgesangbuch f. evangelische Schulen in einfachen Verhältnissen. Ausg. A., u. B. 1. u. 2. Heft. gr. 8. Halle a. S. 892, H. Schroedel. [A. (VIII, 148 S.) * — 40; geb. * — 50; B. 1. Heft: 1.—4. Schulj. (VIII, 60 S.) * — 40; 2. Heft: 5.—8. Schulj. (171 S.) * — 80, geb. * 1 —; B. 1. u. 2. Heft geb. in 1 Bde. * 1 50.] * 1 60

Knothe, Karl, einheitliches Chorgesangbuch f. evangelische Knaben- u. Mädchenschulen; e. method. Verbindg. v. Merksätzen, techn. Übgn., Chorälen u. Liedern z. Ausbildg. im Gesange. II. u. III. Heft. 8. Halle, H. Schroedel. — 80

II. 5. u. 6. Schulj. 2., verb. Aufl. (72 S.) 907. — 40
III. 7. u. 8. Schulj. 2., verb. Aufl. (96 S.) 907. — 40

Knothe, Paul, aus Berlin: Kants Lehre vom Innern Sinn und ihre Auffassung bei Reininger. Diesdorf bei Gäbersdorf (1905): Schreiberhau-Diesdorfer Rettungsanstalten. (64 S.) 8°

Erlangen, Phil. Fak., Ref. Falckenberg, Diss. v. 4. Mai 1905

[Geb. 11. Dez. 77 Berlin: Staatsangeh.: Preußen: Vorbildung: Gymn. Wittstock Reife O. 99; Studium: Berlin 7 S.; Rig. 4. Mai 05.]

Knothe, Prokop Beziehungen zwischen den Sehnen eines Kreises über einfachen und dazu gehörigen vielfachen Bogen. 50 S. 8.
Progr. Neust. G. *Prag* 1883

Knothe, Prokop: Die Feier des fünfzigjährigen Regierungsjubiläums Seiner k. u. k. Apostolischen Majestät, unseres allergnädigsten Kaisers Franz Josef I. 8 (S. 3—7).
K. k. Neustädter deutsch. Staats-Ober-G am Graben *Prag* 1899
Progr.

Knothe, Prokop Einfache elementar-mathematische Untersuchung der Krümmung der Mondbahn gegen die Sonne mit vorausgehender Betrachtung der Krümmung der Bahnen der rechtläufigen Satelliten überhaupt. (Umschlagtitel Sonne.) S. 3—15. 8.
K. k. Staats-Gymn. mit deutscher Unterrichtssprache in *Prag-Neustadt*, Graben 1904.
Progr.

Knothe, W., s. Knothe, Wilhelm

Knothe, Walter: Die Überführungszahl der Schwefelsäure in verdünnten wässrigen Lösungen. Greifswald 1910: Adler. 47 S. 8°

Greifswald, Phil. Diss. v. 31. März 1910, Ref. Roth, Auwers

[Geb. 9. Sept. 83 Kottbus; Wohnort: Kottbus; Staatsangeh.: Preußen; Vorbildung: Gymn. Kottbus Reife O. 03; Studium: Greifswald 2, Heidelberg 1, Greifswald 9 S.; Rig. 8. Dez. 09.] [U 10. 1033

Knothe, Wilhelm

Knothe, W., erste geographische Darstellung der Schutzländer und Colonieen des Deutschen Reiches. gr. 8. (V, 88 S.) Schweidnitz 888, Brieger Verlag. *

Knothe, Wilh., Lehrstoff f. Gewerbe-, Handels-, Ackerbau- u. Fortbildungsschulen, Comptoir- u. Bureau-Beamte u. jüng. Geschäftstreibende. 1.–3. Hft. 8. Schweidnitz 894. Selbstverlag. n.n. 2. 45; erm. Preis n.n. 2. 20
1. Geschäftsaufsatz. (IV, 42 S.) n.n. — 85; erm. Preis n.n. — 75
2. Correspondenz. (VI, 63 S.) n.n. — 85; erm. Preis n.n. — 80
3. Wechselkunde. (VI, 63 S.) n.n. — 75; erm. Preis n.n. — 65

Knothing, Abenteuer in Mexiko. Eine Erzählg. aus d. mexikan. Aufstande f. d. Jugend. 12. (111 S.) Berlin 898. A. Weichert. — 50; kart. — 60

Knötschker, J. Ch.: Vers. e. Gesch. d. Reichsvicariats durch Deutschl. u. Italien in den Zwischenreichen vor d. goldn. Bulle; e. Beytr. z. Gesch. u. d. Staatsrechts Deutschlands. *Lpz.*, **Martini. 796. gr. 8. (1 Thl.)**

Knott. Die Lectüre englischer und französischer Werke aus dem Gebiete der Technik und Industrie an Gewerbeschulen. Barmen, G. S., 1875. Progr.

Knott, F., Instruktion für die zur Uebung eingezogenen Ersatz-Reservisten der Infanterie. Auszug aus v. Dossow's Instruktionsbuch. Für die königl. bayer. Armee bearb. 8. (54 S.) Berlin 881, Liebel'sche Buchh.

Knott, Fr. Wilh. Bericht über die Feier des fünfzigjährigen Jubiläums der hiesigen Realschule. 8 S. *Mülheim a. Rhein* 1881
Progr.

Knott, Fr. W. Zur Überbürdungsfrage. 11 S. *Mülheim a. Rh.* 1884
Progr.

Knott, Fridericus Guilelmus (geb. am 19 Dez. 1842 in Fischenich bei Köln): Descriptio montium „Scheidskopf" et „Landskrone" ... Bonnae, typ. Carthausianis (1867). 19 S., 1 Bl. 8.
Bonn, Phil. Fak., Diss. v. 19 Jan. 1867

Gebäude-Brandversicherungs-Anstalt des Großherzogtums Sachsen-Weimar. Geschichte und Entwicklung von *H. Knott.* Merseburg 1903.

Knott, Heribert, Referendar in Cöln: Die **Bestimmungen des** Bürgerlichen Gesetzbuches über die Haftung des Verkäufers für Mängel der verkauften Sachen, verglichen mit den allgemeinen Bestimmungen über die Unmöglichkeit der Leistung. *Halle a. S. 1903: Waisenhaus.* (VIII, 98 S.) 8° [F.]
Halle, Jur. Diss. v. 13. Aug. 1903

Knott, Herm., Deutschland im 19. Jahrh. Ein historisch-polit. Rückblick. 1.—3. Aufl. gr. 8. (à 36 S.) Braunschweig 899. R. Sattler. n. — 60

Knott, Herm., hat Jesus gelebt?, s.: Flugblatt f. Gebildete. Nr. 10.

Knott, J., Stockenfels, 2. Aufl., s.: Reltis, R., Geschichte u. Sage der Ritterveste u. Geisterburg Stockenfels.

Knott, J., das Wachsthum der Pflanzen. Ein leichtfaßlicher Unterricht in der Pflanzen-Physiologie u. Ackerbau-Chemie. Landshut 870. Thomann. 8. (III, 280 S.) 9 *ngr.*

Knott, J. N., prakt. Grundsätze d. Acker-, Wiesen- Futterkräuter- u. Gartenbaues etc. aus d. besten ältern u. neuern Schriften gezogen. gr. 8. München, 1792. (Fleischmann.) — 25

J. N. Knott, Grundsätze über alle Zweige der Landwirthschaft. München 1792

— vollständ. Handbuch d. Schafzucht. 8. Landsh. 796. Storno. 8 *K*

Knott, Mart., das heil. Meßopfer nach sein. göttl. Einsetzung u. nach sein. wunderbar. Nutzen. Eine Pred. z. Primiz-Feier d. Hochw. Hrn. Seb. Weinzierl. Gehalt. zu Nickofen b. Pfatter am 10. Aug. 1834. gr. 12. (1⅙ B.) Regensburg, Manz.

Knott, Mart., das heilige Meßopfer nach seiner göttlichen Einsetzung u. nach seinem wunderbaren Nutzen. Eine Primiz-Predigt. gr. 12. Regensburg u. Landshut 835. Manz. 1/8 *ß*

Knott, O., De fide et fontibus Polyaeni. Diss. 1883. 46 S.

Knott, Otto: Verzeichnis der Oberstlieutenant F. W. Schmidt'schen antiken Münzsammlung des Wilhelm-Ernst-Gymnasiums nach der Handschrift des Majors *Ernst Gottlob* Schmidt herausgegeben. (Mit Vorwort von Dr. *Ludwig* Weniger.) Weimar, Druck der Voigtschen Buchdr., 1890; 2 Bl., 116 S., 1 Bl. 4°
Weimar, Wilhelm-Ernstisches G, OP 1890

Knott, Rudolf

— Ein zeitgenössischer Bericht über die Hinrichtung der ungarischen Rebellen Frangipani, Zriny und Nadasdy i. J. 1671. (6). ibd.
Progr. Teplitz-Schönau

Knott Rudolf: Das Gefecht bei Grenzhausen. (6). Teplitz-Schönau 03.
Progr.

Knott, Rud., Michel Stüeler. Ein Lebens- u. Sittenbild aus d. Zeit d. 30jähr. Krieges. Progr. gr. 8. (37 S.) Teplitz 898. (A. Becker.) n.n. — 50

Knotta, A., Methodik des Raumlehrunterrichts, s.: Lichtblau, W.

Knotte, Ernst, prakt. Arzt: Ueber einen Fall von schwerer Allgemeintuberkulose mit Herz- und Gallenblasentuberkulose. Leipzig 1907: B. Georgi. (27 S.) 8°
Leipzig, Med. Fak., Ref. Marchand, Diss. v. 24. Juni 1907
[Geb. 6. Jan. 82 Gelsenkirchen; Wohnort: Essen; Staatsangeb.: Preußen; Vorbildung: Gymn. Mülheim a. Ruhr Reife O. 01; Studium: Gießen 2, Kiel 2, München 1, Berlin 4 S.; Coll. 6. Juli 07; Approb. 10. Mai 06.]

Knotte, Ernst, aus Wiesbaden: **Untersuchungen zur Chronologie** von Schriften der Minoriten am Hofe Kaiser Ludwigs des Bayern. *Wiesbaden 1903: C. Ritter.* (65 S.) 8°
Bonn, Phil. Diss. v. 13. Juni 1903

Knotte, W. [aus Borbeck (Rheinprov.)]: Ueber Vergiftung durch Seifen. ... Würzburg, Etlinger's Buchdr., 1890; 23 S. 8°
Würzburg, Med. Fak., Inaug.-Diss. v. 1890

Knottenbelt, Guil. Christ., Disputat. histor.-theolog. de Columbano. 8maj. (7½ B.) Lugduni-Bat. 839, Hazenberg et Soc. (Lipsiae, T. O. Weigel.)

Knottnerus-Meyer, Theodor, a. Hohenhameln (Kr. Peine): Über das Tränenbein der Huftiere. Vergleichend-anatomischer Beitrag zur Systematik der rezenten Ungulata. Berlin: Nicolai 1907. (151 S.) 8° ¶(Aus: Archiv f. Naturgeschichte 73. Jahrg. Berlin 1907.)
Kiel, Phil. Fak., Ref. Brandt, Diss. v. 28. Jan. 1907
[Geb. 25. Juli 76 Hohenhameln, Kr. Peine; Wohnort: Hohenhameln; Staatsangeh.: Preußen; Vorbildung: Kaiser-Wilhelms-Gymn. Hannover Reife O. 96; Studium: Kiel 5, Berlin 1, Kiel 2 S.; Rig. 14. Juli 06.]

Knoetzsch, Arthur [aus Grebehna (Kr. Delitzsch)]: Ueber δ-Ketonsäuren ... Halle a. S., Buchdr. O. Thiele, 1897; 34 S., 2 Bl. 8.
Halle, Phil. Fak., Inaug.-Diss. v. [20. Febr.] 1897

Knoetzschker, Johann Christian

Knötzschker, Jh. Chr., († d. 31. Dec. 1804.) jurist. Almanach auf 1796, oder Annalen d. deutschen Staats- u. Privatrechts. Mit Kpf. 12. Merseb. 794. Wagner. 1 ß 4 *K*

— — Ausus pontificum Romanorum vicariatum S. R. Imperii sibi arrogandi. Exercit. jur. publ. Lpz. (Sommer) 9. II. 1792. 38 S. (6.—) 18651
Gew.: Friedrich Ludwig Wurmb (Grossen-Furra), Adolph Heinrich Graf v. Schönberg (Berthelsdorff ....), Otto Ferdinand Graf v. Löben (Ober-Gerlachsheim), Friedrich Gottlob v. Berlepsch (Hennigsleben, Leisslau), Georg Wilhelm Graf v. Hopffgarten (Muelverstedt).

— — Dasselbe. II. — Viro Friedrich August Wilhelm Wenck (Beerendorff, Schenkenberg, Petersroda, Nieder-Auerbach) sceptrum academicum in universitate litterarum Lipsiensi iterum susceptum summa pietate gratul. Lpz. (Sommer) 27. V. 1792. 15 S. (4.50) 18652

Knoetzschker, Johann Christian [Praes.], s. Blüher, Karl Friedrich Origines vicariatus S. R. Imperii ex ducum Francorum et Saxonum principatu deductae jur German. publ. comment

— — **De causis vicariatus S. R. Imperii a summis duumviris comite Pal. Rheni et duce Saxoniae vacantis Germaniae interregibus ante Aur. Bullam rarissime administrati. — Viro Friedrich Wilhelm Engler summos in utroque jure honores amicorum nomine gratul. Lpz. (Saalbach) 17. IV. 1794. 12 S. (4.50) 18655**

— — De decimis metallicis juris metallici publici commentatio. — Viro Christian Gotthelf Hübner summos in utr. jure honores amicorum nomine suoque congratul. Lpz. (Sommer) 24. IX. 1795. 16 S. (4.50) 18656
Gratul.: Burdach (Leipzig), Eckhardt (Pegau), Haensel (Leipzig), Heimbach (Eisleben), Hering (Eisleben), Holfert (Dippoltiswalde), Hübner (Chemnitz), Koehler (Dippoltiswalde), Kunze (Radefeld), Lehmann (Kirschau), Lossius (Dresden), Merbeth (Chemnitz), Merkel (Chemnitz), Pfeil (Rammelburg), Reichel (Stollberg), Roesch (Eilenburg), Schocher (Leipzig), Schönherr (Dresden), Winkler (Rammelburg).

— — Commentatio juris metallici praerogativam senatus Fribergensis sollemnem dimensionem metallicam quam vulgo vocant Erbbereuten seu Bergvermessen Saxoniae in terris exercendi proponens. — Carl Ludwig Peine summos in utr. jure honores nomine amicorum gratul. Leipzig (Kramer) 13. X. 1795. 14 S. (4.50) 16857

Knoetzschker, Johann Christian [Praes.], s Feudel, David Gottlob De usu hodierno legis XIX digestorum de usu et usufructu et reditu etc

Knötzschker, Jo. Cph.: Die Naumburg. Handelsgerichts- u. Wechselordn. u. deren Erläuter.; m. Anmerkk. u. Beilagen. ***Pirna.* (*Dresd.*), Arnold. 801. (18 Gr.)**

— — Historia vicariatus S. R. Imperii inde a Caroli M. tempore usque ad magnum sic dictum interregnum juris Germanici publici commentatio. — Viro Gottfried August Arndt (Paunsdorff) nominalibus declarat. Lpz. (Sommer) 3. VIII. 1792. 26 S. (5.50) 18653
Tl. II. s. Neefe, J. W. Ch.

— — De *ΚΥΝΟΦΟΡΙΑ* sive pacis publicae turbatorum ad canes portandos damnatione. Jur. antiqui. crimin. comment. Lpz. (Sommer) 20. I. 1793. 14 S. mit Namen. (4.50) 18654

Knoetzschker, Johann Christian [Praes.], s. Neefe, Johann Wilhelm Christoph Historia vicariatus S. R Imperii inde a magno sic dicto interregno usque ad auream bullam

— — **De peculii quasi castrensis origine. — Viro Moritz v. Prasse (equiti Misnensi) disputationem laudabil. peractam amicorum nomine suoque gratul. Lpz. (Sommer) 24. XI. 1791. 11 Seiten. (4.50) 18650**
Gratul.: Apel, Brannasch, Engler, Heyner, Naumann, Segnitz, v. Weiss.

— — **De poenis inficiationis temere litigantium in caussis civilibus jure Saxonico electorali statutis commentatio ad ord. proc. rec. tit. XVI. §. 2. et 3. Lpz. (Carl Tauchnitz) 9. II. 1799. 36 Seiten. (5.50) 18658**

Knoetzschker, Johann Christian (Freiberg), **De praerogativa S. R. I. principum electorum sine speciali imperatoris consensu terras imperii acquirendi ad illustrandum locum Aureae Bullae cap. X. §. 2. et 3. Exercit. jur. publ. Präs. D. Christian Rau. Lpz. (Sommer) 12. V. 1791. 37 Seiten. (6.—) 18649**
Gew.: Christoph Heinrich Thiel.

— von Verdammung d. Missethäter zur Bergarbeit. 8. Leipz. 796. (Gnobloch). 8 gl

Knötzschker, J. C. Von Verdammung der Missethater zur Bergarbeit. 8. *Leipzig, Martini.* **1796**

— Versuch e. Geschichte d. Reichsvicariats vor d. goldnen Bulle. gr. 8. Leipz. 796. (Gnobloch). 1 ℔

Knötzschker, Johann Christian „Die Naumburger Wechselordnung und deren Erläuterung, mit Anmerkungen und Beylagen versehen . . .", Pirna 1801 — Vorh.: Bücherei der Industrie- und Handelskammer Leipzig.

Ferdinand KNOUREK Commentatio de Petronii sermone plebeio
Prag, Phil Diss 1898/99

Knövenagel, Christoph (Güstr. Meckl.), **De avocatione causae. Disp. jur. Präs. Matthia Stein. Rostock (Joh. Weppling) Febr. 1703. 24 Blatt. (6.50) 18659**

Knoevenagel, Emil

KNOEVENAGEL, E
Anleitung zu anorganischen Arbeiten im Laboratorium Leipzig 1901 8vo III

Knoevenagel, *Emil* [Dr.]. Beiträge zur Kenntniss des asymmetrischen Kohlenstoffatoms ... Heidelberg, *A. W. Schade's Buchdr. in Berlin.* 1892; 47 S. 8.
Heidelberg, Naturw.-math. Fak., Hab.-Schr. v. [27. Okt.] 1892

Knoevenagel, Emil [aus Linden] Beiträge zur Kenntnis der negativen Natur organischer Radikale. Göttingen, Druck d. Dieterich'schen Univ.-Buchdr (W. Fr. Kaestner), 1889; 35 + 1 S. 8°
Göttingen, Phil. Fak., Inaug.-Diss. v. 17. Jun. 1889

Knoevenagel, E., Beiträge zur Kenntnis der negativen Natur organischer Radikale. Inaug.-Diss. gr. 8. (35 S.) Göttingen 889. (Vandenhoeck & Ruprecht's Verl.) n. — 80

Einladung zur öffentlichen Probe-Vorlesung, welche Dr *Emil* **Knoevenagel** zur Erlangung der Venia legendi bei der naturwissenschaftlich-mathematischen Facultät der Ruprecht-Carls-Universität zu Heidelberg Mittwoch, d. 26. Okt. 1892 abhalten wird. Thema Ueber die Entwicklung der Stereochemie. *Heidelberg,* Druck v. J. Horning, *1892;* 1 Bl. 8.
Nicht für den Austausch

Knoevenagel, Emil, Praktikum d. anorgan. Chemikers. Einführung in die anorgan. Chemie auf experimenteller Grundlage. Mit zahlr. Fig., Tab. u. 7 Taf. gr. 8. (VIII, 332 S.) Leipzig 901. Veit & Co. Geb. in Leinw. n. 7. 80

Knoevenagel, Emil, Praktikum des anorganischen Chemikers. Einführung in die anorgan. Chemie auf experimenteller Grundlage. 2., vollständ. veränd. Aufl., mitbearb. v. Erich Ebler. Mit zahlr. Fig., 4 Tab. u. 9 Taf.) (XXIV, 386 S.) gr. 8. Leipzig 909. Veit & Co. Geb. in Leinw. 10. —

Knoevenagel, Julius

Knoevenagel, J., Anleitung zur Erlernung der Gabelsberger'schen Redezeichenkunst für Kenner der Stolze'schen Stenographie bearb. 8. (48 lithogr. S.) Berlin 855. [Leipzig,] Förstner'sche Buchh. *

Knoevenagel, Jul., die neuesten Fortschritte der Stolze'schen Stenographie. Auf Veranlassg. d. Haupt-Ausschusses der Stolze'schen Stenographen-Verbände, unter Benutzg. e. Artikels im „Stenograph. Boten f. das Sachsenland" beleuchtet. Mit e. lith. Taf. (in qu. 4.) gr. 8. (15 S.) Hannover 875. Meyer. — 30

Knoevenagel, Jul., Hülfsbuch beim Unterricht in W. Stolze's Stenographie. Verzeichnis der Stolze'schen Sigel, alphabetisch geordnet nach ihren Zeichen und ihrer Bedeutung. Zum Gebrauch für den Lesenden und Schreibenden hrsg. Mit W. Stolze's (chemigr.) Portr. und 4 lithogr. Taf. gr. 8. (6 S.) Hannover 884, Meyer. *

Knoevenagel, Jul., neue abgekürzte Kurrentschrift [keine Stenographie] für jedermann, zum Selbstunterricht und für Schulen. 2. Aufl. 8. (8 S. mit 5 Schrifttaf.) Hannover 886, Meyer. *

Knoevenagel, Jul., u. Wilh. **Rysel,** vollständiges prakt. Lehrbuch der Stolze'schen Stenographie. Für Schulen u. zum Selbstunterricht bearb. 1. Aufl. 867. u. 2. durchgesch. Aufl. Hannover 869. Meyer. gr. 8. (VIII, 48 S. mit 32 Steintaff.) cart. 15 ngr.

Knoevenagel, Jul., und Wilh. Rysel, vollständiges, praktisches Lehrbuch der Stolze'schen Stenographie. 2. und 3. Aufl. 1869,71. ℳ 1,50., und 4. verb. Aufl. gr. 8. (VIII, 48 S. mit 32 lithogr. Taf.) Hannover 873, Meyer. cart.

— und Wilh. Rysel, vollständiges, practisches Lehrbuch der Stolze'schen Stenographie. Für Schulen und zum Selbstunterricht bearb. 5. Aufl. gr. 8. (VIII, 48 S. mit 32 lithogr. Taf.) Ebendas. 877. cart.

— und Wilh. Rysel, vollständiges, praktisches Lehrbuch der Stolze'schen Stenographie. Für Schulen und zum Selbstunterricht bearb. 6. Aufl. gr. 8. (VIII, 48 S. mit 32 lithogr. Taf.) Ebendas. 880. cart.

— und Wilh. Rysel, vollständiges, praktisches Lehrbuch der Stolzeschen Stenographie. Für Schulen und zum Selbstunterricht bearb. 7. umgearb. Aufl. gr. 8. (IV, 60 S. mit 24 Schrift-Taf.) Ebendas. 886. cart.

Knoevenagel, Jul. u. Wilh. Rysel. Vollständiges praktisches Lehrbuch der Stolze'schen Stenographie. Für Schulen u. zum Selbstunterricht bearb. 8., m. der 6. übereinstimm. Aufl. gr. 8. (48 S. m. 32 lithogr. Taf.) Hannov. 890, Meyer. cart. 1 80

[F.] Vollständiges, praktisches Lehrbuch der Stolzeschen Stenographie. F. Schulen u. z. Selbstunterr. bearb. v. Julius **Knoevenagel,** Dr. phil. M. 24 Schrift-Taf. 9. umgearb. Aufl. *Hannover & Berlin: C. Meyer 1896.* (2 Bl., 30 S. m. 25 S. Taf.) 1 Bd 8. [97. 6943]

— Leitfaden beim Unterricht in W. Stolze's deutscher Stenographie. 3. durchges. Aufl. 8. (III, 56 S. mit 28 lithogr. Taf.) Ebendas. 884. *
2. Aufl. erschien 1875 anonym.

Knoevenagel, Jul., Redezeichenkunst und deutsche Kurzschrift. Eine Parallele zwischen den Stenographien von F. X. Gabelsberger und Wilh. Stolze. gr. 8. (VII und 76 S. mit 16 autogr. Taf.) Hannover 864, Schäfer.

— Redezeichenkunst und deutsche Kurzschrift. Eine Parallele zwischen den Stenographien von F. X. Gabelsberger und Wilh. Stolze. 3. (Titel-)Ausg. gr. 8. (VII, 75 S. mit 16 autogr. Taf.) Ebendas. (864)78. *

Warum verdient die Stolzesche Stenographie vor anderen Systemen den Vorzug? Dem Andenken an Wilhelm Stolze z. hundertsten Wiederkehr s. Geburtst. am 20. Mai 1898 gew. v. Dr. Jul. Knoevenagel. *Hannover & Berlin: C. Meyer 1898.* (30 S., 1 Bl.) 1 Bd 8. [98. 2140]

Knoevenagel, Oskar [aus Hannover]: Über die Verbindungen des Phenylhydrazins mit Acroleïn, Mesityloxyd und Allylbromid . . . Würzburg, Becker's Univ.-Buchdr., 1887; 34 S. 8°.
Würzburg, Phil. Fak., Inaug.-Diss. v. 1887.

Knoevenagel, Oskar, über die Verbindungen des Phenylhydrazins mit Acroleïn, Mesityloxyd und Allylbromid. Diss. Würzburg 1887, Stahelsche Univ.-Buchh. 8°. 34 S.

Knoevenagel, Otto, Erkältung, e. dunkle unklare Vorstellung, gegenüber chemischen u. physikal., biolog. u. meteorolog. Vorgängen erörtert. (94 S.) gr. 8. München 907. Verlag der ärztl. Rundschau. 2 50

Knoevenagel, Otto (geb. Pritzwalk 26. 9. 1833). De morbo Brightii. Berolini (1857). (36 S.) 8°.
Berlin, Med. Diss. v. 23. März 1857.

Knowles, James D., Memoiren d. Mrs. Anna H. Judson, Missionarin in Burmah. Zur Gesch. d. burman. Mission. N. d. 10. Ausg. A. d. Engl. 16. (33 B., Judson's Bildn. u. 1 Karte.) Hamburg 839, Oncken. (Leipzig, Barth.) *

Knowles, James Sheridan

— s. Bibliothek engl. Lustspieldichter.

The Daughter, s. Theatre, The british

– The Hunchback, s.a Theatre, The british

Knowles, Jam. Sheridan, the Hunchback. A Play, in 5 acts. gr. 12. (4½ B.) Leipzig 834, Baumgaertner.

Knowles, J. Sh., the hunchback. The love-chase. gr. 16. (192 S.) Leipzig 889. Gressner & Schramm. n. — 80

— John of Procida. s. Theatre the British. No. 21.

Knowles, J. S., die Liebesjagd, s. Bühnen-Repertoir, Band X.

– The Love-Chase, s. Theatre, The british

— Lustspiele, übers. v. Ernst Susemihl, s. Bibliothek engl. Lustspieldichter, 3. Bdchn.

— Mariana. Schausp. in 5 Aufz. Frei nach d. Engl. v. Friedr. Treitschke. gr. 8. (6½ B.) Wien 838, Wallishausser.

Knowles, J. S., William Tell, s.a. Sammlung moderner englischer Dramen u. Tragödien.

— William Tell. A Play in five acts. ½ 12. Nurnberg and New-York 837. Campe and Co. ¼ ℛ

— des Stranders Tochter. Schausp. in 5 Aufz. Frei bearb. v. Fr. Treitschke. 8. (5¾ B.) Wien 840. Wallishausser.

—— Virginius, s. Sammlung moderner englischer Dramen und Tragödien.

—— Virginius, s. Theatre, the british.

—— das Weib, od.: Thron u. Hütte. Drama in 5 Aufz. N. d. Engl. f. das deutsche Theater bearb. v. Wilh. Gerhard. gr. 8. (7½ B.) Leipzig 834, Baumgärtner.

— the Wife s. auch Theatre the British. No. 12.

—— the Wife. A play, in 5 acts. gr. 12. (4⅛ B.) Leipzig 834, Baumgaertner.

Knowles, Sir Lees, Baronett, ein Tag m. Corps-Studenten in Deutschland. Eingeleitet u. m. Erlaubnis d. Verf. aus dem Engl. übers. durch G. G. Winkel. (20 S. m. Abbildgn.) 8. Heidelberg 908. K. Groos Nachf. —80; engl. Ausg. (16 S. m. Abb.) —80

Knowles, Sheridan, Almira u. Alfonso, s.: Koehler's Bibliothek f. Alle.

Knowlton, Pitt G. [M. A.]: Origin and Nature of Conscience. An Exposition a. Criticism of the Empirical-evolution Theory of the Origin of Conscience w. constructive Conclusions ... *Ohio, News Press Oberlin, 1897*; 3 Bl., 9—150 S., 1 Bl. 8.
Leipzig, Phil. Fak., Inaug.-Diss. v. [11. Aug.] 1897

Knox, Johannes, der Reformator Schottlands. 2. Aufl. Barmen 867. (Berlin, E. Beck.) 8. (24 S.) 1 ngr.

Knox, D., was sollte d. Adel in England jetzt thun? aus d. Engl 8. Lüneb. 799. Herold. 1 ₰

Knox, J. A., humoristische Reise durch Texas, s. Sweet, A. E.

Knox, Johs., s. Für die Feste und Freunde des Gustav-Adolf-Vereins.

Knox, Thom. Frz., wann spricht die Kirche unfehlbar? Oder Natur u. Zweck d. kirchl. Lehramts. Aus dem Engl. nach der 2. Aufl. übers. v. J. R. gr. 8. (175 S.) Regensburg 874. Manz. 2. 25

Knox, Vices., essays moral and literary. III Vols. Basel 800. Turneisen. (Levrault in Strassb.) 3 ₰ 8 gr. Velinp. 5 ₰

— moral. u. litterar. Versuche. 2 Thle. 8. Berl. Realsch. 781.

— moral u. literar. Versuche. Aus d. Engl. v. Jh. Pt. Bamberger. 2 Thle. 8. Berl. 781. Reimer. 16 gr.

— Winter-Evenings, or lucubrations on life and letters. II Vol. Strasb. Levrault. 800. Vel. Pap.

— — the same. II Vol. 8. Basel. (Turneisen in Cass.) 8 ₰. Vel. Pap.

Knox, *Walter* F. [aus Cheltenham '(Engl.)']: Ueber das Leitungs-Vermögen wässriger Lösungen der Kohlensäure ... Strassburg i. E., Buchdr. C. Goeller, 1894; 30 S., 1 Bl. 8.
Strassburg, Math.-naturw. Fak., Inaug.-Diss. v. 1894

Knublauch, O., qualitative chemische Analyse nach Gleichungen in neuen Formeln. gr. 8. (26 B.) Bonn 874. Cohen & Sohn. n. 1. —

Knublauch, Oskar. Ueber die Producte, die bei der Einwirkung von Schwefelsäure auf Aceton neben dem Mesitylen entstehen. Tübingen, 1872.

Knuchel, E.

[F.] Die Verwaltung der Gemeindekasse '(Ortskasse, Dorfskasse)' und das Gemeinde-Rechnungswesen. Prakt. Anl. f. Gemeindevorsteher ... Nach d. Land-Gemeindeordng f. d. sieben östl. Prov. d. Monarchie v. 3. Juli 1891 ... bearb. v. E. Knuchel, Kreisausschuss-Sekr. *Mohrungen: C. L. Rautenberg [1897?]*. (1 Bl., 59 S.) 1 Bd 8. [98. 3134

Die Verwaltung der Gemeindekasse ⟨Orts-, Dorfskasse⟩ und das Gemeinde-Rechnungswesen. Prakt. Anleitung f. Gemeindevorsteher z. Führung d. Gemeindekasse sowie z. Verwaltung d. Gemeinde-Rechnungswesens. Nach d. Land-Gemeindeordnung v. 3. Juli 1891 bearb. von E. Knuchel, Kreisausschuss-Sekr. 2. verm. u. verb. Aufl. Im Selbstvl. d. Verf. *Mohrungen: C. L. Rautenberg in Comm. [1900]*. (82 S.) 8° [F.] [00. 386 10

Knuchel, Joh., Buchführung f. landwirtschaftl. Genossenschaften. Hrsg. v. Verbande d. landwirtschaftl. Genossenschaften v. Bern u. benachbarter Kantone. gr. 8. (81 S.) Bern 895. (K. J. Wyss.) n. 1. 40

Knuchel, Johann: Zwanzig Jahre genossenschaftliche Arbeit. Bern: Verband landw. Genossenschaften von Bern u. benachbarter Kantone [um 1910].

Knud Lavard, Herzog von Schleswig. Trauerspiel in fünf Aufzügen. Schleswig u. Leipz. 1821. V: *Sander, Chn Levin (Christian Friedrich)*. (MGT) (Ky)

Knud Laward, Herzog von Schleswig. Trspl. (v. Chr. Fr. Sander). 8. Schlesw. 822. Taubst.-Instit. (Lpz., Cnobloch). 20 gr.

Knud, Lawart, Herzog zu Schleswig. Trauersp. in 5 Aufz. v. Laward. 8. Schleswig. (Leipz. Tauchnitz.) 821. Rthlr.

Knudsen, s. Sören.

Knudsen, Frederik: Slesvigske Provindsial-efterretninger. Udg. af Frederik Knudsen.
1. Bd. Flensborg 1860. 8°.
– Udg. af C. Juel og Frederik Knudsen. 2. Bd. ebd. 1862.
– Ny Raekke. Udgivne af C. Juel og Frederik Knudsen. 3. – 4. Bd. Haderslev. 1862 –63.

Knudsen, Hans (Hrsg.), s. Actenstücke zur Aufklärung der Lehnsverhältnisse der Herzogthümer.

Knudsen, Hans: Schiller und die Musik. Greifswald 1908: Abel. 82 S. 8°
Greifswald, Phil. Diss. v. 12. Okt. 1908, Ref. Reifferscheid
[Geb. 2. Dez. 86 Posen; Wohnort: Posen; Staatsangeh.: Preußen; Vorbildung: Marien-Gymn. Posen Reife O. 05; Studium: Greifswald 2, Berlin 3, Greifswald 1 S.; Rig. 5. Juni 08.] [U 09. 1534

Knudsen, J. M., die See-Marken an den Küsten der königlich dänischen Monarchie. Ein Handbuch für Seefahrende enthaltend eine vollständig Aufklärung gebende Beschreibung des Fahrwassers im Kattegat, dem Oeresund, den Belten und längs den Küsten der Herzogthümer ꝛc. Auf Veranlassung des Verf. nach der 5., durchgeseh. und verb. Orig.-Ausg. aus dem Dän. übers. 8. (IV und 218 S.) Kopenhagen 861. (Leipzig, Hinrichs'sche Sortimentsbuchh.) *.

Knudsen, J. M., See-Marken-Buch oder Handbuch für Seefahrende, enth. eine vollständ. Aufklärung geb. Beschreibung des Fahrwassers im Kattegat, dem Oresund, längs der westl. Küste Schwedens, den Belten, längs der Westküste Jütlands und längs der Küsten der Herzogthümer Schleswig u. Holstein 2c. Hrsg. v. L. C. Knudsen. Nach der 8. durchgeseh. u. sehr verb. Orig.-Ausg. aus dem Dän. übers. (2. deutsche Aufl.) 8. (VIII, 360 S.) Kopenhagen 877. Leipzig, Reselshöfer in Comm. n.n. 5. —

— See-Merke-Buch, ein Handbuch für Seefahrende, enthaltend einen vollständig aufklärenden Wegweiser durch das Kattegatt, den Oeresund, die Belte und längs den Küsten der Herzogthümer. Nach der 4., durchgeseh. und verb. dän. Ausg. übers. 12. (XII und 156 S.) Neustadt 856(58). Altona, (Lehmkuhl und Comp.) * -

Knudsen, Jak., Fortschritt. Roman. (Einzige autoris. deutsche Ausg. v. Herm. Kiy.) (408 S.) 8. Berlin 909. B. Cassirer. 6.—; geb. 7.—

Knudsen, Jak., Fortschritt. Jetzt: Leipzig, G. Merseburger.

Knudsen, Jak., Anders Hjarmsted. Roman. Einzig berecht. Uebersetzg. aus dem Dän. v. Herm. Kiy. Mit e. Geleitwort v. Sven Lange. (VII, 298 S.) 8. Leipzig 907. J. v. Schalscha-Ehrenfeld. n. 4.50; geb. n. 5.50

Knudsen, Jak., Anders Hjarmstedt. Roman. Einzig berecht. Übersetzg. aus dem Dän. v. Herm. Kiy. Mit Einführgn. v. Sven Lange u. Jul. Hart. 2. Aufl. (VIII, 298 S.) 8. Leipzig 908. [J. v. Schalscha-Ehrenfeld.] G. Merseburger. 3.50; geb. n 4.50

— Um des Lebens willen. Erzählung. (Einzige berecht. Übersetzg. aus dem Dän. v. Herm. Kiy.) (141 S.) 8. Leipzig 910. G. Merseburger. 2.—; geb. 2.75

— Der alte Pfarrer. Erzählung. (Deutsch v. Herm. Kiy.) (176 S. m. Bildnis.) 8. Neumünster 910. Nordische Verlags-Anstalt. 3.—; geb. in Leinw. 3.50

Knudsen, K. Asbjørn, s. Wieth-Knudsen

Knudsen, Mart., s.: Bulletin trimestriel des résultats acquis pendant les croisières periodiques et dans les périodes intermédiaires, publié par le bureau du conseil permanent international pour l'exploration de la mer.

Knudsen, Mart., über den Gebrauch v. Stickstoffbestimmungen in der Hydrographie. Gefrierpunkttabelle f. Meerwasser. — On the standard-water used in the hydrographical research until July 1903. — σ_T Tabelle. Anh. zu den 1901 hrsg. hydrograph. Tabellen, s.a. Publications de circonstance du conseil permanent international pour l'exploration de la mer.

Martin **Knudson**. Ueber den Gebrauch von Stickstoffbestimmungen in der Hydrographie. Gefrierpunkttabelle fuer Meerwasser *Copenhague: A. F. Høst & fils en comm. 1903* (13 S.) 4°
— Conseil permanent internat. pour l'exploration de la mer. Publications de circonstance. No 4. 5. [03. ...]

M. Knudsen:
— Ueber den Gebrauch von Stickstoffbestimmungen in der Hydrographie. Gefrierpunkttabelle für Meerwasser. 1903. 13 S.
— σ_t Tabelle. 1904. 23 S.

— Some remarks about the currents in the North Sea and adjacent waters, s.: Publications de circonstance du conseil permanent international pour l'exploration de la mer. Nr. 39.

— Salzgehaltbestimmungen d. Oberflächenwassers als Hilfsmittel bei Positionsbestimmungen an Bord, s.a. Publications de circonstance du conseil permanent international pour l'exploration de la mer. Nr. 38.

Martin **Knudsen**. Salzgehaltsbestimmungen des Oberflächenwassers als Hilfsmittel bei Positionsbestimmungen an Bord. Mit 1 Karte. Copenhague: A. F. Høst & fils en comm. 1907. (9 S.) 8°
— Conseil permanent internat. p. l'exploration de la mer. Publications de circonstance. No 38. [07 ...4]

Knudsen, Mart., hydrograph. Tabellen, nach d. Messgn. v. Carl Forch, J. P. Jacobsen, Mart. Knudsen u. S. P. L. Sørensen u. unter Beihülfe v. Biörn-Andersen, H. J. Hansen, J. N. Nielsen, B. Trolle, Alfr. Wohlk u. a. hrsg. gr. 8. (V, 63 S.) Kopenhagen 901. Hamburg, L. Friederichsen & Co. Geb. in Leinw. n.n. 5.—

— Ein Wasserschöpfer zur Benutzung während der Fahrt des Schiffes, s.a. Publications de circonstance du conseil permanent international pour l'exploration de la mer. Nr. 50.

Knudsen, Martin: E. Wasserschöpfer z Benutz waehrend d. Fahrt d. Schiffes. Mit 2 Fig. u. 2 Taf. 1909
Kopenhagen, Diss. 1909

Martin **Knudsen**. Ein Wasserschoepfer zur Benutzung während der Fahrt des Schiffes. Mit 2 Fig. u. 2 Taf. Copenhague Høst en comm. 1909. 11 S. 8°
(Conseil permanent internat. pour l'exploration de la mer Publications de circonstance. Nr 50.) [10. ...3]

Knudsen, Peter [aus Quars bei Gravenstein]: Zur Kenntniss der Abkömmlinge der Alphatoluylsäure. . . Berlin, Buchdr. v. Gustav Schade (Otto Francke) (1886); 2 + 67 + 1 S. 8°.
Berlin, Phil. Fak., Inaug.-Diss. v 23. Jun. 1886.

Knudsen, Peter, zur Kenntniss der Abkömmlinge der Alphatoluylsäure. Diss. Berlin 1886, Mayer & Müller. 8°. 67 S.

Knudsen, Soren, Heldengesch., od. Streitschr. von d. Zweykämpfen. a. d. Dän. 8. Kopenh. 756.

— — dass. in ein. and. Uebers. 8. Flensb. Korte. 785.

Knudson, Helga, s.: Flora, Asta.

Knudtzon, J. A., die zwei Arzawa-Briefe. Die ältesten Urkunden in indogerman. Sprache. Mit Bemerkgn. v. Sophus Bugge u. Alf Torp. gr. 8. (III, 140 S.) Leipzig 902. J. C. Hinrichs' Verl. n. 5.—

Knudtzon, J. A., die El-Amarna-Tafeln, s.: Bibliothek, vorderasiatische. 2.

Knudtzon, J. A Assyrische Gebete an den Sonnengott f. Staat u. königliches Haus aus der Zeit Asarhaddons u. Asurbanipals. Mit Überstützg. der Universität Kristiania hrsg. 2 Bde. Leipzig 1893. E. Pfeiffer
1 Autographierte Texte. Fol. (III, 60 S.) – 2 Einleitung, Umschrift u. Erklärung, Verzeichnisse. Lex. 8. (XI, 339 S.)

Knüfermann, Heinrich: Geschichte des Schlosses Landsberg bei Kettwig an der Ruhr Von –. Mit 3 Ansichten d Schlosses, e. Grundriß u. 1 Karte d Umgebung. Mülheim a. d. Ruhr: H Baedeker 1904 (IV, 44 S.) 8°

Knüfermann, Heinr., Geschichte d. Max-Clemens-Kanals im Münsterland, s.a. Beiträge f. die Geschichte Niedersachsens u. Westfalens. 10. Heft.

Knüfermann, Heinrich, a. Mülheim a. d. Ruhr: Geschichte des Max-Clemens-Kanals im Münsterland. Hildesheim 1907: A. Lax. (145 S.) 8° [F.] ¶[Erscheint als: „Beiträge f. d. Gesch. Niedersachsens u. Westfalens" H. 10 im gleichen Verlage.]
Münster, Phil. Fak., Ref. Spannagel, Diss. v. 26. Febr. 1907
[Geb. 16. Juni 83 Bruckhausen; Wohnort: Münster i. W.; Staatsangeh.: Preußen; Vorbildung: Gymn. Mülheim a. Ruhr Reife O. 03; Studium: Bonn 1, Göttingen 2, Münster 4 S.; Rig. 2. Aug. 06.]

Knüll, Bodo

Knüll, B., d. Burgwarde. Diss. gr. 8. (69 S.) Holzminden 895. (Braunschweig, W. Scholz.) n. 1. —

Knüll, Bodo, historische Geographie Deutschlands im Mittelalter. (VIII, 240 S.) gr. 8. Breslau 903. F. Hirt. n. 4. —; geb. n. 4. 60

Knüll, Bodo: Ein Kapitel aus der historischen Geographie: Deutschland zu Beginn der sächsischen Kaiserzeit. Hörde 1908: May. 33 S. 8°
Hörde, paritát. PG OP 1908 (458) [S 08. 244

Knup, Joh Geo. Beschreibung des uhralt-adelichen und freyherrlichen Geschlechts derer v Pöllnitz. 4 Leipzig 1794

Knup, J. G., Histor-geneal. Beschreibung des uhradelichen und freiherrlichen Geschlechts derer von Pöllnitz. Mit Wappenabbildg. u. Stammtfln. Leipzig 1745. 4.

Knupp, J. Geo., hist. geneal. Beschr. des Geschlechts der v. Pöllnitz. 4. Leipzig, Klaubarth. 745.

Knupfer, Barthol., Sammlung von Rechnungs-Aufgaben für das Zifferrechnen über die vier Spezies mit unbenannten Zahlen nebst deren Lösungen für die I. Klasse und untere Abtheilung der II. Klasse. I. Bdchn.: Zettel und Lösungen für die Hand des Lehrers. 12. (88 S.) Freiburg im Br. 865, Herder'sche Verlagsh. *
Die Zettel allein für die Hand der Schüler. (6 S.) *

— — über die vier Spezies mit ungleich benannten Zahlen nebst deren Lösungen für die II. Klasse, untere u. obere Abtheilung. II. Bdchn.: Zettel u. Lösungen für die Hand des Lehrers. Ebend. 865. 12. (152 S.) n. 8 ngr.
Die Zettel allein für die Hand der Schüler. (22 S.) n. 1½ ngr.

Knupfer, Eug., s.: Urkundenbuch der Stadt Heilbronn.

Knüpfer, Bernhard, Referendar bei der Königlichen Amtshauptmannschaft zu Auerbach i. V.: Der Erbverzicht nach dem Bürgerlichen Gesetzbuch. Leipzig 1905: W. Wigand. (48 S.) 8°
Leipzig, Jur. Fak., Diss. v. 6. Febr. 1905
[Geb. 26. Okt. 77 Leipzig; Wohnort: Auerbach i. V.; Staatsangeh.: Sachsen; Vorbildung: Nikolaigymn. Leipzig Reife O. 98; Studium: Leipzig 2, Kiel 1, Leipzig 5 S.; Rig. 28. Juni 01.]

Knüpfer, Felix *Paul* [aus Gera (Reuss j. L.)]: Über die Radikaloperation der Unterleibsbrüche nebst e. Übersicht der in d. chirurg. Klinik zu Greifswald in d. Etatsjahren 1892—96 an 168 Patienten ausgeführten Operationen ... Greifswald, Buchdr. C. Sell, 1897; 75 S., 1 Bl. 8.
Greifswald, Med. Fak., Inaug.-Diss. v. 12. März 1897

Knuepfer, Hedwig [Wirkl. Name]
s. Oben, J von [Pseud.]

Knüpfer, J. S., s. Abhandlung üb. d. Gartennelke.

Knüpffer, Adam. Ueber den unlöslichen Grundstoff der Lymphdrüsen- u. Leberzelle. Diss. gr. 8. (27 S.) Dorpat 891, (Karow). * 1 —

Knüpffer, Carl: Chemisches Gleichgewicht und elektromotorische Kraft. M. 4 Fig. im Text. *Leipzig: W. Engelmann 1898.* (34 S.) 8° * (Aus: Zeitschrift für physikalische Chemie, Bd 26 H. 2.)
Leipzig, Phil. Diss. v. [9. Juli] 1898

Knüpffer, Paul. Beitrag zur Anatomie d. Ausführungsganges der weiblichen Geschlechtsproducte einiger Acanthocephalen, s. Mémoires de l'académie impér. des sciences de St.-Pétersbourg.

Knüpffer, Wilh. Ueber die Ursache d. Geburtseintritts auf Grundlage vergleichend-anatom. Untersuchgn. Ein Beitrag zur Cervixfrage. Diss. gr. 4. (48 S. m. 2 Taf.) Dorpat 892, (Karow). * 1 50

Knupp, Johann Georg, s. Knup, Johann Georg

* **KNUPPEDA** von Apffelpupp, D (ps.), An der Fastnachts-Zeit In Eyl abgefertigter Extra Curier, ... Oder Außführlicher Bericht Von dem blütigen Treffen zwischen den Herrn Generalen Stockfisch, Häring, Herrn Karpffen, Herrn von Krebsbach .... — *Daran:* Rodenkircher Kermeß, und Bäyerische Meß, Vorgestellt in einer Lustigen Sermon. Authore —. O. O. u. J. (ca. 1700). 4°. (In Berlin: Yy 2781.)
Prosa-Satyren. 4 Bll Selten! — Weller, Lex. Ps. p. 39 sub Apffelpupp.

Knuppeda von Apffelpupp (ps.), Redenkircher Kermeß, und Bäyerische Meß, vorgestellt in einer lustigen Sermon. Authore —. O. O. u. J. (c. 1700). 4°. (In Berlin. an Yy 4° 2781.) Rar!
Prosa-Satyre, an: Extra-Curier, An der Fastnachts-Zeit In Eyl abgefertigter .... (zus. 4 Bll.).

Knüppel, Alfred [app. Arzt aus Hasede] Aus d. hygien. Anst am kgl Operationskurs f Militärärzte Ein experimenteller Beitrag zur Aetiologie der Eiterung München, Buchdr v. M. Ernst. 1890. 18 S. 8°
München, Med. Fak Inaug-Diss. v 1890

Knüppel, Alfred [aus Berlin]: Über Speicheldrüsen von Insecten .... Berlin, Nicolaische Verl.-Buchh. R. Stricker (1887); 39+1 S. u. 2 Taf. 8°.
Berlin, Med. Fak., Inaug.-Diss. v. 12. März 1887.

Knüppel, C (Red), s. Verkehrsgewerbe, Deutsches.

Knueppel, Aemil. Leop (geb Magdeburg 2 5 1833) De phlebitide et pyaemia. Berolini (1855). (28 S.) 8°
Berlin, Med. Diss. v 16. Aug. 1855

Knüppel, Karl

Knüppel, Carl, Gerichtsassessor: Rechtliche Stellung der Kinder aus nichtigen Ehen. Borna-Leipzig 1905: R. Noske. (59 S.) 8° [F.]
Tübingen, Jur. Fak., Ref. Geb, Diss. v. 4. April 1905
[Geb. 7. Okt. 75 Stettin, Wohnort: Berlin; Staatsangeh.: Preußen; Vorbildung: Luisengymn. Berlin Reife O. 94; Studium. Berlin 8(?) S.; Coll. 4. Apr. 05.]

Knueppel, L[udwig] Chr., aus Hildesheim: Eine neue Synthese des Chinolins und seiner Derivate nebst Beiträgen zur Kenntnis der Chinolinderivate. *Rostock 1899* (Umschlagt.: *1898*): *C. Hinstorff.* (55 S.) 8°
Rostock, Phil. Diss. v [11 Aug.] 1898

Knüppel, Otto *Wilhelm* [aus Alt-Damm]: Ueber Adnextumoren nebst mikroskop. Untersuchgn an e. Adnextumor m. Ascites ... Berlin, C. Vogts Buchdr., *1897*; 39 S. 8.
Berlin, Med. Fak., Inaug.-Diss. v. 19. Febr. 1897

Knüppel, W(ilhelm), aus Alt-Damm Über einige Fälle von Rhinoplastik. *Greifswald 1899: J. Abel.* (35 S.) 8°
Greifswald, Med. Diss. v. 28. März 1899

Knüppeln, F. L., s. Knüppeln, Julius Friedrich

Knüppeln, Fr. Ldw. Wlh., Gedichte, herausg. von seinem Bruder Jul. Fr. Knüppeln. 8. Halle 793. Anton. 20 gr.

SKIZZE, Philosophische, von Berlin (von *J. Knüppeln*). Philadelphia (Gera, Beckmann) 1789.
Weller, fing. Druckorte I. p. 142.

Knüppeln, Julius Friedrich

— dem Andenken K. Friedrichs d. Einzigen gewidmet. 8. (Berl.) 786. N. A. 789. Schöne. 6 gr

– s.a. Bildung. Erziehung

Küppeln, F. Jl., Bildung, Erziehung, Volkswohlseyn, Patriotismus ꝛc. 8. Gera. (Kummer in Lpz.) 790.

Knüppeln, Jul. Fr., (†...) Blätter, Blüthen u. Früchte des menschlichen Geistes. 1e Lfrg. 8. Görlitz 793. (Anton in Halle). 12 gr

– s. Büsten berl. Gelehrten.

[Knüppeln, Jul. Fr.] Charakteristik von Berlin. Stimme eines Kosmopoliten in der Wüsten. Philadelphia [Berlin] 1784.
250 S. 8°
Noch zwei weitere Bändchen erschienen.

CHARAKTERISTIK von Berlin. Stimme eines Kosmopoliten in der Wüste (verfasst von *Julius Friedr. Knüppeln*). 3 Bändgen. Philadelphia (Berlin) 1784, 85, 88. 8°. (In Berlin, Magistrats-bibl.; auch in Breslau, Kgl. u. Univ.-Bibl.) (15 Mk. Ernst Frensdorff, c. 1902, Cat. 1 no. 7, ohne Namen des Verfassers, welchen das Anon.-Lex. I. p. 317 nennt; Bdchn. 2—3: Mk. 15.— Südd. Antiqu., 1907.)

— K. Friedrich d. Einzige in seinem privat u. öffentl. Leben. 8. Hamb. 795. Vollmer. 16 gr

Knüppeln, Jul. Friedr., (1758—1840). Freymüthige Gedanken, Wünsche und Vorschläge über den Kindermord und über die Mittel, denselben zu verhindern. Germanien (Stendal, Franzen u. Grosse) 1782. 8°.
Citirt Meusel.

— Dasselbe (anonym). Ebd. 1793. 8°

- s.a. Geist Friedrichs d. Einzigen.

Knüppeln, Jul. Friedr., Der Geist Friedrichs des Einzigen. (Mit Titelkupfer) Vorgeheftet eine unvollst. Recens. u. a. aus dem Berl. allgem. Anz. Stück 58 18. Jul. 1788. Berlin 1788. 8.

s.a. Gemälde v. Friedrich d. Einzigen.

Knüppeln, Jul. Friedr., Gemählde von Friedrich dem Einzigen. (Mit einer Kupfert.) Leipzig 1792. 8.

s. Gemälde v. d. Leben ꝛc. Voltaire's.

s. Landesvater.

— Leben, Charakter, Meinungen u. Schriften Voltairs. 8. Hamb. Vollmer. 795.

— Mit dem Herrn [von] Zimmermann — Ritter des St. Wladimir-Ordens von der dritten Klasse, Königlichem Leibarzt und Hofrath in Hannover, der Academien der Wissenschaften in Petersburg und Berlin, der Gesellschaften der Aerzte in Paris, London, Edinburgh und Copenhagen, und der Societät der Wissenschaften in Göttingen Mitgliede — deutsch gesprochen von D. Carl Friederich Bahrdt, auf keiner der deutschen Universitäten weder ordentlichem noch ausserordentlichem Professor, keines Hofes Rath, keines Ordens Ritter, weder von der ersten noch dritten Klasse, keiner Academien der Wissenschaften, wie auch keiner einzigen gelehrten noch ungelehrten Societät Mitgliede. etc. etc. 8. 1790. 93 S.
Dasselbe. 1790. (anderer Druck.) 8. 118 S.
Dasselbe. 1790. dritter Druck. 8. 80 S.

— und Renke, Monatschr., s. Monatschrift.

— u. ... Rencke, philos. u. literar. Monatsschrift für Menschen in allen Ständen u. Verhältnissen. 2 Bde. à 4 Stcke. 8. Leipz. 786, 87. (W. Vogel). 2 rthl.

Knüppeln, Jul. Fr., Thomas Morus; nebst dessen Leben ꝛc. 8. Berl. 785. Maurers B. 14 gr 8. Stendal 793. (Franzen u. G.) 16 gr

* **NOVELLEN** aus dem Archiv der Wahrheit und Aufklärung, für Menschen in allen Ständen und Verhältnissen von einem Kosmopoliten *(Dinandar*, d. i. *Julius Friedr. Knüppeln).* 3 Lfrgn. Germanien (Gera, Bekmann) 1789-90. 8° (In Berlin Ag 8036.) Cplt. rar! (Lfrg. 1 apart, 126 S., 5 Mk. Adolf Weigel, 1908.)
Weller, fing. Dr., fehlt aber in dessen Lex. Ps.

KNÜPPELN, Jul. Frdr. (1758—1840), Die Rechte der Natur und Menschheit, entweiht durch Menschen. Szenen aus der heutigen Welt, fur den Menschen, Bürger u. Richter Berlin, in Kommiss. bei Frdr. Maurer, 1784. 8°
Tit. u. 292 SS., nebst 1 Bl. Inh. Darin u. a. Caroline, einst froh u. glücklich — hernach verführt u. elend — Mörderin ihres Kindes und ein Opfer der Gerechtigkeit! — Traurige Gruppen der Sittenlosigkeit des Zeitalters, enthüllt für teutsche Fürsten, für teutsche Jünglinge, und teutsche Mädchen &c. (Zieml. zahm.)

— — Dasselbe. Strassburg (Berlin, Maurer) 1797 8°
Weller, fing. Druckorte.

— die Rechte der Natur u. Menschheit, entweiht durch Menschen, Bürger u. Richter. 2 Thle. 8. Berl. 784—86. Maurers B. (Linke in Leipz.) 1 rthl. 12 gr 2r Thl. erschien 1797 ohne d. Verf. Namen mit d. neuen Titel: das Recht d. Natur u. Menschheit, entweiht durch Menschen. Leipz. 16 gr

s. Religion, Deismus ꝛc

RELIQUIEN für Staatswohl und Völkerglück (von *Julius Friedr. Knüppeln*). Germanien (Hamburg) 1798.
Anon. Lex. III. p. 374 (nach Weller).

— verm. Schriften. 1r Bd. 8. Stend. 792. (Franzen u. Gr.) 18 gr

— über den Selbstmord. 8. Gera 790. (Kummer in Leipz.) 1 rthl.

— Sendschreiben an den Herrn Ritter von Zimmermann seine Schrift über Friedrich den Grossen betreffend. 1788. 8.

TAG, Ein, des menschlichen Lebens in Hamburg geschildert von *Julius Fr(iedr.) K******* (d. i. *Knüppeln* 1757—1840). O. O. 1820. 32 S. 8°
Anon. Lex. IV. S. 147 (nach Schröder u. Goedeke) Selten!

— über die glückl. Verfassung d. Preuß. Staats; e. Wort an meine Mitbürger. 8. Berl. 793.

– s.a. Widerlegung d. Schrift d. Ritters v. Zimmermann.

Knüppeln, J. F., Widerlegung der Schrift des Ritters von Zimmermann über Friedrich den Grossen, von einem Wahrheitsfreunde. (Motto: Errare humanum est, sed in errore perseverare, diabolicum est.) Germanien 1788. 8.

Knüppel's, Advocat, dreizehnjährige Krankengeschichte u. dessen Genesung durch das Luftsalz, (v. L. v. Hirschen). 8. Berl. 786.

Knur, C. Huberta, Gedichte. (221 S.) 8. Mainz 903. Kirchheim & Co. n. 2. —; geb. n. 3. —

Knur, Carolina, s. Knur, Karolina

Knur, K., Christus medicus? Ein Wort an die Kollegen u. die akademisch Gebildeten überhaupt. (VII, 74 S.) 8. Freiburg i/B. 905. Herder. n. 1. —

Knur, Karolina

Knur, Carolina. Ueber die intraoculäre Jodoform-Desinfektion nach Professor Dr. [Otto] Haab. Diss. Med. Univ. Zürich von Karolina Knur. 80 S. 8. Zürich-Oberstrass, Hans Fischer, 1901.

Knus, Sammlung militärischer Vorschriften. (IV, 159 S.) kl. 8. Bern 909. Stämpfli & Co. In Leinw. kart. 1. 80

Knus Joh[ann] Georg Vertheidigung, unschadlicher Willens und Wunsche Aussrungen Von Joh G Knuss im May 1801. 8 o O

Knus, Paul

Knus, P., Klinisches u. Anatomisches üb. den Frühjahrscatarrh der Conjunctiva. Inaug.-Diss. gr. 8. (44 S.) Zürich 889. (Wiesbaden, Bergmann.) n. 1. 60

Knus, Walter (von Winterthur, Kt. Zürich): Die rechtliche Stellung der Informations-Bureaux. Zür. Druckerei der N. Z. Z. 1896. 88 S. 8°.
Zürich. Jur Diss. v 1 Febr 1896.

Knusden, Olsen, S., und Olsen, M., Bericht der Sozialdemokratie in Dänemark. 16°. Bruxelles, P. Weissenbruch, 1891.

Knüsel (Nationalrath). Rede gehalten z. Eröffnung der centralschweizer. Kunst- u. Gewerbe-Ausstellung in Luzern am 10. Juni 1879. (Sep.-Abdr. aus d. Luzerner Tagblatt). In-8°, 15 S. Luzern, C. F. Prell. 1879 — 20

Knüsel, Kornelius

Knüsel, Cornel., O. Cist., St. Antonius-Büchlein. Enth. Lebensbeschreibg., Betrachtgn., Gebets- u. Andachtsübgn. sowie den allgemeinen Gebetsverein zu Ehren des hl. Antonius v. Padua. (191 S. m. 1 Farbdr.) 16. Einsiedeln (908). Eberle, Kälin & Co. Geb. in Leinw. — 50

Knüsel, Cornelius. Simplonpass und Simplontunnel. Von P. C' Knüsel, S. O. Cist. [Illustriert.] Separatabdruck aus «Die Zukunft» [Monatsschrift für Jünglinge. Organ der schweiz. kath. Jünglingsvereine. Jahrg. 7. Heft 8—11, Juni—September 1906]. II + 16 S. 8. Einsiedeln, Eberle & Rickenbach, 1906.

Knüsel, Otto, Studien üb. die sogen. sterilisierte Milch des Handels, s.a. Arbeiten aus dem hygienischen Institut der kgl. tierärztlichen Hochschule zu Berlin.

Knüsel, Otto, Tierarzt in Luzern: Studien über die sogenannte sterilisierte Milch des Handels. Ein Beitrag zur Biologie der peptonisierenden Milchbakterien. (Arbeiten aus dem hygienischen Institut der Kgl. Tierärztlichen Hochschule zu Berlin. Leiter Professor Ostertag. Nr. XIII.) Berlin 1908. 79 S. 8°. S.-A aus der Zeitschrift für Fleisch- und Milchhygiene. Jahrg. 18. 1908. [22 II. 08.]
Zürich Vet-med. Diss 1907/08.

Knüsel, P., Kraftfütterung. Bericht über die vom Bauernverein des Kantons Luzern auf der Staatsdomäne Sedelhof veranstalteten Fütterungsversuche mit Kraftfuttermitteln, erstattet Namens des leitenden Comité. 8. (51 S. mit 1 Stnt.) Luzern 880, (Prell.) *

Knusemann's Alpenreise, s.: Volksbibliothek, deutsche.

Knusemeyer, Jeremias, „wir können heirathen!" Posse in 10 Auftritten. 12. (21 S.) Bonn 893. P. Hauptmann. n. — 25

Knüsli

Deutsch-Ewe Wörterbuch. (Verf. Knüsli. Hrsg.: A. Knüsli.) Bremen 1892. 413 Bl. 4° [Autogr] [10. 15189

Knüsli, Frau A., afrikan. Frauenleben, s.: Missionsschriften, Bremer.

Knussert, Gust., Orden, Ehren- und Verdienst-Zeichen, Denk- und Dienstalters-Zeichen in Bayern. Nach urkundl. Quellen bearb. gr. 4. (VIII, 348 S. mit 16 chromolithogr. Taf.-Abbild.) München 877, (Franz'sche Buchh.) **

Knussert, Rud., die Abenteuer des Kapitän Flint. Exotische Geschichten. (109 S.) 8. Mülheim-Ruhr (907). J. Bagel. — 30

Rudolf **Knussert**. Frauengestalten. Dresden & Leipzig: E. Pierson 1899. (71 S.) 8° [F.] [97. 8707

— Bill Hammer u. andere Erzählungen, s.: Rupplus, Otto.

— Lieder. 12. (III, 171 S. m. Abb.) Berlin 886. Schuster & Loeffler. 3. —; geb. n. 4. —

Knussert, Rud., der Rubinring, s.: Halter, G. v., auch Einer.

Knust, Frl. Anna, s.: Helmar, Anica.

Knust, August: Der Betriebsunfall nach den Reichs-Unfallversicherungsgesetzen. Borna-Leipzig 1909: Noske. XII, 163 S. 8°
Tübingen, Staatsw. Diss. v. 3. Aug. 1909, Ref. Fleiner
[Geb. 78 Bültum; Staatsangeh.: Preußen; Studium: Leipzig Handelshochsch. 4, Univ. 1, Tübingen 6 S.; Coll. 4. Aug. 08.] [U 09. 3980

Knust, Friedrich Heinrich (Linda/Hannover), De fontibus et consilio Ps.-Isidorianae collectionis. Götting. (Dieterich) 4. VI. 1832. 102 S. (5.50) 18708
Gew.: Theophil Jacob Planck, Jo. Carl Ludw. Gieseler.

Knust, Hermann, s. Bibliothek des litterarischen Vereins in Stuttgart CXLI, CLXXVII.

Knust, H., Geschichte der Legenden der h. Katharina v. Alexandrien u. d. h. Maria Aegyptiaca, nebst unedierten Texten. gr. 8. (III, 346 S.) Halle a/S. 890. Niemeyer. n. 8. —

Knust, Herm., s.: Manuel, Juan, El libro de los enxiemplos del Conde Lucanor.

Knust, Herm., Mitteilungen aus dem Eskurial, s. Bibliothek des litterarischen Vereins in Stuttgart, Bd. 141.

— s.: Polo, Marco, el libro.

Knust, K., Ueber Aufgabe u. Organisation der mittleren und niederen landwirthschaftlichen Lehranstalten. Beitrag zur Beurtheilung des landwirthschaftlichen Unterrichtswesens. gr. 8°. Holzminden, C. C. Müllersche Buchh., 1891.

Knust, Wilhelm *Julius Leopold Louis* [aus Sarnow]: '(Aus d. Nervenklinik d. Hrn. Geheimr. Jolly.)' **Das Analgen,** ein neues Nervinum ... Berlin, Buchdr. v. G. Schade, *1892;* 34 S., 1 Bl. 8.
Berlin, Med. Fak., Inaug.-Diss. v 23. Juli 1892

Knust, Wilhelm *Eduard Heinrich Johannes* [aus Daberkow]: Über die Fussgelenksluxation durch Rotation nach aussen. '(Luxatio pedis per eversionem.)' .. Greifswald, Buchdr. C. Sell, 1897; 38 S., 1 Bl. 8.
Greifswald, Med. Fak., Inaug.-Diss. v 23. Juni 1897

Knute, die. Krit. Beleuchtg. uns. Tagesfragen i. zwangl. Heften. 1. Hft. gr. 8. Berlin 895. E. Renzel. — 30
D. Wucher u. d. deutsche Michel. Von F. O. u. L. M. (36 S.)

Knutenhagen, Geißelbert (recte Wespenberg), aus Nesselrode, Katechismus des guten Theater-Directors, das ist ein erbauliches und beschauliches Büchlein zu Nutz und Frommen aller Derer, so da bereits Theater-Directoren, Intendanten rc. sind, oder die Absicht hegen, es zu werden; sowie auch Derer, so da ein Interesse für's Theater haben, oder gezwungen sein sollten, sich ex officio mit Theatralibus zu beschäftigen, oder auch nicht zu beschäftigen, und endlich Derer, so da zu den Gebildeten der Nation zu gehören, als Ehre erachten. In gemeinverständlicher und einfältiglicher Weise dargestellt. kl. 8. (XVI, 215 S.) Wolgast 885, Elsner. *

Knütgen, Adolf Die Ansichten der Alten über die Nilquellen. 24 S. **Progr.** G. *Neisse* 1876.

Knütgen, A., De carm. I, 7 et epist. I, 11, inter se comparatis sive de Bullatio Horatiano. Pr. 1882. 12 S. 4° 1.50

Knütgen, Ad, Verzeichnis und Beschreibung der im Besitze des königl. kathol. Gymnasiums zu Heiligenstadt befindl. Inkunabeln. (I.) 4. (25 S.) Heiligenstadt 888, (Delion.) *

Knuth, Chronologische Uebersicht der in der St. Joh. Loge „zur goldenen Kette" in den ersten 25 Jahren ihres Bestehens vorgekommenen Aufnahmen, Beförderungen und sonstigen durch Abgang und Zugang erfolgten Veränderungen nebst einem geschichtlichen Anhange. Aus den Logenacten zusammengestellt. Bunzlau. Druck von Voigt, den 21. Mai 1874. 8. 31 S.

Knuth, A. F., Chronik der Stadt Drossen, nach vorgefundenen Bruchstücken bearb. (IV, 127 S.) 8. Drossen 885. R. Knuth & Sohn. Kart. 1. 50

Knuth, Arthur, Oberlandesgerichtsref. zu Königsberg i. Pr.: Über die sogenannte **Chikane** nach gemeinem Recht und Bürgerlichem Gesetzbuche. *Königsberg i. Pr. 1900: E. Rautenberg.* (VIII, 63 S.) 8°
Jena, Jur Diss. v (24. Sept.) 1900

Knuth, Erwin, „ach so"! s.a. **Geschichten, intime.**

'Ach so!' Die Moral in der Ehe. Von Erwin **Knuth.** Berlin Berliner Roman-Verl. [1905]. (48 S.) 8° [F.]
= **Geschichten,** Intime. 75. [05. 7537

– Die Erste und Letzte, s.a. Geschichten, Intime

– Ihr Wille, s.a. Geschichten, Intime

Knuth, F. Chronik von Gransee 8 Berlin 1840

Knuth, Friedrich Christoph v. (Campis Transysalanus [= Kampen / Oberyssel]), De praescriptione quiescente. Disp. jur. Rector Joh. Gerh. Christ. Rucker. Utrecht (Johann Broedelet) 2. VII. 1763. 24 S. (6.—) 18709
Gew.: Wilh. Friedrich Baron v. Knuth — Widm. v.: J. H. van Damme.

Knuth, Gustav

Knuth, G., Erinnerungs-Feier, s.: Francke, August Hermann.

Knuth, G. Geschichte der Kirchengemeinde v. St. Georgen zu Glaucha-Halle a. S., auf Grund urkundl. Quellen dargest. 8. (VIII, 252 S. m. 2 Abbildgn.) Halle a. S. 891, Buchh. d. Waisenhauses. * 2 –

Knuth, G., die Herrlichkeit des Herrn. Ausgewählte Predigten nach dem Gange des Kirchenjahres. gr. 8. (VII, 217 S.) Halle 887, Buchh. des Waisenhauses. *

Knuth, G., Kasual-Reden. 8. (VII, 109 S.) Halle 886. Buchh. d. Waisenhauses. n. 1. 30; Einbd. n.n. — 60

—— Konfirmanden-Büchlein. Ein kurzer Leitfaden für Lehrer und Schüler. 8. (16 S.) Ebendas. 888. **

Knuth, G., Konfirmanden-Büchlein. Ein kurzer Leitfaden f. Lehrer u. Schüler. 3. verb. Aufl. (16 S.) 8. Halle 904. Buchh. des Waisenhauses. n.n. — 15

Knuth, G., A. H. Franckes Mitarbeiter an s. Stiftgn. E. Beitrag z. Jubelfeier d. 200jähr. Bestehens d. Anstalten A. H. Franckes. gr. 8. (IX, 185 S.) Halle 898. Buchh. d. Waisenhauses. n 1. 80

Knuth, Gustav: Rechte und Pflichten des Pfarrers am Pfarrgut im Gebiete des Preussischen Allgemeinen Landrechts. *Halle a. S. 1897: Waisenhaus.* (32 S.) 8°
Erlangen, Jur Diss. v 25. Okt. 1897

Knuth, Hans Jacob Die wahre Ehre suchte [Glückwunschgedicht zur Ueberreichung des S. Annen-Ordens auf Hans **Thede,** Cammer-Präsident.] — Kiel o. J [um 1730] Bartsch. 2 Bl. 4°

Knuth, Karl

Knuth, (Hugo) Carl (Lebrecht) [aus Stettin]: **Beiträge zur Kritik des Geschichtsschreibers Jean d'Auton, Hofhistoriographen des Königs Louis XII. von Frankreich.** . . Greifswald, Druck v. J. Abel, 1869; 2 Bl., 48 S. 8°
Greifswald, Phil. Fak., Inaug. Diss. v. 5. Nov. 1869

Knuth, M. A [app. Arzt] Ueber spastische Spinalparalyse und dementia paralytica ... Kiel, Druck v Schmidt & Klaunig, 1888; 1 Bl. + 46 S. + 2 Bl. 8°
Kiel, Med. Fak., Inaug.-Diss. v 17 Nov 1888

Knuth, M. A., über spastische Spinalparalyse und dementia paralytica. Inaugural-Dissertation. gr. 8. (48 S.) Kiel 888, Lipsius und Tischer, Verlags-Cto. *

Knuth, Oskar [Dr.]: Zum Betriebe des Französischen Unterrichts auf Gymnasien '(nach den neuen Lehrplänen)'. Steglitz, *Druck v. J. Becker, Berlin,* 1893; 31 S. 4.
Steglitz, G, OP 1893 (80)

Knuth, Osc., Matériaux pour la méthode à suivre dans la lecture des auteurs français à l'usage des professeurs chargés de cet einseignement dans les écoles secondaires de tous les pays. (VI, 66 S.) gr. 8. Gotha 904. F. A. Perthes. n. 1. 20

Knuth, Oscar Quaestiones de notione τῆς σωφροσύνης [!] Platonica criticae. Halis Saxonum (1874) Heynemann. 36 S. 8°
Halle-Wittenberg, Phil. Diss. v 7 März 1874
Geb. Drossen (Mark) 1. 12. 1850. V
Verf. erlebte die nachträgliche Diplomerneuerung 1930 als Gymnasial-Professor a. D. in Berlin-Steglitz, vgl. Anh. Nr. 730.

Knuth, Oscar [Dr.]: Recherches étymologiques et historiques sur les principaux termes de la psychologie empirique. *Steglitz, Druck v. G Loper* (1890), S. 44—55; 4°
Steglitz, PG, Festschr. 1890 ••

Knuth, Osc., sull' uso del pronome personale nelle lingue francese ed italiana. Saggio grammaticale letterario sulle differenze, che si osservano nella sintassi delle suddette lingue riguardo all' uso del pronome personale. gr. 16. (80 S.) Drossen 878. (Mülhausen i. Els., Bufleb.) *

Knuth, Paul

Einige Bemerkungen meine Flora von Schleswig-Holstein betreffend Von Paul Knuth. Leipzig 1888 8

Knuth, Paul, üb. blütenbiologische Beobachtungen. Mit 7 Fig. in 26 Einzelabbildgn [Aus: „Die Heimat".] Lex.-8. (22 S.) Kiel 893. (Lipsius & Tischer.) n. — 80

— blütenbiologische Beobachtungen auf der Insel Capri [Aus: „Botanisch Jaarboek der genootschap Dodonaea".] gr. 8. (31 S. m. 1 Taf.) Gent 893. Ebd. n. 1. —

Knuth, Paul, weitere Beobachtungen über Blumen u. Insekten auf d. nordfries. Inseln. [Aus: „Schriften d. naturwiss. Vereins f. Schleswig-Holstein".] gr. 8. (33 S. m. 1 Fig.) Kiel 895. (Lipsius & Tischer.) n. — 80

Die Bestäubungseinrichtungen von Eryngium maritimum L. und Cakile maritima L. Von Paul Knuth. Separat-Abdruck aus Botanisches Centralblatt Jg 1889 Nr 18 Cassel 1889 8°

— Blumen u. Insekten auf den Halligen (Bloemen en Insecten op de Halligen). (Holländisch u. Deutsch.) [Aus: „Botanisch Jaarboek, VI, 1894".] gr. 8. (31 S. m. 1 farb. Karte.) Ebd. 894. n. — 80

— Blumen u. Insekten auf Helgoland. [Aus: „Botan. Jaarboek".] (Deutsch u. holländisch.) gr. 8. (47 S. m. 1 Karte.) Gent 896. Ebd. n. 1. —

— Blumen u. Insekten auf den nordfriesischen Inseln. Mit 33 Holzschn. in 110 Einzeldarstellungen. gr. 8. (VIII, 207 S.) Ebd. 894. n. 4. —

[F.] **Knuth,** Paul [Dr.]: Die Blütenbesucher derselben Pflanzenart in verschiedenen Gegenden. E. Beitr. z. blütenbiolog. Statistik. (1. Tl.) Kiel, Druck v. A. F. Jensen, 1895; 1—17 S. 4.
Kiel, OR, OP 1895 (284 [vielm. 301])

[F.] **Knuth,** Paul [Prof. Dr.]: Die Blütenbesucher derselben Pflanzenart in verschiedenen Gegenden. E. Beitr. z. blütenbiolog. Statistik. '(Hälfte 2)'. [Forts. d. P-Beil. 1895.] Kiel, Druck v. A. F. Jensen, 1896; 1—12 S. 4.
Kiel, OR, P 1896 (301)

— Flora d. Insel Helgoland. gr. 8. (27 S.) Kiel 896. Lipsius & Tischer. n. 1. —

Knuth, Paul, Flora der Provinz Schleswig-Holstein, des Fürstent. Lübeck, sowie des Gebietes der freien Städte Hamburg und Lübeck. Zum Gebrauch in Schulen und auf Exkursionen bearb. 3 Abtlgn. 8. Leipzig 887, Lenz. [1. und 2. Abtl. (S. 1—576.) à Abtl. *ℳ 2.80.; 3. Abtl. (S. 577—922.) *ℳ 3.60.] *ℳ 9.20.; geb. *

Gab es früher Wälder auf Sylt? Von Paul Knuth. Separatabdruck aus Humboldt Bd. 8, H 8 Stuttgart. 1889 4°

Knuth, Paul. Geschichte der Botanik in Schleswig-Holstein. 2 Thle. gr. 8. Kiel, Lipsius u. Tischer. * 5 60
1. [Die Zeit vor Linné.] (S. 1—58 m. 3 Taf.) 890. * 1 60. 2. [Die Zeit nach Linné.] (S. 59—216.) 892. * 4 —

Grundriss der Blüten-Biologie Zur Belebung des botanischen Unterrichts, sowie zur Förderung des Verständnisses für unsere Blumenwelt zsgestellt von Paul Knuth. Mit 36 Holzschnitten in 113 Einzelabb. Kiel und Leipzig 1894 8°

KNUTH, Paul: Grundzüge einer Entwicklungs-Geschichte der Pflanzenwelt in Schleswig-Holstein. - Kiel 1889. 55 S. - (Schr. Naturwiss. Ver. Schleswig-Holstein Bd. 8, H. 1, 1889)

Handbuch der Blütenbiologie unter Zugrundelegung von Hermann Müllers Werk: 'Die Befruchtung d. Blumen durch Insekten' bearb. von Dr. Paul **Knuth,** Prof. zu Kiel. Mit Abb. Bd 1. 2, T 1. 2. 3, T 1. 2. Leipzig: W Engelmann 1898–1905. 5 Bde 8°
1 Einleitung u. Litteratur. Mit 1 Portr. 1898.
2. Die bisher in Europa u. im arkt. Gebiet gemachten blütenbiol. Beobachtungen.
T. 1 Ranunculaceae bis Compositae. Mit d. Portr. H. Müllers. 1898.
2. Lobeliaceae bis Gnetaceae. Mit 1 Porträttaf., e. Verz. d. blumenbesuchenden Tierarten u. d. Reg. d. 2 Bdes. 1899.
3 = Loew, Ernst Die bisher in außereuropäischen Gebieten gemachten blütenbiol. Beobachtungen unter Mitw. von Dr. Otto Appel.
T 1 Cycadaceae bis Cornaceae. Mit d. Portr. P Knuths. 1904.
2 Clethraceae bis Compositae nebst Nachträgen u. e Rückblick. Mit e Verz. d. blumenbesuchenden Tierarten u. d. Reg. d. 3. Bdes. 1905.
(05. 8101

Knuth, Paul, Lehrbuch der Chemie für Maschinisten und Torpeder. Im Auftrage der kaiserl. Admiralität verfasst. gr. 8. (IX, 220 S.) Kiel 884, Universitäts-Buchh. +

Die Orobanchen Schleswig-Holsteins. Von Paul Knuth. Ausschnitt aus Deutsche botanische Monatsschrift hrgg v G Leimbach Jg 6 Nr 10 Arnstadt 1888. 8°

— die Pflanzenwelt der nordfriesischen Inseln. Gemeinverständlich dargestellt. [Aus: „Schriften d. naturwissenschaftl. Vereins f. Schleswig-Holstein".] gr 8. (89 S.) Ebd. 891. n. 1. —

— Schulflora der Provinz Schleswig-Holstein, des Fürstenth. Lübeck, sowie d. Gebietes der freien Städte Hamburg u. Lübeck. 8. (IV, 406 S.) Leipzig 888. Lenz. n. 4. —; geb. n. 4. 60

— Christian Konrad Sprengel, das entdeckte Geheimniss der Natur. Ein Jubiläums-Referat. [Aus: „Botanisch Jaarboek".] gr. 8. (67 S. m. 3 Taf.) Ebd. 893. n. 1. —

Knuth, Paul, experimentelle Studie üb. das Texasfieber der Rinder (La tristeza) in den La Plata Staaten. (96 S. m. 1 Taf.) Lex.-8. Berlin 905. R. Schoetz. 3. —

Knuth, Paul, appr. Tierarzt a. Miltzow (Pommern): Experimentelle Studien über das Texasfieber der Rinder (La tristeza) in den La Plata Staaten. Berlin: R. Schoetz 1905. (83 S.) 8°
Leipzig, Phil. Fak., Ref. Eber, Chun, Diss. v. 16. Jan. 1900
[Geb. 2. Dez. 60 Miltzow; Wohnort: Leipzig; Staatsangeh.: Preußen; Vorbildung: Gymn. Prenzlau 1b M. 86. Tierärztl. Approb. Berlin Dez. 98; Studium: Berlin 7, Leipzig 3 S.; Rig. 30. Juli 05.]

Knuth, Paul. Ueber eine neue Tribrombenzolsulfosäure und einige ihrer Derivate. Greifswald, 1876.

— botanische Wanderungen auf der Insel Sylt. Nebst e. Verzeichnis der die Sylter Pflanzenwelt betr. Litteratur u. der bisher v. d. Insel Sylt angegebenen Pflanzen. 12. (116 S. m. 1 Karte u. 1 Taf.) Tondern 890. Dröhse. n. 1.50

Knuth, R., Primulaceae. s.: Pax, F.

Knuth, Reinhard, aus Breslau Über die geographische Verbreitung und die Anpassungserscheinungen der Gattung Geranium im Verhältnis zu ihrer systematischen Gliederung. *Leipzig: W. Engelmann 1902.* (45 S.) 8° ¶(Aus Engler's Botan. Jahrbücher, Bd 32, H 1)
Berlin, Phil. Diss. v. 9. Juli 1902

Knutowski, Boleslaus, a. Slawoschin, Kr Putzig, Westpr: Das Dido-Drama von Marlowe und Nash. Eine literarhistorische Untersuchung. Breslau 1905: Grosser u. Co. (75 S.) 8° ¶(Soll später fortgesetzt u. veröffentlicht werden.)
Breslau, Phil. Fak., Ref. Sarrazin, Diss. v. 22. Dez. 1905
[Geb. 25. Mai 78 Slawoschin, Kr Putzig, Westpr.; Wohnort: Slawoschin, Staatsangeh.: Preußen; Vorbildung: Gymn. Neustadt Westpr. Reife M. 00, Studium Breslau 10 S. Rig 15. Nov 05.]

Knuttel, Daniël [aus Sliedrecht '(Holland)']: **Beiträge zur Kenntnis des Pyridinacetonchlorids ... Marburg,** ***Druck v. Koch & Knuttel, Gouda, '(Holland)', 1895;*** **VIII, 62 S., 1 Bl. 8.**
Marburg, Phil. Fak., Inaug.-Diss. v. [7. Okt.] 1895

Knüttel, A., poetische Versuche. gr. 8. Bresl. 826. (Max u. C.)
10 ℳ

Knüttel, D(aniel): **Ueber die Einwirkung von Phenylsenföl auf Phenoläther.** *Heidelberg 1898: J. Hörning.* (32 S.) 8°
Heidelberg, Naturw.-math. Diss. v. [6. Mai] 1898

Knüttel, J. A., (J. G. C. Maaß), Ludwig der Springer auf der Burg zu Giebichenstein. 8. Halle 817. Fr. Ruff. 12 ℳ

Knüttel, (J. G. C. Maaß), Ludwig der Springer auf der Burg zu Gibichenstein. 8. Halle 817. jetzt Lippert. 1/2 ℳ

Knüttell, Aug., die Dichtkunst und ihre Gattungen. Ihrem Wesen nach dargestellt und durch eine nach den Dichtungsarten geordnete Mustersammlung erläutert. Mit Rücksicht auf den Gebrauch in Schulen. 2., verb. und verm. Ausg. gr. 8. (VIII und 310 S.) Breslau 848, Graß, Barth und Comp., Brlgsh.

Knüttell, Aug., Geschichte der schönen Literatur der Deutschen mit Beispielen. Für höhere Töchterschulen und zum Selbstunterrichte bearb. Lex.-8. (XII und 436 S.) Breslau 853, Graß, Barth und Comp. Verlag.

—— Handbuch der deutschen schönen Literatur mit Beispielen. Namentlich für höhere Töchterschulen. (In 2 Bdn.) I. Bd. A. u. d. T.: Die Dichtkunst und ihre Gattungen. Ihrem Wesen nach dargestellt und durch eine nach den Dichtungsarten geordnete Mustersammlung erläutert. Mit Rücksicht auf den Gebrauch in Schulen. 3., verm. Aufl. gr. 8. (XII und 313 S.) Breslau 855, Graß, Barth und Comp. Verlag.

—— Leitfaden zu einem evangelischen Religions-Unterrichte nach der Ordnung des kleinen Katechismus. (Für geförderte Schulanstalten.) gr. 8. (XIV und 118 S.) Breslau 851, Graß Barth und Comp., Brlgsh. *

Maurerische Reden des [Br.] Aug. Knüttell. Gedr. als Ms. f. Mr, mit Genehmigung des Bundes-Direktoriums. Breslau 1858: Grass, Barth & Co. 133 S. 8°

Knüttelverse, humoristische, für Weihnachtsgeschenke. (48 S.) kl. 8. Leipzig (905). A. Schwarzenberg. n. — 30

Knüttel-Verse eines Welt-Verachters. Wien [1890]. V: *Kretschmer, Adolph.* (EB)

— e. Welt-Verächters. (12 S.) gr. 8. Wien (903). (L. Steckler) n. — 40

Knüttel-Verse eines Weltverachters, Supplement, s. Seelen-Funken

Knutzen, Martin, Historisch-Mathematische Abhandlung von den Brenn-Spiegeln des Archimedis, worinnen zugleich einige allgemeine Methoden, die Wurckungen aller Brenn-Spiegel und Brenn-Gläser auf grössere Entfernungen zu erweitern, entdeckt werden. Auf Verlangen aus den Königsbergischen Frag- und Anzeigungs-Nachrichten zusammen gedruckt. Königsberg 1747

— philos. Beweis von d. Wahrheit d. christl. Relig. gr. 8. Königsb. Hartung. 763.

— elementa philosophiae rational. s. logica. 8. Königsb. Hartung. 771.

— verm. Gedanken v. Cometen. 4 Std. 8. Frankf. u. Lpz. (Korn d. j. in Bresl.) 744.

— von d. immateriellen Natur d. Seele. 8. Frankf. u. Lpz. Hartung. 744.

Martin Knutzens [Knutzen: De humanae mentis individua Natura sive immaterialitate. Deutsch:] Philosophische Abhandlung von der immateriellen Natur der Seele, darinnen...erwiesen wird, daß die Materie nicht denken könne u. daß die Seele uncörperlich sey,.... Aus d. Lat übers. ([Übers.:] George Heinrich Piesche[l].) Königsberg: Hartung 1744. 139 S. 8°

Knutzen, Mart., systema caussarum efficient. 8. Lips. Klaubarth. 745.

*** Insignem Algebrae in perficiendo intellectu usum et praestantiam rationibus ac exemplis evincit, eandem ab obscuritatis ac difficultatis vix superandae immerito opprobrio vindicat, ac studiosam cultioris Intellectus Academic. juventutem ad praelectiones algebraicas privatas invitat** *Martinus Knutzen,* **Log. ac Metaph. Prof. publ. Regiomonti, litteris Reusnerianis. 4.**
1738.

— verthrid. Wahrheit d. christl. Relig. 8. Königsb. (Breitkopf in Lpz.) 742.

Kny, Eugen [2. Assist. an d. psychiatr. Klinik]: **Untersuchungen über den galvanischen Schwindel....** Berlin, gedr. bei L. Schumacher, 1887; 24 S. 8°
Strassburg, Med. Fak., Inaug.-Diss. v. 1887

Kny, Eugen, Untersuchungen über den galvanischen Schwindel. Diss. Strassburg i. Els. 1887, Trübners Buchh. u. Antiqu. (E. d'Oleire). 8⁰. 24 S.

Kny Friedrich: Matthew Arnolds Dramen und ihr Verhältnis zum klassischen Drama.
II. 1910 PN 3003 Diss. Innsbruck, Univ.

Kny Hans: Einiges über die Erziehung zur Ordnung. 4 Wien III. R. (Rainer) 98.
Progr.

Kny Hans: Der Gebrauch der Negation im Kudrunliede. 18. Bielitz R. 80.
Progr.

Kny, Hans Der Gebrauch der Negation im Nibelungenliede
15 S. 8. Progr. G. III. Bez. Wien 1883

Kny Hans: Wie wurde Albrecht I. deutscher König? 31. Linz R. 76.
Progr.

Kny, Leopold

Kny, L., Anatomie des Holzes von Pinus silvestris L. gr. 8. (36 S. mit eingedr. Holzschn.) Berlin 884, Parey. *
Aus: Text zu den botanischen Wandtafeln, besonders abgedruckt.

Kny, L., über Axillarknospen bei Florideen. Ein Beitrag zur vergleichenden Morphologie. Fol. (32 S. mit 2 Taf. in Stndr.) Berlin 873, Dümmler's Verlag. *
Aus: Festschrift zur Feier des 100jährigen Bestehens der Gesellschaft naturforschender Freunde zu Berlin, besonders abgedruckt.

Kny, L.: Bau und die Entwicklung des Farrn-Antheridiums. Berlin 1869 8⁰

Kny, L., d. Bedeutg. d. Pilze im Haushalte d. Natur, s.a. Sammlung populärer Schriften, hrsg. v. d. Gesellschaft Urania.

Die Bedeutung der Pilze im Haushalte der Natur Vortr. geh. 1896 v Dr L[eopold] Kny, Prof. . zu Berlin. M Ill. *Berlin: H. Paetel 1896*
(SA a 'Himmel u. Erde' Jg VIII. H. 10.) (24 S.) 1 Bd 4.(8.)
= Sammlung populärer Schriften hrsg v. d. Urania Nr. 41.

Kny, L., über das Dickenwachsthum des Holzkörpers in seiner Abhängigkeit von äusseren Einflüssen. Mit 3 lith. Taf. gr. 4. (III, 136 S.) Berlin 882. Parey. n. 16. —

Kny, L., die Entwickelung der Parkeriaceen dargestellt an Ceratopteris thalictroides Brongn. gr. 4. (80 S. mit 8 lithogr. und zum Theil color. Taf.) Dresden 875. (Leipzig, Engelmann.) *
Aus: Nova Acta der kaiserl. Leop.-Carol. deutschen Akademie der Naturforscher, besonders abgedruckt.

Kny, L. Ueber Laubfärbungen, s.a. Abhandlungen, allgemeinverständl. naturwissenschaftl.

Kny, L., üb. Laubfärbungen. [Aus: „Naturwissenschaftl. Wochenschr."] gr. 8. (28 S. m. 7 Holzschn.) Berlin 889. Dümmler's Verl. n. 1. —

Kny (L.). Morphologie von Chondriopsis coerulescens, Crouan . . . Berlin, 1870. 8°.

—— Pflanzenkunde, s. Wandtafeln für den naturwissenschaftlichen Unterricht mit specieller Berücksicht. der Landwirthschaft.

—— das Pflanzenleben des Meeres, s.a. Sammlung gemeinverständl. wissenschaftl. Vorträge.

Kny L, das Pflanzenleben des Meeres. (Sammlung gemeinverständlicher, wissenschaftlicher Vorträge 223-224) Berlin 1875

Kny, L., die Schutzmittel der Pflanzen. s.: Naturstudien f. Jedermann. 6. Heft.

Kny, Leop. (geb. Breslau 6.7 1841): Symbola ad Hepaticarum frondosarum evolutionis historiam. Berolini (1863). (54 S.) 8⁰.
Berlin, Phil. Diss. v 16. Mai 1863

Kny (L.). Ueber die Verdoppeling des Jahresringes. Berlin, 1879. 8°.

— botanische Wandtafeln, s.a. Wandtafeln f. den naturwissenschaftlichen Unterricht, m. specieller Berücksicht. der Landwirthschaft.

Kny L.: Botanische Wandtafeln. Taf. 1-65 (sorte og kol.). [Berl. 1874-84]. M. st. Fol.

— Botanische Wandtafeln. IX.—XII. Abtlg. Farbdr. Berlin, P. Parey. nn 147. —
IX. (Taf. 91—100.) 84,5×88,5 cm. Mit Text. (III u. S. 403—438.) 896. In Mappe nn 42. —
X. (Taf. 101—105.) 106×150 cm. Mit erläut. Text. (S. 439—470 m. Abb.) Lex. 8. 908. nn 35.—; auf Leinw. m. Stäben nn 50.—; einz. Taf. nn 8.—; bezw. nn 11. —
XI. (Taf. 106—110.) 106×150 cm. Mit erläut. Text. (S. 471—478 m. Abb.) Lex. 8. 908. nn 35.—; auf Leinw. m. Stäben nn 50.—; einz. Taf. nn 8.—; bezw. nn 11. —
XII. (Taf. 111—115.) 106×150 cm. Mit erläut. Text. (S. 479—493 m. Abb.) Lex. 8. 909. nn 35.—; auf Leinw. m. Stäben nn 50.—; einz. Taf. nn 8.—; bezw. nn 11. —

Kny, S, s. Kny, Stephan Ignaz

Kny, Steph. Ign., der Anfang d. Zeichnens. 32 Vorlegebl. z. Bild. d. Augenmasses u. Uebung d. Handgelenkes entworfen. 8. (¼ B. Text.) Leipzig 836, Krappe. Thlr.

Kny, St., Anleitung zum Federschneiden durch Schrift u. Bild. gr. 16. (2 B. u. 1 Taf. Abbild.) Leipzig 844, Jackowitz.

Kny, S. Ign., die gebogene Linie bei dem Anfang des Zeichnens oder der Anfang des Zeichnens in Volksschulen. 2s Heft. 8. Leipzig, Taubert. 3/16 ℛ︀

Kny, S., Vorarbeiten f. Schüler bei d. Unterr. im Rechnen. Zur Erleichter. d. Unterr. entworfen. gr. 12. (1½ B.) Leipzig 833, [Krappe.]

Kny, S. Ign., Vorarbeiten für Schüler bei dem Unterrichte im Rechnen. Zur Erleichterung des Unterrichts entworfen. gr. 12. Leipzig 833. Taubert. 1/12 ℛ︀

Knye, J. G., kleine Clavierschule. Ein Hülfsbuch zur leichtern Erlernung des Clavierspielens. 2 Hefte. gr. 4. Sondershausen, Voigt. 820. (1r 12 Gr. 2r 6 Gr.) -

Gaspadinystės **Knyga** arba Pamokinimai kaip prigulinčiai yra sutaisomi valgiai. Tilžeje J. Schoenke 1904. (96 S.) 8°
[Buch d. Hauswirtschaft oder Belehrungen über passende Zubereitung d. Speisen.] 10

Sapnu **knygele** iszguldauti kiekvieną sapną ir kas ateityje stosis. Tilžeje: O. v. Mauderode [1904]. (25, VII S.) 8°
[Traumbuch auslegend jeden Traum u. was in d. Zukunft geschehen wird.] 10

Tautiškosios politikos **knygynėlis**. Nr 1. Tilže: Saunus 1905. 8°
[Kleine Bibliothek volkstümlicher Politik.] 10

Knypers, Franz

Volksschule und Lehrerbildung der Vereinigten Staaten in ihren hervortretenden Zügen. Reiseeindrücke von Dr. Franz **Knypers**. Mit 48 Abb. u. 1 Titelbild. Leipzig: B. G. Teubner 1907. (x, 146 S.) 8° [F.]
— **Natur**, Aus, u. Geisteswelt. Bdch. 150. [07. 9085

Knyphausen, Wilhelm Freih. von. Hessen-Casselischer Generallieutenant . . . [Marburg 180?] V: *Lith, Frdr. Carl Heinrich von der.* (MGT)

Knyphausen, Frhr. E. zu, der Himmel unsers Glaubens. (91 S.) 8. Gütersloh 907. C. Bertelsmann. 1.40; geb. 2.—

Knyphausen, H. zu, „Wu 't mankst gaiht!“ Kleine Vertellsel. 8. (III, 71 S.) Münster 899. H. Mitsdörffer. n. 1.—

Knyphausen-Lützburg, E. Graf, s. Geschichte der reformirten Kirche zu Bargebuhr.

Knypiński, Anton. (geb. Pudewitz in Posen 15. 1. 1832): De metrorrhagia post partum. Berolini (1857). (30 S.) 8°
Berlin, Med. Diss. v. 11. Aug. 1857

Knyrim, August

— Wandergn. im Taunus. Vorschläge f. Naturfreunde zu Ausflügen in d. Taunusgebirge. 8. (94 S.) Ebd. (894). n. 1. —

Knyrim, Aug., wohin gehen wir nächsten Sonntag? Illustr. Führer f. Spaziergänge u. Ausflüge in d. näh. u. weit. Umgebg. Frankfurts. I. u. II. Hft. 12. Frankfurt a/M., J. Braner-Hub. n.n. 8. 30
I. Halbetage-Touren. (206 S. m. Abb.) 896. n.n. 1. 30
II. Ganzetage-Touren. (IX, 413 S.) 898. n. 2. —

Knyrim, Dn. Thdr., Nachrr. von d. Synode zu Homberg. 8. Cassel 804. (Luckhardt). 18 ℋ

— Secular-Predigt. Cassel 801. (Luckhardt). 2 ℋ

— über d. Verbesserung d. Liturgie u. d. Schulen auf d. Lande. 8. Cassel 788. (Luckhardt). 6 ℋ

Knyrim, Max. Beiträge zur Kenntniss der α-Naphtol-β-Monosulfonsäure. Freiburg i. B., 1885.

Knyżka do czytanja dla druhoho otrjadu uczyłyszcz selskych. 8. (268 S.) W Widny. Tyskopeczatano u L. Grunda. 1852 (Lesebuch für die zweite Klasse in den Volksschulen.) Ungebunden 17 kr., gebunden 22 kr. C. M.
Verlag der Schulbücher-Verschleiß-Administration

Ko le tosi-lotu katoliko faka-futuna. [Gebet- und Evangelienbuch nebst Katechismus in der Futuna-Sprache.] 8. (XXVII, 464 S.) Freiburg i. Br. 880, Herder'sche Verlagsh. *

Ko te u kupu filifili ia mai te Tohi-Tapu ki te Tauhi-Afea, mo te Tauhi-Foou i te lea Faka-Uvea. [Uebersetzung v. Schusters bibl. Geschichte in die Uvea-Sprache.] 8. (XII, 868 S. m Holzschn.) Freiburg i/Br. 885. Herder. n. 6. —

Koalitionsrecht verf. von V. S. Hamburg 1908.

Koalitionsrecht, verf. v. V. S. (31 S.) 8. Hamburg (909). Schröder & Jeve. — 60

Koalitionsrecht (Das) der Arbeiter. 8°. M.-Gladbach, Volksvereinsverlag, 1909. (Arbeiterbibliothek, Heft 7.)

— **das, der deutsch. Arbeiter,** s.a. **Arbeiter-Bibliothek. 7. Heft.**

Das **Koalitionsrecht** der deutschen Arbeiter. 1.–5. Taus. *M. Gladbach: Westdeutsche Arbeiter-Zeitung 1904.* (40 S.) 8° [F.]
= Arbeiter-Bibliothek. H. 7. [04. ...5

Koalitionsrecht (Das) der deutschen Arbeiter. 8°. M.-Gladbach, Westdeutsche Arbeiterzeitung, 1905. (Arbeiter-Bibliothek, Nr. 7.)

Das Koalitionsrecht der deutschen Arbeiter. M.-Gladbach 1909. 8°. (Arbeiter Bibliothek. H. 7.)

Koalitionsrecht (Das) der deutschen Arbeiter im Lichte der Thatsachen, eine Petition an den Reichstag von der Agitationskommission der Maurer. 8°. Hamburg 1889.

— das. der Landarbeiter, s.a. Zeitfragen, deutsche.

Koalitionsrecht (Das) der Landarbeiter. 8°. Bonn, Bonner Verlagsanstalt, 1909. (Deutsche Zeitfragen, Heft 2.)

Koall, der Evangelische Bund, ein Weckruf an das evangelische Volk, s.a. Streitschriften, freundschaftliche.

Der Evangelische Bund, ein Weckruf an das evangelische Volk. Vortrag ... 1889 in Dresden geh. ... von ... Stiftspred. **Koall.** Barmen: D. B. Wiemann (1889). (36 S.) 8° [F.]
— **Streitschriften,** Freundschaftliche. No 21. [06. 15030

Koall, Hugo, welche Schäden erwachsen dem evangelischen deutschen Volke aus seiner religiösen Gleichgiltigkeit, u. wie ist dem zu steuern? Vortrag, geh. im Zweigverein des evangel. Bundes zu Döbeln am 18. II. 1899. gr. 8. (16 S.) Dresden 899. F. Sturm & Co. n. — 25

Kob, s.a. Cob

Kob, Bruno, prakt. Arzt, a. Wehlau: Ueber die Behandlung der ischämischen Lähmungen des Vorderarms durch Resektion der Vorderarmknochen. Königsberg i. Pr. 1905: O. Kümmel. (28 S.) 8°
Königsberg, Med. Fak., Ref. Garrè, Diss. v. 3. Apr. 1905
[Geb. 6. Okt. 67 Wischwill, Kr. Ragnit; Wohnort: Wehlau; Staatsangeh.: Preußen; Vorbildung: Gymn. Meseritz Reife O. 88; Studium: Jena 3, Königsberg 7 S.; Coll. 28. März 05; Approb. 30. Jan. 95.]

Kob, G., Q. Horatius Flaccus im Licht des Evangeliums. Die vier Bücher der Oden, deutsch in den Versweisen d. Dichters wiedergegeben u. m. Erläutergn. ihres religiös-sittl. Inhalts versehen. gr. 8. (XV, 116 S.) Leipzig 893. Fr. Richter. n. 2. —

Kob, Georg Christian (Oehringen/Hohenlohe), De antiquitate principii indiscernibilium atque utilitate in theologia maxime naturali disputatio. Präs. M. Johann Friedr. Hiller (Rector zu Wittenberg). Wittbg. (Schlomach) Apr. 1748. 26 S. (5.50)

Kob, Gust. Adolph. Maur. (geb. Goldap 17. 10. 1798): De mutatione sexus. Berolini (1823). (38 S.) 8°
Berlin, Med. Diss. v. 7. Jan. 1823

Kob, H., Lehrplan, Stoffverzeichnis u. Stundenpläne. Für einfache Volksschulen, unt. Berücksicht. zweisprach. Schulen. gr. 8. (60 S.) Breslau 890. F. Hirt. n. 1.—

Kob, H., Lehrplan, Stoffverzeichnis u. Stundenpläne. Für einfache Volksschulen verf. 2., die Neubearbeitg. von F. Hirts Lesebuch, Ausg. A, berücksicht. Aufl. gr. 8. (52 S.) Breslau 899. F. Hirt. n. 1.50

Kob, J. A., u. Chr. Moßbach, Mittel gegen Feuers- u. Wassersgefahren. 8. Wien 795. Kaulfuß. 4 ℔

— eklektische Paragraphen. C. S. E. (A. u. d. T.: Jacobi Franci Regiomontani Eklekt. Paragraphen C. S. E.) 4. Regensb. 787.

KOB, Johann Andreas: Die wahre Ursache der Baumtrockniß der Nadelwälder durch die Naturgeschichte der Forl-Phaläne (Phalaena noctua piniperda) erwiesen und durch einige Versuche erörtert. - Nürnberg 1786. 58 S., 3 Taf. Hrsg. v. Georg Wolfgang Franz Panzer. - 2. Aufl. Frankfurt, Leipzig 1790. 58 S., 3 Taf. - 3. Aufl. Erlangen 1793. 58 S.

Kob, Jh. Andr., die wahre Ursache d. Baumtrockniß der Nadelwälder ꝛc. erwiesen, herausg. v. G. W. F. Panzer. Mit 3 ill. Kpf. gr. 4. Nürnb. 785. Mit neuem Titelbl. 790. (Palm in Erl.) 1 ℛ 8 ℔ (Cnobloch in Leipz.) 1 ℛ

Kob, J. Andr., wahre Ursach d. Baumtrockniß d. Nadelwälder. gr. 4. Nürnb. (Palm in Erl.) 793.

— — dass. gr. 4. Nürnb. Schmidmer.

— sichere Verwahrungs- u. Heilungsmittel gegen Versehrungen durch Wetterstrahle. 8. Münch. 790.

Kob, Johann Friedrich

— — (Saxo-Coburgici), Commentatio juris praesertim Germanici tam consonantis quam dissonantis de pecunia mutuaticia tuto collocanda. An wen, wie, und wo die Capitalien am sichersten auszulehnen. Götting. (Joh. Gottfried Hanisch) 1761. 12 Bl., 240 S. (10.—)

KOBE (DE KOPPENFELS), J. F.: Comment. jur. praes. germ. — de pecunia mutuatitia tuto colloc. *Hildb.* 761. 4. (Deutscher Ausz. v. K. F. TRÖLTSCH.) unt. d. Tit.: Der kluge Capitalist, od. polit. u. rechtl. Unterricht, wie Gelder am sichersten zu benutzen u. anzulegen? *Nürnberg.* (766.) 768. 8. (8 Gr.)

Kob, I. F., de pecunia mutuatica, tuto collocanda. 4. Gott. Hanisch. 762.

— **Johann Georg** (Neustadt/Franken), De pascuis ad culturam non redigendis. Disp. jur. Altdorf (Kohles) Mai 1714. 27 S. (6.50)
Widm. v.: Carl Heinr. v. Schaumberg (Fränkischer Adel), J. E. Andreas, C. P. Streit (Culmbach; dtsch.), J. G. Schmidt (dtsch.), Joh. Heinrich Scheler (Bayreuth), Jo. Kob.

Kob, Johannes *Philipp* [aus Stolp in Pomm.]: Die Bedeutung des Gonokokkennachweises für die gerichtliche Medicin ... Berlin, C. Vogts Buchdr., *1894;* 29 S., 1 Bl. 8.
Berlin, Med. Fak., Inaug.-Diss. v. 5. Juni 1894

Kob, Kurt

Kob, Curt: West-Masuren. Eine bevölkerungsstatistische Untersuchung. Berlin: R. Trenkel 1908. (71 S., 2 Tab., 2 Karten) 4°(8°)
Königsberg, Phil. Fak., Ref. Hahn-Gerlach, Diss. v. 1. Mai 1908
[Geb. 26. Mai 78 Deutsch-Eylau (Westpr.); Wohnort: Berlin; Staatsangeh.: Preußen; Vorbildung: Friedrich-Wilhelms-Gymn. Berlin Reife O. 97; Studium: Königsberg 9 S.; Rig. 31. Juli 07.]

Kob, Leo: Ueber die Einwirkung von unterchloriger Säure auf Benzoësäure und Monochlorbenzoësäure. *Königsberg i. Pr. 1904: H. Jaeger.* (53 S.) 8°
Königsberg, Phil. Diss. v. 30. Mai 1904

Kob, Martin, Oberarzt im Kürassier-Reg. Graf Wrangel (Ostpreuss.) No 3: Aus d. Kgl. Universitäts-Augenklinik. Ueber Prophylaxe des Trachoms in der Armee. *Königsberg i. Pr. 1901: O. Kümmel.* (43 S.) 8°
Königsberg, Med. Diss. v. 19. Nov. 1901

— **Nicolaus Christoph** (Hildburghausen), De praerogativa linearum in successione, ex II. feud. 50. Diss. jur. Präs. Jerem. Eberhard Linck (Strassburg). Wittbg. (Christian Schrödter) März 1709. 30 S. (6.—)
Gew. (v. Präs.): Heinrich Cocceji (Frankf.).

— — De sequestratione permissa. Diss. jur. Altdorf (Kohles) 22. III. 1712. 24 S. (6.—)

Kob, Werner, Behandlung des Puerperalfiebers vermittels permanenter Carbolwasser-Irrigation auf der königl. gynaekologischen Universitätsklinik zu Königsberg i. Pr. Inaugural-Dissertation. gr. 8. (45 S.) Königsberg 882, (Beyer's Verlag.) *

Kobak, J., das Denkmal im Herzen. Nachruf an Se. Maj. den König Maximilian II. von Bayern, unsterblichen, allgesegneten Andenkens, gesprochen bei der für Allerhöchstdenselben in der Synagoge zu Bamberg am 24. März 1864 abgehaltenen Todtenfeier. Bamberg, Buchner. gr. 8. (11 S.) n. 2½ ngr.

Kobak, Joseph (Hrsg.), s. J e s c h u r u n . Zeitschrift für die Wissenschaft des Judentums.

Kobald, E., über ein neues Ausflussproblem. Lex.-8. (12 S.) Wien 887, (Tempsky.) **
Aus: Sitzungsberichte der k. Akademie der Wissenschaften, besonders abgedruckt.

*Kobald, E. Ueber MacCullagh's Differentialgleichungen f. Lichtschwingungen in zweiaxigen Krystallen u. deren Verallgemeinerg. Lex.-8. (20 S.) Wien 890, (Tempsky). * — 30

Kobald, E., üb. e. allgemeine Form der Zustandsgleichung. [Aus: „Sitzungsber. d. k. Akad. d. Wiss."] Lex.-8. (9 S.) Wien 891. (F. Tempsky.) n. — 30

— üb. einige particuläre Lösungen der Differentialgleichung f. die Wärmeleitung in e. Kreiscylinder u. deren Anwendung. [Aus: „Sitzungsber. d. k. Akad. d. Wiss."] Lex.-8. (7 S.) Ebd. 893. n. — 30

Kobald E, Theorie d. Rittinger-Piccard'schen Abdampfverfahrens. (16 S) Wien 1879

— üb. das Versicherungswesen der Bergwerks-Bruderladen u. ähnliche Casseneinrichtgn. 1. u. 2. Thl. [Aus: „Berg- u. Hüttenmänn. Jahrb."] gr. 8. Leoben, L. Nüssler. n. 3. 50

1. Die Invaliditätsversicherg. Neue Darstellg. der Theorie u. Einführg. in dieselbe. (68 S.) 892. n. 2. —
2. Die Witwen- u. Waisenversicherg. Mit e. Anh.: „Ueber die Krankenversicherg" u. „Ueber das Begräbnissgeld". (48 S.) 893. n. 1. 50

Kobalsky, P., das Ganze der orientalisch-chinesischen Malerei, nebst bildlichen Darstellungen u. einem Anhange von der dabei vorkommenden Arbeit mit Gold, der Bleistiftzeichnung und der Lythochromie, oder der Kunst, Kupferstiche so auszumalen, daß sie Oelgemälden gleichen. Mit 8 Steintaf. 8. Leipzig 834. Pönicke u. Sohn. 1 ß

Koban, Ant., die gesetzliche Bürgschaft der §§ 571 u. 1251 des bürgerlichen Gesetzbuches f. das Deutsche Reich. Eine dogmat. Studie. (VII, 40 S.) gr. 8. Innsbruck 905. Wagner. n. 1. —

Koban, A., 2 Fragen aus dem bürgerlichen Rechte. I. Der Kompensationsnexus. Ein Versuch wirtschaftl. Gesetzesauslegg. II. „Haben auf eigene Gefahr" als Grund des Eigentumserwerbes vom Scheinberechtigten. (VI, 109 S.) gr. 8. Innsbruck, Wagner. 1909 2. 50.

— der Regreß des Bürgen u. Pfandeigentümers nach österreichischem u. deutschem Rechte. Eine zivilist. Studie. (XV, 212 S.) gr. 8. Graz 904. Leuschner & Lubensky. n. 3. 60

Kobányi, F. L., Bärwelf, s.a. Jessen's, A. Chr., Volks- u. Jugend-Bibliothek. 5. Bdchn.

Kobányi, F. L., Bärwelf, s.a. Volks- und Jugend-Bibliothek.

(F) Kobányi, F. L., Bärwelf, die älteste deutsche Heldensage. 3. Aufl. [Volks- und Jugendbibliothek. Nr. 5.] 8°. (80 S.) Wien: Pichler 1903. K —.70

— dasselbe, s.a. Pichler's Jugendbücherei. 19. Bdchn.

(F) Kobányi, F. L., Bärwelf. Die älteste deutsche Heldensage. Der reiferen Jugend erzählt. [Pichler's Jugendbücherei. Bd. 19.] 8°. (80 S.) Wien: Pichler 1904. geb. K 1.—

Kobányi, F. L., Österreichs Flagge im hohen Norden, s.: Volks- u. Jugend-Bibliothek.

— Die Flügelrippen der Lepidopteren. 14 S. 8° u.Taf.– Krems, Progr. 1865.

Kobányi, F. L.: Die Gradflügler von Niederösterreich. 31 S. 8° – Krems, OG., Progr. 1870.

— Reisen u. Entdeckungen, s.: Volks- u. Jugend-Bibliothek, österreichische.

Kobatsch, Rudolf

Kobatsch, Dr. Rud.,
— Die Armenpflege in Wien und ihre Reform. gr. 8°. Wien, Manz, 1893.

Kobatsch, Rudolf, Das Hausiergewerbe in Wien und dem übrigen Niederösterreich. Schriften d. Vereins f. Sozialpol., Bd. 82. gr. 8°. Leipzig 1899.

Kobatsch, Rud., intern. Wirtschaftspolitik. Ein Versuch ihrer wissenschaftl. Erklärg. auf entwicklungsgesch. Grundlage. (XXVI, 473 S.) gr. 8. Wien 907. Manz. 12.—

Kobatz, J. C.: „Anweisung zur Führung einer deutschen doppelten Buchhaltung für die Landwirthschaft, durch die nicht nur das in einem Guthe oder einer Herrschaft ruhende Stammcapital richtig dargestellt und verrechnet, sondern auch erprobt werden kann, welchen reinen Ertrag solche im Ganzen sowohl, als auch in jedem besondern Landwirthschaftszweig abgeworfen und wie hoch sich der Besitzstand überhaupt und in allen seinen einzelnen Abtheilungen, insbesondere von einem Jahre zum andern, verzinset hat? Nach zweierlei Methoden. Für Herrschaftsbesitzer, Wirthschaftsräthe und Inspectoren, landwirthschaftliche und Forstbeamte, Rechnungsführer und Landwirthe des In- und Auslandes", 2 Bände, Wien 1830 (Tendler). —

Kobau, Anton, s. Koban, Anton

Kobayashi, Kotaro: Über die Prüfung der Pankreasfunktion. Greifswald 1908: Adler. 30 S. 8°
Greifswald, Med. Diss. v. 26. Nov. 1908, Ref. Minkowski
[Geb. 19. Apr. 67 Nagano; Wohnort: Tokio; Staatsangeh.: Japan; Vorbildung: Gymn. Nagano bis O. 81; Studium: Nagano Prov.-Medizinsch. 10, Greifswald 2 S.; Rig. 5. Nov. 08.] [U 09. 1493

Kobayashi, Motoi, appr. Arzt aus Tokyo: Aus d. pathol.-anatom. Inst. d. Univ. zu Marburg. Über experimentelle Erzeugung von peptischen Erosionen (Stigmata ventriculi). Mit 6 Abb. Wiesbaden: Bergmann 1909. 31 S. 8° ¶(Aus: Frankfurter Zeitschr. f. Pathol.)
Marburg, Med. Diss. v. 6. Aug. 1909, Ref. Beneke
[Geb. 2. April 77 Yoshikawamura; Wohnort: Marburg; Staatsangeh.: Japan; Vorbildung: Gymn. Kinjo Tokio bis 96; Studium: Chiba Kais. Akad. 11, Marburg 5 S.; Rig. 11. Juni 09.] [U 09. 3140

Kobayashi, Takejiro, aus Miye, Japan: Die japanische Verfassung, verglichen mit ihren europäischen Vorbildern. *Rostock 1902: H. Winterberg.* (121 S.) 8°
Rostock, Jur. Diss. v. [24. Dez.] 1902

Kobbe, v., Entwurf zu einem feststehenden Programm für die vierwöchentlichen Waffen-Uebungen der k. k. Landwehr. 16. (VI, 128 S.) Teschen 884, Prochaska. *

Kobbe, v., Militärische Selbst-Vorbereitung der Nicht-Berufsofficiere u. Kadeten d. k. k. Fusstruppen zum Truppendienste. 2. Aufl. 8. (56 S.) geh. 50 kr. Teschen: Karl Prochaska 1881.

Kobbe, Major v., Terrainlehre f. d. Truppe u. mit Rucksicht auf d. Unterricht bei den Unterabth. 12. (VIII u. 127 S.) Teschen, Karl Prochaska. 40 kr. 1883

Kobbé, C., s. Kobbé, Karl

Kobbe, F., dringender Zuruf an Deutschlands sämmtl. Bauern und Gutsbesitzer, oder das sicherste, überall anwendbare und einfachste Mittel, durch Bewässerung der Felder auch in den trockensten Jahren die ergieb. Ernten zu erzielen, so wie zu einem dadurch zu bewirkenden ganz neuen Düngesystem ohne Dünger, auch e. Anhange über die muthmaßl. Witterung aller Tage d. J. 1843. Mit Abbild. 2. Aufl. 8. Leipzig 843. (Polet.) Verklebt n. 1/3 ß — 3. Aufl. gr. 12. Ebend. 843. Verklebt n. 1/3 ß

Kobbe, F. W., die Wasserheilkunst, s. Bibliothek, landwirthschaftliche.

Kobbe, F. W., Der Wasser-Tier-Arzt bei den Krankheiten der Pferde. 12. (88 S.) Leipzig 44. (Magdeburg, Baensch.) M. 1.—

Kobbe, F. W., der Wasser-Thierarzt bei den Krankheiten der Pferde. 12. (3⅓ B.) Leipzig 844, Polet.

—— der Wasser-Thier-Arzt bei den Krankheiten des Rindviehes. 12. (2¾ B.) Leipzig 844, Polet.

Kobbe, Friedrich [aus Nienburg a./d. Weser]. Ueber die fossilen Hölzer der Mecklenburger Braunkohle .... (Sep.-Abdr. aus d. Archiv d. Vereins d. Freunde d. Naturgeschichte in Mecklenburg.) Güstrow, Druck d. C. Waltenberg'schen Rathsbuchdr., 1887; 1 Bl. + 50 S. u. 2 Taf. 8°.
Rostock, Phil. Fak., Inaug.-Diss. v. 13. Nov. 1886.

Kobbe, Friedr., über die fossilen Hölzer der Mecklenburger Braunkohle. 8. (53 S. mit 2 lithogr. Taf.) Güstrow 887, (Opitz und Comp.) *
Aus: Archiv des Vereins der Freunde der Naturgeschichte in Mecklenburg, besonders abgedruckt.

v. Kobbe, J. Dtl. Fr., s. Cicero, d. Staat.

Kobbé, Karl [aus Crefeld]. Über das Atomgewicht des Rhodiums. Tübingen, L. F. Fues'sche Buchdr., 1890; 38 S. 8°
Tübingen, Naturw. Fak., Inaug.-Diss. v. 1890

v. Kobbe, Pt. Ldw. Chr., Abriß e. Geschichte d. Königr. Hannover u. d. Herzogth. Braunschweig. gr. 8. Gött. 822. Rosenbusch. (Lauffer in Leipz.) 16 Gr.

Kobbe, Pet. (Ludw. Chr.) v., Bellona, eine Zeitschrift, s. Bellona.

— Darstellung der Geschichte des Freiheitskampfes im Spanischen und Portugiesischen Amerika. 8. Hannover 832. (Hahn) ¾ Thlr.

v. Kobbe, Pet. Ludw. Chr.: Fualdes angebl. Ermord.; nähere Beleucht. d. merkwürd. Criminalfalles uns. Jahrh. *Celle*, Schulze. 831. 8. (18 Gr.)

v. Kobbe, Pet. Geschichte Frankreichs unter Ludwig XVIII und Karl X. 8. Cöln 1831

—— Geschichte Frankreichs seit Wiederherstell. d. Bourbons. 1. Thl. — A. u. d. T.: Gesch. Frankreichs unt. Ludwig XVIII. u. Karl X. gr. 8. (13½ B.) Celle 831, Schulze.

— Geschichte und Landesbeschreibung der Herzogthümer Bremen und Verden. 1—2. Th. Göttingen. 1824.

— Gesch. u. Landesbeschreib. d. Herzogthümer Bremen u. Verden. 2 Thle. gr. 8. Gött. 825. Vandenhöck u. R. 2 Thlr. 16 Gr.

—— Geschichte u. Landesbeschreibung d. Hrzgth. Lauenburg. 3 Thle. 8. (72 B.) Altona 836, 37, Hammerich. *

— Geschichte und Landesbeschreibung des Herzogthums Lauenburg. 1—3. Th. Altona (Schönberg). 1836—37.

KOBBE, PT. [LUDW. CHR.], Geschichte des Herzogthums Lauenburg. 1. Theil. Göttingen. 1821. — 2. Theil. Ratzeburg (Schönberg). 1836.

— Gesch. d. Herzogthums Lauenburg. 1r Thl. A. u. d. T.: die älteste Gesch. d. Herzogth. Lauenburg. 8. Hannov. 821. (Gött. Dieterich). (a. Fr. Fleischer in Leipz.) 1 Thlr. 12 Gr.

—— römische Geschichte. 1. u. 2. Thl. gr. 8. Leipzig 841, Engelmann.
Thl. 1. Von d. ältesten Zeit bis zum ersten punischen Kriege. (25 B.) 2 Thlr.
" 2. Von d. ersten punischen Kriege bis Augustus. (25⅝ B.) 1 Thlr. 18 Gr.

— Geschichte d. Herzogthümer Schleswig und Holstein, Fortsetzung, s. Wlh. Er. Christiani.

—— Geschichte d. Herzogthr. Schleswig-Holstein, s.a. Geschichte ꝛc.

Geschichte der Herzogthumer Schleswig und Holstein v. Peter von Kobbe. Th 1 Hamburg. 1842 8°
—— Th 1 Schonberg. 1842 8°

Schleswig-Holsteinische Geschichte vom Tode des Herzogs Christian Albrecht bis zum Tode Konigs Christian VII (1694 bis 1808) v. Peter von Kobbe. Altona 1834 — Wilhelm Ernst Christiani, Geschichte der Herzogthumer Schleswig und Hollstein etc fortges. v. Peter von Kobbe Altona 1834 8°

— Geschichte von Schweden. 2 Bdchn. 8. Dresd. 828. Hilscher. 21 Gr.

—— die Geschichte Schwedens. 2 Bdchn. 8. (12⅝ B.) Dresden 828. [Zittau, Nauwerck.] 21 Gr., hrbgs. Pr.
Aus d. „Allgem. histor. Taschenbibl." besond. abgedruckt.

—— Geschichte der neuesten Zeit. 1. u. 2. Thl. gr. 8. (41¼ B.) Hamburg 843, Hoffmann u. Campe.

— Grundr. zu Vorlesungen über d. deutsche Geschichte. gr. 8. Gött. 822. Brose. 2 Gr.

— Handbuch d. deutschen Geschichte. gr. 8. Leipz. 824. Fr. Fleischer. 3 Thlr.

Kobbe, Pet. (Ludw. Chr.) v., der Criminalprozeß gegen J. H. Ramcke aus Halstenbeck erläutert. 8. (3⅛ B.) Hamburg 842, Hamburg-Altonaer Buchh. ?

Kobbe, Peter v.: Der Criminal-Proceß wider den zum Tode verurtheilten Joch. Hinr. Ramcke u. meine Intervention. Ratzeburg 1843.

—— der Criminal-Prozeß wider den zum Tode verurtheilten Jochim Hinrich Ramcke u. meine Intervention. Nebst e. Nachtrage enthalt. eine Beurtheilung der Schrift: Geständniß u. Widerruf. 8. (21½ B.) Lüneburg 844, Herold u. Wahlstab'sche Buchh. *

v. Kobbe, Pt., (Ldw. Chr.) über Curien und Clienten, als Ankündigung einer Römischen Geschichte. gr. 8. Lübeck 838. (Altona, Aue.) n. ⅓ Thlr.

— Mittheilungen u. Betrachtt. üb. Fonk's Criminal-Prozeß. 1s Heft. gr. 8. Göttingen 821, Vandenhöck u. R.

— Nachtrag zu Oblg.: Vortrag d. Staatsbehörde in Fonks Prozeß. gr. 8. Götting. 822, Vandenhöck u. R.

v. Kobbe, Pet. Ludw. Chr.: Mittheilungen und Betrachtungen üb. Fonk's Criminal-Prozess. 1. Heft. *Göttingen*, Vandenhöck u. Ruprecht. 823. gr. 8. (4 Gr.)

v. Kobbe, Petr. Ludw. Chr.: Erste Stimme aus Norddeutschland über Fonk's Unschuld, nebst gelegentl. Anmerkk. üb. d. Geschwornenger. *Göttingen*, Vandenhöck u. Ruprecht. 822, gr. 8. (12 Gr.)

Kobbe, Peter v.: Erste Stimmen aus Nordteutschland über Fonks Unschuld nebst gelegentl. Bem. über die Geschwornen-Gerichte. Göttingen 1822.

—— über Todesstrafen, mit besond. Bezieh. auf d. Untersuch. wider Margar. Jäger u. Kathar. Renter zu Mainz. gr. 8. (2⅛ B.) Altona 836, [Dessau,] Aue.

Ders.: Vortrag d. Staatsbehörde in Fonk's Prozess, als Nachtrag z. d. Schrift: Erste Stimme aus Norddeutschland. *Ebend.* 822. gr. 8. (6 Gr.)

— Noch ein Wort in Fonks Sache. gr. 8. Götting. 822, Vandenhöck u. R.

Kobbe, Theod. v., humoristische Blätter, s. Blätter.

—— nordische Blüthen. Erzähln. u. Novellen. Mit Beiträgen v. A. Daves, C. Iken, C. Meyer, J. Gh. H. Gittermann, L. W. C. v. Halem, Hedwig Hülle, A. v. Rennenkampff. gr. 16. (15½ B.) Bremen 835, Geisler.

—— Jocosus Bremanus, der neue Komiker der bremer Pietisten-Gesellschaft. gr. 8. (½ B.) Oldenburg 844. (Schulze'sche Buchh.) Thlr.

— Jocosus Bremanus, der neue Komiker der Bremer Pietisten-Gesellschaft. gr. 8. (Ebend.) 845. ⅛ ß

—— Briefe üb. Helgoland, nebst poet. u. prosa. Versuchen in d. dort. Mundart. 8. (8 B.) Bremen 840, Kaiser.

— s.a. des Burschen Erdenwallen, u. setze hinzu: (v. Th. Chr. A. v. Kobbe).

Des Burschen Erdenwallen. Eine acht wahre Burleske [v. Theodor von Kobbe] Bremen 1822. 8°

—— humorist. Erinnerungen aus mein. academ. Leben in Heidelberg u. Kiel in d. J. 1817—1819. 2 Bdchn. gr. 12. (17⅚ B.) Bremen 840, Kaiser.

— kleine Erzählungen in humoristischen Skizzen und Bildern. gr. 16. Bremen 833. Geisler. 1¼ ß

—— Festgesang Sr. Kgl. Maj. d. regier. König Otto Friedrich Ludwig v. Griechenland u. Ihr. Kgl. Maj. d. regier. Königin Marie Friederike Amalie v. Griechenland, geb. Herzogin v. Oldenburg, an Ihrem Allerhoechsten Hochzeitsfeste, 22. Nov. 1836. allerunterthän. geweiht. 2. Aufl. gr. 4. (1 B.) Oldenburg, Schulzesche Buchh. •

— Festgesang dem regier. König Otto Friedrich Ludwig von Griechenland und der regier. Königin Marie Friederike Amalie von Griechenland geb. Herzogin von Oldenburg an Ihrem Hochzeitsfeste geweiht. 2e Aufl. gr. 4. Oldenb. 837. Schulze. ¼ ß

—— Festgesang, Sr. Durchl. d. Prinzen Peter v. Oldenburg u. Ihr. Durchl. d. Prinzessin Therese v. Nassau-Weilburg an ihrem Hochzeitsfeste, d. 23. Apr. 1837 unterthän. geweiht. gr. 4. (1 B.) Oldenburg, Schulzesche Buchh. •

—— die Malletsche Frage u. d. Vogetsche Vertheidigungsversuch rechtl. erörtert. gr. 8. (2¾ B.) Oldenburg 835, Schulze'sche Buchh.

—— Humoresken aus d. Philisterleben. Allen braven Hypochondristen gewid. 2 Bdchn. gr. 12. (20⅙ B.) Bremen 841, Kaiser.

Kobbe, Th. v., s.: Humorist, der.

—— die bremer nagelneue Inquisition. Ein Attentat gegen den bremer Senat. gr. 8. (1 B.) Oldenburg 845. (Schulze'sche Buchh.) •

v. Kobbe, (Th.,) die Leier der Meister in den Händen des Jüngers, oder: 18 Gedichte in fremder Manier u. eines in eigener. gr. 8. Oldenburg 826, (Bremen, Heyse.)

——, Napoleon Hannibal Scipio Meyer. Histor. Novelle. 16. (5½ B.) Bremen 835, Geisler.

—— neue Novellen. 2 Thle. gr. 8. (26½ B.) Oldenburg 833, Schulze.

—— und W. Cornelius, die Ost- u. Nordsee, s. Deutschland, das maler., X. Sect.

—— Prießnitz u. Gräfenberg. Aus mein. Tagebuche, z. Unterhalt. u. Belehr. aller Derer, welche auf d. Gräfenberg gewesen sind, od. Solcher, die sich ein. Wasserkur dort od. anderswo unterwerfen wollen. Nebst ein. Anh., der d. Behandl. einiger Krankheiten u. mehrere d. jüngst dort vorgekomm. Krankheitsfälle enthält. 8. (16¼ B.) Oldenburg 841, Schulzesche Buchh.

—— humoristische Reisebilder. 8. (14 B.) Hamburg 843. [Kittler.]

—— Reiseskizzen aus Belgien u. Frankreich, nebst e. Novelle: „Der anonyme Brief." gr. 16. (8¼ B.) Bremen 836, Kaiser.

—— schämen Sie Sich Herr Pastor Toell! Eine Ermahnung. gr. 8. (½ B.) Oldenburg 845. (Schulze'sche Buchh.)

—— die Schweden im Kloster zu Uetersen. Histor. Roman. 8. (17¼ B.) Bremen 830, Kaiser.

—— humorist. Skizzen u. Bilder. kl. 8. (13 B.) Bremen 831, Kaiser.

Kobbe, Theod. v., die reichsgräfl. Bentinksche Successionsfrage, od. Votum in d. Erbfolgesache d. Hrn. Söhne d. verstorb. Hrn. Reichsgrafen Wilh. Gust. Friedr. Bentink, jetzt d. Hrn. Reichsgrafen Gust. Ado. u. Friedr. Ant. Bentink, wider d. Hrn. Söhne d. verstorb. Reichsgrafen Joh. Carl Bentink. gr. 8. (4¼ B.) Bremen 836, Kaiser.

Kobbe, Th. v., de Swienegel als Wettrenner, s. Swienegel.

Wanderungen an der Nord- und Ostsee. Von Theodor von Kobbe und Wilhelm Cornelius. Abth. 1. Nordsee v. Theodor von Kobbe. Mit 15 Stahlst. Abth. 2. Ostsee v. Wilhelm Cornelius. Mit 15 Stahlst. Leipzig. [1841] = Das malerische und romantische Deutschland. 1. Aufl. Sekt. 10. 8°

— s.a. Wesernymphe, die.

—— Wesernymphe. — Novellen u. Erzählungen. Mit Beitr. v. A. Andresen, Bärmann, Ed. Closter, A. M. Gebauer, C. Greif u. A. 8. (18½ B.) Bremen 831, Kaiser.

—— noch einige Worte über das Ketzergericht der bremer Pastoren. gr. 8. (½ B.) Oldenburg 845. (Schulze'sche Buchh.)

v. Kobbe, Thdr. C. A., die Zwischenahner; e. vaterländisches Schspl. 8. Bremen 826.

Kobbe, Wilh., Lebens-Erinnerungen. Aus dem Tagebuche eines Mitgliedes der vormal. königl. hannov. Landgendarmerie. gr. 8. (II, 479 S.) Hannover 885, (Lübemann.) *
geb. *

Kobbe, Wilhelm, a. Wiesbaden: Über indirekte Oxydation und Reduktion. Freiburg i. Br. 1908: C. A. Wagner. (61 S.) 8°
Freiburg i. B., Phil. Fak., Ref. Gattermann, Diss. v. 1908
[Geb. 26. Nov 82 Wiesbaden; Wohnort: Freiburg i. B.; Staatsangeh.: Preußen; Vorbildung Realgymn. Wiesbaden Reife O. 02; Studium: München 6, Freiburg i. B. 3 S.; Rig. 26. Juli 07.]

Köbbelen, A. H., Geschichte d. Stadt Gronau, e. Beitr. z. Gesch. d. Fürstenth. Hildesheim. 8. (10½ B.) Lüneburg 882, Herold u. Wahlstab.

Kobbelt, Rud, die deutsche evangelische Diaspora, s.: Zimmer's Handbibliothek der praktischen Theologie.

Kobbelt, Rud., Schulfragen. Beantwortet v. K. gr. 8. (16 S.) Breslau 901. Görlitz, R. Düller. n. — 20
Sonderabdruck aus: „Evangel. Kirchenblatt f. Schlesien".

Kobbert, Ernst

Kobbert, s.: Bericht, 1., d. Kommission zur Bekämpfung d. Rauches in Königsberg i. Pr.

Die Königsberger städtische Gasanstalt. Festschrift z. 51. Jahresversammlung d. Deutschen Vereins von Gas- u. Wasserfachmännern 1910. Im Auftr d. Magistrats verf. von [Ernst] **Kobbert**, Gasanstaltsdir Mit 19 Taf. Königsberg i. Pr. 1910: Leupold. 44 S. 4°
[10. 14294 10

Kobbert, Max [aus Elbing]: Ueber einige substituirte Amidine und ihr Verhalten zur salpetrigen Säure. ... Königsberg, Hartungsche Buchdr. 1890. 2 Bl. + 35 + 1 S. ; 1 Bl. 8°
Königsberg, Phil. Fak., Inaug.-Diss. v. 6. Aug. 1890

Kobbert, Maximilianus: De verborum 'religio' atque 'religiosus' usu apud Romanos quaestiones selectae. Regimonti 1910: Hartung. 61 S. 8°
Königsberg, Phil. Diss. v. 1. April 1910, Ref. Roßbach
[Geb 28 Aug. 86 Danzig; Wohnort: Königsberg i. P.; Staatsangeh.: Preußen; Vorbildung: Kneiphof. Gymn. Königsberg Reife O. 06; Studium: Heidelberg 1, Königsberg 7 S.; Rig. 23. Febr. 10.] [U 10. 2610

Kobe, J F., s. Kob, Johann Friedrich

Kobe, K. Von Pfahlbauten u. v. sumerischen Göttersagen. Ein Beitrag zur Beleuchtg. wissenschaftl. Angriffe auf den Christenglauben. Als Erinnerungsblatt zur Sternfeier dargeboten. gr. 8. (43 S.) Karlsr. 892, Reiff. * — 25

Kobe, Karl, Benjamin Schmolck, der schlesische Liederdichter. Ein Lebensbild aus den Tagen der Gegenreformation f. unsere Zeit. (78 S.) 8. Stuttgart 907. Buchh. des deutschen Philadelphia-Vereins. n. — 90; kart. n. 1. 20

Koebe, Karl: Die Lothringer-Handschrift L und ihre Stellung zur übrigen Überlieferung. Greifswald 1906: F. W. Kunicke. (72 S.) 8°
Greifswald, Phil. Fak., Ref. Stengel, Diss. v. 3. Febr. 1906
[Geb. 21 Jan. 81 Luckenwalde; Wohnort: Luckenwalde; Staatsangeh.: Preußen; Vorbildung: Falkrealgymn. Berlin Reife M. 00; Studium: Berlin 1, Freiburg i. B. 1, Paris 2, Berlin 2, Greifswald 4 S.; Rig. 29. Juli 05.]

Koebe, Paul, a. Luckenwalde: Ueber diejenigen analytischen Functionen eines Arguments, welche ein algebraisches Additionstheorem besitzen. (Göttingen 1905: Dieterich'sche Univ.-Buchdr.) (32 S.) 8°
Berlin, Phil. Fak., Ref. Schwarz, Schottky, Diss. v. 24. Juni 1905
[Geb. 15. Febr. 82 Luckenwalde: Heimatsort: Berlin; Staatsangeh.: Preußen: Vorbildung: Kgl. Joachimsthalsches Gymn. Berlin Reife O. 00; Studium: Kiel 1, Berlin 6 S.; Rig. 28. Juli 04.]

Koebe, Paul, über diejenigen analyt. Functionen e. Arguments, welche e. algebr. Additionstheorem besitzen. Diss. (32 S.) gr. 8. Berlin 905. (Mayer & Müller.) n. 1. 80

Kobek, Hans (geb. Wien 25. 9. 1859): Ueber einige Abkömmlinge des Thymols. Berlin 1884. (40 S.) 8°
Berlin, Phil. Diss. v. 6. Aug. 1884

Kobeko, Dmitri, der Cäsarewitsch Paul Petrowitsch. [1754—1796.] Historische Studie. Autoris. deutsche Ausg. von Jul. Laurenty. gr. 8. (X, 349 S.) Berlin 886, Deubner. *

Kobel, Hans, die Verträge des Bildhauers. Ein prakt.-jurist. Handbuch. Hrsg. auf Veranlassg. der Bildhauer-Vereinigg. des Vereins Berliner Künstler u. der allgemeinen deutsch. Kunstgenossenschaft. gr. 8. (VIII, 155 S.) Berlin 900. C. Heymann's Verl. n. 3. —

Kobel, Jo. Friedrich (Sangershausen/Thür.), De exsequutione poenae. Disp. jur. Präs. Augustin v. Leyser (Nudersdorff). Wittbg. (Ephraim Gottlob Eichsfeld) 30. X. 1745. 16 S. (6.—)

Kobel, Oskar

Kurzer Abriß der Lehre von der Dichtkunst für Präparandenanstalten und Mittelschulen von Oskar **Kobel**. *Breslau: H. Handel 1903.* (32 S.) 8° [Umschlagt. F.]
[04. 7064 2

Kobel, Osk., kurzer Abriß der Lehre v. der Dichtkunst. 2. verb. Aufl. (32 S.) 8. Breslau 906. H. Handel. n. — 30

Kurzer Abriß der Lehre von der Dichtkunst von Oskar **Kobel**. 3. verm. Aufl. Breslau: H. Handel 1907. (41 S.) 8° [Umschlagt. F.] [08. 6399 2

Kobel, Osk., kurzer Abriß d. Lehre v. d. Dichtkunst. 4. verm. Aufl. (47 S.) 8. Breslau 909. H. Handel. — 40

— die Bedeutung der Weltpädagogik f. die Schulpolitik der Staaten. (20 S.) gr. 8. W.-Jena 903. Thüringer Verlagsanstalt. n. — 50

— Bilder aus d. german. Götterlehre. Ergänzungen zu d. Leitfäden d. Geschichte u. Literaturgeschichte. (12 S.) 8. Myslowitz 908. M. Rölle. — 10

Kobel, Osk., übersichtl. Darstellg. d. Volkserziehungswesens d. europ. u. außereurop. Kulturvölker, s.: Sendler, R.

— deutsche Dichter. (44 S.) 8. Breslau 906. H. Handel. n. — 40

— Deutsche Dichter. 3. Aufl. (56 S.) 8. Breslau 910. H. Handel. — 50

— Heimatkunde d. Kreises Neustadt O/Schl. Beilage zur Flemmingschen Schulkarte des Kreises Neustadt O/Schl. Für den Gebrauch in Volksschulen bearb. (20 S.) 8. Glogau (903). Berlin, C. Flemming. n. — 15

— kurzgefaßte Methodik des Unterrichts in der deutschen Sprache zum Gebrauche in Lehrerseminaren u. zur Vorbereitung auf die zweite Lehrerprüfung. (V, 159 S. m. 11 Tab.) 8. Breslau (905). M. Woywod.
Geb. in Leinw. n. 2. 25

— Kurzgefaßte Methodik d. Unterrichts in d. deutschen Sprache z. Gebrauche in Lehrerseminaren u. zur Vorbereitung auf die zweite Lehrerprüfung. 2. verb. u. verm. Aufl. (IV, 195 S. m. 27 Tab.) 8. Breslau 907. M. Woywod.
Geb. in Leinw. 3. —

— Methodik d. deutsch. Sprachunterrichts. II. Tl.: (Angewandte Beispiele). Lehrproben u. Entwürfe f. d. deutsch. Literaturunterricht in Volks- u. höheren Schulen zum Zwecke ethisch-ästhet. Erziehg., enth. sämtl. durch Ministerialerlaß zur Behandlg. in d. Volksschulen vorgeschriebenen Gedichte. (XVI, 310 S.) gr. 8. Ebd. 909. 3.50; geb. in Leinw. 4. —

Kobel, Osk., e. pädagog. Studienreise nach Dänemark, Schweden u. Norwegen. Pädagog. u. unpädagog. Plaudereien. gr. 8. (59 S.) Liegnitz 898. C. Seyffarth. — 40

Kobel, Oskar: Eine pädagogische Studienreise nach Dänemark, Schweden und Norwegen. Pädag. u. unpädag. Plaudereien von Oskar Kobel, Lehrer in Liegnitz. Liegnitz: C. Seyffarth 1899. 59 S. 8°

— das niederländ. Volksschulwesen, s.a. Abhandlungen, pädagogische.

Das niederländische Volksschulwesen. Von Oskar Kobel. *Bielefeld: A. Helmich [1901].* (20 S.) 8° [J.]
= Abhandlungen, Pädagogische H. 56. [01. 38,2

— Wiederholungsbuch f. die deutsche Literaturgesch. u. Literaturkunde in Form v. Fragen u. Antworten (Ausführungen u. Entwürfe). (VII, 268 S.) 8. Breslau 908. H. Handel. 2.60; geb. 3. —

Kobel, Otto, appr. Tierarzt a. Volkmarsen: Aus dem pathologischen Institut zu Gießen. Zur Casuistik der embryonalen Drüsengeschwülste der Niere des Schweines. Gießen 1905: v. Münchow. (41 S.) 8°
Gießen, Verein. Med. Fak., Ref. Bostroem, Diss. v. 5. Aug. 1905
[Geb. 13. Mai 79 Volkmarsen; Wohnort Volkmarsen; Staatsangeh.: Preußen; Vorbildung: Gymn. Warburg i. W., Reife O. 99; Studium: Hannover 1, Berlin 7 S.; Rig. 2. März 04.]

Köbel, F., die Anfechtung von Rechtshandlungen eines Schuldners im Konkursverfahren und außerhalb desselben. Vergleichende Zusammenstellung der Bestimmungen der Konkursordnung über Anfechtung mit denen des Reichsgesetzes vom 21. Juli 1879, sowie der jetzigen und der früher in Bayern geltend gewesenen Gesetzgebung, mit Erläuterungen und Sachregister. gr. 8. (VI, 88 S.) München 880, Grubert. cart. *

Köbel, Friedrich [aus Obermarchthal]: Über die Arsenbehandlung der malignen Tumoren. Tübingen, Druck v. H. Laupp jr., 1886: 32 + 2 S. 8°
Tübingen, Med. Fak., Inaug.-Diss. v. 1886.

Köbel, Friedrich, über die Arsenbehandlungen der malignen Tumoren. Diss. Tübingen 1886, Fues' Sort. 8°. 32 S.

K.[öbel], J.[acob], s. Landsknechte, badische und schwäbische.

Koebel, Johann Ludwig (Franco-Hohenloh-Pfedclb.), De moderatione statuum imperii matriculari. Thema jur. publ. Altdorf (Heinrich Meyer) 23. XI. 1705. 40 S. (6.20)

Köbele, Fr., zusammenhängende Diktate im Anschluß an die Sprachlehre in Benützg. d. Stoffen aus Schule u. Leben. Für Volks- u. Mittelschuloberklassen, Aspirantenschulen, Präparandenanstalten u. s. w. bearb. 8. (X, 80 S.) Stuttgart 895. A. Bonz & Co. n. — 60

Köbele, Fr., praktische Methodik f. Lehrseminaristen u. angehende Lehrer. gr. 8. (106 S.) Nagold (900). (G. W. Zaiser). Kart. n.n. 1. 70

Köbele, Frau Hanna, s.: Christaller, Hanna.

Köbele, Marie: Aus d. Klinik f. Ohren-, Nasen- u. Kehlkopfkranke zu Heidelberg. Untersuchungen über die Variationen der durch die Paukenhöhle und deren pneumatische Nebenräume verlaufenden Nerven, Sehnen, Bänder und Schleimhautfalten. Mit 17 Fig. im Text. Wiesbaden: Bergmann 1909. 20 S. 8° *(Aus: Zeitschrift f. Ohrenheilk. Bd 60, H. 1.)
Heidelberg, Med. Diss. v. 1. Juli 1910, Ref. Kümmel
[Geb. 28. Okt. 72 Achern; Wohnort Baden-Baden; Staatsangeh. Baden; Vorbildung: Gymn. Bruchsal Reife Juni 00; Studium: Heidelberg 3, Würzburg 1, Heidelberg 5 S.; Coll. 27 Mai 08; Approb. 22. Jan. 10.] [U 10. 2009

Kobelius, (Karl Franz) Ludw. (geb. Liebenwerda 8. 2. 1856): Ueber die Fortschritte in der Kenntniss der Localisation gewisser geistiger Functionen in der Grosshirnrinde. Berlin (1880). (30 S.) 8°
Berlin, Med. Diss. v. 25. März 1880.

Kobelius, Mart., „Germania"-Frühstückskunden-Buch f. d. Bäckerei v. . . . (26 S.) 37×22,5 cm. Liebenwerda (908). Bäckermeister M. Kobelius. — 80

Kobell, Ferd., Radirungen. 178 Platten. Nebst einem einleit. Vorworte v. Frz. Kugler. ½ Fol. (79 Taf. u. 4 Bl. Text.) Stuttgart 842, Goepel. *

Kobell, Franz von

Kobell (F. von), Gesammelte Abhandlungen. 30 Stück. 1831—1871. 4. und 8.

Kobell, F., Ueber Asterismus und die Brewster'schen Lichtfiguren. (Sep. aus Acad. Bericht.) München. 1862. 8.

— Optisch-krystallographische Beobachtungen und über ein neues Polariskop, Stauroskop. (Aus den „Gelehrte Anzeigen der kgl. bayer. Akad. der Wissensch.") No. 18 u. 19. München 1855.

Kobell, v., Stauroskopische Beobachtungen. (Aus den „Gelehrte Anzeigen der kgl. bayer. Akad. der Wissensch.") No. 7—10. München 1855.

— Stauroskopische Beobachtungen und über ein Complementär Stauroskop. (Aus den „Gelehrte Anzeigen der kgl. bayer. Akad. der Wissensch.") No. 9 u. 10. München 1856.

— Stauroskopische Beobachtungen und über Pleochroismus. (Aus den „Gelehrte Anzeigen der kgl. bayer. Akad. der Wissensch." Mathem.-physik. Cl.) No. 1—5. München 1856.

Kobell, Frz. v., zur Berechnung der Krystallformen. gr. 8. (54 S. mit eingedr. Holzschn.) München 867, Lindauer'sche Buchh. *

Kobell, F. v., in die Borg', s.: Kauffmann, Hugo.

Kobell, Fr. v., Vergleichende Betrachtungen über die Mannigfaltigkeit in der organischen und unorganischen Natur. Eine öffentliche Vorlesung. München. 1836. 4.

v. Kobell, Frz., üb. die Bildung galvanischer Kupferplatten, vorzüglich zum Zweck der Galvanographie, mittelst des Trommel-Apparates. [Aus den Abhandlungen der k. bayr. Akad. d. Wiss. II. Cl. VI. Bd. II. Abthlg.] gr. 4. (35 S.) München 851, Franz in Comm. ½ ℳ

v. Kobell, Frz., drei galvanographische Blätter. Die Bilder sind von Ag. Schleich gemalt, mit Ausnahme der größern Baumgruppe, welche von Egid. v. Kobell. Fol. München 843, lit.-artist. Anstalt. n. 2⅙ ℳ

Kobell, Frz. v., Charakteristik d. Mineralien. II Abthln gr. 8. Nürnberg, Schrag. [I. (16½ B. u. 1 Stnt.) 830 1 Thlr. 9 Gr., II. (19½ B.) 831. 1 Thlr. 15 Gr.]

— s. Daguerre.

Kobell, Frz. v., Denkrede auf Joh. Nepomuk von Fuchs. Gelesen in der öffentlichen Sitzung der k. Akad. d. Wissensch. am 28. März 1856. München 856. (Franz.) 4. (32 S.) n. 10 ngr.

Kobell, Frz. v., Denkschrift, s. Haushofer, K.

— über den Einfluß der Naturwissenschaften, insbesondere der Chemie, auf die Technik. 8. Landshut 841, v. Vogel. ⅜ Thlr.

— Ueber das [illegible] von Tegernsee [illegible] baier. Oberlande. (Aus den Abh. der k. baier. Akad.) München 1855. 4.

Kobell, Frz. v., Erinnerungen in Gedichten und Liedern. 8. (VII, 255 S.) München 882, Braun und Schneider. geb. *

— über d. Fortschritte d. Mineralogie seit Hauy. Eine öffentl. Vorlesung, gehalten in d. festl. Sitzung d. königl. bayer. Akademie d. Wissenschaften am 25. Aug. 1832. gr. 4. Münch., J. Lindauer. 8 gGr. bei Franz das. 5 gGr.

Kobell, Frz. v., die Galvanographie, eine Methode, Tuschbilder u. Zeichnungen durch galvanische Platten im Drucke zu vervielfältigen. 1. Aufl. (2½ B. u. 7 Taf.) 842. * 2 Thlr. 20 Ngr. u. 2., verm. Aufl. Mit Abbild. des galvan. Apparats u. galvanograph. Proben. Lex.-8. (1½ B. u. 4 Taf.) München 846, Literar.-artist. Anstalt. *

— Gedichte [Hochdeutsche.] 32. (VIII u. 222 S.) München 852, Literar.-artist. Anstalt. 1 Thlr. 6 ngr; in Engl. Einb. m. Goldschnitt n. 1⅓ Thlr.

Kobell, Frz. v., Gedichte in hochdeutscher, oberbayer. u. pfälz. Mundart. 1. u. 2. Hft. Mit Erläutern. üb. beide Hefte. gr. 8. (8 u. 11½ B.) München 839, 41, Literar.-artist. Anstalt. à *

— Gedichte in hochdeutscher, oberbayerischer und pfälzischer Mundart. 2. verm. Aufl. 2. Heft. Mit Erläuterungen über beide Hefte. gr. 8. Ebend. 843. n. ½ Thlr. — Beide Hefte n. ⅚ Thlr.

— dass. 2. Bdchn. (N. A.) Die hochdeutschen und pfälzischen Gedichte. — Die oberbayerischen Gedichte. 8. Ebend. 844. n. 1⅓ Thlr. — In Leinw. geb. n. 1¾ Thlr. — Daraus apart abgedruckt: Gedichte in hochdeutscher und pfälzischer Mundart. 2. verm. Aufl. 8. Ebend. 844. n. ⅚ Thlr.

—— Gedichte in hochdeutscher u. pfälzischer Mundart. 2., verm. Aufl. 8. (14¾ B.) Ebds. 844. *

—— Gedichte in hochdeutscher, pfälzischer u. oberbayerischer Mundart. 2 Bdchn. Die hochdeutschen u. pfälzischen Gedichte. — Die oberbayerischen Gedichte. 8. (25¼ B.) München 844, literar.-artist. Anstalt. *

—— Gedichte in oberbayerischer Mundart. 2. Aufl. (10½ B.) 843. * 15 Ngr. u. 3. Aufl. 8. (20¼ B.) München 846, Literar.-artist. Anstalt. *

—— dass. 2. Bdchn. A. u. d. T.: Erinnerungen an Berchtesgaden. 8. (10¼ B.) Ebds. 844. *

—— Gedichte in oberbayerischer Mundart. 4. Aufl. 16. (X und 348 S.) München 850, Literarisch-artistische Anstalt. *

— Gedichte in oberbayerischer Mundart. 5. Aufl. München 855. Literar.-artist. Anstalt. 16. (X, 384 S.) n. 1 Thlr. 10 ngr.

—— Gedichte in oberbayerischer Mundart. 6. Aufl. 8. (VIII und 400 S.) München 862, Literarisch-artistische Anstalt. *

Kobell, Frz. v., Gedichte in oberbayerischer Mundart. 6. Aufl. (VI, 239 S.) * ℳ 2,50., geb. * ℳ 3,50., und 7. Aufl. 8. (VIII, 412 S.) Stuttgart 875, Cotta'sche Buchh. * 3 50
geb. * 4 50

— Gedichte in oberbayerischer Mundart. 8. Aufl., der 7. unveränd. Abdr. 8. (VIII, 412 S.) Stuttgart 877. Cotta. n. 3. 50; geb. n. 4. 50

—— Gedichte in oberbayerischer Mundart. 9. Aufl. 8. (VIII, 401 S.) Stuttgart 882, Cotta'sche Buchh. * ℳ 6.; geb.

Kobell, Frz. v., Gedichte in oberbayerischer Mundart. 10. Aufl. 8. (VIII, 400 S.) Stuttgart 889 Cotta Nachf. n. 5. —; geb. n. 6. —

Kobell, Frz. v., Gedichte in oberbayerischer Mundart. 11. Aufl. 8. (VIII, 400 S.) Stuttgart 901. J. G. Cotta Nachf. n. 5. —; geb. n. 6. —

—— Gedichte in pfälzischer Mundart. 3., verm. Aufl. 16. (VI und 217 S.) München 849, Literarisch-artistische Anstalt. *

—— Gedichte in pfälzischer Mundart. 4., verm. Aufl. 32. (VI und 234 S.) München 854, Literarisch-artistische Anstalt. *

—— Gedichte in pfälzischer Mundart. 5. Aufl. 8. (VI und 238 S.) München 862, Literarisch-artistische Anstalt. *

Kobell, Frz v., Gedichte in Pfälzischer Mundart. 6. Aufl. 8. (VI, 239 S.) Stuttgart 876. Cotta. n. 2. 50; geb. n. 3. 50

— Gedichte in pfälzischer Mundart. 7. Aufl. 8. (VI, 239 S.) Ebd. 889. n. 3. —; geb. n. 4. —

Kobell, Frz. v., *4 Gedichte:* 1. Aus dem Elysium. Gesellschaft der „Zwanglosen", 1856. (Aechter Humor, oberbayerisch!) Akadem. Buchdr. von F. Straub in München. (4 S.) 2. In Altengland am 15. März 1871. Die zwei Franzosen. (1 Bl., autogr.) 3. Am 1. Aug. 1872. Druck von C. R. Schurich in München. (1 Bl.) 4. Der Rucksack. (Oberbayer.) O. O. u. J. (1 Bl.) — Beigeheft.: 5. *Koch*, L., beim Diner von Altengland, am 21. Juli 1873 (bei Gelegenheit der Feier des 70jährigen Geburtstags *Frz. v. Kobell's*, geb. 19. Juli 1803). (1 Bl.) 8°. Cart.

— Ueber ein Genusbart Elektroskop und über Mineral Elektricität. (Sep. a. Acad. Bericht.) München. 1863. 8.

Kobell, Fr. v. Die Geognosie. Als Anhang zu dessen Lehrbuch der Mineralogie, [illegible] dargestellt. Nürnberg. 1849. 8.

—— Geschichte der Mineralogie, s. a. Geschichte der Wissenschaften.

Kobell, Frz von, Geschichte der Mineralogie. Von 1650—1860. München 1864. 8.
A. u. d. T.: Gesch. d. Wiss. N. Z. Bd. 2. (D.)

Kobell, Fr. v. Grundzüge der Mineralogie. Nürnberg 1833.

—— Grundzüge d. Mineralogie. Zum Gebr. bei Vorlesn., sowie z. Selbststud. entworfen. gr. 8. (22¼ B. u. 4 Stnt.) Nürnberg 838, Schrag.

Kobell, Frz. v. (Forts.), *Pälzische G'schichte'* In der Mundart erzählt. Ebd., E. A. Fleischmann, 1863. 8° Eleg. falb. Hfrsb.
Prosa. 2 Bll. u. 204 S. Der Gräfin Charl. v. Fugger Glött gewidmet — 1. 'S Photographiee Lische 2. 'S Görges Philippin 3. Die G'schicht vum Fritz Bohrer 4. 'S schlof'nde Lotche 5. Die Kafers 6. Freund Grogmann 7. Die Kosake' 8. 'S Lische vun Erbach 9. Drei Freier

—— P'älzische G'schichte'. In der Mundart erzählt. 8. (IV und 204 S.) München 863, [Merhoff's Verlag.]

-- G'schpiel. Volksstücke u. Gedichte in oberbayerischer Mundart. München 868. Dempwolff. 8. (VII, 215 S.) n. 1 ₰

G'spassln zum Octoberfest (von *Frz. v. Kobell*). München o. Ang. d. V. u. D.) 1842 Kl. 8°. Cart.
Selten! 13 S. Inh. 1. A G'schichtl (Altbayer. Mundart). 2. Landwirthschafts-Fest (Schwäb.). 3. Das Bier (Nürnb.). 4. So sinn se (Pfälzisch). 5. Der Friedensstifter (Hochdeutsch).

—— der Hausl' vo' Finsterwald. Der schwarzi Veitl. 'S Kranzner-Nesei. Drei größere Gedichte nebst andern in oberbayer. Mundart. 16. (VIII und 171 S. mit 1 Stahlst.) München 852, Literarisch-artistische Anstalt. *

—— der Hansl' vo' Finsterwald. Der schwarzi Veitl. 'S Kranzner-Nesei. Drei größere Gedichte nebst andern in oberbayer. Mundart. 2. durchgeseh. Aufl. gr. 16. (VIII, 147 S.) Ebendas. 876. *ℳ 2,25.; geb. *

Kobell, Franz von Jagd- und Weinlieder in hochdeutscher, oberbayerischer und pfälzischer Mundart. Stuttgart Cotta 1889. V, 179 S. -- 107*

—— alte u. neue Jägerlieder, s. Jägerlieder.

Kobell's, Frz. v., Lehrbuch d. Mineralogie in leichtfasslicher Darstellung. 6. Aufl., m. besond. Rücksicht auf das Vorkommen der Mineralien, ihre techn. Verwendung, sowie auf das Ausbringen der Metalle etc. völlig neu bearb. v. K. Oebbeke u. E. Weinschenk. gr. 8. (VII, 338 S. m. 301 Abbildg.) Leipzig 899. F. Brandstetter. n. 6.—; geb. n.n. 6.65

Kobell, Fr. v., oberbayerische Lieder, s.a. Lieder.

— oberbayerische Lieder mit ihren Singweisen. Im Auftrage und mit Unterstützung Sr. Maj. des Königs für das bayerische Gebirgsvolk gesammelt und herausg. Mit Bildern (Holzschn.) von A. v. Ramberg. München 860. Braun & Schneider. gr. 8. (102 S.) 1 ₰

Kobell, Fr. v., oberbayerische Lieder mit ihren Singweisen. Im Auftrage und mit Unterstützung weiland Sr. Maj. des Königs Maximilian II. für das bayerische Gebirgsvolk gesammelt. Mit Bildern von A. v. Ramberg. 2.—5. Aufl. gr. 8. (102 S. mit eingedr. Holzschn.) München 860—88, Braun und Schneider. *

— lusti' u. ledi', s. Kauffmann, Hugo

—— die Mineraliensammlung des bayerischen Staates. gr. 4. (36 S.) München 872, (Franz'sche Buchh.) * 1 35
Aus: Abhandlungen der k. bayer. Akademie der Wissenschaften, besonders abgedruckt.

—— die Mineral-Namen und die mineralogische Nomenklatur. gr. 8. (III und 161 S.) München 853, Literarisch-artistische Anstalt. *

—— die Mineralogie. Leichtfaßlich dargestellt mit Rücksicht auf das Vorkommen der Mineralien, ihre technische Benützung, Ausbringen der Metalle rc. 8. (VI und 211 S. mit 2 Taf. Krystallabbild. in Fol.) Nürnberg 847, J. L. Schrag, Brlgsh. *

—— die Mineralogie. Leichtfaßlich dargestellt mit Rücksicht auf das Vorkommen der Mineralien, ihre technische Benutzung, Ausbringen der Metalle rc. 2., umgearb. Aufl. gr. 8. (VIII und 248 S. mit 4 Stnt. Abbildungen in qu. gr. 4.) Leipzig 858, Brandstetter. *

—— die Mineralogie. Leichtfaßlich dargestellt mit Rücksicht auf das Vorkommen der Mineralien, ihre techn. Benützung, Ausbringen der Metalle rc. 3., verm. Aufl. 8. (VIII und 264 S. mit 5 lithogr. Abbildg. in qu. Fol.) Leipzig 864, Brandstetter. *

—— die Mineralogie. Leichtfaßlich dargestellt mit Rücksicht auf das Vorkommen der Mineralien, ihre techn. Benützung, Ausbringen der Metalle rc. 4., verm. Aufl. gr. 8. (VI, 272 S. mit 6 lithogr. Taf. Abbild. in qu. 4.) Leipzig 872, Brandstetter. (*ℳ 3,50.) * 3 60

—— die Mineralogie. Leichtfaßlich dargestellt mit Rücksicht auf das Vorkommen der Mineralien, ihre technische Benützung, Ausbringen der Metalle rc. 5. verm. Aufl. gr. 8. (274 S. mit Abbild. in Holzschn.) Leipzig 876, Brandstetter. *

— die Mineralogie. Leichtfaßlich dargestellt m. Rücksicht auf das Vorkommen der Mineralien, ihre techn. Benützung, Ausbringen der Metalle rc. 5., verm. Aufl. Mit Abbildungen in Holzschn. gr. 8. (274 S.) Leipzig 878. Brandstetter. n. 4. —

v. Kobell, F Die Mineralogie 6. Aufl. Leipzig 1899.

Kobell, Frz. v., die Mineralogie. Populäre Vorträge. gr. 8. (IV und 258 S. mit 67 eingedr. Holzschn.) Frankfurt a. M. (861)62. [Stuttgart, Bruckmann.] *

— die Mineralogie. Populäre Vorträge. Mit 67 Holzschnittbildern (im Text). Frankfurt a. M. 862. Verlag für Kunst u. Wissenschaft. gr. 8. (IV, 258 S.) n. 1 ₰

— die Mineralsammlung d. bayerischen Staates. [Aus „Abhandlgn. d. k. b. Akad. d. Wiss."] gr. 4. (36 S.) München 872. Franz in Comm. n. 1. 35

Kobell, F v Ueber Olivenit Kupferschaum und Kieselmalachit. (Aus den Schriften der kgl. bayer. Akad.) München 1829. 4

—— über Pflanzensagen und Pflanzensymbolik. Ein Vortrag gehalten in der „Münchener Gartenbau-Gesellschaft". gr. 8. (22 S.) München 875, Lindauer'sche Buchh. * — 50

Kobell, Frz. v., Die Fee Rosa u. d. Graf v. Pradir, s.: **Maier**, Ant.

—— Schnadahüpfln und G'schichtln. br. 8. (III, 176 S. mit eingedr. Holzschn.) München 872, Braun und Schneider. geb. 3 —

—— Schnadahüpfln u. Sprüchln mit Bildern v. F. Pocci. 8. (6 B.) München 846, Literar.-artist. Anstalt. *

Kobell, Frz. v., Skizzen aus dem *Steinreiche.* Geschrieben f. d. gebildete Gesellschaft. München 1850. 8°. Eleg. Hfrzb.
VI—256 S. Maximilian, Herzog v. Leuchtenberg, gewidmet. „Geschmackvoller Ueberblick der Mineralogie u. Geologie von einem berühmten Sachkenner." (Klüpfel.)

—— Skizzen aus dem Steinreiche. Geschrieben für die gebildete Gesellschaft. gr. 12. (VI und 256 S.) München 850, Kaiser.

—— Tableaux pour reconnaitre les mineraux, au moyen d'essais chimiques simples par la voie sèche et par la voie humide. Trad de la 2. édit. allem., par E. Melly. gr. in-8. (5⅛ B. u. 1 Tab.) Berne et Coire 839, (Dalp.) *

—— Tafeln z. Bestimmung d. Mineralien mittelst einfacher chem. Versuche auf trock. u. nassem Wege. 1. Aufl. 833., 2., umgearb. Ausg. (à 5 B.) gr. 4. München 835, (Lindauer.) à

Kobell, Frz. v., Tafeln z. Bestimmung d. Mineralien mittelst einfacher chem. Versuche auf trockenem u. nassem Wege. 3., verm. Aufl. gr. 8. (5½ B.) München 838, Lindauer'sche Buchh. Thlr.

—— Tafeln zur Bestimmung der Mineralien mittelst einfacher chemischer Versuche auf trockenem u. nassem Wege. 4., verm. Aufl. gr. 8. (5½ B.) München 846, Lindauersche Buchh.

— Tafeln zur Bestimmung der Mineralien mittelst einfacher chemischer Versuche auf trockenem und nassem Wege. 5. verm. Aufl. 853. (XVIII, 87 S.) — 6. verm. Aufl. München 858. Lindauer gr. 8. (XX, 95 S.) n. 16 ngr

—— Tafeln zur Bestimmung der Mineralien mittelst einfacher chemischer Versuche auf trockenem und nassem Wege. 6. Aufl. 1858. und 7., verm. Aufl. gr. 8. (XVIII und 102 S.) München 861, Lindauer'sche Buchh. *

Kobell, Frz. v., Tafeln zur Bestimmung der Mineralien mittelst einfacher chemischer Versuche auf trockenem und nassem Wege. 8., verm. Aufl. gr. 8. (XX und 108 S.) München 864, Lindauer'sche Buchh.

—— Tafeln zur Bestimmung der Mineralien mittelst einfacher chemischer Versuche auf trockenem und nassem Wege. 9. Aufl. 1870, und 10. verm. Aufl. gr. 8. (XX, 108 S.) München 873, Lindauer'sche Buchh. * 1 80

—— Tafeln zur Bestimmung der Mineralien mittels einfacher chemischer Versuche auf trockenem und nassem Wege. 11. verm. Aufl. 8. (XXIV, 110 S.) München 878, Lindauer'sche Buchh. *

—— Tafeln zur Bestimmung der Mineralien mittels einfacher chemischer Versuche auf trockenem und nassem Wege. 12. neu bearb. und verm. Aufl. von K. Oebbeke. gr. 8. (XXIV, 108 S.) München 884, Lindauer'sche Buchh. *

Kobell's, Frz. v., Tafeln zur Bestimmung der Mineralien mittelst einfacher chemischer Versuche auf trockenem u. nassem Weg. 13., neu bearb. u. verm. Aufl. v. K. Oebbeke. gr. 8. (XXIV, 117 S.) München 894. J. Lindauer. n. 2.20

— Tafeln zur Bestimmg. der Mineralien mittelst einfacher chemischer Versuche auf trockenem u. nassem Weg. 14. neu bearb. u. verm. Aufl. v. K. Oebbeke. gr. 8. (XXIV, 122 S.) München 901. J. Lindauer. n. 2.20; geb. in Leinw. n. 2.80

— Tafeln zur Bestimmung d. Mineralien mittelst einfacher chem. Versuche auf trockenem u. nassem Weg. 15. neu bearb. u. verm. Aufl. v. K. Oebbeke. (XXVII, 125 S.) 8. München 907. J. Lindauer. 2.50; geb. 3. —

Kobell, Frz. v., der *Türkn-Hansl*, a' Geschichtl aus'n Krieg vo' 1870. (Oberbayerisch.) Stuttgart, Carl Hoffmann, o. J. (1870). 8°. Cart.*)
8 S. m. Titelholzschnitt (von E. Ille).

—— die Urzeit der Erde. Ein Gedicht. 8. (X und 92 S.) München 856, Literarisch-artistische Anstalt. *

Kobell F. v. Ueber einige in der Natur vorkommende Verbindungen der Eisenoxyde 1829. 4.

—— oberbayerische Volksstücke. 2. Aufl. Mit Bildern (5 Holzschntaf.) von Ernst Fröhlich. gr. 16. (165 S.) München 879, Braun und Schneider. geb. *

—— Wildanger. Skizzen aus dem Gebiete der Jagd und ihrer Geschichte mit besond. Rücksicht auf Bayern. Mit Bildern von Ernst Fröhlich. gr. 8. (VIII und 491 S. mit eingedr. Holzschn. und 12 Holzschnt. in Tondr.) Stuttgart 859, Cotta'sche Buchh. geb. *

Kobell, Luise v., Ignaz v. Döllinger. Erinnerungen. Mit 1 Titelgrav. 8. (V, 140 S.) München 891 C. H. Beck. n. 2.80; geb. n n. 3 60

Kobell, Louise v. (Louise v. Eisenhart), Farben u. Feste. Kulturhistorische Studie. gr. 8. (170 S. m. 15 Abbildgn.) München 900. Vereinigte Kunstanstalten. n. 4. —; geb. in Halbfrz. n. 6. —

Kobell, Luise v., Franz v. Kobell. Eine Lebensskizze. gr. 8. (66 S. mit autotyp. Portr.) München 884, Braun und Schneider. *

Kobell, Luise v., Unter den vier ersten Königen Bayerns. 2 Bde. (194, 258 S. m. 4 Photograv. u. 1 Chromolith.) München 1894. C. H. Beck.

— König Ludwig v. Bayern u. d. Kunst. M. 1 Titelbild in Photograv., 40 Kunstbeilagen, 6 doppelseitigen Vollbildern u. zahlr. Textillustr. 1.—7. Tauf. 8. (492 S.) München 898. Jos. Albert. Geb. in Leinw. n. 14. —
Erschien auch in 21 Lfgn. à n. — 50.

Kobell, Louise v., König Ludwig II. v. Bayern u. die Kunst. Mit 1 Titelbild in Photograv., 40 Kunstbeilagen, 6 doppelseit. Vollbildern u. 518 Textillustr. Jubiläums-[Titel-]Ausg. (492 S.) 8. München [898] 906. Vereinigte Kunstanstalten. Geb. in Leinw. n.n. 9. —

— König Ludwig II. u. Fürst Bismarck im J. 1870. 1. u. 2. Aufl. Mit e. Fksm. des Kaiserbriefs. gr. 8. (V, 48 S.) Leipzig 899. Duncker & Humblot. n. 1.20

Kobell, Louise v. (Louise v. Eisenhart), Marie Alphonse. Erzählg. aus d. mod. Gesellschaft. 8. (141 S.) München 896. C. H. Beck. n. 2.25; geb. in Leinw. n. 3. —

Kobell, L. v., kunstvolle Miniaturen u. Initialen aus Handschriften d. 4.—16. Jahrh., m. besond. Berücksicht. der in d. Hof- u. Staatsbibliothek zu München befindlichen Manuskripte. Geschichtliche Beiträge. 5 Lfgn. Fol. (VII, 108 S. m. 52 Taf. in Chromolith. u. Alberttypie u. Reg. IX S. m. Illustr.) München 890. Jos. Albert. à n. 8. —

—— Kunstvolle Miniaturen u. Initialen aus Handschriften d. 4.—16. Jahrh. m. besond. Berücksicht. der in der Hof- u. Staatsbibliothek zu München befindl. Manuskripte. Geschichtl. Beiträge. (VII, IX, 108 S. m. Text-Abbildgn. u. 52 Taf. in Alberttypie.) 891; 2. Aufl. Fol. (VII, XI, 116 S. m. Text-Abbildgn. in Alberttypie.) Münch. 892, Jos. Albert. In Mappe * 40 —
Die 1. Aufl. wurde in 5 Lfgn. à * 8 — ausgegeben.

Ⓑ Kobell, L. v., kunstv. Miniaturen u. Initialen. 892. (KBL 27.) Jetzt: Leipzig. K. W. Hiersemann. Erm. Pr. 20. —

— Monographien d. bayer. Königsschlösser. 1. u. 2. [Aus: „K., König Ludwig II. u. d. Kunst".] gr. 8. Ebd. 898. n. 3.50
1. D. kgl. bayer. Schloß Linderhof. M. zahlr. Abb. im Text u. 2 Kunstbeilagen. 1. u. 2. Tauf. (64 S.) n. 1.50
2. D. kgl. bayer. Schloß Herrenchiemsee. M. zahlr. Abb. im Text u. 6 Kunstbeilagen. 1. u. 2. Tauf. (80 S.) n. 2. —

— Monographien d. bayerischen Königsschlösser. 3—5. [Aus: „K., König Ludwig II. u. die Kunst".] gr. 8. München, Jos. Albert. n. 6. —
3. Das königl. bayerische Schloß Hohenschwangau. Mit zahlreichen Abbildgn. im Text. 1. u. 2. Tauf. (96 S.) 898. n. 2. —
4. Das königl. bayerische Schloß Neuschwanstein. Mit zahlreichen Abbildgn. im Text. 1. u. 2. Tauf. (104 S.) 898. n. 2.50
5. Das königl. bayerische Schloß Berg. Mit zahlr. Abbildgn. im Text u. 6 doppelseit. Vollbildern. (48 S.) 898. n. 1.50

—— Nordseebilder. Skizzen. 8. (82 S.) Norden 881, Soltau's Verlag. *

Kobell, Louise v., s. Parcival.

— Münchener Porträts, nach d. Leben gezeichnet. 8. (III, 202 S.) München 897. C. H. Beck. n. 2. 50; geb. n. 3. 50

— Josef Victor v. Scheffel u. seine Familie. Nach Briefen u. mündl. Mittheilgn. 8. (99 S.) Schwetzingen-Heidelberg u. Wien 901. Wien (XII, Tivoligasse 56), Scheffelbund. 3.—; geb. 4.—

Kobelt, die Befriedigung des Herzens in der Arbeit für das Reich Gottes. Predigt über Joh. 4, 34, gehalten beim 4. Jahresfest der Stadtmission in Karlsruhe den 9. Mai 1886. 8. (7 S.) Karlsruhe 886, Evangel. Schriftenverein für Baden.

Kobelt, A. Mitose und Amitose. Ein Erklärungsversuch d. Theilungsphaenomens. Mit 2 Tfln. In-8°. 62 S. Basel u. Genf, Georg & Co. 1895 2 50
s.a. Köbelt, A.

Kobelt, Alfr., Tiefe und Breite [Bathysma und Eurysma], das Grundphänomen der belebten Körperwelt. Vorläufiger Abriss einer theoret. Studie. gr. 8. (52 S.) Freiburg i. Br. 884, Schmidt-Vogler. *

Kobelt, Christian Ludw. (Scherzheim)
Dissertatio inauguralis medico-chirurgica in qua observationes aliquot medicas et chirurgicas ... proposuit.
Giessae 16. Aug. 1797: Braun. 24 S. 4°

Kobelt, Georg Ludwig

Kobelt, G. L., der Neben-Eierstock des Weibes, das längst vermisste Seitenstück des Neben-Hoden des Mannes, entdeckt. Ein Beitrag zur Entwicklungs-Geschichte der Genitalien und zur Aufklärung der Zwitterbildungen beim Menschen und den Säugethieren. Lex.-8. (52 S. und 3 Stnt.) Heidelberg 847, Groos. Thlr. *

Kobelt, G. L., die männlichen u. weibl. Wollust-Organe d. Menschen u. einiger Säugethiere in anatomisch-physiolog. Beziehung untersucht u. dargestellt. Imp.-4. (8¾ B. u. 5 Stnt.) Freiburg 844, Emmerling. *

Lud Kobelt disquisitio historica de cordis et praecordiorum vitiis organicis cura Valsalviana et Albertiana persanandis diss. inaug Heidelberg. 1833. 4.

Kobelt, Martin, aus Birnbaum: J. S. Bachs 'großes Magnificat in D-dur' und die für die Anlage der Composition maßgebenden, günstigen und ungünstigen Factoren. *Greifswald 1902: F. W. Kunike.* (71 S.) 8°
Erlangen, Phil. Diss. v. 30. Juli 1902

Kobelt, Philippus, appr. Arzt a. Neinstedt a. Harz: Ein Beitrag zu den Septumdefekten der Kammerscheidewand des Herzens neben anomaler Stellung der arteriellen Gefäßstämme. Berlin (1908): G. Schade. (30 S.) 8°
Berlin, Med. Fak., Ref. Orth, Diss. v. 21. Febr. 1908
[Geb. 18. Febr. 79 Neinstedt a. H.; Wohnort: Neinstedt; Staatsangeh.: Preußen; Vorbildung: Gymn. Neuhaldensleben Reife M. 01; Studium: Berlin 10 S.; Coll. 16. Nov 07; Approb. 20 Febr. 08.]

Kobelt, Wilhelm: Admete, s. Martini u. Chemnitz: Systemat. Conchylien-Kabinet.

Kobelt, W., die Alpwirtschaft im Kt. Appenzell J./Rh., s.a. Alpstatistik, schweizerische. 8. Lfg.

Kobelt, W: Die Alpwirtschaft im Kt. Appenzell J./Rh. Hrsg. vom Schweizer. alpwirtschaftl. Ver., vf. v. W. Kobelt, Oberförster. Solothurn. Kommv. A. Lüthi, Dr. d Buch- u. Kunstdr Union 1899 272 S., 1 Bl. 8°
= Alpstatistik, Schweizerische. Lfg. 8°

Kobelt, Wilhelm: Die Gattung Arca L., s. Martini u. Chemnitz: Systemat. Conchylien-Cabinet.

Kobelt, Wilh., die Familie Auriculacea, 2. Tl., s.: Martini u. Chemnitz, systemat. Conchylien-Cabinet.

Kobelt, Wilh., üb. d. Bedeutung d. naturwissenschaftl. Heimatkunde in Roßmäßlers Sinne f. d. Volksbildung, s.: Volkskultur, die. Nr. 7.

— Beiträge zur Kenntnis unserer Molluskenfauna (S. 309—325 m. 4 Taf.) gr. 8. Wiesbaden 907. J. F. Bergmann. 2. —
Sonderabdr. aus: „Jahrbb. d. nass. Ver. f. Naturkde."

Kobelt, Wilhelm (Breidenbach)
Beiträge zur Lehre von der Herzdämpfung.
Giessen: W. Keller 1862. 27 S.
Diss. med. 13.12.1862. vorh. 26. 7.

Kobelt, W., Beiträge z. Molluskenfauna d. Orients, s.: Rolle, H.

— s.: Blätter, gemeinnützige, f. Hessen u. Nassau.

Kobelt, Wilhelm. Die Gattung Buccinum, L., s. Martini u. Chemnitz: Systemat. Conchylien-Cabinet.

— die Familie Buliminidae, s.a. Martini u. Chemnitz, systemat. Conchylien-Cabinet. I. 13.

Die Familie Buliminidae. Von Dr. Wilhelm Kobelt. *Nürnberg: Bauer & Raspe 1902.* (S. 398–1051.) 4°
— Martini, Friedr Heinr. Wilh.: Syst. Conchylien-Cabinet. Neu hrsg. Bd. 1, Abth. 13, T. 2. [03. 36]

Kobelt, W: Die Familie Bullidae, s.a. Martini u. Chemnitz: Systemat. Conchylien-Cabinet.

Kobelt, Wilh.: Die Familie Bullidae. Bearb. von Dr. Wilh. Kobelt in Schwanheim a. M.
Nürnberg: Bauer & Raspe 1896. 190 S., 19 Taf. 4°
= Martini, Friedr. Heinr. Wilh.: Syst. Conchylien-Cabinet. Neu hrsg. Bd. 1, Abth. 9

—— s.a. Chronik des Dorfes Schwanheim am Main.

(W KOBELT) Chronik des Dorfes Schwanheim am Main Herausgegeben von dem Fortbildungs- und Bürgerverein daselbst. Schwanheim a. M 1888. Verlag des Vereins. 8°

— die Gattung Cirithium Lam, s.a. Martini u. Chemnitz, systemat. Conchylien-Cabinet. I. 26.

Kobelt, Wilh.: Die Gattung Cirithium Lam. Bearb. v. Dr. Wilh. Kobelt in Schwanheim. (In 3 Lfgn.)
Nürnberg: Bauer & Raspe 18[90–]98. 2 Bl., 297 S., 47 Taf. 1 Bd. 4°
= Martini, Friedr Heinr. Wilh., & Chemnitz: Systemat. Conchylien-Cabinet. Bd. 1 Abth. 26.

— Crassatella, s.: Löbbecke, Th., u. W. Kobelt.

— Cyclophoridae, s.a. Tierreich, das.

Cyclophoridae bearb. von Dr. Wilhelm Kobelt in Schwanheim. Mit 110 Abb. u. 1 Landkarte
Berlin: R. Friedländer & Sohn 1902. (XXXIX, 662 S.) 4° (8°)
= Tierreich, Das. Lfg 16. [02. 9723]

– Die F a m i l i e d. Columbelliden,
s.a. M a r t i n i u. C h e m n i t z : Systemat. Conchylien-Cabinet.

Die Familie der Columbelliden. Von Dr. W[ilh.] Kobelt. (In 3 Lfgn.)
Nürnberg Bauer & Raspe 1892/97. (2 Bl., 344 S., 44 Taf.) 1 Bd 4
– Martini, Friedr. Heinr. Wilh., & Chemnitz: Systemat. Conchylien-Cabinet. Bd 3. Abth. 1 d. [99. 856]

– die Familie der Heliceen, s.: Martini u. Chemnitz, systematisches Conchylien-Cabinet. I. 12.

— fauna japonica extramarina. Nach den v. Prof. Rein gemachten Sammlungen bearb. 1. Hälfte. Mit 8 (lith.) Taf. [Aus: „Abhandlgn. d. Senckenberg. naturforsch. Gesellsch."] gr. 4. (108 S.) Frankfurt a/M. 879. Winter. n. 10. —

—— Fauna molluscorum extramarinorum Japoniae. Nach den von Prof. Rein gemachten Sammlungen bearb. gr. 4. (171 S. mit 23 lithogr. Taf.) Ebendas. 879. *
aus: Abhandlungen, hrsg. von der Senckenbergischen naturforschenden Gesellschaft, besonders abgedruckt.

—— Fauna der nassauischen Mollusken. gr. 8. (268 S. mit 9 lithogr. Taf.) Wiesbaden 871, Niedner. * 5 —
Aus: Jahrbücher des Nassauischen Vereins für Naturkunde, besonders abgedruckt.

Kobelt, W., Fauna der nassauischen Mollusken. 1. Nachtrag. gr. 8. (36 S. mit 8 Taf.) Wiesbaden 886, Niedner. *
Aus Jahrbücher des nassauischen Vereins für Naturkunde, besonders abgedruckt.
Hauptwerk. Ebendas. 1871. *M 5.—

— Fauna der nassauischen Mollusken. 2. Nachtrag. [Aus: „Jahrbb. d. Nass. Vereins f. Naturkde."] gr. 8. (7 S. m. 1 Taf.) Wiesbaden 891. J. F. Bergmann. n. 1. — (Hauptwerk in 1 u. 2. Nachtrag: n. 9. —)

Die Fauna der meridionalen Sub-Region v. Dr. W[ilhelm] Kobelt.
Wiesbaden C. W. Kreidel 1898. (X, 308 S., 1 kl. Bl.) 1 Bd 8.
— Kobelt, W. Studien z. Zoogeographie. Bd II. [98. 9326]

— Die alten Flußläufe Deutschlands, s.: Aufwärts! Nr. 4.

— landwirthschaftliche Fragen u. Antworten, im Auftrage d. Fortbildungs- u. Bürgervereins zu Schwanheim a/M. hrsg. 3., verm. Aufl. [5.—14. Tausend.] gr. 8. (16 S.) Biedenkopf 888. Stephani. — 25

— Iconographie der Land- u. Süsswasser-Mollusken, s.: Rossmässler, E. A.

— Iconographie der schalentragenden europäischen Meeresconchylien. 1—4. Hft. gr. 4. (S. 1—104 m. 12 Steintaf.) Kassel 883—86. Fischer. à n. 4. —; color. Ausg. à n. 6. —

— Iconographie der schalentragenden europäischen Meeresconchylien. 5.—10. Hft. gr. 4. (1. Bd. VIII u. S. 105—171 m. 12 Taf.; 2. Bd. S. 1—40 m. 8 Taf. u. 2 Doppeltaf.) Cassel 887—890. Fischer. à n. 4. —; m. color. Taf. à n. 6. —

— Iconographie der schalentragenden europäischen Meeresconchylien. 11.—16. Lfg. (II. Bd. 4.—8. u. III. Bd. 1. Lfg). gr. 4. (II. Bd. S. 41—139 m. Holzschnitt. u. 20 Taf. u. III. Bd. S. 1—24 m. 4 Taf.) Wiesbaden 900—902. C. W. Kreidel. à n. 6. —; kolor. à n. 9.—; (1—16 n. 70. —; kolor. n. 114.—)

— Iconographie der schalentragenden europäischen Meeresconchylien. 17.—28. Lfg. (III. Bd. Lfg. 2—11 u. IV. Bd. 1. u. 2. Lfg.) (S. 25—406 m. 86 Taf. u. S. 1—32 m. 8 Taf.) gr. 4. Wiesbaden 903—906. C. W. Kreidel. à n. 6. —; kolor. à n. 9. — (1.—28.: n. 142. —; kolor. n. 222. —)

— Iconographie d. schalentragenden europäischen Meeresconchylien. 29.—33. Lfg. (IV. Bd. 3—7. [Schluss-] Lfg.) (S. 33—172 m. 19 Taf.) 31,5×24 cm. Wiesbaden 906—08. C. W. Kreidel. à Lfg. 6.—; kolor. à 9. —

—— Katalog. Suppl. dazu, s. Reuleaux, Carl. Katalog f. die Heliceen-Genera Euparypha etc.

Kobelt, Wilh., Catalog der im Faunengebiet lebenden Binnenconchylien. Mit besond. Berücksicht. der in Rossmässler's Sammlung enthaltenen Arten. 8. (XVI, 150 S.) Cassel 871, Fischer. * 2 50

Kobelt, Wilh., Catalog der im europäischen Faunengebiet lebenden Binnenconchylien. 2. vollständig umgearb. Aufl. gr. 8. (XVI, 294 S.) Kassel 881, Fischer. *

— Katalog d. lebenden schalentragenden Mollusken d. Abteilung Agnatha. (S. 137—196.) gr. 8. Wiesbaden 910. J. F. Bergmann. 1. 60
Sonderabdr. aus: „Jahrbb. d. nass. Ver. f. Naturkde."

Kobelt, W., Cataloge lebender Mollusken. 1. Serie. gr. 8. (S. 1—113.) Frankfurt a. M. 877, Alt. *
—— dass. — 2. Serie. gr. 8. (S. 115—249.) Frankfurt a. M. 879, Alt und Neumann. *

Kobelt, W., Cataloge lebender Mollusken. 1. und 2. Serie. gr. 8. Frankfurt a. M. 877,79, (Diesterweg.) *

—— illustrirtes Conchylienbuch. 1.—7. Lfg. gr. 4. (1. Bd. XVI, S. 1—143 mit 50 Stnt.; 2. Bd. S. 144—224 mit 20 Stnt.) Nürnberg 877—79, Bauer und Raspe. à Lfg. * M 6. *

—— illustrirtes Conchylienbuch. 8.—11. (Schluss-)Lfg. gr. 4. (S. 225—391 mit 30 Stnt.) Nürnberg 880,81, Bauer und Raspe. à Lfg. * M 6. *
1.—7. Lfg. Ebendas. 1877—79. à * M 6.

— systemat. Conchylien-Cabinet, s: Martini.

Kobelt, Wilhelm, s. K ü s t e r, H. C.: Pecten.

— die Landdeckelschnecken, s.: Semper, C., Reisen im Archipel der Philippinen.

Kobelt, W[ilh.]: Land- u. Süsswasserkonchylien. *Frankfurt a. M. 1897.*
in: Ergebnisse e. zoolog. Forschgsreise in d. Molukken u. Borneo Tl 2. Bd II, H. 1.
= Abhandlungen hrsg. v. d. Senckenbergischen naturforsch. Gesellschaft. Bd 24, H. 1. [98. 1713]

— Land- u. Süsswasserkonchylien. [Aus: „Abhandlgn. d. Senckenberg. naturforsch. Gesellschaft. 24. Bd. (Kükenthal, wissenschaftl. Reiseergebnisse).] gr. 4. (96 S. m. 8 Taf.) Frankfurt a/M. 897. (M. Diesterweg.) n. 12. —

— Die Landmollusken, s.: Möllendorff, O. F. v.

– D. Genera L i v i n h a c i a, Pseudachatina, Perideris, Limicolaria u. Homorus,
s.a. M a r t i n i u. C h e m n i t z : Systemat. Conchylien-Cabinet.

Die Genera Livinhacia, Pseudachatina, Perideris, Limicolaria und Homorus. Bearb. von Dr W[ilh.] Kobelt in Schwanheim. (In 2 Lfgn.) Nürnberg: Bauer & Raspe 1895. (132 S., 35 Taf.) 4°
— Martini, Friedr. Heinr. Wilh.: Syst. Conchylien-Cabinet. Neu hrsg. Bd 1, Abth. 10. [95. 1191]

— Die gedeckelten Lungenschnecken (Cyclostomacea), s.: Martini u. Chemnitz, systemat. Conchylien-Cabinet. I, 19.

—— s. Martini und Chemnitz, systematisches Conchylien-Cabinet.

— d. Mollusken-Fauna d. makrones. Inseln. [Aus: „Jahrb. d. Nass. Ver. f. Naturkde."] gr. 8. (15 S.) Wiesbaden 896. J. F. Bergmann. n. 1. —

— Murex, Ranella, Triton u. Trophon, s.: Küster, H. C., u. W. Kobelt.

Kobelt, Wilhelm (Hrsg.), s. Nachrichtsblatt

— Die Gattung Paludina Lam. (Vivipara Montfort), s.a. Martini u. Chemnitz, systemat. Conchylien-Cabinet. II, 21a

Die Gattung Paludina Lam. ⟨Vivipara Montfort.⟩ N. F. In Abb. nach d. Natur mit Beschreibungen von W[ilhelm] Kobelt-Schwanheim. Nürnberg Bauer & Raspe 19(06–)09. S. 98–430. 4°
(Martini, Friedr Wilh. Heinr Systemat. Conchylien-Cabinet. Bd 2, Abt. 21a.) [11. 3713 6

— die Gattung Placostylus Beck (Bulimus. Neue Folge), s.: Martini u. Chemnitz, systematisches Conchylien-Cabinet, I, 13a.

— Pleurotoma, s.: Weinkauff, H. C., u. W. Kobelt.

— die Familie Pleurotomidae, s.: Weinkauff, H. C.

— Pontus u. Mittelmeer. Vortrag, geh. bei d. Generalversammlg. des nassauischen Vereins f. Naturkunde am 18. XII. 1898. gr. 8. (S. 99—113.) Wiesbaden 899. J. F. Bergmann. n. — 60
Sonderabdruck aus: „Jahrbb. des nass. Vereins f. Naturkde."

— prodromus faunae molluscorum testaceorum maria europaea inhabitantium. (In 4 fascc.) Fasc. I. gr. 8. (128 S.) Nürnberg 886. Bauer & Raspe. n. 3. —

— prodromus faunae molluscorum testaceorum maria europaea habitantium. Fasc. II—IV (finis). gr. 8. (IV u. S. 129—550.) Nürnberg 887. Bauer & Raspe. à n. 3. — (cplt.: n. 12. —)

– Die geschwänzten und bewehrten Purpurschnecken. Die geschwänzten unbewehrten Purpurschnecken, s. Küster, H. C.

— Pyrula u. Fusus, mit Ficula, Bulbus, Tudicla, Busycon, Neptunea u. Euthria, s.: Martini u. Chemnitz, systemat. Conchylien-Cabinet.

– Die Raublungenschnecken (Agnatha), s. Martini u. Chemnitz: Systemat. Conchylien-Cabinet.

— die Raublungenschnecken, s.: Moellendorff, O. v.

— Reiseerinnerungen aus Algerien u. Tunis. Hrsg. v. der Senckenberg. naturforsch. Gesellschaft in Frankfurt a/M. Mit 13 Vollbildern u. 11 Abbildgn. im Text. gr. 8. (VIII, 480 S.) Frankfurt a/M. 885. Diesterweg. n. 10. —; Einbd. n.n. 2. 50

—— s. Rossmässler, E. A., Iconographie der Land- und Süsswasser-Mollusken.

— Schnecken v. N. O. Celébes u. Banggai. [Aus: „Abhandlgn. u. Berichte d. k. zoolog. u. anthropolog.-ethnograph. Museums zu Dresden".] gr. 4. (4 S.) Berlin 896. R. Friedländer & Sohn. n. 1. 50

— Schutz d. Vögeln. 2. Aufl. gr. 8. (16 S.) Wiesbaden 897. (R. Bechtold & Co.) n. — 25

— die Gattungen Spondylus u. Pecten, s.: Küster, H. C.

Kobelt, Wilhelm Studien zur Zoogeographie. Bd. 1 Die Mollusken der palaearktischen Region. Bd. 2. Die Fauna der meridionalen Sub-Region. Wiesbaden 1897 u. 1898. 2 Bde VIII, 344 X, 368 S 8°

— Studien z. Zoogeographie. D. Mollusken d. palaearkt. Region. gr. 8. (VIII, 344 S.) Wiesbaden 897. C. W. Kreidel. n. 8. —

— dasselbe. II. Bd. Fauna d. meridionalen Sub-Region gr. 8. (X, 368 S.) Ebd. 898. n. 8. —

Synopsis novorum generum, specierum et varietatum Molluscorum viventium testaceorum anno 1878 promulgatorum. Collegit W KOBELT (Beilage zum Nachrichtsblatt der deutschen malacozoologischen Gesellschaft. Jahrgang XII. 1880.) Francofurti ad Moenum, mense octobr. 1879. Sumptibus Alt & Neumann. 8°.

—— Synopsis novorum generum, specierum et varietatum molluscorum viventium Testaceorum anno 1878 promulgatorum. gr. 8. (V, 134 S.) Frankfurt a. M. 879, Diesterweg. **

— synopsis novorum generum, specierum et varietatum Molluscorum viventium Testaceorum anno 1879 promulgatorum. gr. 8. (III, 200 S.) Kassel 881. Fischer. n. 8. —

— Synopsis der Mollusca Pneumonopoma Opistophtalmia (Acmidae, Geomelanidae, Truncatellidae). (S. 155—220.) gr. 8. Wiesbaden (908). J. F. Bergmann. 1. 60
Sonderabdr. aus: „Jahrbb. d. nass. Ver. f. Naturkde."

— Synopsis der Pneumonopomen-Familie Realiidae. (S. 47—144.) gr. 8. Wiesbaden 906. J. F. Bergmann. n. 2. 40
Sonderabdruck aus: „Jahrbb. d. nass. Ver. f. Naturkde."

– Die Gattung Turritella Lam., s.a. Martini u. Chemnitz: Systemat. Conchylien-Cabinet.

Die Gattung Turritella Lam. Bearb. von Dr Wilh. Kobelt in Schwanheim. Nürnberg: Bauer & Raspe 1897. (81 S.) 4°
— Martini, Friedr. Heinr. Wilh.: Systemat. Conchylien-Cabinet. Neu hrsg. Bd 1, Abth. 27. [04. 15473

— die geographische Verbreitung der Mollusken in dem paläarktischen Gebiet. (X, 170 S. m. 6 Karten.) Lex.-8. Wiesbaden 904. C. W. Kreidel. n. 18. 60
Sonderabdruck aus: „Rossmässler, Ikonogr. d. Land- u. Süsswasser-Mollusken".

— die Verbreitung der Tierwelt. Gemäßigte Zone. Mit 12 Taf. in Farbendr. u. Autotyp., sowie vielen Abbildgn. im Text. Lex.-8. (XIV, 576 S.) Leipzig 901. 902. Ch. H. Tauchnitz. n. 18. —; geb. in Leinw. n. 20. —
Erschien auch in 12 Lfgn. à n. 1. 50.

Köbelt, A., Mitose u. Amitose. E. Erklärungsversuch d. Theilungsphaenomens. gr. 8. (68 S. m. 2 Taf.) Basel 895 Georg & Co. n. 2. —
s.a. Kobelt, A.

Koben, Joseph Martin. Die würdige Jubelfeyer der E. E. F. F. Elisabethinnen-Nonnen zu Klgft. Klgft., Leon, 1810. 47 S.

Koeben, Felix (Forst i. d. Lausitz), Infection und Contagion. Diss. med.-chir. Bln. (Gustav Schade [Otto Francke]) 23. VII. 1885. 39 S. mit Biogr. (4.80)
Oppon.: R. Fronzig, B. Lasch, Max Spandow. — Gew.: L. Koeben (Vater).

Koeben, Ludw. (geb. Lassa in Posen 16. 10. 1828) De exophthalmo ac strumi cum cordis affectione. Berolini (1855). (32 S.) 8°
Berlin, Med. Diss. v. 27. Jan. 1855

Kober, s.a. C o b e r

Kober, s.a. K ö b e r

Kober, Arzt u. Seelsorger in ihrer gegenseitigen Ergänzung u. Begrenzung. gr. 8. (15 S.) Dresden (902). F. Richter. n. — 20
Sonderabdruck aus: „Pastoralbl. f. Homiletik".

Kober, v., s.: Quartalschrift, theologische.

Kober, A., zum Gedächtniß des Herrn Carl Gottlob Bräunig, weil. Predigers an der Jerusalems-Kirche zu Berlin. Predigt gehalten am Sonntage Trinitatis 1859 in der Jerusalems-Kirche. Nebst dem Entwurfe der letzten Predigt des sel. Predigers Bräunig. Berlin, Beck. 8. (20 S.) n. 3 ngr.

Kober, A., Predigt bei der Feier seines 50jährigen Amts-Jubiläums am 1. Sonntage nach Epiphanias 1874 gehalten. gr. 8. (13 S.) Berlin 874, (Beck.) * — 25

Kober, A., Rede am Sarge P. W. H. Roßbachs gehalten, s. M a r o t, S.

Kober, Ad. Aug., Predigt bei der ersten Säkular-Feier der k. Realschule in Berlin am 6. Mai 1847 in der Dreifaltigkeits-Kirche gehalten. 8. (16 S.) Berlin 847, J. A. Wohlgemuth.

Kober, Adolf

Kober, A., das Salmannenrecht u. d. Juden, s.a. Beiträge, deutschrechtl. I. 3.

Das Salmannenrecht und die Juden. Mit urkundl. Beilagen. Von Dr. phil. A[dolf] **Kober** in Breslau. Heidelberg: C. Winter 1907 (32 S.) 8°
= **Beiträge,** Deutschrechtliche. Bd 1, H. 3. [07. 9444

Kober, Adolf, aus Breslau. **Studien zur mittelalterlichen Geschichte der Juden in Köln am Rhein, insbesondere ihres Grundbesitzes.** 1. *Breslau 1903: H. Fleischmann.* (41 S.) 8°
¶ (Teil 2 u. 3 d. Arbeit erscheinen später.)
Breslau, Phil. Diss. v. 23. Juli 1903

Kober, Augustin (Leipzig), Specimen archaeologiae Romanae. Präs. M. Jo. David Koeler (Colditz). Altdorf (Jodocus Wilhelm Kohles) April 1707. 28 S. (6.—)
Widm. v.: Joh. Georg Fichtner, Johann Gottfried u. Georg Wilhelm Luther (Ansbach), Heerwagen, J. G. Rabner.

— — De renunciatione dotis facta. Diss. jur. Präs. Heinrich Bodin. Halle (Christian Henckel) 12. XI. 1709. 36 S. (6.20)

Kober, Bernard, O. S. B., Gertrudenbuch. Ein Gebet- u. Erbauungsb. f. kathol. Christen. Nach den Schriften u. Offenbargn. d. seraph. Töchter d. hl. Benedikt, St. Gertrudis u. St. Mechtildis. Neu hrsg. u. vermehrt v. e. Mönche der Benediktiner-Abtei St. Martin zu Beuren. 14. Aufl. (656 S. m. 1 Stahlst.) 16. Einsiedeln (907). Verlagsanst. Benziger & Co. Geb. in Leinw. 1.50; in Ldr. m. Goldschn. 2.40

Kober, C. H., prakt. Handbuch bei d. Unterrichte in der Orthographie, zunächst für Landschullehrer. 8. Leipz. 821. Reclam. 4 gr.

Kober, Christian Adolph August (Hala Suev.)
Dissertatio inauguralis exhibens Observationes pharmaceutico-chemicas de acido acetico puro ex cupro acetico obtinendo nec non de kali acetico spiritu acetico aethereo et cupro acetico crystallisato.
Giessae: Schroeder 1805. 32 S.
Diss. chem., pharm., bot. 12.6.1805. vorh. 4. 11.

Kober, Erich, die Anfänge d. deutschen Wollgewerbes, s.a. Abhandlungen zur mittleren u. neueren Geschichte 8.

Die Anfänge des deutschen Wollgewerbes. Von Erich **Kober,** Dr. phil. Berlin & Leipzig. W. Rothschild 1908. (113 S.) 8°
= **Abhandlungen** z. mittleren u. neueren Geschichte. H. 8. [08. 14533 6

Kober, Erich, a. Celle: **Die Wehrverfassungen Braunschweigs und seiner Nachbarstädte Hildesheim, Göttingen und Goslar** im Mittelalter. Marburg 1909: (Grupe, Lüchow). 83 S. 8°
Marburg, Phil. Diss. v. 18. Sept. 1909, Ref. v. der Ropp
[Geb. 7. Juli 88 Liegnitz; Wohnort: Marburg; Staatsangeh.: Preußen; Vorbildung: Gymn. Celle Reife O. 06; Studium: Heidelberg 1, München 2, Marburg 4 S.; Rig. 16. Juni 09.] [U 10. 3368

Kober, Erich: Das Wollgewerbe in Deutschland bis zum Aufkommen der Städte. Berlin & Leipzig: Rothschild 1908. 48 S. 8° ¶ (Ersch. vollst. als: Abhandlungen z. mittl. u. neueren Geschichte. H. 8.)
Freiburg i. B., Phil. Diss. v. 1908, Ref. v. Below
[Geb. 28. Juli 83 Heilbronn; Wohnort: Stuttgart; Staatsangeh.: Württemberg; Vorbildung: Karls-Gymn. Stuttgart Reife Juli 01; Studium: Tübingen 3, Heidelberg 1, Berlin 1, Freiburg i. B. 3 S.; Rig. 31. Jan. 08.] [U 09. 1018

Kober, Franz

Kober, Frz., kurze Anleitung über die Cultur u. Veredlung der amerikan. Reben, m. besond. Berücksicht. der nördlichen Weinbaugebiete in Oesterreich. 2. Aufl. Hrsg. im Auftrage des k. k. Ackerbau-Ministeriums. gr. 8. (40 S. m. Abbildgn.) Wien 901. (W. Frick.) n. 1. —

Kober, F., die Deposition und Degradation nach den Grundsätzen des kirchlichen Rechts historisch-dogmatisch dargestellt. gr. 8. (IX und 830 S.) Tübingen 867, Laupp'sche Buchh. *

Kober, Frz., der Kirchenbann nach den Grundsätzen des kanonischen Rechts dargestellt. gr. 8. (XII und 560 S.) Tübingen 857, Laupp'sche Buchh. *

Kober, Frz., der Kirchenbann nach den Grundsätzen des canonischen Rechts dargestellt. 2., mit Register verm. Ausg. Tübingen 863. Laupp. gr. 8. (XII, 583 S.) n. 2 Rthl 8 ngr.

Kober, Frz., Schlüssel zur Lösung der Rebenhybridenfrage f. Kalkböden in Österr., s.a. Archiv f. Land- u. Forstwirtsch. 49.

Schlüssel zur Lösung der Rebenhybridenfrage für Kalkböden in Österreich. Auf Grund 15jähr. eigener sowie d. neuesten franz. Erfahrungen ... von Franz **Kober** Wien: Gerold in Komm. 1910. 42 S. 8°
(Archiv f. Land- u. Forstwirtschaft. 48.) [10. 7993

—— **über die Strafe der Suspension. 4. (87 S.) Tübingen 859, (Fues'sche Sortimentsbuchh.)** *

-- die Suspension der Kirchen-Diener nach den Grundsätzen des canonischen Rechts dargestellt. Tübingen 862. Laupp. gr. 8. (IX, 409 S.) n. 1 Rthl 25 ngr.

— Über das Vortreiben veredelter Schnittreben (Stratifikationsverfahren), s.a. Archiv f. Land- u. Forstwirtschaft. 49.

Über das Vortreiben veredelter Schnittreben Stratifikationsverfahren). Von Franz **Kober.** Wien: Gerold in Komm. 1910. 32 S. 8°
(Archiv f. Land- u. Forstwirtschaft. 49.) [10. 7993

Kober, Franz Der Weinbau der Zukunft. Anleitung zur Behandlung der Weingärten mit Schwefelkohlenstoff zur Bespritzung gegen Peronospora, Black-rot etc. nebst eingehender Beschreibung der Cultur und Veredelung der amerikanischen Reben. Mit 40 Abb. Wien, Pest, Leipzig Hartleben 1893. IV, 127 S. -- 16.121* UB Brünn

Kober, Friedrich, s.a. K o b e r , Franz

Kober, Frdr, die **Ablösung der Apothekenberechtigungen. Ein Beitrag zur Lösg. der Apothekenfrage.** 8. (IV, 35 S.) Stuttgart 893. Verlag der „Süddeutschen Apotheker-Zeitung". n. — 60

Kober, F (Hrsg.), s. A p o t h e k e r k a l e n d e r für d. Deutsche Reich. Anh.: Die Apotheken d. Schweiz u. Luxemburgs.

Kober, Friedr. (Hrsg.), s. A p o t h e k e r - Z e i t u n g , Süddeutsche.

Kober, Friedrich [Hrsg.], s. W o c h e n b l a t t , Pharmazeutisches, aus Württemberg.

Kober, Friedrich August

— — (Görlitz), Jus Gorlicense circa tutelam aetatis. Präs. D. August Friedrich Schott. Leipzig (Langenheim) 20. IX. 1776. 90 S. (7.50)

— **Friedrich August** (Leipzig), De praecipuo conjugum. Disp. jur. Rector D. Gerard Wynen. Harderwijk (Alb. Sas' Wwe. & Sohn) 5. VII. 1712. 12 S. (6.—)

— **Friedrich Gottlieb** (Görlitz), De judicio possessorio ordinario specimen primum. Präs. D. Jacob Friedrich Kees. Lpz. (Carl Tauchnitz) 29. V. 1805. 36 S. (6.—)
Gew.: Friedrich Gottlieb Gösing (Görlitz), Samuel Traugott Kober (Holtendorf). — Widm. v. Präs.

— **Friedrich Gottlob** (Görlitz), De dolo translationem dominii impediente. Diss. jur. civilis. Präs. Joh. Gottlieb Siegel. Lpz. (Langenheim) 4. IV. 1748. 30 S. (6.—)

Kober, Friedrich Wilhelm

Kober, Fr. Wilh., Sühler Zamm etc. Zahnerlai in Sühler Mundoart. (31 S.) 8. Suhl (909). (A. Kaufmann Nachf.) nn — 50

Kober, Friedrich Wilhelm: Sühler Z a m m e t e . Zahnerlai in Sühler Mundart von –
Suhl: Selbstverl.: Müller in Komm. 1909. 31 S. 8°

Kober, Georg [aus Cunau in Schlesien]: Die harmonisch zugeordneten Flächen zweiten Grades . . . Halle a. S., Plötz'sche Buchdr., R. Nietschmann, 1888; 73 + 1 S. 8°
Halle, Phil. Fak., Inaug.-Diss. v. [17. Apr.] 1888

Kober, Georg, die harmonisch zugeordneten Flächen zweiten Grades. Diss. Halle 1888, Lippertsche Buchh. 8°. 73 S.

Kober, Geo., d. Grundgebilde d. neueren Geometrie. E. geordn. Zusammenstellg. ihrer Um- u. Abb. I. u. II. Ordng. 1. Thl.: D. Grundgebilde d. Ebene. gr. 8. (VIII, 95 S.) Hannover 898. Hahn. n. 3. —

Kober, wie Bismarck Deutschland in den Sattel hob. Festrede, zu der am 28. I. 1899 v. den Schülern der herzogl. Baugewerkschule zu Holzminden veranstalteten Feier des Geburtstages Sr. Maj. Kaiser Wilhelms II. geh. gr. 8. (22 S.) Hannover 899. Hahn. n. — 50

Wie Bismarck Deutschland in den Sattel hob. Festrede am 28. Jan. 1899 zu Holzminden geh. von Oberl. Dr [Georg] **Kober** *Hannover & Leipzig: Hahn 1899.* (22 S.) 8° [F.] [illegible] 7

Gottlob Heinrich Kober

Historia morbi cuiusdem singularis et sectionem cadaveris eo extincti. Ienae (1790:) Stranckmann. 18 S. 8°

Jena, Med. Diss. v. 23. Apr. 1790

Kober, Hermann, aus Feuchtwangen Ueber **Unkrautsamen** im Mehl. *Würzburg 1902: C. J. Becker.* (52 S.) 8°
Würzburg, Phil. Diss. v. 1902

Kober, J. B., Ludwig II., König v. Bayern. Eine Lebensskizze. Nach verläss. Quellen bearb. u. aus Anlaß der 50. Wiederkehr dessen Geburtstages dem bayer. Volke gewidmet. Mit e. Anh. verschiedener eigener Dichtgn. d. Verf. gr. 8. (III, 40 S. m. Bildnis.) Bamberg 894. (Buchner's Sort.) n. — 60

Kober, J. L., s. **Album. Bibliothek deutscher Originalromane.**

Kober, Joh. Iac., Neuburg-Zweibrücken Anatomiae comparatae specimen osteologicum de dentibus, eorumque diversitate quoad praesentiam et fabricam.
Basel, Med. Diss. 1770

Kober, J[ohannes]. Anjama. Bild des aussern und innern Lebens einer Tochter Afrikas. Entworfen von J. K. Mit 5 Bildern und 1 Karte S. Basel (1884).

Kober, J. Anjama. Bild des äussern u. innern Lebens einer Tochter Afrikas. Mit 6 Bildern und 1 Karte. In-8°, 120 S. Basel, Spittler. 1893

Kober, Johs., Christian Friedrich Spittler's Leben. Mit Spittlers Portr. in Stahlst. gr 8. (XIV, 356 S.) Basel 887. Spittler. n. 4. —; geb. n. 5. 60

Kober, Johs. Karl Mez. Ein Vorkämpfer f. christl. Socialismus. Lebensbild, nach den besten Quellen dargestellt. 8. (X, 252 S. m. Bildnis in Heliograv.) Basel 892, [Spittler.] Jaeger u. Kober. * 2 —
geb. * 3 —

Kober, Jul., **Aufgaben** für den Rechenunterricht. Vorschule. gr. 8. (23 S.) Dresden 868, Höckner. * — 20
Resultate. (4 S.) * — 10

Kober, Jul., **Aufgaben** für den Rechenunterricht, für Gymnasien und Realschulen. 3 Hefte. 1. und 2. Aufl. gr. 8. Dresden 871—75, Höckner. cart. à Heft * 75 Pf. * 2 25
Inhalt:
Heft 1. Die vier Species mit gleich- und ungleichbenannten ganzen Zahlen. (IV, 59 S.)
„ 2. Gemeine und Decimalbrüche. (60 S.)
„ 3. Aufgaben aus dem gemeinen Geschäftsverkehre. [Proportionslehre etc.] (VI, 52 S.)

—— dass. — Resultate zum 1.—3. Heft. 1. und 2. Aufl. gr. 8. (20; 22; 16 S.) Ebendas. 871—75. 1. und 3. Heft à * — 50
2. Heft * — 60

Kober, Jul., Aufgaben f. den Rechenunterricht f. Gymnasien u. Realschulen. 3 Hfte. gr. 8. Dresden 874—76. Höckner. à n. — 25
1. 2. Aufl. (IV, 59 S.) — 2. 3. Aufl. (60 S.) — 3. 2. Aufl. (VI 52 S.)

— dasselbe. Resultate zum 1—3. Hft. gr. 8. Ebend. 875. 76. n. 1. 60
1. 2. Aufl. (20 S.) n. — 50. — 2. 3. Aufl. (22 S.) n. — 60. — 3. 2. Aufl. (16 S.) n. — 50.

Kober, Jul., Aufgaben für den Rechenunterricht für Gymnasien und Realschulen. 3 Hefte. 3. Aufl. gr. 8. Dresden, Hoeckner. à Heft 75 Pf.

Inhalt:
Heft 1. Die vier Species mit gleich- und ungleichbenannten ganzen Zahlen. (60 S.) 880.
" 2. Gemeine und Decimalbrüche. (60 S.) 876.
" 3. Aufgaben aus dem gemeinen Geschäftsverkehr. (55 S.) 880.

—— dass. — Resultate. 3 Hefte. 3. Aufl. gr. 8. Ebendas. [1. Heft. (20 S.) 880; 2. Heft. (22 S.) 876; 3. Heft. (16 S.) 880.] à Heft * 60 Pf. *

Kober, Jul., Aufgaben für den Rechenunterricht, f. Gymnasien u. Realschulen bearb. 2. u. 3. Heft. 8. Dresden 879. 80. Höckner. cart. à — 75
2. 4. Aufl. (60 S.) — 3. 3. Aufl. (55 S.)

Kober, Jul., Aufgaben für den Rechenunterricht, für Gymnasien und Realschulen bearb. 3 Hefte. 8. Trier, Lintz'sche Buchh. [1. Heft 4. Aufl. (59 S.) 886; 2. Heft 5. Aufl. (60 S.) 887; 3. Heft 4. Aufl. (57 S.) 887.] cart. à Heft * 75 Pf.

—— Aufgaben für gründlichen Unterricht in der Bruchrechnung. Für Gymnasien und Realschulen bearb. gr. 8. (52 S.) Ebendas. 868. geb. * — 50
Resultate. (22 S.) * — 50

—— Leitfaden der ebenen Geometrie. Mit 700 Uebungssätzen und Aufgaben. gr. 8. (88 S. mit 33 in den Text gedr. Fig., Holzschn.) Leipzig 874, Teubner. * 1 —

Kober, Jul., Leitfaden der ebenen Geometrie mit über 700 Übungsaufsätzen und -Aufgaben. 2. Aufl. gr. 8. (86 S. mit 32 in den Text gedr. Fig.) Leipzig 884, Teubner. *

Kober, Jul., Leitfaden der Naturgeschichte. 1. Heft: Zoologie. 8. (IV und 66 S.) Dresden 856(57,) Adler und Dietze. *

Kober, Jul., Leitfaden der Naturgeschichte. 1. Heft. Zoologie. — 2. Heft. Botanik. Dresden 857. Adler u. Dietze. 8. (IV, 66; IV, 52 S.) 1.: n. 5 ngr.; 2.: n. 4 ngr.

— Leitfaden der Naturgeschichte. 1. u. 2. Heft. 2. Aufl. Dresden 869. G. Dietze. 8. Jedes Heft n. 5 ngr.
1. Zoologie. (64 S.) — 2. Botanik. (64 S.)

— Leitfaden der Naturgeschichte. 2. Hft. Botanik. 3. Aufl. 8. (56 S.) Grossenhain 883. Hentze. n. — 60; geb. n. — 75

Kober, J., Maulwurf und Nagethiere. Deren Nutzen oder Schaden und die wirksame Bekämpfung der Letzteren. Biologische und anatom. Skizze. gr. 8. (27 S. mit 9 in den Text gedr. Holzschn.) Stuttgart 877, Ulmer. *

Kober, K. B., zwei Sommer in Johannisbad. Eine einfache Geschichte. 12. (192 S.) Prag 883. Kober. n. 3.20

Kober, K. S., Predigt zur Neujahrsfeier 1815 gehalten: was haben wir in d. verfloss. Jahre Gutes empfangen, u. mit welchen Entschlüssen beginnen wir d. neue Zeit? gr. 8. Stend. 815. Franzen u. Gr. 3 gr.

Kober, Karl, zur Einführung des Grundbuchrechts. Ein Rückblick u. Ausblick. (40 S.) gr. 8. Erlangen 905. Palm & Enke. n. — 80
Sonderabdruck aus: „Seuffert's Blätter f. Rechtsanwendg."

Kober, Karl, zur Einführung d. Grundbuchrechts. E. Rückblick u. Ausblick. (36 S.) gr. 8. Nürnberg (909). U. E. Sebald. — 80
Sonderabdr. aus: „Seuffert's Blätter f. Rechtsanwendg."

Kober, Karl, s.: Kommentar zum bürgerl. Gesetzbuche f. das deutsche Reich.

— Kommentar z. bürgerl. Gesetzb., s.: Staudinger, J. v.

— Carl (Luckau), Observationem incrementi mammarum morbosi rariorum. Diss. med. Lpz. (Aug. Fest) 4. IX. 1829. 38 S. (6.—)

Recht der Schuldverhältnisse. 8. Besond. Theil. Erl. von Karl Kober, Landger.R., u. Dr. Theodor Engelmann, Landger.R. 2. vollst. neubearb. Aufl. München: J. Schweitzer 1906. (1015 S.) 8° [F.]
— Kommentar, J. v. Staudingers, z. Bürg. Gesetzbuch. 2. Aufl. Bd 2, b. [06. 400] 4

Kober, Karl: Recht der Schuldverhältnisse. (T. 2.) Erl. von Karl Kober, Oberlandesger. R., u. Dr. Theodor Engelmann, Staatsanw. 3./4. neubearb. Aufl. München: Schweitzer 1908. S. 658–1615. 8°
(J. v. Staudingers Kommentar z. Bürgerl. Gesetzbuch. Bd. 2, T. 2.)

Kober, Karl, Sachenrecht, s.a. Kommentar z. bürgerl. Gesetzbuch f. d. deutsche Reich.

Sachenrecht. Erl. von Karl Kober. 2. vollst. neubearb. Auflage. *München: J. Schweitzer 1903.* (664 S.) 8° [F.]
— Kommentar, J. v. Staudingers, z. Bürgerlichen Gesetzbuch u. d. Einführungsgesetze. 2. Aufl. Bd 3. [03. 8] 8

Sachenrecht. Erl. von Karl Kober, München. 3./4. neubearb. Aufl. München: J. Schweitzer 1907. (974 S.) 8° [F.]
— Kommentar, J. v. Staudingers, z. Bürgerlichen Gesetzbuch. Bd 3. [08. 19]

Kober, Karl: Sachenrecht. Erl. von –. 5./6. neubearb. Aufl. München & Berlin: Schweitzer 1910. 1088 S. 8°
(J. v. Staudingers Kommentar z. Bürgerl. Gesetzbuch. Bd. 3.)

Kober, Karl: Aus der Königlichen Frauen-Klinik zu Breslau. Herr Medizinalrat Prof. Dr. Küstner.) Schwangerschaft, Geburt und Wochenbett nach antefixierenden Operationen. *Breslau 1897: Bresl. Gen.-Buchdr.* (41 S.) 8°
Breslau, Med. Diss. v. 19. Nov. 1897

Kober, Karl, Schwangerschaft, Geburt u. Wochenbett nach anteflexier. Operationen. Diss. gr. 8. (42 S.) Breslau 897. (Schletter.) n. — 80

— s.: Seuffert's J. A., Blätter f. Rechtsanwendung.

Kober, Karl Reinhard

Kober, Carl Rhard., das Mitleid als die moralische Triebfeder. Ein Beitrag zur Kritik der Schopenhauer'schen Ethik. gr. 8. (38 S.) Leipzig 883, Buchh. des Vereinshauses. **

Kober, Kaspar Christian

— Caspar Christian (Naumburg. Dresden), De peculio adventitio regulari seu ordinario. Disp. jur. Altdorf (Heinrich Meyer) 24. IX. 1705. 40 Seiten. (6.50)

Kober Leopold, Dr.: Der Aufbau der östlichen Nordalpen. (Vorläufige Mitteilung) (mit 1 Kartenskizze). S. 120. I. 115 . . . . —.50
Separatabdruck

— Bericht über geologische Untersuchungen in der Sonnblickgruppe und ihrer weiteren Umgebung. S. 121. I. 105 . . . . —.60
Separatabdruck

— Bericht über die geotektonischen Untersuchungen im östlichen Tauernfenster und seiner weiteren Umrahmung (mit 1 Tabelle). S. 121. I. 425 . . . . 1.15
Separatabdruck

— Der Deckenbau der östlichen Nordalpen (mit 1 Taf., 2 Karten und 7 Textfiguren). D88. 345 . . . . 8.75
Separatabdruck

Kober, Max, aus Beuthen O-S Über 1-Phenyl-2-5-thiopyrazole oder Homologe Thiopyrine. *Rostock 1903: C. Hinstorff.* (53 S.) 8°
Rostock, Phil. Diss. v [23. Sept.] 1903

Kober, Max, approb. Arzt aus Frankfurt a. M.: Über unkomplizierte otogene Extraduralabscesse. *Halle a. S. 1904: C. A. Kaemmerer & Co.* (72 S.) 8°
Halle, Med. Diss. v. 30. Juli 1904

Kober, Max, approb. Arzt · Die Verbreitung des Diphtheriebacillus auf der Mundschleimhaut gesunder Menschen. Aus d. kgl. hygien. Institut zu Breslau.) *Leipzig: Veit & Co. 1899.* (40 S.) 8° ¶ (Aus Zeitschrift f. Hygiene u. Infectionskrankheiten, Bd. 31.)
Breslau, Med. Diss. v 21. Juli 1899

Kober, Paul: Über die Anlagerung von Dimethylketen an C=N-Doppelbindung. Strassburg i. E. 1909: Müh. 78 S. 8°
Straßburg, Math.-naturwiss. Diss. v. 2. Nov. 1909, Ref. Thiele
[Geb. 6. Juli 85 Oberehnheim; Wohnort: Straßburg; Staatsangeh.: Elsaß-Lothringen; Vorbildung: Gymn. an St. Stephan Straßburg Reife Sommer 03; Studium: Jura Straßburg 1, Chem. München 2, Straßburg 7, Karlsruhe Techn. Hochsch. 3 S.] [U 10. 4118

Kober, Rhard., der Prophet Jesaja, erklärt, s.: Bibelerklärung, prakt. 14. Bd.

Kober, Rich., Hausaltar od. kommet zu Jesu. Morgen- u. Abend-Andachten f. alle Tage d. Jahres, nach dem Kirchenjahre eingerichtet, m. Einfügg. d. luther. Katechismus. 1—3. Hft.: Der Weihnachtsfestkreis. gr. 8. (IV, 412 S.) Neusalz 875. 76. Lange in Comm. à n. 3. —
1. Der Weihnachtsfestkreis. (1. Bd. IV, 412 S.)
2. Der Osterkreis. (1. Bd. S. 413—910.)
3. Der Pfingstfestkreis. A. (2. Bd. S. 1—308.)

Kober, Rich., Hausaltar oder Kommet zu Jesu! Morgen- und Abend-Andachten für alle Tage des Jahres, nach dem Kirchenjahre eingerichtet, mit Einfügung des lutherischen Katechismus. 2. Aufl. 2 Bde. gr. 8. Alt-Tschau bei Neusalz a. O. (886), Verlag der Anstalt „Kommet zu Jesu!" *
Inhalt:
Bd. 1. Der Weihnachts- und Osterfestkreis. (675 S.)
" 2. Der Pfingst- und Trinitatiskreis. (790 S.)

Kober, R., Kommet zu Jesu! Eine Synodal-Predigt. Grünberg 865. Weiß. gr. 8. (16 S.) n. 2 ngr.

Kober, Rudolf, Hypsometrische Schulhandkarte von Schlesien. Maßstab 1 : 500.000. Verlag von Eduard Hölzel in Wien. (Min.-Erl. v. 8. Mai 1893, Z. 8900) —.10

Kober, R., Hypsometrische Schulhandkarte des Herzogthums Schlesien. 1 : 500.000. Qu.-4. Chromolith. Wien. Hölzel 1894. —.10

Kober, Schulwandkarte von Schlesien. 1 : 100.000. 4 Bl. roh K 26 —, wird nur auf Leinen m. Stäben abgegeben * K 30.—
Wien: Freytag & Berndt 1910.

Kober, Rudolf, Schulwandkarte des Herzogthums Schlesien. Maßstab 1 : 100.000. Josef M. Thiel's Verlag in Freudenthal, 1889. (Min.-Erl. 23. December 1889. Z. 24705.)

Kober, Samy: Ueber die Bildung des i-Nikotins aus Dihydrometanikotin ⟨N-Methyl-β-pyridyl-butylamin⟩. Breslau 1910: Fleischmann. 43 S. 8°
Königsberg, Phil. Diss. v. 5. Aug. 1910, Ref. Klinger
[Geb. 22. Mai 83 Breslau; Wohnort Breslau; Staatsangeh.: Preußen: Vorbildung Realgymn. Reichenbach i. Schl. Reife M. 04; Studium: Breslau 4, Berlin 1, Breslau 10 S.; Rig. 6. Juli 10.] [U 10. 2611

Koeber, G., s.: Thiergarten.

Koeber, I. F.

— collectio proverbior. et sententiar. ed. Hauptmann. 8. Gerae, Rothe. 778.

Koeber, I. F., grammatica graeca harmonica Golio-Weller. 8. Coph. Proft. 745.

Koeber, Raphael

— Schopenhauer's Erlösungslehre. gr. 8. (51 S.) Berlin 881. C. Duncker. n. 1. —

Koeber, Raph. v., d. Gedanke d. Wiederverkörperg. e. durchlauf. Faden im Geistesleben d. alten Hellas, s: Schriften, theosoph.

Koeber, R., Geschichte der Philosophie im Umriß, s.: Schwegler, A.

Koeber, Raph., die Grundprinzipien der Schelling'schen Naturphilosophie, s.a. Sammlung gemeinverständlicher wissenschaftlicher Vorträge.

Köber R, die Grundprinzipien der Schelling'schen Naturphilosophie (Sammlung gemeinverständlicher wissenschaftlicher Vorträge 381) Berlin 1881

Koeber, R., ist E. Haeckel Materialist? gr. 8. (36 S.) Berlin 887. [C. Duncker.] Leipzig, W. Friedrich. n. —60

Koeber, Raph. v. Die Lebensfrage. Eine erkenntnis-theoret. Studie. gr. 8. (96 S.) Lpz. 892, W. Friedrich. * 1 —

— die Philosophie Arthur Schopenhauer's. gr. 8. (VII, 319 S.) Heidelberg 888. G. Weiss' Verl. n. 5. —

— Repetitorium der Geschichte der Philosophie. gr. 8. (XI, 184 S.) Stuttg. 890, Conradi. * 2 60

Koeber, R. v., Jean Paul's Seelenlehre, s.: Schriften der Gesellschaft f. psychologische Forschung.

Koeber, Raph., das philosophische System Eduard v. Hartmann's. gr 8. (X, 402 S.) Breslau 884. Koebner. n. 9. —

— Leo Tolstoi u. sein unkirchliches Christentum. Hrsg. m. e. Nachschrift: die Flucht aus dem brennenden Cirkus v. Hübbe-Schleiden. [Aus: „Sphinx".] gr. 8. (III, 45 S.) Braunschweig 890. Schwetschke & Sohn. n. — 75

Koberg, Jos., (Albr. H. Jos.), Anleitung zum Beten nach dem genossenen Religionsunterrichte. Ein Gebet- u. Erbauungsbuch für katholische Christen. 8. Münster 818. Theissing. 12 ggr. Schrbp. 18 ggr.

Koberg, Jos., Geschichte des Übertritts des am 1 Jan. 1817 gestorbenen Chirurgus Karl Wächter von der protestantischen zur katholischen Kirche Münster, Theissing. 1817. 12°

Koberger, Anton

Koberger, A., Unschuld, Freude, Tugend. — Sammlung der vorzüglichsten Lieder für Kinder, mit Begleitung d. Pianoforte. 1s Hft. qu. 16. Quedlinburg 834. Basse. 1/2 ß

† Koberger, Ant., (J. E. St. Schmaltz,) kleines musikal. Wörterbuch. Oder Erklär. d. in d. Musik gebräuchl. Kunstausdrücke. Für Musiklehrer u. -Lernende ꝛc. 3., verb. Aufl. gr. 12. (4 B. u. 2/3 B. Musikbeil.) Quedlinburg 833, Basse.
Angehängt ist eine kurze Uebersicht d. Geschichte d. Musik.

Koberger, A., kleines musikalisches Wörterbuch. Oder Erklärung der in der Musik gebräuchl. Kunstausdrücke, nebst kurzen Nachrichten über die vorzüglichsten Componisten. Ein unentbehrl Hand- und Hilfsbuch für Musiklehrer und Lernende rc. 1, verb. Aufl. 16. (104 und 16 lithogr. S) Quedlinburg 852, Basse. Thlr.

Köberl, Joh. Nep., Glaubenspredigten zur Erleuchtung moderner Aufklärung. Graz 869. Moser. gr. 8. (VII, 74 S.) n. 8 ngr.

Köberl, Joh. Nep., ein Papstjubiläums-Andenken besonders für die Rompilger. Dank der Rompilger nach der Rückkehr in die Heimat. Predigt, geh. in der Decanats-Pfarrkirche zu Stainz am Feste der Himmelfahrt des Herrn, 11. Mai 1888. 8. (16 S.) Graz 888, Moser. *

Köberle, D. Justus. Ein Lebensbild entworfen von Prof. Dr Albert Rehm [u.a.]. Mit mehreren Bildern. Wismar i. M.· Bartholdi 1909 79 S. 8°

Köberle. Das 4. Württ. Infanterie-Regiment Nr. 122 in den Feldzügen v. 1806 bis 1870/71, beschrieben f. Unteroffiziere u. Mannschaften. Auf Befehl d. königl. Regiments nach Regiments- u. Kriegsministerial-Akten zusammengestellt. (2. Ausg.) gr. 8. (VII, 160 S. m. 1 Kartenskizze.) Stuttg. 889, Kohlhammer. * 1 50

Koeberlé, E., de l'hémostase définitive par compression excessive. Avec 26 fig. (8 Holzschntaf.) gr 8. (58 S.) Strassburg 877. Schultz & Co. n. 3. —

— dasselbe. Epilogue. gr. 8. (66 S. m. eingedr. Holzschnitten.) Ebend. 878. n. — 80

Köberle, Georg, s.a. K ö b e r l e , Johann Georg

Koeberle, Georg

Alles um ein Nichts. Roman. Von Georg Köberle. Bd 1-3. Leipzig: Günther 1871. 8°

Köberle, Geo., Alles um ein Nichts. Roman. 3 Bde. 8. (176; 184; 146 S.) Leipzig 876, E. J. Günther. 6 —

—— deutsche Antwort auf wälsche Projecte. Ein nach authent. Quellen entworfenes Promemoria über das german. Problem und über das, was noch zu thun erübrigt. 3. vervollständ. und comment. Aufl. A. u. d. T.: Enthüllungen über die Palastrevolution im Vatican und den Feldzugsplan der Jesuiten gegen Deutschlands Neugestaltung. 8. (VII, 163 S.) Stuttgart 870, Vogler und Beinhauer. [Werther.] (M 1,50.) — 75

Köberle, Geo., offener Brief an die Frankfurter Filiale des Berliner Central-Preßbureau's u. an alle ihm untergebenen Journale Frankfurt a. M. 857. Hedler. (Mainz, Kirchheim.) 16. (64 S.) 5 ngr.

Köberle, Geo. Das Drangsal der deutschen Schaubühne. gr. 8. (VIII, 131 S.) Dresd. 890, Engelhaupt. * 2 —

—— meine Erlebnisse als Hoftheater-Director. 1. und 2. Aufl. gr 8. (39 S.) Leipzig 874, Mutze. — 75

Köberle, Geo., Berliner Leimruthen und deutsche Gimpel. 4 Hefte. (44; 47; 44; 68 S.) à Heft 75 Pf.; 2. Aufl. gr. 8. (204 S.) Leipzig 875, Mutze. *

Köberle, Geo., brennende Theater-Fragen. Eine Denkschrift für alle kunstfreundl. Patrioten. gr. 8. (64 S.) Wien 887, Künast. *

—— die Theater-Krisis im neuen deutschen Reiche. gr. 8. (XI, 258 S) Stuttgart 872, Neff. * 4 —

Köberle, Geo., der Verfall der deutschen Schaubühne u. die Bewältigung d. Theater-Calamität. Dramaturgische Gänge. gr. 8. (312 S.) Leipzig 880. Wolff. n. 6. —; geb. n. 8. —

—— dramatische Werke. 2 Bde. 8. (VII, 182; 170 S.) Ebendas. 873. à Bd. M 2,70. 5 40

—— der Zeitgeist und der Geist der Zeiten. br. 8. (XV und 432 S.) Frankfurt a. M. 857. [Mainz, Kirchheim.] *

KOEBERLE, Johann Baptist (Nonnenhorn): De emeticis et vomitu.- Monachii: Giesser 1837. 16 S. 29.8.1836 - Urk; F 63

Diss. Ingolst.-Landsh.-Mchn.

Köberle, Joh. Geo., Beleuchtung der Quelle aller ultramontanen Umtriebe u. ihrer drohenden Eingriffe in die Wohlfahrt u. Rechte des deutschen Volkes. A. u. d. T.: Aufzeichnungen ein. Jesuitenzöglings im deutschen Colleg zu Rom. 8. (10 B.) Leipzig 846, Grunow. *

Köberle, Joh. Geo., Grabrede bei der Beerdigung des Hrn. Coelestin Baader, Stadtpfarrers und Kammerers in Lindau, am 3. Jan. 1848 gehalten. 8. (16 S.) Lindau 848, Stettner.

Köberle, J. Geo., Heinrich der Vierte v. Frankreich. Tragödie in 5 Acten. 16. (VIII u. 352 S.) Leipzig 851, B. Tauchnitz. In Engl. Einb. mit Goldschn. 1³/₄ ₰

Köberle, Joh. Geo., Magazin f. kathol. Geistliche, s. Magazin rc.

Köberle, J. G., s. neues Magazin f. kathol. Religionslehrer rc.

—— neues Magazin f. kathol. Seelsorger, s. Magazin.

Köberle, (J. G.,) Magazin f. kathol. Religionslehrer, s. Magazin.

—— Rom unter den letzten drei Päpsten u. die zweite Reformation in Deutschland. 1. Bd. A. u. d. T.: Leo XII. u. der Geist der römischen Hierarchie. 8. (21½ B.) Leipzig 846, Grunow. *

—— dass. 2. Bd. A. u. d. T.: Die ital. Revolution u. d. deutsche Nationalkirche. 8. (25½ B.) Ebds. 846. *

—— dramatische Schriften. 1. Bd. A. u. d. T.: Die Medicäer. Drama in 5 Acten. 8. (133 S.) Mannheim 849, Grohe. *

—— der neue Thurm zu Babel oder Ahasver und seine Gesellen. 2 Bde. 8. (453 S.) Leipzig 847, Kößling'sche Buchh.

—— der junge Tropf am alten Zopf. gr. 16. (40 S.) Leipzig 847, Kößling'sche Buchh.

— der junge Tropf am alten Zopf. gr. 16. (40 S.) Leipzig 848, Kößling (jetzt: Luckau, Kutzscher). ¼ ₰

—— der Volkstribun. Kritische Beleuchtung der Umwälzung und Neugestaltung Europa's. Mit vorzügl. Bezugnahme auf Deutschland. Nr. 1 — 6. gr. 8. Leipzig 848, Kößling'sche Buchh. à Nr. 3 Ngr.

Nr. 1. Der liberal gewordene berliner Messias und dessen Politik. Mit einem Aufruf an die Deutschen über das Mittel zur schleunigen Verwerfung des gefährlichen Usurpators der deutschen Krone. (S. 1—16.)
„ 2. Metternichs System und Oesterreichs Beruf. (S. 17—32.)
„ 3. An die Revolutions-Männer! (S. 33—48.)
„ 4. Was erwartet die Mehrzahl vom constituirenden Parlament? Hegemonie mit constitutionellen Fürsten? Republik oder etwas Anderes? (S. 49—64.)
„ 5. Worte! nichts als Worte! (S. 66—80.)
„ 6. Zu spät! (S. 81—94.)

—— warum reformirt Papst Pius IX.? und wie weit kann, wie weit wird er gehen? Eine populäre Beleuchtung der europ. Staatenpolitik mit vorzügl. Berücksichtigung der deutschen Zustände. 8. (VI und 152 S.) Leipzig 847, D. Klemm. *

Köberle, Justus, die bleibende Bedeutung der biblischen Urgeschichte. Ein Vortrag. (35 S.) gr. 8. Wismar 907. H. Bartholdi. — 80

Die Beziehungen zwischen Israel und Babylonien. 6 Vorträge von † D. theol. Justus **Koeberle,** Prof., Rostock. Hrsg von Prof. D. [Wilhelm] Walther Wismar: H. Bartholdi 1908. (95 S.) 8° [F.] 08. 13044

Köberle, Justus [cand. theol.]: De Elohistae Pentateuchici prioris, qui vocatur, ethica ... *Erlangae,* typ. F. Junge typogr. aulae reg. Bavar. et univ. Erlang., 1896; 1 Bl., 98 S. 8.
Erlangen, Theol. Fak., Lic.-Diss. v 25. Juli 1896 † 1908

— Ein Herr — ein Glaube!, s.: Haßhagen.

— Der Prophet Jeremia, s.a. Erläuterungen z. Alten Testament. 2. Tl.

Der Prophet Jeremia. Sein Leben u. Wirken dargest. für d. Gemeinde von D J[ustus] Köberle, Prof. Calw & Stuttgart Vereinsbuchh. 1905. 278 S. 8°
(Erläuterungen z. Alten Testament. T 2) A 11. 9046

Köberle, Justus, zum Kampfe um das Alte Testament. 3 Vorträge. (102 S.) gr. 8. Wismar 906. H. Bartholdi. n. 1.80

— babylonische Kultur u. biblische Religion. Ein erweiterter Vortrag. Mit besond. Berücksicht. des 2. Vortrags v. Prof. Dr. Fr. Delitzsch üb. Babel u. Bibel. (III, 54 S.) gr. 8. München 903. C. H. Beck. n. 1.20

Köberle, Just., die geistige Kultur der semitischen Völker. gr. 8. (50 S.) Leipzig 901. A. Deichert Nachf. n. — 75

— die Motive des Glaubens an die Gebetserhörung. gr. 8. (30 S.) Ebd. 901. n. 1.—
Sonderabdruck aus: „Festschr. d. Univ. Erlangen f. Prinzreg. Luitpold".

— Natur u. Geist nach der Auffassung d. Alten Testaments. Eine Untersuchung zur histor. Psychologie. gr. 8. (XI, 297 S.) München 901. C. H. Beck. n. 7.—

— Die alttestamentliche Offenbarung. 2. völlig neu bearb. Aufl. d. Vorträge. „Zum Kampfe um d. Alte Testament". (VIII, 143 S.) gr. 8. Wismar 908. H. Bartholdi. 2.20

Soziale Probleme im alten Israel und in der Gegenwart. Ein Vortrag von D. theol. Justus **Köberle,** *Prof.* Wismar i. Meckl.: *H.* Bartholdi 1907. (37 S.) 8° [F.] 07. 20819

— das Rätsel des Leidens. Eine Einführg. in das Buch Hiob, s.a. Zeit- u. Streitfragen, biblische. I. 1.

Das Rätsel des Leidens. Eine Einführung in d. Buch Hiob. Von D. Justus **Köberle.** Gr. Lichterfelde-Berlin: E. Runge 1905. (32 S.) 8° [F.]
— Zeit- u. Streitfragen, Biblische. Ser. 1. H. 1. 05. 688

— Sünde u. Gnade im religiösen Leben des Volkes Israel bis auf Christum. Eine Geschichte des vorchristl. Heilsbewusstseins. (VIII, 685 S.) 8. München 905. C. H. Beck. n. 12.—

— die Tempelsänger im Alten Testament. Ein Versuch zur israelit. u. jüd. Cultusgeschichte. gr. 8. (VIII, 205 S.) Erlangen 899. F. Junge. n. 3.—

— u. Wilke, altes Testament, s.: Theologie, die, d. Gegenw. II, 2.

Koeberlein, A., s. Köberlin, Alfred

Koeberlein, Fritz, die Pfarrkirche und die Marienkapelle zu Frankenberg, s. Dehn-Rotfelser, H. v.
—— die Plassenburg bei Kulmbach, s. Renaissance, deutsche.

Köberlein, (J. M.,) Lehrbuch der Elementar-Geometrie u. Trigonometrie, zunächst f. Gymnasien u. Lyzeen. Mit 12 Kupfrt. gr. 8. Sulzb. 824, v. Seidel.

Köberlein, Karl, s. Köberlin, Karl

Ueber die Bedeutung der analytischen Ausdrücke: $\frac{0}{a}$, $\frac{0}{0}$, $\frac{a}{0}$, $\frac{a}{\infty}$, $\frac{\infty}{a}$, $\frac{\infty}{\infty}$ Von Mich. Köberlein, P. der Math. am P — 1829. Ebend. — S. 3—8.
Progr Regensburg.

Köberlin, Alfred [Dr.]: Zur historischen Gestaltung des Landschaftsbildes um Bamberg. Bamberg, F. Humann'sche Buchdr., 1893; VII, 129 S. 8.
Bamberg neues G, P 1893

Köberlin, Alfred, Dr: Fränkische **Münzverhältnisse** zu Ausgang des Mittelalters. *Bamberg 1899: Bamberger Neueste Nachrichten.* (52 S.) 8° [F.]
Bamberg, k. neues G, P 1899*

Köberlin, Alfr., d. Obermain als Handelsstraße im spät. Mittelalter, s.a. Wirtschafts- u. Verwaltungsstudien. IV.

[F.] Der Obermain als Handelsstrasse im späteren Mittelalter Von Dr Alfred Köberlin (Vorr Georg Schanz)
Erlangen & Leipzig: A. Deichert 1899. (VIII, 70 S.) I Bd. 8°
— Wirtschafts- und Verwaltungsstudien m. besond. Berücksichtigung Bayerns. [Bd] IV

Koeberlin, Alfredus [Suevofurtensis] De participiorum usu Liviano capita selecta. Erlangae, typ Jungii et filii, 1888 1 Bl + 56 S 8°
Erlangen, Phil Fak Inaug.-Diss v 1888

Köberlin, Balth., († d. 30. Juni 1788.), s. Charaktere, sittl.

– s. Handbuch, moralisches.

– s. Muster d. Beredsamkeit.

– s. M. Pappenheim, Chronik.

– s. Reisen rc. d. Brüder Wolfgang.

– s. Reisende, d. erlauchte.

Köberlin, Karl

Köberlin, Carl „Einige Bemerkungen über die technische Einrichtung und Handhabung von Waffen". pg. 3-12. 4° M. Textfiguren. Nürnberg, Campe & Sohn
Schweinfurt, Progr. 1858/59

[F. u. Ant.] **Koeberlin,** Karl [Dr.]: Eine Würzburger Evangelienhandschrift. (Mp. th. f. 61 s. VIII.) Besprochen. (= Inaug.-Diss. Erlangen 1890.) Augsburg, Druck v. Ph. J. Pfeiffer, 1891; 95 S. 8°
Augsburg, k. StA bei St. Anna, P 1891 •

Köberlin, Karl: Die Frage nach dem Übersetzer des neuplatonischen Dialogs Asklepius. S 3 – 28
Augsburg, St. Anna, Progr. 1882

Köberlin, Karl, Dr., Prof. M. Gottfried **Hecking,** Rektor des Gymnasiums bei St. Anna in Augsburg 1743—1773. *Augsburg 1902: Ph. J. Pfeiffer.* (44 S.) 8° [F.]
Augsburg, k. h. G bei St. Anna, P 1902*

Köberlin, Karl, Dr., Prof.: Rektor M. Hier. **Andreas Mertens** und das Gymnasium bei St. Anna in **Augsburg** in den letzten Jahrzehnten des 18. Jahrhunderts. *Augsburg 1899: Ph. J. Pfeiffer.* (84 S.) 8° [F.]
Augsburg. k. h. G bei St. Anna, P 1899*

Köberlin, L. W., Predigt bei Einweihung der evangelisch-lutherischen Kirche zu Ludwigsmoos gehalten am 8. Septbr. 1868. Nebst einigen Notizen über das Kirchenwesen zu Ludwigsmoos. 8. (16 S.) Neuburg a. D. 869, (Grießmayer.) * — 20

Köberlin, Th., die Nichtigkeit freireligiösen Wesens dargelegt an einer von Herrn C. Scholl am 1. Mai in Burgthann gehaltenen Rede. gr. 8. (20 S.) Nürnberg 870, Löhe. * — 25

Köberlin, Theresia, schweizerisches Kochbuch, enthalt. die schmackhafte u. gesunde Bereitung der vorzügl. Gerichte u. Backwerke, so wie das Einmachen der Früchte u. Speisen f. Kranke. Nebst ein. Anleitung zur Bereitung der beliebtesten Liqueurs. 8. (20½ B.) Zürich 844, Hanke. *

Koeberling, M. Jo. Georg (Ostheim/Frk.), Generosissimo equiti Franco, Jo. Friderico Cratoni ab Erffa, de annulo Gygis publice disputanti, et collegio Casimiriano, quod Coburgi est, ultimum dicenti vale, gratul. Coburg (Joh. Nic. Monachi) 1707). 4 Bl. (4.—)

Koberstein, August, s. Koberstein, Karl August

— **Ewald Bernh.** (Glowitz b. Stolp / Pommern), Quaedam de urolithis. Diss. pathol.-med. Bln. (August Petsch) 17. X. 1829. 32 S. mit Biogr. (M.: S. F. Potratz.) (6.20)
Oppon.: C. Vormann, C. Hons, G. Niedrée. — Gew.: P. B. v. Stojentin, C. A. Koberstein (Schulpforta; Bruder). — Krankengesch. v. J. Huder (Offenbach).

Koberstein, K., preußisches Bilderbuch. gr. 8. (VII, 248 S.) Leipzig 887. Duncker & Humblot. n. 4. 80

Koberstein, Karl, Florian Geyer Trauerspiel in 5 Aufzügen. (Den Bühnen gegenüber als Mscr. gedr.) gr. 8. (III und 126 S.) Dresden 863, L. Wolf's Buchh. *

Koberstein, Karl August

Koberstein, (Aug.,) über die wahrscheinl. Alter d. Gedichts v. Wartburger Kriege rc., s. Mittheilungen.

Koberstein, (Carl) Aug., vermischte Aufsätze zur Literaturgeschichte u. Aesthetik. Leipzig 858. Barth. gr. 8. (VII, 271 S.) 1 Thlr. 15 ngr.

Koberstein, C. A. Über die Betonung mehrsilbiger Wörter in Suchenwirts Versen. 8 S. . . . .
Pforta, Progr. 1843

Koberstein, A Geschichte der deutschen Nationalliteratur 5. Aufl. v K. Bartsch. Leipzig 1872—73. 5 Bde

— Grundriß d. Gesch. d. deutschen Nationalliteratur. gr. 8. Lpz. 827, W. Vogel.

Koberstein, Aug., Grundriß zur Geschichte d. deutschen National-Litteratur. Zum Gebr. auf Gymnas. entworfen. 2., verb. u. mit Zusätzen verm. Aufl. gr. 8. (20½ B.) Leipzig 830, Vogel.

Koberstein, Aug., Grundriß d. Geschichte d. deutschen National-Litteratur. Zum Gebr. auf Gymnasien entworfen. 3., verb. u. z. größern Theil völlig umgearbeit. Ausg. gr. 8. (35 B.) Leipzig 837, Vogel.

Koberstein, Carl Aug., Grundriß der Geschichte der deutschen National-Literatur. Zum Gebrauch auf Gymnasien entworfen. 1. Abthl. u. 2. Abthl. 1. Hälfte. 4., verb. u. umgearb. Aufl. gr. 8. (52¼ B.) Leipzig 845, Vogel.

Koberstein, (Carl) Aug., Grundriß der Geschichte der deutschen National-Litteratur. Zum Gebrauch auf Gymnasien entworfen. 2. Abth. 1. Hälfte. u. 2. Hälfte. 1. Lfg. 4. durchgängig verb. u. zum großen Theil völlig umgearb. Aufl. gr. 8. (IV S. u. S. 463—1220.) Leipzig 847. 51, Vogel. 1 Thlr 6 ngr u. 1 Thlr 9 ngr (I u. II, 2, 1: 4 Thlr)

Koberstein, (Carl) Aug., Grundriß der Geschichte der deutschen National-Litteratur. Zum Gebrauch auf Gymnasien entworfen. 2. Abthl. 2. Hälfte. 2—5. (letzte) Lfg. 4., verb. und zum großen Theil völlig umgearb. Aufl. gr. 8. (LXIV und S. 1221—1961.) Leipzig 853—56, Vogel.
1. Abthl. und 2. Abthl. 1. und 2. Hälfte. 1. Lfg. Ebendas. 1845—51. 4 Thlr.

—— Grundriß der Geschichte der deutschen National-Litteratur. Zum Gebrauch auf Gymnasien entworfen. 3. Bd. 1—3. Lfg. 4., durchgängig verb. und zum größten Theil völlig umgearb. Aufl. gr. 8. (S. 1962—2522.) Leipzig 858—61, Vogel. à Lfg. 18 Ngr.
1. und 2. Abthl. Ebendas. 1845—56. 6 Thlr. 18 Ngr.

Koberstein, Aug., Grundriß der Geschichte der deutschen National-Litteratur. 4., durchgängig verb. und zum größten Theil völlig umgearb. Aufl. 3. Bd. 4.—7. Lfg. gr. 8. (S. 2523—3300.) Leipzig 863—66, Vogel. à Lfg. 18 Ngr.
1. und 2. Abthl. und 3. Bd. 1.—3. Lfg. Ebendas. 1845—61. 8 Thlr 12 Ngr.

Koberstein, Aug., Grundriss der Geschichte der deutschen Nationalliteratur. 5. umgearb. Aufl. von Karl Bartsch. 5 Bde. gr. 8. Leipzig, F. C. W. Vogel. * 53 —
Inhalt:
Bd. 1. Geschichte der deutschen Nationalliteratur bis zum Ende des 16. Jahrh. (X, 454 S.) 872. *M 7,50.
» 2. Vom Anfang des 17. bis zum zweiten Viertel des 18. Jahrh. (335 S.) 872. *M 5,60.
» 3. Vom zweiten Viertel des 18. Jahrh. bis zu Goethe's Tod. 1. Thl. (X, 498 S.) 872. *M 8,40.
» 4. —— dass. — 2. Thl. (XVI, 955 S.) 873. *M 17.
» 5. —— dass. — 3. Thl. Mit Register zu Bd. 1—5. (XX, 595 S.) 874. *M 14,50.

Koberstein's, Aug., Grundriss der Geschichte der deutschen Nationalliteratur. 6. umgearb. Aufl. von Karl Bartsch. 1. Bd. A. u. d. T.: Geschichte der deutschen Nationalliteratur bis zum Ende des 16. Jahrh. gr. 8. (XII, 480 S.) Leipzig 884, F. C. W. Vogel. *

—— Laut- und Flexionslehre der mittelhochdeutschen und der neuhochdeutschen Sprache in ihren Grundzügen. Zum Gebrauch auf Gymnasien. 1. Aufl. 1862. und 2. Aufl. gr. 8. (VI und 80 S.) Halle 867, Buchh. des Waisenhauses. †

—— Laut- und Flexionslehre der mittelhochdeutschen und der neuhochdeutschen Sprache in ihren Grundzügen. Zum Gebrauch auf Gymnasien. 3. verb. Aufl. von Osk. Schade. gr. 8. (VI, 83 S.) Halle 873, Buchh. des Waisenhauses. * 1 20

Koberstein, Aug., Laut- und Flexionslehre der mittelhochdeutschen und der neuhochdeutschen Sprache in ihren Grundzügen. Zum Gebrauch auf Gymnasien. 4. verb. Aufl. von Osc. Schade. gr. 8. (VI, 83 S.) Halle 878, Buchh. des Waisenhauses. *

— Leitfaden beim Vortrage d. Geschichte d. deutschen National-Litteratur. Für Schüler der obern Gymnasialklassen. gr. 8. Leipz. 828. W. Vogel. 6 gr

Koberstein, Aug., Manuel de l'histoire de la littérature nationale Allemande, trad. par X. Marmier. gr. in-8. Paris et Strassburg 834. Levrault. 1⅔ ₰

Koberstein, Carl August, Quaestiones Suchenwirtianae. (Specimen II.) Memoriam annivers. scholae provinc. Portensis 1. XI. 1842. Naumburg (C. A. Klaffenbach). 68, XX S. mit Jahresbericht v. Rector D. Kirchner u. hdschr. Widm. desselben. (6.—)

—— quaestiones Suchenwirtianae, specimen II. gr. 4. (8¾ B.) Numburgi 843. (Leipzig, Vogel.)

—— Rede, gehalten bei d. am 6. Nov. 1839 zu Pforta veranstalt. Säcularfeier d. Aufnahme F. G. Klopstocks in d. dasige Landesschule. gr. 8. (2 B.) Leipzig 840, Vogel.

—— zu und über Göthe's Gedicht, Hans Sachsens poetische Sendung. gr. 8. (26 S.) Naumburg 847, (Cursch.) *

Koberstein, Aug. Ueber die Sprache des österreichischen Dichters Peter Suchenwirt. 1ste Abth. Lautlehre. 56 S. . . . .
Schulpforte, Progr. 1828

—— ueber d. Sprache d. Oesterreich. Dichters Peter Suchenwirt. 1. Abthl. Lautlehre. Progr. gr. 4. (7¼ B.) Naumburg 829. (Leipzig, Vogel.)

Koberstein: Ueber die Sprache des oesterreichischen Dichters Peter Suchenwirt. 3 Abth. Abhandlung der Coniugation. 45 S. – Pforta, Progr 1852.

—— über die sprache des österreichischen dichters Peter Suchenwirt. 3. Abthl.: Abhandlung der conjugation. gr. 4. (15 S.) Naumburg 852. (Leipzig, Vogel.) *
1. und 2. Abthl. Ebendas. 1829—43. 1 Thlr. 5 Ngr.

Koberstein, Paul

--et al. Gesch d Dten in Buff u Erie Co, NY mit Biogen u Illus hervorragender Dt-Aner Buffalo, 1898

Kobert: Das Bifilarmagnetometer 12 S. – Treptow, Progr 1869

Kobert, Eduard Rudolf: Beiträge zur Terpentinölwirkung. Halle 1877 Gebauer-Schwetschke. 96 S. 8°
Halle-Wittenberg, Med. Diss. v 10. Juli 1877
Geb. Bitterfeld 3. 1 1854. V.
Von des Verf. Aufsatz mit gleichem Titel in: Zeitschrift f. d. ges. Naturwissenschaften. Bd. 49. Berlin 1877 S. 215—277 u. 389—484 ersch. nur „Th. 2" als Diss.

Kobert, Ernestine, poetische Aehrenlese. Eine Auswahl englischer Gedichte für Schule und Haus. Poetical gleanings. A selection of english poems for schools and private families. 8. (IV und 111 S.) Halle 859, Schwetschke. *

Kobert, F. W., s.: Galen's Schrift „über die säfteverdünnende Diät".

Kobert, Hans Ulrich

Kobert, H. U., über das mikrokristallographische Verhalten des Wirbeltierblutes. Mit 3 Taf., enth. 33 Abbildgn. 2. verm. u. verb. Abdr. aus der Zeitschr. f. ang. Mikroskopie. gr. 8. (67 S.) Leipzig 900. P. Schimmelwitz. n. 2.40; erm. Pr. 1.20

Kobert, Hans Ulrich, prakt. Arzt, aus Pyritz i. P., Volontärarzt am Freimaurerkrankenh. zu Hamburg. Aus d. Institute f. physiol. Chemie u. Pharmakologie d. Universität Rostock. Über das mikrokristallographische Verhalten des Wirbeltierblutes. *Stuttgart: F. Enke 1901.* (VI, 108 S.) 8°
Rostock, Med. Diss. v [1 Okt.] 1901

— das Wirbeltierblut in mikrokristallographischer Hinsicht. Mit e. Vorworte v. R. Kobert. gr. 8. (VII, 118 S. m. 26 Abbildgn.) Stuttgart 901. F. Enke. n. 5.—

Kobert, Karl: Über 2,5-Phenyl-Hydrazino-Pyrine und über das 1-Phenyl-3-Methyl-Pyrazol-5-Azo-Benzol. Rostock 1909: Adler. 94 S. 8°
Rostock, Phil. Diss. v. 30. April 1909, Ref. Michaelis
[Geb. 9. Mai 85 Köthen, Wohnort: Rostock; Staatsangeh.: Anhalt; Vorbildung: Gymn. Kothen Reife O. 04; Studium: Berlin Techn. Hochsch. 1, Tubingen 2, Rostock 7 S., Rig 29. April 09.] [U 09. 3755

Kobert, Ph. J. Th., der kleine Katechismus Dr. Mart. Luthers, mit Bezeichnung der richt. Betonung der Wörter, nebst Spruchbuch, enth. 400 Kernsprüche der h. Schrift, von denen die wichtigsten 140 voll ausgedruckt sind. Für die Hand der Schulkinder eingerichtet. 8. (21 S.) Anclam 864, Dietze.

—— kleine Katechismusschule für die Jugend des evangelischen Christenvolks, zur Einführung derselben in das nächste Verständniß des kleinen Katechismus von Dr. Mart. Luther. Ein Hülfsbüchlein beim Schul- und Confirmanden-Unterricht. 8. (VI und 134 S. mit 1 Stahlst.) Anclam 864, (Dietze.) *

Kobert, Rudolf

Kobert, Rud., s.: Arbeiten d. pharmakol. Institutes zu Dorpat.

Kobert, Rud., Arzneiverordnungslehre f. Studirende u. Ärzte. 3. erweit. Aufl. gr. 8. (XVI, 390 S. m. 207 Abbildgn. u. 25 Tab.) Stuttgart 900. F. Enke. n. 9.—; geb. in Leinw. n. 10.20

Beiträge zur Kenntnis der Giftspinnen von Staatsrat Prof. Dr R[udolf] **Kobert**, Rostock. Mit 14 Fig *Stuttgart: F. Enke 1901.* (VIII, 191 S.) 8°
[01. n643

Kobert, Rud., Beiträge zur Kenntnis der Saponinsubstanzen f. Naturforscher, Aerzte, Medizinalbeamte. Mit 6 Fig. u. 13 Tab. im Text. (VIII, 112 S.) gr. 8. Stuttgart 904. F. Enke. n. 3.—

Kobert, R., üb. die Bestandtheile u. Wirkungen d. Mutterkorns. Aus dem Laboratorium f. experimentelle Pharmakologie zu Strassburg. gr. 8. (IV, 66 S.) Leipzig 884. F. C. W. Vogel. n. 1.60

Kobert, Rud. Ueber Cyanmethaemoglobin u. den Nachweis der Blausäure. gr. 8. (VII, 64 S. m. 1 Taf. in Farbendr.) Stuttg. 891, Enke. * 2 80

Kobert, Rud., ein Edelstein d. Vorzeit u. seine kulturhistor. Bedeutung. Nach e. im Rostocker Altertumsverein geh. Vortr. Für Ärzte, Apotheker, Lehrer der Naturwissenschaften u. Freunde d. Kulturgeschichte. (45 S. m. 36 Abb. u. 10 Taf. in Lichtdr.) Lex. 8. Stuttgart 910. F. Enke. 6.—

Kobert, Rudolf, Dr. med. et jur.: Einiges aus dem zweiten Jahrhundert des Bestehens der Medizinischen Fakultät zu Rostock. Stuttgart: F. Enke 1907. (23 S.) 8°
Rostock, Rede zur Feier d. 28. Febr. 1907

— Ueber die Einwirkung v. Enzymen auf Alkaloide, Glykoside u. Ester. (18 S.) gr. 8. Rostock 909. H. Warkentien. —80
Sonderabdruck aus: „Sitzungsber. u. Abhandlgn. d. naturforsch. Gesellsch. zu Rostock".

— z. Geschichte d. Bieres. E. zu wohlthät. Zwecken in Dorpat geh. öffentl. Vortrag. [Aus: „Histor. Studien a. d. pharmakol. Inst. d. Univ. Dorpat".] gr. 8. (32 S.) Halle 896. Tausch & Grosse. n. 1. —

Kobert, R: Über Giftfische und Fischgifte. Vortrag. Stuttgart 1905

— über Giftfische u. Fischgifte. Vortrag, geh. m. zahlreichen Demonstrationen in der ordentl. Generalversammlg. des Rostocker Fischereivereins. (36 S. m. 11 Fig.) Lex.-8. Ebd. 905. n. 1. —

— Compendium der Arzneiverordnungslehre f. Studierende u. Ärzte. gr. 8. (XI, 223 S.) Stuttgart 888. Enke. n. 4. —

— Compendium der Arzneiverordnungslehre f. Studirende u. Ärzte. 2., erweit. Aufl. gr. 8. (XII, 364 S. m. 121 Abbildgn.) Stuttgart 893. F. Enke. n. 7. —

— Compendium der praktischen Toxikologie zum Gebrauche f. prakt. Aerzte u. Studirende, auf Grundlage d. „Lehrbuchs der prakt. Toxikologie" v. A. Werber als 2. Aufl. zeitgemäss umgearb. gr. 8. (X, 184 S.) Ebd. 887. n. 4. —

Compendium der praktischen Toxikologie z. Gebr. f. prakt. Ärzte u. Studierende v. Prof. Dr Rudolf Kobert, Dir. d. pharmakol. Inst. zu Dorpat. 3., gänzl. umgearb. Aufl. M. 32 Tab. *Stuttgart: F. Enke 1894.* (XII, 180 S.) 1 Bd 8.

— Compendium der praktischen Toxikologie. Zum Gebrauche f. Aerzte, Studierende u. Medizinalbeamte. 4. Aufl. (XII, 206 S. m. 38 Tab.) gr. 8. Ebd. 903. n. 5. —; geb. in Leinw. n. 6. —

[Kopft.:] Kobert, Rudolf: Über den Kwass. Zur Einführung dess. in Westeuropa. Von Prof. – [Halle a. S. Tausch & Grosse 1896.] (Erweit. SA. aus d. Wiener klin. Rundschau.) 32 S. 1 Bd. 8°

Kobert, R: Lehrbuch der Jntoxikationen. Stuttgart 1893

Lehrbuch der Intoxikationen von Dr Rudolf Kobert, Prof., Rostock. Mit Abb. 2., durchweg neubearb. Aufl. 2 Bde. Bd 1. 2. Stuttgart: F. Enke 1902–06. 2 Bde 8°
1 Allgem. T 1902 2 (In 2 Hälften). Spezieller T 19(04–)06.
(Bibliothek d. Arztes.)

— Lehrbuch d. Pharmakotherapie. (Bibliothek d. Arztes.) 2 Hälften. gr. 8. (XXIII, 604 S.) Stuttgart 896. 897. F. Enke. à n. 7. —

— Lehrbuch der Pharmakotherapie. 2. durchweg neu bearb. Aufl. 2 Hälften. (XVI, 745 S.) Lex. 8. Stuttgart 908. F. Enke. 19.40; in 1 Leinw.-Bd. n 21. —

— über Lungenheilanstalten. Vortrag, geh. unter Vorzeigg. zahlr. Abbildgn. bei der Konstituierung des mecklenb. Landesvereins zur Gründung v. Lungenheilstätten am 26. IX. 1900 im Fürstensaale des Rathauses zu Rostock. 8. (26 S.) Rostock 900. G. B. Leopold. n. — 60

Über Melanine. Von Prof. Dr Rud[olf] Kobert. *Berlin & Wien: Urban & Schwarzenberg 1901.* (S. 99–124) 8°
— Klinik, Wiener 1901, H. 4.

— über die Schwierigkeiten bei der Auslese der Kranken f. die Volkslungenheilstätten u. üb. den Modus der Aufnahme in dieselben. Ein auf Grundlage der Antworten auf e. Rundschreiben zusammengestellter Bericht, dem Rostocker Ärzteverein erstattet. gr. 8. (III, 148 S. m. 2 Abbildgn.) Stuttgart 902. F. Enke. n. 4. —

— s.: Studien, historische, aus d. pharmakolog. Institute d. kaiserl. Universität Dorpat.

[Rudolf] Kobert Toxikologische Tabellen. Tab. 1: Die wichtigsten Giftpflanzen. Tab. 2: Die am Lebenden zu beobachtenden Vergiftungssymptome d. gewohnlichsten Gifte. Tab. 3: Die f. d. Diagnose wichtigsten d. Harn betreffenden Veranderungen. Marburg [1907]: Hamel. 12 S. 8°

— s.: Veröffentlichungen, Görbersdorfer.

— s.: Zeitschrift f. Krankenpflege.

— über den Zustand der Arzneikunde vor 18 Jahrhunderten. Antrittsvortrag. gr. 8. (33 S.) Halle 887. Mühlmann. n. — 80

Kobert, W Über die Bewegung eines Punktes, der im umgekehrten kubischen Verhältnis der Entfernung angezogen wird. 12 S.
Progr. *Freienwalde* 1881

Kobert, [Wilhelm]: [Direktor Professor Dr. Gustav Braumann, gestorben am 15. Januar 1898.] *Freienwalde a. O. 1898: E. Pilger.* (3–4 S.) 4°
Freienwalde a. O., k. G, OP 1898 (74)

Kobert, Wilhelm Die Harmonikalien. Eine mathematische Abhandlung. 19 S. Progr. *Pyritz* 1878

Koebert, Hermannus [Palatinus]: De Pseudo-Apulei Herbarum Medicaminibus ... Baruthi, apud Laurentium Ellwanger, 1888; IV + 56 S. u. 3 Taf. 8°
München, Phil. Fak., Inaug.-Diss. v. 1888

Koebert, Hermannus, de Pseudo-Apulei Herbarum Medicaminibus. Diss. München 1888, A Buchholz. 8° IV, 56 S. mit 3 Taf.

Köbert, Hermann [Dr.]: Der Zahme Oelbaum in der religiösen Vorstellung der Griechen. München, Druck d. Akad. Buchdr. v. F. Straub, 1894; VIII, 48 S. 8.
München, k. Maximilians-G, P 1894*

Köbert, Herm., lateinisches Übungsbuch f. die 2. Klasse (Quinta) des Gymnasiums, s.: Röckl, Seb.

Koberwein, Franz Adolph (Misnicus. Dresden), De vasorum decursu abnormi ejusque vi in omnem valetudinem varia. Diss. med. Wittbg. (Christian Heinrich Graessler) 18. IV. 1810. 25 S. (6.—)

Gew.: Carl Victor August v. Brolzem, D. Christian Samuel Gehe, D. Johann Gottfried Leonhardi.

Koberwein, Franz Adolph (Hrsg.):

s.: Hodgson, Joseph: Von den Krankheiten der Arterien und Venen... (A Treatise on the diseases of arteries and veins... Dt.) Übers. von (Friedrich Ludwig) Kreysig. Hannover: 1817

JB 3.374

Koberwein, S. F.; d. Schauspielers, Biographie, von ihm selbst. 8. Bresl. 803. (Holäufer). 3 K

Kobes, Georg Erasmus (Nürnberg), De effectu hodierno privilegiorum aevi antiquioris ad illustr. art. VIII. §. 21. capit. Caes. Diss. jur. Altdorf (Jo. Georg Meyer) 10. IV. 1766. 31 S. (6.—)
Widm. v. Joh. Bernhard Hoffer, Joh. Andr. Mich. Nagel, Hartlieb, Carl Alexand. Faulwetter (Nürnberg), Jo. Georg Villforth (Ulm).

Kobes, K: Der Druck auf den Spurzapfen der Reaktionsturbinen und Kreiselpumpen. Leipzig und Wien 1906

Kobes, Karl, der Druck auf den Spurzapfen der Reaktionsturbinen u. Kreiselpumpen. Studien. Mit 68 Abbildgn., davon 33 auf 8 Taf. (VII, 174 S.) Lex.-8. Wien 906. F. Deuticke. n. 6. —

Kobes, Karl: Studien über den Druck auf den Spurzapfen der Francis-Turbinen. – 1905.
Diss. Wien, TH

KOBETITZ, JOAN(NES) MICH(AEL): Betrübte Stund oder Trauer- und Lob-Rede über den Zeitlichen Hintritt und schmerzlichen Tod weyl. Ihro Hoch-Gräfl. Excellenz Frauen Carolinae verwittibten Gräfin Fuchs geb. Gräfin Mollarth, so den 27 April 1754 dieses Zeitliche mit dem Ewigen verwechselt. Raab 1755. Gedruckt bey Gregori Johann Streibig. 10 f. - kl. 4°

Kobes teschubot Ha-Rambam we-igrotav, i. e. epistolarum et responsionum R. Mosis Maimonidis collectio completissima tripartita. Accedit biographia auctoris. Edidit Abraham Lichtenberg. 4. (XXXII und 267 S.) Berlin 861, Adolf und Comp. Thlr. * *

Kobierski, s.: Brus Kobierski.

Köbig, Julius: Über die Bestandtheile des Römisch-Kamillenöles. Strassburg. Buchdruckerei von J. Schneider 1878. 8 20 S.

Kobilca, J., Bildermappe des Sarajevoer Maler-Clubs, s.: **Arndt, W. Leo.**

Kobilinski, Geo. v., Leitfaden der griechischen u. römischen Altertümer, s.: **Wagner, Ernst.**

Kobilinski, Geo. de, de a, i, y vocalium apud Homerum mensura. Caput I. Dissertatio inauguralis. gr. 8. (33 S.) Königsberg 882. (Beyer.) n. 1. 20

Kobilinski, [Georg] von, Dir. Dr.. Der Schwimmunterricht am Gymnasium. Rastenburg 1904: O. Lauter. (S. 13–16.) 4° [F.]
Rastenburg, k. Herzog-Albrechts-G P 1904 (14)

von **Kobilinski,** Georg [Dr.]: Die gebräuchlichsten lateinischen Synonyma zusammengest. Königsberg i. Pr., Hartungsche Buchdr., *1891,* 33 S. 8°
Königsberg i. Pr., k. Wilhelms-G, OP 1891 (8)

von Kobilinski, Georg [Dr.]: Vorwort zu einer neuen Zusammenstellung der gebräuchlichsten lateinischen Synonyma für den Schulgebrauch. Königsberg i. Pr., Hartungsche Buchdr., 1890; S. 1–12; 4°
Königsberg i. Pr., k. Wilhelms-G, P 1890 (8)

Kobilinski, Max v., alter u. neuer Versrhythmus. (IV, 87 S.) gr. 8. Leipzig-Gohlis 909. B. Volger. 2. —

Kobilinsky-Beylinsohn, Marie. Stillfähigkeit und Stillungsdauer bei den Frauen Zürichs. Diss. Med. Univ. Zürich. 26 S. 8. Zürich-Selnau, Gebr. Leemann & Co., 1908.

Köbisch, Fritz, prakt. Arzt aus Breslau: **Beiträge zur Symptomatologie** der paroxysmalen Tachycardie. *Leipzig: G. Fock 1903.* (33 S.) 8°
Leipzig, Med. Diss. v. (15. Jan.) 1903

Kobitz, Blätter für Unterhaltung, s. **Blätter.**

—— pädagog. Literaturblatt, s. **Literaturblatt.**

—— preuß. Volks-Schulzeitung, s. **Volks-Schulzeitung.**

Kobitzsch, Christian Friedrich (Spora/Zeitz), De personarum quae sectioni cadaveris intersunt numero et qualitate. Theses juris criminalis. Präs. D. Christian Gottlieb Hommel. Wittbg. (Gerdes) 31. VIII. 1770. 8 S. (4.—)

Köbke, v., s. Veröffentlichungen.

Koebke, A., e. Droschkenfahrt, s.: **Fastnachts-Bühne**

Koebke, Edmund [aus Swinemünde]: Beiträge zur Untersuchung der Bewegung eines schweren Punktes auf einer Rotationsfläche ... Halle a. S., *Druck v. L. Simion, Berlin,* 1892; 1 Bl., 46 S., 1 Bl. 8.
Halle, Phil. Fak., Inaug.-Diss. v. [22. Sept.] 1892

Köbke, Erich

Köbke, v., s.: **Erörterungen zur Reichsversicherungsordnung.**

Köbke, v., **Grundzüge** der Arbeiter-Versicherung (Kranken-, Invaliden- u. Unfallversicherung) m. besond. Berücksicht. der preuß. Ausführungsbestimmungen. (VIII, 158 S.) gr. 8. Berlin 906. O. Salle. n. 3. —; geb. n. 3. 60

— **Leitfaden** durch die soziale Versicherungsgesetzgebung m. besond. Berücksicht. des Großherzogt. Hessen. (VII, 118 S.) gr. 8. Mainz 904. J. Diemer. n. 2. 50

— Die Rechtspraxis der Krankenversicherung. I. Bd. Entscheidungen aus den J. 1905/07. (II, 202 S.) 8. Frankfurt a/M. 908. Dr. E. Schnapper. nn 2.—; kart. nn 2. 50

Köbke, Hans, Referendar a. D. Die Vereinigung von Stadtgemeinden nach preußischem Verwaltungsrechte. Berlin: Trenkel 1909. 61 S. 8°
Greifswald, Jur. Diss. v. 16. Juni 1909, Ref. Hubrich
[Geb. 10. Juli 84 Greifswald, Wohnort: Berlin; Staatsangeh.: Preußen; Vorbildung. Gymn. Mühlhausen i. Th. Reife M. 02; Studium. Greifswald 7 S.; Rig. 30. Apr. 09.] [U 09. 1461

Koblanck, Alfred

Koblank, A., s.: **Arbeiten a. d. Gebiete d. Geburtshülfe u. Gynaekologie.**

Beitrag zur Lehre von der Uterusruptur. Nach 80 beobacht. Fällen von Dr. Alfred **Koblanck.** Mit 1 Taf. Stuttgart: Enke 1895. 67 S. 8° [II. 7839 11

Die Chloroform- und Aethernarkose in der Praxis. Von Dr. [Alfred] **Koblanck,** Privatd. Wiesbaden: Bergmann 1902. XIV, 42 S. 8° [II. 6404 11

Koblanck, Alfred [aus Ilsenburg a. H.]: Zur Kenntnis des Verhaltens der Blutkörperchen bei Anämie unter besonderer Berücksichtigung der Leukämie. . . Berlin, Buchdr. v. Gustav Schade (Otto Francke) (1889), 30 S. + 1 Bl. 8°
Berlin, Med. Fak., Inaug.-Diss. v. 3. Sept. 1889

— üb. d. sogen. Spätinfection d. Ophthal-Moblennorrhoea Neonatorum, s.: **Arbeiten a. d. Gebiete d. Geburtshülfe u. Gynaekologie.**

Koblanck, Johann Heinrich Albert (Berlin), De luxationibus femorum congenitis. Diss. med. chir. Halle (Ploetz) 24. VIII. 1844. 31 S. mit Biogr. (M.: Foerstner) u. 1 Bl. Abb. (Druck v. Meyer & Engel, Halle.) (6.—)
Oppon.: F. v. Baerensprung, H. Meckel.

Koblanck, Johann Heinrich Siegmund,
s. Koblank, Johann Heinrich Siegmund

— **Johann Heinrich Sigismund** (Berlin), De Christo homine regnante in qua de ea re dicta in sacris scripturis et explicantur et inter se conciliantur. Diss. theol. Präs. Johann August Noesselt. Halle (Hendel) 25. V. 1773. 26 S. (6.—)
Gew.: Johann Joachim Spalding (Berlin), Anton Friedrich Büsching (Berlin), Wilhelm Abraham Teller (Cöln/Spree). — Widm. v.: Präs., I. F. C. Loeffler (Saalfeld), Georg Friedrich Treumann (Ruppin).

Koblank, Johann Heinrich Siegmund

Koblank, Ritter Jh. Hnr. Siegm., Abschiedspredigt vom Infanterie-Regiment. gr. 8. Berl. 785. Rottmann. 4 K

— sechs moral. Feldreden. gr. 8. Berl. 780. Rottmann. 8 K

— Geschichte d. Cöln. Vorstadtkirche. 8. Berl. 795.

— Lehre Jesu Christi unsers Herrn, zum Gebrauch d. Regiments-Schulen. 8. Berl. 784. (6 Auflagen in allen.) Mittler. 6 K

Koblanck, J. H. Sig., Lehre Jesu f. die Jugend, die zum Nachdenken geleitet werden soll. 8. Berlin, Rottmann. 784. Rthlr.

— Predigt. 8. Leipz. 795. (Wienbrack). 3 K

— drei Predigten zur Beförderung d. Toleranz u. Menschenliebe. gr. 8. Berl. 780. Rottmann. 6 K

— Rede bei der Taufe der A. C. Fließin, sonst Rebekka Moses genannt. 8. Berl. 789. Rottmann. 6 K.

— Rede bey d. Taufe der C. F. L. Fließin, sonst Blümchen Moses Fließin genannt. Ebend. 782.

— Rede bei der Taufe d. C. F. L. Fließin, sonst Blümchen Moses Fließin genannt. Berl. 783. Rottmann. 6 K

— Unterricht für die Jugend, d. zum Nachdenken geleitet werden soll. 8. Berl. 784. Rottmann. 3 K

Koble, Theodor von: Humoresken aus dem Philisterleben. Allen braven Hypochondristen gewidmet v. Theodor von Koble. 1.–2. Bändchen. Bremen. 1841. 8°

Koblenz [Sachliches OW]

Koblenz, s.a. **Coblenz.**

Koblenz, der Reg.-Bez. 3. General-Sanitäts-Bericht f. 1889—91 von Frhr. v. Massenbach. 4. (164 S.) Coblenz 893. (W. Groos.) n. 2 —
Der 1. u. 2. Generalbericht kamen nicht in den Handel u. sind vergriffen.

Koblenz, d. Reg.-Bez., Fortsetzg., s.: **Gesundheitswesen, d. öffentl., im Reg.-Bez. Coblenz.**

Coblenz und Umgebung in Bild und Wort. 80 Ansichten nach Originalaufn. von P. Kraft. Mit erl. Text.
Berlin-Schöneberg: W. Sommer (1900). 28 S., 33 Taf. quer-8°
= Album-Kollektion, Sommer's neue [5.] 11

Koblenz [Schlagwort]

Koblenz, s.: **Geologische Karten (Preussen)**

— s. **Westentaschen-Sammlung.**

Koblenz-Köln. Führer für Reisende auf dem Rhein zwischen Koblenz und Köln, sowie auf der Eisenbahn von Rolandseck nach Bonn und Köln, s. Brockhaus' Reise-Atlas.

Koblenzer, Arthur, approb. Arzt aus Meersburg a. B.: **Ueber postdiphtherische Lähmungen mit spezieller Berücksichtigung zweier Fälle von doppelseitiger Recurrenslähmung.** *München 1903: C. Wolf & Sohn.* (15 S.) 8°
München, Med. Diss. v. 1903

Kobler, Andr.

Kobler, A., Pater Florian Baucke, ein Jesuit in Paraguay [1748—1766]. Nach dessen eigenen Aufzeichnungen. gr. 16. (XI, 712 S. mit 6 lithogr. Abbild., wovon 3 color.) Regensburg 870, Pustet. 5 40

Kobler, A., der christliche Communismus in den Reductionen v. Paraguay, s.: Studien, katholische.

Kobler, Andr., katholisches Leben im Mittelalter. Ein Auszug aus Kenelm Henry Digby's „Mores Catholici: or, Ages of Faith". 1.—3. Bd. gr. 8. Innsbruck, Vereins-Buchhandlung und Buchdr. *
Bd. 1. I.—IV. Buch. (XX, 772 S.) 887. *M 6.40.
" 2. V.—VII. Buch. (XV, 890 S.) 888. M 7.60.
" 3. VIII.—IX. Buch. (VIII, 643 S.) 888. *M 5.60.

Kobler, Andr. Katholisches Leben im Mittelalter. Ein Auszug aus Kenelm Henry Digby's „Mores catholici: or, ages of faith". 4. (Schluß-) Bd. X—XI. Buch. gr. 8. (VIII, 940 S.) Innsbr. 889, Vereinsbuchh. u. Buchdruckerei. * 9 60; geb. ** 11 60
1.—3. Bd. Ebd. 1887,88. * 19 60; geb. ** 23 —

Kobler, A., die Märtyrer u. Bekenner der Gesellschaft Jesu in England während der J. 1580 bis 1681. Mit 7 Portr. in Lichtdr. (1 Taf.) nach alten Gemälden. gr. 8. (VIII, 647 S.) Innsbruck 886. Vereins-Buchh. u. Buchdruckerei. n. 5. 60

KOBLER, A. Studien über die Klöster des Mittelalters. Aus dem Englischen übersetzt. Regensburg, Pustet, 1867. Lex.-8°. VIII, 680 S.

Kobler, Bernhard, von Thal-St. Gallen, Assistent am Tierspital, Zürich: **Untersuchungen über Viskosität und Oberflächenspannung der Milch.** ⟨Veterinär-physiologisches Institut der Universität Zürich. Prof. Zangger.⟩ [Mit fünf Figuren im Text]. Bonn 1908. II | 72 S. 8°. [22. X. 08.]
Zürich Vet.-med. Diss. 1908.09

Kobler, Frz., s.: Recht, das.

— u. **R. Wodyński, klinisch-bacteriolog. Beobachtgn. an d. Malariafällen d. J. 1896,** s.a. **Aus d. internen Abtheilg. d. bosn.-hercog. Landesspitales in Sarajevo.**

Kobler, G

Kobler, Aus der internen Abtheilung des bosn.-herceg. Landes-Spitales in Sarajevo. Inhalt: Die im bosn.-herceg. Landes Spitale während der Jahre 1895 und 1896 beobachteten Fälle von Typhus abdominalis. (Mit 3 Temperatur-Curven im Texte.) Ueber die Affectionen der Epiglottis bei Typhus abdominalis. (Mit vier Abbildungen im Texte) von Dr. G. Kobler. Klinisch-bacteriologische Beobachtungen an den Malariafällen des Jahres 1896. (Mit zwei Temperatur-Curven im Texte) von Dr. G. Kobler und Dr. R. Wodyński. Ueber das Auftreten von Albuminurie und Harncylindern bei mit Obstipation einhergehenden Darmaffectionen. Ueber das Vorkommen von Phlebektasien an männlichen, jugendlichen Individuen. (Mit zwei Tafeln.) Von Dr. G. Kobler. Lex.-8. (51 S.) Wien: Šafář 1898. 1.—

Kobler, G., üb. Fremdkörper in d. Bronchien u. d. durch sie veranlassten Folgezustände. gr. 8. (46 S.) Wien 895. A. Hölder. n. 1.—

— s.a. Mitteilungen a. d. internen Abtheilg. d. bosn.-herceg. Landesspitales in Sarajevo.

Kobler, Primararzt Dr. G., Mittheilungen aus der internen Abtheilung des bosn.-herceg. Landes-Spitales in Sarajevo (1. Juli 1894 bis 31. December 1896.) Mit zwei Tafeln, vier Abbildungen im Texte und fünf Temperaturcurven. Lex.-8. (107 S.) 1.60
Wien: Šafář 1898.

— u. O. v. **Hovorka,** über den Neigungswinkel der Stammbronchi. Aus dem anatom. Institute v. Hrn. C. Toldt. [Aus: „Sitzungsber d. k. Akad d. Wiss."] Lex.-8. (10 S. m. 1 Taf.) Wien 893. (F. Tempsky.) n. -- 60

Die Quarantäne-Frage in der internationalen Sanitäts-Gesetzgebung. Von Landessanitätsr Dr. G Kobler in Sarajevo. *Wien: A. Hölder 1898.* (96 S.) 1 Bd 6. [98. 8117]

Kobler, G. Ueber die Verhütung der Tuberkulose, s. Vorträge, volksthümliche.

Kobler, Johann, von Rüthi (St. Gallen): Beiträge zur Anatomie und Entwicklungsgeschichte des Markes einiger Dicotylen. Freiburg (Schweiz) 1908 72 S. 8°. S. A. aus den Mitteilungen der naturforschenden Gesellschaft in Freiburg (Schweiz). Botanik. Bd. 3. Heft 1. 1908
Freiburg i Schw Math.-naturw Diss 1908/09

Kobler, J[os.], Lehrbuch des Bürgerlichen Rechts. Bd. 1 2. Berlin 1906. 8°.
1 Allgemeiner Teil
2 Vermögensrecht. Tl 1.
1 Schuldrecht

Kobler, Karl: De la tendance sentimentale dans la littérature française au 18me siècle. Schlettstadt, Buchdr. H. Marchal & C., 1895; 15 S. 4.
Schlettstadt, G, MP 1895 (528)

Kobler, M Hesiod für die studierende Jugend behandelt. 12 S. – Amberg, Progr 1869

Koebler, J. W., Beleuchtung d. so häufig vorkomm. Klagen üb. d. Verdorbenheit d. Dienstboten, mit besond. Rücksicht auf München, nebst Angabe d. Mittel, wodurch dies. Uebel einigerm. gesteuert werden könnte, u. e. Anh., das Wesentlichste d. hierorts besteh. Verordn. üb. d. Dienstbotenwesen enthalt. 12. (4½ B.) München 828, (Finsterlin.)

KOEBLER, J. W., Beleuchtung der so häufig vorkommenden Klagen über die Verdorbenheit der Dienstboten, mit besond. Rücksicht auf die k. bayr. Haupt- u. Residenzstadt München, nebst Angabe der Mittel, wodurch diesem Uebel einigermaßen gesteuert werden könnte. München, Selbstverl. d. Vf., 1828. 12°
Recens. in den Beyträgen z. Literargesch. u. Bibliographie Nr. 51. München, 17. Dec. 1828. Sp. 407—9 (y unterz.).

—— Wegweiser in d. Kgl. Bayer. Haupt- u. Residenz-Stadt München u. ihren Vorstädten. gr. 12. (7½ B.) München (827), Finsterlin.

Köbler, Joh. Ant., Predigt üb. die äußeren Kennzeichen der wahren Kirche Christi, geh. zu Amberg. M. Anmerkgn. u. ein Zugabe. gr. 8. (2½ B.) Regensburg 842, Manz. Thlr.

Kobligk, A., Preise von Arzneimitteln, s. Laux, F. W.

Kobligk, Eduard, appr. Arzt: Aus d. I. inn. Abt. u. d. pathol. Inst. d. Krankenh. am Urban zu Berlin (Dir.. A. Fraenkel). Ueber einen Fall von Zuckergussleber und fibröser Polyserositis. Leipzig 1909: Lehmann. 52 S. 8°
Leipzig, Med. Diss. v. 5. Juli 1909, Ref. Marchand
[Geb. 6. Juli 80 Berlin; Wohnort Gr.-Lichterfelde; Staatsangeh.: Preußen; Vorbildung: Realgymn. Borna Reife M. 01, Studium: Berlin 12 S.; Coll. 20. Juli 09. Approb. 22. Febr. 09.] [U 09. 2815

Kobligk, Heinr. Theophil Ernst (Elbingen/Preuss.), De phthisi pulmonum ulcerosa. Diss. med. Halle (Hendel) 17. I. 1791. 30 S. (6.—)
Gew.: Jo. Theophil Kobligk (Vater).

Koblinski, v., Aufzeichnungen aus der Geschichte des Altmärkischen Ulanen-Regiments Nr. 16. gr. 8. (VII, 252 S.) Berlin 882, Mittler und Sohn. *

Koblinski, v., die Disziplinarstrafen der preußischen Strafanstalten. Ihre Zu- u. Abnahme u. die darauf einwirk. allgemeinen Faktoren. [Aus: „Schmoller's Jahrb. f. Gesetzgebg. ꝛc."] gr. 8. (48 S.) Leipzig 888. Duncker & Humblot. n. 1.—

— die Pflicht der Kirche gegen die Gefangenen. [Aus: „Flieg. Blätter aus dem Rauhen Hause".] gr. 8. (23 S.) Hamburg 889. (Halle, Fricke's Sort.) n. — 20

Koblinski, v., Tagebuch der Rekrutenausbildung im Reitdienst bis einschließlich d. Eskadrons-Exerzirens. 8. (VI, 90 S.) Berlin 888. Mittler & Sohn. n. 1.—

Koblinski, Karl v., zehn Jahre Gefängnißprediger. Rückblicke. gr. 8. (62 S. m. 8 Tab.) Düsseldorf 893. L. Voß & Co. 1.—

Koblinski, v., s.: Jahresbericht d. rheinisch-westfäl. Gefängniß-Gesellschaft.

Koblinski, C[arl] von: *Die Urreligion und die Reste der westsemitischen Götterculte innerhalb des Alten Testaments. 123 S. 4° (2°) [Umschlagt.]
Halle-Wittenberg, Phil. Diss. v. 7. Juli 1876
Geb. [Pless (Oberschles.) 15. 6. 1852]
In Bewerbung, Vita und Diplom lautet sein Name. Coblinski. Verf. durfte seit 7 12. 1903 den Namen v. Schneidemesser führen. Er erlebte die Diplomerneuerung 1926 als Superintendent i. R. in Berlin-Grunewald.

Koblischek, Rud., der grüne Kranz der hl. Nacht, s. Familien-Bibliothek.

Kobliska Alois. Elementarbuch der lateinischen Sprache mit deutschen und böhmischen Uebungsaufgaben für die erste Gymnasialklasse. 2. Aufl. 8. (64 S.) Prag. Kober. 1861 80 kr.

Kobliska, Alois, lateinisches Lesebuch für die zweite Gymnasialklasse. Mit deutschen und böhm. Uebungsaufgaben. Zunächst für die utraquist. Gymnasien zusammengestellt. — Latinská čítanka pro druhou třídu gymnasialní. 1. Cursus. gr. 8. (112 S.) Prag 864. Kober. *

Kobliska, Al. Ueber das Verhältnis des Aoristes zu den Formen des czechischen Verbums. 8 S. - Königgräz, Progr. 1851

—— Wörterverzeichniß zum lateinischen Lesebuche für die zweite Gymnasialklasse. — Slovníček ku latinské čítance pro druhou třídu gymnasiální. gr. 8. (165 S.) Prag 866, Kober *

Koblovský, Fr., Kurort Rožnau in Mähren. Führer für Cur-Gäste. Mit 1 (lithogr.) Karte der Umgebungen Rožnau's (in qu. Fol.). 8. (VI, 58 S.) Wien 875, Braumüller. †

Kobmann, Georg

Kobmann, Geo., Aufgaben f. den Aufsatz-Unterricht, s.: Hofmann, L.

Kobmann, Geo., freie u. gebundene Aufsätze f. Schüler der 2., 3. u. 4. Klasse der Volksschule. (XIV, 81 S.) gr. 8. Nürnberg 907. F. Korn. 1.50

— u. L. Schilffarth, Auswahl v. Dichtungen u. Prosastücken z. Einführg. in d. deutsche Litteratur. gr. 8. (X, 210 S.) Ebd. 896. Geb. n. 1.25

Kobmann, Geo., Hilfs- u. Übungsbuch f. den Unterricht in der deutschen Rechtschreibung. Stoff zu Übgn., nach dem f. die bayer. Schulen in amtl. Auftrage hrsg. Regelbuche zusammengestellt u bearb. 8. (54 S.) Nürnberg 893. Fr. Korn. n n. — 25

— u. L. Schilffarth, Lehr- u. Lesebuch f. weibliche Sonntags- u. Fortbildungsschulen. gr. 8. (VIII, 186 S.) Nürnberg 890. Korn. geb. n.n. 1.30

— — Lehr- u. Lesebuch f. weibl. Sonntags- u. Fortbildungsschulen. 3. Aufl. gr. 8. (VIII, 190 S.) Ebd. 896. Geb. in Leinw. n.n. 1.30

— u. L. Schilffarth, Lehr- u. Lesebuch f. weibliche Sonntags- u. Fortbildungsschulen. 5. Aufl. gr. 8. (VIII, 220 S.) Nürnberg 901. F. Korn. Geb. in Leinw. n.n. 1.30

— E. Meyer u. L. Schilffarth, Lesebuch f. d. 8. Schuljahr u. f. städt. Fortbildungsschulen. gr. 8. (VIII, 322 S.) Ebd. 896. Geb. n.n. 1.80

—— und G. Lober, Orthographie in Beispielen. Eine Sammlung von Sätzen zur Einübung der in Bayern, Preußen, Sachsen und Württemberg amtlich gegebenen Regeln für die deutsche Rechtschreibung. 1. Aufl. (VIII, 222 S.) 1883; 2. verm. Aufl. gr. 8. (VIII, 226 S.) Ebendas. 886. *

— u. G. Lober, Orthographie in Beispielen. Eine Sammlg. v. Sätzen z. Einübg. der in Bayern, Preußen, Sachsen u. Württemberg amtlich gegebenen Regeln f. die deutsche Rechtschreibg. 2. Aufl. gr. 8. (VIII, 226 S.) Nürnberg 886. Korn. n. 2.40

— u. G. Lober, Orthographie in Beispielen. Eine Sammlg. v. Sätzen zur Einübg. der in Bayern, Preußen, Sachsen u. Württemberg amtlich gegebenen Regeln f. die deutsche Rechtschreibg. 3., verm. Aufl. gr. 8. (VIII, 227 S.) Nürnberg 890. Korn. n. 2.40

Kobmann, G., u. G. Lober, Orthographie in Beispielen. E. Sammlg. v. Sätzen z. Einübg. d. in Bayern, Preußen, Sachsen, Württemberg u. Baden amtl. gegeb. Regeln f. d. deutsche Rechtschreibg. 4. Aufl. gr. 8. (VIII, 235 S.) Nürnberg 897. F. Korn. n. 2.40

Kobmann, G., u. G. Lober, Orthographie in Beispielen. Eine Sammlg. v. Sätzen zur Einübg. der in Bayern, Preußen, Sachsen, Württemberg, Baden, Oesterreich u. der Schweiz amtlich gegebenen Regeln f. die deutsche Rechtschreibg. 5., verm. Aufl. (VIII, 277 S.) gr. 8. Nürnberg 904. F. Korn. n. 2.50; geb. in Leinw. n. 3.—

Kobmann, Geo., Rechtschreibübungen. Aufgaben für Schüler im 8., 9. und 10. Lebensjahre. Nach dem für die bayer. Schulen in amtl. Auftrage herausgegebenen Regelbuch zusammengestellt und bearb. gr. 8. (VIII, 80 S.) Nürnberg 887, Korn'sche Buchh. cart. *

Kobmann, G. Rechtschreibübungen. 2. Bdchn.: Aufgaben f. Schüler im reiferen Alter. Nach dem f. die bayer. Schulen im amtl. Auftrage hrsg. Regelbuch zusammengest. u. bearb. gr. 8. (III, 144 S.) Nürnb. 892, Korn. geb. ** 1 20
[1. Bdchn.] Ebd. 1887. * — 80.

— Rechtschreibübungen. 1. u. 2. Bdchn Nach dem f. die bayer. Schulen in amtl. Auftrage hrsg. Regelbuch zusammengestellt u. bearb. gr. 8. Ebd. Geb. n. 2.—
1. Aufgaben f. Schüler im 8., 9., 10. u. 11. Lebensjahre. 3. Aufl. (III, 84 S.) 894 n. — 80
2. Aufgaben f. Schüler im reiferen Alter. (III, 144 S.) 892. n. 1.20

— dasselbe. Ein Führer durch das ganze Gebiet der deutschen Rechtschreibung u. e. Übungsbuch f. Schüler im reiferen Alter. Nach dem f. die bayer. Schulen in amtl. Auftrage hrsg. Regelbuch zusammengestellt u. bearb. 2. Bdchn. 2., verm. Aufl. gr. 8. (IV, 189 S.) Ebd. 901. Geb. n. 1.60

— Rechtschreibübungen. Aufgaben f. Schüler im 8., 9., 10. u. 11. Lebensjahre. Nach der neuen Rechtschreibung zusammengestellt u. bearb. 4. Aufl. gr. 8. (III, 92 S.) Nürnberg 903. F. Korn. Kart. n. 1.—

— Rechtschreibübungen. Aufgaben f. Schüler d. Unter- u. Mittelklasse. Nach der neuen Rechtschreibg. zusammengestellt u. bearb. 5. Aufl., durchgesehen u. verb. v. Emil Grimm. (IV, 86 S.) 8. Ebd. 910. Geb. 1.20

— Regeln nebst Wörterverzeichnis u. Stoff zu Übungen in der neuen deutschen Rechtschreibung. Nach den f. Deutschland gült. amtl. Regeln zusammengestellt u. bearb. 2. Aufl. gr. 8. (56 S.) Ebd. 903. n. — 30

Kobmann, G., s.: Übungsstoff f. den Unterricht im Deutschen.

— Übungsstoff f. d. Unterricht im Deutschen, s.: Hofmann, L.

—— Übungsstoff für den Unterricht im Deutschen, s. Knab, K.

Kohn, Salomon —. Auswahl kernhafter Bibelsprüche und lehrreicher Denkverse aus dem Gebiete der Religion und der Moral, Zum Gebrauch beim Unterrichte in der israelitischen Glaubens- und Pflichtenlehre (und als Beigabe zu je dem israelitischen Religionsbuche) herausgegeben von — —. (Deutsch und hebräisch) 8. (2 Blätter, 100 S.) Wien. Gedruckt bei Adalbert della Torre. 1853.

Kobner, s.: Sammlung Kobner.

Kobner, F., Lehrbuch des deutschen Strafrechts. gr. 8. (VII, 184 S.) München 888, Buchholz und Werner. * 3 60
geb. * 4 20

— **Lehrbücher des deutschen Rechts.** 1. Bd. Deutsches Reichsstaatsrecht. gr. 8. (V, 228 S.) Ebd. 890. n. 4. —

Kobner, Deutsches Reichsstaatsrecht. München 890.

Kobner, F., deutsches Reichsstaatsrecht. 2., umgearb. Aufl. gr. 8. (VI, 228 S.) München 894. A. Buchholz. n. 4. —; geb. n.n. 4. 60

Kobner, deutsches Reichsstaatsrecht. 3. Aufl. Hrsg. v. Ed. Bloch. gr. 8. (VI, 237 S.) München 896. A. Buchholz. n. 4. —; geb. n.n. 4. 60

— **deutsches Reichsstrafrecht,** s.a. Sammlung Kobner. I.

Kobner, deutsches Reichsstrafrecht. 2. Aufl. München 891.

[F.] Deutsches Reichsstrafrecht v. Dr. F **Kobner.** 3. Aufl. *München: A. Buchholz 1895.* (VIII, 186 S.) 1 Bd 8. [96. 9164

Kobner, deutsches Reichsstrafrecht. 4. Aufl. München 900.

Kobner, F., deutsches Reichsstrafrecht. 5. verb. Aufl. (VIII, 188 S.) gr. 8. München 905. A. Buchholz. n. 3. 60

Köbner, Dänemarks erster Souverain. National-Schausp. in 5 Aufz. Mit e. Prolog z. Feier d. Regierungs-Jubiläums Königs Friedrichs d. Sechsten, im März 1833. 8. (7 B.) Altona. (Hamburg, Schuberth u. Niemeyer.)

Köbner, zur Streitfrage über die Existenz eines Pemphigus acutus. 8. (10 S.) Prag 870, Calve'sche Universitäts-Buchh.

—— **und Michelson, über parasitäre Sykosis.** 8. (11 S. mit 2 lithogr. Taf.) Ebendas. 870.
Vorstehende zwei Schriften sind aus: Archiv für Dermatologie und Syphilis, besonders abgedruckt.

Koebner, Albert [aus Münsterberg [Schlesien]]: Ein Fall von „Chorea posthemiplegica" ... Würzburg, Druck d. Ferdinand Röhrl'schen Buchdr., 1889; 26 S. + 1 Bl. 8°
Würzburg, Med. Fak., Inaug.-Diss. v. 1889

Köbner, Eduard [aus Breslau]: I. Ueber symmetrische Dimethylglutarsäuren und Trimethylbernsteinsäuren. II. Ueber einige Synthesen mehrbasischer Fettsäuren ... Breslau, Bresl. Gen.-Buchdr., 1891; 33 S. 8.
Heidelberg, Naturw.-math. Fak., Inaug.-Diss. v. [17 Nov] 1891

Koebner, Franz, Arzt: Aus d. Laborat. von L. Fraenkel in Breslau. Knochenresorption bei intrauterinem Eischwund. Berlin 1910: Schumacher. 30 S. 8° ¶(Aus: Archiv f. Gynäkol. Bd 91, H. 1.)
Breslau, Med. Diss. v. 27. Juni 1910, Ref. Küstner
[Geb. 24 Dez. 83 Breslau; Wohnort: Breslau; Staatsangeh.: Preußen; Vorbildung: Maria-Magdalena-Gymn. Breslau Reife O. 03; Studium: Freiburg i. B. 1, Breslau 4, München 1, Breslau 4 S. Coll. 21 Febr. 10; Approb. 1 Sept. 09.] [U 10. 575

Koebner, Henricus *(geb Breslau 2 12 1838)* Disquisitiones de sacchari cannae in tractu cibario mutationibus. Vratislaviae (1859). (34 S.) 8°
Breslau, Med. Diss. v 2 [vielmehr 5.] Nov 1859

Köbner, Heinr., klinische und experimentelle Mittheilungen aus der Dermatologie und Syphilidologie. gr. 8. (VI und 144 S. mit 1 Tab. in gr. Fol.) Erlangen 864, Enke's Verlag. *

Köbner, Hugo

Köbner, H., über medizinischen Aberglauben, s.a. Vorträge, gemeinfaßliche, zum Vorlesen in Vereinen.

Köbner, Hugo, Über medicinischen Aberglauben. Breslau 1878. 8.

Köbner, Hugo *(geb Breslau 15 10 1849)* Die Lehre von der spinalen Hemiplegie. Breslau 1876. (32 S.) 8°
Breslau, Med. Diss. v 8 Juli 1876

Köbner, Jul., die neue Erde. Eschatologische Studie. 2. Aufl. gr. 8. (IV, 60 S.) Elberfeld 884. (Bonn, Schergens.) n. — 40

Köbner, Jul., die Geigerin. 8. (253 S.) Barmen 881. Klein. n. 2. —

Köbner, Jul., die Gemeine Christi und die Kirche, eine Widerlegung der von Hrn. Archidiac. Lührs herausg. Schrift „Die Wiedertäufer." 8. (71 S.) Hamburg 850, Oncken. *

Köbner, Jul., Glaubensstimme der Gemeine des Herrn, s.a. Glaubensstimme.

Köbner, Jul., Glaubensstimme der Gemeine des Herrn. Lieder-Sammlung. Hamburg 860. Oncken. 16. (776 S.) n. 15 ngr.

Köbner, Jul., Glaubensstimmen der Gemeine des Herrn. Lieder-Sammlung. gr. 8. (680 S.) Hamburg 864, J. G. Oncken

Köbner, Jul., Glaubensstimme für die Gemeinden des Herrn. Eine Sammlung geistl. Lieder. 11. Aufl. 16. (776 S.) Hamburg 885, Oncken Nachf. geb. * 2 —

Köbner, Jul., Glaubensstimme f. die Gemeinden d. Herrn. Eine Sammlung geistl. Lieder. 13. Aufl. 12. (776 S.) Hamburg 890. J. G. Oncken Nachf. Geb. n. 2. —

Köbner, Jul., **Ist der Glaube an Wunder zeitgemäß?** 8. Elberfeld 878. Bonn, Schergens. *

Köbner, Jul., ist der Glaube an Wunder zeitgemäß? In Uebereinstimmung m. ächter Realphilosophie beantwortet. 8. (21 S.) Elberfeld 878. (Köln, Scheve & Co.) n. — 15

Köbner, Jul., Leitfaden durch die Bibel für Kinder. Hamburg 858. Oncken. 32. (96 S.) n. 4 ngr.

Köbner, Jul., **das Lied von Gott. Ein didakt. Gedicht in 8 Thln.** mit einer Einleitung und begründenden Anmerkungen. 1. und 2. Aufl. 8. (462 S.) Hamburg 872, Koch. *

Köbner, Jul., das Lied v. Gott. Ein didakt. Gedicht in 8 Theilen m. e. Einleitg. u. begründ. Anmerkgn. 2. Aufl. 8. (462 S.) Hamburg 873. Koch. n. 4. —

— Liederstrauß f. Christen. 16. (248 S.) Hamburg 877. Koch. n. 1. 50; geb. m. Goldschn. n. 3. —

Köbner, Julius, Prediger an der Baptistengemeinde in Hamburg. Manifest des freien Urchristenthums an das deutsche Volk Hamburg, J. G. Oncken 1848. 20 S. 8.

—— **die Waldenser. Ein dramat. Gemälde mit lyrischen Randzeichnungen.** 8. (VI und 322 S.) Hamburg 861, Oncken. *

Wasser aus dem Heilsbrunnen. Eine Sammlung von Predigten geh. von Julius **Köbner**. (Vorr.: Joseph Lehmann, Pred., Hamburg.) Berlin: 'Bethel' 1906. (311 S.) 8° [F.] 06, 7480

— ein Wort der Erläuterung zu dem dramatischen Gemälde „Die Waldenser." 8. (40 S.) Hamburg 862, J. G. Oncken. *

Koebner, Max, Apotheker, aus Berlin Zur Kenntnis der aromatischen Aldehyde. *Berlin 1899: A. W. Schade.* (28 S.) 8°
Heidelberg, Naturw.-math. Diss. v [22. Febr.] 1899

Köbner, Otto, Einführung in die Kolonialpolitik. (XII, 227 S.) gr 8. Jena 908. G. Fischer. 5.—; geb. 6. —

— s. Kolonial-Gesetzgebung, die deutsche.

Köbner, Otto *Max* [Kammerger.-Ref.]: Die Maſsregel der Einziehung nach dem Reichsstrafgesetzbuche und der Nachdruckgesetzgebung ... *Altenburg, Pierer'sche Hofbuchdr., 1891;* VIII, 68 S., 1 Bl. 8.
Berlin, Jur Fak., Inaug.-Diss. v 28. Sept. 1891

Köbner, Otto, die Massregel der Einziehung nach dem Reichsstrafgesetzbuche u. der Nachdrucksgesetzgebung. gr. 8. (VIII, 68 S.) Jena 892. G. Fischer. n. 2.—

— Die Methode der letzten franzos. Bodenbewertung, s.a. Studien, staatswissenschaftliche.

Köbner, O. Die Methode der letzten französischen Bodenbewertung. Ein Beitrag zum Katasterproblem. Staatswiss. Studien, Bd. 3, Heft 2, Jena 1889.

— die Methode e. wissenschaftlichen Rückfallsstatistik als Grundlage e. Reform der Kriminalstatistik. (Aus: „Zeitschrift f. Strafrechtswiss.") gr. 8. (VI, 124 S.) Berlin 893. J. Guttentag.
Nicht im Handel, wird nur vom Verf. vertellt.

[F.] **Köbner,** Otto *Maximilian* [Dr. iur., Kammerger.-Ref.]: Die Methode einer wissenschaftlichen Rückfallsstatistik als Grundlage einer Reform der Kriminalstatistik ... (Erschien vollst. in: Zeitschr. f. d. ges. Strafrechtswiss., Bd. XIII Heft 5.) Berlin, J. Guttentag, 1895; 45 S. 8.
Berlin, Phil. Fak., Inaug.-Diss. v 13. März 1895

Köbner, Otto, die Organisation der Rechtspflege in den Kolonien. (VII, 43 S.) gr. 8. Berlin 903. E. S. Mittler & Sohn. n. 1.—
Erweit. Sonderabdr. aus den „Verhandlgn. d. deut. Kolonialkongresses 1902".

* **KOBOLD,** Der. Ein scherzhaftes Heldengedicht in fünf Gesängen von einem Mitgliede der Herzoglichen Deutschen Gesellschaft. Mit hübscher Vign. Helmstedt 1758. 4°. (In Berlin. Yl 5371)
72 Seiten. Vorr unterzeichnet *B*** — Selten!

Kobold, der, ein scherzhaftes Heldengedicht in 5 Gesäng. 4. Helmst. (Weygand, Lpz.) 758.

Kobold, der,. Lstsp. in 4 A. nach Hauteroche u. Colle, v. F. W. Götter. 8. Lpz. Dyk. 778. Rthlr. -

KOBOLD, Der, eine Romanze. Frankfurt, 1781 bey H. L. Brönnern. 8°. Sehr rar!
Magaz d. Buch- u. Kunst-Handels Jahrg 1781 Lpz. gr. 8°. S. 441

Kobold, der, eine Romanze. 8. Frankf. a. M. 782. Brönner. 1 Rl

Kobold, der. Red.: C. Pfeifer. 1. u. 2. Jahrg. 1862 u. 63. à 52 Nrn. (à 2 Bgn. m. Holzschn.) Graz, Pfeifer & Settelle. gr. 4. Jeder Jahrg. n. 3 Rß 10 ngr.

Kobold, der. Humoristisches Volksblatt. Hrsg. u. Red.: A. J. Fritsch. Jahrg. 1882. 26 Nrn. (½ B. m. eingedr. Illustr.) gr. 4. Graz, Cieslar. n. 2. 80

Kobold! Bunte Blätter für lustige Leute. Jahrg. 1883. 1. Quartal. 18 Nrn. (Bog. mit zum Theil color. Illustr.) gr. 4. Hamburg, Seelig und Ohmann. *
Nicht weiter erschienen.

Kobold! Humoristisches Unterhaltungsblatt. Hrsg.: E. Lemmé. 2. u. 3. Jahrg. 1889. 1890. à 52 Nrn. (B. m. Illustr.) gr. 4. Hamburg, Verlag des „Kobold" (E. Lemmé). à Jahrg. n. 5. 20

Kobold! Humoristisches Unterhaltungsblatt. 2.—5. Jahrg. 1889—1892. à Jahrg. 52 Nrn. (Bog. m. Illustr.) gr. 4. Hamb., Verlag des „Kobold", M. Rosenberg. à Jahrg. 5 20

Kobold! Humoristisches Unterhaltungsblatt. Red.: M. Rosenberg. 4.—7. Jahrg. 1891—1894. à 52 Nrn. (2 Bog. m. Illustr.) Fol. Hamburg, Verlag d. „Kobold". (M. Rosenberg.) à Jahrg. n. 5 20

Kobold! Humorist. Unterhaltungsblatt. 8.—11. Jahrg. 1895—1898 à 52 Nrn. (à ca. 8 S. m. Abb.) Fol Hamburg, M. Rosenberg. à Jahrg. 5 20; einz. Nrn. — 10
Kann auch vierteljährlich bezogen werden.

Der Berliner Kobold, o. Datum (1848).

Kobold, der, im Kamine. 8. (57 S.) Riga 877, (Kymmel.) *

Der Relegirte Kobold. s. l. et a. (Halle 714). 8.

Kobold, E., Ueber eine allgemeine Form der Zustandsbegleichung. Gr.-8. (9 S.) —.15
Wien: F Tempsky 1891

Kobold, Gelasius, s.: Hexerei, Zauberei ec.

Kobold, H., Klinkerfues'sche Konstanten zur Reduction auf den scheinbaren Ort für die mittleren Tage 1884, 12h mittlere Zeit Berlin. Gottingen 1883.

Kobold. Herm., s.a. Abhandlungen, astronomische.

— Astronomie, v. A. F. Möbius, s.: Sammlung Göschen.

Kobold, Herm., der Bau des Fixsternsystems, s.a. Wissenschaft, die, 11. Hft.

Der Bau des Fixsternsystems. Mit besond. Berücks. d. photometr. Resultate. Von Dr. Hermann **Kobold**, Prof. Mit 19 Abb. u. 3 Taf. Braunschweig: F. Vieweg & Sohn 1906. (XI, 256 S.) 8°
— Wissenschaft, Die. H. 11. 06. 840

Kobold, Herm., allgemeine Methode zur Berechnung absoluter Störungen. Inaugural-Dissertation. gr. 4. (37 S.) Hannover 881. (Göttingen, Vandenhoeck & Ruprecht.) n. 2. —

Untersuchung der Eigenbewegungen des Auwers-Bradley-Catalogs nach der Bessel'schen Methode. Von Dr. Hermann **Kobold**, Privatdoc. zu Strassburg. M. 6 Taf. ... *Halle: In Comm. b. W. Engelmann in Leipzig; Dr. v. E. Blochmann & Sohn in Dresden 1895.* (213—365 S., 6 Taf.) 4.
— Acta, Nova, Academiae Caes. Leopoldino-Carolinae Germ. naturae curiosorum. T. 64. No 5. 97. 6100

Kobold, Otto, Assistenzarzt in Offenbach a. M.: Ein Fall von congenitalem Muskel- und Knochendefekt am Thorax mit Wachstumsstörungen der rechten oberen Extremität. Gießen 1905: v. Münchow. (20 S.) 8°
Gießen, Med. Fak., Ref. Poppert, Diss. v. 6. Sept. 1905
[Geb. 26. Juni 80 Heidelberg; Wohnort: Offenbach a. M.; Staatsangeh.: Preußen; Vorbildung: Gymn. Heidelberg Reife O. 99; Studium: Heidelberg 6, München 4 S; Coll. 14. Juli 05; Approb. 13. Juli 04.]

Koboldgeschichten, s.: Jugend-Bücherei, farbig illustr.

Kobold-Kalender für das J. 1863. Illustr. mit Zeichnungen bewährter Künstler. Hrsg. von C. Pfeifer. 1. Jahrg. gr. 16. (XL und 124 S. mit eingedr. Holzschn.) Graz 863, Pfeifer und Settelle. *

Kobolt, Ant. Maria („d. W. W. Doktor u. des churfürstl. Kollegiatstifts zu Altenötting Kapitular, geb. 16. Novbr. 1752 zu Ingolstadt, Sohn e. bayer. Offiziers, † 28. Novbr. 1826 zu Altenötting), *Baierisches Gelehrten-Lexikon*, worinn alle Gelehrte Baierns u. der obern Pfalz, ohne Unterschied der Stände u. Religion, welche bis auf das XVIII. Jahrhundert u. zwar bis zum Ausgange d. Jahrs 1724. daselbst gelebt und geschrieben haben, mit ihren sowohl gedruckten als noch ungedruckten Schriften nach alphabet. Ordnung beschrieben u. enthalten sind. (Vign.) Mit Begnehmigung (!) eines churfl. Büchercensurkollegiums. Landshut, in der Max Hagen'schen Buchhandl., 1795. 8°. Hpgmtb., schönes Expl.
Geschätztes Hauptwerk! Tit. u. 806 S, nebst 7 Bll. „Namensregister" u. 1 Bl. Err.

--, *Ergänzungen u. Berichtigungen zum Baierischen Gelehrten-Lexikon.* Nebst *Nachträgen* von Herrn Benefiziaten (*G. M.*) *Gandershofer.* Landshut 1824. Druck u. Verlag bei Frz. Seraph Storno. 8°. Hpgmtb., schönes Expl.
Tit., 1 Bl. Verr., 424 S. (incl. S 305 ff. Nachträge G's), 5 Bll. „Namen-Verz."
Weitere Nachträge (zu A—H) u Nekrolog Kobolt's s. in: Beyträge z. Literärgesch. u. Bibliogr., 1828. (Nr. 3800 d. Cat.).

— Gesch. d. uralten heil. Kapelle U. L. Frauen zu Altenötting in Oberbaiern u. d. dortigen weltberühmten Wallfahrt, von ihrem Ursprunge bis auf unsere Zeiten. 8. Altenötting 800.

Kobolt, (A. M.) Lexicon baierischer Gelehrten u. Schriftsteller bis zum Ende des 17. Jahrhunderts. — A. u. d. T.: Ergänzungen u. Bericht. zum baier. Gelehrten-Lexicon. Nebst Nachträgen v. G. M. Gandershofer. gr. 8. Landsh. 825, Storno.

Kobolt, Willb., sittl. Blumengarten m. Gleichnissen. 4. Augsb. Wolf. 747.

KOBOLT, P. Wilibald, o. S. Ben., Scherz und Ernst beysammen, d. i. eine Abwechslung von 180 kurz und curieusen Geschicht und Fablen, mit allezeit beygefugter anständiger Sittenlehre für geist- u. weltliche Personen. Augspurg 1747. 8°. (In Breslau, Kgl. u. Univ.-Bibl.) (3 Mk. Casp. Haugg, Augsburg, c. 1890; jetzt theurer!)

— Scherz u. Ernst, d. i. 180 Gesch., Fabeln rc. 8. Augsb. Rieger. 763.

Kobrak, Erwin, aus Breslau, Assist. am kgl. hygien. Institut: ⟨Aus d. chemischen Laboratorium d. physiol. Instituts d. Universität Breslau.⟩ Beiträge zur Kenntniss des Caseïns der Frauenmilch. *Breslau 1900: (Pierer, Altenburg).* (21 S.) 8°
¶ [Aus: Archiv f. d. gesammte Physiologie.]
Breslau, Med. Diss. v. 22. März 1900

Kobrak, Erwin, ärztlicher Wegweiser durch das Säuglingsalter f. junge Mütter. (X, 161 S. m. Abbildgn., Titelbild u. 1 Tab.) 8. Berlin 905. M. Lilienthal. Geb. in Leinw. n. 3. —

Kobrak, Franz: Aus d. Kgl. Universitäts-Frauenklinik zu Breslau. Ueber kindszerstückelnde Operationen, an der Hand von 83 Fällen der geburtshilflichen Universitätspoliklinik zu Breslau ⟨Geh. Medizinalrat Prof. Dr. Küstner⟩. *Breslau 1903: Th. Schatzky.* (36 S.) 8°
Breslau, Med. Diss. v. 16. Jan. 1902

Kobrak, Georg [pract. Arzt]: Zum Nachweis kleiner Zuckermengen im Harn. (Aus d. chem. Laboratorium d. med. Klinik d. Herrn Geheimrath Prof. Dr. Biermer zu Breslau.) ... Breslau, Buchdr. v. S. Lilienfeld (1887); 11 S. | 2 Bl. 8°.
Breslau, Med. Fak. Inaug.-Diss v. 18 Jun. 1887.

Kobrak, Geo., zum Nachweis kleiner Zuckermengen im Harn. Inaugural-Dissertation. gr. 8. (41 S.) Breslau 887, (Köhler.) * 1 —

Kobrich, Johann Anton

— prakt. Geigfundament. 4. Augsb. 787. Rieger. 8 𝒦

Kobrig, Ant., gründl. Clavierschule, mit prakt. Beysp. erklärt. Fol. Ebend. (a. Lotter.) 782.

— gründl. Clavierschule, mit prakt. Beispielen erklärt. Fol. Augsb. 782. Rieger. 1 ₰

Kobrich, I. Ant., nucleus selectissimar. precum etc. 8. Augsb. M. Rieger. 778.

— wohlgeübter Organist. 3 Thle. Fol. Nürnb. 761—67. (Breitkopf u. H. in Leipz.) 3 ₰ 20 𝒦

Köbrich, Alex., Geschichte v. Steinbach u. Amt Hallenberg. gr. 8. (VII, 240 S. m. 1 Abbildg. u. 1 farb. Karte.) Steinbach-Hallenberg 894. (Schmalkalden, O. Lohberg.) n. 2. —; geb. in Leinw. n. 2. 50

Koebrich, Fr., Christenlehre, nach Dr. Mart. Luthers Katechismus f. Oberklassen in Taubstummen-Anstalten. gr. 8. (IV, 84 S.) Leipzig 884. Merseburger. n. 1. —

Koebrich, Fr., Christenlehre nach Dr. Martin Luthers Katechismus f. Oberklassen in Taubstummen-Anstalten. 2. Aufl. (88 S.) 8. Leipzig 903. C. Merseburger. n. 1. —

— Elementar-Lese- u. Sprachbuch f. Taubstumme, s.: Hill, M.

— biblische Geschichten, s.a. Hill, M.

Koebrich, Fr., biblische Geschichten aus dem alten und neuen Testamente. Unseren lieben Taubstummen zum fleiß. Gebrauche in Schule und Haus dargeboten. gr. 8. (VIII, 54 S.) Gotha 873, Thienemann. *

Koebrich, Fr., biblische Geschichten aus dem alten u. neuen Testamente. Unseren lieben Taubstummen zum fleißigen Gebrauche in Schule u. Haus dargeboten. 2., verm. Aufl. gr. 8. (VI, 58 S.) Gotha 879. Thienemann. n. — 60

Koebrich, Fr. Biblische Geschichten aus dem Alten u. Neuen Testamente. Unseren lieben Taubstummen zum fleiß. Gebrauche in Schule u. Haus dargeboten. 4. verb. Aufl. gr. 8. (VIII, 56 S.) Gotha 889, Thienemann. * — 60

— biblische Geschichten aus d. Alten u. Neuen Testament. Uns. lieb. Taubstummen z. fleiß. Gebr. in Schule u. Haus dargeboten. 5., verb. Aufl. gr. 8. (VIII, 45 S. m. Titelbild.) Gotha 895. E. F. Thienemann, Verl. n. — 60; kart. n. — 75

Koebrich's, Fr., „Biblische Geschichten" aus dem Alten u. Neuen Testament. 6. Aufl. Hrsg. v. K. Franke. gr. 8. (VIII, 48 S. m. Titelbild.) Gotha 902. E. F. Thienemann. n. — 60; kart. n. — 75

Koebrich's, Fr., „biblische Geschichten" aus dem Alten u. Neuen Testament. 7. Aufl. Hrsg. v. K. Franke. (VIII, 48 S. m. Titelbild.) gr. 8. Gotha 907. E. F. Thienemann. — 60; kart. — 75

— Religionsbüchlein f. evang. Taubstumme. 2. Aufl. 8. (IV, 36 S.) Leipzig 897. C. Merseburger. n. — 30

— des taubstummen Kindes erstes Schulbuch. gr. 8. (70 S.) Ebend. 874. n. — 80

Köbrich, Fr., über die Ursachen und Wirkungen der Taubheit, nebst Ratschlägen für Eltern zur Erziehung ihrer tauben und taubstummen Kinder. gr. 8. (35 S.) Weißenfels 885, Lehmstedt. * — 50

Köbrich, Georg, approb. Arzt aus Halle a. S. Über **Anus** praeternaturalis vaginalis et vestibularis. *Halle a. S. 1903: Wischan & Wettengel.* (26 S.) 8°
Halle, Med. Diss. v 13. Febr 1903

Köbrich, Rudolf, approb. Arzt aus Steinbach-Hallenberg: **Aus** d. pathol. Institute zu Kiel. Ein **Fall** von cavernöser Umwandlung der Pfortader. *Kiel 1903: Schmidt & Klaunig.* (10 S.) 8°
Kiel. Med. Diss. v [29. Apr] 1903

Kobrig, Anton, s. Kobrich, Johann Anton

Koburg, s.. Coburg.

Koburger, Hanns, s.: Urbar der St. Martins-Kirche in Gufidaun 1453.

Koburger, Julius, aus Bamberg Über die **Einwirkung** von Äthylendisulfochlorid auf aromatische Aminbasen und über Disulfonsäureester *Freiburg i. B.: C. A. Wagner 1903.* (43 S.) 8°
Freiburg i. B., Phil. Diss. v 1903

Kobusch, W., im Banne des Geldes od. Die Liebe des Feuerwehrmannes, s.: Mausbach. A.

Koby, E., Etude sur les Mollusques et Brachiopodes de l'Oxfordien supérieur et moyen du Jura bernois, s.: Loriol, P. de.

Koby, E., notice stratigraphique, s.: Loriol, P. de, études sur les mollusques des couches coralligènes inférieures du Jura Bernois.

Koby, F., Monographie des Polypiers crétacés de la Suisse. 3 parties. [Aus: „Abhandlgn. der schweiz. paläontolog. Gesellsch."] gr. 4. (100 S. m. 22 Taf.) Genève 896—898. (Berlin, R. Friedländer & Sohn.) n.n. 24. —

Koby, F., monographie des polypiers jurassiques de la Suisse. [Aus: „Mémoires de la soc. paléontologique suisse".] gr. 4. (586 S. m. 130 Steintaf.) Genève 880—889. (Basel, Georg. — Berlin, Friedländer & Sohn.) n.n. 72. —

Koby, F. Monographie des polypiers jurassiques de la Suisse. 9 parties. Avec 130 pl. In-4°. 582 p. Bâle, Genève, Lyon, H Georg, 1881—90. 90 —

— monographie des Polypiers jurassiques de la Suisse. 2. supplément. [Aus: „Mémoires de la société paléontolog. suisse".] gr. 4. (20 S. m. 4 Taf.) Genève 894. (Basel, Georg & Co. — Berlin, R. Friedländer & Sohn.) n n. 5. 60

Kobylanska, Olga, kleinrussische Novellen. Eingeleitet durch e. Essay „Ein Jahrhundert kleinruss. Litteratur" v. Geo. Adam. 8. (III, XXVIII, 184 S. m. 4 Vollbildern.) Minden (901). J. C. C. Bruns. n. 3. —; geb n. 4. —

Kobylanski, Anton. Beitrag zur Würdigung J. J. Rousseau's hundertjähriger Jubelfeier. Todestag 3. Juli 1778. Rede in Folge ehrenden Auftrages des Frauen-Vereins zum Besten des evangelischen Waisenhauses in Bielitz. 8°, 24 S. Bielitz, Ed. Klimk. 1878

Kobylanski, Helios, Problem des gewerblichen Mittelstandes. 1. Bd. Anarchische Produktion. (III, 162 S.) Lex. 8. Czernowitz 909. H. Pardini. 4. —

Kobylanski, Helios, Problem des gewerblichen Mittelstandes. Bd. 1. Anarchische Produktion. 8°. Frankfurt a. M., Neuer Frankfurter Verlag, 1909.

Kobylanski, Julian

Kobylanski Jul.: Über Bildung der ästhetischen Gefühle an Gymnasien. 47. Czernowitz II. St. G. 02.
Progr.

— Grammatisch-stilistische Übungen für die V. Gymnasialklasse nach Livius. (ruth. Text). 82. ibd. 03.
— für die VI. Gymnasialklasse nach Sallust und Cicero. (ruth. Text). 33. ibd. 04.
- für die VII. 31. ibd. 05.
Progr.

Kobylanski, J., De enuntiatorum consecutivorum apud tragicos Graecos usu ac ratione. Pr. 1894. 56 S.

Kobylanski Julian: De enuntiatorum consecutivorum apud tragicos Graecos usu ac ratione. **Diss.** Wien, Univ. D: Selbstverlag, 1895.
1895 PN 929

Kobylanski, J., De enuntiatorum finalium apud Sophoclem usu ac ratione. Pr. 1889. 32 S. 1.50

— Lateinisch-ruthenisch deutsche Wortkunde zu Caesars b. g. I. Buch. 40. 12. Czernowitz U. G. (II. St. G.) 00. 01.
Progr.

Kobylecki, v., gerichtsärztliches Vademecum zum practischen Gebrauche bei Obductionen, nach dem Regulativ zusammengestellt f. Gerichtsärzte, Sanitätsoffiziere, Candidaten d. Physikatsexamens u Studirende. 8. (192 S.) Hamburg 890. Gebr. Lüdeking. n. 4. —; geb. n. 4. 30

von **Kobylecki**, Hugo (geb. Wohlau 17 9. 1849) Ueber Verbreitung einiger Volkskrankheiten durch Trinkwasser Berlin (1873). (32 S.) 8°
Berlin, Med. Diss. v 20. Dez. 1873

Kobylecki, Stanislaus, a. Warschau: Über die Wahrnehmbarkeit der plötzlichen Druckveränderungen. Leipzig: W. Engelmann 1905. (90 S.) 8° ¶ (Aus: Wundt's psychol. Studien Bd 1, H. 3 u. 4.)
Leipzig, Phil. Fak., Ref. Wundt, Bruns, Diss. v. 27. Sept. 1905
[Geb. 2 Nov 64 Warschau, Wohnort Krakau, Staatsangeh.: Österreich, Vorbildung Gymn Tarnopol Reife Juli 90; Studium Krakau 8, Leipzig 4, Göttingen 1 S., Rig. 20 Mai 05]

Kobyliński, Alfons, aus Roggenhausen ⟨Westpr⟩ Über primäre Sarkome in der Lunge. *Greifswald 1904: H. Adler.* (58 S.) 8°
Greifswald, Med. Diss. v 12. Apr. 1904

Kobylinski, C. v., die wöterkeimer Dachsteine (Krempsteine genannt), deren Fabrikation und Eindeckung veröffentlicht durch den Erfinder. gr. 8. (XII und 44 S. mit 1 Stnt. in qu. gr. Fol.) Berlin 857, R. Kühn. *

Kobylinski, Elis. v., Edith's Briefe an Marie. Gesammelt u. geordnet zur Lektüre f. junge Mädchen im Alter von 14 bis 16 Jahren. Mit 4 (Holzschn.-)Bildern. gr. 8. (157 S.) Berlin 881. L. R. Schwarz. n. 3. 60; geb. n. 4. 20

Kobylinski, Martin, Referendar: Ist der Kommanditist Kaufmann? Ein Beitr. z. Streitfrage über d. Kaufmannseigenschaft des Kommanditisten. Borna-Leipzig 1909: Noske. VIII, 47 S. 8°
Jena, Jur. Diss. v. 22. Juni 1909, Ref. Fehr
[Geb. 1 Jan. 86 Berlin; Wohnort: Pankow; Staatsangeh.: Preußen; Vorbildung: Sophien-Gymn. Berlin Reife O. 05; Studium: Berlin 6 S.; Rig. 21. Dez. 08.] [U 09. 2101

Kobylinski, Sigismund: Zur **Kenntnis des o-Amidobenzaldehyds.** *Rostock 1901: C. Hinstorff.* (69 S.) 8°
Rostock, Phil. Diss. v. [29. Juli] 1901

Koch

Koch, Christian Friedr.: **Dem Meister vom Stuhl Bruder [Christian Friedr.] Koch gewidmet von der Loge zu den sechs Lilien im Orient Neisse am Tage Johannis 1844. [Neisse 1844:] Müller. 2 Bl. 4°.**
„Meister sieh' nach deinem weisen Willen" ... 358a.

Koch, d. geschickte Engländische. 8.. Lpz. Dyk. 742.

— Heinrich, Raugraf von Meinungen. Trspl. in 4 A. 8. Alt. 798. Bechtold. 6 gr.

Koch, Der, und die Köchin, ein dialogisirtes Kochbuch. O. O. 180? V: *Frantz, Gfr.* (MGT) (Ky)

— der, u. Köchin, e. dialogisirtes Kochbuch, (von Gf. Frantz). 8. ... 180..

Koch, und Köchin, ist Unterricht für alle Haushaltungen u. s. w.

— der Weiberfeind. Schspl. in 1 A. 8. Hamb. 803. (Schnuphase in Altenb.) 12 gr.

Koch, Der, wie er seyn sollte ... Berlin 1805. V: *Stagge.* (Ky)

Koch, der, wie er seyn sollte, oder Handbuch für angehende Köche u. für Herrschaften, die sich Köche u. Köchinnen halten, von einem prakt. Koch (Stagge). 2 Thle. 8. Berl. 806. Schöne. 1 rf 16 gr 2e Aufl. 817. 3e Aufl. 2 Thle. 8. Ebd. 821. 1 rf 16 gr

— d. wohlinstruirte, od. Anweisung, auf welche Art man schmackhafte Speisen zubereiten kann. 8. Frkft. 738.

Koch: Die heutigen Anforderungen der Seeschiffahrt an die Seekanäle. Rede. Darmstadt 1898

Koch, die städtische Anleihen- u. Bankpolitik, s.: Kuhfahl, Verfassung u. Verwaltung der deutschen Städte.

Koch. Ansprache an die Wahlmänner des zweiten größeren Wahlbezirks in Berlin. Druck von Brandes und Schultze in Berlin. 2 Bl. 4.
Flugblatt, Berlin, 30.Januar 1849.

Koch (I.), der Aufstand d. Braunschweiger, s. Aufstand.

Koch's Bazillentot od. „Ich bin der Doktor Levysohn". [Aus: „Nebelspalter".] 16. (3 S.) Kaiserslautern 891. A. Gotthold. n.n. — 10

Koch, s.: Beiträge zum feldmäßigen Gemüsebau.

Koch, Beiträge zur Geschichte der politischen Ideen u. der Regierungspraxis. 2 Thle. Berlin 892—96.

Koch: Beiträge zur Kenntniss der Chinone. Marburg. 1865 19 S. Schul-/Univ.-Schrift

Koch. Bemerkungen über die französischen Conjugationen.' 10 S.
Cottbus, Progr. 1860

Koch's drolliges Bilderbuch m. unzähligen Verwandlungen. gr. 8. (24 zweimal durchschnittene farb. S. m. 1 Bl. Text.) München 889. Stroefer. geb. n. 2. 80

Koch: Der Christus der Sachsen. I. Eisenach 1867 16 p.
Schul-/Univ.-Schrift

Koch: Coniectaneorum in poëtas latinos part II 23 S (In Culicem. In Cirim In Statium In Valerium Flaccum.)–Frankfurt a/O , Progr 1865

Koch, ..., (Syndycus), Denkwürdigkeiten aus d. Leben d. Herzogin Dorothea Sibylla von Liegnitz u. Brieg, geb. Markgräfin v. Brandenburg u. ihrer Leib- u. Hebamme Marg. Fuß. Wörtlich aus des Rothgerbers V. Gierths Haus- u. Tagebuche mit e. Vorworte, erläutert. Anmerkk. u. Beilagen mitgetheilt. 8. Brieg 830. (Bresl., Graß, B. u. C.) 12 gr

—— Deutschland-Führer. Kleines Reise-Handbuch. Ein Rathgeber vor und während der Reise. [Thl. 2 von „Koch's Europa-Führer".] 8. (86 S.) Ebendas. 887. cart. *

Koch, üb. den **Dienst** der Aeltesten u. Diakonen an der Gemeinde nach der Schrift, s.: **Neviandt,** die Bedeutung der Pietät.

Koch: Emendationes M Tullii Ciceronis epistolarum 10 S.– Putbus, Progr 1855

Koch, s.: Entscheidungen des hanseatischen Oberlandesgerichts in Strafsachen.

Koch. Essai d'analyse grammaticale accompagné d'observations critiques sur la méthode des grammairiens français. 17 S.
Cottbus, Progr. 1854

Koch's (III.), Europa-Führer. Ein kurzgefasstes Reise-Handbuch für das Ausland. 8. (102 S.) Leipzig 886, C. A. Koch. art. *
2. Thl. u. d. T.:

Koch, Fibel, s. Rahe.

Koch's Formbogen. Ein neues Beschäftigungsspiel f. Knaben u. Mädchen von 6—14 Jahren. I.—IV. Serie. (Je 10 Bl. auf Karton.) 35×24 cm. München (907.08). C. A. Seyfried & Co. In Umschlag à — 50

Koch, Gedichte. 2 Bände. 8. Leipz. Sommer.

—— über Gemeindezucht und das Verhalten der christlichen Gemeinschaften Ausgeschlossenen gegenüber nach der Schrift, s. Neviandt.

Koch (I.). Gemeinschaftspflege u. Evangelisation in ihrem Verhältniß zu einander. — 1. Petri 5, 5—7. Referat, geh. v. H. Neviandt. gr. 8. (23 S.) Bonn 890, Schergens. * — 20

Koch [kgl. Baurat]· Das neue Gymnasium. (Umschlagt.: D. neue Gymnasialgebäude.) Saarbrücken, Druck v. Gebr. Hofer, 1892; 3—6 S. 4.
Saarbrücken, k. G. u. VS. P 1892 (456)

Koch. Handbuch für das Würzburgische Artillerie-Corps. 8. Bamberg 1765

Koch, Instruktion für den Infanteristen über das Gefecht der Kompagnie, über die Deckungspatrouillen, Salven u. s. w. Rawicz 860. (Breslau, Gosohorsky.) gr 8. (26 S.) n. 2½ ngr.

Koch, Instruktion für den Infanteristen über das Gefecht der Kompagnie, über die Deckungspatrouillen, Salven u. s. w gr. 8. (26 S.) Rawicz 863. (Breslau, Gosohorsky's Buchh.) *

Koch's deutsche Klassikerausgaben. Billigste Schulausgaben. 1.—24. Bd. kl. 8. Nürnberg, C. Koch. 11. 45

Goethe, J. Wolfg. v., Egmont. Einführung u. Erläutergn v. Geo. Wimmer. (XV, 100 S.) (909.) (Bd. 22.) — 40

— Götz v. Berlichingen m. der eisernen Hand. Ein Schauspiel. Einführung u. Erläutergn. v. Frdr. Sametinger. (XII, 122 S.) (909.) (Bd. 18.) — 40

— Hermann u. Dorothea. Einführung u. Erläutergn. v. Frdr Dorner. (92 S.) (907.) (Bd. 1.) — 30

— Iphigenie auf Tauris. Ein Schauspiel. Einführung u. Erläutergn. v. Eduard Ebner. (82 S.) (908.) (Bd. 9.) — 35

— Aus meinem Leben. Dichtung u. Wahrheit. Für die Schule hrsg. v. Max Weyrauther. (XII, 234 S.) (910.) (Bd. 23.) nn — 90

— Torquato Tasso. Ein Schauspiel. Für den Schulgebrauch hrsg. u. erläutert v. Max Weyrauther. (XVI, 107 S.) (908.) (Bd. 16.) — 35

Grillparzer, Frz., König Ottokars Glück u. Ende. Trauerspiel in 5 Aufzügen. Einleitung u. Erläutergn. v. Wolfg. Dröber. (XV, 120 S.) (908.) (Bd. 14.) — 35

— Medea. Trauerspiel in 5 Aufzügen. Des dramat. Gedichtes „Das goldene Vlies" 3. Tl. Einführung u. Erläutergn. v. Eduard Ebner. (XIII, 88 S.) (908.) (Bd. 15.) — 40

Hebbel, Frdr., Agnes Bernauer. Ein deutsches Trauerspiel in 5 Akten. Einleitung u. Erläutergn. v. Ed. Ebner. (116 S.) (908.) (Bd. 4.) — 35

Herodot, Auswahl, nach der deutschen Übersetzung v. Frdr. Lange. Für den Schulgebrauch bearb. v. Wolfg. Dröber. (XII, 138 S.) (908.) (Bd. 7.) — 70

Homer's Ilias u. Odyssee in der Übersetzung v. J. H. Voß Auswahl. Einführung u. Erläutergn. v. Kurt Emminger. (XXX, 250 S.) (908.) (Bd. 13.) — 80

Kleist, Heinr. v., Prinz Friedrich v. Homburg. Ein Schauspiel in 5 Akten. Einleitung u. Erläutergn. v. Rud. Schrepfer (93 S.) (909.) (Bd. 17.) — 40

Kleist, Heinr. v., der zerbrochene Krug. Ein Lustspiel. Einführung u. Erläutergn. v. Karl Frauenfelder. (84 S.) (909.) (Bd 19.) — 40

Klopstock, Goethe u. Schiller, Lyrik. Auswahl f. die obersten Klassen höherer Lehranstalten. Einführungen u. Erläutergn. v. Max Schunck. (IV, 181 S.) (900.) (Bd. 21.) — 80

Lessing, G. E., Emilia Galotti. Ein Trauerspiel in 5 Aufzügen. Einführg. v. Frdr. Dorner. (85 S.) (908). (Bd. 10.) — 35

— Minna v. Barnhelm od. Das Soldatenglück. Ein Lustspiel in 5 Aufzügen. Einführung u. Erläutergn. v. Eduard Ebner. (128 S.) (907.) (Bd. 3.) — 35

Schiller's, Frdr. v., Gedichte. (Auswahl.) Systematisch zusammengestellt u. eingehend erläutert v. Adalb. Baumann. (XI, 252 S.) (910.) (Bd. 24.) nn — 90

— die Jungfrau v. Orleans. Eine romant. Tragödie. Mit Einleitg. u. Erläutergn. v. Herm. Müller. (XVII, 133 S.) (908.) (Bd. 8.) — 30

— Maria Stuart. Ein Trauerspiel in 5 Aufzügen. Mit Einführung u. Erläutergn. v. Vinzenz Lößl. (XXIII, 146 S.) (909.) (Bd. 20.) — 40

— Wilhelm Tell. Schauspiel in 5 Aufzügen. Mit Einleitg. u. Erläutergn. v. Frdr. Dorner. (120 S.) (908.) (Bd. 2.) — 30

— Wallenstein, e. dramatisches Gedicht. Mit Einleitg. u. erläut. Bemerkgn. versehen v. Herm. Müller. (XXXV, 295 S.) (908.) (Bd. 11.) — 90

Sophokles' Antigone. Deutsch nach der Übersetzg. v. Donner. Für den Gebrauch an bayer. Oberrealschulen m. Einleitg. u. Erläutergn. versehen v. Herm. Müller. (64 S. m. 1 Abbildg.) (908.) (Bd. 12.) — 35

Uhland, Ludw. Ernst, Herzog v. Schwaben. Ein Trauerspiel in 5 Aufzügen. Einleitung u. Erläutergn. v. Rud. Schrepfer. (78 S.) (908.) (Bd. 5.) — 35

— Ludwig der Bayer. Ein Schauspiel in 5 Aufzügen. Einleitung u. Erläutergn. v. Rud. Schrepfer. (83 S.) (908.) (Bd. 6.) — 35

KOCH, Leben eines Liederlichen. Altona, Bechtold, 1798. 8°

—— die Leiden um Christi willen; des Christen Vorrecht. — Neviandt, die Gefahren der falschen und der Segen der rechten Freiheit, mit besonderer Beziehung auf die christl. Kindererziehung in unsern Gemeinschaften. 8. (30 S.) Elberfeld 882. (Bonn, Schergens.)

Koch, Die indoaustralische Lepidopteren-Fauna in ihrem Zusammenhange mit der europäischen, nebst den 3 Hauptfaunen der Erde. Leipzig 1865. 8.

Liederbuch zum Gebrauch in den Logen. Hrsg. von **Koch.** o. O. [ca 1855?].
[T. 1 (1855—1856) S. 112.]

Koch & Sohn: Der Moss'sche Milchkühl- und Ausrahm-Apparat. (Saarlouis 1897)

Koch & Co.: Molkerei-Geräthschaften aus verzinntem oder emaillirtem Eisenblech vom Tronser Eisenwerk. Lübeck 1895

Koch, s.: Oeynhausen u. seine Indicationen.

—— über die rechte Opferwilligkeit, s. Neviandt.

Koch, Preisverwandlung aus württembergischem Mass und Metermass. Tübingen

Koch, s.: Quartalschrift, theologische.

Koch, Rathgeber für Gichtkranke, oder Belehrung über die Natur, einzig richtige Behandlung u. sichere Heilung der Gicht. Coburg 870. (Sendelbach.) 8. (24 S.) n. 6 ngr.

Koch, Referat üb. Epheser 2, 8 u. 9, s.: Neviandt, H., das christliche Familienleben.

Koch (IV.), einige Resultate 38jähriger Witterungs-Beobachtungen der Station II. Ordnung in Erfurt, s. Jahrbücher der kgl. Akademie gemeinnütziger Wissenschaften zu Erfurt.

Koch, Resultate 28jähriger Witterungs-Beobachtungen in Erfurt. Vortrag in der öffentlichen Sitzung am 16. Dec. 1875 zur Feier des Dienst Jubiläums des Herrn Ober-Regierungs-Raths Freiherrn v Tettau, Vice-Präsidenten der Kgl. Akad. gemeinnütziger Wissensch., gehalten. (Jahrb. der Kgl. Ak. gem. W zu Erfurt. Neue Folge. H. IX.) Erfurt 1876/77.

Koch: Die Säule 7 S. – Wien OR Sch., Progr 1864

Koch, der Schulgarten, s.: Volksbücher, naturwissenschaftliche.

Koch's bayrischer Schulmentor f. d. Schuljahr 1898/99. VII. Jahrg. gr. 16. (108 S. m. 1 Bildn.) Nürnberg C Koch In Leinw. kart. — 40

Koch's Sprachführer. 2.—8., 12. u. 14. Bd. 8. Dresden, C. A. Koch. Kart. n. 15. 85

2. Parlez-vous français? od. d. nützlichsten u. notwend. Gespräche, Redensarten, Wörtersammlgn. u. Übersetzungs-Aufgaben. Für Umgang, Geschäftsverkehr u. Schule v. G. H. F. de Castres. Sorgfältig durchges. u. durch e. kurzgef. Grammatik d. französ. Sprache verm. v. F. Booch-Arkossy. 15., verb. Aufl. (LVIII, 272 S.) 896. 1. 50
3. Do you speak English? od. d. nützlichsten u. nothwendigsten englisch-deutschen Gespräche, Redensarten u. Wörtersammlgn. Nebst kurzer Grammatik, Lesestücken u. Uebungen f. d. Aussprache d. Englischen. 14. Aufl., verm. u. verb. durch H. Th. Traut. (VIII, 236 S.) 895. n. 1. 30
4. Parlate italiano? (Sprechen Sie Italienisch?) Die nützlichst. u. nothwend. italienisch-deutschen Gespräche, Redensarten u. Wörtersammlgn., wie man sie in Italien im Umgange, Geschäftsverkehr u. auf Reisen gebraucht. Nebst kurzer übersichtl. Grammatik der italien. Sprache u. italien. Lese- u. Uebungsstücken. Von J. Ammann. Neu hrsg. v. F. Booch-Arkossy. 8., verb. u. m. richt. Aussprache versehene Aufl. (VI, 149 S.) 897. 1. 40
5. Habla V. castellano? od. d. nützlichsten u. nothwend. spanisch-deutschen Gespräche, Redensarten u. Wörtersammlgn., wie man sie im Umgange, Verkehr u. auf Reisen gebraucht, nebst e. kurzgef. span. Grammatik u. zahlr. Uebersetzungsaufgaben. Von G. H. F. de Castres. Mit vollst. Angabe der richt. Aussprache aller Wörter vers. v. F. Booch-Arkossy. 6. Aufl. (VIII, 180 S.) 897. 1. 40
6. Fala Vm^ce^ Portuguez? Portugiesisch-deutsches Gesprächbuch. E. Handbuch d. nützlichst. u. nothwend. portugiesisch-deutschen Wörtersammlgn., Gespräche u. Redensarten, wie sie im Umgange, im Geschäftsverkehr u. auf Reisen gebraucht werden. Von Ed. Brinckmeier. Nebst e. übersichtl. Grammatik. 3., verb. Aufl. (VI, 234 S.) 898. 2. 50
7. Spreekt Gij Hollandsch? Holländisch-deutsches Gesprächbuch. E. Handbuch d. nützlichsten u. notwend. holländisch-deutschen Wörtersammlgn., Gespräche u. Redensarten, wie sie im Umgange, im Geschäftsverkehr u. auf Reisen gebraucht werden. M. e. kurzgef. holländ. Sprachlehre, durchgeh. Bezeichng. d. richt. Aussprache m. deutschen Buchstaben u. Übersetzungsaufgaben hrsg. v. F. Booch-Arkossy. 4. Aufl., durchges. u. verb. van Oostveen. (XI, 168 S.) 896. n. 1. 60
8. Taler de Dansk? (Sprechen Sie Dänisch?) Dän. Sprachführer, enth. kurzgef. Grammatik, Gespräche, Wörtersammlg., Briefe u. Lesestücke. Von N. Thomsen. 4., verb. u. verm. Aufl. (VI, 110 S.) 898. n. 1. 60
12. Mówisz pan po polsku? (Sprechen Sie polnisch?) Handbuch z. Erlerng. d. poln. Sprache, enth. polnisch-deutsche Gespräche u. Redensarten, wie sie im Umgange, im Geschäftsverkehr u. auf Reisen gebraucht werden, nebst einer kurzen Grammatik, e. Wörtersammlg. u. e. Auswahl poln. Übungsstücke in Prosa u. Poesie. M. beiges. richt. poln. Aussprache in deutschen Buchstaben. Von Fr. A. Potocki. Vollständig neu bearb. v. M. Elsner. 3., verb. u. verm. Aufl. (VI, 234 S.) 897. 2. 25
14. Vorbiti romănesce? (Sprechen Sie Romänisch?) Prakt. Lehrgang d. român. Sprache z. Schul- u. Selbstunterricht. Von Joh. Lorand-Müller. 2., verb. Aufl. (IV, 152 S.) 899. n. 2. —

Koch's Sprachführer. 1.—4., 7., 10., 12., 13., 15. u. 22. Bd. 8. Dresden, C. A. Koch. Geb. in Leinw. n. 20. 70

1. Sprechen Sie Deutsch? Praktisches Hand- u. Hilfsbuch f. jedermann zur Erlernung e. richt. Deutsch in Sprache u. Schrift. Gemeinfaßlich bearb. Von L. Wittenzwey. 2. [Titel-]Aufl. (VIII, 160 S.) [894.] 901. n. 1. 60
2. Parlez-vous français? Handbuch der französischen Umgangssprache. Vollst. neu bearb. u. m. Bezeichng. der Aussprache versehen. Von Th. de Beaux. 16. Aufl. (VI, 120 S.) 901. n. 1. 60
3. Do you speak English? Handbuch der engl. Umgangssprache. Vollständig neu bearb. Von John Montgomery. 15. Aufl. (des H. Th. Traut'schen Buches,) (VII, 152 S.) 900. n. 1. 60
4. Parláte italiáno? Kurzgefaßte Grammatik, Wörtersammlgn., Redensarten u. Gespräche zur Erlerng. der italien. Sprache, nebst Regeln f. die richt. Aussprache. Von J. Ammann. 9. Aufl. Neu bearb. v. G. M. Gättl. (VII, 136 S.) 901. n. 1. 60
7. Spreekt Gij Hollandsch? Holländisch-deutsches Gesprächbuch. Ein Handbuch der nützlichsten u. notwendigsten holländisch-deutschen Wörtersammlgn., Gespräche u. Redensarten, wie sie im Umgange, im Geschäftsverkehr u. auf Reisen gebraucht werden. Mit e. kurzgefaßten holländ. Sprachlehre, durchgeh. Bezeichng. der richtigen Aussprache m. deutschen Buchstaben u. Übersetzungsaufgaben hrsg. Von F. Booch-Arkossy. 5. Aufl., durchgesehen u. verb. v. van Oostveen. (XI, 168 S.) 901. n. 1. 60
10. Mluvite česky? (Sprechen Sie Böhmisch?) Böhmischer Sprachführer, enth. die nützlichst. u. nothwendigst. böhmisch-deutschen Gespräche, Redensarten u. Wörtersammlgn., wie man sie im Umgange, Geschäftsverkehr u. auf Reisen gebraucht, nebst e. kurzgef. böhm. Grammatik u. zahlr. Uebersetzungsaufgaben. Von A. Staudek. (VIII, 139 S.) 899. n. 1. 60
12. Mówisz pan po polsku? (Sprechen Sie polnisch?) Handbuch zur Erlerng. der poln. Sprache, enth. polnisch-deutsche Gespräche u. Redensarten, wie sie im Umgange, im Geschäftsverkehr u. auf Reisen gebraucht werden, nebst e. kurzen Grammatik, e. Wörtersammlg. u. e. Auswahl poln. Übungsstücke in Prosa u. Poesie. Mit beigesetzter richt. poln. Aussprache in deutschen Buchstaben. Von Fr. A. Potocki. Vollst. neu bearb. v. M. Elsner. 4. verb. u. verm. Aufl. (VI, 296 S.) 902. n. 2. 50
13. Sprechen Sie russisch? Kurzgefaßte Grammatik, Wörtersammlgn., Redensarten u. Gespräche zur Erlerng. der russ. Sprache. Mit beigesetzter richt. russ. Aussprache in deutschen Buchstaben. Von Nikolai Iwanowitsch u. F. Booch-Arkossy. 4., neu bearb. Aufl. (VIII, 184 S.) 901. n. 2. 50
15. Govorite li hrvacki? Serbo-kroatisch-deutsches Gesprächsbuch. Enth. Wörtersammlgn., Redensarten, Gespräche aus dem tägl. Leben u. Volksüberliefergn., nebst e. kurzgefaßten serbo-kroat. Grammatik. Von Emil Heß. 2. [Titel-]Aufl. (VII, 155 S.) [892.] 901. n. 2. 50
22. Die Suahili-Sprache, enth. Grammatik, Gespräche u. Wörterverzeichnisse m. e. Anh.: Sansibar-Arabisch, sowie Wörterverzeichnissen der Sprachen v. Usambara, Bondei, Unyamwezi u. des Yao. Von Hugo Raddatz. 2. Aufl. Bearb. v. A. Seidel. (VII, 184 S.) 900. n. 3. 60

Koch's Sprachführer. 3.—5. 18. u. 24. Bd. 8 Dresden, C. A. Koch. Geb. in Leinw. n. 9. 80

3. Do you speak English? Handbuch der engl. Umgangssprache. Vollständig neu bearb. Von John Montgomery. 16. Aufl. (VII, 152 S.) 904. n. 1. 60
4. Parláte italiáno? Kurzgefaßte Grammatik, Wörtersammlgn., Redensarten u. Gespräche zur Erlerng. der italien. Sprache, nebst Regeln f. die richtige Aussprache. Von J. Ammann. 10. Aufl. Neu bearb. v. G. M. Gättl. (VII, 136 S.) 904. n. 1. 60
5. ¿Habla Vd. castellano? Kurzgefaßte Grammatik, Wörtersammlgn., Redensarten u. Gespräche zur Erlerng. der span. Umgangssprache, m. Regeln f. die richt. Aussprache u. Betong. Von G. H. F. de Castres. 7. Aufl. Neu bearb. v. Bodo v. Wangelin. (VIII, 128 S.) 905. n. 1. 60
18. Bititkallim bil-'arabi? (Sprechen Sie Arabisch?) Handbuch der ägyptisch-arab. Umgangssprache. Von A. L. Thilenius. (IV, 96 S.) 903. n. 2. 50
24. Togo-Sprachen. Kurze Grammatiken, Vokabulare u. Phrasensammlgn. der drei Hauptsprachen in Togo: Anglo-Ewe, Anecho-Ewe u. Haussa. Von A. Seidel. (IV, 108 S.) 904. n. 2. 50

Koch's Sprachführer. 2.—4. u. 8.—12. Bd. kl. 8. Dresden, C. A. Koch. Geb. in Leinw. 13. 30

Ammann, J., Parláte italiáno? Kurzgefaßte Grammatik, Wörtersammlgn., Redensarten u. Gespräche zur Erlerng. der italien. Sprache, nebst Regeln f. die richt. Aussprache. 11. Aufl. Neu bearb. v. G. M. Gättl. (VII, 136 S.) 910. (4. Bd.) Geb. 1 80
Beaux, Th. de, Parlez-vous français? Handbuch der französ. Umgangssprache. Vollständig neu bearb. u. m. Bezeichng. der Aussprache versehen. 17. Aufl. (130 S.) 909. (2. Bd.) Geb. 1 80
Christensen, J., Talar ni Svenska? Kurzgefaßte Grammatik, Wörtersammlgn., Redensarten u. Gespräche zur Erlerng. der schwed. Sprache, nebst Regeln u. Angaben der Aussprache. 3. Aufl. nach der neuen schwed. Rechtschreibg. vom 7. IV 1906. Neu bearb. von E. v. Schmiterlöw. (IV, 112 S.) 908. (9. Bd.) Geb. 1 80
Montgomery, John, Do you speak English? Handbuch der engl. Umgangssprache. Vollständig neu bearb. 17. Aufl. (VII, 152 S.) 909. (3. Bd.) Geb. 1 80
Potocki, Fr. A., Mówisz pan po polsku? (Sprechen Sie polnisch?) Handbuch zur Erlerng. der poln. Sprache, enth. polnisch-deutsche Gespräche u. Redensarten, wie sie im Umgange, im Geschäftsverkehr u. auf Reisen gebraucht werden nebst e. kurzen Grammatik, e. Wörtersammlg. u. e. Auswahl poln. Übungsstücke in Prosa u. Poesie. Mit beigesetzter richt poln. Aussprache in deutschen Buchstaben. Vollständig neu bearb v. M. Elsner. 5. verb. u. verm. Aufl. (IV, 236 S.) 908. (12. Bd.) Geb. 2. 50
Staudek, A., Mluvite česky? (Sprechen Sie Tschechisch?) Tschechischer Sprachführer, enth. tschechisch-deutsche Gespräche, Redensarten u. Wörtersammlg. f. Umgang, Geschäftsverkehr u. Reisen, nebst e. kurzgefaßten tschech. Grammatik m. zahlreichen Uebungsaufgaben. 4. Aufl. Gänzlich umgearb. v M. Rypl. (IV, 111 S.) 908. (10. Bd.) Geb. 1 80
Thomsen, N., Taler de Dansk? (Norsk?) (Sprechen Sie Dänisch?) (Norwegisch?) Dänischer Sprachführer, enth. Lautlehre u. Grammatik, Gespräche, Wörtersammlgn u. Lesestücke. 5. Aufl. Neu bearb. v. Herm. Neumann. (IV, 124 S.) 908 (8. Bd.) Geb 1 80

Koch (V.), über reguläre und halbreguläre Stern-Polyeder. gr. 8. (24 S.) Tübingen 887, Fues' Verlag.
Aus: Korrespondenzblatt für die württembergischen Gelehrten- und Realschulen, besonders abgedruckt.

Tabellen zur chronologischen Uebersicht der Haupt-Veränderungen von Europa. Nach dem französischen des Bürger **Koch** bearbeitet. Göttingen. 1800. 8°

Koch's Termin-Kalender f. Landgemeindebehörden, Bürgermeister u. Gemeindebeamte Bayerns f. d. J. 1909, bearb. v. L. Rimrod. 2. Jahrg. (VIII, 211 S. m. 1 Abbildg. u. 1 Karte.) kl. 8. Nürnberg, C. Koch. Geb. in Leinw 1. 25.
Der 1. Jahrg. erschien u. d. T Termin-Kalender f. Landgemeindebehörden usw.

Koch's Termin-Kalender f. Landgemeindebehörden, Bürgermeister u Gemeindebeamte Bayerns f. d J 1910, bearb v L. Rimrod. 3. Jahrg (X, 321 S. m. 1 Bildnis u. 1 Karte) kl. 8. Nürnberg, C. Koch. Geb. 1 35.

Koch's Termin-Kalender f. Landgemeindebehörden, Bürgermeister u. Gemeindebeamte Bayerns f. d. J. 1910, bearb. v. L. Rimrod. 3. Jahrg. (X, 321 S. m. 1 eingedr. Bildnis u. 1 Karte.) kl. 8. Nürnberg, C. Koch. Geb. in Leinw. 1. 35.

Koch's Termin-Kalender f. Landgemeindebehörden, Bürgermeister u. Gemeindebeamte Bayerns f. d. J. 1911, bearb. v. Leonh. Rimrod. 4. Jahrg. (XVI, 282 S. m. 1 Karte.) kl. 8. Nürnberg, C. Koch. Geb. in Leinw. 1. 35

Koch u. Nebesky, die Therapie an der Innsbrucker Universitäts-Frauenklinik, s.: Therapie, die, an den österr. Universitäts-kliniken.

Koch, Uebersicht der Vorträge über Rechtskunde für Landwirthe, s. Jahresbericht der k. landwirthschaftlichen Centralschule zu Weyhenstephan.

Koch, Unterr. von den heutig. nahrlosen Zeiten. 8. Magdeb. Scheidbauer. 738.

Koch's bayerischer Unterrichts-Kalender (m. Schulmentor vereinigt) f. d. Schulj. 1902/1903. 11. Jahrg. gr. 16. (151 S. m. eingedr. Bildnissen u. 1 Abbildg.) Nürnberg, C. Koch. Geb. in Leinw. n. — 50

Kochs bayerischer Unterrichts-Kalender f. d. Schulj. 1906/1907. 15. Jahrg. (160 S. m. eingedr. Bildnissen.) 16. Nürnberg, C. Koch. Geb. in Leinw. n. — 50

— bayerischer Unterrichts-Kalender f. d. Schulj. 1910/1911. 19. Jahrg. Hrsg. unter Mitwirkg. v. Schulmännern humanist. u. realist. Anstalten. (182 S. m. Abbildgn.) kl. 8. Ebd. Geb. in Leinw. — 50

Koch, kurze Unterweisung für Waldbauschüler. Trier 869. (Groppe.) gr. 8. (22 S.) n. 3 ngr.

Koch. Versuch eines Kriegsrechtes der Neger in Afrika und der Indianer in Amerika 8 Tübingen 1781

Koch, ärztliche Versuche an lebenden Menschen. Öffentliche Anklage wider Ziemssen u. Andere. 2. (Titel-)Aufl. (v.: Subjekte u. Objekte.) 8. (47 S. m. 3 Abbildgn.) Leipzig 892. M. Voigt, Verl. n. 50

— dasselbe. Offentliche Anklage wider die Professoren Ziemssen, Epstein u. A. [Aus: „Natur- u. Volksarzt".] 3. Aufl. 8. (64 S. m. 4 Abbildgn.) Ebd. 894. n. — 50

Koch: Ärztliche Versuche an lebenden Menschen. Öffentl Anklage wider Prof Dr. Ziemssen und Andere. Von Dr. med. Koch. 4. Aufl. Leipzig: M. Voigt 1898. (47 S.) 8°. Aus: Der Natur- und Volksarzt.

— ärztliche Versuche an lebenden Menschen. Öffentliche Anklage wider Prof. Ziemssen, Epstein u. a. (Sonderabdruck a. d. „Natur- u. Volksarzt".) 5. Aufl. 8. (64 S. m. 4 Abb.) Ebd. 899. — 50

Koch: Vorgeschichte der Kieler Werft. (Ausschnitt aus Maine-Rundschau. Jg. 6, Heft 11. Berlin 1895.) 8°

Koch (II), wodurch sichern wir das Bestehen der Schulspiele für die Dauer? Vortrag, gehalten auf der Versammlung des Nordwestdeutschen Turnlehrervereins zu Braunschweig, am 24. Octbr. 1886, in erweiterter Fassung. gr. 8. (16 S.) Braunschweig 887, Goeritz. *

Koch (Red.), s. Zeitschrift für Rechtspflege im Herzogtum Braunschweig

Koch (Red.), s. Zeitung des Vereins deutscher Eisenbahn-Verwaltungen.

Koch, A.

Koch, Dr. A., Oestliche Anschlussblätter zu Raab's Eisenbahnkarte von Mitteleuropa. (Das österr Eisenbahnnetz bis Orel, Krementschug, Odessa, Warna u. Konstantinopel.) Mit Ortschaftsverzeichniss. Glogau 1878. Fol. Auf Leinwand.

Koch, A. (Hrsg.), s. Anzeiger, Kirchlicher, f. d. evang.-luth. Gemeinde zu Elberfeld. Jge 34-45

Koch, A. (I.), zwei Artikel über Taufe und Kindertaufe. gr. 8. (32 S.) Barmen 887, Klein. *

Koch, A. (II.), Atlas zu Caesars bellum gallicum, s. Meyer, C. F.

Beiträge zur Geschichte der Stadt Frankenthal in der Pfalz. I. Teil: Übersicht der Geschichte der höheren Lehranstalten der Stadt Frankenthal in der Pfalz. II. Teil: Die Kgl. Kreislateinschule seit 1817. — Von A. Koch, S.-R. S. 5 19 und 21—31.
Progr. Frankenthal, Kgl. Progymnasium

Koch, A. II., neue Bilderschule, oder interessante Erzählungen aus der Gesch. d. Kunst u. d. Menschenlebens. Mit 29 ill. Kpf. 8. (Ludwigsb.) 820. a. 827. Nast. 1 ₰ 12 gl 2e A. 831. Ebd. mit schw. Kpf. 1 ₰

Koch, A., neue Bilderschule f. d. Jugend, od. Merkwürdigkeiten d alten u. neuen Welt, dem Gebiete d. Natur-, Kunst- u. Sittengeschichte, mit 20 K. gr. 8. Ulm, Jakob Ebner. 816.
mit illum. K.

Koch, A., der deutsche Brahmane, s.: Bücherei, deutsche.

Koch, A., die neueste päpstliche Encyklika u. die Protestanten in evangelischer Beleuchtung. gr. 8. (16 S.) Wittenberg 894. R. Herrosé. n. — 40

Koch, A., kleine Erdkunde, s.: Hummel, Aug.

Koch, A., Erwiderung in Betreff meiner Vorschläge zur Begründung und Erhaltung einer selbständigen Hannover'schen Pferde-Race. Als Antwort an Herrn O. v. Reden und Herrn Gen.-Lieut. v. Hassell. Hannover 864. Schmorl & v. Seefeld. gr. 8. (35 S.) n. 8 ngr.

Koch, A., Fabrikarbeit, s.: Volksbibliothek d. Lahrer hinkenden Boten.

Koch, A., u. F. Sauvage, Flachornamente d. Tyroler Gothik. Orig.-Aufnahmen in natürl. Grösse u. Farbe v. Tischen, Truhen, Thüren, Bettstellen, Chor- u. Kirchenstühlen, Decken, Friesen, Füllgn. u. s. f. gr. Fol. (20 farb. Doppeltaf. m. 4 Bl. Text.) Berlin 896. E. Wasmuth. In Mappe n. 30. —

Koch, A., der Flussbau, s.: Kreuter, Fr.

Koch, A., Führer durch die pädagog. Literatur, s.: Dierkesmann, J.

Koch, A., kleine Geographie, s.: Hummel, A.

Koch, A., Geschichte des deutschen Reiches unter der Regierung Ferdinands III. Nach handschriftlichen Quellen. Mit Unterstützung der k. Akad. d Wiss. 2. Bd. (Schluss des Werkes.) 1866. gr. 8. (XVI u. 534 S.) Wien, Gerold. 1865 4 fl. 50 kr.

Koch, A. u. Reiner: Geschichte der Geislinger Schützengesellschaft. Geislingen, 1903. 1122

Koch, A. (II.), die Gesundheitsverhältnisse und das Medicinal-Wesen des Reg.-Bez. Sigmaringen unter besond. Berücksicht. des J. 1881. gr. 8. (VI, 111 S. mit 2 Tab., 3 Stnt. und 1 chromolithogr. Karte.) Sigmaringen 883, Liehner. *

Koch, A. (II.), der kleine Grieche. Ein Vademecum sämtl. Regeln der griech. Grammatik, nebst allen unregelmäßigen Verben, sowie der Homerischen Formenlehre, Metrik und Prosodie. 1. und 2. Aufl. 16. (IV, 119 S.) Berlin 887,88, Friedberg und Mode. * 50 Pf.; cart. *

Koch, A. (I.). Der kleine Grieche. Ein Vademecum sämtl. Regeln der griech. Grammatik, nebst allen unregelmäß. Verben, sowie der homer. Formenlehre, Metrik u. Prosodie. 3. u. 4. Aufl. 16. (IV, 119 S.) Berl. 889,91, Friedberg u. Mode. * — 50; cart. * — 60

Koch, A., der kleine Grieche. Ein Vademecum sämtl. Regeln der griech. Grammatik, nebst allen unregelmäß. Verben, sowie der homer. Formenlehre, Metrik u. Prosodie. 5. Aufl. gr. 16. (IV, 119 S.) Berlin 894. Friedberg & Mode. n. — 50; kart. n. — 60

Koch, A., der kleine Grieche. E. Vademecum sämtl. Regeln d. griech. Grammatik, nebst allen unregelmäß. Verben, sow. d. homer. Formenlehre, Metrik u. Prosodie. 7. Aufl. 16. (IV, 119 S.) Berlin 897. Friedberg & Mode. n. — 50; kart. n. — 60

Koch, A., der kleine Grieche. Ein Vademecum sämtl. Regeln der griech. Grammatik, nebst allen unregelmäß. Verben, sowie der homer. Formenlehre, Metrik u. Prosodie. 9. Aufl. gr. 16. (IV, 119 S.) Berlin (901). Friedberg & Mode. n. — 50; kart. n. — 60

— Grundriß der Erdkunde, s.: Hummel, A.

Koch, A., medizinisches Hausbuch od. der Arzt im Hause. Enth. ärztliche Belehrg. üb. alle vorkomm. Krankheiten, sowie deren Heilg. u. Verhütg. 8. (VIII, 368 S.) Berlin 892. Aug. Schultze's Verl. 3. —

Koch, A., das medizinische Hausbuch od. der Arzt im Hause. Enth.: Ärztliche Belehrg. üb. alle vorkomm. Krankheiten, deren Verhütg. u. Heilg. unter Angabe der besten Heilmethoden u. Heilmittel. Mit e. kurzen Abhandlg. üb. die richt. Lebensweise im allgemeinen, üb. Kleidg., Nahrg., Körperpflege, Luftgenuß, Arbeit, Ruhe, Schlaf u. ferner üb. die ersten Mutterpflichten u. die erste Kindespflege. 10. Aufl. (344 S.) 8. Berlin 907. Aug. Schultze, Verl. 3.—; kart. 3. 50

—— D. Heinrich Leonhard Heubner in Wittenberg. Züge und Zeugnisse aus und zu seinem Leben und Wirken. gr. 8. (VI, 134 S. mit Portr.) Wittenberg 885, (Wunschmann.) *

Koch, A., Irrgänge u. Wahrheitsmomente d. Theologie Ritschl's. Ein Vortrag, geh. im oldenburg. evangelisch-luther. Verein. gr. 8. (62 S.) Oldenburg 897. Eschen & Fasting. n. — 75

Koch A.: Die Kuhmilch u. deren Prüfung. Wien 1879. 16 S. (Særtr.). P

Koch, A. (IV.), der kleine Lateiner. Ein Vademecum sämmtlicher Regeln der latein. Grammatik nebst Prosodie und aller unregelmäßigen Verben. (132 S.) 1881; 2. Aufl. 16. (III, 132 S.) Berlin 884, Friedberg und Mode. * cart. *

—— der kleine Lateiner. Ein Vademecum sämtl. Regeln der latein. Grammatik, nebst Prosodie und allen unregelmäßigen Verben. 3.—5. Aufl. 16. (III, 132 S.) Ebendas. 887. * cart. *

—— Der kleine Lateiner. Ein Vademecum sämmtl. Regeln der latein. Grammatik, nebst Prosodie u. allen unregelmäß. Verben. 6.—8. Aufl. (III, 132 S.) Ebd. 889—92. * — 50; cart. * — 60

— der kleine Lateiner. Ein Vademecum sämmtl. Regeln d. latein. Grammatik, nebst Prosodie u. allen unregelmäß. Verben. 11. Aufl. gr. 16. (III, 132 S.) Ebd. 896. n. — 50; kart. n. — 60

— der kleine Lateiner. Ein Vademecum sämmtl. Regeln der latein. Grammatik, nebst Prosodie u. allen unregelmäß. Verben. 14. Aufl. gr. 16. (III, 132 S.) Ebd. (901). n. — 50; kart. n. — 60

Koch, A., der kleine Lateiner. Ein Vademecum sämmtl. Regeln der latein. Grammatik, nebst Prosodie u. allen unregelmäß. Verben. 16. Aufl. (III, 132 S.) 16. Berlin (905). Friedberg & Mode. n. — 50; kart. n. — 60

Der perfekte Lateiner und Muster-Übersetzer Bewährte Methode z muster-gült. Übers. aus d. Latein. u. Deutschen, mit Berücks. d. lat. Syntax u. Stilistik, nebst Synonymen, Latinismen, Sentenzen etc., u. Repetitionen aus d. lat. Formenlehre. Hrsg. von Dr. A. Koch *Berlin: Friedberg & Mode [1902].* (IV, 127 S.) 8° [F.] [04 70]

— der perfekte Lateiner u. Muster-Uebersetzer. Bewährte Methode zum mustergült. Uebersetzen aus dem Lateinischen u. Deutschen m. Berücksicht. der latein. Syntax u. Stilistik, nebst Synonymen, Latinismen, Sentenzen etc. u. Repetitionen aus der latein. Formenlehre. 2. Aufl. (IV, 127 S.) kl. 8. Ebd. (905). Kart. n. 1.—

Koch, A. (III.). Lehrplan der neunklassigen Mittelschule f. Mädchen zu Lübeck, nebst e. Anh. betr. Lehrverfahren in einigen Unterrichtsgegenständen. gr. 8. (33 S.) Lübeck 892, Schmersahl. * — 70

40 Liedertexte zum Gebr. bei vaterländ. Festen, Abgangsfeiern, Spaziergängen u. s. w. d. Fortbildungsschule. Hrsg. von A. Koch, Leiter d. Fortbildungsschule in Gardelegen. *Dortmund. F. W. Ruhfus 1904.* (24 S.) 8° [Umschlagt.] [04. 13767

Koch, A., Marburg, s. Hauptgebäude, Institute u. Sehenswürdigkeiten, nebst e. Führer in Marburg's Umgebg. 3., verb. u. verm. Aufl. 8. (XII, 164 S. m. 34 Abb. u. 1 Plan.) Marburg 895. N. G. Elwert's Verl. n. — 80; geb. n. 1. 50

Koch A.: Das Mikroskop u. die mikroskop. Technik. Wien 1878. 16 S. Fig. (Særtr.). P

Koch, A., De regibus pastoribus qui dicuntur Hyksôs. Diss. 1844. 76 S.

— üb. die Regulirung der Lebensfunction bey Wunden. gr. 8. Landshut, Weber. 801.

Koch, A. (II.), das tausendjährige Reich. Wider die Gegner des schriftgemäßen Chiliasmus. gr. 8. (III, 204 S.) Basel 872, Bahnmaier's Verlag. *

Koch, A. (I.), das tausendjährige Reich [nach Offenbarung 20, 1—6]. Ein Vortrag, gehalten auf der luther. Pastoralconferenz zu Bremen am 12. Octbr. 1875. 8. (32 S.) Oldenburg 876, Schulze'sche Hofbuchh. *

Koch, A., Sammlungs-Verzeichniss, Raupen- u. Schmetterlings-Kalender f. europäische Gross-Schmetterlinge. Fol. (XIV, 78 S.) Cüstrin 896. (Leipzig, H. Licht.) n. 3. —; Auszug (19 Bl.) 1896. n. — 40

Koch, A., Sammlungs-Verzeichniss, Raupen- u. Schmetterlings-Kalender f. europäische Gross-Schmetterlinge. Fol. (XIV, 78 S.) Warnick b/Cüstrin 896. (Berlin, R. Friedländer & Sohn). n. 3.—; m. Auszug (19 Bl.) n. 3.40

Koch, A., Sammlungs-Verzeichnis, Raupen- u. Schmetterlings-Kalender f. europäische Gross-Schmetterlinge. Allen Freunden der Schmetterlingskunde gewidmet. 2 Aufl. (III, 100 S.) Lex. 8. Berlin 908. E. A. Böttcher. 4.—, geb. 5.—; u. durchsch. 6.—; Auszug daraus. (I, 22 Bl.) —60

Koch, A. (III.), die Schriftlehre von der Taufe, dargestellt in einer Predigt am sechsten Sonntag nach Trinitatis über Römer 6, 3—11. Nebst einem Anhang: Die Wiedergeburt. gr. 8. (24 S.) Oldenburg 882, Schulze'sche Hofbuchh. *

Koch, A., die Schule u. das Fremdwort. gr. 8. (IV, 85 S.) Essen 890. Baedeker. n. 1.60

Koch, A., Schüler-Commentar zu Homer's Odyssee. 8. (IV, 99 S.) Prag Tempsky 1898 —.40

Koch, A. Über Seeversicherung für fremde Rechnung. 1883.

—— deutsch-griechisches Taschenwörterbuch, nebst einem kleinen Wörterbuch der Eigennamen. 2. Aufl. 16. (III, 512, 71 S.) Ebendas. 886. M 1.80.; geb. *

—— Deutsch-griechisches Taschenwörterbuch, nebst e. kleinen Wörterbuch der Eigennamen. 3. u. 4. Aufl. 16. (IV, 512, 71 S.) Ebd. 889,92. 1 80; geb. * 2 50

— deutsch-griechisches Taschenwörterbuch, nebst e. kleinen Wörterbuch d. Eigennamen. 5. Aufl. 16. (IV, 512 u. 71 S.) Ebd. 896. 1. 80; geb. in Halbfrz. n. 2. 50

— griechisch-deutsches Taschenwörterbuch. 5. Aufl. gr. 16. (III, 462 S.) Ebd. 898. 1. 80

— deutsch-griechisches Taschenwörterbuch nebst e. kleinen Wörterbuch der Eigennamen. 7. Aufl. gr. 16. (IV, 512 u. 71 S.) Ebd. (902). 1. 80; geb. in Halbfrz. n. 2. 50

— deutsch-griechisches Taschenwörterbuch nebst e. kleinen Wörterbuch der Eigennamen. 8. Aufl. (IV, 512 u. 71 S.) 16. Ebd. (904). n. 1. 80; geb. in Halbfrz. n. 2. 50

Koch, A., deutsch-griechisches Taschenwörterbuch nebst e. kleinen Wörterbuch der Eigennamen. 9. Aufl. (IV, 512 u. 71 S.) 16. Berlin (907). Friedberg & Mode. 1.80; geb. in Halbfrz. 2. 50

—— deutsch-lateinisches Taschenwörterbuch. Nebst einem Anhang der geograph. Eigennamen. 3. und 4. Aufl. gr. 16. (V, 407 S.) Ebendas. 888. M 1.25., geb.

—— Deutsch-lateinisches Taschenwörterbuch. Nebst e. Anh. der geograph. Eigennamen. 5.—7. Aufl. 16. (VII, 400, 7 S.) Ebd. 889—892. 1 25; geb. in Hlbfrz. * 1 80

— deutsch-lateinisches Taschenwörterbuch. Nebst e. Anh. der geograph. Eigennamen. 6.—8. Aufl. 16. (V, 407 S.) Ebd. 891—894. 1. 25; geb. in Halbfrz. n. 1. 80; m. dem lateinisch-deutschen Tle. in 1 Bd. 2. 50; geb. n. 3. 40

— deutsch-lateinisches Taschenwörterbuch. Nebst e. Anh. d. geograph. Eigennamen. 11. Aufl. gr. 16. (V, 400 u. 7 S.) Ebd. 898. 1. 25

— deutsch-lateinisches Taschenwörterbuch. Nebst e. Anh. der geograph. Eigennamen. 14. Aufl. gr. 16. (V, 400 u. 7 S.) Ebd. 901. n. 1. 25; geb. in Halbfrz. n. 1. 80

— deutsch-lateinisches Taschenwörterbuch. Nebst e. Anh. der geograph. Eigennamen. 15.—17. Aufl. (à V, 400 u. 7 S.) 16. Ebd. 903. 905. n. 1. 25; geb. in Halbfrz. n. 1. 80

—— Deutsch-lateinisches Taschenwörterbuch. Nebst e. Anh. der geograph. Eigennamen. 20. Aufl. (V, 400 u. 7 S.) 16. Ebd. (908). 1.25; geb. in Halbfrz. 1. 80

—— Taschenwörterbuch der lateinischen Eigennamen. Mit besond. Berücksicht. der griech. und röm. Mythologie. 16. (V, 217 S.) Ebendas. 881. *

—— griechisch-deutsches und deutsch-griechisches Taschenwörterbuch. 2 Thle. in 1 Bde. 16. (III, 462; III, 583 S.) Ebendas. 881. à Thl. M 1,80.

—— griechisch-deutsches Taschenwörterbuch. 2. Aufl. 16. (III, 462 S.) Ebendas. 888. M 1.80.; geb. *

— griechisch-deutsches Taschenwörterbuch. 3. Aufl. 16. (III, 462 S.) Ebd. 892. 1. 80; geb. in Halbfrz. n. 2. 50

— griechisch-deutsches Taschenwörterbuch. 6. Aufl. gr. 16. (III, 462 S.) Ebd. (900). 1. 80; geb. in Halbfrz. n. 2. 50

— griechisch-deutsches Taschenwörterbuch. 7. u. 8. Aufl. (à III, 462 S.) 16. Ebd. (903. 904). n. 1. 80; geb. in Halbfrz. n. 2. 50

— Griechisch-deutsches Taschenwörterbuch. 9. Aufl. (III, 462 S.) 16. Ebd. (907). 1.80; geb. in Halbfrz. 2. 50

—— lateinisch-deutsches und deutsch-lateinisches Taschenwörterbuch. 2 Thle. in 1 Bde. 1. und 2. Aufl. 16. (V, 222; 489 S.) Ebendas. 881,83. à Thl. M 1,25.

— lateinisch-deutsches u. deutsch-lateinisches Taschenwörterbuch. 2 Bde. 3. Aufl. 16. Ebend. 886. à 1. 25; geb. à n. 1. 80; in 1 Bd. geb. n. 2. 50
1. Lateinisch-deutsch. (V, 222 S.) — 2. Deutsch-lateinisch. Nebst e. Anh. der geograph. Eigennamen. (V, 407 u. Anh. 82 S.)

Koch, A. (II.), lateinisch-deutsches und deutsch-lateinisches Taschenwörterbuch. 2 Tle. in 1 Bd. 3. Aufl. 16. (V, 222; V, 407; Anhang, aus „Der kleine Lateiner", 81 S.) Berlin 887, Friedberg und Mode.

—— lateinisch-deutsches Taschenwörterbuch. 4. Aufl. 16. (V, 222 und Anhang 82 S.) Ebendas. 888.

—— Lateinisch-deutsches Taschenwörterbuch. 5. u. 6. Aufl. 16. (V, 222, 32 S.) Ebd. 890,92. 1 25; geb. in Hlbfrz. * 1 80

— lateinisch-deutsches Taschenwörterbuch. 6. u. 7. Aufl. 16. (V, 222 u. 82 S.) Ebd. 892. 894. 1. 25; geb. in Halbfrz. n. 1. 80; m. dem deutsch-lateinischen Tle. in 1 Bd. 2. 50; geb. n. 3. 40

— lateinisch-deutsches Taschenwörterbuch. 8. Aufl. gr. 16 (V, 222 u. 82 S.) Ebd. 896. n. 1. 25; geb. in Halbfrz. n. 1. 80

— lateinisch-deutsches Taschenwörterbuch. 12. Aufl. gr. 16. (V, 222 u. 82 S.) Ebd. (901). n. 1. 25; geb. in Halbfrz. n. 1. 80

— lateinisch-deutsches Taschenwörterbuch. 13.—15. Aufl. (à V, 222 u. 82 S.) 16. Ebd. 903. 904. 905. n. 1. 25; geb. in Halbfrz. n. 1. 80

— Lateinisch-deutsches Taschenwörterbuch. 17. Aufl. (V, 222 u. 82 S.) 16. Ebd. (908). 1.25; geb. in Halbfrz. 1. 80

— Uebersicht über die Heilsgeschichte. Abhandlung u. Predigt. 8. (120 S.) Ebend. 879. n. 1. 60

Koch, A., aus Frankfurts Vergangenheit. Architecturstudien, nach der Natur gezeichnet u. beschrieben. Fol. (25 Lichtdr.-Taf. m. 7 S. Text.) Frankfurt a/M. 894. H. Keller. In Leinw.-Mappe. n. 25. —

Koch, A., Vorschläge zur Begründung und Erhaltung einer selbständigen Hannoverischen Pferde-Race. gr. 8. (31 S.) Hannover 864, Schmorl und v. Seefeld. *

Koch, A., die Vorzeichen der Wiederkunft Christi nach Matth. 24, 1—36. Vortrag. Bremen 870. (Barmen, Klein.) 8. (28 S.) n. 5 ngr.

— über die Wichtigkeit der speciellen Seelsorge in unsern Tagen. Vortrag, in der Pastoral-Conferenz zu Gnadau gehalten. 8. (35 S.) Wittenberg 881, Wunschmann. *
Aus: Evangelische Kirchenzeitung, besonders abgedruckt.

Koch A. Zeichnung e. rotier. Dampfmaschine m. Umsteuerung. (2 Bl) gr fol Breslau 1872

Koch, A. J., kritische Bemerkungen über die bisherigen Tonlehren u. Andeutungen zu Reformen. [Aus: Sitzungsber. der k. Akad. der Wiss.] Wien 865. (Gerold's Sohn.) Lex.-8. (23 S.) n. 4 ngr.

Koch, A. J., neue Tonlehre aus den natürlichen Gesetzen der Töne. gr. 8. (XI, 160 S. m. 28 lith. Tab.) Wien 874. Gerold's Sohn in Comm. n. 8. —

Koch, A. L., s. Albrand, Ed., das Soolbad zu Sülz.

Koch, A. L. II., allgemeine Einleitung in die Erziehungswissenschaft. gr. 8. Gießen 828. Heyer. 2 gr.

Koch, A. L. I., über d. angeschwemmte Land u. die über demselben verbreiteten Felsblöcke Mecklenburgs. 8. Rostock 825.

Koch A. R. v., Juden-Spiegel. gr. 8. (72 S.) London 850, Luppert und Comp.

Koch, Adm. Fr., gründl. Anleitung zum Clavierstimmen, nebst e. neuen Anzeige, jedes Saiteninstrument vortheilhaft u. richtig zu beziehen. 8. Stuttg. 806. Sonnewald. 3 gr.

— Anweis. zur vollständ. Zielerberechnungsmethode. Mit vielen berechn. Tafeln. gr. 8. Stuttg. 787. Mag. f. Lit. 9 gr.

— leichtfaßl. Entwicklungsmethode der vier Rechnungsarten in Brüchen, nach Pestalozzi, durch Fig. u. Linien abgebildet. 8. Stuttg. 806. Sonnewald. 4 gr.

— neue arithmet. Exempeltafeln. 1e u. 2e Lief. 8. Stuttg. 803 —4. Mag. f. Lit. 1 Thlr. 8 gr.

— Rechenbuch f. alle St. 8. Stuttg. Magaz. f. Lit. 808.

— Rechenbuch für alle Stände, oder Anweis. zum Rechnen, bei allen Vorfällen d. Lebens. 8. Stuttg. 808. (Sonnewald). 12 gr.

— Versuch e. theoret. prakt. Anleitung zur Ausübung der Geometrie u. Gnomonik rc. Mit 9 Kpft. 8. Stuttg. 796. Erhard. (a. Hofmann.) 14 gr.

— Versuch e. gemeinverständl. Lehrbuchs d. Arithmetik. 8. Stuttg. 800. Mit Jahrz. 810. Ebd. Sonnewald. 12 gr.

Koch, Adf. (II.), Fürst Alexander von Bulgarien. Mittheilungen aus seinem Leben und seiner Regierung nach persönl. Erinnerungen. gr. 8. (282 S. mit 1 Bilde des Fürsten in Lichtdr. und 3 Abbild.) Darmstadt 887, Bergsträßer. *
geb. *

Koch, Adf., die Bauart u. die Einrichtung der städt. Schulen in Frankfurt a/M. Vortrag, geh. im Frankfurter Architekten- u. Ingenieur-Verein am 12. II. 1900. Lex.-8. (20 S. m. 3 Abb.) Frankfurt a/M. 900. F. B. Auffarth. n. 1. 50

Koch, Adolph, aus Tübingen: Über die aus dem grünen Chromchlorid-⟨bromid⟩hydrat durch Silbersalze fällbaren Chlormengen. *Leipzig 1904: Metzger & Wittig.* (42 S.) 8°
Tübingen, Naturw. Diss. v. 1904

Koch, Adolphus ⟨geb. am 26 Aug. 1829 in Bremen⟩: Exercitationes criticae in priscos poetas Romanos ... Bonnae, form. F. P. Lechneri 1851. 1 Bl., 37 S., 1 Bl. 8.
Bonn, Phil. Fak., Diss. v. 31 Mai 1851

Koch, Adf., über die schwefelhaltigen Farbstoffe aus Dimethyl- u. Paraphenylendiamin. Inaugural-Dissertation. gr. 8. (32 S.) Berlin 880. (Göttingen, Vandenhoeck & Ruprecht.) n. — 80

Koch, Adf. (I.), Hermann von Salza, Meister des Deutschen Ordens [† 1239]. Ein biograph. Versuch gr. 8. (IX, 140 S.) Leipzig 885, Duncker und Humblot. *

Koch, Adf., der semitische Infinitiv. Eine sprachwissenschaftl. Untersuchung. 8. (71 S.) Stuttgart 874, Schweizerbart'sche Verlagsh. *

Koch, Adf. (II.), Küchen- und Haushaltungschemie. Leitfaden der Chemie mit besond. Berücksicht. der Gesundheitslehre, für Lehrerinnen-Seminare, höhere Töchter- und Mädchenschulen, sowie für das Haus nach method. Grundsätzen bearb. gr. 8. (VII, 110 S. mit 65 in den Text gedr. Holzschn.) Hannover 884, Hahn'sche Buchh. *

Koch, Adf., Mineralogie, nebst dem wichtigsten aus der Bildung der Erdrinde. Für Schulen u. zum Selbstunterricht in neuer Rechtschreibung bearb. gr. 8. (VII, 86 S. m. eingedr. Holzschn.) Emden 880. Haynel. n. 1. 20; cart. n. 1. 40

— Moabitisch od. Selimisch? Die Frage der moabit. Alterthümer neu untersucht. Mit 5 lith. Taf. (in qu. gr. 4. u. qu. Fol.) gr. 8. (VIII, 98 S.) Ebend. 876. n. 3. 60

Koch, Adf. (I.), die frühesten Niederlassungen der Minoriten im rechtsrheinischen Bayern. gr. 8. (35 S.) Heidelberg 880, C. Winter's Universitäts-Buchh. *

— die frühesten Niederlassungen der Minoriten im Rheingebiete u. ihre Wirkungen auf das kirchliche u. politische Leben. Von der philosoph. Fakultät der Universität Heidelberg preisgekrönte Abhandlung. gr. 8. (VIII, 118 S.) Leipzig 881. Duncker & Humblot. n. 2. 80

— über den deutschen Orden u. seine Berufung nach Preußen, s.: Sammlung v. Vorträgen.

Koch, Adolf, aus Frankfurt a. M.: Über die elektrolytische Reduktion von Nitrophtalsäuren u. Nitrodiphenylen. *Giessen 1900: v. Münchow.* (56 S.) 8°
Giessen, Phil. Diss. v. 1900

Koch, A., s.: Regesten der Pfalzgrafen am Rhein.

Koch, Adf., die neueren Schulgebäude der Stadt Frankfurt a. M. (36 S. m. 26 Taf.) gr. 8. Frankfurt a/M. 904. F. B. Auffahrth. n. 3. 50

Koch, *Friedrich Franz* Adolf [Marine-Stabsarzt a. D. aus Giessen]: Über Streptokokkenpneumonien ... Leipzig, Druck v. A. Edelmann Univ.-Buchdr., *1896*; 46 S. 8.
Leipzig, Med. Fak., Inaug.-Diss. v. 12. Dez. 1896

Koch, Adf., s.: Studien üb. das Zeitungswesen.

Koch, Alb. Der Hochbaudienst. Eine Darstellg. d. Geschäftsganges nach den Vorschriften f. die Bauten der k. württemberg. Finanz-Verwaltg. gr. 8. (X, 269 S.) Tüb. 889, Laupp. * 4 —

Koch, Alb C, s. Koch, Albert Karl

Koch, Albert Abrifs der deutschen Metrik (Für Schulen.) 16 S. **Progr.** Fr Wi. Rg. *Stettin* 1881.

Koch, A. Schweizerischer Baukalender. V. Jahrg. 1884. In-8°, 326 S. Zürich, C. Schmidt. geb. 4 —

Koch, A. Schweiz. Baukalender. 6. Jahrg. 1885. In-8°. 113 S. Zürich, C. Schmidt. 4 —

Koch, Albert, a. Groß-Rossau in d. Altmark: Das Klima von Halle, vom Saal- und Mansfelder Seekreise. (Allgemeine Übersicht und Temperaturverhältnisse). Halle a. S. 1907: Waisenhaus. (32 S.) 8° ¶(Erscheint vollst. in: Heimatkunde des Saal- u. Mansfelder Seekreises.)
Halle, Phil. Fak., Ref. Brückner, Diss. v. 24. Jan. 1907
[Geb. 18. Mai 81 Gr.-Rossau (Altmark); Wohnort: Halle a. S.; Staatsangeh.: Preußen; Vorbildung: Gymn. Seehausen (Altm.) Reife O. 00; Studium: Halle Theol. 3, Naturw 11 S.; Rig. 13. Nov. 06.]

Koch. Albert [approb. Arzt aus Ascheberg, Westfalen] Ueber Contusions-Pneumonie. Ein Beitrag zur Aetiologie der croupoesen Pneumonie. München, Druck v. J. B. Grassl. 1886; 43 S. 8°
München Med. Fak., Inaug. Diss. v. 1886.

Koch, Albert (Architect in Zürich). Taschenbuch der Schweizer Baupreise für 1880, nebst Anhang, enthaltend: Normen für die einheitliche Lieferung und Prüfung von Portland-Cement; Norm für die Honorirung architektonischer Arbeiten und Noticen zur Aufstellung von Verträgen. In-8°. Mit 2 Tafeln. Zürich, Cäsar Schmidt. 1880. Geb. 3 50

Koch, Albert, Prof.: Ueber den **Versbau in Goethes Iphigenie.** *Stettin 1900: R. Grassmann.* (S. 3—20.) 4°
Stettin, Friedrich-Wilhelms-S (RG nebst VS), P 1900 (160)

Koch, [Albert], Prof. Ueber den **Versbau** in Goethes Tasso und Natürlicher Tochter. *Stettin 1902: R. Graßmann.* (S. 3—22.) 4° ¶(Forts. d. P-Beil. 1900: Versbau in Goethes Iphigenie.)
Stettin, Friedrich-Wilhelms-RG (Friedr.-Wilh.-S), P 1902 (167)

Koch, Albert Friedrich [aus Berlin]: Zwei Fälle von Aneurysma der Aorta, frische, ulceröse Endaortitis mit Perforation ins Pericard. Berlin, C. Vogt's Buchdr., *1893;* 44 S., 2 Bl. 8.
Berlin, Med. Fak., Inaug.-Diss. v. 4. Aug. 1893

Koch, Albert Karl

Koch, A. Bemerkungen über die aus mehreren Arten bestehende Familie der Hydrarchen der grossten und gewaltigsten Raubthiere der Urwelt. Nebst einigen Karten über die Auffindung des grossen, zu jener Familie gehörenden Zeuglodon macrospondylus Muller. 2. Ed. Breslau. 8.

—— — Kurze Beschreibung des Hydrarchos Harlani (Koch), eines riesenmässigen Meerungeheuers und dessen Entdeckung in Alabama N. A. Dresden (ohne Jahr). 8.

Koch, Alb. C., Beschreibung des Missurium Theristokaulodon (Koch) od. Missuri-Leviathan (Leviathan-Missuriensis); die vermuthete Lebensart desselben u. indianische Traditionen üb. den Ort, wo es ausgegraben wurde; ferner Vergleichungen des Wallfisch, des Krokodil und des Missurium mit dem Leviathan, wie solcher im 41. Capitel des Buches Hiob beschrieben wird. Nach der 4. Ausg. des engl. Orig. gr. 8. (1⅜ B. u. 1 Stnt.) Magdeburg 844, Baensch.
Aus: Lüdde's Zeitschrift f. vergleichende Erdkunde besond. abgedruckt.

— Hydrarchos, siehe Carus, C. G., Resultate etc.

—— Lebensbilder und Reisen in Amerika, s. Beyer, M.

—— Reise durch einen Theil der vereinigten Staaten von Nordamerika in den J. 1844 bis 1846. gr. 8. (166 S. und 2 Taf. Abbild.) Leipzig 847, Arnoldische Buchh.

—— die Riesenthiere der Urwelt od. das neuentdeckte Missourium Theristocaulodon (Sichelzahn aus Missouri) u. die Mastodontoiden im Allgemeinen u. Besondern, etc. Lex.-8. (6¾ B. u. 8 Taf. Abbild.) Berlin 845, Duncker.

Koch, Albert Carl, die sechs Schöpfungstage oder die Mosaische Schöpfungsgeschichte in vollem Einklange mit der Geognosie, nebst einer kurz gefaßten Naturgeschichte der merkwürdigsten Geschöpfe der Urwelt. gr. 8. (III und 51 S.) Wien 852, Mechitaristen-Congregations-Buchh.

— das Skelet des Zeuglodon macrospondylus, s.a.: Abhandlungen, naturwissenschaftl., herausggb. von W. Haidinger, IV. Bd.

Koch, Alb. Das Skelet des Zeuglodon Macrospondylus. Wien 1851. 4.

Koch, Albin, rationelle und wohlfeile Ernährungsmethode nach richtig gewählten Nahrungsstoffen. Anweisung für alle öffentl. Civil- und Militair-Verpflegungsanstalten, sowie für diejenigen, welche ein zahlreiches Personal zu verpflegen haben. 2. Aufl. 16. (V und 76 S.) Leipzig 859, Ruhl. *

— die Nahrung, wie sie sein muß, um die Gesundheit zu erhalten, Kraft zu geben und Geld zu sparen. Ein Führer zum Wohlstand. 2. Aufl. Berlin 861. Reymann. 16. (2 Bl., 76 S.) 7½ ngr.

Koch, Albin, die Nahrung wie sie sein muß, um die Gesundheit zu erhalten, Kraft zu geben und Geld zu sparen. Ein Führer zum Wohlstand. 3. (Titel-)Aufl. 16. (III und 76 S.) Hildburghausen (861)66, Kesselring'sche Hofbuchh.

Koch, Albin, die Stärkung der Nerven als Kräftigung des Geistes u. zur Hebung vieler körperlicher Leiden des Menschen. Ein Rathgeber für Nervenleidende u. Alle, welche geistig frisch u. körperlich gesund bleiben wollen. 17. Aufl. 16. (66 S.) Naumburg 880. Regel. n. — 60

—— Wasser, Bier oder Wein, was soll ich trinken? Ein Rathgeber für Alle, welche diese Getränke zum Vortheil für ihre Gesundheit genießen wollen. Nebst einem Anhang über Branntwein, Kaffee, Thee, Chocolade und einige andere Getränke. 16. (88 S.) Leipzig 857, Ruhl. *

Koch, Alexander

—— Adressbuch der europäischen Tapetenfabriken und Tapetenhandlungen von Deutschland, Oesterreich-Ungarn, Schweiz, Holland, Belgien u. Luxemburg. Zusammengestellt v. Alex. Koch. 2. Aufl. Darmstadt 1891. 12.

Koch, Alxdr, Adressbuch der deutschen Tapetenhandlungen u. europäischen Tapetenfabriken. Darmstadt 1889. 16.

Koch, Alex., s.: Ausstellung, I. internationale, f. moderne dekorative Kunst in Turin.

Koch, Alex., s.: Bau- u. Ingenieur-Kalender, schweizerischer.

—— s. Baumaterialien, die, der Schweiz an der Landesausstellung 1883.

Koch, Alex, Bericht üb. Gruppe 17 der schweizerischen Landesausstellung Zürich 1883: Keramik. gr. 8. (105 S. m. 6 Tab.) Zürich 884. Orell Füssli & Co. Vorl. n. 2. —

Koch, Alex., ein malerisches Bürger-Heim, s.: Werle, Herm.

— u. Vict. Zobel, Darmstadt, e. Stätte moderner Kunst-Bestrebgn. Mit Text-Beiträgen v K. u. Z., nebst 88 Abbildgn. Darmstädter Bauten. (VIII, 66 S.) Lex.-8. Darmstadt (905). Verlagsanstalt A. Koch. Geb. n. 5. —

Koch. Alexander [aus Marburg]: Über Desinfection der Scheidentampons .... Heidelberg, *C. F. Winter'sche Buchdr. in Darmstadt*, 1886; 22 S. 8°.
Heidelberg, Med. Fak., Inaug.-Diss. v. 1886.

Koch, Alexander, über Desinfection der Scheidentampons. Diss. Heidelberg 1886, Theodor Groos. 8°. 22 S.

Koch A, Grossherzog Ernst Ludwig und die Ausstellung der Künstlerkolonie in Darmstadt von Mai bis Oktober 1901. (398 S 10 T) 4° Darmstadt 1902

Koch, Alexander: Philosophische Erörterungen über die Stellung der Geschichtswissenschaften. Hildburghausen (1905): Nonne's Erben. (IV, 52 S.) 8° (Erscheint vollst. u. d. Titel: Ein neues System der Wissenschaften i. Thüring. Verlag Leipzig.)
Jena, Phil. Fak., Ref. Eucken, Diss. v. 29. Nov. 1905
[Geb. 9. Aug. 73 Berlin, Wohnort: Berlin; [illegible] Preussen; Vorbildung: Luisenstadt. Gymn. Berlin Reife O. 92. Studium Berlin 5, Tübingen 1, Jena 5 S., Rig. 3. M[illegible]]

Koch's, Alex., Geschäfts-Adressbuch IV u. V. 12. Darmstadt 894. A. Koch. Geb. in Leinw. à n. 5. -; zusammen bezogen n. 8. -
IV. Adressbuch der europäischen Tapeten-, Teppich-, Portièren-, Möbelstoff-, Kattun-, Cretonne-, Gardinen-, Stickerei- u. Linoleum-Fabriken, sowie der Adressen v. Muster-Zeichnern f. diese Branchen. (VI, 144 S.)
V. Adressbuch der deutschen Möbel-Fabriken u. Kunst-Schreinereien, grösseren Möbel- u. Dekorations-Geschäfte, ferner die Adressen der europ. Tapeten-Handlgn. (v. Deutschland, Oesterreich-Ungarn, Schweiz, Holland, Belgien u. Luxemburg), sowie die Teppich-Handlgn. v. Deutschland. (V, 203 S.)
Die Adressen der Adressbücher I—III sind in Nr. IV u. V mit enthalten.

– Das vornehme deutsche Haus, s. Werle, Hermann

Modern Home-Decoration. Editor Alexander Koch. Vol. I. *Darmstadt, Leipzig, Stuttgart: A. Koch (1895).* 2. [97. 2793

— s.: Kunst-Ausstellung, nordwestdeutsche, Oldenburg 1905.

Koch A, modernes Kunstgewerbe. I. II. III. fol Darmstadt 1895-99

Koch, Alex., modernes Kunstgewerbe. 2. u. 3. Bd. Fol. Darmstadt, A. Koch. Geb. in Halbleinw. à n. 75. —; erm. Pr. à n. 20. —; (kplt. n. 50. —)
2. Mod. Innen-Architektur u. innerer Ausbau. (128 Taf.) 898.
3. Moderne Möbel u. Innen-Räume. (120 Taf.) 899.

– (Hrsg.), s.a. Landes-Ausstellung, Hessische

Koch A, Hessische Landesausstellung Darmstadt 1908. (28 u 158 S 4 T) 4° Darmstadt 1909

Koch, Alex., Die Lungenwurmkrankheit der Schweine. (12 S. mit einer col. Tafel) 8. —.80
Wien: Perles 1895

Koch A, moderne Möbel- und Zimmereinrichtungen. (120 T) fol (Koch A, Modernes Kunstgewerbe III) Darmstadt 1899

Koch's Monographien. II. III. V. u. IX. 4. Darmstadt, Verlagsanstalt A. Koch. Geb. in Leinw. n. 38. —
II. Das Kleid der Frau, m. weiteren Entwürfen v. Pet. Behrens, H. van de Velde, Else Oppler u. a. Ein Beitrag zur künstler. Gestaltg. des Frauen-Kleides. Von Alfr. Mohrbutter. Mit ca. 70 Abbildgn ausgeführter Kleider, 20 Entwürfen, (darunter 8 farbig) u. 32 farb. Stoffmuster-Zusammenstellgn. u. Buchschmuck. (99 S.) (904.) Geb. n. 12. —
III. Das Nietzsche-Archiv zu Weimar. Von Paul Kühn. (39 S. m. Abbildgn.) (904.) n. 4. —; geb. n. 5. —
V. Ernst Moritz Geyger, Berlin-Florenz, u. sein künstlerisches Schaffen in Studien u. ausgeführten Werken: Malerei, Radierung, Plastik, Bronzen, Kleinkunst. Von M. Rapsilber. (56 S. m. Abbildgn.) (904.) Geb. n. 5. —
IX. Schmuck- u. Edelmetall-Arbeiten. Eine Auswahl moderner Werke hervorrag. deutscher, wie österreich., engl. u. französ. Künstler. Von Alex. Koch. (102 Taf. m. 6. u. 2 S. Text.) (906.) Geb. n. 16. —

Koch's Monographien XII u. XIII. Lex. 8. Darmstadt, Verlagsanstalt A. Koch. Geb. in Leinw. 5. —
XII. Entwürfe zu Architekturen u. Flächen-Dekorationen junger Wiener Künstler. Architekturen u. Modelle, Gartenanlagen, Innen-Räume, Möbel, Plastiken, ferner Plakate, Malereien, Keramiken, Studien u. dekorative Holzschnitte, ornamentale Schriften, Vorstzpapiere u. Tapeten, Webereien u. Stickereien. (Jung-Wien Ergebnisse aus der Wiener Kunstgewerbe-Schule. (71 S. m. Abbildgn.) (907.) Geb. in Leinw. 10 —
XIII. Schmitz', Professor Bruno, Hans „Rheingold", Berlin. (60 S. m. Abbild. u. 2 Taf.) (907.) Geb. in Leinw. 5. —
Der Preis d. II Monogr. (KBL. 33) ist auf 8.— ermässigt

Koch, Alex. (Architekt). Rapport über die leer stehenden Wohnungen am 1. December 1880 zu Zürich, bei 25,184 Einwohnern. Autogr. Tabelle. Zürich, Druck von J. J. Hofer. 1881.

— Schmuck- u. Edelmetall-Arbeiten, s.a. Koch's Monographien. IX.

Koch A, Schmuck und Edelmetallarbeiten. (103 T) 4° Darmstadt (1906)

Koch, Alex., s.a. Stickereien, moderne.

— moderne Stickereien. Eine Auswahl moderner Stickerei-Arbeiten in jeder Technik, sowie neuzeitl. Entwürfe hervorrag. Künstler u. Künstlerinnen. Im Anschluss an die Ausstellg. mod. Kunst-Stickereien in der grossherzogl. Central-Stelle f. die Gewerbe zu Darmstadt, Juli 1900, hrsg. gr. 4. (III, 58 S. m. z. Tl. farb. Abbildgn.) Ebd. (900). n. 4.50

Koch A moderne Stickereien. III. (98 S) 4° Darmstadt (1908)

Koch's europäisches Tapeten-Adressbuch. 1. Tl.: Europäische Tapeten-Fabriken, Linoleum- u. Linkrusta-Fabriken, Tapeten- u. Linoleum-Fabriken u. Importeure v. Nord-Amerika u. Kanada. 2. Tl. Europäische Tapetenhandlgn. (Einbd.: Tapeten-Fabriken u. -Handlgn. sowie Linoleum- u. Lincrusta-Fabriken v. Deutschland, Österreich-Ungarn, Belgien, Dänemark, Finnland, Frankreich m. Monaco, Grossbritannien u. Irland, Holland, Italien, Luxemburg, Norwegen, Portugal, Russland, Schweden, Schweiz, Spanien, Nordamerika.) 10. Aufl. (VIII, 320 S.) kl. 8. Darmstadt (910). Verlagsanstalt A. Koch. Geb. in Leinw. 6. —

– (Hrsg.), s Tapeten-Zeitung

Koch, A. Eine deutsche Welt-Ausstellung? Darmstadt 1910.

— s.: Zeitschrift, illustr. kunstgewerbl., f. Innen-Dekoration.

KOCH, Alexander Anton Gilbert von (Pressburg): De tumoribus uteri fibratis partum impedientibus. (Titel nach der Urkunde)
5.5.1877 - Urk; Chr 1876/77,10
Diss. Ingolst.-Landsh.-Mchn.

Koch, Alfr., Bodenbakteriologische Forschungen u. ihre praktische Bedeutung. Vortrag, geh. am 4. XII. 1903 in der ökonom. Gesellschaft im Königr. Sachsen. (20 S.) gr. 8. Leipzig 904. Berlin, R. C. Schmidt & Co. n. — 60

(E) Koch, Alfr., bodenbakteriologische Forschungen. 904. (KBL 33.) Jetzt: Leipzig, Fritzsche & Schmidt.

Koch, Alfr., Jahresbericht üb. die Fortschritte in der Lehre v. den Gährungs-Organismen. 1.—3. Jahrg. 1890—1892. gr. 8. Braunschweig, H. Bruhn. n. 23. 20
1. 1890. (VIII, 190 S.) 891. n. 6. — . — 2. 1891. (VIII, 271 S.) 892. n. 8. 60. — 3. 1892. (VIII, 276 S.) 893. n. 8. 60.

Koch, Alfr., Jahresbericht üb. d. Fortschritte in d. Lehre v. d. Gährungs-Organismen. 4. u. 5. Jahrg. 1893—1894. gr 8. (VIII, 312 u. VIII, 309 S.) Braunschweig 894. 96. H. Bruhn. à n. 9. 60

— dasselbe, Fortsetzg., s.: Jahresbericht üb. etc. Gährungs-Organismen.

Koch, Alfr., Lindau. Wanderungen durch Stadt und Gegend. gr. 16. (IV und 139 S.) Lindau 862, Stettner. cart. *

Koch, Alfr., Lindau. Wanderungen durch Stadt und Gegend. 2. Aufl. (IV, 144 S.) 1870; 3. neubearb. Aufl. Mit 2 Panoramen und 1 Uebersichtskärtchen. gr. 16. (VIII, 128 S.) Lindau 879, Stettner. cart. *

— Untersuchungen über die Ursachen d. Rebenmüdigkeit, s.a. Arbeiten d. deutsch. Landwirtschafts-Gesellschaft.

[S.] Untersuchungen über die Ursachen der Rebenmüdigkeit m. besond. Berücks. d. Schwefelkohlenstoffbehandlg. Im Auftr. d. Rebendünggs-Komm. in d. Jahren 1893—1896 ausgeführt v. Prof. Dr. Alfred Koch, Lehrer ... zu Oppenheim a. Rh. M. 5 Lichtbild. *Berlin: Dr. v. O. Thiele. Halle a. S. 1899.* (44 S., 5 Taf.) 1 Bd 8.
— Arbeiten d. Deutschen Landwirtschafts-Gesellschaft. H. 40.
[illegible]

Kooh, Alfred [aus Erfurt]: Über den Verlauf und die Endigungen der Siebröhren in den Blättern. Mit einer lithographirten Tafel. (Druck von Breitkopf & Härtel in Leipzig), 1884. 4. 13 S.

Koch, Alois, s.a. Encyklopädie der gesammten Thierheilkunde u. Thierzucht.

Koch, Alois, Encyklopädie d. gesam. Thierheilkunde u. Thierzucht, mit Inbegriff aller einschlägigen Disciplinen und der speciellen Etymologie. Handwörterbuch für praktische Thierärzte, Thierzüchter, Landwirthe u. Thierbesitzer überhaupt. Liefg. II. Lex. 8. (Bd. I. S. 81—144.) Wien, Moritz Perles. 1 fl. 1884.

Koch, Alois, Encyklopädie der gesamten Tierheilkunde und Tierzucht mit Inbegriff aller einschlägigen Disziplinen und der speziellen Etymologie. Mit 2471 Abb., 60 Taf. (2 Farbentaf.) u. 3 Portr. Wien 85—94. Perles. 11. Bd. à M. 20.—, kompl. geb. M. 220.—

Koch, Alois [Hrsg.], s.a. Handlexikon, Therapeutisches.

— therapeutisches Hand-Lexikon u. Receptsammlung f. Thierärzte [m. 465 Artikeln u. 1169 Heilformeln]. Unter Mitwirkg. bewährter Fachmänner hrsg. 8. (IV, 627 S.) Wien 892. M. Perles. n. 8. 50; geb. n. 9. 60

Koch, Alois, s.a. Handwörterbuch d. ges. Thierheilkunde u. Thierzucht.

— Handwörterbuch der gesamten Tierheilkunde und Tierzucht mit Inbegriff aller einschlägigen Disziplinen und der speziellen Etymologie. (Supplement zur Encyklopädie.) Ebd. 95—1900. 30 Hfte. à M. 1.80

Koch, Alois, landwirtschaftl. Haustierkunde, s.a. Thaer-Bibliothek. 111. Bd.

Landwirtschaftliche Haustierkunde. Was d. Landwirt über Tieranatomie, Zeugung, Entwicklung, Geburt u. Geburtshilfe u. über Gesundheitspflege wissen sollte. Von Dr. med. vet. Alois Koch, Doz. in Mödling. Mit 200 Textabb. Berlin: Parey 1910. VII, 204 S. 8°
(Thaer-Bibliothek. 111.) [illegible]

Koch, Alois, die Hundswuth. In populärer Weise dargestellt, um Jedermann deren Erkenntniß zu ermöglichen und sich vor Biß zu schützen. Die naturgemäße Haltung, Wartung, Pflege und Verwendung der Hunde. gr. 8. (18 S.) Wien 875, (F. Beck.) *

Koch, Alois, Lehre v. den gesunden u. kranken Haustieren. (Landwirtsch. Veterinärkunde.) 1. Tl. Gesundheitslehre, enth.: Formenlehre (Morphologie), Gesundheitslehre (Hygiene) sowie Geburtshilfe u. Exterieur der landwirtschaftl. Haustiere. (VI, 314 S. m. 284 Abbildgn. u. 6 Taf.) Lex.-8. Wien 907. M. Perles. n. 6. —; geb. n.n. 7. —

— Lehre v. den gesunden u. kranken Haustieren. (Landwirtschaftl. Veterinärkunde.) 2. (Schluss-)Tl., Krankheitslehre. (Und Huf- u. Klauenbeschlag.) Enth.: Krankheitslehre, Tierseuchenlehre, Tierseuchentilgg., Invasionskrankheiten, in alphabet. Anordng. sämtl. Tierkrankheiten u. Notbehelfe, Huf- u. Klauenbeschlag u. Tierschutz. (III, 332 S. m. 338 Abbildgn.) Lex. 8. Wien 907. M. Perles. 6.—; geb. n 7. —
1. Tl. Ebd. 907. 6.—; geb. n 7.—

— die Lungenseuche u. deren Tilgung. [Aus: „Oesterr. Monatsschr. f. Thierheilkunde u. Thierzucht".] (Internationaler land- u. forstwirthschaftl. Congress zu Wien 1890, Hft. 61.) gr. 8. (6 S.) Wien 890. (W. Frick.) n. — 80

— die Lungenwurmkrankheit d. Schweine. Progr. Lex.-8. (11 S. m. Abb. u. 1 farb. Taf.) Wien 895. M. Perles. n. 1. 60

— s.: Monatsschrift, österr., f. Thierheilkunde.

Koch, Alois, die Nematoden der Schaflunge. [Lungenwurmkrankheit der Schafe.] gr. 8. (32 S. mit 5 [4 Holzschn.- und 1 chromolithogr.] Taf.) Wien 883, Perles. *
Aus: Revue für Thierheilkunde und Thierzucht, besonders abgedruckt.

– (Hrsg.), s. Revue für Thierheilkunde und Thierzucht.

— s.: Veterinär-Kalender.

— Veterinär-Normalien, betr. die Organisation d. österr. u. ungar. Veterinärwesens einschliesslich Bosniens u. der Hercegovina. Sammlung von Veterinärgesetzen u. Verordngn., unter Mitwirkg. v. W. Czech, F. Grundt, F. Hutyra hrsg. 1. Bd.: Das Civil-Veterinärwesen. 1. Abth. 12. (420 S.) Wien 890. Perles. n. 3. 60

— dasselbe. 2. Bd.: Das Militär-Veterinärwesen. 12. (IV, 782 S.) Ebd. 890. n. 7. 60

— Veterinär-Normalien, betr. die Organisation des österr. u. des ungar. Veterinärwesens einschliesslich Bosniens u. der Herzegowina. Sammlung v. Veterinärgesetzen u. Verordngn., unter Mitwirkg. v. Wenzel Czech, Frz. Grundt, Frz. Hutyra u. a. hrsg. 1. Bd.: Das Civil-Veterinärwesen. 1. Abth. 2. Hälfte, u. 2. Abth. 8. Wien, M. Perles. n. 16. 40 (2 Bde. kplt.: n. 27. 60)
I, 2. (VII u. S. 421—1119.) 891. n. 6. 40
II. (XV, 894 S.) 894. n. 10. —

– (Hrsg.), s. Wochenschrift, Österreichische, für Thierheilkunde und Revue für Thierheilkunde und Tierzucht.

Des P. Ovidius Naso Briefe der Heroiden i 9 metrisch übersetzt — von Alwin Koch, Subr. · 1888, Frankenthal, ebenda. -- S. 3—42.
Progr Frankenthal (Pfalz) Kgl. isolierte Lateinschule

Koch, Alwin [aus Jena]: Ein Fall von Tabes dorsalis kombinirt mit chronischer Chorea auf luetischer Grundlage ... Jena, Frommannsche Hof-Buchdr., 1894; 24 S. 8.
Jena, Med. Fak., Inaug.-Diss. v [29. März] 1894

Sammlungs-Verzeichnis, Raupen- und Schmetterlings-Kalender für Europäische Gross-Schmetterlinge. Allen Freunden d. Schmetterlingskunde gewidmet von A[lwin] **Koch,** (Major a. D.). 2. Aufl. Berlin: E. A. Böttcher 1908. (100 S.) 4° 108. 3944

Koch, *Alwin*: Aus der Schule für die Schule. Übersetzung ausgewählter Kapitel des 24. Buches der röm. Geschichte des Livius 8 (46 S) II Auswahl aus Liv XXV und XXVI [übersetzt] 8 (64 S.) **Progr.** Kgl. Prg *Frankenthal* 1897 1899
Nicht im Tauschverkehr

Aus der Schule für die Schule. II: Auswahl aus Liv. XXV u. XXVI. — Von A. Koch, R. — 1899, Frankenthal, L. Göhring u. Cie. -- P. 3—64.
Progr Frankenthal, Progymn

Koch, Alwin. Schüler-Commentar zu Homer's Ilias 1. Heft 8. (V, 61 S.) .30, geb. —.50
— — 2. Heft. 8. (V, 54 S.) —.25, geb. —.45
Wien Tempsky 1898.

Koch, Alwin, Schüler-Kommentar zu Homers Ilias. 1. u. 2. Hft. 8. Leipzig 899. G. Freytag. n. — 90; Einbdc. à n. — 30
1. (VI, 61 S.) n. — 50. — 2. (VI, 54 S.) n. — 40.

— dasselbe zu Homers Odyssee. 8. (IV, 99 S.) Ebd. 898. n. — 70; geb. n. 1. —

Koch, Anastasia, neuestes und vollständigstes Wiener Original-Muster-Kochbuch, enth. bei 2000 am Herde erprobter Recepte. 12. Aufl. 8. (XII, 283 S.) Brünn 870, Karaflat. geb. *

Koch, Andreas Matthias, s. Koch, Matthias

Koch, Anton

Koch, A. (I.), Bericht über den am 3. Febr. l. J. stattgefundenen Meteorsteinfall von Mocs in Siebenbürgen. Lex.-8. (17 S. mit 1 eingedr. Holzschn.) Wien 882, (Gerold's Sohn.) *
Aus: Sitzungsberichte der k. Akademie der Wissenschaften, besonders abgedruckt.

Koch, A., geologische Beschreibung d. Sz.-Andrá-Visse-gráder- u. d. Pilser-Gebirges, s.: Mittheilungen aus dem Jahrbuche der k. ungar. geolog. Anstalt.

—— die alttertiären Echiniden Siebenbürgens, s.a. Mittheilungen aus dem Jahrbuche der königl. ungar. geologischen Anstalt.

Koch, Ant., die alttertiären Echiniden Siebenbürgens. gr. 8. (88 S. mit 4 lithogr. Taf. und 4 Bl. Erklärungen.) Budapest 885, (Kilian's Universitäts-Buchh.) *
Aus Mittheilungen aus dem Jahrbuch der kgl. ungar. geologischen Anstalt, besonders abgedruckt.

— u. K. Hofmann, Erläuterungen zur geolog. Specialkarte der Umgebung v. Bánffy-Hunyad. Bl. Zone 18 — Col. XXVIII. [1 : 75,000], geologisch aufgenommen u. erläutert v. A. K. u. zum kleinen Theil [Umgebg. v. Csucsa u. nördl. Saum d. Blattes] v. K. H. Lex.-8. (41 S.) Ebd. 889. n. 2. —

Koch, Ant., Erläuterungen zur geolog. Specialkarte der Länder der ung. Krone [1 : 75,000]. Hrsg. v. d. k. k. geol. Anstalt. Umgebgn. v. Alparét. Blatt $\frac{\text{Zone 17.}}{\text{Col. XXIX.}}$ gr. 8. (14 S.) Budapest 890. (Kilián.) n. — 80

— dasselbe. Umgebungen v. Torda. Blatt $\frac{\text{Zone 19.}}{\text{Col. XXIX.}}$ Lex.-8. (52 S.) Ebd. 890. n. 2. —

Koch, Ant., der heilige Faustus, Bischof v. Riez. Eine dogmengeschichtl. Monographie. gr. 8. (III, 207 S.) Stuttgart 895. J. Roth. n. 3. 50

Koch, Ant., Geschichte der 50jährigen Tätigkeit der ung. geologischen Gesellschaft. (S. 219—243 m. 2 Taf.) gr. 8. Budapest 902. (F. Kilián's Nachf.) n. 1. —
Sonderabdrucke aus: „Földtani Közlöny".

Koch, Ant., Lehrbuch der Moraltheologie. (XIV, 654 S.) gr. 8. Freiburg i/B. 905. Herder. n. 10. 50; geb. in Leinw. n. 12. —

Lehrbuch der Moraltheologie Von Anton **Koch,** Prof., Tübingen. 2., verm. u. verb. Aufl. Freiburg i. B. Herder 1907 (XIV, 682 S.) 8° [F.] 108. 7816

Koch, Ant., Lehrbuch der Moraltheologie. 3., verm. u. verb. Aufl. (XIV, 688 S.) gr. 8. Freiburg i/B. 910. Herder. 11.—; geb. in Leinw. 12. 50
2. Aufl. (XIV, 682 S.) 907. 11.—; geb. 12.50

Koch, Ant., Lehrbuch der Moraltheologie. 3., verm. u. verb. Aufl. (XIV, 688 S.) gr. 8. Freiburg i/B. 910. Herder. 11.—; geb. in Leinw. 12. 50
2. Aufl. (XIV, 682 S.) 907. 11.—; geb. 12.50

Koch, Anton [aus Flachsmeer in Ostfriesland] Über die Orter der Punkte, aus denen ein gegebener Kegelschnitt durch einen orthogonalen oder einen gleichseitigen oder einen der zu diesen dualen Kegel projiziert wird Münster, Druck d. Theissing'schen Buchh., 1887, 1 Bl., 78 S. 8°
Münster, Phil. Fak., Inaug. Diss. v [22. Dez.] 1887

Koch, Anton, über die Orter der Punkte, aus denen ein gegebener Kegelschnitt durch einen orthogonalen oder einen gleichseitigen oder einen der zu diesen dualen Kegel projiziert wird. Diss. Münster 1887, H. Mitsdörffer. 8°. 78 S.

KOCH, Anton (Eisenhut): De parotitide.- Monachii 1838. 16.3.1837 - Urk; P 63
Diss. Ingolst.-Landsh.-Mchn.

Koch, Ant., die Psychologie Descartes', systematisch u. historisch-kritisch bearb. gr. 8. (VIII, 318 S.) München 881. Kaiser. n. 6. —

Koch, Ant., s.: Quartalschrift, theologische.

Koch, Ant., die Tertiärbildungen des Beckens der Siebenbürgischen Landestheile, s.a Mitteilungen aus dem Jahrbuche der kön. ungarischen geologischen Anstalt.

Koch, Ant., die Tertiärbildungen des Beckens d. siebenbürgischen Landestheile. II. Neogene Abtheilg. Mit Unterstützg. der ung. Akademie der Wissenschaften u. der kgl. ung. naturwiss. Gesellschaft hrsg. von d. ung. geolog. Gesellschaft. Lex.-8. (370 S. m. 50 Fig. u. 3 Taf.) Budapest 900. (F. Kilián's Nachf.) n. 8.—
I u. d. T.: Mitteilungen aus dem Jahrbuche der kön. ungar. geolog. Anstalt. X. Bd. 6. Hft. Ebd. 894. n. 5.—.

—— Vita Heinrici IV. [Kritisch gewürdigt.] Inaugural-Dissertation. gr. 8. (III, 65 S.) Fulda 882. (Kassel, Freyschmidt.) *

Koch, Ant. Aloys, welche Einrichtung soll mit d. Grundsteuer nach rechtl. u. staatswirthschaftl. Grundsätzen bei e. vorzunehmenden Steuerberichtigung in Baiern getroffen werden? 8. Münch. 808. Lentner. 7 gr.

Koch, Arthur [aus Konitz in W. Pr.]: Aus d. physikal. Institut d. Univ. Greifswald. Ueber die Dämpfung der Torsionsschwingungen von verschiedenen Metalldrähten . . Greifswald. Druck v. F. W. Kunike, 1888; 2 Bl. + 28 S. u. 2 Taf. 8°
Greifswald, Phil. Fak., Inaug. Diss. v. 5. Mai 1888

Koch, Arth., Hauptpunkte d. deutschen Sprachlehre, s.: Gurcke, Gfr.

Koch, Arthur Alexander. Beitrag zur Bestimmung des Fluors in Wein, Bier und Mineralien. Diss. Phil. Basel. [Mit 2 Figuren.] 54 S. 8. Zürich, J. Leemann, 1904.

Koch, Arwed, Referendar Das Pfandrecht und Befriedigungsrecht des Kommissionärs. Borna-Leipzig 1910: Noske. IX, 85 S. 8°
Leipzig, Jur. Diss. v. 23. Juli 1910
Geb. 3 Aug. 88 Jena; Wohnort Jena; Staatsangeh.: Sachsen-Weimar; Vorbildung: Gymn. Jena Reife O 07; Studium: Genf 1, Heidelberg 2, Leipzig 1, Jena 2 S.; Rig. 2 Juli 10.] [U 10. 2765

Koch, Aug., Anleitung zur Erteilung des Gesangunterrichts in der Volksschule. Mit besond. Berücksicht. der im J. Stahl'schen Verlage erschienenen „Lieder für Volksschüler" und die „Singschule nach der Chevé'schen Elementar-Gesanglehre, von Fr. Th. Stahl" bearb. 8. (51 S.) Arnsberg 887, Stahl. cart. *

Koch, August [pract. Arzt aus Sterbfritz (Hessen-Nassau)]: Beiträge zur Casuistik der tuberkulosen Caries der Halswirbel . . . Würzburg, A. Memminger'sche Buchdr., 1886; 19 S. 8°
Würzburg, Med. Fak., Inaug.-Diss. v. 1886.

Koch, August, Beiträge zur Casuistik der tuberkulosen Caries der Halswirbel. Diss. Würzburg 1886, Stahelsche Univ.-Buchh. 8°. 19 S.

Koch, Aug., Marburg's geschichtliche Entwickelung mit Berücksichtigung seiner gewerbl. Verhältnisse. Vortrag gehalten im Handels- u. Gewerbeverein zu Marburg. Marburg 867. Koch. gr. 8. (20 S.) n. 3 ngr.

Koch, Aug. (II.), der Kaiser u. d. Narr od. das Tournier am Hofe. Großes romantisch. Ritterlustspiel in 4 Aufz. Preisstück, aufgeführt von d. mainzer Carnevalgesellschaft im J. 1846. Mainz 846, Wirth.

Koch, Aug. (I.), Commentar über den ersten Brief des Apostels Paulus an die Thessalonicher. 2. (Titel-)Ausg. gr. 8. (VIII und 456 S.) Berlin 855, L. Oehmigke's Verlag.

Koch, Aug. (I.), Commentar üb. den Brief Pauli an den Philemon. gr. 8. (10⅝ B.) Zürich 846, Orell, Füssli u. Comp.

Koch, Aug., Commentar über die Briefe des Apostels Paulus an die Thessalonicher. I. Thl.: Der erste Brief. gr. 8. (X und 456 S.) Berlin 849, L. Oehmigke.

Koch, Aug., neuer Lehrgang der gewerbl. Buchführung. Für Fortbildungsschulen so bearbeitet, daß Lehrlinge verschied. Gewerbe, welche e. Klasse m. 1 od. 2 Abteilgn. angehören, gleichzeitig unterrichtet werden können. gr. 8. (24 S.) Arnsberg 900. J. Stahl. n. —30

Koch, Aug., u. Paul Hanke, neuer Lehrgang der gewerblichen Buchführung unter besond. Berücksicht. der Steuererklärung. Für Unterrichtskurse u. Fortbildungsschulen bearb. Anh.: Der Wechsel- u. Scheckverkehr. 2., verm. u. verb. Aufl. (64 S.) gr. 8. Arnsberg 904. J. Stahl. n. —50

Koch, Aug., u. Paul Hanke, neuer Lehrgang der gewerblichen Buchführung unter besond. Berücksicht. der Steuererklärung. Für Unterrichtskurse u. Fortbildungsschulen bearb. Ausg. A. Für die Hand der Schüler. Anh.: Der Wechsel- u. Scheckverkehr. 3. verm. u. verb. Aufl. (80 S.) gr. 8. Arnsberg 907. J. Stahl. —60

— — dasselbe. Ausg. B. Für die Hand des Lehrers. Anh.: Der Wechsel- u. Scheckverkehr, Kalkulation usw. 3. verm. u. verb. Aufl. (96 S.) gr. 8. Ebd. 907. Geb. 1.20

—— Lieder für Volksschüler, unter Anlehnung an die „Anleitung zur Erteilung des Gesangunterrichts" ausgewählt und in Chevé'sche Tonziffern übertragen. 2 Hefte. 8. Ebendas. 887. [1. Heft. (24 S.) * 20 Pf.; 2. Heft. (80 S.) * 40 Pf.] *

Koch, Aug., ein landwirtschaftlicher Rückblick auf die letzten 60 Jahre u. auf 25 jährige Betriebsergebnisse e. Bauernwirtschaft, s.a. Arbeiten der Landwirtschaftskammer f. die Prov. Sachsen. 16. Heft.

Ein landwirtschaftlicher Rückblick auf die letzten 60 Jahre und auf 25-jährige Betriebsergebnisse einer Bauernwirtschaft. Von August Koch, Gutsbesitzer Halle a. S. Landwirtschaftskammer 1910. 67 S. 8°
(Arbeiten d. Landwirtschaftskammer f. d. Prov. Sachsen H. 16.) [10. 1163

Koch, August: Detmolder Schützengilde (1600—1837). Lippische Tageszeitung 35/1900 Sondernummer für Verkehrswerbung vom 29. Juli 1900. 815

Koch, Aug. (II.), Carnevals Triumph, oder die Helden des Jahrhunderts. Carnevals-Preisstück, aufgeführt von der mainzer Carnevals-Gesellschaft. 2. Aufl. gr. 16. (81 S.) Mainz 852, Wirth Sohn.

Koch, Aug. Ludw. Theod., allgem. Einleitung in d. Erziehungswissenschaft. gr. 8. (1½ B.) Gießen 828, [Heyer, Vater.]

Koch, Aug. Ludw. Theod., die Lehren des Christenthums. Ein Handbuch z. Selbsterbauung u. z. Gebr. f. Lehrer d. evangel.-protestant. Kirche, insonderheit bei Erklärung des in den Großherzogthümern Baden u. Hessen eingeführten Katechismus der christl. Lehre u. des kleinen Katechismus Dr. Mart. Luther's. 6 Hfte. gr. 8. (40 B.) Darmstadt 842—45, Leske. *

Koch, Aug. Ludw. Theod., Rechenaufgaben. Zugleich Mittel der Verbreitung gemeinnütziger Kenntnisse. Für Schule u. Haus. 1. Abth. Uebungsaufgaben z. Rechnung mit unbenannten u. gleichbenannten Zahlen. 8. (VIII u. 130 S.) Leipzig 847, Hartknoch. ⅓ rf — (1 u. 2. Abth.) 2. sehr verm. Ausg. 8. (VIII u. 248 S.) Ebd. 848. 18 ngr.

— s. Fr. Wilh. Dan. Snell, Naturlehre.

—— Weihestunden des Lebens. 8. (15 B. u. 1 Stnt.) Gießen 833, Ferber.

Koch, Aug. W., die Grippe, ihre Entsteh. u. Behandlungsart nach homöopath. Grundsätzen. Lex.=8. (1 B.) Stuttgart 837, Neff.

Koch, Aug. W., die Homöopathie, physiolog., patholog. u. therapeutisch begründet, od. das Gesetz des Lebens im gesunden u. kranken Zustande. gr. 8. (39½ B.) Carlsruhe 846, Macklot.

Koch, Aug. W., die Homöopathie, physiologisch-pathologisch und therapeutisch begründet, oder das Gesetz des Lebens im gesunden und kranken Zustande. Neue (Titel-)Ausg. gr. 8. (XVI und 614 S.) Mannheim 852, Bensheimer.

Koch, Auguste

[F.] Denken und Handeln. Den deutschen Männern u. Frauen gewidmet v. Fr[au] Fr[idolin] [d. i. Frau Kreisbaumeister Koch]. Vf. v. 'Zurück zu Christus'. 2. Zehntaus.... *Berlin: A. Koch 1898.* (3 Bl., 72 S.) 1 Bd 8.
[98. 10424

Ergänzungen zu Denken und Handeln. Gewidmet den deutschen Männern und Frauen von Fr[au] Fr[idolin] [d. i. Frau Kreisbaumeister Auguste Koch]. *Birkenwerder/Berlin: A. Koch (1899).* (69 S.) 8° [F. u. Ant.]
[00. 4303

Koch, B., Anatomie u. Physiologie d. männlichen Zeugungsorgane. 8. (16 S. m. 6 Abb.) Leipzig 893. Berlin, W. Möller. — 50

— dasselbe d. weiblichen Zeugungsorgane. 8. (16 S. m. 6 Abb.) Ebd. 893. — 50

Koch, B.: Jurisdictionsstreit des Benediktinerstiftes Marienberg mit den Herren von Trapp. 36 S. 4° II. Th. 44 S. 8° – Meran, OG., Progr. 1872, 1873.

Koch, B. M. W., über die rechte Gestalt des individuellen Daseins, m. besond. Berücksicht. der Religion. Eine welt- u. menschenfreundl. Betrachtung. gr. 8. (39 S.) Berlin 880. Mrose. n. 1. —

— — Recensenten-Ungebühr. Ein kleiner Beitrag zur Beleuchtung der literar. Corruption. gr. 8. (18 S.) Ebendas. 881.

— Sonette biblischen Inhalts. 12. (IV, 80 S.) Ebend. 880. n. 1. 20

Koch, Bernhard

Bericht über die Provinzialausstellung Altona vom 24.–29. Mai 1905. Im Auftr. d. Ausschusses f. Ausstellungswesen bearb. von Geschäftsführer [Bernhard] Koch, Kiel, u. Reg. Baumeister Schiller, Berlin. Kiel 1906: Vollbehr & Riepen. (75 S.) 8°
= Arbeiten d. Landwirtschaftskammer f. d. Prov. Schleswig-Holstein. H. 12.
[06. 13447 6

Koch, Bernhard [aus Biberschlag in Sachsen-Meiningen 1. Assist. am math.-phys. Inst. d. Univ. Marburg]: Experimental-Untersuchung eines Solenoides, welches selbst wieder aus einem spiralförmig gewundenen Stromleiter besteht. ... Marburg, Buchdr. Oscar Ehrhardt, 1890: 36 S. + 1 Bl. u. 3 Taf. 8°
Marburg, Phil. Fak., Inaug.-Diss. v. 19. März 1890

Koch, Bernhard [aus Elferen (Rheinpreussen)]: Die Fracturen des Humerus und deren Behandlung .... Wurzburg, P. Scheiner's Buchdr., 1885: 19 S. + 1 Bl. 8°
Würzburg, Med. Fak., Inaug.-Diss. v. 1885.

Koch, Bernhard, die Frakturen des Humerus und deren Behandlung. Diss. Würzburg 1885, Stahelsche Univ.-Buchh. 8°. 49 S.

Koch, Bernh., u. Art. Kuntzsch, Lehrgang u. Anleitg. f. den Modellierunterricht in Werkstatt u. Schule. Gezeichnet v. Wilh. Messerschmidt. (10 Taf. m. 2 S. Text auf dem Umschlag.) 33×43,5 cm. Leipzig (908). Frankenstein & Wagner. 2. 50

Koch, Bernh., die Temperaturverhältnisse in Marburg, s.a. Schriften der Gesellschaft zur Beförderung der gesammten Naturwissenschaften zu Marburg.

Die Temperaturverhältnisse von Marburg. Nach 24jähr. Beobachtungen an d. meteorol. Station daselbst. Im Auftr. des math.-phys. Inst. bearb. von Bernhard Koch. Mit 3 Taf. *Marburg: N. G. Elwert 1892.* (31 S.) 8°
= Schriften d. Gesellschaft z. Beförderung d. ges. Naturwiss. zu Marburg. Bd 12, Abh. 5.
[00. 12012 9

Koch, Berthold, aus Großrudestedt: Über die Einwirkung von Phtalylchlorid auf Benzoylaceton und über die Kondensation von Phtalylbenzoylaceton mit Resorcin. *Würzburg 1903: C. J. Becker.* (55 S.) 8°
Tübingen, Naturw. Diss. v. 1903

Koch, Bruno

Koch, B., die rationelle Ernährung u. Haltung des Schweines. Aus Wissenschaft u. Praxis für die Praxis bearb. (IV, 108 S.) gr. 8. Leipzig 905. H. Voigt. n. 2. —

Koch, B., Kleintierzucht, s.: Bücherei, landwirtschaftliche.

Koch, Bruno, Klaus Ohm u. andere Erzählgn. (79 S.) 8. Strassburg 907. J. Singer. 1. —

— Schweinezucht u. Schweinehaltung, s.a. Bibliothek der gesamten Landwirtschaft.

Schweinezucht und Schweinehaltung. Von Dr. B. Koch. Hannover: M. Jänecke 1907. (VI, 76 S.) 8° [F.]
= Bibliothek d. gesamten Landwirtschaft. Bd 30.
[08. 10970 7

Koch, Bruno, Cizensis: Untersuchungen über den Einfluss der Menge des aufgenommenen Wassers auf die Milchsekretion des Rindes. *Halle a. S.: G. Bernhardt in Komm. 1900.* (61 S.) 8°
Leipzig, Phil. Diss. v. [11. Okt.] 1900

— theoret. u. prakt. Winke für die Ernährung des Rindes, s.a. Arbeiten der Landwirtschaftskammer für die Prov. Sachsen. 4. Hft.

Theoretische und praktische Winke für die Ernährung des Rindes von Dr. B[runo] Koch. Halle a. S.: Landwirtschaftskammer (1904). (42 S.) 8° [Umschlagt. F.]
= Arbeiten d. Landwirtschaftskammer f. d. Prov. Sachsen. H. 4. [06. 3116 3

— Theoretische u. prakt. Winke f. die Ernährg. des Rindes. 2. verm. u. verb. Aufl. (VII, 78 S.) gr. 8. Hannover 910. M. & H. Schaper. 1. 50

Koch, C. Bemerk. z. Reform d. preuß. Medizinalwesens aus d. Standp. d. Verwaltung. Merseburg 1847.

Koch C, allgemeines Berggesetz für die preussischen Staaten. Berlin 1870

Koch, C. (H.), und W. Myski, Bilderschrift-Fibel und Lesebuch für die Unterklasse der Schulen nach den Grundsätzen der Lautir-Methode, um Lesefertigkeit, Betonung, sowie Schön- und Rechtschreiben zu erzielen. gr. 8. (IV und 78 S., wovon 16 lithogr.) Berlin 855, Geelhaar. *

— — Schlüssel dazu. Eine Anweisung für den ersten Unterricht im Lesen, Schön- und Rechtschreiben. gr. 8. (80 S.) Ebds. 856. *

Koch, C., wilde Blumen u. Gräser aus der Mark Brandenburg. (24 farb. Taf. m. 1 Bl. Text.) gr. Fol. Leipzig (903). H. Zieger. In Mappe n. 28.—

(8) Koch, C., wilde Blumen. 903. (KBL 83.) Erm. Pr. 15.—

Koch (C). App. 4ta ad Ind. sem. . 1873. Conspectus Bromeliacearum . [Berol. 1874.] 4°.

Koch, C., Erläuterungen zu Cendrillon. gr. 8. (22 lith. S.) München 889. Weihrauch (F. Finsterlin Nachf.) n. —80

— Führer im französischen Unterricht. gr. 8. (VIII, 44 S. m. 1 Tab.) Ebd. 889. n. 1.—

——— (C.), I. Vorläufiges Gutachten über das Thermalquellen-Gebiet von Ems. — II. Die Gebirgsformationen bei Bad Ems nebst den Thermal-Quellen und Erzgängen daselbst. (Jahrb. d. Nass. Ver. f. Naturk., Jahrg. 36.) Wiesbaden 1883. 8. Mit 1 geol. Karte.

— Hilfsbuch zur Erlernung d. unregelmässigen französischen Zeitwörter. gr. 8. (VI, 34 S.) Bayreuth 889. Ebd. cart. n. —50

Koch, C., Bochum-Lindener Zündwaren- und Wetterlampen-Fabrik: Kataloge. 1902 ff. Linden (Ruhr)

Koch, C., Der Process gegen den Ausschuss der socialdemokratischen Arbeiterpartei. 1) Den Kaufmann W. Bracke jun. zu Braunschweig. 2) Den Techniker Leonhard von Bonhorst aus Caub. 3) Den früheren Lehrer zu Wolfenbüttel Samuel Spier, jetzt zu Frankfurt a M. 4) Den Schneidergesellen Joh Aug. Carl Kühn aus Leipzig. Verhandelt vor Herzogl Kreisgerichte Braunschweig am 23., 24. u 25. Nov. 1871. Aktenmässig dargestellt. 8°. Braunschweig, Jul. Krampe, 1871.

Koch, C., Quaestiones Silianae criticae et exegeticae. Diss. 1877. 81 S. 1.50

Koch, C. Vollständ systemat. Samml. d. preuß. Medizinalgesetze u. Verordnungen. Magdeburg 1833. — 2. Aufl. 1841 (Je 1 Bd.) 2 Bde.

Deutsche Staaten- u. Städtewappen. Zeichnungen von C. Koch. Bd 1. Coburg R. Schubert [1908]. 8° [Bildert. F.]
[Umschlagt.] Schuberts Album deutscher Staaten- u. Städte-Wappen. (08. 9333

Koch, C., geognostische Uebersichts-Karte des Reg.-Bez. Wiesbaden. Zu statist. Zwecken hrsg. von der königl. Regierung in Wiesbaden. Zusammengestellt nach Aufnahmen Sr. Exc. des Wirkl. Geh.-R. Dr. H. v. Dechen aus dem J. 1865 und nach eigenen, im Auftrage der königl. geolog. Landesanstalt ausgeführten Aufnahmen aus den J. 1874/75. 1:240,000. Chromolithogr. gr. Fol. Wiesbaden 876, Limbarth. In Carton * M 2.; auf Leinw. *

Koch, C.: Verzeichnis von Büchern über Fischereiwesen in deutscher Sprache. Nürnberg 1904.

Koch, Dr. C. A., Neue Untersuchung und Ermittlung des Kindermordes. Gekrönte Preisschrift. Mit Abbild. Freiburg 1841. 8°. (50 Pfg. Fischhaber, 1884.)

Koch, C A. L.

—— die beste Behandlung des Kindes bei d. Geburt u. von da bis zum Ende des ersten Jahrens. 8. (5¼ B.) Reutlingen 846, Mäcken, Sohn.

Koch, C. A. L., allgemeinfassliche Belehrung üb. die Hundswuth. Eine populäre Schrift in Fragen u. Antworten, besond. f. niedere Wundärzte etc. gr. 8. (1¾ B.) Freiburg 842, Wagner'sche Buchh.

Koch, C. A. L. (I.), geognost.-statist. Beschreibung v. Würtemberg. 12. (2½ B. u. 1 ill. Karte.) Stuttgart 836, [Liesching u. Comp.] *

Koch, C. A. L.: Geognostisch-statistische Beschreibung von Würtemberg. Stuttgart 1837. 8°

—— dass. m. einer col. zerschnittenen, nach dem Oberämtern zerlegbaren Karte. Ebds. *

Koch, C. A. L. Karte von Würtemberg (geognostisch colorirt). Auch mit dem Titel: Würtemberg's geognostische Merkwürdigkeiten. (Aus dessen geognostisch-statistischer Beschreibung von Würtemberg.) Stuttgart 1837. 4.

—— die hauptsächlichsten Unterleibskrankheiten, soweit solche in besond. Beziehung zur Blähsucht stehen. Eine populäre Schrift. 8. (9⅓ B.) Hamburg 845, Berendsohn.

Koch, C. A. L. (II.), neue Untersuchungen z. Ermittlung d. Kindsmordes, mit besond. Beachtung aller bekannten gewalts. Todesarten. Gekr. Preisschr. gr. 8. (3⅞ B. u. 1 Stnt.) Freiburg 841, Wagner'sche Buchh.
Aus: Annalen d. Staats-Arzneikunde v. Schneider, Schürmayer u. Hergt, VI. Bd. 1. Hft., besond. abgedruckt.

Koch, C. Chr., Spruchbüchlein f. Konfirmanden, zur Vorbereitung auf den Unterricht derselben. 2. Aufl. 12. (2 B.) Cöslin 846, Hendeß. *

Koch, C. D.

— de anno natali J. Chr. ex annis regiminis Quintilii Vari demonstrato. Ibid. 1722. 4.

Koch, C. D., de anno natali Jesu Chr. per nummum et fata Antipae demonstrato. Helmst. 1721 4.

Koch, C. F

Koch, d. Agrargesetze d. preuss. Staates. 3. Ausg. Bresl. 843. (7. 75)

C. F. Koch, Die Agrar-Gesetze des Preuß. Staats. 4. Aufl. Breslau, 1850.

Koch, C. F., Anleitung zur preußischen Prozeß-Praxis mit Beispielen. Ein Handbuch für angehende Praktiker, Gerichtspersonen und Rechtsanwälte. 1. und 2. Thl. gr. 8. Berlin, Guttentag.
Inhalt:
Thl. 1. Die gerichtlichen Klagen und Einreden. (XVI und 1216 S.) 860. * 3 Thlr. 20 Ngr.
2. Das Verfahren, mit Einschluß der Referirkunst, unter Zugrundelegung eines zum Theil fingirten Prozesses. (X und 552 S.) 861. * 2 Thlr. 20 Ngr.

Koch, C. F., schlesisches Archiv für die praktische Rechtswissenschaft, s. Archiv.

— Aufgaben und Lehrsätze aus der Optik. 28 S. u. 1 Taf. Rg. *Erfurt* 1882 Progr.

Koch, C. F Physikalische Aufgaben. 32 S. u. 1 Taf. Rg. *Erfurt* 1878. Progr.

—— über die Bedingungen für den Bestand und das Gedeihen des preußischen Verfassungslebens aus dem Standpunkte der politischen Anthropologie. gr. 8. (118 S.) Halle 859, Pfeffer. *

— Mathematische Behandlung von Aufgaben aus der Wärmelehre. 32 S. Progr. Rg. *Erfurt* 1879.

—— Beitrag zur Revision der Medicinal-Taxen. gr. 8. (35 S.) Merseburg 847, Garcke'sche Buchh. *

—— Bemerkungen zur Reform des preuß. Medicinal-Wesens aus dem Standpunkte der Verwaltung. gr. 8. (VI und 130 S.) Merseburg 847, Garcke'sche Buchh. *

Koch, C. F., allgemeines Berggesetz für die preußischen Staaten nebst Motiven und Landtagsverhandlungen, sowie den dazu erlassenen ergänzenden Bestimmungen, mit Kommentar. 3 Lfgn. gr. 8. (VII, 508 S.) Berlin 870, Vahlen. *

Koch, C. F., (Medicinal-Assess.) Beschreibung eines einfachen u. wohlfeilen Zeltes u. Bettes für Dampfbäder in beliebigen Wärmegraden, als das zur Zeit bewährteste Vorbauungs- u. Heilmittel gegen d. oriental. Cholera. Mit 1 Steindr. gr. 8. Magdeb. 831. Creutz. 6 gr.

Koch, C. F., Beurtheilung der ersten 10 Bände Entscheidungen des K. Geh. Ober-Tribunals. Bog. 1—21 u. 22—48. gr. 8. Berlin 847, Trautwein'sche Buchhandlung. (n. 1 Thlr 26 ngr u. n. 1 1/3 Thlr) n. 3 Thlr 16 ngr

Koch, C F, Dr, Die Cholera Epidemie des Regierungsbezirks Merseburg im Jahre 1866. Nach amtlichen Ermittelungen von — 1868.

—— Entwurf einer Civil-Prozeß-Ordnung, s. Entwurf.

— das preußische Erbrecht aus dem gemeinen deutschen Rechte entwickelt. 7 Liefgn. Berlin 865—67. Guttentag. gr. 8. (X, 1286 S.) n. 5 Thlr 20 ngr.

—— Ergänzungen u. Erläuterungen d. preuß. Rechtsbücher, s. Ergänzungen.

Koch, C. F., Formularbuch f. instrumentirende Gerichtspersonen u. Notarien, m. kurz. Angaben üb. die Erfordernisse der einzelnen Urkunden u. mehrern als Anhang beigefügten Tax-Instrumenten. 1. Aufl. (16 B.) 844. 1 Thlr. u. 2., verb. u. verm. Aufl. gr. 8. (19 B.) Breslau 846, G. P. Aderholz. Thlr.

—— Formularbuch für instrumentirende Gerichts-Personen, und Notarien, mit kurzen Angaben über die Erfordernisse der einzelnen Urkunden und mehreren als Anhang beigefügten Tax-Instrumenten. 3. Ausg. (XVI und 319 S.) 1849. 1 Thlr. 10 Ngr. und 4., verb. und verm. Ausg. gr. 8. (XVI und 311 S.) Breslau 851, G. P. Aderholz, Vrlgsh.

—— Formularbuch für instrumentirende Gerichts-Personen und Notarien, mit kurzen Angaben über die Erfordernisse der einzelnen Urkunden und mehreren als Anhang beigefügten Tax-Instrumenten. 5., verm. und verb. Ausg. gr. 8. (XVIII und 314 S.) Breslau 854, Aderholz.

—— Formularbuch und Commentar zum Notariats-Gesetz, für instrumentirende Gerichts-Personen und Notarien, mit kurzen Angaben über die Erfordernisse der einzelnen Urkunden und mehreren als Anhang beigefügten Tax-Instrumenten. 6., neu überarb. und verm. Ausg. gr. 8. (XIV und 890 S.) Berlin (861)62, Guttentag. Thlr. *

—— Formularbuch und Kommentar zum Notariats-Gesetz, für instrumentirende Gerichts-Personen und Notarien, mit kurzen Angaben über die Erfordernisse der einzelnen Urkunden und mehreren als Anh. beigefügten Tax-Instrumenten. 7., neu überarb. und verm. Ausg. gr. 8. (XIV und 406 S.) Berlin 866, Guttentag. *

—— Formularbuch und Kommentar zum Notariats-Gesetz für instrumentir. Gerichts-Personen und Notarien mit kurzen Angaben über die Erfordernisse der einzelnen Urkunden und mehreren als Anh. beigefügten Tax-Instrumenten. 8. neu überarb. und verm. Ausg. gr. 8. (XIV, 440 S.) Berlin 870, Guttentag. *

Koch, (Ober-Landesger.-Rath) C. F., neues Formularbuch für instrumentirende Gerichtspersonen und Notarien, mit kurzen Angaben über die Erfordernisse der einzelnen Urkunden und mehrern als Anhang beigefügten Tax-Instrumenten. gr. 8. Breslau 844, G. P. Aderholz. 1 Thlr — 2. verb. u. verm. Aufl. gr. 8. Ebend. 846. 1 1/2 Thlr

Koch, C F.: Neues Formularbuch fur instrumentirende Gerichts-Personen und Notarien, mit kurzen Angaben uber die Erfordernisse der einzelnen Urkunden u mehrern als Anh. beigefugten Tax-Instrumenten. Breslau 1844

— 2. Aufl. 1846.

— 4 Aufl. 1851.

— 5. Aufl. 1854.

— 6. Aufl [u. d Tit :] Formularbuch und Commentar zum Notariats-Gesetz fur instrumentirende Gerichts-Personen u Notarien. Berlin 1862

— 8. Ausg. 1870.

— 9 Aufl [u d Tit :] Formularbuch und Notariatsrecht fur den Geltungsbereich des ALR. Zum Gebrauche fur Richter, Notare. Rechtsanwalte u. Referendare. Neu bearb. von Herm. Jastrow. Berlin u. Leipzig 1888.

— 10., (d. neuen Bearb 2) Aufl. Berlin 1891.

Koch, C. F, Formularbuch, s.a. Jastrow, Herm.

Koch, C. F., Formularbuch und Notariatsrecht für den Geltungsbereich des Allgemeinen Landrechts. Zum Gebrauche für Richter, Notare, Rechtsanwälte und Referendare. Neu bearb. von Herm. Jastrow. 9. Aufl. gr. 8. (XXIV, 659 S.) Berlin 888, Guttentag. *M 10.—; geb. **

Koch, C. F., Formularbuch u. Notariatsrecht f. den Geltungsbereich d. Allgemeinen Landrechts. Zum Gebrauche f. Richter, Notare, Rechtsanwälte u. Referendare. Neu bearb. v. H. Jastrow. 10. [der neuen Bearbeitg. 2.] Aufl. 1. Thl. gr. 8. (224 S.) Berlin 890. Guttentag. n. 4. —

Koch's, C. F., Formularbuch u. Notariatsrecht f. den Geltungsbereich d. allgemeinen Landrechts. Zum Gebrauche f. Richter, Notare, Rechtsanwälte u. Referendare. Neu bearb. v. Herm. Jastrow. 10., [der neuen Bearbeitg. 2.] Aufl. 2. Tl. gr. 8. (XXIV u. S. 225—781.) Berlin 891. Guttentag. n. 11. — (kplt.: n. 15. —; geb. n.n. 17. —)

—— die bevorstehende Gerichtsorganisirung und die Patrimonialrichter in Preußen. Der hohen Versammlung der Volksvertreter gewidmet. gr. 8. (46 S.) Berlin 849, Trautweinsche Buchh.

—— dass. — 2., durch einen Nachtrag verm. Aufl., worin die Möglichkeit sofortiger Aufhebung der Privatgerichtsbarkeit und des eximirten Gerichtsstandes, sowie der Einführung der Schwurgerichte, ohne Ausführung der Verordnung vom 2. Jan. d. J., auch in Beziehung auf Neu-Vorpommern, gezeigt wird. gr. 8. (48 S.) Ebds. 849. *

C. F KOCH, Geschichte der innern und äussern Entwicklung der Pollichia im ersten Decennium ihres Bestehens. Vorgetragen vor der General-Versammlung am 6. Oktober 1850. (Ohne bes. Titelblatt. — Aus Walz Jahrbuch für Pharmacie besonders abgedruckt.) 8°.

Koch, C. F., Die Gymnastik aus dem Gesichtspunkte der Diätetik und Psychologie, n. e. Nachricht v. d. gymnast. Anstalt zu Magdeburg v. Dr. C. F. Koch, Magdeburg 1830, VIII u. 335 S., kl.-8°. Creutz

—— allgemeines deutsches Handelsgesetzbuch. Hrsg. mit Kommentar in Anmerkungen. gr. 8. (VIII und 747 S.) Berlin 863, Guttentag. *

—— dass. — 2., verm. und verb. Aufl. gr. 8. (VIII und 1020 S.) Ebendas. 868. *
Aus: Allgemeines Landrecht, besonders abgedruckt.

— allgemeines deutsches Handelsgesetzbuch. 2. verm. u. verb. Aufl. Nachtrag. Enth. die das Handelsrecht betr. Bundes- u. Reichsgesetze. gr. 8. (37 S.) Berlin 872. Guttentag. n. — 60

Koch, C. F. L., allgemeines deutsches Handelsgesetzbuch und Allgemeine deutsche Wechsel-Ordnung mit den erlassenen ergänzenden Bestimmungen und Erläuterungen und den von Gerichtshöfen ausgesprochenen Grundsätzen des Wechselrechts sowie das Genossenschafts-Gesetz vom 4. Juli 1868. gr. 8. (VIII, 284 S.) Leipzig 875, Streller.

—— allgemeine (preußische) Hypotheken-Ordnung, s.a. Hypotheken-Ordnung.

— allgemeine Hypotheken-Ordnung für die gesammten Königl. Staaten, sammt den dieselbe ergänzenden und abändernden Gesetzen, Verordnungen und Verfügungen, herausg. mit Glossen. Berlin 856. Guttentag. gr. 8. (VI, 386 S.) n. 2 Thlr.

— s. Jh. Fr. Wlh. Koch, Codex der Schachspielkunst. 3r Thl.

—— die preußische Konkurs-Ordnung hrsg. mit Kommentar, unter Benutzung der Materialien und Einschaltung der Ministerial-Instruktion an den betr. Stellen. gr. 8. (VIII und 286 S.) Berlin 855, Guttentag. *

— die preuß. Konkursordnung, hersg. mit Kommentar, unter Benutzung der Materialien u. Einschaltung der Ministerial-Instruktionen an den betr. Stellen. 2., verm. u. verb. Aufl. Ebend. 867. gr. 8. (VIII, 334 S.) 1 Thlr. 15 ngr.

—— allgemeines Landrecht für die preußischen Staaten, s.a. Landrecht.

— allgemeines Landrecht für die Preußischen Staaten. Unter Weglassung der obsoleten oder aufgehobenen Vorschriften und Einschaltung der jüngeren noch geltenden Bestimmungen, herausg. mit Kommentar in Anmerkungen. 2. Bd. 1—7. Liefg. — 3. Bd. 1—6. Liefg. — 4. Bd. 1—7. Liefg. (Schluß.) Berlin 853, 54. Guttentag. gr. 8. (2. Bd.: 1107 S.; 3. Bd.: 1075 S.; 4. Bd.: IV, 1172 S.) n. 14 Thlr. 6 ngr.

— — Chronologisches und Sach-Register. Ebend. 855. gr. 8. (2 Bl., 100 S.) n. 18 ngr.

Koch, C. F., allgemeines Landrecht für die Preußischen Staaten rc. 4 Thle. 2. verm. Aufl. Berlin 856, 57. Guttentag. gr. 8. (916; 1139; 1179; XVI, 1295 S. u. Register 2 Bl., 111 S.) n. 21 Thlr. 25 ngr.

Koch, C. F., allgemeines Landrecht für die preußischen Staaten. Unter Andeutung der obsoleten oder aufgehobenen Vorschriften u. Einschaltung der jüngern noch geltenden Bestimmungen, herausg. mit Kommentar in Anmerkungen. 1. Thl. 1. Bd. 4. verm. Aufl. — 1. Thl. 2. Bd. — 2. Thl. 1 Bd. 1. u. 2. Abth. u. 2. Bd. 1. u. 2. Abth. 3. verm. Aufl. Ebend. 862—64. gr. 8. (XL\, 5792 S.) n: 27 Thlr.

— allgemeines Landrecht für die preuß. Staaten. Unter Andeutung der obsoleten oder aufgehobenen Vorschriften u. Einschaltung der jüngeren noch gelt. Bestimmungen, hersg. mit Kommentar in Anmerkungen. 1. Thl. 1. Bd. 5., verm. Aufl. Ebend. 870. gr. 8. (X, 882 S.) n. 5 Thlr. 10 ngr.

— — 1. Thl. 2. Bd. 4. verm. Aufl. Ebend. 870. gr. 8. (950 S.) n. 6 Thlr. 20 ngr.

— — Nachtrags-Band zur 4./3. Ausg. Ebend. 869. gr. 8. (III, 888 S.) n. 4 Thlr. 10 ngr.

— allgemeines Landrecht f. die preußischen Staaten. Unter Andeutg. der obsoleten od. aufgehobenen Vorschriften u. Einschaltg. der jüngeren noch gelt. Bestimmgn., hrsg. m. Kommentar in Anmerkgn. 4. verm. Aufl. 2. Thl. 1. Bd. 1. Abth. 3. Lfg. u. 2. Abth. u. 2. Bd. 1. u. 2 Abth. gr. 8. Ebend. 871. 72. n. 59. — (cplt.: n. 108. —)
II. 1. Bd. 1. Abth. 3. Lfg. (XII u. S. 678—974.) n. 5. —
1. Bd. 2. Abth. [Enth. die Abschnitte 7 bis 15 d. Titel 8.] (X 937 S.) n. 18. —
2. Bd. 1. Abth. (XVIII, 1298 S.) n. 24. —
2. Bd. 2. Abth. [Enth. den Titel 20 (das Strafrecht, jetzt das Strafgesetzbuch für das deutsche Reich) u. die Register.] 4. verm Aufl. Mit Beilage: Chr. Frdr. Koch. Eine Skizze seines Lebens v. J. F. Behrend. (X, 378 u. Beilage 22 S.) n. 12. —

—— dass. — Nach des Verf. Tode bearb. von Frz. Förster, Johow, P. Hinschius, A. Achilles, A. Dalcke. 1. Bd. 6. Ausg. und 2.—4. Bd. 5. Ausg. gr. 8. Ebendas. 874—76. [1. Bd. 3 Lfgn. (VII, 894 S.) *ℳ 17.; 2. Bd. 1. Hälfte. (S. 1—624.) *ℳ 12.; 2. Hälfte. (VIII, S. 625—1007.) *ℳ 8.; 3. Bd. 1. Hälfte. (S. 1—432.) *ℳ 8.; 2. Hälfte. (VIII, S. 433—859.) *ℳ 10.; 4. Bd. 1. Abthl. (610; 256 S.) *ℳ 23.] *

—— dass. — Supplement, s. Achilles, Alex., die preuß. Gesetze über Grundeigenthum.

Koch, C. F., allgemeines Landrecht für die preußischen Staaten. Unter Andeutung der obsoleten oder aufgehobenen Vorschriften und Einschaltung der jüngeren noch gelt. Bestimmungen, hrsg. mit Kommentar in Anmerkungen. Nach des Verf. Tode bearb. von Frz. Förster, R. Johow, P. Hinschius, A. Achilles, A. Dalcke. 4 Bde. gr. 8. Berlin, Guttentag. [1. Bd. 7. Ausg. (VIII, 970 S.) 878. *ℳ 18.; 2. Bd. 6. Ausg. (VIII, 1040 S.) 878. *ℳ 20.; 3. Bd. 6. Ausg. (VIII, 955 S.) 879. *ℳ 20.; 4. Bd. 6. Ausg. (VIII, 1229 S.) 879. *ℳ 22.] *ℳ 80.; geb. *

Koch, C. F., allgemeines Landrecht für die Preußischen Staaten. Unter Andeutung der obsoleten oder aufgehobenen Vorschriften und Einschaltung der jüngeren noch geltenden Bestimmungen, hrsg. mit Kommentar in Anmerkungen. 8. Aufl. Mit besond. Berücksicht. der Reichsgesetzgebung bearb. von A. Achilles, P. Hinschius, R. Johow und F. Vierhaus. (In ca. 26 Lfgn.) 1.—17. Lfg. gr. 8. (1. Bd. 1103 S.; 2. Bd. S. 1—320; 3. Bd. S. 1—640; 4. Bd. S. 1—640.) Berlin 880—85, Guttentag. à Lfg. *ℳ 3.

—— allgemeines Landrecht für die Preußischen Staaten. Unter Andeutung der obsoleten oder aufgehobenen Vorschriften und Einschaltung der jüngeren noch geltenden Bestimmungen hrsg. mit Kommentar in Anmerkungen. 8. Aufl. Mit besonderer Berücksicht. der Reichsgesetzgebung bearb. von A. Achilles, P. Hinschius, R. Johow, F. Vierhaus. 18.—26. (und Schluß, gratis) Lfg. gr. 8. (2. Bd. VIII, S. 321—1142; 3. Bd. VIII, S. 641—1084; 4. Bd. S. 641—1248, und Sach-Register S. 1249—1432.) Ebendas. 885,86. [18.—24. Lfg. à *ℳ 3.—.; 25. und 26. Lfg. à *ℳ 8.—.] *
1.—17. Lfg. Ebendas. 1880—85. à Lfg. *ℳ 3.—.; Preis des compl. Werkes *ℳ 80.—.; 4. Bde. geb. **ℳ 88.—.

—— Lehrbuch des preuß. gemeinen Privatrechts. 1. Bd. 1. u. 2. Lfg. gr. 8. (20⅛ B.) Berlin 845, Trautwein'sche Bh. à Lfg. *

—— Lehrbuch des preußischen gemeinen Privatrechts. 2., verm. und verb. Aufl. 2 Bde. gr. 8. Berlin, Trautweinsche Buchh. [1. (XVI und 808 S.) 851. * 3 Thlr. 14 Ngr., 2. (XVI und 970 S.) 852. * 4 Thlr. 4 Ngr.] *

—— Lehrbuch des preußischen gemeinen Privatrechts. 3., verm. und verb. Aufl. 2 Bde. gr. 8. Berlin 857. 58, Guttentag. [1. Bd. (XX und 779 S.) * 3 Thlr. 20 Ngr., 2. Bd. (XXII und 897 S.) * 3 Thlr. 28 Ngr.] *

—— die Lehre vom Besitz n. preuß. Rechte, mit Rücksicht auf d. gem. Recht u. d. Materialien d. allgem. Landrechts darsgest. 2., ganz umgearb. u. sehr verm. Ausg. gr. 8. (19½ B.) Breslau 839, G. Ph. Aderholz.

—— die Lehre von d. Uebergange d. Forderungsrechte durch Universal- u. Singular-Succession, od. von d. Vererbung d. Forderungen, von d. Cession, Assignation u. Novation ꝛc. Nach d. Grundsätzen d. preuß. Rechts, in genauer Vergleich. mit d. gem. Rechte, u. mit Berücksichtigung d. oesterr. u. französ. Rechts dargest. gr. 8. (24½ B.) Breslau 837, G. Ph. Aderholz.

—— dass. — Recension, abgedr. aus d. Central-Blatt f. preuß. Juristen (red. v. C. F. Rauer). gr. 8. (2¾ B.) Berlin 837, A. Hirschwald. *

— Prozeß-Ordnung nach ihrer heutigen Geltung. Unter Weglassung der obsoleten u. aufgehobenen Vorschriften u. Einschaltung der jüngeren noch geltenden Bestimmungen, mit den Präjudizien des höchsten Gerichts, sowie mit nachweisenden u. erläuternden Anmerkungen herSg. 6. verm. u. verb. Aufl. 4 Liefgn. Ebend. 870. gr. 8. (XVI, 1431 S.) n. 6 ₰

—— Prozeß-Ordnung nach ihrer heutigen Geltung. Unter Weglassung der obsoleten oder aufgehob. Vorschriften und Einschaltung der jüngeren noch geltenden Bestimmungen, mit den Präjudizien des höchsten Gerichts, sowie mit nachweisenden und erläut. Anmerkungen. 2 Bde. 6. verm. und verb. Aufl. gr. 8. (XIV, 1427 S.) Berlin 871, Guttentag. *

—— das Recht der Forderungen nach preuß. Rechte, in genauer Vergleichung mit dem gemeinen Rechte, u. mit Rücksicht auf neuere Gesetzgebungen, histor.-dogmat. dargestellt. 1. u. 2. Bd., enthalt. d. Lehren von d. Natur u. dem Inhalte d. Obligationen. gr. 8. (41½ B.) Breslau, G. Ph. Aderholz.

Bd. 1. Die Lehre v. d. Natur u. d. Inhalte d. Obligationen. (41½ B.) 836. 2 Thlr.

" 2. Die Lehre v. den Personen in ein. Obligation, von d. Entstehungsgründen u. v. d. Aufhebung d. Obligationen, Verträgen ꝛc. (49¼ B.) 840. 3 Thlr. 12 Gr.

—— das Recht der Forderungen nach gemeinem u. nach preuß. Rechte, m. Rücksicht auf neuere Gesetzgebungen, histor.-dogmatisch dargestellt. 3. u. letzter Bd., enthalt. die einzelnen Obligationen. gr. 8. (65¼ B.) Breslau 843, G. P. Aderholz.

1. u. 2. Bd. Ebendas. 1836, 40. 5 Thlr. 15 Ngr.

—— Recht der Forderungen nach gemeinem und nach preußischem Rechte, mit Rücksicht auf neuere Gesetzgebungen, historisch-dogmatisch dargestellt. 2., neu bearb. Ausg. 3 Bde. 8. Berlin 858—60, Guttentag. [1. Bd. (XII und 690 S.) 2. (X und 854 S.) 3. (XVI und 1240 S.)] *

Koch, C. F. (I.), das Recht u. Hypotheken-Wesen d. preuß. Domainen mit Berücksichtig. d. Domainen- u. Domainen-Verwaltungs-Gesch. dargest. Nebst e. Samml. der in Bezieh. auf d. Domainen-Wesen ergang., z. Theil bisher nicht gebr. Verordnn., Rescripte, Verfügungen u. Erlasse. gr. 8. (29 B.) Breslau 838, G. Ph. Aderholz. Thlr.

—— Preußens Rechtsverfassung u. wie sie zu reformiren sein möchte. gr. 8. (17¼ B.) Breslau 843, G. P. Aderholz.

—— dass. 1. Fortsg. Die Justizbeamten u. deren Klagen, dabei von der Institution der Referendarien; die Institution der Justizkommissarien u. die Untersuchungsmaxime; die Winkelschriftstellerei; das neue Bureau-Reglement; die posener Kassen-Instruktion; das Insinuationswesen; das Akten-Aufbewahren u. Vernichten; der summarische Prozeß; der Bagatellprozeß; der Strafprozeß; das Militair-Justizwesen; die Abfassung öffentl. Urkunden. gr. 8. (23 B.) Ebds. 844.

Koch, (Medicinal-Assessor) C. F., vollständige systemat. Sammlung der Preuß. Medicinalgesetze und Verordnungen. gr. 8. Magdeburg 833 Creutzsche Buchh. 3 ₰

Koch, C. F. (II.), vollständ. systemat. Samml. d. preuß. Medicinalgesetze u. Verordnn. 2. Ausg. Mit Nachtr. aus d. J. 1833—1841. gr. 8. (56½ B. incl. 1 Tab.) Magdeburg 841, Creutz'sche Buchh.

Der Nachtrag apart 18 Gr.

Koch, C. F., Sieg der Wahrheit über die Vorurtheile des Judenthums. 8. Gotha, Dietrich. 769. Rtblr.

— Stärke und Schwäche der Feinde der göttlichen Offenbarung. 5 Thle. 8. Ebend. 753 – 56.

Koch, C. F. (II.), Turn-Ziel. An die deutschen Turn-Vereine. gr. 8. (36 S.) Magdeburg 862, Heinrichshofen'sche Buchh.

—— über das Verfahren bei Erledigung von Apotheker-Concessionen. gr. 8. (2¾ B.) Halle 844. [Schmidt's Verl.] *

Koch, C. F., (OLG.-Assessor), Versuch e. systemat. Darstell. d. Lehre v. Besitz nach Preuß. Recht, im Vergleich mit dem gemeinen Rechte. gr. 8. Berl. 826. Oehmigke. 1 ₰

Koch, C. F. Von der Nordsee bis zum Kanal. Die 17 Division währ. des Feldzuges gegen Frankreich 1870 1871 unter spec. Berücksichtigung des Mecklenburg Grenadier-Regiments No. 89 (203) 8. Neu-Strelitz 1874 2,50

—— das Wechselrecht, nach den Grundsätzen der allgem. deutschen Wechselordnung und nach seiner Anwendung in den preuß. Ländern. gr. 8. (VI und 394 S.) Breslau 850, G. P. Aderholz, Vrlgsh. *

—— das preuß. Civil-Prozeß-Recht. 1. Thl. Handbuch des preuß. Civil-Prozesses. gr. 8. (XXIV und 928 S.) Berlin 847, Trautweinsche Buchh. *

—— dass. — 2. (letzter) Thl. A. u. d. T.: Prozeß-Ordnung nach ihrer heutigen Geltung. Unter Weglassung der obsoleten oder aufgehobenen Vorschriften und Einschaltung der jüngeren noch geltenden Bestimmungen, mit den Präjudizien des höchsten Gerichts, so wie mit nachweisenden und erläut. Anmerkungen hrsg. gr. 8. (XIV und 1104 S.) Ebds. 851. *

Koch, C. F., das preußische Civil-Prozeß-Recht. 1. Thl. A. u. d. T.: Der preußische Civil-Prozeß. 2., verm. und verb. Ausg. 1. und 2. Lfg. gr. 8. (XXIV und S. 1—943.) Berlin 855, Guttentag. *

Koch, C. F., das preußische Civil-Prozeß-Recht. 2. Thl. A. u. d. T.: Prozeß-Ordnung nach ihrer heutigen Geltung. Unter Weglassung der obsoleten oder aufgehobenen Vorschriften und Einschaltung der jüngeren noch geltenden Bestimmungen, mit den Präjudizien des höchsten Gerichts, so wie mit nachweisenden und erläuternden Anmerkungen hrsg. 3., verm. und verb. Aufl. gr. 8. (XVI und 1182 S.) Berlin 855, Guttentag. Thlr. *

Koch, C. F. (I.), das preußische Civil-Prozeß-Recht. 2. Thl.: Prozeß-Ordnung nach ihrer heutigen Geltung. Unter Weglassung der obsoleten oder aufgehob. Vorschriften und Einschaltung der jüngeren noch gelt. Bestimmungen, mit den Präjudizien des höchsten Gerichts, so wie mit nachweis. und erläut. Anmerkungen, nebst Register. 5., verm. und verb. Aufl. gr. 8. (XVI und 1431 S.) Berlin 864, Guttentag. *

1. Thl. 2. Aufl. Ebendas. 1854. * 4 Thlr.

– Dasselbe 6. Aufl. Th. 2. 1871.

Koch, C. F L., s. Koch, C. F.

Koch, C. G., ap. Pauli conjugium, scripturae dictis, patrum et recentiorum doctorum testimoniis demonstratum. Flensb. 1707 8.

Koch, C. G., Justini M. cum Tryphone Judaeo dialogus, secundum regulas criticas examinatus. Kil. 1700. 8.

Koch, C. G., Justini M., Dialogus c. Tryphone examinatus et νυθεύσεως seu falsitatis suspectus atq. convictus. Kilon. 700. 8.

Koch, C. Glo., wahre Gesch. von Cyriaco, Pabst zu Rom. 8. Hamburg, Brand. 706.

Koch, C. H. F., die Christnachtfeier in der Volksschule. Sinnigen Kinderfreunden zur Austheilg. an die liebe Jugend in der Schule u. zu Hause dargeboten. [Aus der „Evang. Volksschule."] Berlin 870. Beck. gr. 8. (14 S.)
n

— das Seebad Coserow auf Usedom, seine Natur, seine Eigenthümlichkeiten, seine Umgebungen. Skizzenbuch. Berlin 867. Hickethier. 16. (XVI, 268 S. mit 1 topographisch-statist. lithogr. Karte der Insel Usedom in gr. 4.) n. 20 ngr.

— Düne u. Meer. Eine Federzeichng. aus dem Seebade Coserow auf Usedom. [Aus dem „Pommerland"] Wolgast 869. Bremer. 8. (15 S.) n. 2½ ngr.

—— christlich-patriotische Gedenkfeier des 18. Octbr., als des Tages der Völkerschlacht bei Leipzig für Schulen und Familien. Festgabe zur 50jähr. Jubelfeier des 18. Octbr. 1863. Gefeiert und hrsg. in Erzählungen, Kirchen- und Vaterlandsliedern, zur Ehre Gottes und im Bekenntniß der Liebe zum Könige und Vaterlande. gr. 8. (VIII und 74 S. mit 1 Holzschntaf.) Erfurt 863, Körner's Verlag.

Koch, C. H. F., 2 Schreckenstage. Nachrichten üb. die Sturmfluth an der deutschen Ostseeküste am 12. u. 13. Novbr. 1872, sowie üb. die den Geschädigten gewordene Hülfeleistg. 8. (29 S.) Swinemünde 873. Kandutsch. n. — 30

—— Schulfeier des Geburtstages Sr. Maj. des Königs von Preußen, Wilhelm's I. Katechisation am 22. März 1863 gehalten. Vorausgehend: die bisher. Lebensgeschichte Sr. Maj. des Königs. 8. (24 S. mit 2 Holzschntaf.) Mohrungen 863, Rautenberg.

— Strand u. See. Reisehandbuch. 8. (X, 377 S. m. 1 lith. Karte in 4.) Ebend. 878. n. 3. —

— das Ostseebad Zinnowitz. Bilder aus dem Natur- u. Volksleben. Mit e. (lith.) Karte der Insel Usedom (in gr. 4.) 8. (VIII, 104 S.) Anklam 871. Wriezen, Riemschneider. n. 1. —

Koch, C. H. Ferd., Freiheit, akadem. Freiheit. Eine Abhandl. gr. 8. (5¼ B.) Leipzig 841, (Teubner.) *

Koch, C. H. W., Erheiterungen für Freunde und Freundinnen gesellschaftlicher Unterhaltung. 2., gänzlich umgearb., stark verm. Aufl. gr. 12. (VI und 150 S.) Hannover 858, Gebr. Jänecke.

Koch, C. Ludw.

Koch, C. L., die Pflanzenläuse Aphiden getreu nach dem Leben abgebildet und beschrieben. 1—7. Heft. gr. 8. (S. 1—236. mit 42 ill. Kpfrt.) Nürnberg 854. 55, Lotzbeck. à Heft * 1 Thlr. *

Koch, C. L., die Pflanzenläuse Aphiden getreu nach dem Leben abgebildet und beschrieben. 8. und 9. Heft. (Schluss.) gr. 8. (S. 237—335 mit 12 fein ausgemalten Kpfrt.) Nürnberg 857, Lotzbeck. à Heft * 1 Thlr. *
1—7. Heft. Ebendas. 1854,55. * 7 Thlr.

Koch, C. L., die Arachniden. Getreu nach d. Natur abgebild. u. beschrieben. 3—9. Bd. à 6 Hfte. Jed. m. 6 ill. Kpfrt. gr. 8. (58⅜ B. Text.) Nürnberg 836—42, Zeh'sche Buchh. à Hft. * ⅚ Thlr. *
Schliesst sich als Fortsetz. an C. W. Hahn, die Arachniden etc. 1. u. 2. Bd. Ebendas. 1831—35. * 10 Thlr.

Koch, C. L., die Arachniden. Getreu nach der Natur abgebildet u. beschrieben. 10—14. Bd. à 6 Hfte. Jedes mit 6 ill. Taf. gr. 8. (56¼ B.) Nürnberg 843. [Lotzbeck.] Subscr.-Pr. à Hft. * 25 Ngr.; Ladenpreis à *
1—9. Bd. Ebendas. 1831—42. * 45 Thlr.

Koch, C. L., die Arachniden. 15. Bd. 6 Hefte. à Heft 6 ill. Taf. gr. 8. (130 und 60 S.) Nürnberg 847, Lotzbeck. à Heft * 1 Thlr. 5 Ngr. *

Koch, C. L., die Arachniden. 16. (letzter) Bd. 5 Hefte. gr. 8. (76 und 80 S. Text mit 24 ill. Taf.) Nürnberg 849, Lotzbeck. Thlr. *
Das 5. Heft des letzten Bandes führt auch den Umschlagstitel: Verzeichniss der in den 16 Bdn. des Werkes: Die Arachniden von C. W. Hahn und C. L. Koch vorkommenden Arten und Synonyme.

Koch, C. Ludw., die Arachniden-Familie der Drassiden, 1—7. Heft. Nürnberg 866,67. Lotzbeck. gr. 8. (S. 1—352 mit 12 Kpfrt.) Jedes Heft. n. 1 ₰

—— und G. C. Berendt, die im Bernstein befindlichen Crustaceen, Myriapoden, Arachniden etc., s.a. Reste, die im Bernstein befindl. organischen.

Koch, C. L. und Berendt, G. C. Die im Bernstein befindliches Crustaceen, Myriapoden, Arachniden und Apteren der Vorwelt. Berlin. 1854. Folio. Auch unter dem Titel: Berendt, G. C. Die im Bernstein befindlichen organischen Reste der Vorwelt gesammelt und in Verbindung mit Mehreren bearbeitet. 1 Vol. 2 Abth.

—— Deutschlands Crustaceen, Myriapoden u. Arachniden. Ein Beitr. z. deutschen Fauna. Hrsg. v. G. A. W. Herrich-Schäffer. 34 Hfte. qu. 16. (791 lith. u. col. u. 1 schw. Abbild. M. 705 Bl. Text.) Regensburg 835—40, (Manz.) à * $^{11}/_{12}$ Thlr. In Etuis *

—— Deutschlands Crustaceen, Myriapoden u. Arachniden. Ein Beitrag zur deutschen Fauna. Hrsg. v. G. A. W. Herrich-Schaeffer. 35—40. Hft. qu.-16. (Hft. 37—40, 95 color. Stnt. u. 11¼ B. Text.) Regensburg 844, Pustet. (Manz.) à * —
1—34. Hft. Ebendas. 1835—40. à Hft. * 27½ Ngr. Alle 40 Hfte zusammen. * 36 Thlr. 20 Ngr.

Koch, C. L.: Fauna Ratisbonensis. Regensburg 1840.
(Beschreibung von Fischen a. d. Regensburger Gegend.)

—— die Myriapodengattung Lithobius. gr. 8. (IV und 94 S. mit 2 Stnt. der Augenstellungen.) Nürnberg 862, Lotzbeck. *

Koch, C. L. Die Mineralgegenden der Vereinigten Staaten von Amerika. Göttingen, 1851.

—— die Myriapoden. Getreu nach der Natur abgebildet und beschrieben. 2 Bde. Lex.-8. (134 S. mit 60 Stnt., VI und 112 S. mit 59 Stnt.) Halle 863, Schmidt's Verlag. à Bd. * 12 Thlr. *
ill. geb. à Bd. * 15 Thlr. 10 Ngr. *

—— Uebersicht d. Arachnidensystems. 1—3. Hft. 1. u. 2. Abthl. gr. 8. Nürnberg, Zeh'sche Buchh. [1. (3 B. u. 6 Kpfrt.) 837. * ⅔ Thlr., 2. (2¼ B.) 839. * ⅓ Thlr., 3. (4½ B. u. 8 Kpfrt.) 842. * 1⅓ Thlr.] *

—— Uebersicht des Arachnidensystems. 3. Hft. 3. Abthl. gr. 8. (3¾ B. u. 5 Kpfrt.) Nürnberg 843. [Lotzbeck.] *
1—3. Hft. 1. u. 2. Abthl. Ebendas. 1837—42. * 2 Thlr. 10 Ngr.

—— Uebersicht des Arachnidensystems. 4. Heft. 5 Abthlgn. gr. 8. (136 und 30 ill. Taf.) Nürnberg 847, Lotzbeck. à Abthl. * 25 Ngr. *

—— dass. — 5. (letztes) Heft. gr. 8. (104 S.) Ebds. 850. *
1—3. Heft. Ebendas. 1837—43. * 3 Thlr. 5 Ngr.

Koch, C. M., Ausz. a. Samml. auserl. Abhandl. für Aerzte, s. Sammlung.

Koch, C. Ml., Unters. d. Baues u. Krankh. d. Schleimbeutel. 8. Nürnb. Monath u. K. 795.

Koch, C. N., de philosophis gentilibus christ. religionem impugnantibus. Jen. 1716. 4.

Koch, C. Nic., de legationib. ecclesiast. von Kirchengesandtschaft. 8. Jena, Ritter. 750.

Koch, C. T., de jure fodiendi Turfam lutosam inter Regalia principis haud referendo. 8. Lps. Klaubarth. 802.

Koch, C. W., dramat. Almanach, s. Kurländer, F. A. v.

Koch, C. W., Reseda-Blüthen. Wien 853. (Prandel u. Meyer.) 16. (XIV, 197 S. u. lith. Titel.) n. 1 ₰.

Koch, Carl, s. Koch, Karl

Koch, Carl August, s. Koch, Karl August

Koch, Carl Chr. Balth., s. Koch, Karl Chr. Balth.

Koch, Carl Ernst Friedrich, s. Koch, Karl Ernst Friedrich

Koch, Carl Friedrich, s. Koch, Karl Friedrich

Koch, Carl Georg, s. Koch, Karl Georg

Koch, Carl Gottlob, s. Koch, Karl Gottlob

Koch, Carl Samuel, s. Koch, Karl Samuel

Koch, Carl Wilhelm, s. Koch, Karl Wilhelm

Koch, Caspar, s. Koch, Kaspar

Koch, Ch. Zach., v. Bergwerks-Haushalt zu Straßburg, im Auszuge u. mit Anmerkk. herausg. v. J. G. Keßler. Mit 1 Karte u. 1 Kpf. gr. 8. Halle 809. Hendel. 14 gr

Koch, Chr., Anleitung f. angehende Herrenkleidermacher. Nach dem Schneider-Handbuch von Dartmann, Herren-Kleidermacher in Paris. Mit 9 Steintafeln. 4. Bonn 828. (Habicht). 1 ₰ 12 gr

Koch, Chr., Anleitung f. angeh. Herren-Kleidermacher. Nach d. Schneider-Handbuch v. Dartmann, Herren-Kleidermacher in Paris, hrsg. 1. Aufl. 828. 1 Thlr. 12 Gr. Neue, wohlf. A. 4. (à 2 B. u. 9 Stnt. Fol.) Bonn 833, Habicht.

Koch, Chr., die Gefahren der den Leitern der sechs- u. mehrklassigen Schulen auferlegten besonderen Prüfungen beleuchtet. (62 S.) gr. 8. Bremerhaven 902. Schipper, Mocker & Co. n. — 75

Koch, (Chr.), fünf Predigten. gr. 8. (4⅞ B.) Kiel 841. (Hamburg, Herold'sche Buchh.)

Koch, Chr.: Table des traités, s. Koch, Christoph Wilhelm

— s. Volksharfe, deutsche.

Koch, Chr. Adf.

Koch, (Chr. Ad.,) über Parallellinien. gr. 8. Hamburg 827, (Herold.)

Koch, Chr. Glo. Gtthlf., († 1825.) Aufsätze zum Uebersetzen ins Latein. 8. Dresd. 792. 2e A. 796. Gerlach. 12 gr

— Drebachs Kircheinweihung am Reformationsfeste 1825. Beschrieben u. nebst d. Einweihungspredigt u. d. ersten Traureden herausg. zu e. wohlthätigen Zwecke. gr. 8. Annab. 826. (Hinrichs in Leipz.) 6 gr

— s. Tacitus, Germania.

— Uebungen zum Uebersetzen aus dem Deutschen ins Lateinische. Mit grammat., philolog. u. histor. Anmerkungen, u. mit beständ. Hinweisung auf d. vorzügl. Sprachl. philologischen Werke u. Klassiker. gr. 8. Leipz. 817. Hinrichs. 20 gr Schrbp. 1 ₰ 4 gr

Koch, Christian

— Progr. Aphorismen über d. Erziehung u. einige verwandte Gegenstände. 4. Marb. 825.

Koch, Chrstn., Beitrag z. Geschichte d. öffentl. Unterrichts, in e. Rückblick auf drei Jahrh. d. academ. Pädagogiums in Marburg. 1. Hälfte. gr. 8. (3¼ B.) Marburg 829, Garthe.

Koch, Chrn., französische Elementar-Grammatik. gr. 8. (108 S.) Bamberg 898. C. C. Buchner, Verl. n. 1. —

— dasselbe. Methodische Entwicklungen dazu. gr. 8. (VIII, 88 S. m. 1 Tab.) Ebd. 893. n. 1. 60

Koch, Chr., Commentatio de rei criticae epochis. P. I et II. (Zwei Progr.) Marb. 821. 22. 4. (I. 24 S. II. 48 S.)

Koch, (Chr., commentatio de rei criticae imprimis Alexandrinae epochis II. Partes. 4. Marb. 822, Krieger.

Koch, (Prof.) Chr., commentatio de rei criticae imprimis Alexandrinae epochis. II Partes. 4. Marb. 823. Krieger. 6 gr

Koch, Chrstn., Grundsätze d. Erzieh., d. Unterr. u. ihre Gesch. nach Niemeyer u. Ruhkopf. Mit ein. Vorw. v. K. F. Chr. Wagner. 2. Ausg. gr. 8. (15¾ B.) Marburg 837, Elwert'sche Univ.-Buchh.

— s. Homers 6 Bücher d. Odyssee.

— de linguarum indole non ad logices, sed ad psychologiae rationem revocanda. 8maj. Marb. 809. Krieger. 4 gr

— zu der Lautlehre der französischen Sprache. [Aus: „K., method. Entwicklgn. zur französ. Elementar-Grammatik".] gr. 8. (16 S.) Ebd. 893. n.n. — 25

Koch, Chr., Progr. loca quaedam Homeri et Taciti illustrans. Marb. 818. 4. 4 gr.

Koch, Chr., loca quaedam Homeri et Taciti illustr. 4. Marburg, Krieger. 819. Rthlr.

— loca quaedam homeri e Tacito illustrata. 4. Marb. 823, Garthe.

Koch, Chrn., das Mietrecht nach dem bürgerl. Gesetzbuch, s.a. Ullstein's Sammlung prakt. Hausbücher. 4.

Das Mietrecht nach dem Bürgerlichen Gesetzbuch. Gemeinverständl. dargest. u. an Beispielen erl. von Chr. Koch. *Berlin: Ullstein & Co. 1900.* (86 S.) 8° [F.] [00. 9207

Das Mietrecht nach dem Burgerlichen Gesetzbuch. Gemeinverstandl dargest, an Beispielen erl. u. mit Formularen versehen von Christian Koch 4 Aufl. *Berlin: Ullstein & Co. [1901]* (116 S.) 8° [F.]
= Sammlung, Ullstein's, prakt. Hausbücher [4] los. 764

— observationes in loca quaedam Homeri e Tacito illustrata. 4. Marb. 823. Krieger. 4 gr

—— Pädagogik u. Katechetik. — Grundsätze d. Erziehung, d. Unterr. u. ihrer Geschichte nach Niemeyer u. Ruhkopf; ergänzend, abkürzend, berichtigend ohne Polemik. gr. 8. (15½ B.) Marburg 832, Elwert.

— Progr. über d. Verbindung d. Gymnasien mit Realschulen. gr. 8. Marb. 810. Krieger. 4 gr

— **Christian Andreas** (Braunschweig), De proportione solidorum ad fluida in corpore humano. Diss. med. Götting. (Abraham Vandenhoeck) 5. IX. 1737. 32 S. (6.20) 18747
Gew.: Hieronymus Frh. v. Münchhausen (Aplern, Nienfeld, Linden).

— **Christian Franz,** De ordine legum in pandectis. Diss. jur. Präs. D. Jo. Christoph Koch (Vater). Giessen (Jo. Jacob Braun) 3. VII. 1784. 36 S. (6.50) 18748

Koch, Christian Friedrich, s.a. Koch, C F

Koch, Christian Friedrich

Koch, C. F. Der englische Accent. Eisenach, Rg., 1856. 16 S. 4. Progr.

Koch, Chr. Friedr., linguistische **Allotria.** Laut-, Ablaut- und Reimbildungen der engl. Sprache. Nach dem Tode des Verf. hrsg. von Eug. Wilhelm. gr. 8. (XXIV, 94 S.) Eisenach 874, Bacmeister.

Koch. Der Angelsachse im Kampf mit dem Normannen. Eisenach 1853

Koch, C. F. Der Angelsachse im Kampfe mit dem Normannen. Eisenach, Rg., 1858. 22 S. Progr.

Koch, Chrstn. Friedr., Anleitung z. Referiren u. z. Absetzen d. Erkenntnisse bei preuß. Gerichtshöfen, nebst Bemerkn. üb. d. unterscheid. Merkmale d. in Prozessen vorkomm. richterl. Befehle, u. üb. d. Publikation d. Urtel, mit 8 Muster- u. Probe-Relationen, e. Muster zu Klassifications-Erkenntnissen, e. Muster-Erkenntnisse aus e. Pacht-Prozesse üb. mehr. gegenseit. Forderungen u. e. danach zu bestimm. Saldo, u. e dergl. in e. Defektaterien-Sache. gr 8. (13 B) Marienwerder 832, Baumann.

Koch, C. F. (I.), **Anleitung** z. Referiren bei preuß. Gerichtshöfen, nebst e. Anh. v. pract. Beispielen. 2., durchaus umgearb. Ausg. gr. 8. (23 B.) Marienwerder 836, Baumann.

Koch, Ch. Friedr., deutsche Elementar-Grammatik für höhere Lehranstalten, Gymnasien, Lyceen und Realschulen. gr. 8. (VIII und 59 S.) Jena 860, Mauke.

Koch, Ch. Friedr., deutsche Elementargrammatik für höhere Lehranstalten, Gymnasien, Lyceen und Realschulen. 3. Aufl. 1866. und 4., verb. Aufl. gr. 8. (VIII und 66 S.) Jena 868, Mauke's Verlag.

Koch, Ch. Friedr., deutsche Elementargrammatik für höhere Lehranstalten, Gymnasien, Lyceen und Realschulen. 5. verb. Aufl. Nach dem Tode des Verf. besorgt von Eug. Wilhelm. (VIII, 69 S.) 1873; 6. umgearb. Aufl. Nach dem Tode des Verf. besorgt von Eug. Wilhelm. gr. 8. (VIII, 74 S.) Jena 879, Fischer.

Koch, Ch. Frdr., deutsche Elementargrammatik für höhere Lehranstalten, Gymnasien, Lyceen u. Realschulen. 7., verb. Aufl. Nach dem Tode des Verf. besorgt von Eug. Wilhelm. gr. 8. (VIII, 74 S.) Jena 881. Matthaei. n. — 80

— – deutsche Elementargrammatik für höhere Lehranstalten, Gymnasien, Lyceen und Realschulen. 7. verb. Aufl. Nach dem Tode des Verf. besorgt von Eug. Wilhelm. gr. 8. (VIII, 74 S.) [Jena 881, Fischer.] Hannover, Norddeutsche Verlagsanstalt.

(Koch). [Chr Friedr]. Entwurf einer Civil-Prozeß-Ordnung fur den Preußischen Staat, mit den Motiven, nebst e Anh Berlin 1848

—— **Figuren und Tropen und die Grundzüge der Metrik und Poetik. Hilfsbüchlein für den deutschen Unterricht. gr. 8. (46 S.) Jena 860, Mauke.** *

—— **Figuren und Tropen. Grundzüge der Metrik und Poetik. 2. Aufl. Nach dem Tode des Verf. besorgt von Eug. Wilhelm. gr. 8. (VI, 42 S.) Jena 873, Dufft.** *

—— Figuren und Tropen. Grundzüge der Metrik und Poetik. 3. und 4. verb. Aufl. Nach dem Tode des Verf. besorgt von Eug. Wilhelm. 8. (VI, 52 S.) Ebendas. 878,80.

—— **deutsche Grammatik nebst den Tropen und Figuren und den Grundzügen der Metrik und Poetik. 3., verb. Aufl. gr. 8. (XX und 319 S.) Jena 860, Mauke.** *

—— deutsche Grammatik nebst den Tropen und Figuren und den Grundzügen der Metrik und Poetik. 4., verb. Aufl. gr. 8. (XXIV und 338 S.) Jena 862, Mauke's Verlag. *

—— deutsche Grammatik. 5. Aufl. (XVI, 323 S.) 1873, und 6. verb. Aufl. Nach dem Tode des Verf. besorgt von Eug. Wilhelm. gr. 8. (XX, 340 S.) Ebendas. 875. *

Koch, C. Friedr., historische Grammatik der englischen Sprache. 1. Bd.: Die Laut- und Flexionslehre der englischen Sprache. gr. 8. (VIII und 500 S.) Weimar 863, Böhlau. *

—— dass. — 2. Bd. und 3. Bd. 1. Thl. gr. 8. Göttingen und Cassel 865,68, Wigand. *

Inhalt:

Bd. 2. Die Satzlehre der englischen Sprache. (XXIV und 521 S.) * 3 Thlr.

„ 3. (1. Thl.) Die Wortbildung der englischen Sprache. 1. Thl. Angelsächsisch nebst den andern german. Elementen. (XVI und 184 S.) * 1 Thlr. 10 Ngr.

—— historische Grammatik der englischen Sprache. 3. Bd.: Die Wortbildung der englischen Sprache. 2. Thl.: Fremde Elemente. gr. 8. (X, 232 S.) Kassel und Göttingen 869, Wigand. *

1. Bd. 1863. * ℳ 7,50.; 2. Bd. 1865. * ℳ 9., und 3. Bd. 1. Thl. 1868. * ℳ 4.

—— historische Grammatik der englischen Sprache. 2. Bd. A. u. d. T.: Die Satzlehre der englischen Sprache. 2. Aufl., besorgt von Jul. Zupitza. gr. 8. (XLI, 550 S.) Kassel 878, Wigand.

1. und 3. Bd. (2 Thle.) Ebendas. 1863,68,69. * ℳ 16,50.

— historische Grammatik der englischen Sprache. 1. Bd. Laut- und Flexions-Lehre. 2. unveränd. Aufl. gr. 8. (X, 498 S.) Kassel 882, Wigand.

Koch, C. Friedr. Historische Grammatik der englischen Sprache. 3. Bd.: Die Wortbildung der engl. Sprache. 2. Aufl., zum Drucke besorgt v. Rich. Wülcker. gr. 8. (XXIV, 452 S.) [Kassel 891.] Lpz., Georg H. Wigand. * 10 —
1. u. 2. Bd. Ebd. 1878,82. à * 10 —.

— die Juden im preuß. Staate. Eine geschichtl. Darstell. d. polit., bürgerl. u. privatrechtl. Verhältnn. d. Juden in Preußen rc. gr. 8. Marienwerder 822. (Baumann). 1 ₰ 12 gr

—— die Juden im Preuß. Staate. Eine geschichtl. Darstell. d. polit., bürgerl. u. privatrechtl. Verhältnisse d. Juden in Preußen, nach d. verschied. Landestheilen. gr. 8. (19½ B.) Marienwerder 853. Baumann.

Koch, Chr. Fr., († d. 31. Dec. 1777.) zuverläss. Nachrr. von d. unterird. Feuer der Steinkohlengebirge zu Planitz, nebst den Mitteln, solche zu dämpfen. Mit 1 Kpfr. 4. Zwickau 768. (W. Vogel in Leipz.) 5 gr

— Walter Scott's novels. Ebd., R., 1864. 11 S. 4. Progr.

Koch. Scott's poetry. Wehlau, H. B., 1859. Progr.

Christianus Gottlieb Koch. De Obscoenis Pontificiorum decimis. Flensburgi 1707 8°

— **Christian Martin** (Breslau), Viro clarissimo Henrico Nudovio (Danzig) medic. baccal. summos philosophiae honores gratul. Ernesti Platneri viri excellent. collegium pragmaticum. — Insunt quaedam de bile. Lpz. 2. III. 1755. 4 Bl. (3.50) 18749

— — u. **August Gregor Eysold** (Libstad/Misnico), De bursis tendinum mucosis. Diss. anatom.-phys. Lpz. (Breitkopf) 19. IX. 1789. 48 S. (6.—) 18751

— — Ad orationem qua professionem medicinae extraordinariam adibit benev. aud. observ inv. — De febre urticata. Lpz. (Breitkopf) 1. IX. 1792. 20 S. (5.50) 18753

— — De morbis bursarum tendinum mucosarum. Disp. med. Lpz. (Breitkopf) 14. V. 1790. 36 S. (6.—) 18752
Gew.: Christoph Gottlob v. Burgsdorf.

Koch, Christian Martin (Hrsg.):

s.: Sammlung auserlesener Abhandlungen zum Gebrauch für praktische Aerzte. Neue Ausg. T. 1-4. Leipzig: 1800.

JB 6.011

— — Hydroceles species sede diversas proponit atque summos in arte medica honores viro Georg Wilhelm Liebe collegii examinatorii excellent. D. Caroli Christiani Krause ausp. flor. nomine gratul. Lpz. (Langenheim) 9. I. 1778. 11 S. (4.50) 18750

Koch, Chr. Mart., († d. 22. Febr. 1803.) Untersuchung des Baues u. d. Krankheiten d. Schleimbeutel. 8. Nürnb. 795. Monath u. K. 9 gr

Koch, Christian Traugott

— — Summos in utroque jure honores viro Carl Fuerchtegott Meissner (Lauban. Dresden). — Inest commentatio: De dubia auctoritate statuti Zittaviensis respectu communionis bonorum inter conjuges. Lpz. (Staritz) 27. III. 1821. 15 S. mit Biogr. M.'s. (M.: Ch. W. Pistorius.) (5.50) 18761

— — De bonis hereditariis heredi occisori tanquam indigno eripiendis. Diss. jur. Lpz. (Sommer) 12. III. 1778. 48 S. (6.20) 18755

— **Christian Traugott** (Leipzig), De Aurelio Arcadio Charisio vetere jurisconsulto. Präs. Christian Rau. Lpz. (Langenheim) 11. X. 1773. 40 S. mit Widm. v. Präs. (6.30) 18754

— — Summos in utroque jure honores viro Heinrich Wilhelm Ernst Mann (Dessau). — Quaestio: Commissiones in caussa criminali contra clericum ad ephorum et praefectum simul directae, quoad actus ad judicium criminale spectantes, an in aedibus illius vel hujus commissarii expediendae sint? Lpz. 8. II. 1816. 22 S. mit Biogr. M.'s. (M.: D. S. W. Pfau.) (5.50) 18758

— de jure fodiendi Turfam lutosam inter Regalia principis haud referendo. 8. Lips. 802. Klaubarth. 5 gr

— — Summos in utroque jure honores viro Woldemar Seyffarth (Weissenfels). — Inest commentatio: sponsam, sponso ad consummandum matrimonium damnato, si id malitiose differat et moriatur, pro justa uxore et participe portionis statutariae habendam esse. Lpz. 24. IX. 1818. 18 S. mit Biogr. S.'s. (M.: Eckhardt.) (5.50) 18759

(— —). — Ordinarius senior et rel. doctores facult. jurid. Lipsiensis summos in jure honores viro **Christian Traugott Koch** (Torgau). — Rhapsodiae supplementa. Lpz. (Langenheim) 14. III. 1778. 19 S. mit Biogr. (M.: W. S. Grunewald.) (6.—) 18756

— — Summos in utroque jure honores viro Maximilian Guenther (Dresden). — Triga observationum de conscensione thori conjugalis ad obtinendam successionem conjugum jure Saxonico novo necessaria. Lpz. (Carl Tauchnitz) 10. VI. 1813. 22 S. mit Biogr. G.'s. (M.: Ch. F. Oehler.) (5.50) 18757

— — Summos in utroque jure honores vro Johann Daniel Merbach (Dresden). — Inest quaestio: Utrum heres, cui legati exsolvendi necessitas in testamento imposita est, si legatarii memoria non exstat, cursum usurarum impedire valeat, ita tamen, ut, finita praescriptione, ipsius legati jacturam non faciat? Lpz. 28. III. 1820. 20 S. mit Biogr. M.'s. (M.: M. E. Tettenborn.) (5.—) 18760

— **Christoph Friedrich** (Sangerh./Thür.), De collisione probationum. Disp. jur. Präs. Justus Henning Böhmer. Halle (Johann Gruner) Nov. 1707. 48 S. (6.20) 18762

— — Dasselbe. Halle (Christoph Andreas Zeitler). (6.20) 18763

Koch, Christoph Ludwig

— — Disquisitio de austraegis S. R. I. procerum cumprimis serenissimorum landgraviorum Hassiae. Giessen (Joh. Phil. Krieger) 1749. 116, 16 Seiten. (6.50) 18765

Koch. Chrph. Lud.: De fatis studii iuris privati ejusque culta ratione apud Germanos. Prolusio acad. Gissae 1746.

— Christoph Ludw. (Hessen), De jure oppignorationum imperialium, speciatim in civitatibus imperialibus occurrentium. Von Reichs=Pfandschaften auf Reichs=Städten. Diss. jur. Giessen (Eberh. Heinr. Lammers) Nov. 1744. 44 Seiten. (6.30) 18764

Koch, Cph. Ldw. I., († d. 13. Nov. 1756.) beurkundete Nachrr. v. dem Ordenshause u. Commende Schiffenberg rc. 2 Thle. Fol. Marb. 789. Krieger.

Koch, C. Ldw. II., Nachrichten von Lichtenberg. 8. Freiberg 800. Craz u. Gerl. 4 gr

— Nachr. v. dem deutschen Ordenshause u. Commende Schiffenberg. 2 Thle. Fol. Marb. Krieger. 769.

Koch, Christoph Wilhelm

Koch, C. W., Abrégé de l'Histoire des traités de paix etc. IV Vol. à Basle. 796 et 97. (Jetzt Schmidt in Leipz.)

— Abrégé de l'Histoire des traités de paix, entre les puissances de l'Europe, depuis la paix de Westphalie. IV Vol. 8. maj. Basel, (Tourneisen, Cassel) 796–97. (I. II. 2 Rthlr. 18 gr. III. IV. 2 Rthlr. 12 gr.)

— Abregé de l'histoire des traités de paix, entre les puissances de l'Europe, depuis la paix de Westphalie. IV Vols. 8maj. Basel 796 u. 97. (Schmidt in Leipz.) 5 Rthlr 6 gr Nouv. Edit. (par F. Schöll) Ouvrage entièrement refondu, augmenté et continué jusqu'au congrès de Vienne et aux traités de Paris de 1815. T. I.—IX. 8maj. Paris 817.

— Atlas, kl. histor. Berl., Sander. 12 gr

—— dramat. Beiträge f. d. k. k. Hofburgtheater in Wien: Das Testament ein. armen Frau. — Er bezahlt Alles. — Die Vorleserin. gr. 12. (12½ B.) Wien 836, Wallishausser.

— de collatione dignitatum ac beneficior. eccles 4. Strassb. 763. Treuttel u. W. 5 gr

v. Koch, Cph. Wlh., († 24. Oct. 1813.) Gemälde der Revolutionen in Europa, aus d. Französ. übers. v. J. D. Sander. 3 Thle. gr. 8. Berl. 807—9. Sander. 5 Rthlr Velinp. 8 Rthlr 4r Thl. (A. u. d. T.: Fr. Schöll, Entwurf eines histor. Gemäldes von Europa, seit d. Anfange der französ. Revolution bis zum Pariser Frieden 1815. Aus d. Französ. übers. mit Berichtigg. u. Zusätzen v. C. Cottel). gr. 8. Berl. 826. Duncker u. H. 1 Rthlr 12 gr Velinp. 1 Rthlr 16 gr

— Généalogique des maisons souveraines de l'Europe. 4. Strasb, Treuttel. 782.

— s. Principes généraux de Protestants.

v. Koch, Cph. Wlh., sanctio pragmatica Germanorum illustrata. Cum tab. aen. 4maj. Strassb. 789. Treuttel u W. 4 Rthlr

— chronol. Tabellen der Revolutionen in Europa. a. dem Franz. 12. Strasb. Levrault. 802.

— genealog. Tabellen d. vornehmsten Fürstenhäuser. Aus d. Französ. gr. 8. Straßb. (Sander in Berl.) 12 gr

— Table des traités, qui ont été conclus entre la France et les puissances étrang. dep. la paix de Westphal. etc. Vol. I. u. II. 8. Basel 802. Decker. (a. Levrault in Strassb.) 4 Rthlr 12 gr ch. script. 6 Rthlr Velinp. 8 Rthlr

— Tableau de revolutions de l'Europe dans le moyen âge. 2 Tom. 8maj. Strassb. 790. Treuttel u. W. 2 Rthlr 12 gr

— Tableau de Révolutions de l'Europe dans le moyen âge. III Tom. 8. maj. Strasb. Levrault. 807.

— Tableau des Revolutions de l'Europe, depuis le bouleversement de l'Empire Romain en occident jusqu'à nos jours. III Vols. 8. Paris 807. Nouv. Edit. IV Vols. 813.

— Tables généalogiques des maisons souveraines de l'Europe. gr. 4. Strassb. 782. Treuttel u. W. 4 Rthlr 8 gr

— Tablettes chronologiques des revolutions de l'Europe. 12. Strassb. 798. Ed. II. 801. Ed. III. 806. Levrault. 18 gr

— Tablettes chronol. des Revolutions. 12. ibid. 808.

— Zeittafeln d. europäischen Revolution. 8. Straßb. ... 2e A. 802. Levrault. 12 gr

Koch, Clemens, s. Koch, Klemens

Koch, Cornelius Dietrich, s. Koch, Kornelius Dietrich

Koch, Curt, s. Koch, Kurt

Koch, D. G. A., nochmals die Aktion gegen das Matzendorfer Schöpfwerk d. Stadt Wien. Kurze Entgegnung auf die „Erwiderg." des Herrn Baudirektors Th. Hofer in Nr. 15 unseres „Organs" vom 1. VIII. 1910. (4 S.) gr. 8. Wien 910. F. Arnold. —40
Sonderabdruck aus: „Organ d. Ver. d. Bohrtechniker".

Koch, D. G. O., Nochmals die Aktion gegen das Matzendorfer Schöpfwerk der Stadt Wien. 8°. (4 S.) K —.40
Wien: Schworella 1910.

Koch, Daniel, aus Böttlard: Über fibrilläre Muskelzuckungen. *Würzburg 1898: N. Seubert.* (27 S.) 8°
Würzburg, Med. Diss. v. 1898

Koch, Dav., Biographie des schwäbischen Dialektdichters Professor Gustav Seuffer, s.: Seuffer jun., G., Wesen u. Entwicklungsgang des schwäbischen Dialekts.

Peter Cornelius. Ein deutscher Maler von David Koch. Mit 1 Titelbild, 125 Abb. u. 3 Doppeltaf. Stuttgart: J. F. Steinkopf 1905. (207 S.) 8°

— s.: Kunstblatt, christliches.

— Deutsche Meister christlicher Kunst. 1. Serie. 10 Bl. Lex. 8. Berlin (910). (Stuttgart, Verl. f. Volkskunst.) 1.20

Ludwig Richter. Ein Künstler f. d. deutsche Volk. Von David Koch. Mit 108 Abb. u. Vign. *Stuttgart: J. F. Steinkopf 1903.* (160 S.) 8° [F.]

— Theodor Schüz. Ein Maler für das deutsche Volk. Mit 104 Abbildgn. nach Oelgemälden, Oelskizzen u. Zeichngn. (158 S.) Lex.-8. Ebd. 905. Kart. n. 3. 60

— Theodor Schüz. Ein Maler f. das deutsche Volk. Mit 86 Abbildgn. im Text u. 8 Einschaltbildern nach Oelgemälden, Oelskizzen u. Zeichngn. 2. umgearb. Aufl. (144 S.) Lex. 8. Stuttgart 908. J. F. Steinkopf. Geb. in Leinw. 4. —

Wilhelm Steinhausen. Ein deutscher Künstler von David Koch. Mit 116 Abb. nach Gemälden, Zeichn., Lithogr. u. Holzschn. *Heilbronn: E. Salzer 1902.* (127 S.) 8° [F.]

— Wilhelm Steinhausen. Ein deutscher Künstler. Mit 119 Abbildgn. nach Gemälden, Zeichngn., Lithographien u. Holzschnitten u. 2 farb. Beilagen. 2., verb. u. verm. Aufl. (132 S.) Lex.-8. Heilbronn 904. E. Salzer. n. 3. —; geb. n. 4. —

Koch, Dtl., († d. 11. April 1815.) Anleitung u. Materialien zu Predigten. 8. Hadersleben 787.

— s. Bildung guter Prediger.

Koch, E., landwirtschaftl. Buchführung in Übereinstimmg. m. der Steuergesetzgebung f. das Großherzogt. Sachsen. 2. Aufl. (48 S.) 33,5×21,5 cm. Allstedt (907). E. Schwabe. Kart. 1. 50

Koch, E. Saalfelder Familiennamen [und Familien] aus dem 16. u. 17 Jahrhundert. 36 S. II. Teil. 29 S. *Saalfeld* 1877 1878 Progr.

Koch, E., die neue Hose. 8. (8 Holzschntaf. in Buntdr. mit Text.) Stuttgart 872, G. Weise.

— Inventar-Aufstellung zur landwirtschaftlichen Buchführung. (27 S.) 33,5×21,5 cm. Ebd. (907). Kart. 1. —

Koch, Frl. E., Lehrbuch der englischen Sprache, s. Thiergen, O.

Koch, E., der Leidensgang Jesu Christi von Gethsemane nach Golgatha, dargestellt in 7 Fastenpredigten. Nebst einer Predigt auf Mariä Verkündigung. gr. 8. (80 S.) Regensburg 862, Manz.

Koch, E. Mahnung an die sogenannten Deputirten der sogenannten Volkskammer zum 7 August 1849. Druck von Carl Schultze 1 Bl 4. Flugblatt. Berlin, 1848/49.

Deutscher Michel. Redakteur E Koch. 1850. (Wochenschrift.) Nr 1 4

Koch, E., s. National-Archiv des Wissenswürdigsten.

Koch, E., der heimische Obstbau u. Vorschläge zu seiner Organisation. Vortrag, geh. in e. Versammlg. des Obstzuchtvereins des II. Verwaltungs-Bezirks am 13. XII. 1899 in Jena. gr. 8. (26 S.) Erfurt (900). [J. Frohberger Nachf.] Leipzig, Amthor. n. — 60

[F.] Das Sechstagewerk der Bibel verglichen mit den Schöpfungsberichten anderer Völker u. m. d. Resultaten d. modernen Naturforschg. Von E Koch, Pfarrer. *Gütersloh: C. Bertelsmann 1895.* (48 S.) 1 Bd 8.

Koch, E. (Red.), s. Zeitung, Neueste Preußische.

Koch, E. F. J., Geschichte der Dynastie, des Amtes, der Stadt, Burg und Festung Peina in Niedersachsen. Von der ältesten Zeit bis zum J. 1260 gleichlaufend mit der Geschichte des deutschen Reiches dargestellt und nach Quellen bearb. gr. 8. (VIII und 131 S.) Peina 850, Heuer.

Koch, E. G. s. a. Amtsreden, geistliche.

Koch, E. G., geistliche Amtsreden. Hrsg. in Verbind. m. mehr. evangel. Geistlichen rc. gr. 8. (9½ B.) Leipzig 840, Drobisch.

Koch, E. W. Resedablüthen von — 8. (XIV. u. 97 S.) Wien, Kaulfuß Witwe, Prandl u. Komp., Dr. v. Keck u. Pierer, 1853.

Koch, Ed., s. Beobachter, der neu illustrirte.

(Koch, Ed.,) s. † Helmer, Ed.

Koch, Ed. Emil, Abschiedspredigt gehalten am Dreieinigkeits-Feste den 22. Mai 1864 in der Kilianskirche zu Heilbronn. 1. u. 2. Abdr. Heilbronn 864. Scheurlen. gr. 8. (14 S.) 3 ngr.

Koch, Ed. Emil, Geschichte des Kirchenlieds und Kirchengesangs mit besond. Rücksicht auf Württemberg. 2 Thle. Die Dichter und Sänger. — Die Lieder und Weisen. gr. 4. (XVI und 688, 513 S.) Stuttgart 847, Belsersche Buchh.

—— dass. — 1. Haupttheil: Die Dichter und Sänger. 1. Bd. 2., verb. und durchaus verm. Aufl. gr. 8. (XX und 400 S.) Stuttgart 852, Belsersche Buchh.

Koch, Ed. Emil, Geschichte des Kirchenlieds und Kirchengesangs der christlichen, insbesondere der deutschen evangel. Kirche. 1. Haupttheil: Die Dichter und Sänger. 2. und 3. Bd. 2., verb. und verm. Aufl. gr. 8. Stuttgart, Belser'sche Buchh. [2. (X und 511 S.) 852., 3. (XII und 494 S.) 853. à Bd. 27 Ngr.]

—— dass. — 4. Bd.: 2. Haupttheil: Die Lieder und Weisen, 2., verb. und durchaus verm. Aufl. gr. 8. (VIII und 847 S.) Ebds. 853.
1. Thl. 1. Bd. Ebendas. 1852. 27 Ngr.

—— Geschichte des Kirchenlieds und Kirchengesangs der christlichen, insbesond. der deutschen evangelischen Kirche. 3., umgearb. durchaus verm. Aufl. 1.—21. Heft oder 1.—5. Bd. gr. 8. (VIII und 488 S., X und 496 S., VIII und 559 S., VIII und 574 S., VIII und 672 S.) Stuttgart 866—68, Belser's Verlag. [à Heft 9 Ngr.; 1.—4. Bd. à 4 Hefte 1 Thlr. 6 Ngr.; 5. Bd. 1 Thlr. 15 Ngr.]

Koch, Ed. Emil, Geschichte des Kirchenlieds und Kirchengesangs der christlichen, insbesondere der deutschen evangelischen Kirche. 1. Hauptthl.: Die Dichter und Sänger. 3. umgearb., durchaus verm. Aufl. 6. und 7. Bd. à 2 Halbbde. gr. 8. (X, 558; 416 S.) Stuttgart 870,72, Belser's Verlag. à Halbbd. M 1,80.; à Bd. M 3,60.
1.—4. Bd. Ebendas. 1866,67. à M 3,60.; 5. Bd. 1868. M 4,50.

Koch, Ed. Emil, Geschichte des Kirchenlieds und Kirchengesangs der christlichen, insbesondere der deutschen evangelischen Kirche. 8. (Schluß-)Bd. [2. Hauptthl.: Die Lieder und Weisen.] A. u. d. T.: Die Kernlieder unserer Kirche im Schmuck ihrer Geschichte. 3. Aufl., neu bearb. von Rich. Lauxmann. gr. 8. (VIII, 712 S.) Stuttgart 876, Belser'sche Verlagsh. Subscr.-Pr. M 6.; Einzelpr.

—— dass. — Allgemeines Register zu den 8 Bdn. gr. 8. (80 S.) Ebendas. 877.
1.—7. Bd. Ebendas. 1866—72. *M 26,10.

Esperanza. Geschichte e. südamerikan. Gemeinde. Erzählt von Edmund Koch, Pfarrer, Radefeld. Potsdam: Stiftungsverl. [1910]. 15 S. 8° [Umschlagt.]
(Gut deutsch u. evangelisch allewege 2.) [10. 1041

Koch, Edm., vollständig ausgeführte Präparationen f. den Realunterricht der Mittelstufe der Volksschule. Praktisch erprobt m. den Schülern der Mittelklasse der Volksschule zu Gera bei Elgersburg. 8. (VIII, 288 S.) Langensalza 894. Schulbuchh. 2. 50

Koch, Edmund [app. Arzt]: Über die therapeutische Wirkung des Salophen ... Freiburg i. B., Buchdr. H. Epstein, 1892; 42 S. 8.
Freiburg i. B., Med. Fak., Inaug.-Diss. v 1892

Koch, Eduard Jos., Abhandlung üb. Mineralquellen in allgemein wissenschaftl. Beziehung u. Beschreib. aller in der österreich. Monarchie bekannten Bäder u. Gesundbrunnen, in topogr., histor., physikal. chem. u. med. Beziehung. Ein Handbuch z. Gebr. f. Aerzte u. Badegäste. gr. 8. (29¼ B.) Wien 843. (Braumüller u. Seidel.) **

Koch, E(duard) J(oseph): Abhandlung über Mineralquellen in allgemein wissenschftlicher Beziehung und Beschreibung aller in der Oesterreichischen Monarchie bekannten Bäder und Gesundbrunnen in topographischer, historischer, physikalisch-chemischer und medicinischer Beziehung. 471 S., gbd.

Wien: Pichler 1843

JB 2.748

—— die Mineral-Quellen Deutschlands u. der Schweiz, nebst ein. Anh. üb. die deutschen Nord- u. Ostseebäder, naturhistor. u. ärztlich dargestellt. gr. 8. (16¼ B.) Wien 844, Braumüller u. Seidel. *

—— die Mineralquellen des gesammten österreich. Kaiserstaates in topograph., histor., physikal.-chemischer u. therapeut. Beziehung. 2., verm. u. verb. Aufl. gr. 8. (29¾ B.) Wien 845. Gerold, Verl.

- - die Skrophelkrankheit in allen ihren Gestalten, nach den neuesten Erfahrungen u. Entdeckungen f. Aerzte u. Nichtärzte dargestellt. 12. (4 B.) Wien 845, Gerold, Verl.

Koch, Ehrenfr Christoph

— Bremer- u. Rügensche Beiträge rc. 1r Bd. 8. Rostock u. Wismar 754, 55. (anonym).

Koch, Ehrenf. C., Denkm. d. Gerichte des Herrn über Pommern und Rügen. 8. Greifsw. Molius. 747.

Koch, Ehrenfr. Cph., († ...) vertheid. Glaube d. Christen, betreff. d. Lehre d. heil. Schrift, d. heil. Sakramente, der Taufe u. d. Abendmahls. 2 Thle. 8. Schwer. 754. N. A. 756. Bödner. 7 gl.

Koch, Aemilius: De Atheniensium logistis euthynis synegoris. (Th. 1.) Zittau, Druck v. R. Menzel, 1894; 1 Bl., 20 S. 4.
Zittau, G, OP 1894 (548)

Koch, Emil, Dr.: **Bemerkungen** zu der Rede wider Eubulides. *Zittau 1900: R. Menzel.* (8 S.) 8°
Zittau, G, Einladungsschr. 1900**

Koch, Emil, d. Bewusstsein d. Transcendenz od. d. Wirklichkeit. E. psycholog. Versuch. gr. 8. (VIII, 127 S.) Halle 895. M. Niemeyer. n. 3. —

Koch, (Emil): Farbenerscheinungen in der Natur. Sorau, N.-L. 1908. Rauert & Pittius. 6 S. 4°
Zittau, G, Fest-P z. Feier d. Gedächtn. an Phil. Ferd. Adolf Just, 1908** [S 08. 245

Koch, Emil: Komplikationen von Appendicitis und Ovarialtumoren. München 1909: Kastner & Callwey. 28 S. 8°
München, Med. Diss. v. 22. Juni 1910, Ref. Döderlein
[Geb. 7 Okt. 84 Wanne; Wohnort. Wanne; Staatsangeh.: Preußen; Vorbildung: Gymn. Recklinghausen Reife O. 04; Studium: Freiburg i. B. 1, Marburg 4, Berlin 1, München 4 S.; Coll. 22. Juni 10; Approb. 6. Juni 10.] [U 10. 3528

Koch, Aemil., de correorum obligationibus quaestiones duae. Dissertatio inauguralis. 8. (IV, 75 S.) Berlin 868, (Puttkammer und Mühlbrecht.) *

— d. Psychologie in d. Religionswissenschaft. Grundlegg. gr. 8. (146 S.) Freiburg i/B. 896. Tübingen, J. C. B. Mohr. n. 2. 80

Koch, Emil [cand. theol., Velbert (Rhld.)]: Zur Relativität des Erkennens ... Bonn, Univ.-Buchdr. v. C. Georgi, 1894; 72 S. 8.
Bonn, Phil. Fak., Inaug.-Diss. v 9. Aug. 1894

Koch, Er., gesammelte Erfahrungen über die Verarbeitung u. d. verschied. Anwendungen des Cementes aus den Cementfabriken von Ernst Koch in Hessen-Kassel und Hanau. Zur weitern Erläuterung der betreff. Gebrauchsanweisung herausg. Mit 1 Steintaf. gr. 8. Kassel u. Leipzig 839. Fischer. ¼ ℳ

Koch, Erdmann Julius

Koch, Erdm. Jul., Abschiedsrede von seinen Schülern auf d. k. Pädagog. zu Berlin. 8. Berl. 793. Franke. (Leipz., Barth). 2 gl.

s. Jd Agricola.

s. Weiter. z. deutschen Sprache

— Elementarunterricht in d. Naturlehre u. Naturgeschichte, s.a. unten „Spiel- u. Lesebuch.“

— Elementarunterricht in der Naturlehre und Naturgeschichte. 8. Ebend. 793.

— Encyklopädie aller philolog. Wissenschaften, s.a. Sulzer, Inbegriff.

Koch's, E. J., Encyklopädie aller philologischen Wissenschaften. Berl. 793. 8. 9 gr. (Ist der erste Theil des umgearbeiteten: *Kurzen Begriffs aller Wissenschaften von Sulzer*)

- s. Zur deutsche Sprache u. Litt.

— Grundriß e. Gesch. d. Sprache u. Literatur der Deutschen, s.a oben Compendium rc.

— Grundriß einer Gesch. der Sprache und Literatur der Deutschen, ist ein a. Titel: v. dessen Compend. der deutsch. Lit. rc.

— Hodegetik für d. Universitätsstudium. gr. 8. Berl. 792. Franke. (Barth in Leipz.) 12 gl. Schrbp. 16 gl.

s. Jahrbücher, Berliner.

s.a. Idas Blumenkörbchen.

— Compendium der deutschen Literaturgeschichte bis auf d. J. 1781. 2 Bde. gr. 8. Berl. (1r Bd. 791.) 2e A. 795. 2r Bd. 798. Reimer. (à 1 ℛ︀) 2 ℛ︀ (A. u. d. T.: Grundr. e. Gesch. d. Sprache u. Literatur d. Deutschen bis auf Lessings Tod. 1r Bd. 8. Ebd. 795.)

— literar. Magazin für Buchhändler, Schriftsteller u. Künstler. 2 Stcke. gr. 8. Berl. 792. 93. Franke. (Barth in Leipz.) 19 gr.

— Odeum Friedrichs d. Großen. gr. 8. Berl. 793. Nauck. 12 gr.

— Reise e. französ. Emigrantin, s. Reise durch d. Rheingegenden.

— s. Silberschlag's Leben.

— physikalisch-natur-histor. Spiel- u. Lesebuch für Kinder. Mit 72 Karten. 8. Berl. 793. Franke. 8 gr. Dass. A. u. d. T.: Elementarunterr. in d. Naturlehre u. Naturgeschichte. 8. Ebd. 793. 3 gr. (NB. der wahre Verfasser dieser beiden Schriften ist L. A. Baumann.)

— über deutsche Sprache u. Literatur. gr. 8. Berl. 793. Franke. (Barth in Leipz.) 3 gr.

— System d. lyrischen Dichtkunst in Beispielen. 8. Berl. 791. Reimer. 16 gr.

Koch, Erduin Julius, s. K o c h , Erdmann Julius

Koch, Erich [app. Arzt aus Berlin]: **Ueber multiples Auftreten primärer epithelialer Geschwülste ... Aachen, Druck v. C. H.** Georgi, 1891; 43 S. 8.
Freiburg i. B., Med. Fak., Inaug.-Diss. v. 1891

Koch, Erich, Die deutschen Kolonien Nordrußlands. Eine siedlungswirtschaftsgeographische und kulturhistorische Untersuchung. 102 S. Würzburg: Diss.

Koch, Erneste Guillaume, Auguste Pierre
Pseud.: Ed. Helmer; Émile Hubert Leonard

– s. K o c h , Ernst

Koch, Ernst, s. a. H e l m e r , Eduard.

Koch, Ernst *Bernhard Alwin* Noch ein Beitrag zur urkundlichen Geschichte des sächsischen Prinzenraubes: über die Befreiung des Prinzen Albrecht. 4 (S. 3—35).
Zur Feier des Henfling'schen Gedächtnistages G. Bernhardinum *Meiningen* 1891.
Nicht im Tauschverkehr.

Progr.

Koch, Ernst, Arzt aus Quedlinburg a. Harz: **Beiträge zur pathologischen Anatomie der Cataracta Diabetica.** *Marburg 1899: Köster & Schell.* (37 S.) 8°
Marburg, Med. Diss. v. 31. März [vielm. 17. Juni] 1899

Koch, Ernst [aus Berlin]: **Beiträge zur Einführung der Nitrogruppe mittels salpetriger Säure. Berlin 1897.** 61 + 1 S. 8°.
Basel. Phil Diss. 1897/98.

Beiträge zur urkundlichen Geschichte der Stadt Pössneck. Von Ernst **Koch**. Heft 1–4. *Pössneck: Bürgerschule (C. Latendorf in Komm.) 1896–1900.* 4 Bde 8° [F.]
1. Die alte städt. Flurgrenze. Die ehem. Einteilung u. Befestigung d. Stadt. Jüdewitz. Der Schutzheilige d. Stadtkirche. 1896.
2. Die Einwohner d. Stadt im 15. Jh. mit d. Namen von A–K. 1897.
3. ... von L–Z. 1897.
4. Die Gesch. d. Rathauses (1478–1899). Mit Abb. u. Pl. 1900.

Koch, Ernst, Beiträge zur urkundl. Geschichte der Stadt Pößneck. 4. Hft.: Die Geschichte des Rathauses (1478—1899). gr. 8. (VIII, 136 S. m. 7 Lichtdr. u. 6 Taf. Plänen.) Pößneck 900. (Meiningen, L. v. Eye). n. 3. 50

Koch, Ernst: Beiträge zur Kenntniss der primären Nierentumoren, besonders der Sarcome. Halle a. S. 1878: Waisenhaus. 41 S, 1 Taf. 8°
Halle-Wittenberg, Med. Diss. v. 8. Okt. 1878
Geb. Magdeburg 12. 5. 1855. V.

Koch, Ernst *Friedrich Karl* [aus Wittstock]: Bleigeschoss-Deformationen im menschlichen Körper und ihre Ursachen ... Berlin, C. Vogt's Buchdr., *1893;* 30 S., 1 Bl. 8.
Berlin, Med. Fak., Inaug.-Diss. v. 28. Juli 1893

[F.] **Koch,** Ernst [aus Berlin]: **Der deutsche Bundesrat des geltenden Rechtes und die früheren deutschen Verfassungsentwürfe ... Berlin, Druck v. E. Meyer,** 1897; 70 S. 8.
Erlangen, Jur. Fak., Inaug.-Diss. v. 1897

Koch, Ernst [pract. Arzt aus Cassel]: **Butylchloral und Chloralhydrat als Antidote gegen Strychnin und Pikrotoxin .... Cassel,** Druck v. Gebr. Gotthelft (1886); 2 + 98 + 2 S. 8°.
Berlin, Med. Fak., Inaug.-Diss. v. 22. Jul. 1886.

Koch, Ernst, griechisches Elementarbuch zur Vorbereitung auf die Anabasislektüre. gr. 8. (VI, 218 S.) Leipzig 894. B. G. Teubner. Geb. in Leinw. n. 2. —

Koch, *Paul Max* Ernst [aus Prov. Sachsen]: **Zur Encephalomalacie nach Kohlenoxydvergiftung ... Greifswald, Druck** v. J. Abel, 1892; 51 S. 8.
Greifswald, Med. Fak., Inaug.-Diss. v. 6. Aug. 1892

Koch, Ernst, gesamm. Erfahrungen üb. d. Verarbeitung u. die verschied. Anwendn. d. Cementes aus d. Cementfabriken v. Ernst Koch in Hessen-Kassel u. Hanau. Zur weit. Erläuter. d. betreff. Gebrauchsanweis. hrsg. gr. 8. (2½ B. incl. 1 Stnt.) Kassel 839, Fischer.

—— gesammelte Erfahrungen über die Verarbeitung und die verschied. Anwendungen des Cementes aus der Cementfabrik von Ernst Koch in Hessen-Cassel. Zur weitern Erläuterung der betreff. Gebrauchsanweisung hrsg. Mit einem Nachtrag und einer Abhandlung von Henschel, über einige weitere deshalbige Erfahrungen etc. verm. Aufl. gr. 8. (IV und 46 S. mit 1 Holzschnt.) Kassel 851, Fischer.

Koch, Erneste Guillaume Auguste Pierre: Erläuterung zu „Amaranth" von Oscar von Redwitz.
S. 1–24. Luxemburg, Athénée, Progr. 1856–57

Koch, Erneste Guillaume Auguste Pierre: Erzählungen.
Kassel 1847.

Koch, Ernst, Erzählungen. gr. 12. (374 S.) Kassel 847, Hotop.

Koch, Ernst, griechische F o r m e n l e h r e für Anfänger auf Grund der Ergebnisse der vergleichenden Sprachforschung bearb. Leipzig 866. Teubner. gr. 8. (VIII, 144 S.) 12 ngr.

Koch's, Ernst, Gedichte, aus dessen Nachlasse gesammelt und hrsg. von einem Freunde des Verstorbenen. 16. (XXIV und 195 S.) Luxemburg 859, Bück.

Koch, Ernst, die ehemalige Glashütte zu Langenbach bei Schleusingen, die Mutter der Glashütten zu Fehrenbach u. Lauscha. (1525—1589.) (72 S.) gr. 8. Meiningen 908. Brückner & Renner. 1. 60

Koch, Erneste Guillaume Auguste Pierre: De jure ejus, qui speciem ex aliena materia fecit. Dissertatio inauguralis quam illustris jurisconsultorum ordinis consensu ad summos in utroque jure honores rite capessendos die XII mens. septembr. an. MDCCCXXIX h. II et l. c. publice defendet. Marburgi [1829]. 44 S. 8°

Koch, Ernst (I.), aus dem Leben eines bösen Jungen. 2. (Titel-) Ausg. 8. (311 S.) Kassel (878)76, Wigand. *

Aus dem Leben eines bösen Jungen. Ernst Koch's Schicksale in der Fremdenlegion. Ausgew. u. mit Erl. u. Anm. vers. von Rechtsanw [Wilhelm] Eckhardt. Witzenhausen Trautvetter [1910]. 46 S. 8°

Koch, Ernst, griechisches Lesebuch für Unter-Tertia. gr. 8. (VI, 244 S.) Leipzig 879. Teubner. n. 1. 80

Koch, Ernst, Bad Liebenstein u. s. Umgebung. 12. (52 S.) Meiningen 896. Brückner & Renner. — 75

Koch, Ernst, die Wasunger Mundart, s.: Reichardt, Edinhart.

Koch, Ernst (II.), die Nibelungensage nach ihren ältesten Ueberlieferungen erzählt und kritisch untersucht. 2. Aufl. gr. 8. (78 S.) Grimma 872, Gensel. *

Koch, Ernst (I.). Die Notwendigkeit e. Systemänderung im griech. Anfangsunterrichte, statistisch begründet. gr. 8. (40 S.) Lpz. 892, Teubner. * — 40
Aus: Jahrbb. f. Philol. u. Pädag., besonders abgedruckt

Koch, Ernest., de h sive litera sive nota latina, germanica, romanica observationes. gr. 4. (13 S.) Grimma 871, Gensel. *

Koch, Ernst Johann Heumanns Randbemerkungen zum Saalfelder Kirchenbuche aus der Zeit von 1614—1634. 44 S.
Progr. G. *Meiningen* 1885

Koch, Ernst Über Mag. Stephan Reich (Riccius), sein Leben und seine Schriften. 4 (8. 3—40).
Progr. G Bernhardinum *Meiningen* 1886 (642).

Koch, Ernst. Magister Erasmus Reinhold aus Saalfeld. Von Prof – , Meiningen. Saalfeld a.S. 1908 Wiedemann. 16 S. 8°
(Sallfelder Weihnachtsbüchlein Jg. 55)

Koch, Ernst (III.), Richard Wagner's Bühnenfestspiel „Der Ring des Nibelungen" in seinem Verhältniß zur alten Sage wie zur modernen Nibelungendichtung betrachtet. Gekrönte Preisschrift. gr. 8. (93 S.) Leipzig 875, Kahnt.

Koch, Ernest, Prinz Rosa-Stramin, s.a. Helmer, E.

– Dass. Von Eduard Helmer. Herausgegeben und eingeleitet von Franz Brümmer Leipzig o. J. 128 S. 8°

Koch, Erneste Guillaume Auguste Pierre: Prinz Rosa Stramin. Von Eduard Helmer. Kassel 1834. 264 S. 12°

– Dass. Von Dr. Eduard Helmer (Ernst Koch.) Zweite Auflage. Göttingen 1857. 234 S. 16°

Koch, Erneste Guillaume Auguste Pierre: Prinz Rosa Stramin. Translated from the latest german edition [Göttingen 1857] by A. v. Beresford. Kassel.

– Dass. Dritte Auflage. Kassel 1873.

Prinz Rosa-Stramin und andere Novellen. Von Eduard Helmer (Ernst Koch). Berlin: Buchverl. fürs Deutsche Haus 1909. 287 S. 8°
(Die Bücher d. Deutschen Hauses. Bd 94.)

Koch, Ernst, die Sage vom Kaiser Friedrich im Kiffhäuser, nach ihrer myth., histor. und poetisch-nationalen Bedeutung erklärt. gr. 4. (40 S.) Grimma 880, (Gensel.) *

Koch, Ernst, die Sage vom Kaiser Friedrich im Kyffhäuser. Überblick über die moderne Nibelungendichtung. Die Waberlohe in der Nibelungendichtung. Dem Gymnasium zu Zittau zur Feier seines 300jähr. Bestehens gewidmet. gr. 8. (74 S.) Leipzig 886, (Teubner.) *

— die Sage von den Nibelungen. gr. 4. (35 S.) (Ebendas.) 868. *

Koch, Erneste Guillaume Auguste Pierre: Gesammelte Schriften. Kassel 1873. 8°
Band I: Prinz Rosa-Stramin.
Band II: Aus dem Leben eines bösen Jungen. 311 S.
Band III: Die Novelle. – Der Königin Gemahl. – Maria bitt für mich! – Eine Vigilie. – Eine Auswahl von Gedichten.

— gesammelte Schriften. 1. Bd.: Prinz Rosa-Stramin. Von Ed. Helmer. [Ernst Koch.] 3. Aufl. Mit einem Geleitswort von Karl Altmüller. 8. (VIII, 220 S.) Ebendas. 873. geb. mit Goldschn. *

Koch, Ernst (III.), griechische Schulgrammatik auf Grund der Ergebnisse der vergleichenden Sprachforschung bearb. 2. Thl.: Syntax. gr. 8. (S. VII—XIV, 127—380.) Leipzig 869, Teubner.
— dass. — 2. Aufl. (XII, 376 S.) 1871. ℳ 2,40., und 3. Aufl. gr. 8. (XII, 384 S. mit 2 Tab. in qu. 4.) Ebendas. 874. *

— griechische Schulgrammatik auf Grund der Ergebnisse der vergleichenden Sprachforschung. 4. Aufl. (XX, 395 S.) 1876; 5. Aufl. (XX, 396 S.) 1877; 6. Aufl. (XIV, 402 S.) 1878; 7. Aufl. gr. 8. (XVI, 400 S.) Ebendas. 1879. *

— griechische Schulgrammatik, auf Grund der Ergebnisse der vergleichenden Sprachforschung bearb. 8. und 9. Aufl. (XVI, 400 S.) 1881,82; 10. Aufl. gr. 8. (XVI, 396 S.) Leipzig 884, Teubner.

— griechische Schulgrammatik, auf Grund der Ergebnisse der vergleichenden Sprachforschung bearb. 11. Aufl. (XVI, 396 S.) 1885; 12. Aufl. gr. 8. (XVI, 414 S.) Ebendas. 887. *

— Griechische Schulgrammatik. 13. umgearb. Aufl. (zugleich 3. Aufl. der kurzgef. Schulgramm.). gr. 8. (XVIII, 843 S.) Ebd. 889. * 2 80
Vgl.: Siebert, Wilh. Griech. Lese- u. Uebungsbuch. — Weißke, G. Alex. Anmerkungen z. griech. Syntax. — Wesener, P. Griech. Elementarbuch.

Koch, Ernst, griechische Schulgrammatik. 15. Doppel-Aufl. (zugleich 5. Aufl. der kurzgefaßten Schulgrammatik). gr. 8. (XVIII, 341 S.) Leipzig 893. B. G. Teubner. Geb. in Leinw. n. 3 —

Koch's, Ernst, griechische Schulgrammatik. 17. Aufl., bearb. v. Ghold. Sachse. (XII, 297 S.) gr. 8. Leipzig 904. B. G. Teubner. Geb. in Leinw. n. 3. —

— kurzgefaßte griechische Schulgrammatik. 2 Tle. gr. 8. Ebendas. 883. à Tl. ℳ 1,20.
Inhalt:
Tl. 1. Laut- und Formenlehre. (X, 143 S.)
» 2. Syntax. (160 S.)

— kurzgefaßte griechische Schulgrammatik. 2 Tle. gr. 8. Ebendas. à Tl. * ℳ 1.20. *
Inhalt:
Tl. 1. Laut- und Formenlehre. (X, 140 S.) 886.
» 2. Syntax. (III, S. 141—335.) 887.

— urkundlicher Stammbaum der Familie Triller vom Geschlechte des Köhlers, welcher im J. 1455 die Befreiung des Prinzen Albrecht von Sachsen herbeiführte. Aufgestellt und hrsg. gr. 4. (20 S.) Meiningen 887, v. Eye. *

Koch, Ernst (II.) Die Stiftung Kaspar Tryllers v. 29. Septbr. 1617 u. der Stammbaum d. Tryller, s. Festschrift d. Gymnasium Bernhardinum zu Meiningen.

— die Stiftung Kaspar Tryller's v. 29. Septbr. 1617 u. der Stammbaum der Tryller, s.: Schriften d. Vereins f. Meiningische Geschichte u. Landeskunde.

— Die Stiftung Kaspar Tryller's vom 29. September 1617 und der Stammbaum der Tryller. Meiningen 1889. 8.

—— Triller-Sagen. Ein Beitrag zur urkundl. Geschichte des sächs. Prinzenraubes und seiner Wirkungen. 1. Thl.: Die vermeintl. Abstammung der Saalfeld-Sangerhäusischen und anderer Triller von dem Retter des Prinzen Albrecht. gr. 8. (XVI, 110 S.) Meiningen 884, Keyßner. *

Koch, Ernst: Das Uebersetzungsrecht des Autors. Gotha 1909: Koch. 71 S. 8°
Jena, Jur. Diss. v. 25. Mai 1909, Ref. Fehr
[Geb. 9. Aug. 85 Gotha; Wohnort: Gotha; Staatsangeh.: Sachsen-Koburg-Gotha; Vorbildung: Gymn. Gotha Reife O. 05; Studium: Lausanne 1, Göttingen 3, Berlin 1, Jena 2 S.; Rig. 25. Mai 09.] [U 09. 2102

—— Übungsbuch zur griechischen Formenlehre. 1. und 2. Heft. gr. 8. (VI, 114; 71 S.) Leipzig 887,88, Teubner. à Heft *ℳ 1.—. *

Koch, Ernst, Unterrichts-Briefe f. d. Selbststud. d. altgriech. Sprache. gr. 8. (224 S.) Leipzig 898. E. Haberland. In Leinw.-Mappe n. 6. —
Erschien auch in 14 Briefen à n. — 50.

Koch, Ernst, Unterrichts-Briefe f. das Selbst-Studium d. altgriechischen Sprache. II. Kurs. 15.—36. Brief. gr. 8. (S. 225—588.) Leipzig 900. 901. E. Haberland. à n. —50

Koch, Ernst, Unterrichtsbriefe f. das Selbst-Studium der altgriechischen Sprache. 37.—48. Brief. III. Kursus v. Chr. Roese. (S. 589—797.) gr. 8. Leipzig (909). [E. Haberland.] Berlin-Schöneberg, Meteor-Verlag. à — 50

— s.: Wanderungen durch Thüringen.

Koch, Ernst, Wilh. Lynker und Carl Altmüller, drei Weihnachtsgeschichten. Göttingen (858.) Wigand. 32. (88 S.) 7⅓ ngr

Koch, Ernst [aus Cassel]: Ueber Angeborne Zwerchfellsbrüche ... München, k. Hof- u. Univ.-Buchdr. v. Dr. C. Wolf & Sohn, 1892; 23 S. 8.
München, Med. Fak., Inaug.-Diss. v. 1893

Die deutschen Relativpronomen von Ernst A[lbin] Kock, Doc., Lund. *Lund 1901: E. Malmstrom.* (IV, 87 S.) 4°
— Acta Universitatis Lundensis. Bd 37, Afd. 1, No 2. [03. 909

Koch, Erwin [aus Frankenthal, Assist. am botan. Inst. d. Univ. Göttingen]: Über die systematische Bedeutung der anatomischen Charaktere der Scrophulariaceen ... Frankenthal, Buchdr. L. Göhring & C., 1895; XII, 154 S., 1 Bl. 8.
Erlangen, Phil. Fak., Inaug.-Diss. v. 13. März 1895

Koch, Erwin, a. Dortmund: Die Haftung des Dienstherrn für das Gesinde. Gießen 1905: v. Münchow. (57 S.) 8°
Gießen, Jur. Fak., Ref. Biermann, Diss. v. 23. Aug. 1905
[Geb. 24. März 80 Hoerde; Wohnort: Dortmund; Staatsangeh.: Preußen; Vorbildung: Gymn. Dortmund Reife O. 00; Studium: Halle, Berlin, Kiel, Munster, Gießen zus. 10 S.; Rig. 18. Juli 05.]

Koch, Erwin [aus Moskau]: Zur Kenntniss der Dibrom- und Dichlor-Xylole im besondern der in derselben [sic!] durch Schwefelsaure bewirkten Atomwanderung. . . . Rostock, Univ.-Buchdr. v. Adler's Erben, 1890; 26 S. 8°
Rostock, Phil. Fak., Inaug.-Diss. v. [26. Jul.] 1890

Koch, Ezech., Schauplatz oder Predigten von dem Leben und Leiden der fürnehmsten Heiligen. 4. Augsburg, J. Wolf. 700.

KOCH, F.: Beiträge zur Kenntniss der "Mitteleuropäischen Galläpfel" sowie der "Scrofularia nodosa L.". - Berlin 1895. 55 S. - Diss. Univ. Lausanne, Phil. Fak. 1894

Koch, F., Ergänzungen u. Erläuterungen d. preuß. Rechtsbücher, s. Ergänzungen.

Koch, F., Eurynome, eine Zeitschrift, s. Eurynome.

Koch, F., der Geist der neuesten preußischen Regierung u. ihrer Gegner, gemessen an dem Geiste des alten u. des neuen Rom. 1. Thl. Pietät. Neuwied 867. Heuser's Verlag. gr. 8. (52 S.) n. 5 ngr

Koch, F. (I.), das neue Kaiserreich und der alte Reichskaiser im Bunde mit altdeutscher Vaterlandsliebe und Rechtssinn. Dazu ein frappanter Fall, an welchem nach alt- und neudeutschem Rechtssinn die Wahrheit der ultramontanen Behauptung: „daß die Katholiken in Preußen Heloten seien", geprüft werden kann. 8. (VIII, 97 S.) Halle 871, Fricke. *

Koch, F. Rede, bei der Eröffnung und Einweihung des Pädagogiums zu P. am 7. October 1836. 16 S. . . . . . .
Puttbus, Progr. 1837

Koch, F., die Schule d. Humanität. Eine gekrönte Preisschrift. gr. 8. Leipz. Bruder. (in Comm.) 811.

Koch, F., u. M. Delanghe, deutsche Sprachlehre, s.: Wallenstein, Herm., Konversationsunterricht im Deutschen.

— — französische Sprachlehre. Im Anschl. an d. Sprachstoff in Exercices pour la leçon de conversation française d'après les tableaux de Hölzel par L. Durand u. M. Delanghe. M. vollst. Wörterbuch. gr. 8. (IV, 88 S.) Giessen 896. E. Roth. n. — 80; geb. n.n. 1. —

— — s. a.: Durand, L., u. M. Delanghe, Konversationsunterricht im Französischen.

Koch, F. (II.), s. Uebungsaufgaben für's Rechnen.

Koch, F. A., der Aufbau des deutschen Vaterlandes. Rede zur Feier der Eröffnung des 1. deutschen Parlaments in Frankfurt a. M., gehalten zu Herrstein und Mörschied. gr. 8. (22 S.) Herrstein 848. (Meisenheim, Krull.)

Koch, F. C., fundamenta linguae hebraeae s. grammatica hebr.-philosoph. 8. Ienae, Cröcker. 740. -

— praxis s. specimina grammatices hebraeae. 8. ibid. 742.

Koch, F. E., Entwickelungsgeschichte der Baukunst unter vorzugsweiser Berücksicht. der deutschen Kunst, gemeinfaßlich dargestellt an der Hand der polit. Geschichte der Völker. gr. 8. (XIV, 144 S. m. 85 Illustr.) Güstrow 893. Opitz & Co. Geb. in Leinw. n. 4. —

Koch (F. E.), Catalog der fossilen Einschlüsse des oberoligocänen Sternberger Gesteins in Mecklenburg. (Mecklenburg. Archiv, Band 30). Neubrandenburg 1876. 8.

—— und C. M. Wiechmann, die Mollusken-Fauna des Sternberger Gesteins in Mecklenburg. 1. Abthl. gr. 8. (128 S. mit 3 lithogr. Taf.) Ebendas. 872. *

Koch, F. E., die Ringicula d. norddeutschen Tertiaer, eine palaentologische Studie. gr. 8. (18 S. mit 2 Taf. und 2 Bl. Erklärungen.) Güstrow 886, (Opitz und Comp.) *
Aus Archiv des Vereins der Freunde der Naturgeschichte in Mecklenburg, besonders abgedruckt.

Koch, F. E., Was haben wir von einer geognostischen Untersuchung Mecklenburgs zu erwarten? Nebst einem Vorwort vom Frhrn. v. Maltzan-Federow. gr. 8. (21 S.) Neubrandenburg 874, (Brünslow.) *

Des Herrn Conferenz Raths und Kanzler Wolters Allgemeine Grundsatz zum ordnungsmaßigen Verfahren in Deich und Abwasserungs-Sachen der deutschen Marsch Provinzen Mit Zusätzen v R Woltmann u mit Erläuterungen v F G Koch Glückstadt 1795 8°

Koch, F. G., und J. F. Jensen, Repertorium rc. s. Repertorium.

Koch, F. J., Auswahl einiger Predigten und Reden bey besond. Veranlassungen. 8. Frkf. a. M., Gebhard u. K. 820.

Koch, F L Allgemeines Landrecht , s. Koch, C.F

Koch, F W (Hrsg.), s. Monatschrift, Theologische.

Koch, Fanny, man hat es gesagt, s.: Dilettantenbühne, kathol.

— Der Traum vom Glück, s.: Dilettantenbühne, kathol.

Koch, Fedor Bemerkungen über den Unterricht in der französischen und englischen Aussprache 11 S Progr. *Schleswig* 1884

Koch, Fedor Ferrex and Porrex Eine litterarhistorische Untersuchung Halle 1881 Meyer in Altona XVII S. 8°
Halle-Wittenberg, Phil Diss v [6. Apr.] 1881
Geb Altona 24 2 1853 V
Ersch auch Altona, Realgymn Progr 1881

Koch, Ferdinand: Ein Beitrag zur Geschichte der altwestfälischen Malerei in der zweiten Hälfte des 15. Jahrhunderts. *Münster 1899. Regensberg.* (59 S.) 8° [F.]
Münster, Phil. Diss. v [21 Juni] 1899

Koch, Ferd., die Gröninger, s.a. Beiträge zur westfälischen Kunstgeschichte. 1. Hft.

Die Groeninger. Ein Beitrag z. Gesch. d. westfäl. Plastik in d. Zeit d. Spätrenaissance u. d. Barock. Von Dr. Ferdinand Koch, Privatd., Münster Münster W: Coppenrath 1905. (VII, 272 S.) 8°
— Beiträge z. westfäl. Kunstgeschichte. H. 1. (05. 13099 6

Koch, Ferd., die Kunst in der westfälischen Grafsch. Mark, s.a. Mark, die Grafsch.

Koch, Ferdinand· Die Kunst in der westfälischen Grafschaft Mark bearb von – Dortmund: Ruhfus 1910 S. 745–840 4°
(Die Grafschaft Mark. Bd. 1, Beih.)

Koch, Ferd., Rede, gehalten vor den Lehrern der Inspection Lauferweiler in der 2. Jahres-Konferenz am 10. October 1859, über den Schwerpunkt der drei preuß. Regulative vom 1., 2. und 3. October 1853 betreffend I. Formel oder Inhalt? II. Untüchtig oder tüchtig? etwas erweitert für allerlei Leser, welche noch Vorurtheile gegen die Regulative haben. 8. (III und 30 S.) Essen 860. (Neuwied, v. d. Beeck.)

Koch, Fd. G., s. 1) Repertorium oder systemat. Verzeichn. 2) Wolters allgem. Grundsätze.

Koch, Ferd. Jul. (wirkl Name), s.a. Agricola, Jh. (Pseud.)

Koch, Fr

— praktische Anweisung zur Mühlbaukunst. m. K. Fol. Anspach, Gassert. 810.

— prakt. Anweis. zur Zimmermannskunst, in Verbindung mit der italienischen u. holländ. Bauart. Mit 60 Kpft. Fol. Ansp. 810. Gassert. 5 ß

Koch, Fr Beiträge z. Kenntniß krystillanischer Hüttenprodukte, s. Koch, Fr K L.

— prakt. Handgriffe bei Verbesserung alter u. Verfertigung neuer Mühlwerke. Mit Kpf. Fol. Erl. 789. (Palm). 1 ß 8 ß

Koch, Fr., der lahme Husar. Oper. 8. Dresd. 805. ... 4 gr

Koch, Fr., s.: Jahrbuch f. Schülerinnen.

Koch, Fr., s.: Kalender f. deutsche Seminaristen u. Präparanden.

Koch, Fr., s.: Kronprinzen-Mentor.

Koch, Fr., Liederbuch f. deutsche Tierärzte, s.: Pütz, H.

Das öffentliche Meliorationswesen in Preussen. Ein Überblick mit besond. Würdigung d. Erfolge in Westfalen. Nach amtl. Quellen von Dr jur et rer. pol. P. Fr. Koch aus Solingen. Leipzig Hirschfeld 1910. VIII, 212 S. 8°
(Abhandlungen aus d. Staatswiss. Seminar zu Münster i. W. H. 10.) (10. 14104

— s. Pächter, die.

— s.: Schülerfreund, Berliner.

Koch, Fr., s.: Schülerfreund, deutscher.

— s.: Schülerfreund, Dresdner.

— s. Schulfreundin, deutsche.

— s.: Schulkamerad, deutscher.

— s.: Schulkameradin, deutsche.

Koch, Fr. Die Steilschrift u. deren Anwendung in der Kanzlei, der Schule u. im öffentl. Leben. Ein Leitfaden f. Jedermann zum Selbststudium. 1.–3. Aufl. 1.–10. Tausend. 4. (13 S. m. 6 lithogr. Taf.) Kaisersl. 892, Gotthold. ** 1 —
1. u. 2. Übungsheft dazu (à 40 Bl. Pap.) à Heft ** — 20

Koch, Fr., d. Steilschrift u. deren Anwendung in der Kanzlei, d. Schule u. im öffentl. Leben. E. Leitfaden f. Jedermann zum Selbstst. 4. Aufl. 11.–15. Tauf. 4. (13 S. m. 6 lith. Taf.) Kaiserslautern (894). A. Gotthold. n.n. 1. —; 1. u. 2. Übungshft. dazu (à 40 S. liniiertes Pap.) à n.n. — 20

— s.: Taschenbuch f. Deutschlands Schüler.

— s.: Taschenbuch f. Deutschlands Schülerinnen.

Koch, Fr., († 1794.), s. 1) Vorfälle d. deutschen Theaters. 2) in Schauspielen.

Koch F, der geübte Werkmeister. (111 S 60 T) fol Erlangen (1783)

— der geübte Werkmeister, oder die deutsche Zimmerbaukunst, mit Verbindung der Italienischen u. Französischen, herausg. von Fr. Geo. Koch u. Jh. Herm. Dünnemann. Mit 60 Kpf. gr. Fol. Erl. 789. (Palm): 6 ß

Koch, Fr C. L., s. Koch, Fr. Karl Ludwig

Koch, Fr. Chr., Abhandl., ob ein Vernünftiger an d. göttl. Offenbarung etwas mit Recht aussetzen od. tadeln könne. 8. Jena 752.

Koch, Fr. Chr., († d. 13. April 1784.) Sieg der Wahrheit über die Vorurtheile des heutigen Judenthums ꝛc. 8. Gotha 767. 2e A. 769. Dieterich in Götting. 8 Gr.

— Stärke u. Schwäche der Feinde der göttl. Offenbarung von ihrem ersten Alter an bis auf das 16te Jahrh. 3 Thle. 8. Gotha 753—56. Dieterich in Götting. 2 Thlr. 2 Gr.

— s. Tacitus Agricola.

Koch, Fr. Jak., († d. 30. Mai 1829.) Auswahl einiger Predigten u. Reden bei besond. Veranlassungen. 8. Frkf. a. M. 820. Gebhard u. K. 16 Gr.

— Predigt über die großen Ereignisse in unserm Zeitalter, als Beförderungsmittel unserer Besserung. 8. Friedberg 802.

— Rede bei der Confirmation junger Christen. 8. Manh. 795. Schwan u. G. 2 Gr.

— die Stimme d. Religion an unser, durch Religionslosigkeit und Selbstsucht unglücklich gewordenes Zeitalter u. Vaterland; e. Predigt am Bußtage. 8. Gießen. 1e u. 2e A. 806. Heyer. 2 Gr.

Koch, Fr. Karl Ludwig

Koch, F.: „Beiträge zur Kenntniss krystallinischer Hüttenproducte", Göttingen 1822. — Vorh.: Preuß. Oberbergamt Dortmund — F. k. 20.

Koch, Fr. K. L., Beitrr. zur Kenntniß krystallinischer Hüttenprodukte. Mit 2 Kpft. 8. Götting. 823. Dieterich. 9 Gr.

Koch, Fr. C. L., u. W. Dunker, Beiträge z. Kenntniss d. norddeutschen Oolithengebildes u. dess. Versteinerungen. Roy.-4. (8 B. u. 7 Stnt.) Braunschweig 837, Oehme u. Müller.

Koch, Fr. C. L., die deutschen Colonien in der Nähe des Saginaw-Flusses. Ein Leitfaden für deutsche Auswanderer nach dem Staate Michigan in Nord-Amerika. Entworfen nach eigener Anschauung und Erfahrung. Mit 1 Karte und 1 Plan. gr. 8. (48 S. und 1 Stnt. in qu. Fol.) Braunschweig 851, Westermann.

— die Mineral-Gegenden der Vereinigten Staaten Nord-Amerika's am Lake Superior, Michigan, u. am obern Mississippi, Wisconsin, Illinois, Iowa. Ein Leitfaden f. deutsche Auswanderer namentlich für Berg- u. Hüttenleute sowie für Waldarbeiter u. Handwerker. Entworfen nach eigener Anschauung u. Erfahrung. gr. 8. (72 S.) Göttingen 851, Vandenhoeck & Ruprecht. 5/12 Thlr.

— die Mineral-Regionen d. obern Halbinsel Michigan's [N. A.] am Lake Superior u. die Isle Royal. Mit einer (lith. u. col.) geognost. Karte nebst Zeichngn. u. Gebirgprofilen (in Imp. Fol.) [Aus dem] 6. Bd. der Studien des Götting. Vereins bergmänn. Freunde abgedr.] gr. 8. (248 S.) Göttingen 852, Dieterich. n. 1 1/2 Thlr.

— Pleurotamaria Solarium, eine neue Schnecke, s.: Palaeontographica, I. Bd.

— über einige neue Versteinerungen u. die Perna Mulleti, siehe: Palaeontographica, I. Bd.

Koch, F. K. L. Versuch einer Darstellung der auf den Harzer und Weserhütten üblichsten Eisenfrischprocesse 1824

— Versuche u. Beobachtt. üb. die Geschwindigkeit u. Qualität verdichteter atmosphär. Luft, welche aus Oeffnungen von verschied. Construktion u. durch Röhren ausströmt. Mit 2 Steintaf. u. 5 Tabb. gr. 8. Götting. 824. Rosenbusch. (Lauffer in Leipz.) 1 Thlr. 12 Gr.

— auch ein Wort üb. Braunkohlen u. Braunkohlenfeuerung. 8. Helmst. 818. (Fleckeisen). 3 Gr.

Koch, Fr. X., Anleitung zur Rechen- u. Feldmeßkunst, nebst Anwendung derselben auf d. Forstwesen. Mit 30 Kpf. u. 6 Tabb. 8. Wien 815. Geistinger. (Gerold). 2 Thlr. Hbg. Pr. 1 Thlr. Schrbp. 1 Thlr. 8 Gr.

Koch, Franz v., die Armen- und Arbeiter-Frage unserer Zeit mit besond. Bezugnahme auf Bayern. 8. (91 S.) Regensburg 848, Pustet.

Koch, Franz, Dir. Dr.: Bericht über die Feier des fünfundsiebenzigjährigen Bestehens der höheren Lehranstalt und des fünfundzwanzigjährigen Bestehens des Königlichen Kronprinz Friedrich Wilhelms-Progymnasiums zu St. Wendel. *St. Wendel 1900: F. Maurer.* (S. 3—18.) 4°
St. Wendel, k. Kronprinz Friedrich Wilhelms-PG, P 1900 (505)

Koch, Franz, Direktor Dr.: Bericht über die Feier des fünfzigjährigen Bestehens des Gymnasiums Thomaeum zu Kempen. Kempen ⟨Rhein⟩ 1907: A. Wefers. (S. 3—12.) 4°
Kempen (Rhein), k. G Thomaeum OP 1907 (557)

Der letzte Druck des Lycker Erzpriesters Johann Maletius. Von Franz Koch. ⟨Mit 16 Beil.⟩ *Königsberg i. Pr.: [F. Beyer in Komm.] 1903.* (29 S.) 8°
Aus: Altpr Monatsschrift. Bd 40, H. 7 8. [04. 3748 10

Koch, Franz, Dir. Dr.: **Die Einführung in sein Amt (als Direktor) am 12. September 1901.** *Kempen (1902): A. Wefers.* (S. 3—14.) 4°
Kempen ⟨Rhein⟩, k. G Thomaeum, P 1902 (498)

Koch, Frz., Gedichte. 8. (VI und 162 S.) Schweidnitz 852, Fürst.

Koch, Frz. Die Laute der Werdener Mundart in ihrem Verhältnisse zum Altniederfränkischen, Altsächsischen, Althochdeutschen. 28 S. Progr. G. *Aachen* 1879

Koch, Franz [Dir. Dr.]: Mitteilungen aus den Lehrplänen des Progymnasiums. 1. Lehrplan für den deutschen Unterricht. 1. Tl. St. Wendel, Buchdr. v. K. Müller, 1893; 3—20 S. 4
St. Wendel, k. Kronprinz Friedrich Wilhelms-PG, P 1893 (465)

Koch, Franz [Dir. Dr.]: Mitteilungen aus den Lehrplänen des Progymnasiums. 1. Lehrplan für den deutschen Unterricht. 2. Tl. [Forts. d. P-Beil. 1893.] St. Wendel, Buchdr. v. F. Maurer, 1894; 3—20 S. 4.
St. Wendel, k. Kronprinz Friedrich Wilhelms-PG, P 1894 (465)

Koch, Franz [Dir. Dr.]: Mitteilungen aus den Lehrplänen des Königlichen Progymnasiums. 1. Lehrplan für den deutschen Unterricht. 3. Tl. [Forts. d. P-Beil. 1893. 94.] St. Wendel, Buchdr. v. K. Müller, 1895; 3—20 S. 4.
St. Wendel, k. Kronprinz Friedrich Wilhelms PG, P 1895 (470)

Koch, Franz [Dir. Dr.]: Mitteilungen aus den Lehrplänen des Königl. Progymnasiums. 1. Lehrplan für den deutschen Unterricht. 4. Tl. [Forts. d. P-Beil. 1893. 94. 95.] St. Wendel, Buchdr. v. F. Maurer, 1896; 3—24 S. 4.
St. Wendel, k. Kronprinz Friedrich Wilhelms-PG, P 1896 (475)

Koch, Franz [Dir. Dr.]: ... Mitteilungen aus den Lehrplänen des Königl. Progymnasiums. 1. Ausgeführter Lehrplan für den deutschen Unterricht. 5. Tl. [Forts. d. P-Beil. 1893. 94. 95. 96.] St. Wendel, Buchdr. v. K. Müller, 1897; 3—26 S. 4.
St. Wendel, k. Kronprinz Friedrich Wilhelms PG, P 1897 (485)

Koch, Franz: Mitteilungen aus den Lehrplänen des Königlichen Progymnasiums. 1. Ausgeführter Lehrplan für den deutschen Unterricht. 6. T. (〈Schluss〉.) *St. Wendel 1898: F. Maurer.* (3—24 S.) 4° ¶[Fortsetzung d. P-Beilagen 1893 97.]
St. Wendel, k. Kronprinz Friedrich Wilhelms PG, P 1898 (492)

Koch, Franz, Rektor in Eydtkuhnen: **Joachim Mörlin als samländischer Bischof vom Jahre 1567 bis 1571.** Königsberg in Pr. 1907: R. Leupold. (57 S.) 8° ¶[Aus: Altpreuß. Monatsschrift Jg. 44. 1907.]
Leipzig, Phil. Fak., Ref. Seeliger-Brandenburg, Diss. v. 31. Jan. 1907
[Geb. 28 Nov 67 Lyck, Kr. Lyck; Wohnort: Eydtkuhnen; Staatsangeh.: Preußen, Vorbildung Gymn. Lyck Reife O. 88; Studium: Königsberg ? S., Rig. 10. Jan. 07]

Koch, Franz [aus Gross-Ottersleben]: **Ueber intermuskuläre** Osteome ... '(M. 1 lithogr. Taf.)' Jena, G. Neuenhahn Univ.-Buchdr., 1891; 38 S., 1 Taf. 8.
Jena, Med. Fak., Inaug.-Diss. v [10. Okt.] 1891

Koch, Franz: Über das Sulfanilid. Zur Kenntnis des Glycerinaldehyds. [1910.] 52 S. 8⁰ ¶ Vgl. Berichte d. Deutschen Chem. Gesellschaft. Jg. 43.
Danzig, Dr.-Ing.-Diss. v. 25. 10. 1910

Koch, Franz. Vergleichende anatomische und histiologische Untersuchungen über den Bau der Vulva und Clitoris der Haustiere. Diss. Vet.-Med. Bern. Mit 11 Abbildungen [auf 4 Tafeln]. *Kopftitel:* Aus dem physiologischen und histiologischen Institut der Kgl. Tierärztlichen Hochschule zu Dresden.... 72 S. 8. Dresden, Otto Franke, 1909.

Koch, Franz Jos

Koch, F. J., katholische Apologetik. Nach der oberhirtl. Instruktion f. die Oberklassen der höh. Lehranstalten in Bayern neu bearb. v. Mark. Siebengartner. 3. Aufl. (VIII, 192 S.) 8. München 910. R. Oldenbourg.
Geb. 1. 60

Koch, F. J., Hilfs- u. Lesebuch zum apologetischen Unterricht in der Oberklasse der human. Gymnasien, zunächst in Bayern. Im Anschluß an d. oberhirtlich vorgeschrieb. „Lehrbuch d. kathol. Religion f. die ob. Klassen d. Gymnasien" u. unter Mitwirkg. mehr. Fachgenossen bearb. gr. 8. (VIII, 76 S.) München (902). R. Oldenbourg.
Kart. n.n. — 65

Koch, Frz. Jos., Leitfaden der kathol. Apologetik zum Gebrauche für Mittelschulen. Der für die Oberklasse der Gymnasien oberhirtlich verordnete u. im „Lehrbuch der kathol. Religion f. die höh. Gymnasialklassen" zerstreut enthaltene Unterrichtsstoff zusammengezogen, systematisch gegliedert u. erläutert. (XII, 176 S.) 8. München 906. R. Oldenbourg. Geb. n. 1. 50

Koch, Franz Joseph [app. Arzt aus Mutten '(Bayern)']: Über „Lipome". Nach Erfahrgn an d. chirurg. Klinik zu Erlangen '(1886—1893)' ... Kempten, Buchdr. T. Dannheimer, 1893; 28 S. 8.
Erlangen, Med. Fak., Inaug.-Diss. v. 17. März 1893

— **Regensburg als Großhandelsstadt im Mittelalter.** Vortrag, geh. im histor. Verein der Oberpfalz u. von Regensburg. (31 S.) 8. Regensburg 904. J. Habbel.
n. — 30

Koch, (Franz Karl August), Dr., Rekt.: A. Vorgeschichte der Schule. B. Das Lehrer-Kollegium. *N.-Wildungen 1901: P. Pusch.* (S. 12—15.) 4°
N.-Wildungen, R, P 1901 (458a)

Koch, Friederike, s. J. Adm. Koch, poet. Feierstunden.

Koch, Friedrich *Albert Otto* [pr. Arzt, Berlin]: **Über amniotische Abschnürungen** ... Berlin, Buchdr. v. G. Schade, *1895;* 22 S., 1 Bl. 8.
Leipzig, Med. Fak., Inaug.-Diss. v. 18. Juli 1895

Koch, Frdr., **linguistische Allotria. Laut-, Ablaut- u. Reimbildungen der engl. Sprache.** Nach dem Tode des Verf. hrsg. v. Eug. Wilhelm. gr. 8. (XXIV, 94 S.) Eisenach 874. Bacmeister. n. 2. —

Koch, Frdr., **linguistische Allotria. Laut-, Ablaut- u. Reimbildungen der engl. Sprache.** Nach dem Tode des Verf. hrsg. v. Eug. Wilhelm. 2. (Titel-)Ausg. gr. 8. (XXIV, 94 S.) Kassel (1874) 880. Wigand. n. 2. —

—— Arznei wider den Unglauben unserer Zeit. 16. (XI, 84 S.) Reutlingen 873, Baur.

Koch, Friedr., Beantwortung der Frage: Was soll der Staat für die Schulen thun? Stettin 1801. 8°.

Koch, Friedr., der wohlunterrichtete Begleiter auf der maler. Donaureise mit dem Dampfschiffe von Ulm bis Konstantinopel. M. 1 Ans. v. Wien. 1. Thl. Von Ulm bis Wien. 12. (14¼ B.) Wien 845, Singer u. Goering.

Koch, Friedrich [aus Posen]: Ein Beitrag zur Casuistik der Uterusfibrome ... Greifswald, Druck v. Julius Abel, 1888; 28 S. 8°
Greifswald, Med. Fak., Inaug.-Diss. v. 9. Jul. 1888

Koch, Fr., Beiträge zur Geschichte der Gelehrtenschulen zu Stettin. Ebend. 820. 8. (102 S.)

Koch, Friedr. (I.), offener Brief an den Seilerwaarenhändler Hrn. Krackrügge. 1. und 2. Abdr. gr. 8. (15 S.) Erfurt 848, (Körner.) *

—— 2. offener Brief an Hrn. Krackrügge. 1—4. Aufl. gr. 8. (13 S.) Erfurt 848, (Körner.) *

—— dritter offener Brief an Krackrügge. Ein Antwort auf dessen 5 erste Berichte an seine Wähler. gr. 8. (10 S.) Erfurt 849, (Körner.)

—— die drei offenen Briefe an Krackrügge. Neue Aufl. gr. 8. (41 S.) Erfurt 849, (Körner.) **

Koch, Friedrich [aus Schweinfurt]: Ueber Chinazolin- und Indazol-Derivate ... München, Druck d. Akad. Buchdr. v. F. Straub, 1891; 33 S. 8.
Erlangen, Phil. Fak., Inaug.-Diss. v. 1891

Erinnerungen an D. Johann Bugenhagen Pomeranus und an dessen Verdienste als Schulreformator; womit zu der dritten Säkular-Feier des Reformations-Festes ... in dem vereinigten Königlichen und Stadt-Gymnasium .. einladet Dr Friedrich Koch Königl. Preuß. Schulrath. Stettin, 1817. 4°.

Koch, Friedr. (I.), der Fremde in Wien. Neuester und zuverlässigster Fremdenführer zu allen Sehens- und Merkwürdigkeiten der Haupt-, Reichs- und Residenzstadt Wien und ihrer reizenden nahen Umgebungen. 2., verm. und verb. Aufl. 16. (136 S. mit einem lithogr. Plane der Stadt und einer Karte der Umgebungen in gr. 8.) Wien 853, [Hügel.] *

Koch, Friedr., der wohlunterrichtete Fremden-Führer in der k. k. Haupt- u. Residenzstadt Wien u. ihren nahen Umgebungen. 1. Aufl. (19¼ B.) 842. u. 2., verb. u. verm. Aufl. Mit 1 neuen Plane der Stadt u. den Vorstädten mit den Hausnummern, so wie einer Hauptansicht von Wien. 12. (22¼ B.) Wien 844, Singer u. Goering. à Thlr.

—— der unentbehrliche Führer auf den Schneeberg in Nieder-Oesterreich, und dessen nahe Umgebungen. Nebst Ausflügen von Gloggnitz nach Klamm, Semmering, Gösterit rc. u. Angabe der Rückwege, so wie ein. Wegweiser nach Maria-Zell. Mit 1 Karte vom Schneeberg u. dessen Umgebungen. 16. (15 B.) Wien 842, Singer u. Goering.

— — Einige Gedanken über pädagogische Gesetzgebung nebst einer fortgesetzten Nachricht von der neuen Einrichtung des Stettinischen großen Raths=Lyceums. Stettin (Johann Samuel Leich) 1794. 56 S. mit Namen. (6.—) 18771

— — (Direktor des großen Raths = Lyceums). Einige Gedanken über die Bildung des Schulmannes. Stettin (Johann Samuel Leich) 30. IX. 1795. 36 S. mit Namen. (5.—) 18772

— — Einige Gedanken über die Nutzbarkeit des Schulamtes und deren Beförderung. Stettin (Johann Samuel Leicht) 1796. 70 S. mit Namen. (7.—) 18773
Gew.: Johann Friedrich v. Schütz.

Koch, Friedr. (II.), Geschichte des königl. bayer. 10. Infanterie-Regiments Prinz Ludwig. Ein Lesebuch für Unteroffiziere und Soldaten. gr. 8. (IV, 44 S.) Landsberg a. L. 885, Verza. cart. **

Koch, Frdr., der Londoner Goldverkehr, s.a. Studien, Münchener volkswirtschaftliche. 73.

Koch, Friedrich: Der Londoner Goldverkehr. Stuttgart 1905: Union. (VI, 116 S.) 8° (= Münchener volkswirtsch. Studien, Stück 73.)
München, Staatswirtsch. Fak., Ref. Lotz, Diss. v. 21. Juli 1905
[Geb. 1. Juni 82 Wannsee; Wohnort: Berlin, Staatsangeh.: Preußen; Vorbildung: Gymn. Roßleben Reife O. 02, Studium: München 4. Oxford 1, Berlin 2 S.; Rig. 21 Juli 05.]

Der Londoner Goldverkehr. Eine volkswirtsch. Studie von Friedrich **Koch**, Dr. d. Staatsw. Stuttgart & Berlin: J. G. Cotta Nachf. 1905. (VIII, 116 S.) 8° = **Studien**, Münchener volkswirtschaftliche. St. 73. [o6. 636 8

Koch, Friedr. (II.), deutsche Grammatik für Gymnasien und Realschulen. gr. 8. (XXVIII und 392 S.) Jena 848, Hochhausen.

Koch, Friedr. (II.), deutsche Grammatik für höhere Lehranstalten, Lyceen, Gymnasien und Realschulen. 2., verb. Aufl. gr. 8. (XXXII und 254 S.) Jena 854, Mauke. *

Koch, Friedrich: Leben und Werke der Christine de Pizan. — Goslar: Ludw. Koch 1885. 80 S. 8°

— — Leipzig, Phil. Diss. v. 3. Okt. 1885.

— **Friedrich** (Konrektor des großen Raths=Lyceums), Ausführliche Nachricht von der neuen Einrichtung des großen Raths=Lyceums. Stettin (sel. H. G. Effenbarts Erben) Sept. 1793. 64 S. mit Namen. (6.50) 18770
Gew.: Johann Christoph Freih. v. Wöllner, Thomas Philipp v. der Hagen, Carl Frantz v. Irwing, Johann Heinrich Ludwig Meierotto, D. Friedrich Gedike.

Koch, Friedrich, Referendar: Die Praediatura. Ein Beitr. z. Lehre v. römischen Staatsvermögensrecht. Borna-Leipzig 1908: Noske. VIII, 64 S. 8°
Rostock, Jur. Diss. v. 10. Sept. 1908, Ref. Bernhöft
[Geb. 9. Juni 85 Tönning; Wohnort: Tönning; Staatsangeh.: Preußen; Vorbildung: Gymn. Husum Reife O. 04; Studium: Tübingen 3, Berlin 4 S.; Rig. 30. Juli 08.] [U 09. 3668

— Prolegomena ad Theopompum Chium. Stetin. 803. 4. Lips. 807. 8. 16 gr.

—— das Ritterbuch, s. Ritterbuch.

Koch, Friedr., die Schlangen Deutschlands für landwirthschaftl. Fortbildungs- und Abendschulen, Realanstalten, latein. und Volksschulen. gr. 4. (IV und 20 S. mit 6 Stnt. Abbild. in Farbendr.) Stuttgart 862, Metzler's Verlag. cart. *

— Drei Schulreden, nebst einigen das Gymnasium zu Stettin betreffenden Nachrichten. Progr. Stettin 822. 4. (42 Seiten).

Koch. Frdr., der feine Skat-Spieler. Eine gründliche Anleitung, dieses beliebte Spiel in allen seinen Feinheiten schnell und regelrecht zu erlernen. Weimar 860. Voigt. 8. (X, 52 S.) 10 ngr.

Koch, Frdr., der feine Scat=Spieler. Eine gründl. Anleitg., dieses beliebte Spiel in allen seinen Feinheiten schnell u. regelrecht zu erlernen. 2. verm. Aufl. gr. 8. (63 S.) Weimar 874. B. F. Voigt. 1. 20

Koch, Frdr., der feine Skat=Spieler. Eine gründliche Anleitung, dieses beliebte Spiel in allen seinen Feinheiten schnell u. regelrecht zu erlernen. 3. Aufl. gr. 8. (VIII, 63 S.) Weimar 882. B. F. Voigt. 1. 20

Koch, F., der feine Skat=Spieler. Eine gründl. Anleitung, dieses beliebte Spiel in allen seinen Feinheiten schnell u. regelrecht zu erlernen. 4. Aufl. gr. 8. (VIII, 63 S.) Weimar 889. B. F. Voigt. 1. 20

Koch, Friedr. Der feine Skat-Spieler. 4. Aufl. (VIII, 63 S.) 889; 5. verb. Aufl. gr. 8. (VI, 67 S.) Weim. 892, Voigt. 1 20

Koch, Frdr., der feine Skat-Spieler. Eine gründl. Anleitg., dieses beliebte Spiel in allen seinen Feinheiten schnell u. regelrecht zu erlernen. 5., verb. Aufl. gr. 8. (VI, 67 S.) Weimar 892. B. F. Voigt. 1. 20

Koch Friedrich aus Charkow. Experimentelle Studien über das Holzgummi und dessen Verbreitung im Pflanzenreiche

Koch, Friedr. (I.), die landwirthschaftlich nützlichen und schädlichen Thiere. Erklärung und Beschreibung der vier von der k. Centralstelle für die Landwirthschaft zur Anschaffung in die Volksschulen empfohlenen Wandtaf. gr. 16. (59 S.) Wiesensteig 870, Schmid.

Trennung und Vermögensauseinandersetzung dauernd vereinigter Kirchen- und Schulämter in Preußen. Von Dr. Friedrich **Koch**, Konsist.Ass. Leipzig: Eger 1910. 31 S. 8° [11. 3032

Koch, Friedr. (I.), Untersuchungen über die magnet-electrischen Rotationserscheinungen. Inaugural-Dissertation. gr. 8. (45 S. mit 1 lithogr. Taf.) Leipzig 883. (Göttingen, Vandenhoeck und Ruprecht's Verlag.) *
Aus: Annalen der Physik und der Chemie, besonders abgedruckt.

Koch, Friedr., rationelle landwirthschaftliche Viehzucht nach den neuesten Erfahrungen und Fortschritten in ihrem höchsten Ertrage dargestellt für Oeconomen und Landwirthe. Leipzig 858. Schäfer. Lex.-8. (416 S.) n. 1 Thlr 18 ngr.

Koch, Friedr. (I.), rationelle landwirthschaftliche Viehzucht nach den neuesten Erfahrungen und Fortschritten in ihrem höchsten Ertrage dargestellt für Oeconomen und Landwirthe. gr. 8. (416 S.) Leipzig 859, C. Schäfer. *

— **Friedrich Christian** (Löbejün/Magdeburg), De consuetudine. Diss. moralis. Präs. M. Jo. Friedrich Werder (Potsdam). Halle (Christian Henckel) Okt. 1703. 20 S. (6.—) 18775

Koch, Friedrich Christian [Praes.], s. Dolle, Karl Anton: De primis rerum impressionibus per totam vitam foecundissimis.

Koch, Frdr. E., Friedrich Barbarossa u. Heinrich der Löwe, s.a **Baltzer, W.**

Koch, Friedr E. Friedrich Barbarossa und Heinrich der Löwe Ein Festspiel in 3 Bild f höh. Lehranst. gedichtet von W Baltzer Musik f vierstimm oder dreistimm gem Chor u Pianoforte von –. Op 28. Textbuch. Quedlinburg C V Vieweg 1902 (21 S.) 8°

Koch, Friedrich E. Von den Tageszeiten. Oratorium nach eigenen Worten f Chorgesang. Einzelstimmen, Orchester u. Orgel von – Op. 29. Textbuch. Leipzig: Kahnt 1905. 32 S.8° (Ausgabe Kahnt.)

Koch, Friedr. E., König Wilhelms Waffenweihe. Melodramat. Fest-Kantate f. gem. od. Männerchor u. Deklamation m. bes. Berücksicht. d. national-patriot. Feiern in Deutschlands höh. Schulen. Dichtg. v. Alex. Vieling. Musik v. K. Textbuch. 8. (6 S.) Quedlinburg 898. Ch. F. Vieweg. n. — 30

Koch, Friedr. Edm. Ign., das Gebet des Herrn in poet. und prosaischen Umschreibungen auf alle Sonn- und Festtage des Jahres. Liturgische Originalien. I. Abthl.: Weihnacht bis Charfreitag. gr. Lex.-8. (XVI und 32 S.) Peine 848, Heuer. Thlr. *

Koch, Friedrich Edmund Ignaz Ein Hirt — der heilige Geist' Eine Heerde die freie allgemeine christliche Kirche' Antrittsrede, gehalten bei seiner Einführung als Prediger der christkatholischen Gemeinde zu Dortmund (am 7 November 1847) und auf Verlangen am 7 April 1848 dem Druck übergeben. Dortmund, Chr. L Krüger 1848. 8 S. 8.

-- **Friedrich Gottfried** (Loebnitz/Misnic.), An usuraria pravitas hodie sit delictum publicum ad mandat. elect. novis. de bancorupt. §. II. Quaestio juris controversi. Präs. D. Christian Heinr. Breuning. Lpz. (Rumpf) 30. I. 1771. 8 Seiten. (4.—) 18776

Koch, Fried Gust (geb Belzig 13 12 1841) De scarlatina Berolini (1864) (32 S) 8°

Berlin, Med. Diss. v 16 März 1864

Koch, *Friedrich Hermann* [Rechtsanw., Bösdorf]: Erörterungen, ob und inwieweit die sächsisch rechtlichen Bestimmungen über die Vormerkung und das behufs deren Verlautbarung einzuschlagende Verfahren durch die neuere Gesetzgebung beeinflusst worden sind. [o. O.], *1895*; 2 Bl., 44 S. 8.
Tübingen, Jur. Fak., Inaug.-Diss. v 1895

Koch, Friedrich Lebrecht

(— —). — Disquisitio de recentissimis commentariis ad Matthaei, Marci et Lucae interpretationem conscriptis qua viro **Friedrich Lebrecht Koch,** Torgaviensis ecclesiae pastori primario ... summos in theologia honores gratul. ministri sacrorum Belgorae, Schildaviae et in pagis dioeceseos Torgaviensis religioni christianorum tradendae constituti. Torgau (Johann Matthias Kurz) 18. X. 1802. 22 S. (5.—) 18780

— — De scholae Torgaviensis constitutione ac forma, fatisque eius recentissimis breviter commentatus praeclariss. virorum ejusdem scholae praeceptorum Joan. Frid. Lindemanni, rectoris, Gottlieb Guilh. Muilleri, conrectoris, Caroli Eduardi Bergeri, AA. LL. Mag. subrectoris et Gottlob Guilh. Thomae, AA. LL. Mag. et collegae quinti d. 27. IV. 1815 publice inaugurandorum solemnia indicit et simul sacrarum orationum circularium per hoc semestre habendarum indicat. Wittbg. (Friedrich Immanuel Seibt). 54 S. (6.—) 18782

— — (Superint. u. Past. zu Torgau), De deo poenas eas, quae per ipsam naturam, et physico causarum nexu, peccata sequi dicuntur, remittente. Diss. philos.-dogmat.-theol. Wittbg. 7. X. 1802. Torgau (Johann Matthias Kurz). 35 S. (6.—) 18779
Gew.: Christoph Gottlob v. Burgsdorf. — Handschr. Widm.

Koch, Ritter Fr. Lebr., (Superint.) de uniendis utriusque evangelicae formulae ecclesiis ejusque unionis ritu eucharistico. Pars I. 8. Wien 822. (Lpz., Reclam). 8 gr

(——) Torgauisches Gesangbuch, s. Gesangbuch.

(— **Friedrich Leberecht**). — Auspicia sanctissimi muneris viro M. Friedrich Leberecht Koch, ecclesiae Torgaviensis pastori primario . . . gratul. lycei Torg. magistri. — Insunt nonnullae ad Livii Historiam Romanam observationes. Torgau (Johann Matthias Kurz) 1801. 15 S. (4.—) 18777

(— —). — Ode viro **D. Friedrich Lebrecht Koch** antistiti sacrorum in dioecesi Torgaviensi summos in theologia honores cap. consecr. a Torgaviensis lycei magistris. Torgau (Johann Matthias Kurz) 18. X. 1802. 2 Bl. (3.50) 18781

Koch, Fr. Lebr., s.a. **Spruchbuch, biblisches.**

(——) bibl. Spruchbuch z. Gebr. in Volksschulen. 2., verm. u. verb. Aufl. 8. (11 B.) Torgau 834, (Wienbrack.)

— der evangel. Verein, od. üb. d. Wiedervereinigung d. beiden evangel. Kirchen im 19. Jahrh. 8. Berlin 824, Rücker.

(— —). — Viro M. Friedrich Leberecht Koch munus graviss. pastoris ecclesiae Torgaviensis primarii et superintendentis dioeceseos Torgaviensis auspic. gratul. tres ordines disciplulorum in lyceo Torgaviensi superiores. Torgau (Johann Matthias Kurz) 1801. 2 Bl. (3.50) 18778

Koch, Friedr. Lebr., wie hat d. christl. Bürger es zu beurtheilen, u. wie hat er sich zu verhalten, wenn er in d. Verfass. u. Verwalt. d. bürgerl. Gemeinwesens, dem er angehöret, Gebrechen u. Mängel wahrnimmt? Predigt. 8. (2 B.) Torgau 831, Wienbrack.

Koch, Friedr. Wilh., das schnelle Anschwellen der Gebirgswässer und Vorschläge zur Verhinderung derselben. Ein durch die schreckl. Ueberschwemmungen im Gebiete des Rheines hervorgerufenes Mahnwort an Alle, die es angeht. gr. 8. (39 S. mit 1 lithogr. Taf.) Trier 883, Stephanus. *

KOCH, F[RIEDR.] W[ILH.], Der Lonhardtsche Gesundheitstrank für Schwangere. Glückstadt. (1800).

Koch, Fr. Wilh., der Heu- und Sauerwurm oder der einbindige Traubenwickler [Tortrix ambiguella] und dessen Bekämpfung. 1., und 2. verb. Aufl. gr. 8. (30 S. mit 23 Abbild. auf 2 Taf. in lithogr. Farbendr.) Trier 886, Stephanus. *

Koch, Fr. W., der Heu- u. Sauerwurm od. d. einbind. Traubenwickler (Tortrix ambiguella) u. dessen Bekämpfg. M. 23 Abb. auf 2 Taf. in lith. Farbendr. 3., wesentl. verb. Aufl. gr. 8. (32 S.) Trier 898. H. Stephanus. n. — 70

Koch, Fr. W., der Heu- u. Sauerwurm od. der einbindige Traubenwickler (Tortrix ambiguella) u. dessen Bekämpfg. Mit 23 Abbildgn. auf 2 Taf. in lith. Farbendr. 4. Aufl. gr. 8. (32 S.) Trier 898. H. Stephanus. n. — 70

Koch, Friedr[ich] Wilh[elm]: Leichnam und Grab im Strafrecht. ⟨§168 R. Str. G. B.⟩ Elberfeld 1910: Fastenrath. 75 S. 8°
Rostock, Jur. Diss. v. 20. Aug. 1910, Ref. Wachenfeld
[Geb. 8. März 84 Barmen; Wohnort: Barmen; Staatsangeh.: Preußen; Vorbildung: Gymn. Barmen Reife O. 03; Studium: Marburg 2, Bonn 4 S.; Rig. 13. Mai 10.] [U 10. 3855

—— kriechende Reben, als beste Erziehungsart für billige Weingewinnung. gr. 8. (32 S. mit 2 in den Text gedr. Abbild.) Ebendas. 887. *

—— der Weinbau an der Mosel und Saar. 8. (V, 178 S. mit 1 lithogr. Karte.) Trier 881, Lintz'sche Buchh. cart. *

Koch, Friedrich Wilhelm, und Heinrich Stephanus: Weinbau-Karte der Gebiete von Mosel u. Saar. 1:60 000. 29,5 x 193 cm Farbdr. Nebst e. erläut. Text: Die Weine im Gebiete der Mosel und Saar. Karte in Mappe. Trier: Stephanus 1897-98. -- Gei l

Weinbau-Karte von den Gebieten der Mosel und Saar im Maßst. 1:60,000 nebst e. erl. Text: Die Weine im Gebiete d. Mosel u. Saar von Fr. Wilh. Koch u. Heinr. Stephanus. 2. Aufl. 1905. [Mit 4 Nebenkarten.] Trier: H. Stephanus 1904(-05). (1 Kartenbl. 191 × 27 cm 4°, 1 Bd 8°) [lith.] [kol.] [05. 37..

Koch, Friedrich Wilhelm (Hrsg.), s. Der Weinbote.

Die Weine im Gebiete der Mosel und Saar von F[r.] W[ilh.] Koch u. Heinr. Stephanus ... 2. Aufl. Trier: H. Stephanus 1904. (107 S.) 8°
— Koch: Weinbau-Karte von d. Geb. d. Mosel u. Saar. Erl. Text. [05. 37..

Koch, [Friedrich Wilhelm Heinrich]: Katalog der Lehrer-Bibliothek des Realgymnasiums zu Siegen. Teil I. 47 S. 8.
Progr.

Koch, [Friedrich] Wilhelm [Heinrich]: Warum mißlang den Römern die Unterwerfung Deutschlands? Festrede. S. 3—12. 4.
Progr. Realgymn. *Siegen* 1903 (434).

Koch, Fritz, aus Schackensleben, Prov. Sachsen: **Ueber perinephritische Abszesse.** *Jena 1903: G. Neuenhahn.* (96 S.) 8°
Jena, Med. Diss. v. (24. Sept.) 1903

Koch, Fritz [pr. Arzt aus Stettin in Pommern]: Beitrag zur Heilung des Empyems durch Rippenresektion. . . . Greifswald, Druck v. Julius Abel, 1889: 32 S. 8°
Greifswald, Med. Fak., Inaug.-Diss. v. 30. März 1889

Koch, Fritz: Der Evangelische Brüderverein in Elberfeld von 1850–1900 von – in Barmen. Elberfeld: Haarhaus & Co. (1900). (VII, 184 S.) 8°

Koch, Fritz, Gerichtsref. in Elberfeld: **Das Chikaneverbot des § 226 B.G.B. und seine praktische Anwendung.** *Elberfeld 1902: W. Fastenrath jun.* (50 S.) 8°
Freiburg i. B., Rechts- u. staatswiss. Diss. v. 1902

Dr. med. Fritz **Koch**, Berlin. Häßliche Nasen und ihre Verbesserung. Die neuen Methoden u. Erfolge der Nasenumformung im Lichte d. Naturgeschichte, Kunst u. Medizin. Mit e. Vorw. von Prof. Gustav Eberlein. Berlin: H. Baake Nachf. 1907. (48 S.) 8° [F.] [08. 1...

Koch, Fritz, häßliche Nasen u. ihre Verbesserg. Die neuen Methoden u. Erfolge der Nasenumformg. im Lichte der Naturgeschichte, Kunst u. Medizin. Mit e. Vorwort v. Gust. Eberlein. 2. verb. u. verm. Aufl. (48 S.) 8. Berlin 910. Verlag Wega. — 50

Koch, Fritz, wichtige Ortsstatute nach dem preuß. Verunstaltungsgesetz. Hrsg. v. Bund Heimatschutz. (59 S.) gr. 8. Meiningen (S.-M.) (Feodorenstr. 8) (910). Geschäftsstelle des Bundes Heimatschutz. — 80

Wichtige Ortsstatute nach dem preußischen Verunstaltungsgesetz. Ausgew. von Fritz **Koch**. Hrsg. v. Bund Heimatschutz. Meiningen: Heimatschutz (1910). 59 S. 8° [11. 81

Koch, Fritz, das Papierformen. Ein Beschäftigungsspiel u. Erziehungsmittel z. Handfertigkeit. (14 S.) 8. München (907). Verlag der Jugendblätter. — 20

Koch, F., englisches Wörterverzeichnis zu den Hölzelschen Wandbildern. Frühling, Sommer, Herbst, Hochgebirge. Nach Gruppen geordnet. 8. Lennep (900). R. Schmitz. à — 30
Spring. Der Frühling. (20 S.) — Summer. Der Sommer. (15 S.) — Autumn. Der Herbst. (21 S.) — The mountain-range. Das Hochgebirge. (24 S.)

Koch, F., englisches Wörterverzeichnis zu den Hölzelschen Wandbildern Frühling, Sommer, Herbst, Winter, Bauernhof, Wald, Hochgebirge, Stadt, Wohnung. Nach Gruppen geordnet. (20, 15, 21, 24, 20, 21, 24, 33 u. 23 S.) 11. 8. Lennep (907). R. Schmitz. Kart. 1. 50

— dasselbe. Einzelausg. 11. 8. Ebd à — 25
Autumn. Der Herbst. 3. verb. Aufl. (22 S.) (910.) — The city. Die Stadt. (33 S.) 907. — The dwelling. Die Wohnung. Neue verb. Aufl. (25 S.) 907. — The farmyard. Bauernhof. (20 S.) (909.) — The forest. Der Wald. (21 S.) 907. — Summer. Der Sommer. 5. Aufl. (15 S.) (909.) — The town. Die Stadt. 5. Aufl. (35 S.) (910). — Winter. Der Winter. 4. verb. Aufl. (24 S.) (910.)

— französisches Wörterverzeichnis zu den Hölzelschen Wandbildern Frühling, Sommer, Herbst, Winter, Bauernhof, Wald, Hochgebirge, Stadt. Nach Gruppen geordnet. 8. Lennep (900). R. Schmitz. à — 30
Le printemps. Der Frühling. (16 S.) — L'été. Der Sommer. (15 S.) — L'automne. Der Herbst. (19 S.) — L'hiver. Der Winter. (28 S.) — La ferme. Das Bauerngut. (20 S.) — La forêt. Der Wald. (20 S.) — La chaine des alpes. Das Hochgebirge. (20 S.) — La ville. Die Stadt. (26 S.)

— Französisches Wörterverzeichnis zu d. Hölzelschen Wandbildern Frühling, Sommer, Herbst, Winter, Bauernhof, Wald, Hochgebirge, Stadt, Wohnung. Nach Gruppen geordn. (16, 15, 20, 24, 20, 20, 20, 26 u. 29 S.) 8. Ebd. (907). Kart. 1. 50

— dasselbe. Einzelausg. L'habitation, die Wohnung. (29 S.) 8. Ebd. (907). — 25

Koch, G. v., zwei Acineten auf Plumularia setacea. Ellis. gr. 8. (11 S. mit 2 lithogr. und color. Taf.) Jena 876, Deistung's Buchh. *

Koch, G. v., die Aufstellung der Tiere im neuen Museum zu Darmstadt. Mit 3 Taf. in Lith. u. Lichtdr. u. 1 Zinkätzg. Lex.-8. (14 S.) Leipzig 899. W. Engelmann. n. 2. —

Koch, G., Zur vergleichenden Behandlung von Aeneis I., 157--222 u. Odyssee X. 135 bis 186. Pr. 1904. 21 S. 4° 1.20

Koch, G., s.: Cholera, die, in Hamburg

Koch, G. v., die Gorgoniden, s. Fauna und Flora des Golfes von Neapel und der angrenzenden Meeres-Abschnitte.

– s. Halle, L. v.

Koch, G. v., Kinderspiele. 8. (IV, 128 S. m. Abb.) Nürnberg 897. Th. Stroefer. Geb. 1. 50

Koch, G. v., Kinderspiele. 2. Bdchn. (IV, 212 S. m. Abbildgn.) 8. Lissa (906). F. Ebbecke. Geb. n. 1. 90

Koch, G.: Quaestiones de cantharidibus. Gryphisw. 1865. 24 S.
Schul-/Univ.-Schrift

Koch, G. v. Ueber naturgeschichtliche Sammlungen. 4. (8 S. m. 2 Zinkätzgn. u. 1 Lichtdr.-Taf.) Darmst. 892, Bergsträsser. * 1 20

Koch, G. Mikrometrische Vermessung des Sternhaufens Herschel 1712. 1876. 8⁰
Diss. Leipzig

Koch, G. v., neue Wandtafeln f. d. Unterricht in der Naturgeschichte, s.: Jung, Heinr.

Koch, G. E., Versuch aus d. harten u. weichen Tonart jeder Stufe d. diatonisch-chromat. Tonleiter, vermittelst des unharmonisch. Tonwechsels in die Tonart Dur u. Moll d. übrigen Stufen auszuweichen. gr. 4. Rudolst. Hofbuchhandl. 812.

Koch, G D. J., de salicibus europaeis comment. 8. Erlang. 828. Heyder. 8 gr.

Koch, G. F., der Materialismus unserer Zeit. Vom naturhistor. Standpunkte aus allgemein verständlich beleuchtet. gr. 8. (31 S.) Kaiserslautern 856(57,) Meuth. *

Koch, G. F., Newton und das Gesetz der Schwere, s.a. Jahresbericht der Pollichia.

Koch, G F, Newton und das Gesetz der Schwere. Vortrag, gehalten bei der 5. Wander-Versammlung der Pollichia, am 2. April zu Neustadt a. H. Durkheim a. d. H. 1872

Koch, G. Fr.

— s. Eurynome.

— Ideen zu e. Statistik d. öffentl. Schul- u. Erziehungswesens; nebst Vorschlägen, Wünschen u. Nachrr., das Lyceum zu Stettin betreffend. 4. Stettin 803.

Koch, G. Fr., Prolegomena ad Theopompum Chium. 4. Stettin 803.

— die Schule d. Humanität, e. gekrönte Preisschrift. gr. 8. Leipz. 811. (Central-Cpt.) 1 ℛ

Kochii, Fr., de Theopompo Chio, Historico Graecorum. Stetin. 792. 8.

Koch, G. H., die Alters- u. Sterblichkeitsverhältnisse der Zahlmeister der königl. preuss. Armee. (31 S.) gr. 8. Frankfurt a/M. 904. Englert & Schlosser. n. 1. 50

Koch, G. H. Der Guelphe im Schlachtf. b. Minden. 8. Braunschweig 1768.

Koch, G. H. A., kleine Gedichte. 2 Thle. 8. Braunsch. Schröder. 770.

— —, Lyrische (von *G. H. A. Koch*). Braunschweig, Im Verlag Fürstl. Waysenhaus-Buchhandlung. 1767. 8⁰. 72 S. (2 Bücher.) (In Berlin: Yl 8561, mit Beibd.)
Goedeke hat „1765" (?).

— Oden. 8. Ebend.

Koch. G. J.: Der Dom zu Schleswig nach seiner Wiederherstellung v. –. (14 Photographien in Mappe.) Schleswig. 1895. 4⁰

Koch, G. J., Repetitorium der deutschen Literaturgeschichte. Ein Hilfsbuch für höhere Lehranstalten und zum Privatgebrauch. Zugleich als Suppl. zu Straub's Lesebuch 2. Bd., 7. Aufl. gr. 8. (IV, 72 S.) Aarau 886, Wirz-Christen. cart. *

Koch, G. J., Repetitorium der allgemeinen u. der Schweizergeschichte f. obere Lehranstalten. In 2 Kursen dargestellt. 8. Basel, L. Jenke. Kart. n. 4. 80
1. Die alte Geschichte. (III, 140 S.) 892. n. 2. —
2. Die mittlere u. neue Geschichte bis zur ersten französ. Revolution v. 1789 (II, 184 S.) 891. n. 2. 80

— s.: Straub, J. W., deutsches Lesebuch f. höhere Unterrichtsanstalten.

Koch, *G. J.*, Der Unterricht im Deutschen in unserem Schulorganismus. Basel, Töchterschule 1883.
Progr.

Koch, Gabr., die indo-australische Lepidopteren-Fauna in ihrem Zusammenhang mit der europaeischen nebst den drei Hauptfaunen der Erde. gr. 8. (XII und 119 S. mit 1 chromolithogr. Taf. Abbild.) Leipzig 865, Denicke. *

Koch, Gabr., die indo-australische Lepidopteren-Fauna in ihrem Zusammenhange mit den drei Hauptfaunen der Erde nebst Abhandlung über die Entstehung der Farben in der Puppe. 2. Aufl. gr. 8. (XIX, 119 S. mit 1 faunist. chromolithogr. Karte und 1 chromolithogr. Taf. Abbild.) Berlin 870, Denicke's Verlag. *

Koch, Gabr., die indo-australische Lepidopteren-Fauna in ihrem Zusammenhange m. den 3 Hauptfaunen d. Erde nebst Abhandlg. üb. die Entstehg. der Farben in der Puppe. 2. Aufl. Mit e. faunist. (chromolith.) Karte u. e. (chromolith.) Taf. Abbildgn. gr. 8. (XIX, 119 S.) Berlin 873. Denicke's Verl. n. 5. —

Koch, G., die Schmetterlinge des südwestlichen Deutschlands, insbesondere der Umgegend von Frankfurt, Nassau und der hess. Staaten, nebst Angabe der Fundorte und Flugplätze etc. Zum Gebrauch für Sammler bei Excursionen. Mit Abbildungen. gr. 8. (XX und 498 S. mit 2 Stnt., wovon 1 ill.) Cassel 856, Fischer. Thlr. *

Koch, G., die geographische Verbreitung der europäischen Schmetterlinge in anderen Welttheilen. Nebst einer statist. Tabelle. gr. 8. (III und 154 S.) Leipzig 854, Costenoble. *

Koch, Gabr., die geographische Verbreitung der europäischen Schmetterlinge in anderen Welttheilen. Nebst einer statist. Tab. 2., wohlf. (Titel-)Ausg. gr. 8. (III und 154 S.) Leipzig (854)57, [Purfürst.] *

Die Friedensbestrebungen Wilhelms III. von England in den Jahren 1694–1697. Ein Beitrag z. Gesch. d. Rijswijker Friedens. Von Gallus **Koch**. (Vorr.: Wolfgang Michael.) *Tübingen & Leipzig: J. C. B. Mohr 1903.* (IV, 105 S.) 8° [03. 3419

Koch, Gaudentius, O. Cap., Bethlehem. 2. Aufl. (64 S.) kl. 8. Ravensburg (907). F. Alber. 1.—; geb. 1. 50

— Bilder v. hl. Land. Reisebeschreibg. (173 S.) 8. Ebd. (909). 1. 60

Have pia anima. Lieder auf meiner Mutter Tod von Pater Gaudentius **Koch**, Kapuziner. Münster in W.: Alphonsus-Buchh. (1906). (48 S.) 8° [F.] [06. 10643

— Kirchenlieder. (72 S.) Münster (907). Alphonsus-Buchh. — 85

— dasselbe. Neue Folge. (93 S.) kl. 8. Ravensburg 909. F. Alber. 1.50; geb. 2. —

— Liebfrauenleben. 2. Aufl. (210 S.) kl. 8. Ebd. (907). 2.—; geb. 2. 50

— Liebfrauenminne. 2. Aufl. (180 S.) kl. 8. Ebd. (907). 1.80; geb. 2. 40

Koch, Geo., Demokratie u. Konstitution. (1750—1791.) gr. 8°. Berlin 1896.

Koch, Geo. Der Entwurf e. Gesetzes betr. die Prüfg. der Läufe u. Verschlüsse der Handfeuerwaffen im Vergleich m. der Gesetzgebg. anderer Staaten, speziell der belgischen. gr. 8. (28 S.) Berl. 891, C. Heymann. * — 60

Koch, Georg (geb. am 12 Sept. 1847 in Wiesbaden): Die Eröffnung der Luftwege in den typhoiden Krankheiten ... Bonn, Druck v. C. Georgi 1869. 27 S., 1 Bl. 8.
Bonn, Med. Fak., Diss. v. 18 März 1869

Koch, Geo., bei den Fahnen d. III. [brandenburgischen] Armeekorps von Metz bis le Mans. Tagebuchblätter e. Kompanieführers im Feldzug 1870/71. Mit e. Übersichtskarte v. Nordfrankreich. 8. (III, 243 S.) München 890. Beck. n. 2. 25; cart. n. 2. 80

—— **Gesetz**, betr. die Prüfung der Läufe u. Verschlüsse der Handfeuerwaffen. Vom 19. Mai 1891. Nebst den Ausführungsbestimmgn. d. Bundesrathes vom 22. Juni 1892. Text-Ausg. m. histor. Einleitg. u. Anmerkgn. unter vergleich. Berücksicht. der bezügl. Gesetzgebg. v. England, Belgien, Frankreich u. Oesterreich. 8. (59 S.) Berl. 892, Guttentag. cart. * 1 50

Koch, Geo., die gesetzlich geschlossenen Hofgüter des bad. Schwarzwalds, s.a. **Abhandlungen**, volkswirtsch., der bad. Hochschulen. IV. 1.

Koch, Georg: Die gesetzlich geschlossenen **Hofgüter** des badischen Schwarzwalds. *Tübingen, Freiburg i. B. & Leipzig: J. C. B. Mohr 1900.* (IV, 142 S.) 8° ¶ — Volkswirtschaftl. Abhandlungen d. Badischen Hochschulen, Bd 4, H. 1.
Freiburg i. B., Rechts- u. staatswiss. Diss. v. 1900
(Nicht für den Austausch)

—— Die **Jagd-Gewehre** der Gegenwart. Ein Handbuch f. Jäger u. Waffenliebhaber. gr. 8. (VIII, 152 S. m. 94 Abbildgn.) Weim. 891, Voigt. geb. in Leinw. 5 —

[J.] Jagdwaffenkunde ... v. Georg Koch, Hauptm. a. D. in Sömmerda. M. 231 Textabb. *Berlin: P. Parey 1899.* (VIII, 309 S.) 1 Bd 8 (Weidmannsbücher. [Bd 13.]) 99 3945

Koch, Geo., katholische Kirchenlieder für die verschiedenen Zeiten des Kirchenjahres im Anschlusse an das Gebet- und Gesang-Buch „Sursum corda". Für vierstimm. Männerchor bearb. 8. (VIII, 200 S.) Paderborn 882, Junfermann'sche Buchh. *

Koch, Georg, approb. Arzt aus Mainz: Ueber **Knochencysten** in den langen Röhrenknochen. *München 1903: (L. Schumacher in Berlin.)* (32 S.) 8° ¶ [Aus: Archiv für Klinische Chirurgie.]
München, Med. Diss. v. 1904

— **Manegold v. Lautenbach u. die Lehre v. der Volkssouveränität unter Heinrich IV.**, s.a. **Studien**, historische. 34. Hft.

Koch, Georg, aus Wetterfeld: **Manegold von Lautenbach und die Lehre von der Volkssouveränität unter Heinrich IV.** T. 1. *Berlin 1902: E. Ebering.* (61 S.) 8° ¶ (Erschien vollst. 1902 als: Hist. Studien, H. 34.)
Giessen, Phil. Diss. v. 1902

Koch, Geo., Liedersammlung für Schulen enth. kurzen Elementar-Unterricht im Gesange, Kaiser- und Vaterlandslieder, Marsch- und Turnlieder ꝛc. für Männerstimmen zunächst für den Gebrauch an Gymnasien und Lehrerseminarien. br. 8. (XXVIII, 166 S.) Paderborn 872, Schöningh. *

Koch, Geo., Zeichnen-Schule für Kopf- und Figuren-Zeichnen. 1—5. Lfg. Imp.-Fol. (20 Stnt., wovon 3 in Tondr.) Cassel 858. 59, Scheel. à Lfg. * 24 Ngr. *

— **Georg Abraham** (Seebach/Thüring.), De jurisdictione in sua et suorum causa, occasione L. 10. ff. de Jurisdictione. Diss. jur. Präs. Johann Hartmann. Jena (Werther) März 1719. 32 S. (6.20) 18783
Widm. v.: Johann Ernst Cotta, Johann Georg Schutz, Phil. Gottfr. Schleffel (Goth.; dtsch.), J. N. Mentzel.

— — De eo quod justum est in privilegiorum collisione. Diss. jur. Präs. Gebhard Christian Bastineller. Wittbg. (Fincel) Dez. 1727. 36 S. (6.20) 18784

Koch, George Andreas

Besondere oeconomische probate Künste, die der gantzen Welt, und jeden in seiner Haußhaltung nöthig, auch dabey beständig, nützlich, commode und sicher sind; nun offenbahret. und aufs deutlichste beschrieben von george andrea[s] Coc [Koch].- Leipzig: Autor [um 1725]. 64 S. 8°

Koch, Geo. Aenoth.

- s. **Antonini, Liberalis.**

——s.a. **Gradus ad Parnassum.**

Koch, Geo. Aenoth., **Gradus** ad Parnassum sive thesaurus latinae linguae poeticus et prosodicus. Post curas C. H. Sintenisii, O. M. Muelleri, F. T. Friedemanni in usum scholarum recognovit. Accedit index verborum germanicus. 2 Vol. Editio VI. Leipzig 867. Hahn'sche Verlagsh. gr. 8. (XXXVI, 864 S.) 2 ℛ 10 ngr.

Koch, Geo. Aenoth., lateinisch-deutsches Handwörterbuch. Mit besond. Berücksichtigung der für den Schul- und Privatgebrauch bestimmten latein. Klassiker ausgearb. 1. Aufl. 1854. und 2. Aufl. gr. 8. (VIII und 868 S.) Leipzig 856, Ph. Reclam jun.

— lateinisch-deutsches **Handwörterbuch.** Mit besond. Berücksichtigung der für den Schul- u. Privatgebrauch bestimmten latein. Klassiker ausgearb. 3. Aufl. Leipzig 865. Ph. Reclam jun. Lex.-8. (VIII, 868 S.) 1 ℛ 15 ngr.

– s. **Lucian's Charon.**

Koch, Geo. Aenoth., s. **Lucian's Todtengespräche.**

– s. **Mureti, M. Ant.**, Opera omnia.

Koch, Geo. Aenoth., Observat in Timaei Lexicon etc., s.a. **Timaei.**

Koch, G. A., Observationes in Timaei Sophistae lexicon vocum Platonicarum. Gel. 1833. 61 S.

Koch, G. A., Quaestiones Velleianae. 4. (26 S.) Leipzig 866, (Hinrichs' Sortiment.) *

Koch, G. A., Schulwörterbuch zur Aeneide des P. Vergilius Maro. Nach des Verf. Tode hrsg. von V. H. Koch. gr. 8. (IV, 266 S.) Hannover 880, Hahn'sche Buchh.

Koch, G. A., Schulwörterbuch zur Aeneide d. P. Vergilius Maro. Nach d. Verf. Tode hrsg. v. V. H. Koch. 2., vielfach verb. Aufl. v. H. Georges. gr. 8. (VIII, 824 S.) Hannover 890. Hahn. 2.25

Koch, G. A., Schulwörterbuch zur Aneide des P. Vergilius Maro. Nach des Verf. Tode hrsg. von V. H. Koch. 8. vielfach verb. Aufl. Von Heinr. Georges. gr. 8. (VIII, 333 S.) Hannover 899. Hahn. n. 2. 25

— Schulwörterbuch zu den Oden u. Epoden d. Q. Horatius Flaccus. Hannover 869. Hahn. gr. 8. (IV, 240 S.) 18 *ngr.*

– s. **Thucydidis de bello Peloponnesiaco etc.**

Koch, Geo. Aenoth., deutsch-latein. vergleich. Wörterbuch d. alten, mittleren u. neuen Geographie, e. Beigabe zu jedem deutsch-latein. Wörterbuche. Mit Berücksichtig. d. besten älteren u. neuesten Hülfsmittel ausgearb. u. mit d. Angabe d. Quantität versehen. gr. 8. (10 B.) Leipzig 835, Hahn'sche Vrlsbuchh.

Koch, Geo. Aenoth., **erklärendes Wörterbuch** zu den Lebensbeschreibungen des Cornelius Nepos. Hannover 868. Hahn. gr. 8. (IV, 191 S.) 9 *ngr.*

Koch, G. A., erklärendes Wörterbuch zu den Lebensbeschreibungen des Cornelius Nepos. 1. und 2. Aufl. (IV, 191 S.) 1868,72. 90 Pf., und 3. mehrfach bericht. Aufl. gr. 8. (VIII, 200 S.) Hannover 875, Hahn'sche Buchh.

— erklärendes Wörterbuch zu den Lebensbeschreibungen des Cornelius Nepos. 4. bericht. und verm. Aufl., besorgt von V. H. Koch. gr. 8. (VI, 202 S.) Ebendas. 880.

—— Wörterbuch zu den Gedichten des P. Vergilius Maro. Mit besond. Berücksicht. des dichterischen Sprachgebrauchs und der für die Erklärung schwierigen Stellen. 6. vielfach verb. Aufl. Von K. E. Georges. gr. 8. (VII, 456 S.) Ebendas. 885.

Koch, G. A., Wörterbuch zu Xenophons Memorabilien, s.: Crusius, G. Ch.

—— vollständiges Wörterbuch zu den Gedichten des Q. Horatius Flaccus. Mit besond. Berücksichtigung der schwierigeren Stellen für den Schul- und Privatgebrauch bearb. gr. 8. (IX und 502 S.) Hannover 863, Hahn'sche Hofbuchh.

Koch, G. A., vollständiges Wörterbuch zu den Gedichten des Q. Horatius Flaccus, mit besond. Berücksicht. der schwierigeren Stellen für den Schul- und Privatgebrauch. 2. Aufl. in theilweise neuer Bearbeitung. gr. 8. (VI, 562 S.) Hannover 879, Hahn'sche Buchh.

— vollständiges Wörterbuch zu den Gedichten des P. Virgilius Maro. Nach der ersten von G. Chr. Crusius besorgten Ausgabe mit besonderer Berücksichtigung des dichterischen Sprachgebrauchs und der für die Erklärung schwierigeren Stellen vielfach verb. u. zum Theil gänzlich umgearb. Hannover 855. Hahn. gr. 8. (IV, 315 S.) 25 *ngr.*

—— vollständiges Wörterbuch zu den Gedichten des P. Vergilius Maro mit steter Berücksichtigung des dichter. Sprachgebrauchs und der für die Erklärung schwierigeren Stellen. 3., vielfach verb. Aufl. gr. 8. (IV und 360 S.) Hannover 863, Hahn'sche Hofbuchh.

—— vollständiges Wörterbuch zu den Gedichten des P. Vergilius Maro. Mit besond. Berücksicht. des dichter. Sprachgebrauchs und der für die Erklärung schwierigeren Stellen. 4. Aufl. in neuer Bearbeitung. 8. (VI, 505 S.) 1870. *M* 3., und 5. vielfach verm. und grossentheils umgearb. Aufl. gr. 8. (IV, 588 S.) Hannover 875, Hahn'sche Buchh.

Koch, Geo. Aenoth., vollständiges Wörterbuch zum Geschichtswerke des M. Vellejus Paterculus. Mit besonderer Bezugnahme auf die sprachl. Eigenthümlichkeiten und mit genauer Erläuterung der in die Geschichte und Geographie einschlagenden Artikel für den Schul- und Privatgebrauch ausgearb. 8. (VI und 217 S.) Leipzig 857, Engelmann.

Koch, G. A., vollständiges Wörterbuch zu den Lebensbeschreibungen des Cornelius Nepos. 5. bericht. und verm. Aufl., besorgt von K. E. Georges, und 6. Aufl. [2. Ster.-Ausg.] gr. 8. (IV, 167 S.) Hannover 885,88, Hahn'sche Buchh.

—— vollständiges Wörterbuch zu Xenophon's Memorabilien. 2. verb. Aufl. gr. 8. (IV, 113 S.) Leipzig 870, Hahn'sche Verlagsh.

KOCH, Georg Friedrich (Ungstein): De morbis cutaneis. (Titel nach der Urkunde) 19.8.1845 - Urk; F 66
Diss. Ingolst.-Landsh.-Mchn.

Koch, Geo. Hnr. Aug., kleine Gedichte. 2 Thle. 8. Braunschw. 770. Schröder. 12 *gr* (W. Nauck in Leipz.) 18 *gr*

— lyrische Gedichte. 8. Braunschw. 765. Schröder. 6 *gr*

— der Guelph im Schlachtfelde bei Minden, e. episches Gedicht. 8. Braunschw. 768.

— **Georg Hieronymus** (Erfurt), De cautione de non turbando. Diss. jur. Rector Placido. Erfurt (Grosch) 26. V. 1728. 38 S. (6.30) 18785

— **Georg Jacob** (Saarbrücken), Meletemata quaedam de variis modificationibus miasmatis venerei casibus singularibus illustrata. Diss. med. Jena (Mauk) 30. I. 1795. 23 S. mit Biogr. (M.: Korn.) (5.50) 18786
Gew.: Philipp Koch (Saarbrücken; Bruder).

Koch, [Georg] Wilhelm: William Thomsons Skala der absoluten Temperatur. 25 S. 8.
Progr. Oberrealschule auf der Uhlenhorst zu *Hamburg* 1909 (988).

Koch, Gottfried [Dr.]: Bolingbrokes politische Ansichten und die Squirarchie. Berlin, R. Gaertners Verlagsbuchh., 1890; 14 S. 4°
Berlin, Hl. st. HB, OP 1890

Koch, Gfried. Beiträge zur Geschichte der politischen Ideen u. der Regierungspraxis. 1. Tl.: Absolutismus u. Parlamentarismus. gr. 8. (VIII, 184 S.) Berl. 892, Gaertner. *M* 4 50

Koch, Gfr., Beiträge zur Geschichte d. politischen Ideen u. d. Regierungspraxis. 2. Tl. Demokratie u. Konstitution. (1750—1791.) gr. 8. (VIII, 242 S.) Berlin 896. R. Gaertner. n. 6. — (1. u. 2.: n. 10. 50)

Demokratie und Konstitution. '(1750—1791.)' Von Gottfried **Koch**.
Berlin: R. Gaertner 1896. (VIII, 242 S.) 1 Bd 8.
= **Koch**, G.: Beiträge z. Gesch. d. Polit. Ideen u. d. Regiergs-Praxis. Tl 2.
[96. 2436

Koch, Gottfried Das „unumschränkte" Königtum Ludwigs XIV. Mit Übersicht der Litteratur. 4 (40 S.).
Progr. Joachimsthalsches G. *Berlin* 1888 (52)

Koch, Gottfried, (Dir. Prof. Dr.): **Der jakobinische Staat von 1794.** Berlin: Weidmann 1904. (27 S.) 4°
Berlin, Sophien-G OP 1904 (70)

Koch, Gottfried: Montesquieus Verfassungstheorie. Halle 1883; (Starcke in Berlin). 41 S. 8°
Halle-Wittenberg, Phil. Diss. v. [12. März] 1883
Geb. Brandenburg a. d. H. 4. 10. 1859. V.

Koch, Glieb. v., Anatomie der Orgelkoralle [Tubipora Hemprichii Ehrbg.]. Ein Beitrag zur Kenntniss des Baues der Zoophyten. Lex.-8. (26 S. mit 2 lithogr. Taf.) Jena 874, Deistung. *

—— Grundriss der Zoologie. Für Studirende bearb. 1. Hälfte und 2. Hälfte 1. Abthl. gr. 8. Ebendas. [1. Hälfte. (S. 1—50 und 18 S. Tafelerklärungen, mit 10 lithogr. Taf.) 874. *M 4.; 2. Hälfte. 1. Abthl. (S. XIX—XXXII, 51—98 mit 7 lithogr. Taf.) 875. *M 3.] *

—— Grundriss der Zoologie. Für Studirende bearb. 2. (Schluss-) Thl. 2. Abthl. gr. 8. (XXXIII—XL, S. 99—133 mit 4 lithogr. Taf.) Ebendas. 876. *
1. Thl. und 2. Thl. 1. Abthl. Ebendas. 1874,75. *M 7.

—— dass. — 2. Aufl. gr. 8. (XIII, 127 S. mit 20 lithogr. Taf.) Darmstadt 878, Diehl's Verlag. *

— **Gottlieb** (Lauban/Laus.), De quaestione, an vidua, cui statuto locali ex suis et defuncti mariti bonis certa portio tribuitur, hanc possit repudiare et illata repetere? Diss. jur. Rector Philipp Wilhelm Graf v. Boineburg. Präs. Johann Philipp Streit. Erfurt (Joh. Heinrich Grosch) 11. V. 1716. 20 S. (6.—) 18788

—— die Sänger Mitteldeutschlands. Abbildung und Beschreibung der mitteldeutschen Sylvien. gr. 8. (VI, 17 S. mit 16 color. und 2 schwarzen lithogr. Taf.) Nürnberg 870. (Heidelberg, C. Winter's Universitäts-Buchh.) *

—— die Stellungen der Vögel. Für Präparatoren, Ausstopfer und Freunde der Vögel. 1. und 2. Heft. gr. 8. (15; 13 S., mit 250 Fig. auf 20 lithogr. Taf.) Ebendas. 871,72. à Heft *M 3. *

—— Synopsis der Vögel Deutschlands. Kurze Beschreibung aller in Deutschland vorkommenden Arten. gr. 16. (XI, 137 S. mit 296 Abbild. auf 8 lithogr. Taf.) Ebendas. 871. *

Koch, Glieb. v., Untersuchungen über das Wachsthum von Antipathes, s. Festschrift zur Jubelfeier des 50jährigen Bestehens der Grossherzogl. Technischen Hochschule zu Darmstadt.

Koch, G[ottlob] J[ohannes]. Repetitorium der allgemeinen und der Schweizergeschichte für obere Lehranstalten. In zwei Kursen (*Teil 3:* Lehranst' und zur Selbstunterweisung)' dargestellt. 3 Teile. 8. Basel 1891–1893.
Teil 1 Die alte Geschichte Basel 1892.
Teil 2 Die mittlere und neue Geschichte bis zur ersten französischen Revolution von 1789. ‹Als Manuskript gedruckt› B' 1891.
Teil 3 Die Zeit von 1789–1890. B' 1893.

Koch, Gregor. Die ethische Bewegung. Von Dr. P. G' Koch. [2 Teile. Sep.-Abdr. aus: Schweizerische Rundschau, Jahrg. 3, 1902—1903, Heft 2 u. 4.] 8. [Stans, Paul von Matt, 1902 u. 1903.]
[Teil 1:] I. Ihre äussere Entwicklung. 14 S.
[Teil 2:] II. Anschauungen und Ziele. (— III. Würdigung.) 17 S.

KOCH, Guido (München): Versuch einer Odontologie.- München: Rösl 1838. 79 S.
10.5.1838 - Urk (Titel: Versuch einer rationellen Odontologie.); F 64
Diss. Ingolst.-Lan[illegible]

Koch, Günther, Dr.: Zur vergleichenden Behandlung von Aeneis I, 157–222 und Odyssee X, 135–186. Eisenach 1904: Hofbuchdruckerei. (S. 1—21.) 4° [F.]
Eisenach, großh. RG OP 1904 (788)

Koch, Günth., antike Dichtungen in deutschem Gewande. Hrsg. u. m. Beiträgen versehen v. Eduard Norden. (VI, 110 S.) 16. Stuttgart 908. J. G. Cotta Nachf. Geb. in Leinw. 2. —

Koch, Günther, Gleims scherzhafte Lieder u. die sogenannten Anakreonteen. Ein Beitrag zu ihrer Charakteristik. Progr. gr 4. (19 S.) Jena 894. (Leipzig, G. Fock.) n. 1.—

Koch, Günther [Dr.]: Gleims scherzhafte Lieder und die sogenannten Anakreonteen. E. Beitr. zu ihrer Charakteristik. Jena, Univ.-Buchdr. G. Neuenhahn, 1894; 3—19 S. 4.
Jena, Pfeiffer'sche Lehr- u. Erziehungs-A, OP 1894*

Koch, Guntharius [Rudolphopolitanus]: In carmen Hesiodi quod opera et dies inscribitur meletematum criticorum specimen . . . . Rudolphopoli, typ. Mitzlaffianis, 1888; 38 S. + 1 Bl. 8°
Erlangen, Phil. Fak., Inaug.-Diss. v. 1887

Koch, Günther, in carmen Hesiodi quod opera et dies inscribitur meletematum criticorum specimen. Dissertatio inauguralis. gr. 8. (38 S.) Rudolstadt 888, (Keil.) *

— **Gustav** (Leipzig), De donationibus propter nuptias dissertatio. Präs. D. Carl Einert. Lpz. (Hoehm) 8. IX. 1818. 33 S. (6.—) 18789
Gew.: Friedrich Wilhelm Graf v. Hohenthal (Grosstaedteln . . . .). — Widm. v. Präs.

Koch, Gust., die Emanzipation vom Kapitale. Sozialpolitische Denkschrift f. das deutsche Volk. (32 S.) gr. 8. Berlin 907. J. Harrwitz Nachf. —50

Koch, Gust. Der freie menschliche Flug als Vorbedingung dynamischer Luftschiffahrt. Eine Denkschrift f. Jedermann. gr. 8. (26 S. m. 1 Taf.) Münch. 891, [Franz' Sort.] Lukaschik. * — 80

Koch, Gust., das Flug-Schiff, das schnellste Wasserfahrzeug zur Vermittelung des Ueberganges von der Wasser- zur Luftschiffart. Nebst e. Anh.: Entwurf u. Berechnung der sich in solcher Folge von selbst ergeb. Flugmaschine. gr. 8. (31 S. m. Abb.) München 901. (H. Lukaschik). n. 1.—

— die Lösung des Flugproblems u. das Luftschiff der Zukunft. gr. 8. (32 S. m. 3 Taf.) Ebd. 893. n. 2.—

Koch, Gust., d. Lösg. d. Flugproblems in physikal. u. maschinentechn. Hinsicht. M. e. Anh.: Nutzen u. Folgen prakt. Luftschiffahrt. gr. 8. (72 S. m. Abb. u. 8 Taf.) München 896. H. Lukaschik. n. 3.—

Koch, Gust., das Luftschiff. Ein Beitrag zur Bedürfnissund Nützlichkeitsfrage der prakt. Luftschiffahrt. Nebst einem Anhang, enthaltend die Beschreibung und Erläuterung des G. Koch'schen Systems zur Erstellung eines lenkbaren Luftschiffes, mit einer Abbild. desselben. gr. 8. (18 S.) München 883, (Th. Ackermann.) F.S

(— —). — Ordinarius senior et reliqui doctores facult. jurid. Lipsiensis summos in utroque jure honores viro **Gustav Koch** (Leipzig). — Inest: Meletematum juris varii IV. De testibus noviter repertis jure patrio non admittendis. Lpz. (Johann Sommer) 8. XII. 1820. 14 S. mit Biogr. (M.: (Ch. D. F. Falck.) (5.50) 18791

— — **Triga observationum ad illustrandas paragraphos 16. et 17. ord. proc. recogn. tit. XXXIX. Lpz. (Johann Sommer) 30. XI. 1820. 43 Seiten. (6.—)** 18790
Gew.: Ernst Friedrich Carl Emil Freih. v. Werthern (Wiehe, Oberau).

Koch, Gust., der Weg zur Lösung des Flugproblems. gr. 8. (12 S. mit 2 Taf.) München 887, (Mangelsdorf.) *

— Die Wiedergeburt des Mittelstandes. Sozialpolit. Denkschrift f. d. deutsche Volk, insbesondere f. d. Mittelstand. (2. Aufl. v.: Die Emanzipation v. Kapitale.) (II. 39 S.) 8. Salzburg (Haydnstr. 24) 908. Selbstverlag. — 50

Koch, Gust. Adf., die Abgrenzung und Gliederung der Selvretta-Gruppe. Ein vorläuf. Beitrag zur allgemeinen Orographie der nordrhät. Alpen zwischen Rheinthal, Arlbergbahn und Engadin. gr. 8. (III, 42 S. mit 1 lithogr. Karte und 1 Zinkotypie.) Wien 884, Hölder. *

Koch, Gust. Adf., die Aktion gegen das Matzendorfer Schöpfwerk der Stadt Wien. (16 S.) 8. Wien 910. Schworella & Heick. — 80
Sonderabdr. a. „Organ d. Ver. d. Bohrtechn."

Koch, Gust. Adf. Die Arnsteinhöhle bei Mayerling m. Bezug auf ihre Lage in der Kalkzone d. Wienerwaldes, ihre Bildung u. die diluvialen Funde v. Wirbelthier-Resten. gr. 8. (38 S.) Wien 890, Lechner's Sort. * 1 —

Koch, Gust. Adf., Bemerkungen zur Wiener Wasserfrage. (8 S.) 8. Wien (909). Schworella & Heick. — 40

— Über einige der ältesten u. jüngsten artesischen Bohrungen im Tertiärbecken v. Wien. (Rektoratsrede.) (60 S.) gr. 8. Ebd. 907. 1. 60

Koch Gustav Adolf Ueber Eiskrystalle in lockerem Schutte (S.-A.) Jahrbuch für Mineralogie etc Jahrg 1877) Stuttgart 1877 25 S 1 Tf 8°

Koch, Gust. Adf., e. kalbender Gletscher in den Ostalpen. [Aus: „Mittheilgn. d. k. k. geograph. Gesellsch. in Wien".] gr. 8. (18 S.) Wien 892. R. Lechner's Sort n. 1 20

Koch, Gust. Adf., d. Gneiss-Inseln u. krystallin. Gesteine zwischen Rells- u. Gauerthal im Rhätikon. [Aus: „Verhandlgn. d. geol. Reichsanst."] Lex.-8. (20 S.) Wien 894. (R. Lechner's Sort) n.n. 1. —

— die Naturgase der Erde u. die Tiefbohrungen im Schlier v. Oberösterreich. [Aus: „Monatsblätter d. wissenschaftl. Club".] Lex.-8. (42 S. m. 1 Plan.) Wien 893. R. Lechner's Sort. n. 1. 80

— die Temperaturbewegung d. Gmundner od. Traunsees u. Traunabflusses im Winter 1894—95. M. vorzügl. Benützg. d. Messgn. v. Fr. Zehden. [Aus: „Mittheilgn d. geograph. Gesellsch. in Wien".] gr. 8. (34 S.) Ebd. 895. n. 1. 20

Koch, Gust. Adf., neue Tiefbohrungen auf brennbare Gase im Schlier v. Wels, Grieskirchen u. Eferding in Oberösterreich [Aus: „Verhandlgn. d. k. k. geolog. Reichsanstalt".] Lex.-8. (29 S.) Wien 893. R. Lechner's Sort. n. 1. —

— Die Trinkwasser-Versorgung der Gemeinde Hinterbrühl. Geologisch begutachtet. (41 S.) gr. 8. Ebd. 909. 1. 60

Koch, Gust. Adf., die Tunnel-Frage bei der Arlberg-Bahn. Mit einer (lith.) Karte des Arlbergs 1 : 75000 (in qu. Fol.). gr. 8. (55 S.) Wien 880. Spielhagen & Schurich. n. 1. 60

Koch, Gust. Adf., die Zahnradbahn von Zell am See auf die Schmittenhöhe. Mit besond. Rücksichtnahme auf Bergbahnen und die geolog. Verhältnisse längs der Schmitten-Trace. Vortrag, gehalten im Wissenschaftl. Club in Wien am 7. März 1887. 8. (59 S. mit 3 Taf.) Wien 887, Spielhagen und Schurich. *

Koch, Gust. Friedr., Orakel d. Liebe. Eine alphabet. geordn. Samml. gehaltreicher Gedanken üb. d. Wesen, d. Erfordernisse u. d. Zweck d. Liebe. Aus d. Werken v. 450 Prosaikern u. Dichtern zusammengetr. u. mit d. Namen d. Verf. versehen. (3 Abthln.) gr. 12. (17 B.) Magdeburg 841, Schmilinsky.

H. Koch & Co. Akt.-Ges., Bielefeld, 1860—1910. (Unsern Geschäftsfreunden anläßl. unseres 50jähr. Bestehens ergebenst überreicht. Nähmaschinenfabrik u. Eisengiesserei A.-G. vorm. H. Koch & Co., Bielefeld.) — (Bielefeld 1910: Gundlach.) 147 S. 4° [Umschlagt.]

Koch, H., Denkschrift zur Feier des 100jährigen Bestehens des Kgl. Blei- und Silbererzbergwerks Friedrichsgrube bei Tarnowitz O.-S. am 16. Juli 1884. Nebst statistischen, bergbaulichen und kartographischen Darstellungen des Grubenbetriebes in den oberschlesischen Bergrevieren Tarnowitz und Beuthen. Berlin, 1884. 68 S. mit Abb. und 1 Atlas von 16 Taf.

Elb-Trave-Kanal. H. Koch's Project betr die Verbindung zwischen Wakenitz und Trave o. O (1878) 1 Bl 57/31 cm zsgef in 4° Lithogr 1878

Die mittelrheinischen Handelsweine. Mainz. 1893.

Koch, H., Katechismusschule über Luthers Katechismus. 4. Hamb. 721.

Koch, H., s.: Lesebuch, hannoversches.

Koch, H., Series Episcoporum Monasteriensium eorundemque vitae ac gesta in Ecclesia. IV Tom. 8. Munst. 816. Coppenrath. 1 ℛ 8 gγ

Koch, H. Italienische Weine Taschenbuch zur Orientierung über italienische Weine, Rebensorten, Weinpreise etc Mainz. 1892.

Koch, H. (Hrsg.), s. Zeitschrift für Wundärzte und Geburtshelfer.

— H A. Coniectaneorum in poetas latinos. II. Pr. 1865. 23 S. 4°. 1 25

Koch, H. A., Coniectanea Tulliana. Pr. 1868. 43 S. 4°. 1.25

Koch, H. A., Emendationes Livianae. I. Pr. 1860. 19 S. 4° 1.20
— — II. Pr. 1861. 18 S. 4°. 1.20

Koch, H. A., Emendationes Plautinae. Pr. 1872. 18 S. 4°. —.90

Koch, H. A., das Gewissen und die öffentliche Meinung im Alterthum und in der Neuzeit, s.a. Sammlung wissenschaftlicher Vorträge.

Koch HA, das Gewissen und die öffentliche Meinung. (Sammlung gemeinverständlicher wissenschaftlicher Vorträge 2) Berlin 1870

ch, H. A., Observationes criticae in L. Annaeum Senecam. Gel. 1874. 25 S.

Koch, H. A., Rede zur Feier des Geburtstages Sr. Maj. Friedrich Wilhelms IV. gehalten im königl. Pädagogium zu Putbus am 15. Oct. 1856. gr. 8. (11 S.) Anclam 857, (Dietze.) *

Koch, H. G., Erzählungen. 1. u. 2. Bdchn. gr. 8. Hersfeld 829, Industrie-Compt.
Bdchn. 1. Die Brautreise u. d. Schneider Wips Jagd-Abentheuer. (9 B.) 16 Gr.
" 2. Der Mordstein. (9½ B.) 16 Gr.

Koch, H. G., Handbuch bei dem Studium der Harmonie. gr. 4. Leipzig, Hartknoch. 810.
Schreibpap.

Koch, H. G., Lullus, oder die Bekehrung d. Heiden. Deutsch-vaterländ. Drama in 3 Aufz. Mit 1 Steindr. gr. 12. Hersfeld 827. Ind.-Compt. 15 Kr

Koch, H. H., Geschichte der Stadt Eschweiler u. der benachbarten Ortschaften. 2 Bde. 2., durch angehängte Berichtiggn. u. Zusätze verb. u. verm. Aufl. gr. 8. (XVI, 368; 38; XVI, 152; VIII, 160 u. 24 S. m. 3 Taf. u. 2 Siegelabdrücken.) Frankfurt a/M. 890. Fösser Nachf. n. 9. —

Koch, H. H., die Karmelitenklöster der Niederdeutschen Provinz. 13.—16. Jahrh. Großentheils nach ungedruckten Quellen bearb. gr. 8. (XV, 208 S.) Freiburg i/B. 889. Herder. n. 3. —

— die Reformation im Herzogth. Jülich. 1. u. 2. Hft. Mit Nachträgen zum 1. Hft. u. m. e. Anh. gr. 8. (112 S.) Frankfurt a/M. 883 u. 888. Foesser Nachf. n.n. 1. 75

Koch, H. O. Iliadis lib. I. vs. 1—305 lat. versib. redd. 12 S.
Magdeburg, P , Progr 1829

Koch, Hans: Die Anfänge des Seidengewerbes in Köln. Leipzig 1907: Duncker & Humblot. (VII, 33 S.) 8° ¶ (Erscheint vollst. u. d. T.: 'Geschichte des Seidengewerbes in Köln vom 13. bis zum 18. Jahrhundert' als 'Staats- und sozialwissenschaftliche Forschungen' H. 128.)
Bonn, Phil. Fak., Ref. Schulte, Diss. v. 6. Aug. 1907
[Geb. 23. Juli 68 Königsberg i. Pr , Wohnort Cöln; Staatsangeh.: Preußen; Vorbildung. Kgl. Gymn. Konigsberg Reife O. 88, Studium: Bonn 6 S., Rig. 5 Dez. 06.]

Koch, [Hans], Oberarzt b. 2. Garde-Reg. a. Potsdam: Ueber die Behandlung des Mastdarmvorfalls. Leipzig 1908: B. Georgi. (42 S.) 8°
Leipzig, Med. Fak., Ref. Trendelenburg, Diss. v. 20. Juli 1908
[Geb. 14. Nov 76 Potsdam; Wohnort: Berlin; Staatsangeh.. Preußen; Vorbildung Viktoria-Gymn. Potsdam Reife M. 97; Studium: Kaiser-Wilhelms-Akad. Berlin 9 S.. Coll. 29. Juli 08; Approb. 3 Aug 03.]

Koch, Hans, Bilder aus Luthers Leben, s.: König, Gust.

Koch, Hans [aus Köln a. Rh.]: Aus d. chirurg. Klinik in Bonn. Über die auf mechanischer Ursache beruhenden congenitalen Deformitäten . Köln, Kölner Verl.-Anst. u. Druckerei, 1895; 75 S. 8.
Bonn, Med. Fak., Inaug.-Diss. v. [29. Juli] 1895

— Deutschland. Ein vaterländ. Volksspiel in 6 Vorgängen. (133 S.) 8. Leipzig 904. Modernes Verlagsbureau. n. 2. —

Koch, Hans, approb. Arzt aus Zwiefalten Ueber einen pathologisch-anatomisch bemerkenswerten Fall von Carcinoma ventriculi. *Tübingen: F. Pietzcker 1898.* (17 S.) 8°
Tübingen, Med. Diss. v 1898

Koch, Hans, üb. e. pathologisch-anatom. bemerkenswerten Fall v. Carcinoma ventriculi. Diss. gr. 8. (17 S. m. 1 Taf.) Tübingen 898. E. Pietzcker. n.n. — 70

Koch, Hans, Geschichte des Seidengewerbes in Köln vom 13. bis zum 18. Jahrh., s.a. Forschungen, staats- u. sozialwissenschaftliche.

Geschichte des Seidengewerbes in Köln vom 13. bis zum 18. Jahrhundert. Von Hans **Koch**. Leipzig: Duncker & Humblot 1907 (XV, 124 S.) 8°
Ein T erschien als Inaug. Diss. Bonn 1907
— **Forschungen,** Staats- u. sozialwissenschaftl. H. 128. [07. 17605]

Koch, Hans. Preisgekrönter Concurrenz Entwurf für das Museum des Königreiches Böhmen Prag 1884 Fol. [3 Ex.]

Koch, Hans, Assistenzarzt im Rhein. Fußart.-Reg. No. 8, Metz Über Thomsen'sche Krankheit. *Leipzig 1904: B. Georgi.* (39 S.) 8°
Leipzig, Med. Diss. v (27 Juni) 1904

— Grete Minden. Ein altmärk. Volksspiel. 2. [Titel-] Aufl. (162 S.) 8. Ebd. [902] 904. n. 2. —

Koch, Hans [Dr.]: Quaestionum de proverbiis apud Aeschylum Sophoclem Euripidem caput II. (Forts. d. Inaug.-Diss. Königsb. 1887.) Bartenstein, gedr. bei Gebr. Kraemer, 1892; 27 S. 4.
Bartenstein, k. G, OP 1892 (2)

Koch, Hanns, aus alten Sylter Tagen. Zeitgeschichtliche Streifzüge. 1.—3. Tausend. (139 S.) 8. Berlin 908. Gebr. Paetel. Kart. 2. —

Koch, Hans, pract. med. a. Straßburg i. E.: Über das Wesen, Vorkommen und die klinische Bedeutung der weißen Infarkte und der Placenta marginata. Straßburg i. E. 1904: C. Müh & Cie. (58 S.) 8°
Straßburg, Med. Fak., Ref. Fehling, Diss. v. 15. Sept. 1904
[Geb. 4. Febr. 81 St. Avold, Lothr.; Wohnort: Straßburg; Staatsangeh.: Elsaß-Lothringen; Vorbildung: Bischöfl. Gymn. Straßburg i. E. Reife M. 99; Studium: Straßburg 6, Berlin 1, Straßburg 2 S.; Coll. 29. Juli 04; Approb. 20. Juni 04.]

Koch, Hans Ludwig, aus Düsseldorf: Das Körperproblem in Leibnizens Jugendschriften. Halle a. S. 1908: E. Karras. (VIII, 25 S.) 8° ¶ (Erscheint vollst. u. d. T.: „Materie und Organismus bei Leibniz" in: „Abhandlungen z. Philosophie u. ihrer Geschichte", hrsg. v. B. Erdmann.)
Bonn, Phil. Fak., Ref. Erdmann, Diss. v. 27. Febr. 1908
[Geb. 20. März 84 St. Goar; Wohnort Düsseldorf; Staatsangeh.. Preußen; Vorbildung: Kaiserin-Augusta-Gymn. Coblenz Reife O. 02; Studium: Bonn 8 S., Rig. 11 Dez. 07]

Koch, Hans Ludw., Materie u. Organismus bei Leibniz, s.a. Abhandlungen zur Philosophie u. ihrer Geschichte 30. Heft.

Koch, Hans Ludwig Materie und Organismus bei Leibniz von – Halle a. S. M Niemeyer 1908 VIII, 59 S. 8°
= Abhandlungen z. Philosophie u. ihrer Geschichte H 30.

Koch, Heinr., S. J., Arbeiterausschüsse. Hrsg. von „Arbeiterwohl, Verband f. soziale Kultur u. Wohlfahrtspflege". (XV, 160 S.) gr. 8. M. Gladbach 907. Zentralstelle des Volksvereins f. das kath. Deutschland. n. 2. —

Koch, Heinrich: Bericht über einhundert in der Kgl. Universitäts-Augenklinik zu München ausgeführte Staarextraktionen. *Stendal 1891: O. Fuhrmann.* (32 S.) 8°
München, Med. Diss. v 1898

Koch, H., Einführung des Offiziers in die Militär-Strafgerichtsordnung vom 1. XII. 1898. Vorträge. 12. (VII, 191 S.) Straßburg 900. W. Heinrich. n. 2. —; kart. n. 2. 25

Koch, H., Einführung des Offiziers in die Militär-Strafgerichtsordnung vom 1. XII. 1898. Vorträge. 3. erweit. Aufl. (VIII, 259 S.) 8. Straßburg 902. W. Heinrich. Geb. in Leinw. n. 3. 50

Koch, Heinrich *Jacob* [aus Altenwerder]: Ueber den therapeutischen Gebrauch von diastatischem Ferment ... Bonn, Buch- u. Steindr. J. Bach Wwe, 1897; 24 S., 1 Bl. 8.
Bonn, Med. Fak., Inaug.-Diss. v. [20. Febr.] 1897

Die deutsche Hausindustrie. Von Heinrich **Koch** S. J M.Gladbach Zentralstelle d. Volksver f. d. kath. Deutschland 1905. (IV, 112 S.) 8° [J.] [05. 15068]

Koch, Heinr., üb. die künstliche Herstellung v. Zwergbildungen im Hühnerei. hoch 4. (36 S. m. 2 Steintaf.) Stuttgart 884. Enke. n. 1. 80

Koch, Heinr. Der Jaß. Freunden u. Feinden d. edlen Spiels gewidmet. Mit 47 Illustr. v. J. Stauffacher. 1. Taus. 8. (III, 53 S.) St. Gallen 891, (Hasselbrink u. Ehrat). ** 2 —

Koch, Henr., de parenchymate et vasorum capillarium systemate. Commentat. physiolog. praemio ornata. 8 maj. (6½ B.) Rostochii 833, (Oeberg et Comp.)

Koch, Heinr., Rundschrift in 5 Lectionen. Zum Selbstunterricht und Schulgebrauche mit einem Vorworte von J. A. C. Rosenkranz. 1.—6. Aufl. qu. gr. 8. (8 Stnt.) Zürich 877,78, Koch's Verlag. *

Koch, Heinr., Rundschrift in 5 Lectionen. 14. Aufl. qu. gr. 8. Zürich 879, Orell, Füssli und Comp. *

Koch, Heinr., Rundschrift in fünf Lectionen zum Selbstunterricht und Schulgebrauche, mit einem Vorworte von J. A. C. Rosenkranz. 15. Aufl. qu. gr. 8. (12 lithogr. Bl.) Zürich 883, Orell, Füssli und Comp. *

Koch, Heinr. (I.), Rundschrift in fünf Lektionen. Zum Selbstunterricht und Schulgebrauch. Mit einem Vorwort von J. A. O. Rosenkranz. 16. Aufl. qu. gr. 8. Zürich 886, Orell, Füssli und Comp. *

Koch, Heinr., Rundschrift in 5 Lectionen. Zum Selbstunterricht u. Schulgebrauche m. e. Vorwort v. J. A. C. Rosenkranz. 18. Aufl. qu. gr. 8. (12 Bl.) Zürich 893. Art. Institut Orell Füssli, Verl. n. — 80

Koch, Heinr., Rundschrift in 5 Lectionen zum Selbstunterr. u. Schulgebrauch m. e. Vorworte v. J. A. C. Rosenkranz. 19. Aufl. qu. gr. 8. (12 Bl.) Zürich 895. Art. Institut Orell Füssli, Verl. n. — 80

Koch, Heinrich. Rundschrift. In 5 Lectionen. Zum Selbstunterricht u. Schulgebrauche mit einem Vorworte von J A C Rosenkranz... in Hamburg von Heinrich Koch, Kalligraph und Handelslehrer. 20. Aufl. IV S. + 12 Bl. quer-4. Zürich, Art. Institut Orell Füssli, [1901]. [fr. 1. —]

Koch, Heinrich. Rundschrift In 5 Lectionen. Zum Selbstunterricht u. Schulgebrauche mit einem Vorworte von J A C Rosenkranz.... 21. Aufl. IV S. + 12 Bl. quer-4. Zürich, Orell Füssli, [1904]. [fr. 1. —]

Koch, Heinr., Rundschrift. In 5 Lect. Zum Selbstunterricht u. Schulgebrauche m. e. Vorworte v. J. A. C. Rosenkranz. 22. Aufl. (12 Bl.) 14×28,5 cm. Zürich (910). Art. Institut Orell Füssli. — 80

— neue methodische Schreibschule für die deutsche und englische Schrift zum Selbstunterricht und Schulgebrauche. 2 Thle. qu. gr. 8. Ebendas. [1. Thl. 1. und 2. Aufl. (18 lithogr. Bl.) 877,79. * 80 Pf.; 2. Thl. 1. Aufl. (34 lithogr. Bl. und 1 Bl. Text.) 877., 2. Aufl. (36 lithogr. Bl.) * ℳ 1,60.] *

— neue methodische Schreibschule für die deutsche und englische Schrift zum Selbstunterricht und Schulgebrauche. 2 Thle. 2. Aufl. qu. gr. 8. Ebendas. 879. *

— neue methodische Schreibschule für die deutsche und englische Schrift zum Selbstunterricht und Schulgebrauche. 2 Thle. 3. Aufl. qu. gr. 8. Ebendas. 883. [1. Thl. (18 lithogr. Bl.) * 80 Pf.; 2. Thl. (36 lithogr. Bl.) * ℳ 1,60.] *

— 24 Schreib-Vorlagen der englischen Current-Schrift für Schulen u. zum Selbstunterricht. Lith. qu. 8. Zürich 882. Orell, Füssli & Co. n. — 80

Koch, Heinr., kölsche Verzällcher. 2 Bdchn. (64 u. 64 S.) kl. 8. Köln 909. Hoursch & Bechstedt. à — 50; in 1 Bd. geb. 1. 60

— 30 (lithogr.) Vorlegeblätter zum Schönschreiben, enth. 40 Stammbuchverse. 1. und 2. Aufl. qu. gr. 8. Ebendas. 877,79.

— 30 (lithogr.) Vorlegeblätter zum Schönschreiben, enth. 40 Stammbuchverse. 2. Aufl. qu. gr. 8. Ebendas. 879.

— 30 Vorlegeblätter, enth. 40 Stammbuchverse zum Schönschreiben. 3. Aufl. qu. gr. 8. Ebend. 886. In Couvert. 1. 50

Koch, Heinrich Andreas

— — De exspectativis et investitura eventuali. Tractatio jurid.-histor. — Praemissa epistola Jo. Paulli Kressii. Helmstedt (Christ. Friedr. Weygand) 1735. 4 Bl., 158 S., 5 Bl. (10.—) 18793

Koch, H. And., tract. de exspectativis et investitura eventuali. 4. Helmst. (Weygand, Lps.) 735.

— Heinrich Andreas (Helmstedt), De jure Justinianeo a Lothario imp. in Germaniam minime introducto. Observ. diplomat.-histor. Präs. Polycarp Leyser. Helmstedt (Paul Dietrich Schnorr) 3. V. 1727. 12 S. (5.50) 18792

Koch, Hnr. Andr., († d. 27. Aug. 1766.) s.a. Versuch e. pragmat. Geschichte d. Hauses Braunschweig: Lüneburg.

Koch, Heinrich Andreas. Versuch einer pragmatischen Geschichte des Hauses Braunschweig-Lüneburg. Braunschweig 1794. H: *Hinze, Heimbert Joh.* (MGT)

Koch, Heinrich Christoph

— Handbuch bei dem Studium der Harmonie. gr. 4. Leipz. 810. Hartknoch. 2 ℛ 12 g Schrbp. 3 ℛ 8 g

Koch, Hnr. Cph., Handbuch beim Studium d. Harmonie. gr. 4. Leipzig 810. ist Verlag von Hofmeister.

— kurzgefaßtes Handwörterbuch der Musik, für prakt. Tonkünstler u. f. Dilettanten. gr. 8. Leipz. 807. Hartknoch. 2 ℛ

— Journal d. Tonkunst. 2 Stück. 8. Erf. Keyser. 795. (à 8 gr.)

— musikalisches Lexikon, welches die theoret. u. prakt. Tonkunst encyklopäd. bearb., alle alten u. neuen Kunstwörter erklärt ꝛc. 2 Thle. gr. 8. Frankf. a. M. 802. Mohr. 6 ℛ

Koch's, H. Ch., musikalisches Lexicon. 2., durchaus umgearb. und verm. Aufl. von Arrey v. Dommer. A. u. d. T.: Musikalisches Lexicon. Auf Grundlage des Lexicon's von H. Ch. Koch verfasst von Arrey v. Dommer. 8 Lfgn. Lex.-8. (VI und 1010 S.) Heidelberg 864,65, J. C. B. Mohr. à Lfg. * 20 Ngr. *

Koch, Heinrich Christoph. Versuch einer Anleitung zur Composition. [1.] 2. 3. Theil. Rudolstadt 1782. Leipzig 1787. 1793.

Koch, H. C., Anleitung zur musikalischen Composition. 4 Thle. 8. Rudolstadt. (Böhme in Leipzig) 782–793. (: r 1 Rthlr. 2r 1 Rthlr. 4 gr. 3r 1 16 gr.)

Koch, Hnr. Gph., († d. 12. März 1816.) Versuch e. Anleit. zur musikal. Composition. 3 Thle. Mit e. Register. 8. Rudolst. 782—93. (Cnobloch in Leipz.) 3 ₰ 20 𝒳

— Versuch, aus der harten und weichen Tonart jeder Stufe der diatonisch-chromatischen Tonleiter vermittelst des enharmonischen Tonwechsels in die Dur- und Moll-Tonart der übrigen Stufen auszuweichen. Rudolstadt 1812. [quer 8°.]

Koch, Henr. Fr., praes. Jo. Fr. **Ackermann,** Obs. med. chirurgicae. Kil. 4°. Vorl. e. chir. Gesellsch. in Kopenhagen. (Stoß gegen den Kopf ohne offene Verletzung, der Kranke mußte wie ein Kind allmälich zu Verstand u. Kenntnissen gebracht werden, plötzlicher Tod.) 1775

— **Heinr. Friedrich Gerhard** (Stuttgart), **De appropriatione feudorum ex utroque jure feudali Longobardico et Germanico tam publico quam privato. Disp. jur. Präs. Gottfried Daniel Hoffmann. Tübing. (Bauhof & Frank) Aug. 1751. 72 S., tlws. dtsch. (6.80) 18794**

[Koch, Heinrich G.J. Sancio und Sinilde. Die Stärke der Mütterlichen Liebe. Ein Schauspiel in fünf Aufzügen. O.O. [Wien]. Im Jahr 1752. 80 S.

Koch, Heinr. Hub., das Dominikanerkloster zu Frankfurt am Main. 13. bis 16. Jahrh. Großentheils nach den ungedr. Quellen d. Klosterarchivs bearb. gr. 8. (XV, 166 S.) Freiburg i/B. 892. Herder. n. 3. —

—— Geschichte der Stadt Eschweiler u. der benachbarten Ortschaften. 2 Bde. 2., durch angehängte Berichtiggn. u. Zusätze verb. u. verm. Aufl. gr. 8. (XVI, 368; 38; XVI, 152; VIII, 160, 24 S. m. 3 Taf. u. 2 Siegelabdr.) Frankf. a. M. 890, Fösser Nachf. * 9 —

—— Die Karmelitenklöster der Niederdeutschen Provinz. 13.—16. Jahrh. Großentheils nach ungedr. Quellen bearb. gr. 8. (XV, 208 S.) Freib. i. Br. 889, (Herder). * 3 —

Koch, Heinr. Hub., die Reformation im Herzogthum Jülich. 1. und 2. Heft. Mit Nachträgen zum 1. Heft und mit einem Anhang. gr. 8. (112 S.) Frankfurt a. M. 883 und 84, Foesser Nachf. **

— **Heinrich Wilhelm,** De initio termini probatorii. Observat. select. Präs. D. Jo. Christoph Koch (Vater). Giessen (Jo. Jacob Braun) 4. I. 1785. 32 S., tlws. dtsch. (6.—) 18795

Koch, Hnr. Wlh., üb. die Socinische Cautel. 8. Gießen 786.

Koch, Heinz

Koch, H., Eingemeindungsrecht u. Polizeiverordnung od. Wie wirkt e. Eingemeindg. auf die Polizeiverordngn. des eingemeindeten Bezirks?, s.a. Abhandlungen aus dem Staats-, Verwaltungs- u. Völkerrecht. V, 3.

Koch, H[einz]: Eingemeindungsrecht und Polizeiverordnung oder Wie wirkt eine Eingemeindung auf die Polizeiverordnungen des eingemeindeten Bezirks? Tübingen 1909: Laupp. V, 40 S. 8° ¶(Ersch. auch als: Abhandlungen aus d. Staats-, Verwaltungs- u. Völkerrecht. Bd 5, H. 3.)
Erlangen, Jur. Diss. v. 4. Okt. 1909, Ref. Rieker
[Geb. 15. Febr. 82 Krefeld; Wohnort: Bonn; Staatsangeh.: Preußen; Vorbildung: Gymn. Krefeld Reife O. 02; Studium: Freiburg i. B. 3, Münster 1, Bonn 4 S.; Rig. 30. April 09.] [U 10. 720

Koch, Heinz: Eingemeindungsrecht und Polizeiverordnung oder Wie wirkt e. Eingemeindung auf d. Polizeiverordnungen d. eingemeindeten Bezirks?
Von Dr. jur. —. Tübingen: Mohr 1909. 40 S. 8°
(Abhandlung aus d. Staats-, Verwaltungs- u. Völkerrecht. Bd. 5, H. 3.)

Koch, Henny

— Die ins Leben lachen. 1.—8. Aufl. (III, 288 S. m. 4 Vollbildern.) 8. Ebd. (908—10). Geb. in Leinw. 4. 50

Koch, Henny. *Evchen der Eigensinn.* M. 26 Abbild. 3. Aufl. Stuttg. Union (c. 1905). OrLwd. — Szt. sehr beliebtes Jungmädchenbuch. 9.—

Koch, Henny, kleine Geschichten f. kleine Leute. (III, 182 S. m. farb. Abb.) 8. Stuttgart (910). G. Weise. Geb. in Leinw. 4. —

— Irrwisch. Eine Erzählg. f. junge Mädchen. Mit 24 Abb. v. Rich. Gutschmidt. 1.—11. Aufl. (III, 336 S.) 8. Stuttgart (907—10). Union.
Geb. in Leinw. m. Goldschn. 4. 50

— Papas Junge. Eine Erzählg. f. junge Mädchen. Mit 26 Abbildgn. von A. Wald. 2. Aufl. (III, 332 S.) 8. Stuttgart (905). Union.
Geb. in Leinw. m. Goldschn. n. 4. 50

Papas Junge. Eine Erzählung f. junge Mädchen von Henny **Koch.** Mit 26 Abb. von A. Wald. 5. Aufl. Stuttgart, Berlin, Leipzig: Union [1906]. (331 S.) 8° [F.] [07. 768

— Papas Junge. Eine Erzählg. f. junge Mädchen. Mit 26 Abb. v. A. Wald. 12.—21. Aufl. (III, 332 S.) 8. Stuttgart (908—10). Union.
Geb. in Leinw. m. Goldschn. 4. 50

— Allerlei Lustiges f. unsere Mädels u. Buben. Erzählungen, m. Textillustr. v. Willy Planck. (III, 204 S.) 8. Stuttgart (907). G. Weise. Geb. in Leinw. 3. —

— das Mägdlein aus der Fremde. Erzählung f. junge Mädchen. Mit 4 Vollbildern v. Wilh. Claudius. 8. (III, 220 S.) Stuttgart (902). G. Weise. Geb. in Leinw. 3. —

— Friedel Polten u. ihre Rangen. Eine Erzählung f. junge Mädchen. Mit 28 Abbild. v. H. Grobet. 2.—10. Aufl. (III, 331 S.) 8. Ebd. (910).
Geb. in Leinw. m. Goldschn. 4. 50

Koch, Henny, Vater Jansens Sonnenschein. Erzählung f. Mädchen. Autoris. freie Bearbeitg. v. Richards „Captain Jennery". Mit 4 Tonbildern von A. Zick. 8. (III, 156 S.) Stuttgart (899). Loewe. Geb. in Leinw. n. 2. —

Koch, Henny, Vater Jansens Sonnenschein. Erzählung f. Mädchen. Autoris., freie Bearbeitung v. Richards „Captain Jennery". Mit 4 Tonbildern v. A. Zick. 2. Aufl. (III, 156 S.) kl. 8. Stuttgart (904). Loewe.
Geb. in Leinw. 2. —

— Vater Jansens Sonnenschein. Erzählg. f. Mädchen. Autoris., freie Bearbeitg. v. Richards „Captain Jennery" Mit 4 Tonbildern v. A. Zick. 3. Aufl. (III, 156 S.) kl. 8. Stuttgart (910). Loewe. Geb. in Leinw. 2. —

— mein Sonnenstrahl. Eine Erzählung f. erwachsene junge Mädchen. Mit 8 Einschaltbildern v. Otto Meyer-Wegner. 8. (269 S.) Stuttgart (901). K. Thienemann.
Geb. in Leinw. n. 4. —

— Mütterchen Sylvia. (Kränzchen-Bibliothek.) 2. Aufl. (V, 336 S. m. Abbildgn. u. Titelbild.) kl. 8. Stuttgart (906). Union. Geb. in Leinw. n. 3. —

— Mütterchen Sylvia. (Kränzchen-Bibliothek.) 6.—9. Aufl. (III, 336 S. m. Abbild.) kl. 8. Ebd. (908—10).
Geb. in Leinw. 3. —

— die Traut. Eine Erzählung für junge Mädchen. Mit 4 Vollbildern von M. Flashar. (308 S.) 8. Stuttgart (905). G. Weise. Geb. in Leinw. n. 3.75

— Rose Maries Weg zum Glück. Eine Erzählung für junge Mädchen. (V, 251 S. m. 4 Vollbildern.) 8. Stuttgart (904). G. Weise. Geb. in Leinw. n. 3.—

-- Aus großer Zeit. Eine Erzählg. f. junge Mädchen. Mit 26 Abbildgn. v. A. Wald. 3.—5. Aufl. (III, 344 S. m. Titelbild.) 8. Ebd. (909).
Geb. in Leinw. m. Goldschn. 4.50

Koch, Herbert: Der sächsische Bruderkrieg ⟨1445—1451⟩. T. 1. Bis zum Erfurter Frieden. 1445 bis 25. IX. 1447. Halle a. S. 1909: Kaemmerer. VI, 111 S. 8° ¶(Ersch. auch als Buch ebd.)
Jena, Phil. Diss. v. 27. März 1909, Ref. Cartellieri
[Geb. 3. Mai 86 Jena; Wohnort: Jena; Staatsangeh.: Sachsen-Weimar; Vorbildung: Gymn. Jena Reife O. 05; Studium: München 1, Leipzig 2, Berlin 1, Jena 4 S.; Rig. 23. Jan. 09.] [U 09. 2192

Der sächsische Bruderkrieg. ⟨1446–1451.⟩ Gekr Preisarbeit von Dr. Herbert **Koch**, Jena. Erfurt: (Villaret) 1910. 200 S. 8°
(Jahrbücher d. Kgl. Akad. gemeinnütz. Wissensch. zu Erfurt. N F II 35.) [10. 10954 5

Regententafeln. Von Dr. Herbert **Koch**. Halle a. S.: Kaemmerer 1910. VIII, 92 S. 8° [10. 8603 3

Koch, Herbert, aus Reichenbach in Schl. **Ueber das Verhältnis von Drama und Geschichte bei Friedrich Hebbel.** *Leipzig 1904: W. Wigand.* (62 S.) 8°
München, Phil. Diss. v. 1903

Koch, Hermann [aus Loor in Ostfriesland]: **Über einige neue Abkömmlinge des Benzenylamidoxims.** . Berlin, Druck v. **M. Driesner**, *1890*; 42 S., 1 Bl. 8°
Berlin, Phil. Fak., Inaug.-Diss. v. 13. Dez. 1890

Koch, Hermann, aus Wolgast **Der Artikel im Altfranzösischen** Rolandslicde. *Greifswald 1902: F. W. Kunike.* (63 S.) 8° ¶(Die Forts. (Gebrauch d. unbestimmten u. d. Teilungsartikels) erscheint an anderem Orte.)
Greifswald, Phil. Diss. v. 12. Apr. 1902

Koch, Hermann, Die physiologische Bedeutung der Muskelübung und das Turnen an der höheren Mädchenschule (12. Jber. d. Klosters St. Johannis zu Hamburg, Ostern 1884, S. 1—21), Hamburg 1884, 21 S., Gr.-8°

Koch, Hermann, approb. Arzt aus Lübeck **Aus d. chirurg. Privat-Heilanstalt d. Hrn Geheimrat Dr. Neuber. Ein Fall von Gastroenterostomie bei Sanduhrmagen.** *Kiel 1903: Schmidt & Klaunig.* (26 S.) 8°
Kiel, Med. Diss. v. [17 Sept.] 1903

Koch, Hermann, appr. Arzt a. Odenkirchen: Aus der Poliklinik in Tübingen. Ein Fall von ausgebreiteter Pneumokokkeninfektion. Tübingen: F. Pietzcker 1904. (16 S.) 8°
Tübingen, Med. Fak., Ref. v. Jürgensen, Diss. v. 11. Nov. 1904
[Geb. 10. Juli 77 Odenkirchen; Wohnort: Odenkirchen; Staatsangeh.: Preußen; Vorbildung: Gymn. München-Gladbach Reife O. 98; Studium: Tübingen 8, Kiel 2, Bonn 1, Berlin 1 S.; Coll. 29. Juli 04; Approb. 1. Aug 04.]

Koch, H. [app. Arzt aus Stolp i/P.]: **Ueber die Fruchtbarkeit der mit Ovarialtumoren behafteten Frauen** . . . München, k. Hof- u. Univ.-Buchdr. v. Dr. C. Wolf & Sohn, 1891, 50 S. 8°
München, Med. Fak., Inaug. Diss. v. 1891

Koch, Herm., die Geheimnisse der Honigkuchenfabrikation der Firma Th. Hildebrand & Sohn, sowie die Lage der Arbeiter in den Pfefferküchlereien, Zuckerwaaren- u. Chokoladen-Fabriken. gr. 8. (15 S.) Berlin 892. (Th. Mayhofer Nachf.) —10

Koch, [Hermann] Prolog zur Aufführung von Heyses Kolberg. S. 15—16. 4. Realprogymn. der Aemter *Wanne* und *Eickel* 1907 (460). Progr.

Koch, Hermann (Giessen)
Ueber Scharlach bei Wöchnerinnen.
Giessen: W. Keller 1868. 44 S.
Diss. med. 9.12.1868. vorh. 26. 7.

Koch, Herm., Stimmungsbilder zur kunstgemäßen Behandlung lyrischer Gedichte. (VIII, 376 S.) gr. 8. Hannover 910. C. Meyer. 3.60; geb. 4.20

Koch, Hermann [aus Güstrow]: **Versuche zur Synthese von Harnstoffderivaten mit Hülfe von Diaminen** . . . . **Erlangen, Druck d.** Univ.-Buchdr. v. E. Th. Jacob, 1887; 22 S. 8°.
Erlangen, Phil. Fak., Inaug.-Diss. v. 1887.

Koch, Herm. Ad. Emendationes M. Tullii Ciceronis epistolarum. 10 S.
Putbus, Progr. 1855

Koch, Hieron., das heil. Abendmahl in bibl. Bildern. Zur Erbau. frommer Kommunikanten, wie auch z. Gebr. f. Prediger u. Katecheten. gr. 12. (5 B. u. 1 Stahlst.) Augsburg 836, Kollmann'sche Buchh.
Ohne Stahlst. u. auf ord. Pap.

Koch, Hieron., Anleitung z. besten u. zweckmäß. Gebrauch d. heil. Schrift f. Jung u. Alt, nach 2. Timoth. 3, 16 u. 17. gr. 8. (9½ B.) Würzburg 834, Stahel. 8 Gr., Schrbp.

—— Grundsätze d. christkathol. Glaubens- u. Sittenlehre im Geiste d. heil. Schrift, nach d. Leitfaden d. Katechismus Petri Canisii dargest. 2. Aufl. der „Anleitung z. Gebr. d. heil. Schrift." gr. 8. (9¾ B.) Würzburg 836, Stahel'sche Buchh.

Koch, Hubert, aus Paderborn ⟨Westfalen⟩: **Über die Erfahrungen der Wundbehandlung mit Itrol und Silbergaze.** *Greifswald 1899: J. Abel.* (39 S.) 8°
Greifswald, Med. Diss. v. 28. Febr. 1899

Koch, Hugo: Ueber die praktische Anwendung der Runge-Kuttaschen Methode zur numerischen Integration von Differentialgleichungen. Göttingen 1909: Kaestner. 37 S. 8°
Göttingen, Phil. Diss. v. 24. Juli 1909, Ref. Runge
[Geb. 23. Mai 86 Hamburg; Wohnort: Hamburg; Staatsangeh.: Hamburg; Vorbildung: Gymn. Johanneum Hamburg Reife M. 04; Studium: Göttingen 9 S.; Rig. 19. Mai 09.] [U 09. 1371

Koch, Hugo, Pseudo-Dionysius Areopagita in seinen Beziehungen zum Neuplatonismus u. Mysterienwesen, s.a. **Forschungen zur christl. Litteratur- u. Dogmengeschichte. I. 2/3.**

Pseudo-Dionysius Areopagita in seinen Beziehungen zum Neuplatonismus und Mysterienwesen. Eine litterarhist. Untersuchung von Hugo **Koch**, Dr., Repetent in Tübingen. *Mainz: F. Kirchheim 1900.* (276 S.) 8°
— **Forschungen** z. Christl. Litteratur- u. Dogmengeschichte. Bd 1, H. 2 3. [00. 4810

Koch, Hugo, Ausbildung der Fussboden-, Wand- u. Deckenflächen, s.a. **Handbuch der Architektur 3. Tl.**

Ausbildung der Fussboden-, Wand- und Deckenflächen. Von Hugo **Koch**, Prof. in Berlin-Charlottenburg. Mit 515 Abb, sowie 1 Taf. *Stuttgart: A. Bergsträsser 1903.* (VI, 357 S.) 4°(8°)
— **Handbuch** d. Architektur. T. 3, Bd 3, H. 3. [03. 1608

Koch, Hugo, die Bauführung, s.a. **Handbuch der Architektur. I. Tl. 5. Bd.**

Die Bauführung. Mit Einschluss d. Baukostenberechnung, d. Baurüstungen u. d. Beförderungsmittel von Baumaterialien auf d. Baustelle. Von Hugo **Koch**, Prof., Berlin-Charlottenburg. Mit 173 Abb., sowie 3 Taf. *Stuttgart: A. Bergsträsser 1901* (V, 263 S.) 4°(8°)
— **Handbuch** d. Architektur. T. 1, Bd 5. [01. 8470

Koch, Hugo, Baukonstruktionen Fenster, Thüren. (Abdr. a. d. „Handbuch d. Architektur" III. 3 a). [Darmstadt 1896.] 8

Koch, Hugo, die natürlichen Bausteine Deutschlands. Nach den Ermittolgn. d. Verbandes deutscher Architekten- u. Ingenieur-Vereine bearb. Imp.-4. (VIII, 120 S.) Berlin 892. (E. Toeche.) n. 6. —

Koch, Hugo: Richard von Cornwall. Erster Teil. (1209—1257) Strassburg, Univ.-Buchdr. v. J. H. Ed. Heitz (Heitz u. Mündel), 1887, 143 S. 8°
Strassburg, Phil. Fak., Inaug.-Diss. v. 1887

Koch, H., Richard v. Cornwall. 1. Tl. [1209—1257.] gr. 8. (148 S.) Strassburg 888. Heitz. n. 2. —

Koch, Hugo, Cyprian u. der römische Primat, s.a. Texte u. Untersuchungen zur Geschichte der altchristlichen Literatur. III, 5.

Cyprian und der römische Primat. Eine kirchen- u. dogmengeschichtl. Studie von Hugo Koch. Leipzig: Hinrichs 1910. IV, 173 S. 8°
(Texte u. Untersuchungen z. Geschichte d. altchristl. Literatur Bd. 35, H. 1)
10. 3140

— Dachdeckungen, s.a. Handbuch der Architektur

Koch, Hugo. Dachdeckungen [S.-A. a. d. „Handb. d. Architektur" Tl. III 2 c.] 1894. 8.

Denkschrift zur Feier des 100jähr. Bestehens des Kgl. Blei- u. Silberbergwerks Friedrichsgrube bei Tarnowitz O.-S. am 16. Juli 1884. Im Auftr. bearb. v. Hugo Koch. [Nebst] Atlas. — Berlin. Ernst & Korn 1884. 63 S. Atlas: 16 Taf. 4° 1. 38 A [Nur] Atlas.

— Die Ehe Kaiser Heinrichs II. m. Kunigunde, s.a. Görres-Gesellschaft zur Pflege der Wissenschaft im katholischen Deutschland 5.

Die Ehe Kaiser Heinrichs II. mit Kunigunde. Von Dr Hugo Koch, Prof., Braunsberg. Köln J P Bachem 1908. (20 S.) 8° [15.]
— Görres-Gesellschaft z. Pflege d. Wissensch. im kath. Deutschland. Sektion f. Rechts- u. Sozialwiss. H. 5.
08. 17138 5

Koch, Hugo, Fenster, Thüren u. and. bewegl. Wandverschlüsse, s.: Handbuch d. Architektur.

Koch, Hugo: Sächsische Gärten. Berlin: Deutsche Bauzeitung (1909). 60 S. 8°
¶ Vollst. u. d. T.: Sächsische Gartenkunst. 1910.
Dresden, Dr.-Ing.-Diss. v. 13. 1. 1909

Koch, Hugo, sächsische Gartenkunst. (XVI, 407 S. m. 300 Abb. im Text u. auf 13 Taf.) gr. 8. Berlin 910. Deutsche Bauzeitg. 13.50; geb. 15. —

Die Königliche Technische Hochschule zu Berlin. 39 photogr. Aufnahmen nebst erl. Text, 1 Lagepl. u. 7 Grundrissen. (Verf.: Geh. Baurat Prof. [Hugo] Koch.) *Berlin: R. Mückenberger 1903.* (31 S., 39 Taf.) quer-8°
04. 8838

Koch Hugo und Zerner Theodor Über die Kondensation von Propion- und Formaldehyd S 110. Hb 24 vgr.
Separatabdruck

Koch, H., Lehrbuch d. Hochbau-Constructionen, s.: Gottgetreu, Rud.

— Nebenanlagen der Dächer, s.: Handbuch der Architektur.

— Schankstätten u. Speisewirtschaften, s.: Wagner, Heinr.

— Sicherungen gegen Einbruch, s.: Marx, Erwin.

Die Tauflehre des Liber de rebaptismate. Eine dogmengeschichtl. Untersuchung von Dr. Hugo Koch, Prof. zu Braunsberg. Braunsberg H. Grimme in Komm. 1907. (62 S.) 8°
Aus Vorlesungsverzeichnis d. Kgl. Lyceum Hosianum f. d. S.-S. 1907 07. 498, 10

Koch, Hugo: Die Tauflehre des Liber de rebaptismate. Eine dogmengeschichtl. Untersuchung. Braunsberg 1907: Heyne. (S. 1—62.) 8°
Braunsberg, Vorl.-Verz. SS 1907

Koch, Hugo, die Tauflehre des Liber de rebaptismate. Eine dogmengeschichtl. Untersuchung. (Progr.) (62 S.) gr. 8. Braunsberg 907. (Bender's Buchh.) 1. —

— die Technik der wichtigeren Baustoffe, s.: Exner, W. F.

— öffentl. Vergnügungsstätte, s.: Wagner, Heinr.

— Vincenz v. Lerin u. Gennadius. — Virgines Christi, s.: Texte u. Untersuchungen zur Geschichte der altchristlichen Literatur. III, 1. II.

Koch, H., Die neuen Vorschriften (vom 6. Dezember 1872) über die Sicherung gegen schlagende Wetter in Frankreich, übers. und bearb. Bonn, 1874. 24 S.

Koch, J., die Agrar-Gesetze des preuß. Staats, s.a. Agrar-Gesetze.

Koch, J. (II.), die Agrar-Gesetze d. preuß. Staats, nebst Ergänzn. u. Erläutern. 1. Aufl. 25 1/4 B.) 838. 2 Thlr., 2., mit d. Ergänzn. bis Ende d. J. 1840 verm. Aufl. gr. 8. (22 B.) Breslau 841, G. Ph. Aderholz. Thlr.

—— dass. — Supplementheft (od. d. Ergänzn. bis 1840, nebst Sach- u. chronolog. Register.) gr. 8. (5 B.) Ebds. 841.
Aus: Ergänzungen u. Erläuterungen d. preuß. Rechtsbücher ꝛc., besond. abgedruckt.

Koch, J. (I.), die Agrar-Gesetze d. preuß. Staats nebst Ergänz. u. Erläut. 3., umgearb. u. mit d. neuesten Verordnungen verm. Aufl. 2 Lfgn. Lex.-8. (26 1/2 B.) Breslau 843, G. P. Aderholz.

—— dass. Suppl.-Hft. Lex.-8. (2 7/8 B.) Breslau 846, G. P. Aderholz.

Koch, J., Anleitung zum Gebrauch der heil. Schrift für jung und alt. Würzburg, Stahel, 1834, 8°, 1 Mk.
Katholik 1835, Bd. 56, S. 292 ff.

Koch, J. Der Anteil des I. Armeekorps an der Schlacht bei Noisseville am 31. 8. und 1. 9. 1870. Progr. Berlin 1909. 8°.

Koch, J. & Klein, J. Die kirchlichen Baudenkmale des Mittelalters im Markte Mödling 24 S. –Wien OR Sch, Progr 1867

Koch, J., Meteorologische Beobachtungen im Sommer- u. Herbstvierteljahr 1855. (Bern. Mittheil. Dezember 1855.)

Koch, J., biblische Bilder. gr. 16. (VII und 177 S.) Berlin 858, A. Duncker. geb. Thlr. *

Koch, J., Claudian u. die Ereignisse d. Jahre 395—398. S.-A. s. a. 88 S.

Koch, J. (I.), zur Erinnerung an Felix Mendelssohn-Bartholdy bei Aufführ. sein. Orator. „Paulus" in Schwerin, d. 8. Juli 1840. 8. Schwerin, (Stiller'sche Hofbuchh.)

Koch, J. (II.), die Feier der Confirmation. Nebst: Blätter aus dem Album. gr. 16. (III und 91 S.) Berlin 856, J. A. Wohlgemuth. *
Vlnp. *

Koch, J. D. Frage n. d. geborenen Verbrecher Ravensburg 1894.

Koch, J. (II.), neuere Gedichte. 1840—1843. 12. (12½ B.) Rostock 813, Leopold. *

Koch, J., de utraque genealogia Chr. sec. Matth. et Luc. ejusque vera et naturali connexione. Hannov. 1730. 4.

Koch, J.: „Historisch-Juristische Geschichte, Natur und rechtliche Beschaffenheit der erblichen oder Erbpächte im Erzstift Maynz, von ihrer Entstehung an bis auf die neuesten Zeiten". Mainz 1791 (Univers.-Buchh.).

Koch, J., Geschichte, Natur u. rechtl. Beschaffenheit d. Erbleihen im Erzstifte Mainz. 8. Erfurt 791. Gerling. 16 gr

Koch, J., Gönner, s. Abhandl., staats- u. völkerr.

Koch, J., (praes. Th. Ittig) de veterum indulgentia paschali. Lips. 1700. 4.

Koch, I., der Kerbschnitt. 35 Vorlageblätter m. erläut. Text. Imp.-4. (9 S. Text.) Karlsruhe 890. A. Bielefeld's Hofbuchhandlg. In Mappe. n. 12.—

Koch, J., üb. Landschaftmalerei. Mit 12 Kpf. 4. Thal Ehrenbreitst. 806. Gehra. 6 ₰ 6 gr Hbg. Pr. 5 ₰

Koch, J. (III.), Luther und seiner apostolischen Kirche Ehrenpreis. Ein Bekenntniß in Dichtungen. 8. (VIII und 166 S.) Bremen 854, Geisler.

Koch, J. Planimetrie I Analytische Geometrie des Raumes. Aut 1881.

Koch, J., dem Dichter Fritz Reuter. 8. (10 S.) Leipzig 865. (Wismar, Hinstorff'sche Hofbuchh.)

Koch, J. A., kleine Flötenschule, od. gründl. u. leichte Methode f. Anfänger, sich selbst in d. ersten Grundsätzen d. Musik zu unterr. u. d. Flöte mit mehr. Klappen ohne fremde Beihülfe spielen zu lernen. gr. 4. (11¼ B. u. 1 Abbild.) Leipzig 828, Breitkopf u. Härtel. Thlr.

Koch, J. B., Gesetz, die Ueberleitung v. Hypotheken betr. vom 15. V. 1906. Mit einem Anh.: Die Behandlg. der Kautionshypothek im Zwangsversteigerungsverfahren. Für den prakt. Gebrauch erläutert. (46 S.) 8. München 906. J. Schweitzer Verl. Kart. n. 1.40

Koch, J. C., Memoiren e. Garde-Infanteristen 1867—1871. Gewidmet dem 3. Garde-Regiment z. F. zu seinem 50jähr. Stiftungsfest 1910. (46 S.) 8. Swinemünde (910). W. Fritzsche. —50

Koch, J. C.: „Vom Nachbarrecht", vermehrt von J. J. Beck, Nürnberg 1743 (Haufe).

Koch, J. C.: Repertorium d. Preuss. Strafrechts. Eine alphabet. Zusammenstellung der in dem allgemeinen Landrechts Thl. II. Tit. 20. n. in sämmtl. darauf bezügl. Verordngn. enthaltenen Strafbestimmungen, b. auf d. neueste Zeit fortgeführt. *Leipzig*, Polet. 839. gr. 8. (1 Thl.)

Koch, J. C., Repertorium d. preuß. Strafrechts. Eine alphabet. Zusammenstell. der in d. Allgem. Landrecht Thl. II. Tit. 20 u. in sämmtl. darauf bezügl. Verordnn. enthalt. Strafbestimmungen, bis auf d. neueste Zeit fortgeführt. 1. Aufl. 839. 1 Thlr., u. neue Ausg. gr. 8. (à 14½ B.) Leipzig 842, Polet.

Koch, J. C., Schediasma de ordinanda bibliotheca. Lips. 713. 8.

Koch, J. Ch., heil. Fastenarbeit, oder Erklärung d. heil. Passionsgesch. 4. Dresden. 723.

— Lehre von d. Priesterehe. 8. Lpz. Groß. 747.

— Nachr. vom Wappen d. Gelehrten. 8. Leipzig, Braun. 728.

Kochii, J. Chr., Conjecturae de spiris pistoriis, vulgo Bretzeln, ex antiquitate. Dresd. 733. 4.

De constituto debiti alieni eiusque a fideiussione discrimine dissertatio in academia regia Kiloniensi ut aditum sibi pararet ad summos in iure honores olim consequendos ad disceptandum proposita ab auctore Ioanne Christiano **Koch.** Kilonii Holsatorum. 1777. 4° k.

Koch, Johann Christian. Gedächtnisspredigt auf Se. Königl. Majestät Friedrich den Zweyten, König von Preussen etc. etc. in der berlinischen Georgenkirche den 10. September 1786 gehalten. Berlin 1786 8. Gedruckt bey George Jacob Decker.

* Koch, J. E. v., historisch=geograph. Repertorium üb. d. unpartetische Abhandlung v. Staate Salzburg 2c. histor. Theil. gr. 8. Salzb. Oberer. 802.

Koch, J. E. W., s. Koch, Johann Friedrich Wilhelm

Koch, J. F., v. Nachbarrecht, verm. v. J. J. Beck. 4. Nrnb. Hauf. 743.

Koch, J. F: Über den heutigen Stand der Röntgen-Elektrotechnik. Berlin 1907

Koch, J. Fr. L., Situationen. 1r Thl. Auch u. d. T.: Gedichte. gr. 8. Hamm 822. Schulz. 1 ₰ 2r Thl. Auch u. d. T.: Vermischte Schriften. gr. 8. Ebd. 824. 1 ₰ Velinp. beider Thle. 2 ₰ 16 gr

Die Grundsteinlegung der neuen evangelischen Kirche zu Gmunden am Traunsee (v. **J.** Friedrich **Koch**). Mit 1 Abbildung der Kirche. Gmunden. 1872. 8°.

Koch, J. G., Vergleichung mineralog. Bemerkungen der deutschen mit arab. Wörtern. 8. Leipz. 795. Breitkopf u. H. 3 gr

Koch, J. H., organisirte Auswanderung oder Auswandern Wohin und Wie? gr. 8. (68 S.) Cassel 848, Fischer.

—— Handbuch der Drehkunst, s. Seliger.

Koch, J. H., siehe: *Künzle, W.*

Koch, J. J. W., s. Koch, Johann Friedrich Wilhelm

Koch, J. Carl „In welcher Art würde der Zeichnungs-Unterricht an technischen Schulen noch gefordert werden können?" pg. 27—33. 4°. Gg. Kranzbühler. Speyer, Progr. 1861/62

Koch, J. M., s.: Darlehns-Schwindler-Broschüre.

Koch, J. M., Ehrengedächtniß Luthers. 4. Eisenach. 714.

Koch, J. M., Entwürfe zu Predigten u. Homilien 2c. s. Matthes, J. G.

Koch, J. M., dreizehn Fastenpredigten, s. Sammlung v. Fest-, Gelegenheits- u. and. Predigten 2c., 1. Thl.

—— Geschichte von Großbritannien, s. Cabinets-Bibliothek, II. Abthl. 4—7. Bd.

Koch, Jac., hist. geogr. Abhandlungen zur Erlauterung einiger Stellen Mos. und Hiobs. 4. Lemgo, Meyer. 747.

— Anfangsgründe zu einer richtigen Chronologie nach e. Uebereinstimm. d. heil. u. prof. Schreiber. 4. Ebend. 742.

Koch, Jac., Beweis des grossen Fermatschen Satzes. (34 S.) gr. 8. Borna 908. R. Noske. 1.25

Koch, *Johannes Jacobus* [wiss. Hülfsl. Dr.]: De carminibus Prisciani grammatici nomine inscriptis. (= Inaug.-Diss. Marburg 1892.) Frankfurt a. M., Druck v. Enz & Rudolph, 1892; 3—23 S. 4.
Frankfurt a. M., k. Kaiser-Friedrichs-G, OP 1892 (380)

[Umschlagt.:] **Koch,** *Johannes* Jacobus [Langenselboldensis]: De carminibus Prisciani grammatici nomine inscriptis ... Marpurgi Catt., *typ. expr. Francofurti Enz & Rudolph*, 1892; 23 S. 4.
Marburg, Phil. Fak., Inaug.-Diss. v. [17. März] 1892

— entsiegelter Daniel, das ist: Auflösung der Weissagung Daniels. 4. Ebend. 740.

— Erläuterung der wichtigsten Geschichtsordnung rc. 8. Ebend. 748.

— Etwas zur rechtbeleucht. B. Hiob, best. in Verantwort. rc. 4. Ebend. 745.

— physikal.-theolog. Gedanken v. d. Pulsschlage der Erdkugel. 8. Lemgo 751. Meyer. 3 K

Koch, Jak., († d. 27. Juni 1772.) der allerälteste Glaube, in einigen Untersuchungen aus d. Schriften Mosis rc. 8. Lemgo 751. Meyer. 12 K

— recht beleucht. Buch Hiob. 3 Thle. und Zugabe. 4. Ebend. 743–47. (1r 14 gr. 2r 10 gr. 3r 1 Rthlr. 8 gr.)

Koch, Jac., Lehrbuch des Ringkampfs. Ein vollständ. Lehrgang des Ringkampfs m. 64 Abb., gestellt v. Jacob Koch u. Michael Hitzler. 5.—10. Taus. (52 S.) 8. Berlin 909. Herm. Walther. 1.—

— Pharos, d. i. Licht in der Finsterniß der ält. ägypt. Hist. 4. Ebend. 741.

— Scheide- Prüf- und Wäge-Kunst göttl. Weissag. verdächt. Prophezeyhung rc. 4. Ebend. 742.

— verschied. Schriftstellen v. Messias rc. 8. Ebend. 738.

— die allerälteste Vernunft in denen Vorgründen des Glaubens, sonderlich in d. Lehre von einem göttl. Gericht über uns nach d. Tode. 8. Lemgo 752. Meyer. 10 K

Koch, Jac. Ernst, Geschichte der evangelischen Kirchengemeinde A. C. Wallern in Oberösterreich. 8. (56 S.) geh. 40 kr. Wels: Haas 1882.

Koch, Jacob Ernst, nur treu! Confirmationsreden, geh. in den Jahren 1860—1882. Festgabe zur Gedächtnißfeier des 100jähr. Bestandes der Gemeinde Wallern. 8. (IV, 179 S.) Leipzig 882. Drescher. n. 2. 40; geb. n. 3. —

Koch, Ign., Beicht- u. Communion-Büchlein, od. kurze Anleitung z. würdigen Empfange der heil. Sakramente der Buße u. des Altars. 18. (4 B.) Passau 813, Ambrosi's Buchh.

KOCH, IGNATZ: Festrede am Feste der Heimsuchung Mariens in dem Gotteshause der W.W. E.E. Barmherzigen Brüder zu Preßburg ... vorgetragen am 2. July 1817. Preßburg 1817. Gedr. bey Belnay's Erben. 78 S. - 8°

KOCH, IGNATZ: Predigten. Bei Gelegenheit der feierlichen Jubiläums-Prozessionen, am 11. und 15. des Brachmonates 1826. Vorgetragen in der einstweiligen Metropolitan Kirche zu Gran durch Ignatz Koch des Graner Priesterhauses Vice-Rector. Gran 1826. Gedr. u. verlegt bei Joseph Beimel. 96 S. - 8°

Koch, Ign., u. Pet. Schegg, kurzer Unterricht üb. Betracht., Gebet u. Gewissenserforschung, besond. f. jene, die sich auf geistl. Uebungen vorbereiten. gr. 12. (6 B.) Landshut 841, v. Vogel'sche Vrlsbuchh.

Jo. Chr. Koch diss. de cultu serpentum apud antiquos varus animadversionibus ornata. Lips. 1718. 4.

Koch, J. C., de cultu serpentum apud antiquos. Lips. 1718. 4; rep. in Martin thes. 2, 1. p. 73 ss.

Jo. G. Koch Vergleichung mineralogischer Benennungen der Deutschen mit arabischen Wörtern. Leipz. 1795. 8.

Koch, Joh., a critical edition of some of Chaucer's „Minor Poems". gr. 4. (26 S.) Berlin 883, Gaertner's Verlag. *

Koch, Joh., Fechterreigen, 4 Reigen m. blanker Waffe, Leipzig, 14 S., 4 Taf., 16°.

TAXIMENES, Eleutherius (d. i. *Johann Koch*), Gedancken von nahen Heyrathen, darinn allerhand Irrungen .... abgewiesen. Lauban 1734. 4°. Selten.
Weller, Lex. Ps. p. 550.

— — Dasselbe. Hannover 1734. 4°.
Ehest.-Alm. f. 1800, S. 277.

Koch, Joh., zwanzig dreistimmige Gesänge für ungebrochene Stimmen. Gesetzt u. herausg. Schaffhausen 858. Brodtmann. 16. (51 S.) 3 ngr.

Koch, Joh., Gesanglehre für Gymnasien, Sekundar-, Real-, Bürger- und höhere Töchterschulen. 4. (VIII und 84 S.) Frauenfeld 856, Verlags-Comptoir.

Koch, Johann [Praes.], s. Hoffmann, Philipp: Positiones selectae ex philosophia.

Koch, Joh., Mittel, Bier-Würze vor d. nachtheiligen Einwirkung d. Luft zu schützen. qu. 8. Neuwied 846. (Lichtfers.) **

Koch, Jh., Positiones selectae ex philosophia. Prs. I.—V. 8. Heidelb. 790—98.

— — (Germeroda/Hessen), **Joh. Heinr. Kersten** (Rotenberg/Hess.) u. **Joh. Rassmann** (Melsungen/Hess.), De primis legationis principiis. Diss. jur. gentium univers. prima. Präs. Jo. Gottl. Waldin. Marburg (Müller) 27. III. 1767. 24 S. (6.—) 18799

Koch, Joannes [Regimontanus]: Quaestionum de proverbiis apud Aeschylum Sophoclem Euripidem caput I. ... Regimonti Pr., typ. Liedtkianis, 1887; 1 Bl. + 92 S. + 1 Bl. 8°.
Königsberg, Phil. Fak., Inaug.-Diss. v. 4. Apr. 1887.

Koch, Joh., quaestionum de proverbiis apud Aeschylum, Sophoclem, Euripidem caput I. Dissertatio inauguralis. gr. 8. (92 S.) Königsberg 887, (Gräfe und Unzer.) *

— — Pr. 1892. 27 S. 4°.

Koch, Johann Adam

Koch, J. A., Herrmanns Erscheinungen zu Frankenthal oder Gründung der Wallfahrtskirche 14 Heiligen. Mit 7 Kupf. Quer 4. Coburg. Biedermann. 820.

— Herrmans des frommen Schäfers Erscheinungen zu Frankenthal, od. Gründung d. Wallfahrts-Kirche Vierzehn-Heiligen. Nach einer Legende in 4 Gesängen bearb. Mit 7 Kpf. qu. 4. Coburg 820. (Riemann). 1 ℔ N. wohlf. A. 822. Ebd. 12 K

Koch, (J. A.,) Hermans des frommen Schäfers Erscheinungen zu Frankenthal, od. Gründung d. Wallfahrts-Kirche. Vierzehn-Heiligen. Nach einer Legende in 4 Gesängen bearb. Neue wohlf. Ausg. Mit 7 Kupf. 4. Coburg 822, Biedermann. Rthlr.

– Hermann

— u. Friederike, poet. Feierstunden. 8. Coburg 821. (Meusel). 18 gr

Koch, J. A., dramat. Gemälde zur fröhlichen Unterhaltung. 1s u. 2s Bdchen. (Das Marienbild. — Das Mißverständniß. — Die Invaliden. — Der Wahrsager). 8. Coburg 805. Sinner. 1 rthl 8 gr

Koch, Jh. Adm., († d. 24. Sept. 1820.) dramat. Gemälde zur fröhl. Unterhaltung gesittet. Cirkel. 1s u. 2s Bdchn. Mit Kpf. 8. Coburg 805. Sinner. 1 rthl 8 gr

Koch, Johann Anthon [sic!] [Arzt aus Amsterdam]: Ein Beitrag zur Diagnose und Behandlung der Harnblasencarcinome. . . . Freiburg i. B., Univ.-Buchdr. v. H. M. Poppen & Sohn, 1890; 50 S. 8°
Freiburg i. B., Med. Fak., Inaug.-Diss. v. 1890

Koch, Jh. Ant., († ...) s. Metastasio, dramat. Gedichte.

Koch, J[ohann] Ant[on].: Der Zentralverband der Sterbevereine der schweizerischen Stickerei-Industrie vom Jahre 1878—1903. (Für dessen Fünfundzwanzigjährige Bestandesfeier am 19. Juli in St. Gallen. Im Auftrage des Zentralkomitees verfasst und vorgetragen.) II + 53 S. 8. Gossau, J. G. Cavelti-Hangartner, 1903.

Koch, Johann August

— nützl. Beitrag zu seinem vollst. Rechenbuche. 8. Frberg 784. Reinhold.

J. A. Koch's Beytrag zu *Vicums* Rechenbuch. Freyberg, Reinhold. 8. 1785.

— Beschluß von Vicums Rechenbuch. 8. Dessau 785. Reinhold.

— Beschluss des vollständigen Rechenbuchs u. s. f. enthaltend die ausgerechneten Aufgaben zur Uebung, welche in dem ersten Theile nach diesen Nummern angegeben sind von *J. A. Koch.* Dresden, 271 S. 8. 1785.

Koch, J. A., Kettenrechnung. 1ster Thl. 8. Dresden. Schöps. 788.

* Die sich selbst lehrende Kettenrechnung, nach welcher nicht allein alle Aufgaben der Regel de tri ohne und mit Brüchen, sondern auch alle Privatrechnungen mit Leichtigkeit und Kürze aufzulösen sind, erster Theil, enthaltend: die Anwendung der Kettenrechnung bey Aufgaben, welche zeithero nach der Regel de tri ohne und mit Brüchen sind berechnet worden. Verfertigt und herausgegeben von *J. A. Koch.* Dresden, bei d. Verf. und Zittau, in Commiss. d. Schöpfischen Buchh. 358 S. 8. 1790.

— vollständ. Rechenbuch. 4 Thle. 8. Dresd. 781—84. Anh. od. Beschluß des Rechenbuchs. 8. Ebd. 785. 8. Leipz. 811. (Hinrichs). 4 rthl 8 gr Hbg. Pr. 2 rthl

J. A. Koch's vollständiges Rechenbuch zu einem Versuche, die Rechenkunst ohne mündliche Anweisung zu erlernen. 4 Theile u. d Anhang. Leipzig, Beer. 1 Th. 704 Seit. 8. 1780.

— 2ter Th. Dresd. mit Meinholdischen Schriften. 608 S. 8. 1781.

(alle 4 Theile 4 Rthlr. 8 gr.)

— vollständiges Rechenbuch z. Vers., die Rechenkunst ohne mündliche Anweisung zu erlernen. 4 Theile. m. Anh. 8. Lpz. Graffé. (Hinrichs) 811.

— Verdienste d. Hrn. Vicum um die Rechenkunst. 8. Dessau 784. Gelehrten-B.

Koch, Joh. Bapt., Nik. Thadd. v. Gönners Staatslehre,
s. a. Abhandlungen, staats- u. völkerrechtl. IV. 1.

Koch, Joh. Bapt., Rechtspraktikant aus Aichach: **Nikolaus Thaddäus von Gönners Staatslehre. Eine rechtshist. Studie.** *Leipzig: Duncker & Humblot 1902.* (184 S.) 8° ¶(Aus: Staats- u. völkerrechtl. Abhandl., 4, 1.)
Erlangen, Jur. Diss. v. 1. Juni 1899
(Nur in beschränkter Zahl für den Austausch)

Koch, Jh. Bapt. Veit, († ...) Artillerie-Handbuch in Fragen u. Antworten. 8. Frankf. u. Leipz. 765. (Wesché in Frkf.) 6 gr

Koch, J. B. V. Kleines Handbuch für das Hochfürstlich-Wirzburgische Artillerie-Corps in Frag u. Antwort. Bamberg 1765. 175 S.

Koch, J. B. Veit, Artillerie-Major, Ingenieur und Architekt. Kleines Handbuch für neu angehende Büchsenmeister und Feuerwerker in Fragen und Antwort zum zweiten Mal vorgetragen und verbessert. Gobhard 8. Bamberg 1770.

— kl. Handbuch f. angehende Büchsenmeister u. Feuerwerker. 8. Bamb. 770. (Wesché in Frankf.) 6 gr

— **Johann Christian** (Kauffung. Misnicus), De officio humanitatis mortuis exhibendo. Disp. moralis. Präs. M. Johann Burchard (Borna). Lpz. (Zschau) 26. V. 1700. 12 Bl. (6.20) 18800

Koch, Johann Christoph

Eb.: Anfangsgrr. d. peinl. Rechts; a. d. Lat. *Giessen*, Krieger. N. A. 790. gr. 8. (1 Thl. 4 Gr.)

Koch, Joh. Chrph.: Anleitung zu Defensionsschriften nebst Mustern. Giessen 1775.

— Anleit. z. Defensionsschriften, nebst Mustern. 8. Marb. 775. 2e Aufl. 779. Krieger. 8 gr

Koch, (J. Cp.): Ueb. d. Ascendenten-Succession in Familienfideicommissen u. Lehen; Beyl. zu sr. successio ab intest. civ. (Nr. 2638.) m. 2 Postscripten. *Giess.*, Heyer. 793. 4. (8 Gr.)

Koch, J. Cph.: Ueb. d. Ascendentensuccession in Familienfideicommissen u. Lehnen. (Eine Beilage zu s. Successio ab intestato civilis nebst 5. Postscript.) *Giessen*, Heyer, Vater. 794. 95. 8. (10 Gr.)

Koch, J. Cph.: Neuer Aufschluss üb. d. Stellen d. westphäl. Friedens, die Mediat-Klöster, deren Güter und Gefälle betreff., nebst zwei Postscripten. *Marburg*, 781. (Krieger in Cassel.) 8. (16 Gr.)

— neuer Aufschluß üb. die Stellen des westphäl. Friedens, die Mediat-Klöster betreff., nebst zwei Postscripten. 8. Marb. 783. Krieger. 16 gr

Koch, Johann Christoph [Praes.], s. B a y n , Johann Gerhard: De concursu hypothecae specialis et generalis.

Koch, J. Cp.: Belehrr. üb. Mündigk. z. Testiren, Civilzeitcompnt. u. Schalttag; nebst e. wicht. Anh. *Giessen*, Heyer. 796. 8. (12 Gr.)

Koch, Johann Christoph [Praes.], s. B e s s e r e r , Johann Wilhelm: De foro competente provocationis ex lege diffamari tam secundum jus commune quam ordinationem cameralem.

— Bestätigung der Belehrungen üb. Mündigkeit z. Testiren rc. 8. Gießen 798. Heyer. 3 gr

— — Programma de breviario extravagantium Bernardi Circae cod. ms. membran. biblioth. acad. Giessensis. — Summorum in jure honorum candidati Carl Friedrich Luther (Frankfurt a. M.) dissertat. inaug. de jure revolutionis s. recadentiae. Giessen (Braun) 16. I. 1772. 12 S. mit Biogr. L.'s. (M.: A. M. Walther.) (5.—) 18805

– s.a. B r u t a l i a juris.

BRUTALIA j u r i s f ü r a l l e M e n s c h e n k i n d e r , b e s o n d e r s a b e r d i e F a k u l t i s t e n u n d S c h ö p p e n l u s t i g u n d l i e b l i c h z u l e s e n (von *Johann Christoph Koch*). Erstes (einz.) Stück. Cölln, Peter Marteau (Giessen, Krieger), 1779. 8° (1 Mk. 50 Pfg. Völcker, 1876; jetzt theurer!)
Weller, fing. Dr. — Im Anon.-Lex. I. p. 104 wird auch Carl Ferd. H o m m e l [1722—81] als Vf. genannt (nach Meusel u. Goedeke).

Koch, Johann Christoph [Praes.], s. B u d e r , Christian Gottlieb: De sententia et re judicata sive de juribus vicariorum in Imperio Romano singul. sic dicto

Koch, Jo. Chrph. [Präs.] u. Philipp Karl Diehl (Frankfurt a.M.) [Auct. et Resp.]
Dissertatio juridica inauguralis de citatione edictali cautioni ab heredibus peregrinis praestandae surrogata occasione reformat. Francofurt. part. VI. tit. II. §. 3. 5. et 6. orta.
Giessae 29. Sept. 1774: Jo. Jak. Braun. 40 S. 4°
pro summis in utroque jure honoribus rite capessendis.

— — Programma de codice manuscripto institutionum Justiniani imp. ad Mare Balticum reperto. — Candidatorum Friedrich Carl Ackermann (Rüdesheim/Rheingau) et Georg Balthasar Wolmershausen (Giessen) praeterita nec non Johann Leonhard Holl (Ulm) futura sollemnia inauguralia indicit. Giessen (Braun) 2. VIII. 1772. 12 S. mit Biogr. H.'s. (M.: Ch. Fürnkranz.) (5.—) 18807

Koch, Joh. Chrph. [Praes.] u. Joh. Gerh. Bayn (Frankf./M.) [Auctor]
Dissertatio inauguralis juridica de concursu hypothecae specialis et generalis.
Giessae 3. Oct. 1782: Joh. Jac. Braun. (4), 34 S. 4°
pro gradu doctoris rite et legitime obtinendo.

— — Programma de conspectu testatoris ad L. IX. C. de testamentis. — Summorum in jure honorum candidati Johann Joachim Bolten (Hamburg). Giessen (Braun) 30. IV. 1775. 16 S. mit Biogr. B.'s. (M.: A. M. Silm.) (5.—) 18809

— **Johann Christoph** (Waldeck), De constitutionibus principum. Meditat. jurid. Jena (Marggraf) 1754. 24 S. (5.50) 18802
Gew.: Carl Georg Adolph Freih. v. Zerbst (Thiesen . . .).

Koch, Jo. Chrph. [Präs.] u. Wilh. Chrph. Rost (Frankfurt a.M.) [Resp.]
Dissertatio inauguralis juridica exhibens decadem positionum ex jure civili.
Giessae 9. Feb. 1776: Jo. Jak. Braun. 8 S. 4°
pro licentia summos in utroque jure honores ac privilegia doctoralia rite consequendi.

Koch, Johann Christoph [Praes.], s. D i e h l , Philipp Carl: De citatione edictali cautioni ab heredibus peregrinis praestandae surrogata occasione reformat. Francofurt. part VI tit II. § 3 5. & 6 orta.

Koch, Jo. Chrph. [Präs.] u. Franz Siegler (Frankf. a.M.) [Auct. et Resp.]
Dissertatio inauguralis juridica de eo quod justum est circa delationem juramenti litis decisorii tam secundum jus commune quam secundum statut. Francofurtens. p.I. tit. XXXIX.
Gissae [30.] April 1773: Jo. Jak. Braun. 48 S. 4°
pro gradu doctoris rite et more majorum obtinendo.

Koch, Jo. Chrph. [Präs.] u. Franz Siegler (Frankfurt a.M.) [Auct. et Resp.]
Dissertatio inauguralis juridica de eo quod justum est circa delationem juramenti litis decisorii tam secundum jus commune quam secundum statut. Francofurtens. p. I. Tit. XXXIX. [Diss. v. April 1773]
Recusa. Gissae 1782: Jo. Jak. Braun. 48 S. 4°
pro gradu doctoris rite et more majorum obtinendo.

— üb. die künftige Sayn-Hachenburg. Erbfolge. Fol. Gießen 786. 2e Aufl. 787. Krieger. 12 gr

— Erfahr. üb. die Wirkungskräfte d. Gesundbrunnens u. des Bades zu Lauchstädt in ältern u. neuern Zeiten. gr. 8. Halle 802. Waisenhaus-B. 8 gr

— dies., gesammelt in den Jahren 1802—5. 8. Leipz. 806. Voß. 12 gr

Koch, J. Cph.: Erörterung peinl. Fälle. *Marburg.*, Krieger. 780. 8.

— — Meditatio de evictione in donatione non indistincte praestanda. — Dissertationi de evictione in donatione remuneratoria non praestanda Jenae nuper habitae. Jena (Schill) 1754. 23 Seiten. (5.50) 18803

— — De evictione in donatione non indistincte praestanda. Diss. jur. Präs. Johann Wilhelm Dietmar. Jena (Schill) 22. IV. 1756. 6 Bl., 52 S. (6.—) 18804

Koch. Jo. Chrph.: Commentatio iur. de evictione in donatione non indistincte praestanda. Ed. 2. Gissae 1774.

Koch, Joh. Chrph. [Präs.] u. Karl Friedr. Seiferheld (Hala-Suevus) [Auctor]
Dissertatio inauguralis juridica de foro heredis.
Gissae 25. Juli 1765: Braun. (12), 48 S. 4°
pro licentia summos in jure honores rite capessendi.

Koch, Jo. Chrph. [Präs.] u. Karl Fried. Seiferheld (Halle) [Auct. et Resp.]
Dissertatio inauguralis juridica de foro heredis. [Diss. v. 25. Juli 1765] Ed. 2.
Gissae 1771: Jo. Jak. Braun. 51 S. 4°
pro licentia summos in jure honores rite capessendi.

Koch, Jh. Cph., üb. die Fragen: 1) Ob d. deutschen Besitzungen d. aufgehob. Abtey Wadgassen f. bona vacantia zu halten? 2) Ob derselben nicht freistehe, sich wieder in Deutschland anzupflanzen? Fol. Gießen 792. Heyer. 5 gr

Koch, Johann Christoph [Praes.], s. Fresenius, Johann Philipp Elisa: De alienatione bonorum uxoriorum partim valida invalida ex jure praecipue Francofurtano.

— Gedanken von der Gerichtsbarkeit der Universitäten in realibus. 4. Marb. 764. Krieger. 1 gr

— Grundlinien zu e. neuen Theorie d. Succession mehrfacher Verwandten. Beilage zu fr. Successio ab intestato. 8. Marb. 798. Krieger. 2 gr

— Grundsätze des peinl. Rechts. gr. 8. Marb. 790. Krieger. 1 ℔

– s.a. Halsgerichtsordnung Karl's V.

Koch, (J. C.,) Karl V. peinl. Halsgerichts-Ordnung, s.a. Carl.

Koch, Joh. Chrph.: Hals- oder Peinliche Gerichts-Ordnung Kaiser Carls V. u. des H. Röm. Reichs nach der Orig.-Ausg. vom J. 1533 abgedr. u. mit der 2. u. 3. Ausg. vom J. 1533 u. 1534 verglichen nebst dem Horixischen Progr.: wahre Veranlassung der PHGO. u. e. Vorr. 2. Ausg. Giessen 1773.
— 4. Ausg. 1787.
– 7. Ausg. Marburg 1820.

— Hals- oder die peinl. Gerichtsordnung K. Karls V. gr. 8. Ebend. 800.

Koch, J. C., Halsgerichtsordnung K. Karls V. neue Aufl. gr. 8. Cassel u. Marb. Krieger. 815.

Koch, Johann Christoph [Praes.], s. Heeser, Johann Heinrich: De herede deliberante.

Koch, Johann Christoph [Praes.], s. Henck, Jo. Christian: De praedio urbano et rustico.

Koch, Joh. Christoph [Praes.] u. Joh. Heinr. Heeser (Frankf. a. M.) [Auctor]
Dissertatio juridica inauguralis De herede deliberante.
Giessae [10.] April 1783: Joh. Jac. Braun. 32 S. 4°
pro summis in utroque jure honoribus rite capessendis.

— institutiones juris criminalis. 8 maj. Jena 758. N. Aufl. 763, 70, 75, 79, 83, 85, 88. Ed. IX. 791. (Cnobloch in Leipz.) 1 ℔ 12 gr

Koch, J. Cp.: Institt. jur. crim. *Jena*, Cröker. (ed. 1—8a. 758—88.) Ed. 9a. 791. 8. (1 Thl. 8 Gr.)

— institutiones juris criminalis. 8. maj. Ienae, Melchior. (Gabler) 791.

Koch, Johann Christoph [Praes.], s. Koch, Christian Franz: De ordine legum in pandectis.

Koch, Johann Christoph [Praes.], s. Koch, Heinrich Wilhelm: De initio termini probatorii. Observat. select.

Koch, Johann Christoph [Praes.], s. Kuihnell, G. J.: Diss. jur. de beneficio excussionis tertio hypothecae specialis possessori competente.

Koch, Johann Christoph [Praes.], s. Lehr, Johann Justus: Theses juridicae inaugurales.

Koch, Johann Christoph [Präs.] u. Karl Philipp Schourer (Wetzlar) [Resp.]
Dissertatio inauguralis juridica de liberis heredibus suis ad probationem abstentionis non obligatis.
Giessae 13. Febr. 1766: Braun. 28 S. 4°
pro gradu doctoris

Koch, Jo. Chrph. [Präs.] u. Karl Phil. Scheurer (Wetzlar) [Auct. et Resp.]
Dissertatio inauguralis juridica de liberis suis heredibus ad probationem abstentionis non obligatis. [Diss. v. 13. Febr. 1766].
Recusa. Giessae 1767: Braun. 28 S. 4°
pro gradu doctoris.

— — **Programma de Bonifacii VIII. P. R. sexto decretalium libro cod. ms. membran. biblioth. acad. Giessensis. — In jure honorum candidati Elias Conrad Schneider (Ulm). Giessen (Braun) 12. IV. 1772. 12 S. mit Biogr. S.'s. (M.: S. H. Baeurlin.) (5.—) 18806**

Koch, Johann Christoph [Praes.], s. Luther, Karl Friedrich: De jure revolutionis S. recadentiae.

Koch, Jo. Chrph. [Präs.] u. Gerh. Dominicus Mettingh (Frankfurt a. M.) [Auct. et Resp.]
Dissertatio inauguralis juridica de mercibus in commissionem datis, Von Commissions-Waaren.
Giessae 20. März 1766: Braun. 20 S. 4°
pro gradu doctoris.

Koch, Jo. Chrph. [Präs.] u. Gerh. Dominicus Mettingh (Frankfurt a. M.) [Auct. et Resp.]
Dissertatio inauguralis juridica de mercibus in commissionem datis, Von Commissions-Waaren. [Diss. v. 20. 3. 1766].
Recusa. Giessae 1782: Braun. 20 S. 4°
pro gradu doctoris.

Koch, Johann Christoph [Praes.], s. Mettingh, Gerhard Dominikus: De mercibus in commissionem datis Von Commissions-Waaren.

Koch, Johann Christoph [Praes.], s. Moors, Wilhelm Carl Ludwig: De testamento per matrimonium vel nullo vel rupto ad reformationem Francofurtanam part. IV. tit. IX. et part. III. tit. IV. § 7.

Koch, Joh. Christoph [Praes.] u. Heinr. Wilh. Koch (Sohn)
Observationes selectae de initio termini probatorii.
Giessae Jan. 1785: Joh. Jac. Braun. 32 S. 4°
pro gradu doctoris et summis in utroque jure honoribus capessendis.

Koch, J. Cp.: Opuscc. jur. canon. compend. *Boehmerianum* illustr. *Giessen*, Krieger j. 774. 8. (5 Gr.)

— opuscula juris canonici, ad illustr. compend. Boehmerianum. 8. Marb. 774. Krieger. 6 gr

Koch, Joh. Christoph [Praes.] u. Chrn. Franz Koch (Sohn)
Dissertatio juridica inauguralis De ordine legum in Pandectis.
Giessae 3. Juli 1784: Joh. Jac. Braun. (4), 36 S. 4°
pro gradu doctoris et summis in utroque jure honoribus capessendis.

— de ordine legum in pandectis. 4. Giessen. Krieger. 785.

Koch, Johann Christoph u. Joh. Georg Fridr. Rumpel (Frankfurt a. M.) [Auctor et Resp.]
Dissertatio inauguralis juridica de pecunia ad emendum credita privilegiata et non privilegiata.
Giessae 12. März 1772: Joh. Jac. Braun. 32 S. 4°
pro gradu doctoris rite et more majorum obtinendo.

Koch, Jo. Chrph. [Präs.] u. Joh. Georg Fried. Rumpel (Frankfurt a. M.) [Auct. et Resp.]
Dissertatio inauguralis juridica de pecunia ad emendum credita privilegiata et non privilegiata. [Diss. v. 12. März 1772]
Recusa. Giessae 1782: Jo. Jak. Braun. 32 S. 4°
pro gradu doctoris rite et more majorum obtinendo.

Koch, J. Cp.: Bonorum possessio; literar. Testament, nebst Commentar, Revision u. Codicill. *Giessen*, Heyer. 799. 8. (1 Thl. 20 Gr.)

Koch, (J. Cp.): Drittes Postscript. *Giessen*, Heyer. 794. 8. 4s u. 5s Postscr. *Lb.* 794. 8.

Koch, (J. Cp.): Sechstes Postscr.; Widerleg. d. v. — *Gönner* neuerlich erfund. Collateralascend.-Succ. *Giessen*, Heyer. 795. 8. (3—6. P. 10 Gr.)

— — De praedio urbano et rustico. Comment. jur. Jena 12. III. 1757. Giessen (Johann Jacob Braun) 1774. 20 S. (5.—) 18808

— — (Leipzig), De probabilismo actionum humanarum. Präs. M. Georg Gotthelf During (Lastav. Misn.). Lpz. (Titius) 1729. 24 S. (6.—) 18801

Koch, Jo. Chrph. [Präs.] u. Jonas Kingenheimer (Frankfurt a. M.) [Auct. et Resp.]
Dissertatio juridica inauguralis de quaestione an post hereditatem cum beneficio legis et inventarii aditam quoad debitorum socialium exsolutionem jure Francofurtensi hereditatis renunciationi adhuc locus sit hoc ne ?
Giessae [16.] Nov. 1773: Jo. Jak. Braun. 32 S. 4°
pro licentia summos in utroque jure honores rite capessendi.

Koch, Johann Christoph [Praes.], s. Reichard, Johann David De praescriptione restitutionis in integrum.

— Revision d. rechtl. Staatsbetracht. üb d. Aufhebung d. drei hessischen Klöster etc. 8. Marb. 783. 2e A. 787. Krieger. 3 gr.

Koch, Johann Christoph [Praes.], s. Rumpel, Johann Daniel: De quaestione quatenus indossatorio exceptiones persona indossantis opponi queant.

Koch, Johann Christoph [Praes.], s. Rumpel, Johann Georg Friedrich: De pecunia ad emendum credita privilegiata et non privilegiata.

Koch, Johann Christoph [Praes.], s. Schiebeler, Johann Andreas: De votis duplo maioribus ad c. 40.X. de elect.

Koch, Johann Christoph [Praes.], s. Seiferheld, Karl Friedrich: De foro heredis.

Koch, Johann Christoph [Praes.], s. Siegler, Franz: De eo quod iustum est circa delationem iuramenti litis decisorii tam secundum ius commune quam secundum statut. Francofurtens. p. I tit XXXIX.

Koch, J. Cph.: Specimen compendii Pandectarum, exhibens tit. de successione ab intestato. *Jen.*, Melchior. 757. 8. (2 Gr.)

— successio ab intestato civilis nova in suas classes methodo naturali redacta. 8 maj. Marb. 767. N. Aufl. 768, 72, 76, 80, 85, 90. Ed. VIII. 798. Krieger. 18 gr. Dass. ins Deutsche übers. von K. Dieffenbach. 8. ...

Koch, Johann Christoph [Präs.] u. Joh. Justus Lehr (Frankf. a. M.) [Resp.]
Theses juridicae inaugurales.
Giessae 13. März 1772: J. J. Braun. 8 S. 4°
pro summis in jure honoribus et privilegiis doctoralibus rite consequendis.

— über Civil- u. Criminalstrafen, s. a. K. W. Robert.

— und Robert, üb. Civil- und Criminalstrafen und Verbrechen. Ebend. 785.

Koch, Johann Er Andr.

— Erfahr. üb. die Gesundbr. zu Lauchstädt. gr. 8. Halle, Waisenh. 802.

— — dieselben gesammelt in den Jahren 802–5. 8. Leipzig, Voß. 806.

Koch, Jh. Er. Andr., († d. 13. April 1814.) d. Gesundbrunnen u. d. Bad zu Lauchstädt, physikal.-chemisch beschrieben. 8. Leipz. 790. Linke. 7 gr. 2e Aufl. nebst e. kurzen Topographie d. Städtchens Lauchstädt. Mit 1 Kpf. gr. 8. Halle 813. Waisenh.-B. 12 gr.

Koch, Jh. Fr., (A. F. v. Geißau,) Glaubensbekenntniß u. Lehre d. ächtdenk. Katholiken; den Herren Merz, Weißenbach, Jost, Fast etc. gewidmet. 8. Wien 782.

Koch, Johann Fr. Wilhelm

— s. a. Botanophilos.

Koch, Ritter Jh. Fr. Wlh., Altarrede. gr. 8. Magdeb. ... Heinrichshofen. 4 gr.

— Anleit. zur Anwendung d. Logarithmenrechnung auf kaufmännische Gegenstände etc. gr. 8. Magdeb. 808. Heinrichshofen. 18 gr.

— Anleit. für Lehrer in Elementarschulen zu einem wirks. Schreibunterricht. 8. Magdeb. 813. N. Aufl. 817. Heinrichshofen. 5 gr.

— Aufforderung z. Preise Gottes f. seine Hülfe in d. Noth. Predigt z. Feier der am 24. Mai 1814 erfolgten Preuß. Besitznahme von Magdeburg. gr. 8. Magdeb. 814. Heinrichshofen. 3 gr.

— dreistimmiges Choralbuch in Ziffern f. Volksschulen. 8. Magdeburg 821, Heinrichshofen.

— einstimmiges Choralbuch f. Volksschulen. 3e Aufl. 8. Magdeburg 821, Heinrichshofen.

— — Choralbuch für Volksschulen. 2te Aufl. 8. Ebendas. 820.

Koch, (Joh. Fr. W.,) 4stimmige Choräle u. Altargesänge in Ziffern f. Sängerchöre. 4. Magdeb. 822, Heinrichshofen.

Koch, J. F. W., das Damenspiel auf feste Regeln gebracht, durch Musterspiele erläutert u. m. viel. noch unbekannten Spielarten bereichert, mit K. 12. Magdeb. Heinrichshofen. 811.

— der Dom zu Magdeburg, beschrieben. 8. Ebend. 815.

— Elementarbuch der Schachspielkunst. Mit 2 Vign. 8. Magdeb. 828. Creutz. 1 Rthlr.

— Exempelbuch, e. Hülfsmittel z. Beförderung d. Geschmacks an den Rechenübungen. 4 Hefte. 8. Magdeb. 800—2. Heinrichshofen. 2 Rthlr. Dass. Buch zum Aufziehen auf stark Papier etc., u. d. T.: Exempeltafeln etc. Ebd. (1s Heft 12 gr. 2s Heft 14 gr.) 1 Rthlr. 2 gr.

— s. Feier d. 200jähr. Reformat.-Jubelfestes.

— Gesanglehre, ein Hülfsmittel f. Elementarschullehrer. 1s Heft. gr. 4. Ebend. 814.

— Gesanglehre. Ein Hülfsmittel für Elementarschullehrer rc. 2e Aufl. Mit 1 Musikbeil. 4. Magdeb. 825, Heinrichshofen.

— Gründe der gemeinen prakt. Rechenkunst. Nebst e. Anweis., die Decimalbruchrechnung auf kaufmänn. Rechnungen mit Vortheil anzuwenden. gr. 8. Magdeb. 806. Heinrichshofen. 18 gr.

— botanisches Handbuch zum Selbstunterricht f. deutsche Liebhaber d. Pflanzenkunde überhaupt rc. 3 Thle. Mit Kpf. gr. 8. Magdeb 797, 98. 2e Aufl. 808. 3e Aufl. 824, 26. Heinrichshofen. 4 rß 14 gr. (3e Thl. Auch u. d. T.: Handbuch z. Kenntniß d. Linne'schen Pflanzensystems rc.)

—— Jubelpredigt nach 50jähr. Amtsführung, am 11. Oct. 1829 zu Magdeburg gehalten. gr. 8. (1 B. u.: Manuscript f. Freunde Einige bey d. Feste v. mir gesproch. Worte, auf Verlangen mitgetheilt.) Magdeburg 829, Creutz.

— 1000jähr. Kalender. Zum schnellen u. sichern Auffinden d. kirchl. Feste u. Wochentage jedes Jahres in diesem Zeitraum. gr. 8. Magdb. 824, Creuz.

— Coder d. Schachspielkunst nach d. Musterspielen und Regeln d. größten Meister rc. 2 Bde. gr. 8. Ebend. 813.

Koch, Joh. Friedr. Wilh., †(Botanophilos,) Codex d. Schachspielkunst, nach d. Musterspielen u. Regeln d. größten Meister in e. f. d. Erleichterung d. Selbstunterr. bequemen Bezeichnungsart u. Anordn. entworfen. 3. Thl. — A. u. d. T.: 600 Schachspielaufgaben f. geübt. Spieler, im Druck vollendet v. C. F. Koch. gr. 8. (12½ B.) Magdeburg 834, Heinrichshofen.
1. u. 2. Thl Ebendas. 1813. 4 Thlr.

— Leitfaden zum Unterricht üb. d. menschl. Körper u. die Mittel, ihn gesund zu erhalten. 8. Magdeb. 803. N. Aufl. 813. Heinrichshofen. 4 gr.

— Lieder f. d. Jugend, mit mehrstimm. Melodien in Ziffern. 1s Heft 100 ernste Lieder. 2s Heft 140 fröhl. Lieder. 4. Magdeb. 822—23, Heinrichshofen. 1s Heft 16 gr. 2s H. 18 gr.

Koch, J. F. W., Mikrographie, e. Anleit. d. interess. mikroskop. Objecte rc. zu sammeln, zu präpariren und zu beurtheilen. 10 Theile m. e. Handmikroskop von Junker, und einig. Objecten, rc. gr. 8. Magdeburg, Heinrichshofen. 803. Rthlr.

— Predigt am 300jähr. Jubelfeste d. Uebergabe d. Augsb. Glaubensbekenntnisses. Die zweifache Stimme d. Jubelfestes an die Jugend. gr. 8. Magdeb. 830. Creuz. 4 gr.

- s. Reden bei e. Amtsveranderung.

Koch, Ritter Jh. Fr. Wlh., die Schachspielkunst, nach den Regeln u. Musterspielen d. Gust. Selenus, Philidor rc. in e. für d. Erleichterung des Selbstunterr. bequemen Anordnung entworfen. Mit e. Anh. enth. Thöldens Damenspielmuster. 2 Thle. gr. 8. Magdeb. 801—3. Heinrichshofen. 3 rß 4 gr. 2e Aufl. unt. dem T.: Codex d. Schachspielkunst nach d. Musterspielen u. Regeln d. größten Meister rc. 2 Bde. gr. 8. Ebd. 813. 4 rß

— Standrede am Sarge des am 18. Juni 1814 entschlafenen Gfr. Bened. Funk, Rector d. Domschule zu Magdeburg. Magdeb. 814. Heinrichshofen. 3 gr.

—— die zwiefache Stimme d. Jubelfestes an d. evangel. Jugend. Eine Pred. am 300jähr. Jubelfeste d. Uebergabe d. Augsb. Glaubensbekenntn. d. 27. Jun. 1830 vor d. beyden gelehrten Schulen d. Stadt in d. Domkirche gehalten. gr. 8. (1 B.) Magdeburg 830, Creutz.

(——) Taschenbuch d. Botanik, s. Richter, K. S. A.

— Warum soll der Gesang in unsern Volksschulen nicht nach Noten, sondern nach Ziffern gelehrt werden? 8. Magdeb. 817. Heinrichshofen. 4 gr.

Koch, Joh. Frid: Tractatus jur.-polit. de jure viciniae, vom Nachbar-Recht. In die Hochteutsche Sprache übers., verb u. verm von Joh. Jod. Beck Franckfurth u. Leipzig 1744.

Koch, Joh. Friedr., die eigenthümliche Ofenkonstruktion mit dem Feuerungs-Luftzuge aus dem dritten Raume, erfunden, beschrieben und mit Zeichnungen veranschaulicht. 8. (16 S. und 1 Stnt. in gr. Fol.) Bayreuth 851. (Bamberg, Buchner'sche Buchh.) *

Koch, Joh. Friedr. Wilh., die preuß. Universitäten. Eine Samml. d. Verordnn., welche die Verfass. u. Verwalt. dies. Anstalten betreffen. 1. u. 2. Bd. gr. 8. Berlin, [Mittler, Vrlsh.] *
Bd. 1. Die Verfassung d. Universitäten im Allgemeinen. (45 B.) 839. * 3 Thlr. 8 Gr.
" 2. Abthl. 1. Von d. Rektor u. Senat, d. Professuren u. Fakultäten, d. akad. Gerichtsbarkeit, von d. Vorlesn., d. Preisaufgaben, d. Beamten, d. Studirenden. — Abthl. 2. Von d. Instituten u. Sammln., v. d. Stiftungen u. Benefizien, von d. Unterstützungen d. Wittwen u. Waisen d. Professoren u. Beamten u. von d. Vermögen d. Universitäten. (70 B.) 840. * 5 Thlr. 16 Gr.

Koch, Johann Georg

— — **De advocatis, eorumque salario in propria causa a victis exigendo. Diss. jur. Erfurt (Grosch) 25. VIII. 1727. 28 S. (6.—)** 18811
Gew.: Joh. Christoph v. Ponickau (Bombsen . . .), Christian Heinrich Graf v. Watzdorff.

— **Johann Georg** (Wurzen), De indole, mediis et usu cognitionis jurisprudentiae civilis vulgaris atque eruditae. Präs. D. Johann Friedrich Freiesleben. Lpz. (Schede) 2. V. 1721. 28 Seiten. (6.—) **18810**
Gew.: Heinrich v. Bünau (Pretzsch . . .), Johann Georg v. Ponickau (Pohla . . .).

— — **Epistola gratulatoria qua viro M. Justo Israeli Beyero in alma Fridericiana de sparta professoris publici in ordine philosophorum impetrata gratul. eaque occasione altera vice de inutili et superflua imitatione in foro (vulgo Juristischen Schlendrian) pauca disserit. (Wurzen) 10. V. 1738. 8 S. (4.—)** 18812

Kock, Jh. Geo., tentamen enucleationis hieroglyphicorum quorundam numorum. Cum VI tabb. aen. 8 maj. St. Petersb. 788.

— tentamen secundum et quidem enucleationis sphingium. 8 maj. St. Petersb. 789.

Koch, Jh. Geo. Cph., († ...) Anweis. über die Behandl. u. Abrichtung der Pferde rc. gr. 8. Hannov. 784. Helwing. 8 gr.

— s. 1) Gibson, Abhandl. von d. Krankheiten der Pferde rc. 2) Untersuchung, kirchenrechtl., üb. die Grundlagen rc.

— **Johann Gottfried** (Beltzig. Saxo), De servitute riviviscente. Präs. Georg Friedrich Kraus. Wittenbg. (Ephraim Gottlob Eichsfeld) 4. VIII. 1755. 20 S. (5.50) 18813

Koch, Johann Gottlieb Franz Friedrich

Koch, Jh. Gli. Fr., († 180..) Beiträge zur Geschichte des Kriegswesens der heutigen preuß. u. brandenburg. Staaten. 8. Tüb. 780. (Osiander). 2 gr

— allgemeines europäisches Land- und See- Kriegsrecht. 8. Frkf. und Lpz. (Heerbrand in Tubingen) 778.

— allgem. europ. Land- u. See-Kriegsrecht. 8. Frankf. u. Leipz. 778. (Osiander in Tübing.) 16 gr

KOCH, Johann Gottlieb Franz Friedrich 1755 -
Versuch eines Kriegs-Rechts der Negern in Afrika und Indianer in Amerika. Oder Sitten, Gebräuche und Gewohnheiten, deren sich dieselbe bei ihren Kriegen gewöhnlich bedienen aus ächten Quellen zusammengetragen und herausgegeben von J. G. F. Koch Jur. Cand.
Tübingen: Cotta. 1781. 86 S. 8°.
Staats- und Universitätsbibliothek Hamburg
Weitere Ausg. ebd. 1786 [Sabin 38204 u. Palmer] konnte nicht gefunden werden.
Sabin 38204. Baginsky 679. Palmer.

Koch, Johann Heinrich

– s.a. Abhandl. von d. ökonom. Nutzen rc.

KOCH, J. H.: Kurze Abhandlung von dem ökonomischen, medicinischen und mechanischen Nutzen und Gebrauch der inländischen oder bey uns frey wachsenden Bäume und Stauden. - Bern 1774

(K[och], J[ohann] H[einrich].) Kurze Abhandlung derjenigen inländischen Pflanzen, durch deren unvorsichtigen Gebrauch ... grosser Schade ... veranlasst werden kann. Durch ein Mitglied der öconomischen Gesellschaft in Bern. 8. Born 1774.

Koch, Jh. Hnr. U., staatsrechtl. Abhandl. von d. Verbindlichkeit d. Unterthanen deutscher Reichsstände, wegen Leistung d. Militairdienste (Inaug.-Disputat.) 8. Erf. 792.

— **Joh. Heinrich** (Strassb.), Species aliquot facti debitum concernentes. Diss. jur. Präs. Joh. Heinrich Feltz. Strassburg (Johann Pastor) Okt. 1710. 24 S. (6.—) 18814
Gew.: Ludwig Heinrich v. Müllenheim, Joh. Jacob Frid, Joh. Philipp Boecler.

— **Jo. Joachim** (Hamburg), De observantia imperiali, vulgo Reichs=Herkommen. Präs. Jo. Georg Kulpis. Strassburg (Johann Friedrich Spoor) 15. XI. 1685. 44 S. (6.50) 18815

— — Dasselbe. Erfurt (Jungnicol) 1719. 44 S. (6.20) 18816

Koch's, Joh. Jürgen, eines armen Einliegers (Käthners) der Bauerschaft Löhne im Fürstenth. Minden, Leben und Führung. Dem noch einige von ihm selbst gedichtete Lieder hinzugefügt sind. Zum Nutzen und Segen der Armen auf dem Lande. 4. Aufl. Hrsg. von der niedersächs. Gesellschaft zur Verbreitung christl. Erbauungsschriften. 12. (166 S.) Hamburg 843, (Gusdorff.) *

Koch, Joh. Ludw., die Neugestaltung der christlichen Kirche in Deutschland für die evangelische und katholische ein gleichdringendes Bedürfniß dieser Zeit. Allen Vaterlandsfreunden gewidmet. gr. 8. (VI und 143 S.) Dillenburg 851(52,) Pagenstecher. *

— **Johann Ludwig** (Niederklein/Hessen), De praescriptione longissimi temporis adquisitiva ad examinandam cl. Dabelow desuper expositam opinionem. Diss. jur. Würzburg (Franz Ernst Nitribitt) 11. IX. 1807. 4 Bl., 76 S., VIII S. (6.—) 18817

— ausführl. Rechtsgutachten über das Verfahren des röm. Hofes in der Angelegenheit der Constanzer Bisthumsverwaltung des Freiherrn von Wessenberg. gr. 8. Frankf. a. M. 819. Andreä. 16 gr

— Revision des ausführl. Rechtsgutachtens üb. das Verfahren des röm. Hofes in der Angelegenheit der Constanzer Bisthumsverwaltung des Kapitular-Vikars, Frhrn. von Wessenberg. gr. 8. Germanien. (Bamb.) 819. (Draudnick). 16 gr

Koch, Jh. Ldw., Versuch e. systemat. Darstellung d. Lehre vom testamentar. Erbrecht nach d. Code Napoléon. 1r Thl. 8. Frankf. 814. Andreä. 16 gr

Koch, Johann Paul

Aus Gründen und Erfahrung entworffene Abhandlung von Beinbruchen überhaupt. Durch Johann Paul Koch. Jena: Heller 1770. 127 S. 8°

Koch, Johann Philipp

— erbaul. Betrachtt. üb. die Bergpredigt Jesu. Mit e. Vorrede Jh. Herm. Benner's. 3 Thle. gr. 8. Gießen 774. Krieger. 2 rß 16 gr

Koch, Jh. Ph., († d. 27. Aug. 1781.) d. christl. Graf, nebst monatl. Beitrr. zum Reiche Gottes. 8 Thle. 8. Frkf. a. M. 762—65. Raspe. 16 gr

— heilige Reden üb. die Bergpredigt Jesu. 4 Bde gr. 8. Gießen. Krieger. 774.

Alefeld, Joh. Ludwig [Präs.] u. Joh. Philipp Koch (parochus Nauheimensis) [Auctor et Resp.]
Sylloge thesium miscellanearum, ex variis Philosophiae partibus excerptarum.
Giessae 28. Febr 1743: E.H. Lammers. 8 S. 4°
pro summis in philosophia honoribus rite consequendis.

— **Johann Philipp** (Bamberg), De commodo usu rerum non naturalium ad vitam sanam et longaevam. Diss. med. Erlang. (Tetschner) 24. IX. 1756. 78 S. (6.50) 18818
Widm. v.: Adam Maternus, Johann Wilhelm Koch (Vater), Cornelius Bender, F. S. Rüdell, A. A. Supper.

Koch, Johann Sim.

Koch, J. S., der Berg d. Offenbarung. Eine Predigt, auf Befehl des Herzogs zu Sachsen-Meiningen gehalten. 8. Schmalk. 825. (Keyßner in Meiningen). 3 gr

Koch, J. S., Predigt üb. 1. Cor. 16, 13 in Beziehung auf den in d. Nacht v. 24. zum 25. Aug. in Sonneberg ausgebrochenen Brand rc. 8. (1 B.) Hildburghausen 828, Kesselring.

Koch, Joh. Sim., Predigten u. Reden, bei wichtigen Ereignissen für die Stadt Sonneberg u. einige benachbarte Gemeinden gehalten. gr. 8. (13½ B.) Sonneberg 842, Mylius.

—— Rede bei der feierlichen Grundsteinlegung d. Kirche in Sonneberg am 2. Pfingstfeiertage d. J. 8. (1 B.) Coburg 843. (Riemann'sche Buchh.)

Koch, Joh. Wilh. (Crucenaco-Palatinus)
Dissertatio inauguralis de consensu mensium cum haemorrhoidibus.
Giessae [13.] April 1740: E.H. Lammers. 34 S. 4°
pro licentia impetrandi summos in medicina honores

Koch, Johannes: Oberlehrer am König Georgs-Gymnasium in Dresden: Brueys und Palaprat und ihre dramatischen Werke. Niederlößnitz-Dresden 1906: A. Adam. (VI, 140 S.) 8°

Leipzig, Phil. Fak., Ref. Birch-Hirschfeld u. Wülker, Diss. v. 29. Okt. 1906

[Geb. 29. Jan. 78 Dresden; Wohnort: Dresden-Striesen; Staatsangeh.: Sachsen; Vorbildung: Annensch. (Realgymn.) Dresden Reife O. 96; Studium: Leipzig 4, Berlin 2, Leipzig 3 S.; Rig. 29. Mai 06.]

Koch, Johannes [cand. med. aus Sundern '(Westf.)']: Ueber die Verletzungen des Auges durch Schiesspulver ... Strassburg i. E., Buchdr. C. & J. Gœller, 1896; 65 S., 1 Bl. 8.
Strassburg, Med. Fak., Inaug.-Diss. v. 1896

Koch, Johannes Rudolf

Friedemann Bach. Ein Trauerspiel in 5 Akten von Horst **Waldheim** [d. i. Johannes Rudolf Koch]. ⟨Dramat. Bearb. d. gleichnam. Romans von A. E. Brachvogel.⟩ Zerbst: E. Luppe 1900. (104 S.) 8° [F.] (00. 1938

Koch, Johannes Thomas

Koch, Joh. Thom., Geschichte des Lotteriewesens in Bayern. Unter Benützg. amtl. Quellen bearb. (VIII, 228 S.) gr. 8. München 908. Th. Ackermann. 3. 60

Koch, John: Der Anteil d. I. Armeekorps an der Schlacht bei Noisseville am 31. August u. 1. September 1870. Mit 1 in d. Text gedr. Kartenskizze. Berlin: Weidmann 1909. 32 S. 4°
Berlin, Dorotheenstädtisches RG OP 1909 (111) [S 09. 253

Koch, John, Dispersionsmessungen an Gasen im sichtbaren u. ultraroten Spektrum, s.a. Acta, nova, regiae societatis scientiarum Upsaliensis. IV, 2. V.

Dispersionsmessungen an Gasen im sichtbaren und im ultraroten Spektrum von John **Koch**. Upsala 1900: Akad. Buchdr. 61 S. 4°
(Nova Acta Reg. Societatis Scient. Upsaliensis. Ser. 4. Vol. 2. Nr 5.) (09. 13700 0

Koch, John A critical edition of some of Chaucer's „minor poems". 26 S. **Progr.** Dor. Rg. *Berlin* 1883.

[F.] Praktisches Elementarbuch zur Erlernung der französischen Sprache für Fortbildungs- und Fachschulen, wie zum Selbstud., m. Unterst. v. A. Sohier, Prof. de langue franç. bearb. v. Dr. John **Koch**, Oberl. ... zu Berlin. *Berlin: E. Goldschmidt 1895.* (VIII, 196 S.) 1 Bd 8.
= Koch, J.: Prakt. Lehrbuch z. Erlernung d. frz. Sprache. Tl I.

Koch, John, Elementarbuch d. engl. Sprache, s.: Foelsing, F.

Koch, John, s. Foelsing-Koch. Lehrbuch der englischen Sprache.

Koch, John [Dr.]: Die ehemalige Berlinische Gesellschaft für deutsche Sprache und ihre Büchersammlung. (Umschlagt.: Mitteilungen über die dem Dorotheenstädtischen Realgymnasium geschenkte Büchersammlung der ehemaligen Berliner Gesellschaft für deutsche Sprache.) Berlin, R. Gaertner, 1894; 32 S. 4.
Berlin, Dorotheenstädt. RG, OP 1894 (94)

Die ehemalige Berlinische Gesellschaft für deutsche Sprache und ihre Büchersammlung. Von JOHN KOCH, Oberlehrer. [Wissenschaftliche Beilage zum Jahresbericht des Dorotheenstädtischen Realgymnasiums zu Berlin. Ostern 1894.] R. Gaertners Verlagsbuchhandlung Hermann Heyfelder. Programm Nr. 94. 4°.

Koch, John., über Jourdain de Blaivies, ein altfranzösisches Heldengedicht des Kerling. Sagenkreises. Inaugural-Dissertation. gr. 8. (55 S.) Königsberg 875, Hausbrand's Verlag. *

— praktisches Lehrbuch zur Erlernung der englischen Sprache f. Fortbildungs- u. Fachschulen, wie zum Selbststudium. 1. u. 2. Tl. 8. Berlin, E. Goldschmidt. Geb. in Leinw. n. 4. 20
1. 2. Aufl. (VIII, 168 S.) 893. n. 1. 80
2. Mit Karten u. Schriftproben. (VIII, 276 S.) 894. n. 2. 40

[F.] Praktisches Lehrbuch zur Erlernung der englischen Sprache (Tl II: f. Fortbildgs- u. Fachschulen wie z. Selbststudium) v. Dr. John **Koch**, Oberl. ... zu Berlin. Tl I. II. *Berlin: E. Goldschmidt 1896—98.* 2 Bde 8.
I. ... [A. T.:] Prakt. Elementarbuch z. Erlerng d. engl. Spr. ... v. ... Koch ... 4. verb. Aufl. 1896. (VIII, 168 S.)
II. 2. verm. u. verb. Aufl. M. Kt. u. Schriftproben. 1898. (XII, 303 S., 1 Kt.) (98.

Koch, John, praktisches Lehrbuch zur Erlernung der englischen Sprache. 1. Tl. Elementarbuch f. Fortbildungs- u. Fachschulen wie zum Selbststudium. (Einband: Praktisches Englisch.) 8.—15. Aufl. 8. (à VIII, 168 S.) Berlin 899—902. E. Goldschmidt. Geb. in Leinw. n. 1.80

— Praktisches Lehrbuch zur Erlernung der engl. Sprache. Für Fortbildungs- u. Fachschulen wie zum Selbststudium. (Einbd: Praktisches Englisch.) 2 Tle. 8. Berlin [E. Goldschmidt]. Chemnitz, W. Gronau. Geb. 4. 20
I. Elementarbuch. 28. u. 29. verb. Aufl. (VI, 173 S.) 910. Geb. 1. 80
II. 4. Aufl. (XII, 303 S. m. 2 farb. Karten.) 908. Geb. 2. 40

[F.] Praktisches Lehrbuch zur Erlernung der französischen Sprache (II: f. Fortbildgs- u. Fachschulen wie z. Selbststud.) bearb. v. Dr. John **Koch**, Oberl. ... zu Berlin. Tl I. II. *Berlin: E. Goldschmidt 1895—97.* 2 Bde 8.
I. ... [A. T.:] Prakt. Elementarb. z. Erlerng ... m. Unterst. v. A. Sohier ... bearb. v. ... Koch ... 1895. (VIII, 196 S.)
II. M. Kt. 1897. (VIII S., 1 Bl., 348 S., 2 Kt.) (97. 1916

— praktisches Lehrbuch zur Erlerng. der französischen Sprache. Für Fortbildungs- u. Fachschulen wie zum Selbststudium. 2 Tle. (Einband: Praktisches Französisch.) 8. Ebd. Geb. in Leinw. n. 4. 60
1. Elementarbuch. Mit Unterstützg. v. A. Sohier bearb. 5.—8. verb. Aufl. (à VIII, 196 S.) 899—902. n. 1. 80
2. 2. verb. Aufl. Mit Karten. (X, 348 S.) 900. n. 2. 80

— Praktisches Lehrbuch zur Erlernung der französ. Sprache. Für Fortbildungs- u. Fachschulen wie zum Selbststudium. (Einband: Praktisches Französisch.) 2 Tle. 8. Ebd. Geb. 4. 60
I. Elementarbuch. 17. u. 18. Aufl. (VIII. 196 S.) 910. Geb. 1. 80
II. 3. Aufl. (VIII, 348 S. m. 2 farb. Karten.) 908. Geb. 2. 80

— Lehrbuch der englischen Sprache, s.: Foelsing, F.

Kurze Englische Lesestücke, vornehml. als Beigabe zu s. Prakt. Lehrbuch d. engl. Sprache, doch auch z. Privatlektüre zsgest. u. mit Wortangaben u. Erl. versehen von Prof. Dr. John **Koch**, Oberl. zu Berlin. Berlin: E. Goldschmidt 1904. (60 S.) 8° (04. 5010

— Kurze englische Lesestücke. Vornehmlich als Beigabe zu seinem praktischen Lehrbuch der englischen Sprache doch auch zur Privatlektüre zusammengestellt u. mit Wortangaben u. Erläutergn. versehen. 3. u. 4. verbesserte Aufl. (IV, 60 S.) 8. Berlin [E. Goldschmidt] 907. Chemnitz, W. Gronau. — 60

Kurze Französische Lesestücke, vornehml. als Beigabe zu s. Prakt. Lehrbuch d. franz. Sprache, doch auch z. Privatlektüre zsgest. u. mit Wortangaben u. Erl. versehen von Prof. Dr. John **Koch**, Oberl. zu Berlin. Berlin: E. Goldschmidt 1904. (60 S.) 8° (04. 5013

— Kurze französische Lesestücke. Vornehmlich als Beigabe zu seinem praktischen Lehrbuch der französ. Sprache doch auch zur Privatlektüre zusammengestellt u. m. Wortangaben u. Erläutergn. versehen. 2. verbesserte Aufl. (IV. 60 S.) 8. Ebd. 909. — 60

— Mittelstufe f. den Unterricht in der englischen Sprache. 2. Jahreskurs. 1. u 2. Abtlg. gr. 8 Ebd. 894. n.n. 2. 25
1. Kleineres englisches Lesebuch, nebst fortlauf. Fragen, sachl. u. sprachl. Anmerkgn. u. e. Wörterverzeichnis. 2., nach den neuen Lehrplänen bearb Aufl. Mit Karten v. Großbritannien u. e. Plan v. London. (IV, 146 S.) Geb. in Leinw. n.n. 1. 75
2. Die wichtigsten syntaktischen Regeln der englischen Sprache, nebst Übungsstücken. (IV, 50 S.) Kart. n.n. — 50

— dasselbe. 3. Jahreskurs., s.: Foelsing, J.

— Mittelstufe f. den Unterricht in der englischen Sprache. 2. Jahreskurs. 1. Abtlg. Kleineres engl. Lesebuch, nebst fortlauf. Fragen, sachl. u. sprachl. Anmerkgn. u. einem Wörterverzeichnis. 3. verb. u. verm. Aufl. Mit Karten v. Großbritannien u. e. Plan v. London. gr. 8. (IV, 160 S.) Hamburg 899. H. Grand. Geb. in Leinw. n.n. 1. 75

— Mittelstufe f. den Unterricht in der engl. Sprache. 2. Jahreskursus. 2. Abtlg. Die wichtigsten syntakt. Regeln d. engl. Sprache nebst Übungsstücken. 2., verb. Aufl. gr. 8. (IV, 50 S.) Hamburg 898. H. Grand. Kart. n. — 50
Bildet d. 2. Jahreskursus von: Foelsing, J., u. J. Koch, Lehrb. d. engl. Sprache. 1. Tl.

Koch, John, li Rei de Engleterre. Ein anglonormann. Geschichtsauszug. Zum ersten Male kritisch veröffentl. gr. 8. (31 S.) Berlin 886, Gaertner's Verlag. *
Aus: Festschrift des Dorotheenstädtischen Realgymnasiums, besonders abgedruckt.

— Schlüssel zu den dtschn. Übungssätzen u. Übungsstücken im praktischen Elementarbuch zur Erlernung der englischen Sprache. (30 S.) gr. 8. Ebd. 907. 2. —

— Schlüssel zu den dtschn. Übungssätzen u. Übungsstücken im praktischen Elementarbuch zur Erlerng. der französischen Sprache. (32 S.) gr. 8. Ebd. 907. 2. —

Koch, John, die Siebenschläferlegende, ihr Ursprung und ihre Verbreitung. Eine mythologisch-literaturgeschichtl. Studie. gr. 8. (VII, 215 S.) Leipzig 883, Reissner. *

Koch, John, Prof. Dr.: Versuch einer kritischen Textausgabe von Chaucer's Parlement of Foules. Berlin: Weidmann 1904. (36 S.) 4°
Berlin, Dorotheenst. RG OP 1904 (105)

Alphabetisches Verzeichnis der dem K. SC.-V. angehörigen Mitglieder des Verbandes alter Corpsstudenten nach d. Bestande v. Jan. bis April 1901. (Verf.: Prof. Dr J[ohn] **Koch**, Gross-Lichterfelde.) *München 1901: C. Gerber.* (140 S.) 8°
[Umschlagt.] Mitgliederliste d. Verbandes alter Corpsstudenten. [illegible]

— Wörterverzeichniß zum englischen Lesebuch, s.: Foelsing-Koch, Lehrbuch der englischen Sprache.

Koch, Joseph

Eine Auswahl der landschaftlichen Handzeichnungen von Joseph Koch im Museum Ferdinandeum zu Innsbruck. 5 Taf. (Hrsg.: H[ans] G[ottfried] S[emper].) *Innsbruck: H. Schwick in Comm. (1902).* (1 Bl., 5 Taf.) 2°
Kunsthist. Kongress, Innsbruck 1902. [illegible]

Koch, Joseph [aus Paderborn]: Aus d. chirurg. Univ.-Klinik zu Greifswald. Ein Beitrag zur Kenntnis der syphilitischen Erkrankung des Oberkiefers ... Greifswald, Druck v. J. Abel, 1896; 27 S. 8.
Greifswald, Med. Fak., Inaug.-Diss. v. 11. Aug. 1896

Koch, Jos., Das Leipziger Konzil, seine Prätensionen, sein Gehalt u. seine Konsequenzen. Augsburg, Kollmann, 1845. gr. 8°, 75 Pf.

Koch, Jos., das leipziger Concil, seine Prätensionen, sein Gehalt u. seine Consequenzen. gr. 8. (3½ B.) Augsburg 846, Kollmann'sche Buchh.

Koch, Joseph: Das Meer in der mittelhochdeutschen Epik. Münster i. W. [1910]: Der Westfale. 99 S. 8°
Münster, Phil. Diss. v. 25. Febr. 1910, Ref. Schwering
[Geb. 9. März 85 Datteln; Wohnort: Münster i. W.; Staatsangeh.: Preußen; Vorbildung: Gymn. Paulinum Münster Reife O. 05; Studium: Münster Theol. 1, Phil. 2, München 1, Münster 5 S.; Rig. 19. Juni 09.] [U 10. 3783

Joseph Koch. Theses physicae de principiis et causis corporis naturalis. Propugnabit ornatus et eruditus Joan. Evangelista Reibel Malschensis, physices et ethices auditor. Oppugnabunt Josephus Koch, rhetorices et poëtices professor, Joannes Franc. Schirmer, Rhülsheim., Joannes Stabel, Badensis, physices et ethices auditores.
Badenae in aula principalis Athenaei XXV. Febr. MDCCL. horis ante et post meridiem consuetis.
Argentorati imprimebat Simon Kürsner, Concell. Typogr. 1 S. F
Rastatt, P 1750

Koch, Joseph: Aus dem pathologischen Institute zu Kiel. Ueber das Vorkommen von primärem Krebs in mehreren Organen. *Kiel 1896: P. Peters.* (19 S.) 8°
Kiel, Med. Diss. v [6. Jan.] 1898

—— Wörterverzeichnis zum englischen Lesebuch, s. Foelsing-Koch, Lehrbuch der englischen Sprache.

Koch's, Jos. Ant., Biographie, s. Frimmel, Th.

Koch, Jos. Ant., moderne Kunstchronik, s.a. 8. Bd.: Kunstchronik.

Koch, Joseph Anton. Moderne Kunstchronik. Briefe zweier Freunde in Rom und der Tartarei über das moderne Kunstleben und Treiben; oder die Rumfördische Suppe, gekocht und beschrieben. Carlsruhe 1834. 8°.

Koch, Jos. Ant., moderne Kunstchronik od. die Rumfordische Suppe, gekocht u. geschrieben v. K. Hrsg. von Ernst Jaffé. (169 S.) 8. Innsbruck 905. Wagner. n. 2. —

— der Schmadribachfall, s.a. Meisterbilder fürs deutsche Haus.

Koch, Joseph Anton. Der Schmadribachfall von Joseph Anton Koch. Nebentext: Joseph Anton Kochs Leben. 1 Bl. + IV S. (Umschlag mit Text). fol.
Meisterbilder fürs deutsche Haus. Hrg. vom Kunstwart. Blatt 81 München, Georg D. W. Callwey, (1903). M. —. 25

Koch (Mme Irma). Le Passé, le Présent et l'Avenir. Poésies. In-8°. Bâle et Genève. H. Georg. 1879. 4 —

Koch, Ithamar, Dichtungen. Hrsg. v. Joh. Friedr. Koch. In 2 Abthlgn. 8. (72 S.) Bayreuth 852, Verlag des Hrsgeb.

Koch, Julius

— Prof. Hermann Anton. †. 3. ibd. 95.
Progr.

Koch Jul.: Die Baudenkmale im Donauthale zwischen Stein und Mölk. 13. Wien R. VII. 77.
Progr.

— [Oberlehrer Dr. Friedrich Hugo Busse † 3. September 1904.] S. 18—19. 4. Progr. Realgymn. *Grunewald bei Berlin* 1905 (116)

Koch, Julius: De codicibus Cuiacianis quibus in edendo Claudiano Claverius usus est. . . . Marpurgi Cattorum, typ. Friderici typogr. acad., 1889; 2 Bl. + 62 S. + 1 Bl. 8°
Marburg, Phil. Fak., Inaug.-Diss. v. [1. Mai] 1889

Koch, Jul., im Frühglanz. Gedichte. 8. (VIII, 151 S.) Leipzig 900. E. Avenarius. n. 2.—; geb. n. 3.—

Koch, Jul., die Gerechten. Ein Schauspiel in 5 Aufzügen. (III, 125 S.) 8. Bremen 904. G. Winter. n. 2.—

Koch, Julius, Dir. Dr.: Geschichte der Anstalt. Halensee 1904 A. Zipplitt. (S. 15—24.) 4°
Grunewald b. Berlin, RG P 1904 (116)

Koch, Jul. (I.), gründliche und ausführliche Geschichte Thüringens. 7 Hefte. 8. (IV, 355 S.) Gotha 885,86, Gläser. à Heft * 50 Pf. *

Koch, Julius. Geschichte und Cult des heiligen Ulrich, Bischofs von Augsburg. Halle (1875). Plötz. 95 S. 8°
Halle-Wittenberg, Phil. Diss. v. 17 März 1875
Geb. Hornburg (Prov. Sachsen) 26. 7. 1850. V.
Im Buchhandel Halle. Reichardt 1875.

Koch, J., Geschichte u. Cult. d. heilig. Ulrich, Bischofs v. Augsburg. Nach den Quellen dargestellt. gr. 8. (95 S.) Halle 875. Reichardt. 1. 50

Koch, Jul., römische Geschichte (2. Aufl. d. H. Bender'schen Werkes), s.: Sammlung Göschen.

Koch, Julius, Dr Der Geschichtsunterricht auf der Mittelstufe gymnasialer Lehranstalten. *Berlin (1901): B. Paul.* (S. 1—10.) 4°
Deutsch-Wilmersdorf b. Berlin, Bismarck-G m. Realkl., P 1901 (94)

Koch Julius Jos. Götzersdorfer. 1. Wien VII. R. 91.
Progr.

Koch, Jul., Grundriß der theoretischen und praktischen Landwirthschaft mit Berücksichtigung der Agricultur-Chemie und der neuesten Forschungen auf dem Gebiete der Naturwissenschaften für Ackerbauschulen, Fortbildungsschulen und die Oberklassen der Dorfschulen. 859. — 2. Aufl. Langensalza 864. Greßler. 8. (VIII, 160 S.) 12 ngr.

Koch, Jul., unfehlbare Heilung des Milzbrandes der Pferde, Rinder, Schweine, Schafe und Ziegen mit homöopath. Mitteln. 8. (32 S.) Gotha 850, Gläser. *

Koch Jul.: Dr. Friedr. Hinterberger †. 2ª. Wien R. VII. 75.

Koch, Jul., Israel u. wir. Eine Zeitpredigt. Geh. in der Bethlehemskirche bei der Jahresfeier d. Vereins zur christl. Fürsorge f. jüd. Proselyten am Sonntag Lätare 1891. gr. 8. (11 S.) Berlin 891. Vaterländ. Verlags-Anstalt. n. — 15

— Joh. Klein †. 3. ibd. 83. u. Alex. Wilh. Drechsl †. 2 ibd. 84.

Koch, Jul., Lehrbuch der Geschichte f. höhere Lehranstalten, s.: Schenk, K.

Koch, Jul., Liederstrauß. 55 zwei- und mehrstimmige Lieder. 2. und 3. Ster.-Aufl. 8. (15 S.) Gotha 850, Thienemann. *

Koch, Jul. (II.), Deutschlands Milde. Eine Dichtung. Gesprochen als Prolog auf der Abendunterhaltung zum Besten der Ueberschwemmten am 8. Mai 1888. gr. 8. (7 S.) Bremen 888, (Kühtmann.) *

Koch, Jul., Mittag. Neue Gedichte. (134 S.) 8. Bremen 908. G. Winter, Verl. 2. —; geb. in Leinw. 3. —

— Friedr. Müller †. 2. ibd. 85. u. Regierungsr. Jos. K. Streinz †. 1 ibd. 87. Progr.

— Das Rätsel. Ein Spiel in 5 Aufzügen. (VII, 135 S.) 8. Ebd. 908. 2. —

Koch, Jul. (III.), und Fritz Seitz, das Heidelberger Schloss. Mit Genehmigung des grossherzogl. bad. Ministeriums der Finanzen hrsg. von den Vorständen des Schlossbaubureaus J. K. und F. S. (In 6 Lfgn.) 1. Lfg. gr. Fol. (10 Lichtdr.-Taf. und 1 Bl. Text.) Darmstadt 887, Bergsträsser. In Mappe *

Koch, Jul. (III.) u. Fritz Seitz. Das Heidelberger Schloss. Mit Genehmigg. d. grossherzogl. bad. Ministeriums der Finanzen hrsg. v. den Vorständen d. Schlossbaubureaus J. K. u. F. S. 2.—6. (Schluss-)Lfg. gr. Fol. (134 S. Text in 2 Abthlgn. u. à Lfg. 10 Lichtdr.-Taf.) Darmst. 889—91, Bergsträsser. In Mappe à Lfg. * 20 —; * 100 —
1. Lfg. Ebd. 1887 * 20 —.

(B) Koch, Jul., u. F. Seitz, das Heidelberger Schloss. 891. (KBL 27.) Jetzt: Heidelberg, J. Werner.

Koch, Jul. Seckau und Umgebung. Eine archaeolog. hist. Skizze 11 S. – Wien, R. VII., Progr. 1883

— Prof. Emil Seeliger. †. 2. ibd. 98.
Progr.

—— Segen und Fluch. Eine wahre Geschichte dem deutschen Volke gewidmet. 1. Aufl. 1857. und 2. Aufl. 8. (68 S. mit 8 Chromolithogr.) Langensalza 859, [Schulbuchhandlung von Greßler.]

—— Segen und Fluch. Eine wahre Geschichte dem deutschen Volke gewidmet. 3. Aufl. 8. (66 S. mit 8 Chromolithogr.) Langensalza 862, Schulbuchh. des Thüringer Lehrer-Vereins. cart.

Koch, Jul. (I.). Der sozialdemokratische Staat m. emanzipirten Frauen od.: Was wollen die Sozialdemokraten?, nach Schriften u. öffentl. Vorträgen namhafter Agitatoren der Sozialdemokratie gemeinverständl. dargestellt. 8. (48 S.) Gotha 891, Glaeser. * — 50

(B) Koch, Jul., d. sozialdemokrat. Staat. 891. (KBL 27.) Jetzt: Leipzig, A. König.

Koch, Jul., der Stand des Konfirmanden-Unterrichtes u. sein Verhältnis zur Schule. Bericht, erstattet auf der Diözesan-Pastoral-Konferenz f. die Diözese Berlin I am 4. III. 1908. (22 S.) 8. Berlin 908. Trowitzsch & Sohn. — 50

Koch Julius: Der Stil und der moderne Mensch. 6 Wien VII. R. 95.
Progr.

— Trude. Eine Erzählg. in Versen. (271 S.) 8. Goslar (906). F. A. Lattmann. Geb. n. 4. —

— s.: Unterricht, der.

— Tibeta Vasmer. Ein Schauspiel in 5 Aufzügen. (III, 151 S.) 8. Ebd. 910. 2. —

Koch, Jul. Aug., († d. 21. Oct. 1817.) astronom. Tafeln zur Bestimmung der Zeit aus d. beobacht. gleichen, obwohl unbekannten, Höhe zweier Fixsterne. (Auch u. d. T.: Anhang zu Bode's astronom. Tafeln.) gr. 8. Berl. 797. Reimer. 14 gr.

Koch, Jul. H., erfahrner Bienenwirth, oder Anweisung z. Bienenpflege. 8. Nordhausen, Groß. 760.

Koch, Jul. Ludw. Aug.

Koch-Westerhove, Jul. (Jul. Ludw. Aug. Koch), Alboin. Tragödie in 4 Aufzügen. (86 S.) 8. Stuttgart 906. Greiner & Pfeiffer. n. 2. —

— der Baum der Genesung. Schauspiel i. 3 Akten. (120 S.) 8. Ebd. 905. n. 2. —

Koch, J. L. A., die Bedeutung der psychopathischen Minderwertigkeiten f. den Militärdienst. gr. 8. (30 S.) Ravensburg 894. O. Maier. n. 1 20

Koch, J. L. A., s.: Beiträge zur Kinderforschung u. Heilerziehung.

Koch, J. L. A., vom Bewusstsein in Zuständen sog Bewusstlosigkeit. Vortrag, geh. in der psychiatr. Section der 50. deutschen Naturforscher-Versammlung zu München. gr. 8. (28 S.) Stuttgart 877. Enke. n. 1. —

— abnorme Charaktere, s.a Grenzfragen des Nerven- u. Seelenlebens, 5. Hft.

Abnorme Charaktere von Dr. J[ul.] L[udw.] A[ug.] Koch, Dir. a. D. *Wiesbaden: J. F. Bergmann 1900.* (S. 161–200.) 8°
— Grenzfragen d. Nerven- u. Seelenlebens H. 5. [00. 10509

Koch, J. L. A., specielle Diagnostik der Psychosen. Kurz dargestellt. 12. (VIII, 102 S.) Ravensburg 890. Dorn. n. 2. —

Koch, J. L. A., der Einfluß der sozialen Mißstände auf die Zunahme der Geisteskrankheiten, s. Zeitfragen, soziale.

— biblische Einführung in die christliche Erkenntnis. 8. (79 S.) Stuttgart 902, J. F. Steinkopf. Kart. n. 1. —

Die Frage nach dem geborenen Verbrecher. Von J[ulius] L[udwig] A[ugust] Koch *Ravensburg: O. Maier 1894* (53 S.) 8° [04. 1114 6

Koch, J. L. A., Grundriß der Philosophie. gr. 8. (VIII, 208 S.) Göppingen 884, Herwig. *

Koch, J. L. A., Grundriß der Philosophie. 2. erweiterte und durchges. Aufl. gr. 8. (VIII, 243 S.) Göppingen 885, Herwig. *

— s.: Kinderfehler, die.

— Laienpsychiatrie. Ein Beitrag zu den psychiatr. Zeit- u. Streitfragen. [Aus: „Der Irrenfreund".] gr. 8. (11 S.) Ebd. 893. n. 1. —

—— kurzgefaßter Leitfaden der Psychiatrie. Mit besond. Rücksichtnahme auf die Bedürfnisse der Studierenden, der prakt. Ärzte und der Gerichtsärzte. gr. 8. (VIII, 151 S.) Ravensburg 888, Dorn'sche Buchh. *

— dasselbe. 2., verb. Aufl. gr. 8. (VIII, 181 S.) Ebd. 889. n. 3. 60

— die psychopathischen Minderwertigkeiten. 1. Abtlg. Einleitung. Die angeborenen andauernden psychopath. Minderwertigkeiten. 8. (XVI, 168 S.) Ebd. 890. n. 4. —

— die psychopathischen Minderwertigkeiten. 3 Abtlgn. gr. 8. Ebd. n. 10. —; geb. in Halbfrz. n. 12. —
1. Einleitung. Die angeborenen andauernden psychopath. Minderwertigkeiten. (XVI, 168 S.) 891. n. 4
2. Die gemischten psychopath. Minderwertigkeiten. — Die erworbenen andauernden psychopath. Minderwertigkeiten [bis zur Belastg.]. (IV u. S. 169—337.) 892. n. 4. —
3 Die erworbenen andauernden psychopath. Minderwertigkeiten. (Schluß.) — Die flücht. psychopath. Minderwertigkeiten. (IV u. S. 339—427.) 893. n. 2. —

- das Nervenleben des Menschen in guten u. bösen Tagen. Eine Schrift zur Belehrg., zu Rat u. Trost 8. (V, 236 S.) Ebd. 895. n. 3. —

— das Nervenleben des Menschen in guten u. bösen Tagen. Eine Schrift zur Belehrg., zu Rat u. Trost. 6. ster. Aufl. 8. (VII, 236 S.) Ravensburg 896. O. Maier. n. 3. —

— Pädagogik u. Medizin, s.: Magazin, pädagog.

— Reich Gottes. Gedichte. (VIII, 181 S.) 8. Stuttgart 904. Greiner & Pfeiffer.
Geb. in Leinw. m. Goldschn. n. 3. —

— zur Statistik der Geisteskrankheiten in Württemberg u. der Geisteskrankheiten überhaupt. Lex.-8. (IV, 231 S.) Stuttgart 878. (Göppingen, Herwig.) n. 6. —

Koch, J. L. A., erkenntnißtheoretische Untersuchungen. gr. 8. (87 S.) Göppingen 883. Herwig. n. 2. 50

— die Vermehrung d. Lebens. Ein Wort an d. Eltern f. die Kinder. 8. (80 S.) Stuttgart 901. D. Gundert. n. 1. —

—— psychiatrische Winke für Laien. 1. und 2. Aufl. 8. (X, 109 S.) Stuttgart 880, Neff. *

—— die Wirklichkeit und ihre Erkenntnis. Eine systemat. Erörterung und kritisch vergleichende Untersuchung der Hauptgegenstände der Philosophie. 8. (VIII, 390 S.) Göppingen 886, Herwig. *

— s.: Zeitschrift f. Kinderforschung.

— **Justus** (Sangerhaus./Thür.), Analysis L. Nemo deinceps 3. C. de Episcop. Audientia, juncta tractione, de veterum indulgentia paschali, cum moderno jure aggratiandi collata. Präs. Gottfried Nicolaus Ittig. Lpz. (Göz) 13. V. 1700. 22 Bl. (6.50) 18820

Koch, Just. Eph., († d. 30. März 1791.) Predigten über einige evangel. Texte in d. Schloßkirche zu Hannover gehalten. gr. 8. Hannov. 779. Helwing. 8 *K*

Koch, Iwan, das Leben des Erzbischofs Burchards III. von Magdeburg. Diss. Halle 1888, Lippertsche Buchh. 8°. 66 S.

Koch, Iwan [aus Sangerhausen]: Das Leben des Erzbischofs Burchards III. von Magdeburg. Halle a. S., Buchdr. v. Th. Wulfert in Schönebeck a. E., 1888; 2 Bl. + 66 S. + 1 Bl. 8°
Halle, Phil. Fak., Inaug.-Diss. v. [14. Jul.] 1888

Koch (K.), Beitrag zur Kenntniss der Ufer des Tertiärmeeres im Mainzer Becken. (Vortrag in d. Senckenberg. naturf. Ges.) Frankfurt a.M. 1877. 8. — Desgl. ein 2. Exemplar.

Koch, K., zum Gebrauch des Infinitivs in der homerischen Sprache. gr. 4. (26 S.) Braunschweig 871, (G. C. E. Meyer sen.) *

Koch, K. Das Haftpflichtgesetz betr. die Verbindlichkeit zum Schadensersatze für die bei dem Betriebe von Eisenbahnen, Bergwerken, Fabriken, Steinbrüchen und Gräbereien herbeigeführten Tötungen und Körperverletzungen, erläutert nach den Motiven, stenographischen Reichstagsverhandlungen, Präjudizien und anderen Quellen. Mannheim 1874.

Koch, K., Lösungen zu den Aufgaben aus der höheren Mathematik usw., s.: Marc, Ludw.

Koch, K., das Wolfenbüttler Palimpsest v. Galens Schrift *περὶ τῶν ἐν ταῖς τροφαῖς δυνάμεων*. (9 S. m. 1 Abbildg.) Lex. 8. Berlin 907. (G. Reimer.) — 50
Sonderabdr. a.: „Sitzungsber. d. preuss. Akad. d. Wiss."

Koch, K., der Weiberfeind, d. Männerfeindinn. 2 Lustspiele. 8. Hamb. Kratzsch. 802.

Koch, K. A.

— allgemein faßl. Darstellung des Verlaufs, d. Ursachen u. d. Behandlung der Schwindsuchten. Nebst e. gründl. Anweis., wie Personen, welche von Natur an einer schwachen Brust leiden, dieselbe stärken können rc. 8. Leipz. 822. (Lehnhold). 21 *K*

Koch, (K. A.,) allgem. faßl. Darstell. des Verlaufs der Ursachen u. der Behandlung d. Abzehrungen. 8. Leipzig 823, Hartmann.

Koch, K. A., (Fr. Edw. Meißner, soll aber Dr. Chr. K. Anton sein!) allgem. faßl. Darstellung des Verlaufs der Ursachen u. der Behandlung d. Abzehrungen. 8. Leipz. 823. (Lehnhold). 16 *K*

Koch, K. A., allgem. faßliche Darstellung des Verlaufs, der Ursachen u. der Behandlung d. Abzehrungen rc. 8. Leipzig, Lehnhold; ist d. Pr. 1839 herabges. auf 1/3 ℔

— Darstellung des Verlaufs, der Ursachen u. d. Behandlung der Schwindsuchten rc. 8. Ebd. 839. herabges. Pr. 1/3 ℔

— die zweckmäßigste Diät u. Lebensordnung f. Hämorrhoidalkranke. Nebst e. ausführl. Abhandl. üb. d. Verhütung d. Hämorrhoiden. 8. Lpz. 825, Hartmann.

— die zweckmäßigste Diät u. Lebensordnung für Hämorrhoidalkranke. Nebst e. ausführl. Abhandl. über d. Verhütung der Hämorrhoiden, (v. K. Chr. Koch). 8. Leipz. 825. (Lehnhold). 14 *K*

— zweckmäß. Diät und Lebensordnung für Hämorrhoidalkranke. 8. Ebd. 839. herabges. Pr. 1/4 ℔

— die Erkältungskrankheiten. Mit besonderer Rücksicht auf d. Erkältungskrankheiten im kindlichen Alter. 8. Leipz. 824. (Lehnhold). 18 *K*

— die Erkältungskrankheiten. 8. Ebd. 839. herabges. Preis 1/2 ℔

— das Wissenswürdigste üb. die vener. Krankheiten, mit vorzügl. Rücksicht auf veraltete u. falsch behandelte venerische Uebel, nach den neuesten Erfahrungen bearbeitet. 8. Lpz. 824. (Lehnhold). 1 ℔

— das Wissenswürdigste über die venerischen Krankheiten. 8. Ebd. 839. herabges. Pr. 1/2 ℔

Koch, K. Chr., Spruchbüchlein für Konfirmanden, zur Vorbereitung auf den Unterricht derselben. 2. Aufl. 12. Cöslin 846, Hendeß. n. 1/12 ℔

Koch, K. Ch., Synodalpredigt, gehalten zu Rügenwalde. gr. 8. (1 B.) Cöslin 830, Hendeß.

Koch, K. Chr., Synodalpredigt. gr. 8. Cöslin 832. Hendeß. 4 *K*

— **K. F.** Beiträge z. Elementar-Geometrie. In-4°. Winterthur, Bleuler II. & Cie. 1879. 1 50

Koch, K. R., s. Koch, Karl Richard v.

Koch, Karl, s.: Adressbuch d. Teppich- u. Möbelstoff-Industrie.

Koch, Karl, die Bäume u. Sträucher d. alten Griechenlands. gr. 8. (XX, 270 S.) Stuttgart 879. Enke. n. 8. —

Koch, Karl, die Bäume u. Sträucher d. alten Griechenlands. 2. Aufl. gr. 8. (XX, 270 S.) Berlin 884. Jacobsthal. n. 6. —

Koch, Carl (II.), Beiträge zu einer Flora des Orients. 1 — 3. Heft: Einleitung; Gramineen. gr. 8. (S. 1 — 446. und 1 Stnt. in 4.) Halle 848—49. Berlin, Schneider und Comp. à Heft * 20 Ngr. Thlr. *
Aus: Linnaea 21. Bd. 3. und 4. Heft, besonders abgedruckt.

Koch, Carl, **Beiträge zu einer Flora des Orientes. 4 — 6. Heft. gr. 8. (5. und 6. Heft 320 S.) (Berlin 854, Schneider.) à Heft * 20 Ngr. ***
1—3. Heft. Ebendas. 1848—49. * 2 Thlr.

Koch, Carl, Beiträge zur Kenntniss der Nassauischen Arachniden. I. Die Familien der Mithraides, Pholcides, Eresides, Dysderides und Mygalides. gr. 8. (26 S.) Wiesbaden 874, Niedner. *
Aus: Jahrbücher des Nassauischen Vereins für Naturkunde, besonders abgedruckt.

Koch, Karl *Heinrich* [weil. Oberl.]: Kleine Beiträge zur deutschen Sprachgeschichte und zum deutschen Unterricht. (M. e. Vorbemerkg v. Georg Berlit.) Leipzig, Druck v. O. Dürr, 1892; 2 Bl., 32 S. 4.
Leipzig, Nicolai-G, OP 1892 (538)

Koch, Karl Bemerkungen zu Schillers Dramen. I. Wallenstein. 20 S. Progr. *Münstereifel* 1884.

— **Bericht über die Ausstellung von Obst, Wein und Gemüse zu Naumburg während der Tage vom 9. bis 13. Oktbr. 1853. Berlin 854. K. Wiegandt. (Bosselmann.) Lex.-8. (456 S.) n. 28 ngr.**

(Koch, C[arl].) Bericht an seine Committenten; über die Arbeiten der allgemeinen helvetischen Tagsatzung in Bern; und die Ereignisse des 27sten und 28sten Weinmonats 1801. Von einem Mitglied dieser Tagsatzung und des gewesenen gesetzgebenden Raths. ([Mit] Anhang.) 8. *o. O.* 1801.

Koch, Carl (II.), Bericht über die 4. allgemeine Versammlung deutscher Pomologen, Obst- und Gemüsezüchter nebst der damit verbundenen Ausstellung, während der Tage vom 10.—13. Oktbr. 1863 in Görlitz. Lex.-8. (155 S.) Weimar 864, Voigt.

(Koch, Carl.) Briefe aus der Consulta (1802, [von] K' K' von Thun). Mitgeteilt von G[ustav] Tobler. [Sep.-Abdr. aus: Neues Berner Taschenbuch auf das Jahr 1904.] S. 144—181. 8. [Bern, K. J. Wyss, 1903.]

Koch, Carl, Christentum u. Kultur. Vortrag, auf der 4. nord. Studentenversammlg. m. christl. Programm geh. M. Genehmigg. d. Verf. in's Deutsche übers. von J. v. N. 8. (21 S.) Gießen 898. K. Krebs. n. — 50

Koch, Karl (II.), Dendrologie. Bäume, Sträucher und Halbsträucher, welche in Mittel- und Nord-Europa im Freien kultivirt werden kritisch beleuchtet. 1. Thl. und 2. Thl. 2 Abthlgn. Lex.-8. Erlangen [Stuttgart], Enke. *
Inhalt:
Thl. 1. Die Polypetalen. (XVIII, 735 S.) 869. *ℳ 12.
» 2. 1. Abthl.: Die Mono- und Apetalen, mit Ausnahme der Cupuliferen. (665 S.) 872. *ℳ 12.
» 2. 2. Abthl.: Die Cupuliferen, Coniferen und Monocotylen. (424 S.) 873. (*ℳ 9.) *ℳ 9,20.

KOCH, Carl (Haselbach): Descriptio staphylomatis scleroticae cum adnexa morbi historia.- Monaci: Wild 1838. 19 S.
28.8.1837 - Urk; F 63
Diss. Ingolst.-Landsh.-Mchn.

Koch, Carl [aus Alzey (Rhein-Hessen)]: Ueber Dysmenorrhoe ihr Wesen und ihre Bedeutung Wurzburg, Paul Scheiner's Buchdr., 1888; 40 S. + 1 Bl. 8°
Wurzburg, Med. Fak., Inaug.-Diss. v. 1888

Koch, Karl, nach And. Köp., († im Juli 1805.) meine Empfindungen u. Raisonnements üb. das Ereigniß d. 31. Januar in d. St. Luzern. 4. Luzern 800.

Koch, Karl, aus Fulda Die Entwicklung des lat. Hülfsverbs esse in den altfranzösischen Mundarten. *Marburg 1902: L. Doll in Cassel.* (VIII, 71 S.) 8°
Marburg, Phil. Diss. v. [14. Juli] 1902

Koch, Karl, u. Ernst Schmid, die Fährten-Abdrücke im bunten Sandsteine bei Jena. gr. 4. (1½ B. u. 4 Stnt.) Jena 841, Hochhausen.

Koch, Karl, (Hnr. Emm.,) Fauna von Thüringen u. den angrenzenden Provinzen. 1. Sect. 1. u. 2. Hft. Die Säugethiere. Mit à 4 col. Kupf. gr. 8. Jena 841, Mauke. à n. ⅓ ℛ

Koch, Karl: Festschrift zur Feier des fünfundzwanzigjähr Bestehens des Moskauer Männer-Gesang-Vereins 1874—1899. — Moskau (1899: Lissner & Heschel). VI, 130 S. mit Abb., 1 Tab.

Koch, K., die syphilitischen Finger- u. Zehenentzündungen, s.: Sammlung klinischer Vorträge.

Koch, Karl, approb. Arzt aus Bremervörde: Aus d. Augenklinik in Jena. Ueber Fremdkörperverletzungen der vorderen Augenkammer. *Jena 1901: A. Kämpfe.* (30 S.) 8°
Jena, Med. Diss. v. (11. März) 1901

— d. botanischen Gärten. Ein Wort z. Zeit. 8. Berlin, 1860. Riegel's Verl. — 10

Koch, Carl (II.), die botanischen Gärten. Ein Wort zur Zeit. 8. (70 S.) Berlin 860. [Leipzig, Wilfferodt.] *

—— bildende Gartenkunst und Pflanzen-Physiognomik. Ein Vortrag. 8. (39 S.) Berlin 859, K. Wiegandt.
Aus: Wochenschrift für Gärtnerei und Pflanzenkunde, Jahrg. 1859, besonders abgedruckt.

Koch, Frau Karl, geb. Weichardt, aus Weimars Glanzzeit. Mit e. Lichtdr.-Bilde Goethe's nach e. der Frau v Stein v. Goethe geschenkten Büste. 8. (X, 136 S.) Minden 886. Bruns. n. 2.50

Koch, Carl, Gleichnisse Jesu. Ausgelegt u. beleuchtet. Genehmigte Uebersetzg. aus dem Dän. v. L. F. (VII, 216 S.) 8. Gütersloh 910. C. Bertelsmann. 3.20; geb. 4. —

Koch, Karl, Helenendorf u. d. deutschen Kolonien. — In: Koch, Wanderungen im Orient während der Jahre 1843 und 1844. S. 131—172. Weimar: Landes-Industrie-Comptoir 1847

—— Hortus dendrologicus. Verzeichniss der Bäume, Sträucher und Halbsträucher, die in Europa, Nord- und Mittelasien, im Himalaya und in Nordamerika wild wachsen und möglicher Weise in Mitteleuropa im Freien ausdauern; nach dem natürl. Systeme und mit Angabe aller Synonyme, so wie des Vaterlandes, aufgezählt und mit einem alphabet. Register versehen. 1. und 2. Thl. Lex.-8. Berlin, [Schneider.] [1. (XVI und 195 S.) 853. * 1 Thlr. 15 Ngr., 2. (S. 196—354.) 854. * 1 Thlr. 6 Ngr.] *

Koch, Carl [Referendar am Kgl. Oberlandesger. zu Breslau]: Ist das vor der Eheschliessung konzipierte, in der Ehe geborene Kind ein eheliches oder legitimiertes? Über d. Beweis d. Vaterschaft durch Präsumptionen u. aus d. Reifegrad. E. Beitr. z. Lehre v. d. Legitimatio per subsequens matrimonium Breslau, M. & H. Marcus, 1897; 1 Bl., 64 S., 1 Bl. 8.
Breslau, Jur Fak., Inaug.-Diss. v. 31 Juli 1897

—— Karte von dem kaukasischen Isthmus und von Armenien. Entworfen und gezeichnet nach eigenen Horizontal-Aufnahmen und mit Benutzung der vorhand. Materialien. 4 lithogr. Bl. in Imp.-Fol. (Mit 31 S. Text in 4.) Berlin 850, D. Reimer. Colorirt als polit. oder ethnograph. Karte à *
Colorirt als botan. oder geognost. Karte à *
Sämmtl. 4 Ausg. zusammen *

— der Kaukasus. Landschafts- u. Lebens-Bilder. Aus dem Nachlasse hrsg. von Therese Koch. 2. (Titel-)Ausg. der „Nachklänge orientalischer Wanderungen". Mit dem (Lichtdr.-)Portr. d. Verf. gr. 8. (VIII, 203 S.) Berlin 881. Calvary & Co. n. 5. —

—— der Kaukasus. Landschafts- und Lebens-Bilder. Aus dem Nachlasse hrsg. von Therese Koch. 2. (Titel-)Ausg. der „Nachklänge oriental. Wanderungen". Mit dem (Lichtdr.-) Portr. des Verf. gr. 8. (VIII, 203 S.) Berlin 882, Calvary und Comp. *

Koch, Carl, aus Lindheim Zur Kenntnis von colloïdalem Selen und Tellur. *Erlangen 1903: E. Th. Jacob.* (52 S.) 8°
Erlangen, Phil. Diss. v. 29. Juli 1902

Koch, Karl: Zur Kenntnis des Verlaufes und zur chirurgischen Behandlung der akuten progredienten Encephalitis nach Trauma sowie der Seitenventrikelinfektion und ihrer folgenlosen Ausheilung. Dazu 1 Zeichnung. Marburg 1909: Koch. 24 S. 8°
Marburg, Med. Diss. v. 12. Mai 1909, Ref. Friedrich
[Geb. 30. April 83 Wanne i. W.; Wohnort Gelsenkirchen; Staatsangeh. Preußen; Vorbildung: Gymn. Recklinghausen Reife O. 03; Studium: Würzburg 1, Marburg 4, München 1, Berlin 1, Marburg 3 S.; Coll. 1 März 09; Approb. 11 Mai 09.] [U 09. 3141

Koch, Carl: Bernhard Klein. ⟨1793 1832.⟩ Sein Leben u. seine Werke. Ein Beitrag zur Musikgeschichte, im besonderen Berlins. *Leipzig 1902: O. Brandstetter.* (92 S.) 8°
[J.] ¶(Erscheint mit d. Verzeichnis sämtl. Werke Kleins im Buchhandel.)
Rostock, Phil. Diss. v. [5. Sept.] 1902

— die Krim u. Odessa, s.a. Hausbibliothek für Länder- u. Völkerkunde.

— die Krim u. Odessa. Reise-Erinnerungen. Neue (Titel-)Ausg. Ebend. (854) 864. gr. 8. (X, 224 S.) 1 ℛ

—— die Krim und Odessa. Reiseerinnerungen. 3. (Titel-)Aufl. gr. 8. (X, 224 S.) Ebendas. (865) 74.

Koch, C. (I.), die kaukasischen Länder und Armenien, s.a. Hausbibliothek für Länder- und Völkerkunde.

Koch, Carl, die kaukasischen Länder u. Armenien in Reiseschilderungen von Curzon, K. Koch, Macintosh rc. Neue (Titel-)Ausg. Leipzig (855) 865. Senf. gr. 8. (XI, 335 S.) 1 ℛ

Koch, Karl (I.), die kaukasischen Länder und Armenien in Reiseschilderungen von Curzon, K. Koch, Macintosh, Spencer und Wilbraham. 3. (Titel-)Aufl. gr. 8. (X, 335 S.) Leipzig (865) 74, Senf.

Koch, Karl (II.). Lehrbuch der ebenen Geometrie. Nach neuen Grundsätzen bearb. 2 Tle. gr. 8. Ravensb., Dorn. [1. Tl. (VIII, 104 S. m. 80 Fig.) 889. * 1 —; 2. Tl. (IV, 120 S. m. 47 Fig.) 890. * 1 20.] * 2 20

Koch, Carl, Lehrbuch d. deutschen Kurzschrift: System Koch. gr. 8. (24 u. Schreibheft 24 S.) Offenbach 897. Friedrichsthal b. Saarbrücken, E. Stinshoff. n.n. — 80

Koch, Carl (I.), Leitfaden beim Unterricht im Schönschreiben. Zum Gebr. in Schulen u. z. Selbstunterr. 1. Hft. Uebungen in deutscher Schrift. 4. (20 lith. Bl.) Clausthal 846, Schweigersche Buchh.

—— dass. 2. Hft. Uebungen in engl. Schrift. 4. (20 Bl.) Ebds. 846.

Koch, Karl, die Männerfeindin. Schspl. in 1 A. 8. Hamb. 803. Kratzsch. (Schnuphase in Altenb.) 6 ggr

—— die kaukasische **Militärstraße,** der Kuban und die Halbinsel Taman. Erinnerungen aus einer Reise von Tiflis nach der Krim. 8. (VII und 226 S.) Leipzig 851, Fr. Fleischer.

Koch, Karl, Prof. Zerlegbare Modelle für Kristallographie und Sphärik und andere Gebiete. *Cannstatt 1899: G. F. Rapp.* (11 S.) 4°
Cannstatt, k. G, P 1899 (619)

Koch, Carl, Monographie der Homalonotus-Arten des rheinischen Unterdevon, s. Abhandlungen zur geologischen Specialkarte von Preussen und den Thüringischen Staaten.

Koch, Karl, approb. Arzt in Leipzig: **Ueber Myomenucleation.** *Leipzig: G. Fock 1903.* (42 S.) 8°
Jena, Med. Diss. v. (24. Dez.) 1903

— **Nachklänge orientalischer Wanderungen. Posthume Blätter. Hrsg. von Frau Therese Koch. Mit Portr. (in Lichtdr.). gr. 8. (VIII, 203 S.) Erfurt 881. Körner in Comm. n. 5. —**

— **die deutschen Obstgehölze. Vorlesungen, geh. zu Berlin im Winterhalbj. 1875/76. gr. 8. (XII, 628 S.) Ebend. 876. n. 12. —**

Kooh, Karl, approb. Arzt aus Offenbach a. M.: **Die doppelseitige Ovariotomie bei bestehender Gravidität.** *Freiburg i. B.: Speyer & Kaerner 1899.* (38 S.) 8°
Freiburg i. B., Med. Diss. v. 1899

(Koch, C[arl].) Rapport d'un membre de la Diete générale helvétique et du Conseil législatif a ses commettans, sur les travaux de cette Diète, et sur les Événemens des 27 et 28 Octobre 1801 Traduit de l'Allemand (Signé Ch. K') ([Avec appendice] Notes et pièces justificatives.) 8 *s. l* Janvier 1802.

Kooh, Karl Reise im Pontischen Gebirge und türkischen Armenien. Weimar 1846. XVI. 468 S
= Koch Wanderungen im Oriente. Bd. 2. 8°

— **Reise durch Rußland nach dem kaukas. Isthmus ꝛc.,** s. a. **Reisen u. Länderbeschreibungen, 23. Liefg.**

Koch, Reise durch Russland nach d. kaukasischen Isthmus in d. Jahren 1836—38. 2 Bde. Stuttgart 842. (15. 50)

Koch, Karl: Reise durch Russland nach dem kaukasischen Isthmus in den Jahren 1836, 1837 und 1838. Bd. 1 2. Stuttgart u Tübingen 1843. 2 Bde XII, 559 S.
= Reisen und Länderbeschreibungen der älteren und neuesten Zeit. Lfg 23 u 26. 8°

Koch, Karl, Säugethiere, s. Fauna v. Thüringen, I.

Kooh, Karl [aus Lembach i. Els.]: Scheschet ben Isaac Gerundi. Kommentar zu d. Proverbien ... Th. 1. Erlangen, k. b. Hofbuchdr. v. A. Vollrath, 1893; 2 Bl., 45 S. 8.
Erlangen, Phil. Fak., Inaug.-Diss. v 1893

Koch, Carl (I.), paläozoische Schichten und Grünsteine in den herzoglich nassauischen Aemtern Dillenburg und Herborn unter Berücksichtigung allgemeiner Lagerungsverhältnisse in angrenzenden Ländertheilen. gr. 8. (VI und 246 S. mit 1 chromolithogr. geognost. Uebersichtskarte in qu. Fol. und 2 Stnt.) Wiesbaden 858, (Kreidel's Verlag.) *
Aus: Jahrbuch des Vereins für Naturkunde im Herzogth. Nassau. besonders abgedruckt.

Koch, Karl (I.), deutsche Schulfibel. 2 Thle. Unterlagen für den elementaren Anschauungs-, Lese-, Schreib- und Sprachunterricht. Erste Fibel, in welcher die in Henze's Schreibheften befindl. deutsche Preis-National-Handschrift Anwendung gefunden. Mit vielen (eingedr. Holzschn.-)Bildern von berühmten Künstlern. gr. 8. Neustadt-Leipzig, Henze. [1. Thl. (63 S.) 881. geb. * 45 Pf.; 2. Thl. (112 S.) 883. geb. * 70 Pf.] geb. *

Koch, Karl, deutsche Schulfibel. Unterlagen f. den elementaren Anschauungs-, Lese-, Schreib- u. Sprachunterricht. 2 Tle. gr. 8. (Mit Abbildgn.) Leipzig-Neustadt. A. Henze. Geb. n.n. 1. 15
1. 4. Aufl. (64 S.) 892. n. — 45
2. Deutsches Lesebuch. 3., verb. Aufl. (112 S.) 889. n.n. — 70

Koch, Karl, Alldeutschlands Sedanfeier. Geschichte des Krieges von 1870 bis 1871. 8. (100 S.) Minden 878. Köhler. — 50

Koch, Karl, Alldeutschlands Sedanfeier. Geschichte d. Krieges v. 1870—1871. 8. (100 S. m. 1 Bild.) Minden i/W. 890. Köhler. — 50

Koch, Carl, s.: Sitzungsberichte d. ärztl. Vereins Nürnberg.

Koch, Carl, s.: Sitzungs-Protokolle des ärztlichen Lokalvereins zu Nürnberg.

— s.: Sitzungs-Protokolle d. ärztl. Vereins Nürnberg.

Koch, Karl, nach Xnd. Ksp., Skizze üb. den Gang des menschl. Verstandes u. einige desselben Perioden bis auf unsere Zeiten. 8. Luzern 799.

Koch, Carl: Die Sprache der Magdalena und des Balthasar Paumgartner in ihrem Briefwechsel. Zur Geschichte d. Nürnberger Mundart u. z. nhd. Schriftsprache im 16. Jh. T 1. Der Vokalismus. Nürnberg 1910: Sebald. x, 38 S. 8° ¶(Aus: Mitteilungen aus d. German. Nationalmus. Jg. 1909.)
Bonn, Phil. Diss. v. 23. Febr. 1910, Ref. Wilmanns
[Geb. 27 Febr 87 Düsseldorf, Wohnort Düsseldorf; Staatsangeh.: Preußen; Vorbildung: Kgl. Gymn. Düsseldorf Reife O. 05: Studium: Freiburg i. B. 1, Bonn 2, Berlin 1, Bonn 5 S.; Rig. 21. Juli 09.] [U 10. 396

Koch, Carl: Zeitbloms reifer Stil. ⟨Einl. Kap. 2.⟩ (Berlin 1909: G. Schade.) 105 S. 8° ¶(Ersch. vollst. in den nächsten Monaten.)
Berlin, Phil. Diss. v. 27. Febr. 1909, Ref. Wölfflin
[Geb. 21. Jan. 84 Düsseldorf; Wohnort: Wilmersdorf; Staatsangeh.: Preußen; Vorbildung: Prinz-Heinrichs-Gymn. Berlin Reife M. 02; Studium: Heidelberg 1, München 2, Berlin 6 S.; Rig. 23. Juli 08.] [U 09. 212

Koch, Karl, Stimmungs-Bilder aus d. großen Kriege 1870/71. 3. Aufl. (v. Alldeutschlands Sedanfeier.) gr. 8. (VI, 112 S. m. Abb.) Minden 895. W. Köhler. n. 1. —

Koch, Karl, Strandperlen. Gedichtsammlung. 8. (XI, 68 S.) Greifswald (899). J. Abel. Geb. 2. —

Koch, Carl Heinr. Em., das natürl. System d. Pflanzenreichs, nachgewiesen in d. Flora v. Jena. 1. u. 2. Abthl. gr. 8. (11 ½ B.) Jena 839, Hochhausen. *

Koch, Karl, s.: Taschen-Kalender f. Muster-Zeichner.

Koch, Karl [app. Arzt aus Grossjestin '(Pomm.)']: Die Tumoren des äusseren Gehörganges ... Würzburg, Becker's Univ.-Buchdr., 1893; 24 S., 1 Bl. 8.
Würzburg, Med. Fak., Inaug.-Diss. v. 1893

Koch, Carl, systematische Uebersicht über die Gesetzgebung des Deutschen Reichs von 1867 bis 1888. gr. 8. (X, 138 S.) München 888, Schweitzer. *

Koch, Carl (II.). Systematische Uebersicht üb. die Gesetzgebung d. Deutschen Reichs. 1. Nachtrag, enth. die v. Mitte 1888 bis Ende 1889 erschienenen gesetzl. Bestimmgn. gr. 8. (S. 141—154.) Münch. 890, Schweitzer. * — 50
Hauptwerk. Ebd. 1888. * 2 —.

Koch, Carl, Estländer: Versuche über die chemische Nachweisbarkeit des Curarins in thierischen Flüssigkeiten und Geweben. 60 S. 1870. 8° Diss. Dorpat.

(Koch, C[arl].) Zweytinstanzliche Vertheidigung für Herrn Beat Tscharner von Hunziken, Burger der Stadt Bern, und gewesenen Hauptmann. (Verfasser K. K', Fürsprech.) 8 Bern 1820.

Koch, Karl, Vineta, die von den Meereswellen verschlungene Wendenstadt in Prosa u. Poesie. Illustr. v. Willy Stöwer. (88 S.) 8. Stettin 905. A. Schuster. n. — 75

Vineta, die von den Meereswellen verschlungene Wendenstadt in Prosa und Poesie. Ill. von Prof Willy Stöwer. Hrsg von Karl Koch. 2 verm. Aufl. Stettin. Schuster 1910. 52 S. 8°

KOCH, Karl: Vorlesungen über Dendrologie. Gehalten zu Berlin im Winter 1874/75. - Stuttgart 1875. XXIV, 408 S.

Koch, Carl, deutsche Vorschriften z. Schul- u. Privatgebr. 1—7. Lfg. qu. gr. 8. Elberfeld 840—42, Loewenstein u. Comp. [1. (21 lith. Bl.) 2/3 Thlr., 2. (24 lith. Bl.) 5/12 Thlr., 3—7. (à 21 lith. Bl.) à 1/3 Thlr.]

Koch, Karl: Wallenstein 1583—1625. Düsseldorf 1909: Voss. 32 S. 8°
Düsseldorf, k. Hohenzollern-G P 1909 (589) [S 09. 254

—— Wanderungen im Oriente, während d. Jahre 1843 u. 1844. I. A. u. d. T.: Reise längs der Donau nach Constantinopel u. nach Trebisond. gr. 8. (28 1/2 B.) Weimar 846, Landes-Industr.-Compt.

—— dass. II. A. u. d. T.: Reise im pontischen Gebirge u. türkischen Armenien. gr. 8. (30 1/2 B.) Ebds. 846.

—— dass. III. A. u. d. Ttl.: Reise in Grusien, am kasp. Meere u. im Kaukasus. gr. 8. (33 B.) Ebds. 847.

Koch, Carl (I.), deutscher und englischer Wand-Schreib-Cursus für Schulen. gr. Fol. (39 lithogr. Bl. und 2 Bl. Text in 4.) Meurs 817, (Dolle.) *

Koch, Karl „Was versteht man unter „Zopf" auf dem Gebiete der Kunst und der höheren Gewerke?" pg. 23- 29. 4° F. Kranzbühler.
Speyer, Progr. 1856/57

Koch, Carl, das Wesentliche der Chiropteren mit besond. Beschreibung der in dem Herzogth. Nassau u. den angränz. Landestheilen vorkommenden Fledermäuse. [Aus: Jahrbücher des Vereins für Naturkunde im Herzogthum Nassau.] Wiesbaden 865. Niedner. gr. 8. (XIII, 319 S. mit 2 Steintaff. in gr. 8. u. 4.) n. 1 ß

— ein Wort üb. Gleichheit u. Volks-Souverainetät. 8. Bern 800.

Koch, C., zur Wundbehandlung in der Privatpraxis, nebst Bemerkungen über das trockene Operiren, s.: Klinik, Berliner.

—— der Zug der Zehntausend, nach Xenophons Anabasis, geographisch erläutert. gr. 8. (X und 236 S. mit 1 lithogr. und ill. Uebersichtskarte in qu. Fol.) Leipzig 850, Hinrichssche Buchh.

† **Koch,** Karl Aug., (Karl Chrstn. Anton,) die zweckmäßigste Diät u. Lebensordn. f. Hämorrhoidalkranke. Nebst e. ausführl. Abhandl. üb. d. Verhütung u. Heilung d. Hämorrhoidalkrankheit durch d. kalte Wasser. 3., verm. Aufl. 8. (10 1/2 B.) Leipzig 841, Wöller.

Koch, C. A. (C. Ch. Anton), der Hausarzt am Wochenbett, s.a. Hausarzt, der.

Koch, Carl Aug., (Carl Chrn. Anton), der Hausarzt am Wochenbett und in der Kinderstube. Eine Liebesgabe für treue, sorgsame Mütter zur Belehrung über ihre eigene und ihrer Kinder Gesundheitspflege 2c. 8. (XII und 164 S. mit 1 lithogr. Schwangerschaftskalender.) Leipzig 853, Voigt.

† **Koch,** Carl Aug. (Carl Chrstn. Anton), die Unterleibskrankheiten, nach ihrer Entstehung, Verhütung, Linderung u. Heilung. Für alle Altersstufen, Lebensverhältnisse u. Stände bearb. 8. (12 B.) Leipzig 845, Wöller.

Koch, Karl Aug., das kalte Wasser. Wo ist es anzuwenden, wo nicht? — Geschichte der Wasser-Heilkunde, diätetische Benutzung des kalten Wassers, Darstellung der wichtigsten Krankheitsformen nach ihren charakterist. Erscheinungen nebst ihrer zweckdienlichsten Behandlung. Ein zweckmäßiges Haus- und Hülfsbuch für alle Stande. Nebst systemat. Inhaltsverzeichniß u. alphabet. Register. gr. 8. Leipzig 838. Klein. 1 1/3 ß —2e wohlf. Ausg. 840. 3/4 ß

— das kalte Wasser. Wo ist es anzuwenden, wo nicht? — Geschichte der Wasser-Heilkunde, diätetische Benutzung des kalten Wassers, Darstellung der wichtigsten Krankheitsformen nach ihren charakterist. Erscheinungen nebst ihrer zweckdienl. Behandlung. Als zweckmäß. Haus- u. Hülfsbuch für alle Stände nach den besten u. neuesten Quellen, und nach eigner mehrjähr. Erfahrung bearb. Nebst systemat. Inhaltsverzeichniß u. alphabet. Register. 3. verm. Ausg., mit der Uebersicht und Beschreibung der Kaltwasser-Heilanstalten und Heilung der Branntweinspest 2c. gr. 8. Leipzig 842, C. Klein. 1 1/3 ß

— dass. 3. Ausg. (2. wohlf. Aufl. 2. Ausg.) 8. Ebd. 842. 3/4 ß

Koch, Karl Chr., s. Karl Aug. Koch, d. zweckmäßige Diät.

Koch, Karl Chr. Balth., († d. 15. Febr. 1830.) Bericht der Freischule von ihrem Aufwande, ihrer Wirksamkeit, zum Besten d. armen Jugend während d. letzten 12 Jahre 2c. 8. Wismar 817.

- s. Dodds Predigten.

— Nachricht von e. Freischule, als e. Versuche zur Errichtung einer Erwerbschule f. arme Kinder. 8. Wismar 797.

(—) Samml. christl. Gesänge für die gemeinschaftl. u. besondere Andacht. 8. Wismar 797.

- s. R. J. Sheridan, Geschichte.

— **Carl Ernst Friedrich** (Jena), De fidejussione ad tempus. Diss. jur. Jena (Schreiber & Co.) 1821. 72 S. (6.—) 18742
Gew.: Christian Wilhelm Schweitzer.

Koch, Karl Friedrich, a. Offenburg (Baden): **Über chronische, abgesackte Beckenabszesse nach Perityphlitis. Freiburg i. B.: Speyer & Kaerner 1907. (24 S.) 8°**
Freiburg i. B., Med. Fak., Ref. Kraske, Diss. v. 1907
[Geb. 8. Mai 79 Freiburg i. B.; Wohnort: Freiburg; Staatsangeh.: Baden; Vorbildung: Gymn. Offenburg Reife Juli 99; Studium: München 2, Freiburg i. B. 2 S.; Coll. 28. Juli 05; Approb. 31. Juli 04.]

Koch, Carl Friedr., Beschreibung e. einfachen u. wohlf. Zeltes u. Bettes f. Dampfbäder in belieb. Wärmegraben, als d. zur Zeit bewährteste Vorbauungs- u. Heilmittel gegen d. oriental. Cholera, nebst e. kurzen Gebrauchsanweisung. M. 1 Stndr. gr. 8. (2 B.) Magdeburg 831, Creutz.

— **Carl Friedrich** (Erfurt), De divisione regalium. Diss. jur. Erfurt (Joh. Christ. Goerling) 1802. 24 S. (5.—) 18743

—— die Gymnastik aus d. Gesichtspuncte d. Diätetik u. Psychologie, nebst e. Nachricht von d. gymnast. Anstalt zu Magdeburg. gr. 12. (14¹/₃ B.) Magdeburg 830, Creutz.

Koch, Car. Frid. (geb. Magdeburg 1802) De observationibus nonnullis microscopicis sanguinis cursum et inflammationem spectantibus atque de suppuratione adiecta analysi puris chemica. Berolini (1825). 180 S. 8°
Berlin, Med. Diss. v. 3. März 1825

Koch, K(arl) F(riedrich): Vollständige systematische Sammlung der Preußischen Medicinalgesetze und Verordnungen. 659 S., gbd.

Magdeburg: Creutz 1833

JB 5.465

Koch, Carl Geo., geistliche Amtsreden. Hrsg. in Verbindung m. mehr. evangel. Geistlichen. gr. 8. (16 B.) Leipzig 842, Gerig'sche Buchh.

Koch, Carl Geo., Mittheilungen an Landprediger in Entwürfen u. Andeutungen zu Religionsvortrn. bei Beerdign. 8. (9 B.) Leipzig 853, Lauffer.

Koch, Carl Geo., Taufreden. gr. 8. (VI und 85 S.) Chemnitz 853, (Defoy.) *

— **Carl Gottlob** (Torgau), De natura et effectu constituti possessorii. Diss. jur. Rector Hieronymus Friedrich Schorch. Präs. Jo. Christoph Spitz. Erfurt (Hering) 10. V. 1751. 24 S. (6.—) 18744

Koch, Karl Heinr., Gesetz, betr. den Verkehr m. Wein. weinhaltigen u. weinähnlich. Getränken. Vom 24. V. 1901, Nebst Ausführungsbestimmgn. Erläutert aus der Begründg. der Regierungsvorlage, dem Kommissionsberichte u. den Reichstagsverhandlgn. 8. (VIII, 43 S.) Mainz 901. V. v. Zabern. Kart. n. 1.50

Koch, Karl Heinr., die mittelrheinischen Handelsvereine. Taschenbuch f. Rheinweinkäufer. 12. (VIII, 123 S.) Mainz 893. Verlag des „Weinbau u. Weinhandel" (Ph. v. Zabern). n. 2.—

Koch, Karl Heinrich: Die mittelrheinischen Handelsweine. Taschenbuch für Rheinweinkäufer. Mainz: v. Zabern 1593. VI, 123 S. -- 16°. 77.Gei 1

Koch, K. H. Zur Kritik der Weinsteuer-Vorlage. Im Auftrage von Winzern des Rheines und der Mosel. gr. 8°. Mainz, v. Zabern, 1893.

Koch, Karl Heinrich: Moselwein. Zu Lob und Preis des Moselweines. Gezeichnet von Anton Lewy. Mainz: v. Zabern 1898. 50 S. -- 77°. Gei 1

Koch, Karl Heinrich: Das Weinland Rheinhessen. Nebst Weinbaukarte im Maßstabe 1:100 000 gezeichnet von K. Happersberger, rev. von Th. Sauer. Mainz: von Zabern 1903. 32 S. -- 121°

— italienische Weine. Taschenbuch zur Orientirg. üb. italien. Weine, Rebensorten, Weinpreise etc. Aus dem Ital. übers. u. m. Einleitg versehen. 8. (VII, 120 S.) Ebd. 892. n. 2.—

Koch, Karl Heinrich: Rheingauer Weinfahrt. Ein Wein- und Wanderbüchlein vom Strom der Ströme. Mainz: von Zabern 1908. 52 S. -- Gei 1°

Koch, Karl Heinrich Emmanuel, s. Koch, Karl

Koch, Karl Jos., Gott ist mein Erbtheil. Christl. (kathol.) Gebet-, Betrachtungs- u. Erbauungsbuch f. gebild. Stände. M. 1 Kpfr. 8. (40¹/₄ B.) Wiesbaden 834, Schellenberg.

- s.a. **Jeremias, d. Propheten Klagelieder.**

Koch, Karl Jos., des Propheten Jeremias Klagelieder. In freier metr. Uebersetz., nebst erläut. Anmerkn. 8. (3 B.) Mainz 835, Kupferberg.

Koch, Karl Ludwig

Koch, K. L., die Arachniden, getreu nach der Natur abgebildet u. beschrieben. 7 Bde. à 6 Hfte. u. 8r Bd. 1s u. 2s Heft, jedes mit 36 ill. Kpfr. gr. 8. Nürnberg, Zeh. à Heft n. ⁵/₆ ℛ — s. auch K. W. Hahn.

Koch, K. L., die Arachniden. Getreu nach der Natur abgebildet u. beschrieben. 8. Bd. 3.—6. Hft. 9.—11. Bd. à 8 Hfte. u. 12. Bd. 1.—4. Hft. Jedes mit 6 fein ausgemalten Taf. gr. 8. Nürnberg 841—846, Zeh'sche Buchh. à n. ⁵/₆ ℛ — Ladenpreis à n. 1¹/₆ ℛ

— Deutschlands Crustaceen, Myriapoden u. Arachniden. Ein Beitrag zur deutschen Fauna. Herausg. v. Dr. Herrich-Schäffer. 1s—30s Hft. (à 24 lithogr. u. color. Abbildd. u. ebensoviel Bl. Text.) qu. 16. Regensburg 835—40. Pustet; (Montag u. Weiß; a Manz; a. Zeh in Nürnberg. 1s—28s Heft à ⁵/₆ ℛ 29s u. 30s Heft à n. ¹¹/₁₂ ℛ

— Deutschlands Crustaceen, Myriapoden u. Arachniden. Ein Beitrag zur deutschen Fauna. 31.—40. Hft. Mit (191) ill. Taf. Abbild. qu. 16. Regensburg 841—44, Pustet. (Manz.) (à) n. ¹¹/₁₂ ℛ

Koch, K. L., System der Bairischen Zoologie. Zum Gebrauch als Taschenbuch. 1r Bd. Mit 13 Kpf. 8. Nürnb. 816. Stein. 3 ℛ

— Uebersicht des Arachnidensystems. 1s u. 2s Hft. Mit 6 Kpfrtaf. gr. 8. Nürnberg 837—39. Zeh. 1 ℛ

— Uebersicht des Arachnidensystems. 3. Hft. 1.—3. Abtheil. Mit 5 Kupfertaf. gr. 8. Ebend. 842, 43. 1. u. 2. Abthl. n. 1¹/₃ ℛ — 3. Abthl. n. ⁵/₆ ℛ (I—III. 1—3. n. 3¹/₆ ℛ)

Koch, Karl Richard

Relative Schweremessungen ausgeführt im Auftrag des Kgl. Ministeriums des Kirchen- und Schulwesens ... von K. R. **Koch.** 1. *Stuttgart 1901: C. Grüninger.* 8°
Aus Jahreshefte d. Ver. f. vaterl. Naturkunde in Württemberg. Jg. 1901
(Veröffentlichung d. K. württemb. Kommission f. d. internat. Erdmessung.)

Koch, K. R., Untersuchungen üb. die Vibration des Gewehrlaufs, s.: Cranz, C.

— **Carl Samuel** (Löbeginensis Magdeburgicus), De interdicto sollicite a philosopho inculcando: ne jures in verba magistri. Diss. philos. secunda. Präs. Friedrich Wilhelm Ellenberger. Halle 13. X. 1752. 22 S. (4.50) 18745
Widm. v.: Sig. Jac. Baumgarten, Präs. — Tl. I s. Nr. 7747.

Koch, Carl Wilh., s.a. Dittrich, Joh. Gg.

Koch, Carl Wilh., die Kur der Cholera nach antipathischem Principe. 8. (76 S.) Breslau 854, (Kern.)

— **Carl Wilhelm** (Herrnstadt/Schles.), Quaenam in vena aperienda methodus sit optima. Diss. med. Jena (Schreiber & Co.) 2. XII. 1812. 32 S. (5.50) **18746**
Gew.: Julius Adolph Carl Ritschel (Pulsnitz/Laus.), Carl Friedrich Reichel (Liegnitz/Schles.)

Koch, Carl Wilh., d. Teppichfabrikation. gr. 8. (48 S. m. 26 Abb.) Würzburg 895. (Darmstadt, K. Koch.) n. 3.—; in französ. u. engl. Ausg. à n. 3.—

Koch, Kaspar

Koch, Caspar Dank-Adresse an die Helvetische Geistlichkeit, im Namen aller gutgesinnten Bürger, welche mitfühlen. 8 Luzern 1800

(Koch, Caspar) Ein Gespråch zwischen Arnold und Herrmann, zween Månnern aus den ehemaligen demokratischen Stånden über die heutige Revolution. 8. Luzern 1798.

Koch, Caspar *s.* Gespräch. [Erstes] G' zwischen dem Dorfvogte und Dorfschulmeister ...

(Koch, Caspar.) Ein zweytes Gespräch zwischen dem Dorfschulmeister und Dorfvogte zu N N im Kanton Luzern, den 24 Hornung, 1798. 8 *o O*

Koch, Katharina, Gedichte u. Hold u. Hort, s.: Schrattenthal, Karl, Katharina Koch.

Koch, Katharina, Gedichte v. K., e. deutschen Naturdichterin. 4. Aufl. (Volksausg.), veranstaltet v. K. Schrattenthal. (72 S.) 16. Preßburg 909. G. Steiner. —60

Koch, Katharina, mein Leitstern. Gedichte der deutschen Naturdichterin K. K. Hrsg. von Karl Schrattenthal. 2. Aufl. 16. (XVI, 62 S.) Stuttgart 886, Greiner und Pfeiffer cart. *

Koch, Klemens

Koch, Clemens: Ueber alveolaeres Sarkom. Halle (1872) Lipke. 30 S. 8°
Halle-Wittenberg, Med. Diss. v 31 Juli 1872
Geb. Harsewinkel (Westf.) 11 1 1847 V

Koch, Konrad, Die erste Einführung von Schulspielen (S. Abdr. a. d. Ztschr. f. Turnen u. Jugendspiel, Jg. 1, Nr. 1, S. 1—4), 5 S., 8°.

Koch, K., die Entwicklung des Jugendspiels in Deutschland. Bisherige Erfolge u. weitere Ziele. Vortrag, geh. am 12. Septbr. 1893. gr. 8. (30 S.) Hannover-Linden 893. Manz & Lange. n. —60

Koch, Konr., die Erziehung zum Mute durch Turnen, Spiel u. Sport. — Die geist. Seite der Leibesübgn. gr. 8. (III, 224 S) Berlin 900. [R. Gaertner.] Weidmann. n. 4.—; geb. n. 4.80

Koch, Konrad, approb. Arzt aus Henfenfeld **Über einen Fall** von Epignathus. *Erlangen 1899: A. Vollrath.* (22 S.) 8°
Erlangen, Med. Diss. v 28. Juli 1898

Koch, K., Fußball. Regeln des Fußball-Vereins der mittleren Classen des Martino-Katharineums zu Braunschweig. 16. (12 S.) Braunschweig 875, Goeritz und zu Putlitz. *

Koch, K., Fußball. Regeln vom Spielplatze d. Gymnasiums Martino-Katharineum zu Braunschweig. 2. Aufl. 16. (16 S.) Braunschweig 884. Goeritz n. —40

Koch, Konrad, Einfacher Fußball (Fußball ohne Aufnehmen, engl. Association), Entwurf i. A. d. techn. Aussch. f. Jugend- u. Volksspiele, Leipzig, 7 S., 8°.

Koch, K Fußball, das englische Winterspiel. Stettin 1877 S. 162—176.
Sonderdr aus Pädagogisches Archiv Bd. 19. 1877. H. 3.

— — 2. Aufl. 1885. 16 S.

Koch, Konrad, Die Geschichte des Fußballs im Altertum und in der Neuzeit, Berlin 1894, 44 S., 8°.

— die Geschichte des Fußballs im Altertum u. in der Neuzeit. [Aus: „Monatsschr. f. das Turnwesen".] gr. 8 (44 S. m. 4 Fig.) Berlin 895. R. Gaertner. n. 1.—

— dasselbe. 2., durch e. Nachtrag verm. Aufl. gr. 8. (47 S.) Ebd. 895. n. 1.—

Koch, Konrad, Zur Geschichte und Organisation der Braunschweiger Schulspiele (S. Abdr. a. d. Monatsschr. f. d. Turnwes. 1882, H. 4), Berlin 1882, 8 S., 8°.

[F.] **Koch**, Konrad [Prof. Dr.]: Platos Gorgias als Schullektüre. Braunschweig, Druck v J. H. Meyer, 1892; 22 S. 4.
Braunschweig, herz. G. Martino-Katharineum, OP 1892 (686)

Koch, Konrad, Der Braunschweiger Kursus für Schulspiele, Der 2. Braunschweiger Lehrgang für Schulspiele, Braunschweig 1893, 7 S., 8°.

Koch, Konrad, Die Ordnung der Braunschweiger Schulspiele im Sommer 1883, Berlin 1884, 6 S., 8°.

Koch, Konradus, Brunsvicensis: **Quae fuerit ante Socratem vocabuli ἀρετή notio.** *Ienae 1900: G. Neuenhahn.* (64 S.) 8°
Jena, Phil. Diss. v. (5. Mai) 1900

Koch, Konr., quae fuerit ante Socratem vocabuli ἀρετή notio. Diss. gr. 8. (III, 65 S.) Ienae 900. (Braunschweig, B. Goeritz.) n. 1.20

Koch, K., Ratgeber zur Einführung der Volks- u. Jugendspiele, s.: Schriften, kleine, des Zentralausschusses zur Förderung d. Volks- u. Jugendspiele in Deutschland.

Koch, K., Regeln des Thorballs, mit einigen Bemerkungen für Anfänger, einer Tafel und einem Plane. 16. (17 S.) Braunschweig 877, Haering und Comp.

Koch, Konrad, Die Braunschweiger Schulspiele, Hamburg u. Leipzig 1890, 15 S., 8°

Koch, K.: Englische Schulspiele auf deutschen Spielplätzen. Braunschweig um 1880. 10 S.

Koch, Konrad, Schulspiele und Gesundheitslehre, Braunschweig, 16 S., 8°.

Koch, K.: Das heutige Spielleben Englands. Braunschweig 1895. 31 S.

Koch, K., der Stand d. Nationalfestfrage. Ansprache, geh. am 18. III. 1898 zu Braunschweig. M. e. Anh.: Zusammengef. Wettkämpfe in Braunschweig. 8. (78 S.) Braunschweig 898. B. Goeritz. n. 1. —

Koch, Konrad: Zur Stellung der Frau bei Homer. Eisenach 1909: Hofbuchdr. S. 3—10. 4°
Eisenach, Karl Friedrich-G OP 1909 (910) [S 09. 255

Koch, Konrad, Einj.-freiw. Arzt im I. Garde-Feldart.-Reg., aus Krusemark, Altmark Aus d. pathol. Institute zu Kiel. Ueber die **Urogenitaltuberkulose** des Mannes. *Kiel 1899: P. Peters.* (53 S.) 8°
Kiel, Med. Diss. v. [18. Dez.] 1899

— Die Volks- u. Jugendspiele nach den Grundsätzen des Zentralausschusses, s.a. Abhandlungen, pädagogische. XIII, 6.

Koch, Konrad, Die Volks- und Jugendspiele nach den Grundsätzen des Zentralausschusses, Ber. üb. die seitherige Tätigkeit d. — anläßl. d. 25jähr Erinnerungsfeier f. d. Goßlerschen Spielerlaß v. J. 1882, Friedrichroda 1907, 19 S., 8°

Die Volks und Jugendspiele nach den Grundsatzen des Zentralausschusses Von Prof Dr. K[onrad] **Koch** in Braunschweig Bielefeld Helmich [1908]. 14 S. 8° [Umschlagt]
(Pädagogische Abhandlungen N F Bd 13, H 6.) [10. 2339

Koch, K., Der erzieherische Wert der Schulspiele, Braunschweig 1878, 15 S., Gr.-8°.

Koch, Konrad, u. Schenckendorff, Emil v., Wie wird das Bewegungsspiel im Freien zur Volkssitte? Zwei Ansprachen, Nachtrag. D. 1. dtsch. Spielpark nach engl. Vorbilde, Braunschweig 1895, 50 S., 8°

Koch, Konrad, Wodurch sichern wir das Bestehen der Schulspiele auf die Dauer? Vortr., Braunschweig 1887, 16 S., 8°.

Koch, Konrad [aus Cottbus]: Ueber das Zurückbleiben von Fisteln nach sectio alta. Berlin, Buchdr. v. M. Goedecke vorm. E. Müller (1886), 34 + 3 S. 8°.
Berlin. Med. Fak., Inaug.-Diss. v. 7 Aug 1886.

Koch, Konrad, über das Zurückbleiben von Fisteln nach sectio alta. Diss. Berlin 1886, Mayer & Müller. 8°. 34 S.

Koch, Konrad [Prof. Dr.]: Über Zweck und Ziel des deutschen Aufsatzes. Braunschweig, Druck v. J. H. Meyer, 1889; 24 S. 4°
Braunschweig, herz. G Martino-Katharineum, OP 1889 (649)

Koch, Cornelius Dietrich [Praes.], s. Berens, August De moribus poëtarum prior

Koch, Cornelius Dietrich [Praes.], s Beuthner, Johann Heinrich De praestantia quadam poeseos Germanicae prae Gallica et Italica.

— — Confutatio Plinii argumentorum contra immortalitatem et resurrectionem recitationibus philosophicis praemissa. Helmstedt (Paul Dietrich Schnorr) 11. VII. 1724. 16 S. (4.—) 18767

Koch, Cornelius Dietrich [Praes.], s. Eichholtz, Johann Heinrich. De moribus poëtarum altera.

Koch, Cornelius Dietrich [Praes.], s. Gloxin, Christ Burchard: Initia polyhistoris logici sive historiae logicae. Cap I. divina. Cap. II. angelica. Cap. III, heroica, s. mythica.

— **Cornel. Dietrich,** Stricturas theologicas in v. r. et cl. Joannis Hardvini Soc. J. opera selecta. Präs. Jo. Andreas Schmid. Helmstedt (Georg Wolfgang Hamm) 10. XI. 1710. 72 S. (6.80) 18766

Koch, Kurt

Koch, Curt, a. Giessen: Aus d. chirurg. Klinik zu Giessen. Beitrag zur Radikaloperation der Nabelhernien. Giessen 1909: v. Münchow. 52 S. 8°
Gießen, Med. Diss. v. 3. Juli 1909, Ref. Poppert
[Geb. 26. Okt. 83 Kassel; Wohnort: Hamburg; Staatsangeh.: Preußen; Vorbildung: Gymn. Gießen Reife O 03, Studium: Gießen 5, Würzburg 1, München 1, Gießen 4 S.; Coll. 18. Dez. 08; Approb. 9. Mai 09.] [U 09. 1114

Koch (L.). Glasphotogramme fuer den botanischen Unterricht . . . Goerlitz, 1880.→
Slides for projection on a screen; after Le Maout & Decaisne.

Koch, L., erste Gründe z. Gartenwissenschaft nach Mustern in 14 Kpf., jungen Gärtnern u. andern Liebhabern z. Besten entworfen. 8. Augsburg, 1778. — 15

Cantate. Dem Mitstifter der St. Joh. Loge Wittekind zur westphälischen Pforte [in Minden] G. L. W. v. Grabowski, am Tage seiner maurerischen Jubelfeier den 29. Oct. 1828. Gewidmet vom Br. L. **Koch,** Minden [1828]: Essmann. 4 Bl. 8° [Umschlagtit.]
Ohne Noten. 25.

Koch, L.: Karte von dem Kaukasischen Isthmus, s. Koch, K.

Koch, L., Lebensbilder und Reisen in Amerika, s. Beyer, M.

Koch, L., Lieder m. Melodien f. d. Lambertusfeier zu Münster. 4. Aufl. (62 S.) 16. Münster (910). H. Boertgen. — 40

Koch L, Rafaels Loggien im Vatikan zu Rom. (43 T) fol Wien 1878

Koch, L., Reden, geh. bei Entlassung der Abiturienten d. königl. Realgymnasiums in den J. 1865—1888. 8. (II, 122 S.) Tilsit 892. (W. Lohauß.) n. 1. 50

Koch, L., amerikanische Reisen, s. Beyer, M.

Koch, L., die Schattenseiten unserer Tagespresse, s.: Tages- u. Lebensfragen.

Koch, (L.,) Situationen. 1r Thl. A. u. d. T.: Gedichte. 8. Hamm 822, Schulz.

— dess. 2r Thl. — A. u. d. T.: vermischte Schriften. gr. 8. Hamm 824, Schulz.

Koch; L. G., de principe juventutis. gr. 8. (47 S.) Leipzig 883. (Lorentz.) n. 1. —

Koch, L. H., das Pferdefleisch als Volksnahrungsmittel praktisch dargestellt nebst sanitäts-polizeilichen Vorschlägen. Hoyerswerda 858. Erbe. gr. 8. (47 S.) n. 10 ngr.

Koch, L. S. F., Grundzüge der planimetrischen Triangulirung der Feldmarken mittels Messung aller Dreiecksseiten. Eine Anleitung Feldmarken und andere Theile der Erdoberfläche von geringer Ausdehnung in ebener und bergiger Gegend unter Zugrundelegung eines zweckmässig geordneten Dreiecksnetzes durch blosse Kettenmessung, ohne Anwendung eines Winkelmessers, genau aufzunehmen und zu kartiren. gr. 8. (VII und 48 S. mit 5 Stnt. in gr. 8. und 4.) Halle 866, Schmidt's Verlag. *

Koch, Leonhard, Feuerwehr-Büchlein für Jedermann, zunächst für Gemeinde-Verwaltungen und Volksschulen. Eine 2. verm. Aufl. des im J. 1836 herausgekommenen Büchleins: Wo brennt's? oder: das kluge Verhalten bei Feuersbrünsten. gr. 16. (VIII, 47 S.) Eichstätt 872, Krüll'sche Buchh. *

Koch, Leonhard [aus Frauenberg]: Die Geschichte Bileams und seine Weissagungen. E. Uebs. u. krit. Behandlg d. Midrasch Rabba: Num. Par. 20 u. Par. 22, 4—6; nebst Anh. u. Schluss ... Strassburg, Universitätsbuchdr. v. J. H. E. Heitz, 1892; 1 Bl., 68 S. 8.
Strassburg, Phil. Fak., Inaug.-Diss. v. 1892

Koch, Leopold, Die einfachste Art der Buchführung für den Gewerbsmann und Landwirth. Anleitung für den Unterricht an Volks- und Bürgerschulen und an gewerblichen, beziehungsweise landwirthschaftlichen Fortbildungsschulen. Stockerau 1896. Im Selbstverlage des Verfassers. (Min.-Erl. v. 11. Aug. 1896, Z. 18861.) Cartonnirt —.50

Koch, Leop., Haushaltungskunde. (V, 128 S. m. 76 Abb.) 8. Wien 910. A. Pichler's Wwe. & Sohn. Geb. 1.80

Koch, Leopold, Uebungsheft I. Für ein Beispiel zur Einführung in die gewerbliche Buchführung. Uebungsheft II. Für ein Beispiel zur Einführung in die landwirthschaftliche Buchführung. Stockerau. Im Selbstverlage des Verfassers. (Min.-Erl. v. 14. Juni 1897, Z. 14822.) Pro Heft —.10

Koch, *Lothar Gottw.* [Dr.]: Beiträge zur Förderung des Kunstunterrichts auf den höheren Schulen. ***Bremerhaven, Bremerhav. Zeitg, 1896;*** 35 S. 4.
Bremerhaven, G u. R, OP 1896 (744)

— †Professor Dr Paul Bergholz geb. am 27 Juli 1845, gest. am 3. Januar 1909. S. 3. 4. **Progr.** Altes Gymn. *Bremen* 1909 (970)

Koch, *Lothar Gottwald*: Bericht über die Abhaltung des 1 Cyklus von kunstgeschichtlichen Vorträge. am Gymnasium zu Bremerhaven 4 (S. 15—20). Bericht des 2. Cyklus 4 (S. 14—18). Bericht des III. Cyklus 4 (S. 15—21).
G. u. Rsch. *Bremerhaven* 1898 (767). 1899 (774). 1900 (781).
Progr.

Koch, L[othar], Dr. **Bericht** über die Abhaltung des 2. Cyklus von kunstgeschichtlichen Vorträgen am Gymnasium zu Bremerhaven. *Bremerhaven 1899: Nordwestdeutsche Zeitung.* (S. 14—18.) 4° ¶(Vgl. Progr 1898.)
Bremerhaven, G u. R, OP 1899 (774)

Koch, L[othar], Dr.: **Bericht** über die Abhaltung des 3. Cyklus von kunstgeschichtlichen Vorträgen am Gymnasium zu Bremerhaven. *Bremerhaven 1900: Nordwestdeutsche Zeitung.* (S. 15—21.) 4° ¶(Vgl. Progr. 1898. 99.)
Bremerhaven, G u. R, OP 1900 (781)

Koch, Lothar †Professor Dr. Ernst Dünzelmann, geb. am 7. März 1846, gest. am 14. Juni 1907. S. 3. 4. Altes Gymn. *Bremen* 1908 (941). **Progr.**

Koch, Lothar. Xenophonsätze zur Einübung d. griech. Syntax in Tertia u. Secunda. gr. 8. (VI, 84 S.) Berl. 890, Weidmann. * 1 20

Koch, Loth., Xenophonsätze zur Einübung der griech. Syntax in Tertia u. Secunda. 2. verb. Aufl. (VII, 93 S.) 8. Berlin 910 Weidmann. 1.60

Koch, Louis Schule und Haus. 16 S. **Progr.** Rg. *Tilsit* 1878.

Koch, Louis Berliner Witzhagel gefallen in der Barrikadennacht vom 18. zum 19. März und später Erste Lieferung. Berlin, Gebr. Schlesinger 1848. 16 S. 8.

Koch, Louise, Gedichte. 8. (54 S.) Wien (901). Neue Literatur-Anstalt. n. 1.50

Koch, Ludw., die mikroskopische Analyse der Drogenpulver. Ein Atlas f. Apotheker, Drogisten u. Studierende der Pharmacie. 3.—6. Lfg. hoch 4. Leipzig, Gebr. Borntraeger. à n.n. 3.50
1—3. I. Bd. Die Rinden u. Hölzer. 3 Lfgn. (II, IV, 167 S. m. 14 Taf.) 900. 901. n. 12.—; geb. n.n 15.50
4—6. II. Bd. Die Rhizome, Knollen und Wurzeln. 1.—3. Lfg. (S. 1—168 m. 14 Taf.) 901. 902.

Koch, Ludw., die mikroskopische Analyse der Drogenpulver. Ein Atlas f. Apotheker, Drogisten u. Studierende der Pharmacie. 7.—14. Lfg. hoch 4. Leipzig, Gebr. Borntraeger. Subskr.-Pr. à n.n. 3.50
7. II. Bd. Die Rhizome, Knollen u. Wurzeln. 4. Lfg. (S. 169—214 m. 4 Taf.) 903.
8. Dasselbe. 5. Lfg. (IV u. S. 215—259 m. 6 Taf.) 903. (II. Bd. kplt.: 20.—; geb. n.n. 24.50; I u. II.: 32.—; geb. n.n. 40.—)
9. III. Bd. Die Kräuter, Blätter u. Blüthen. 1. Lfg. (S. 1—52 m. 4 Taf.) 904.
10. Dasselbe. 2. Lfg (S. 53—106 m. 5 Taf.) 904.
11. Dasselbe. 3. Lfg. (S. 107—156 m. 5 Taf.) 905.
12. Dasselbe. 4. Lfg (S. 157—204 m. 4 Taf.) 905.
13. Dasselbe. 5. (Schluss-)Lfg. (IV u. S. 205—254 m. 5 Taf.) 906. (III Bd. kplt. n. 20.—; geb. in Moleskin n. 24.50)
14. IV. (Schluss-)Bd. Die Samen u. Früchte. 1. Lfg. (S. 1—44 m. 4 Taf.) 906.

Koch, Ludw., die mikroskopische Analyse d. Drogenpulver. Ein Atlas f. Apotheker, Drogisten u. Studierende der Pharmacie. 15.—18. (Schluss-)Lfg. Lex. 8. Leipzig, Gebr. Borntraeger. Subskr.-Pr. nn 12.80
15—18. IV. (Schluss-)Bd. Die Samen u. Früchte. 2.—5. (Schluss-)Lfg. (IV u. S. 45—196 m. Holzschn. u. Taf.) 907. 08.

Koch (L.). Abnorme Aenderungen wachsender Pflanzenorgane durch Beschattung. Berlin, 1872 4°

Koch, Ludw., abnorme Aenderungen wachsender Pflanzenorgane durch Beschattung. hoch 4. (32 S. mit 4 lithogr. Taf.) Berlin 873, Wiegandt, Hempel und Parey. *

Koch, L., aegyptische und abyssinische Arachniden, gesammelt von C. Jickeli, beschrieben und abgebildet. gr. 4. (IV, 96 S. mit 7 Kpfrt.) Nürnberg 875, Bauer und Raspe. *

Koch, L., die Arachniden Australiens nach der Natur beschrieben und abgebildet. 1.—16. Lfg. 4. (VIII, S. 1—740, mit je 4 Kpfrt.) Nürnberg 871—75, Bauer und Raspe.
1.—10. Lfg. à * ℳ 8. *
11.—16. Lfg. à * ℳ 9. *

Koch, Ludw. (L.), die Arachniden Australiens nach der Natur beschrieben und abgebildet. 17.—24. Lfg. gr. 4. (S. 741—1100 mit 36 Kpfrt.) Nürnberg 876—79, Bauer und Raspe. à Lfg. * ℳ 9. *
1.—16. Lfg. Ebendas. 1871—75. * ℳ 135.

Koch, L., die Arachniden Australiens nach der Natur beschrieben und abgebildet. 25. und 26. Lfg. gr. 4. (S. 1101—1212 mit 8 Kpfrt.) Nürnberg 880, Bauer und Raspe. à Lfg. * ℳ 9. *
1.—24. Lfg. Ebendas. 1871—79. * ℳ 207.

—— dass. — Fortgesetzt von Graf E. Keyserling. 27.—31. Lfg. gr. 4. (III, S. 1213—1489 mit 19 Kpfrt.) Ebendas. 881—83. à Lfg. * ℳ 9. *

Koch, Ludw., die Arachniden Australiens, nach der Natur beschrieben und abgebildet. Fortgesetzt von Graf E. Keyserling. 32.—36. Lfg. gr. 4. (2. Hälfte S. 1—232 mit 20 Kpfrt.) Nürnberg 886, 87, Bauer und Raspe. à Lfg. * ℳ 9.—. *

Koch, Ludw. Die Arachniden Australiens, nach der Natur beschrieben u. abgebildet. Fortgesetzt u. beendet v. Graf E. Keyserling. 87. (Schluss-)Lfg. gr. 4. (2. Thl. III, S. 233—274 m. 4 Kpfr.-Taf.) Nürnb. 890, Bauer u. Raspe. * 9 —
1.—36. Lfg. Ebd. 1871—87. * 315 —

— Pharmakognostischer Atlas. 2. Tl. der mikroskop. Analyse der Drogenpulver. Ein Atlas f. Apotheker, Grossdrogisten, Sanitätsbeamte, Studierende d. Pharmacie usw. I. Bd. 1.—3. Lfg. (S. 1—90 m. 15 Taf.) Lex. 8. Ebd. 909. 10. Subskr.-Pr. à nn 3. 50

Koch, Ludwig, appr. Arzt a. Hamfeld ⟨Pfalz⟩: Behandlung von Augenkrankheiten durch Bestrahlung mit der elektrischen Glühlampe. München 1906: C. Wolf. (24 S.) 8°
München, Med. Fak., Ref. Eversbusch, Diss. v. 14. Febr. 1906
[Geb. 11. Dez. 77 Halufeld; Wohnort: Halufeld; Staatsangeh.: Bayern; Vorbildung: Gymn. Landau Reife Juli 99; Studium: München 2, Würzburg 3, Berlin 1, Kiel 1, Straßburg 2 S.; Coll. 14 Febr. 06; Approb. 25 März 06.]

KOCH, Ludwig (München): Beobachtungen über die Blatternepidemie 1871 in Dillingen.- München: Weiss 1871. 27 S.
21.7.1870 - Urk (Titel: De epidemia variolae.); F 72; Chr 1870/71,15
Diss. Ingolst.-Landsh.-Mchn.

—— Beschreibungen neuer, von Hrn. Dr. Zimmermann entdeckter Arachniden, s. Abhandlungen der naturforschenden Gesellschaft zu Görlitz.

— übersichtliche Darstellung d. europäischen Chernetiden (Pseudoscorpione). gr. 8. (IV, 68 S.) Ebend. 873. n. 2. —

Einführung in die mikroskopische Analyse der Drogenpulver. Eine Anleitung z. Untersuchung von Pflanzenpulvern. Zum Selbststudium von Dr. Ludwig **Koch**, Heidelberg. Mit 49 Abb. Berlin Gebr. Borntraeger 1906. (VIII, 174 S.) 8° [07. 2109

— über die Entwicklung des Samens von Monotropa Hypopitys L. gr. 8. (7 S.) Heidelberg 878, C. Winter's Universitäts-Buchh.

— über die Entwickelung des Samens der Orobanchen. gr. 8. (5 S.) Ebendas. 876. *
Vorstehende zwei Schriften sind aus: Verhandlungen des naturhistorisch-medicinischen Vereins zu Heidelberg, besonders abgedruckt.

—— die Entwicklungsgeschichte der Orobanchen, mit besonderer Berücksichtigung ihrer Beziehungen zu den Kulturpflanzen. Mit Unterstützung der kgl. Akademie der Wissenschaften in Berlin. Lex.-8. (VII, 389 S. mit 12 lithogr. Taf., darunter 5 Doppeltaf.) Heidelberg 887, C. Winter's Universitäts-Buchh. **

Koch, Ludw., Graf Elger v. Hohnstein, der Begründer des Dominikanerordens in Thüringen. Ein Beitrag zur Kirchengeschichte Thüringens. 12. (XI und 156 S.) Gotha 865, F. A. Perthes. *

Koch, Ludw., die Klee- und Flachsseide [Cuscuta epithymum und C. epilinum]. Untersuchungen über deren Entwicklung, Verbreitung und Vertilgung. Lex.-8. (IV, 191 S. mit 8 lithogr. Taf.) Heidelberg 880, C. Winter's Universitäts-Buchh. *

KOCH, Ludwig (München): De praestantissimo amputationis methodo.- Landishuti: Thomann 1826. 55 S., Tab.
29.7.1826 - Pe 424; F 99
Diss. Ingolst.-Landsh.-Mchn.

Koch, Ludw., mikrotechnische Mittheilungen. 1. Ueber Einbettung, Einschluss u. Färben pflanzl. Objecte. [Aus „Pringsheim's Jahrbb. f. wissenschaftl. Botanik".] gr. 8. (52 S.) Berlin 892. Gebr. Borntraeger. n. 1. 50

Koch, Ludwig, pr. Arzt: Über die Peracidität des Magensaftes und die Einwirkung von Magenspülungen bei Ikterus katarrhalis. Erlangen 1909: Junge. 28 S. 8°
Erlangen, Med. Diss. v. 27. Sept. 1909, Ref. Penzoldt
[Geb. 4. April 81 Sterbfritz; Wohnort: Halle a. S.; Staatsangeh.: Preußen; Vorbildung. Gymn. Hersfeld Reife O. 02; Studium: Würzburg 7, Erlangen 4 S.; Coll. 30. Juli 09; Approb. 30. Juni 09.] [U 10. 807

— u. Ernst Gilg, pharmakognostisches Praktikum. Eine Anleitg. zur mikroskop. Untersuchg. v. Drogen u. Drogenpulvern zum Gebrauche in prakt. Kursen der Hochschulen. (VIII, 272 S. m. 140 Abb.) gr. 8. Berlin 907. Gebr. Borntraeger. Geb. in Leinw 6. 80

Koch, Ludwig (Mainz)
Ueber das wirksame Princip des Goa-Pulvers und seine Wirkungsweise.
Mainz: K. Theyer 1880. 30 S.
Diss. med. Giessen 31.12.1880. vorh. 26. 7. la.

Koch, Ludw., Philipp Melanthon's schola privata. Ein historischer Beitrag zum Ehrengedächtniß des Präceptor Germaniae. 12. (XIII und 183 S.) Gotha 859, F. A. Perthes. *

Koch, Ludw., soll man bei der Operation der complicirten doppelseitigen Hasenschartenbildung den Zwischenkiefer erhalten oder wegnehmen? Inaugural-Dissertation. gr. 8. (20 S. m. 1 color. Steintaf.) Jena 878. (Neuenhahn.) — 60

— Untersuchungen über die Entwicklung der Cuscuteen, s. a. Abhandlungen, botanische.

— Untersuchungen über die Entwicklung der Crassulaceen. Veröffentlicht mit Unterstützung des königl. preuss. Ministeriums für Landwirthschaft, Domainen und Forste. Imp.-4. (V, 139 S. mit 16 lithogr. Taf.) Ebendas. 879. *
— dass. — I. Die Gattung Sedum. gr. 8. (22 S.) Ebendas. 877. *
Aus: Verhandlungen des naturhistorisch-medicinischen Vereins zu Heidelberg, besonders abgedruckt.

Koch, Ludwig [aus Brome '(Prov. Hannover.)']: Untersuchungen über die bisher für Öl oder Phloroglucin gehaltenen Inhaltskörper der Fucaceen ... Rostock, C. Boldt'sche Hof-Buchdr., 1896; 61 S. 8.
Rostock, Phil. Fak., Inaug.-Diss. v. [12. Dez.] 1896

— Ludwig (Weissenfels), Viro Johann Christoph Kind de summis in utroque jure honoribus gratul. atque de usu et praestantia jurium universalium disserit. Lpz. (Loeper) 6. VIII. 1761. 4 Blatt. (4.—) 18823

— — De uxore immobilia sua solo consentiente marito valide alienante. Diss. jur. Saxon. Lpz. (Wwe. Langenheim) 4. IX. 1766. 30 S. (5.50) 18824

Koch, Ludw., systemat. Zusammenstellung d. chirurg. Krankheitsformen. 1 Tab. Fol. München 837, Franz.

Koch, Lud(ovicus) Alexander (geb. Charlottenbrunn in Schles. 11 2 1814) Novae rationis quotcunque aequationes quotcunque quantitatum variabilium geometrice construendi specimen. Vratislaviae (1841). (34 S., 1 Taf.) 8°
Breslau, Phil. Diss. v 6. Aug. 1841

Koch, Ludwig Wilhelm — Blüten der Gegenwart und Blätter der Zukunft. Beitrag zur Geistesbildung und Herzensveredlung. Ein Gedächtnißbuch zur Erinnerung an die allerhöchste Vermählungsfeier Sr. k. k. apost. Majestät Franz Josefs mit Ihrer königl. Hoheit der durchlauchtigsten Prinzessin Elisabeth, Herzogin in Baiern. Von — —. I. Band. (VIII, 184 S.) II. Band. (IV, 188 S.) 12. Wien. Gedruckt bei den Edl. v. Ghelen'schen 1855.

Koch, Luise, der Sohn des Millionärs, s.a. Welt, alle.

Koch, Luise: Der S o h n des Millionärs. Novelle aus d. Franz. von –. Berlin: A. Weichert [1900]. 48 S. 8°
= Welt, Alle. Bd. 26.

— M. (Président), Discours sur l'ancienne gloire littéraire de la ville de Strasbourg; prononcé, a la séance publique de la Société des sciences, agriculture et arts, du département de Bas-Rhin. Strasbourg (F. G. Levrault) 17. VII. 1809. 23 S. (5.—) 18825

Koch, M., Archaeolog. Funde u. Denkmale in den Landgerichtsbezirken Titmannig, Laufen u. Burghausen. S.-A 1851. 16 S.

KOCH, M., Gedancken von Romainen. Die Romainen sind Fabeln, in welche man Liebesbegebenheiten ver kleidet, um für verbotene Ausschweiffungen zu warnen Leipzig 1713. (Ausschnitt.) 8° (1 Mk. Paul Neubner, Cöln, 1893.)

Koch, M., der Gesangbuchentwurf f. die evangelische Kirche Württembergs in musikkritischer Beleuchtung. (80 S.) gr. 8. Stuttgart 906. J. B. Metzler. n. — 85

Koch, M. (Apotheker aus Jena): Über das Harz von Dammara orientalis (Manila-Copal) und Über das siebenbürgische Resina Pini von Picea vulgaris (Link). Jena 1902. 100 S. 8°.
Bern. Phil. Diss. 1901/1902.

Koch, M.: Geognostische K a r t e des Oberharzer Diabaszuges. Berlin 1893.

Koch, M.: Geologische K a r t e des Okerthales, s. H a l f a r.

Koch, M. Vierzig Sonette von Giordano Bruno übersetzt, erläutert und mit einer Einleitung versehen. Stolp, G., 1870. 48 S. 4. Progr.

Koch, M., in 30 Tagen durch die Schweiz. Mit 1 Karte. 246 S. 8. cart. Zürich, J. Wurster & Co. 1877. 2. 50

Koch, M., Wie haben wir zählen und rechnen gelernt? s.a. Sammlung gemeinnütziger Vorträge.

Koch, M., Wie haben wir zählen und rechnen gelernt? Wie zählten und rechneten die Alten? Gol. 18 S. —.75

Koch, M. Chr. Mariä Christinä Kochin hinterlassene Poetische Gedancken, bestehende in Glückwünschungs- und Trauer- wie auch Sinn-Schertz und Satyrischen Gedichten; nebst verschiedenen Geistlichen Oden, Poetischen Briefen und einigen wenigen Jugend-Proben dem Druck überlassen von einem Der seligen Poetin nahe Anverwandten. Gießen, E. H. Lammers, 1747. 8°. 5 Bl. 300 S. Am Rücken beschäd. und etwas abgenützter HPgtbd. d. Z.
G. III. 330, 62. Einzige Ausgabe.

Koch, M. D.

—— erstes Portefeuille neuer hamburger Vorschriften f. d. Kaufmann- u. Bürgerstand. Fortsetzung seiner „Neuen method. Schreibschule." qu. gr. 8. (24 lith. Bl.) Hamburg 845. (Herold'sche Buchh.)

Koch, M. D., Regeln üb. d. Federhaltung. gr. 4. Hierzu 1 lith. Blatt: „Wegweiser z. Federhaltung." Fol. Hamburg 837, (Berendsohn.)

—— neue method. Schreibschule f. d. Schul-, Privat- u. Selbstunterr. (Eine Anweis., wie man durch genaue Prüfung d. Schrift auf ungewöhnl. Weise d. Schüler klar u. fassl. beibringen kann, so dass ihm d. Begriff von d. Buchstaben deutlicher werde.) 1. Curs. d. deutsch. u. engl. Schrift. qu. ½ gr. 4. (36 lith. Bl., ½ B. Text u. lith. Ttl.) Hamburg 838, (Berendsohn.)

Koch, M. D., neue method. Schreibschule f. d. Schul-, Privat- u. Selbstunterricht. 1. Curs. d. deutschen u. engl. Schrift. qu. gr. 8. (37 lith. Bl. u. 3 Bl. Text.) Hamburg 845. (Herold'sche Buchh.) *

Koch, M. D., neue methodische Schreibschule für den Schul-, Privat- und Selbstunterricht. Eine Anweisung wie man durch genaue Prüfung die Schrift auf gewöhnliche Weise dem Schüler klar und fasslich beibringen kann, so dass ihm der Begriff von den Buchstaben deutlicher werde. 19. Aufl. 860. — 22. Aufl. Hamburg 863. (Altona, Mentzel.) qu. 4. (4 Bl. u. 36 lith. Taf.) n. 1 ₰

Koch, M. D., neue methodische Schreibschule für den Schul-, Privat- u. Selbstunterricht. Eine Anweisung wie man durch genaue Prüfung die Schrift auf gewöhnl. Weise dem Schüler klar u. fasslich beibringen kann, so dass ihm der Begriff von den Buchstaben deutlicher werde. 1. Cursus. 23—25. Aufl. Hamburg 863—68. (Altona, Mentzel.) qu. gr. 4. (16 Steintaf. u. 8 S. Text.) n. 1 ₰

Koch, M. D., neue method. Schreibschule für den Schul-, Privat- u. Selbstunterr., neu bearb. v. Jac. L. Peters. 26. Aufl. qu. gr. 8. (IV S. u. 40 Bl.) Hamburg 896. J. Kriebel. n. 2. 50

Koch, M J.. A u f l ö s u n g s m e t h o d e algebraischer Gleichungen des III. u. IV Grades mit einer Unbekannten. 54 S. 8° – Budweis, OR., Progr 1872.

Koch, M. J., Auflösungsmethoden algebraischer Gleichungen des III. und IV. Grades mit einer Unbekannten. 8. (64 S. mit 5 Stnt.) Wien 885, (Pichler's Wwe. und Sohn.) *

Koch, Maidy. Arnold Böcklin. Zwölf Gedichte. Gesprochen bei der Böcklin-Gedächtnis-Feier zu Freiburg i. Br., Januar 1902 16 S. 8. Freiburg i. Br., C Troemer, 1902. [M. —. 50]

Dämmerung Gedichte von Maidy Koch [d. i. Maidy Meyer]. Dresden & Leipzig: E. Pierson 1900. (64 S.) 8° 107. 8708

Koch, Maidy, Jos Fritz. (Aus den Bauernkriegen.) Dichtung f. Solostimmen, Chor u. Orchester comp. v. Alex. Adam. (op. 74.) (Textbuch.) (22 S.) 8. Freiburg i/B. 903. G. Ragoczy. n. — 20

— Magdalene v. Sydow. Drama in 8 Akten. gr. 8. (IV, 110 S.) Freiburg i/B. 900. G. Ragoczy. n. 2. —

— ein Totentanz. Drama in 3 Akten. 8. (III, 180 S.) Ebd. 901. n. 2. —

Koch, Mans., de Iubilaeo universali. 8. Augsb. Wolf.

Koch, Marie, Tante Anstand, s.: Korn, Leonore.

Koch, Marie, Räthselbuch. 150 Räthsel u. Charaden. 8. (158 S.) Ratibor 875. Schmeer & Söhne. n. 1. 20; geb. n. 2. —

Koch, Mart., s.: Bau- u. Ingenieur-Kalender, schweizer.

KOCH, Martin (Rothenburh): Ueber Colotomie.- München: Wolf 1879. 24 S.
9.12.1879 - Urk (Titel: De colotomia.); Chr 1879/80,14
Diss.Ingolst.-Landsh.-Mchn.

Koch, Mary, Loreley. Rheinsagen in 11 Gesängen. 2. Aufl. 12. (IV, 248 S.) Reutlingen 887. Kocher. geb. m. Goldschn. n. 4. —

* **MAGIRUS** (d. i. laut Weller *Matthaeus Koch*). — Die Gute und Böse Sieben, Frommen Weibern zu Lob und Trost, den Bösen aber zur Warnung und Beschämung, Aus der H Göttl. Schrifft . . , In Gebundenen Reim-Zeilen . . . entworffen von *Magiro*. Halle, Joh. Chrn. Hendel. 1729. 8° (In Berlin. Yk 4551)
32 Seiten. Seltene Satyre in Versen.

Koch, Matthias, Abhandlung üb. Armen-Colonien u. ihre Errichtung im österreich. Kaiserstaate. gr. 8. (5½ B.) Wien 835, Doll.

Koch, Matthias, die Alpen-Etrusker. Leipzig 853. Dyk. gr 8. (1 Bl., 72 S.) 15 ngr.

Koch, Matth., die Alpen-Etrusker. gr. 8. (72 S.) Leipzig 854, Dyk'sche Buchh.

Koch, Matthias *Ansprache beim Ableben des Herrn Erzherzogs Karl Ludwig.* 8 (S. 71—73). K. k. deutsches Staatsg. *Budweis* 1896
Progr.

Koch, Matthias *Ansprache an Prof. Dr. Stephan Zach bei Überreichung des goldenen Verdienstkreuzes.* 8 (S. 45—47).
Progr. K. k. deutsches Staatsg. *Budweis* 1895

Koch Dr. M.: Aus dem Archiv d. deutschen k. k. St. G. in Budweis. 42. Budweis 04.
Progr.

Koch Dr. M.: Behandlung der Goniometrie und Trigonometrie in der Mittelschule. 7. ibd. 83. **Progr.**

— Beiträge zur neueren Geschichte aus unbenützten Handschriften gesammelt, s. a. Denkschriften der k. Akademie der Wissenschaften. Philosophisch-histor. Classe, I. Bd.

Koch, Matthias: Beiträge zu neueren Geschichte aus unbenützten Handschriften gesammelt. D 1. II. 65.
Separatabdruck

Koch, Matthias: Beiträge zur Geschichte des deutschen Ordens in Tirol. Ar. 2. 53.
Separatabdruck

Koch, Matth., kritische Beiträge zur Geschichte u. Alterthumskunde Tirols. [Aus dem Novbr.-Hft. 1850 der Sitzungsberichte der philos.-histor. Classe der k. Akademie der Wiss. abgedr.] Lex. 8. (37 S.) (Wien 851, Braumüller.) n. 7 ngr.

Koch, **Matthias**: *Bericht über die Feier seines 30. in definitiver Eigenschaft zugebrachten Dienstjahres.* 8 (S. 45—50).
Progr. K. k. deutsch. Staatsg. *Budweis* 1897.

— über die älteste Bevölkerung Oesterreichs und Bayerns. Mit einem die ausschweifenden Richtungen in der österreich. Geschichtspflege beleuchtenden Anhang. gr. 8. (161 S.) Leipzig 850, Voigt und Günther. *

Köck, M., Landwirthschaftl. Blüthen in poet. Form. 8. (27 S.) Wien, *Wilh. Frick. 40 kr 1884.

Koch, M., deutsch-österreichische Declaration in der Verfassungsfrage und sociale Reform-Vorschläge. gr. 8. (88 S.) Brünn 870, Karafiat. *

— die Donaureise v. Linz bis Wien. Eine umfass. Darstell. aller auf dies. Route enth. Merkwürdigkeiten in histor., topograph. u. artist. Bezieh., nebst e. ausführl. Beschreib. d. Sehenswerthen in d. Haupt- u. Residenzstadt Wien. 1. Aufl. (7½ B.) 838., 2., umgearb. u. verm. A. gr. 12. (9 B.) Wien 841, Rohrmann. à *

— dass. mit e. Panorama in Vogelperspective, gez. v. R. A. v. Lilienbrunn, Stahlst. u. Vignn. v. H. Hummitzsch. (3 Ellen 21 Zoll lang u. 11½ [an beiden Enden 17] Zoll rheinl. breit. M. 1 B. Text in deutscher u. franz. Sprache, in gr. 4. Ebds. 838. In Etui *
Reise und Panorama ungetrennt nur * 3 Thlr. 12 Gr.

— die Donaureise von Linz bis Wien. Eine in histor., topograph. und artist. Beziehung aufgefaßte Darstellung der auf dieser Route sich vorfindenden Merkwürdigkeiten, nebst einer Beschreibung des Sehenswerthesten in der Haupt- und Residenzstadt Wien. 3., von C. F. Weidmann umgearb. und verm. Aufl. gr. 12. (VIII und 206 S.) Wien 854, Hölzl. *

— Einweihung des neuen deutschen k. k. Staats-Gymnasiums in Budweis Sonntag, den 25. Oktober 1903. 20 S. 8.
Progr. Deutsches k. k. Staatsgymn. *Budweis* 1904.

Koch Dr. M.: Ergänzungen zu jedem Lehrbuche der Mathematik für Mittelschulen. 38 Budweis K. 76.
— E. z. j. Lehrbuch der Elementar-Mathemathik für M. 16. mit 1 Tafel. ibd. 77. **Progr.**

Koch, Matthias:
Festrede anlässlich der Feier des 50jähr. Regierungs-Jubiläums des Kaisers Franz Josef I. 8 (S. 112—116).
Progr. K. k. deutsch. Staatsg. *Budweis* 1899

Koch, Matthias: Keltische Forschungen. S. 1.229
Separatabdruck

— Genesis der wiener Revolution. gr. 8. (39 S.) Wien 850, Wallishausser.

Koch, **Matthias** Aus dem Archiv des deutschen k. k. Staatsgymnasiums in Budweis. (Umschlagtitel Geschichte der Anstalt.) S. 1—42. 8.
Progr.

Koch, (Andreas) Matthias (*geb. Eichenbarleben in d. Prov. Sachs. 5. 8. 1841*) Prosopographiae Ovidianae elementa. Vratislaviae (1865). (34 S.) 8°
Breslau, Phil. Diss. v. 17 Okt. 1865

Koch, Matth., chronologische Geschichte Oesterreichs von d. Urzeit bis z. Tode Kaiser Karls VI. M. den gleichzeitigen Begebenheiten. gr. 4. (35 B.) Innsbruck 846, Wagnersche Buchh.

— kurzgefaßte krit. Geschichte der Erfindung d. Buchdruckerkunst, mit besond. Rücksicht auf die Wiener u. österr. Buchdruckergeschichte, nebst Widerlegung der Ansprüche, welche die Städte Straßburg u. Harlem auf die Ehre d. Erfindung machen etc. gr. 8. Wien 840. Singer u. Göring. ½ rh

Koch, Matthias, kurzgefaßte krit. Geschichte d. Erfindung d. Buchdruckerkunst, mit d. ältesten Wiener u. österreich. Buchdruckergeschichte, nebst Widerlegung d. Ansprüche d. Städte Straßburg u. Harlem auf d. Erfindung, u. Abfertigung d. neuesten Behauptung: Gutenberg sei ein Böhme u. gebor. Kuttenberger. Im Anh., Untersuchn. üb. d. Kalender Johann's v. Gmunden u. den in Wien aufgefund. ersten Kalender v. J. 1400—1428. gr. 8. (11 B.) Wien 841, Singer u. Goering. Thlr.

Koch, Matthias, Geschichte des deutschen Reiches unter der Regierung Ferdinands III. Nach handschriftlichen Quellen. 1. Bd. Wien 865. Gerold. gr. 8. (XXXII, 468 S.) n. 3 ℛ

Koch, M. Geschichte des deutschen Reiches unter der Regierung Ferdinands III. 2 Bde. (HL. 1023) 8. Wien 1865—66. 18,00.

Koch, Matthias, schlichte Lieder. 16. (99 S.) Stuttgart 893. J. B. Metzler's Verl. n. 1.20

(Koch, Mathias), Pillersdorf und die Wahrheit, oder Beleuchtung seiner „Rückblicke" auf die politische Bewegung in Oesterreich in den Jahren 1848 und 1849. Von M. K. Wien, J. Klang, 1849. 31 S. 8°.

Koch, M(atthias), Quellen zur Geschichte des Kaisers Maximilian II. In Archiven gesammelt und erläutert. 2 Bde. gr. Lex.-8. Leipzig, Voigt und Günther. [1. Bd. (VII und 303 S.) 857. * 1 Thlr. 25 Ngr., 2. Bd. (VIII und 215 S.) 861. * 1 Thlr. 15 Ngr.] *

Koch, *Matthias Andreas* Die Rede des Sokrates in Platons Symposion und das Problem der Erotik. 4 (25 S.). Progr. Luisenstädt. G. *Berlin* 1886 (58)

Koch, M., die Rede d. Sokrates in Platons Symposion u. das Problem der Erotik. gr. 8. (25 S.) Berlin 886. Gaertner. n. 1.—

—— Reise in Oberösterreich u. Salzburg, auf d. Route v. Linz n. Salzburg, Fusch, Gastein u. Ischl. M. ein. histor. Anhang, Abbild. u. statist. Tab. 8. (36 B. u. 4 Tab.) Wien 846, Sollinger.

—— Reise in Süddeutschland und am Rhein. 8. (VIII und 387 S.) Leipzig 848, G. Mayer.

Koch, Matthias: Reise in Tirol in landschaftl. und staatl. Beziehung. — Karlsruhe: Macklot 1847. XII, 256 S.

—— Reise in Tirol in landschaftlicher und staatlicher Beziehung. 1. Ausg. 1846. und neue (Titel-)Ausg. 8. (XI und 256 S.) Mannheim 852, Bensheimer.

— Rundschreiben an die österreich. Provinzen üb. die jüngsten Wiener (Mai-)Ereignisse. gr. 8. (44 S.) Innsbruck 848, Wagner in Comm. ⅙ ℛ

—— **Untersuchungen über die Empörung und den Abfall der Niederlande von Spanien.** Lex.-8. (XII und 220 S.) Leipzig 860, Voigt und Günther. *

—— der Verfassungsstreit in Oesterreich und seine Lösung. gr. 8. (84 S.) Leipzig 860, Volgt und Günther.

—— Vorschläge z. Erzielung größerer Sicherung vor Feuersgefahr, vorzüglich auf d. Lande, durch umfass. Benützung v. chem., techn. u. a. zweckdienl. Mitteln. 8. (5¼ B. u. 1 Stnt.) Wien 836, v. Hirschfeld. (Leipzig, Kummer.)

—— was wollen die Wiener-Radicalen vom ersten österreich. Reichstag? 8. (30 S.) Wien 848, [Sternickel und Sintenis.]

—— Wien u. die Wiener. Historisch entwickelt u. im Verhältnisse zur Gegenwart geschildert. 1. Aufl. (27¼ B.) 842. 2 Thlr. 15 Ngr. u. 2., verb. u. verm. Aufl. Lex.-8. (29¾ B. u. 1 Stnt.) Karlsruhe 844, Macklot.

—— unsere Zustände und die Nothwendigkeit ungesäumter Herstellung des Reichsrathes und Berufung des Reichstages. gr. 8. (55 S.) Wien 849, Wallishausser.

Koch, Max *Friedrich Carl* [aus Grabow a. d. Oder]: Schopenhauers Abhandlung über Die Freiheit des menschlichen Willens. (Werke 4. Bd.) Eine kritische Studie. . . . Berlin, Buchdr. v. G. Schade, *1891*; 53 S., 1 Bl. 8°
Berlin, Phil. Fak., Inaug.-Diss. v. 8. Mai 1891

Koch, Max, Adam u. Eva, s.: Apollotheater.

Koch, Max, u. Otto Rieth, der Akt. 100 Modellstudien nach Naturaufnahmen in Lichtdr., nach künstler. u. wissenschaftl. Gesichtspunkten gestellt u. hrsg. (In 10 Hftn.) 1. u. 2. Hft. gr. 4. (à 10 Taf.) Berlin 894. Internationaler Kunstverlag M. Bauer & Co. à 5. —

— u. Otto Rieth, der Akt. 100 Modellstudien nach Naturaufnahmen in Lichtdr. Nach künstler. u. wissenschaftl. Gesichtspunkten gestellt u. hrsg. 3.—10. Hft. gr. 4. (à 10 Taf.) Leipzig 895. Intern. Kunstverlag M. Bauer & Co. à 5. —
(kplt. in verschliessbarer Mappe: 55. —)

Koch, Max, s.: Beiträge, Breslauer, zur Literaturgeschichte.

Koch, Max: Beiträge zur Kenntnis der Einwirkung von nitrosen Gasen und Sauerstoff auf Wasser. 1908. 116 S. 8°
¶ Ausz. in: Zeitschrift f. angewandte Chemie. Jg. 21, 2. S. 2161 ff.
Dresden, Dr.-Ing.-Diss. v. 13. 3. 1908

Koch, Max: Beiträge zur Kenntnis der Höhengrenzen der Vegetation im Mittelmeergebiete. Halle a. S. 1909: Kaemmerer. VIII, 100 S. 8°
Halle, Phil. Diss. v. 22. Sept. 1909, Ref. Philippson
[Geb. 9. Nov. 71 Köthen; Wohnort: Altona; Staatsangeh.: Preußen; Vorbildung: Friedrichs-Werdersche Oberrealsch. Berlin Reife M. 04; Studium: Jena 2, Greifswald 1, Halle 6 S.; Rig. 20. Febr. 09.] [U 10. 1762

Koch, Max, Beiträge zur Kenntnis der Höhengrenzen der Vegetation im Mittelmeergebiete. (X, 311 S. m. 48 Taf.) 8. Halle 910. C. A. Kaemmerer & Co. 6. —

Koch, Max, üb. die Beziehungen der englischen Literatur zur deutschen im 18. Jahrh. gr. 8. (40 S.) Leipzig 883. Teubner. — 75

Koch, Max, Bilder aus des Landmanns Tätigkeit. Kunstblätter nach den im neuen Gebäude des preuss. Abgeordnetenhauses befindl. Wandgemälden. (7 farb. Taf. m. 1 Bl. Text.) qu. Fol. Berlin (904) O. Baumgärtel. In Mappe n. 9. —

Zu Ehren Friedrich Schillers. Rede geh. z. Feier d. 100jähr. Todestages Schillers in d. Aula Leopoldina d. Univ. Breslau 1905 von Prof. Max Koch. Breslau 1905: W. G. Korn. (20 S.) 8° [F.] 05. 6029 2

— Flachsmann als Bierabzieher od. Der Kommissionsrat in der Hutschachtel, s.a. Apollotheater.

Flachsmann als Bierabzieher oder Der Kommissionsrat in der Hutschachtel. Posse mit Gesang in 1 Akte von Max **Koch**. Leipzig: R. Gleißenberg [1908]. (24 S.) 8° [F.]
= **Apollotheater**. No 6. 05. 10737

Koch, Max, über eine seltene Form der Tuberkulose des Kleinhirns. (16 S. m. 2 Abbildgn.) Lex.-8. Berlin 904. A. Hirschwald. n. — 80
Sonderabdruck aus: „Charité-Annalen".

Koch, Max, Freilicht. 50 Modellstudien, nach künstler. u. wissenschaftl. Gesichtspunkten in freier Natur aufgenommen u. hrsg. 5. Hfte. gr. 4. (à 10 Lichtdr.-Taf.) Leipzig (897). Internat. Kunstverlag M. Bauer & Co à n. 5. —

Koch, Max, Freilicht. 100 Modellstudien, nach künstler. u. wissenschaftl. Gesichtspunkten in freier Natur aufgenommen u. hrsg. 6.—10. (Schluss-)Hft. gr. 4. (50 Lichtdr.-Taf.) Leipzig (899). International. Kunstverlag M. Bauer & Co. à n. 5. —

Koch, Max: Der Gebrauch der Präpositionen bei Isokrates. Erster Teil: Die einfälligen Präpositionen mit Einschluss der Präpositionsadverbia. Berlin, R. Gaertners Verlagsbuchh. H. Heyfelder, 1889; 34 S., 1 Bl. 4°
Berlin, Lessing-G, OP 1889 (61)

Koch, Max, Prof.: [Gedächtnisrede für den Oberlehrer Prof. Gustav Le Viseur, gest. am 31. März 1900.] *Berlin 1901: O. Walter.* (S. 18—21.) 4°
Berlin, Lessing-G, OP 1901 (61)

Koch, Max., Geschichte der deutschen Litteratur, s.a Sammlung Göschen.

— Geschichte der deutschen Literatur, s.a. Vogt, Frdr.

Koch, Max Geschichte der deutschen Litteratur. Von –. Stuttgart· Göschen 1893. 278 S. 8°
(Sammlung Göschen. 31.)

— dasselbe. Geschenkausg. 8. (282 S.) Stuttgart 895. Leipzig, G. J. Göschen. Geb. in Leinw. n. 3. —

Koch, Max, Geschichte der deutschen Litteratur. Geschenkausg. 2., neu durchgesch. Aufl. 8. (285 S.) Leipzig 900. G. J. Göschen. Geb. in Leinw. n. 3. —

Koch, Max. Geschichte der deutschen Literatur. 5. neu durchgesehene und erweiterte Aufl. 291 + 14 S. 8. Leipzig, G. J. Göschen, 1903. (Lwdbd. M. —. 80)
Sammlung Göschen. (Nr. 31.)
Darin S. 16. 27 33. 35. 46—48. 51. 63f. 74. 78—80. 83f. 88f 98f 106 137—139. 144—146. 153. 167f. 177f. 213. 221. 244f. 250 —252. 268f. etc. Schweizer *betr.*

Geschichte der deutschen Literatur von Dr Max **Koch**, Prof. 6. neu durchges. Aufl. Leipzig: Göschen 1906. 294 S. 8°
(Sammlung Göschen. 31) [06. 14935 11

-- Unser Goldjunge od. Die Hunnenschlacht, i.: Singspiele

Koch, Max, Gottsched und die Reform der deutschen Literatur im 18. Jahrh., s.a. Sammlung gemeinverständlicher wissenschaftlicher Vorträge.

Koch M, Gottsched und die Reform der deutschen Litteratur im 18 Jahrhundert. (Sammlung wissenschaftl. Vorträge NF I, 21) Hamburg 1886

— Franz Grillparzer. Eine Charakteristik. (Schriften d. Freien Deutschen Hochstiftes.) gr. 8. (40 S.) Frankfurt a/M. 891. Gebr. Knauer. n. 1. —

— Walzenbocks Hochzeitstag, s.a. Apollotheater

Walzenbocks Hochzeitstag Burleske mit Gesang in 1 Akte von Max **Koch**. Leipzig R. Gleißenberg [1908]. (30 S.) 8° [F.]
= **Apollotheater** No 3. [06. 10784

Koch, Max, Kandidat d. Theol. a. Livland: Die Kirchenpolitik König Sigmunds während seines Romzuges ⟨1431—1433⟩. Leipzig [1907]: E. Beissert. (VI, 73 S.) 8°
Leipzig, Phil. Fak., Ref. Seeliger-Brandenburg, Diss. v. 30. März 1907
[Geb. 2/14. Mai 78 Walk (Livland); Wohnort: Walk; Staatsangeh.: Rußland. Vorbildung: Thomassch. Leipzig Reife O. 96; Studium: Leipzig 7 S.; Rig. 5. März 06.]

(Koch, Max.) Lavater ⟨Johann Kaspar⟩. [Biographische Notiz. A.] 4. [Leipzig 1887 89.]

Koch, Max. Shakespeare's Leben. Stuttgart. 8°.

Koch, Max: Die deutsche Literatur im Zeitraum von dem Zusammenbruch bei Jena bis zum Beginn der Befreiungskriege, mit besond. Berücks. Schlesiens. Von Prof. Max Koch-Breslau. Breslau & Kattowitz: Phönix-Verl. [1908]. 21 S. 8°
Aus d. Zyklus der v.'Verein f Geschichte Schlesiens' veranstalteten 'Jahrhundertvorträge'

— Eine tolle Nacht od Bis früh um Viere, s.a. Apollotheater

Eine tolle Nacht oder Bis früh um Viere Burleske mit Gesang von Max **Koch**. Leipzig R. Gleißenberg [1908]. (26 S.) 8° [F.]
= **Apollotheater** No 7. [06. 10780

--- - Nationalität u. Nationallitteratur. Ein Vortrag f. den „Allgemeinen dtschn. Verband". gr. 8. (22 S.) Berl. 891, [Walther u. Apolant.] Walther.
Aus: Deutsches Wochenblatt, besonders abgedruckt. * — 50

— 'ne feine Nummer od. Die moderne Küchenfee, s.a. Apollotheater.

'Ne feine Nummer oder Die moderne Küchenfee Schwank mit Gesang in 1 Akte von Max **Koch**. Leipzig: R. Gleißenberg [1908]. (30 S.) 8° [F.]
= **Apollotheater** No 4. [06 10783

Koch, Max, der ordo salutis in der alt-lutherischen Dogmatik. gr. 8. (VII, 199 S.) Berlin 899. A. Duncker. n. 4. 50

(8) **Koch,** Max, der ordo salutis. 899. (KBL 31.) Jetzt: Charlottenburg, A. Glaue.

Koch, Max, prakt. Arzt a. Oppeln: Über partus praecipitatus. Freiburg i. Br. 1905: K. Henn. (63 S.) 8°
Freiburg i. B., Med. Fak., Ref. Krönig, Diss. v. 25. Febr. 1900
[Geb. 19. April 79 Oppeln; Wohnort: Mülheim a. Rh.; Staatsangeh.: Preußen; Vorbildung: Gymn. Düsseldorf Reife O. 98; Studium: Bonn 5, München 1. Berlin 1, Freiburg i. B. 4 S.; Coll. 1. Dez. 05.]

Koch, Max, das Quellenverhältniss von Wielands Oberon. gr. 8. (57 S.) Marburg 880. Elwert's Verl. n. 1. 20

Methode Rustin. Lateinische Selbstunterrichtsbriefe Hrsg vom Rustinschen Lehrinstitut Bearb. von Prof Max Koch Lfg 1 *Potsdum & Leipzig Bonness & Hachfeld [1902]* 4°(8°) [F.]
– Selbst Unterrichts-Briefe [9.] Lfg 1 [·3. 16347

Koch, M. Die Schaukelringe. Lustspiele in 2 Akten. 8. (15 S.) Mühlhausen i. Th. 892, Danner. 1 —

Koch, Max, die Seemannsbraut, s.a. Bloch's, Ludw., Militär-Festmappe. 66. Hft.

Die Seemannsbraut. Burleske mit Gesang in 1 Akt von Max Koch Musik von Richard Thiele. *Berlin: E. Bloch (1901).* (39 S.) 8° [F.]
= Militär-Festmappe, Ludwig Blochs, f. vaterl. Gedenktage. II 66. [01 10765

—— Shakespeare, s.a. Bibliothek, Cotta'sche, der Weltlitteratur.

[F.] Shakespeare v. Max Koch, Doz. an d. Univ. Marburg i. H. Suppl. zu d. Werken d. Dichters. *Stuttgart: J. G. Cotta [1896?].* (340 S.) 1Bd S. (Cottasche Bibliothek d. Weltlitteratur.) [97. 1104

— Ein Sohn des Volkes od. Der Reichtum des Arbeiters, s.: Volkstheater.

— s.: Studien zur vergleich. Litteraturgeschichte.

Koch, Max, Helferich Peter Sturz, nebst einer Abhandlung über die Schleswigischen Literaturbriefe, mit Benützung handschriftl. Quellen. gr. 8. (VIII, 294 S.) München 879, Kaiser. *

Koch, Max: Theologische Thesen ... zur Erwerbung des Grades eines Licentiaten der Theologie ... *Berlin (1898): G. Schade.* (2 Bl.) 4°
Berlin, Theol. Thes. v. 5. Aug. 1898

Koch, Max, s.: Tuberkulosestudien.

— Unschuldig verurteilt od. Weihnachts-Leid u. -Freud, s.: Apollotheater.

Koch, Max: Unschuldig verurteilt, s. Hauschild, Max (Mus.)

Koch, Max [aus Berlin]: Untersuchungen über den Kersantit von Michaelstein .... (Sep.-Abdr. aus Jahrb. d. Kgl. Preuss. geol. Landesanstalt 1886 pag. 44—104.) Berlin, A. W. Schade's Buchdr. (L. Schade), 1888; 1 Bl. + 61 S. 8°.
Heidelberg, Phil. Fak., Inaug.-Diss. v. 1887.

Koch, Max, und Heusler, Andreas. Urväterhort. Die Heldensagen der Germanen. [Illustriert.] 64 S. 4. Berlin, Martin Oldenbourg, [1904]. [geb. M. 20. —]
[Gemälde und Zeichnungen von Prof. M' K'. Text von Prof. Dr. A' H'.]

Koch, Max: Über Veränderungen am Magen und Darm bei der perniciösen Anaemie. *Magdeburg (1898): Gebr. Geitel.* (62 S.) 8°
Berlin, Med. Diss. v. 13. Mai 1898

— u. Paul Lang, von Frankfurt z. Schwarzwald u. Das Schwabenland, s.: Wanderungen durch deutsche Gaue.

—— was kann das deutsche Volk von Richard Wagner lernen, s. Volkshefte, litterarische.

— Richard Wagner, s.a. Geisteshelden. 55. u. 56. Bd.

Koch, Max. Richard Wagner. Teil 1: 1813–1842. Mit drei Abbildungen [Porträt-Tafeln, und Notenbeispiel]. VIII + 392 S. 8 Berlin, Ernst Hofmann & Co., 1907. [M. 4.80, geb. 6.40 u. 7.—]
Geisteshelden ‹Führende Geister›. Eine Sammlung von Biographien Hrg. von Ernst Hofmann. Band 55 und 56.

— Der Wunderdoktor od.: Der kluge Hans, s.a. Apollotheater

Koch, Max: Der Wunderdoktor oder: Der kluge Hans. Burleske mit Gesang von –. (Regiebuch.) Leipzig: Gleissenberg [1908]. 28 S. 8°
(Apollotheater. Nr. 9.)

— s.: Zeitschrift für vergleich. Litteraturgeschichte.

KOCH, Maximilian (München): De exarticulatione mandibulae. Commentatio anatomico-chirurgica.- Monachii: Giesser 1831. VIII S.,1 Bl.,34 S.,1 Bl.
2.4.1830 - Urk (Titel: De praestantissimo exarticulationis mandibulae methodo.); F 39
Diss. Ingolst.-Landsh.-Mchn.

Koch, Max., de Exarticulatione mandibulae. Commentat. anatom.-chirurg. Cum praefat. a Walther. Additis III tab. lith. Fol. (11½ B.) Monachii 831, (Weber.)

Koch, [Maximilian] [Rede bei seiner Einführung als Direktor der Anstalt.] S. 22—24 der Schuln. 4. Leibniz-Gymn. *Berlin* 1905 (65) Progr.

Koch, Mor., Erinnerungen aus meinem Amtsleben in der westpreuß. Diaspora, s.: Festschriften f. Gustav-Adolf-Vereine. 36. Hft.

Koch, O. C. Aug., s.: Pistorius, Frz.

Koch, O. F., von der Ostsee bis zum Kanal. Die 17. Division während des Feldzuges gegen Frankreich 1870/1871 unter spezieller Berücksicht. des Mecklenb. Grb.-Rgts. Nr. 89. gr. 8. (203 S.) Neustrelitz 874, Barnewitz. *

Koch, Otto, die Alkoholfrage. Vorträge. 1.—5. Tauf. (56 S.) kl. 8. München 905. Ravensburg, F. Alber. n. —20; m. 6 farb. Taf. n. —40

Koch, Otto, ausgekniffen, s.a Thalia.

Ausgekniffen! Lustspiel in 1 Aufz. von Otto Koch *Mühlhausen i. Th. G. Danner [1901].* (36 S.) 8° [F.]
= Thalia. 87. [01. 6374 3

Koch, Otto, aus Grünenplan Herzogt Braunschweig Beiträge zur Kenntnis des Brasilins. Zür (Göttingen E. A. Huth Dr.) 1893. 68 S., 2 Bl. 8°
Zürich. Phil. Diss. v 23. Oct. 1893

KOCH, Otto (Neustadt a.H.): Beiträge zur Naturgeschichte der centralen Osteosarcome des Unterkiefers. Orthopädie am Unterkiefer.- München: Wolf 1885. 58 S.,Taf.
1.6.1885 - Urk (Titel: De sarcomate maxillae inferioris centrali.); Chr 1884/85,22
Diss. Ingolst.-Landsh.-Mchn.

Koch, Otto: Die Bibelzitate in den Predigten Bertholds von Regensburg. Greifswald 1909: Abel. 106 S. 8°
Greifswald, Phil. Diss. v. 8. Mai 1909, Ref. Reifferscheid †-Stosch
[Geb. 28. Mai 86 Diedenhofen; Wohnort: Gartz a. O.; Staatsangeh.: Preußen, Hessen u. Baden; Vorbildung: Gymn. Karlsruhe Reife Juli 04; Studium: Berlin 1, Gießen 1, Berlin 3, Greifswald 2 S., Rig. 16. Jan. 09.] [U 09. 1535

— s. Biene, die Nordalbingische.

Koch, Otto, ihr Bild, s.: Liebhaber-Theater.

Koch-Osnabrück, Otto, Flora v. Teterow. [Aus: „Archiv des Vereins d. Freunde d. Naturgesch. in Meckl."] gr. 8. (25 S.) Güstrow 897. (Opitz & Co.) n. —80

Koch, Otto, Gedichte. gr. 8. Kiel 815. (Hesse). 16 gr.

Koch, Otto, Handbuch für Kirchenvorsteher, Kirchenpatrone und Kirchengemeindeglieder der evangelisch-lutherischen Landeskirche des Königreichs Sachsen. Nebst einer Sammlung von kirchl. Gesetzen und Verordnungen. gr. 8. (VIII, 192 S.) Leipzig 888, Klinkhardt. *M 3.—; geb. **

Koch, Otto: Husum. Eine Sammlung von Kunstwerken nach Originalaufnahmen hrgg. v. –. Heliogravüre und Kupferdruck v. J. B. Obernetter in München. Husum 1895. Fol.

Koch, Otto, appr. Arzt a. Heddesdorf b. Neuwied a. Rh.: Aus d. Krankenhause d. Barmherzigen Brüder zu Bonn. Chirurg. Abt. unter Leitung v. Prof. Witzel und Doz. Dr. Liniger. Krampfadern, Krampfaderbrüche und Unfall. Bonn 1905: C. Georgi. (68 S.) 8°
Bonn, Med. Fak., Ref. Bier, Diss. v. 6. Mai 1905
[Geb. 26. Juni 81 Heddesdorf, Kr Neuwied; Heimatsort: Heddesdorf; Staatsangeh.: Preußen; Vorbildung: Gymn. Neuwied Reife O. 00; Studium: Bonn 4, München 3, Bonn 2 S.; Coll. 1. März 05; Approb. 25. Apr. 05.]

Koch, Otto, arme Leut. Ein Spiel vom Bauernkriege in 5 Akten. (87 S.) 8. Berlin-Friedenau 910. Bureau Fischer. 2.—

Koch, Otto, s. Liebhaber-Theater.

KOCH, OTTO, Nurreddin. Ein Gedicht in zehn Gesängen. Hamburg. 1826. Nestler.

Koch, Otto [approb. Arzt aus Stuttgart]: Ueber die Operation der Gutartigen Blasenpapillome beim Manne . . Tübingen, Druck v H Laupp jr., 1886; 37 S. 8°
Tübingen, Med. Fak., Inaug.-Diss. v. 1886.

Koch, Otto, über die Operation der gutartigen Blasenpapillome beim Manne. Diss. Tübingen 1886, Fues' Sort. 8°. 37 S.

Koch, Otto, die deutsche Orthographie in der Praxis nebst Regeln f. die Praxis. Ein Leitfaden f. jedermann, im besonderen f. Schriftsteller, Korrektoren u. Schriftsetzer. 2., verb. Aufl. 12. (32 S.) Berlin (899). Verlag „Praxis" O. Koch. — 30

Die Deutsche Orthographie in der Praxis nebst Regeln für die Praxis. Ein Leitfaden verf. u. hrsg von Otto Koch 2., verb. Aufl. *Berlin. Selbstverl. (1899).* (32 S.) 8° [F.] [01. 6031]

Koch, Otto, ein verliebter Provisor, s.: Liebhaber-Theater.

Koch, Otto: Reiseskizzen Episteln an Madame v H. Heine's Nachfolger [d. i. Otto Koch.] Th. 1 2. Hamburg 1842. 8°

—— Sagen aus Schleswig, Holstein, Lauenburg, Hamburg und Lübeck, s.a. Volks-Bibliothek, romantische.

Koch, Otto: Sagen aus Schleswig, Holstein, Lauenburg, Hamburg und Lübeck. Hrgg. v. Otto Koch. Bd. 1, Abth.(1)–2 Hamburg 1852 8°

Koch, Otto, Sagen aus Schleswig, Holstein, Lauenburg und den Hansestädten. Der Jugend wiedererzählt. 2. Aufl. 8. (249 S. mit 8 lithogr. und ill. Illustr. von Chr. Förster.) Hamburg 862, J. F. Richter. geb.

Koch, (O.,) die St. Gotthardsblume; ein romant. Gedicht in 5 Gesängen. gr. 8. Schleswig 822, Taubst.-Inst.

KOCH, Otto („Vf. der St. Gotthartsblume, des Nurreddin u. a. m."), Schelmenstreiche. Ein komisches (stellenw. erot.) Gedicht (in 3 Buchern). Hamburg 1828. Druck u. Verlag v. Friedr Herm. Nestler. 8°.
X–130 S. — Dem kgl. dän. Ingenieur Hptm v Kobke gewidmet

Koch, O., Schwänke, s.: Liebhaber-Theater.

– Sie liest Romane, s. Liebhaber-Theater

Koch, Otto (geb. Landsberg a. W [2 1 1849]) Thesen. Berlin (1870). (2 Bl.) 8°
Berlin, Med Thes v 1 Aug. 1870

Koch, Otto, über das Verhältniß der Kirche zur Schule mit besond. Rücksicht auf die im Königr. Sachsen bevorstehende neue Schulgesetzgebung. Mit erläut. Anmerkungen. gr. 8. (48 S.) Dresden 872, am Ende. [Kaufmann.] *
Aus: Leipziger Zeitung, besonders abgedruckt.

KOCH, O Hamburgs romantische Vorzeit. Eine Sammlung von Novellen und Sagen aus der Erstehung (!) Hamburgs. Magdeburg, o. J. (c. 1830). 8°. 464 S. Selten! (8 Mk. Hugo Streisand, Berlin, 1908.)

Koch, Otto, Hamburgs romantische Vorzeit. Eine Sammlung von Novellen u. Sagen aus der Erstehung Hamburgs. 8. (492 S.) Magdeburg 852, Quednow in Comm. 1 ₰

Koch, O Wenn man Komödie spielt, s. Liebhaber-Theater.

— die Wette um die Braut, s.: Liebhaber-Theater.

Koch, Otto, die Zwillingsbrüder, s.a. Liebhaber-Theater.

Die Zwillingsbrüder. Singspiel in 1 Aufz. von Otto Koch. Mülheim a.d. Ruhr: J. Bagel [1905]. (38 S.) 8° [F.]
= Liebhaber-Theater. Bdch. 107. [06. 3087]

Koch, Ottomar, über ein Mineral von der Insel Chiloë [Ancudit] und zwei thuringit-ähnliche Mineralien aus dem Vogtlande [Pseudothuringit und Parathuringit]. Inaugural-Dissertation. gr. 8. (48 S.) Jena 884, (Neuenhahn.) *

Koch, P. (I.), Einrichtung eines Wohn-Zimmers, s. Mobilien-Entwürfe.

Koch, P. (II.), Herzensspiel eines Pilgers nach Zion. Allen Mitpilgern zum Einstimmen dargereicht. 16. (138 S.) Basel 868, Spittler.

Koch, P., „ich singe, wie der Vogel singt." Gedichte. (59 S.) 8. Glauchau 904. A. Peschke. n. 1. —

Zum Babel-Bibel-Streit von Paul Koch. T 1 *Berlin-Rixdorf: Selbstverl. 1904.* 8° [F.] [illegible]

Kooh, Paul, aus Cöthen Die Byzantinischen Beamtentitel von 400 bis 700. *Jena 1903: G. Neuenhahn.* (127 S.) 8°
Jena, Phil. Diss. v (2. Aug.) 1902

Koch, Beiträge zur Geschichte uns. Marine. [Aus: „Marine-Rundschau".] gr. 8. (V, 260 S.) Berlin 896. E. S. Mittler & Sohn. n. 4. 50

Koch, Paul, Beiträge zur Geschichte unserer Marine Neue Folge. gr. 8. (IV, 139 S. m. Abb. u. 3 Taf.) Berlin 900. E. S. Mittler & Sohn. n. 2. 75
Sonderabdruck aus: „Marine-Rundschau".

KOCH, PAUL. Beiträge zur Kenntniss der Einwirkung weinsaurer Verbindungen auf polarisirtes Licht Tübingen, 1869.

Koch, Paul, Ref. am Kgl. Amtsgericht Ohligs: Der gemeinrechtliche contractus aestimatorius und das moderne Kommissionswarengeschäft. Borna-Leipzig 1906: R. Noske. (VIII, 60 S.) 8° [F.]
Leipzig, Jur. Fak., Diss. v. 31. Juli 1906
[Geb 17 Okt. 81 Hohscheid; Wohnort: Ohligs; Staatsangeh.: Preußen; Vorbildung: Gymn. Hildburghausen Reife O. 00; Studium: Marburg 3, Berlin 1 Bonn 3 S.; Rig 25 Febr 05.]

Koch, P., Einführung in die Marineverwaltung. Für deren Anwärter bearb. (67 S.) 8. Leipzig 904. Dürr'sche Buchh. Kart. n. 1. 20

Koch, Paul. Deutscher Eisenbahntarif f. die Beförderung v. Rohzucker, s.a. Rathke's, Alb., Bibliothek f. Zuckerinteressenten.

Koch, Paul, deutscher Eisenbahntarif für die Beförderung von Rohzucker, sowie von Zucker aller Art zum Export. Ausg. für die Campagne 1883/84. 8. (IV, 51 S.) Magdeburg 883, Rathke. geb. *
Nachtrag I. [Jan. 1884.] (11 S.) *

Koch, Paul, deutscher Eisenbahntarif f. die Beförderung v. Rohzucker, sowie v Zucker aller Art zum Export. Ausg. f. die Campagne 1884/85. 8. (55 S.) Magdeburg 884. Rathke. cart. n. 1. 50

Koch, Paul, deutscher Eisenbahntarif für die Beförderung von Rohzucker, sowie von Zucker aller Art zum Export. Ausg. für die Campagne 1886/87. 8. (55 S.) Magdeburg 886, Rathke. geb. *
Die folgenden Jahrgänge, s. Rathke's, A., Bibliothek für Zucker-Interessenten.

Koch, Paul, deutscher Eisenbahntarif f. d. Beförderg. v. Rohzucker v. weniger als 98 Procent Polarisation, sow. v. Zucker aller Art zur Ausfuhr. Ausg f. d. Betriebsj. 1897/98. 8. (77 S.) Magdeburg 897. (A. Rathke.) In Leinw. kart. n.n. 8. —; I. Nachtrag. Ausg. Ende Oktbr. 1897 (10 S.) n.n. — 70

Koch, Ww. Paul, deutscher Eisenbahntarif f. die Beförderung v. Rohzucker von weniger als 98 Procent Polarisation, sowie v. Zucker aller Art zur Ausfuhr. Ausg. f. d. Betriebsj. 1899/1900. 8. (71 S.) Magdeburg (899). (A. Rathke.) In Leinw. kart. n.n. 8. —
Fortsetzung s.: Wesemeyer, A. u. Gorgass.

Koch, Paul, Festbuch zum 50jähr. Jubelfest des Allgemeinen Turnvereins Elberfeld, m. Abb., Elberfeld 1910, 44 S., 1 Tab., 8°.

Koch, Paul *Johann* [aus Berlin]: Der Flöhhaz von Johann Fischart und Mathias Holtzwart ... Berlin, Druck v. F. Rosenthal, 1892; 43 S., 2 Bl. 8.
Berlin, Phil. Fak., Inaug.-Diss. v. 9. Febr. 1892

— u. Heinr. Bork, deutsches Flottenlesebuch f. höhere u. mittlere Lehranstalten. Mit 1 Karte, mehreren Abbildgn. u. Zeichngn. gr. 8. (166 S.) Leipzig 901. Dürr'sche Buchh. Kart. n. 1. 50

KOCH, PAUL. Ueber einige neue Fluoresceinfarbstoffe (Basel) Dresden, 1894.

— P. Über einige neue Fluoresceïnfarbstoffe. In-8°. 30 S. Basel, (Georg & Co.). These. 1894.

Koch, Herm. Wilh. Paul [geb. Nauen 24. 9. 60]: Die Geschichte der Herniotomie bis auf Scarpa und A. Cooper. Berlin 1885, 48 S. 8°
Berlin, Med. Diss. v. · Juli 188

Geschichte der deutschen Marine. Für d. Nachwuchs d. Seeoffizierkorps geschildert. Von P[aul] Koch, Geh. Adm.R. Mit 14 Taf. u. 3 Textskizzen. *Berlin. E. S. Mittler & Sohn 1902.* (IV, 165 S.) 8° [F.] [03. 1609

— Geschichte der deutschen Marine. Für den Nachwuchs des Seeoffizierkorps geschildert. 2., fortgeführte u. teilweise umgearb. Aufl. Mit 14 Taf. u. 8 Textskizzen. (X, 169 S.) 8. Berlin 906. E. S. Mittler & Sohn. n. 3. —; geb. n. 4. —

Koch, Paul, Geschlechtsleben u. Frömmigkeit, beleuchtet nach den Andeutgn. der bibl. Urgeschichte u. den apostol. Zeugnissen. (18 S.) 8. Gelsenkirchen 909. P. Koch. — 20

Koch, Paul: Geschlechtsleben und Frömmigkeit, beleuchtet nach d. Andeutungen d. bibl. Urgeschichte u. d. apostol. Zeugnissen von — Gelsenkirchen: Selbstverl.: O. Weber in Leipzig in Komm. 1909. 18 S. 8°

Koch, P., Hamburg u. die Entwickelg. der deutschen Kriegsmarine. (26 S. m. Abbildgn.) gr. 8. Hamburg 901. Hamburger Börsenhalle. n. 1. 50
Sonderabdruck aus: „Hamburgs Handel u. Verkehr".

Koch, Paul [approb. Arzt aus Friedland, Mecklenburg-Strelitz] Über die Heilung der durch das runde Geschwür verursachten Perforationen des Magens mit Eröffnung der Bauchhöhle Strassburg, Buchdruckerei von G. Fischbach, 1880. 8. 40 S.

— S. M. Kbt. „Iltis". [Aus: „Marine-Rundschau".] gr. 8. (16 S. m. Abb.) Ebd. 896. n. — 50

Koch, Paul, d. otitische Kleinhirnabscess. gr. 8. (92 S.) Berlin 897. O. Enslin. n. 3. —

Koch, Paul *Otto Ernst* [pr. Arzt in Schmolsin in Pomm.]: Ueber Kürze der Nabelschnur nebst Mittheilg e. Falles aus d. gynäkolog. Univ.-Poliklinik zu Greifswald ... Greifswald, Druck v. J. Abel, 1895; 27 S. 8.
Greifswald, Med. Fak., Inaug.-Diss. v. 25. Mai 1895

Die Montage und die Reparatur der Dampfkessel von Obering Paul **Koch** in Hannover-Linden. Mit 167 Abb. Hannover: Jänecke [1910]. 117 S. 8°
(Bibliothek d. gesamten Technik. Bd 153.) [11. 1174 7

Koch, Paul, die Mythen u. Sagen der Bibel u. ihre Uebereinstimmung m. der Mythologie der Indogermanen. (156 S.) 8. Berlin 907. Herm. Walther 2. —

Koch, Paul, Referendar: **Nachlaß und Nachlaßverbindlichkeiten.** *Güstrow 1903: C. Michaal.* (67 S.) 8°
Rostock, Jur. Diss. v. [6. Dez.] 1903

Koch, Paul, der Postprotest. s.a. Handbibliothek, postalische. Nr 6.

Koch, Paul: Der Postprotest. Ein Wegweiser f. Postbeamte von Paul Koch, Ober-Postprakt. 2. unveränderte Aufl. Berlin. Heymann 1908. 142 S. 8°
(Postalische Handbibliothek. Nr 6.)

Koch, Paul, Radlersieg. Schwank in 4 Aufzügen. gr. 8. (30 S.) Zwickau 899. (C. R. Moeckel.) n. 1. 50

Religion und Vernunft. Eine wissenschaftl. Untersuchung d. christl Religionsgebäudes nebst e. kurzgefaßten bibl. Mythologie von Paul **Koch**. Berlin: H. Bermühler 1907 (178 S.) 8° [08. 6827

Ⓑ - Religion u. Vernunft 906. (KBL 33.) Ladenpr. aufgehoben.

Koch, Paul, der Ritualmord. Eine Forderung des alten Testaments. Eine religionsgeschichtl. Studie. 1.—20. Taus. gr. 8. (39 S.) Berlin 902. (Paritschke & Schurich.) — 50

Koch, Paul: Der Ritualmord. Eine Forderung d. Alten Testaments. Ein relig.-gesch. Studie von — 1.–20. Taus. Berlin. Selbstverl. 1902. 39 S. 8°

Koch, Paul, 40 Jahre Schwarz-Weiss-Rot, s.a. Meereskunde. II, 4.

Koch, Paul. Vierzig Jahre Schwarz-Weiss-Rot. Von Paul Koch, Geh. Admiralitätsrat. Berlin: Mittler 1908. 29 S. 8° [Umschlagt.]
(Meereskunde Jg. 2, H 4.)

Albrecht v. Stosch als Chef der Admiralität. Skizzen aus d. Akten von [Paul] Koch, Geh. Admir.R. *Berlin: E. S. Mittler & Sohn 1903.* (82 S.) 8° [F.]
Aus Marine-Rundschau Jg 1902/03. [04. 6189

Koech, Paul, gebürtig aus Königsberg, Pr.: **Ueber die Umlagerung** der Isodialursäure zu Dialursäure. *Rostock 1900: C. Hinstorff.* (49 S.) 8°
Rostock, Phil. Diss. v. [1. Aug.] 1900

Koch, Paul, Untersuchung der Dampferzeugungsanlagen auf ihre Wirtschaftlichkeit u. Vorschläge zu deren Erhöhung. s.a. Bibliothek der gesamten Technik.

Untersuchung der Dampferzeugungsanlagen auf ihre Wirtschaftlichkeit und Vorschläge zu deren Erhöhung. Von Paul **Koch**. Mit 59 Abb. Hannover: M. Jänecke 1907 (173 S.) 8°
= **Bibliothek** d. gesamten Technik. Bd 29. [08. 11603 7

Koch, Paul, die Versorgung unserer invaliden Unteroffiziere u. Mannschaften. Zur Reform der Reichspensionsgesetze f. Armee u. Marine. 2. Aufl. (32 S.) gr. 8. Berlin 904. W. Schultz-Engelhard Nachf. n. — 50

Koch, *Paul Arthur Felix* (Baurat) Das neue Gymnasium (Umschlagtitel Gymnasialgebäude) 4 (S. 3—6).
Progr

Koch, Paul Friedrich

Koch, P Fr., das öffentliche Meliorationswesen in Preussen, s.a. Abhandlungen aus dem staatswissenschaftlichen Seminar zu Münster i. W. 10. Heft.

Koch, P[aul] Fr[iedrich] Das öffentliche Meliorationswesen in Preußen. E. Überblick mit bes. Würdig. d Erfolge in Westfalen. Nach amtl. Quellen Leipzig 1910 8°

Koch, P[aul] Reinhard (Giessen)
Das Emphysema traumaticum.
Giessen: Merck 1853. 26 S. (in Δ mit „Thesen")
Diss. med. 7.12.1853. vorh. 26. 7. 11. Δ

Koch, Paul-Robert: Die Befugnisse des Prokuristen und ihre prinzipielle Unbeschränkbarkeit. Jena 1910: Kämpfe. 53 S. 8°
Jena, Jur. Diss. v 22. März 1910, Ref. Fehr
[Geb. 9. Aug. 83 Berlin; Wohnort: Jena; Staatsangeh.: Preußen; Vorbildung: Gymn. Jena Reife O. 03; Studium Jena 1, Berlin 1, Grenoble 1, Berlin 5, Jena 1 S.; Rig. 15. März 10.] [U 10. 2252

Koch, Peter Beitrag zur Stereoisomerie der Chromsalze. Diss. Phil. [II.] Univ. Zürich. 62 S. 8. Zürich – Druck J. Wirz, Grüningen – 1905.

Geschichte der Johannis-Freimaurer-Loge „Zur Alten Linde" und der damit verbundenen delegirten altschott. Loge „Zur Vehmlinde" im Or. Dortmund. Ein Gedenkblatt zum 25 jährigen Jubelfeste von Peter **Koch.** Gedr. als Ms. f. Bbr. Dortmund, den 8. Sept. 1880. [Dortmund 1880: Crüwell.] 16 S. 8⁰
23.

Koch, Pet., die Gesundheitslehre und Gesetzeskunde in der Volksschule. 8. (32 S.) Lippstadt 878. (Dortmund, Köppen'sche Buchh.) **
—— dass. — 2. verm. und verb. Aufl. 8. (36 S.) Ebendas. 879. cart. *

KOCH, PT. CHR., s. Dannevirke. 1838 ff.

— **D. Peter Christian** (Koblenz), Theses juridicae de tutelis ex jure publico & civili. Präs. Theodor Ziegenweidt. Trier (Jacob Reulandt) Aug. 1716. 12 S. (4.50) 18828
Oppon.: Servatius Adams (Strassburg), Johann Nicolaus Kleser (Bürgen), Peter Andreas Hauzeurt (Leodiensis [= Lüttich]), Joh. Peter Waldbillig (Trier). — Gew.: Johann Wilhelm Ludwig v. Hagen (Motte, Buschfeldt).

Koch, Pet. Chr.: Udkast til et Sprog-Kort over Hertugdommet Slesvig eller Sönderjylland af – Flensburg. 1839. Farbendr. 1 Bl. 4⁰ 35,6/30,4 cm. Aufgez. a. Carton.

Koch, Peter Paul: Über die Abhängigkeit des Verhältnisses der spezifischen Wärmen $\frac{C_p}{C_v} = k$ in trockener, kohlensäurefreier atmosphärischer Luft von Druck und Temperatur. ⟨Mit 4 Taf.⟩ München: G. Franz in Komm. 1907. (S. 379—435.) 4° ¶ (Aus: Abhandlungen d. K. B. Akad. d. Wiss. Kl. 2 Bd 23 Abt. 2.)
München, Phil. Fak., Hab.-Schr. v. 1907
(Nicht für den Austausch)

— dasselbe. (Nachtrag.) (7 S.) gr. 8. Ebd. 908. — 20
Sonderabdr. aus: „Sitzungsber. d. bayer. Akad. d. Wiss."

Koch, Peter Paul, aus Mainz Über eine neue **Methode zur** Untersuchung auf Pyroelektricität. *Mainz 1902: H. Prickarts.* (44 S.) 8°
München, Phil. Diss. v 1902

Koch, Philipp, approb. Arzt aus Pirmasens: **Aus d. med. Klinik zu Heidelberg. Ueber Fistula gastrocolica carcinomatosa.** *Berlin: S. Karger 1903.* (29 S.) 8° ¶ (Aus: Archiv f. Verdauungskrankheiten, Bd 9, H. 1.)
Heidelberg, Med. Diss. v. 1903

Koch, Philipp [app. Arzt aus Bürstadt '(Hessen.)']: **Ueber die Kuhhornverletzungen des Auges ... Strassburg i. E.,** Buchdr. C. Gœller, 1895; 30 S., 1 Bl. 8.
Strassburg, Med. Fak., Inaug.-Diss. v 1895

— **Philipp Ludwig** (Alzey/Pfalz), De justo et injusto regalium usu. Diss. jur. Rector Frh. v. Erthal. Präs. D. Johann Michael Dahm. Mainz (Haeffner's Erb./Elias Peter Bayer) Jan. 1755. 108 S. (7.—) 18829

Koch, R., Hertels Form-Unterricht, s.: Zur Pädagogik der Gegenwart.

— l'inoculation préventive du charbon. Réplique au discours prononcé à Genève par M. Pasteur. gr. 8. (40 S.) Leipzig 883. G. Thieme. n. 2. —

Koch, R, Natur u. Menschengeist im Lichte der Entwicklungslehre 1. u 2. unveränd. (Titel-) Aufl gr. 8. (VII, 266 S.) Berlin 891 893. P. Hüttig. n. 4. 50

Koch R, Hamburger Pflanzenbilder herausgegeben von der Abteilung für Kunstgewerbe des Hamburger Gewerbevereins. (15 Bl) fol Hamburg 1882

Koch, R, d. Sohn d. Witwe u. and. Erzähl gn. f. Knaben u. Mädchen. 8. (239 S. m. 4 farb. Bildern.) Berlin 895. Winckelmann & Söhne. Geb. in Leinw. n. 4. —

Koch, R. Über das Vorkommen von Gaglienzellen an den Nerven des Uterus. Gekrönte Preisschrift. Göttingen 1865 19 S u 3 Tafeln. 4⁰
Schul-/Univ.-Schrift

Koch, R., was ist Wahrheit?, s.: Vorträge, apologetische.

Koch, R.. Ein Wort zur Deutung des Gleichnisses Matth. 25., 1–13. Breslau 1865 12 S. 4⁰
Schul-/Univ.-Schrift

Koch, Raym., kurzer aber doch vollständiger Unterricht in der christkatholischen Lehre, s.a. Unterricht.

Koch, Raymund, kurzer aber doch vollständiger Unterricht in der christkathol. Lehre in leichten Fragen und Antworten. Eine Christenlehrschankung von einem Pfarrer für seine Pfarrjugend. Für die 1. und 2. Schulklasse umgearb. und vermehrt. 27. Aufl. 12. (120 S.) Augsburg 851, Bolling'sche Buchh.

—— was glaubt ihr von Christo? Wessen Sohn ist er? Eine Predigt gehalten den 25. März 1850, als am Feste Mariä Verkündigung, zu Augsburg. gr. 8. (27 S.) Augsburg 850, (Schmid'sche Buchh.)

Koch, Reinhard [app. Arzt aus Kirchditmold]: **Aus d. patholog. Institut in Giessen. Zur Casuistik der traubigen Sarcome der Cervix uteri .** Giessen, grossh. Hof- u. Univ.-Dr. C. v. Münchow, 1896; 47 S. 8.
Giessen, Med. Fak., Inaug.-Diss. v 1896

Kooh, Reinhard, aus Giessen Die **Condensation von Salicylsäure** mit Formaldehyd und Chloral. *Giessen 1899: v. Münchow.* (47 S.) 8°
(Giessen, Phil. Diss. v. 1899)

Koch, Reinhardus: Observationes grammaticae in decreta testimonia epistulas leges, quae exstant in Demosthenis orationibus 'pro corona' et 'in Midiam'. **Borna 1909:** Noske. 49 S. 8°
Münster, Phil. Diss. v. 20. Dez. 1909, Ref. Kroll
[Geb. 6. Dez. 82 Gereonsweiler; Wohnort: Münster i. W.; Staatsangeh.: Preußen; Vorbildung: Kaiser-Wilhelm-Gymn. Aachen Reife O. 05; Studium: Bonn 2, Münster 7 S.; Rig. 26. Juli 09.] [U 10. 3784

Koch, Reinhard [Dr med., aus Heinsen (Hannover)]: Zur Statistik des Carcinoma mammae .... Hildesheim, Druck v. August Lax, 1887; 27 S. 8°
Würzburg, Med. Fak., Inaug.-Diss. v. 1887

Koch, Reinhard [approb. Arzt in Giessen]: **Das Verhalten des Magensaftes bei Carcinom.** Aus d. med. Klinik des Herrn Prof. Riegel in Giessen .... Giessen, C. v. Münchow, Univ.-Buch- & Steindr., 1887; 19 S. 8°
Giessen, Med. Fak., Inaug.-Diss. v. 1887

Koch, René [aus Paris]: Beitrag zur Diffusion von Gasen und Dämpfen ... Jena, Druck v. B. Vopelius, 1892; 32 S., 1 Bl., 1 Taf. 8.
Jena, Phil. Fak., Inaug.-Diss. v 1892

Koch, René, Beitrag zur Diffusion v. Gasen u. Dämpfen. Diss. gr. 8. (32 S. m. 2 Taf.) Jena 892. (Rudolstadt, H. Dabis.) n. — 60

Koch, Richard

Koch, R. (I.), Abrechnungsstellen in Deutschland und deren Vorgänger. gr. 8. (53 S.) Stuttgart 883, Enke. *
Aus: Zeitschrift für das gesammte Handelsrecht, besonders abgedruckt.

Koch, Ricardus De anacoluthis apud Euripidem capita selecta 5 Halis Saxonum 1881 Ploetz. 62 S. 8°
Halle-Wittenberg, Phil. Diss. v [16. Dez.] 1881
Geb. Stettin 14. 5. 1858. V

—— die preußischen Ausführungsgesetze zu den Reichs-Justizgesetzen, s. Struckmann, J.

—— **über Bedürfniß und Inhalt eines Checkgesetzes für das Deutsche Reich.** Vortrag, gehalten in der jurist. Gesellschaft zu Berlin. Nebst einem Anhang. gr. 8. (43 S. mit 1 Tab.) Berlin 883, C. Heymann's Verlag. *

Koch, Richard: Bestimmung der Viergliedrigen Gruppen des Raumes ⟨x y z⟩. *Berlin 1898: G. Schade.* (73 S.) 8°
Leipzig, Phil. Diss. v [27 Mai] 1898

KOCH, RICHARD. Ueber Einwirkung von Nitroäthannatrium auf die salzsauren Diazophenole Heidelberg, 1879.

Koch, R., der äußere Eisenbahn-Betrieb, s.: Brosius, J.

Koch, Rich., das **Eisenbahn-Maschinenwesen.** Lehrbuch des Maschinen- und Werkstättendienstes und des techn. Betriebes. Zur Vorbereitung für das Staatsexamen der Maschinen-Bauführer, Maschinenmeister und Eisenbahn-Baumeister. Mit einem Vorworte von A. v. Kaven. 2 Abthlgn. gr. 8. Wiesbaden 879, Bergmann. *
Inhalt:
Abthl. 1. Die Leistungen der Betriebsmittel. (XIV, 192 S. mit 6 eingedr. Holzschn.) *M 4,60.
" 2. Der Betriebsdienst. (VIII, 457 S. mit 62 eingedr. Holzschn.) *M 6.

Koch, Rich., das **Eisenbahn-Maschinenwesen.** Lehrbuch des Maschinen- und Werkstättendienstes und des techn. Betriebes. Zur Vorbereitung für das Staatsexamen der Maschinen-Bauführer, Maschinenmeister und Eisenbahn-Baumeister. Mit einem Vorwort von A. v. Kaven. 3. (Schluss-) Abthl.: Werkstätten-Anlagen. gr. 8. (IV, S. 459—678 mit 30 eingedr. Holzschn.) Wiesbaden 880, Bergmann. *
1. und 2. Abthl. Ebendas. 1879. *M 10,60.

Koch, R. (II.), der Eisenbahnstations- und Zugbeförderungsdienst einschließlich Wagen- und Betriebsmaschinendienst und Signalwesen, s. Brosius, J.

Koch, R[ichert] von: Über die Entwicklungsmöglichkeiten des Induktionsmotors für Einphasen-Wechselstrom. Berlin: (Springer) 1905. 104 S. 8° ¶ Auch als Buch. Berlin, Dr.-Ing.-Diss. v. 14. 7. 1905

Festgabe der Juristischen Gesellschaft zu Berlin zum 50jährigen Dienstjubiläum ihres Vorsitzenden, des Wirklichen Geheimen Rats Dr Richard Koch. Nebst einem Porträt des Jubilars. Berlin 1903.

—— Geld und Werthpapiere, s.a. Beiträge zur Erläuterung und Beurtheilung des Entwurfes eines bürgerlichen Gesetzbuches für das Deutsche Reich.

Koch, Rich.: Geld und Werthpapiere. E. Besprechung der für den Bankverkehr erhebl Bestimmungen des Entwurfes eines BGB für das Deutsche Reich Berlin u. Leipzig 1889.
(Beiträge z. Erl u Beurth. d. Entw e. BGB. hrsg von Bekker H. 4)

— über Giro-Verkehr u. den Gebrauch von Checks als Zahlungsmittel. Vortrag, gehalten in der juristischen Gesellschaft zu Berlin, nebst einem Anhang. gr. 8. (48 S.) Berlin 878. C. Heymann's Verl. n. 1. –

Koch, R. Der Kredit bei der Reichsbank. (Zeitschrift für Handelswissenschaft und Handelspraxis. Jahrg. I, Heft 4, Juli 1908.)

— das Locomotivführer-Examen, s.: Brosius, J.

Koch, R., die Lokomotivführer-Prüfung, s.: **Brosius, J.**

Koch, R. Über den Lombardkredit bei der Reichsbank, insbesondere die Beleihung von Reichs- und Staatspapieren. (Sonderabdruck aus »Deutsche Revue«, Juli 1908.)

Koch, Richard [Kammerger.-Ref.]: **Die Mora creditoris ...** Berlin, gedr. bei H. Schmidt, 1895; 1 Bl., 91 S. 8.
Göttingen, Jur. Fak., Inaug.-Diss. v. [10. Sept.] 1895

Mozart. Freimaurer und Illuminaten. Nebst einigen freimaurerischen kulturhistor. Skizzen. Nach geheimen Dokumenten und Quellen im Museum Carolino Augusteum zu Salzburg etc. von Rich. **Koch.** Mit Ill. Als Ms gedr. Reichenhall: Verl. d. Kurfonds u. Sanatoriums 1911. 59 S. 4 Taf. 4° 157.

Koch, R., zur Reform des preußischen Concurs-Rechts. Berlin 868. Guttentag. gr. 8. (116 S.) n. 20 ngr.

Koch, R. (I.). Die Reichsgesetzgebung üb. Münz- u. Bankwesen 2c., s.a. Guttentag's Sammlg. deutscher Reichsgesetze Nr. 26.

—— die Reichsgesetzgebung über Münz- und Bankwesen, Papiergeld, Prämienpapiere und Reichsanleihen. Text-Ausg. mit Anmerkungen und Sachregister. 16. (XXXIX, 269 S.) Berlin 885, Guttentag. cart. *

— die Reichsgesetzgebung üb. Münz- u. Bankwesen, Papiergeld, Prämienpapiere u. Reichsanleihen. Text-Ausg. m. Anmerkgn. u. Sachregister. 2. Aufl. 16. (XLIII, 237 S.) Berlin 890. Guttentag. cart. n. 2.40

Die Reichsgesetzgebung über Münz- und Notenbankwesen, Papiergeld, Prämienpapiere und Reichsschulden. Text-Ausg. mit Anm. u. Sachreg. Von Dr. R[ichard] **Koch**, Präs. d. Reichsbankdirekt. 4. Aufl. *Berlin: J. Guttentag 1901* (LXI, 442 S.) 8° [J.]
= Sammlung, Guttentagsche, Deutscher Reichsgesetze. No 26.

Die Reichsgesetzgebung über Münz- und Notenbankwesen, Papiergeld, Prämienpapiere und Reichsschulden. Text-Ausg. mit Anm. u. Sachreg. Von Dr R[ichard] Koch, Präs. d. Reichsbankdirekt. 4. Aufl. *Berlin. H. Spamer (1901).* (LXI, 442 S.) 8° [J.]
— Sammlung Kaufmännischer Fach- u. Lehrbücher No 26.

Die Reichsgesetzgebung über Münz- und Notenbankwesen, Papiergeld, Prämienpapiere und Reichsschulden. Text-Ausg. mit Anm. u. Sachreg. von Dr R[ichard] **Koch**, Präs. d. Reichsbankdir. 5. Aufl. Berlin: J. Guttentag 1905. (XVI, 489 S.) 8° [J.]
= Sammlung, Guttentag'sche, Deutscher Reichsgesetze. No 26.

Die Reichsgesetzgebung über Münz- und Notenbankwesen, Papiergeld, Prämienpapiere u. Reichsschulden. Text-Ausg. m. Anm. u. Sachreg. Von Dr R[ichard] **Koch**, Reichsbankpräs. a. D. 6. Aufl. Berlin Guttentag 1910. XV, 511 S. 8°
(Guttentag'sche Sammlung Deutscher Reichsgesetze. Nr 26.)

RÜCKBLICK AUF DIE THÄTIGKEIT DER JURISTISCHEN GESELLSCHAFT ZU BERLIN während der ersten fünfundzwanzig Jahre ihres Bestehens. Vortrag des derzeitigen Präsidenten der Gesellschaft, Geh. Ober Finanzrath KOCH bei der Feier ihres fünfundzwanzigjährigen Jubiläums am 10. Mai 1884. Nach stenographischer Aufzeichnung. (Berlin 1884. Otto v Holten, Kunst- und Buchdruckerei.) — M. d. Umschlagtitel: Bericht über die Feier des 25jährigen Jubiläums der juristischen Gesellschaft zu Berlin am x Mai MDCCCLXXXIV ib. (1884). 8°

Koch, Richard [Dr.]: Schulandachten. Stolp i. P., W. Delmanzosche Buchdr., 1897; 44 S. 8.
Stolp, st. G, RPG u. R, P 1897 (152)

— die Schule f. den äußeren Eisenbahn-Betrieb, s.: Brosius, J.

Koch, Rich. Die Schule d. Lokomotivführers, s. Brosius, J.

Koch, Richard: Die Tätigkeit der Juristischen Gesellschaft zu Berlin in den ersten fünfzig Jahren ihres Bestehens. (Verf: Dr. Richard Koch, [Rechtsanw], Berlin. Berlin 1909: v Holten.) 15 S. 8°
Der jurist. Gesellsch. zu Berlin z. Feier ihres 50 jähr. Jubiläums 1909 (Jahres-Bericht über d. Wirksamkeit d. Jurist. Gesellsch. zu Berlin. 50, [Beil.]

— Der Telegraph als Verkehrsmittel. Tübingen 1857 8°

—— Die Transport-Bedingungen f. organisirten Massengüter-Verkehr auf Eisenbahnen. Technisches u. Finanzielles zur Berechtigungs-Frage v. Kanalbauten u. Schleppbahnen. gr. 8. (VIII, 61 S.) Wiesb. 889, Bergmann. * 1 60

—— Vorträge u. Aufsätze hauptsächlich aus dem Handels- u. Wechselrecht. gr. 8. (V, 370 S. m. Tab. u. Formularen v. Lagerscheinen u. Warrants.) Berl. 892, C. Heymann. * 8 —; geb. * 10 —

— (Bearb.), s. Weber, M. M. v.: Schule des Eisenbahnwesens.

— Die Zivilprozeßordnung f. das Deutsche Reich, s. Struckmann, J.

Koch, R[ich.]: Ueber die Zulässigkeit der Beschlagnahme von Arbeits- u. Dienst-Löhnen. Berlin 1869.
(S.-A. a.: Zeitschrift f. Gesetzgebung u. Rechtspflege. Jg. 2.)

Koch, über die Zulässigkeit der Beschlagnahme von Arbeits- u. Dienstlöhnen. [Aus der Zeitschrift für Gesetzgebung u. Rechtspflege.] Berlin 869. Guttentag. gr. 8. (56 S.) n. 10 ngr.

Koch, Rich. Ed., s. Koch, Richard

Koch, Rich. Herm., Medizinalprakt.: Zur Funktionsprüfung der Leber nach der Methode von K. Glaessner. Leipzig 1909: Lehmann. 33 S. 8°
Leipzig, Med. Diss. v. 21. Juli 1909, Ref. Hoffmann
[Geb. 3. Sept. 82 Frankfurt a. M.; Wohnort: Berlin; Staatsangeh.: Preußen; Vorbildung: Goethe-Gymn. Frankfurt a. M. Reife O. 01, Studium: München 6, Heidelberg 1, Berlin 4 S.; Coll. 4. Aug. 09.] [U 09. 2806

Koch, Rob., die Ätiologie der Milzbrand-Krankheit, begründet auf die Entwicklungsgeschichte des Bacillus anthracis, s.a. Klassiker der Medizin. 9. Bd.

Robert **Koch**. Die Ätiologie der Milzbrand-Krankheit, begründet auf d. Entwicklungsgeschichte d. Bacillus anthracis (1876). Eingeleitet von Dr M[artin] Ficker, Prof. Hierzu 1 Taf. Leipzig: J. A. Barth 1910. 47 S. 8°
(Klassiker d. Medizin. Bd 9.)

Koch, R[obert], die Bekämpfung der Infectionskrankheiten, insbesondere der Kriegsseuchen. Rede, gehalten zur Feier des Stiftungstages der militärärztl. Bildungsanstalten am 2. August 1888. gr. 8. (40 S.) Berlin 888, Hirschwald. *

Koch, Rob., die Bekämpfung des Typhus, s.a. Veröffentlichungen aus dem Gebiete des Militär-Sanitätswesens.

Die Bekämpfung des Typhus. Vortrag, geh. 1902 von Prof. Dr. Robert Koch. *Berlin: A. Hirschwald 1903.* (22 S.) 8°
— Veröffentlichungen aus d. Geb. d. Militär-Sanitätswesens. H. 21.

Koch, Rob., ärztl. Beobachtgn. in d. Tropen, s.a. Verhandlungen d. deutschen Kolonial-Gesellschaft.

Koch, Robert, Geh. Medizinalrat: Aerztliche Beobachtungen in den Tropen. Vortrag ...
Berlin: D. Reimer 1898. 279–317 S. 8°
= Deutsche Kolonial-Gesellschaft. Abt. Berlin-Charlottenburg. Verhandlungen 1897/98. H. 7.

—— Bericht über die Thätigkeit der zur Erforschung der Cholera nach Egypten und Indien entsandten Kommission, s. Arbeiten aus dem kaiserlichen Gesundheitsamte.

— M. Beck, F. Kleine, Bericht üb. die Tätigkeit der zur Erforschung der Schlafkrankheit im J. 1906/07 nach Ostafrika entsandten Kommission. (V, 320 S. m. Abb. u. 5 Taf.) Lex. 8. Berlin 909. J. Springer. 16.40
Sonderabdr. aus: „Arbeiten a. d. kais. Gesundh.-Amte".

—— Bericht über die Untersuchungen des Berliner Leitungswassers in der Zeit vom 1. Juni 1885 bis 1. April 1886, ausgeführt im hygien. Institut der Universität Berlin. Lex.-8. (14 S.) Berlin 887, Springer. *

Koch, R., Berichte über seine in Kimberley gemachten Versuche bezügl. Bekämpfung der Rinderpest. S.-A. a. C. f. B. Jena 97. Fischer.

— s.: Berichte üb. d. Wertbestimmg. d. Paris. Pestserums.

Koch, Rob. Ueber den Betrieb d. Koch'schen Instituts f. Infektionskrankheiten. [Aus: „Deutsche medicin. Wochenschr."] gr. 8. (23 S. m. Abbildgn.) Leipzig 892, G Thieme. n. 1. —

—— die Cholera auf ihrem neuesten Standpunkte, s. Hausbücher, medicinische.

— Ergebnisse der vom Deutschen Reich ausgesandten Malaria-Expedition, s.a Verhandlungen d. deutsch. Kolonial-Gesellschaft. 1900/1901. Hft. 1.

Ergebnisse der vom deutschen Reich ausgesandten Malaria-Expedition. Vortrag von Geh.R Prof. Dr. R[obert] Koch. *(Berlin. D. Reimer 1900.)* (27 S.) 8°
— Abteilung Berlin-Charlottenburg d. Deutschen Kolonial-Gesellschaft. Verhandlungen. 1900/01, H 1. [01. 4409

Koch, Rob. (I.). Ueber bakteriologische Forschg. Vortrag in d. 1. allgemeinen Sitzg. d. X. internationalen medicin. Congresses am 4. Aug. 1890. gr. 8. (15 S.) Berl. 890, Hirschwald. * — 60

Die Gesundheitspflege in der Familie. Von Dr R[obert] Koch, Geh. San.R., (Jena). Mit Abb. *Berlin. H. Steinitz (1902).* (462 S.) 8° [F.] [03. 7989

—— Heilmittel gegen die Tuberculose. 12 Hefte. gr. 8. (102 S. m. 1 Taf. u. 1 Tab.; 88; 129; 135; 126; 108; 98; 123; 125; 120; 143; 211 S.) Lpz. 890,91, G. Thieme. à Heft * 1 60; * 19 20
Vgl.: Becher, W — Bergmann, Ernst v. — Biedert, Ph. — Birnbaum, Max. — Böttger, P — Browne, Lennox. — Damm, Alfr — Dieren, E. van. — Dreher, Eug. — Feller, H. — Friedel, Erich. — Gegen Dr. R. K.'s Schwindsuchtsbehandlung. — Glaeser, J. A — Gollner. — Gött, Emil. — Heilung, die, der Schwindsucht. — Hie Koch — hie Kneipp! — Hövener, Otto. — Jaksch, R. v. — Kaposi, Mor. — Kronfeld, A — Lahmann, H. — Middendorp, H. W — Mitteilungen üb. das Koch'sche Mittel. — Port, Konr. — Prior, J — Reimarus. — Rosenbach, O — Schatten. — Schrötter Schwalbach, Em. — Schwenk, Geo. — Seiffert, Rud. — Stok. — Sommerfeld Sommerfeld, Th. — Womrath C. M. — Wagner, Hans. — Was kann die Koch'sche Lymphe? — Wegener, Aug. — Wick Ludw — Wieger, A — Wirksamkeit, die, d. Koch'schen Heilmittels

— die Lepra-Erkrankungen im Kreise Memel. [Aus: „Klin. Jahrb." 6. Bd.] gr. 8. (15 S.) Jena 897. G. Fischer. n. — 40

— dasselbe, s.a. Jahrbuch, klinisches.

— über die Milzbrandimpfung. Eine Entgegnung auf den v. Pasteur in Genf geh. Vortrag. gr. 8. (37 S.) Ebend. 882. n. 2. —

Koch, R. (II.), über die Milzbrandimpfung. Eine Entgegnung auf den von Pasteur in Genf gehaltenen Vortrag. gr. 8. (37 S.) [Berlin 883, Th. Fischer.] Leipzig, G. Thieme. *

Koch, R (Hrsg.), s. Mitteilungen aus der Kaiserlichen Gesundheitsamt.

Koch, Robert [Referendar in Truchtersheim]: Die rechtliche Natur des Trödelvertrages ... Strassburg, Druck d. „Str. N. N.", 1892; 2 Bl., 37 S. 8.
Strassburg, Rechts- u. staatswiss. Fak., Inaug.-Diss. v. 1892

— Reise-Bericht üb. Rinderpest, Bubonenpest in Indien u. Afrika, Tsetse- od. Surrakrankheit, Texasfieber, trop. Malaria, Schwarzwasserfieber. gr. 8. (III, 136 S. m. Fig.) Berlin 898. J. Springer. n. 2. 40

Koch, Rob., Rococo-Motive. 1. Serie. 3 Lfgn. Fol. (à 8 Lichtdr.-Taf.) Berlin 892. Kanter & Mohr. In Mappe. à Lfg. n. 12. —

— dasselbe. 2. Serie, 1. u. 2. Halbbd. Fol. (à 12 Lichtdr.-Taf.) Ebd. 893, 894. à Halbbd. n. 18. —

— Ueber meine Schlafkrankheits-Expedition. Vortrag, geh. in der Abteilg. Berlin-Charlottenburg der deutschen Kolonialgesellschaft. Mit 10 Vollbildern u. 12 Abbildgn. im Text nach Orig.-Aufnahmen. (47 S.) gr. 8. Berlin 908. D. Reimer. 2. —

— Seuchenbekämpfung im Kriege, s.: Vorträge über ärztliche Kriegswissenschaft.

— üb. neue Tuberkulinpäparate. [Aus: „Deutsche med. Wochenschr."] gr. 8. (15 S.) Leipzig 897. G. Thieme. n. — 80

Koch, Rob., über die Unterscheidung der Trypanosomenarten. (5 S.) Lex.-8. Berlin 905. (G. Reimer.) n. — 50
Sonderabdruck aus: „Sitzungsber. d. preuss. Akad. d. Wiss."

Koch, Rob., Untersuchungen über die Aetiologie der Wundinfectionskrankheiten. Mit 5 (lith.) Taf. Abbildungen. gr. 8. (III, 80 S.) Leipzig 878. F. C. W. Vogel. n. 5. —

— üb. d. Verbreitg. d. Bubonenpest. [Aus: „Deutsche med. Wochenschr."] gr. 8. (8 S.) Ebd. 898. n. — 60

— in der „Deutschen Warte". [Aus: „Deutsche Warte".] gr. 8. (16 S.) Berlin 890. Verlag der „Deutschen Warte". n. — 50

—— Was wissen und können unsere Aerzte? Ueber Naturheilung und medicin. Kunst. 1. und 2. Aufl. gr. 8. (VIII, 88 S.) Leipzig 885, Hucke. *M 1.50.; geb. *

Wie erhalten wir uns Gesunde Nerven und ein frohes Gemüt? Von Dr. R[obert] Koch, Geh. San.R *Berlin: H. Steinitz 1903.* (76 S.) 8° [F.] [03. 7980

— wie ernähren wir uns gesundheitsgemäß? gr. 8. (96 S. m. Abbildgn.) Ebd. 902. n. 1. —

Wie hüten wir Auge und Ohr? Von Dr R[obert] Koch, Geh. San R., (Jena). *Berlin. H. Steinitz (1903).* (76 S.) 8° [F.] [03. 7990

Wie pflegen wir unsere Haut und wie sollen wir uns kleiden? Von Dr R[obert] Koch, Geh. San.-R., (Jena). *Berlin H Steinitz 1902* (72 S.) 8° [F.] [03. 7991

Wie pflegen wir unsere Muskulatur und Körperkraft? Von Dr R[obert] Koch, Geh. San.R., (Jena). *Berlin: H. Steinitz 1902.* (70 S.) 8° [F.]
[Umschlagt.] Wie erhalten wir unsere Körperkraft? [03. 7992

— wie schützen wir uns vor Erkrankungen der Atmungsorgane? gr. 8. (72 S.) Ebd. 902. n. 1. —

Koch, Robert Ueber die Wirkung der Oxalate auf den thierischen Organismus Dorpat, 1879.

— s.: Zeitschrift f. Hygiene u. Infectionskrankheiten.

— s.: Zeitschrift f. Tuberkulose.

Koch, Rolf, Referendar in Hamburg: Der Rechtsschutz der Firma. *Borna-Leipzig 1903: R. Noske.* (IX, 55 S.) 8°
Leipzig, Jur Diss. v. 1903

Koch, Rosalie, Asträa. Novellen f. d. reifere weibl. Jugend. M. 8 illum. Bildern (v. Th. Hosemann.) 8. (20⅝ B.) Berlin 845, Winckelmann u. Söhne.

Koch, Rosalie, Asträa. Novellen für die reifere weibliche Jugend. 2. Aufl. br. 8. (III und 323 S. mit 8 lithogr. und ill. Bildern von Th. Hosemann.) Berlin 853, Winckelmann und Söhne.

Koch, Rosalie, der Berggeist im Riesengebirge. Eine Fortsetz. des Rübezahl. 8. (16 B. u. 8 ill. Bild.) Berlin 845, Winckelmann u Söhne Thlr.

Koch, Rosalie, friedliche Bilder. Novellen und Erzählungen für die weibliche Jugend. br. 8. (IV und 304 S. mit 8 ill. Stnt. von Th. Hosemann.) Berlin 850, Winckelmann und Söhne.

Koch, Rosalie, neue Bilder. Erzählungen für Kinder von 9—12 Jahren. Mit 7 color. Bildern von Th. Hosemann. gr. 16. (319 S.) Berlin 874, Winckelmann und Söhne. cart.

—— Blumen. Erzählungen und Märchen für Kinder von 12 bis 14 Jahren. 8. (293 S. mit 8 lithogr. und ill. Bildern von Th. Hosemann.) Berlin 855, Winckelmann und Söhne.

—— Blumen. Erzählungen und Märchen für Kinder von 10 bis 12 Jahren. Mit 6 color. Bildern von Th. Hosemann. 2. Aufl. br. 8. (283 S.) Ebendas. 872. geb.

— Blumen und Perlen. Ein Schmuck für deutsche Mädchen im Alter von 10—15 Jahren bearb. Berlin (857) Janke. gr. 8. (2 Bl., 408 S. m. Holzschn. im Text, 8 Lithogr. u. lith. Titel.) n. 1 ℛ. 22$\frac{1}{2}$ ngr.

—— Blumen und Perlen. Sechs Erzählungen. 2. veränd. Aufl. Mit 6 bunten (lithogr.) Bildern von Louise Thalheim. br. 8. (IV, 170 S.) Breslau 869, Trewendt. geb.

Koch, Rosalie, das Blumenkörbchen. Eine Sammlung lehrreicher Kindergedichte. Mit einem Vorworte herausg. von Agnes Franz. gr. 12. Essen 834. Bädeker. 1/3 ℛ

— der rechte Erbe. — Mährchen. — Sagen, siehe: Lese-Cabinet für die deutsche Jugend.

—— drei Erzählungen für die Jugend. Die Pflegetochter. — Onkel Julius. — Drei Legenden. br. 8. (III und 124 S. mit 6 ill. Stnt.) Glogau 857, Flemming's Verlag.

— der Eselsjunge, s. a. Jugend-Bibliothek, herausg. von Nieritz.

—— der Eselsjunge oder „Freuet Euch, daß Euer Name im Himmel angeschrieben ist." 8. (165 S.) Leipzig 855, Voigt und Günther.
Aus: Jugend-Bibliothek von G. Nieritz, besonders abgedruckt.

[F.] Der Eselsjunge oder „Freuet euch, dass euer Name im Himmel angeschrieben ist. Von Rosalie Koch. 2 Aufl. *Gutersloh: C Bertelsmann 1891]* (128 S.) 1 Bd 8.
= Nieritz, G Jugendbibliothek No 100. [98. 1881]

—— bunte Farben. Erzählungen für die reifere Jugend. Mit 6 (chromolithogr.) Bildern von Leop. Venus. 8. (215 S.) Glogau 874, Flemming. cart.

—— Festblüthen für die Frauenwelt in Skizzen. br. 8. (VI und 138 S.) Berlin 850, Winckelmann und Söhne.
Wurde aus des Verf.: Friedliche Bilder rc., besonders abgedruckt.

— Aug. Herm. Francke, s. Charaktere, christliche.

—— August Hermann Francke, s. Familien-Bibliothek, kleine.

Koch, Rosalie, Elisabeth Fry, s. Charaktere, christliche.

—— Elisabeth Fry und Sara Martin, s. Familien-Bibliothek, kleine.

—— Führungen, s. a. Führungen.

[Koch]. *Führungen.* Ein Buch für meine jungen Freundinnen. Von der Verfasserin von Stilleben und Weltleben. Breslau, F. Hirt [1857]. 2 Bl. 232 S. u. 4 vorzügl. handkolor. Lithographien im Stile Hosemanns, sign. C. K[ocha?] 8°. Schöner grüner Or.-Pappbd. m. weißen Ornamenten. — Die seltene illustrierte Ausgabe d. Originaldrucks. 22.—

[Koch]. *Führungen.* Dasselbe Werk, unillustrierte Ausgabe. Illustr. Or.-Pappband. 6.—

[Koch]. *Führungen.* Ein anderes Exemplar der gleichen Ausgabe mit den gleichen kolor. Illustr. Einfacher Hlwd. Wenige leichte Fleckchen. 16.—

Koch, Rosalie, Führungen. Ein Buch für meine jungen Freundinnen. Mit Illustr. (Holzschntaf.) von Günther von Freiesleben. 2. Aufl. 8. (276 S.) Leipzig 877, Hirt und Sohn. *
geb. *

—— Gedenke mein! Erzählungen und Novellen für die weibliche Jugend. br. 8. (III und 308 S. mit 8 lithogr. und fein ill. Bildern von Th. Hosemann.) Berlin 853, Winckelmann und Söhne.

— Gedenke mein! Erzählungen und Novellen für die weibliche Jugend 2. Aufl. Mit 8 color. (lith.) Bildern von Th. Hosemann. Berlin 861 Winckelmann & Söhne. gr. 16. (2 Bl., 308 S.) 1 ℛ 10 ngr.

—— Gelegenheits-Gedichte f. d. Jugend. 1. Ausg. (2$\frac{1}{2}$ B.) 843. u. 2. m. ein. Anh. verm. Ausg. 12. (3$\frac{1}{2}$ B.) Breslau 845, Kern.

— germandrées. Petites scènes et légères esquisses, dédiées à la jeunesse adolescente. Traduid de l'allemand. gr. 8. (IV, 116 S.) Glogau 871. Flemming. geb. 2. 25

—— Glockenblumen. Erzählungen für die Jugend. gr 16. (163 S. mit 4 lithogr. und ill. Bildern nach Zeichnungen von W. Scholz.) Wriezen 850, Roeder

Koch, Rosalie, der ungerechte Groschen verzehrt den redlich erworbenen Thaler, s. Volks-Bücher, neue.

—— Hageröslein. Novellen und Erzählungen für die erwachsene weibl. Jugend. br. 8. (279 S. mit 8 lithogr. und ill. Bildern von Th. Hosemann.) Berlin 861, Winckelmann und Söhne.

—— Fritz Herold, s. a. Lese-Cabinet.

—— Fritz Herold, oder die Versuchung. Eine Erzählung. 2., verb. Aufl. 8. (93 S. und 2 ill. Kpfrt.) Leipzig 851, Baumgärtners Buchh. Thlr.

Koch, Rosalie, Himmelsschlüssel. Eine Samml. moral. Erzähln. f. d. gebild. Jugend. gr. 12. (4$\frac{1}{4}$ B. u. 5 Abbild.) Breslau 839, Graß, Barth u. Comp.

—— Iduna. Erzählungen u. Märchen f. Kinder von 10—14 Jahren. 16. (13$\frac{5}{8}$ B. u. 9 ill. Bild.) Berlin 846, Winckelmann u. Söhne.

— Immergrün. Skizzen für die reifere weibl. Jugend. Glogau 867. Flemming. br. 8. (V, 123 S. mit 6 lithogr u. color. Bildern von Louise Thalheim.) cart. 25 ngr.

—— Immortellen. Sechs Erzähln. f. d. aufblüh. Alter. (Mit e. Vorr. v. W. Foerster.) 16. (9 B.) Breslau 836, Friedländer.

Koch, Rosalie, und Marie Hutberg. *Aus der Jugendzeit.* Drei Erzählungen für Kinder im Alter von 8—12 Jahren. Mit 6 Bildern [= schöne getönte Lithogr., Rudolf Geissler del.] Glogau, C. Flemming, 1856. 2 Bl. 252 S. Kl.-4°. Orlwd. 14.—
★ 1. Ausg., hübsch illustr. — Eine Anzahl Bll. leicht wasserfl. Einband benützt. Vorsatzblatt m. Stempel.

—— die Kinderzeit. Erzählungen. Mit 8 (lithogr.) Bildern von Th. Hosemann. gr. 4. (63 S.) Berlin 876, Winckelmann und Söhne. geb. (ℳ 6,75.)

—— Knospen. Erzählungen, Gedichte u. Märchen f. Knaben von 7 bis 11 Jahren. 8. (16⁵/₈ B. u. 9 ill. Bild.) Berlin 843, Winckelmann u. Söhne.

KOCH. *Knospen*. Erzählungen, Gedichte und Märchen für Knaben von 7 bis 11 Jahren. 3. Aufl. Mit 9 illuminirten Kupfern [CK signierte Lithogr.]. Berlin, Winckelmann und Söhne [c. 1860]. 2 Bl. 264 S. Kl.-8°. Halbleinenbd. mit aufgezog. zweifarb. lithogr. Or.-Umschlag. 30.—
Bibliotheksstempel der Prinzessin Maria zu Anhalt, etw. fleckiges Ex.

— Libellen. Erzählungen für Kinder von 8 bis 12 Jahren. Berlin 867. Winckelmann & Söhne. gr. 16. (247 S. mit 9 lithogr. u. color. Bildern von Th. Hosemann.) cart. 22½ ngr

—— und Marie Hutberg, Louison und Hanna. Zwei Erzählungen für die Jugend. br. 8. (III und 146 S. mit 8 ill. Stnt. in Tondr.) Glogau 858, Flemming's Verlag.

—— und Marie Hutberg, Louison und Hanna. Zwei Erzählungen für die Jugend. 2. Aufl. 8. (174 S. mit 4 Chromolithogr.) Glogau 875, Flemming. cart.

—— Maiblümchen. Erzähln. u. Gedichte f. d. gebild. Jugend. 8. (9 B.) Breslau 841, Kern.

—— Maiblumen. Erzählungen und Novellen für die weibl. Jugend. br. 8. (367 S. und 8 ill. Stnt. von Th. Hosemann.) Berlin 849, Winckelmann und Söhne.

—— Märchen und Sagen. gr. 8. (VIII, 118 S. mit 6 Bildern in Farbendr. von Rud. Geißler.) gr. 8. Glogau 888, Flemming. geb.

—— Märzbecher. Erzähln., Gedichte u. Parabeln f. d. gebild. Jugend im Alter v. 10—14 Jahren. gr. 12. (4⅔ B. u. Ttlbild.) Breslau 840, Graß, Barth u. Comp.

—— die Müllerstochter, ein Blatt Papier und Wer weiß, wozu es gut ist. 8 Erzählungen für die reifere Jugend. 16. (164 S. mit 4 lithogr. und ill. Bildern.) Glogau 867, Flemming. cart. *

—— die Nachbarskinder, } f. Lese-Cabinet.
—— die treue Nicolette, }

—— Palmenzweige. Erzähln. u. Gedichte f. d. gebild. Jugend. gr. 12. (4⅓ B.) Essen 839, Bädeker.

—— Polterabend-Scherze. gr. 16. (VII und 141 S.) Glogau 856, Flemming's Verlag. *

—— Polterabend-Scherze. 1. und 2. Sammlung. 2. Aufl. gr. 16. (IV, 108; IV, 112 S.) Ebendas. 873. à Sammlung *

—— die Posttasche. Erzählung in Briefen, mit eingestreuten Liedern, Gedichten, Märchen, Spielen, Räthseln und Scherzfragen für fröhliche Mädchen von 10 bis 12 Jahren. Mit 8 (lithogr. und) color. Bildern von Hosemann. br. 8. (IV, 404 S.) Berlin 869, Winckelmann und Söhne. cart.

—— der Pudel auf Reisen. Ein unterhaltendes Lesebuch für die Jugend. Frei nach dem Engl. bearb. 2. Aufl. 8. (87 S. und 6 ill. Kpfrt.) Leipzig 851(52,) Baumgärtners Buchh.

—— grüne Ranken. Erzählungen für Knaben und Mädchen von 9—12 Jahren. br. 8. (227 S. mit 8 lithogr. und ill. Bildern von Th. Hosemann.) Berlin 860, Winckelmann und Söhne.

Koch, Rosalie, Recueil de contes dédiés à la jeunesse adolescente. Traduit de l'allemand. 8. (194 S.) Glogau 883, Flemming.

—— weiße Rosen. Erzählungen für die reifere weibl. Jugend. br. 8. (III, 223 S. mit 6 lithogr. und color. Bildern.) Glogau 870, Flemming. geb.

—— Rübezahl. Neue Sammlung der schönsten Sagen u. Märchen von dem Berggeiste im Riesengebirge. 8. (15½ B. u. 8 ill. Bild.) Berlin 845, Winckelmann u. Söhne.

—— Rübezahl. Neue Sammlung der schönsten Sagen und Märchen von dem Berggeiste im Riesengebirge. 7. Aufl. Mit (6) Illustr. in Farbendr. und in (eingedr.) Holzschn. nach Aquarellen von P. Mohn. 8. (IV, 211 S.) Berlin 883, Winckelmann und Söhne. geb. *

Koch, Rosalie, Rübezahl. Neue Sammlg. d. schönst. Sagen u. Märchen v. dem Berggeiste im Riesengebirge. 8. Aufl. Mit Illustr. in Farbendr. u. in Holzschn. nach Originalen von P. Mohn. gr. 8. (215 S.) Berlin (901). Winckelmann & Söhne. Geb. 3.—

—— Saat und Ernte. Novellen für die reifere Jugend. 8 (279 S. mit 7 lithogr. und ill. Bildern.) Berlin 857, Winckelmann und Söhne.

—— der kleine Savoyarde. Eine Erzähl. 8. (5 B.) Breslau 841, Kern.
Aus: Deren, Maiblümchen, besond. abgedruckt.

— der kleine Savoyarde. Eine Erzählg. f. die Jugend. Mit 4 (Holzschn.-) Bildern v. Ludw. Löffler. 8. (96 S.) Breslau 876. Trewendt. — 75

—— das Schmuckkästchen. — Jenny. — Der Post gegenüber. Drei Erzählungen. 16. (III und 148 S. mit 4 lithogr. Illustr. in Tondr. von Rud. Geißler.) Glogau 860, Flemming's Verlag. *

—— Spiel und Arbeit. Erzählungen. Mit 8 Bildern in Farbendr. von Th. Hosemann. gr. 4. (64 S.) Berlin 875, Winckelmann und Söhne. cart. (ℳ 6,75.)

—— Stillleben oder: Der Segen einer religiösen Erziehung br. 8. (V und 112 S. mit Illustr. in eingedr. Holzschn. nach Originalzeichnungen von Hugo Bürkner.) Breslau 853, Hirt's Verlag. *

— Stillleben oder: Der Segen einer religiösen Erziehung. Besonderer Abdr. aus „Stillleben und Weltleben". Mit Illustr. (Holzschn. im Text) nach Originalzeichngn. von Hugo Bürkner. Breslau (854.) Hirt. 8. (3 Bl., 112 S.) n. 20 ngr

— Stillleben u. Weltleben. Ein Buch f. die weibl. Jugend. Mit Illustr. (in Holzschn.) v. Hugo Bürkner br. 8. (VI u. 219 S.) Breslau 852, Hirt. n. 1 ℛ — 2. Abdr. br. 8. (VIII u. 107 S.) Ebd. 852. n. 1⅓ ℛ

—— in freien Stunden. Erzählungen, Sagen und Gedichte für die Jugend. 8. (350 S. mit 8 lithogr. und color. Bildern.) Berlin 870, Winckelmann und Söhne. geb.

—— drei gefährliche Tage. Das blinde Kind. Zwei Volkserzählungen für Alt und Jung. 8. (132 S.) Berlin 848, Vereins-Buchhandlung.

—— die verlorene Tochter, s. a. Lese-Cabinet.

—— die verlorene Tochter. Eine Erzählung. 2., verb. Aufl. 8. (111 S. und 2 ill. Kpfrt.) Leipzig 851, Baumgärtners Buchh.

—— Vergißmeinnicht. Erzählungen, Gedichte u. Märchen f. Mädchen von 7 bis 11 Jahren. 8. (18⅝ B. u. 9 ill. Bild.) Berlin 843, Winckelmann u. Söhne.

—— Vergißmeinnicht. Erzählungen, Gedichte und Märchen für Mädchen von 7—11 Jahren. 7. Aufl. 12. (301 S. mit 9 lithogr. und kolor. Bildern.) Ebendas. 883. geb. *

—— die Weberfamilie, s.a. Lese-Cabinet.

KOCH. *Die Weberfamilie*. Erzählung von Rosalie Koch. Mit zwei colorirten Kupfern. Leipzig, Baumgärtner. 1846. 2 Bl. 69 S. 1 Bl. Kl.-8°. Pappbd. d. Z. 25.—

★ 1. Ausgabe. Interess. Erzählung über die Weber in Schlesien. Die hervorragenden, sehr schön kolor. Kupfer (eins m. Darstellung e. Webstuhls) sind nicht bezeichnet. Als 2. Bändchen des „Allgemeinen Lese-Cabinets" erschienen. — Einige leichte Flecken, Einbd. etwas benutzt

—— die Weberfamilie. Erzählung. 2., verb. Aufl. 8. (72 S. und 2 ill. Kpfrt.) Leipzig 851, Baumgärtners Buchh.

—— Weltleben oder: Die Begüterten. — Gottes Haushalter auf Erden. br. 8. (V und 107 S. mit Illustr. in eingedr. Holzschn. nach Originalzeichnungen von Hugo Bürkner.) Breslau 853, Hirt's Verlag. *

— Weltleben oder: Die Begüterten — Gottes Haushalter auf Erden. Besonderer Abdr. aus „Stillleben und Weltleben". Mit Illustr. (Holzschn. im Text) nach Originalzeichnungen von Hugo Bürkner. Ebend. (854.) 8. (3 Bl., 107 S.) n. 20 ngr.

—— wie die Kinder Glück wünschen! Gelegenheitsgedichte für die Jugend. 2., stark verm. Aufl. 16. (IV und 105 S.) Breslau 859, Kern.

—— Wie die Kinder Glück wünschen. Gelegenheits-Gedichte für die Jugend. 3. Aufl. 1863. und 4., verm. Aufl. 16. (IV und 120 S.) Breslau 866, Kern's Verlag.

— wie die Kinder Glück wünschen. Gelegenheits-Gedichte f. die Jugend. 5. verm. Aufl. 16. (IV, 142 S.) Breslau 876. Kern's Verl. 1. —; cart. 1. 20

Koch, Rosalie, wie die Kinder Glück wünschen. Gelegenheits-Gedichte für die Jugend. 6. Aufl. 12. (IV, 142 S.) Breslau 887, Kern's Verlag.

— Winterfreuden. Erzählungen u. Fabeln f. kleine Kinder. Mit 9 (lith. u.) color. Bildern. gr. 16. (IV u. 194 S.) Berlin 851, Winckelmann & Söhne. 7/12 ₰

Koch, Rosalie, die Wintermuhme. Erzähl-Abende für fleißige und brave Kinder von 6—10 Jahren. gr. 16. (179 S. mit 9 lithogr. und ill. Bildern.) Berlin 859, Winckelmann und Söhne. Thlr. –

—— Zeitlosen. Erzählungen für Kinder von 12—14 Jahren. 8. (III und 224 S. mit 7 lithogr. und ill. Bildern von Th. Hosemann in Tondr.) Berlin 852, Winckelmann und Söhne. –

Koch, Rud., die Abendmahlslehre der reformirten Kirche nach ihrer Entwickelung und schriftmäßigen Begründung. Vortrag, auf Veranlassung des Reformirten Schriftenvereins gehalten im Saale des evangel. Vereinshauses zu Elberfeld am 16. Febr. 1885. gr. 8. (38 S.) Barmen 886, Exped. des Reformirten Schriftenvereins. *

—— die Aufhebung des Edicts von Nantes und deren nachwirkender Einfluß auf die reformirte Kirche Deutschlands. Vortrag, gehalten auf der Conferenz des reformirten Bundes zu Elberfeld am 26. Aug. 1885. gr. 8. (16 S.) Ebendas. 885. *

— die Aufhebung d. Edicts v. Nantes u. deren nachwirkender Einfluß auf die reformirte Kirche Deutschlands. Vortrag. gr. 8. (16 S.) Hamburg 885. Seelig & Ohmann. n. — 25

Koch, Rudolf: Beitrag zur Frage: Bestehen Korrelationen zwischen Exterieur und Nutzleistung? **Giessen 1908**: Christ & Herr. 258 S. 8°

Gießen, Phil. Diss. v. 29. Dez. 1908, **Ref. Gisevius**

[Geb. 19. Jan. 82 Elpenrod; Wohnort: Gießen; Staatsangeh.: Hessen; Vorbildung: Realgymn. Gießen Reife O. 03; Studium: Gießen 5, Bonn 5, Gießen 1 S.; Rig. 31. Juli 08.] [U 09. 1214

KOCH, Rudolf: Bestimmungstabellen der Insekten an Fichte und Tanne nach den Frassbeschädigungen. - Berlin 1910. VIII, 112 S., 150 Abb. - 2. neubearb. Aufl. ebd. 1928. XX, 145 S., 210 Abb.

Koch, Rud., die blaue Blume, e. Sage in Bildern, s.: Teuerdank. 19.

Koch, Rud., die gottesdienstliche Feier v. 27. IX. 1899, dem Jubeltage des 200jähr. Bestehens der evangelisch-reform. Gemeinde in Bützow (Mecklenburg), nach handschriftl. Aufzeichngn. dargestellt. gr. 8. (III, 18 S.) Bützow (Meckl.) 902. Chr. Bernardt. (Nur direkt.) n. — 40

— Geschichte der französ.-deutsch-reform. Gemeinde zu Bützow i. Mecklenburg-Schwerin, s.a. Geschichtsblätter d. deutschen Hugenotten-Vereins. IX. 4. 5.

Koch, Rud., Geschichte d. französisch-reform. Gemeinde Bützow (Mecklenburg-Schwerin). Vortrag, auf d. Berliner General-Versammlg. d. deutschen Hugenotten-Vereins a. 13. X. 1897 geh. u. in etwas erweit. Form in Druck gegeben. gr. 8. (14 S.) Bützow 897. S. Berg. n. — 40

Koch, Rud., Predigt üb. Joh. 8, 47, geh. am Bibelfeste zu Nürnberg in der St. Aegydienkirche am 16. VI. 1897. gr. 8. (12 S.) Nürnberg 897. F. Banckwitz. n. — 20

— die Reformirten in Mecklenburg. Festschrift zum Jubiläum des 200jähr. Bestehens der evangelisch-reform. Gemeinde zu Bützow, nach amtl. Quellen bearb. gr. 8. (V, 198 S.) Schwerin (899). E. Herberger. n. 3.—

Koch, Rud., klassische Schriften nach Zeichnungen v. Gutenberg, Dürer, Morris, König, Hupp, Eckmann, Behrens u. a. (25 Taf. m. V S. Text.) 24,5×33 cm. Dresden (906). G. Kühtmann. n. 4.—

—— zum Sebantage 1888. Festrede, auf Veranlassung des Kriegervereines zu Bützow gehalten vor dem Krieger-Denkmal daselbst. gr. 8. (6 S.) Bützow 888, Berg. *

— zum Sedan-Tage 1895. Festrede zur 25jähr. Jubel-Feier d. Sieges v. Sedan, geh. auf d. Markt-Platze zu Bützow. gr. 8. (8 S.) Ebd. 895. n. — 30

Koch, Rud., Tabellen zur Bestimmung schädlicher Insekten an Fichte u. Tanne nach den Frassbeschädigungen. (VIII, 112 S. m. 150 Abbildgn.) 8. Berlin 910. P. Parey. Geb. in Leinw. 3. —

Koch, Rud., aus dem Worte des Lebens. Predigten und Casualreden gr. 8. (VIII, 222 S.) Berlin 876, Haack. *

Koch, S., kleines Lehrbuch der Landkarten-Projektion, s.: Coordes, G.

Köchert, Samuel. Waffenlehre; s.: Militär-Bibliothek.

Koch, Samuel Friedrich

Fünf Predigten geh. v. [Samuel Friedrich] Koch. Kiel. 1841. 8°

Koch, Seph., in rosenfarbener Laune. Gereimter u. ungereimter Humor. gr. 8. (III, 79 S.) Erlangen 891. F. Junge. n. 1. —

Koch, S[everin]. Ueber den Haushalt „Myner Gnädigen Herren und Burger der Stadt Zug“ [A.] 8 (Zug [1884].)

Koch, Sylvain, aus Straßburg i. E.: **Italienische Pfandleiher im nördlichen und östlichen Frankreich.** *Breslau 1904: H. Fleischmann.* (55 S.) 8°
Breslau, Phil. Diss. v. 28. Jan. 1904

Die Schundlitteratur, ihre Verderblichkeit und ihre Bekämpfung Vortrag, geh. 1899 zu Lichtenthal bei Baden-Baden von Th Koch, Sekr d. Bad. Landesvereins f. innere Mission. *Berlin: A. Deutsch 1900.* (32 S.) 8° [F.] [04. 1434

Koch, Th., die Schundlitteratur, ihre Verderblichkeit u. ihre Bekämpfung. Vortrag, geh. auf der Herbstversammlg. des christl. Kolportagevereins am 23. X. 1899 zu Lichtenthal bei Baden-Baden. gr. 8. (32 S.) Berlin 900. (Leipzig, H. G. Wallmann.) n. — 40

Koch, Th., der practische Spiritus-Messer, oder: die richtigste Ermittlg. des Maas-Inhalts der Spiritus-Gebinde in der bequemsten Weise durchs Gewicht, nebst vollständ. Preisberechng. u. allem beim Spiritus- u. Branntweinhandel sonst noch nothwendigen u. Wissenswerthen. Ein pract. Taschenbuch für Aichungsbehörden, Steuerbeamte, Brennereibesitzer etc. Wittenberg 870. Herrosé. gr. 16. (XXIX, 159 S.) n. 20 ngr.

Koch Th., d. prakt Spiritus Messer 2 Aufl. 1882 Gbdn 1 20

Koch, Thekla, das goldene Buch der Hausfrau. Eine Sammlung bewährter Mittel u. Ratschläge für den allgem. Hausbedarf u. die Gesundheitspflege. (240 S.) 12. München 903. Seitz & Schauer. n. 1. —; geb. in Leinw. n. 2. —

Koch, Thdr., Anfänge der Kunst im Urwald. Indianer-Handzeichnungen, auf seinen Reisen in Brasilien gesammelt. (XV, 70 S. m. Abbildgn., 2 Karten u. 63 Taf. m. VIII S. Text.) qu. 8. Berlin (906). E. Wasmuth. Geb. in Leinw. n. 15. —

Koch, Thdr., zum Animismus d. südamerikan. Indianer, s.a. **Archiv, internat., f. Ethnographie. XIII. Suppl.**

Zum Animismus der südamerikanischen Indianer von Theodor Koch, Lehramtsassessor *Leiden E. J. Brill 1900.* (VIII, 146 S.) 4°
= Archiv, Internationales, f Ethnographie. Bd 13, Suppl. [00. 10393

Koch, Theodor: Die A n t h r o p o p h a g i e der südamerikanischen Indianer. ([S.-A.] Internationales Archiv für Enthnographie. Bd. 12.) Leiden 1894. 35 S. 8°

Koch, Theod. Über den Aristotelischen Begriff der Katharsis in der Tragödie und der Anwendung derselben auf den König Oedipus. 24 S. - Fortsetzung. 25 - 52. - Beschluß. 53 - 74 S. - Elbing, Progr 1851, 52, 53

[F. u. Ant.] **Koch,** *Theodor:* Bestimmung der parallelen konjugierten Durchmesser zweier Ellipsoide. Siegburg, Druck v. Gebr. Daemisch, *1893;* 3—18 S. 4.
Siegburg, k. G, P 1893 (400)

Koch, Thdr., ein Blick auf die wissenschaftl. Richtungen in der heutigen Medicin. gr. 8. (103 S.) St. Petersburg 819. (Leipzig, Hartmann.) *

Koch, Theodor (Red.), s. D e m o k r a t, Centralschweizerischer.

Koch, Theodor Systematische Entwickelung der Grundlehren der Arithmetik I. Teil 20 S Progr. *Siegburg* 1883

Koch, Theodor, appr. Arzt a. Cannstatt: Aus der Medizinischen Klinik in Tübingen. Zur Frage der Zuckerbildung aus Eiweiss. Tübingen: F. Pietzcker 1904. (12 S.) 8°
Tübingen, Med. Fak., Ref. v. Krehl, Diss. v. 24. Sept. 1904
[Geb. 12. Juli 78 Cannstatt; Wohnort: Cannstatt; Staatsangeh.: Württemberg; Vorbildung: Gymn. Cannstatt Reife M. 97; Studium. Tübingen 8, Kiel 1 S.; Coll. 29. Juli 04, Approb. 31. Juli 03.]

Koch, Theodor, aus Grünberg i Hessen Die **Guaikurú-Gruppe.** *Wien: Anthropol. Gesellsch. 1902.* (128 S.) 4°(8°) ¶(Aus Mitth. d Anthropol. Ges. in Wien, Bd 33, 1903 Vgl. ‘Die Guaikurústämme’ in Globus, Bd 81 1902.)
Wurzburg, Phil. Diss. v 1903

Koch, Theod., Jubilar-Album der Universität Erlangen, s. Jubilar-Album.

Koch, Thdr., Leitfaden beim Unterrichte der im deutschen Reichstag, im preußischen Abgeordnetenhaus, im preußischen Landtag, im preußischen Herrenhaus u. bei mindestens 200 000 Deutschen verwendeten vereinfachten deutschen Stenographie nach System Stolze. gr 8. (12 autogr. S.) Hildburghausen 891. F. W. Gadow & Sohn. n. — 45

Koch, Th., und W. Schlüsser, kurze Uebersicht der im J. 1851 im Petri-Paulshospitale in St. Petersburg angestellten pathologisch-anatomischen Beobachtungen. gr. 8. (45 S.) St. Petersburg 852. (Leipzig, Fr. Fleischer.) *

Koch, Theodora, von Liebe .... Novelle. (116 S.) 8. Dresden 909. E. Pierson. 1.50; geb. n 2. 50

Geschichte des Lotteriewesens in Bayern. Unter Benutzung amtl. Quellen bearb. von Johannes Thomas **Koch**. Munchen Th Ackermann 1908 (VII, 227 S.) 8° [F.] [08. 782

Koch, Th., Taschen-Kubik-Tabellen runder, geschnittener und beschlagener Hölzer von ½ bis 36 Zoll mittlerem Durchmesser und 1 bis 60 Fuß Länge, nebst Preisberechnungs-Tabellen in preuß. und sächs. Gelde. Ein prakt. und bequemes, beim Ein- und Verkauf des Holzes nöthiges Taschenbuch. 16 (160 S.) Jüterbog 856, Krause. *

Koch, Th., Taschen-Kubiktabellen für runde, geschnittene und beschlagene Hölzer aller Dimensionen nach mittlerem Durchmesser und metr. Maßsystem nebst vollständ. Preis- und Gewichtsberechnung. Ein prakt. und bequemes, für Forstbeamte, Holzhändler, Schneidemühlenbesitzer 2c. beim Ein- und Verkauf des Holzes nöth. Taschenbuch. Ausg. für Preußen. 1. Aufl. 1870. ℳ 2,50., und 2. Aufl. 8. (256 S.) Ebendas. 872. *
Erschien auch in einer Ausg. für Sachsen.

Koch, Th., Taschen-Kubiktabellen f. runde, geschnittene u. beschlag. Hölzer aller Dimensionen nach mittlerem Durchmesser u. metr. Maßsystem nebst vollständ. Preis- und Gewichtsberechng. Ein prakt. u. bequemes, f. Forstbeamte, Holzhändler, Schneidemühlenbesitzer 2c. beim Ein- und Verkauf des Holzes nöth. Taschenbuch. Ausg. f. Preußen. 2. Aufl. 8. (256 S.) Wittenberg 872. Herrosé. n. 2. 25

Koch, Th., Taschen-Kubik-Tabellen für runde, geschnittene und beschlagene Hölzer aller Dimensionen nach mittlerem Durchmesser und metrischem Maßsysteme, nebst vollständ. Preis- und Gewichtsberechnung. Ein prakt. und bequemes, für Bauherren und Baumeister, Forstbeamte 2c. beim Ein- und Verkauf des Holzes nöth. Taschenbuch von bleibendem Werthe. 3. (Titel-) Ausg. 12. (224 S.) Wittenberg 882, Herrosé Verlag. geb. *

Koch, Toni, Märchen aus 1001 Nacht. 8. (112 S. m. 3 Farbdr.) Mülheim a/R. (900). J. Bagel. Geb. 1.20

Koch, Vict. Hugo, Anleitung zum Uebersetzen aus dem Deutschen in's Griechische. Das Nomen u. die regelmäßigen Verba der ersten Hauptconjugation. Leipzig 869. Reichenbach. gr. 8. (IV, 156 S.) 12½ ngr.

Koch, Vict. Hugo, de articulo Homerico. gr. 4. (40 S.) Leipzig 872. Hinrichs'sche Sort.-Buchh. n. 1. 50

Koch, V. H., Schulwörterbuch zur Aneide des P. Vergilius Maro, s.: Koch, G. A.

Koch, Vict. Hugo Geo., Commentatio in Plutarchi vitam Dionis. gr. 8. (32 S.) Leipzig 862, (Serig'sche Buchh.) *

Koch, Volpertus

Verzeichnis der Büchersammlung der ger.·. u. vollk.·. St. Johannis Loge Zur Eintracht und Standhaftigkeit in Cassel. Im Auftr. der Loge hrsg. von Volpertus Koch. (Stand am 1. Okt. 1905.) Cassel 1905: Schneider. 96 S. 8°
cf. L. 30 (1907) S. 80 (P. Fischer).

Koch, W. (III.). Arbeitgeber u. Arbeiter. Gesetzliche Bestimmgn. f. das Deutsche Reich üb. die Rechte u. Pflichten der Gewerbetreibenden u. der Gesellen, Lehrlinge u. Arbeiter. Nebst den Bestimmgn. üb. die gewerbl. Hilfskassen, Ortsstatuten, Krankenversicherg., Ortskrankenkassen u. Strafen. Mit Formularen zu Anträgen bei Behörden rc. gr. 8. (60 S.) Berl. 891, Mode's Verlag. — 75

Koch, W. (II.), über das Chloroform und seine Anwendung in der Chirurgie, s. Sammlung klin. Vorträge.

—— Herrschaft u. Gesinde. Gesetzliche Vorschriften in Preußen über die Rechte u. Pflichten der Herrschaft u. ihrer Dienstboten, Hausoffizianten, wie Wirtschaftsinspektoren, Aufseher, Portiers, der herrschaftl. Arbeiter, Erzieher u. Erzieherinnen rc. Nebst Formularen. gr. 8. (48 S.) Ebd. 891. — 60

Koch, W., Japan. Geschichte nach japan. Quellen u. ethnograph. Skizzen. Mit 1 Stammbaum des Kaisers v. Japan. (X, 410 S.) gr. 8. Dresden 904. W. Baensch. n. 7. —

Die Kaufmannsgerichte. Ein Ratgeber f. Parteien u. Beisitzer, sowie f. Kaufleute. Auf Grund d. einschläg. Reichsgesetze bearb. Nebst Formularen, e. alphab. Sachreg. u. d. Text d. Gesetzes. Hrsg. von W. **Koch**. Berlin: S. Mode 1905. (89 S.) 8° [F.] [04. 3039

Koch, W. (I.), die neuen Maasse und Gewichte, verglichen mit den alten. gr. 16. (4 S.) Berlin 869, Oehmigke's Verlag. *

—— Prinzipal u. Gehilfe. Gesetzliche Bestimmgn. für das Deutsche Reich üb. die Rechte u. Pflichten d. Prinzipals u. seiner Angestellten, als Prokuristen, Handlungsbevollmächtigte, Handlungsgehilfen u. Handlungslehrlinge. Nebst verschiedenen Formularen zu Anstellungs- und Lehrverträgen, Lehrbriefen, Zeugn. rc. gr. 8. (24 S.) Ebd. 891. * — 50

—— Juristischer Ratgeber f. alle Fälle d. tägl. Lebens. Mit Beispielen, Formularen u. Sachregister. Für das Deutsche Reich, insbesondere f. Preußen. gr. 8. (VIII, 216 S.) Ebd. 891. 2 50

Koch, W. (III.), Reichs-Gesetz betr. den Schutz von Vögeln. Ergänzt durch die Materialien und gerichtl. Entscheidungen. 1. und 2. Aufl. 8. (20 S.) Bielefeld 888, Helmich. *
—— dass. — nebst preußischer Jagdpolizei-Ordnung und preuß. Wildschongesetz. 8. (62 S.) Ebendas. 888. *
geb. *

Koch, W., Reichs-Gesetz betr. den Schutz v. Vögeln. Ergänzt durch die Materialien und gerichtl. Entscheidgn. 3 Aufl. 8. (20 S.) Bielefeld 889. Helmich. n. — 40

— dasselbe, nebst preuß. Jagdpolizei-Ordnung u. preuß. Wildschongesetz. 2. Aufl. 8. (62 S.) Ebd. 889. n. 1. 20; geb. n. 1. 50

— die Vormundschaft. Die Pflichten d. Vormundes, Gegenvormundes u. Pflegers nach den gesetzl. Bestimmgn. in Preußen. Für den prakt. Gebrauch bearb. u. dargestellt f. Jedermann. gr. 8. (IV, 72 S.) Ebd. 891. n. 1. —

Die Vormundschaft. Leitfaden für die Amtsführung des Vormundes, Gegenvormundes, Familienratmitgliedes, Waisenrates und Pflegers nach d. BGB. Nebst ausführl. alphab. Sachreg. Von W. **Koch**. 2. verb. Aufl. Berlin: S. Mode 1905. (68 S.) 8° [F.] [04. 3040

Wechselkunde zum praktischen Gebrauch für Gewerbetreibende. Eine leichtfaßl. Darstellung d. Wechselrechts in Frage u. Antwort, nebst Wechselordnung... Mit Wechselformularen u. e. ausführl. alphab. Sachreg. Hrsg. von W. **Koch**. Berlin: S. Mode (1904). (95 S.) 8° [F.] [04. 3041

— welche Rechte u. Pflichten haben Verlobte u. Ehegatten nach dem bürgerl. Gesetzbuche? Gemeinverständl. Darstellg. der gesetzl. Vorschriften üb. Eingehg. u. Aufhebg. d. Verlobg., Ehehindernisse, Aufgebot, Stellg. u. Haftg. des Gatten f. d. Schulden des andern, Sicherg. d. Vermögens d. Frau u. Rechte d. Mannes am Frauenvermög., Ehescheidungsgründe, Verfahren b. d. Scheidg. u. Wirkg. derselben in vermögensrechtl. Hinsicht u. in Beziehg. auf die Kinder. Mit zahlr. Formularen u. e. ausführl. alphabet. Sachregister. (128 S.) 8. Berlin (906). S. Mode. 1. 25

— wer ist Erbe? Ratgeber in Erbschafts- u. Nachlaßsachen. Gemeinverständliche Darstellg. der Bestimmgn. d. bürgerl. Gesetzbuches üb. Erbschaft, Pflichtteil, Enterbg., Anfechtg. v. Testamenten, Haftg. des Erben f. d. Nachlaßschulden, Rechte u. Pflichten der Miterben, Annahme u. Ausschlagung d. Erbschaft, Vermächtnis, Erbschein, Anrechng. des bei Lebzeiten Empfangenen usw. m. Formularen u. e. ausführl. alphabet. Sachregister. (60 S.) 8. Ebd. (906). 1. —

Koch, W., wie mache ich mein Testament? Gemeinverständl. Anleitg. f. Jedermann zur Errichtg. letztwill. Verfüggn., nebst e. kurzen Abriß d. gesetzl. Erbrechts m. zahlreichen Mustern zu Testamenten, sowie e. ausführl. alphabet. Sachregister, auf Grund d. bürgerl. Gesetzbuches bearb. (VIII, 111 S.) gr. 8. Berlin (903). S. Mode. 1. 25

Koch, W., wie treibe ich meine Außenstände ein? Ratgeber für Kaufleute, Gewerbetreibende u. Private zur gerichtl. u. außergerichtl. Einziehung v. Fordergn. mit besond. Berücksicht. des Verfahrens gegen faule u. böswillige Schuldner. Auf Grund des bürgerl. Gesetzbuches, der Civilprozeßordng., der Konkursordng., des Anfechtungsgesetzes u. a. bearb. u. m. zahlr. Mustern zu Briefen u. Formularen, zu Gesuchen u. Klagen, sowie e. ausführl., alphabet. Sachregister versehen. (VIII, 138 S.) gr. 8. Berlin (903). S. Mode. 1. 50

—— Preuß. Wildschadengesetz, nebst preuß. Jagdpolizei-Ordnung u. preuß. Wildschongesetz, sowie Reichs-Gesetz betr. den Schutz von Vögeln. Ergänzt durch die amtl. Materialien der Gesetzgebg.. 1., 2. u. 3. (Titel-)Aufl. 8. (74 S.) Ebd. 891,92. ** 1 30
Wildschadengesetz (15 S.) allein 1.—3. u. 4. (Titel-)Aufl. * — 40

Koch, Waldemar, Dr. phil.: Die Industrialisierung Chinas. [1910.] 86 S. 8°
¶ Auch bei Springer in Berlin; Ausz. in: Technik u. Wirtschaft. Jg. 3.
Berlin, Dr.-Ing.-Diss. v. 11. 3. 1910

Koch, Waldemar, a. Bremerhaven: Die Konzentrationsbewegung in der deutschen Elektroindustrie. (München und Berlin 1907: R. Oldenbourg.) (119 S.) 8°
Berlin, Phil. Fak., Ref. Sering, Diss. v. 2. März 1907
[Geb. 25. Sept. 80 Harburg; Wohnort: Braunschweig; Staatsangeh.: Vereinigte Staaten; Vorbildung: Realgymn. Vegesack Reife M. 03; Studium: Berlin T.H. 8, Univ. 2 S.; Rig. 29. Nov. 06.]

Koch, Walo. Die Entwicklung der Ohrmuschel bei anthropoiden Affen in ihren Beziehungen zu den Bildungs-Anomalien der menschl. Ohrmuschel. Diss. Med. (Univ.) Zürich. [Mit 2 Tafeln.] 21 S. 8. Buchs, Kt. St. Gallen, J. Kuhn, 1902.

Koch, Walter [aus Lauenburg in Pommern]: Die conforme Abbildung des hyperbolischen Paraboloids auf einer Ebene .... Greifswald, Druck v. F. W. Kunike, 1887; 45 S. 8°.
Greifswald, Phil. Fak., Inaug.-Diss. v. 30. Jul. 1887.

Koch, Walter, die conforme Abbildung des hyperbolischen Paraboloids auf einer Ebene. Inaugural-Dissertation. gr. 8. (43 S.) Greifswald 887. (Berlin, Mayer und Müller.) *

Koch, Walther: Über die Anwendung der Doppel-Integrale in der Funktionen-Theorie. Sorau 1904: Rauert & Pittius. (11 S.) 4°
Sorau, k. G P 1904 (96)

Koch, Walther: Beiträge zur affinen Geometrie der Flächen zweiten Grades. Halle a.S. 1910: Gebauer-Schwetschke. 51 S. 8°
Kiel, Phil. Diss. v. 8. Aug. 1910, Ref. Heffter
[Geb. 29. März 86 Hamburg; Wohnort: Wandsbek; Staatsangeh.: Hamburg; Vorbildung: Gymn. Wandsbek Reife O. 05; Studium: Jena 3, Berlin 2, Kiel 4 S.; Rig. 7. Mai 10.] [U 10. 2508

Koch, Walther [app. Arzt aus Potsdam-Neuendorf]: Ueber Cystocelen ... Freiburg i. B., Buchdr. E. Kuttruff, 1896; 82 S. 8.
Freiburg i. B., Med. Fak., Inaug.-Diss. v. 1896

Koch, Walther: Die Eigenschaften der Kurven 4. Grades mit 2 Doppelpunkten, hergeleitet mittelst elliptischer Funktionen. *Züllichau 1902: H. Hampel.* (S. 3—14.) 4° [Ant. u. F.]
Züllichau, k. Pd u. Waisenhaus (Steinbartsche Erz.- u. Unt.-A), OP 1902 (103)

*Koch, W[alther] Farbenerscheinungen in der Natur S. 3 6. 4.
Zur Feier des Gedächtnisses an Ph. F A. Just Gymn. *Sorau* 1908.
Progr.

Koch, Walt. Kapitalanlage in Hypotheken, s.: Handbibliothek, jurist.

*Koch, W[alther] Kultur bei den Tieren. 1 Bl. 4.
Progr. Zur Gedächtnisfeier für Ph. F A. Just Gymn. *Sorau* 1907

Koch, Walther: Zur Methode im geometrischen Unterricht. Sorau 1906: Rauert & Pittius. (6 S., 1 Taf.) 4°
Sorau, k. G P 1906 (100)

Koch, Walt., d. Recht d. bürg. Gesetzbuchs, s.: Eucken, Heinr.

Koch, Walt., drei Sommer e. Lebens. Gedichte. 8. (VIII, 127 S.) Dresden 900. E. Pierson. n. 1.50; geb. n. 2.50

Koch, Walter, prakt. Arzt a. Dortmund in Westfalen, Assistenzarzt im 5. Bad. Inf.-Reg. Nr. 113: Aus d. Pathol. Institut d. Univ. Freiburg i. B. (Direktor Prof. Dr. Aschoff). Über das Ultimum moriens des menschlichen Herzens. Ein Beitrag zur Frage des Sinusgebietes. Freiburg i. Br. 1907. (Naumburg a. S.: Lippert & Co.) (26 S.) 8°
Freiburg i. B., Med. Fak., Ref. Aschoff, Diss. v. 1907
[Geb. 3. Mai 80 Dortmund; Wohnort: Freiburg i. B.; Staatsangeh.: Preußen; Vorbildung: Ratsgymn. Osnabrück Reife O. 00; Studium: Freiburg i. B. 1, Berlin 9 S.; Coll. 17 Mai 07; Approb. 14. Aug. 06.]

Koch, Walter: Ueber das Verhalten von Lignozellulose beim Erhitzen mit Wasser unter Druck. Offenbach a. M. 1909: Scherz. 39 S. 8°
Freiburg i. B., Phil. Diss. v. 9. Juli 1909, Ref. Gattermann
[Geb. 6. Juni 83 Magdeburg; Wohnort: Magdeburg; Staatsangeh.: Preußen; Vorbildung: Realgymn. Magdeburg Reife O. 02; Studium: Leipzig 1, Berlin 1, Freiburg i. B. 5 S.; Rig. 18. Dez. 08.] [U 09. 1019

Koch, Werner: Über Anthrachinon-β-Merkaptan. Freiburg i. B.: Speyer & Kaerner 1910. 30 S. 8°
Freiburg i. B., Phil. Diss. v. 10. Aug. 1910, Ref. Gattermann
[Geb. 4. Juni 86 Freiburg i. B.; Wohnort: Freiburg; Staatsangeh.: Baden; Vorbildung: Gymn. Freiburg Reife Juli 04; Studium: Freiburg i. B. 11 S.; Rig. 29. April 10.] [U 10. 1062

Koch, Wilhelm [aus Behrenwalde in Pommern]: Ueber die von Herrn Prof. Dr. Greeff im Golf von Guinea gesammelten Anthozoen ... Bonn, Univ. Buchdr. v. C. Georgi, 1886; 18 S. u. 5 Taf. 8°.
Bonn. Phil. Fak., Inaug.-Diss. v. 20. Jun. 1886.

Koch, Wilh. (I.), neue Anthozoen aus dem Golf von Guinea. gr. 8. (36 S. mit 5 Taf.) Marburg 886, Elwert's Verlag. *

Koch, Wilh. (Hrsg.), s. Anzeiger, Juristischer, für die Justiz- u. Verwaltungs-Beamten

Koch, Wilh. (Hrsg.), s. Anzeiger, Medicinischer, f.d prakt. Aerzte Ost- u. Westpreußens.

Koch, Wilh. (Hrsg.), s. Anzeiger, Pädagogischer, für Ostpreußen.

Koch, Wilh., Apologie des Christentums, s.: Schanz, Paul.

Koch, Wilh., s.: Arbeiten der chirurg. Universitätsklinik Dorpat.

Koch, W., Aufgaben zum Kopfrechnen, s.a Hellermann, F., u. L. Krämer, Aufgaben.

Koch, W., Aufgaben für das Kopfrechnen zum Gebrauche für Lehrer bearb. Berlin 861 Oehmigke's Verlag. 8. (192 S.) n. 20 ngr.

— Aufgaben für das Kopfrechnen zum Gebrauch für Lehrer. 2. Aufl. Ebend. 867. gr. 8. (192 S.) n. 20 ngr.

Koch, W. (I.), Aufgaben für das Kopfrechnen zum Gebrauch für Lehrer bearb. 2. Aufl. Neues Maß und Gewicht. 8. (176 S.) Berlin 870, Oehmigke's Verlag. *

—— dass. — 3. Aufl. Neues Geld, Maaß und Gewicht. gr. 8 (176 S.) Ebendas. 874. *

Koch, W., Aufgaben für das Kopfrechnen zum Gebrauch für Lehrer. 4. Aufl. Neues Geld, Maaß u. Gewicht. gr. 8. (176 S.) Berlin 879. Oehmigke's Verl. n. 2. 40

Koch, W., Aufgaben für das schriftliche Rechnen. 1—5. Heft. 8. Berlin 855, L. Oehmigke's Verlag. * —
Inhalt:
Heft 1. Die vier Species mit unbenannten ganzen Zahlen. (32 S.) * 2½ Ngr.
" 2. Resolviren, Reduciren und die vier Species mit benannten ganzen Zahlen. (32 S.) * 2½ Ngr.
" 3. Regeldetri mit ganzen Zahlen, Zeitrechnung und vermischte Aufgaben. (48 S.) * 2½ Ngr.
" 4. Vorübungen zu den Bruchrechnungen, die vier Species, Resolviren und Reduciren mit Brüchen. (64 S.) * 5 Ngr.
5. Einfache (gerade und umgekehrte) und zusammengesetzte Regeldetri und vermischte Aufgaben. (76 S.) * 5 Ngr.

—— Resultate dazu. 1. Thl. Heft 1—3.: Das Rechnen mit ganzen Zahlen. 8. (72 S.) Ebds. 855. *

—— Aufgaben für das schriftliche Rechnen. 1—7. Heft. 8. Berlin, Oehmigke's Verlag. *
Inhalt:
Heft 1. Die vier Species mit unbenannten ganzen Zahlen. 2—13. Aufl. (32 S.) 857—61. * 2½ Ngr.
" 2. Resolviren, Reduciren und die vier Species mit benannten ganzen Zahlen. 2. Aufl. (32 S.) 858. * 2½ Ngr.
" 3. Regeldetri mit ganzen Zahlen, Zeitrechnung und vermischte Aufgaben. 2. Aufl. (40 S.) 858. * 2½ Ngr.
" 4. Vorübungen zu den Bruchrechnungen, die vier Species. Resolviren und Reduciren mit Brüchen. Decimalbrüche. 2. Aufl. (64 S.) 858. * 5 Ngr.
" 5. Einfache und zusammengesetzte Regeldetri, Kettensatz und vermischte Aufgaben mit gewöhnlichen und Decimalbrüchen. 2. Aufl. (64 S.) 860. * 5 Ngr.
" 6. Verhältniß-Bestimmungen. Prozent-Bestimmungen. Gewinn und Verlust. Zinsberechnung. Rabatt, Disconto, Tara. 3. Aufl. (80 S.) 861. * 5 Ngr.
" 7. Termin-Rechnung. Gesellschafts-Rechnung. Mischungs-Rechnung. Zinseszins-Rechnung. Wechsel-Rechnung. Raumberechnung. (Quadrat- und Kubikwurzeln.) 2. Aufl. (112 S.) 861. * 8 Ngr.

—— dass. — 6. Heft. 2. Aufl. 8. (40 S.) Ebendas. 858. *

—— dass. — 5. Heft. 2. Aufl. 8. (40 S.) Ebendas. 860. *

—— Resultate zu den Aufgaben für das schriftliche Rechnen. 4. Heft. 3. Aufl. 8. (48 S.) Berlin 861, Oehmigie's Verlag. *

—— dass. — 7. Heft. 2. Aufl. 8. (64 S.) Ebendas. 861. *
Vgl. 12. Bd. 1. Abthl. S. 540.

Koch, W. (II.), Aufgaben für das schriftliche Rechnen. 7 Hefte. 8. Berlin, Oehmigke's Verlag. *

Inhalt:

Heft 1. Die vier Species mit unbenannten ganzen Zahlen. 16.—54. Aufl. (32 S.) 862—68. * 2½ Ngr.
„ 2. Resolviren, Reduciren und die vier Species mit benannten ganzen Zahlen. 14.—44. Aufl. (32 S.) 862—68. * 2½ Ngr.
„ 3. Regeldetri mit benannten ganzen Zahlen, Zeitrechnung und vermischte Aufgaben. 9.—28. Aufl. (40 S.) 862—68. * 2½ Ngr.
„ 4. Vorübungen zu den Bruchrechnungen, die vier Species, Resolviren und Reduciren mit Brüchen. 8.—25. Aufl. (64 S.) 862—68. * 5 Ngr.
„ 5. Einfache (gerade und umgekehrte) und zusammengesetzte Regeldetri und vermischte Aufgaben. 4.—10. Aufl. (64 S.) 862—67. * 5 Ngr.
„ 6. Verhältniß- und Procent-Bestimmungen, Gewinn- und Verlust-, Zins-, Rabatt-, Disconto- und Tara-Rechnung. 4.—8. Aufl. (80 S.) 862—68. * 5 Ngr.
„ 7. Termin-Rechnung, Theilungs- oder Gesellschafts-Rechnung, Mischungs-Rechnung, Wechselrechnung, Decimalbrüche, Quadrat- und Cubitwurzeln, Längen, Flächen und Körper. 3. Aufl. (112 S.) 866. * 7½ Ngr.

Koch, W. (II.), Resultate zu den Aufgaben für das schriftliche Rechnen 7 Hefte. 8. Ebendas. *

Inhalt:

Heft 1. Resultate zum 1. Hefte der Aufgaben. 3. Aufl. (12 S.) 865. * 5 Ngr.
„ 2. Auflösungen zum 2. Hefte der Aufgaben. 4. Aufl. (12 S.) 865. * 5 Ngr.
„ 3. Auflösungen zum 3. Hefte der Aufgaben. 4. Aufl. (32 S.) 865. * 5 Ngr.
„ 4. Auflösungen zum 4. Hefte der Aufgaben. 4. Aufl. (48 S.) 866. * 5 Ngr.
„ 5. Auflösungen zum 5. Hefte der Aufgaben. 3. Aufl. (40 S.) 865. * 5 Ngr.
„ 6. Auflösungen zum 6. Hefte der Aufgaben. 3. Aufl. (40 S.) 865. * 7½ Ngr.
„ 7. Auflösungen zum 7. Hefte der Aufgaben. 3. Aufl. (64 S.) 866. * 10 Ngr.

—— Aufgaben für das schriftliche Rechnen. Neue Bearbeitung mit Berücksicht. der neuen Maaß- und Gewichtsordnung nach dem Gesetz vom 17. Aug. 1868. Heft 1—4, 4a, 5—7. 8. Ebendas. 869—73. [1. Heft. 55.—129. verb. Ster.-Aufl. (32 S) * 25 Pf.; 2. Heft. 45.—106. Ster.-Aufl. (32 S.) * 25 Pf.; 3. Heft. 29.—68. Ster.-Aufl. (32 S.) * 25 Pf.; 4. Heft. 26.—61. Ster.-Aufl. (66 S.) * 50 Pf.; 4a. Heft. 1—20. Ster-Aufl. (37 S.) * 40 Pf.; 5. Heft. 11.—33. Ster.-Aufl. (64 S.) * 50 Pf.; 6. Heft. 9.—20. Ster.-Aufl. (80 S.) * 50 Pf.; 7. Heft. 4. und 5. Aufl. (104 S.) * 75 Pf.] *

—— Resultate zu den Aufgaben für das schriftliche Rechnen. Neue Bearbeitung mit Berücksicht. der neuen Maaß- und Gewichtsordnung nach dem Gesetz vom 17. Aug. 1868. 7 Hefte 8. Ebendas. 869. [1.—3. Heft. 4. Aufl. (32 S.) * 50 Pf. 4. Heft. 5. Aufl. (48 S.) * 50 Pf.; 5. Heft. 4. Aufl. (47 S) * 50 Pf.; 6. Heft. 4. Aufl. (40 S.) * 75 Pf.; 7. Heft. (60 S.) * ℳ 1.] *

—— dass. — 1.—6. Heft. 8. Ebendas. 873,74. *

Inhalt:

Heft 1. Das Rechnen mit unbenannten ganzen Zahlen. Die vier Species in beliebigem Zahlenumfange. 130.—146. Ster.-Aufl. (32 S.) * 25 Pf.
„ 2. Das Rechnen mit benannten ganzen Zahlen. Vorübungen. Maaße, Gewichte und Münzen. Die vier Species. 106.—123. Ster.-Aufl. (32 S.) * 25 Pf.
„ 3. Das Rechnen mit benannten ganzen Zahlen. Regeldetri. Zeitrechnung. Vermischte Aufgaben. Etwas aus der allgemeinen Zahlenlehre. 69.—79. Ster.-Aufl. (32 S.) * 25 Pf.
„ 4. Das Rechnen mit Bruchzahlen. Die gewöhnlichen Brüche. Vorübungen, die vier Species, Resolviren und Reduciren, einfache Regeldetri. 62.—71. Ster.-Aufl. (36 S.) * 40 Pf.
„ 5. Das Rechnen mit Bruchzahlen. Die Decimalbrüche. Zusammengesetzte Regeldetri. Kettensatz. Vermischte Aufgaben. 34.—41. Ster.-Aufl. (36 S.) * 40 Pf.
„ 6. Das angewandte Rechnen. Verhältniß- und Prozent-Bestimmungen. Gewinn und Verlust. Einfache und zusammengesetzte Zinsrechnung u. s. w. 21.—23. Ster.-Aufl. (100 S.) * 75 Pf.

—— Resultate zu den Aufgaben für das schriftliche Rechnen. 3 Hefte. 8. Ebendas. 873. à Heft *

Inhalt:

Heft 1. 6. Ster.-Aufl. (27 S.)
„ 2. Mehrfach benannte ganze Zahlen. Vorübungen, die vier Species. 7. Ster.-Aufl. Neues Geld, Maß und Gewicht. (16 S.)
„ 3. Mehrfach benannte ganze Zahlen. Regeldetri, Zeitrechnung, vermischte Aufgaben. Die Maaße und Factoren der Zahlen, der größte gemeinschaftliche Factor und das kleinste Vielfache, die Theilbarkeit der Zahlen. 6. Ster.-Aufl. Neues Geld, Maaß und Gewicht. (27 S.)

—— Aufgaben für das schriftliche Rechnen. 6 Hefte. 8. Ebendas. 875—79. **

Inhalt:

Heft 1. Das Rechnen mit unbenannten ganzen Zahlen. Die vier Species in beliebigem Zahlenumfange. 147.—295. Ster.-Aufl. (32 S.) * 25 Pf.
„ 2. Das Rechnen mit benannten ganzen Zahlen. Vorübungen. Maaße, Gewichte und Münzen. Die vier Species. 124.—234. Ster.-Aufl. (32 S.) * 25 Pf.
„ 3. —— dass. — Regeldetri. Zeitrechnung. Vermischte Aufgaben. Etwas aus der allgemeinen Zahlenlehre. 80.—149. Ster.-Aufl. (32 S.) * 25 Pf.
„ 4. Das Rechnen mit Bruchzahlen. Die gewöhnlichen Brüche. Vorübungen, die vier Species, Resolviren und Reduciren, einfache Regeldetri. 72.—148. Ster.-Aufl. (36 S.) * 40 Pf.
„ 5. —— dass. — Die Decimalbrüche. Zusammengesetzte Regeldetri. Kettensatz. Vermischte Aufgaben. 42.—100. Ster.-Aufl. (44 S.) * 40 Pf.
„ 6. Das angewandte Rechnen. Verhältniß- und Prozent-Bestimmungen. Gewinn und Verlust. Einfache und zusammengesetzte Zinsrechnung. Terminrechnung. Rabattrechnung. Gesellschaftsrechnung. Mischungs- und Wechselrechnung. Quadrat- und Kubikwurzeln. Raumberechnungen. Vermischte Aufgaben. 24.—50. Ster.-Aufl. (100 S.) * 75 Pf.

—— Resultate zu den Aufgaben für das schriftliche Rechnen. 6 Hefte. 8. Ebendas. 875—79. à Heft * 50 Pf. *

Inhalt:

Heft 1. 7.—9. Ster.-Aufl. (28 S.)
„ 2. 8.—11. Ster.-Aufl. (16 S.)
„ 3. 7.—11. Ster.-Aufl. (27 S.)
„ 4. 10. und 11. Ster.-Aufl. (28 S.)
„ 5. 11. und 12. Ster.-Aufl. (28 S.)
„ 6. 11. und 12. Ster.-Aufl. (63 S.)

Koch, W. (II.), Aufgaben für das schriftliche Rechnen. 6 Hefte. 8. Berlin 880—84, Oehmigke's Verlag. *

Inhalt:

Heft 1. Das Rechnen mit unbenannten ganzen Zahlen. Die vier Species in beliebigem Zahlenumfange. 296.—442. Ster.-Aufl. (32 S.) * 25 Pf.
„ 2. Das Rechnen mit benannten ganzen Zahlen. Vorübungen. Maaße, Gewichte und Münzen. Die vier Species. 235.—372. Ster.-Aufl. (32 S.) * 25 Pf.
„ 3. —— dass. — Regeldetri. Zeitrechnung. Vermischte Aufgaben. Etwas aus der allgemeinen Zahlenlehre. 150.—244. Ster.-Aufl. (32 S.) * 25 Pf.
„ 4. Das Rechnen mit Bruchzahlen. Die gewöhnlichen Brüche. Vorübungen, die vier Species, Resolviren und Reduciren, einfache Regeldetri. 149.—247. Ster.-Aufl. (36 S.) * 40 Pf.
„ 5. —— dass. — Die Decimalbrüche. Zusammengesetzte Regeldetri. Kettensatz. Vermischte Aufgaben. 101.—181. Ster.-Aufl. (44 S.) * 40 Pf.
Heft 6. Das angewandte Rechnen. Verhältniß- und Prozent-Bestimmungen. Gewinn und Verlust. Einfache und zusammengesetzte Zinsrechnung. Terminrechnung. Rabattrechnung. Gesellschaftsrechnung. Mischungs- und Wechselrechnung. Quadrat- und Kubikwurzeln. Raumberechnungen. Vermischte Aufgaben. 51.—83. Ster.-Aufl. (100 S.) * 75 Pf.

—— Resultate zu den Aufgaben für das schriftliche Rechnen. 2.—6. Heft 8. Berlin 880—84, Oehmigke's Verlag. [2. Heft. 12.—14. Ster.-Aufl. (16 S.); 3. Heft. 12. Ster.-Aufl. (27 S.); 4. Heft. 12. und 13. Ster.-Aufl. (28 S.); 5. Heft. 13. Ster.-Aufl. (28 S.); 6. Heft. 12. Ster.-Aufl. (63 S.)] 2.—5. Heft à * 50 Pf.; 6. Heft * ℳ 1. *
Resultate zu Heft 1 sind in den neuen Auflagen nicht erschienen.

Koch, W. (II.), Aufgaben für das schriftliche Rechnen. 6 Hefte. 8. Berlin 885—88, Oehmigke's Verlag. *

Inhalt:

Heft 1. Das Rechnen mit unbenannten ganzen Zahlen. Die vier Species in beliebigem Zahlenumfange. 443.—472. Ster.-Aufl. (24 S.) * 20 Pf.

" 2. Das Rechnen mit benannten ganzen Zahlen. Vorübungen. Maaße, Gewichte und Münzen. Die vier Species. 373.—472. Ster.-Aufl. (32 S.) * 25 Pf.

" 3. —— dass. — Regeldetri. Zeitrechnung. Vermischte Aufgaben. Etwas aus der allgemeinen Zahlenlehre. 245.—341. Ster.-Aufl. (32 S.) * 25 Pf.

" 4. Das Rechnen mit Bruchzahlen. Die gewöhnlichen Brüche. Vorübungen, die vier Species, Resolviren und Reduciren, einfache Regeldetri. 248.—312. Ster.-Aufl. (40 S.) * 40 Pf.

" 5 —— dass. — Die Decimalbrüche. Zusammengesetzte Regeldetri. Kettensatz. Vermischte Aufgaben. 182.—252. Ster.-Aufl. (40 S.) * .. Pf.

" 6. Das angewandte Rechnen. Verhältniß- und Prozent-Bestimmungen. Gewinn und Verlust. Einfache und zusammengesetzte Zinsrechnung. Terminrechnung. Rabattrechnung. Gesellschaftsrechnung. Mischungs- und Wechselrechnung. Quadrat- und Kubikwurzeln Raumberechnungen. Vermischte Aufgaben. 84.—112. Ster.-Aufl. (96 S.) * 75 Pf.

—— dass. — Resultate. 2.—6. Heft. 8. Ebendas. 885—88. [2. Heft 14. und 15. Aufl. (16 S.) * 50 Pf.; 3. Heft 13. Aufl. (14 S.) * 50 Pf.; 4 Heft 14. und 15. Aufl. (30 S.) * 50 Pf.; 5. Heft 14.—16. Aufl. (20 S.) * 50 Pf. 6. Heft 3. Aufl. (61 S.) * ℳ 1.—.] *

Koch, W., Aufgaben f. das schriftliche Rechnen. 6 Hfte. 8. Berlin 890. Oehmigke's Verl. n. 2. 25

1. 473. Ster.-Aufl. (24 S.) n. — 20. — 2. 504. Ster.-Aufl. (32 S.) n. — 25. — 3. 362. Ster.-Aufl. (32 S.) n. — 25. — 4. 347. Ster.-Aufl. (40 S.) n. — 40. — 5. 270. Ster.-Aufl (40 S.) n. — 40. — 6. 121 Ster.-Aufl. (96 S.) n. — 75.

Koch, Wilh. (III.) Aufgaben für das schriftliche Rechnen. Neue Ausg. Bearb. von K. Hellermann u. L. Krämer. 6 Hefte. 8. Berl. 892, L. Oehmigke. * 2 40

1. 4. Aufl. (42 S.) * — 25. — 2. 18. Aufl. (48 S.) * — 30. — 3. 20. Aufl. (64 S.) * — 35. — 4. 19. Aufl. (72 S.) * — 40. — 5. 15. Aufl. (80 S.) * — 45. — 6. 10. Aufl. (128 S.) * — 65.

—— dass. — Resultate zum 5. u. 6. Heft der alten Ausg. 8. Ebd. 892. [5. Heft. 18. Aufl. (20 S.) * — 50; 6. Heft. 5. Aufl. (61 S.) * 1 —.] * 1 50

2.—4. Heft. Ebd. 1886—88. à * — 50.

—— dass. — zu der neuen Ausg. Bearb. von K. Hellermann und L. Krämer. 2.—6. Heft. 8. Ebd. 892. * 3 —

2. (24 S.) * — 50; 3. 2. Aufl. (40 S.) * — 50; 4. 2. Aufl. (46 S.) * — 50, 5. 2. Aufl. (53 S.) * — 50; 6. (80 S.) * 1 —.

Koch, Wilh. (III.). Aufgaben für das schriftliche Rechnen. 6 Hefte. 8. Berl. 892, L. Oehmigke. * 2 25

1. Das Rechnen m. d. Zahlen v. 1—10, 1—20; 1—100. 480. Aufl. (24 S.) * — 20. — 2. Addieren u. Subtrahieren 1—4 stell. Zahlen, Multiplizieren u. Dividieren 1—4 stell. Zahlen m. einer einstell. Zahl, einf. Brüche, d. Maße u. Faktoren d. Zahlen v. 1—100. 531. Aufl. (32 S.) * — 25. — 3. Addieren, Subtrahieren, Multiplizieren u. Dividieren 5- u. mehrstell. Zahlen u. Dezimalen, einfache Brüche, d. größte gemeinsch. u. d. kleinste vielf. Faktor 335. Aufl. (32 S.) * — 25 — 4. Das Rechnen m mehrsortigen Zahlen, Zeitrechnung, Brüche, verm. Aufg. 366. Aufl (40 S.) * — 40. — 5. Dezimal- u. gemeine Brüche, einfache u. zusammenges. Regeldetri, Kettensatz, verm. Aufg. 286. Aufl. (40 S.) * — 40. — 6. Das angewandte Rechnen, Verhältnis- u. Prozent Bestimmungen, Gewinn u. Verlust, einfache u. zusammenges. Zinsrechng. 2c 129. Aufl. (96 S.) * — 75.

— Aufgaben f. das schriftliche Rechnen. 6 Hfte. 8. Ebd. 894. n. 2. 25

1. 481. Aufl. (24 S.) n. — 20, — 2. 538. Aufl. (32 S.) n. — 25. — 3. 392. Aufl. (32 S.) n. — 25. — 4. 373. Aufl. (40 S.) n. — 40. — 5. 291. Aufl. (40 S.) n. — 40. — 6. 131. Aufl. (96 S.) n. — 75.

Koch, W., Aufgaben f. d. schriftl. Rechnen. 6 Hfte. 8. Berlin 898. L. Oehmigke's Verl. n.n. 2. 25

1. Das Rechnen m. d. Zahlen v. 1—10, v. 1—20, v. 1—100. 483. Ster.-Aufl. (II, 24 S.) n. — 20
2. Addieren u. Subtrahieren 1—4 stell. Zahlen. Multiplicieren u. Dividieren 1—4 stell. Zahlen m. 1 einstell. Zahl. Einfache Brüche. D. Maße u. Faktoren d. Zahlen v. 1—100. 547. Ster.-Aufl. (II, 33 S.) n. — 25
3. Addieren u. Subtrahieren 5- u. mehrstell. Zahlen u. Decimalen. Multiplicieren u. Dividieren 5- u. mehrstell. Zahlen u. Decimalen m. mehrstell. Zahlen. Einfache Brüche. Der größte gemeinschaftl. Faktor u. d. kleinste Vielfache. 399. Ster.-Aufl. (II, 33 S.) n. — 25
4. Das Rechnen m. mehrsort. Zahlen. Zeitrechnung. Brüche. Vermischte Aufgaben. 380. Ster.-Aufl. (40 S.) n. — 40
5. Decimalbrüche u. gemeine Brüche. Einfache u. zusammenges. Regeldetri. Kettensatz. Verm. Aufgaben. 298. Ster.-Aufl. (II, 40 S.) n. — 40
6. Das angew. Rechnen. Verhältnis- u. Procent-Bestimmgn. Gewinn u. Verlust. Einfache u. zusammenges. Zinsrechng. 2c. 136. Ster.-Aufl. (96 S.) n.n. — 75

— dasselbe. Resultate. 6. Hft. 5. Aufl. 8. (61 S.) Ebd. 898. n. 1. —

— dasselbe. Resultate. 5. Hft. 19. Aufl. 8. (20 S.) Ebd. 899. n.n. — 50

Koch, W., Aufgaben f. das schriftliche Rechnen. 2.—6. Hft. 8. Berlin, L. Oehmigke's Verl. n.n. 2. 05

2. Addieren u. Subtrahieren 1—4 stelliger Zahlen. Multiplicieren u. Dividieren 1—4 stell. Zahlen m. e. einstell. Zahl. Einfache Brüche. Die Maße u. Faktoren d. Zahlen v. 1—100. 551. Ster.-Aufl. (32 S.) 902. n.n. — 25
3. Addieren u. Subtrahieren 5- u. mehrstelliger Zahlen u. Decimalen. Multiplicieren u. Dividieren 5- u. mehrstell. Zahlen u. Decimalen m. mehrstell. Zahlen. Einfache Brüche. Der größte gemeinschaftl. Faktor u. das kleinste Vielfache. 402. Ster.-Aufl. (II, 33 S.) 901. n.n. — 25
4. Das Rechnen m. mehrsortigen Zahlen. Zeitrechnung. Brüche. Vermischte Aufgaben. 381. Ster.-Aufl. (40 S.) 900. n. — 40
5. Decimalbrüche u. gemeine Brüche. Einfache u. zusammengesetzte Regeldetri. Kettensatz. Vermischte Aufgaben. 302. Ster.-Aufl. (40 S.) 902. n. — 40
6. Das angewandte Rechnen. 1. Verhältnis-Bestimmungen. 2. Procent-Bestimmungen. 3. Gewinn- u. Verlust-Rechnung. 4. Einfache Zinsen-Rechnung. 5. Zinses-Zinsen-Rechnung. 6. Termin-Rechnung. 7. Rabatt-Rechnung. 8. Gesellschafts-Rechnung. 9. Mischungs-Rechnung. 10. Wechsel-Rechnung. 11. Quadrat- u. Kubikwurzeln. 12. Raum-Berechnungen. 138. Ster.-Aufl. (96 S.) 901 n.n. — 75

Koch, W., Aufgaben f. d. schriftl. Rechnen. 3. u. 4. Heft. 8. Berlin, L. Oehmigke's Verl. n.n. — 65

3. Addieren u. Subtrahieren 5- u. mehrstelliger Zahlen u. Decimalen, Multiplicieren u. Dividieren 5- u. mehrstell. Zahlen u. Decimalen m. mehrstell. Zahlen. Einfache Brüche. Der größte gemeinschaftl. Faktor u. das kleinste Vielfache. 403. Ster.-Aufl. (II, 32 S.) 902. n.n. — 25
4. Das Rechnen m. mehrsortig. Zahlen. Zeitrechnung. Brüche. Vermischte Aufgaben. 384. Ster.-Aufl. (40 S.) 902. n. — 40

— Aufgaben f. das Rechnen in deutschen Schulen. Bearb. m. gleichmäß. Berücksicht. d. mündl. u. schriftl. Rechnens v. K. Hellermann u. L. Krämer. 6 Hfte. gr. 8. Berlin 894. L. Oehmigke's Verl. n.n. 2. 40

1. 18. Aufl. (42 S.) n.n. — 25. — 2. 49. Aufl. (48 S.) n. — 30. — 3. 50. Aufl. (64 S.) n. — 35. — 4. 44. Aufl. (72 S.) n. — 40. — 5. 37. Aufl. (80 S.) n. — 45. — 6. 22. Aufl. (128 S.) n. — 65.

Koch, Wilhelm [app. Arzt aus Nürnberg] Casuistische Beiträge zur Operation eingeklemmter Brüche. . (Aus Deutsche Zeitschr f. Chirurgie Bd. XXX) Leipzig, Druck v J B. Hirschfeld, 1889: 31 S. 8°

Erlangen. Med. Fak., Inaug.-Diss v 25. Febr 1889

Koch, *Heinrich* Wilhelm [aus Münster]: Beiträge zur Textkritik der „Auzels Cassadors" von Daude de Pradas ... Münster, Buchdr. v. J. Bredt, 1897; 91 S., 2 Bl. 8.

Münster, Phil. Fak., Inaug.-Diss. v [5. März] 1897

Koch, Wilh. (I.). Die Bluterkrankheit, s.a. Chirurgie, deutsche

Koch, Wilhelm: Die Bluterkrankheit in ihren Varianten. Scorbut, Purpura simplex ... Stuttgart 1889. XXXII. 227 S.

(Deutsche Chirurgie Lfg 12.)

Koch, Wilh., der Brand und Untergang der Stadt Speyer, s. Familien-Bibliothek.

— **Wilhelm** (Erfurt), De constitutione epidemica ex mutato corporis humani calore, tam specifico, quam sensibili explicanda. Diss. med. Präs. D. August Friedrich Hecker. Erfurt (I. C. Goerling) 18. IV. 1791. 22 S. (5.—) 18831

Koch, Wilh. (I.), eine Dame vom Stande. Roman aus der Neuzeit. 2 Thle. 8. (341 S.) Dresden 854, Schäfer's Verlag. Thlr.

Koch, Wilh., Declamationsbuch. Heitere u. ernste Vorträge für Gesellen- u. andere christliche Vereine. 1. Hft. 8. (IV, 94 S.) Paderborn 879. F. Schöningh. n. — 80

Koch, Wilh., Deklamationsbuch. Heitere u. ernste Vorträge f. christl. Vereine. 2., verm. Aufl. (116 S.) kl. 8. Paderborn (904). F. Schöningh. n. — 80

Koch, W., Eisenbahn- und Verkehrs-Atlas von Europa. Lief. 8. 9. Abt. 1 Deutsches Reich. Lfg. 1. 2. 27,5×40,5 cm. Leipzig-Neustadt 1893.

Koch, Dr. W. und Opitz, C. Eisenbahn- und Verkehrs-Atlas von Europa. In 11 Abtheilungen mit alphabetischen Stations- und Ortsverzeichnissen. Leipzig. c. L.
I Deutsches Reich. 1 : 600 000. (1894). 1 Bd. mit 26 Karten. Nebst Supplement No. 2. Die Neu-Organisation der Preussischen Staatsbahn. 1895.
XI Russland, Untere Donau- oder Balkanstaaten (Rumänien, Serbien, Bulgarien), Türkei und Griechenland. 1 : 2 000 000. (1894). 1 Bd. mit 28 Karten.

Eisenbahn- und Verkehrs-Atlas des deutschen Reiches. Maassst. 1 : 600 000. Hrsg. v. Dr. W[ilh.] Koch. Entw. u. nach offic. amtl. u. and. authent. Karten- u. Quellen-Material bearb. v. C(arl) Opitz. Umfassend 26 Sectionen incl. 10 Nebenkt. in neunfachem Farbendr., 1 Eisenbahnübersichtskt. u. 1 Uebersichtspl. d. Sect. nebst alphabet. Stations- u. Orts-Verzeichnissen. 2. verb. Aufl. *Leipzig: J. J. Arnd (1897).* (2 Bl., 78 S., 27 Kt., 52 S.) 1 Bd. 4
[98. 1347

Koch, Dr. W. und C. Opitz. Eisenbahn- und Verkehrs-Atlas des Deutschen Reiches. Masstab 1 : 600.000. Herausgegeben von Dr. W. Koch. Entworfen und nach officiellen amtlichen und anderem authentischen Karten- und Quellen-Material bearbeitet von C. Opitz. Umfassend 25 Sectionen (inclusive 16 Nebenkarten) in neunfachem Farbendruck, eine Eisenbahnübersichtskarte und einen Uebersichtsplan der Sektionen nebst alphabetischen Stations- und Ortsverzeichnissen. 3. durch Nachtrag vermehrte Auflage.
Fol. Leipzig 1899.

Eisenbahn- und Verkehrsatlas von Russland und den Balkanstaaten mit Verkehrshandbuch. Maassst. 1 : 2,000,000. 2., verb. Aufl. nach Dr. W[ilh.] Koch u. C[arl] Opitz. Eisenbahn- u. Verkehrsatlas von Russland hrsg. von C. Opitz. Umfassend 28 Sect. incl. 11 Nebenkarten. [Russ.] Atlas Železnych dorog i drugoch [!] soobščenii Rossii i Balkanskich Gosudarstv. *Leipzig: J. J. Arnd 1900.* (39 S., 28 Karten.) 4°
[00. 10326

Koch, Wilh., Deutschlands Eisenbahnen. Versuch einer systemat. Darstellung der Rechtsverhältnisse aus der Anlage u. dem Betriebe derselben. 1. Abth.: Die den Bau der deutschen Eisenbahnen betr. Rechtsverhältnisse. Marburg 857. Elwert. gr. 8. (XVI, 248 S.) 1 ₰.

Koch, Wilh. (I.), Deutschlands Eisenbahnen. Versuch einer systematischen Darstellung der Rechtsverhältnisse aus der Anlage und dem Betriebe derselben. 2. Thl.: Die Rechtsverhältnisse aus dem Betriebe der deutschen Eisenbahnen. gr. 8. (XXXII und 610 S.) Marburg 858, Elwert'sche Universitäts-Buchh.

W. Koch, Deutschlands Eisenbahnen. Versuch e. system. Darstellung der Rechtsverhältnisse aus der Anlage u. dem Betriebe derselben. Marburg 1859. 2 Abthgn. gr. 8.

Koch, Wilh., Deutschlands Eisenbahnen. Versuch einer systematischen Darstellung der Rechtsverhältnisse aus der Anlage und dem Betriebe derselben. 3. Thl. [Schlußheft der 2. Abtheilg. und des ganzen Werkes.] Marburg 860. Elwert. (Frankf. a. M., Völcker.) gr. 8. (X, 328 S.) 1 ₰ 10 ngr.

Lehmann, C. und Koch, Dr. W. Eisenbahnkarte der Bahngebiete Mittel-Europa's nebst einem Verzeichniss der Eisenbahnen im Deutschen Reiche. 1 : 2 000 000. Berlin 1880 und 1881. Je 1 Bl. c. L.
Desgl. Ausgaben von 1885, 1891, 1895 und 1899, bearbeitet von L. T. Schultz. Berlin. Je 1 Bl. c. L.

Koch, W., Eisenbahnen-Karte von Deutschland. (Mit erläuterndem statist. Text von W. Koch.) (1869?) . . . . (Gr. Mus.)

Koch, W., Eisenbahnkarte von Russland. Fol. (Mit 1 Bl. Text in schmal 8.) Leipzig 871, (Refelshöfer.) *

—— dass. — Mit geograph. Uebersicht der russ. Eisenbahnen, unter Angabe der Betriebs-Eröffnungs-Jahre und Längen, sowie der Adressen der russ. Eisenbahn-Verwaltungen am 1. Jan. 1872. Neue Ausg. 1872. Fol. Ebendas. 872. *

Koch, W. (III.), Eisenbahn-Stations- und Orts-Verzeichniss der dem Vereine deutscher Eisenbahn-Verwaltungen angehörigen, sowie der übrigen im Betriebe oder Bau befindlichen Eisenbahnen Europa's etc. 3. Aufl. Lex.-8. (1. Lfg. 125 S.) Berlin 869, Barthol und Comp. *
Mit 1 lithogr. Uebersichtskarte in gr. Fol. *
—— dass. — Nachtrag zur 3. vollständig umgearb. und verm. Aufl., enth. die in 1869 eröffneten und in 1870 in Betrieb zu setzenden Linien und Stationen, mit einem vollständ., nach dem Stande des europäischen Eisenbahnnetzes vom März 1870 ergänzten alphabet. Stations-Verzeichniss. Lex.-8. (58 S.) Ebendas. 870. *

—— Eisenbahn-Stations-Verzeichniss der dem Vereine deutscher Eisenbahn-Verwaltungen angehörigen, sowie der übrigen im Betriebe oder Bau befindl. Eisenbahnen Europa's, unter Angabe der Adressen der Eisenbahn- und Stations-Verwaltungen, der Entfernungen der Stationen untereinander etc. Handbuch für den Eisenbahn-Güter-Verkehr. Für Eisenbahn-Beamte, Spediteure, Fabrikanten etc. nach officiellen Quellen zusammengestellt und nach Revision Seitens fast sämmtl. betreffender Eisenbahn-Verwaltungen hrsg. 5. und 6. vollständ. umgearb. und verm. Aufl. Lex.-8. (IV, 192 S.) Ebendas. 873. *
Mit 1 (lithogr.) Uebersichtskarte, auf welcher die Namen und Gebiete der einzelnen Bahn-Verwaltungen in Farbendruck angegeben sind, und Barthol's (lithogr.) Eisenbahn-Karte von Mittel-Europa (in gr. Fol.) *

Koch, W. Eisenbahn-Stations-Verzeichnis der … Eisenbahnen Europas. 8. Aufl. Berlin 1877. 8°. (Handbuch f. d. Eisenbahn-Güter-Verkehr, T. 1.) (1. Aufl. 1865.)
Dass. 9. 10. 11. Aufl. usw.—32. Aufl. 1878—1901.
Dass. 33. Aufl. von O. v. Mühlenfels. 1902.
Dass. 34.—36. 38. 39. Aufl. 1903—05. 1907. 1908.

Koch, Wilhelm: Eisenbahn-Stationsverzeichnis der dem Vereine Deutscher Eisenbahnverwaltungen angehörigen, sowie der übrigen im Betriebe oder Bau befindlichen Eisenbahnen Europas (mit Ausnahme d. Eisenbahnen Griechenlands, Großbritanniens, Portugals u. Spaniens) unter Angabe d. Adressen … Entfernungen … Befugnisse … 39. umgearb. u. verm. Aufl. Nach amtl. Quellen zsgest. u. hrsg. von [Otto] v. Mühlenfels. Berlin: Barthol 1908. XXVI, 817 S. 8°
(Handbuch f. d. Eisenbahn-Güterverkehr. 1.)

Dr. jur. W[ilhelm] Koch's Eisenbahn-Stationsverzeichnis der dem Vereine Deutscher Eisenbahnverwaltungen angehörigen, sowie der übrigen im Betriebe oder Bau befindlichen Eisenbahnen Europas (mit Ausnahme d. Eisenbahnen Griechenlands, Grossbritanniens, Portugals u. Spaniens) unter Angabe d. Adressen … 40. umgearb. u. verm. Aufl. Nach amtl. Quellen zsgest. u. hrsg. von [Otto] v. Mühlenfels. [Nebst] Anh. Berlin: Barthol 1909. 8°
(Handbuch f. d. Eisenbahn-Güterverkehr. 1.) [09. 17634

Eisenbahn- und Verkehrs-Taschen-Atlas von Deutschland mit d. anliegenden Grenzgebieten von Frankreich, Schweiz, Österreich, Rußland, Belgien, Holland, Dänemark u. Schweden. Nebst e. Stations- u. Ortsverzeichnis … Masst. 1 : 800,000. Verkleinerte Ausg. aus Dr. W[ilhelm] Koch u. C[arl] Opitz Eisenbahn- u. Verkehrs-Atlas von Europa (Abt. Deutschland) entworfen u. bearb. von C. Opitz. Ausg. 1903/1904. *Leipzig: J. J. Arnd (1903).* (XXXI, 260 S., 48 Kartenbl.) 8°
[03. 7155

— das deutsche Eisenbahn-Transportrecht. 1. Abthl.: Das Frachtgeschäft der Eisenbahnen nach dem allgemeinen deutschen Handelsgesetzbuche. [Aus: Zeitschrift für Handelsrecht.] Erlangen 866. Enke's Verlag. gr. 8. (IV, 138 S.) n. 20 ngr.

Koch, Wilh., die Entwicklungsgeschichte d. Dickdarmbrüche, im Besonderen d. Brüche d. Blinddarmes u. d. aufsteigend. Dickdarmes, s. a. Arbeiten d. chirurg. Universitätsklinik Dorpat. 2. Hft.

Koch, Wilhelm: Die Entwicklungsgeschichte der Dickdarmbrüche, im besonderen der Brüche des Blinddarmes und des aufsteigenden Dickdarmes. E. Versuch über Wesen u. Ursache d. Eingeweidebrüche überhaupt v. Dr.Wilhelm Koch, Prof. ... an der Univ Dorpat. Leipzig: F. C. W Vogel 1899. 1 Bl., IV, 99 S. 1 Bd. 8°

Koch, W(ilhelm), Wald (Rheinland), **Ein operativ behandelter Fall von Pericarditis purulenta.** *Bonn 1899: C. Georgi.* (14 S.) 8°
Bonn, Med. Diss. v. [20. März] 1899

Koch, Wilhelm, approb. Arzt aus Jelshof: **Aus d. patholog. Institute zu Kiel. Ein Fall von primärem Prostatakrebs.** *Kiel 1899: Vollbehr & Riepen.* (15 S.) 8°
Kiel, Med. Diss. v. [7. März] 1899

Koch, Wilh. (IV.). Festschrift zur 25jährig. Jubelfeier d. hochwürdigen Hrn. Domkapit. Prälaten S. G. Schäffer zu Köln als Generalpräses der kathol. Gesellenvereine. gr. 8. (38 S. m. 2 Bildn. u. 1 Fksm.) Paderb. 891, F. Schöningh. ** — 10

— der Mutter Geist. Ein Drama in 1 Aufzuge. Dresden 856. Adler u. Dietze. 12. (4 Bl., 80 S.) n. 16 ngr

Koch, Wilhelm [aus Hamm i. W.]: **Aus d. pharmakolog. Institute. Über Glycogenbestimmungen in der Leber nach Quecksilbervergiftungen ... Würzburg, P. Scheiner's Buchdr.,** 1894; 16 S. 8.
Würzburg, Med. Fak., Inaug.-Diss. v. 1894

—— Handbuch für den Eisenbahn-Güter-Verkehr. I. Eisenbahn-Stations-Verzeichniss der dem Vereine deutscher Eisenbahn-Verwaltungen angehör., sowie der übrigen im Betriebe oder Bau befindl. Eisenbahnen Europa's unter Angabe der Adressen der Eisenbahn- und Stations-Verwaltungen, sowie der leit. Bahn-Beamten, der Entfernungen der Stationen untereinander, der directen Verkehrsbeziehungen derselben im Eisenbahn-Gütertransporte, sowie ihrer geograph. und polit. Lage. Für Einsenbahn-Beamte, Spediteure, Fabrikanten und sonst. Gewerbtreibende, nach officiellen Quellen zusammengestellt und nach Revision Seitens fast sämmtl. betr. Eisenbahn-Verwaltungen hrsg. 7. vollständig umgearb. und verm. Aufl. Lex.-8. (XII, 232 S.) Ebendas. 875. *

Koch, W. (I.), Handbuch für den Eisenbahn-Güter-Verkehr. I. Eisenbahn-Stations-Verzeichniss der dem Vereine deutscher Eisenbahn-Verwaltungen angehörigen, sowie der übrigen im Betriebe oder Bau befindl. Eisenbahnen Europa's unter Angabe der Adressen der Eisenbahn- und Stations-Verwaltungen, sowie der leitenden Bahn-Beamten, der Entfernungen der Stationen untereinander, der directen Verkehrsbeziehungen derselben im Eisenbahn-Gütertransporte, sowie ihrer geograph. und polit. Lage. Für Eisenbahn-Beamte, Spediteure, Fabrikanten und sonstige Gewerbtreibende, nach officiellen Quellen zusammengestellt und nach Revision Seitens fast sämmtl. betr. Eisenbahn-Verwaltungen hrsg. 8. vollständig umgearb. und verm. Aufl. (XII, 232 S.) 1877. *ℳ 4.; 9. vollständig umgearb. und verm. Aufl. Lex.-8. (X, 246 S.) Berlin 878, Barthol und Comp. *
Mit 1 chromolithogr. Uebersichtskarte (gr. Fol.), auf welcher die Namen und Gebiete der einzelnen Bahn-Verwaltungen in Farbendr. angegeben sind und Barthols Eisenbahn-Karte von Mittel-Europa (chromolithogr. gr. Fol.) *
Uebersichtskarte allein *
Eisenbahn-Karte allein *

—— dass. — II. Alphabetisch-geordnetes Verzeichniss von Orten, welche mit den dem Vereine deutscher Eisenbahn-Verwaltungen angehörigen Stationen in Betreff der Güter-Ab- und Anfuhr in Beziehung stehen, unter Angabe ihrer politisch-geograph. Lage und industriellen Bedeutung, ihrer Abstossstationen mit deren Bahngebiet und unter Hinzufügung von Quadrat-Ziffern zu den Stationsnamen zum Auffinden derselben auf der Karte. Nach officiellen und sonst. zuverlässigen Quellen bearb. und hrsg. 2. vollständig umgearb. und verm. Aufl. mit Nachträgen, enth. die von Frühjahr 1876 bis Ende 1877 eingetretenen Aenderungen. Lex.8. (238 S. mit chromolithogr. Karte in gr. Fol.) Ebendas. 878. *

Koch, W. (I.), Handbuch für den Eisenbahn-Güter-Verkehr. I. Eisenbahn-Stations-Verzeichniss der dem Vereine deutscher Eisenbahn-Verwaltungen angehörenden, sowie der übrigen im Betriebe oder Bau befindl. Eisenbahnen Europa's unter Angabe der Adressen der Eisenbahn- und Stations-Verwaltungen, sowie der leit. Bahn-Beamten, der Entfernungen der Stationen untereinander, der Abfertigungs-Befugnisse und der directen Verkehrsbeziehungen derselben im Eisenbahn-Gütertransporte, sowie ihrer geograph. und polit. Lage. Für Eisenbahn-Beamte, Spediteure, Fabrikanten und sonst. Gewerbtreibende, nach officiellen Quellen zusammengestellt und nach Revision Seitens fast sämmtl. betr. Eisenbahn-Verwaltungen hrsg. 10. Aufl. (XVI, 264 S.) 1879. *ℳ 5.; 11. Aufl. (XVI, 282 S.) 1880. *ℳ 5.; 12. Aufl. (XX, 292 S.) 1881. *ℳ 5.; 13. Aufl. (XXII, 310 S.) 1882. *ℳ 5,50.; 14. Aufl. (XX, 325 S.) 1883. *ℳ 5,50.; 15. Aufl. Lex.-8. (XVI, 344 S.) Berlin 884, Barthol und Comp. *

—— dass. — II. Ortsverzeichniss. Ein alphabetisch geordnetes Verzeichniss von Orten, welche mit den mitteleurop. Eisenbahn-Stationen in Betreff der Güter-Ab- und Anfuhr in Verbindung stehen, unter Angabe ihrer politisch-geograph. Lage und industriellen Bedeutung, ihrer Abstossstationen mit deren Bahngebiet und unter Hinzufügung von Quadrat-Ziffern zu den Stationsnamen zum Auffinden derselben auf der Karte. Nach officiellen und sonst. zuverläss. Quellen bearb. und hrsg. 3. vollständig umgearb. und verm. Aufl. (282 S.) 1880. *ℳ 6.; Mit (lithogr.) Karte in Imp.-Fol. *ℳ 7.; 1. Nachtrag (20 S.) 1881. * 60 Pf. 4. umgearb. Aufl. gr. 8. (312 S.) Ebendas. 883.
Mit (lithogr.) Karte *

Koch, W. (I.), Handbuch für den Eisenbahn-Güter-Verkehr. I. Eisenbahn-Stations-Verzeichniss der dem Vereine deutscher Eisenbahn-Verwaltungen angehörenden, sowie der übrigen im Betriebe oder Bau befindl. Eisenbahnen Europa's unter Angabe der Adressen der Eisenbahn- und Stations-Verwaltungen, sowie der leitenden Bahnbeamten, der Entfernungen der Stationen untereinander, der Abfertigungs- und sonst. Befugnisse derselben im Eisenbahn-Gütertransporte, sowie ihrer geogr. und polit. Lage. Für Eisenbahn-Beamte, Spediteure, Fabrikanten und sonstige Gewerbtreibende, nach officiellen Quellen zusammengestellt und nach Revision Seitens fast sämmtl. betr. Eisenbahn-Verwaltungen hrsg. 16. Aufl. (XVI, 362 S.) 1885; 17. vollständig umgearb. und verm. Aufl. Lex.-8. (XVIII, 385 S.) Berlin 886, Barthol und Comp. *
—— dass. — 18. vollständig umgearb. und verm. Aufl. (XX, 409 S.) 1887; 19. vollständig umgearb. und verm. Aufl. Lex.-8. (XX, 432 S.) Ebendas. 888. *

—— dass. — II. Ortsverzeichniss. Ein alphabet. geordnetes Verzeichniss von Orten, welche mit den mitteleurop. Eisenbahn-Stationen in Betreff der Güter-Ab- und Anfuhr in Verbindung stehen, unter Angabe ihrer polit.-geogr. Lage und industriellen Bedeutung, ihrer Abstoss-Stationen mit deren Bahngebiet und unter Hinzufügung von Quadrat-Ziffern zu den Stationsnamen zum Auffinden derselben auf der Karte. Nach officiellen und sonst. zuverläss. Quellen bearb. 5. vollständig umgearb. und verm. Aufl. Lex.-8. (312 S.) Ebendas. 885. *ℳ 6.50.; mit Karte *
—— dass. — II. Ortsverzeichniss. Nachtrag, betr. die vom Mai 1885 bis Mai 1887 eingetretenen Aenderungen. Lex.-8. (10 S.) Ebendas. 887. *
—— dass. — II. Ortsverzeichniss. Nachtrag, betr. die vom Mai 1887 bis Mai 1888 eingetretenen Aenderungen. Lex.-8. (10 S.) Ebendas. 887. *

Koch, W., **Handbuch f. den Eisenbahn-Güter-Verkehr.** I. gr. 8. Berlin, Barthol & Co. n. 7. —
Eisenbahn-Stations-Verzeichniss der dem Vereine deutscher Eisenbahn-Verwaltgn. angehör., sowie der übrigen im Betriebe od. Bau befindl. Eisenbahnen Europa's unter Angabe der Adressen der Eisenbahn- u. Stations-Verwaltgn., sowie der leit. Bahn-Beamten, der Entferngn. der Stationen untereinander, der Abfertigungs- u. sonst Befugnisse derselben im Eisenbahn-Gütertransporte, sowie ihrer geograph. u. polit. Lage. 20., verm. Aufl. (XX, 446 S.) 889. n. 7. —. — Nachtrag, enth. Berichtigungen u. Aenderungen bis zum 15. October 1889. (14 S.) n. — 50. — 21., umgearb. Aufl. (XVI, 470 S.) 890. n. 7. —

— dasselbe. II. gr. 8. Ebd. 889. n. 7. —; m. Uebersichtskarte v. Mitteleuropa n. 8. —
Ortsverzeichniss. Ein alphabetisch geordnetes Verzeichniss von Orten, welche m. den mitteleurop. Eisenbahn-Stationen in Betreff der Güter-Ab- u. Anfuhr in Verbindg. stehen, unter Angabe ihrer politisch-geograph. Lage u. industriellen Bedeutg., ihrer Abstossstationen m. deren Bahngebiet u. unter Hinzufügg. v. Quadrat-Ziffern zu den Stationsnamen zum Auffinden derselben auf der Karte. 6., umgearb. Aufl. (336 S.)

Handbuch für den Eisenbahn-Güter-Verkehr nach offic. Quellen zsgest. u. hrsg. v. Dr. jur. W[ilh.] Koch in Berlin. [Th.] 1. 27 vollst. umgearb. u. verm. Aufl. *Berlin: Barthol & C 1896.* 8. [94. 6136

Koch, W., Handbuch f. d. Eisenbahn-Güter-Verkehr. 2 Bde. gr. 8. Berlin, Barthol & Co. n. 17. 50
1. Eisenbahn-Stations-Verzeichniss d. dem Vereine deutscher Eisenbahn-Verwaltgn. angehör., sow. d. übrigen im Betriebe od. Bau befindl. Eisenbahnen Europa's (m. Ausnahme d. Eisenbahnen Grossbritanniens), unt. Angabe d. Adressen d. Eisenbahn- u. Stations-Verwaltgn., sowie d. leit. Bahn-Beamten, d. Entferngn. d. Stationen untereinander, d. Abfertigungs- u. sonst. Befugnisse derselben im Eisenbahn-Gütertransporte, sow. ihrer geograph. u. polit. Lage. Für Eisenbahn-Beamte, Spediteure, Fabrikanten u. sonst. Gewerbtreib., nach offic. Quellen zusammengest. u. nach Revision Seitens fast sämmtl. betr. Eisenbahn-Verwaltgn. hrsg. 29., vollst. umgearb. u. verm. Aufl. (XVIII, 668 S.) 898. n. 9. —
2. Ortsverzeichniss. (Indicateur des localités desservis par chemin de fer.) Ein alphabet. geordn. Verzeichniss v. Orten, welche m. mitteleurop. Eisenbahn-Stationen in Betreff d. Güter-Ab- u. -Anfuhr in Verbindg. stehen, unt. Angabe ihrer politisch-geograph. Lage u. industriellen Bedeutg., ihrer Abstossstationen m. deren Bahngebiet u. unt. Hinzufügg. v. Quadrat-Ziffern zu d. Stationsnamen zum Auffinden derselben auf d. Karte. Nach offiz. Quellen bearb. u. hrsg. 8., vollst. umgearb. u. verm. Aufl. (392 S. m. 1 Karte.) 896. n. 8. 50

Koch, W Handbuch für den Eisenbahn-Güter-Verkehr Für Eisenbahn-Beamte, Spediteure, Fabrikanten u sonstige Gewerbtreibende, nach offic. Quellen zsgest. u. nach Revision hrsg. von Dr jur W Koch, bish. Chef-Redact. d. Ver Deutscher Eisenbahn-Verwaltungen in Berlin. 1 2 Berlin. Barthol & Co. (2 Selbstv. Barthol & Co. in Komm.) 1898–99 2 Bde 8°
1 Eisenbahn-Stations-Verzeichniss der dem Vereine Deutscher Eisenbahn-Verwaltungen angehörigen, sowie d. übrigen im Betriebe oder Bau befindl Eisenbahnen Europs's (mit Ausnahme d Eisenbahnen Grossbritanniens) 29. vollst. umgearb. u. verm. Aufl. 1898.
2. Ortsverzeichniss. Ein alphab geordn. Verzeichniss v Orten, welche mit Mitteleurop. Eisenbahn-Stationen in Betr d. Güter-Ab-u.-Anfuhr in Verbindung stehen. 9 vollst. umgearb. u. verm. Aufl. 1899

Handbuch für den Eisenbahn-Güter-Verkehr Für Eisenbahn-Beamte, Spediteure nach offic. Quellen zsgest. u. nach Revision seitens fast sämmtl. betr Eisenbahn-Verwaltungen hrsg von Dr jur W[ilhelm] Koch, in Berlin 30. vollstand. umgearb. u. verm. Aufl 1 *Berlin: Barthol & Co 1899.* 8° [00. 3670

Handbuch für den Eisenbahn-Guter-Verkehr Für Eisenbahn-Beamte nach offic. Quellen zsgest. u. .. hrsg von Dr jur. W[ilh.] Koch, in Berlin. 31 vollst. umgearb. u. verm. Aufl. 1 *Berlin: Barthol & Co. 1900.* 8° [01. 10822

Handbuch fur den Eisenbahn-Guter-Verkehr Fur Eisenbahn-Beamte nach offic. Quellen zsgest. u. hrsg von Dr jur W[ilh.] Koch, in Berlin. 32. vollst. umgearb. u. verm. Aufl. 1 *Berlin Barthol & Co. 1901.* 8° [01. 10823

Koch's, W., Handbuch f. d. Eisenbahn-Güter-Verkehr. 2 Bde. gr. 8. Berlin, Barthol & Co. n. 19. 50
I. Eisenbahn-Stations-Verzeichniss der d. Vereine deutscher Eisenbahn-Verwaltungen angehörigen, sowie der übrigen im Betriebe od. Bau befindlichen Eisenbahnen Europa's (m. Ausnahme der Eisenbahnen Grossbritanniens), unter Angabe der Adressen der Eisenbahn- u. Stations-Verwaltgn., sowie der leit. Bahn-Beamten, der Entferngn. der Stationen untereinander, ihrer Abfertigungs- u. sonst. Befugnisse im Eisenbahn-Güterverkehre, sowie ihrer geograph. u. polit. Lage. 33. umgearb. u. verm. Aufl. Nach amtl. Quellen zusammengestellt u. hrsg. v. O. v. Mühlenfels. (XXIII, 808 S.) 902. n. 10. —
II. Ortsverzeichniss. (Indicateur des lieux et localités desservis par chemin de fer.) Ein alphabetisch geordnetes Verzeichniss von Orten, welche m. mitteleurop. Eisenbahn-Stationen in Betreff der Güter-Ab- u. Anfuhr in Verbindg. stehen, unter Angabe ihrer politisch-geogr. Lage u. industriellen Bedeutg., ihrer Abstossstationen m. deren Bahngebiet u. unter Hinzufügg. v. Quadrat-Ziffern zu d. Stationsnamen zum Auffinden derselben auf der Karte. Nach amtl. Quellen bearb. 10. vollst. umgearb. u. verm. Aufl. (428 S. m. 1 Karte.) 902. n. 9. 50

— dasselbe. Anh. Enth. das Verzeichnis der einzelnen Eisenbahnbehörden u. -Verwaltgn., sowie d. Personenverzeichnis der ihnen angehör. leit. Beamten u. der Bureauvorstände bei den grösseren Verwaltgn. Nach amtl. Quellen zusammengestellt von O. v. Mühlenfels. (36 S.) gr. 8. Ebd. 904. n. — 80

Koch's, W., Handbuch f. d. Eisenbahn-Güterverkehr. 2 Tle. gr. 8. Berlin, Barthol & Co. n. 20. —
1. Eisenbahn-Stationsverzeichnis der dem Vereine deutscher Eisenbahnverwaltungen angehörigen, sowie der übrigen im Betriebe od. Bau befindlichen Eisenbahnen Europas (m. Ausnahme der Eisenbahnen Griechenlands, Grossbritanniens, Portugals u. Spaniens), unter Angabe der Adressen der Eisenbahn- u. Stations-Verwaltgn., der Entferngn. d. Station. untereinander, ihrer Abfertigungs- u. sonst. Befugnisse i. Eisenbahn-Güterverkehre, sowie ihrer geograph. u. polit. Lage. 37. umgearb. u. verm. Aufl. Nach amtl. Quellen zusammengestellt u. hrsg. von v. Mühlenfels. (XXV, 771 S.) 906. n. 10. —
2. Ortsverzeichnis. Alphabetisch geordnetes Verzeichnis v. Orten, deren Güter-Ab- u. -Anfuhr von u. nach deutsch., österreich. od. ungar. Eisenbahnstationen erfolgt, unter Angabe ihrer politisch-geograph. Lage, ihrer Bedeutg. f. d. Verkehr, ihrer Abstossstationen m. deren Bahngebiet u. unt. Hinzufügg. v. Quadrat-Ziffern z. d. Stationsnamen zum Auffinden auf d. Karte. Hrsg. v. d. Koch'schen Erben u. in deren Auftrag nach amtl. Quellen bearb. Durchgesehen von v. Mühlenfels. 11., vollständ. umgearb. u. verm. Aufl. (VIII, 456 S. m. 1 Karte.) 905. n. 10. —

Koch's, W., Handbuch f. den Eisenbahn-Güterverkehr. 2 Tle. u. Anh. zum I. Tl. gr. 8. Berlin, Barthol & Co. 23. —
I. Eisenbahn-Stationsverzeichnis der dem Vereine deutscher Eisenbahnverwaltungen angehörigen, sowie der übrigen im Betriebe od. Bau befindlichen Eisenbahnen Europas (m. Ausnahme der Eisenbahnen Griechenlands, Grossbritanniens, Portugals u. Spaniens), unter Angabe der Adressen der Eisenbahn- u. Stations-Verwaltgn., der Entferngn. der Stationen untereinander, ihrer Abfertigungs- u. sonst. Befugnisse im Eisenbahn-Güterverkehre, sowie ihrer geograph. u. polit. Lage. Nach dem Stande vom 1. VII. 1910. 41. umgearb. u. verm. Aufl. Nach amtl. Quellen zusammengestellt u. hrsg. von v. Mühlenfels. (XXVII, 867 S.) 910. 11.—; Anh. (48 S.) 1. —
II. Ortsverzeichnis. Alphabetisch geordnetes Verzeichnis v. Orten, deren Güter-Ab- u. -Anfuhr von u. nach deutschen, österreich. od. ungar. Eisenbahnstationen erfolgt, unter Angabe ihrer politisch-geograph. Lage, ihrer Bedeutg. f. den Verkehr, ihrer Abstossstationen m. deren Bahngebiet. Hrsg. v. den Dr. Koch'schen Erben u. in deren Auftrag nach amtl. Quellen bearb. Durchgesehen von v. Mühlenfels. 13. vollständig umgearb. u. verm. Aufl. (IX, 519 S.) 910. 11. —

Koch, Wilhelm [cand. med. aus Köckte in der Altmark]: Ueber Herpes labialis. Wurzburg, Druck d. Bonitas-Bauer'schen Buchdr., 1889; 23 S. 8°
Würzburg, Med. Fak., Inaug.-Diss. v. 1889

Koch, Wilh. (II), Schloß Hohenwald. Roman aus der Gegenwart. 2 Bde. 8. (X und 299 S.) Leipzig 858, Kollmann. *

Koch, Wilh., aus Beethoven's Jugendzeit. Novelle. 2. (Titel-)Aufl. 8. (192 S.) Köln 893. J. G. Schmitz. n. 1. —

Koch, Wilh., Kaiser Julian der Abtrünnige. Seine Jugend u. Kriegsthaten bis zum Tode des Kaisers Constantius (331—361.) Eine Quellenuntersuchg. gr. 8. (S. 329—488.) Leipzig 899. B. G. Teubner. n. 5. —
Sonderabdruck aus: „Jahrbb. f. class. Philol." 25. Suppl.-Bd.

—— Karte der Eisenbahnen Russlands. Fol. Ebendas. 873. *

Koch, [Wilhelm], Dr.: Katalog der Lehrer-Bibliothek des Realgymnasiums zu Siegen. T. 1. Siegen 1905: W. Vorländer. (47 S.) 8°
Siegen, RG OP 1905 (444)

Koch, Wilh. (II.). Köln, s. Städtebilder u. Landschaften.

Koch, W. (I.), Cours-Buch, s. Cours-Buch, officielles.

Koch, Wilhelm: Detlev von Liliencron v. –. Ausschnitte aus: Monatsblätter für deutsche Literatur, hrgg. v. Albert Warneke. Jg. 8, H. 10. Berlin. 1903/04. 8⁰

. Allerlei Maur[er]isches in Poesie und Prosa von Wilh. Koch. Leipzig [1902]: Zechel. 43 S. 8⁰
Recens: FZ. 56 (1902) S. 376 (K. Pilz). cf. L. 25 (1902) S. 102 (R. Fischer).
Gedichte u. 1 Vortrag. 193.

Koch, W., Milzbrand u. Rauschbrand, s.a. Chirurgie, deutsche.

Koch, Wilhelm: Milzbrand und Rauschbrand. Mit 8 Holzschn. u. 2 lithogr. Taf. Stuttgart 1886. XXIV, 154 S.

(Deutsche Chirurgie. Lfg 9.)

Koch, W., Milzbrand u. Rauschbrand. Heft 9 der „Deutschen Chirurgie" von Billroth u. Lücke. gr. 8. 8 H. 2 Taf. Stuttgart 86. Enke. M. 4.80

Koch, Wilh. (II.), Mittheilungen über Fragen der wissenschaftlichen Medicin. 1. Heft.: Beiträge zur Lehre von der Spina bifida. gr. 4. (V, 64 S. mit 5 lithogr. Taf.) [Kassel 881, Fischer.] Leipzig, G. Thieme. *

Koch, W., u. C. Opitz, d. Neu-Organisation d. preuss. Staatsbahnen 1895, s.: Anhang, Karten u. Pläne.

Koch, Wilh., s.: Nimm u. lies.

Koch, Wilh., Novellenkranz. Erzählungen. 8. (499 S.) Mainz 878, Kirchheim. *

—— Ommerjööncher. Löstige kölsche Verzällcher. 1. Aufl. (128 S.) 890; 2. Aufl. 12. (155 S. m. 1 Bildnis.) Köln 892, Bachem. — 75

Ommerjöoncher. Löstige kölsche Verzallcher von Wilh. Koch 4. Aufl. *Koln: J. P. Bachem [1901].* (153 S.) 8⁰ [75] [illegible]

— Ommer jööncher. Löstige kölsche Verzällcher. 4. Aufl. (168 S.) kl. 8. Köln (905). J. P. Bachem. n. — 75

— Opfer der Verführung, s.: Erzählungen f. das Volk.

—— Ortsverzeichniss. Ein alphabetisch geordnetes Verzeichniss von Orten, welche mit den mitteleuropaeischen Eisenbahn-Stationen in Betreff der Güter-Ab- und Anfuhr in Verbindung stehen, unter Angabe ihrer politisch-geograph. Lage und industriellen Bedeutung, ihrer Abstoss-Stationen mit deren Bahngebiet und unter Hinzufügung von Quadrat-Ziffern zu den Stations-Namen zum Auffinden derselben auf der Karte. Nach officiellen und sonst zuverlässigen Quellen bearb. 3.—5. vollst. umgearb. Aufl. Berlin 1880—1885. Lex.-8. — Nachtrag, betr. die vom Mai 1885 bis Mai 1888 eingetretenen Aenderungen. Ebda 1887—88. Lex.-8.

Koch, Wilh. [aus Rostock]: Ueber Oxydation von Phenolen mittelst Fe_2Cl_6 zu Diphenolen und über jodirte Xylole. . . . Rostock, Wilh. Werther's Verl., 1888; 20 S. + 1 Bl. 8⁰
Rostock, Phil. Fak., Inaug.-Diss. v. 18. Nov. 1888

80⁰

Koch, Wilhelm [aus Fröndenberg (Westfalen)]: Paris vor Helena in der antiken Kunst. Ein typengeschichtlicher Versuch. . . . Marburg, Univ.-Buchdr. (C. L. Pfeil), 1889; 73 S. 8⁰
Marburg, Phil. Fak., Inaug.-Diss. v. 19. Okt. 1889

Koch, Wilhelm [app. Arzt aus Wiesbaden]: Ueber Parotis-Tumoren ... Wiesbaden, Buchdr. v. C. Ritter, 1897; 28 S., 1 Bl. 8.
Freiburg i. B., Med. Fak., Inaug.-Diss. v. 1897

Koch, Wilh., über Parotis-Tumoren. Diss. gr. 8. (28 S.) Wiesbaden 897. (Tübingen, F. Pietzcker.) n.n. — 80

Koch, Wilh., seltsame Rache, s. Familien-Bibliothek.

—— Rechenbuch für Elementarschulen. 1.—4. Heft. 8. Ebendas. 869. *

Inhalt:
Heft 1. Die vier Species mit unbenannten ganzen Zahlen. (16 S.) * 10 Pf.
" 2. Resolviren, Reduciren und die vier Species mit mehrfach benannten ganzen Zahlen. (16 S.) * 10 Pf.
" 3. Regeldetri mit ganzen Zahlen, Zeitrechnung und vermischte Aufgaben. (16 S.) * 10 Pf.
" 4. Die vier Species mit Brüchen. Neues Maaß und Gewicht. (32 S.) * 20 Pf.

Koch, Wilh. (I.), der Schatzgräber, s. Familien-Bibliothek.

—— Kölsche Schelbereie. Erzählung in plattköln. Mundart. 12. (104 S.) Köln 882, Bachem.
—— dass. — II. Der Rippet vun der Beß. Erzählung in plattköln. Mundart. 12. (114 S.) Ebendas. 884.

Koch, Wilh. (II.), Kölsche Schelbereie. I., III. und IV. 12. Köln, Bachem. à Heft 75 Pf.

Inhalt:
I. Der Bätes. Erzählung in kölnischer Mundart. 2. Aufl. (104 S.) 886.
III. Et Johr Aachunveezig. Erzählung in plattkölnischer Mundart. (IV, 119 S.) 885.
IV. Der Kölsche Klüngel. Erzählung in kölnischer Mundart. (IV, 116 S.) 887.
II. Ebendas. 884. 75 Pf.

— Kölsche Schelbereien. II.—IV. 12. Köln 891, Bachem. à * — 75; * 2 25
II. Der Rippet vun der Beß. 2. Aufl. (114 S.) 889.
III. Et Johr Aachunveezig. 2. Aufl. (IV, 119 S.) 890.
IV. Der Kölsche Klüngel. 2. u. 3. Aufl. (IV, 116 S.) 892.
I. Ebd. 1886. * — 75.

— Kölsche Schelbereie. III. IV. 12. Köln. J. P. Bachem. à — 75
III. Et Johr Aachunveezig. Erzählung in köln. Mundart. 3. Aufl. (IV, 119 S.) 890.
IV. Der kölsche Klüngel. Erzählung in köln. Mundart. 2. Aufl. (VI, 110 S. m. 1 Bildnis.) 892.

— Kölsche Schelbereie. IV. Der Kölsche Klüngel. Erzählg. in köln. Mundart. 4. Aufl. (IV, 120 S. m. Bildnis.) kl. 8. Ebd. (904). n. — 75

Koch, Wilhelm: William Thomsons Skala der absoluten Temperatur. Hamburg 1909: Lütcke & Wulff. 25 S. 8⁰
Hamburg, OR auf d. Uhlenhorst P 1909 (988) [S 09. 256

— geographisches u. alphabetisches Stations-Verzeichniss der dem Vereine deutscher Eisenbahn-Verwaltungen angehörigen, sowie der übrigen im Betriebe oder Bau befindlichen Eisenbahnen Europa's unter Angabe der Adressen der Eisenbahn-Verwaltungen, der Entfernungen der Stationen untereinander, der directen Verkehrsbeziehungen derselben im Eisenbahn-Gütertransporte, sowie ihrer geograph. u. polit. Lage. Zum pract. Gebrauche für Eisenbahn-Beamte, Spediteure u. sonst. Gewerbtreibende. Nach officiellen Quellen zusammengestellt. Leipzig 865. (Hinrichs' Verl.) Lex.-8. (IV, 84 S.) n. 20 ngr.
Mit Karte n. 22½ ngr.

— — 2., vollständ. umgearb. u. verm. Aufl. Berlin 868. Barthol & Co. Lex.-8. (IV, 108 S. mit 1 lithogr. Uebersichtskarte, auf welcher die Namen u. Gebiete der einzelnen Bahn-Verwaltungen in Farbendr. angegeben sind u. Barthol's Eisenbahn-Karte Mittel-Europa's.) n. 1 ℛ 10 ngr. Mit 1 Karte n. 25 ngr.

—— die polizeilichen Strafbestimmungen für den kurfürstl. hessischen Landrathsamts-Bezirk Marburg, nach amtl. Quellen zusammengestellt. gr. 12. (VIII und 94 S.) Marburg 861, Elwert'sche Universitäts-Buchh.

Koch, Wilh. (II), die Strafmaas-Praxis des Criminal- und des Schwur-Gerichts zu Cassel, insbesondere in Diebstahlsfällen. gr. 8. (VI und 104 S. mit 1 Tab. in qu. gr. Fol.) Cassel 855, Fischer. *

Koch, Wilhelm [app. Arzt, aus Nidda]: Ergographische Studien. Aus d. pharmakolog. Institut zu Marburg i./H. ... M. 3 Taf. ... Marburg, O. Ehrhardt's Buchdr., 1894; 32 S., 1 Bl., 3 Taf. 8.
Marburg, Med. Fak., Inaug.-Diss. v. 20. Sept. 1894

—— trübe Tage, s. Familien-Bibliothek.

— Die Taufe im Neuen Testament, s.a. Zeitfragen, biblische. III, 10.

Die Taufe im Neuen Testament. Von Dr. Wilhelm **Koch**, Prof., Tübingen. 1 u. 2 Aufl. Münster i. W Aschendorff 1910. 44 S. 8°
(Biblische Zeitfragen Folge 3, H 10) (10. 17068

—— die Tochter der Irrsinnigen. Original-Erzählung. 8. (111 S.) Neiße 875, Huch's Buchh.

Koch, W., Übersichtskarte der Eisenbahnen und Eisenbahn-Abstoss-Stationen von Mitteleuropa. Ausg. 1884—1888. 1 3000000. Berlin, Barthol & Co. gr qu.-Fol. (Chromolith. M 1.50)

Europa's Eisenbahnen und Eisenbahn-Verwaltungs-Gebiete — Neueste Uebersichtskarte der — von Dr. W Koch Leipzig, Brockhaus. Ausgaben von 1868--71 1 Bl.

—— Valeska, die Tochter des Stadthauptmannes von Petersburg. Erzählung. 8. (187 S.) Köln 879, Theissing. *
—— dass. — 2. Aufl. 8. (187 S.) Ebendas. 881.

Koch, Dr W und Opitz [illegible] Verkehrskarte des Königreichs Bayern 1 600 000 Leipzig (1894) 1 Bl [illegible] und 1 Ortsverzeichniss.

— u. O. Wecker, religiös-wissenschaftliche Vorträge f. katholische Akademiker. 1. u. 2. Reihe. 8. Rottenburg, W. Bader. 3. 70
1. Die Natur u. Gott. 2. Aufl. (IV, 80 S.) 910. 1. —
2. Christentum u. Weltreligionen. (IV, 112 S.) 910. 1. 50
3. Katholizismus u. Christentum. 2. Aufl. (IV, 88 S.) 910. 1. 20

Koch, Wilhelm, Dr **Warum** mißlang den Römern die Unterwerfung Deutschlands? Festrede (am Geburtstage des Kaisers). *Siegen 1903: W. Vorländer.* (S. 3—12.) 4° [F.]
Siegen, RG, P 1903 (434)

Koch, Wilhelm (Glogau)
Von den Wechselfiebern, ihren Secundair-Formen und ihre Therapie.
Giessen: Heyer 1833. 48 S.
Diss. med. 20.6.1833. vorh. 26. 7. 11.

- (Red.), s. Zeitung des Vereins deutscher Eisenbahn-Verwaltungen.

—— zum Tode verurtheilt, s. Familien-Bibliothek.

Koch, Wilhelm Dan. Jos.

— — Die Bäume u. Sträucher des alten Griechenlands. Stuttg 1879. 8°

Koch, Wilh. Dan. Jos., Deutschlands Flora, s.a. Röhling, J. Chr.

—— Deutschlands Flora; nach einem veränderten und erweiterten Plane bearbeitet von F K. Mertens u. W D. J. Koch. Bd. 1—5. Abth. 1. Frankfurt a. M. 1823—39. 8
B. 1—5 ist von Koch allein bearb.

— s. J. C. Röhling, Deutschlands Flora.

—— de Salicibus europaeis. Commentat. 8. (4¼ B.) Erlangae 828, Heyder.

—— Synopsis d. deutschen u. schweizer Flora, enth. d. genauer bekannten Pflanzen, welche in Deutschland, d. Schweiz, in Preussen u. Istrien wild wachsen u. z. Gebr. der Menschen in grösserer Menge gebauet werden, nach d. De Candollischen Systeme geord., mit e. vorangeh. Uebersicht d. Gattungen nach d Class. u. Ordnn. d. Linneischen Systemes bearb. 2 Abthln. gr. 8. (57¼ B.) Frankfurt a. M. 837, 38. [Leipzig, Gebhardt u. Reisland.]

—— dass. — Register d. Gattungen, Arten u. Synonyme. gr. 8. (6½ B.) Ebds. 838.

—— Synopsis d. deutschen u. schweizer Flora. 2. Aufl. 17 Hfte. (2 Bde.) gr. 8. (76 B.) Leipzig 846, 47. Gebhardt u. Reisland. à Hft. 27 Ngr.

Koch's, W. D. J., Synopsis der deutschen u. schweizer Flora. 3. Aufl., in Verbindg. m. Frhr. Günther v. Beck, Vinc. v. Borbas, W. O. Focke u. A. hrsg. v. E. Hallier. (In etwa 10 Lfgn.) 1. u. 2. Lfg. gr. 8. (S. 1—320.) Leipzig 890. Reisland. à n. 4. —

Koch's, W. D. J., Synopsis der deutschen u. schweizer Flora. 3. Aufl., in Verbindg. m. namhaften Botanikern hrsg. v. E. Hallier, fortgesetzt v. R. Wohlfarth. 3. — 8. Lfg. gr. 8. (1. Bd. VIII u. S. 321 — 1270.) Leipzig 891—893. O. R. Reisland. à n. 4. —

Koch's, W. D. J., Synopsis d. deutschen u. schweizer Flora. 3. Aufl. In Verbindg. m. namhaften Botanikern hrsg. v. E. Hallier, fortges. v. R. Wohlfarth. 9. u. 10. Lfg. gr. 8. (2. Bd. S. 1271—1590.) Leipzig 895. 97. O. R. Reisland. à n. 4. —

Koch's, W. D. J., Synopsis d. deutsch. u. schweiz. Flora. 3. Aufl., in Verbindg. m. namhaften Botanikern hrsg. v. E. Hallier, fortges. v. R. Wohlfahrt. 11.—14. Lfg. gr. 8. (2. Bd. S. 1591—2230.) Leipzig (900—902). O. R. Reisland. à n. 4.—

Koch's, W. D. J., Synopsis der deutschen u. schweizer Flora. 3. Aufl., in Verbindg. m. namhaften Botanikern hrsg. v. E. Hallier, fortgesetzt v. R. Wohlfarth. 15.—17. Lfg. (2. Bd. S. 2231—2710.) gr. 8. Leipzig (903. 904. 905). O. R. Reisland (905). à n. 4. —

Koch's, W. D. J., Synopsis der deutschen u. schweizer Flora. 3., neubearb. Aufl., in Verbindg. m. namhaften Botanikern hrsg. v. E. Hallier, fortgesetzt v. A. Brand. 18. (Schluss-)Lfg. (3. Bd. VII u. S. 2711—3094.) gr. 8. Leipzig (907). O. R. Reisland. 10. —
(Kplt. 3 Bde. urspr. Pr. 78.—; geb. 86. 40)

—— Synopsis florae german. et helvet., exhib. stirpes phanerogamas rite cognitas, quae in Germania, Helvetia, Borussia et Istria sponte crescunt atque in hominum us. copiosius coluntur, secund. systema Candolleanum digestas, praemissa gener. disposit., secund. classes et ord. systematis Linnaeani conscripta. II Sect. 8maj. (63 B.) Francofurti ad M. 836, 37. [Lipsiae, Gebhardt et Reisland.]

—— id. — Index gener., specier. et synonymor. 8maj. (6½ B.) Ibid. 838.

Koch, Guil. Dan. Jos., Synopsis florae germanicae et helveticae, exhibens stirpes phanerogamas et vasculares cryptogamas rite cognitas, quae in Germania, Helvetia, Borussia et Istria sponte crescunt atque in hominum usum copiosius coluntur. Secundum systema Candolleanum digestas, praemissa generum dispositione secundum classes et ordines systematis Linnaeani conscripta. Edit. II. 3 Part. 8maj. Lipsiae Gebhardt et Reisland. [I. (32 B.) 843., 2. (32¼ B.) 44. à 2 Thlr. 22½ Ngr. 3. (12¾ B.) 845. 1 Thlr. 7½ Ngr.]

Koch, Guil. Dan. Jos., Synopsis florae germanicae et helveticae, exhibens stirpes phanerogamas et vasculares cryptogamas rite cognitas, quae in Germania, Helvetia, Borussia et Istria sponte crescunt atque in hominum usum copiosius coluntur, secundum systema Candolleanum digestas, praemissa generum dispositione secundum classes et ordines systematis Linnaeani conscripta. Editio III. Pars I. et II. 8maj. (XLVIII und 875 S.) Lipsiae 856, Gebhardt und Reisland. à Pars 3 Thlr.

Koch, Wilh. Dan. Jos., synopsis florae germanicae et helveticae, exhib. stirpes phanerogamas et vasculares cryptogamas rite cognitas, quae in Germania, Helvetia, Borussia et Istria sponte crescunt etc., secundum systema Candolleanum digestas etc. Edid. III. 2 partes. Lipsiae 857. Gebhardt u. Reisland. gr. 8. (XLVIII, 875 S.) 6 ₰.

—— Taschenbuch der deutschen u. schweizer Flora, enthalt. die genauer bekannten Pflanzen, welche in Deutschland, der Schweiz, in Preussen u. Istrien wild wachsen u. z. Gebr. der Menschen in grösserer Menge gebaut werden, nach dem De Candollischen Systeme geordnet etc. 8. (42⅞ B.) Frankfurt a. M. 844. (Gebhardt u. Reisland.) *

Koch, Wilh. Dan. Jos., Taschenbuch der deutschen und schweizer Flora, enth. die genauer bekannten Pflanzen, welche in Deutschland, der Schweiz, in Preussen und Istrien wild wachsen und zum Gebrauche der Menschen in grösserer Menge gebauet werden, nach dem De Candollischen Systeme geordnet, mit einer vorangehenden Uebersicht der Gattungen nach den Classen und Ordnungen des Linnéischen Systemes bearb. 2., unveränd. Aufl. 1848. und 3. Aufl. 8. (LXXXIV und 604 S.) Leipzig 851, Gebhardt und Reisland. *

—— Taschenbuch der deutschen und schweizer Flora, enth. die genauer bekannten Pflanzen, welche in Deutschland, der Schweiz, in Preussen und Istrien wild wachsen und zum Gebrauche der Menschen in grösserer Menge gebauet werden, nach dem De Candollischen Systeme geordnet, mit einer vorangehenden Uebersicht der Gattungen nach den Classen und Ordnungen des Linnéischen Systemes bearb. 4. Aufl. 8. (LXXX und 584 S.) Leipzig 856, Gebhardt und Reisland.

Koch, Wilh. Dan. Jos., Taschenbuch der deutschen und Schweizer Flora, enthaltend die genauer bekannten Pflanzen, welche in Deutschland, der Schweiz, in Preussen und Istrien wild wachsen und zum Gebrauche der Menschen in grösserer Menge gebaut werden, nach dem De Candolle'schen Systeme geordnet, mit einer vorangehenden Uebersicht der Gattungen nach den Classen und Ordnungen des Linnéischen Systemes. 5. Aufl. Leipzig 860. Gebhardt & Reisland. 8. (LXXX, 583 S.) 1 ₰ 15 ngr.

Koch, Wilh. Dan. Jos., Taschenbuch der deutschen und Schweizer Flora, enth. die genauer bekannten Pflanzen, welche in Deutschland, der Schweiz, in Preussen und Istrien wild wachsen und zum Gebrauche der Menschen in grössérer Menge gebauet werden, nach dem De Candollischen Systeme geordnet, mit einer vorangeh. Uebersicht der Gattungen nach den Classen und Ordnungen des Linnéischen Systemes bearb. 6. Aufl. 8. (LXXX und 583 S.) Leipzig 865, Gebhardt und Reissland.

Koch, Wilh. Dan. Jos., Taschenbuch der deutschen u. schweizer Flora, enthaltend die genauer bekannten Phanerogamen u. Gefässcryptogamen, welche im Deutschen Reich, incl. Elsass, Lothringen u. Posen, in der Schweiz, in Deutsch-Oesterreich u. in Istrien wild wachsen u. zum Gebrauche der Menschen in grösserer Anzahl gebauet werden, nach dem natürlichen System geordnet, mit einem vorangehenden Schlüssel zur Aufsuchung der natürlichen Familien, nach der Orig.-Ausg. u. mit werthvollen Beiträgen aus dessen Nachlass versehen, sowie mit Unterstützung zahlreicher deutscher Floristen dem gegenwärtigen Standpunkt der Botanik gemäss gänzlich umgearb. von Ernst Hallier. 8. (XVI, 802 S.) Leipzig 878. Fues. n. 6. —; geb. n.n. 7. 20

Koch, Wilh. Dan. Jos., Taschenbuch der deutschen und schweizer Flora, enthaltend die genauer bekannten Phanerogamen und Gefässcryptogamen, welche im Deutschen Reich, incl. Elsass, Lothringen und Posen, in der Schweiz, in Deutsch-Oesterreich und in Istrien wild wachsen und zum Gebrauche der Menschen in grösserer Anzahl gebauet werden, nach dem natürl. System geordnet, mit einem vorangehenden Schlüssel zur Aufsuchung der natürl. Familien und dem Linné'schen Schlüssel zur Aufsuchung der Gattungen. 8. Aufl. Neu hrsg. von Ernst Hallier. 2. durch den Linné'schen Schlüssel verm. Ster.-Aufl. 8. (LXXIII, 802 S.) Leipzig 881, Fues's Verlag. *ℳ 5.; geb. *

Koch, Wilh. Heinr., kleine Geographie für Volksschulen. 862. — 2. verb. u. verm. Aufl. Dillenburg 863. Jacobi. 8. (VI, 137 S.) 7½ ngr.

Koch, Wilh. Heinr., kleine Geographie für Volksschulen. 1. Aufl. 1862. und 2., verb. und verm. Aufl. 8. (VI und 137 S.) Dillenburg 863, [Seel.]

Koch, Wilh. Heinr., Sangesfreuden. 53 zwei- und dreistimm. Lieder für Pädagogien, Realschulen, sowie für die oberen Klassen der Volksschulen bearb. qu. gr. 8. (II und 66 S.) Dillenburg 855(56,) Jacobi. *

Koch, Wilh. Heinr., Sangesfreuden. 53 zwei- und dreistimmige Lieder für Pädagogien, Realschulen, sowie für die oberen Klassen der Volksschulen bearbeitet. Dillenburg 856. Jacobi. qu. gr. 8. (1 Bl., 66 S.) n. 6 ngr.

— Sangesfreuden. 62 zwei-, drei- und vierstimmige Lieder für Pädagogien, Realschulen, sowie für die oberen Klassen der Volksschulen. 2. verb. u. verm. Aufl. Ebend. 861. qu. 8. (2 Bl., 83 S.) 7½ ngr.

Koch, Guil. Julius (geb. Danzig 23. 12 1842) De arteriae innominatae subligatione novaque eam feliciter perficiendi methodo. Berolini (1866). (32 S.) 8°
Berlin, Med. Diss. v. 14. Mai 1866

Koch, Willib., s.a. Westien, Jobs.

Koch, Willib., Beiträge zur Geschichte des deutschen Handwerks. 8. (IV, 262 S.) Leipzig 880, [Schloemp.] Gebr. Senf. * geb. *

—— u. d. Namen Johannes Westien, Das zünftige Handwerk. Bilder und Skizzen aus der Geschichte des Deutschen Gewerbewesens. Leipzig 1880. 8. — 2. (Titel-) Aufl. Ebda 1881. 3. Aufl. Leipzig o. J. (1887.) . . . . (D.)

Koch, Willy, Arzt a. Bad Kösen: Beitrag zur Theorie und Kasuistik der Tetanie. Rostock 1905: Adler. (30 S.) 8°
Rostock, Med. Fak., Ref. Martius, Diss. v. 15. Aug. 1905
[Geb. 15. Sept. 76 Bad Kösen; Wohnort: Bad Kösen; Staatsangeh.: Preußen; Vorbildung: Gymn. Sangerhausen Reife M. 98; Studium: Charlottenburg T.H. 1, Berlin 7, Rostock 2 S.; Coll. 27. Juni 04; Approb. 23. Juni 04.]

Koch von Berneck, Max

Koch v. Berneck, M., die Arlbergbahn, ihre Umgebungen und Zufahrtslinien. Mit Abbild., Karte und Städteplänen. 12. (III, 157 S.) Zürich 884, Schmidt. cart. *

Koch v. Berneck, M., die Arlbergbahn, ihre Umgebungen und Zufahrtslinien. Mit Abbild., Städteplänen und Karte. 2. und 3. verb. und verm. Aufl. (III, 162 S.) 1885,86; 4. verb. und verm. Aufl. 12. (III, 188 S.) Zürich 887, Schmidt. cart. *

Koch v[on] Berneck, M[ax]. Die Arlbergbahn, ihre Umgebungen und Zufahrtslinien. Mit Abbildungen [10 Tafeln], [2] Städteplänen und Karte 4 (*Umschlag 3.) verbesserte und vermehrte Aufl. 8. Zürich 1890.
(Schmidt's Reisebücher.)

Koch v. Berneck, M., die Arlbergbahn, ihre Umgebungen u. Zufahrtslinien. Mit Abbildgn., Städteplänen u. Karte. 6., verm. Aufl. 12. (IV, 162 S.) Zürich 890. C. Schmidt. cart. n. 1. 50

Koch, v. *Berneck, M.* Die Arlbergbahn, ihre Umgebungen und Zufahrtlinien. In-12°. Zürich, Schmidt.1893. cart. 2 50

Koch v. Berneck, M., Führer auf der Gotthardbahn u. deren Zufahrtslinien. Mit einer (chromolith.) Specialkarte der Gotthardbahn, einem (chromolith.) Plan von Mailand u. mehreren Ansichten (Holzschntaf.). 12. (III, 117 S.) Zürich 882. Schmidt. cart. n. 1. 50

— Führer auf der Gotthardbahn u. deren Zufahrtslinien, nebst Vierwaldstättersee, italien. Seen, Mailand u. Genua. 2. erweit. Aufl. Mit e. Spezialkarte der Gotthardbahn, Plänen v. Mailand u. Genua u. mehreren Ansichten. 12. (III, 154 S.) Ebend. 883. cart. n. 2. —

Koch v. Berneck, M., s.: Führer durch München.

— der Gardasee u. seine Ufer, s.: Städtebilder u. Landschaften aus aller Welt.

—— Aus Deutschlands Gauen. Nr. 1 und 2. Das Neckarthal. Heidelberg bis Heilbronn. Mit ca. 40 Illustr. nach Orig.-Zeichngn. von Ed. Rançillio. qu. 4. (XV, 76 S. m. 1 Plan und Panorama.) Dresd. 892. Heidelb., (A. Siebert). * 1 20

Koch v. Berneck, Max, d. Gotthardbahn, s.a Schmidt's Reisebücher.

Koch v[on] Berneck, M[ax]. Gotthardbahn, Ober-Italien und Riviera nebst Zufahrtslinien. 7 Aufl. Mit [7] Karten und [7] Plänen. 8. Zürich 1900.
(Schmidt's Reisebücher.)

Koch v[on] Berneck, M[ax]. Die Gotthardbahn nebst Zufahrtslinien und die oberitalienischen See'n, sowie Mailand und Genua. 6. Aufl. Mit [5] Karten [nebst 1 Panorama] und [4] Plänen. 8. Zürich 1897.

Koch de Berneck. Guide sur le chemin de fer du St-Gothard et sur ses lignes accessoires. Avec une carte du chemin de fer du St-Gothard, un plan de Milan et diverses vues. In-12°, 109 p. Zürich, Cäsar Schmidt 1882. 1 80

Koch von Berneck, M. Guide to the Gotthard-railway and its junction lines translated by E. Meyer-Stocher. With map, plans and views. In-8°. Zürich, Schmidt. 1883. cart. 2 50

Koch v. Berneck, M. Guide du touriste. La ligne du Gothard, ses lignes d'accès et le lac des Quatre-Cantons, les lacs italiens, Milan et Gênes. 2e édition. In-12°. Zürich, Schmidt1884. 2 50

Koch v. Berneck, M., Heidelberg and its surroundings, s.: Towns and landscapes of the whole world.

— Heidelberg u. Umgebung, s.: Städtebilder u. Landschaften aus aller Welt.

—— Drei Jahre in Frankreich. Erinnergn. e. Truppenoffiziers aus d. Feldzug 1870/71 u. der Occupation 1871—1873. 8. (IV, 172 S.) Münch. 891, Beck. * 2 —; cart. * 2 50

—— Innsbruck und Umgebung, s.a. Städtebilder und Landschaften aus aller Welt.

Koch v[on] Berneck. [Max]. Innsbruck und Umgebung. Mit 19 Illustrationen und 1 Plan. Städtebilder und Landschaften aus aller Welt. No. 51 8. Zürich [1888].

— Die bayerischen Königsschlösser nebst Umgebungen u. Zufahrtslinien touristisch behandelt. In-8°, 85 S., mit 25 Illustrat. Zürich, Cäsar Schmidt.1887. 1 90

— la ligne du Gothard, ses lignes d'acces et le lac des Quatre-Cantons, les lacs italiens. Milan et Gênes. Guide du touriste. 2. éd. augmentée. Avec 1 carte spéciale de la ligne du Gothard, les plans de Milan, de Gênes et plusieurs vues. 8. (IV, 159 S.) Ebend. 884. cart. n. 2. —

König Ludwig II. von Bayern und Schloß Berg. Eine Erinnerung an Schloß Berg von Koch v. Berneck-München. Berlin, Leipzig & Wien W. Vobach & Co. [1905]. (48 S.) 8° (07. 4964) 11

—— München und die Königs-Schlösser Herrenchiemsee, Neuschwanstein, Hohenschwangau, Linderhof und Berg mit Umgebungen und Zufahrtslinien. 8. (80 S. mit Stadtplan von München, zahlreichen Abbild. und 1 Routenkarte.) Ebendas. 887. *

— München u. die Königs-Schlösser Herrenchiemsee, Neuschwanstein, Hohenschwangau, Linderhof u. Berg m. Umgebungen u. Zufahrtslinien. Mit Stadtplan v. München, zahlr. Abbildgn. u. 1 Routenkärtchen. 3. Aufl. (88 S.) Zürich 889. C. Schmidt. n. 1. 50

— das Neckarthal. Heidelberg bis Heilbronn. Mit ca. 40 Illustr. nach Orig.-Zeichngn v. Ed. Rançillio. qu. 4. (XV, 76 S. m. 1 Plan u. Panorama.) Dresden 892. Kunstdruckerei Union. n. 1. 50

Koch v[on] Berneck. M[ax]. Norddeutschland mit Einschluss der angrenzenden Gebiete von Süd- und Westdeutschland. Mit [19] Städteplänen und Karte. 3. Aufl. – Ausg 1900. 8. Zürich.
Schmidt's Reisehandbücher

— Oberammergau. Ein Führer zu den Passionsspielen 1890. Nebst Anh.: Die bayer. Königsschlösser. Mit Illustr., Übersichtskarten u. Fahrplänen, sowie e. Münchner Kalendarium. gr. 16. (VIII, 48 u. 39 S.) München 890. Weihrauch. n. 1. 25; englische Ausg. (X, 55 u. 39 S.) n. 1. 50

— s.: Reise-Album.

— Rundreisen in der Schweiz, s.a. Bruckmann's illustr. Reiseführer.

— Rundreisen in der Schweiz [von 8 bis 60 Tagen]. 8., verb. u. verm. Aufl. v. desselben Verf.: „In 30 Tagen durch die Schweiz". Mit Stadtplänen u. e. Karte der Schweiz. 12. (VII, 331 S.) Ebd. 890. geb. n. 3. 50

— Rundreisen in der Schweiz [von 8 bis 60 Tagen]. 8., erweit. u. verb. Aufl. [Ausg. 1891] v. desselben Verf.: „In 30 Tagen durch die Schweiz“. Mit Stadtplänen u. e. Karte der Schweiz. 12. (XVI, VII, 381 S.) München 891. O. Weihrauch. Geb. n. 3. 50

— Rundreisen in der Schweiz einschliesslich der oberitalienischen Seen u. Mailand, s.a. Bruckmann's illustr. Reiseführer.

Koch v[on] Berneck M[ax]. Rundreisen in der Schweiz einschliesslich der oberitalienischen Seen und Mailand. 10. Aufl. 1895. Mit Illustrationen [17 Tafeln], [4] Stadtplänen, einer Karte der Schweiz, etc. etc. 8. München 1895.
Bruckmann's illustrirte Reiseführer No. 54--59.

[Koch von Berneck, Max.] Rundreisen in der Schweiz . Mit Illustrationen [18 Tafeln], [4] Stadtplänen, einer Karte der Schweiz, etc. etc. [10. Aufl. Titelausg.] 8. München 1896.
Bruckmann's illustrirte Reiseführer No. 54–59.

Koch v[on] Berneck, M[ax]. Rundreisen in der Schweiz einschliesslich der oberitalienischen Seen und Mailand. 8. München.
11 Aufl. 1897 Mit Illustrationen [18 Tafeln], [3] Stadtplänen, einer Karte der Schweiz, etc. etc 1897
12 Aufl 1898 Mit Illustrationen [24 Tafeln], [5] Stadtplänen, [2] Panoramen grosser Karte der Schweiz. Karte der Gotthardbahn, etc etc 1898
Bruckmann's illustrirte Reiseführer No. 54–59.

Koch v[on] Berneck, M[ax]. Rundreisen in der Schweiz einschliesslich der oberitalienischen Seen und Mailand. 14. Aufl. Mit vielen Illustrationen [28 Tafeln], [5] Stadtplänen, einer Karte der Schweiz, etc etc 8. München 1900
Bruckmann's illustrirte Reiseführer No. 54–59.

Koch v[on] Berneck, M[ax]. Rundreisen in der Schweiz einschliesslich der oberitalienischen Seen und Mailand. 15. [unveränderte] Aufl. Mit vielen Illustrationen, Stadtplänen, einer Karte der Schweiz etc. etc. VIII + 16 + 416 + 8 S. 8. München, A. Bruckmann, 1901. (geb. M. 3. 50)
Bruckmann's illustrirte Reiseführer. No. 54—59. — *14. Aufl.: 1900.*

Koch v[on] Berneck, M[ax]. Rundreisen in der Schweiz einschliesslich des Bodensees, der oberitalienischen Seen und Mailand. 18. Aufl. Mit vielen Illustrationen, Stadtplänen, einer Karte der Schweiz etc. etc. (*zus.* 456 S.) 8. München, A. Bruckmann, 1904. ([geb.] M. 4. —)
Bruckmann's illustrierte Reiseführer. No. 54—59.

Koch v[on] Berneck, M[ax]. Rundreisen in der Schweiz einschliesslich des Bodensees, der oberitalienischen Seen und Mailand. 19. Aufl. Mit vielen Illustrationen, Stadtplänen, einer Karte der Schweiz etc. etc. 24+430+4 S. 8. München, A. Bruckmann, 1905. ([geb.] M. 4. —)
Bruckmann's illustrierte Reiseführer. No. 54—59.

[Koch von Berneck, Max.] Rundreisen in der Schweiz einschliesslich des Bodensees, der oberitalienischen Seen und Mailand. 21. Aufl. Mit vielen Illustrationen [25 Tafeln], [5] Stadtplänen, einer Karte der Schweiz etc. etc. [*d. i.* 3 Spezialkarten und 2 Kunstbeilagen]. 16 + 384 (+ *zus.* 6) S. 8. München, A. Bruckmann, 1907. ([geb.] M. 4. —)

[Koch von Berneck, Max.] Rundreisen in der Schweiz einschliesslich des Bodensees, der oberitalienischen Seen und Mailand. 22. Aufl. Mit vielen Illustrationen [27 Tafeln], [5] Stadtplänen, einer Karte der Schweiz etc. etc. [*d. i.* 3 Spezialkarten und 1 Panorama]. 16 + 384 (+ *zus.* 6) S. 8. München, A. Bruckmann, 1908. ([geb.] M. 4. —)
Bruckmann's illustrierte Reiseführer. No. 54—59.

— Die Schweiz. I—IV. In-12°. Ebendas. 1887. Cart. à 2 —

—— Schweiz, Chamounix, Veltelin, italienische Seen und Mailand, s.a. Schmidt's Reisebücher.

— Schweiz, Chamonix, Veltlin, italienische Seen u. Mailand, sowie Eingangsrouten aus Deutschland u. Oesterreich. Nach Berlepsch's Tode völlig umgearb. u. verm. 5. Ausg. der „Schweiz“ in Schmidt's Reisebüchern. Mit 1 Generalkarte, 9 Spezialkarten, 8 Plänen u. vielen Panoramen. 8. (XII, XXXII, 472 S.) Ebend. 885. geb. n. 6 —

— die oberitalienischen Seen, ihre Umgebungen [Mailand etc.] u. Zufahrts-Linien [vom Gotthard zum Brenner] m. Plan v. Mailand u. Karte. 8. (XVI, 131 S.) Ebend. 884. cart. n. 1. 60

— Süddeutschland u. Oesterreich, s.a Schmidt's Reisebücher.

—— Süddeutschland und Oesterreich, nebst Eingangsrouten von Nord- und Westdeutschland. Rundreisen im Rayon der interessantesten Gegenden. 3. Aufl. 8. (VIII, 486 S. mit Städteplänen und Karte.) Ebendas. 886. geb. *

— — Süddeutschland u. Oesterreich nebst Eingangsrouten von Nord- und Westdeutschland. Rundreisen im Rayon der interessantesten Gegenden, von *M. Koch von Berneck.* 4. Aufl. Mit Städteplänen u. Karte. In-16°. VII, 434, 26 u. 30 S. Ebd. 1890. Leinw. 5 —

Koch v. Berneck, M., in dreissig Tagen durch die Schweiz. Mit 1 (chromolithogr.) Karte der Schweiz (in qu. Fol.). gr. 16. (246 S.) Zürich 877, Wurster und Comp. cart. *
—— dass. — Rundreisen im Rayon der interessantesten und besuchtesten Gegenden. 2. Aufl. (293 S. mit 1 chromolithogr. Karte der Schweiz.) 1878; *M. 2,50.; 3. Aufl. gr. 16. (325 S. mit lithogr. Städteplänen und 1 chromolithogr. Karte der Schweiz.) Zürich 879, Schmidt. geb. *

—— in dreissig Tagen durch die Schweiz. Rundreisen im Rayon der interessantesten Gegenden. 4. Aufl. Mit Städteplänen und 1 Karte der Schweiz. 8. (353 S.) Ebendas. 881. geb. *

Koch v[on] Berneck, M[ax] In dreissig Tagen durch die Schweiz Rundreisen im Rayon der interessantesten Gegenden. 4 Aufl. Mit [4] Stadteplänen und einer Karte der Schweiz. 8. Zurich 1882.

— In dreissig Tagen durch die Schweiz. Rundreisen im Rayon der interessantesten Gegenden. 5. Auflage. Mit Panoramen, Städteplänen und einer Karte der Schweiz. In-8°, 394 S. Zürich, Schmidt. 1883. 3 75

Koch von Berneck, M. In dreissig Tagen durch Süddeutschland und Tyrol. In-8°, VIII und 231 S. Mit Reisekarte und Städteplänen. Zürich, Cäsar Schmidt 1880. Geb. 3 20

—— in dreissig Tagen durch Süddeutschland und Oesterreich. Rundreisen im Rayon der interessantesten Gegenden. 2. Aufl. mit Städteplänen und Karte. 12. (VIII, 300 S.) Ebendas. 883. geb. *

Koch v. Berneck, M., à travers la Suisse en 30 jours. Voyages circulaires dans les parties les plus intéressantes. Traduction de la 5. éd. en allemand Avec des panoramas, des plans de villes et 1 carte de la Suisse. 8. (VII, 380 S.) Zürich 884. Schmidt. geb. n. 3. 20

Koch-Breuberg, Frdr., die Bayern im großen Kriege 1870 bis 1871. (260 S. m. 7 Taf.) kl. 8. Regensburg (907). J. Habbel. Geb. in Leinw. 1. 20

Koch-Breuberg, Frdr. Caligula u. Cäsonia. Schauspiel in 4 Aufzügen. (72 S.) 8. Strassburg 905. J. Singer. n. 2. —

— Elind. Roman aus der Zeit Christi. (224 S.) 8. Regensburg 909. Verlagsanstalt vorm. G. J. Manz. 2.40

Koch-Breuberg, Friedr. François u. Charlotte, s. Haus- u. Reise-Bibliothek.

Koch-Breuberg, Frdr., Geschichte d. kgl. bayer. 10. Infanterie-Regts. Prinz Ludwig. E. Lesebuch f. Unteroffiziere u. Soldaten. II. Aufl. gr. 8. (IV, 44 S.) Landsberg a/L. 896. G. Verza. Kart. — 75

— drei Jahre in Frankreich. Erinnerungen e. Truppenoffiziers aus dem Feldzug 1870/71 u. der Occupation 1871—1873. 8. (IV, 172 S.) München 891. C. H. Beck. n. 2. —; kart. n. 2. 50

— Militär-Humoresken. (IV, 193 S. m. 1 Abbildg.) 8. Ebd. 909. 2. 40

—— Der Ring der Yogi, s. Jüngst's Haus- u. Reise-Bibliothek.

Koch-Breuberg, Frdr., Siegfried, d. Träumer. Roman aus d. letzten Jahrzehnten. 8. (300 S.) Innsbruck 897. Wagner. n. 2. —

Koch-Clemens, Gertr., Kurfürstin Elisabeth. Reformationsschauspiel in 5 Aufzügen. Mit teilweiser Anlehng. an Wilib. Alexis' „Werwolf". (87 S.) 8. Berlin 910. (G. Nauck). 1. 50

Koch-Grünberg, Theodor· Anfänge der Kunst im Urwald. Indianer-Handzeichnungen auf s. Reisen in Brasilien gesammelt von Dr, - Berlin: E Wasmuth [1906]. Getr. Pag. quer-8°

(G) **Koch**-Grünberg, Thdr., Anfänge der Kunst im Urwald. (906.) (hBl. 33.) Jetzt: Stuttgart, Strecker & Schröder.

— Südamerikanische Felszeichnungen. (V, 92 S. m. Abbildgn., 29 Taf. u. 1 Karte.) Lex. 8. Berlin 907. [E. Wasmuth.] Stuttgart, Strecker & Schröder. Geb. in Leinw. 10. —

Zwei Jahre unter den Indianern. Reisen in Nordwest-Brasilien 1903–1905. Von Dr Theodor **Koch**-Grünberg Mit Abb., Taf., Kt Bd 1 2 (In 30 Lfgen.) Berlin: Wasmuth 19(08–)10. 4°(8°)
1 19(08–)09. 2 19(09–)10. [10. 14361

Indianertypen aus dem Amazonengebiet. Nach eigenen Aufnahmen während s. Reise in Brasilien von Dr Theodor **Koch**-Grünberg Lfg 1 Berlin E. Wasmuth (1906). 2° [08. 6400

— Indianertypen aus dem Amazonasgebiet. Nach eigenen Aufnahmen während seiner Reise in Brasilien. 2.—5. Lfg. (80 Lichtdr.-Taf. m. 16 S. Text.) 49,5×33,5 cm. Ebd. (907—10). In Mappe à Lfg. 12. —

Koch-Herne, E., Bericht der königl. Untersuchungs-Commission in England über die jüngsten Aenderungen in den relativen Werthen der Edelmetalle Gold u. Silber, s.: Schriften des deutschen Vereins für internationale Doppelwährung.

[F.] Die gesundheitliche Küche. Hrsg. v. Frau Helene **Koch-Lintow**, Vertreterin d. Naturheilk. ... *Berlin: G. Schuhr [1897].* (2 Bl., 251 S.) 1 Bd 8. [97. 8597

Koch-Reuses, A., die Romantik der fränkischen Schweiz. 12. (64 S.) Forchheim 890. Streit. n. — 60

Koch-Sternfeld, J. E. v., Ueber die Abstammung der Gräfin Hazaga († c. 1100), Stifterin der Benediktiner-Abtei Fischbachau. München 1863. 8.

Koch-Sternfeld, J. E. v., Zum näheren Verständniss über die Stammreihe und Geschichte der Grafen von Sulzbach. Mit 4 Tfln. Abhandlgn. d. k. bayer. Akad. d. Wiss. München 1844. 4. Auch S.-A.

Koch-Sternfeld, J. E. J. v., Joh. Max V. Fr. Xaver Graf von Preysing-Hohenaschau etc. Züge aus seinem Leben und Wirken, nebst histor. und topogr. Andeutungen über Her- und Aufkommen, Besitzthum und Geschick der Preysinger überhaupt. Mit Portr. München 1827. 8.

Koch-Sternfeld, Johann Ernst v.

Koch-Sternfeld, J. E. Ritter v., das nordwestliche Bayern in der ersten Hälfte des 9. Jahrhunderts: zunächst die Mark Tannara, zwischen dem Lech, der Par, Ilm und Glan, später die zweite Heimath der Erlauchten zu Scheyern und Wittelsbach; in ihrem ethnograph., dynast., kirchl. und volkswirthschaftl. Bestand. Aus gleichzeit. Quellen. gr. 4. (43 S.) München 860, (Franz.) Thlr. * *

Aus: Abhandlungen der k. bayer. Akademie der Wissenschaften, besonders abgedruckt.

Koch-Sternfeld, J. E. Ritter v., Bayern und Tyrol: (in der Richtung der Eisenbahn von München nach Innsbruck:) in culturhistor. Skizzen von den hieran und inzwischen liegenden Landschaften, Gebieten, Diöcesen ꝛc. ꝛc.; nach persönlicher Anschauung, und aus den bewährtesten Quellen: zumeist des Mittelalters; kritisch aufgefaßt und dargestellt. Lex.-8. (XVIII und 139 S.) München 861, Lindauer'sche Buchh. *

Koch-Sternfeld, Joh. Ernst v., Begründungen zur ältesten Profan- und Kirchengeschichte von Bayern und Oesterreich; aus den neuern und neuesten Verhandlungen über das wahre Zeitalter und die Wirksamkeit des heil. Rupert ꝛc.; mit dem Direktorium zur einschlägigen Literatur und ihrer Quellen. Lex.-8. (XX und 255 S.) Regensburg 851, Manz. *

Koch-Sternfeld, Joh. Ernst v., Betrachtungen üb. d. Geschichte, ihre Attribute, u. ihren Zweck; als üb. eine d. fürwährenden Aufgaben d. bayer. Akad. d. Wissenschaften: vom J. 1759 bis z. Gegenwart. Gelesen in d. öffentl. Sitzung d. k. Akad. d. Wissensch. z. Feyer ihres 82. Stiftungstages. gr. 4. (31½ B.) München 841, (Franz.) *

— die allgefeyerte Dynastie des Babo von Abensberg; in ihrer Abkunft, Verzweigung u. Gesammtgenossenschaft, in Bayern u. Oesterreich. Aus den bisher gesammelten Ueberlieferungen; im ungleich weitern u. höhern Bereich aber aus bisher nicht gekannten Quellen kritisch aufgefasst u. culturgeschichtlich dargestellt. Ebend. 857. gr. 4. (XIV, 131 S.) n. 26⅔ ngr.

Koch-Sternfeld, J. E. Ritter v., der Fischfang (das jus piscandi) in Bayern und Oesterreich ob der Enns, nach dem urältesten Landrecht; pragmatisch gegenüber gestellt: der „Fischwaid in den bayer. Seen nach culturhistor. Skizzen von Hartwig Peetz: München 862." gr. 8. (40 S.) München 863, (Lindauer'sche Buchh.) *

Koch-Sternfeld, Joh. Ernst v., culturgeschichtliche Forschungen über die Alpen, zunächst über das dynast., kirchl., volkswirthschaftl. und commercielle Element an der Mur, Gurk und Drau, zu Friesach und Zeltschach, an der Save und Saan und in der windischen Mark vom 8. bis in das 11. Jahrhundert. gr. 4. (24 S.) München 851, (Franz.)
Aus: Abhandlungen der k. bayr. Akademie der Wissenschaften 6. Bd. 2. Abthl., besonders abgedruckt.

—— culturgeschichtliche Forschungen über die Alpen, zunächst über das dynast., kirchl., volkswirthschaftl. und commercielle Element; an der Mur, Gurk und Drau etc. vom VIII. bis in das XI. Jahrhundert. Abschnitt III—VII. (Fortsetzung und Schluss.) gr. 4. (105 S.) München 852, (Franz.)
Aus: Abhandlungen der k. bayr. Akademie der Wissenschaften, III. Cl. VI. Bd. 3. Abthl., besonders abgedruckt.
1. Abhandl. Ebendas. 1851. 7½ Ngr.

—— die seit dem 13. Jahrh. schwebende und jüngst einseitig abgefertigte Frage über die Abstammung der Gräfin Hazaga († c. 1100), Stifterin der Benediktiner-Abtei Fischbachau im bayer. Gebirg, dann in die Burg Schleyern hinaus übersetzt, dürfte nun wissenschaftlich, erschöpfend und aufrecht gelöst sein. Mit einem Anh. den „historisch-krit. Nachlaß des Verf. über Bayern und Oesterreich betr.“ gr. 8. (27 S.) München 863, (Lindauer'sche Buchh.) *

—— die Gründung und die wichtigeren geschichtlichen Momente des ehemaligen fürstl. Reichsstifts und heutigen Fürstenth. Berchtesgaden, entgegen einem Correspondenzartikel im Sammler Nr. 106 der augsburger Abendzeitung: „Berchtesgaden den 8. Sept. (1860) zur Jubiläumsfeier.“ Auch mit Rücksicht auf den sulzbacher Kalender für kathol. Christen auf das J. 1861 ꝛc. Nachträglich eine wissenschaftl. Festgabe. Mit der Ansicht Berchtesgadens im 7. Jahrhundert. Lex.-8. (48 S. mit 1 Stahlst.) München 861, Lindauer'sche Buchh. *

Koch-Sternfeld, von „Das Prädial-Princip, die Grundlage und Rettung der Ruralstaaten und insbesondere des christlich-germanischen Staatensystems“, München 1833 (Jaquet).

Koch-Sternfeld, Joh. Ernst v., Rhapsodien aus d. norischen Alpen. M. erläut. histor., topograph. u. literär. Notizen. 3., u. verm. Aufl. 12. (11 B.) München 843, Fleischmann. *

—— das Reich d. Longobarden in Italien; nach Paul Warnefrid etc.; zunächst in d. Bluts- u. Wahlverwandtschaft zu Bajoarien: hier, nach einheim. Quellen u. Wahrnehmungen. gr. 4. (31 B.) München 839, (Franz.) *

— Reichersberg am Inn, d. i. die Propstei regulirter Chorherren, u. weiland ihr dynastisches Besitzthum in Bayern, Kärnthen u. Oesterreich; — u. die Abstammung u. das tragische Geschick des erlauchten Stifters u. das seiner blutsverwandten Verfolger — nach dem Laut der mystischen Legende — historisch, genealogisch, geographisch u. topographisch dargestellt u. kritisch erläutert. Nebst Anhang, enthält das chronolog.-genealog. Schema über die dynastische etc. Abstammung des Stifters etc. Aus den Abhdlgn. d. k. bayer. Akad. d. W. München 855. Franz in Comm. gr. 4. (45 S.) n. 14 ngr.

— Rückblick auf die Vorgeschichte von Bayern, als Anhang zu den culturgeschichtlichen Forschungen über die Alpen vom VIII. bis XI. Jahrh. (von den Jahren 1851 und 1852). Mit genealog. Schemen. Aus den Abhdlgn. d. k. bayer. Akad. d. W. München 853. Franz in Comm. gr. 4. (80 S.) n. 22 ngr.

—— die teutschen, insbesond. d. bayer. u. österreich. Salzwerke; zunächst im Mittelalter; als Anlagen u. Bürgschaften d. Cultus, d. Cultur, d. König-, Adel- u. Bürgerthums, u. d. großen Masse; mit Betrachtn. üb. d. europä. Salzregale, in seiner Entwicklung u. Verwicklung. gr. 8. (35 B.) München 836, [Augsburg,] Jaquet.

Koch-Sternfeld, J. E. Rtt. v. Die teutschen, insbesondere die bayerischen und österreichischen Salzwerke, zunächst im Mittelalter. gr. 8°. München 1845.

—— vier Vermächtnisse behufs einer kritischen und lohnenden Geschichtsforschung und Geschichtschreibung in Bayern. Zugleich Supplement zur Geschichte der altgefeyerten Dynastie des Grafen Babo v. Abensberg ꝛc. in ihrem ehrenfesten und wissenschaftl. Character. Lex.-8. (XXI und 112 S.) Regensburg 858, Manz. *

Koch-Sternfeld, Jos.E.(Mitarb.), s. Abhandlungen d.bayer Akad.d.Wiss. Denkschriften. Bd 17.

Koch-Sternfeld (Ritter) J. E. von: „Historisch-staatsökonomische Ansichten von den Elementen des teutschen Staatsorganismus, mit besonderer Beziehung auf das Bürgerthum und die jeweiligen Verhältnisse des öffentlichen Dienstes“, München 1822. — Vorh.: Preußische Staatsbibliothek Berlin.

v. Koch-Sternfeld, Reichs-Ritter Jos. Er., histor.-staats-ökonom. Ansichten von den Elementen des deutschen Staatsorganismus, mit Beziehung auf das Bürgerthum u. die jeweiligen Verhältnisse d. öffentl. Dienstes. gr. 8. München 822. Lentner. 13 K

KOCH-STERNFELD, Josef E. v.: Beitrag zur Geschichte der Forstwirthschaft im Herzogthum Salzburg. - München 1816

— Beiträge zur deutschen Länder-, Völker-, Sitten- u. Staatenkunde. 1r Bd. gr. 8. Regensburg 825. (Augsburg, Kollmann.) 2½ ß

v. Koch-Sternfeld, (J. E.,) Beitr. z. deutschen Länder-, Völker-, Sitten- u. Staatenkunde. 1r u. 2r Bd. gr. 8. Passau 825 — 26, Pustet. 1r Band. 2 Rthl. 8 gr. 2r Bd. 1 Rthl. 22 gr.

—— Beyträge z. teutschen Länder-, Völker-, Sitten- u. Staaten-Kunde. 3. (letzt.) Bd. — A. u. d. T.: Das Prädialprincip; die Grundlage u. Rettung d. Rural-Staaten; u. insbesond. d. christl.-german. Staaten-Systems. gr. 8. (37 B., 5 Tab. kl. Fol. u. gr. 4., u. 1 Ansicht v. Playn in Kpfrst., gr. 4.) München 833, Jaquet.
1. u. 2. Bd. [Ebendas.] 1825, 26. 2 Thlr. 20 Gr.

— Bemerkk. über d. Hrn. Dr. Zachariä ꝛc. Darstellung u. Beurtheilung des Kampfes d. Grundeigenthümers gegen die Grundherrlichkeit. gr. 8. Munchen ... Jaquet. 4 K

Koch-Sternfeld, Jos. Er. v., Bemerkungen über den Kampf des Grundeigenthums gegen die Grundherrlichkeit, dargestellt u. beurtheilt von K. S. Zachariä. gr. 8°. München, Jaquet, 1833.

—— das Christenthum, und seine Ausbreitung, vom Beginn bis zum 8. Jahrhundert; insbesondere: in den Alpen, zwischen Rhein und Donau; allmählig durch 14 Bisthümer gewahrt, und durch das Martyrologium, als kirchl. Patronat, gepflegt, chronologisch, geographisch, topographisch und culturgeschichtlich dargestellt. Zugleich Supplement für die „Begründungen zur ältesten Profan- und Kirchengeschichte von Bayern und Oesterreich ꝛc. Regensburg 1854.“ hoch 4. (XVI und 163 S.) Regensburg 855, Manz. * —

Die Dynastie von Hagenau, Mitstifter der Abtei S[illegible]stetten Ar 1 Heft IV 121 vgr
Separatabdruck

— Genealogische und topographische Forschungen über die Stifter die Stiftung und Ausstattung von Ebersdorf Gurniz Teinach und St Lorenz zu Burg Stein in Kärnten Ar 4 231 vgr
Separatabdruck

Koch-Sternfeld Josef Ernest Ritter von Forschungen über den Erzbischof Wichmann von Magdeburg und die Abtei Seitenstetten Ar 1 Heft IV 82 vgr
Separatabdruck

v. Koch-Sternfeld, Jos. Er., zur bayer. Fürsten-, Volks- u. Culturgeschichte, zunächst im Uebergange vom 5n in das 6e Jahrh. nach Christus. Mit Anhang u. Beilagen von 10 lithogr. Abbildd. In den „Abhandl. d. histor. Klasse d. bayer. Akad. d. Wiss. in München II. 1." enthalten.

Koch-Sternfeld, J(oseph) E(rnst) von: Das Gasteiner-Tal mit seinen warmen Heilquellen im salzburgischen Gebirge. 208 S., gbd., Abb.

Salzburg: Mayr 1810

JB 2.779

Koch-Sternfeld, J. E. von, Geschichte d. Fürstenth. Berchtesgaden u. sein. Salzwerke. 3 Bde. gr. 8. Münch. Lindauer. 815.

— Geschichte d. Fürstenthums Berchtesgaden u. seiner Salzwerke. 3 Bde. gr. 8. München 816. J. Lindauer. 2 ℛ

— Grundlinien z. allgem. Staatskunde, Statistik, mit besonderer Rücksicht auf die organische, materielle u. landwirthschaftliche Grundmacht d. Staats. gr. 8. München 826. Finsterlin; (a. Jaquet). 12 K

— d. Innviertel mit dem Hausruckviertel, statist. dargestellt im Anfange des Jahres 1810 u. nach d. Bestimmung des Wiener Friedens vom 14. Oct. 1809, mit d. polit.-kirchl. u. ständ. Topographie. 8. Salzb. 810. Mayr. 5 K

Koch-Sternfeld, (Jos. Ernst) Ritter v. (k. b. Legationsrath etc.), über die *Kriegsgeschichte der Baiern*. Eine histor. Abhandlung zur 57. Stiftungsfeyer d. k. b. Akad. d. Wiss., in d. öffentl. Versammlung derselben am 28. März 1816 vorgelesen. München, gedruckt bey Mich. Lindauer. 4°. Titelbl. staubfleckig u. letztes Bl. ausgebess. Ppb.
Tit u 58 S

Koch-Sternfeld, J. E. v., über die Kriegsgeschichte der Baiern. 2te Aufl. gr. 8. Nürnb., Riegel u. W. 817.

— Die dynastischen Zweige M[illegible] und Wein. [illegible] Heft IV [illegible] . ngr
Separatabdruck

— über Arns, Erzbischofs von Salzburg urkundlichen Nachlaß in Beziehung auf die baierische Landes- u. Volkskunde. München, (G. Franz). 1 ℛ

— histor.-staatsökonom. Notizen üb. Straßen- u. Wasserbau in Salzburg und Berchtesgaden. gr. 8. Salzb. 811. Mayr. 1 ℛ 4 K

— Rhapsodien aus d. Nordischen Alpen; mit Melodien von Ign. Brandstätter u. Anh. 8. Landsh. 805. Storno. (Fr. Fleischer in Leipz.) 1 ℛ 2e Aufl. 8. Salzb. 813. Mayr. 20 K

— das Reich der Longobarden, s. Abhandlungen d. bayer. Acad. d. W., 14. Bd. 2. u. 3. Abthl. 17. Bd. 1.—3. Abthl.

v. Koch-Sternfeld, Reichs-Ritter Jos. Er., histor.-geograph. Repertorium üb. die unparth. Abhandlung v. Staate Salzburg, über Juvavia u. d. diplomat. Anh. d. letztern Werks zum Behuf d. Geschichte d. salzburg. Staats- u. Privatrechts u. der Geographie d. Mittelalters. 1r, oder histor. Theil. gr. 8. Salzb. 802. Oberer. 8 K

— Salzburg u. Berchtesgaden, in histor.-statist.-geograph.- und staatsökonom. Beiträgen. 2 Bde. gr. 8. Salzb. 810. Mayr. 3 ℛ 8 K

— Die Sarchili und Schirsach [illegible] Hause [illegible]-Beilstein [illegible] Heft IV. [illegible] . . ngr.
Separatabdruck

— über den Standpunkt d. Staatskunde als Bürgschaft d. Landes-Ordnungen u. Freiheiten. gr. 8. Münch. 827. Finsterlin. 4 K (Jaquet das.) 6 K

— d. Gasteiner Thal mit seinen warmen Heilquellen im salzburgischen Gebirge; ein Taschenbuch für Reisende. Mit 1 Kpf. 8. Salzb. 810. Mayr. 16 K 1820. Hbg. Pr. 12 K 2e Aufl.,

— die Tauern, insbesondere das Gasteinerthal u. seine Heilquellen. Mit Rücksicht auf die ältere u. neuere Geschichte des Volks, der Bergbaue, der Salzwerke u. des Handels in den Alpen. 2e Aufl. (des Gasteiner Thals). 8. München 820. J. Lindauer. (Mayr in Salzb.) 1 ℛ 14 K Schrbp. 2 ℛ

— Versuch üb. Nahrung u. Unterhalt in civilisirten Staaten, insbesond. über Wohlfeilheit u. Theuerung; polit. u. staatswirthschaftl. bearb. Eine gekrönte Preisschrift. gr. 8. Münch. 805. 2e Aufl. 8. Salzb. 813. Mayr. 1 ℛ 2 K

—— Zur Vorgeschichte der Dynasten von Mürzthal und Eppenstein in der Steiermark. gr. 8. (13 S.) Wien 852, (Gerold's Sohn.) *
Aus: Archiv für österreich. Geschichtsquellen 1851, besonders abgedruckt.

— Über das wahre Zeitalter des heil. Rupert, des Apostels der Bajoarier und Gründers des Erzstiftes von Salzburg. Nach den Quellen, Forschungen und Vorarbeiten des Koch-Sternfeld und mit dessen Prüfung der vom Herrn Prof. Filz herausgegebenen Abhandlungen von 1831 und 1843. Dazu als Anhang: Nr. 1. Über Dr. Rettbergs Kirchengeschichte. Nr. 2. Skizze des *Iter germanicum* von *Mabillon*. Ar. 5. [illegible] . . . . „ 1.60
Separatabdruck

—— über das wahre Zeitalter des heil. Rupert, des Apostels der Bajoarier, und Gründers des Erzstiftes von Salzburg. Nach Quellen, Forschungen und Vorarbeiten; und mit Prüfung der vom Hrn. Prof. M. Filz über den heil. Rupert hrsg. Abhandlungen von 1831 und 1843. Dazu ein Anhang. Lex.-8. (113 S.) (Wien 851, Braumüller.) Thlr. *

Koch-Westerhove, Jul., s. Koch, Julius Ludwig August

(Koch-Zoller, Reinhard. Recurs) An den Tit. Grossen Rath des Kantons Basel-Stadt ... ([betreffend sein] Baubegehren [vom] 7. Februar 1902 und die Bau- und Strassenlinie der Maiengasse ...). Basel, den 27. März 1902. 8 S. fol. ([Basel,] Fr. Bürgin.)

Koech, Richard, aus Hannover: Ueber Constitution und Umformungen des Menthonisoxims. *Berlin 1904: Merkur.* (44 S.) 8°
Göttingen, Phil. Diss. v. [9. März] 1904

Koech, Rich., über Constitution u. Umformungen des Menthonisoxims. Diss. (43 S.) 8. Berlin 904. (Göttingen, Vandenhoeck & Ruprecht.) n. 1.—

Kochan, Hans, Assist. am physikal. Inst. d. Univ. zu Breslau: Aus d. physikal. Institut d. Universität Breslau. Beiträge zur Kenntniss der anodisch polarisierten lichtempfindlichen Goldelektrode. *Breslau 1902: H. Fleischmann.* (93 S.) 8°
Breslau, Phil. Diss. v. 5. Aug. 1902

Kochann, Heinrich (Berlin), Nonnulla de methodo exspectativa. Diss. med.-chir. Bln. (Nietack) 3. XI. 1835. 32 S. mit Biogr. (M.: L. Fleschner.) (6.—) 18833
Oppon.: B. Weiss, M. Heyland, L. Harting. — Gew.: H. Seemann.

Kochanowski, Adf. Demeter, die Grundzüge des moldauischen Civilprocesses in Vergleichung mit dem französischen Cod. de procédure civ. und den österreichischen Gewichts- und Civil-Process-Ordnungen dargestellt. gr. 8. (86 S.) Jena 858, (Doebereiner.) *

Kochanowski, J. K., Urzeitklänge u. Wetterleuchten geschichtl. Gesetze in den Ereignissen der Gegenwart. Aus dem Poln. übers. v. Ludw. Gumplowicz. (VII, 111 S.) 8. Innsbruck 910. Wagner. 1.50

Kochanowski, Jan, w Czarnolesie. Obrazy z konca szesnastego wieku przez autorke Karoliny i Krystyny. Tomy II. (Zrycina.) Wydanie drugie J. N. Bobrowicza. 8. (16¾ B. u. 1 Stahlst.) Lipsk 842, 45, Librairie étrangère.

Kochanowski, Jana, Dziela, s. Biblioteka, klassykow polskich, T. 14—16.

Kochanowski, Joseph: Repertorium über Gesetze und Verordnungen seit 1778 bis Ende 1877 Wien: Selbstverl. 1878.

Kochanowski, Jos., Repertorium über Gesetze u. Verordnungen seit 1778 bis Ende 1877. Mit besonderer Rücksichtnahme auf die Agenden der politischen Verwaltung aus seinem langjährig geführten Vormerk zusammengestellt. gr. 8. (III, 252 S.) Wien 878. (Manz.) n.n. 4. —

Kochanowski Stanislaus v.: Nicolaus Lenau. Ein lit. Beitrag. 15. Tarnów 04.
Progr.

Kochanweisung für d. Kinder-Kochschule. Kochschule Karlsruhe 1893. Hrsg. vom bad. Frauenverein, Abteilg. IV. 3. Aufl. 12. (24 S.) Lahr, Schauenburg. * — 20

Koch-Apparate, die neuesten, verbessert., so wie Bratenwender, Feuerröste ꝛc., nebst Anweisung, sie zu fertigen. Für Kupfer-, Eisen- u. Blecharbeiter, so wie für Architekten überhaupt. Aus d. Engl. u. mit Zusätzen verm. Mit 1 Tafel Abbildd. 8. Quedlinburg 832, (833). Basse. 5/12 ℛ

Kochauf, C. M., Noumenologie als Lehrbuch f. die höchst beste Geisteshellswissenschaft. gr. 8. (18 S.) Graz 887. (Cilli, Drexel.) n. — 40

Kochbe Jizchak. Eine Sammlung ebräischer Aufsätze, literar.-histor., philolog., exeget. u. poetischen Inhalts zur Förderung d. ebräischen Sprachstudiums. 1. Hft. 2. Aufl. Hrsg. v. M. E. Stern. gr. 12. (3 1/8 B.) Wien 847. (Mörschner's Wwe. u. Bianchi.)

— dass. 2.—4. Hft. Herausgeg. von mehrern Gelehrten. gr. 12. Ebend. 845, 46. à 7 ngℛ — dass. 5.—9. Hft. Herausgeg. von M. E. Stern im Vereine mit mehrern Gelehrten. gr. 12. Ebend. 846, 47. à 7 ngℛ

Kochbe Jizchak. Eine Sammlung ebräischer Aufsätze, literarhistorischen, philolog., exeget. und poet. Inhalts, zur Förderung des ebräischen Sprachstudiums hrsg. von M. E. Stern. 20. Heft. gr. 8. (80 S.) Wien 855, (Greß' Verlag.) *
1—19. Heft. Ebendas. 1845. — ?

Kochbe Jizchak. Eine Sammlung ebräischer Aufsätze, literarhistorischen, philologischen, exegetischen und poetischen Inhalts, zur Förderung des ebräischen Sprachstudiums, hrsg. von M. E. Stern. 21—24. Heft. gr. 8. (352 S.) Wien 856—58. (Leipzig, Gerhard.) à Heft * 14 Ngr. *

— dass. — 25. und 26. Heft. gr. 8. (220 S.) Wien 861. (Leipzig, Haessel.) à Heft * 15 Ngr. *

Kochbe Jizchak. Eine Sammlung ebräischer Aufsätze, literarhistor., philolog., exeget. und poet. Inhalts, zur Förderung des ebräischen Sprachstudiums hrsg. von M. E. Stern. 27. —35. Heft. gr. 8. (à Heft ca. 96—104 S.) Wien 862—68, (Herzfeld und Bauer.) à Heft * 16 Ngr. *

Kochbe Jizchak. Eine Sammlung ebräischer Aufsätze, literarhistor., philolog., exeget. und poet. Inhalts, zur Förderung des ebräischen Sprachstudiums, hrsg. von M. E. Stern. 36. Heft. gr. 8. (96 S.) Wien 869, (Herzfeld und Bauer.) * 1 60

Kochbuch s.a. Arnold, M. — Baumann, C. — v. Berg, A. — Blok, Th. — — Brunn, Th. — v. Burchardi, E — Cellaria, Wi. — Dietze, A. — Fellger, F. — — Hahn, Th. — Halm, A. — Hermann, S. — Horn, G. — Huber, A. — — Jörg, L. W. — Kraft, J. — Küchenmeister, C. — Kurth, L. — Kux, A. — Lederer, Th. — Löffler, Ch. — Löffler, F. L. — Löffler, H. — Loh, Joh. — Maier, A. — Marquardt, C. — — Münster, Gräfin zu. — Niemann, Th. — Niggl, J. N. — Oppre, A. — Pelz, H. — Prato, K. — Richter, L. — Ritter, F. — Röhmer, S. — Saalbach, H. — Sander, H. — Schandri, M. — Schenk, L. — Schlienbecker, W. — Schmidt, C. — Schmidt, M. — Schneider, N — Schreder, K. — Siegl, K. — Steinbrecher, Ch. — Supp', Gemus' und Fleisch. — Tafel, E. — Therese. — Universallexikon. — Vollmut, A. K. — Weiß, A. — Wendt, L.

— s.a. Allestein, E. — Armster, Sophie. — Benoit, Ign. — Bergner, Anna. — Bohrer, Cresc. — Böttcher, Charlotte. — Davidis, Heinr. — Ebert, Jenny Lina. — Gleim, Betty. — Gouffé, Jules. — Hauptner, F. W. — Heer, J. H. — Hommer, Sophie Charl. — Joël, Bernh. — Klein, G. F. — Kuß, Joh. — Lehmann. — Lorenz. — Meixner, Maria Elisab. — Müller, Caroline. — Neudecker, Maria Anna. — Riedl, Christ. Charlotte. — Rührig, W. — Rytz, L., geb. Dick. — Schünemann, W. — Sailer. — Schmidt, Wilh. Auguste. — Weber, Agnes Elise. — Wiel, Jos.

Kochbuch oder Sammlung vieler Vorschriften von allerlei Koch- und Backwerk . . . Göppingen 1783—99. V: *Knörin, R. Chne geb. Dertinger.* (schl)

Kochbuch. 4. (VIII, 177 S.) Hannover 887. Edler & Krische. geb. in Callico. 8. 50; in Halbfrz. 4. —

— das allerneueste Sächsische, (von J. J. H. Bücking). 8. Wien 780. (Heubner). 1 ℛ 12 ℋ

— allerneuestes Frankfurter Taschen-, 2 Thle. 8. (h. a. Titel: d. kluge u. nützliche Köchin) Frankf. Simon. Schreibpap.

— s. auch Taschen-Kochbuch, Frankfurter.

— allerneuestes Münchner, s. a. Chr. Büchner

— allerneuestes Münchner, von Chr. Büchnerin. gr. 8. München, Fleischmann. 813.

— allerneuestes schwäbisches, s. a. oben: Kochbuch, Göppinger.

Kochbuch, Allerneuestes Schwäbisches, enthaltend eine Sammlung vieler Vorschriften von Koch- und Backwerk . . . Stuttgart [ca. 1790]. 2. Aufl. 1792. V: *Küssin, Joh. Chn.* (MGT) (KY)

— d. allgem. Pariser, nebst e. Tranchirbuch; aus d. Französ. 8. Straßb. 752. König. 12 ℋ

— allgemeines, od. deutl. Anweisung, Speisen wohl zu zurichten ꝛc. m. K. 4. Nrnbg. Endter. 734.

Kochbuch, allgemeines; aus d. besten Kochbüchern unserer Zeit gesammelt, s. a. Anweis. für Frauenzimmer ꝛc.

Kochbuch, Allgemeines, aus den besten Kochbüchern unserer Zeit . . . Berlin 1798 [1792]. V: *Seidenburg, Joh. Gottlieb.* (ENGOEC) (MGT)

Kochbuch, allgem., aus den besten Kochbüchern, (od. der Anweis. f. Frauenzimmer, 4r—6r Thl.) 3 Thle. 4e Aufl. gr. 8. Berl. 797. (Sander). 1 ℞

— a. d. besten Kochbüch., (od. Anweisung f. Frauenz. 4–6.) 3 Thle. gr. 8. Berl. Wever. 797.

Kochbuch, allgemeines, a. d. best. Kochbuch. uns. Zeit gesammelt u. m. e. Anweis. z. e. gut. Wirthschaft versehen, v. A. G. S. 3 Thle. gr. 8. Berlin, Wever. (Sander) 798.

— allgem. bewährtes Wiener, in 20 Abschn., welches 1131 Kochregeln f. Fleisch- u. Fasttage, alle auf d. deutl. u. gründl. beschrieben, enthält. Nebst e. Anh. in 5 Abschn. Mit bequemen Speisezetteln. Anfangs hrsg. v. Ign. Gartler u. Barbara Hikmann, jetzt umgearb. u. verb. v. F. G. Zenker. (1. Thl.) 34. u. 35., mit e. alphabet. Register vers. Aufl. Mit Titkpfr. u. 6 Tafel-Arrangem. gr. 8. (à $31\frac{1}{2}$ B.) Wien 828, 31, Gerold. à

Kochbuch, allgem. bewährtes Wiener ꝛc. 2. Thl. — A. u. d. T.: Die Wiener Hausfrau in allen ihren Geschäften, od. nützl. Hausbuch f. Frauen u. Mädchen ꝛc. — A. u. d. T.: Nützl. Hand- u. Hausbuch f. Frauen u. Mädchen ꝛc. 8., ganz neu umgearb. Aufl. gr. 8. ... Wien 828, Gerold. Thlr.

— allgemeines Deutsches. 8. Jetzt Crantz in Berlin. 1 ℞

— allgemeines deutsches, oder gründliche Anweisung zum Kochen, Braten, Backen, Einmachen ꝛc. Ein den Hausfrauen u. Köchinnen u. allen, welche ihre Speisen ohne große Kosten auf die leichteste, wohlschmeckendste u. gesundeste Art zubereiten wollen, unentbehrliches Handbuch. 4. Aufl. Langensalza (857) Schulbuchhandlung. 8. (264 S.) 18 ngr

— allgemeines deutsches, oder gründliche Anweisung zum Kochen, Braten, Backen, Einmachen ꝛc. Ein den Hausfrauen und Köchinnen und allen, welche ihre Speisen ohne große Kosten auf die leichteste, wohlschmeckendste und gesundeste Art zubereiten wollen, unentbehrl. Handbuch. 4. Aufl. 8. (264 S.) Langensalza 858, [Schulbuchhandlung von Greßler]

Kochbuch, allgemeines deutsches, oder gründliche Anweisung zum Kochen, Braten, Backen, Einmachen ꝛc. 5. Aufl. 8. (264 S.) Langensalza 862, Schulbuchh. von Greßler.

— allgemeines deutsches, für alle Stände oder: leicht verständliche Anweisung über die Zubereitung aller Arten von Speisen, Backwerk und Getränken ꝛc. Mit einem Anhang, die vorzüglichsten hauswirthschaftl. Recepte enthaltend. Ein vollständ. Rathgeber für Hausfrauen, Köche und Köchinnen. Hrsg. von einem prakt. und bewährten Koch. gr. 8. (XXIII und 196 S.) Insterburg 855, Wilhelmi's Buchh.

— allgem., zum Gebrauch f. jed. Stand. 8. Breslau, W. G. Korn. 805.

— allgem. geprüftes pesther, 1100 Vorschriften f. d. bürgerl. Küche, enth.: Eine Anweis. z. Bereit. d. schmackhaftesten u. gesundesten Speisen, Braten, Bäckereien, Torten, Geleen, Sulzen ꝛc., nebst einiger kalten u. warmen Getränke. Nach d. einzelnen Vorschriften geprüft u. hrsg. v. drei pesther Frauen. 1. u. 2. Aufl. (à $32\frac{1}{2}$ B.) 836, 38., 3., mit 100 Vorschriften f. Küche, Keller u. Vorrathskammer verm. Aufl. gr. 8. ($35\frac{5}{8}$ B.) Pesth, Heckenast. à

— allgemeines geprüftes Pesther, 1100 Vorschriften für die bürgerl. Küche, enthaltend: eine Anweisung zur Bereitung der schmackhaftesten u. gesundesten Speisen, Braten, Bäckereien, Torten, Geleen, Sülzen, Conserven, Salate, Compots, nebst einiger kalten u. warmen Getränke. gr. 8. Pesth 836. Heckenast. $1\frac{1}{3}$ ℞ — 3e Aufl. 1200 Vorschriften ꝛc. Nebst e. Anhange mit 100 Vorschriften ꝛc. gr. 8. Ebd. 840. geb. $1\frac{1}{2}$ ℞

— Pesther, allgemeines geprüftes, 1200 Vorschriften für die bürgerl. Küche. 4. umgearb., verb. u. mit einem Anh.: Die Käse-Fabrikation im Großen u. Kleinen verm. Aufl. gr. 8. Pesth 841. Heckenast. $1\frac{1}{2}$ ℞

— allgem. Hamburgisches u. Niedersächsisches. 3 Thle. 8. Hamb. (Herold jun.) 1 ℞

— allgem. homöopathisches wiener, e. gemeinfaßl. Anleit., alle Gattungen Fleisch- u. Fastenspeisen nach d. Grundsätzen d. Homöopathie auf e. leichte, zweckmäß. u. zugleich auf d. wohlfeilste Art zu bereiten, sowohl f. bürgerl. als auch f. herrschaftl. Küchen auf das Deutlichste angegeben. Ein unentbehrl. Handb. f. sorgs. wirthschaftl. Hausfrauen ꝛc., als Vervollständigung zu d. bereits bewährten Kochbüchern einer Barbara Hickmann u. a. hrsg. v. ein. prakt. wiener Köchin unt. Aufsicht e. homöop. Arztes in Wien, sammt ein. humorist. Vorw. v. demselben. 8. ($11\frac{1}{2}$ B.) Leipzig 836, Köhler.

Kochbuch, allgemeines illustriertes, f. d. deutsche Küche v. deutschen Hausfrauen unter Mitwirkg. hervorragender Autoritäten d. Koch- u. Backkunst. (XXXVIII, VII u. 588 S. m. Abbildgn.) gr. 8. Berlin (904). (P. J. Oestergaard) Geb. in Leinw. n. 3. 50

— allgem. niedersächsisches, f. Markus Looft.

— allgemeines Wiener, eine gemeinfaßliche Anleitung, alle Gattungen Fleisch- u. Fastenspeisen auf eine leichte, zweckmäßige u. zugleich auf die wohlfeilste Art zu bereiten, herausgeg. v. einer prakt. Wiener Köchin. 8. Wien 841, Braumüller u. Seidel. $\frac{5}{12}$ ℞

— allgemeinnütziges, f. Deutschland, von G. L. Ritter, f. Ritter.

Koch- und Confectbuch, Altadeliges Bairisches, für alle Stände . . . München 1837. V: *Portia, Magdalene Marie Gräfin von und zu, geb. Freiin von Spürinckh.* (Call)

Koch- u. Konfektbuch, altadeliges Bayerisches, für alle Stände, aus dem Nachlasse einer berühmten Gräfin. Mit Beiträgen von den vornehmsten Damen der ältesten Adelsgeschlechter Bayerns, in der Vorrede namentlich aufgeführt. Nebst e. Anleitung zur Bereitung der Speisen u. Getränke für Kranke u. Wiedergenesende; einem tägl. Küchenzettel, einer Transchirkunst u. e. Anhange, enthalt.: Bier- u. Weinkünste. gr. 12. München 837. Lindauer. (Sauer.) $\frac{2}{3}$ ℞ — 2e Ausg. gr. 12. Ebd. 840. geb $\frac{1}{2}$ ℞

Koch-Buch, anhaltisches. Die besten Recepte für den bürgerl. Mittagstisch, nebst e. gediegenen Auswahl von Recepten u. Anleitg. üb. die Bereitg. v. Backwerk, über das Einmachen der Früchte u. die Herstellg. kalter u. warmer Getränke, sowie e. Anh., e. Anzahl prakt. Winke enth. gr. 8. (VIII, 247 S.) Dessau 901. C. Dünnhaupt. Geb. in Leinw. n. 1. —

— anhaltisches, f. den bürgerl. Haushalt. Sammlung v. Rezepten aller Art f. den bürgerl. Mittagstisch, Ratschläge f. die Bereitg. v. Backwerk, das Einmachen von Früchten, die Herstellg. kalter u. warmer Getränke, sowie Anh., zahlreiche prakt. Winke enth. 2., verm. u. verb. Aufl. (IV, 224 S.) 8. Dessau (905). C. Dünnhaupt. Geb. in Leinw. n. 2. —

— Augspurger, worinnen enthalten fürtreffliche Rezepte f. Frawen u. Junckfrawen. 1554. 4. (36 S.) Augsburg 886. Gebr. Reichel. geb. n. 3. 60

Kochbuch, Augsburgisches, f. a. Weller, Soph. Jul.

— Augsburg., ausgearb. von S. J. W(eilerin). 8. Augsb. 788. 2e Aufl. 788. 3e Aufl. 791. 6e Aufl. 799. 17e Original-Aufl. 829. Wolf. 1 ℞

— augsburgisch. ausgearb. v. S. J. Weilerin. 8. Augsb. J. Wolf. 810.

Kochbuch, augsburgisches, ausgearbeitet von (S. J. W.)eilerin, 13te Aufl. 8. Augsb. Wolf. 816.

Kochbuch, Augsburg'sches, ausgearbeitet von S. J. W(eilerin). 16e, einzig rechtmäß. Orig.-Aufl. Mit 1 Vign. 8. Augsb. 825, Wolff. Rthlr.

Kochbuch, Augsburgisches, . . . mit Inbegriff der ältern Vorschriften . . . 5. Ausg. Nördlingen 1838. 21. Aufl. Augsb. 1843. V: *Weiler, Sophie Juliane geb. Gostenhofer.* (Ky)

Kochbuch, augsburgisches, ausgearb. v. S(ophia) J(uliana) W(eilerin). 21. u. 22. Orig.-Aufl. gr. 8. (à 41½ B.) Augsburg 843, 44, Wolffische Buchh. „

—— augsburgisches, ausgearb. von S. J. W. 23., einzig rechtmäß. Orig.-Aufl. 8. (XXIV und 640 S. mit 1 Stahlst.) Augsburg 851, Wolff'sche Buchh. (München, Finsterlin.)

Kochbuch, Augsburgisches, ausgearb von S J W 25. einzig rechtmäßige Orig.-Aufl Augsburg 860. (München, J A Finsterlin.) 8. (XL., 629 S.) 1 ℛ

— bayersches, s. J. M. Huber

— baiersches, od. gründl. Anweis., wie man d. ganze Jahr täglich einen Tisch mit 6 veränderten Schüsseln bedienen soll. 4. München 813. Lentner. 1 ℛ 1 𝒦 (s. auch M. K. Siegel.)

— baiersches, od. gründl. Anweisung, wie man d. ganze Jahr täglich einen Tisch mit 6 veränderten Schüsseln bedien. soll. 4. Münch. Lentner. 814.

— — dasselbe, s. Maserbeck, M. K.

— Berner, in welchem über 400 Vorschriften enth., allerlei Speisen wohl zuzurichten. 8. Bern 803. Haller. 9 𝒦

— das berühmte u. wohlapprobirte, nach welchem in allen sicher zu gehen ɩc., s. Neidinger, A.

— das beste, f. sehr feine, sowie f. einfache Küche. (284 S.) gr. 8. Wien 898. Dorfmeister. n. 1. 80; erm. Pr. 1. 50

— Bonner. Die besten Recepte f. den bürgerl. Mittagstisch, nebst e. gediegenen Auswahl v. Recepten u. Anleitgn. üb. die Bereitg. v. Backwerk, üb. das Einmachen der Früchte u. die Herstellg. kalter u. warmer Getränke, nebst e. Anh., e. Anzahl prakt. Winke enth. gr. 8. (VIII, 247 S.) Bonn (900). Habicht. Geb. in Leinw. n. 2. —

— Brandenburgisches, m. d. wohlunterwiesenen Köchin und Confecttafel. m. K. 4. Berlin, Voß. 732.

— Braunschweigisches, v. J. D. Knopf u. J. C. Förster, s. a. Knopf.

— Braunschweigisches, s. a. J. Chr. Förster.

Kochbuch, braunschweigisches, für angehende Köche, Köchinnen u. Haushälterinnen. 4te Aufl. von Knopf und Förster. 8. Braunschw. Schulbuchh. 812 Rthlr.

— Bremisches, s. a. B. Gleim.

Kochbuch, Bremisches. Bremen u. Aurich 1808. 2. Aufl. Elberfeld 1818. 3. Aufl. 1823. 4. Aufl. 1826. V: *Gleim, Betty.* (MGT) (Schl)

— bremisches. 2 Thle. 8. Bremen, Müller. 808. Schreibp.

— bürgerliches. Ein prakt. u. unentbehrl. Handbuch f. Alle, welche das Kochen gründlich, rasch u. ohne besondere weitere Beihilfe erlernen wollen. 462 erprobte Rezepte. gr. 8. (VI, 108 S.) Zürich (899). Th. Schröter. n. — 60

— bürgerliches, f. die Prov. Sachsen. Sammlung v. Rezepten aller Art f. den bürgerlichen Mittagstisch, Ratschläge f. die Bereitg. v. Backwerk, das Einmachen v. Früchten, die Herstellg. kalter u. warmer Getränke, sowie Anh., zahlreiche prakt. Winke enth. (IV, 224 S.) 8. Dessau (905). C. Dünnhaupt. Geb. in Leinw. n. 2. —
„Koche auf Vorrat!" Handbuch f. die Frischhaltg. aller Nahrungsmittel m. den Weck'schen Einrichtgn." Hrsg.: J. Weck, G. m. b. H. 1. u. 2. Bdchn. gr. 8. Oeflingen (Leipzig, Fritzsche & Schmidt.) Geb. in Leinw. à n.n. 1. 75
1. Obst, Gemüse, Pilze, Obst- u. Beerensäfte, Mus, Marmelade, Kraut u. Latwerge. Im Auftrage der Hrsg. bearb. unter besond. Mitwirkg. v. M. Hotop u. E. Michael. (126 S.) (905.)
2. Fleisch u. Fleischspeisen. Im Auftrage der Hrsg. bearb. v. Annie Kehrmann. 1. Aufl. 1.—5. Taus. (84 S. m. Abb.) (905.)

— Chemnitzer. Die besten Recepte f. den bürgerl. Mittagstisch, nebst e. gediegenen Auswahl von Recepten u. Anleitgn. üb. die Bereitg. v. Backwerk, über das Einmachen der Früchte u. die Herstellg. kalter u. warmer Getränke, nebst e. Anh., e. Anzahl prakt. Winke enth. gr. 8. (VIII, 247 S.) Chemnitz 900. B. Troitzsch Nachf. Geb. in Leinw. n. 2. 50

— Coburger. Die besten Rezepte f. den bürgerl. Mittagstisch, nebst e. gediegenen Auswahl v. Rezepten u. Anleitgn. üb. die Bereitg. v. Backwerk, üb. das Einmachen der Früchte u. die Herstellg. kalter u. warmer Getränke, sowie e. Anh., e. Anzahl prakt. Winke enth. (VIII, 247 S.) 8. Coburg (902). A. Seitz. Geb. in Leinw. n. 2. —

Kochbuch, Diaetetisches. Die Kunst der Hausmutter oder Köchin, das menschliche Leben zu verlängern . . . Bresl. 1805. V: *Gürnth, Christine Dorothea geb. Hentschel.* (MGT) (Schl) (Ky) (Call)

— diätetisches; die Kunst der Hausmutter od. Köchin, d. menschl. Leben zu verlängern, (v. Chr. Dor. Gürnth). 8. Bresl. 805. (J. F. Korn). 16 𝒦

Kochbuch, Diaetetisch-oekonomisches, für Gesunde und Kranke. Stendal 1790. 2. Aufl. 1803. V: *Bücking, Joh. Jacob Heinrich.* (MGT) (EngOec) (Ky)

— diätetisches u. ökonom., f. Gesunde u. Kranke, (von J. J. H. Bücking). 8. Stend. 790. 2e A. 803. Franzen u. Gr. 1 ℛ 4 𝒦

— Dresdener. Die besten Recepte f. den bürgerl. Mittagstisch, nebst e. gediegenen Auswahl von Recepten u. Anleitgn. üb. die Bereitg. von Backwerk, üb. das Einmachen der Früchte u. die Herstellg. kalter u. warmer Getränke, nebst e. Anh., eine Anzahl prakt. Winke enth. gr. 8. (VIII, 247 S.) Dresden (900). A. Köhler. Geb. in Leinw. 2. —

— Düsseldorfer. Die besten Recepte für den bürgerl. Mittagstisch, nebst e. gediegenen Auswahl v. Recepten u. Anleitgn. üb. die Bereitg. v. Backwerk, üb. das Einmachen der Früchte u. die Herstellg. kalter u. warmer Getränke, nebst e. Anh., e. Anzahl prakt. Winke enth. gr. 8. (VIII, 247 S.) Düsseldorf (901). F. Wolfrum. Geb. in Leinw. n. 2. —

Einfache Kochbuch, das, oder Anweisung in den jetzigen theuern Zeiten wohlfeile, schmackhafte und stark nährende Speisen zu bereiten. Altona. 1807. P.

— das einfache, od. Anweis., in d. jetzigen theuern Zeiten wohlfeile, schmackhafte u. starknährende Speisen zu bereiten. 8. Leipz. 807. (Rein). 2 gr. (a. Eurich in Linz). 3 gr.

— d. einfache, f. Mädchen u. Hausfr. denen mündl. Unterricht in d. Kochkunst fehlt. 8 Lpz. Gleditsch. 807. (a. unt. dem Titel: die wahre bürgerliche Kochkunst)

— das einfache, f. Mädchen u. Hausfrauen, denen mundlicher Unterricht in d. Kochkunst fehlt.
Auch unt. d. Titel:
Die wahre bürgerl. Kochkunst ꝛc. 6te verb. Aufl. 8. Lpz. Müller. (in Comm.) 816.

— das einfache, f. Mädchen u. Hausfrauen, denen mündlicher Unterricht in d. Kochkunst fehlt. Auch u. dem T.: Die wahre bürgerl. Kochkunst ꝛc. 8. Leipz. E. A.. 11e Aufl. 830. Imm. Müller. 18 gr.

— — dass., od. faßl. Unterricht, die Anfangsgründe der Kochkunst leicht u. gründl. zu erlernen ꝛc. Nebst 206 Recepten zu Suppen, Speisen, Saucen ꝛc 8. Meißen, Göbsche. 812.

— einfaches, zum Selbstunterrichte für junge Frauenzimmer. Oder deutliche und faßliche Anweisung, die Kochkunst leicht und gründlich zu erlernen, nebst ausführlicher Erklärung aller dazu nothigen Vortheile, Produkte, nebst 212 Recepten ꝛc. 8. Meißen, Goedsche. 818.

Kochbuch, auf die allerneueste Art eingerichtet. 4. Nrnbg. 755 Rthlr.

Kochbuch für israelitische Frauen, f. Wolf, geb. Heinemann, Rebekka.

— für Frauen der eleganten Welt. 8. Leipz. 820. Voß. 1 Rthlr. 16 gr. 2e Ausg. 8. Ebd. 830. Voß. 1 Rthlr.

— Freiburger. 2. Thl. A. u. d. T.: Der getreue Rathgeber bei den Geschäften in der Küche u. in der Haushaltung. 8. Freiburg im Br. 845, Wagner. 5/8 Rthlr.

— Fuldaisches. 3 Thle. Mit 1 Steindr. 8. Fulda 823. Roos. à 10 gr. 1 Rthlr. 6 gr.

Koch- u. Wirthschaftsbuch, gemeinnütz., od. Anweis. alle Arten von Speisen, Bäckereien ꝛc. zuzubereiten. 1r Thl. 8. Weißenf. 807. Severin. (Solbrig in Leipz.) 1 Rthlr.

— Genthiner. Die besten Recepte f. den bürgerl. Mittagstisch, nebst e. gediegenen Auswahl von Recepten u. Anleitgn. üb. die Bereitg. von Backwerk, üb. das Einmachen der Früchte u. die Herstellg. kalter u. warmer Getränke, nebst e. Anh., e. Anzahl prakt. Winke enth. gr. 8. (VIII, 247 S.) Genthin (901). H. B. Ehrich. Geb. in Leinw. 1. 50

— Gießener. Die besten Recepte f. den bürgerl. Mittagstisch, nebst e. gediegenen Auswahl von Recepten u. Anleitgn. üb. die Bereitg. von Backwerk, üb. das Einmachen der Früchte u. die Herstellg. kalter u. warmer Getränke, nebst e. Anh., e. Anzahl prakt. Winke enth. gr. 8. (VIII, 247 S.) Gießen (901). A. Frees. Geb. in Leinw. n. 2. —

Koch- u. Wirthschaftsbuch, das goldene deutsche, f. Stadt u. Land. Vollständige Koch- u. Bratkunst, mit Inbegriff der Hausconditorei u. Kuchenbäckerkunst; nebst Anweisung zum Serviren bei großen u. kleinen Tafeln. Nach eigner Erfahrung zusammengestellt von einem Vereine deutscher Hausfrauen. 2. (Titel-)Aufl. 8. (IV u. 380 S.) Leipzig (833) 852, Voigt. n. 1/3 Rthlr.

Koch- und Wirthschaftsbuch, das goldene deutsche, für Stadt und Land. Vollständige Koch- u. Bratkunst, mit Inbegriff der Hausconditorei u. Kuchenbäckerkunst; nebst Anweisung zum Serviren bei großen u. kleinen Tafeln. Nach eigener Erfahrung zusammengestellt von einem Vereine deutscher Hausfrauen. 3. unveränd. (Titel-)Aufl. Leipzig (833.) 853. Deckmann. 8. (IV, 380 S.) n. 12 ngr.

Kochbuch, Göppinger, oder Neue Auflage der Sammlung von Vorschriften zu Kochkunst- und Backwerken. Stuttg. 1808. V: *Knörin, R. Chr. geb. Dertinger.* (Engoec) (Ky)

— Göppinger, od. N. Aufl. der Samml. von Vorschriften z. Kochkunst u. Backwerken, (v. R. Chr. Knörin). 3 Thle. 8. Stuttg. 803. (Hofmann). 2 Rthlr. (Vergl. Samml. von Vorschriften ꝛc.) 3r Thl. Auch u. dem T.: Allerneuestes schwäbisches Kochbuch, enthalt. e. Samml. vieler Vorschriften v. Koch- u. Backwerk ꝛc., (v. Jh. Chr. Kiesin). 8. Ebd. ... 2e Aufl. 799. N. Aufl. 800. (Löflund in Stuttg.) 20 gr.

— Göppinger, od. Samml. v. Vorschr. z. Kochkunst und Backwerken. 5 Thle. 8. Stuttg. Erhard. 808. (1r 16 gr. 2r 12 gr. 3r 20 gr.)

— Göppinger, enthält eine Sammlung vieler Vorschriften von allerlei Koch- u. Backwerk. Neue Ausgabe. 8. Stuttg. Erhard. 813.

— das Grätzerische, eingerichtet für alle Stände, zum Gebrauch f. Fleisch- u. Fasttage. Herausgeg. von J. M. 11e verm. u. veränd. Aufl. 8. Wien 817. Härtter. 19 gr.

— Grätzerisches. 8. Grätz 801. Tusch. 19 gr.

— d. große Thüringisch-Erfurtische. 2 Bde. 8. Erfurt 797, 98. Keyser. 1 Rthlr. 14 gr. 2e Aufl., s. J. Chr. Lupel

— das große Thüringisch-Erfurtische. 1r. 2te verb. Aufl. 8. Erfurt, Keyser. 812.
Auch unt. d. Titel:
Allgemein brauchbares Kochbuch ꝛc. 1r Bd.

—— gründl., nicht nur f. vornehme u. große, sond. auch f. bürgerl. Haushaltungen nützl. zu gebrauchen. 7. Aufl. 8. (9 1/4 B.) 835. 4 1/2 Gr., 8. Aufl. gr. 12. (6 B.) München 840, [Augsburg,] Jaquet.

— gründliches, worin eine allgem. vollständige, genaue Anweis., wie Suppen, allerlei wildes u. zahmes Fleisch, Flügelwerk, Fische, Krebse, Schnecken, Gemüse, Pasteten ꝛc. gut u. geschmackvoll zugerichtet und bereitet werden sollen. 8. Ulm... Ebner. 12 gr. (Jaquet in München). 3 gr.

— Hamburg.; f. höhere Stände. 8. Hamb. ... (Herold jun.) 8 gr.

— Hamburgisches, von einigen Frauenz. 8. Hamb. (Herold. u. W. in Lüneb.) 798.

— Hamburgisches. 5te Aufl. 8. Lüneb. Herold und W. 809.

— Hamburgisches, oder vollständige Anweisung zum Kochen, insonderheit für Hausfrauen in Hamburg u. Niedersachsen; verfaßt von einigen Hamburgischen Hausfrauen. 6te Aufl. 8. Lüneburg, Herold u. W. 821.

— Hamburgisches, oder vollständ. Anweisung zum Kochen, insonderheit für Hausfrauen in Hamburg u. Niedersachsen, verfaßt von einigen Hamburger Hausfrauen. 7e, mit e. Zugabe verm. Aufl. 8. Lüneb. 824, Herold u. W. 1 Rthl. 8 gr. Holländ. Schreibp.

Kochbuch, Hamburgisches, od. vollständ. Anweis. z. Kochen f. angeh. Köche, Köchinnen u. Haushälterinnen, besond. aber f. Hausfrauen in Hamburg u. Niedersachsen. Verfaßt v. einigen Hamburg. Hausfrauen. 8., verm. u. verb. Aufl. 8. (38 B.) Lüneburg 830, Herold u. Wahlstab. Thlr.

—— hamburgisches, f. angeh. Hausfrauen u. Köchinnen in Hamburg u. Niedersachsen. Von erfahr. Hausfrauen m. neuen Recepten verm. 9. Aufl. 8. (38 B.) Lüneburg 839, Herold u. Wahlstab. *

— d. prakt. Hausfrau. Zum Einschreiben selbsterprobter Recepte, nebst ein. bewährten, bürgerl. Koch-Recepten. gr. 8. (364 S.) Schleiz 896. F. Weber's Nachf. Geb. in Leinw. n. 3. 75

Kochbuch für jeden Haushalt, besonders für Offiziers-Menagen nicht nur in der Garnison, sondern auch im Lager u. im Felde. Ein unentbehrl., nützl. Hilfsbuch für alle jene Truppen, welche in Italien oder in kleineren Orten garnisoniren. Verfaßt von A. K..p..r. Graz 866. Kienreich. 8. (XVI, 276 S.) 12 ngr.

— für bürgerl. Haushaltungen. Ein nützl. Handbuch für Hausmütter 2c. 8. Eisenach 817. Bärecke. 16 gr.

—— für bürgerl. Haushaltungen. Aus d. Praxis e. erfahr. Hausfrau. gr. 12. (10 B.) Leipzig 833, [Gebr. Reichenbach.]

—— für bürgerl. Haushaltungen. Aus d. Praxis e. erfahr. Hausfrau. 2. Aufl. gr. 12. (10 B.) Leipzig 839, Gebr. Reichenbach.

— für bürgerl. Haushaltungen, oder gründl. Anweisung für Mädchen und Hausfrauen, die verschiedensten Speisen und Backwerke wohlfeil u. schmackhaft zuzubereiten. Nebst e. Anh. vom Transchiren. 8. Reutlingen 834, Fischer. 5/12 ₰ —

—— für bürgerl. Haushaltungen, od. gründl. Anweis. f. Mädchen u. Hausfrauen, d. verschiedensten Speisen u. Backwerke wohlfeil u. schmackhaft zuzubereiten. Nebst e. Anh. v. Transchiren. 2. Aufl. 8. (15 B.) Reutlingen 840, Fischer. *

—— für kleine Haushaltungen, enth. e. gründl. Anweis. z. Zubereitung verschied. Gerichte u. Kuchen, mit beigefügtem Maaß u. Gewicht. Verfaßt von ein. Dame in Kopenhagen. Nach d. 4. Aufl. übers., u. z. Gebr. deutscher Haushaltn. eingerichtet. 8. (17½ B.) Kopenhagen 841, (Reitzel.) *

Koch- u. Haushaltungsbuch, od. Unterricht f. ein junges Frauenzimmer. 8. Halle ... Dreyßig. 16 gr.

Koch- u. Haushaltungsbuch. Ein prakt. Rathgeber f. Frauen, bei allen häuslichen Verrichtungen 2c. In 2 Bdn. 8. (... B.) Berlin 842, Rubach.

Koch- u. Haushaltungsbuch f. Schule u. Haus. Bearb. u. hrsg. v. Hauswirtschaftslehrerinnen in Barmen. (144 S.) 8. Barmen 908. E. Biermann. Schulausg., kart. nn —75; bessere Ausg., kart. nn —90; geb. in Leinw. 1. 25

—— hessisches, e. Samml. v. theils selbst erprobten, theils nicht allgem. bekannten, durchaus aber prakt. Recepten z. Kochen u. Einmachen, so wie von allerlei f. Hausfrauen Nützlichem u. Wissenswerthem. Nebst ein. kurzen Uebersicht üb. Selbstbestellung ein. Gemüsegartens nach d. Zeit, worin dieselbe am zweckmäßigsten vorgenommen wird, eingerichtet. gr. 8. (20¼ B.) Marburg 840, Elwert'sche Univ.-Buchh.

—— hessisches. Eine Sammlung von theils selbst erprobten, theils nicht allgemein bekannten, durchaus aber prakt. Recepten zum Kochen und Einmachen sowie von allerlei für Hausfrauen Nützlichem und Wissenswerthem. Nebst einer kurzen Uebersicht über Selbstbestellung eines Gemüsegartens nach der Zeit, worin dieselbe am zweckmäßigsten vorgenommen wird, eingerichtet. Der 2. verm. und verb. Aufl. neue wohlfeile Ausg. gr. 8. (VIII, 360 S.) Marburg 874, Elwert's Verlag. ℳ 1,25.; geb. * 1 75

Kochbuch in vorzüglicher Hinsicht auf die Gesundheit. Stendal 18?? V: *Bücking, Joh. Jacob Heinrich.* (Engoec) (Ky)

— in vorzügl. Hinsicht auf die Gesundheit, (v. J. J. H. Bücking). 8. Stendal ... Franzen u. Gr. 1 ₰

—— homöopathisches, unter Anleit. e. pract. Arztes, nebst e. Vorw. v. ebendems. Von d. Verfin. d. Kochbuches: „Die bair. Köchin in Böhmen," (Anna Maria Neudecker.) gr. 8. (13½ B.) Leipzig 831, Schmidt. (Prag, Kronberger u. Weber.)

— rein homöopathisches, od. Anweisung zur Bereitung von 120 schmackhaften Suppen, Brühen u. Gemüsen, 183 Fleisch-, Fisch-, Mehl- u. Eierspeisen, 81 Cremes, Gelees u. Backwerken; f. Kranke, die sich homöopath. heilen lassen. Aus d. vollständ. Handbuche „Was kochen wir"? gezogen u. sorgfältig geprüft, mit e. Vorrede von Karl Fr. Schwarze. 8. Dresden u. Leipz. 830. Arnold. 1 ₰ 3 gr.

— rein homöopathisches, oder Anweisung zur Bereitung von 120 schmackhaften Suppen, Brühen und Gemüsen, 183 Fleisch-, Fisch-, Mehl- u. Eierspeisen, 81 Cremes, Gelees u. Backwerken; für Kranke, die sich homöopathisch heilen lassen, so wie f. Jedermann, der seine Gesundheit zu erhalten wünscht. Mit 2 Vorreden von C. F. Schwarze. 2e sehr verb. Aufl. 8. Dresden u. Leipzig 833. Arnold. Prän.-Pr. ¾ ₰

— für Israeliten, s. Stolz, J.

— für Jungfrauen und Frauen aller Stände, mit über 1100 Rezepten. Nach vieljährigen Erfahrungen geordnet u. herausg. von einer ehemaligen Schülerin der sel. F. C. Löfflerin. Nebst einem Anhange über „giftige Gewächse," die man in der Küche leicht mit nützlichen verwechselt. 2., stark verm. u. verb. Aufl. Reutlingen 855. Fleischhauer u. Spohn. 8. (XXVI, 386 S.) 27 ngr.

Kochbuch f. Junggesellen. Neueste Aufl. 16. (3 B.) Leipzig 843, Schmaltz. Thlr. *

—— für Junggesellen. Oder Anweisung sich außer Thee und Kaffee mit geringen Kosten und Zeitaufwande noch eine Menge wohlschmeck. Speisen und Getränke auf dem Zimmer mittelst Spiritusheizung oder in der Röhre selbst zu bereiten, besond. für Personen, die auf Ersparung denken müssen. 3. Aufl. 1865. und 4., vollständig umgearb. Aufl. 16. (55 S.) Hildburghausen 866, Kesselring'sche Hofbuchh. 5 Ngr.; cart.

— das kleine, s.: Wünsche wohl zu speisen!

— d. kleine, f. d. Burg. u. Landmann. 8. Halle, Ditlein.

—— das kleine, f. bürgerliche Familien u. f. angehende Köchinnen. 8. (5½ B.) Halle 842. (Schmidt's Verl.)

— das kleine Frankfurter. 8. Frankf. a. M. 804. Jäger. 8 gr.

Kochbuch, Das kleinere Lehmannsche, No. 2 für Jedermanns Haushalt und Küche . . . Dresden 1827. 2. Aufl. 1833. V: *Lehmann, Aug. Erdmann.* (Engoec)

Kochbuch, Das kleinere Lehmannsche, No. 3 zum Gebrauche für Stadt- und Landbewohner. Dresd. 1833. V: *Lehmann, Aug. Erdmann.* (Engoec)

Kochbuch, kleines, f. Alleinstehende od. kleinere Haushalte 100 einfache, schnell zu bereitende Speisen. Von L. v. Pröpper. 12. (64 S.) Leipzig 886. Siegismund & Volkening. — 60; cart. n. — 80

— kl. Augsburger, oder kurze u. deutliche Anweis. zur guten u. schmackhaften Zubereitung aller Speisen in d. bürgerl. Haushaltungen. 8. Augsb. 826. N. Doll. (Krüll in Landsh.) 6 Gr.

—— kleines augsburger, od.: kurze u. deutl. Anweis. z. guten u. schmackhaften Zubereitung aller Speisen in d. bürgerl. Haushaltn. 2. Aufl. 8. (10 B.) Augsburg 836. (Regensburg, Manz.)

Kochbuch, kleines Augsburger. Kurze u. deutl. Anweisg. zur guten u. schmackhaften Zubereitg. aller Speisen in den bürgerl. Haushaltgn. 3. Aufl. 8. (143 S.) Augsburg 873. Kranzfelder. n. 1. —

— Kl., für bürgerl. Haushaltung, s. Samml. v. Erfahrr., 5r Thl.

—— kleines linzer, mit einem Inhalt von 372 sehr guter und wohl geprüfter Kochregeln von Fleisch- und Fastenspeisen, die am häufigsten vorkommen. Nach vierzigjähr. Erfahrung hrsg. von einer verläßlichen Köchin. 8. Aufl. 8. (IV und 195 S.) Linz 857, Huemer's Wwe. und Danner.

— kleines niedersächs., f. angehende Hausfrauen. Hamb. ... (Herold jun.) 5 Gr.

— kl. Oesterreichisches. 8. Wien 798. (Liebeskind in Leipz.) 10 Gr.

— kleines Thüringisches, besonders f. Hausmütter mittl. Standes eingerichtet. 2 Thle. 8. Erfurt 792. Keyser. 6 Gr.

— kurzgefaßtes, Moskauer, v. T.... Minna. gr. 8. (VIII, 188 S.) Moskau 900. J. Deubner. n. 2. 20

— kurzgefaßtes Moskauer v. Tante Minna. 2. verm. u. verb. Aufl. (VIII, 201 S.) 8. Moskau 909. J. Deubner. Kart. 3.—; geb. 4. 50

— Leipziger. 2 Thle. 8. Leipz. 808. 5e Aufl. ... P. Vogel.

— Leipziger. Die besten Recepte f. den bürgerl. Mittagstisch, nebst e. gediegenen Auswahl von Recepten u. Anleitgn. üb. die Bereitg. von Backwerk, üb. das Einmachen der Früchte u. die Herstellung kalter u. warmer Getränke, nebst e. Anh., e. Anzahl prakt. Winke enth. gr. 8. (VIII, 247 S.) Leipzig (900). Buchh. G. Fock. Geb. in Leinw. n. 2. —

— Leipziger bürgerl., s. Anweis. z. Zubereit. vieler Speisen.

— Liegnitzer. Die besten Recepte f. den bürgerl. Mittagstisch, nebst e. gediegenen Auswahl von Recepten u. Anleitgn. üb. die Bereitg. von Backwerk, üb. das Einmachen der Früchte u. d. Herstellg. kalter u. warmer Getränke, nebst e. Anh., e. Anzahl prakt. Winke enth. gr. 8. (VIII, 247 S.) Liegnitz (900). H. Preiser. Geb. in Leinw. n. 2. —

— Linzer, s. Niedereberin, M. E.

— das Linzerische, in 10 Abschnitten; verfaßt v. Maria Elisabetha Meixner, geborne Niederräderin. 4te verb. und mit 155 Speisen verm. Aufl. 8. Wien, Härtter. 818.

— liefländ., für große u. kleine Haushaltungen. Ein Handbuch z. Selbstunterricht f. junge Hauswirthinnen rc. in 950 Recepten, (von Kath. Fehre). 8. Riga 815. 1 Thlr. 12 Gr. 2e Aufl. 817. 3e Aufl. 820. 1 Thlr. 8 Gr. 4e Aufl. 8. Ebd. 823. Deubner. 1 Thlr. 8 Gr. 2r Thl. Auch mit d. T.: Neuestes Koch- u. Wirthschaftsbuch, von Kath. Fehre. 8. Ebd. 823. (Serig in Leipz.) 1 Thlr. 16 Gr. Hbg. Pr. 18 Gr.

— u. Wirthschaftsbuch · liefländisches. Ein Handbuch zum Selbstunterricht f. junge Hauswirthinnen. 8. Riga, Deubner u. Treuv. 815.

Koch- und Wirtschaftsbuch, Livländisches, für grosse und kleine Haushaltungen . . . Riga 1816—23. V: *Fehre, Cathar. geb. Krohss.* (MGT) (Engoec) (Ky) (R-N)

Anonym: „Liefländisches Koch- und Wirthschaftsbuch, ein Handbuch zum Selbstunterricht für junge Hauswirthinnen", 3. verm. und verb. Auflage Riga 1820 (Deubner & Creuz).

— Loudner, v. Collingwood und J. Wollams. a. d. Engl. 2 Thle. m. K. gr. 8. Lpz. Baumgärtner. 794.

Koch-Buch, Lübeckisches. Die besten Recepte f. d. bürgerl. Mittagstisch, nebst e. gediegenen Auswahl v. Recepten u. Anleitgn. üb. die Bereitg. von Backwerk, üb. das Einmachen der Früchte u. die Herstellg. kalter u. warmer Getränke, nebst e. Anh., e. Anzahl prakt. Winke enth. gr. 8. (VIII, 247 S.) Lübeck (901). Lübcke & Nöhring. Geb. in Leinw. 1. 50

Kochbuch für Mädchen von 9—14 Jahren von einer pfälzischen Großmutter. 16. (46 S.) Kaiserslautern 880. Tascher. cart. n. — 60

— Magdeburgisches, oder Unterricht für ein junges Frauenzimmer, das Küche und Haushaltung selbst besorgen will. Neue verm. Aufl. 3 Bde mit 2 Kupf. u. einer Wäschtabelle. 8. Magdeburg, Creutz. 819. u. 16. (1r Bd. 819. 1 Thlr. 6 Gr. 2r Bd. 816 u. 3r Bd. 816 à 1 Thlr.)

Kochbuch, Magdeburger. Magdeburg 1823. V (Bd. 1): *Morgenstern, Johanna Catharina.* (Ky)

— Magdeburger, 1r Bd. — Auch u. dem T.: Unterricht f. ein junges Frauenzimmer, d. Küche u. Haushaltung selbst besorgen will rc. 1r Bd., (von J. K. Morgenstern). 1 Thlr. 6 Gr. 2r u. 3r Bd. 2 Thlr. Neue, mit Sachregister über alle 3 Bde. verm. Ausg. Mit 2 Kpft. 8. Magdeb. 823. Creutz. 3 Thlr. 6 Gr. Das Register apart 2 Gr. (Vergl. Unterricht f. ein junges Frauenzimmer.)

— Magdeburger, 1r Bd. — A. u. d. T.: Unterr. f. ein junges Frauenzimmer, d. Küche u. Haushaltung selbst besorgen will rc. 1r Bd. Neue mit Sachregister über alle 3 Bde. verm. Ausg. Mit 2 Kpfrt. 8. Magdeb. 824, Creuz.

—— magdeburgisches, f. angeh. Hausmütter, Haushälterinnen u. Köchinnen. Nebst e. Unterweis. in and. zu ein. guten Haushalt. gehör. Wissenschaften. 3 Bde. Neue rechtmäß. verb. u. verm. Ausg. 8. (87 B., 2 Kpfrtaf. u. 1 Waschtab.) Magdeburg 838, 35, Creutz'sche Buchh.

Kochbuch, mein. Große Ausg. gr. 8. (320 S. Schreibpap. m. Abbildgn. u. Register.) Lahr 888, Schauenburg. geb. in Leinw. 4 —
—— dass. — Kleine Ausg. 8. (256 S. Schreibpap. m. Abbildgn. u. Register.) Ebd. 889. 2 —

— das neue, große, geprüfte u. bewährter Linzer, s. M. E. Meixner.

—— neues, od. geprüfte Anweisung ꝛc., s. Handbuch, ökonom., f. Frauenzimmer.

Kochbuch, Neues, oder geprüfte Anweisung zur schmackhaften Zubereitung der Speisen . . . Stuttgart 1791. 5. Aufl. Stuttgart 1840. V: *Löffler, Friederike Louise geb. Herbort.* (Ky)

—— neues, hrsg. von einem erfahrenen Koch. Nebst einer Anweisung zur Bereitung der beliebtesten künstl. Getränke, als: Glühwein, Punsch, Bischoff ꝛc. 11. Aufl. Mit Abbildungen zum Zerlegen der Fleischspeisen. 8. (128 S.) Einbeck 855, Ehlers.

Kochbuch, neues allgemeines, s. Pfennig-Kochbuch.

—— neues allgem., f. bürgerl. Haushaltungen. Mit ein. nach d. Jahreszeiten geordn. Küchenzettel. Hrsg. von ein. erfahr. Hausfrau. 3. Aufl. (des Pfennig-Kochbuchs.) 8. (14 B.) Breslau 835, Pelz. (Leipzig, Hunger.)

Kochbuch, Neues Augsburgisches, mit Inbegriff der ältern 956 Speisezubereitungen ... 2. Aufl. Nördl. 1827. V: *Weiler, Sophie Juliane geb. Gostenhofer.* (Ky)

— neues Augsburgisches, mit Inbegriff d. ältern 956 Speisezubereitungen enthaltend, nebst Einleit. u. Anhang ꝛc. Aus d. Papieren der Ehefrau S. J. W(eilerin), Herausgeberin d. Augsb. Kochbuchs zusammengetragen ꝛc. 2e Aufl. 8. Nördl. 827. 3e Aufl., 1009 Speisebereitungen enthaltend. Mit 1 Steindr. 832. Beck. 1 ℛ

Koch- u. Wirthschaftsbuch, neues Berliner, od. d. vollständ. Koch-, Conditor- u. Kuchenbäckerkunst, mit Inbegriff aller Kenntnisse, welche z. Betreibung v. großen u. kl., v. Stadt- u. Landwirthschaften erforderl. sind; nebst Anweis. z. Serviren bei großen u. kl. Taf. Zusammengest. durch e. Verein erfahr. Frauen. 8. (24 B.) Berlin 833, Dümmler.

Kochbuch, neues berliner, ein Rathgeber für Hausfrauen, welche ihrer Küche selbst vorstehen wollen. Hrsg. von Therese. 2. Abdr. 8. (XLI und 616 S.) Altona 852, Verlags-bureau.
Wurde auch unter den Titeln: Hamburger und sächsisches Kochbuch ausgegeben.

— neues Berlinisches, f. herrschaftl. Tafeln ꝛc. 8. Berl. 785. (Horvath in Potsdam). 12 ϗ

Kochbuch, Neues Breslauisches, oder die Köchin und Hausmutter wie sie seyn soll. N. Aufl. Breslau 1819. V: *Gürnth, Christine Dorothea geb. Hentschel.* (Engoec) (MGT)
Vgl. K o c h b u c h , Schlesisches...

— neues, für den Bürgerstand ꝛc. Halle 806. Dietlein. 12 ϗ

Koch-, Back- und Wirthschaftsbuch, neues Dresdner, od. Anweis., wie man gute Speisen u. d. Backwerk f. Personen v. allerlei Ständen bereiten könne. (v. A. H. Werner.) 8. Zwickau, Schumann. 805.

Koch-, Back- und Wirthschaftsbuch, Neues, oder Anweisung, wie man gute Speisen und Backwerk . . . bereiten könne. Ronneburg u. Zwickau 1825. V: *Werner, A. H.* (MGT) »1805« (Engoec) (Ky)

— neues einfaches, f. bürgerl. Haushaltungen, od. deutl. Anweis., wie man ohne Vorkenntnisse die Speisen auf die wohlfeilste ꝛc. Art zubereiten kann ꝛc. 8. Pirna... N. Aufl. 812. 3e A. 815. 4e Aufl. ... Friese. 10 ϗ 2r Thl., enth. die erfahr. und belehr. Wirthschafterin. 8. Ebd. 803. 2e Aufl.... Ebd. 1 ℛ 5e A., s. C. Fr. Engelmann.

— neues erprobtes Wienerisches, aus d. hinterlass. Papieren einer berühmt. Wiener Köchin (Barbara Ricklin). 8. Wien 802. N. Aufl. 812. (Wallishausser). 10 ϗ

— neues Flensburger. Die besten Recepte f. d. bürgerl. Mittagstisch, nebst e. gediegenen Auswahl v. Recepten u. Anleitgn. üb. die Bereitg. v. Backwerk, üb. das Einmachen der Früchte u. die Herstellg. kalter u. warmer Getränke, nebst e. Anh., e. Anzahl prakt. Winke enth. gr. 8. (VIII, 247 S.) Flensburg (901). G. Soltau.
Geb. in Leinw. n. 2. —

Kochbuch, Neues Fränkisches, oder Anweisung, Speisen, Saucen und Gebackenes schmackhaft zuzurichten ... Ansbach 1813. 3. Aufl. 1839. V: *Funk geb. Lindner.* (MGT) (Ky) (Engoec)

— neu fränkisches, od. Anweisung, Speisen, Saucen u. Gebackenes schmackhaft zuzurichten, Früchte einzumachen u. Kräuteressige zu verfertigen ꝛc. 2te Aufl. 8. Ansbach, Gassert 813.

— neues Fränkisches, oder deutl. Anweis., Speisen, Getränke u. Backwerk ꝛc. zuzubereiten ꝛc., (v. .. Funk). 8. Ansb. 813. 2e A. 818. Gassert. 1 ℛ

—— neues fränkisches, od. deutl. u. bewährte Anweis. z. vortheilhaftesten u. schmackhaften Zubereitung d. Speisen u. Getränke ꝛc. nebst viel. and. z. Koch- u. Haushaltungskunst nützl. Vorschriften. (6 Hfte.) 3., verb. u. verm. Aufl. 8. (41½ B.) Erlangen 839, Heyder.

—— neues gemeinnütziges, s. Bürger, Am. Clem.

— neues gemeinnütziges, eine Anleitung, alle mögliche sowohl auf herrschaftlichen als bürgerlichen Tafeln übliche Speisen ꝛc. zu bereiten; so wie vom Einmachen, Räuchern, Verfertigung verschied. Liqueure ꝛc. u. nützliches Handbuch f. Frauenzimmer. 8. Manh. 816. (Löffler). 1 ℛ

— neues Gothaisches, oder allgem. Küchenwirthschafter u. s. w. 2 Thle. 8. Gotha, Ettinger. 803.

— neues Gothaisches, oder allgem. Küchenwirthschafter. 2 Bde. Neue Ausg. 8. Gotha 824, Ettinger.

Neues Graudenzer Koch-Buch. Die besten Recepte f. d. bürgerl. Mittagstisch ... Graudenz. J. Gaebel [um 1900]. (VIII, 247 S.) 8° [F.] [illegible] 10

— neues Hamburgisches, ein Rathgeber f. Hausfrauen, welche ihrer Küche selbst vorstehen wollen. Hrsg. v. Therese. 38 Lfgn. 8. (608 S.) Altona 851, Verlagsbureau. (à 1 ngr) 1 ℛ 8 ngr — 3. Aufl. 8. (XL u. 646 S.) Ebd. 852. 1 1/6 ℛ — 2 Thl. 1—5. Lfg. A. u. d. T.: Das goldene Buch f. jede Haushaltung. Eine Reichthums- u. Erfahrungsquelle f. Jedermann. 1—5. Lfg. 8. (S. 1—240.) Ebd. 852. (à n. 4 ngr) n. 2/3 ℛ

— neues Hamburgisches, ein Rathgeber für Frauen, welche ihrer Küche selbst vorstehen wollen. Herausg. von Therese. 2. Thl. A. u. d. T.: Das goldene Buch für jede Haushaltung ꝛc. 6—8. (letztes) Heft. Altona (853, 54.) Verlags-Bureau. 8. (S. 241—382.) Jedes Heft n. 4 ngr

— neues Hamburger, ein Rathgeber für Hausfrauen, welche ihrer Küche selbst vorstehen wollen. Hrsg. von Therese. 2. Thl. A. u. d. T.: Das goldene Buch für jede Haushaltung. Eine Reichthums- und Erfahrungsquelle für Jedermann. 8. (382 S.) Altona 854, Verlagsbureau. *
1. Thl. (3. Aufl.) Ebendas. 1851. 1 Thlr. 5 Ngr.

— neues hamburgisches. Ein Rathgeber für Hausfrauen, welche ihrer Küche selbstständig vorstehen wollen. Hrsg. von Therese. 5. Aufl. 8. (XLI und 646 S.) Altona 861, Verlags-Bureau. *

— neues Hannöverisches, in 2 Theilen, verbess. von e. prakt. Koch. 8. Hannov. 803. Hahn. 12 gr 3r Thl., s. J. D. Knopf, Productenbuch.

Kochbuch, Neues, für bürgerliche Haushaltungen. Coburg 1796. V: *Sinner, Johann Christian Daniel.* (MGT)

— neues, für bürgerl. Haushaltungen, od. Anweis. zur Zubereitung e. gesunden u. schmackhaften Hausmannskost ꝛc. 8. Cob. 803. (Riemann). 20 gr

Koch- u. Haushaltungsbuch, neues, z. Gebr. f. d. höhern u. Mittel-Stand hrsg. v. W. D. — A. u. d. T.: Westfälisches Koch- u. Haushaltungsbuch ꝛc. 2. Aufl. 8. (26 B.) Münster 835, Coppenrathsche Buchh.

— u. Haushaltungsbuch, neues, worin sowohl d. Zubereitung d. Speisen, als des feinen u. ord. Backwerks ꝛc. beschrieben. 8. Osnabrück. Crone. 815.

— neues Leipziger, s. J. C. Wolf.

— neues Leipziger, oder: Anweisung, wie ein angehender Koch oder Köchin alle vorkommende Speisen u. Backwerk nach dem neuesten Gout zubereiten; ingleichen wie eine jede herrschaftliche Tafel des zweyten u. dritten Ranges regelmäßig servirt werden soll. Nebst beygefügtem Küchenzettel und der allzeit fertig rechnenden Köchin, von J. C. Wolf; 3te verb. u. verm. Aufl. 8. Leipzig, Cnobloch. 817.

— neues mecklenburgisches. 8. (XXVIII und 343 S.) Schwerin 847, [Hildebrand.] *

— neues niedersächsisches. 8. Altona ... 3e Aufl. 803. 4e A. 807. Bechtold. (Köhler in Leipz.) 12 gr

Neues niedersächsisches Kochbuch, worin die jetzt üblichen Gerichte von allen Sorten genau und deutlich angewiesen werden Bestehend in 790 Regeln 4 Aufl (Mit 1 Titelkupfer) Altona 1807 8°

— neues niedersächsisches und obersächsisches, worin alle gewöhnlichen Gerichte, so wie die feinsten Gastspeisen und deren Zubereitung deutlich angewiesen werden ꝛc. 5te Aufl. 8. Zerbst, v. Schütz. 821.

— neues, nieder- u. obersächsisches, worin alle gewöhnl. Gerichte, so wie die feinsten Gastspeisen, beschrieben u. deren Zubereitung deutlich angewiesen werden ꝛc. 5e verb. rechtmäß. Aufl. mit 1 Kupfr. 8. Leipz. 825. Lauffer.

— neues niedersächs. u. obersächsisches, worin alle gewöhnl. Gerichte, so wie die feinsten Gastspeisen beschrieben u. deren Zubereitungen deutl. angewiesen werden; insbesond. auch f. d. Mittelstand mit eingerichtet. 6., verb. u. verm. Aufl. 8. (15½ B.) Leipzig 829, Lauffer.

— neues Nürnberger, für Hausmütter u. Köchinnen, oder: Geprüfte Vorschriften zur Zubereitung aller in einer Haushaltung vorkommenden Speisen, u. der besten u. vorzüglichsten Bäckereien. 2e Aufl. 8. Nürnb. 820. Zeh. 12 gr Hdg.-Pr. 9 gr

— neues ökonom., oder Unterweis., jede Art Speisen ohne Vorkenntniß gut u. wohlfeil zu bereiten ꝛc. 2 Thle. 8. Erf. u. Gotha 804, 5. Hennings. 1 ℛ 16 gr

— neues praktisches, oder Anleitung, wie im bürgerlichen und herrschaftlichen Hausstande die Speisen gut, schmackhaft und dabei doch sparsam herzustellen sind sowie Anweisung zum Einmachen der Früchte und Backen. Herausg. von einer erfahrenen Wirthin, durchges. u. bedeutend verm. von einem herrschaftlichen Koche. Neustadt (855.) (Altona, Lehmkuhl u. Co.) 12. (222 S.) 22½ ngr

— neues prakt. Badisches, ein nützl. u. nothwendiges Handbuch für Haushaltungen und Köchinnen. 8. Karlsruhe 840. Creuzbauer u. Nöldeke. 3/4 ℛ

Kochbuch, neues pract. badisches, e. nützl. u. nothwend. Handbuch f. Haushaltn. u. Köchinnen. 1. Aufl. 8. (18 B.) 840., 2., verb. u. mit ein. Speisezettel für's ganze Jahr verm. Aufl. gr. 12. (13 B.) Karlsruhe 842, Nöldeke. à

— neues prakt. badisches. Nebst 1 Speisezettel für's ganze Jahr. 3., verb. Aufl. m. ein. Anhang nützl. Haus- u. Wirthschaftsmittel vermehrt. 12. (14 B.) Karlsruhe 845, Nöldeke. –

— neues praktisches badisches, oder vollständ. und bewährte Anleitung zur schmackhaftesten und wohlfeilen Zubereitung aller Suppen, Gemüse, Fleisch-, Fisch-, Mehl- und Eierspeisen, Backwerke ꝛc. Nebst einem Speisezettel für's ganze Jahr. 4., verm. und verb. Aufl. mit einem Anhange nützl. Haus- und Wirthschaftsmittel. 12. (VIII, 322 und XXVI S.) Karlsruhe 849, [Creuzbauer und Viereck.]

Kochbuch, neues praktisches Badisches, oder vollständige u. bewährte Anleitung zur schmackhaftesten u. wohlfeilen Zubereitung aller Suppen, Gemüse, Fleisch-, Fisch-, Mehl- u. Eierspeisen ꝛc. Nebst e. Speisezettel für's ganze Jahr. 6. verm. ꝛc. Aufl. mit e. Anh. nützl. Haus- u. Wirthschaftsmittel. Karlsruhe 855. Malsch u. Vogel. 8. (XXXI, 324 S.) 24 ngr

— neues praktisches badisches, oder vollständige und bewährte Anleitung zur schmackhaftesten und wohlfeilen Zubereitung aller Suppen, Gemüse, Fleisch-, Fisch-, Mehl- und Eierspeisen ꝛc. Nebst einem Speisezettel für's ganze Jahr. 6., verm. und verb. Aufl. mit einem Anhang nützlicher Haus- und Wirthschaftsmittel. 8. (XXXI und 324 S.) Carlsruhe 855(58), Malsch und Vogel.

— neues praktisches, für die gute u. sparsame Küche. Nebst e. Anweisg. zur Verwendg. v. Speiseresten u. e. Krankenküche. 8. (109 S.) Stuttgart (901). Franckh. Geb. — 90

— neues rheinisches, ein Rathgeber für Hausfrauen, welche ihrer Küche selbst vorstehen wollen. Von Therese, einer Schülerin der Mad. Hommer. 2. verm. u. verb. Aufl. Altona (854.) Verlags-Bureau. 8. (646, XLI S.) 1 ℛ 15 ngr

— neues rheinisches. Zuverlässige und selbstgeprüfte Recepte für gewöhnliche und feinere Küche aus dem Nachlasse einer trier'schen Dame. Nebst einem Anhang: Nützliches Allerlei. 16. (XVII und 816 S.) Trier 857, Lintz' Verlag.

— neues rheinisches. Zuverlässige und selbstgeprüfte Recepte für gewöhnl. und feinere Küche aus dem Nachlaß einer Trier. Dame. 6. verb. und verm. Aufl. 16. (XVI, 266 S.) Trier 872, Lintz'sche Buchh. * 2 —

Kochbuch, neues rheinisches. Zuverlässige u. selbstgeprüfte Rezepte für gewöhnliche u. feinere Küche aus dem Nachlaß einer Trierischen Dame. 7., verb. u. verm. Aufl. 16. (XIX, 316 S.) Trier 877. Lintz. 1. 50; geb. n. 2. —

Kochbuch, neues rheinisches. Zuverlässige u. selbstgeprüfte Rezepte f. gewöhnl. u. feinere Küche aus dem Nachlaß e. trier. Dame. 8. verb. u. verm. Aufl. 8. (XV, 303 S.) Trier 892, Lintz. geb. * 2 25
Auch u. d. T.: Neues trierisches Kochbuch.

— neues Sächsisches ꝛc. 2. Abdr. Leipzig (854.) Matthes. 8. (646, XLI S.) 1 ℛ𝓅. 15 𝓃𝑔𝓇.

— neues Salzburgisch., f. hochfürstl. und a. Höfe ꝛc. 4 Thle. mit K. 4. Augsb. 719.

Kochbuch, Neues schlesisches, oder die Köchin und Hausmutter, wie sie sein soll. Breslau 1805. V: *Gürnth, Christine Dorothea geb. Hentschel.* (schl)

— neues unentbehrliches, zur Haushaltung für alle Stände, oder auserlesene Recepte ꝛc. 8. Dresden 810. 5e Aufl. 824. (Focke in Leipz.) 14 𝒦

— neues, zur Haushaltung unentbehrliches, für alle Stände. 4te Aufl. 8. Dresd. Hilscher. 815.

— neues unentbehrliches, zur Haushaltung für alle Stände, oder auserlesene Recepte ꝛc. 5te Aufl. 8. Dresden, Hilscher. 819.

— neues zur Haushaltung unentbehrliches, für alle Stände, oder neue auserlesene Recepte nach dem neuesten Geschmack in d. Kochkunst. 5e Aufl. 8. Dresden 824, Hilscher.

— neues, z. Haushaltung unentbehrl., f. alle Stände od. neue auserles. Recepte nach d. neuesten Geschmack in d. Kochkunst. Nebst e. Anh., der alle Arten Zuckerbäckereien, eingemachte u. eingesott. Früchte, Sülzen, Gelees ꝛc. verfertigen lehrt. 6. verb. Aufl. 838. $^{7}/_{12}$ Thlr., u. 7., verb. A. 8. (à 11 B.) Leipzig 839, Focke.

— neues vollständ., in welchem das Beste u. Nützlichste enthalten. gr. 8. Ulm 807. Stettin. 1 ℛ𝓅 8 𝒦

Koch- u. Backbuch, neues vortheilhaftes, f. sparsame Frauenzimmer aus allen Ständen. 8. Stuttg. 815. (Hofmann). 18 𝒦

— neues Wienerisches, ꝛc. gr. 8. Wien, Pichler. 806.

— neues Wienerisches, oder Unterricht für Köchinnen aus allen Ständen, wie selbe alle Arten Fleisch-, Fisch- u. Fastenspeisen, Backereien, warme Getränke ꝛc. Mit Kpf. 8. Wien 806. N. Aufl. 816. Pichler. 16 𝒦 (Er. Fleischer in Leipz.) 20 𝒦

— neues Wienerisches, ꝛc. gr. 8. Wien, Sammer. 807.

— neues Wienerisches, od. gründl. u. durch vielfältige Erfahrung bewährter Unterricht f. Köchinnen aus allen Ständen. gr. 8. Leipz. Gerh. Fleischer. 808.

— neues wohleingerichtetes, u. Tranchirbuch. 8. Tübing. 777. v. Cotta. 1 ℛ𝓅 Das Tranchirbuch besond. 8 𝒦

— das neueste und einfachste, für Mädchen und angehende Hausfrauen bürgerl. Standes.
Auch unter dem Titel:
die wahre bürgerliche Kochkunst. 8te Aufl. 8. Leipzig, Müller. 820.

— das neueste u. einfachste. — A. u. d. T.: die wahre bürgerl. Kochkunst, od. deutl. Anweisung mit genauen Angabe des Maaßes u. Gewichtes. 9te Aufl. gr. 12. Leipz. 825. Müller.

— das neueste u. einfachste, f. Mädchen u. angeh. Hausfrauen bürgerl. Standes, denen es an Gelegenheit z. mündl. Unterr. in d. Kochkunst fehlt. — A. u. d. T.: Die wahre bürgerl. Kochkunst ꝛc. 11. u. 12., vielfach verb. u. verm. Aufl. gr. 12. (à $10^1/_2$ B.) Leipzig 830, 34, Müller. à

Kochbuch, das neueste u. einfachste, f. Mädchen u. angeh. Hausfrauen bürgerl. Standes, denen es an Gelegenheit z. mündl. Unterrichte in d. Kochkunst fehlt. — A. u. d. T.: Die wahre bürgerl. Kochkunst, od. deutl. Anweis., nahrhafte u. wohlschmeckende Speisen auf eine gute u. doch spars. Art zuzubereiten. Nebst e. genauen Angabe d. Maaßes u. Gewichtes. Nicht aus Büchern abgeschrieb., sond. in d. Küche selbst gemachte Erfahrn. ein. Hausmutter. 13., verb. u. verm. Aufl. gr. 12. ($10^1/_2$ B.) Leipzig 838, Müller. Thlr.

Kochbuch, das neueste u. einfachste, für Mädchen u. angehende Hausfrauen bürgerl. Standes, denen es an Gelegenheit zum mündl. Unterrichte in der Kochkunst fehlt. A. u. d. T.: Die wahre bürgerl. Kochkunst. 16., verb. u. vielfach verm. Aufl. Leipzig 865. Müller. 8. (XXIV, 222 S.) 15 𝓃𝑔𝓇.

Kochbuch, Das neueste und vollkommene Sächsische. Wien 1789. V: *Bücking, Johann Jacob Heinrich.* (Engoec) (MGT)

— neuestes. Enthaltend Anweisung zur Bereitung der im bürgerl. Leben vorkommenden Speisen, Getränke, Backwerk, von Eingemachtem ꝛc. Neu durchgesehen und verm. von H. Davitis. 12. (96 S.) Reutlingen 887, Bardtenschlager.

— neuestes allgem. deutsches, od. Küchen-Taschenbuch. Eine Samml. geprüfter, von e. erfahr. Hausfrau hinterlass. Recepte. Hrsg. v. ihrem Sohne. (Mit e. poet. Nachtisch. — Neue Ausg.) 8. ($26^1/_2$ B.) Leipzig 834, Michelsen.
Vgl. Küchen-Taschenbuch.

Kochbuch, neuestes allgemeines, f. Jedermann. Enthaltend 398 gemeinfaßliche u. einfache Anweisungen zum Einmachen u. zur Bereitung von Speisen ꝛc. 16. (XVI u. 96 S.) Grünberg 847, Weiß. — Enthaltend: 398 gemeinfaßl. u. auf den einfachsten Zusammensetzungen beruhende Anweisungen zum Einmachen u. Einlegen von Früchten u. Gemüsen; zur Bereitung von Compots, Gelees ꝛc. Nebst einem Anh., betr.: ein Universalmittel, allen Speisen einen äußerst lieblichen Geschmack zu geben ꝛc. 2. verb. Aufl. 16. (XVI u. 96 S.) Ebd. 852. n. $^1/_6$ ℛ𝓅

— neuestes allgem. verständl., oder gründl. u. deutl. Anweis. zur Besorgung d. Küche, des Kellers u. der Vorrathskammer ꝛc. 2 Thle. Mit Kpf. 8. Quedlinb. 806. 2e Aufl. 819. Ernst. 1 ℛ𝓅 4 𝒦

— neuestes, allgemeinverständliches, oder gründliche u. deutliche Anweisung zur Besorgung der Küche, des Kellers und der Vorrathskammer ꝛc. nebst mancherley Gesundheits- und Schönheitsmitteln, in 2 Theilen, mit Kpfrn. 2te Ausg. 8. Quedlinburg, Ernst. 819.

— neuestes, allgem. verständl., oder gründl. Anweis. z. Besorgung d. Küche, d. Kellers ꝛc. 2 Abtheilungen. N. Ausg. 8. Quedl. 827, Ernst.

— neuestes, allgemein verständliches, von einer Freundin der Kochkunst herausg. Ein nützl. Handbuch für Hausfrauen und Köchinnen. 2e, sehr verm. u. verb. Aufl. 8. Quedlinburg 835. Ernst. 1¼ Thlr.

— neuestes allgem. verständl., ein nützl. Handb. f. Hausfrauen u. Köchinnen. 2., sehr verm. u. verb. Aufl. 8. (38¼ B.) Quedlinburg 835, Ernst'sche Buchh.

— neuestes allgemein verständliches und brauchbares thüringer, oder gründl. Anweisung zum Kochen, Braten, Backen, Einmachen ꝛc. Ein den Hausfrauen und Köchinnen und allen, welche ihre Speisen ohne große Kosten auf die leichteste, wohlschmeckendste und gesundeste Art zubereiten wollen, unentbehrl. Handbuch. 3. Aufl. 8. (262 S.) Langensalza 854, Schulbuchhandlung des thüringer Lehrer-Vereins.

— neuestes Augsburgisches, mit Inbegriff d. ältern Vorschriften, 1009 Speise-Zubereitungen enthalt., nebst angehängter Anleit. vielerley z. Haushaltung nützl. Bedürfnisse, als Hefe, Essig, Wein ꝛc. auf wohlfeile Art gut u. selbst zu bereiten; wobei Alles nach bayer. Maas u. Gewicht bestimmt ist. Aus d. Papieren d. verstorb. Verfin. d. Augsb. Kochbuches, Frau Sophie Jul. Weiler, v. deren Verwandten zusammengetr. u. hrsg. verbess. u. verm. durch Margaretha Joh. Rosenfeld. 3., rechtmäß. Orig.-Ausg. (M. 1 Stndr.) 8. (45 B.) Nördlingen 832, Beck.

— neuestes augsburgisches, mit Inbegriff d. ältern Vorschriften 1016 Speisezubereitungen enth. Aus d. Papieren d. verstorb. Verfasserin d. augsburg. Kochbuches, Sophie Jul. Weiler, von deren Verwandten zusammengetr. u. hrsg. Verbess. u. verm. durch Margar. Johanne Rosenfeld. 5., auf's Neue verb. u. verm. rechtmäß. Orig.-Ausg. 8. (46½ B. u. Ttlbild.) Nördlingen 838, Beck'sche Buchh. Thlr.
Vgl. Weiler, Soph. Jul.

— neuestes augsburgisches, 1026 Speisezubereitungen enthaltend. Aus den Papieren der verstorbenen Frau Sophie Juliane Weiler, von deren Verwandten zusammengetr u. hrsg., verb. u. verm. durch Margar. Johanne Rosenfeld. 7., aufs neue verb. u. verm. Orig.-Ausg. gr. 8. (39½ B. u. 1 Stnt.) Nördlingen 841, Beck'sche Buchh.

Kochbuch, Neuestes Berlinisches, oder Anweisung, alle mögliche Speisen, Saucen und Gebackenes zuzurichten. Berlin 1785—89. N. A. 1796—98. V: *Unger, Friederike Helene geb. von Rothenburg.* (KY) (ENGOEC) (MGT) (schl)

— neuestes Berlinisches, od. Anweis., Speisen, Saucen u. Gebakkenes schmackhaft zuzurichten ꝛc., (v. Frke. H. Unger). 3 Thle. 8. Berl. 790. 3e Aufl. 796—98. (Herbig). 1 Thlr. 12 Gr.

— neuestes berlinisches. 4. Aufl., gänzlich umgearb. u. verb. von e. praktischen, vielerfahrenen Koch. 12. (24 B.) Berlin 845, Herbig.

— neuestes deutsches, od. allgem. faßl. Anleit. zur schmackhaften u. gesunden Zubereit. d. Speisen, d. Backwerks, d. Gefrornen u. d. Eingemachten. gr. 12. (23 B.) Reutlingen 840, Fleischhauer u. Spohn.
Nur neuer Ttl. von: Schwäbisches Kochbuch ꝛc.

— neuestes deutsches. Eine gründliche Anweisung, wohlfeil und schmackhaft zu kochen; mit Berücksichtigung aller Arten Backwerke, Getränke, Einmachen von Früchten, Gemüsen ꝛc. 4. Aufl. gänzlich umgearb. und verb. von F. W. Schultz. 12. (XLVI und 530 S.) Potsdam 857. [Berlin,] Schlesier.

— neuestes dresdner, od. gründl. Anweisung zu Erlernung dessen, was von einer guten Köchin verlangt u. worin die Zubereitung von 1390 Speisen in 5 Hauptabtheilungen gelehrt wird; nebst e. Anh. u. Speisezetteln z. belieb. Gebr. f. alle Tage des Jahres. 2. Aufl. gr. 8. (35½ B.) Dresden 844, Grimm.

Kochbuch, neuestes englisches. Aus d. Engl. übers. 2e wohlfeilere Ausg. gr. 8. Frkf. a. M. 820. Hermann. 18 Gr. Hdg. Pr. 8 Gr.

— neuestes gemeinnütziges, od. Anweis., alle Arten von Speisen, Bäckereien, und was sonst in der Küche u. Wirthschaft zu wissen nöthig u. nützlich, mit Vermeidung dessen, was der Gesundheit schädlich ist, zuzubereiten. 8. Leipz. 818. Fr. Fleischer. 12 Gr.

— neuestes gemeinnütziges, od. Anweisung, alle Arten v. Speisen, Bäckereien u. was sonst in der Küche u. Wirthschaft zu wissen nöthig ist, zuzubereiten. Neue verb. u. verm. Aufl. 4 Thle. 8. Leipz ... Fr. Fleischer. 1 Thlr. Hdg. Pr. 12 Gr.

Koch- und Haushaltungsbuch, neuestes, worin die Zubereitung, sowohl der Speisen, als des feinen u. ordinairen Backwerks auf das einfachste und nach den Regeln der Sparsamkeit beschrieben; nicht weniger die nöthige Anweisung zum Einmachen u. Aufbewahren der Früchte, des Fleisches u. dergl. m. gegeben wird. Nebst Küchenzetteln ꝛc. Zum Gebrauch für den höheren u. Mittelstand herausg. von W. D. 4., sehr verm. u. verb. Aufl. Mit (6 lith. Taf.) Abbildgn. Münster 853. Coppenrath. 12. (407 S.) 20 ngr.

— neuestes, f. vornehme Herrschaften, nach den jetzigen hohen Anforderungen der feinen Kochkunst abgefaßtes. 8. Quedlinb. 822. Basse. 20 Gr.

— neuestes Leipziger, s. J. C. Wolf.

— neuestes norddeutsches, oder gründliche Anweisung, gewöhnliche, sogenannte bürgerliche Kost, wie auch Suppen, Fische, Gemüse, Fleisch, Braten, Backwerk u. s. w. für herrschaftl. Tafeln von 8 — 40 Personen zu bereiten. Nebst einem Anhange vom Einmachen, Einschlachten, Räuchern und der Zubereitung von mehreren künstlichen Sommer- u. Wintergetränken u. s. w. 2 Thle. 8. Quedlinburg, Basse. 817.

— neuestes norddeutsches, od. gründl. Anweis., gewöhnliche, sogenannte bürgerliche Kost, wie auch Suppen, Fische, Gemüse, Fleisch, Braten, Backwerk ꝛc. für herrschaftl. Tafeln von 8—40 Personen zu bereiten. Nebst einem Anhange vom Einmachen, Einschlachten, Räuchern u. v. der Zubereitung v. mehrern künstlichen Sommer- u. Wintergetränken ꝛc. 2 Thle. 8. Quedlinb. 818. Basse. 1 Thlr. 12 Gr.

— neuestes Pariser, nach den Vorschriften der berühmtesten Kochkünstler Frankreichs zusammengestellt. Enthltd. über 1500 Recepte zur Bereitung aller Arten von Fleisch- und Fastenspeisen, Pasteten, feinen Mehlspeisen, Backwerk ꝛc. ꝛc. Mit deutscher u. französischer Benennung der Speisen, nebst figurirter Darstellung der Aussprache sämmtl. im Buche vorkommenden französ. Wörter. 854. n. 2 Thlr. — 2. unveränd. Aufl. Pest 858. Heckenast. gr. 8. (VIII, 632 S.) n. 1 Thlr. 10 ngr.

— neuestes Stuttgarter, s. Schäfer, Louise.

neuestes treffliches: oder leicht faßlicher Unterricht für Frauen, Mädchen u. Köchinnen, wie verschiedene Speisen gut u. wohlfeil zubereitet u. angerichtet werden sollen. 5. Aufl. Neuhaus 865. Landfraß & Sohn. 12. (88 S.) n. 4 ngr.

— neuestes vollständiges, wie auch Krankenküche, Krankenpflege und Hausapotheke; enth. erprobte, kostbare Rezepte für Haushaltung, für Krankheitsfälle und Toilette. 16. (IV und 283 S.) Rorschach 864, Koch.

—— neuestes vollständ. Nürnberger, f. alle Stände. 8. (17 B.) Nürnberg 829, Felßecker.

—— neuvermehrtes, enthalt. e. gründl. Anweis. z. schmackh. Zubereitung v. Suppen, Fleisch, Gemüse, Eingemachten, Fischen ꝛc. Für große u. kl. Haushaltungen brauchbar. Neue, ganz umgearb. Aufl. 8. (8 B.) Nürnberg 831, Endter.

—— neuvermehrtes, enthalt. eine gründliche Anweisung z. schmackhaften Zubereitung v. Suppen, Fleisch, Gemüse, Eingemachten, Fischen, Braten ꝛc. 4., verm. u. verb. Aufl. 8. (9 B.) Nürnberg 841, Endter'sche Buchh.

—— norddeutsches, s. Ritzerow, Frieda.

— Nürnberger, d. kl. od. kurlose Köchin ꝛc. 4. Nrnb. 727.

— Nürnberg., 3 Thle. 8. Nrnb. Stiebner. 789–94. (1r 2r 1 Rthlr. 14 gr. 3r 16 gr.)

—— Nürnberger, für bürgerliche Haushaltungen. 5., umgearb. Aufl. 8. (VII und 128 S.) Nürnberg 862, Zeiser. * cart. *

— Nürnberger, f. bürgerliche Haushaltungen. 6. umgearb. u. verm. Aufl. gr. 8. (XVI, 224 S.) Nürnberg (901). J. Ph. Raw's Verl. Geb. n. 2. —

— Nürnbergisches, worin nebst d. Anweis. alle Speis. zu zuber. a. e. Haush. Unterr. 2 Thle. m. K. 4. Ebend. 712.

—— nützliches, od. Anweis., die in Deutschland im gewöhnl. Leben vorkomm. Speisen u. Getränke auf d. leichteste Art zu bereiten. Nebst e. belehr. Anh. Für erwachs. Mädchen u. Hausfrauen e. unentbehrl. Handbuch. 8. (8 B.) Nordhausen 833, (Köhne.)

— nützliches, oder Anweisung, die in Deutschland im gewöhnlichen Leben vorkomm. Speisen und Getränke auf die leichteste Art zu bereiten. Nebst e. belehrenden Anhange. Für erwachsene Mädchen und Hausfrauen ein unentbehrliches Handbuch. 8. Nordhausen 833, (Müller.) 1/4 ₰ — 2e Aufl. Leipzig 835. Fort. n. 1/6 ₰

—— nützliches, oder Anweisung, die in Deutschland im gewöhnl. Leben vorkommenden Speisen und Getränke auf die leichteste Art zu bereiten. Nebst einem belehrenden Anhange. Für erwachsene Mädchen und junge Hausfrauen ein unentbehrliches Handbuch. (3., verb. Aufl.) 8. (VIII und 120 S.) Nordhausen 852, (Büchting.)

— nützliches, für deutsche Mädchen. 8. Halle 790. Dreyßig. 4 ϗ

— oberhessisches. Die besten Recepte f. den bürgerl. Mittagstisch, nebst e. gediegenen Auswahl v. Recepten u. Anleitgn. üb. die Bereitg. von Backwerk, üb. das Einmachen der Früchte u. die Herstellg. kalter u. warmer Getränke, nebst e. Anh., e. Anzahl prakt. Winke enth. gr. 8. (VIII, 247 S.) Gießen (901). A. Frees. Geb. in Leinw. n. 2. —

—— oberrheinisches, od. Anweis. f. junge Hausmütter u. Töchter, die in d. Kunst zu kochen u. einzumachen einige Geschicklichkeit erlangen wollen. Nebst ein. Anh. v. Speisen f. Kranke. (1. Thl.) 5., aufs Neue verb. Ausg. 8. (26 B.) Mühlhausen 832. (Frankfurt a. M., Schmerber'sche Buchh.) *

—— dass. — 2. Thl.: Guter Rath f. angeh. Hauswirthinnen zu ökonom. Einrichtung ein. Haushalt., anständ. Besetzung ihres Tisches, Anordn. u. Auftragen d. verschied. Speisen bei mehr od. weniger großen Gastmahlen od. Familien-Essen, nach d. verschied. Jahrszeiten eingerichtet. — Anh. Die Bereit. mehr. Speisen, nur f. größ. Haushaltn. bestimmt. 2., durchaus verb. u. verm. Aufl. 8. (13 B. u. 2 Bog. lith. Abbildn.) Ebds. 827. *

—— oberrheinisches, oder Anweisung für junge Hausmütter und Töchter, die in der Kunst zu kochen und einzumachen einige Geschicklichkeit erlangen wollen. Nebst einem Anhang von Speisen für Kranke. (1. Thl.) 7., verb. Aufl. 8. (416 S.) Mülhausen im E. 852. (Frankfurt a. M., Völcker.) *

—— dass. — 2. Thl., enthaltend eine Anweisung über ökonom. Einrichtung einer Haushaltung, anständige Besetzung eines Tisches ꝛc. 4., verb. Aufl. 8. (206 S. mit 7 Kpfrt. in 4. und qu. Fol.) Mülhausen im E. 852. (Frankfurt a. M., Völcker.) Thlr. *

—— oberrheinisches oder Anweisung für junge Hausmütter und Töchter, die in der Kunst zu kochen und einzumachen einige Geschicklichkeit erlangen wollen. Nebst einem Anh. von Speisen für Kranke. 2 Thle. 8. Basel, Bahnmaier's Verlag. [1. Thl. 10. Aufl. (VIII, 416 S.) 872; 2. Thl. 7. verb. Aufl. (XIV, 122 S. mit 7 Stnt. in qu. 4. und qu. Fol.) 875.] In 1 Bd. geb. * 4 80

— oberrheinisches. 2 Thle. 13., resp. 9. Aufl. 8. (VI, 300 u. XIV, 122 S.) Basel 885. Detloff. In 1 Bd. geb. n. 4. —

— oberrheinisches, 2 Thle. in 1 Bd. 14. resp. 10., verb. Aufl. 8. (VI, 300 u. XIII, 122 S.) Basel 888. [Detloff.] R. Reich. geb. n. 4. —

—— oberrheinisches, oder Anweisung für junge Hausmütter u. Töchter, die in der Kunst zu kochen u. einzumachen einige Geschicklichkeit erlangen wollen. 2 Thle. in 1 Bd. 15. Aufl. 8. (VI, 300; XIII, 122 S.) Basel 892, [Detloff]. Reich. geb. * 4 —

— oberrheinisches, od. Anweisg. f. junge Hausmütter u. Töchter, die in d. Kunst zu kochen u. einzumachen ein. Geschicklichkeit erlangen wollen. (2 Thle. in 1 Bde.) 16. u. 11., verb. Aufl. 8. (VI, 300 u. XIV, 122 S.) Basel 896. 92. R. Reich. Geb. in Leinw. n. 4. —

Kochbuch, oberrheinisches, od. Anweisung für junge Hausmütter und Töchter, die in der Kunst zu kochen und einzumachen einige Geschicklichkeit erlangen wollen. 2 Teile in 1 Bd. 17. u. 13. Aufl. 8°. VI, 300 u. XIV, 122 S. Basel, R. Reich. gebd. 5 — 1900.

— oberrheinisches, od. Anweisg. f. junge Hausmütter u. Töchter, die in der Kunst zu kochen u. einzumachen einige Geschicklichkeit erlangen wollen. (2 Thle. in 1 Bde.) 17. u. 12. Aufl. 8. (VI, 300 u. XIV, 122 S.) Basel 900. Helbing & Lichtenhahn. Geb. in Leinw. n. 4. —

— oberrheinisches, od. Anweisg. f. junge Hausmütter u. Töchter, die in der Kunst zu kochen u. einzumachen einige Geschicklichkeit erlangen wollen. (2 Thle. in 1 Bde.) 18. u. 14. Aufl. (VI, 300 u. XIV, 122 S.) 8. Basel 905. Helbing & Lichtenhahn. Geb. in Leinw. n. 4. —

— u. Speisebuch, obersächs., auf jeden Tag im Jahre. 2 Thle. 8. Leipz. 811. (Hinrichs). 2 ₰ 12 ϗ Hbg. Pr. 1 ₰ 12 ϗ

Osnabrücker historisches Kochbuch. Geschichtl. Darstellung d. Kochkunst von d. ältesten Zeiten bis auf d. Gegenwart. Sammlung von Koch-, Back- u. Destillierrezepten d. verschiedensten Zeitalter. Mit e. Ueberblick über d. Kochwesen d. Auslandes u. in d. Kolonien, ferner vervollständigt durch e. Anh. nützl. Mitteilungen. Geziert mit Randleisten, Initialen u. mancherlei alten Holzschnitten. Osnabrück: J. G. Kisling 1906. (96 S.) 8° [Umschlagt. J.]

— Oesterreichisches, durch Erfahrung geprüft, eingerichtet f. alle Stände. 2 Bde. gr. 8. Grätz 795. Tusch. 1 ₰ 22 ϗ

—— österreichisches Universal-Muster-, s. Willkomm, Anna.

—— f. d. deutschen Ostseeprovinzen Rußlands. gr. 8. (18 B.) Dorpat 844. (Gläser's Verl.)

— Pariser, ein vollständ. Handbuch der Kochkunst. Nach d. Regeln d. engl., französ. u. deutschen Küche. Für alle Stände. Nach d. Französ. der königl. Mundköche Viard u. Fouret. 2 Thle. Mit 9 Abbildd. gr. 8. Stuttg. 829. Hoffmann. 1 ₰ 12 ℊ

—— Pariser, e. vollständ. Handbuch d. Kochkunst. Nach d. Regeln d. engl., französ. u. deutschen Küche. Für alle Stände. Nach d. Franz. mit eigenen Recepten verm. v. Cathar. Löffler. 2 Thle. M. 9 Abbild. gr. 8. (62½ B.) Stuttgart 829, [Weise.]
Wurde bereits 1827 u. d. T.: Vicard u. Fouret, Universal-Kochbuch, ausgegeben.

Kochbuch f. drei u. mehr Personen. E. Anleitg., gut aber auch sparsam f. kleinere Haushaltgn. zu kochen. Besond. f. junge Frauen. Von H. L. gr. 8. (XVI, 292 S.) München 895. Reutlingen, Enßlin & Laiblin.
Geb. in Leinw. n. 2. 50

— f. drei u. mehr Personen, neue Aufl., s.: Lamprecht, H.

—— praktisches. Unentbehrlich für jeden Haushalt. Hrsg. von einer perfecten Köchin. 12. (64 S.) Berlin 857, Friedländer'sche Buchdruckerei.

—— praktisches, für die Deutschen in Amerika. Zuverlässige und selbstgeprüfte Anweisungen zur Bereitung der verschiedenartigsten Speisen und Getränke, zum Backen, Einmachen ꝛc. Eine Bearbeitung des anerkannt besten deutschen Kochbuchs der Frau Henriette Davids. Verm. und verb. durch Aufnahme von Recepten zu den in Amerika landesübl. Speisen, Backwerken ꝛc., und durch Uebertragung des deutschen in amerikan. Maß und Gewicht, sowie durch Hinzufügung eines Speisezettels für Kranke aller Art. gr. 8. (IV, 400 S.) Milwaukee, Wis. 879. (Philadelphia, Schäfer und Koradi.) geb. *

Praktisches Kochbuch f d Dten in A Anweisungen zur Bereitung der verschiedenartigen Speisen und Getränke eine Bearb d anerkannt besten dten Kochbuches d Frau Henriette Davidis Chi, 1895

—— praktisches linzer, in 17 Abthlgn., worin Beispiele von Fleisch- und Fastensuppen; von Eier-, Mehl-, Germ- und Fleischspeisen; von Saucen ꝛc. zu ersehen sind. Eine Hilfe für Jene, welche die Kochkunst erlernen wollen, und auch Nachschlagebuch für Diejenigen, welche die Kochkunst schon wirklich erlernt haben. 6. (Titel-)Aufl. 8. (XXXII und 400 S.) Linz (822)59, Ebenhöch. geb. *

—— prakt. mitauer, e. unentbehrl. Hand- u. Hülfsb. f. Hausfrauen u. Köchinnen in Cur-, Liv- u. Esthland. Durch eigne Erfahrn. erprobt u. hrsg. v. ein. Verein bewährter Hausfrauen. 8. (24⅛ B.) Mitau 841, Lucas.

—— praktisches mitauer. Ein nützl. Hand- u. Hülfsbuch f. Hausfrauen u. Köchinnen in Cur-, Liv- u. Esthland. 2., verm. u. verb. Aufl. 8. (20¼ B.) Mitau 844, Lucas. (Leipzig, Hartmann.) *

— 2. verb. u. verm. Aufl. 8. Ebd. 844, A. Neumann. n. 1⅛ ₰

—— praktisches mitauer. Ein nützliches Hand- und Hilfsbuch für Hausfrauen und Köchinnen in Kur-, Liv- und Esthland, durch eigene Erfahrungen erprobt und hrsg. von einem Vereine bewährter Hausfrauen. 3., um 245 Recepte verm. und verb. Aufl. 8. (XXXII und 375 S.) Mitau 854, Neumann's Verlag. *

Kochbuch, praktisches Mitauer. Ein nützl. Hand- und Hilfsbuch für Hausfrauen und Köchinnen in Kur-, Liv- und Esthland. Erprobt von einem Vereine bewährter Hausfrauen. 4. und 5. Aufl. (XLII, 423 S.) 1869. ℳ 3.; 6. verm. Aufl. Neben dem russ., mit dem neuen deutschen Maaße und Gewicht. 8. (XXI, 430 S.) [Mitau 876.] Leipzig, Neumann's Verlag. *

— praktisches Wiener. Anweisung, um gut, schmackhaft u. billig kochen zu lernen. Fleisch- u. Mehlspeisen. 12. (48 u. 48 S.) Wien 892. (Leipzig, Literar. Anstalt A. Schulze.) n. — 60

— Preußisch., f. Frauenz. d. d. Hauswes. ꝛc. selbst verwalt. wollen. 8. Königsb. Unzer. 805.

— — Anhang v. d. Getränken apart.

— preußisches, f. Frauenzimmer, welche das Hauswesen selbst verwalten wollen. 2te Aufl. 8. Königsb. Unzer. 814.

—— Preußisches, f. Frauenzimmer, welche Hauswesen u. Küche mit mögl. geringen Kosten u. Mühe selbst verwalten wollen. 3., sehr verm. u. verb. Aufl. 8. (35 B.) Königsberg 828, Unzer.

— rheinisches. Zuverlässige u. selbstgeprüfte Rezepte f. gewöhnl. u. feine Küche. Aus dem Nachlaß e. trier. Dame. 9. verb. u. verm. Aufl. 8. (XVI, 307 S.) Trier 902. F. Lintz. Geb. in Leinw. n. 2. 25
Auch u. d. T.: Kochbuch, trierisches.

—— Rigasches. 4. verm. und verb. Aufl. 8. (XXIII, 235 S.) Riga 877, Kymmel. geb. *

— Rigasches. 5., verm. u. verb. Aufl. 8. (XII, 264 S.) Riga 880. Kymmel. geb. n. 4. —

— Rigasches. 6., umgearb. Aufl. gr. 8. (XIX, 242 S.) Riga 889. Kymmel's Verl. geb. n. 4. —

—— sächsisches, für jede bürgerl. Haushaltung. Vollständige und deutl. Anweisung, um in der Koch-, Brat- und Einmachekunst die Speisen auf schmackhafte, nahrhafte und billige Weise herzustellen. Zusammengestellt und hrsg. von einer prakt. Köchin. 16. (96 S.) Mügeln 865. (Leipzig, Senf.) *

—— das sächsische, für jede Haushaltung. Vollständige und deutl. Anweisung um in der Koch-, Brat- und Einmachekunst die Speisen auf schmackhafte, nahrhafte und billige Weise herzustellen. Zusammengestellt und hrsg. von einer prakt. Köchin. Neue Ausg. 16. (96 S.) Mügeln 868,71,74. (Leipzig, Senf.) — 60

— das sächsische, für jede bürgerliche Haushaltung. Vollständige u. deutliche Anweisung, um in der Koch-, Brat- u. Einmachekunst die Speisen auf schmackhafte, nahrhafte u. billige Weise herzustellen. Zusammengestellt u. hrsg. von einer praktischen Köchin. 16. (96 S.) Mügeln 877. (Leipzig, G. Senf.) — 60

(F) Schlesisches Kochbuch Eine reichhaltige Sammlung erprobter Küchen-Recepte herausgegeben von Therese Adam. Troppau. 1900. Buchholz & Diebel. Gr.-8°. VII, 362, VI S. K 4.— Geb. K 5.—

Kochbuch, Schlesisches, oder Unterricht für ein junges Frauenzimmer . . . Breslau 1805. V: *Gürnth, Chne Dorothea geb. Hentschel.* (schl) (Ky) (MGT)

— Schlesisches, od. Unterricht für e. junges Frauenzimmer, das Küche u. Haushalt. selbst besorgen will, (v. Chr. Dor. Gürnth). 8. Bresl. 805. N. Aufl. 819. W. G. Korn. (Auch u. dem T.: neues Breslauisches Kochbuch, oder die Köchin u. Hausmutter wie sie seyn soll.)

Kochbuch, Schlesisches, für junge Hausmütter . . . Bresl. 1819. V: *Gürnth, Christine Dorothea geb. Hentschel.* (Engoec)

—— schlesisches, für bürgerliche Haushaltungen, oder leicht verständl. und genaue Anweisung zum Kochen, Braten, Backen, Einmachen, Getränkebereiten ꝛc. Mit einem nach den Jahreszeiten geordneten Küchenzettel. Ein unentbehrl. Handbuch für angehende Hausfrauen, Köchinnen ꝛc. Hrsg. von einer erfahrenen Hausfrau. 4., verb. und verm. Aufl. 8. (XVI und 207 S.) Breslau 853, Korn.

— f. die Schülerinnen in Koch- u. Haushaltungsschulen, sowie für's Haus, hrsg. v. der Kochschule zu Plauen-Dresden (Osk. Wilsdorf). gr. 8. (32 S.) Dresden 893. Minden & Wolters. n. — 40

—— schwäbisches, od. allgem. faßl. u. gründl. Anleit. z. schmackhaften u. gesunden Zubereit. d. Speisen, d. Backwerks, d. Gefrornen u. d. Eingemachten. Nach vieljähr. Erfahrn. v. ein. ehemal. Schülerin d. sel. F. C. Löfflerin hrsg. gr. 12. (23 B.) Reutlingen 834, Fleischhauer u. Spohn.
Neue Titlausg. vgl.: Kochbuch, neuestes deutsches, ꝛc.

— Stargarder. Die besten Recepte f. d. bürgerl. Mittagstisch, nebst e. gediegenen Auswahl v. Recepten u. Anleitgn. üb. die Bereitg. v. Backwerk, üb. das Einmachen der Früchte u. die Herstellg. kalter u. warmer Getränke, nebst e. Anh., e. Anzahl prakt. Winke enth. gr. 8. (VIII, 247 S.) Stargard (902). W. Prange. Geb. in Leinw. n. 2.—

—— Stettiner, f. Rosnack, Marie.

Kochbuch, Stettinisches, für junge Frauen, f. Anweisung, auf schmackhafte Art zu kochen, zu backen u. einzumachen.

—— Stuttgarter, Anleit. f. Hausfrauen, gut u. öconom. zu kochen u. zu backen. 8. (25 B.) Stuttgart 828, [Weise.]

— Szegediner. Von Rózi Néni. 8. (XXXII, 378 S.) Szegedin 882. Burger & Co. geb. n. 3. 60

— thüringisches, besond. f. Hausmütter mittl. Standes einger. 2 Thle. 8. Erf. Keyser. 792.

— trierisches, s. u. Kochbuch, rheinisches.

—— Triersches. Zuverlässige und selbstgeprüfte Recepte für gewöhnl. und feinere Küche aus dem Nachlasse einer Trier'schen Dame. 5., verb. und verm. Aufl. gr. 16. (XIX und 348 S.) Trier 862, Lintz' Verlag.

— für die Truppen-Menagen. Eine Sammlg. bewährter Koch-Rezepte u. sonst. Rathschläge f. den Menagebetrieb. Zusammengestellt v. e. Truppenoffizier. 8. (VIII, 104 S.) Berlin 893. Liebel. n. 2. —; geb. n. 2. 60

— unentbehrliches, z. Haushaltung f. alle Stände ꝛc. 8. Dresd. Hilscher. 810.

—— vegetarianisches, für Freunde der natürlichen Lebensweise. Mit einem Vorwort von Ed. Baltzer. 1. und 2. Aufl. 1869. * 75 Pf., und 3. verb. Ausg. 8. (50 S.) Nordhausen 870, (Förstemann's Verlag.) * — 60
4. Aufl. vgl. Baltzer, Ed.

— vegetarianisches, für Freunde der natürlichen Lebensweise. Mit einem Vor- u. Nach-Wort von Ed. Baltzer. 6. Aufl. 8. (64 S.) Rudolstadt 880. Hartung & Sohn. n. 1. —

— vegetarisches, s.: Miniatur-Bibliothek.

— vollständ. Hannöv., oder neueste prakt. Erfahrr. einer Hausmutter im Kochen, Backwerkmachen u. Einkochen d. Früchte. 8. Hannov. 808. Hahn. 20 gr

—— vollständiges, für alle Haushaltungen. Praktische und leicht faßl. Anweisung zur Bereitung aller und jeder in Deutschland bekannten Speisen, mit besond. Rücksicht auf größere, mittlere und kleinere Haushaltungen. Nebst einem Anhang enthaltend: Gründliche Belehrung über alle auf das Küchenwesen Bezug habenden Gegenstände, sowie über das Serviren ꝛc. Bearb. von mehreren erfahrenen Köchinnen. 8. (256 S.) Berlin 853, Zacco.

Kochbuch, vollständiges, für die deutsch-amerikanische Küche, nebst einer Anweisung zum Tranchiren, mit Illustr. und einem deutsch-englischen Verzeichnisse der sich auf die Küche beziehenden Gegenstände. 12. (408 S. mit eingedr. Holzschn. und Titel in Holzschn.) Philadelphia 859, (Schäfer und Koradi.) geb Thlr *

— vollständ. Rheinisches ꝛc. f. Stolz, J.

—— vollständ., f. Stadt u. Land, f. Deutsche, Franzosen u. Engländer, od. gründl. Anleit. z. schmackhaften Zubereit. aller bekannten Speisen, f. d. häusl. Tisch sowohl, als auch f. d. Tafeln d. Reichen u. Vornehmen. In 1300 Vorschriften, v. ein. vieljähr. Koche. 2 Thle. gr. 12. (27⅔ B.) Heidelberg 836, 37. [Mannheim, Bensheimer.]
Neue Titlausg., vgl. Universalkoch ꝛc.

— vollständiges, für Stadt u. Land, für Deutsche, Franzosen und Engländer, oder gründl. Anleitung zur schmackhaften Zubereitung aller bekannten Speisen, für den häuslichen Tisch sowohl, als auch für die Tafeln der Reichen und Vornehmen. In 1300 Vorschriften, von einem vieljähr Koche. 2 Thle. gr 12. Heidelberg 836, 37. Oßwald. $1\frac{1}{6}$ ₰ (Geb. in halb Sarsenet n. $\frac{1}{6}$ ₰, in ganz Sarsenet n. $\frac{1}{3}$ ₰ mehr.)

—— das wahre bürgerliche, od. deutliche Anweisung mehr als 300 nahrhafte u. wohlschmeckende Speisen auf eine gute u. doch sparsame Art zuzubereiten. Mit e. Anh.: Einmachen der Gemüse u. Früchte, das Pökeln u. Räuchern des Fleisches ꝛc. Gesammelt u. hrsg. v. einer erfahrenen Hausfrau. 2., verm. Aufl. 12. (7½ B.) Landsberg 844, Volger u. Klein. *

— Weimarer. Die besten Recepte f. den bürgerl. Mittagstisch, nebst e. gediegenen Auswahl von Recepten u. Anleitgn. üb. die Bereitg. v. Backwerk, üb. das Einmachen der Früchte u. die Herstellg. kalter u. warmer Getränke, nebst e. Anh., e. Anzahl prakt. Winke enth. gr. 8. (VIII, 247 S.) Weimar (902). L. Thelemann. Geb. in Leinw. n. 1. 80

— welches die allernöthigsten Haushaltungswissenschaften enthält. 3 Thle. 8. Danzig 796. Brückner. 3 ₰ 12 gr

—— für d. elegante Welt. 2. Ausg. 8. (25¼ B. u. Ttl. in Holzschn.) Leipzig 830, Voß.

— Westphälisches, ꝛc. 8. Stendal, Franzen u. G. 810.

Koch- u. Haushaltungsbuch, westphäl., worin die Zubereitung sowohl der Speisen, als des feinen als andern Backwerks auf das einfachste, und nach den Regeln der Sparsamkeit beschrieben wird u. s. w. 8. Münster 823, Coppenrath.

Koch- u. Haushaltungsbuch, Westfälisches, worin die Zubereitung, sowohl der Speisen, als des feinen u. ordinairen Backwerks auf das einfachste u. nach den Regeln der Sparsamkeit beschrieben wird rc. Nebst Küchenzetteln u. Anordnungen zu Mittags- u. Abendessen f größere u. kleinere Gesellschaften. Zum Gebrauch f. den höheren u. Mittelstand hrsg. v. W. D. 3. sehr verm. u. verb. Aufl. Mit Abbildungen u. 6 lith. Taf. A u d. T.: Neues Koch- u. Haushaltungsbuch rc. 12. (407 S) Münster 848, Coppenrath. 18 ngr

— Wienerisches, bewährtes, in 6 Abschnitten, s. Ign. Gartler.

— Wienerisch., bewährtes, in 6 Absätz. verth. 8. Hamb. Gobhard. 779.

— — dasselbe. 8. Wien, Gerold. 791.

— Wienerisches, bewährtes, in 6 Abschnitten, welches 1619 Kochregeln für Fleisch- u. Fasttage, alle auf das deutlichste u. grundlichste beschrieben, enthält rc. Anfangs herausgegeben von Ign. Gartler, verb. u. verm. v. Barbara Hikmann. 31ste mit einem alphabetischen Register versehene Aufl. gr. 8. Wien, Gerold. 817. Rthlr.

— Wienerisches, bewährtes, in 6 Abschnitten, welches 1619 Kochregeln f. Fleisch- u. Fasttage, alle auf das deutlichste u. gründlichste beschrieben, enthält. Mit Anhang u. Speise- u. Suppenzetteln. Herausgeg. v. Ign. Gartler u. Barbara Hikmann. 33ste, mit alphabet Register versch. Aufl. Mit 1 Kupfer- u 2 Steintaf. gr. 8. Wien 825, Gerold.

— Wienerisches, durch Erfahrung geprüftes, für alle Stände, um Fleisch- u. Fastenspeisen auf das Beste zuzubereiten, v. P. Neubauer. N. Ausg. 8. Wien ... v. Mößle Wittwe. 6 K (Vergl. P. Neubauer)

Koch- und Wirthschaftsbuch für Hausfrauen und Wirthschafterinnen. Unentbehrlich für jeden Haushalt. Inhalt: Gesindeordnung; Kochbuch, nebst Anhang Speisen und Getränke für Kranke und Genesende zu bereiten; Verzeichniß der Wochenmärkte rc. Hrsg. von einer prakt. Hausfrau. 8. (61 S.) Berlin 850, A. Friedländer.

— wohleinger. f. alle Liebhaber d. Kocherey. 2 Bdch. 8. Mannh. 779 – 85.

Kochbuch, Wohleingerichtetes, für alle Liebhaber der Kocherei. Hall 1781. V: *Crailsheim, Albrecht Ernst Friedrich von.* (Ky) (Engoec)

— wohlfeiles, f. d. bürgerl. Hausstand, geordnet von e. erfahr. Hausfrau, berechnet u. brauchbar f. jede bürgerl. Familie in allen Gegenden Deutschlands. 2. Aufl. 8. (10 B.) Oldenburg 834. (Leipzig, Kayser.)

— wohlfeiles, für den bürgerl. Hausstand, geordnet von einer erfahrenen Hausfrau, berechnet u. brauchbar für jede bürgerliche Familie in allen Gegenden Deutschlands. 2e Aufl. 8. Oldenburg 834. (Leipzig, Beyer.) 3/8 ngr — 3e Ausg. 8. Oldenburg in Holstein 840. Fränkel. (Leipzig, Lehnhold.) 1/3 ngr

Wohlfeiles Kochbuch für den bürgerlichen Hausstand, oder Anweisung wie die in bürgerlichen Familien gebräuchlichen Suppen, Fische, Gemüse, Mehl- und Fleischspeisen etc. geschmackhaft, mindest kostspielig und einfach zubereitet ... werden. Geordnet von einer erfahrnen Hausfrau, berechnet und brauchbar für jede bürgerliche Familie in allen Gegenden Deutschlands. 3. Aufl. Oldenburg in Holstein. 1840.

— wohlfeiles, für den bürgerlichen Hausstand, oder Anweisung, wie die in bürgerl. Familien gebräuchl. Suppen, Fische, Gemüse, Mehl- u. Fleischspeisen mindest kostspielig u. einfach zubereit. rc. 3. Aufl. 8. Oldenburg 841, Fränckel. 1/3 ngr

— wohlfeil. u. prakt. schlesisches, f. jede Haushaltung rc. 8. (7 B.) Landeshut 841. (Leipzig, Krappe.) *

— Würzburger, für die gewöhnliche und feinere Küche. Praktische Anweisung zur Bereitung der verschiedenartigsten Speisen, als: Suppen, Gemüse, Braten rc. Für Anfängerinnen, angehende Hausfrauen und Köchinnen. Zuverlässige und selbstgeprüfte Recepte von einer prakt. Köchin. 8. (XXVIII und 350 S.) Würzburg 862, Richter's Verlag. geb. *

— Würzburger, für die gewöhnliche und feine Küche. Praktische Anweisung zur Bereitung der verschiedenartigsten Speisen nebst Speise-Zetteln u. dgl. m. Für Anfängerinnen, angehende Hausfrauen und Köchinnen. Zuverlässige und selbstgeprüfte Recepte von einer prakt. Köchin. 3. verb. und verm. Aufl. 8. (XXVIII, 416 S.) Würzburg 873, Richter's Verlag. geb. * 2 —

— f. d. Zöglinge d. Haushaltungsschule d. St. Josef-Stiftes Mainz. Als Mscr. gedruckt. gr. 8. (148, 9 S., 16 Bl., XII u. 48 S.) Waldsee 894. C. Liebel. Geb. n. 1.50

— f. die Zöglinge d. Mariahilf-Stiftes zu Mainz. gr. 8. (148 u. 9 S., 16 Bl., XII u. 48 S.) Waldsee 894. (Stuttgart, J. Roth.) Geb. in Halbleinw. n. 1.80

Kochbuch f. die Zubereitung der Kaninchen. Von Gabriele T...... (58 S.) 8. Klagenfurt 908. F. v. Kleinmayr. 1.70

— für Zuckerkranke u. Fettleibige unt. Anwendung v. Aleuronat-Mehl u. -Pepton v. F. M. 2., verm. u. verb. Aufl. 8. (XXV, 144 S.) Wiesbaden 897. J. F. Bergmann. n. 2. —

— für Zuckerkranke u. Fettleibige, unter Anwendg. v. Aleuronat-Mehl u. Pepton v. F. W. 3. verm. u. verb. Aufl. gr. 8. (XVI, 140 S.) Wiesbaden 899. J. F. Bergmann. n. 2. —

— zweites niedersächsisches, oder Bemerkk. u. Zusätze zu Markus Loofts niedersächs. Kochbuche. 8. Gött. 786. Dieterich. 12 K

Kochbüchlein, das beste u. vorzüglichste, welches über 200 Speisen enthält rc. 4. Aufl. 8. (4 B.) Berlin 843. (Grobe.) *

Kochbüchlein für den einfachen Haushalt. Eine Anleitung zur Herstellung einfacher und billiger Mahlzeiten. 16. (34 S.) Mainz 888, Diemer. *

Kochbüchlein, neues u. unentbehrl. ꝛc. — A. u. d. T.: Wer mich neues Kochbüchlein kaufet nun der wird sich freun; denn ich lehre Mädchen, Frauen in d. Kochkunst sich umschauen: wie man auf wohlfeile Weise heute trinkt u. morgen speise u. wie man auch, daß ihr's wißt, eine gute Hausfrau ist. 32. (96 Seit.) Erfurt 840, Hennings u. Hopf.
Eine Fortsetz. hierzu, s. Haus- u. Wirthschaftsbüchlein.

Kochbüchlein, neues u. unentbehrliches, für Stadt u. Land, insbesondere f. Mädchen u. junge Hausfrauen, — A. u. d. T.: Wer mich neues Kochbüchlein kaufet, nun der wird sich freun; denn ich lehre Mädchen, Frauen in der Kochkunst sich umschauen: wie man auf wohlfeile Weise heute trinkt und morgen speise und wie man auch, daß ihr's wißt, eine gute Hausfrau ist. 2. von G. Gerlach durchgeseh. u. verm. Aufl. kl. 12. Erfurt 842, Hennings u. Hopf. 1/12 ₰ — 3. verm. Aufl. kl. 12. Ebend. 843. 1/12 ₰

Kochbüchlein, neues und unentbehrliches, für Stadt und Land, insbesondere für Mädchen und junge Hausfrauen. Enthaltend: die in der Küche zu machenden Ersparnisse, das Verfertigen der Speisen, Einmachen der Früchte, Einsalzen des Fleisches ꝛc. 6., von Gerlach durchgeseh. und verm. Aufl. 32. (95 S.) Erfurt 854, Hennings und Hopf.

Kochbüchlein für Soldaten im Felde. München 1868. 8.

„Koche auf Vorrat!" Handbuch f. die Frischhaltg. aller Nahrungsmittel m. den „Weck'schen Einrichtgn". Hrsg.: J. Weck, G. m. b. H., Oeflingen. 2 Bdchn. 8. Oeflingen. (Leipzig, Fritzsche & Schmidt.) Geb. in Leinw. à nn 1.75
1. Obst, Gemüse, Pilze, Obst- u. Beerensäfte, Mus, Marmelade, Kraut, Gelee u. Latwerge. 6. Aufl. Im Auftrage der Hrsg. bearb. unter besond. Mitwirkg. v. Obstbaulehrer M. Hotop u. E. Michael. (136 S. m. Abb.) (908.)
2. A. Fleisch u. Fleischspeisen. B. Fische, Krusten- u. Schaltiere. 4. Aufl. Im Auftrage der Hrsg. bearb. v. Frau Anni Strempel-Kehrmann. (126 S. m. Abb.) (908.)

Koche billig u. nahrhaft, s. a. Auerbach's, R., hauswirtschaftl. Volksbibliothek.

Koche billig und nahrhaft .. *Berlin-Steglitz: R. Auerbach [1896]* (31 S.) 1 Bd 8.
— Volksbibliothek, Auerbach's Hauswirthschaftliche. H. 3.

Koche m. Liebe! Gute erprobte Rezepte u. Rathschläge in leichtverständl. Fassg. 8. (80 S.) Arnsberg 901. F. W. Becker. Geb. n. 1.—

Kocheim, Leo, aus Posen: Über Nitrochlorbenzolvergiftung vom Magen aus und ihre Beeinflussung durch Alkohol. *Würzburg 1903: P. Scheiner.* (44 S.) 8°
Würzburg, Med. Diss. v. 1903

Kochel, s. Bayern. Karte.

Kochel, sein Bad, sein Festspiel u. das umgebende Land zwischen Isar u. Loch. Gewidmet zur Förderung u. Erhaltung des Festspiels von einem Freunde u. langjährigen Besucher des Dorfes Kochel. 16. (70 S. m. 2 lith. Karten u. 1 Stahlst.) München 882. Franz. cart. n. 1. 20; m. Panorama des Hochgebirges vom Standpunkte München (Petersthurm), aufgen. u. gezeichnet von A. Moormann, in Stahlst. n. 2. 20

Köchel, Jakob

Köchel, J. (kgl. Zeichnungslehrer) und Marchinger, J. (kath. Religionslehrer) „Die Kirche zu St. Blasius in Kaufbeuren in ihrer Geschichte und Kunst" pg. 3—5. 4°. (Ohne O u Dr)
Kaufbeuren, Progr. 1852/53

Köchel, J. und Marchinger, J. „Die Kirche zu St. Blasius" etc. (Forts. des Prgrs vom Jahre 1852/53). pg. 3—10. 4°. Mit einer Tafel. (Ohne O. u. Dr)
Kaufbeuren, Progr. 1853/54

Köchel, J. (kgl. Zeichnungslehrer) „Ueber den Nutzen der Zeichnungskunde und des Modellirens im Gewerbsfache". pg. 3—7. 4°. Jos. Bernard Dorn.
Kaufbeuren, Progr. 1846/47

Köchel, J. (kgl. Zeichnungs-Lehrer) „Ueber isoperimetrische Perspective" pg. 3—6. 4°. Mit einer Tafel. (Ohne O. u. Dr.)
Kaufbeuren, Progr. 1858/59

Köchel; Jakob (kgl. Zeichnungslehrer) „Wie gelangt man zur Kenntniss des Schönen, und kann dieß der Handwerksmeister aus sich selbst?" pg 2 bis 8. 4°. Joseph Bernard Dorn.
Kaufbeuren, Progr. 1849/50

Köchel, Ludwig Ritter v., Johann Josef Fux, Hofcompositor und Hofkapellmeister der Kaiser Leopold I., Josef I. und Karl VI. von 1698 bis 1740. Nach urkundl. Forschungen. Mit Unterstützung der kaiserl. Akademie der Wissenschaften in Wien. gr. 8. (XIV, 773 S. mit 1 photolithogr. Bildnisse und 2 lithogr. Facs. in qu. 4.) Wien 872, Hölder. * 15 —

Köchel, Ludwig Ritter v., die kaiserliche Hof-Musikkapelle in Wien von 1543 bis 1867. Nach urkundl. Forschungen. Wien 868. Beck'sche Univ.-Buchh. gr. 8. (160 S.) n. 1 ₰ 10 *ngr.*

Köchel, Ludw. Ritter v., die Mineralien des Herzogth. Salzburg. Mit einer Uebersicht der geolog. Verhältnisse und der Bergbaue dieses Kronlandes und mit 1 geolog. Karte von Salzburg. 8. (XCI und 160 S. mit 1 chromolithogr. Karte in Imp.-Fol.) Wien 859, Gerold's Sohn. *

Köchel, Ludwig Ritter v., 83 neu aufgefundene Original-Briefe Ludwig van Beethoven's an den Erzherzog Rudolph. gr. 8. (95 S.) Wien 865, Beck'sche Universitäts-Buchh. * –

— über den Umfang der musikalischen Productivität W. A. Mozart's. (Abgedr aus den „Mittheilungen der Ges. für Salzburger Landeskunde.") Salzburg 862. (Mayr.) gr 8 (11 S.) n. 4 *ngr.*

—— chronologisch-thematisches Verzeichniss sämmtlicher Tonwerke Wolfgang Amade Mozart's. Nebst Angabe der verloren gegangenen, unvollendeten, übertragenen, zweifelhaften und unterschobenen Compositionen desselben. hoch 4. (XX und 551 S.) Leipzig 862, Breitkopf und Härtel. cart.

— Nachtrag zum chronologisch-thematischen Verzeichniss sämmtlicher Tonwerke Wolfgang Amade Mozart's. Leipzig 1889.

Köchel, Ludw. Ritter v., Chronologisch-thematisches Verzeichnis sämtl. Tonwerke Wolfgang Amade Mozarts. Nebst Angabe der verloren gegang., angefang., übertrag., zweifelhaften u. unterschob. Kompositionen desselben. 2. Aufl., bearb. u. ergänzt von Paul Graf v. Waldersee. (XLVIII, 676 S. m. Bildnis.) Lex.-8. Leipzig 905. Breitkopf & Härtel. n. 20. —; geb. in Leinw. n. 22. —

Chronologisch-thematisches Verzeichnis sämtlicher Tonwerke Wolfgang Amadé Mozarts. Nebst Angabe der verloren gegangenen, angefangenen, übertragenen, zweifelhaften und untergeschobenen Kompositionen desselben. Von Ludwig Ritter von Köchel. 2. Aufl. bearb. und ergänzt von Emil Graf von Waldersee. Leipzig: Breitkopf & Härtel 1905. XLVIII, 676 S. 8°.

Köchel, Ludw. Ritter von, s. a. Verzeichnis sämmtlicher Tonwerke W. A. Mozart's.

Kochelsee, s.: München. Wonng. I.

Kochelsee und Umgebung . . . München 1902. V: *Hartmann, J.* (Bücherverz. d. Zentralbibl. d. D. u. Ö. A. V. München 1906.)

Kochem (Pseud.), s. Braun, Johann Adam

Kochen

— s. a. **Coch, Koch.**

Kochen, Albrecht Heinrich Matthias

Kochen, Albr. Hnr. Matth., annotationes in Joannis Boanergae Testament. Fasc. I. 8. Hamb. 801. Gundermann. 4 gr

— Archiv für d. moral. u. religiöse Bildung d. weibl. Geschlechts. 1r Bd. 1s—4s Stück. 8. Jena 800.

— auch unsere Zeiten müssen dem Geist Luthers huldigen. Predigt am Reformationsfest 1803. 8. Kiel 803. Hesse. 4 gr

Kochen, Alb. Heinr. Matth., Beleuchtung d. jesuit. Propaganda u. ihres Einflusses auf d. freie Hansestadt Hamburg u. ihre Umgebung. I. gr. 12. (1 B.) Altona 840. (Hamburg, Hoffmann u. Campe.)

— Johannes Boanerges eine Begleitungs- und Ermunterungsschrift für seine Zeitgenossen. Ein Beytrag zu den Ueberzeugungen einiger Hausväter jüdischer Religion in Berlin. Jena. 1800.

— Joannes Boanerges; eine Beglaubigungs- u. Ermunterungsschrift für seine Zeitgenossen. gr. 8. Jena 800. (Schmid, Lpz., Taubert). 14 gr

Kochen, Alb. J. Boanerges, eine Beglaubig. und Ermunterungs Schr. f. s. Zeitgenoss. gr. 8. Jena, Göpfert. 800.

Alb. H. Mthi. **Kochen**: Charis, od. üb. d. Würde u. Bestimm. d. weibl. Geschl., nach d. engl. Orig. (d. Dr. G. **Gregory**) m. eignen Bemerkk. *Hamb.*, Hoffmann. 806. 8° 1 ß

Kochen, Albrecht Heinrich Matthias, s. a. Charis, oder über d. Würde . . .

— Festpredigten, Casual- u. kleinere Amtsreden. gr. 8. Kopenh. 817. Brummer. 22 gr

— Diss. inaug. theolog. de finibus extemporalis dicendi facultatis quatenus e certis principiis rationis et eloquentiae iisdem superstructae constitui queant. 4. Kopenh. 820.

Kochen, Alb. Hnr. Matth., die ächten Freunde und die ärgsten Feinde der christl. Kirche. Zwei Pfingstpredigten für das Jahr 1835, zur Verständigung d. Partheien mit sich selbst, (zugleich als Probe eines neuen Jahrgangs seiner Predigten). Auch mit d. Umschlagstitel: Ueber Pietismus u. Rationalismus für bibl. Christen. gr. 8. Hamburg u. Itzehoe 835. Schuberth u. Niemeyer. 1/8 ß

Kochen, Albrecht Heinrich Matthias, s. J. J. Jürgensen: Leitfaden.

Kochen, Albr. Heinr. Matth., Casual-Predigten u. kl. Amtsreden. gr. 8. (10¾ B.) Hamburg 832, Hoffmann u. Campe.

— d. kleine Katechismus Lutheri zum Gebrauche für Bürger- u. Volksschulen. 8. Kopenh. 817. 2e A. 819. Thiesen.

— kleine Liedersammlung zum häusl. Gebrauche in Schulen. 1e Abtheil. Kopenh. 819.

— Memorabilien für Religionsgesinnte. 1s Bdchen. 8. Jena 801. Gabler. (Cnobloch in Leipz.) 16 gr

— Predigt, z. Gedächtnisse d. verew. Durchl. Herzogs Peter Friedrich Ludwig, am 14. Juni 1829. gr. 8. (1¼ B.) Eutin. (Lübeck, v. Rohden.)

— Reden über d. Bestimmung d. Gelehrten. 8. Hamb. 801. Gundermann. 12 gr

Kochen, Albrecht Heinrich Matthias, s. Reden bei d. Einweihung d. Petrikirche.

[Kochen, Albr. Heinr. Matth.], Versuch einer neuen Theorie der Religionsphilosophie nebst einer kritischen Darstellung des Verhältnisses in welchem der Judaism und der Christianism zum wahren Interesse der Religion stehen. Germanien. 1797.

Kochen, Albrecht Heinrich Matthias, s. a. Versuch e. Theorie d. Religionsphilosophie.

Kochen, (A. H. M.,) christl. Vorträge nach Anleit. d. älteren evangel. Perikopen gehalten. 2 Bde. gr. 8. Copenh. 825, Brummer.

Kochen, Ernst August, a. Crefeld: Der rote Teil des Eisenbogenspektrums. Leipzig 1907: J. A. Barth. (21 S.) 8°
Bonn, Phil. Fak., Ref. Kayser, Diss. v. 6. Aug. 1907
[Geb. 25. Febr. 86 Crefeld; Wohnort: Crefeld; Staatsangeh.: Preußen; Vorbildung: Oberrealsch. Crefeld Reife O. 04; Studium: Bonn 2, Straßburg 1, Bonn 3 S.; Rig. 17. Juli 07.]

Kochen, Jacob, De modo probandae nobilitatis gentilitiae per loculorum insignia atque inscriptiones. Diss. jur. German. Kiel (Gottfr. Bartsch) 1760. 30 S. (7.50) 18834
Gew.: Familie Brockdorff. — Ab S. 22 dtsch. Bericht über d. Brockdorf'sche Erbbegräbnis. — Ahnentafel d. Christian Albrecht Brockdorff.

Kochenburger, Josef [aus Heidelberg]: Ein Fall von Cancroid des unteren Augenlides. . . . Würzburg, Becker's Univ.-Buchdr., 1889; 17 + 1 S. 8°
Würzburg, Med. Fak., Inaug.-Diss. v. 1889

Kochendorf [Schlagwort]

Kochendorf, s.: Geologische Karten. Koken. — Württemberg. Höhenkurvenkarte.

Kochendorf [Verfasser]

Kochendorf, Rich., Heilgymnastik gegen Nervosität, nach dem v. Dr. med. Daniel Gottlob Moritz Schreber, ehemaligen Vorstande der orthopädischen u. heilgymnastischen Anstalt zu Leipzig entworfenen System bearb. (48 S. m. Abbildgn.) 8. Leipzig (907). S. Schnurpfeil. —75

— Lungen-Gymnastik ohne Geräte, nach d. System v. Dr. med. Daniel Moritz Schreber bearb. (32 S. m. 13 Abbildgn.) 8. Ebd. (907). —60

Kochendoerfer, Ernst [aus Michelbach a. L.] Ueber das Phtaleïn des Brenzkatechins. — Ueber die Einwirkung von Phenylhydrazin auf Phloroglucin und Resorcin. . München, Buchdr. v. M. Ernst, 1889; 40 S. 8°
Erlangen, Phil. Fak., Inaug.-Diss. v 1889

Kochendörfer, Heinr., wie bewahrt sich e. Volk die Herrschaft üb. seine Zeit? Die german. Religion d. Zukunft. (35 S.) 8. Leipzig (907). (S. Schnurpfeil.) —80

Kochendörfer, Carl, Exempel-Buch zur Kopfrechnung. Mit mehr als 2000 ausgerechneten Beispielen in den gangbarsten Münz- und Maaß-Arten des Königreichs Württemberg. 8. (196 S.) Nördlingen 852, Beck'sche Buchh.

Kochendörffer, Frz., Gedichte. 8. (III, 186 S.) Preßburg 888. Steiner. n. 2. —; geb. n. 3. —

Kochendörffer, Heinrich: Bonifatius IX. 1389 -1404 Kap. 2 Fortentwicklung der inneren Verhältnisse. Berlin (1903): E. Ebering. (68 S.) 8°
(Erscheint vollst. in Hist. Studien.)
Berlin, Phil Diss. v 15 Juli 1903

Kochendörffer, Karl. Buchhandel und Pflichtexemplare. Von Dr. phil. Karl Kochendörffer, Oberbibliothekar ... zu Königsberg. 20 S. 8. Marburg, N. G. Elwert, 1901. [M. —. 60]

Kochendörffer, Karl: Handschriftenverhältnis und Quelle der Kindheit Jesu von Konrad von Fussesbrunnen. (Sonderabdruck aus den Quellen und Forschungen zur Sprach- und Culturgeschichte der germanischen Völker, Heft XLIII.) Strassburg, Karl J. Trübner, 1881. 8. 41 S.

Kochendörffer, Karl, s.: Tilo's v. Kulm Gedicht Von siben Ingesigeln.

Kochenrath, W., Grundzüge des Eisenbahnbaues Teil I: Linienführung, Unter- und Oberbau, Schutz- und Nebenanlagen auf freier Strecke. Hannover, 1908. 254 S. mit 236 Abb. u. 13 Taf.

Grundzüge des Eisenbahnbaues, bearb. von W. Kochenrath. T. 1. Hannover Jänecke 1908 8°
(Bibliothek d gesamten Technik Bd 106.) 1443 7

Kocher, A.: Bericht über die Rheincorrection im Kanton St Gallen. 1855

Kocher A. Die Versumpfung des Seelandes durch General Ochsenbein und die Entsumpfung desselben durch Oberst Lanicca. Bern 1865.

Kocher, Albert [I. Assistenzarzt]: Aus der chirurgischen Klinik in Bern (Prof. Kocher). Über Morbus Basedowi. Jena 1901. 304 S. 8°.
Bern. Med. Diss. 1901 1902.

Kocher, Ant. vom, Liederklänge vom oberen Neckar. (93 S. m. Abbildgn.) kl. 8. Rottweil a/N. (908). Heinr. Eller. (Nur direkt.) n 1. 50

— Wanderstimmungen. (113 S.) 8. Rottweil a/N. (Württ.) (910). Schwarzwälder Volksfreund. (Nur direkt.) 1. —

Kocher, B (Red), s. Pius-Annalen, Schweizerische

Kocher, C F., Anleit., wie d. Jugend auf das Leichteste zum Componiren möge angeführt werden. 8. Ulm 760. (Stettin). 6 Kr

— fasti Habessinorum sacri. Tom. I. 8. Bern 760.

— phraseologia Caesariana, d. i. Auszug u. Erklärung d. vornehmsten Redensarten, welche im Jul. Cäsar gefunden werden. 8. Ulm... 4e A. 772. Bartholomai. (Stettin; a. Hinrichs in Leipz.) 10 Kr

— phraseologia Corneliana. 8. Ulm ... 5e A. 768. Bartholomai. (Hinrichs in Leipz.) 6 Kr

— phraseologia Curtiana. 8. Ulm ... 5e A. 761. (Stettin). 8 Kr (Hinrichs in Leipz.) 18 Kr

— rudimenta grammaticae hebraeae. 8. Zürich 760. Orell. 12 Kr

— tyrocinium etym. syntact. dialogisticum. 8. Stuttgart. (Bartholomaei, Ulm.) 735.

Kocher, Conrad, s. Kocher, Konrad

Kocher, Dav., († d. 24. Dec. 1792.) vindiciae s. textus hebraei Esaiae vatis, adversus Rob. Lowthii criticam. 8. Bern 786. Haller. 1 ß 8. Tubing 790. Heerbrand. 20 Kr

Kocher, F[ranz] W[alther]. Thun und seine Umgebung. Führer hrg. vom Verkehrs- und Kurverein Thun. Nach der ersten Auflage von Dr. phil. C[arl] Huber und Dr. med. E[mil] Mory neu bearb. von F W K ... Mit vielen Illustrationen [sowie 1 Karte] und einem Routennetz. 8. Thun 1900.

Kocher, F. W., Thun u. seine Umgebung. Führer, hrsg. vom Verkehrs- u. Kurverein Thun. Nach der 1. Aufl. v. C. Huber u. A. Mory neu bearb. Mit vielen Illustr. u. e. Routennetz. 8. (59 S. m. 1 Plan.) Thun 900. (E. Stämpfli.) n. 1. —

Kocher, J D., quatuor anni tempora c. vitae memoria carmen elegiacum. Cognatis et amicis dicatum. 8maj. (3¾ B.) Aroviae 840. (Bernae, Huber et Soc.) *

Kocher, Johann David

J. D. Kocher: Vereinigung d. krit. Philosophie m. d. dogmat., zur neuen u. festen Begründung d. Religionsphilos. 2 Bde. *Aarau*, Sauerländer. 811. 8° 2 ß 18 Kr

Kocher, Jh. Dav., Vereinigung d. krit. Philosophie mit d. dogmatischen, zur neuen u. festen Begründung d. Religionsphilosophie. 2 Bde. gr. 8. Aarau 812. Sauerländer. 2 ß 18 Kr

— Vorlesungen über Unsterblichkeit u. andere damit verbundene besond. wichtige Gegenstände. 2 Bde. 8. Bern 805.

Kocher, Jul.

— u. Fr. Erck, das neue ABC. Mit Bildern v. J. K. u. kleinen Reimen v. F. E. 4. (16 S. m. farb. Bildern.) Ebd. 893. Geb. 1. 50

Kocher, J., die kleinen ABC-Schützen. 4. (26 S. m. farb. Abb.) Stuttgart 898. G. Weise. Kart. 2. —

Kocher, Jul., die kleinen ABC-Schützen. 4. (49 S. m. z. Tl. farb. Abbildgn.) Stuttgart (899). G. Weise. Geb. 2. 50; erm. Preis 1. 50

— allerlei Bekannte aus Haus u. Hof. E. Bilderbuch f. brave Kinder. 8 Bilder, aquarelliert v. J. Dolleschal. Mit begleit. Text v. Ibo. gr. 4. (8 S. illustr. Text.) Ebd. 897. — 75

Kocher, Jul., allerlei Bekannte aus Haus u. Hof. Ein Bilderbuch f. brave Kinder. Bilder gezeichnet v. K., aquarelliert v. J. Dolleschal. Mit begleit. Text v. Ibo (4 farb. Taf. m. 2 S. illustr. Text.) gr. 4. Stuttgart (903). G. Weise. — 30

— Bilderfreude. M. begleit. Text v. Ibo. 4. (17 S. m. farb. Abb.) Ebd. 898. — 75

Kocher, Jul., aus Dorf u. Stadt. 6 Bilder in Farbendr. Mit Verschen von Ida Bosch-Ibo u. a. 2 Sorten. (à 12 S.) 4. Stuttgart (905). G. Weise. à — 60

— dasselbe. 12 Bilder in Farbendr. Mit Verschen v. Ida Bosch-Ibo. (15 S. auf Pappe.) 4. Ebd. (905). Geb. 3. —

Kocher, Jul., Erzähl' uns was! Ein Bilderbuch m. Verschen u. Illustr. 4. (16 farb. Bl.) Stuttgart 894. G. Weise. Geb. 2. —

Kocher, Jul., die besten Freunde. Heitere Bilder mit Verschen für artige Kinder. 4. (8 Chromolithogr. auf Carton.) Stuttgart 887, Süddeutsches Verlags-Institut. geb. *

— bunte Gesellschaft. Ein Bilderbuch f. art. Kinder. Mit Versen v. Ida Bosch-Ibo. hoch 4. (34 S. m. z. Tl. farb. Abbildgn.) Ebd. (901). Kart. 3. —

— bunte Gesellschaft. Ein Bilderbuch f. art. Kinder. Mit Versen v. Ida Bosch-Ibo. (8 farb. Bildertaf. m. untergedr. u. 8 S. illustr. Text.) gr. 4. Ebd. (903). Geb. 1. 50

Kocher, J., zu Hause u. im Freien. 8 Bild. in feinem Chromodr. nach Zeichngn. v. J. K., aquarelliert v. W. Zweigle (m. eingedr. Text). M. 16 S. (illustr.) Text v. Fr. Erck. 4. Stuttgart 896. G. Weise. Kart. 1. —

— u. F. Lipps, das goldene Jahr. 12 Monatsbilder. Mit Versen v. Ida Bosch-Ibo. hoch 4. (26 S. m. z. Tl. farb. Abbildgn.) Ebd. (901). Kart. 3. —

— vom Jahrmarkt. 8 Bild. in feinem Chromodr. nach Zeichngn. v. K., aquarelliert v. W. Zweigle. M. 16 S. (illustr.) Text v. Fr. Erck. 4. Ebd. 896. Kart. 1. —

— „aus der Jugendzeit". Ein Bilderbuch f. artige Kinder. 8 Blatt feine Farbdr.-Bilder m. Versen. Unzerreißbare Ausg. Ebd. 886. geb. n. 2. —

— aus froher Jugendzeit. E. neues Bilderbuch. 8 Bild., aquarelliert v. J. Dolleschal. M. begleit. Text v. Ibo. gr. 4. (8 S. illustr. Text.) Ebd. 897. — 75; ohne Text n. — 50

—— Kinder-Freuden. Bilder mit Reimen für die lieben Kleinen. 4. (8 color. Stnt. mit eingedr. Text auf Carton.) Ebendas. 888. geb. *

—— Für's Kinderherz. Ein Bilderbuch m. Reimen von Frida Schanz. 4. (17 Bl. m. farb. Abbildgn.) Stuttg. 891, Weise. cart. * 2 —

— fürs Kinderherz. E. Bilderbuch, m. Versen v. Frida Schanz. 4. (16 Bl. m. farb. Bild.) Ebd. (894). Kart. 2. —

— Kinderlust. M. begleit. Text v. Ibo. 4. (17 S. m. farb. Abb.) Ebd. 898. — 75

— Kinderlust. Mit Text v. Bosch-Ibo. 4. (12 farb. Bl.) Ebd. (899). Kart. 1. —

— Lust u. Freud. M. begleit. Text v. Ibo. 4. (17 S. m. farb. Abb.) Ebd. 898. — 75

— aus der Kindheit Tagen. Mit Text v. Anna Michaëlis. gr. 4. (31 S. m. z. Tl. farb. Abbildgn.) Ebd. (899). Geb. 1 50

Kocher, J. Im Thiergarten. Ein Auszug-Bilderbuch. 12 Farbdr.-Bilder m. Versen. qu. 4. [Stuttg. 888, Süddeutsches Verlags-Institut.] Fürth, Löwensohn. * 2 80

Kocher, Konrad

——, F. Silcher u. J. G. Frech, vierstimm. Choralbuch, s. Choralbuch.

—— Silcher u. Frech, 136 vierstimmige Choräle f. den Männergesang. gr. 8. (6¼ B.) Tübingen 844, Laupp'sche Buchh.

Kocher, Silcher und Frech, 136 vierstimmige Choräle für den Männergesang. 2. Aufl. gr. 8. (IV und 104 S.) Tübingen 864, Laupp'sche Buchh.

Kocher, Silcher u. Frech, 136 vierstimmige Choräle für den Männergesang. Zum Gebrauche für Seminaristen, Gymnasien, Lehrer-Gesang-Vereine, Liederkränze 2c. 4. Aufl. gr. 8. (IV, 104 S.) Tübingen 881. Laupp. 1. 20

Kocher, Silcher u. Frech. 136 vierstimm. Choräle für den Männergesang. Zum Gebrauche f. Seminarien, Gymnasien, Lehrer-Gesang-Vereine, Liederkränze 2c. 5. Aufl. gr. 8. (IV, 104 S.) Tüb. 890, Laupp. 1 20

—— Harmonik. Die Kunst des Tonsatzes aus den Grund-Elementen theoretisch entwickelt und praktisch dargestellt. 5 Lfgn. gr. 4. (IV und 210 S.) Stuttgart 858. 59, Nitzschke. à Lfg. 21 Ngr.

—— Harmonik. Die Kunst des Tonsatzes aus den Grund-Elementen theoretisch entwickelt und praktisch dargestellt. 2. Ausg. 5 Lfgn. 4. (VI und 210 S.) Stuttgart 864, Nitzschke. à Lfg. 21 Ngr.

—— Haus-Choralbuch für Clavierspiel und Gesang. 179 Choräle nebst den vollständigen Liedertexten, den Kern der evangel. Gesang- und Choralbücher enthaltend. Nach den Originalen und den sangbarsten Varianten in vierstimmigem Satze neu bearb. hoch 4. (III und 152 S.) Stuttgart 858, Metzler'sche Buchh. Verlags-Conto. *

Kocher, Conr., christliche Haus-Musik. Eine Sammlung ein- u. mehrstimmiger alter u. neuer Lieder, Arien, Chöre rc. M. Begleitung des Pianoforte. Nr. I. 9 Lieder v. Spitta, Knapp, Uhland rc. Für eine Sopran- u. Tenorstimme. hoch 4. (1¼ B.) Stuttgart 846, Wagner'sche Buchh.

—— dass. Nr. II. 13 Lieder v. Spitta, 4stimmig f. Sopran, Alt, Tenor u. Baß. hoch 4. (2½ B.) Ebds. 846.

—— Hie Deutschland! Lied von Fel. Dahn. Für vier Männerstimmen gesetzt. gr. 8. (4 S.) Stuttgart 859, Zumsteeg.

Kocher, C(onr.), Clavierspielbuch. Eine aus den ersten Elementen theoretisch und praktisch sich entwickelnde und durch mehrere Hunderte von Vorübungen und Tonstücken methodisch fortschreitende Einleitung in das Spiel und Verständniss der Classiker. 4 Hefte. gr. 4. (II und 192 S.) Stuttgart 858. 59, Nitzschke. à Heft 21 Ngr.

Kocher, C., Clavierspielbuch. Eine aus den ersten Elementen theoretisch und praktisch sich entwickelnde und durch mehrere Hunderte von Vorübungen und Tonstücken methodisch fortschreit. Einleitung in das Spiel und Verständniss der Classiker. 2. Ausg. 4 Lfgn. 4. (II und 192 S.) Stuttgart 864, Nitzschke. à Lfg. 21 Ngr.

Kocher, Conr., Orgelspielbuch, s. Orgelspielbuch.

Kocher, Conr., Sammlung auserles. Lieder, s. Barbenhain.

Kocher, Conr., Stimmen aus d. Reiche Gottes. Eine auserles. Samml. alter u. neuer evangel. Kernlieder mit beigefügten, vierstimmig gesetzten, f. Gesang, Clavier u. Orgelspiel eingericht. Choralmelodieen, vom Ursprung d. Chorals bis auf d. heut. Zeit. Zum Gebr. f. Kirche, Schule u. Haus. Mit ein. Vorw. v. Alb. Knapp. gr. 12. (31 B.) Stuttgart 838, Hallberger'sche Vrlshandl. Thlr. *

— s. Stimmen aus dem Reiche Gottes

Kocher, C., d. Tonkunst in d. Kirche, oder Ideen zu einem allgem. 4stimmigen Choral- u. einem Figural-Gesang rc. gr.8. Stuttg. 823. Metzler. 12 gr

Kocher, (C.,) die Tonkunst in der Kirche, oder Ideen zu einem allgem. 4stimmigen Choral- u. einem Figural-Gesang rc. gr. 8. Stuttg. 824, Metzler.

— Zionsharfe. Ein Choralschatz aus allen Jahrhunderten und von allen Confessionen der christlichen Kirche. Zur Erbauung in der Familie wie in der Gemeine gesammelt u. für Singchöre, Orgel- u. Klavierspiel vierstimmig bearb. 20 Liefgn. Stuttgart 853—55. Metzler. 4. Jede Liefg. n. 15 ngr. Inhalt: 1. Abth.: 1137 Choral-Melodieen der evangel. Kirche, nebst den besten Chorälen der alten Kirche, vom heil. Ambrosius bis zur Reformation, aus der böhmischen, der mährischen und der Brüdergemeinde von Huß bis auf unsere Zeit. (12 Liefgn.) (VIII, 567 S.)

Kocher, Conr., Zionsharfe. Ein Choralschatz aus allen Jahrhunderten und von allen Confessionen der christl. Kirche. Zur Erbauung in der Familie wie in der Gemeine gesammelt und bearb. 1. Abthl. (12 Lfgn.) hoch 4. (1137 Choral-Melodieen der evangel. Kirche, nebst den besten Chorälen der alten Kirche rc. VIII und 576 S.) Stuttgart 855, Metzler'sche Buchh. *

—— dass. — 2. und 3. (letzte) Abthl. (Lfg. 13—20.) hoch 4. (2. Abthl.: Das Psalmbuch der reformirten Kirche, mit unterlegtem französ. Originaltext 74 S.; 3. Abthl.: Die schönsten Melodieen der Psalmen und Hymnen der anglikan. Kirche in England und Amerika, mit unterlegtem engl. Originaltext 178 S. und 4. Abthl.: Die schönsten Melodieen der kathol. Kirche mit unterlegtem deutschen Text 108 S.) Ebds. 855. *

Kocher, Otto, approb. Arzt aus Plochingen. Aus d. Tübinger Universitäts-Augenklinik. Ueber Strabismus convergens hyperopicus. *Tübingen: F. Pietzcker 1902.* (32 S.) 8° Tübingen, Med. Diss. v 1902

Kocher, Rud., die Militärstrafgerichtsordnung der Schweiz, s.: Sammlung schweizerischer Gesetze.

— Straf-Gerichtsorganisation u. Prozessgesetzgebung des Kantons Bern. Textausg. m. Verweisgn., insbesondere auf die Gerichtspraxis; die Strafprozessgesetze d. Bundes u. der Kantone Zürich, Luzern, Solothurn, Basel, Aargau, den Code d'instruction criminelle u. die deutsche R. St. P. O. gr. 8. (XII, 222 S.) Bern 894. (Basel, Georg & Co.) n. 4. —

Kocher, Rud., die Straf-Gerichtsorganisation u. Straf-Prozessgesetzgebg. d. Schweiz. Bürgerl. Straf-Gerichtsorganisation u. Straf-Prozessgesetzgebg. der Schweiz, s.: Sammlung schweizer Gesetze.

— die Straf-Gerichtsorganisation u. Straf-Prozessgesetzgebung der Schweiz. Textausg. der Bundesgesetze m. Verweisgn., insbesondere auf die bundesgerichtl. Praxis u. die Strafprozessgesetze der Kantone. (VI, 227 S.) Zürich 894. Art. Institut Orell Füssli, Verl. Geb. in Leinw. n. 4. —

Aus Zeit u. Streit. Hrsg. v. *Rud. Kocher.* Inhalt: Subvention d. Volksschule. Haselstock, Gesetz u. Richterspruch in Bern u. Zürich. Aus d. Reich d. Anarchismus. Ausweisung u. Auslieferung (Fremdenrecht). Zur Abrüstungsfrage. Karpfen ohne Hecht u. a. Gr. 8°. 105 S. (Basel, Georg & Co.) 1899 1 30

Kocher, Theodor

Kocher, Th., die Analogien v. Schulter-Hüftgelenk-Luxationen u. ihrer Repositionsmethoden, s.: Sammlung klinischer Vorträge.

Kocher, Thdr., appendicitis gangraenosa u. Frühoperation. (24 S. m. 2 farb. Taf.) Lex. 8. Basel 908. B. Schwabe & Co. 1. —
Sonderabdr. a.: „Correspondenzbl. f. Schweizer Aerzte".

Kocher, Thdr., Behandlung der croupösen Pneumonie mit Veratrum-Präparaten. Würzburg 866. Stahel'sche Buchh. gr. 8. (VIII, 95 S.) 18 ngr.

Kocher, Th. Beiträge zur Kenntnis einiger praktisch wichtiger Fracturformen. Mit zahlr. Textillustr. u. 36 Taf. Gr. in-8°. 307 S. Basel, C. Sallmann. 1896. brosch. 11 25; gebd. 12 50
*** Mitteilungen aus Kliniken u. mediz. Instit. der Schweiz III. Serie. Heft 10-12

Kocher, Thdr., Beiträge zur Kenntniss ein. prakt. wicht. Fracturformen. [Aus: „Mittheilgn. aus Kliniken u. medicin. Instituten d. Schweiz".] gr. 8. (307 S. m. Abb. u. 36 Taf.) Basel 896. Jena, Gust. Fischer. geb. n. 10. —

Kocher, Thdr., s.: Bibliotheca medica.

Kocher, Thdr., s.: Encyklopädie der ges. Chirurgie.

Hirnerschütterung, Hirndruck und chirurgische Eingriffe bei Hirnkrankheiten. Von Prof. Dr Theodor Kocher, Dir d. chir Klinik in Bern. Mit 4 Taf. u. 87 Abb. *Wien. A. Holder 1901.* (VIII, 457 S.) 8°
= Pathologie, Specielle, u. Therapie. Bd 9, Th. 3, Abth. 2

Kocher. Inselspital, Hochschule und Publikum. Rektoratsrede, hrsg. von Dr. Hagen, Bern. 1878.

Kocher, Th., die Krankheiten der männlichen Geschlechtsorgane, s. a. Chirurgie, deutsche.

Kocher, Theodor: Die Krankheiten der männlichen Geschlechtsorgane. Mit 174 in d. Text gedr. Fig. Stuttgart 1887. XLVIII, 640 S.
(Deutsche Chirurgie Lfg 50 b)

— zur Lehre v. d. Schusswunden durch Kleinkalibergeschosse, s.: Bibliotheca medica.

Kocher, Th., über die einfachsten Mittel zur Erzielung einer Wundheilung durch Verklebung ohne Drainröhren, s.: Sammlung klinischer Vorträge.

—— Chirurg. Operationslehre. Lex.-8. (VIII, 208 S. m. 163 Abbildgn.) Jena 892, Fischer. * 4 50; geb. * 5 50

— dasselbe. 2., verm. u. verb. Aufl. gr. 8. (XI, 323 S. m. 185 Fig.) Ebd. 894. n. 10. —; geb. n. 11. —

— chirurg. Operationslehre. M. 218 teilweise farb. Holzschn. im Texte. 3., vielfach umgearb. Aufl. gr. 8. (XVI, 412 S.) Jena 897. G. Fischer. n. 11. —; geb. n. 12. —

Kocher, Th[eodor]. Chirurgische Operationslehre Mit 1 Tafel und 255 Abbildungen im Texte 4. vielfach umgearb. Aufl. XVI + 628 S. 8. Jena, Gustav Fischer, 1902. [br. M. 13. —, geb. M. 15. —]

Kocher, Th[eodor]. Chirurgische Operationslehre. Mit 412 teils farbigen Abbildungen im Texte. 5. vielfach umgearbeitete Aufl. XXIV + 1072 S. 8. Jena, Gustav Fischer, 1907. (M. 20. –, geb. 22. 50)

— zur Prophylaxis der fungösen Gelenkentzündung m. bes. Berücksicht. der chron. Osteomyelitis u. ihrer Behandlg. mittelst Ignipunctur, s.: Sammlung klinischer Vorträge.

Kocher, Thdr. Zur Radicalcur der Hernien. Lex.-8. (15 S. m. 4 Taf.) Basel 892, Schwabe. * 1 —
Aus Correspondenzblatt f. Schweiz. Aerzte, besonders abgedruckt.

— über Schusswunden. Experimentelle Untersuchungen über die Wirkungsweise der modernen Klein-Gewehr-Geschosse. gr. 8. (V, 94 S.) Leipzig 880. F. C. W. Vogel. n. 2. 40

Kocher, üb. die Sprengwirkung der modernen Kleingewehr-Geschosse. Lex.-8. (16 S.) Basel 875. Schwabe. n. — 40

Kocher, Theodor: Über glykogenhaltige Strumen. O. O. 1899. 29 S. und Taf. 8°.
Bern. Med. Diss. 1898/99.

— Vorkommen u. Vertheilung d. Kropfes im Kanton Bern. Ein Beitrag zur Kenntniss der Ursachen der Kropfbildgn. Mit 1 Karte d. Kantons Bern. gr. 8. (19 S.) Bern 889. Wyss. n. 1. 60

Kocher, Th., u. E. Tavel. Vorlesungen über chirurgische Infektionskrankheiten. I. Tl. Mit Abbild. u. 2 farb. Tfln. Gr. in-8°. VIII, 224 S. Basel, C. Sallmann. 1895. 10 —

Kocher, Thdr., u. E. Tavel, Vorlesungen üb. chirurg. Infektionskrankheiten. 1. Tl.: Die Streptomykosen. (III, 251 S. m. 80 Abbildgn.) gr. 8. Basel 909. B. Schwabe & Co. 6. —

— die antiseptische Wundbehandlung mit schwachen Chlorzinklösungen in der Berner Klinik, s.: Sammlung klinischer Vorträge.

Koecher, Adolfvs (geb. am 31 Dez. 1848 in Dardesheim bei Halberstadt): De Ioannis Antiocheni actate fontibvs avctoritate ... Bonnae, form. C. Georgi 1871. 2 Bl., 80 S., 1 Bl. 8.
Bonn, Phil. Fak., Diss. v. 16 Okt. 1871

Köcher, Adolf Päpstliche Breven an Herzog Johann Friedrich von Hannover 4 (24 S.). Kaiser Wilhelms G. 1887 (290).
Progr.

Köcher, Adf., Geschichte von Hannover und Braunschweig 1648 bis 1714, s. Publicationen aus den k. preußischen Staatsarchiven.

— zwei neuere Probleme d. Geschichtsunterrichts auf d. höh. Schulen. (I. D. Stellg. d. alten Geschichte im Lehrplan d. Gymnasien. II. D. Belehrgn. üb. wirtschaftl. u. gesellschaftl. Fragen im Geschichtsunterricht der höh. Schulen.) gr. 8. (23 S.) Hannover 896. Hahn. n. — 40

Köcher, Adolf Die Selbstbiographie des Ministers Andreas Gottlieb von Bernstorff. 12 S. Progr. K Wi. G. *Hannover* 1877

Köcher, Adolf (Hrsg.), s. Sophie, Kurfürstin von Hannover· Memoiren.

Köcher, Adf., zwölf Thesen über den Geschichtsunterricht auf höheren Schulen. gr. 8. (26 S.) Hannover 880. Hahn. n. — 40

Köcher, Adf. Die Varusschlacht, s. Taschenbuch, historisches.

Köcher, C C

— vom Angenehmen im Unbekannten. 8. Coburg 784. (anonym).

Köcher, C. C., († d. 24. Oct. 1792.) kleines Handlexikon d. bibl. Geographie d. N. Testam. 8. Coburg 792. (Riemann). 12 K

— Unterhaltungen für Freunde d. Philosophie u. des Forschens. 8. Coburg 786. Ahl. 8 K

Koecher, Chr. [Praes.], s. Lambrecht, Justus Ludwig Daniel: De eruditione

Ancien régime. Die französ. Königszeit von d. Kapetingern bis z. grossen Revolution von Dr. Edmund Köcher, Oberl. in Altenburg. *Dresden & Leipzig: C. A. Koch 1899.* (XI, 104 S.) 8°
— Abhandlungen, Neusprachliche. H. 7. [ca. 6117

Köcher, Edmund [aus Altenburg]: Beitrag zum Gebrauch der Präposition „de" im Provenzalischen. . . . Marburg, *Pierer'sche Hofbuchdr. Stephan Geibel & Co. in Altenburg*, 1888; 44 S. + 1 Bl. 8°
Marburg, Phil. Fak., Inaug.-Diss. v. [28. Okt.] 1888

Köcher, Edm., Beitrag zum Gebrauch der Präposition „de" im Provenzalischen. Inaugural-Dissertation. gr. 8. (44 S.) Marburg 888. (Leipzig, Fock.) *

— u. H. Runge, Lehr- u. Lesebuch der englischen Sprache. Mit 12 Vollbildern, e. (farb.) Plane v. London, e. (farb.) Karte v. England, sowie e. (farb.) Münztafel. gr. 8. (XII, 176 u. Wörterverzeichnis 83 S.) Leipzig 902. B. G. Teubner. Geb. in Leinw. u. geh. n. 3. —

Köcher, [Edmund], Prof. Dr.: Das Münzwesen im alten Gallien. ⟨Mit einem Vorwort über das von Dr. C. Klöpper herausgegebene französische Reallexikon u. e. Abrisz d. Münzwesens bei d. alten Kulturvölkern.⟩ Magdeburg 1906 · E. Baensch jun. (15 S.) 4°
Magdeburg, st. R OP 1906 (330)

Köcher, Edmund (Hrsg.), s. Seeley, J. R. The Expansion of England.

Koecher, F., Bergblumen. Sagen aus der vorderen Rhön. gr. 8. (IV, 82 S.) Eisenach 888, Kahle's Hofbuchdr. (durch Baerecke). *

Köcher, Ferd., Kirchbergs Geschick. E. Erzählg. aus d. Zeiten Friedrichs m. d. Wangenbiß. M. 6 Vollbild. v. R. Starcke. gr. 8. (XI, 388 S.) Altenburg 898. St. Geibel. Geb. in Leinw. n. 6. —

Köcher, Friedrich Adrian

Köcher, Friedr. Adr., Darstellung d. mathemat. Geographie f. d. oberen Gymnasialklassen u. höh. Bürgerschulen. gr. 4. (5¾ B. u. 2 Taf.) Breslau 839, Grass, Barth u. Comp.

Köcher, Fr. Adrian, körperl. Geometrie nebst Erweiterung ders., u. sphär. Trigonometrie. M. 4 Figtaf. (gr. 4.) gr. 8. (13 B.) Breslau 833, (Neubourg.)

Köcher, Fr. Adrian, Grundzüge der ebenen Trigonometrie. Ein Leitfaden beim Unterrichte in derselben. 1. Aufl. (2⅞ B.) 843. u. verb. Aufl. gr. 8. (2¾ B. u. 1 Stnt.) Breslau 845. (G. P. Aderholz.) à

Koecher, Adrianus *(geb. Prag 7 2 1786)* De identiate [!] lucis et caloris. Vratislaviae (1820). (18 S.) 4° *[Nostrifikation des in Prag promovierten Verf.; auch in Buchausg. erschienen.]*
Breslau, Phil. Diss. v. 5. Febr. 1820

Köcher, Fr. Adr., d. Combinationslehre u. ihre Anwendung auf d. Analysis, zum Gebrauch für Gymnasien u. höhere Anstalten. Mit 1 Kpf. gr. 8. Leipz. 822. Kummer. 1 ℛ 6 ℊ

—— Lehrbuch d. Arithmetik u. d. nied. Algebra f. Gymnasien, höh. Bürgerschulen, Kriegsschulen u. z. Selbstunterrichte. gr. 8. (11¼ B.) Breslau 838, G. Ph. Aderholz.

Koecher, Adrianus Dissertatio sistens soliditatem ungularum circularium, ellipticarum, parabolicarum et hyperbolicarum taliumque cuneorum et conidum, ope geometriae elementaris in calculum vocatam, et calculo integrali denuo comprobatam. Vratislaviae [1825]. (43 S., 1 Taf.) 8°
Breslau, Phil. Fak., Hab.-Schr [v 30. Nov. 1825]

— Diss. mathematica sistens soliditatem ungularum circularium, ellipticarum, parabolicarum et hyperbolicarum taliumque cuneorum et conidum, ope geometriae elementaris in calculum vocatam, et calculo integrali denuo comprobatam. Adnexa est tab. lithograph. 8. Bresl. 826.

Köcher's, Fr. Adrian, Stereometrie, neu bearb. von Mor. Sadebeck. Breslau 867. Aderholz' Buchh. gr. 8. (V, 82 S. mit 2 lith. Figg.-Taff. in qu. 4.) n. 13½ ngr.

Köcher, F. A., ebene Trigonometrie und Polygonometrie, wie auch analytische ebene Trigonometrie, mit Aufgaben hierüber. Mit 7 Kupfert. gr. 8. Leipzig, Kummer. 821. -

Köcher, Hermann Friedrich

Köcher, Herm. Fr., († d. 2. April 1792.) nova bibliotheca hebraica, sec. ordin. bibl. hebr. Jh. Cph. Wolfii disposita etc., c. praef. J. G. Eichhorn. II Tom. 4maj. Jena 783,84. (Schmid). 1 ℛ 12 ℊ

Köcher, Hermann Friedrich, s. Briefe, Messianische

- comment. ad Genes. II, 18. 19. 20. de vocatis ab Adamo animalibus. 8. Jena 779.

— comm. sistens explicationem vocum ויבדל et ויקרא Genes. I, 3. 5. de Deo usurpaterum. 8. Jena 778.

Köcher, Hermann Friedrich, s. J. F. Jugler Suppelementa

Köcher, Hermann Friedrich, s. J. Eph. Köcher Zwei Abhandl

— Specimen observationum philologicarum in 1 Sam. II. 4. Jena 772.

— stricturarum antimasorethicarum in Krijan et Cethibhim ad librum Judicum Specimen I. 8. Jena 789.

— supplem. in Struvii biblioth. hist. literar. fasc. I. 8. maj. Iena, Stahl. 785.

— commentatio philologica de thuribulo aureo, ejus usu et significatione mystica ad Hebr. IX. 4. Jena 765.

— Versuch e. Erklärung d. Geschichte Sauls mit d. Betrügerin zu Endor, 1 Sam. 28. 8. Gera 780. Rothe. 4 ℊ

Köcher, Johann Christoph

— Abbild. einer Friedenstheologie oder Gottesgelahrtheit, welche den Frieden erhält. Nebst einer bibliotheca theologiae irenicae. 8. Jena 764. Cröker. 8 ℊ

Köcher, Jh. Cph., Abhandl. d. Lehre, daß Christus d. Menschen auch d. irdischen Güter u. leibl. Wohlthaten erworben habe. 8. Jena 768. Cröker. 2 ℊ

Köcher, Jh. Eph., († d. 21. Sept. 1772.) zwei Abhandll. aus d. philosoph. Geschichte zur Erläuterung e. Stellen in d. Augsburg. Confession rc. Aus d. Latein. übers., mit Anmerkk. von H. F. Köcher. 8. Jena 771. Fickelscher. 5 ℊ

— Abriß aller in d. Welt bekannten u. üblichen Religionen. 8. Jena 756. Cröker. 12 ℊ

— analecta philol. et exeget. in IV Evangel. quib. I. C. Wolfii curae phil. et crit. suppletur. etc. 4. maj. Altenbg. (Academ. Handl. in Iena.) 766.

Koecher, J. C., de bonis angelis Doctor. theologiae titulo vere ac falso ornatis. Gotting. 737. 4.

— Anleit. z. Erkenntn. der Vollkommenh. und Wahrh. der christl. Religion. 8. Braunschw. Schröder. 747.

Koecher, J. C., apospasmatia hist. fistularum eucharisticarum. Osnabr. 1741. 4.

Köcher, Jh. Chr., († im Aug. 1807.) vermischte theolog. Aufsätze. 8. Altona 795. Hammerich. 12 ℊ

— Beytr. z. Beförd. d. Gewißh. und Wahrheit der evangel. Religion. 8. Halle, Waisenh. 759.

— überzeugende Belehrung von d. Wahrheit u. Vollkommenheit d. evangel.-luther. Religion. 8. Jena 755. Cröker. 16 ℊ

— Beweis, daß m. d. Glaubenslehr. d. Katholiken a. ihr. liturg. Büch. erweis. könne. 4. Braunschw. Schröder. 747.

— bibliotheca theologiae symbol. et catechet. itemque liturgicae. 8. Guelpherbyti 751. 1 ℛ 3 𝒦 Pars altera. 8. Jena 769. Cröker. 8 𝒦

Koecher, J. C., de cathedris apostolorum. Jen. 1751. 4.

Koecher, M. Jo. Christoph (Illustris gymnasii rector), De conscientia veritatis criterio in investiganda et profitenda veriori religione pauca disserit atque ad memoriam Augustanae confessionis secularem in gymnasio Osnabrugensi invitat. Osnabrück (Kisling) 12. IX. 1730. 6 Bl. (4.—) 18846
Dietrich Bernhard Gülich (Osnabrück), Anton Heinrich Koenigshaven (Jever), Joh. Christoph Wilmanns (Bielefeld).

— conspect. theologiae univ. et via ad illius studium etc. 8. Wolfb. Meissner. 749.

— Braunschweigisches Denkmal, in drei heil. Reden. 8. Jena 752. Kuno. 5 𝒦

— Einleit. in d. katechet. Theologie. 8. Jena 752. Cröker. 5 𝒦

Commentatio de eruditione, quam in Collegio Carolino publicae eruditorum disquisitioni subiicient praeses **Io. Christoph. Koecherus**, Collegii Carolini curator et prof. publ. ord. et respondens **Justus Ludovicus Daniel Lambrecht** die XXI. Oct. 1746. 4 Bl., 40 S. 8⁰

— Gedanken d. Friedens, z. Andenken des westphäl. Friedens, in Predigten. 8. Braunschw. Meyer. 749.

— katechet. Geschichte d. päpstl. Kirche. 8. Jena 753. Cröker. 7 𝒦

— katechet. Geschichte d. reformirten Kirche, in welcher sonderl. d. Schicksale d. Heidelberg. Katechismi ausführl. erzählt werden ꝛc. 8. Jena 756. Cröker. 10 𝒦

— katechet. Geschichte d. Waldenser, böhm. Brüder, Griechen, Socinianer, Mennoniten u. and. Secten ꝛc. 8. Jena 768. Croker 12 𝒦

— drey vornehmste Glaubensbekenntn. der böhmischen Brüder. 8. Fkft. Brönner, (Hermann.) 741.

Koecher, Jo. Christoph [Praes.], s. Harmsen, Johann Hermann De unica salutis per Christum via ex Act IIII 12 declarata.

— das durch Bußpredigten gerührte Herz eines Sünders. 4. Jena 765. Cröker. 1 𝒦

Koecher, J. C., historia Jesu Christi ex scriptoribus profanis eruta. Jen. 1726. 4.

— de idololatria literar. 8. Hannov. Helwing. 738.

Köcher, J. C., Jesus Nazarenus. Jen. 1759. 4.

— besond. Kanzelreden von d. Religion u. Gottesdienst, s. unten geistl. Reden ꝛc. 4r Thl.

— schriftmäßige Canzelreden. 8. Braunschw. Schröder. 743.

— observationes selectae controversias, quae inter pontificios et protestant. agitantur, illustr. II Voll. 8. Jena 767—70. Cröker. 14 𝒦

Koecher, Jo. Christoph [Praes.], s. Pansner, Jo. Michael: Historiam Jesu Christi ex scriptoribus profanis erutam ac delineatam.

Koecher, J. C., Paulum apost. potiori jure quam Petrum universae ecclesiae doctorem appellandum esse. Jen. 1738. 4.

Koecher, J. C., de salutatione angelica. I—II. Jen. 1760—61. 4.

— Samml. auserles. geistl. Reden, welche als Proben verschied. Charactere in Predigten können angesehen werden. 8. Jena 754.

— Samml. geistl. Reden, bei außerordentl. Fällen. 3 Thle. 8. Jena 752, 53. auch mit d. Jahrz. 1780. (Barth in Lpz.) 1 ℛ 7 𝒦 4r Thl. A. u. d. T.: besondere Kanzelreden von d. Religion u. d. Gottesdienst. 8. Jena 772, auch mit Jahrz. 780. (Barth in Leipz.) 20 𝒦

Theologiae pontificiorum liturgicae specimen quo illos veri nominis mediatores sanctos suos existimare et colere demonstrat atque recitationes suas theologicas in illustri Collegio Carolino divini numinis auspiciis instituendas indicat **Io. Christoph. Koecherus** D. (Dat. 21. Oct. 1745.) 16 S. 8⁰

— — De veritate ac praestantia religionis evangelico-Lutheranae ex Augustana confessione clarissime elucente commentatio. Jena (Ernst Claudius Bailliar) 1731. 74 S. (6.30) 18847

— bescheidene Vertheidigung d. evangel.-luther. Religion wider mancherlei Vorwürfe u. Beschuldigungen aller ihrer Gegner. 8. Jena 759. Cröker. 16 𝒦

Köcher, Jul.

Köcher. Über d. Gesundheitszustand uns. Truppen u. ihre Verluste im Kriege 1877/78. (Russ.) Petersburg 1882 — Deutsche Übers. angeheftet.

Köcher, [Jul.], das Sanitätswesen bei Plewna. Mittheilungen über medicin. Begebnisse und Resultate sanitätl. Einrichtungen und Leistungen vor Plewna nebst einem Anhang über Hospital-Evacuation durch Dampfschiffe. 8. (VII, 55 S. mit 1 lithogr. Karte.) St. Petersburg 878, Röttger. *
Aus: St. Petersburger medicinische Wochenschrift, besonders abgedruckt.

Köcher, das Sanitätswesen bei Plewna. 2. (Schluss-)Thl.: Studien über Militair-Sanitätswesen, gewidmet allen Gliedern der Armee. gr. 8. (161 S.) St. Petersburg 880, Röttger. *
1. Thl. Ebendas. 1878. *ℳ 1,50.

Köcher, Otto, Referendar in Wiesbaden: **Ein Beitrag zur Frage nach dem „Tierhalter" (§ 833 B.G.B.). Können mehrere Personen bezüglich desselben Tieres Tierhalter sein?** Borna-Leipzig 1907: R. Noske. (x, 77 S.) 8° [F.]
Leipzig, Jur. Fak., Diss. v. 16. Dez. 1907
[Geb. 15. Jan. 84 St. Ludwig (Ober-Elsaß); Wohnort: Wiesbaden; Staatsangeh.: Preußen; Vorbildung: Gymn. Basel (Schweiz) Reife O. 02; Studium: Bonn 3, Freiburg i. B. 1, Berlin 1, Marburg 3 S.; Rig. 13. Juli 06.]

Köchert, G., Waffenlehre, s. Militärbibliothek, österreichische.

Kocherthal [Schlagwort]

Kocherthal, s.: Jagst- u. Kocherthal.

Kocherthal, Joshua: Außführlich und umständlicher Bericht von der berühmten Landschafft Carolina in dem Engelländischen America gelegen. *An den Tag gegeben von . . . Zweyter Druck. Franckfurt am Mayn: Zu finden bey Georg Heinrich Oehrling 1709.*

[Kocherthal, Joshua]: Ausführlich- und umständlicher Bericht von der berühmten Landschaft Carolina in dem Engelländischen America gelegen. *An Tag gegeben von . . . Vierter Druck. Mit Anhängen zweyer Engelischen Authoren gethanen Beschreibung, und eines auff der Reyse dahin begriffenen Hochteutschen auss London. Benachrichtigung; Nebst einer Land-Carte von Carolina vermehrt. Frankfurt am Mayn: Georg Heinrich Oehrling 1709. 80 S.*

Kocher-Zeitung. – Die Kocher-Zeitung. – Aalen. – 4.I 1873 – 31.VIII.1939
Vorh. u.d.T.. Amts- und Intelligenzblatt
Fortges. u.d.T. Kocher- und National-Zeitung.

Kochet in der Kiste! Das Kochbuch f. die Kochkiste, aus der Praxis hrsg. v. e. Landfrau. 5., durch die Gruppe „20 Abendgerichte" verm. Aufl. (44 S.) 8. Schwerin 906. F. Bahn. n. — 50

Koch-, Back- u. Confituren-Etuis, neues, zur Bereitung e. guten Hausmannskost. 8. Leipz. ... Central Cpt. 16 gl

Kochhandbuch, kl., oder Anweis., allerlei Speisen gut zuzurichten. 8. Penig 802. Dienemann. 8 gl

Koch-Handbuch, kleines, oder Anweisung allerhand Speisen zuzurichten 2c. 8. Chemnitz, Kretzschmar. 807.

Kochhann, Heinrich Eduard: (Auszüge aus den Tagebüchern). (Hrsg.: Albert Hochhann.) [1]–5 (Berlin 1905–08 Kroll.) 8° [Umschlagt.]
[1] Im Vaterhause. 1905
2. Zeitbilder a.d.J. 1830–40 mit Rückblicken auf d. vorangegangenen Jahrzehnte. 1906.
3. Mitteilungen a. d. J. 1839–1848. 1906.
4. Mitteilungen a. d. J. 1848–1863 1907
5. Aus d. großen Zeit 1862–1874. 1908.

Köchin, die deutsche. Ein Kochbuch für alle deutschen Frauen und Mädchen, zur Erzielung einer kräftigen, gesunden Nahrung. Von einer deutschen Hausfrau. Nebst mehreren Abbildungen. 1. Aufl. 1849. und 2. Aufl. 8. (IV und 116 S. mit 2 Stnt.) Meißen 851, Goedsche'sche Buchh.

Köchin, ächte bürgerliche. Ein prakt. Hand- u. Hülfsbüchlein f. deutsche Bürgerfrauen u. Töchter. Von Rosalie. 16. (11½ B.) Ulm 845. [Adorf, Müller.]

Köchin, Die erfahrene, beym Fleischeinkauf... Leipzig 1795. V: *Buschendorf, Carl Frdr.* (Ky) (EngOec) (MGT)

Köchin, d. erfahrne, beim Fleischeinkauf 2c., (v. K. F. Buschendorff). Mit Kpf. 12. Leipz. 795. Magaz. f. Industr. 6 gl Hbz. Pr. 4 gl

Köchin, die, ohne Fehl und Tadel, s. Rosamunde, K.

— die, ohne Fehl u. Tadel; od. gänzlich zuverlässige Kunst, ohne alle andere Anleitung innerhalb 4 Wochen insbesondere treffliche, gesunde und schmackhafte Hausmannskost nebst feinen Gerichten u. Backwerken bereiten zu lernen. Von Rosamunda. 4., verb. Aufl. 12. (9 B. u. 1 Kpfr.) München 844, Lindauer'sche Buchh.

— die frankfurter, d. i.: deutliche u. genaue Anleitung, ohne alle andere Anweisung eine perfecte Köchin zu werden. Nebst Anweisung z. Tranchirkunst u. Brotbäckerei. 16. (13⅜ B.) Grimma 845, Verlags-Comptoir.

— die innsbrucker, oder sehr einfach und verständlich beschriebenes prakt. Kochbuch von A. P. 12. (46 S.) Innsbruck 850, (Wagner'sche Buchh.)

Köchinn, die kleine. Vollständiges Kinder-Kochbuch für die glücklichen Besitzerinnen von Kochmaschinen. Hrsg. von der zwölfjährigen Helene. 32. (64 S.) Berlin 859, Springer'sche Buchh.

Köchin, die kleine. Vollständiges Kinder-Kochbuch für die glücklichen Besitzerinnen von Kochmaschinen. Hrsg. von der 12jähr. Helene. 32. (64 S.) Berlin 863, Springer'sche Buchh. *

— die kleine, oder Kochbüchlein zu kleinen Kochöfen. Festgeschenk für wißbegierige Mädchen. 3. Aufl. 32. (32 S.) Nürnberg 870, Zeiser. — 20

Köchin, die kleine. Ein Kochbüchlein in kurzweil. Versen m. ganz genauer Belehrg., sowohl f. das Spiel in der Puppenküche, als f. den prakt. Gebrauch am Herde der lieben Mutter, f. alle Mädchen, welche brav sind od. es ernsthaft werden wollen, v. Tante Pepi. 2. Aufl. 16. (55 S. m. Abbildgn.) Stuttgart 893. J. Roth. Kart. n. — 50

— kleine Kölner. Auszug aus d. in 11 Aufl. erschien. Werke: Neue Kölner Köchin. 16. Köln 846, J. G. Schmitz. n. ⅓ ℛ

— kleine kölner. Auszug aus dem in 11. Aufl. erschien. Werke: Neue kölner Köchin. 16. (224 S.) Köln 847, J. G. Schmitz. *

Köchin, die kleine Linzer. Anleitg., gut, schmackhaft u. billig kochen zu lernen. gr. 16. (48 u. 52 S.) Linz 897. Verl. d. kathol. Preßvereines. n. — 36

— die kleine praktische, f. Deutschlands Mädchen u. Frauen. 16. (15 B.) Hanau 845, Edler'sche Buchh.

— die kleine, welche jung. Frauenzimmern d. Kochen. 2c. Halle, Dreyßig.

Köchin, die kluge und nützliche. s. Taschenkochbuch.

Köchin, Kölner, oder Samml. d. besten u. geschmackhaft. Speisen 2c. 8. Köln 806. Fabricius. 16 gl (Imhof-Schwarz). 20 gl 6e u. 7e A. unt. d. T.: neue Kölner Köchin, oder Handbuch d. Kochkunst, nebst vollständ. Anweis. zum kunstgerechten Zerlegen d. Speisen. Nach d. jetzigen Zeitgebrauche verbess., u. mit Anweisungen zu Backwerk, Eingemachtem 2c. verm. Mit 2 Steindr. gr. 16. Köln 831. 833. (832.) J. G. Schmitz. 16 gl

— die kölner, od. Handbuch d. Kochkunst f. bürgerl. Haushaltungen. 500 ausgewählte Recepte. 16. (14 B.) Ebds. 846. *

Köchin und Küche. Ein Kochbuch der neueren Zeit in 720 geprüften Koch-Recepten. Nebst einer Anleitung, größere u. kleinere Tafeln mit Geschmack zu verzieren. Mit 4 Kpfrtaf. 3. (Titel-)Ausg. Wiesbaden (843.) 854. Friedrich. 8. (XIV, 254 S. u. 4 lith. Taf.) 15 ngr.

— die sich selbst lehrende, oder Anweis., wie ein Frauenzimmer ohne Unterricht Küche u. Haushaltung besorgen kann. 2 Thle, mit Kpf. 8. Hamb. 803. (Campe). 1 ℛ 12 ℊ

Köchin(n), neue Kölner, od. Handbuch d. Kochkunst. Nebst vollständ. Anweis. z. kunstgerechten Zerlegen d. Speisen. 6. u. 7. Aufl nach d. jetz. Zeitgebr. verbess. u. mit vielen Anweisn. zu Backwerk, Eingemachtem, Sommer- u. Wintergetränken verm. (à 13 B. u. 2 Stnt.) 8. Köln 831, 33, J. G. Schmitz. à

— neue Kölner, oder Handbuch der Kochkunst. Nebst vollständiger Anweisung zum kunstgerechten Zerlegen der Speisen. 7e Aufl., nach d. jetzigen Zeitgebrauche verb. u. mit vielen Anweisungen zu Backwerk, Eingemachtem, Sommer- u. Wintergetränken verm. Mit 2 Steintaf. 8. Köln 833. J. G. Schmitz. 2/3 ℛ — 8e verm. Aufl. Mit 2 Kpfrtaf. gr. 12. Ebd. 836. 2/3 ℛ — 9e Aufl., auf's Neue sehr vermehrt u. verb. Mit 2 Steintaf. gr. 12. Ebd. 837. 2/3 ℛ — 10e sehr verm. Aufl. Mit 2 Kpfrtaf. gr. 12. Ebd. 840. 2/3 ℛ

—— neue kölner, od. Handbuch der Kochkunst. Nebst einer gründl. Beurtheilung der einzukaufenden Lebensmittel, einer vollständ. Anweisung z. kunstgerechten Zerlegen der Speisen ꝛc. 11. Aufl., nach d. jetzigen Zeitgebr. u. m. viel. Anweisungen zu Backwerk, Eingemachtem, Sommer- u. Winter-Getränken auf's Neue verm. u. verbessert. 12. (14 B. u. 2 Kpfrt.) Köln 845, J. G. Schmitz.

Ein Auszug hieraus ist:

Die kleine Kölner Köchin.

Köchin, die neue kölnische, oder Anweisung, wie in einem bürgerl. Hausstande die Küche gut, schmackhaft, abwechselnd und dabei wohlfeil zu führen ist. Auf eigenen, seit 20 Jahren in der Küche gemachten Erfahrungen begründet und hrsg. von Christine Sch...z und Elise Br...r. 12. (XIII und 166 S.) Cöln 853, Mathieur.

Wurde auch unter dem Titel: Die rheinische Köchin ꝛc. ausgegeben.

— d. Nürnberg. wohlunterwiesene, wie an Fleisch- u. Fasttagen ꝛc. 2 Thle. 8. Nürnb. 779—84. Bauer u. M. 1 ℛ 8 ℊ (2r Thl. A. u. d. T.: Conditor oder Zuckerbäcker, d. geschickte u. wohlerfahrne, nebst Unterr. zur Pasteten- u. Tortenbäckerei ꝛc. 784. 10 ℊ)

Köchin, die Pariser, oder leicht verständl. Anweisung, auf französ. Art einfach und sparsam zu kochen, zu braten und einzumachen. 16. Leipzig 840. Weber. n. 1/3 ℛ

—— die pariser, od. leicht verständl. Anweis., auf französ. Art einfach u. sparsam zu kochen, zu braten u. einzumachen. 16. (9¼ B.) Leipzig 840, [Lorck.] *

—— die perfekte, oder leichtfaßl. Anweisung, einfach und sparsam zu kochen, zu braten und einzumachen. 16. (IV und 144 S.) Pasewalk 852, Braune.

— d. Prager wirthschaftl., welche nach einem eigenen Speisezettel für jeden Tag im Jahre so zu kochen lehrt, wie es heut zu Tage jede gute Hauswirthin für nöthig erachten dürfte ꝛc. 2 Thle. Prag ... Enders. 1 ℛ 8 ℊ

— d. Schwäbische, welche alle Arten von Koch- u. Backwerk macht. 8. Frankf. u. Leipz. 763. (Mezler). 20 ℊ

—- die selbstbelehrende. Ein Auszug aus dem augsburg. Kochbuch der Frau Sophie Juliane Weiler. gr. 8. (12 B.) Nördlingen 844, Beck'sche Buchh.

—— die selbst belehrende, für Hausfrauen, Töchter und angeh. Köchinnen. Eine deutl. Anweisung nahrhafte und wohlschmeckende Speisen auf eine gesunde, schmackhafte und sparsame Art zu bereiten in mehr als 260 Recepten. Ein Auszug aus dem berühmten Kochbuch der Frau Sophie Juliane Weiler. 8. (VIII und 183 S.) Nördlingen 848, Beck'sche Buchh.

— d. sorgsame, oder d. Kunst, alles für d. Dauer geschwind zu bereiten. 2 Thle. 8. Erfurt 804. Hennings. 1 ℛ 16 ℊ

—— die vollkomm., od. neues schwäbisches Kochbuch, enthalt. mehr als 1800, durch tüchtige Hausfrauen erprobte Recepte. Sorgfältig gesammelt u. geprüft v. L. S. gr. 8. (48¼ B. u. 1 lith. Tab. qu. Fol.) Stuttgart 832, Sonnewald.

— die vollkommene, oder neues schwäbisches Kochbuch, enthaltend mehr als 2000, durch tüchtige Hausfrauen erprobte Recepte. Sorgfältig gesammelt von L. S. 3. verm. u. verb. Aufl. In 5 Liefg. gr. 8. Stuttgart 844, Sonnewald. (à 1/3 ℛ) compl. geb. 1 5/6 ℛ

—— die vollkommene, oder neues schwäbisches Kochbuch, enth. mehr als 2000, durch tüchtige Hausfrauen erprobte Recepte. Sorgfältig gesammelt von L. S. 4., verm. und verb. Aufl. gr. 8. (XXXII und 661 S.) Stuttgart 851, Sonnewald'sche Buchh.

Köchin, die vollkommene Welser. Hersg. von Katharina K. Wels 866. Haas. 12. (56 S.) geb. n. 5 ngr.

Köchin, die vollkommene bürgerliche Welser. Herausgegeben von Katharina K. 2. vermehrte und verbesserte Auflage. kl 8 (68 S.) Wels: Haas 1868

Köchinn, die, wie sie sein soll u. muß, s. a. Lina.

— die, wie sie sein soll u. muß. Oder sichere Anleitung, binnen kurzer Zeit, ohne alle Beihülfe, perfect kochen zu lernen ꝛc. Nebst 72 Speisezetteln, für jede Jahreszeit eingerichtet, u. 20 weitere für Kranke, Genesende und Kinder. Deutschlands Frauen und Töchtern gewidmet v. Lina. Mit Titelbild. 12. München 835. Weber'sche Buchh. (Bayer.) 1/2 ℛ — 2e verb. u. verm. Aufl. Nebst 84 Speisezetteln ꝛc. und 21 weitere für Kranke ꝛc. 12. Ebd. 836. 1/2 ℛ

—— die, wie sie seyn soll u. muß. Oder: sichere Anleit. binnen kurzer Zeit ohne alle Beihülfe perfekt kochen zu lernen. Fortsetz., enth.: Schilderungen d. zweckmäß. Küchen u. Küchen-Einrichtn., viele neue Anleitn. z. Erleichterung u. Beförderung d. Küchenbestellung, so wie auch 90 neue Speisezettel mit Kostenberechnn. ꝛc. Deutschlands Frauen u. Töchtern gewid. v. Lina. 8. (12¾ B. u. Titlbild.) Nürnberg 841, Stein. *

—— die, wie sie seyn soll u. muß. Deutschlands Frauen u. Töchtern gewidmet v. Lina. 4., verb. u. verm. Aufl. 2 Abthlgn. gr. 12. (... B.) München 844. [Augsburg, Jaquet's Vrlgsh.] -

—— die, wie sie seyn soll und muß. Oder: Sichere Anleitung binnen kurzer Zeit, ohne alle Beihülfe perfekt kochen zu lernen. Ein prakt., auf mehrfache Erfahrung gegründeter Rathgeber zur Bereitung gesunder und schmackhafter Speisen ꝛc. Nebst 84 Speisezetteln für jede Jahreszeit eingerichtet und 21 weiteren für Kranke, Genesende und Kinder. Deutschlands Töchtern und Frauen gewidmet von Lina. 5., verm. und verb. Aufl. 12. (IV und 501 S. mit 1 Stnt.) Augsburg 849, Jaquet's Vrlgsh.

—— die, wie sie sein soll und muß, oder: sichere Anleitung binnen kurzer Zeit, ohne alle Beihülfe gut und schmackhaft kochen zu lernen. Nebst 84 Speisezetteln für jede Jahreszeit eingerichtet und ein 20 weiteren für Kranke, Genesende und Kinder. Mit einer Anweisung: Säfte, Essenzen, Essige zu bereiten ꝛc. Von Lina. 6., verm. und verb. Aufl. 12. (XXIV und 488 S. mit 1 Stnt.) Augsburg 854, Jaquet's Verlag.

— d. Wiener Kranken-, oder neues medicin. Familienkochbuch. 8. Wien, Kupfer. 804.

Köchin, die wirthschaftliche israelitische, oder: neues geprüftes und vollständ. Kochbuch. Enth.: eine Sammlung von mehreren 100 zuverläss. und durch vieljähr. Erfahrung bewährten Vorschriften. Ein unentbehrliches Handbuch für wirthl. Frauen und Töchter. 2. verb. Aufl. 8. (503 S.) Fünfkirchen 873, Schön. geb. * 5 —

— die wohlerfahrne, od. neues Kochbuch. 8. Cöln, Imhof. 786

— die wohlerfahrne, v. e. Hamburger Frauenzimmer. 8. Hamburg, Herold. 789.

— d. wohlerfahrne, von e. Hamburger Frauenzimmer. 8. Hamb. 789. N. A. 8. Leipz. 813. Hinrichs. 12 gr.
Vgl. Köchin, Die wohlunterwiesene.

— d. wohlerfahrne, od. neues Kochbuch. 8. Alt. (Sommer, Lpz.) 795.

— d. wohlerfahrne, oder neues Kochbuch. 8. Alt. ... 5e A. 795. Bechtold. 8 gr.

— d. wohlerfahrne Hamburger, oder Unterricht für ein junges Frauenzimmer, das ihre Küche selbst besorgen will. Mit 1 Kpf. 8. Altona 807. Bechtold. 10 gr.

—— die wohlunterr. Nürnberger, od. richt. Anweis., vielerlei Speisen auf d. schmackhafteste zu kochen u. herzurichten, nebst mehr. nützl. u. ökonom. Vorschriften, so wie e. getreuen Anleit. z. vollständ. Einrichtung e. Küche, Speisekammer u. Keller. 3., ganz umgearb. Aufl. v. Marg. Joh. Rosenfeld. Mit Ttlkpfr. gr. 12. (26½ B.) Nürnberg 834, Bauer u. Raspe.

— die wohlunterwiesene. 12. Nürnb. 715.

— die wohlunterwiesene. 8. Hamburg. (Niemann u. R. in Lübeck.) 788.

Köchin, die wohlunterwiesene rc., von einem Hamburger Frauenzimmer. Neue Ausg. 8. Leipz. Hinrichs. 813.
Vgl. Köchin, Die wohlerfahrne.

Kochinke, A. J. H., Zum 200jährigen Bestehen der staatlichen Hüttenwerke bei Freiberg in Sachsen: 1710—1910. Freiberg i. S., 1910. 12 S. mit 2 Taf.

Köchinnen, die Jungfern, Lokalposse in 1 Act. Vom Verf. d. „Bürgercapitains rc." 8. (5¾ B. u. 1 ill. Abbild.) Frankfurt a. M. 836, (Varrentrapp's Vrlgh.) *

Köchinnen, Die Jungfern, Lokalposse in einem Act . . . Frankf. a. M. 1836. 2. Aufl. 1837. V: *Malss, Carl.* (EE) (GGr)

Kochiyama, Masaichi, a. Japan: Histologische Untersuchungen über die Heilung von Trepanationswunden an Kaninchenschädeln. Würzburg 1908: H. Stürtz. (21 S.) 8°
Würzburg, Med. Fak., Ref. Borst, Diss. v. 22. Juni 1908
[Geb. 18. Jan. 66 Yamakuchiken; Wohnort: Würzburg; Staatsangeh.: Japan; Vorbildung: Mittelsch. in Japan Reife 90; Studium: Okayama 8, Würzburg 3 S.; Rig. 12. Mai 08.]

Kochkiste, die, u. der **Kochsack,** ihre praktische Benutzung u. Anfertigung, s.: Schriften der Frauenhülfe. 8.

Kochküche, Die, in der Kreis-Armen- und Kranken-Anstalt der Pfalz zu Frankenthal. Frankenthal 1882. V: *Reiss.* (Kat. d. Bibl. d. Kais. Patentamtes. Berlin 1896.)

Kochkunst, Die. Kochbuch der „Wiener Mode". Vollständige Sammlung von Koch-Recepten. Lehrbuch des Kochens und Anrichtens, der Dunstobst- und Getränke-Bereitung, nebst 365 Menus für alle Tage des Jahres und einem Anhange: Küche für Leidende. Gr.-8. (852 S.) In Lnwd. geb. 3.60
Wien: Wiener Mode 1895.

Kochkunst, die. Kochbuch d. Wiener Mode. Vollst. Sammlg. v. Kochrecepten. Lehrbuch d. Kochens u. Anrichtens, d. Dunstobst- u. Getränkebereitg, nebst 365 Menus f. alle Tage d. Jahres u. e. Anh. Küche f. Leidende. 4., 5. u. 6. Aufl. gr. 8. (V, 822 S.) Wien 897. Gesellschaft f. graph. Industrie. Geb. in Leinw. n. 6. —
Erschien auch in 18 Hftn. à — 35.

— dasselbe. 4., 5. u. 6. Aufl. (Ausg. ohne „Küche f. Leidende".) gr. 8. (V, 729 S. u. S. 793—822.) Ebd. 897. Geb. in Leinw. n. 5. —

(F) Die Kochkunst. Kochbuch der „Wiener Mode". Vollständige Sammlung von Kochrecepten. Lehrbuch des Kochens und Anrichtens, der Dunstobst- und Getränkebereitung nebst 365 Menus für alle Tage des Jahres und einer Anzahl Menus für verschiedene Feste, sowie mit dem Anhange: Die Kunst des Tafeldeckens, das Serviren. 7. bis 10. Tausend. Wien. Leipzig Berlin. Stuttgart. New-York. [1901.] Wiener Mode. Gr.-8° 662 S. Geb. K 6.—

— die. Kochbuch der „Wiener Mode". Vollständige Sammlg. v. Kochrecepten. Lehrbuch des Kochens u. Anrichtens, der Dunstobst- u. Getränkebereitg., nebst 365 Menus f. alle Tage des Jahres u. e. Anzahl Menus f. verschiedene Feste sowie m. dem Anh.: Die Kunst des Tafeldeckens, das Serviren. 7.—10. Taus. gr. 8. (IV, 662 S. m. Abbildgn.) Wien (901). Gesellschaft f. graph. Industrie. Geb. in Leinw. n. 5. —

Koch-Kunst. Illustr. Halbmonatsschrift des internationalen Verbandes der Köche, Sitz Frankfurt a. M. 1.—4. Jahrg. 1899—1902. à 24 Nrn. gr. 8. (à ca. 16 S.) Frankfurt a/M., (C. Blažek). à Jahrg. n. 4. —

Koch-Kunst. Illustrierte Halbmonatsschrift des internationalen Verbandes der Köche, Sitz Frankfurt a. M. Red.: M. C. Banzer. 5.—8. Jahrg. 1903—1906 à 24 Nrn. (à ca. 16 S.) Lex.-8. Frankfurt a/M. (C. Blažek.) à Jhrg. n. 4. —

Koch- u. Backkunst, die, in allen ihren Theilen, s: Dorfbote, d.

Kochkunst, die deutsch-bürgerliche, oder prakt. Anweisung zur sparsamen Führung eines anständigen bürgerl. Haushalts. 350 gründliche Anweisungen von einer erfahrenen Hausfrau. 4. Ausg. 8. Quedlinburg 841, Ernst'sche Buchh. ½ ₰

Kochkunst, die deutsch-bürgerliche. 4. Aufl. 8. (IV und 300 S.) Quedlinburg 847, Ernst'sche Buchh.

—— die Englische, od. gründl. u. deutl. Anleit., alle Arten v. Speisen u. Getränken nach d. neuesten engl. Geschmacke zu bereiten; f. herrschaftl. u. bürgerl. Tafel, f. Gastwirthe u. vorzügl. f. solche, die sich mit d. Geiste d. engl. Kochkunst bekannt machen wollen. Nebst e. Anh. üb. d. Oriental. Kochkunst. A. d. Engl. n. d. 6. Ausg. übers. gr. 8. (29 B.) Tübingen 828, Osiander.

Kochkunst, die feinere, oder faßl. u. vollständ. Anweisung zur Bereitung des feinen Backwerks, warmen und kalten Getränken, Geleen, allerley Gefrornen u. s. w. 8. Pirna, Friese. 817.

Kochkunst, die moderne. Kochbuch, zusammengestellt aus den vorzüglichsten Rezepten der großen Ceres-Preiskonkurrenz, ergänzt durch Rezepte des Wiener Seminars zur Ausbildg. v. Kochlehrerinnen (Vorsteherin: Frau Direktor Olga Heß). (497 S.) 8. Wien (XVII, Hernalser Hauptstr. 67) (908). H. Steiner. Geb. in Leinw. 2. 50

— u. **Tafelwesen.** Mod. illustr. Zeitschrift. Offizielles Organ des Kochkunst-Museums in Frankfurt a/M. Hrsg. vom internationalen Verband der Köche, Sitz Frankfurt a. M. Red.: M. C. Banzer. 9.—12. Jahrg. 1907—1910. à 24 Hefte. (XII, 468; VIII, 382; IV, 392 u. IV, 392 S.) Lex. 8. Frankfurt a/M., Blažek & Bergmann. à Jahrg. 6.—; geb. 7. —

Kochkunst, Die wahre, oder neuestes . . . Pester Kochbuch. Pesth 1820. 5. Aufl. Pesth 1832. V: *Saint Hilaire, Josephine.* (KU)

— die wahre, oder neuestes u. vollständ. geprüftes Pesther Kochbuch; enthält e. Samml. von 726 zuverlässigen Vorschriften rc. 2. Aufl. gr. 8. Pesth 823. Eggenberger. 1 ₰ 16 ℊ (Barth in Leipz.; u. Wigand in Kaschau). 1 ₰ 4 ℊ

Kochkunst, die wahre bürgerliche, s. Kochbuch, das neueste u. einfachste.

Köchl, Karl, Auszug aus der österreich. Geschichte. (IV, 114 S.) 8. Wien 909. F. Deuticke. 1. 50

Köchl, Karl: Bauern-Aufstände und Unruhen in Steiermark. 22 S. 8. **Progr.** Steiermärkische Landes-Oberrealschule *Graz* 1908.

Köchl Karl: Die große Revolutionsbewegung in den Jahren 1525 und 1526 im Erzstifte Salzburg. 1903 PN 1589 **Diss.** Wien, Univ.

Kochlatsch, Stephanus Antonius (Resp.): De metallicolarum nonnullis morbis, s. Alberti, Michael (Praes.)

Der | geheimnißvolle Rächer | oder: | Der brave Müllerbursche. | Eine wahre Begebenheit, | geschehen unweit Hamburg in neuester Zeit. | Herausgegeben und im Selbst-Verlag | von Wilhelm Kochler in Berlin.
Kol: Druck von Carl Hermann Müller in Berlin.
o. J., 4 Bl. n. n., 178 × 104.
LBO Bänkelsängerlit. III, 88.

Koch-, Back- u. Confituren-Lexikon

— allgem. vollständiges, in alphabet. Ordnung. 4 Thle. 8. Quedlinb. 794, 95. (W. Nauck in Leipz.) 2 ₰ 20 ℊ

Koch-, Back- u. Confituren-Lexikon, allgemeines u. vollständiges. 4 Bde. 8. Leipz. Sommer. 795.

Koch-, Back- und Confituren-Lexikon, 2 Bde. wohlf. Ausg. 8. Quedlinburg, Ernst.

Koch-, Back- und Confituren-Lexicon, Neues vollständiges, oder alphabetischer Auszug aus den besten . . . Koch-, Back- und Confituren-Büchern. Ulm 1786. V: *Gaum, Joh. Ferd.* (Ky) (EngOec) (MGT)

Koch-, Back- u. Confituren-Lexikon, vollständ., oder Auszug aus d. besten in- u. ausländ. Koch-, Back- u. Confituren-Büchern, (von J. F. Gaum). gr. 8. Ulm 786. N. Aufl. 796. Stettin. 1 ₰ 12 ℊ

Köchli, Ernst, med. pract. aus Zürich, gewesener I. Assistenzarzt der medizinischen Universitäts Klinik: Aus der medizinischen Klinik der Universität Zürich. (Direktor: Herr Prof. Dr. Eichhorst.) Über Typhusrecidive nach Beobachtungen auf der medizinischen Klinik Zürich in den Jahren 1884—1905. Zürich 1904. [19. IX. 04.]
Zürich Med. Diss. 1904/1905.

Köchli, Ernst. Über Typhusrecidive nach Beobachtungen auf der medizinischen Klinik Zürich in den Jahren 1884—1900. Diss. Med. Univ. Zürich. [Mit Figuren.] *Kopftitel:* Aus der medizinischen Klinik der Universität Zürich. ⟨Direktor: Herr Prof. Dr. [Hermann] Eichhorst.⟩ 40 S. 8. Zürich, Zürcher & Furrer, 1904.

(Köchlin, Johann Jakob K., Pfarrer und Camerer....) Njbl. *s.* [Köchlin, Johann Rudolf].

Koechlin, Eduard. prakt. Arzt, Volontär-Assistent am pathologisch-anatomischen Institut in Basel: Über primäre Tumoren und papilläre Exkreszenzen der Herzklappen. ⟨Aus dem pathologisch-anatomischen Institut Basel. Vorsteher: Prof. Hedinger.⟩ Würzburg 1908. 50 S. und vier Tafeln. S.-A. aus der Frankfurter Zeitschrift für Pathologie. Bd. 2. Heft 1.
Basel Med. Diss. 1908/09.

Köchlin, Henriette, das Weib dem Weibe. Gedichte. Leipzig 865. (Brauns.) gr. 16. (V, 110 S.) n. 20 *ngr.*; geb. 25 *ngr.*

Köchlin, Jakob: Dissertatio inauguralis philosophico-medica de felicitate empiricorum medicastrorum diversa a felicitate veri medici.

Köchlin, Johann Rudolf

Köchlin, Jh. Rud., d. Anomalie d. Reproduktion. 8. Zürich 817. Orell. 1 ₰

Köchlin, Joh. Rud., über d. Apothekerwesen u. die nothwend. Umgestaltung u. Verbesserung desselben im Canton Zürich. Eine Abhandl., vorgetr. in d. Sitzung d. Gesellsch. d. Aerzte d. Cantons Zürich, am 7. Juny 1830. gr. 8. (2¼ B.) Zürich 831, Ziegler u. Söhne.

Köchlin, J. R., Beobachtungen u. Behandlung e. Phagedäna. 8. Zürich, Ziegler u. S. (in Comm.) 814.

—Beobacht. u. Behandl. einer Phagedäna. 8. Zürich 814. 2e A. 816. Mit n. Titel 823. (Ziegler u. S.) 4 ℊ

—— über d. Cholera od. d. Brechdurchfall, u. d. dagegen gericht. Schutz- u. Hülfsmittel. gr. 8. (4¼ B.) Zürich 831, Schultheß.

—— über d. zur Erlernung u. Ausübung d. Wissenschaft u. Kunst d. Arztes, u. z. Vorbereit. auf d. eigentl. Studium d. Heilkunde erforderl. Eigenschaften u. Kenntnisse. Zur Belehr. besond. f. Nichtärzte u. zum ärztl. Stande bestimmte Jünglinge. 8. (7½ B.) Zürich 832, Schultheß.

[Köchlin, Johann Rudolf.] (Johann Jakob Köchlin, Pfarrer und Camerer, geb. 1721 gest. 1787. [Mit 1 Portrait-Tafel.]) Njbl. Chorh. Zürich 1827 4. [Zürich.]

— über die in unsern Zeiten unt. d. Füchsen herrsch. Krankheit u. d. Natur u. Ursachen d. Wuthkrankheit überhaupt. gr. 8. (3½ B.) Zürich 835, Orell, Füssli u. Comp.

— Pathologie oder Lehre von den Krankheiten des Menschen. 1r Thl. gr. 8. Zürich 822. Orell. 3 ℞

Köchlin, Joh. Rud., Pathologie, od. Lehre von d. Krankheiten des Menschen. Die Krankheiten d. Säfte u. d. Werkzeuge d. Empfindung d. Geistes u. d. Bewegung. Wohlf. neue Ausg. gr. 8. (40 B.) Zürich 837, Höhr.

— die in d. Schweiz besteh. Währschaftsmängel d. nützlichsten Hausthiere, die f. dies. festgesetzte Währschaftszeit u. d. Rechtsgang bei Währschaftsstreitigkeiten. Krit. u. vergleich. dargest. u. mit d. Entwurfe ein. gemeineidsgenöss. Währschaftsgesetzes begleitet. Eine mit d. Preise belohnte Beantwort. der von d. Gesellschaft schweizer. Thierärzte aufgestellten betreff. Preisfrage. 8. (7½ B.) Zürich 840, Beyel. *

Köchlin J. R.: Die in der Schweiz bestehenden Währschaftsmängel d. nützlichsten Hausthiere, die für dieselben festgesetzte Währschaftszeit u. der Rechtsgang bei Währschaftsstreitigkeiten ... (Preisschr.). Zürich 1840. 114 S.

— von den Wirkungen d. gebräuchl. Metalle auf d. menschl. Organismus überh. u. als Heilmittel, u. d. Kupfersalmiak-Liquor u. and. Kupferpräparaten als solchen insbesond. gr. 8. (12½ B.) Zürich 837, Höhr.

Koechlin, C[arl]. Chèques et virements postaux. Conférence tenue à l'Assemblée des délégués du 10 mai 1902 [de l']Union suisse du commerce et de l'industrie. [Traduction.] Copie du procès-verbal de l'Assemblée. 17 p. 4. Zurich, Berichthaus, 1902.

Koechlin, C., Postcheque u. Postgiro. gr. 8. (V, 35 S. m. 8 Taf.) Basel (900). Helbing & Lichtenhahn. n. — 70

Koechlin, C[arl]. Postcheck und Postgiro. Vortrag gehalten an der Delegierten-Versammlung vom 10. Mai 1902 [des:] Schweizerischer Handels- und Industrie-Verein. Sonderabdruck aus dem Protokoll. 17 S. 4. Zürich, Berichthaus, 1902.

Köchlin, Paul, von Zürich. Zur Kenntniss der Oxychloride des Schwefels. Hottingen-Zür. II. Zürcher Dr. 1882. 76 S. 8°.
Zürich, Phil. Diss. [v. 21. Dec. 1882].

Koechlin, René. Formeln und Tabellen zum Gebrauche bei der Berechnung von Konstruktionsteilen auf Zug, Druck (Knicken) und Biegung. — Formules et tableaux pour le calcul de pièces de construction à la traction, à la compression (flambage) et à la flexion. II + VI + 97 S. 8. Zürich, Eduard Rascher, 1901. [geb. fr. 5. 75]

Köchlin, Rudolf

Köchlin, R., über e. neues Euklas-Vorkommen aus den österreichischen Tauern. Mit 1 lith. Taf. [Aus: „Annalen d. k. k. naturhistor. Hofmuseums".] Lex.-8. (12 S.) Wien 886. Hölder. n. 2. —

Ueber Glauberit vom Dürnberge bei Hallein. Von Dr. Rudolf Koechlin. Mit einer Abbildung im Texte. (Annalen der k. k. naturhistorischen Hofmuseums. Separatabdruck aus Bd. XV. Heft 2.) Wien. 1900. [In Comm.] Hölder. Lex.-8'. Paginirt: 150—152 S. K—.40

— üb. Phosgenit u. e. muthmasslich neues Mineral vom Laurion. [Aus: „Annalen d. k. k. naturhistor. Hofmuseums".] Lex.-8. (6 S. m. 8 Fig.) Ebd. 887. n. — 80

— über Simonyit- u. Glauberitkrystalle v. Hallstatt. Lex.-8. (S. 103—110 m. 1 Taf.) Ebd. 900. n. 1.40
Sonderabdruck aus: „Annalen d. k. k. naturhistor. Hofmuseums."

Koechlin, R., krystallographische Untersuchung einiger organischen Verbindungen. [Aus: „Annalen d. naturhistor. Hofmuseums".] Lex.-8. (S. 263—272 m. 8 Abbildgn.) Wien 891. A. Hölder. n. — 80

Koechlin, Alphons K. Geigy [Necrolog] s. [Siegfried, Traugott.]

Köchlin-Geigy (Präsident des Basler Handels- und Industrievereins). Die Währungsfrage vom Standpunkte der Doppelwährung aus erläutert. In-8°, 61 S. Basel, Ferd. Riehm. 1881.

Köchlin-Geigy, die Währungsfrage und der Fall der Preise. Vortrag, gehalten in der statistisch-volkswirthschaftl. Gesellschaft in Basel im Dezbr. 1885. 12. (61 S.) Basel 886, Georg. *

Köchling, Franz Anton (Paderborn), De febre puerperali. Diss. med. Bln. (August Petsch) 2. II. 1829. 24 S. mit Biogr. (M.: M. Th. Hollenhorst) (6.—) 18849
Oppon.: T. Neukirch, L. Vagedes, W. Pfeiffer. — Gew.: Christoph Köchling (Warburg; Vater).

— Friedrich Adam (Werl / Westfalen), De vesaniae crisibus. Diss. med. Decan Friedrich Nasse. Bonn (Wwe. Hacker) 24. III. 1827. 44 S. mit Biogr. (M.: C. Wrede.) (6.50) 18850
Gew.: Friedrich Nasse.

Köchling, F. A., de Vesaniae crisibus. Dissertat. inaug. med. gr. 4. ... Bonnae 829, Habicht.

Köchling, Johann Peter Kaspar

Köchling, J. P. C., Gott meine Liebe. Ein vollständ. Gebetbuch für Katholiken. 4. Aufl. gr. 16. (XIII und 336 S. mit 1 Holzschn.) Arnsberg 851. (Hamm, Grote.) *

Köchling, Jh. Pt.Ksp., Samml. auserlesener Gebete, oder Andachtsbuch für kathol. Christen im Geiste u. in d. Wahrheit. 8. Arnsberg 819. ... A. u. d. T.: Samml. auserles. Gebete, als Anhang zu d. 4ten Aufl. zu M. D. Herold's Gesangbuch (818)

Köchling, Karl, approb. Arzt aus Wittlich: Aus d. psychiatr. Universitätsklinik zu Giessen. Ein Beitrag zur Symptomatologie der Zwangsvorstellungen. *Freiburg i. B. 1900: Ch. Lehmann's Nachf.* (36 S.) 8°
Giessen, Med. Diss. v. 1900

Köchling, Th., Bemerkungen zu dem revidirten Entwurfe der Partikularrechte des Fürstenthums Siegen u. der Aemter Burbach u. Neunkirchen. (Berlin 1841.) Als Manuscript gedruckt. 8. Siegen, Friedrich's Buchh. 3 ngl

Koechling, Theodorus (geb. am 9 Juni 1829 in Simmern (Stadt)): De pneumatothorace ... Bonnae, impr. I. F. Carthaus (1854). 2 Bl., 24 S., 1 Bl. 8.
Bonn, Med. Fak., Diss. v. 23 Aug. 1854

Köchly, E. G., de ministris ecclesiae angelis. Dresd. 1733. 4.

Koechly, M. Ephraim Gotthelff (Naundorf/Misnicus), De nuptiis propinquorum jure divino prohibitis ad examinandum diagramma Andreae Hoieri de nuptiis propinquorum jure divino non prohibitis dissert. secunda. Präs. Heinrich Klausing. Lpz. (Immanuel Titius) 9. VIII. 1726. 32 Seiten. (6.—) 18851

Köchly, Hermann

—— über Sophokles Antigone. Vorlesung. gr. 8. (4½ B.) Dresden u. Leipzig 844, Arnoldische Buchh. *

Köchly, H., Ueber Sophokles Antigone. Gel. 1844. 61 S. 1.—

Köchly, H., Antrag auf Organisation des Volks in Volks-Gemeinden als die alleinige Verwirklichung der Volkssouveränetät. gr. 8. (8 S.) Dresden 848. (Leipzig, Arnoldische Buchh.) *

Köchly [Hermann]. [1] Bemerkungen .. [über die] Karte des alten Galliens .... welche [zu] der [von] Kaiser Napoleon ... vorbereiteten Geschichte Cäsars gehören soll. (— [2.] [Mittheilungen] von dem römischen Pilum. [Mit 2 Figuren.]) [A.] 4. [Leipzig 1863.]

—— vermischte Blätter zur Gymnasialreform, s. Blätter.

Koechly, A., Selecta quaedam ex ineditis Leonis tacticis capita. Pr. 1854. 20 S. 4°.

Koechly, H., De Iliadis B. 1—483. Pr. 1850. 24 S. 4°. 1.20

—— de Iliadis carminibus dissertationes III—VII. gr. 4. (125 S.) Zürich 857—59, (Meyer und Zeller's Verlag.) *

—— de Odysseae carminibus dissertationes III. gr. 4. (79 S.) Zürich 862,63, (Meyer und Zeller's Verlag.) *

Köchly, H., Carminum Theocriteorum in strophas suas restitutorum. Pr. 1858. 86 S. 4°. 1.20

Köchly, H., Cäsar und die Gallier. Vortrag. gr. 8. (59 S.) Berlin 871, F. Duncker. [Stuttgart, Krabbe.] *

Koechly, Herm., Cäsar u. die Gallier. Vortrag. 2. (Titel-) Ausg. 8. (59 S.) Heidelberg (1871) 882. C. Winter. n. — 80

Koechly, H., de Musaei grammatici codice Palatino, s.a. Festschrift zur 24. Versammlung deutscher Philologen u. Schulmänner.

Köchly, H., De Musaei grammatici codice Palatino scripsit, variarum lectionum lancem saturam adiecit. Pr. 1865. 27 S. 4°. 1.20

Köchly, H., De scriptorum militarium Graecorum codice Bernensi. Pr. 1854. 86 S. 4°. 1.25

Köchly, Hermann: Conjectaneorum epicorum fasciculus I. [Arm. Koechly opusc. philol. I p. 213–222]. Tur. ex offic. Zürch. et Furr. 1851. 24, 8 S. 4° Progr

Köchly, Hermann: Conjectaneorum epicorum fasciculus II. [Arm. Koechly opusc. philol. I p. 399–412] Tur ex offic Zürch. et Furr 1852 16, 8 S. 4° Progr

Index lectionum in literarum universitate Turicensi inde a die XXII mensis Octobris MDCCCLVI. usque ad diem XX. mensis Martii MDCCCLVII. habendarum. Inest [Arminii Koechly] conjectaneorum epicorum fasciculus III. [Arm. Koechly opusc. philol. I p. 213–222]. Tur ex offic Zürch. et Furr 1856. 12, 8 S. 4°

—— und W. Rüstow, Einleitung zu C. Julius Cäsar's Commentarien über den gallischen Krieg. gr. 8. (VII und 152 S.) Gotha 857. [Leipzig, Teubner.] *

Koechly, Herm., emendationum in Euripidis Iphigeniam Tauricam partes 1—3. gr. 4. (59 S.) Zürich 860. 61, (Meyer und Zeller's Verlag.) *

Koechly, H., emendationum in Euripidis Iphigeniam Tauricam partes IV. et V. gr. 4. (42 S.) Zürich 861,62, (Meyer und Zeller's Verlag.) à Pars * 10 Ngr. *
Partes 1—3. Ebendas. 1860,61. * 22 Ngr.

—— der ursprüngliche Entwurf zu dem allgem. Schulgesetze für das Königr. Sachsen. Nebst einem Anhange. gr. 8. (XII und 76 S.) Leipzig 850, O. Wigand.

— De genuina catalogi Homerici forma. Pr. 1853. 84 S. 4°. 2.—

Köchly, H., Der Freiheitskrieg d. Hellenen gegen Philipp und die Schlacht bei Chaeroneia; 840—338 v. Chr. Gel. 1862. 20 S. 1.—

Köchly, H., und W. Rüstow, Geschichte des griechischen Kriegswesens, s. Rüstow.

Koechly, Herm., zur Gymnasialreform. Theoretisches u. Praktisches. gr. 8. (8 B.) Leipzig 846, Arnoldische Buchh. Thlr.

—— Gottfried Hermann. Zu seinem 100jähr. Geburtstage. gr. 8. (XIV, 330 S. mit 1 Bildnisse G. Hermann's, Stahlst.) Heidelberg 874, C. Winter's Universitäts-Buchh. *

Köchly H. u. W. Rüstow. Griechische Kriegsschriftsteller. Griechisch und deutsch mit kritischen und erklärenden Anmerkungen. I. Th. Aeneias. Von Vertheidigung der Städte. Heron und Philon. Vom Geschützbau. Nebst einem Anhange zu den Schriften Herons und Philons enthaltend Vitruvius X, 13—15 und die Quellen für die Geschütze der zweiten Artillerieperiode. Mit 10 Taf. Abbild. II. Th. Die Taktiker. 1. Abth. Asklepiodotos' Taktik. Aelianus Theorie der Taktik. Nebst einer Einleitung und zwei Stücken taktischen Inhalts aus Xenophon und Polybios. Mit 6 Taf. Abbild. 2 Abth. Des Byzantiner Anonymus Kriegswissenschaft. Nebst einem dreifachen Anhange und den erklärenden Anmerkungen zu den drei Taktikern. Mit 6 Taf. Abbild. (3 Bde.) 8. Leipzig 1853—1855.

Köchly, H., De lacunis in Quinto Smyrnaeo quaestio. Pr. 1848. 31 S.

— Libri tactici duae quae Arriani et Aeliani feruntur. 1853. 48 S. 4°. 1.25

Koechly, H., De libris tacticis, qui Arriani et Aeliani feruntur. Pr. 1851. 23 S. 4°. 1.—
— — Supplementum. 1852. 50 S. 4°. 2.—

Koechly, H., De Nonni Dionysiacorum libro XXXIX. Pr. 1855. 20 S. 4°. 1.—

(Köchly, Hermann:) Hektor's Lösung Gratulationsschrift der Universität Zürich zum 16. October 1859 als dem fünfzigjährigen Professorjubiläum des Herrn Dr. F. G Welcker in Bonn Zür Zürch u Furr. Dr 1859. 18 S. 4°

Koechly, Herm., opuscula academica. Tom. I. Lipsiae 853. Engelmann. gr. 4. n. 1 ₰.
Inhalt: Emendationes Apollonianae. (850. 15 S.) — Tryphiodori de Ilii excidio carmen denuo recognitum. (850. 28 S.) — De Iliadis B, 1—483 disputatio. (850. 24 S.) — Conjectaneorum epicorum fasc. I. II. (851 u. 52. 24, 16 S.) — De libris tacticis, qui Arriani et Aeliani feruntur, dissertatio. (851. 23 S.) — Supplementum. (852. 50 S.)

Koechly, Armin., Opuscula academica. Tom. I. 4maj. (180 S.) Lipsiae 853, Engelmann. *

— — Tom. II. A. u. d. T.: *Ανονυμοι Βυζαντιου πολιτικης λογικον μερος ἠτοι περι δημηγοριων.* Anonymi Byzantini rhetorica militaris. Primum edid. Arm. Koechly. Ebend. 856. gr. 4. (1 Bl., 35 S.) 15 ngr.

—— Opuscula epica IV. gr. 4. (111 S.) Zürich 864, (Meyer und Zeller's Verlag.) *

— opuscula philologica. Vol. I et II. gr. 8. Leipzig 881. 82. Teubner. n. 25. 80
I. Opuscula latina. Ed. Gfr. Kinkel. (VIII, 507 S.) n. 15. — II. Libelli vernaculo scripti, od. Ernst Böckel. A. u. d. T.: Gesammelte kleine philologische Schriften. Unter Leitung von Geo. Mart. Thomas hrsg. von Gfr. Kinkel jun. u. Ernst Böckel. 2. Bd.: Deutsche Aufsätze. Mit 1 lith. Taf. (VI, 406 S.) n. 10. 80

(Köchly, Hermann) De evangelii Joannei p a r a p h r a s i a Nonno facta dissertatio [Arm Koechly opusc. philol I p. 421–446]. Tur ex offic. Zürch. et Furr 1860. 25 S 4⁰

Koechly, Herm., de diversis Hesiodeae Theogoniae partibus dissertatio. gr. 4. (38 S.) Zürich 860, (Meyer und Zeller's Verlag.) Thlr. *

— über d. Princip des Gymnasialunterrichtes der Gegenwart u. dessen Anwendung auf die Behandlung der griech. u. röm. Schriftsteller. Eine Skizze. gr. 8. (3½ B.) Dresden u. Leipzig 845, Arnoldische Buchh.

Köchly, H., Ueber d. Princip d. Gymnasialunterrichtes d Gegenwart u. dessen Anwendung auf die Behandl. d. griech. u. röm. Schriftsteller. 1845. 50 S. 1.20

— Programm für die 2. sächsische Lehrerversammlung, s. Programm.

— über die Reform des zürcher Gymnasiums. Ein Bruchstück. Lex.-8. (IV und 32 S.) Zürich 859, Höhr. *

Köchly, H., Deutsches Reich — Deutscher Bund — Deutsches Parlament. Kein Glaubensbekenntniß, sondern eine geschichtlich begründete Darlegung. Dresden u. Leipzig, Arnoldi, 1848. 40 S. 8⁰.

(Köchly, Hermann:) Anonymi Byzantini r h e t o r i c a militaris nune primum edita. Pars prior Tur ex offic Zürch. et Furr 1855 20, 8 S 4⁰. Progr

(Köchly, Hermann.) Anonymi Byzantini r h e t o r i c a militaris nune primum edita. Pars posterior Tur ex offic. Zürch. et Furr 1856. 18, 8 S. 4⁰ Progr

Köchly, H., Text zu den Gesangspartien der Perser des Aeschylos. 1876 u. 1882. 18 S. 1.—

Köchly, Hermann (Hrsg.), s. T r y p h i o d o r u s De Ilii excidio carmen

Köchly, Zu den Uebungen aus der griechisch-makedonischen Elementartaktik. S.-A. 1864. 6 S. 4° —.60

(Koechly, H[rm.]). Ueber die Vögel des Aristophanes. Gratulationsschrift der Universität Zürich zum 15. März 1857 als dem fünfzigjährigen Doctorjubilaum des Herrn Geheimerath und Professor August Boeckh in Berlin Zür Zürch. u Furr Dr 1857 2 Bl., 28 S. 4⁰

— akademische Vorträge und Reden. I. (Bd.) gr. 8. (III und 440 S.) Zürich 859, Meyer und Zeller's Verlag. *

— akademische Vorträge und Reden. Neue Folge. Hrsg. von Karl Bartsch. gr. 8. (IV, 264 S.) Heidelberg 882, C. Winter's Universitäts-Buchh. * ℳ 6.; geb. *
1. Bd. [Zürich 1859, Meyer und Zeller's Verlag.] Heidelberg, C. Winter's Universitäts-Buchh. geb. ** ℳ 4,20.

Köchly, Zu den Wurfübungen mit dem römischen Pilum u. der hasta amentata. S.-A. 1864. 8 S. u. 1 Taf. 4°. —.75

KOCHMANN, Albert (Gleiwitz): Statistischer Bericht über die in den Jahren 1890-95 in der medizinischen Klinik von Geheimrat Prof. Dr. v. Ziemssen behandelten Fälle von Pleuritis.- München: Kestner & Lossen 1899. 27 S.
16.2.1899 - Chr 1898/99,13; Jv 1898/99,216
Diss. Ingolst.-Landsh.-Mchn.

Kochmann, Joh., die moderne B a u t i s c h l e r e i. Eine Sammlg. erprobter Entwürfe moderner Bautischler-Arbeiten, als Thore, Thüren, Fenster, Glaswände, Windfänge, Holzdecken etc. etc. im Maassstabe 1 : 10. (60 Taf. m. Titelblatt in deutscher u. ungar. Sprache.) 52×38 cm. Budapest (908). Techn. Verlagsanstalt. In Mappe 40.—; auch in 8 Heften à 5.—

— Moderne L a d e n v o r b a u e u. Geschäftseinrichtgn. Eine Sammlg. erprobter Entwürfe v. Portalen (Ladenvorbauen) u. Geschäftseinrichtgn., als: Zuckerbäckereien, Glasgeschäfte, Blumengeschäfte, Kaffeehäuser, Restaurationen, Buchhandlgn. etc. u. dazu passend. Ladenvorbaue etc. 8 Hefte. (1.—3. Heft. 30 Taf. m. Titelbl. in deutscher u. ungar. Sprache.) 52×38 cm. Ebd. (908). In Mappe 40.—

— Die moderne M ö b e l t i s c h l e r e i. Eine Sammlung erprobter Entwürfe moderner Möbel f. das bürgerl. Wohnhaus, als Schlafzimmer, Herrenzimmer, Salon, Arbeitszimmer, Vorzimmer, Toilettezimmer u. Küchenmöbel im Maasstabe 1 : 10. (60 Taf. m. Titelbl. in deutscher u. ungar. Sprache.) 52×38 cm. Ebd. (908). In Mappe 40.—; auch in 8 Heften à 5.—

Kochmann, Joh., Musterbuch d. ges. Bautischlerei. E. Sammlg. ganz einf. prakt. Entwürfe, leicht ausführbarer Bautischler-Arbeiten (Fenster, Getäfel [Lambris], Glaswände, Thüren, Portale, Holzplafonds, Kirchen etc.) in allen gangbaren Stylarten. Unt. Mitwirkg. vieler Tischlermeister aus allen Gegenden Oesterreich's, Ungarn's u. Deutschland's. Fol. (72 lith. Taf.) Budapest 897. Internationale Gewerbebuchh. In Mappe: n. 32. 50
Erschien auch in 12 Hftn. à n. 2. 50.

— Musterbuch d. ges. Möbeltischlerei. E. Sammlg. ganz einf. prakt. Entwürfe, leicht ausführbarer Möbel f. d. bürgerl. Wohnhaus, als: Wohnzimmer, Speisezimmer, Schlafzimmer, Gesellschaftszimmer, Arbeitszimmer, Toilettezimmer, Vorzimmer, sowie Kanzlei-, Küchen- u. Kirchenmöbel in allen gangbaren Stylarten. Unt. Mitwirkg. vieler Tischlermeister a. allen Gegenden Oesterreich's, Ungarn's u. Deutschland's. Fol. (72 lith. Taf.) Budapest 897. Internationale Gewerbebuchh. In Mappe: n. 32. 50
Erschien auch in 12 Hftn. à n. 2. 50.

Kochmann, Curt, Referendar: Das Gewohnheitsrecht nach dem heutigen bürgerlichen Recht. Wüstegiersdorf 1906: M. Jacob. (62 S.) 8°
Breslau, Jur. Fak., Ref. Leonhard-Brie, Diss. v. 10. Juli 1906
[Geb. 25. Aug. 82 Nicolai O./S.; Wohnort: Nicolai; Staatsangeb.: Preußen; Vorbildung: Gymn. Kattowitz Reife M. 02; Studium: Berlin 1, Freiburg i. B. 1, München 1, Breslau 3 S.; Rig. 21 Dez. 05.]

Kochmann, Ludwig [aus Breslau]: Zwei Fälle von Erkrankung der Grosshirnrinde. (Ein Beitrag zur Frage der cerebralen Localisationen.) . . . Erlangen, k. b. Hof- u. Univ.-Buchdr. v. F. Junge, 1891, 38 S. 8⁰
Erlangen, Med. Fak., Inaug.-Diss. v 1891

Kochmann, Martin, aus Breslau (Schl.), Vol.-Assist. am pharmakol. Inst. d. Univ. Jena: Ueber **Mischnarkosen.** *Jena 1902.* (25 S.) 8° ¶ Aus Internat. Archiv f. Pharmakodynamie u. Therapie, Bd 10.
Jena, Med. Diss. v. (17. Juli) 1902

Kochmann, Max [aus Beuthen in Ober-Schlesien] Beitrag zur Lehre von der furunculösen Entzündung. (Separat-Abdruck aus dem Archiv für Dermatologie und Syphilis 1873, 3. u. 4. Heft.) Prag, J. G. Calve'sche k. k. Univ.-Buchhandl., Ottomar Beyer, 1873. 8. VIII, 60 S.

Kochmann, Moritz: Über N a e v i vasculares nebst zwei Fällen von spontaner Rückbildung derselben . Würzburg, Druck d Ferdinand Röhrl'schen Buchdr. 1889. 22 S. + 1 Bl. 8⁰
Würzburg, Med. Fak., Inaug.-Diss. v 1889

Kochmann, Wilhelm: Beiträge zur Kenntnis der Bz-Chinolin-p-Merkaptane. Freiburg i. B.: Speyer & Kaerner 1909. 47 S. 8°
Freiburg i. B., Phil. Diss. v. 1909, Ref. Gattermann
[Geb. 22. Nov 85 Freiburg i. B., Wohnort: Freiburg i. B.; Staatsangeh.: Baden; Vorbildung: Gymn. Freiburg i. B. Reife Juli 03; Studium: Freiburg i. B. 2, Berlin 1, Freiburg i. B. 2, Berlin 1, Freiburg i. B. 4 S.; Rig. 18. März 09.] [U 09. 1020

Kochmeister, Steph., der Tranchirmeister, od. Anweis. z. Vorschneide- (Tranchir-) Kunst. Für alle Diejenigen, welche sich darin vervollkomm. u. es bei Tafel selbst ausüben wollen; nebst ein. Anweis. verschied. kalte u. warme Getränke u. Liqueure zu verfertigen. gr. 12. (2½ B. u. 1 Bl. Abbild.) Leipzig 836, Drobisch. Thlr.

Koch-Notiz-Buch, illustrirtes, für gute Hausfrauen. gr. 8. (236 S. mit 24 Chromolithogr.) Leipzig 864, Bach. geb. mit Goldschn. *

Koch-Notiz-Buch, illustrirtes, für gute Hausfrauen. 8. (24 Chromolith.) Leipzig 878. Klinkhardt in Comm. geb. m. Goldschn. n. 7. 50

Koch- u. Stubenofen, d. neueste, d. nützl. Erfindung für Gesundheit u. Holzersparung. Mit 1 Kpft. gr. 8. Berl. 805. (Sander). 6 ₰

Koch- und Stubenofen, der neueste, die nützlichste Erfindung für Gesundheit u. Holzersparung. Mit 1 Kpfr. gr. 8. Berlin, Flittner. 815.

Kochowski, Wespas. z Kochowa, roczników Polski klimakter IV. Obejmujący dzieje Polski pod panowaniem Króla Michała. Z łacinskiego tłomaczenie polskie. (Z portretem.) Wydanie J. N. Bobrowicza. Lipsk 853. Librairie étrangère. gr. 8. (XVI, 382 S. mit Holzschn. im Text u. 1 lith. Portr.) 3 ₰

Koch-Rezept-Buch. (Neue Ausg.) 4. (8 S. m. liniirtem Schreibpap.) Straßburg i/E. 891. Straßburger Druckerei u. Verlagsanstalt. Geb. n. 3. —

Koch-Recepte. gr. 8. (Notizblätter m. 13 Einschaltbildern.) Lahr 898. G. A. Wagenmann. Geb. in Leinw. 2. 50; in Halbfrz. 3. —

Koch-Rezepte, erprobte. Gesammelt v. Gräfin K.-S.-F. 8. (IX, 135 S.) Halle i/W. 889. Meyer & Beckmann. geb. n. 2. 25

Kochrecepte, erprobte, gesammelt v. Gräfin K.-S.-F. (Gräfin Korff-Schmising, geb. Freiin v. Fürstenberg), nebst Anh.: Kochnotizbuch z. Einschreiben. 2. verm. Aufl. kl. 8. (174 S.) Münster i. W. 892, H. Schöningh. geb. * 2 —; m. 8 Nägeln geb. * 2 40
1. Aufl. Halle i. W. 889, Meyer u. Beckmann. * 2 25.

Kochrezepte, erprobte. Gesammelt v. Gräfin K. S. F. Mit Anh.: Sammlung v. Speisenfolgen f. den tägl. Tisch u. f. festl. Gelegenheiten sowie Notizblätter f. nachzutrag. Rezepte. 3. verm. u. verb. Aufl., bearb. v. T. u. E. S. (XVI, 207 S.) 8. Münster (910). H. Schöningh. Geb. in Leinw. 1. 50

Koch-Rezepte bündnerischer Frauen. Verlag der Sektion Graubünden des Schweiz. Gemeinnützigen Frauenvereins in Chur. [Mit illustriertem Umschlag und 1 Ansicht.] XIV + 219 [+ 2] S. 8. Chur, Typ. Manatschal, Ebner & Cie., (1905). [fr. 2. —, geb. 3. —]

— 50 wohlfeile, f. d. bürgerl. Tisch, s.: Miniatur-Bibliothek.

Koch-Rezepte, (882) geprüfte, od. Anweis. z. Bereit. schmackhafter Suppen, Fleisch-, Fisch- u. Fastenspeisen, süßer Gerichte, guter Backwerke, Pasteten, Torten, Getränke rc. Auf d. Wunsch ihrer Verwandten u. Freundinnen hrsg. v. Mar. Henr. D., geb. Sch—r. 2., vielfach verm. Aufl. gr. 12. (18½ B.) Köln 840, Du Mont-Schauberg.

Koch-Recepte, geprüfte, od. Anweisung z. Bereitung schmackhafter Suppen, Fleisch-, Fisch- u. Fastenspeisen, süßer Gerichte, guter Backwerke, Pasteten, Torten, Getränke rc. Hrsg. v. Mar. Henr. D., geb. Sch—r. 3., verm. Aufl. gr. 12. (18½ B.) Köln 843, Du Mont-Schauberg'sche Buchh.

— 181, nach d. Kochweise der Frau Anna Wehinger. Zusammengest. v. Heinr. Mäser. gr. 8. (80 S.) Dornbirn 891, (Rusch). ** — 70

Kochrezepte, 122, s. den „Hausfreund". 8. verb. Aufl. (88 S. m. Abbildgn.) kl. 8. Gera 905. R. Lindner. n. — 40

Koch-Recepte, 1050, oder Anweisung zur Bereitung von Suppen, Gemüsen, Fleisch- und Fisch-Speisen, Backwerken, Getränken, zum Einmachen von Gemüsen rc. Durch eigene Erfahrung erprobt und gesammelt von H. ..l. 8. (XXI und 272 S.) Jülich 849, Schirmer.

Kochrezepte, 40 schöne, nebst Anleitgn. z. Einmachen v. Früchten. 2. Aufl. gr. 16 (16 S.) Essen 895. F. J. Halbeisen. n. — 10

— u. kurze Winke zur Bereitung v. Speisen f. Darm- u. Magenleidende nach Kußmauls Methode, erprobt u. angewendet an dem unter Leitung des Prof. Fleiner steh. Diakonissenhause zu Heidelberg. 5. verm. Aufl. (24 S.) kl. 8. Heidelberg (907). C. Winter, Verl. — 50

— 200, f. einfache bürgerl. Haushaltungen erprobt im Haushaltungskursus II f. schulentlassene Mädchen, hrsg. von der Gewerbe- u. Haushaltungsschule des Frauenbildungsvereins Hannover. (84 S.) kl. 8. Hannover 909. H. Feesche. Geb. in Leinw. 1. —

Koch's, Peter, Leben und Wirken, s. Brandt, M. G. W.

Kochs, der Amtsanwalt im Deutschen Reiche. Nebst der Geschäftsanweisung für die Amtsanwalte vom 28. August 1879. 8. (181 S.) Berlin 879, C. Heymann's Verlag. *

Kochs, der Amtsanwalt im Deutschen Reich. gr. 8. (VII, 181 S.) Berlin 880, C. Heymann's Verlag. *

— die Aufnahme der Protokolle nach der neuen Strafprozeßordnung u. nach der neuen Civilprozeßordnung. gr. 8. (VII, 188 S.) Ebend. 880. n. 2. 50

Kochs, der Schöffe im Deutschen Reiche. 1. u. 2. Aufl. gr. 8. (VII, 78 S.) Berlin 879. C. Heymann's Verl. n. 1. —

Kochs, Ernst, Johann Calvin, e. auserwähltes Rüstzeug Gottes. (80 S. m. Abbild.) 8. Kaiserswerth (909). Buchh. der Diakonissenanstalt. — 20

Kochs, E . Johann Calvin, ein auserwähltes Rüstzeug Gottes. ⟨Von E. Kochs, P⟩ [Illustriert.] 8.
In: Jahrbuch für christliche Unterhaltung. Hrg. von der Diakonissen-Anstalt zu Kaiserswerth. Jahrg. 68. 1909 Kaiserswerth am Rhein, Verlag der D'-A' (Christlicher Volks-Kalender 1909. Jahrg. 68. Hrg. von der D'-A' zu K' am Rhein. Im Verlage der D'-A', Druck der Westdeutschen Druckerei in Barmen. [M. —. 40.] [Teil 2.]) S. 2—80.

— Paul Gerhardt. Sein Leben u. seine Lieder. Eine Jubiläumsgabe. Preisgekrönte Festschrift der Allgem. evangel.-luther. Konferenz. 1.—5. Taus. (VI, 112 S. m. Abb. u. 1 Bildnis.) 8. Leipzig 907. A. Deichert Nachf. — 80

Paul Gerhardt. Sein Leben u. s. Lieder. Eine Jubiläumsgabe von Ernst **Kochs**, Pfarrer in Hattingen. Preisgekr. Festschrift d. Allgem. Ev. Luth. Konferenz. 26. bis 30. Taus. Leipzig: A. Deichert 1907. (112 S.) 8° [F.] [07. 3716

Kochs, Ernst, Uebertritte aus der römisch-kathol. zur evangelischen Kirche in Deutschland während des 19. Jahrh. Gekrönte Preisschrift. (V, 342 S.) gr. 8. Leipzig 903. C. Braun. Geb. in Leinw. n. 3. —

— **Wanderbüchlein** f. junge Christen. Gekrönte Preisschrift des Vereins zur Förderg. der Sonntagsschulsache in Deutschland. (32 S.) gr. 8. Berlin (903). Deutsche Sonntagsschulbuchh. n.n. — 10

Kochs, Ewald [aus Schalke (Westf.)]: Beitrag zur Isomerie der festen und flüssigen Crotonsäure. . . . Strassburg, Univ.-Buchdr. v. J. H. E. Heitz, 1890; 35 S. 8°
Strassburg, Math.-naturw. Fak., Inaug.-Diss. v. 1890

Kochs, Ferd.: De maliasmo. Berolini (1857). (32 S.) 8°
Berlin, Med. Diss. v. 20. Aug. 1857

Kochs, J., Beiträge zur Einwirkung der Schildläuse auf das Pflanzengewebe. Lex.-8. (16 S.) Hamburg 900. (L. Gräfe & Sillem.) n. — 50
Sonderabdruck aus: „Jahrb. d. hamburg. wiss. Anstalten. 3. Beiheft".

Kochs, J., die alkoholfreien Getränke in ihrer Beziehung zum einheimischen Obstbau, s.: Schriften des volkswirtschaftlichen Vereins zur Förderung der Obst- u. Gemüseverwertung in Deutschland. 8. Heft.

Kochs, Julius, aus Berlin: Ueber die Gattung **Thea L.** und den chinesischen Thee. *Leipzig: W. Engelmann 1900.* (63 S.) 8°
Erlangen, Phil. Diss. v. 24. Juni 1899

Kochs, Max *Johann Karl* [aus Pommern]: Ein Fall von Struma congenita . . . Greifswald, Druck v. J. Abel, 1893; 22 S. 8.
Greifswald, Med. Fak., Inaug.-Diss. v. 13. Okt. 1893

Kochs, W., Reform d. französischen Orthographie u. Syntax, durch den Minister Leygues. gr. 8. (24 S.) Wien 902. (Mayer & Co.) n. — 70

Kochs, Wilhelm

Kochs, W., über die Bestimmung des Schwefels in Eiweisskörpern, s. Centralblatt für allgemeine Gesundheitspflege.

Kochs, W., ein neues Fleischpepton. Nährmittel und Genussmittel für Kranke und Gesunde. gr. 8. (34 S. mit 7 Taf.) Bonn 884, Cohen und Sohn. *

Kochs, Wilhelm (geb. am 3 Aug. 1852 in Kleve): Ueber eine Methode zur Bestimmung der Topographie des Chemismus im thierischen Körper . . . Bonn, Univ.-Buchdr. v. C. Georgi 1880. 1 Bl., 17 S., 1 Bl. 8. ¶ Sonderabdr. aus Pflügers Arch. f. d. ges. Physiol. XX 1879 S. 64 ff.
Bonn, Med. Fak., Diss. v. 15 Juli 1880

Kochs, W., Ein neuer Thermograph. (Separat-Abdr aus den Sitzber. der niederrhein. Ges. für Natur- und Heilk. in Bonn. Jan. 1887.) [Bonn 1887]

Kochschule. Für praktische Hausfrauen und Solche, die es werden wollen. Ein Rathgeber in Haushalt und Küche. Gratis-Beilage zum Familien-Wochenblatt. Unter Mitwirkung prakt. Hausfrauen hrsg. von Th. Schröter. 1. und 2. Jahrg. 1885 und 1886. à Jahrg. 26 Nrn. (à Nr. ½ Bog.) gr. 8. Zürich, Schröter und Meyer. à Jahrg.

—— Ratgeber für Familie, Haushalt und Küche. Gratisbeilage zum Familien-Wochenblatt. Redig. von Th. Schröter. 3. und 4. Jahrg. 1887 und 1888. à Jahrg. 26 Nrn. (à Nr. ½ Bog.) gr. 8. Ebendas. à Jahrg. *

Kochschule. Ratgeber für Familie, Haushalt u. Küche. Gratisbeilage zum Familien-Wochenblatt. Redig. v. Th. Schröter. 3. u. 4. Bd. [5.—8. Jahrg.] Juli 1889—Juni 1893. à Jahrg. 26 Nrn. à Bd. 52 Nrn. (à Nr. ½ Bog.) gr. 8. Zür., Schröter. à Jahrg. * 2 —; à Bd. * 4 —

— **deutsche.** Sammlung v. erprobten Kochrecepten der deutschen Kochschule in Prag. 8. (V, 280 S.) Prag 887. (Dominicus.) 2. —; Einbd. n.n. — 40

— **deutsche.** Sammlung v. erprobten Kochrecepten der deutschen Kochschule in Prag. 2., verb. Aufl. 8. (VII, 329 S.) Prag 888. (Dominicus.) n. 2. 60; geb. n.n. 3. —

—— deutsche. Sammlung von erprobten Kochrecepten. 3. verm. Aufl. gr. 8. (VIII, 389 S.) Prag 890, (Neugebauer). geb. ** 4 —

Kochschule, deutsche. Sammlung v. erprobten Speisevorschriften. 4., verm. Aufl. 9. Taus. 8. (VIII, 451 S.) Prag 894. (G. Neugebauer.) Geb. in Leinw. n.n. 4. 60

Kochschule, deutsche, in Prag. Sammlung v. erprobten Speisevorschriften. 5., verm. Aufl. 12. Taus. 8. (VIII, 490 S.) Prag 897. (G. Neugebauer.) Geb. in Leinw. n. 5. —

(F) Deutsche Kochschule in Prag. Sammlung von erprobten Speisevorschriften. 6., vermehrte Auflage. 16. Tausend. Prag. 1900. Verlag der deutschen Kochschule. In Comm. Neugebauer. Gr.-8°. 535 S. Geb. K 5.90

Kochschule, deutsche, in Prag. Sammlung v. erprobten Speisevorschriften. 7. verm. Aufl. 20. Taus. (VIII, 587 S. m. 1 Taf.) 8. Prag 903. (G. Neugebauer.) Geb. in Leinw. 5. 80

Kochschule, deutsche, in Prag. Sammlung v. erprobten Speisevorschriften. 8. verm. Aufl. 25. Taus. (VIII, 599 S. m. 1 Taf.) 8. Prag 907. (G. Neugebauer.) Geb. in Leinw. 5. 30

Koch(-schule): Koch- und Haushaltungsschule
v. Schweizer Frauen-Zeitung.

— u. **Ratgeber** f. Familie u. Haus. Red. v. Th. Schröter. — Elise Schröter-Zuckerbühler. 3.—5. Bd. Juli 1889—Juni 1895. (1889/91, 1891/93, 1893/95.) à Bd. 52 Nrn. (½ Bog.) gr. 8. Zürich, Th. Schröter. à Jahrg. (26 Nrn.) n. 2. —

— u. **Ratgeber** f. Familie u. Haus. 6. Bd. Juli 1895—Juni 1897. 52 Nrn. (à ca. 8 S. m. Abb.) gr. 8. Zürich, Th. Schröter. à Jahrg. (26 Nrn.) n. 2. —

— dasselbe. 7. u. 8. Bd. Juli 1897—Juni 1899. à 52 Nrn. (à ca. 8 S.) gr. 8. Ebd. à Jahrg. n. 2. —

— u. **Ratgeber** f. Familie u. Haus. 9. u. 10. Bd. Juli 1899—Juni 1901. à 52 Nrn. (à ca. 8 S.) Zürich, Th. Schröter. à Jahrg. n. 2. —

— — dasselbe. 11. u. 12. Bd. Juli 1901—Juni 1903. à 52 Nrn. gr. 8. (à ca. 8 S.) Ebd. à Jahrg. 2. 50

— u. **Ratgeber** f. Familie & Haus. 13.—16. Bd. Juli 1903—Juni 1907. à 52 Nrn. (à ca. 8 S. u. 4 S. in 4.) gr. 8. Zürich, E. Richter. à Jhrg. 2. 50

— u. **Ratgeber** f. Familie u. Haus. Red.: Th. Schröter, P. Baebler u. Frau Boßhardt-Winkler. 19. Bd. Juli 1909—Juni 1910. 52 Nrn. (208 S.) gr. 8. Zürich, G. Meyer. 2. 50

Kochstedt [Schlagwort]

Kochstedt, s.: Preussen, Messtischblätter.

Kochtizky, Castor Frh von

Kochtizky, C. Frhr. v., die Erziehung des Hundes zum Genossen im Zimmer und bei Ausgängen. gr. 8. (42 S.) Leipzig 882, [Rother und Drescher.] Dege'sche Verlagsh. **

Kochtizky, C. Frhr. v., die Erziehung des Hundes zum Genossen im Zimmer und bei Ausgängen. 2. verm. und verb. Aufl. gr. 8. (58 S.) Leipzig 886, [Denicke.] Brehse. *

Kochtizky, C. Frhr. v. Die Erziehung d. Hundes zum Genossen im Zimmer u. bei Ausgängen. 2. Aufl. gr. 8. (58 S.) [Lpz. 890, Denicke.] Oranienburg, Freyhoff. * 1 20

Kochtizky, C. Frhr. v., die Erziehung d. Hundes. Aufzucht, Pflege u. Dressur, unter Berücksicht. der zur Jagd geeigneten Rassen, nebst Behandlg. d. Hundes in Krankheitsfällen 3., neu bearb. Aufl. Mit 23 Rassebildern. 8 (175 S.) Oranienburg 894. E. Freyhoff. n. 2. —

Die Erziehung des Hundes. Aufzucht, Pflege u. Dressur nebst Behandlung d. Hundes in Krankheitsfällen nach C[astor] v **Kochtizky**, bearb. von [Arthur] F^{rh.} v Creytz, Lt. a. D. 4. Aufl. Mit 41 Autotyp. u. 25 and. Abb Berlin E Freyhoff 1904. (192 S.) 8° [F.] [c6. 4361

Kochvorschriften f. Magen- u. Darmkranke. Erprobt u. zusammengestellt in der diätet. Anstalt „Villa Ritter" in Karlsbad. (32 S.) 8. Karlsbad (909). Stark'sche Buchh. 1. —

Köchy, Christian Heinrich Gottlieb, s.a. E w e r s , F W [Pseud]

Köchy, Chr. Hnr. Glo., († d. 18. Aug. 1828.) d. ersten Blüthen meiner Phantasie. 8. Camb. 803. Rösler. (Wild in Naumb.) 6 K

Köchy, C. H. G., d. ersten Blüthen meiner Phantasie. 8. Camb. Rößler. (a. Wild in Naumburg.) 804.

Köchy, C(hristian Heinrich) G(ottlieb) (Übers.):

s.: Cadet de Vaux, A(ntoine) A(lexis): Neue Heilmethode der Gicht und des Rheumatismus durch praktische Erfahrungen bewährt. Aus dem Französischen. 2...verm.Aufl. Ilmenau: 1826

Köchy, C(hristian Heinrich) G(ottlieb) (Übers.):

s.: Cloquet, J(ules) H(ippolyte): Über die Gicht und den Rheumatismus von J.H.Cloquet und C(harles François Simon) Giraudy. Aus dem Französischen. Ilmenau: 1826
in: Cadet de Vaux, A(ntoine) A(lexis): Neue Heilmethode der Gicht und des Rheumatismus... Übers.von C.(H.) G. Köchy. 2.verm.Aufl. 1826

Köchy, C(hristian Heinrich) G(ottlieb) (Übers.):

s.: Cox, Thomas: Über den akuten Rheumatismus... (Observations on acute rheumatism... Dt.) Ilmenau: 1826
in: Cadet de Vaux, A(ntoine) A(lexis): Neue Heilmethode der Gicht und des Rheumatismus... Übers.von C.(H.) G. Köchy. 2.verm.Aufl. 1826

— civilist. Erörterungen. 1r Bd. gr. 8. Leipz. 797. Fr. Fleischer. 20 K

Ders. Civilist. Erörterr. *Ebend.* Fleischer, 1e Samml. (797.) 811. 8. (20 Gr.)

Köchy, Christian Heinrich Gottlieb, s. H A G o t t s c h a l k

Köchy, Ch. H. Gli.: Theoret. pract. Comment. üb. d. Pand., nach Anleit. d. Hellfeld. Lehrb. *Lpz.*, Barth. 1—3r Th., à 2 Abth. 796—803. 4. (9 Thl. 18 Gr.)

— theoret. prakt. Commentar. üb. die Pandekten 1r — 3r Bd. z. 2 Thlen. 4. Lpz. Barth. 796-803. (I. 1r 1 Rthlr. 6 gr. 2r 2 Rthlr. II. 1r 2r à 1 Rthlr. 18 gr. III. 1r 2r à 1 Rthlr. 12 gr.)

Köchy, Christian Heinrich Gottlieb, s. K r i t i k d. allgem. Bücherverzeichnisses.

— Meditationen über d. interess. Gegenstände d. heutigen Civilrechtsgelahrtheit. 1r Bd. 8. Leipz. 795. Barth. 1 ß

— d. Minnesänger. (Ein Gedicht.) 4. Dorpat 813.

— probabilium juris civilis specimen. 4. Dorpat 803.

Koechy, Christian Heinrich Gottlieb (Braunschweig), De probatione ad perpetuam rei memoriam specimen. Helmstedt (C. G. Fleckeisen) 1794. 32 S. (5.50) 18852

— Diss. de probatione ad perpetuam rei memoriam. 4. Helmst. 796. Fleckeisen.

— — u. (Respond.) **Joseph Aloys Diemer** (Ellwangen/Schwaben), De testamento vi metuve extorto. Exercit. jur. civil. Jena (Fiedler) 19. II. 1800. 30 S. (5.50) 18853

— thesaurus juris saxon. I. P. I. 4. maj. Lps. Meyer. 796.

Köchy, Chr. Henr. Gli.: Thesaurns juris Saxonici. Vol. I. P. I. *Lipsiae*, (Central-Comptoir.) 796. 8maj. (3 Thl. 8 Gr.) P. II. 798.

Zauberkraft der Homoopathie, oder bewahrte Heilmethode der Lausesucht und des Grindes nach homoopathischen Prinzipien. ... Nach d. Franz. des J. P. Maragnot frei bearb. u. mit einer Anweisung, Lause aller Art auf eine ganz sichere, unschadliche Weise zu vertilgen, verm. von F.W.Ewers [d.i. Christian Heinrich Gottlieb Kochy]. Ilmenau: Voigt 1826. XI,92 S. 8°

Köchy, K. G., Beschreibung d. am 23. Dec. 1827 begang. 50jähr. Amts-Jubelfeier d. Hrn. H. H. Cludius ꝛc., nebst d. Jubelpred. u. and. dabei gehalt. Reden u. überreichten Weihschriften. 8. (5 B.) Hildesheim 828, Gerstenberg.

Köchy, Karl (G.)

Köchy, K., über die deutsche Bühne. 8. Berlin, Duncker u. H. 821.

Köchy, Carl (H.), Garten Flur und Wald. Gedichte. 16. (XXIII und 62 S.) Berlin 854, Schroeder's Verlag.

Köchy, Karl, das neue Leben. 16. (122 S.) Hannover 864, Kniep jun. * 20 Ngr.; geb. *

Köchy, Karl, Mitternachtzeitung, s. Mitternachtzeitung.

Köchy, Carl (I.), Publius Terentius Afer, eine Erscheinung aus dem Geisterreiche. Prolog zu der Aufführung der „Brüder" im braunschweig. Kunstclubb 1856. gr. 8. (8 S.) Braunschweig 856, Ramdohr's Hofbuchh. *

—— rheinische Theaterzeitung, s. Theaterzeitung.

—— poet. Werke. 1. Thl. gr. 12. (11¼ B.) Braunschweig 832, [Horneyer.] Thlr.

Köchy, Karl G., poetische Werke. 1r Thl. 8. Braunschweig..., jetzt Fischer in Cassel. 1 Rthlr

Zum Gedächtnis von Friedrich Gustav Herrmann. (Verf.: O[tto] Köchy u. O[tto] Grotrian. Dat. Aachen Dez. 1907.) 5 Bl. 4⁰

Köchy, Otto: Über den Kraftbedarf und die Leistung der Holzbearbeitungsmaschinen 1880. 4.

Köchy, Otto: Über Schwungradexplosionen. 1886. 4⁰

Köchy, Otto: Über die Theorie der geschlossenen Heissluftmaschinen. 4.

KÖCHY, Wilhelm (Braunschweig): Ueber 3 Fälle von Idiopathischer Hypertrophie und Dilatation des rechten Herzens.- München: Ernst 1891. 32 S.,1 Bl.
23.7.1891 - Chr 1891/92,23; Jv 1891/92,205
Diss. Ingolst.-Landsh.-Mchn.

Koch-Zeitung, illustrirte. Mittheilungen über Erfahrungen, Neuheiten u. Fortschritte auf dem Gebiete der Küche u. der Tafel. 1. Jahrg. Octbr.—Decbr. 1877. 13 Nrn. (B. m. eingedr. Holzschn.) hoch 4. Leipzig, M. Schäfer. n. 2. —

— dasselbe. 2. Jahrg. 1878. 52 Nrn. (B. m. eingedr. Holzschn.) hoch 4. Ebend. n. 8. —

Böhmische Künstler. Seltene Drucke, Orig. Lithographien, Künstlerische Prachtwerke, Bilder, Künstlerische Lehrbehelfe - Städte-Albums etc. Kunstverlag B Koči, Prag (Prag: B. Koči [1903].) (96 S.) 4°(5°) [04. 3306

Kocian, Frz. Die Bedeutung der überarbeiteten Handschriften Bᵃ und Bᵇ und der St. Florianer Bruchstücke für den Text des armen Heinrich. 29 S. 8. Progr. G. *Budweis* 1878.

Kocian, Frz. Quaeritur, quales sententias in „Historia graeca" secutus sit Xenophon de rebus divinis et publicis atque ostenditur eas sententias cum illis convenire, quae in ceteris Xenophontis maioribus operibus leguntur 17 S. 8. D.G. *Budweis* 1879. Progr.

Kociančič, Stefan. Kristusovo življenje in smrt v premišljevanjih in molitvah. Poleg Gašparja Erharda. V Celovcu, Blaznik in Laibach, 1868—73. 2 Tle. — 2. izdaja. Celovec, St. Hermagoras-Druck., 1905. 2 Tle.

Kociesa, (Friedrich) Gustav: De hysteria. Berolini (1862). (32 S.) 8⁰
Berlin, Med. Diss. v 9 Aug. 1862.

Kociok, A(lbert): Grundzüge der Erkenntnistheorie Herbarts. Ein Beitrag zur Beurteilung seiner Stellung zu Kant. *Jena 1904: A. Kämpfe.* (68 S.) 8°
Jena, Phil. Diss. v. (30. Apr.) 1904

Kock: Zwei Abschnitte aus dem neuen Grundlehrplan. 22 S. - Frankfurt a/O Progr. 1866.

Die alt- und neuschwedische Accentuierung unter Berücks. d. andern nord. Sprachen von Axel Kock. *Strassburg: K. J. Trübner 1901.* (XI, 298 S.) 8°
— Quellen u. Forschungen z. Sprach- u. Kulturgeschichte d. german. Völker. 87. [01. 3376

Kock, B., De epigrammatum Graecorum dialectis. Diss. 1910. 46 S. 2.—

Kock, C. F. De fermentatione vinosa. D Halae Magdeburgicae. 1736.

Kock, Carl, s. Kock, Karl

Kock, Chrn., Schwansen. Histor. u. topograph. beschrieb. gr. 8. (271 S. m. Abb. u. 1 Karte.) Kiel 898. H. Eckardt. Geb. in Leinw. n. 5. —

Kock Eduard [aus Coesfeld i. W.]. Beitrag zur Kenntniss der Triphenylmethandorivate .... Erlangen, Druck d. Univ.-Buchdr. v. E. Th. Jacob, 1887; 26 S. 8⁰.
Erlangen, Phil. Fak., Inaug.-Diss. v. 1887.

Kock, Eduard, Beitrag zur Kenntniss der Triphenylmethandenvate. Diss. Erlangen 1887, Th. Blaesing. 8°. 26 S.

Die niederdeutschen Relativpronomen von Ernst A[lbin] Kock. Lund 1904 H. Ohlsson. (VIII, 68 S.) 4°
— Acta Universitatis Lundensis. Bd 39. Afd. 1, No 3. [05. 9408

Kock, Ernst A., Repetitorium der deutschen Formen lehre. (16 S.) 8. Lund (903). H. Möller. n. — 3

— s.: Versionen, die Wolfenbütteler mittelniederdeutschen, der Benediktinerregel.

Kock, Franc. (geb. Münster in Westf. 5. 11. 1816) De neuralgia faciali. Berolini (1843). (29 S.) 8°
Berlin, Med. Diss. v. 16. Juni 1843

Kock, F[riedrich], aus Warnow Seiten-Entladungen isoliert gespannter Drähte. *Rostock 1903: C. Boldt.* (42 S.) 8°
Rostock, Phil. Diss. v. [9. Febr.] 1903

Kock, Heinrich, a. Harrenstette: Aus d. chirurgischen Klinik in Kiel. Zur Casuistik der Radikaloperation der Prostatahypertrophie. Kiel 1906: Schmidt & Klaunig. (24 S.) 8°
Kiel, Med. Fak., Ref. Helferich, Diss. v. 12. Juni 1907
[Geb. 21. Juli 79 Harrenstette in Hannover; Wohnort: Harrenstette; Staatsangeh.: Preußen; Vorbildung: Kgl. Gymn. Herford Reife O. 01; Studium: Freiburg i. B. 1, München 1, Kiel 2, München 1, Berlin 1, Kiel 3 S.; Coll. 21.Apr. 06; Approb. 1. Juni 07.]

Kock, Henri de, l'amour bossu. 2 Vols. (Bibliothèque choisie. Vol. 628 et 629.) 16. (293 S.) Naumburg 863, Pätz.

Kock, Henri de, der Arzt der Diebe oder Paris im Jahre 1780. Roman aus dem Volksleben. Aus dem Französ. übertragen u. frei bearb. von Eberh. Arndt. Berlin 865. Humburg & Co. gr. 8. (717 S.) 1 Rthlr 15 ngr.

de Kock, H., Brin d'Amour, s.: Lese-Cabinet, belletristisches, 387—391. Lfg.

KOCK, Henri de, Brin- d'Amour, die Pariser Lorette. Uebers. v A. Langer. 2 Bde. Pest u. Leipzig 1851. 8⁰. (1 Mk. Wilh. Koebner, Breslau, 1894.)

—— les buveurs d'absinthe. 4 Vols. (Bibliothèque choisie. Vol. 671—674.) 16. (608 S.) Naumburg 864, Pätz.

—— les petites chattes de ces messieurs. 2 Vols. (Bibliothèque choisie. Vol. 860 et 861.) 16. (263 S.) Naumburg 866, Pätz.

—— ma petite cousine. Roman inédit. 2 Vols. (Bibliothèque choisie. Vol. 850 et 851.) 16. (271 S.) Naumburg 866, Pätz.

—— Mademoiselle Croquemitaine, s. Lese-Cabinet, neuestes belletristisches.

Kock, Henry de, Mademoiselle Croquemitaine. Roman entièrement inédit. Édit. antorisée. 2 vol. 16. (160; 138 S.) Naumburg 871, Paetz. à Bd. ℳ 1.

Kock, Henry de, Der Dämon des Alkovens; s.: Lese-Cabinet, neuestes belletristisches.

— der Dämon des Alkovens. Pariser Sittenbild. Neue Uebersetzg. u. Bearbeitg. (96 S.) 8. Ebd. (905). 2. —

—— les démons de la mer. 4 Vols. (Bibliothèque choisie. Vol. 556—559.) 16. (619 S.) Naumburg 863, Pätz.

— ein gefallener Engel, oder: Ein Don Juan vom Lande. Roman. Aus dem Französ. von L. v. Alvensleben Wien 865. Spitzer. 8. (188 S.) 18 ngr.

Kock, Henry de, l'expiation. gr. 12. (212 S.) Leipzig 860, A. Dürr. *

—— l'expiation. 2 Vols. (Bibliothèque choisie. Vol. 351 et 352.) 16. (251 S. und: Les mortes aimées par Jules de Wailly fils. 65 S.) Naumburg 860, Paetz.

—— la fée aux amourettes. Roman inédit. 2 Vols. (Bibliothèque choisie. Vol. 789 et 790.) 16. (264 S.) Naumburg 865, Pätz.

Kock, H. de, les femmes de la bourse. 2 vols. Leipzig 857 A. Dürr 16. (190; 210 S.) 1 Thlr.

—— les femmes de la bourse. Suivi de „Une nuit d'Young par Philib. Audebrand.“ 2 Vols. (Bibliothèque choisie. Vol. 211 et 212.) 16. (291 S.) Paris 858. [Naumburg, Paetz.]

— — 2 vols. Naumbourg 858. Expedition d. Bibliothéque choisie. 16. (140; 128 S. und: Une nuit d'Young par Philibert Audebrand. S. 129—151) 20 ngr.

—— la fiancée du Corsaire, suite des démons de la mer. 3 Vols. (Bibliothèque choisie. Vol. 569—571.) 16. (466 S.) Naumburg 863, Pätz.

— la fille à son père. Roman inédit. Edition autorisée. 2 Vols. Paris 870. Naumburg, Pätz. 16. (144 u. 157 S.) 20 ngr.

—— das Gespenst der Justiz, s. Lese-Cabinet, neuestes belletristisches.

—— Geständnisse einer schönen Frau, s. Lese-Cabinet, neuestes belletristisches.

— Geständnisse e. hübschen Frau. Komischer Novellenkranz. Neue Uebersetzg. u. Bearbeitg. (96 S.) 8. Ebd. (905). 2. —

Kock, Henri de, le guide de l'amoureux à Paris. D'après le manuscrit original de Mme. la Baronne de C***. 2 Vols. (Bibliothèque choisie. Vol. 787 et 788.) Naumburg 865. Pätz. 16. (307 S.) 20 ngr.

—— la haine d'une femme. 3 Vols. (Bibliothèque choisie. Vol. 411—413.) 16. (474 S.) Naumburg 861, Paetz.

—— l'héritage maudit. 5 Vols. (Bibliothèque choisie Vol. 427—431.) 16. (786 S.) Naumburg 862, Pätz.

— les hommes volants. 2 Vols. (Bibliothèque choisie. Vol. 735 et 736.) Naumburg 865. Pätz. 16. (298 S.) 20 ngr.

— le incettatrici. Romanzo. Triest 864. Coen. gr. 16. (174 S. mit 1 Steintaff.) n. 8 ngr.

—— der König der Studenten. Aus d. Französ. v. Louis Fort. 8. (17 B.) Leipzig 844, Literar. Museum.

— der Curiositätenhändler, s. Frankreich, belletristisches.

— — Die verwünschten Küsse, s. Lese-Cabinet, neuestes belletr.

de Kock, Hnr., Bertha's Liebe. Aus dem Französ. von Oskar v. Birkeneck. 2 Bde. 8. Leipzig 843, Literar. Museum. (Verlags-Comptoir in Breslau.) 1½ Thlr.

—— die kleine Liebesgöttin, } s. Lese-Cabinet, neuestes belletristisches.
—— der bucklige Liebhaber, }

— Lydia, s.: Lese-Cabinet, belletristisches, 589—593. Lfg.
— Museum, 5 u. 7. Bd.

Kock, Henry de Weder Mädchen noch Frau, noch Witwe; s. Lese-Cabinet, neuestes belletr

—— la magnétiseuse. Suite aux buveurs d'absinthe. 3 Vols. (Bibliothèque choisie. Vol. 693—695.) 16. (467 S.) Naumburg 864, Pätz.

— le médecin des voleurs ou Paris en 1780. 6 vols. Leipzig 857. A. Dürr. 32. (191; 191; 207; 204; 227; 226 S.) 3 Thlr.

— — Roman inédit. 8 vols. Halle 857. Expedition d. Bibliothèque choisie. 16. (160; 160; 160; 160; 160; 160; 144; 151 S.) 2 Thlr. 20 ngr.

—— le médecin des voleurs ou Paris en 1780. 6 Vols. 16. (1276 S.) Leipzig 857. 58, A. Dürr. à Vol. 15 Ngr.

—— le médecin des voleurs ou Paris en 1780. Roman inédit. 8 Vols. Suivi de „Geneviève Krammer par Constant Guéroult.“ (Bibliothèque choisie. Vol. 266—268.) 16. (1255 S.) Paris 858. [Naumburg, Paets.] à Vol. 10 Ngr.

— la reine des grisettes. 2 Vols. (Bibliothèque choisie. Vol. 767 et 768.) Naumburg 865. Pätz. 16. (283 S.) 20 ngr.

—— le roman d'une femme pâle. (Bibliothèque choisie. Vol. 816.) 16. (173 S.) Naumburg 865, Pätz.

—— Todt und Lebendig, s. Lese-Cabinet, neuestes belletristisches.

—— la voleuse d'amour. 2 Vols. (Bibliothèque choisie. Vol. 572 et 578.) 16. (297 S.) Naumburg 863, Pätz.

Kock, Herm., († 1807.) Series Episcoporum Monasteriensium eorundemque vitae ac gesta in ecclesia. IV Ptes. 8. Münst. 802—6. Coppenrath. 1 ₰ 8 ℊ

Kock, H., Series Episcoporum Monasteriensium eorumdemque vitae ac gesta in ecclesia. IV Partes. 8. Munster, Coppenrath. 817.

Kock, J., Jesus Christus als Vorbild f. alle Erzieher. gr. 8. (81 S.) Langensalza 898. H. Beyer & Söhne. n. — 50

Kock, Karl

Kock, C., Zu Aristophanes: I. Die Vögel d. A. II. Zur Erklär. u. Kritik d. Ekklesiazusen. III. A. u. die Götter d. Volksglaubens. S.-A. 1856 u. 1857. (80, 25, 42 S. aus. 4.50

Kock, Carl, Aristophanes und die Götter des Volksglaubens. gr. 8. (45 S.) Leipzig 857, Teubner.
Aus: Jahrbücher für class. Philologie, 3. Supplementbd., besonders abgedruckt.

— über nationale Erziehung. Schulrede, gehalten am 15. Octbr. 1855. Anclam 855. Dietze. gr. 8. (1 Bl., 17 S.) 3 ngr.

Kock: Exercitationes criticae. (Stellen aus Aristoph., Plato, Sophokles, Tac) 22 S. – Memel, Progr. 1864

Kock, Carolus Albertus: De veteris comoediae parabasi.
Halle-Wittenberg, Phil. Diss. v 1. Okt. 1847
Geb. [Quedlinburg 11. 6. 1823]
Ms. fehlt. – Vom Verf. ersch.: De parabasi, antiquae comoediae Atticae interludio. Anclam 1856: Dietze. 19 S. 4° Gymn.-Progr

—— die Vögel des Aristophanes. gr. 8. (32 S.) Leipzig 856, Teubner.
Aus dem 1. Suppl.-Bd. der Jahrbücher für class. Philologie, besonders abgedruckt.

Kock, (Ch.) Paul de, Ambroisine die schöne Baderin, s. Lese-Cabinet, neues belletristisches.

—— Ambroisine die Schöne aus dem Badhause, oder Cavalier und Räuber. Roman in 3 Bdn. (Aus dem Französ.) 32. (960 S.) Wien 854, Stöckholzer v. Hirschfeld. **

Kock, Paul de, Ambroisine die schöne Baderin od. Paris in der guten alten Zeit. Neue Uebersetzg. u. Bearbeitg. des französ. Orig.-Romans. (104 S.) 8. Neuweißensee (905). E. Bartels. 2. —

Kock, Paul de, Andreas d. Savoyarde. A. d. Franz. übertr. v. A. Th. Peucker. 3 Bde. 8. (45¾ B.) Breslau 837. [Leipzig, Literar. Museum.]

de Kock, (Chr.) Paul, Andreas d. Savoyarde. Aus d. Franz. von A. Th. Peucker. 3 Bde. 8. Breslau 837. Verlags-Comtoir. 3⅓ ₰

— — Andreas der Savoyarde. Deutsch von H. Elsner. 3. Aufl. Mit (Holzschn.-) Illustr. von Pariser Künstlern. Stuttgart 1857. 8°. (1 Kr. 20 H. A. H. Huber, Salzburg, 1908.)
Orig.: André le Savoyard. 5 tom. Paris 1828.

—— Schwester Anna. A. d. Franz. 2 Bde. 8. (38 B.) Breslau 838. [Leipzig, Literar. Museum.]

— Schwester Anna. Nach d. Franz. 2 Bde. 8. Breslau 838 Verlags-Comtoir. 2⅓ ₰

— — Dasselbe. Deutsch von H. Elsner. 3. Aufl. Mit (Holzschnitt-) Illustrationen von Pariser Künstlern. Stuttgart 1859. 8°. (1 Kr. 20 H. der Vorige.)

— — Schwester Anna. Deutsch von F. Carlow. 6 Thle. Ulm 1842. 8°. (2 Kr., Expl. in 2 Lwdbdn., der Vorige.)
Vorher (ohne Namen des Uebersetzers). 2 Bde. Breslau 1838. 8°. (In Berlin: Xy 8576, 1 vol.)
Orig. Soeur Anne. 4 tom. Paris 1830.

— Kleine Bäche, große Flüsse, s. Lese-Cabinet, neuestes belletr.

v. Kock, (P.,) der Barbier v. Paris. Hist. Roman. 4 Bdchn. 8. Stuttg. 827, Frankh. (Brodhag)

— — Der Barbier von Paris .... (wie vorhin). Ebd. 1858. 8°. (1 Kr 20 H der Vorige.)
Orig. Le Barbier de Paris. 4 tom. Paris 1833

— dass. übers. v. J. Rhenanus, s. Unterhaltungs-Bibliothek.

—— Papa Beau-père. Roman inédit. Edit. autorisée. 2 vol. 16. (144; 138 S.) Naumburg 869, Pätz. à Bd. ℳ 1.

— Papa beau-père. Roman inédit. Edition autorisée. 2 Vols. Paris 870. Naumburg, Pätz. 16. (144 u. 138 S.) 20 ngr.

Kock, Paul de, Baronin Blaguiskof; s.: Lese-Cabinet, neuestes belletr.

Kock, Paul de, d. Baronin Blaguiskoff, s. a. Gavarni's, Franç., Bibliothek.

[Ant. u. F.] Die Baronin Blaguiskoff. Humor Roman v Paul de Kock. Freie deutsche Uebs. Berlin 11 Herlet [1898] (159 S.) 1 Bd 8. = Bibliothek Gavarni Bd 9. [98. 11016]

— Baronin Blaguiskof. Komischer Roman aus dem Franz. Neue Uebersetzg. u. Bearbeitg. (96 S.) 8. Ebd. (905). 2. —

—— das Blumenmädchen von Paris, s. Lese-Cabinet, neues belletristisches.

— — Das Blumenmädchen von Paris Roman. Illustr 2. Aufl. 4 Bde. 12. (128, 95, 111 u. 114 S.) Ebd. 1 fl. 60 kr. (Paul de Kock's neuere Romane 33.—36. Lfg.) 1870

Kock, (Ch.) Paul de, le petit bonhomme du coin. Roman, entièrement inédit. Édit. autorisée. 2 vol. gr. 16. (160; 127 S.) Naumburg 872, Paetz. à Bd. ℳ 1.

—— la bouquetière du Château-d'Eau. 6 Vols. 16. (VI und 753 S.) Berlin 855, [Schneider.]

—— la famille Braillard. 5 Vols. (Bibliothèque choisie. Vol. 859—863.) 16. (717 S. und: La veille. Roman par Ivan Tourghénieff. 77 S.) Naumburg 861, Paetz.

— die Braut v. Fontenay-aux-Roses, } s.: Lese-Cabinet, neues belletrist.

Kock, Paul de, i quattro fratelli Braillard ossia la chioma di Sansone. Romanzo. 4 Voll. 16. (684 S. mit 4 Holzschnt.) Triest 861, Coen. Thlr. *

Kock, (Charles-)Paul de

Carotin. Roman. Deutsch von August Schrader. Bd. 1–3. Leipzig: Berger 1846. 187 S. 8°

— Cerisette, s.: Bibliothek, Europäische, 423—425. Bd.
— Lese-Cabinet, belletristisches, 347—352. Lfg.

— Monsieur Cherami, übers. von Kretzschmar, s. Lese-Cabinet, neuestes belletristisches.

—— Monsieur Cherami. 5 Vols. 16. (991 S.) Leipzig 859, A. Dürr.

— Herr Choublanc, der seine Frau sucht, s. Lese-Cabinet, neues belletristisches.

— — Herr Choublanc, der seine Frau sucht. 2. Aufl. Illustr. 2 Thle. in 1 Bd. 12. (101 u. 103 S.) Ebds. 1870. 80 kr.

— Clarinette, s. Volksbibliothek, norddeutsche.

— la compagnia dei Tartufi. Romanzo. 4 Vols. Triest 862. Coen. gr. 16. (632 S. mit 4 Holzschntaff.) n. 1 Thlr.

—— les compagnons de la truffe. 5 Vols. (Bibliothèque choisie. Vol. 414—418.) 16. (784 S.) Naumburg (861)62, Paetz.

— la dame aux trois corsets. Roman inédit. 2 Vols. (Bibliothèque choisie. Vol. 855 et 856.) Naumburg 866. Pätz. 16. (280 S.) 20 ngr.

— Die Dame mit den drei Corsetts .... (c. 1870). Orig.: La dame aux trois corsets. 2 vols Paris 1866. 16°. (80 Pfg. C Winter, Dresden, c. 1890.)

— die Dame mit drei Schnürleibchen, s. Lese-Cabinet, neuestes belletristisches.

—— la demoiselle du cinquième. 5 Vols. (Bibliothèque choisie. Tome 125—129.) 16. (807 S.) Halle 856, Expedition der Bibliothèque choisie.

— la demoiselle du cinquième. 5 vols. Halle 857. Expedit. d. Bibliothèque choisie 16. (160; 160; 160; 160; 167 S.) 1 Thlr. 20 ngr.

—— les demoiselles de magasin. 4 Vols. (Bibliothèque choisie. Vol. 676—679.) 16. (637 S.) Naumburg 864, Pätz.

—— der kleine Eckensteher,
—— ein Ehemann, über den man sich lustig macht, } s. Lese-Cabinet, neuestes belletrist.

— Ein Ehemann über den man sich lustig macht. Roman. 2 Bde. 8. (146 u. 136 S.) Ebds. 1869 1 fl. 68 kr.

—— der verloren gegangene Ehemann. Novellenskizze aus d. pariser Welt. — Die Männer-Jagd. Erzähl. v. Eman. Gonzalez. 8. (13½ B.) Breslau 837, Leuckart.

—— les enfants du boulevard. 2 Vols. (Bibliothèque choisie. Vol. 654 et 655.) 16. (297 S.) Naumburg 864, Pätz.

— Cartouche's Enkel, } s. Lese-Cabinet, neuestes belletristisches.

Kock, Paul de. Erzählungen, s. Collection Figaro.

— Martin's Esel, } s. Lese-Cabinet, neuestes belletristisches.

— verfehlte Existenzen, } s. Lese-Cabinet, neuestes belletristisches.

—— Felicie, das Mädchen aus dem fünften Stock, s. Lese-Cabinet, neues belletristisches.

— Felicie, das Mädchen aus dem fünften Stocke. 2. Aufl. Illustr. 5 Thle. 12. (111, 103, 99, 115 u. 95 S.) Ebds. 1870 2 fl.

—— une femme à trois visages. 7 Vols. 16. (1306 S.) Leipzig 860, A. Dürr. à Vol. * 10 Ngr. *

—— une femme à trois visages. 5 Vols. (Bibliothèque choisie. Vol. 314—318.) 16. (744 S. und: „Trois rencontres par Ivan Tourghénieff." 50 S.) Naumburg 860, Paetz.

—— les femmes, le jeu et le vin. Roman inédit. 2 Vols. (Bibliothèque choisie. Vol. 691 et 692.) 16. (293 S.) Naumburg 864, Pätz.

—— Magister Ficheclaque, s. Lese-Cabinet, neuestes belletristisches.

—— la fille aux trois jupons. 2 Vols. 4. édit. (Bibliothèque choisie. Vol. 652 et 653.) 16. (300 S.) Naumburg 864, Pätz.

— eine Frau mit drei Gesichtern, } s. Lese-Cabinet, neues belletristisches.

—— Frau, Mann u. Liebhaber. A. d. Franz. 3 Thle. 8. (42½ B.) Breslau 837. [Leipzig, Literar. Museum.]

de Kock, (Chr.) Paul, Frau, Mann und Liebhaber. Nach d. Franz. 3 Thle. 8. Breslau 837. Verlags-Comtoir. 3⅓ Thlr.

— — Die Frau, der Mann und der Liebhaber. Deutsch von H. Elsner. 3. Aufl. Mit (Holzschn.-) Illustr. von Pariser Künstlern. Stuttgart 1858. 8°. Orig.: La femme, le mari et l'amant. 4 tom. Paris 1829.

— Friquette, s.: Lese-Cabinet, neues belletristisches.

—— Friquette. Roman inédit. Édit. autorisée. 2 vol. 16. (160; 144 S.) Ebendas. 872.

—— des Geheimniß des Castellans, } s. Lese-Cabinet, neuestes belletrist.

Kock, Paul de, Das Geheimniß des Castellans. 2 Bde. 8. (123 u. 124 S.) Wien. Hartleben's Verlag. 1869 1 fl. 26 kr.

—— das Geheimniß der Grisette. Humoristischer Roman. 1. Aufl. (178 S.) und 2. Aufl. gr. 16. (III, 132 S.) Berlin 871, Langmann und Comp. [Deutsches Verlags-Institut.] *

—— Georgette. Frei n. d. Franz. v. Ludw. Domingo. 2 Thle. gr. 12. (21 B.) Braunſchweig 838, G. C. E. Meyer sen.

— une grappe de groseille. Roman inédit. 2 Vols. (Bibliothèque choisie. Vol. 817 et 818.) Naumburg 865. Pätz. 16. (311 S.) 20 ngr.

— — Gustav, Bruder Liederlich. (So der Titel!) Deutsch von H. Elsner. 3 Thle. Stuttgart 1837. 8° ($1^5/_6$ Rthl.) (1 Mk. 20 Pfg. Heberle, Cöln, c. 1875.)
Orig.: Gustave le mauvais sujet. 3 tom. Paris 1821. 12°. u. öfter.

— — Dasselbe. 3. Aufl. Deutsch von H. Elsner. 3. Aufl. Mit (Holzschn.-) Illustr. von Pariser Künstlern. Ebd. 1878. 8°.

KOCK, Paul de. Guſtav der Taugenichts. Berlin, Alfred H. Fried & Co. (um 1890). 8°.
Verb. d. Ldg. Leipzig A. III. 63/92.

— — Der Hahnrei. (Aus d. Französ.) 4 Thle. Ulm 1841. 8°. (4 Mk. B. Seligsberg, 1906.) Bereits zieml. rar!

— — Dasselbe. Deutsch von H. Elsner. 3. Aufl. Mit (Holzschn.-) Illustr. von Pariser Künstlern. Stuttgart 1858. 8°. (1 Kr. 60 H. A. H. Huber, 1908.)
Orig.: Le Cocu. 4 tom. Paris 1831. — Contrefaçon: Bruxelles 1832. IV. pet-in-8°. (3 Mk. 60 Pfg. Adolf Weigel, 1906.)

— — Dasselbe. 2 Thle. 4. Aufl. Mit Illustrationen. Wien, o. J. 8°. (1 Mk. 50 Pfg., Th. Berthing, Danzig, 1894.)

— ein curioſes Haus, } ſ. Leſe-Cabinet, neueſtes belletriſtiſches.

Kock, (Chr.) Paul de, das weiße Haus, ſ. Haus.

—— der Heirathscandidat, od. Herr Frontin. Deutſch v. L. v. Alvensleben. 8. ($10^1/_2$ B.) Braunſchweig 837, G. C. E. Meyer sen.

—— ein Herr, der ſich zu verheirathen wünſcht. Komiſcher Roman. Deutſch bearb. von Ed. Bloch. Mit Illuſtr. (in eingedr. Holzſchn.) 8. (92 S.) Berlin 853, [Laſſar's Buchh.]

Kock, Paul de, Dieſer Herr. A. d. Franz. von St. Friedrich. 3 Bde. 8. ($30^1/_2$ B.) Breslau 843; Leipzig, Literar. Muſeum. *

— Herr Krautkopf ſucht ſeine Frau, ſ.: Univerſal-Bibliothek.

—— ein ſehr gequälter Herr. Humoriſtiſcher Roman. (Aus dem Franzöſ.) 32. (238 S.) Wien 854, Stöckholzer v. Hirſchfeld. **

— die Herzens-Diebin. Eine Geſchichte, die vielleicht wahr iſt. Aus dem Franzöſ. von Marie Saphir. Wien 864. (Edelbauer.) 8. (180 S.) 18 ngr.

— Hildegard, ſ. Hildegard.

— un jeune homme mystérieux. Ed. autorisée. 2 vols. 16. (144 u. 142 S.) Naumburg 873. Paets. 2. —

— — Bruder Jakob. Deutsch bearb. von F. Carlow. 5 Bdchn. Ulm, Nübling, 1843. 8°. (1 Mk. 50 Pfg. W. H. Kühl, Berlin, 1884.)
1. deutsche Uebersetzung. Grossgedruckte Ausgabe. Orig.: Frère Jacques. 4 tom. Paris 1829.

— — Dasselbe. Deutsch von H. Elsner. 3. Aufl. Mit (Holzschn.-) Illustr. von Pariser Künstlern. Stuttgart 1857. 8° (1 Kr. 20 H. A. H. Huber, Salzb., 1908.)

Bruder Jacob. Roman von Paul de Kock. Aus dem Französischen übertragen v. A. Valentin. Illustriert von Gottfried Sieben. Wien. Leipzig. [1899.] Wenedikt. 8°. 367 S. * fl. 1.80, geb. fl. 2.40

——, Jenni od. d. drei Blumenmärkte in Paris, und: Eine muſikal. Morgenunterhaltung. — Die Vergeltung. Von Charles de Bernard. Drei Novellen. A. d. Franz. v. Ed. Brinckmeier. 8. ($11^1/_2$ B.) Braunſchweig 841, G. C. E. Meyer sen.

——, Jenni od. d. drei Blumenmärkte v. Paris. A. d. Franz. v. Oskar v. Birckeneck. 8. ($12^1/_2$ B.) Breslau 841. [Leipzig, Literar. Muſeum.]

— Jenni oder die drei Blumenmärkte von Paris. Aus dem Franzöſ. von Oskar v. Birkeneck. kl. 8. Breslau 841, Verlags-Comptoir. 1 ß

—— die Intriguanten, ſ. Leſe-Cabinet, neueſtes belletriſt.

— les intrigants. I. et II. Série. Edition autorisée. 16. Ebend. 874. à 2. —
I. Maison Perdaillon . Cie. Dernier roman inédit. 2 vols. (à 144 S.)
II. Le riche Cramoisan. Dernier roman inédit. 2 vols. (144 u. 156 S.)

— Pariſer Intriguen, ſ.: Leſekabinet belletr.

— — Johann. Deutsch von H. Elsner. 3. Aufl. Mit (Holzschnitt-) Illustr. von Pariser Künstlern. Stuttgart 1861. 8°
Orig.: Jean. 4 tom. Paris 1830.

— Paul de, Ein Johannisbeerzweig; ſ.: Leſe-Cabinet, neueſtes belletr.

—— die Jungfrau v. Belleville. Frei n. d. Franz. v. A. Th. Peucker. 2 Bde. 8. ($31^1/_2$ B.) Breslau 838. [Leipzig, Literar. Muſeum.]

— die Jungfrau von Belleville. Frei nach d. Franz. von Th. Peucker. 2 Bde. 8. Breslau 838. Verlags-Comtoir. $2^1/_2$ ß

KIND, Das, meiner Frau. Ein Roman in Casanova's Geschmack. (Aus d. Französ. des *Paul de Kock* von Friedr. Krug.) 2 Bde. Gotha 1824. 8°. (1 Mk. 25 Pfg. Auction G. Salomon, Dresden, 8. März 1875, no. 409.)
Anon.-Lex. II. p. 355 (nach Kayser).

— — Das Kind meiner Frau. Nach dem Französ. von A. v. B. 2 Thle. Quedlinburg, Basse, 1833. Gr. 16°. 27 Bog. ($2^1/_3$ Rthl.)
Orig.: L'enfant de ma femme. 2 tom. Paris 1833. — S. auch Kind . . 1824. (sub K.).

— — Dasselbe. Deutsch von H. Elsner. Mit (Holzschn.-) Illustr. von Pariser Künstlern. Ebd. 1857. 8°.

Kock, Paul de, die Kinder des Boulevard, — die Klatſchroſenwieſe, — die Ladenmamſells, } ſ. Leſe-Cabinet, neueſtes belletriſtiſches.

— die Lebensluſtige, ſ.: Leſe-Cabinet, belletriſtiſches, 273—280. Lfg.

—— der Leichtſinnige. A. d. Franz. übertr. v. A. Th. Peucker. 2 Thle. 8. ($32^1/_2$ B.) Breslau 837. [Leipzig, Literar. Muſeum.]

— der Leichtsinnige. Aus d. Franz. von A. Th. Peucker. 2 Thle. 8. Breslau 837. Verlags-Comtoir. $2^{1}/_{4}$ ℛ

—— Liebe kommt — Liebe geht. Roman. Frei nach dem Französ. übers. 3. Aufl. 8. (192 S.) Wien 864, Bachmann.

—— der Liebhaber Lucettens, s. Lese-Cabinet, neues belletristisches.

— der Liebhaber des Mondes, s.: Lese-Cabinet, belletristisches, 201 — 215. Lfg.

— der Liebhaber des Mondes. Uebers. von Ludw. Fort. 5 Thle 2. Aufl. Wien 854. Hartleben. 8. (245; 220; 212; 242; 232 S.) 2 ℛ.

— — Zwei Liebhaber oder Liebesabenteuer des buckligen Taquinet. Neu-Weißensee, E. Bartels (um 1900). 8°.
Verb. d. Ldg. I Berlin 38 J. 738/11.

— — Dasselbe. Berlin NO, Reinhold Klinger (um 1900). 8°.
Verb. d. Ldg. I Berlin 2 B. M. 36/02.

—— die kleine Lise, s. Lese-Cabinet, neuestes belletristisches.

—— la petite Lise. Roman entièrement inédit. Edit. autorisée. 2 vol. 16. (160; 144 S.) Naumburg 870, Paetz. à Bd. ℳ 1.

—— der Literat. A. d. Franz. v. Ed. Brinckmeier. 2 Bde. gr. 12. ($21^{1}/_{2}$ B.) Braunschweig 836, G. C. E. Meyer sen.

—— das hübsche Mädchen aus d. Vorstadt. A. d. Franz. v. (W. Schultze u.) Fr. Steger. 2 Bde. 8. ($38^{3}/_{4}$ B.) Braunschweig 840, G. C. E. Meyer sen.

de Kock, (Ch.) Paul, junges Mädchen — alter Junggeselle. Humoristischer Roman. [Frei aus d. Franz.] v. Carl Dolde. 3 Bde. 32. (256. 256 u. 302 S.) Wien 852, Stöckhölzer v. Hirschfeld. baar 1 ℛ 18 ngr.

—— das Mädchen mit den drei Unterröckchen, } s. Lese-Cabinet, neuestes belletristisches.

—— das Mädchen mit drei Unterröckchen. 2. Aufl. 8. (192 S. mit 1 Titelbilde in Holzschn.). Wien 868, Hartleben's Verlag.

Kock, Paul de, das Mädchen m. den drei Unterröcken (La fille aux 3 jupons). Uebers. v. E. Scharf-Sonnsfisch. (V, 244 S.) 8. München 910. Dr. R. Douglas. 3.—; geb. in Leinw. 4.—

——, Magdalene. Ins Deutsche übertr. v. L. Friede. 2 Thle. 1. Aufl. 835. u. 2. Ausg. 837. Gera, Schumann. Neue Titlausg. gr. 16. (à $47^{1}/_{4}$ B. u. 2 Ttlbild.) Nordhausen 840, Fürst. à

—— ein charmanter junger Mann. Roman. 2 Thle. A. d. Franz. übers. v. Lida Müller. 8. ($25^{1}/_{4}$ B.) Nürnberg 839, F. N. Campe.

— ein sehr geplagter Mann, s. Lese-Cabinet, neues belletristisches.

—— der Mann aus den Zeiten d. Republik, d. Kaiserreichs u. d. Restauration. A. d. Franz. v. Ed. Brinckmeier. 4 Bde. 8. ($43^{3}/_{4}$ B.) Braunschweig 841, G. C. E. Meyer sen.

— die Männer-Jagd, s. vorstehend unter: Ehemann.

—— la mariée de Fontenay-aux-Roses. 2 vol. (IV, 160; 140 S.) Naumburg 872, Paetz.

Kock, Paul de, s Milchmädchen, Das.

— — Das Milchmädchen von Montfermeil; launiger Roman aus dem Leben der Gegenwart; nach d. Französ. 2 Bde. Braunschweig, Meyer, 1829. 8° 272 u. 247 S. ($2^{1}/_{2}$ Rthl.) (1 Mk 50 Pfg., geles. Expl., W H Kühl, Berlin, 1884.)
Erste deutsche Uebersetzung.
Orig.: La laitière de Montfermeil. 5 tom. Paris 1829.

— — Dasselbe. Deutsch von H. Elsner. 3. Aufl. Mit (Holzschnitt-) Illustrationen v. Bertall. Stuttgart 1859. 8°. (1 Kr. 60 H. A. H. Huber, Salzburg, 1908.)

— das Milchmädchen v. Montfermeil. Komischer Roman. Neue Bearbeitg. (96 S.) 8. Ebd. (905). 2. -

—— le millionnaire. Suivi de „Léopold de Kernys par Alfr. de Bréhat." 5 Vols. (Bibliothèque choisie. Vol. 219—223.) 16. (781 S.) Paris 857, [Naumburg, Paetz.]

— le millionaire. 5 vols. Naumbourg 858. Expedition d. Bibliothèque choisie. 16. (160; 160; 160; 160; 80 S. und: Léopold de Kernys par Alfr. de Bréhat. S. 81—141.) 1 ℛ. 20 ngr.

Kock, (Ch.) Paul de, der Millionär, } s. Lese-Cabinet, neues belletristisches.
— Minette, }

— Frau von Monflanquin oder wie die That so der Lohn. Aus dem Französ. von Ludw. Fort. 3 Thle. Leipzig 856. Einhorn. (Wien, Hartleben.) 8. (3 Bl., 162; 3 Bl., 183; 3 Bl., 183 S.) 1 ℛ. 6 ngr.

Lesehalle Romantische —. Gallerie der vorzüglichsten zeitgemäßen Romane des In- und Auslandes. 456—469. Lieferung. Wien, 1857. Druck und Verlag von Josef Stöckholzer v. Hirschfeld. (kl. 8.) (Vgl. 3028/1856.)
Inhalt: 456—469. Lieferung. Madame Monflanquin. Roman in drei Bänden von Paul de Kock. Frei nach dem Französischen. (256, 208, 304 S.)

Kock, Paul de. Madame Monflanquin, oder ein weiblicher Monte-Christo. Roman in drei Bänden. (Frei nach dem Französischen.) *Wien u. Leipzig* 1858. *J. Stöckholzer v. Hirschfeld.* 1.—3. Bd. 256, 207, 304 S., 16°.

— — Frau von Montflanquin oder Wie die That so der Lohn. Roman. Illustr. 2. Aufl. 4 Thle. 12. (119, 110, 115 u. 114 S.) Ebd. 1 fl. 60 kr. (Paul de Kock's neuere Romane 37—40. Lfg.) 1870

— Moustache. Roman. Neu aus dem Französ. von Dr. Diezmann. 1. Bdchen. 16. (Mit Stahlst.) Leipzig 846, Naumburg. $^{1}/_{4}$ ℛ

—— Moustache. Roman. Neu aus dem Französ. übersetzt. 4 Bdchn. 16. (417 S. und 2 Stahlst.) Leipzig 847, Naumburg.

——, Moustache u. die drei Studenten. A. d. Franz. v. St. Friedrich. 3 Thle. 8. ($40^{1}/_{2}$ B.) Breslau 838. [Leipzig, Literar. Museum.]

— Moustache und die drei Studenten. Aus d. Franz. von St. Friedrich. 3 Thle. 8. Breslau 838. Verlags-Comtoir. 3 ℛ

—, Fr. Soulié u. A., Novellen. A. d. Franz. erzählt v. E. Brinckmeier. gr. 12. (10⅓ B.) Braunschweig 839, G. C. E. Meyer sen.

— Madame Pantalon. Edit. autorisée. 2 vol. 16. (160; 184 S.) Paris 870. Naumburg, Pätz. à Bd. ℳ 1.

— dass. — deutsch, s. Lese-Cabinet, neuestes belletristisches.

— Paolo ed il suo cane. 5 Vol. 16. (848 S. mit 5 Holzschntaf.) Triest 862, Coen. *

— Paul et son chien. 8 Vols. 16. (1594 S.) Leipzig 859, A. Dürr. à Vol. 15 Ngr.

Kock, Paul de. Paul und sein Hund. Deutsch von A. Kretzschmar. *Pest, Wien* u. *Leipzig* 1859. *Hartleben's* Verl.-Exped. 1.—5. Theil. 136, 140, 159, 148, 228 S. 8°. 2 fl. 12 CM.
Auch unt. d. Tit.: »Neuestes belletristisches Lesecabinet der besten und interessantesten Romane aller Nationen etc. Lief. 166—176.

— le petit-fils de Cartouche. Suite des enfants du boulevard. 2 Vols. (Bibliothèque choisie. Vol. 680 et 681.) 16. (318 S.) Naumburg 864, Pätz.

— der Pfuhl von Auteuil, s. Lese-Cabinet, neues belletristisches.

Kock, Paul de, Physiologie d. Ehemannes. A. d. Franz. v. Oscar v. Birkeneck. — Physiologie des pariser Studenten. Frei n. d. Franz. v. G. Moritz. 8. (14½ B.) Breslau 842. [Leipzig, Literar. Museum.] Thlr.

— Physiologie des Ehemannes. Aus dem Französ. von Oskar v. Birkeneck. — Physiologie des Pariser Studenten. Frei nach dem Französ. von G. Moritz. kl. 8. Breslau 842, Verlags-Comptoir. 1¼ ℛ

Kock, (Ch.) Paul de, Physiologie des Ehemanns. Deutsch von Dem. (Reise- und Bad-Bibliothek, 1. Bd.) 16. (VIII und 118 S. mit 52 eingedr. Holzschn.) Leipzig 854, Wengler. Thlr. *

Kock, (Charles-)Paul de
Der Burgundische Postillion. Des jüngeren Herrn von Münchhausen höchsteigene Biographie. Nouvelle Ed. Deutsch von A. Schrader.
Leipzig: Berger 1846. 162 S. 8°

— la prairie aux coquelicots. 5 Vols. (Bibliothèque choisie. Vol. 506—510.) 16. (776 S.) Naumburg 862, Pätz.

— il prato dei papaveri. 4 Vol. Triest 863. Coen. gr. 16. (652 S. mit 4 Holzschntaff.) n. 1 ℛ 2 ngr.

— mein Nachbar Raymond. A. d. Franz. v. E. Brinckmeier. 2 Thle. gr. 12. (22½ B.) Braunschweig 838, G. C. E. Meyer sen.

— — Mein Nachbar Raimund. Deutsch von H. Elsner. 3. Aufl. Mit (Holzschnitt-) Illustrationen von Pariser Künstlern. Stuttgart 1859. 8°. (1 Kr. 20 H. der Vorige.)
Orig.: Mon voisin Raymond. 4 tom. Paris 1833.

Kock's, Paul de, ältere humoristische Romane. Illustr. Classiker-Ausg. 4. Aufl. 60 Lfgn. oder 31 Bde. gr. 16. (Mit je 1 Holzschntaf.) Wien, Hartleben's Verlag. à Lfg. 60 Pf.; compl.

Inhalt:
Bd. 1. 2. Bruder Jakob. (176; 183 S.) 875. ℳ 3.
" 3. 4. Andreas, der Savoyarde. (222, 223 S.) 875. ℳ 3.
" 5. Das Kind meiner Frau. (186 S.) 875. ℳ 1,50.
" 6. 7. Ein guter Kerl. (179, 144 S.) 875. ℳ 3.
" 8. 9. Weder nie, noch immerfort. (179; 190 S.) 876. ℳ 3.
" 10. 11. Das weiße Haus. (211, 199 S.) 876. ℳ 3.
" 12. 13. Schwester Anna. (242; 229 S.) 876. ℳ 2.
" 14. Georgine oder die Nichte des Amtsschreibers. (298 S.) 876. ℳ 1,50.
" 15. 16. Die Frau, der Mann und der Liebhaber. (218; 207 S.) 876. ℳ 3.
" 17. Gustav, oder Bruder Liederlich. (275 S.) 876. ℳ 1,50.
" 18. 19. Ein Tourlourou, oder der Rekrut. (186; 183 S.) 876. ℳ 3.
" 20. 21. Der Barbier von Paris. (203; 206 S.) 876. ℳ 3.
" 22. 23. Das Milchmädchen von Montfermeil. (222, 206 S.) 877. ℳ 3.
" 24. 25. Ein charmanter junger Mann. (189, 182, 184 S.) 877. ℳ 3.
" 26. 27. Mein Nachbar Raimund. (191, 190 S.) 877. ℳ 3.
" 28. 29. Sanscravate oder die Commissionäre. (239; 239 S.) 877. ℳ 3.
" 30. 31. Der Hahnrei. (199, 207 S.) 877. ℳ 3.

— ausgewählte Romane. 1. Serie. (10 Bde.) Neue vollständ. Ausg. 1. u. 2. Bd. 8. Weimar (904). R. Leutloff. 1. 50; geb. 2. —; erh. Pr. 2. 50
1. Bruder Lustikus. Pariser Roman. Hrsg. v. Walt. Heichen. (287 S.)
2. Das Kind meiner Frau. Pariser Roman. Neue vollständ. Uebersetzg. v. Walt. Heichen. (210 S.)

— ausgewählte humorist. Romane, deutsch bearb. v. Heinr. Elsner. 5 Bde. in 18 Thln. gr. 12. Stuttgart 837, [Scheible, Rieger u. Sattler.] à Thl. 9 Gr. Zusamm. gen.
A. u. d. Ttln.:
Bd. 1. od. 1—4. Thl. Weder: Nie! noch: Immerfort! (Ni jamais, ni toujour,) ist der Liebe Losungswort (c'est la devise des amours). 4 Thle. (25½ B.)
" 2. " 5—7. " Gustav, od. d. Bruder Liederlich. 3 Thle. (18½ B.)
" 3. " 8—12. " Das weiße Haus. 5 Thle. (28 B.)
" 4. " 13—16. " Ein guter Kerl. (24½ B.)
" 5. " 17., 18. " Das Kind meiner Frau. (13½ B.)

— dies., deutsch bearb. von Paul Gauger. 19r—22r, 32r u. 33r Thl. Neue Folge. 1r—6r Bd. A. u. d. T.: Pariser Sitten, Novellen. 1r—6r Thl. gr. 12. Ulm 839. Nübling. (à 7 sgr) 1¾ ℛ — 23r—26r Thl. N. Folge. 7r Bd. A. u. d. T.: Zizine. 4 Thle. gr. 12. Ebd. 839. (à 7 sgr) 1⅙ ℛ — 27r—31r Thl. N. Folge. 8r Bd. A. u. d. T.: Das Milchmädchen von Montfermeil. 5 Thle. gr. 12. Ebd. 839 u. 40. (à 7 sgr) 1 ℛ 11 sgr

de Kock, (Chr.) Paul, ausgewählte humorist. Romane, aus dem Französ. übers. 32.—36. Thl. Pariser Sitten. Novellen. 6 Thle. (Neue Folge 1.—6. Thl.) gr. 12. Ulm 839, 40, Nübling. 1¹¹⁄₂₄ ℛ

— dies. 37.—40. Thl. — A. u. d. T.: Der Hahnrei. 4 Thle. gr. 12. Ebend. 841. 1⅛ ℛ

— dies. 41.—45. Thl. — A. u. d. T.: Das schöne Mädchen aus der Vorstadt. Deutsch bearb. von Alex. Patuzzi. 5 Thle. gr. 12. Ebend. 841. à 8¾ ngr

de Kock, (Ch.) Paul, ausgewählte humoristische Romane. Aus dem Franz. übers. 41—45. Lfg. oder 10. Bd.: Das schöne Mädchen aus der Vorstadt. 5 Thle. 2. Aufl. 8. (667 S.) Ulm 850, Nübling. 1½ ℛ

— dies. 46.—50. Thl. — A. u. d. T.: Die Jungfrau von Belleville. Deutsch bearb. v. Alex. Patuzzi. 5 Thle. gr. 12. Ebend. 841. à 8¾ ngr

— dies. 51.—55. Thl. — A. u. d. T.: Moustache. Deutsch bearb. von F. Carlow. 5 Thle. gr. 12. Ebd. 842. à 8¾ ngr

— dies. 56.—58. Thl. Neue Folge. — A. u. d. T.: Schwester Anna. Deutsch bearb. von F. Carlow. 3 Thle. gr. 12. Ebend. 842. à 8¾ ngr

— dies. 59.—61. Thl. — A. u. d. T.: Schwester Anna. Deutsch v. F. Carlow. 3 Thle. gr. 12. Ebd. 843. à $8\frac{3}{4}$ ngr

— dies. 62.—67. Thl. — A. u. d. T.: Andreas, der Savoyarde. Deutsch v. F. Carlow. 6 Thle. gr. 12. Ebd. 843. à $8\frac{3}{4}$ ngr

—— ausgewählte humoristische Romane. Neue Folge. Deutsch bearb. v. F. Carlow. 68—115. Thl. gr. 12. (339 B.) Ulm 843—47, Gebr. Rübling. à Thl. $8\frac{3}{4}$ Ngr.

A. u. d. Ttln.:

Thl. 68—72. Bruder Jakob. 5 Bdchn.
" 73—76. Der schüchterne Liebhaber. 4 Bdchn.
" 77—80. Derselbige Herr! 4 Bdchn.
" 81—89. Die große Stadt. Neue komische, krit. u. philosoph. Schilderung von Paris. 9 Bdchn.
" 90. Tyler der Dachdecker.
" 91—94. Mein Freund Piffers. 4 Bdchn.
" 95—98. Coratin. 4 Bdchn.
" 99. Physiologie des Ehemanns. Physiologie des pariser Studenten.
Thl. 100—104. Sanscravate. 5 Bdchn.
" 105. Jenny.
" 106—109. Der Leichtsinnige. 4 Bdchn.
" 110—115. Die Familie Gogo. 6 Bdchn.

Thl. 1—67. Ebendas. 1839—43. 14 Thlr. $8\frac{3}{4}$ Ngr.

Vgl.: Unterhaltungsbibliothek.

— dies. 68.—72. Thl. Bruder Jakob. 5 Thle. gr. 12. Ebend. 843. à $8\frac{3}{4}$ ngr

— 73.—76. Thl. Der schüchterne Liebhaber. 4 Thle. gr. 12. Ebend. 844. à $8\frac{3}{4}$ ngr

— dies. 77.—80. Thl. Derselbige Herr! 4 Thle. gr. 12. Ebend. 844. à $8\frac{3}{4}$ ngr

— dies. 81.—89. Thl. Die große Stadt. Neue komische, krit. u. philosoph. Schilderung von Paris. 9 Thle. gr. 12. Ebend. 844, 45. à $8\frac{3}{4}$ ngr

— dies. 90.—99. Thl. Neue Folge. Tyle, der Dachdecker. — Mein Freund Piffers. 4 Thle. — Carotin. 4 Thle. — Physiologie des Ehemanns. — Physiologie des Pariser Studenten. 12. Ebend. 845. à 9 ngr

— dies. 100.—109. Thl. Sanscravate. 4 Thle. — Jenni. — Der Leichtsinnige. 4 Thle. 12. Ebend. 846. à 9 ngr

— dies. 110—115. Lfg. oder 27. Bd.: Die Familie Gogo. Deutsch bearb. v. F. H. Carlow. 12. (934 S.) Ebd. 847. (à Lfg. 9 ngr) 1 ℛ 21 ngr

—— ausgewählte humoristische Romane. Aus dem Französ. 116—120. Lfg. oder 28. Bd.: Frau, Mann und Liebhaber. 8. (701 S.) Ulm 847, Gebr. Rübling. à Lfg. 9 Ngr.

— dies. Deutsch bearb. v. F. Carlow. 121—125. Lfg. oder 29. Bd.: Mein Nachbar Raymund. 8. (720 S.) Ebd. 848. (à Lfg. 9 ngr) $1\frac{1}{2}$ ℛ

Kock's, Paul de, ausgewählte humoristische Romane. Illustrirte Klassiker-Ausg. Vollständig in 40 Lfgn. gr. 16. Wien 873. 74. Hartleben. à — 60

1—5. Ambroisine die schöne Baderin od. Paris in der guten alten Zeit. 3. Aufl. 5 Bde. (126, 123, 133, 120 u. 127 S. m. 5 Holzschntaf.)
6—9. Das Blumenmädchen v. Paris. 3. Aufl. 4 Bde. (124, 95, 111 u. 114 S. m. 4 Holzschntaf.)
10—13. Frau v. Monflanquin od. wie die That, so der Lohn. 3. Aufl. 4 Thle. (119, 110, 115 u. 114 S. m. 4 Holzschntaf.)
14—18. Felicie, das Mädchen aus dem 5. Stock. 2. Aufl. 5 Thle. (111, 102, 99, 115 u. 95 S. m. 5 Holzschntaf.)
" 19. 20. Herr Choublanc, der seine Frau sucht. 3. Aufl. 2 Thle. (101; 103 S., mit 2 Holzschntaf.) 873.
" 21—24. Der Schreckenshund. 3. Aufl. 4 Thle. (101; 98; 114; 101 S., mit 4 Holzschntaf.) 873.
" 25—28. Der Millionär. 2. Aufl. 4 Thle. (131; 113, 127; 118 S., mit 4 Holzschntaf.) 873.
" 30. Weiber, Wein und Spiel. 3. Aufl. (95 S. mit 1 Holzschntaf.) 874.
" 31—34. Die Ladenmamsells. 3. Aufl. 4 Thle. (109; 102; 111; 115 S., mit 4 Holzschntaf.) 874.
" 35. 38. Das Mädchen mit drei Unterröcken. Roman. 3. Aufl. 2 Thle. (100, 93 S., mit 2 Holzschntaf.) 874.
" 36. 37. Die Dame mit drei Schnürleibchen. Roman. 3. Aufl. 2 Thle. (109; 93 S., mit 2 Holzschntaf.) 874.
" 39. 40. Tarquinet der Bucklige oder des Schreiber's Liebesfahrten. Roman. 3. Aufl. 2 Thle. (108, 119 S., mit 2 Holzschntaf.) 874.

— ausgew. humorist. Romane, illustr. v. Gfr. Sieben. Deutsch übers. v. A. Valentin. (In 80 Lfgn.) 1. u. 2. Lfg. gr. 8. Wien 898. A. Reitinger. à — 40

1. 2. Bruder Jakob. Roman. (S. 1—112.)

Kock, Paul de, ausgew. humoristische Romane, illustr. von Gfr. Sieben u. anderen Künstlern. 3.—8. Lfg. gr. 8. Wien 899. A. Reitinger. à — 40; auch in 10 Bdn. à 3.—; geb. in Leinw. à 4.—

1. Bd. Bruder Jakob. Aus dem Franz. übertr. v. A. Valentin. (S. 113—368.) — 2. Bd. Gustav, Bruder Liederlich. Aus dem Franz. übertr. v. Otto Schmidt. (S. 1—92.)

Kock's, (Charles) Paul de, gesammelte humorist. Romane. 1—4. Bd. Wien 864. Edelbauer. gr. 16. n. 2 ℛ 22 ngr

1. Bd. Weiber, Spiel u. Wein. Deutsch von L. v. Alvensleben. (226 S. mit 3 Holzschntaff.) n. 16 ngr
2. Bd. Pariser Ladenmädchen. Deutsch von Konr. Heil. 2 Thle. (432 S. mit 7 Holzschntaff.) n. 1 ℛ 6 ngr
3. Bd. Unsere Ehemänner. Humoristische Charakterschilderungen der Männer. Zum Nutzen u. Frommen des weibl. Geschlechts. Deutsch von Konr. Heil. (108 S. mit eingedr. Holzschn.) n. 10 ngr
4. Bd. Der Holzweg. Aus dem Französ. von L. v. Alvensleben. (247 S. mit 4 Holzschntaff.) n. 20 ngr

—— gesammelte neuere humoristische Romane. Illustrirte Classiker-Ausg. In 130 Lfgn. gr. 16. Wien, Hartleben's Verlag. à Lfg. 60 Pf.

Inhalt:

Lfg. 1—5. Cerisette oder die Komödien auf der Bühne und im Leben. 2. Aufl. 5 Thle. (XVI, 108; 128; 109; 128; 139 S., mit 5 Holzschntaf.) 868.
" 6. 7. Taquinet der Bucklige oder des Schreibers Liebesfahrten. Roman. 2. Aufl. 2 Thle. (109; 120 S., mit 2 Holzschntaf.) 869.
" 8—12. Die Lebenslustige. Roman. 2. Aufl. 5 Thle. (122; 110; 109; 125; 112 S., mit 5 Holzschntaf.) 869.
" 13—17. Der Pfuhl von Auteuil. 2. Aufl. 5 Thle. (112; 109, 120; 117; 123 S., mit 5 Holzschntaf.) 869.
" 18—26. Der Liebhaber des Mondes. 3. Aufl. 9 Thle. (109; 112; 123; 115, 123; 111, 116, 117, 122 S., mit 9 Holzschntaf.) 869.
Lfg. 27. Ein sehr geplagter Mann. 2. Aufl. (143 S. mit 1 Holzschntaf.) 869.
" 28—32. Ambroisine, die schöne Baderin oder Paris in der guten alten Zeit. 2. Aufl. 5 Thle. (127; 124; 133; 127; 128 S., mit 5 Holzschntaf.) 869.
" 33—36. Das Blumenmädchen von Paris. 4 Thle. (125; 96; 112; 115 S., mit 4 Holzschntaf.) 869.
" 37—40. Frau v. Monflanquin oder wie die That, so der Lohn. 2. Aufl. 4 Thle. (119; 111; 116; 115 S., mit 4 Holzschntaf.) 870.
" 41—45. Felicie, das Mädchen aus dem fünften Stocke. Roman. 2. Aufl. 5 Thle. (112; 115; 100; 116, 96 S., mit 5 Holzschntaf.) 870.
" 46. 47. Herr Choublanc, der seine Frau sucht. Roman. 2. Aufl. 2 Thle. (102, 104 S., mit 1 Holzschntaf.) 870.
" 48—51. Der Schreckenshund. 2. Aufl. 4 Thle. (101, 99; 102 S., mit 4 Holzschntaf.) 870.
" 52—55. Der Millionär. 2. Aufl. 4 Thle. (132; 120, 128; 119 S., mit 4 Holzschntaf.) 870.
" 56—59. Monsieur Cherami. 2. Aufl. 4 Thle. (106; 115; 118; 120 S., mit 4 Holzschntaf.) 871.
" 60—65. Paul und sein Hund. Roman. 2. Aufl. 6 Thle. (117; 121; 116; 112, 124, 116 S., mit 6 Holzschntaf.) 871.
" 66—70. Eine Frau mit drei Gesichtern. 2. Aufl. 5 Thle. (120; 118; 116; 115, 105 S., mit 5 Holzschntaf.) 871.
" 71—75. Pariser Intriguen oder die Familie Braillard. 2. Aufl. 5 Thle. (106; 116, 119; 103, 111 S., mit 5 Holzschntaf.) 871.
" 76—79. Die Trüffelbrüder. 2. Aufl. 4 Thle. (109; 121, 118, 112 S., mit 4 Holzschntaf.) 871.
" 80. 81. Weiber, Wein und Spiel. Roman. 2. Aufl. 2 Thle. (106; 96 S.) 871.

• 82—85. Die Klatschrosenwiese oder der verborgene Schatz. 2. Aufl. 4 Thle. (109, 120; 108; 119 S., mit 4 Holzschntaf.) 872.
• 86. 87. Martins Esel. 2. Aufl. 2 Thle. (106; 104 S., mit 2 Holzschntaf.) 872.
• 88—90. Die Ladenmamsells. 2. Aufl. 4 Thle. (109; 103; 111; 116 S., mit 4 Holzschntaf.) 872.
• 91—93. Die Kinder des Boulevard. 2. Aufl. 2 Thle. (à 120 S., mit 2 Holzschntaf.) 872.
• 94. 95. Cartouche's Enkel. Fortsetzung von „die Kinder des Boulevard". 2. Aufl. 2 Thle. (à 110 S., mit 2 Holzschntaf.) 872.
• 96. 97. Das Mädchen mit drei Unterröckchen. 3. Aufl. 2 Thle. (101; 93 S., mit 2 Holzschntaf.) 872.
• 98. 99. Ein Johannisbeerzweig. 2. Aufl. 2 Thle. (108, 106 S., mit 2 Holzschntaf.) 872.
• 100.101. Der Holzweg. 2. Aufl. 2 Thle. (104; 114 S., mit 2 Holzschntaf.) 872.
• 102.103. Baronin Blaguiskof. 2. Aufl. 2 Thle. (115, 100 S., mit 2 Holzschntaf.) 872.
• 104.105. Die Dame mit den drei Schnürleibchen. 2. Aufl. 2 Thle. (109, 98 S., mit 2 Holzschntaf.) 872.
• 106.107. Magister Ficheclaque. . Aufl. 2 Thle. (89; 93 S., mit 2 Holzschntaf.) 873.
• 108.109. Kleine Bäche — große Flüsse. 2. Aufl. 2 Thle. (97; 99 S., mit 2 Holzschntaf.) 873.
• 110.111. Ein curioses Haus. 2. Aufl. 2 Thle. (91; 103 S., mit 2 Holzschntaf.) 873.
• 112.113. Verfehlte Existenzen. [Madame Tapin.] 2. Aufl. 2 Thle. (90; 118 S., mit 2 Holzschntaf.) 873.
• 114.115. Ein Ehemann, über den man sich lustig macht. 2. Aufl. 2 Thle. (115; 107 S., mit 2 Holzschntaf.) 873.
• 116.117. Das Geheimniß des Castellans. 2. Aufl. 2 Thle. (à 95 S.) 873.
• 118.119. Papa Schwiegervater. 2. Aufl. 2 Thle. (102; 98 S.) 873.
• 120—122. Madame Pantalon. 2. Aufl. 3 Thle. (95; 98; 81 S., mit 3 Holzschntaf.) 873.
• 123.124. Die kleine Lise. 2. Aufl. 2 Thle. (111, 110 S., mit 2 Holzschntaf.) 873.
• 125.126. Der kleine Eckensteher. 2. Aufl. 2 Thle. (96; 104 S., mit 2 Holzschntaf.) 873.
• 127.128. Die Braut von Fontenay-aux-Roses. 2. Aufl. 2 Thle. (84; 95 S., mit 2 Holzschntaf.) 873.
• 129.130. Friquette. 2. Aufl. 2 Thle. (103; 111 S., mit 2 Holzschntaf.) 873.

—— neueste Romane. 17 Bde. 8. Leipzig, Literar. Museum. Thlr. A. u. d. Tteln.:

Bd. 1—4. Der zaghafte Liebhaber. Aus d. Franz. v. Ofk. v. Birkeneck. 4 Bde. (39¾ B.) 843. 2 Thlr.
• 5—8. Sanscravatt od. die Commissionairs. Aus d. Franz. v. Louis Fort. 4 Bde. (44¼ B.) 844. 2 Thlr.
• 9., 10. Erziehungsresultate. Aus d. Franz. v. Louis Fort. 2 Bde. (27¼ B.) 844. 1 Thlr.
• 11. Tyler, der Dachdecker. Aus d. Franz. v. L. Fort. (8 B.) 844. 15 Ngr.
• 12—15. Die Familie Gogo. Aus d. Franz. v. Louis Fort. 4 Bde. (42½ B.) 844. 2 Thlr
• 16., 17. Freund Piffard. Aus d. Franz. v. L. Fort. 2 Bde. (23 B.) 845. 1 Thlr.

— dies. 16. u. 17. Bd. Freund Piffers. Aus d. Französ. von L. Fort. 2 Bde. 8. Ebend. 844. 1 ℛ

— [humoristische Romane. 2. Serie. 1—4. Bd:] Mondschein-Bekanntschaften. Aus dem Franz. übers. v. M. Müller. 4 Bde. 12. (86. 180. 190 u. 214 S.) Leipzig 849, Literar. Museum. 2½ ℛ

—— dass. — 2. Serie. 5. Bd. A. u. d. T.: Liebe kommt, Liebe geht. Aus dem Französ. übers. von M. Müller. 12. (180 S.) Ebds. 849.

— [dies. 2. Serie. 6 — 8. Bd.] Eine Emanzipirte. Nach dem Franz. v. St. Friedrich. 3 Bde. 12. (240. 159 u. 224 S.) Ebd. 850. 1½ ℛ

— humoristische Romane, s. Unterhaltungs-Bibliothek, wohlfeile, 1.—3. Bdchn.

de Kock, (Chr.) Paul, sämmtliche humoristische Romane. Deutsch von H. Elsner. Neue Aufl. in Taschenform. Stuttgart 843—46, Scheible, Rieger u. Sattler. à Thl. ⅛ ℛ — 1.—4. Thl. Weder nie noch immerfort! ist der Liebe Losungswort. 4 Thle. ½ ℛ — 5.—8. Thl. Der schüchterne Liebhaber. 4 Thle. ½ ℛ — 9. u. 10. Thl. Das Kind meiner Frau. 2 Thle. ¼ ℛ — 11.—14. Thl. Ein guter Kerl. 4 Thle. ½ ℛ — 15.—18. Thl. Der Mann mit drei Hosen, oder die Republik, das Kaiserthum und die Restauration. 4 Thle. ½ ℛ — 19.—22. Thl. Bruder Jakob. 4 Thle. ½ ℛ — 23.—27. Thl. Das weiße Haus. 5 Thle. ⅝ ℛ — 28.—32. Thl. Schwester Anna. 5 Thle. ⅝ ℛ — 33.—36. Thl. Sanscravate. 4 Thle. ½ ℛ — 37.—40. Thl. Der Mann da! 4 Thle. ½ ℛ — 41.—44. Thl. Georgine oder die Nichte des Amtsschreibers. 4 Thle. ½ ℛ — 45. Thl. Jenny, oder die drei Blumenmärkte zu Paris. ⅛ ℛ — 46. Thl. Ein Ehestands-Candidat oder Herr Fractin. ⅛ ℛ — 47.—50. Thl. Ein Tourlouron. 4 Thle. ½ ℛ — 51.—54. Thl. Die Frau, der Mann u. der Liebhaber. 4 Thle. ½ ℛ — 55.—58. Thl. Der Barbier von Paris. 4 Thle. ½ ℛ — 59.—62. Schnauzer. 4 Thle. ½ ℛ — 63. Thl. Mein Freund Piffard. ⅛ ℛ — 64. u. 65. Thl. Chipolata. 2 Thle. ¼ ℛ 66.—71. Thl. Das Milchmädchen von Montfermeil. 6 Thle. ¾ ℛ — 72. u. 73. Thl. Skizzen. 2 Thle. ¼ ℛ — 74.—78. Thl. Die Familie Gogo. 6 Thle. ¾ ℛ — 79.—82. Thl. Ein scharmanter junger Mann. 4 Thle. ½ ℛ — 83.—87. Thl. Andreas, der Savoyarde. 5 Thle. ⅝ ℛ — 88.—90. Thl. Pariser Skizzen. Fortsetz. 3 Thle. ⅜ ℛ — 91.—94. Thl. Der Nachbar Raymund. 4 Thle. ½ ℛ — 95.—98. Thl. Zizine. 4 Thle. ½ ℛ — 99.—101. Thl. Johann. 3 Thle. ⅜ ℛ

Kock, Charles-Paul de

Paul de Kock's humoristische Romane, deutsch bearb. von Heinrich Elsner. Th. 1-4. 5-8. 9.1o. 15-18. 19-22. 23-27. 33-36. 37-4o. 41-44. 45.46. 55-58. 59-62. 63. 64. 66-68. 69-71. 72.73. 74-76. 77-79. 83-87. 91-94. 95.96. 97.98. 99-1o1.
Stuttgart: Scheible, Rieger & Sattler 1843-46. 8°

1-4.	Weder nie, noch immerfort!	Th.1 - 4.	1843.
5-8.	Der schüchterne Liebhaber.	Th.1 - 4.	1843.
9-1o.	Das Kind meiner Frau.	Th.1.2.	1843.
15-18.	Der Mann mit drei Hosen.	Th.1 - 4.	1843.
19-22.	Bruder Jakob.	Th.1 - 4.	1843.
23-27.	Das weiße Haus.	Th.1 - 5.	1844.
33-36.	Sanscravate.	Th.1 - 4.	1844.
37-4o.	Der Mann da!	Th.1 - 4.	1844.
41-44.	Georgine.	Th.1 - 4.	1844.
45.46.	Jenny.	Th.1.2.	1845.
55-58	Der Barbier von Paris.	Th.1 - 4.	1845.
59-62.	Schnauzer.	Th.1 - 4.	1845.
63.	Mein Freund Piffard		1845.
64.	Chipolata.	Th.1.2.	1845.
66-71.	Das Milchmädchen von Montfermeil.	Th.1 - 6.	1845.
72.73.	Skizzen.	Th 1.2.	1845.
74-79.	Die Familie Gogo.	Th.1 - 6.	1845.
83-87.	Andreas, der Savoyarde.	Th 1.	1845.
		Th.2 - 5.	1846.
91-94.	Mein Nachbar Raimund.	Th.1 - 4.	1846.
95-98.	Zizine.	Th.1 - 4.	1846.
99-1o1.	Johann.	Th.1 - 3.	1846.

— sämmtliche humoristische Romane. Deutsch bearb. von Heinr. Elsner. 3. Aufl. mit Illustr. von Pariser Künstlern. Stuttgart 857, 58. Rieger. 16. Jede Liefg. 4 ngr.
1—4 Liefg.: Bruder Jakob. (356 S.)
5—9. „ Andreas, der Savoyarde. (466 S.)
10. 11. „ Das Kind meiner Frau. (183 S.)
12—15. „ Ein guter Kerl. (347 S.)
16—19. „ Weder nie, noch immerfort! (369 S.)
20—23. „ Das weiße Haus. (414 S.)
24—28. „ Schwester Anna. (474 S.)
29—31. „ Georgine, oder die Nichte des Amtsschreibers. (300 S.)
32—35. „ Gustav. (273 S.)
36. „ Die Frau, der Mann und der Liebhaber. 1. Liefg. (S. 1—88.)

— sämmtliche humoristische Romane. Deutsch bearb. von Heinr. Elsner. 3. Aufl. mit Illustr. von Pariser Künstlern. 37—112. (letzte) Liefg. Stuttgart 859—62. Rieger 16. Jede Liefg. mit 1 Holzschn. 4 ngr.
37—40. Liefg. Die Frau, der Mann und der Liebhaber. 2—5. Liefg. (S. 89—443.)
41—44. Liefg. Ein Tourlouron. (381 S.)
45—49. Liefg. Der Barbier von Paris. (424 S.)
50—53. Liefg. Schnauzer. (393 S.)
54—58. Liefg. Das Milchmädchen von Monfermeil. (472 S.)
59—62. Liefg. Ein charmanter junger Mann. (391 S.)
63—66. Liefg. Mein Nachbar Raimund. (382 S.)
67—71. Liefg. Sanscravate oder die Commissionäre. (478 S.)

72—76. Liefg. Der Hahnrei. (414 S.)
77—80. Liefg. Der schüchterne Liebhaber. (416 S.)
81—84. Liefg. Zizine. (401 S.)
85—87. Liefg. Johann. (310 S.)
88—91 Liefg. Magdalene. (351 S.)
92—95. Liefg. Der Mann mit drei Hosen oder die Republik, das Kaiserreich und die Restauration. (375 S.)
96—101 Liefg. Die Familie Gogo. (532 S.)
102—105. Liefg. Der Herr da! (369 S.)
106. Liefg. Mein Freund Pissard. (72 S.)
107 108. Liefg. Chipolata. (185 S.)
109. 110. Liefg. Ein Ehestands-Candidat oder Herr Fractin. — Jenny oder die drei Blumenmärkte zu Paris (171 S.)

Kock's (Charles) Paul de, sämmtliche humoristische Romane. Deutsch bearb. von Heinr. Elsner. 8. Aufl. mit Illustr. von Pariser Künstlern. 111. und 112. (Schluß-)Lfg.: Skizzen. gr. 16. (168 S. mit 2 Holzschntaf.) Stuttgart 862, Rieger'sche Buchh. à Lfg. 4 Ngr.
1.—110. Lfg. Ebendas. 1857—62. 14 Thlr. 20 Ngr.

—— die Schöne aus d. Vorstadt. A. d. Franz. v. Fr. Lindner. 3 Bde. 8. (33½ B.) Breslau 841. [Leipzig, Literar. Museum.]

— die Schöne aus der Vorstadt. Aus dem Französ. von Fr. Lindner. 3 Bde. kl. 8. Breslau 841, Verl.-Compt. 2 ꝛß

— der Schreckenshund, s. Lese-Cabinet, neues belletristisches.

— — Der Schreckenshund. 2. Aufl. Illustr. 4. Thle. 12. (112, 112, 114 u. 101 S.) Ebds. 1870. 1 fl. 60 kr.

—— ausgewählte belletrist. Schriften. N. d. Franz. bearb. v. F. Riedel. Mit e. Vorr. begleitet v. L. Rellstab. 6 Bde. 8. (38½ B.) Potsdam 835, [Berlin, Gsellius'sche Buchh.]
Bd. 1., 2. Betrogene Liebe. 2 Thle.
" 3., 4. Bruder Jakob. 2 Thle.
" 5., 6. Johann. 2 Thle.

— ausgewählte belletristische Schriften. Nach d. Franz. von F. Riedel. Mit einer Vorrede begleitet von L. Rellstab. In 6 Bdn. 8. Potsdam 835. Riegel. 6 ꝛß

— Papa Schwiegervater, s. Lese-Cabinet, neuestes belletristisches.

—— lo scialaquatore. Romanzo. 3 Voll. gr. 16. (575 S. mit 3 Holzschnt.) Triest 861, Coen. *

de Kock, (Chr.) Paul, Sendschreiben, s. Chownitz, J., das ist der Lauf der Welt.

— le sentier aux prunes. Roman inédit. 2 Vols. (Bibliothèque choisie. Vol. 742 et 743.) Naumburg 867. Pätz. 16. (288 S.) 20 ngr.

—— la signora dai diamanti. 3 Voll. 16. (611 S. mit 3 Holzschnt.) Triest 859, Coen.

— — Skizzen. Deutsch von H. Elsner. 2 Thle. Stuttgar 1845. 8⁰. (1 Mk. Julius Neumann, Magdeb., 1906.)
Orig. ist vielleicht: Petits tableaux de moeurs. 2 tom. Paris 1829.

—— Soldat u. Prinzessin. Roman nach: Un Tourlourou. A. d. Franz. v. E. Brinckmeier. 2 Thle. gr. 12. (24⅓ B.) Braunschweig 838, G. C. E. Meyer sen.

— die große Stadt. Neue Bilder aus Paris. Aus d. Franz. von Oskar v. Birkeneck. 4 Bde. kl. 8. Leipzig 843, Literar. Museum. (Verlags-Comptoir in Breslau.) 2⅔ ꝛß

—— komische Scenen a. d. Leben ein. Bonvivants, s. Bibliothek v. Unterhaltungsschriften, 25., 26. Bdchn.

—— Scenen aus d. Leben e. Bonvivants. Komischer Roman. (A. d. Franz.) 2 Thle. 8. (33 B.) Leipzig 830, 31, Klein.

Kock, P. de, der bucklige Taquinet, s. Universal-Bibliothek Nr. 1883 und 1884.

— Taquinet der Bucklige, s.: Lese-Cabinet, belletristisches, 342—344. Lfg.

—— Taquinet, der bucklige Advokatenschreiber. Frei nach dem Französ. 2 Bde. 12. (428 S.) Leipzig 849, Literarisches Museum.

— die Trüffelbrüder, s. Lese-Cabinet, neuestes belletristisches.

—— der Unbekannte. Nach: Ce Monsieur. Aus d. Franz. v. W. du Roi. 2 Bde. gr. 12. (19½ B.) Braunschweig 842, G. C. E. Meyer sen.

— die Ungenirte, s.: Bibliothek, Europäische, 275. 289 u. 306. Bd.

— die Verschwörung in Paris, s. Volksbibliothek, norddeutsche.

KOCK, Paul de (ps.), Die Verschwörung in Paris. Roman Nach dem Manuscript übersetzt. (Deutsches Original.) 3 Bde. Altona, Verlags-Bureau, 1859. 8⁰ (1½ Rthl.) Stellenweise etwas frei.
Auch m. d. Titel Norddeutsche Volks-Bibliothek. Bd. 3—5.

Lesehalle, romantische—. Gallerie der vorzüglichsten zeitgemäßen Romane des In- und Auslanges. 396—409 Bändchen Wien, 1855. Gedruckt bei J. Stöckholzer v. Hirschfeld. Wien und Leipzig, J. Stöckholzer v. Hirschfeld'sche Verlagshandlung. (8.)
Bändchen 396—409 Kock. Paul de — Violette, das schöne Blumenmädchen von Paris. Roman in 3 Bänden Von —— (252, 312, 302 S.)

[Ant u. F.] Violette, die Dame mit den drei Schnürleibchen. Von Paul de Kock. Freie deutsche Uebs. *Berlin: W. Herlet [1898]* (150 S., 1 Bl.) 1 Bd 8.
= Bibliothek Gavarni. Bd 8. [98. 19615

Kock, Paul de· Violette, s.a. Gavarni's, Fr., Bibliothek

—— una virago ovvero civetteria ed amore. 4 Voll. gr. 16. (720 S. mit 4 Holzschnt.) Triest 859, Coen.

— Virginie od. Drei Schicksalsküsse. Pariser Künstler-Roman. Neue Uebersetzg. u. Bearbeitg. (96 S.) 8. Neuweißensee (905). E. Bartels. 2.—

— Weiber, Wein und Spiel, s. Lese-Cabinet, neuestes belletristisches.

—— Zizine. A. d. Franz. v. E. Brinckmeier. 2 Thle. gr. 12. (24⅓ B.) Braunschweig 837, G. C. E. Meyer sen.

—— dass. — Nach d. Französ. v. Jul. Sincerus. 2 Thle. 8. (30⅓ B.) Breslau 837, Leuckart.

Kock, T., Die Engelsburg u. Kaiser Hadrian. S. A. s. a. 64 S.

Kock, Thdr., Alkäus und Sappho. gr. 8. (98 S.) Berlin 862, Weidmann'sche Buchh. *

Kock, Theod., Anthologie aus latein. Dichtern. Für mittlere Gymnasial-Klassen. gr. 8. (9½ B.) Berlin 845, Mittler, Verl.

Kock, Theodor (Bearb.), s. Aristophanes Ausgewählte Komödien.

Kock, Theod. Ueber den Aristotelischen Begriff der Katharsis in der Tragödie und der Anwendung desselben auf den König Oedipus. 24 S. — Fortsetzung. 25—52. — Beschluß. 53—74 S.
Elbing, Progr. 1851, 1852, 1853

Kock, Thdr., Elektra in Delphi. Schauspiel in 5 Aufzügen. gr. 8. (86 S.) Leipzig 902. B. G. Teubner. n. 3. —

— T., De emendatione Nubium Aristophanis. S.-A. 1852. 24 S. 1.—

Kock, Theodor Entlassungsreden 1864—1882. S. 12—78. 8.
Progr. Kgl. Friedrichs-Gymn. *Frankfurt a. d. O.* 1907 (80).

Kock, Th. Epistola ad J Fr Martinum professorem Posnaniensem, qua continetur memoria A.S. Schönborni. Accedunt fragmenta tragoediae Graecae 27 S - Progr Stolp 1858

Kock, Thdr., flores italici, collegit Th. K. 12. (177 S.) Leipzig 887, Teubner. *

Kock, (Carolus) Theod. *(geb. Quedlinburg 18 11 1820)*: De pristina Theogoniae Hesiodeae forma. Part. I. Vratislaviae (1862) [vielmehr 1842]. (34 S.) 8° *[Verf erlebte die Diplomerneuerung 1892 als Gymn.-Dir a. D in Quedlinburg.]*
Breslau, Phil. Diss. v 10. Juni [1842]

Kock, T, Lucian und die Komödie. S.-A. s. a. 31 S. 1.—

Kock, Thdr., Merope. Tragödie in 5 Aufzügen. 8. (XI, 116 S.) Berlin 882, Behr's Verlag. *

Kock, Theod. Über die Parodos der Griechischen Tragödie im Allgemeinen und die des Oedipus in Kolonos im Besondern. 56 S.
Posen, Fr. W., Progr. 1850

—— über die Parodos der griechischen Tragödie im Allgemeinen und die des Oedipus in Kolonos im Besonderen. gr. 4. (56 S.) Berlin 854, (Mittler und Sohn.)

Kock, Theod De Philonide et Callistrato. (histrion Aristophan.), 30 S. - Progr Guben, 1855

Kock, Thdr. Sophokleïsche Studien. I. Heft: Ueber den Aristotelischen Begriff der Katharsis in der Tragödie und die Anwendung desselben auf den König Oedipus. 4. (75 S.) Berlin 854, (Mittler und Sohn.)

Kock, Thdr., Sophokleïsche Studien. 2. Heft: Ein zusammenhaengender Commentar zum König Oedipus. gr. 4. (48 S.) Guben 857. Berlin, Mittler und Sohn.

Kock, Thdr., veri similia. gr. 8. (112 S.) Leipzig 872, Teubner. * 2 40
Aus: Jahrbücher für classische Philologie, besonders abgedruckt.

Köck u. Guste. Dessen zärtl. Liebes-Anträge u. Gegenerklärung. Ein Gesellschaftsspiel. 32. (38 Kärtchen.) Weißenfels 846. Gueß. n. 1/12 ℛ

— Zärtliche Liebes-Anträge u. Gegenerklärungen. Ein erheiterndes Gesellschaftsspiel. 32. (39 kl. Kärtchen.) Grünberg 846. Weiß. In Futt. 3 ngℓ

Köck u. Guste. Posse in 1 Aufz. Frei nach dem Französ. von W. Friedrich. Mit 1 color. Titelkpf. von Th. Hosemann. kl. 8. Berlin 846, Springer. 1/6 ℛ

Köck und Guste. Posse in einem Aufzuge. Frei nach dem Französ. von W. Friedrich. 2. Aufl. 8. (47 S. und 1 ill. Titlkpfr.) Berlin 847, Springer.

Köck, ..., anatom. Abbild. d. menschl. Körpers, besonders für bildende Künstler erläutert. Mit 12 Steintaf. Imp.-Fol. Münch. 872. (Leipz., Fr. Fleischer). 2 ℛ

KÖCK, Adolf Carl (Landshut): Die physiologische Wirkung des essigsauern Kupfers.- München: Kirschbaum & Schuh 1872. 23 S.
29.7.1871 - Urk (Titel: De acetatis cupri in organismum effectu.); F 73; Chr 1871/72,19
Diss. Ingolst.-Landsh.-Mchn.

Köck, Aemilian, die Freiheit des Christen. Eine Charwochen-Predigt. 8. (32 S.) Salzburg 848, Mayr'sche Buchh.

Programm, Viertes — des k. k. akademischen Gymnasiums in Salzburg am Schlusse des Schuljahres 1854. rc. 4. (46 S.) Salzburg. Duyle'sche Buchdruckerei.
Inhalt: Das Gebiet des deutschen Sprachstudiums mit besonderer Rücksicht auf den ästhetischen Theil desselben von P. Aemilian Köck. — Schulnachrichten.

Köck, Aemilian, der barmherzige Samariter. Fünf Fastenpredigten. gr. 8. (104 S.) Salzburg 852, Oberer sel. Wwe.

Köck, F. N., Gegenerinnerung a. d. Erinnerung üb. d. Abhandl. das Allerwichtigste rc. 8. Insbruck, Fischer. 803.

Köck, F. Xav., wichtige Erfindung einer einfachen, nicht zu kostspieligen Druckmaschine auf Papp- und Tafeldruck, womit zwei Farben auf einmal gedruckt werden können, und zwar in einer viel kürzern Zeit und schöner, als eine Farbe nach alter Handdruck-Methode gedruckt wird. 8. (11 S. mit 1 lithogr. Zeichnung.) Landshut 853, Thomann'sche Buchh. *

Köck, Fr

Köck, F., der Aufoderab. — der alte u. der neue Glaube, } s.: Familien-Bibliothek für's deutsche Volk.

—— unrecht Gut gedeiht nicht, s. Groschen-Bibliothek für's deutsche Volk.

Unrecht Gut gedeiht nicht! Erzählung von Fr Köck. *Barmen: H. Klein [1903]*. (59 S.) 8° [F.]
— Dämmerstunde, Für die. Reihe 4, [4.]

Köck, G., experimentelle Beiträge zur Lösung der Frage nach der zweckmässigsten gesetzlichen Regelung des Verkehres m. Hefe, s.: Dafert, F. W. u. K. Kornauth.

Köck G.: Die wichtigsten Krankheiten u. Schädlinge unserer gebräuchlichsten Ziersträucher u. Zierpflanzen u. ihre Bekämpfung. Wien 1907 56 S. P (Særtr.). P

Köck, Hans, Yu-Yitsu, s. a. Wheeldon, G. H.

Köck, H., Yu-Yitsu! Die unfehlbare Kunst der Selbstverteidigung der Japaner. 8°. K 1.—
Wien: Spielhagen & Schurich 1906.

Köck, Joh., die kirchl. Censuren latae sententiae. Kurze Erklärg. der besteh. allgem. kirchl. Censuren. gr. 8. (VIII, 116 S.) Graz 902. Styria. n. 1. 70

Koeck, Karl, a. München: Ueber Tertiärbutylhydrazin und Di(tertiär)butylhydrazin. Heidelberg 1904: K. Rössler. (30 S.) 8°
Heidelberg, Naturw.-math. Fak., Ref. Curtius, Diss. v. 10. März 1905
[Geb. 2. Sept. 75 München; Wohnort. München; Staatsangeh. Bayern; Vorbildung: Benediktumgymn. Augsburg bis VIa 91, Apothekerapprob. Herbst 00; Studium: München 5, Heidelberg 8 S.; Rig. 2. März 04.]

Koeck, Carl, was ist Electro-Homöopathie? Das Heilsystem d. Grafen Cesare Mattei in Bologna, auf Grund eigener Erfahrgn. frei besprochen. gr. 8. (32 S.) Leipzig 883. Schwabe n. — 50

Köck, M., landwirthschaftliche Blüten in poetischer Form. 8. (27 S.) Heiligenstadt 884. (Wien, Frick.) n. — 80

Kocke, Karl, Projectionslehre auf Grundlage von Modell-Aufnahmen für gewerbliche Fortbildungs-, allgemeine Handwerker- und Bürgerschulen. Mit 35 Blech- u. Holzmodellen, letztere Eisen, Messing, Stahl, Stein u. Mauerwerk imitierend. 11 Tafeln Gr. Fol. in Mappe. (Text 8. 18 S.) 4.60. Preis der Modelle incl. Emballage 21.–
Pilsen: Steinhauser 1890.

Kockel, Franz Wilhelm. Aus dem Leben e. sächs. Schulmannes. Nebst Festgabe seiner Schüler. gr. 8. (89 u. 243 S. m. Bildnis.) Dresden 900. A. Huhle. n. 2. —

Kockel, A. E., drei Predigten, b. diesjähr. Confirmation d. Katechumenen u. einige geistl. Gedichte. gr. 8. Prenzl. 824. Ragoczy. 18 K

Kockel, Franz Wilhelm

Kockel, F. W., Lehrplan für die Fortbildungsschulen des Königreichs Sachsen vom 18. Oktbr. 1881. Mit erläut. Anmerkungen u. Sachregister hrsg. 8. (76 S.) Dresden 881. Huhle. n. 1. —

Kockel, F. W., Lehrplan f. die Fortbildungsschulen d. Königr. Sachsen vom 18. Oktober 1881. Mit erläut. Anmerkgn. u. Sachregister hrsg. 2., erweit. Aufl. 8. (88 S.) Dresden 889. Huble. n. 1. 20

Kockel, F. W., Lehrplan für die einfachen Volksschulen des Königreichs Sachsen vom 5. Novbr. 1878. Mit erläut. Anmerkungen und Sachregister hrsg. 1. und 2. durchgeseh. Aufl. 8. (88 S.) Dresden 878,79, Huhle. *

—— Lehrplan für die einfachen Volksschulen des Königr. Sachsen vom 5. Novbr. 1878. Mit erläut. Anmerkungen und Sachregister hrsg. 3. durchges. und erweit. Aufl. 8. (100 S.) Ebendas. 882. *

Kockel, F. W., Lehrplan f. die einfachen Volksschulen d. Königr. Sachsen vom 5. Novbr. 1878. Mit erläut. Anmerkgn. u. Sachregister hrsg. 4. durchgeseh. u. erweit. Aufl. 8. (111 S.) Dresden 886. Huhle. n. 1. 40

—— Lehrplan für die einfachen Volksschulen d. Königr. Sachsen vom 5. Novbr. 1878. Mit erläut. Anmerkgn. u. Sachregister hrsg. 5. durchges. u. erweit. Aufl. 8. (132 S.) Ebd. 890. * 1 80; geb. * 2 —

Kockel, F. W., Lehrplan f. d. einf. Volksschulen d. Königr. Sachsen v. 5. Novbr. 1878. M. erläut. Anmerkgn. u. Sachreg. hrsg. 7., durchgeseh. u. erweit. Aufl. 8. (154 S.) Dresden 897. A. Huhle. n. 1. 80; kart. n. 2. —

Kockel, F. W., Lehrplan für die einfachen Volksschulen des Königr. Sachsen vom 5. XI. 1878. Mit erläut. Anmerkgn. u. Sachregister hrsg. 8., durchgeseh. u. erweit. Aufl. 8. (157 S.) Dresden 900. A. Huhle. n. 1. 80; kart. n. 2. —

Kockel, F. W., Lehrplan f. die einfachen Volksschulen des Königr. Sachsen vom 5. XI. 1878. Mit erläut. Anmerkgn. u. Sachregister hrsg. 10. Aufl., besorgt v. E. Kühn. (172 S.) 8. Dresden 906. A. Huhle. n. 2. —; kart. n. 2.25

— das königl. sächs. Volksschulgesetz, s.: Seydewitz, P. v.

Die gegenwärtige Bedeutung der gerichtlichen Medizin. Antrittsvorlesung v Prof. Dr. med. Richard Kockel, geb am 11. Juni 1898. *Leipzig: S. Hirzel 1898.* (32 S.) 1 Bd 8. [98. 11578 Go

Kockel, R., s.: Beiträge, anatomische, experimentelle u. klinische, zur Pathologie d. Kreislaufs.

Kockel, R., das Institut f. gerichtliche Medizin der Universität Leipzig, nebst Mitteilgn. aus seinem Arbeitsgebiete. Festschrift zur Eröffng. des neuen Instituts am 1. X. 1905. (III, 98 S. m. 10 Fig., 10 Taf. u. 1 Plan.) Lex.-8. Leipzig 905. J. M. Gebhardt. n. 4. 50; geb. n.n. 5. —

Kockel, R. u. M. Lungwitz, Über Placentartuberkulose beim Rind. S.-A. Jena 94. Fischer.

Kockelkorn, C., s.: Bayersdorfer, A., zur Kenntnis des Schachproblems.

Kockelkorn, C., das indische Problem, s.: Kohtz, J.

Kockelkorn, C., 101 ausgewählte Schachaufgaben, s. Kohtz, J.

Kockelmann, Paul

[F.] Feier des fünfzigjährigen Amts-Jubiläums des Herrn Direktors Cüppers an der Provinzial-Taubstummenanstalt zu Trier am 9. Mai 1898. Von P. Kockelmann. *(Trier: Paulinusdr. 1898.)* (31 S.) 1 Bd 8. [98. 3304

Kockelmann, Paul, Sprachbuch f. Taubstumme, s.: Derigs, Ferd.

Kocken, s. Koken.

Kocker, Sigismund Wolgemuth, Limites libertatis cogitandi occasione scripti de eadem materia a Tolando editi. Diss. moralis. Präs. Gottlieb Samuel Treuer. Helmstedt (Georg Wolfgang Hamm) 12. XII. 1714. 28 S. (6.—) 18835
Gew.: Michael Widemann (Stolberg), M. Georg Nicolaus Kriegk (Ilfeld).

Köcker, s. Koecker, auch Koker.

Köcker, C., Etwas über Anwendung der bisher nur als Spielerei benutzten Rutschbahnen, zur Anlegung von Kunststraßen 2c. Allen Menschenfreunden, absonderlich aber allen europ. Gouvernements u. allen Straßenbau-Dirigenten u. Straßenbau-Kundigen zur geneigten Berücksichtigung u. nähern Prüfung ehrfurchtsvoll vorgelegt. gr. 8. Göttingen 834. Vandenhöck u. Ruprecht. n. 1/6 ℔ (Vergl. Köker, welcher vielleicht derselbe ist.)

Köcker, K. Bemerkungen über Staatslotterien, zur Belehrung für Spieler. 8°. Embden 1818. (Hannover, Hahn.)

Koecker, Leonard: Grundsätze der Zahn-Chirurgie, eine neue Behandlungs-Methode der Krankheiten der Zähne und des Zahnfleisches enthaltend. (Principles of dental surgery, exhibiting a new method of treating the diseases of the teeth and gums... Dt.) 387 S., gbd.

Weimar: Landes-Industrie-Comptoir 1828

Kockerbeck, Carl, appr. Arzt: Aus Koeppe's Priv.-Kinder-Poliklinik, Gießen. Die Gießener Milchküche. Gießen 1909: (Grimme & Trömel, Leipzig). 35 S. 8° ¶ (Aus: Zeitschrift f. Säuglingsfürsorge. Jg. 3.)
Gießen, Med. Diss. v. 9. Juni 1910, Ref. Voit
[Geb. 2. April 85 Gießen; Wohnort: Gießen; Staatsangeh.: Hessen; Vorbildung: Realgymn. Gießen Reife O. 04; Studium: Gießen 2, München 1, Gießen 7 S.; Coll. 27. April 09; Approb. 26. Mai 10.] [U 10. 1146

v. Köckeritz, ..., (General-Lieut.), ein Wort an d. königl. Garde-Truppen in Berlin, zur Feier d. 3. Aug. 1816. 8. Berl. 816. Mittler. 3 K

(v. Köckeritz,) K. F. Untersuchungen uber die Kriegführung der Romer gegen die Deutschen in den Feldzügen des Cäsar, Drusus, Germanicus und Tiberius. (V 81) 8. Mit Karte Mainz 1862 2,00

Kockerols, Karl Wilhelm

Kockerols, die Nachlaßbehandlung im Entwurfe d. deutschen bürgerlichen Gesetzbuches vom Standpunkte der freiwilligen Gerichtsbarkeit u. unter besond. Berücksicht. des deutsch-französischen Rechts. gr. 8. (88 S.) Jüchen 894. (Aachen, O. Müller) n. 2. —

[F.] Kockerols, Karl Wilhelm [Kgl. Preuss. Notar in Jüchen. Bezirk d. Oberlandesger. Cöln]: Die Nachlassregulierung im Entwurfe eines Deutschen Bürgerlichen Gesetzbuches ... *Jüchen*, Jüchener Vereinsdr., 1894; 83 S. 8.
Tübingen, Jur. Fak., Inaug.-Diss. v 1894

Kockerols, Carl Wilh., d. Notariats-Einrichtungen i. Deutschland u. Oesterr. gr. 8. (III, 105 S.) Leipzig 897. Hannover. Helwing. Kart. n. 2. —

Kockerols, W., d. Notariats-Einrichtungen in Deutschland u. Oesterreich. gr. 8. (III, 105 S.) Leipzig 897 C. E. M. Pfeffer. Kart. n. 2. —

— das rheinische Recht, seine zeitliche u. räumliche Begrenzung. gr. 8. (72 S.) Hannover 902. Helwing. n. 2.—

— d. kommende Steuereinschätzung u. d. neue Vermögenssteuergesetz. gr. 8. (45 S.) Jüchen 894. (Köln, P. Neubner.) — 75

Kockerols, Dr. Wilh. Die kommende Steuereinschätzung und das neue Vermögenssteuergesetz. gr. 8°. Jüchen (Köln, P. Neubner) 1895.

Kockerols, Thdr., Blüten v. Kalvaria. 16. (38 S.) Dülmen 894. A. Laumann. — 15

Kockerscheidt, J[ohann] Wilh[elm]. Über die Preisbewegung chemischer Produkte, unter besonderer Berücksichtigung des Einflusses neuerer Erfindungen und technischer Fortschritte. 8. Jena, Gustav Fischer, 1905.
Vollständige Ausg.: Von Dr. J. Wilh. K'.... VI+126 S. [M. 2. 50]
Teil-Ausg.: (Ausgewählte Kapitel.) Diss. Phil. Basel ... von J(oh[ann]) Wilh(elm) K'.... [Mit Vita.] II+40 S.

Kockert, C., Die wirtschaftlichen Kartelle. Referat. (Schrift. d. Ver. f. Soz.-Pol., Bd. 61.) gr. 8°. Leipzig 1895.

Köckert, Adolf

Köckert, Ad., im Gesangverein. Vorträge üb. einige der für den Chorsänger nothwend. theoretisch-prakt. Kenntnisse der Musik, der Stimmorgane u. des Singens. 8. (59 S. m. 3 Taf.) Leipzig 901. Gebr. Hug & Co. n. 1.20

Köckert, Adolf. Martinus Luther. Der Autor des Chorals „Ein feste Burg ist unser Gott.“ In-8°. 15 S. Zürich, Gebrüder Hug & Co. 1897 — 30
** Sonderdruck aus No 17 und 18 der Schweiz. Musikztg. 1897.

— Felix Mendelssohn-Bartholdy u. s. „Paulus“. Biograph. u. analyt. Notizen. [Aus: „Schweiz. Musikzeitg.“] gr. 8. (16 S.) Ebd. 896. n. — 20

— gelegentlich der Programm-Musik. gr. 8. (15 S.) Zürich 898. Gebr. Hug & Co. n. — 40

Köckert, Adf., ein. musikal. Reminiszenzen. [Aus: „Schweizer. Musikzeitg.“] gr. 8. (12 S.) Ebd. 897. n. — 20

— Claude Joseph Rouget de Lisle u. seine Stellung in der Geschichte der Musik. gr. 8. (23 S.) Leipzig (898). Gebr. Hug & Co. n. — 40
Sonderabdruck aus: „Schweiz. Musikzeitung“.

Koeckert, G., les principes rationnels de la technique du violon. (78 S. m. Fig.) 8. Leipzig 904. Breitkopf & Härtel. n. 1. 60; geb. n. 2. 40

Koeckert, G., rationelle Violintechnik. Aus dem Franz. übers. vom Verf. (VI, 82 S. m. 27 Fig.) 8. Leipzig 909. Breitkopf & Härtel. 1.60; geb. 2. 40

Köckert, Gust., vom Menschen der Sehnsucht. (70 S.) 8. Leipzig-Gohlis 910. B. Volger. 1. 50

Köckert, Gustav Ad[olf], aus Genf Ueber die Reduction der Oximidgruppe. — Zur Kenntniss der Diisonitrosocarbonsäuren und ihrer Anhydride. Zür. Orell Füssli Cie Dr. 1885. 39 S. 8°.
Zürich, Phil. Diss. [v 19. Dec. 1885].

Köckert, Karl

Köckert, C., praktische Generalbaß-Schule f. Seminar-Aspiranten u. angehende Musiker. 8. (VI, 56 S.) Wiesbaden 876. Limbarth. n. 1. —

Köckert, Carl, Gesang, s. Vorbereitungen und Entwürfe aus dem gesamten Unterrichtsgebiete der deutschen Volksschule.

Köckert, C., und Ritter, H., Gesang und Turnen (Volksschule), Breslau 1889, 72 S., 8°.

Köckert, Carl, dreistimm. Gesänge geistl. u. weltl. Inhalts f. Schule, Haus u. Leben. 8. (64 S.) Frankfurt a/O. 897. G. Bratfisch. n. — 40

[F.] Der Gesangunterricht in der mehrklassigen Volksschule E. kurzgefasster Leitf nebst e. Stoffverteilgspl. f sechs aufsteig Klassen v. Carl Köckert, Kgl. Seminar- u. Musikl. 2. umgearb. Aufl. *Breslau: F. Hirt 1898.* (75 S.) 1 Bd 8. [98. 4808

Köckert, Carl, e. Lehrverfahren f. den Gesangunterricht in der mehrklassigen Volksschule, nebst e. Stoffverteilungsplan f. 6 aufsteig. Klassen. gr. 8. (100 S.) Königsberg Nm. 886. Striese. n. 1. 20

Köckert, Carl, Liederbuch f. die unteren u. mittleren Klassen höherer Mädchenschulen u. f. Volksschulen. Eine Sammlg. der schönsten 1-, 2- u. 3stimm. Lieder, nebst e. Auswahl method. Übgn. 3. Aufl. 8. (96 S.) Frankfurt a/O. (899). G. Bratfisch. n. — 40

Köckert, Carl. Liederbuch f. Volksschulen. Eine Sammlg. d. schönsten ein-, zwei- u. dreistimm. Lieder, nebst e. Auswahl method. Uebgn. 8. (96 S.) Frankf. a. O. 892, Bratfisch. * — 40

— Liederbuch f. Volksschulen. E. Sammlg. d. schönsten 1-, 2- u. 3stimm. Lieder, nebst e. Auswahl method. Übgn. 3. Aufl. 8. (II, 98 S.) Frankfurt a/O. 897. G. Bratfisch. n. — 40

Köckert, C., eine Sammlung von 70 Choralmelodien zu unterrichtlichen Zwecken für das königl. Schullehrer-Seminar und die Praeparanden-Anstalt in Homberg. 16. (31 S.) Cassel 874, Hühn. cart. * — 75

KOCKMANN, Heinrich (Oehtrupensis): De operationibus instrumentis candentibus imprimis ruri instituendis. (Titel nach der Urkunde)
28.1.1885 - Urk; Chr 1883/84,13
Diss.Ingolst.-Landsh.-Mchn.

v. Köckritz, Hauptm., Anleitung zur Feldbefestigung, s. Handbuch des Pionnierdienstes 2r Thl.

Köckritz, Arno, a. Rottwerndorf, Sachsen: Über Alkyliden-dihydrobenzole und ihre Umwandlung in Benzolderivate. Greifswald 1906: H. Adler. (65 S.) 8°
Greifswald, Phil. Fak., Ref. Auwers, Diss. v. 18. Aug. 1906
[Geb. 21 Mai 82 Groß-Cotta: Wohnort: Greifswald; Staatsangeh.: Sachsen; Vorbildung Realgymn. Dresden Reife O. 01; Studium. T.H. Dresden 6. Univ Greifswald 4 S.; Rig. 8. Aug. 06.]

Köckritz, Diepold v., Geschichte d. Geschlechtes v. Köckritz v. 1209—1612 u. d. schles. Linie bis in d. Neuzeit. Aus urkundl. Quellen zusammengest. M. 31 Lichtdr., 2 Stammtaf., 1 Ahnentaf., 1 Siegeltaf. u. 1 Besitz-Karte. gr. 8. (XVIII, 438; 55 u. XXV S.) Breslau 895. (Berlin, J. A. Stargardt.) n.n. 20. —; geb. n.n. 24. —; erm. Preis n. 10. —; geb. n. 12. —

Köckritz u. Friedland, D. v., Vollständige Stammtafel der von Köckritz und Friedland, aus urkundlichen Quellen zusammengestellt.

Köckritze, die, im Voigtlande. Meissen u. Sachsen. 1. Abschnitt. Als Mscr. gedr. gr. 8. (200 S.) Mainz 871 (Le Roux.) n. 3. —

Koeckriz, Franz. Primitiae Silesiacae . . . Lipsiae 1715. H: *Tilgner, Gottfried.* (Nent)

Öcher Prente. Schwank mit Gesang in Aachener Mundart von Adam Kocks. *Aachen A. Jacobi & Cie 1902.* (51 S.) 8°

Kocks, Heinrich, Referendar in Borbeck bei Essen: Der Uebergang der Gefahr bei Gattungsschulden nach gemeinem und heutigem bürgerlichen Recht. Borna-Leipzig 1904: R. Noske. (x, 48 S.) 8°
Rostock, Jur. Fak., Ref. Matthiass, Diss. v. 2. Jan. 1905
[Geb. 20. Sept 81 Styrum, Kr Mühlheim-Ruhr, Wohnort. Mühlheim-Ruhr; Staatsangeh.. Preußen; Vorbildung. Gymn. Muhlheim Reife O. 01; Studium: Marburg 4, Munster 2 S.; Rig. 24. Sept. 04.]

Kocks, Joseph (geb. am 1 Okt. 1846 in Vaals Holl.): Ueber den Herpes zoster ophthalmicus ... Bonn, Druck v. F. Krüger 1871. 36 S., 4 Bl. 8.
Bonn, Med. Fak., Diss. v. 4 Aug. 1871

Kocks, J., die normale u. pathologische Lage u. Gestalt des Uterus, sowie deren Mechanik. Anatomisch-gynäkolog. Studie. Mit 6 lith. Taf. u. einem Holzschn. Lex.-8. (VIII, 85 S.) Bonn 880. Cohen & Sohn. n. 5. —

Kocks, J. Über intraperitoneale Stielbehandlung mit versenkten Klemmen, s. Sammlung klinischer Vorträge.

Kocks, Leo [pr. Arzt aus Aldekerk]: Ueber die Sterblichkeit an Tuberkulose in der Rheinprovinz bezüglich ihrer Abhängigkeit von industrieller Beschäftigung. . Bonn, Buchdr. Jos. Bach Wwe., 1890; 33 + 1 S. 8°
Bonn, Med. Fak., Inaug.-Diss. v 8. Febr. 1890

Kocks, W., der deutsch-französische Krieg 1870—71. Mit Genehmigung des Großen Generalstabes nach dessen Darstellung erzählt. 1. Thl. Geschichte des Krieges bis zum Sturze des Kaiserreichs. 1—3. Hft. gr. 8. Berlin 877. Mittler & Sohn. n. 5. 20
1. Vom Beginn der Feindseligkeiten bis zu den Schlachten bei Metz. Mit 3 (lith.) Karten. (VII, 87 S.) n. 1. 20
2. Die Schlachten von Colombey — Nouilly, Vionville — Mars la Tour u. Gravelotte — St. Privat. Mit einer (chromolith.) Karte. (S. 89—188.) n. 1. 20
3. Von der Einschließung der französ. Rheinarmee bis zum Sturze des Kaiserreichs. Mit 3 (lith.) Karten. (S. 189—392.) n. 2. 80

— der deutsch-französische Krieg 1870—71. Mit Genehmigung des Großen Generalstabes nach dessen Darstellung erzählt. 1. Thl.: Geschichte des Krieges bis zum Sturze des Kaiserreichs. 3 Hefte. gr. 8. Berlin, Mittler und Sohn. *
Inhalt:
Heft 1. Vom Beginn der Feindseligkeiten bis zu den Schlachten bei Metz. (VII, S. 1—87 mit 3 lithogr. Karten.) 877. *ℳ 1,20.
Heft 2. Die Schlachten von Colombey — Nouilly, Vionville — Mars la Tour und Gravelotte — St. Privat. (S. 89—188 mit 1 chromolithogr. Karte.) 877. *ℳ 1,20.
3. Von der Einschließung der französischen Rheinarmee bis zum Sturze des Kaiserreichs. (S. 189—392 mit 3 lithogr. Karten.) 878. *ℳ 2,80.

—— Wünsche in Betreff des für den preussischen Staat zu erwartenden Schulgesetzes. gr. 8. (32 S.) Ebendas. 872. * — 50

Kocks, Wilhelm Kritische und exegetische Bemerkungen zu Lysias. 4 (15 S) **Progr.** Friedrich-Wilhelms-G *Köln* 1888 (404).

Kocks: De caesura versus hexametri poetarum Latinorum, quae est post quinti pedis arsim. 15 S –Köln Fr. W. Progr 1861

Kocks, W., De caesura versus hexametri poetarum Lat., quae est post quinti pedis arsim. 2 Tle. Pr. 1862—73. 15, 18 S. 4°. 2.50

Kocks, W.: Die Idee des Tragischen entwickelt an der Antigone. 16 S. – Köln, Fr W , Progr 1858.

(Kocks, Guilelmus): * De interpolationibus nonnullis Terentianis. S. 3—44. 4°
Halle-Wittenberg, Phil. Diss. v 21. Okt. 1856
Geb. Mülheim a. d. Ruhr [16. 4.] 1829 V
Vom Verf ersch. Interpolationes Terentianae quattuor In Festschrift zum 50jähr Jubil. d. Friedr Wilh. Gymn. in Köln. 1875. S. 25—32.

Kocks, W., Interpolationes Terentianae, s. a. Festschrift zur Feier des 50jährigen Bestehens des k. Friedrich-Wilhelms-Gymnasiums zu Köln.

Kocks, W., Tabelle für die griechischen verba anomala des attischen Dialekts. gr. 8. (IV und 12 S.) Köln 866, W. Greven's Buchh. *

Kocks, W., Tabelle für die griechischen verba anomala des attischen Dialekts. 2. Aufl. gr. 8. (IV, 12 S.) Köln 872, W. Greven. * — 30

Kocks, W., Tabelle der griechischen Verba anomala des attischen Dialekts. 3. Aufl. gr. 8. (12 S.) Köln 880, Warnitz und Comp. *

Kocksch, das Luftbad u. seine Bedeutung f. Großstädte u. Industriezentren. (68 S.) gr. 8. Leipzig (905). A. Strauch. n. 1. —

Kockström, V. R., kurze Grammatik der finnischen Sprache. Nach dem Schwed. bearb. von K. Suomalainen. 8. (80 S.) Helsingfors 876. (Leipzig, K. F. Köhler.) *

Gals yr' tylėjims. Giesmē pagal Hamleto zodi sutaisyta Girēno. Muzykė wienam Bass-balsui su Pianoforte-lydējimu sutaisyta A. Kocoro. *(Leipzige: Iszspausdinta pas B. G. Teubnerą [1897].)* [D. Rest ist Schweigen v Girēnas. Musik f. e. Bass-Stimme m. Pianof.-Begl. comp. v A. Kocor] 2 Bl. 4. [97. 3253

'The rest is silence', Lithuanian song written by Girēnas. Engl. text by the author. The music composed for a Bass Voice w. Pianof. accomp. by A. Kocor '(Pronounced Kotsor)'. *Leipzig: Pr by B. G. Teubner [1897].)* 2 Bl. 4. [97. 3255

'Der Rest ist Schweigen' v. Girēnas. F. e. Bass-Stimme m. Pianobegl. comp. v. K. A Kozor [Kocor]. *(Leipzig: Dr. v B. G. Teubner [1897].)* 2 Bl. 4. [97. 3254

Kocourek, Albin Eine Reise nach und durch Unterägypten. (Geschildert für die studierende Gymnasialjugend). (Umschlagtitel: Unterägypten). 8 (50 S.)
Progr. K. k. zweites deutsches Oberg. *Brünn* 1891

Kocowski Vladimir: Historisch literarische Beiträge über den Heereszug Igors. (ruth. Text). 44. Lemberg Ak. G. 98.
Progr.

Kocowski, Vladimir· Latein. Übungsbuch, s. Samolewicz, Z.

Koceiakoff und S. Stricker, Experimente über Entzündungen des Magens, s. Stricker, S.

Kočvara, V., u. J. Korec, Ukázka přizvučného překladu Od a Epód Horatiovych. Pr. 1905. 25 S. —.80

Koczalski, Raoul v., zum 100. Geburtstag Frédéric Chopins. Chopin-Zyklus. 4 Klaviervorträge, nebst e. biograph. Skizze: F. Chopin, sowie den Aufsätzen: Chopin als Komponist u. Chopin als Pianist, u. e. eingeh. Analyse aller zum Vortrag bestimmt. Werke. (96 S. m. 1 eingedr. Bildnis.) kl. 8. Leipzig 909. P. Pabst. — 60

Kocziom (Koczian), Ant., Prüfung der Untersuchung der Hornviehseuche. gr. 8. Wien 769. Gräffer. M. —.90

Koczian A.: Prüfung d. Ursachen v. der Hornviehseuche, m. dem Vorschlage auf was für Art derselben am sichersten Einhalt gethan werden könne. Wien 1769. 174 S.
— — [Neue Aufl.]. Sst. 1770. 174 S.

Koczian, Ant., († ...) Prüfung d. Ursachen v. d. Hornviehseuche. gr. 8. Wien 770. Gräffer. 7 K

Koczian, Hugo

Koczian, H., Schießvorschule. 2. Aufl. 8° (47 S.) † K 1 —
Wien: Seidel 1910.

Koczian, Hugo, Schiess-Vorschule. 4. Aufl. (51 S. m. Fig.) kl. 8. Brünn 911. Wien, L. W. Seidel & Sohn. 1. —

Koczíczka, Alex., Plan v. Krakau mit Podgorze u. der nächsten Umgebung. gr. Fol. Lith. (Olmütz 847, Hölzel.) n. ⅔ ₰

Koczíczka, Alexander, *k. k. Hauptm.* Pläne zur taktischen Thematik. *Wien* 1857. *W. Braumüller.* Steindr. von *H. Engel.* 20 Blätter Croquis in kl. Querfol. 7 fl. 30 kr.

Koczíczka, Alex., taktische Thematik für Officiere aller Waffen. 2 Bde. Wien 857 Braumüller. gr. 8. (XIV, 285 S.; 4 Bl., 283 S. u. 20 lith. Taf. in qu. Fol.) n. 5 ₰.

Koczíczka, Franz, Leitfaden für die Lehrer des gymnastischen Unterrichts in den k. k. Militär-Akademien und Schul-Kompagnien, m. Abb., Wien 1857, 199 S., 7 Taf., 8°.

Koczíczka, Franz, Leitfaden für die Lehrer des gymnastischen Unterrichts in den k. k. Militär-Ober-Erziehungshäusern und Kadetten-Instituten, m. Abb., Wien 1857, XII u. 175 S., 6 Taf., 8°.

Kočičzka, Franz, die Winter-Campagne des Graf Schlik'schen Armeekorps 1848—1849. gr. 8. (314 S. mit Schlik's lithogr. Portr. und 1 lithogr. Karte in 4.) Olmütz 850, (Hölzel.) *

Kočičžka Edler von Freibergswall, Wenzel

Kočížka v. Freibergswall, W., praktische Anleitung zur militärischen Aufnahme nebst den Vorstudien, Terrainlehre und Situations-Zeichnung. Mit 7 lith. Taf. (in Fol.) 4. Aufl. Olmütz 862. Halauska. 8. (2 Bl., 193 S.) n. 24 ngr.

Kočičzka Edler v. Freibergswall, W., praktische Anleitung zur militärischen Aufnahme nebst den Vorstudien. Terrainlehre und Situations-Zeichnung. 4. verm. Aufl. gr. 8. (IX, 132 S. mit 4 lithogr. Taf. in gr. 8. und qu. 4. und 39 eingedr. Holzschn.) Wien 870, Braumüller. * 3 —

Koczíczka, W v Studien aus dem Manovrir Reglement für die k k Fusstruppen. In 24 lithogr Taf bildlich dargestellt und mit erläuterndem Texte versehen kl. 8. Wien 1865.

(**Koczíczka** Edler v Freibergswall, Wenzel, k. k. Hauptm.) Studien aus den Reglements für die k k Fusstruppen. Bildliche Darstellung der Instructionen in 80 lith. Taf. 1 Abrichtungs-Reglement. 2 Exercir Reglement. 3 Feld-Instruction. kl. Wien 1864.

Kocziom, Anton, s. Koczian, Anton

Koczirz Adolf: Der Lutenist Hans Judenkünig. D: Denkmäler der Tonkunst in Oest. Jg. 18, Teil 2, 37. Bd. (in erweiterter Form) Wien, 1911.
1903 PN 1607 Diss. Wien, Univ.

Koczorowski, Adolf· De loco publico fruendo locandoque apud Romanos. Pars prior Berolini (1850). (63, XIV S.) 8°
Berlin, Jur Diss. v 23 Nov 1850.

Koczorowski, Adf., de loco publico fruendo locandoque apud Romanos. Pars prior. Dissertatio inauguralis. 8maj. (VI und 81 S.) Berolini 851, (Schneider und Comp.) *

Koczorowski, Siegmund v.: Die Operationen bei Genu valgum in der chirurgischen Klinik zu Greifswald vom Jahre 1886 bis März 1898. *Greifswald 1898: J. Abel.* (42 S. mit Taf.) 8°
Greifswald, Med. Diss. v. 18. März 1898

Koczyński, Ladislaus

Koczynski, L., De flexura Graecorum nominum propriorum apud Latinos poetas scenicos. Pr. 1891. 81 S.

Koczyński, *Ladislaus* Über die Composition der Demosthenischen Kranzrede 8 (S 3—29) K k Ober-G *Czernowitz* 1888.
Progr.

Koczyński, O. P. Mich., polnisch-deutsches u. deutsch-polnisches Taschenwörterbuch, s.: Booch-Arkossy, F.

Koczyński, Mich. Poln. Taschenwörterbuch, s. Booch-Arkossy, F.

Koczyński, Stef., Armenrecht im gerichtlichen Streitverfahren. Mit e. Zusammenstellg. der bezügl. Vorschriften u. Entscheidgn. gr. 8. (VI, 169 S.) Innsbruck 890. Wagner. n. 3. —

Koczyński, Stefan, die Effektenumsatzsteuer, die Fondsbeiträge, die Lizitationsarmenperzente, das Taxwesen u. der Spielkartenstempel, s.: Taschenausgabe, Manz'sche, der österr. Gesetze. 12. Bd.

Koczyński, Stef., die Effectenumsatzsteuer, das Taxwesen u. der Spielkartenstempel, s.: Taschenausgabe, Manz'sche, der österr. Gesetze. 12. II.

— das Gebührengesetz, s.a. Taschenausgabe, Manz'sche, der österr. Gesetze. 12. I.

(F) **Koczyński, St.,** Das Gebührengesetz samt allen zu diesem Gesetze erflossenen Nachtragsvorschriften und der einschlägigen Judikatur. 18. Aufl. 1. und 2. Hälfte. [Manz'sche Gesetzausgabe. 12. Bd.] 8°. (XXIX, 1401 S.) K 10.80, geb. K 12.80
Wien: Manz 1906.

D)ie Rechtsmittel des österreichischen Gebürenrechtes. Von Dr. **Stefan Koczyński**, k. k. Finanzr. in Triest. M. Abb. d. österr. Papierstempelzeichen in Lichtdr. *Wien: K. K. Hof- & Staatsdr. 1897.* (III, 380 S., 1 Taf.) 1 Bd 4.(8.) [97. 3417

— über einige wünschenswerthe Richtungen der Gebührenreform. Nach e. in der „Gesellschaft österreich. Volkswirthe" geh. Vortrage. (46 S.) gr. 8. Wien 903. Manz. n. 1. —

„Sonderabdruck aus: „Allg. öst. Ger.-Ztg."

FSC
www.fsc.org
MIX
Papier | Fördert gute Waldnutzung
FSC® C083411

Kolibri 360 GmbH
Ferdinand-Jühlke-Straße 7
99095 Erfurt, Deutschland
produktsicherheit@kolibri360.de